CALCULO

VECTORIAL

JORGE SAENZ

HIPOTENUSA

CALCULO VECTORIAL

Jorge Sáenz

Deposito Legal N° If0512013510687

ISBN: 978–980–12–6513–9

Editado y distribuido por: Editorial Hipotenusa

info@hipotenusaonline.com

Lima, Perú

www.hipotenusaonline.com

Reimpresión internacional - Edición 2013

CONTENIDO

Prólogo vii

Capítulo 1. VECTORES Y GEOMETRIA ANALITICA DEL ESPACIO **1**

WILLIAM ROWAN HAMILTON **(1805-1865)** 2

1.1 Sistema tridimensional de coordenadas rectangulares 3

1.2 Vectores en los espacios de dos y tres dimensiones 11

1.3 Producto escalar 30

1.4 Producto vectorial 41

1.5 Rectas y planos en el espacio 54

1.6 Superficies cilíndricas, cuadráticas y superficies de revolución 71

1.7 Coordenadas cilíndricas y esféricas 83

Capítulo 2. FUNCIONES VECTORIALES **91**

JOHANNES KEPLER* *(1571-1630) 92

2.1 Funciones vectoriales de variable real 93

2.2 Derivadas e integrales de funciones vectoriales 103

2.3 Longitud de arco y cambio de parámetro 111

2.4 Vector tangente, vector normal y vector binormal 119

2.5 Curvatura, torsión y aceleración 124

2.6 Las leyes de Kepler 138

2.7 Superficies paramétricas 142

Capítulo 3. DERIVADAS PARCIALES 149

***JOSEPH LOUIS LAGRANGE* (1736-1813)** 150

3.1 Funciones de dos o más variables 151

3.2 Límites y continuidad 165

3.3 Derivadas parciales 194

3.4 Funciones diferenciables, plano tangente y aproximación lineal 218

3.5 La regla de la cadena 247

3.6 Derivadas direccionales y gradiente 274

3.7 Máximos y mínimos de funciones de varias variables 307

3.8 Multiplicadores de Lagrange 346

3.9 Fórmula de Taylor para funciones de dos variables 368

Capítulo 4. INTEGRALES MULTIPLES 377

***GUIDO FUBINI* (1879-1943)** 378

4.1 Integrales dobles sobre rectángulos 379

4.2 Integrales dobles sobre regiones generales 391

4.3 Volumen y área con integrales dobles 406

4.4 Integrales dobles en coordenadas polares 415

4.5 Aplicaciones de las integrales dobles 427

4.6 Area de una superficie 443

4.7 Integrales triples 459

4.8 Integrales triples en coordenadas cilíndricas y esféricas 480

4.9 Cambio de variables en integrales múltiples 486

Capítulo 5. ANALISIS VECTORIAL INTEGRAL 501

GEOGE GABRIEL STOKES 502
(1819-1903)

5.1 Campos vectoriales 503

5.2 Integrales de línea 514

5.3 Teorema fundamental de las integrales de línea. Independencia de la trayectoria 550

5.4 Teorema de Green 566

5.5 Integrales de superficie 586

5.6 Teorema de Stokes 612

5.7 Teorema de la divergencia 626

TABLAS 643

Derivadas 643

Integrales 644

Algebra 652

Geometría 654

Trigonometría 655

Funciones trigonométricas de ángulos notables 657

Exponenciales y logaritmos 658

Identidades hiperbólicas 658

Alfabeto griego 658

Indice alfabético 659

PROLOGO

Este nuevo texto y nuestras anteriores publicaciones de **Cálculo Diferencial** y **Cálculo Integral** cubren casi todo el contenido de Cálculo requerido en los programas de las facultades de Ciencias e Ingeniería.

Como en nuestros textos anteriores, se ha buscado equilibrar la teoría, la práctica y las aplicaciones. Cada tema es acompañado de numerosos ejemplos. Cada sección es reforzada con una selección de problemas resueltos. Aquí, los problemas típicos y de relevancia, son desarrollados con todo detalle. La gran mayoría de teoremas son presentados con su respectiva demostración. Cuando la demostración es compleja, ésta se presenta como un problema resuelto. Además, a lo largo de toda la obra, son resaltados ciertos aspectos históricos. Cada capítulo lo iniciamos con una corta biografía de un matemático notable que jugó papel relevante en el desarrollo de las ideas del capítulo correspondiente.

La preparación de esta obra ha requerido mucha dedicación. En esta tarea he recibido ayuda invalorable de varios colegas de los Departamentos de Matemáticas de los Decanato de Ciencias y Tecnología y de Ingeniería Civil de la UCLA, de la Sección de Matemática, de la UNEXPO Vice–Rectorado Barquisimeto, del Departamento de Matemáticas de la UPEL–IPB. En especial debo mencionar al Prof. Mario Rodríguez, quien ha dictado durante dos semestres el curso de Matemáticas IV de la licenciatura de Matemáticas, utilizando casi exclusivamente las notas previas de la presente obra. A los profesores Héctor Godoy y Wílmer Ortiz, quienes también han usado estas notas previas en su curso de Matemáticas IV de Ingeniería Civil. A los profesores Hánzel Lares y Marco García de la Facultad de Ingeniería de la ULA. A los estudiantes de Matemáticas IV de la licenciatura de Matemáticas que llevaron el curso conmigo o con el Prof. M. Rodríguez. Ellos revisaron las respuestas de los diferentes problemas propuestos. Mi gratitud y reconocimiento a todos ellos.

Jorge Sáenz Camacho

8 de abril del 2013

1

VECTORES Y GEOMETRIA ANALITICA DEL ESPACIO

WILLIAM ROWAN HAMILTON
(1805–1865)

1.1 COORDENADAS CARTESIANAS TRIDIMENSIONALES

1.2 VECTORES EN LOS ESPACIOS DE DOS Y TRES DIMENSIONES

1.3 PRODUCTO ESCALAR

1.4 PRODUCTO VECTORIAL

1.5 RECTAS Y PLANOS EN EL ESPACIO

1.6 SUPERFICIES CILINDRICAS, CUADRATICAS Y SUPERFICIES DE REVOLUCION

1.7 COORDENADAS CILINDRICAS Y ESFERICAS

SIR WILLIAM ROWAN HAMILTON

(1805–1865)

WILLAM ROWAN HAMILTON *nació en Dublín, Irlanda. Desde muy temprano dio muestras de genialidad. A la edad de 5 años ya dominaba latín, griego y hebreo, gracias a las lecciones recibidas de su tío, el reverendo James Hamilton. A los 15 años empezó a leer a Newton y a Laplace. Cuando contaba con 17 años descubrió un error en la obra cumbre de Laplace,* **Mecánica Celeste**. *Con este hecho gana especial reconocimiento. En 1823 ingresó al Trinity Collage, de donde se graduó con óptimos honores.*

En 1833, Hamilton logra definir un producto en $\mathbb{R}^2$, *el conjunto de pares ordenados de números reales. Con este producto y la suma usual de pares,* $\mathbb{R}^2$ *adquiere la estructura de campo. Este campo no es otro que el campo de números complejos. Después de este éxito, él se obsesionó en la búsqueda, sin éxito, de resultados similares para* $\mathbb{R}^3$, *el conjunto de tríadas ordenadas de números reales.*

El 16 de octubre de 1843, mientras Hamilton caminaba con dirección a la Academia Real Irlandesa, en su mente surgió la idea de un producto en $\mathbb{R}^4$, *el conjunto de cuádruples ordenados de números reales. Mediante este producto,* $\mathbb{R}^4$, *adquiere la estructura de álgebra conmutativa: El* **Algebra de los Quaterniones**. *Tal fue su emoción que no resistió el impulso de grabar en el muro de un puente (el puente Broome) las fórmulas básicas de los quaterniones:*

$$\boldsymbol{i}^2 = \boldsymbol{j}^2 = \boldsymbol{k}^2 = \mathbf{ijk} = -1$$

El tiempo borró esta grabación. Sin embargo, en el año 1958, la Academia Real Irlandesa colocó una placa en este lugar para conmemorar este hecho,

Hamilton pasó el resto de su vida trabajando en los quaterniones. El tenía en mente que esta nueva estructura algebraica revolucionaría el estudio de la física. Fue infortunado en sus relaciones familiares. Tuvo problemas alcohólicos.

SECCION 1.1

SISTEMA TRIDIMENSIONAL DE COORDENADAS RECTANGULARES

Introducimos un sistema tridimensional de coordenadas para el espacio. Para esto, tomamos tres rectas numéricas a la misma escala, perpendiculares y que se interceptan en su origen. Estas rectas tomarán el nombre de eje X, eje Y y eje Z. Aún más, la dirección positiva del eje Z es escogida de acuerdo a la regla de la mano derecha. Esto es, como ilustra la figura, si se doblan los dedos de la mano derecha logrando una rotación en sentido antihorario en el plano XY, el dedo pulgar debe apuntar en la dirección positiva del eje Z.

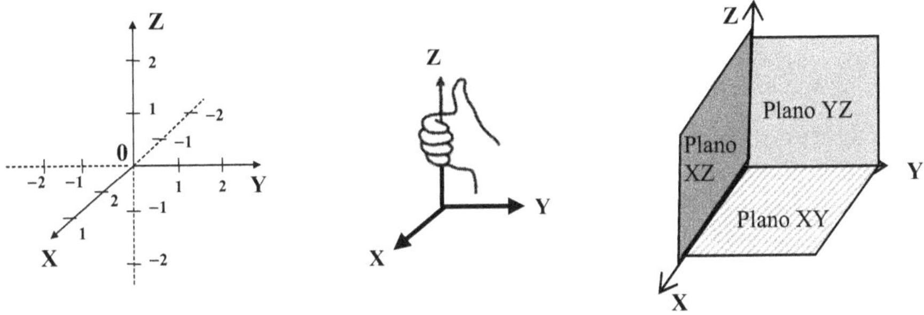

Los tres ejes determinan tres planos, llamados **planos coordenados**. Estos son: El plano XY, que contiene a los ejes X e Y. El plano YZ, que contiene a los ejes Y y Z. El plano XZ, que contiene a los ejes Y y Z.

Los planos coordenados dividen al espacio en ocho partes, llamados **octantes.** Llamaremos **primer octante,** al octante determinado por los tres semiejes positivos.

Sea $\mathbb{R}^3 = \mathbb{R} \times \mathbb{R} \times \mathbb{R}$ el conjunto de las ternas ordenadas (x, y, z) de números reales. Esto es, $\mathbb{R}^3 = \{(x, y, z) / x, y, z \in \mathbb{R}\}$.

El sistema construido nos permitirá construir una correspondencia biunívoca entre los puntos del espacio y las ternas ordenadas de números ordenadas. En efecto, si P es un punto del espacio, a P le asignamos la terna **ordenada** (x, y, z), donde x, y, z son las coordenadas de las proyecciones de P sobre los ejes X, Y y Z, respectivamente. Recíprocamente, a una terna ordenada (x, y, z) le hacemos corresponder el punto P que se obtiene moviéndose x unidades sobre el eje X a partir de **0**; luego, y unidades en dirección paralela al eje Y y, por último, z unidades en dirección paralela al eje Z. En estos movimientos se debe considerar el signo de la coordenada.

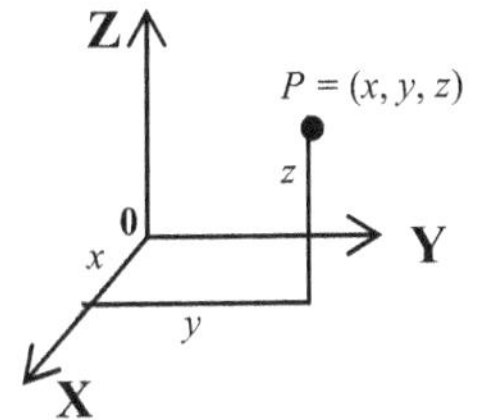

Según la correspondencia biunívoca anterior, si al punto P le corresponde la terna (x, y, z), diremos que (x, y, z) son las coordenadas rectangulares del punto P y escribiremos $P = (x, y, z)$ o también $P(x, y, z)$.

Al origen le corresponde la terna (0, 0, 0). Esto es, $\mathbf{0} = (0, 0, 0)$.

La correspondencia biunívoca lograda anteriormente recibe el nombre de **sistema tridimensional de coordenadas rectangulares**.

EJEMPLO 1. Graficar el punto $P = (2, -3, 4)$

Solución

Para ayudar más a nuestra perspectiva, con los números de la terna, construimos un paralelepípedo (una caja) con un vértice en el origen. El punto P es el punto extremo de la diagonal principal que se inicia en $\mathbf{0}$.

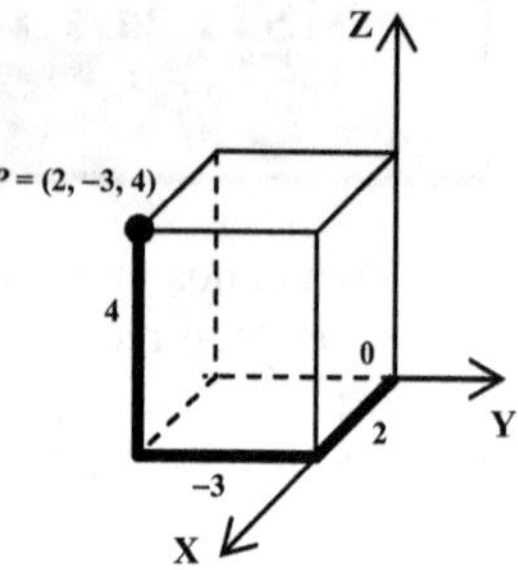

DISTANCIA EN EL ESPACIO

Aplicando el teorema de Pitágoras dos veces se consigue la siguiente fórmula.

La distancia entre los puntos $P_1 = (x_1, y_1, z_1)$ y $P_2 = (x_2, y_2, z_2)$ es

$$d(P_1, P_2) = \sqrt{(x_2 - x_1)^2 + (y_2 - y_1)^2 + (z_2 - z_1)^2}$$

A la distancia $d(P_1, P_2)$ también se lo denota por $\left|\overline{P_1P_2}\right|$

EJEMPLO 2. Hallar la distancia entre los puntos $P = (-2, -3, 1)$ y $Q = (3, 4, -3)$

Solución

$$d(P, Q) = \sqrt{(3-(-2))^2 + (4-(-3))^2 + (-3-1)^2} = \sqrt{5^2 + 7^2 + 4^2} = \sqrt{90} = 3\sqrt{10}$$

PUNTO MEDIO

El punto medio del segmento de recta comprendido entre los puntos $P_1 = (x_1, y_1, z_1)$ y $P_2 = (x_2, y_2, z_2)$ es

$$M = \left(\frac{x_1 + x_2}{2}, \frac{y_1 + y_2}{2}, \frac{z_1 + z_2}{2}\right)$$

Este resultado lo demostramos en el problema resuelto 2.

EJEMPLO 3. Hallar el punto medio del segmento de recta comprendido entre los puntos $P = (2, -3, -1)$ y $Q = (-6, -5, 3)$.

Solución

$$M = \left(\frac{2-6}{2}, \frac{-3-5}{2}, \frac{-1+3}{2}\right) = \left(\frac{-4}{2}, \frac{-8}{2}, \frac{2}{2}\right) = (-2, -4, 1)$$

SUPERFICIES EN $\mathbb{R}^3$

Sea $f(x, y, z) = 0$ una ecuación en las variables x, y, z. La **gráfica** de esta ecuación es el conjunto de puntos (x, y, z) en $\mathbb{R}^3$ cuyas coordenadas satisfacen la ecuación. A esta gráfica la llamaremos **superficie en** $\mathbb{R}^3$. Esto es, el conjunto

$$S = \left\{(x, y, z) \in \mathbb{R}^3 / f(x, y, z) = 0\right\}$$

es una superficie en $\mathbb{R}^3$.

EJEMPLO 4. Describir cada una de las superficies:

a. $z = 5$ **b.** $x = -3$ **c.** $y = -2$

Solución

a. La gráfica de $z = 5$ es el conjunto $\left\{(x, y, z) \in \mathbb{R}^3 / \ z = 5\right\}$, que son los puntos del espacio cuya tercera coordenada es 5. Estos puntos conforman el plano paralelo al plano coordenado XY que está a 5 unidades arriba de él. Ver la Fig. 1.

En general, si k es una constante, el gráfico de $z = k$ es un plano paralelo al plano XY. En particular, el gráfico $z = 0$ es el mismo plano coordenado XY.

b. Similar al caso anterior. La gráfica de $x = -3$ es el plano paralelo al plano coordenado YZ que esta a 3 unidades detrás del origen. Ver la Fig. 2.

En general, si k es una constante, el gráfico de $x = k$ es un plano paralelo al plano YZ. En particular, el gráfico de $x = 0$ es el mismo plano coordenado YZ.

c. La gráfica de $y = -2$ es el plano paralelo al plano coordenado XZ que esta a 2 unidades a la izquierda del origen. Ver la Fig. 3.

En general, si k es una constante, el gráfico de $y = k$ es un plano paralelo al plano XZ. En particular, el gráfico de $y = 0$ es el mismo plano coordenado XZ.

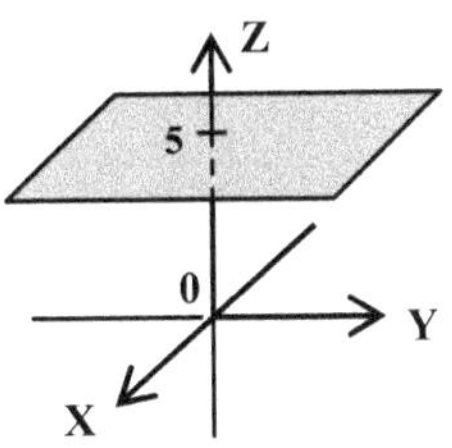

Fig. 1: $z = 5$

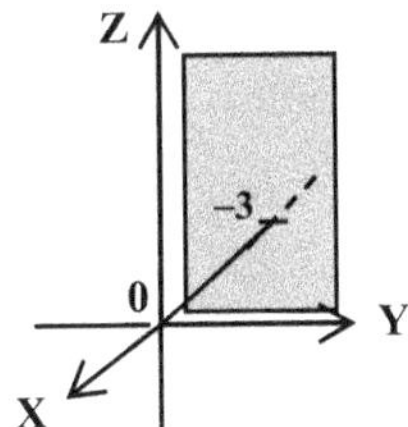

Fig. 2: $x = -3$

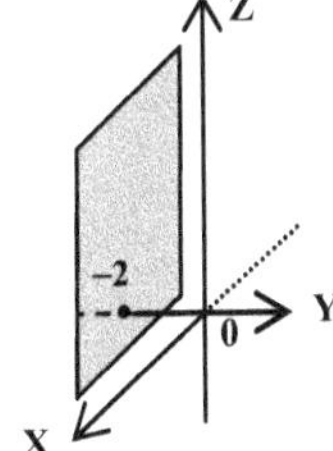

Fig. 3: $y = -2$

Más adelante estudiaremos el plano en forma más completa.

ECUACION DE LA ESFERA

Una **esfera** es el conjunto de todos los puntos de $\mathbb{R}^3$ que son equidistantes de un punto fijo. El punto fijo es el **centro** de la esfera y la medida de la distancia constante es el **radio**.

La ecuación **canónica de la esfera de radio *r*** y centro en ***C* = (*h*, *k*, *l*)** es

$$(x-h)^2+(y-k)^2+(z-l)^2=r^2 \qquad (1)$$

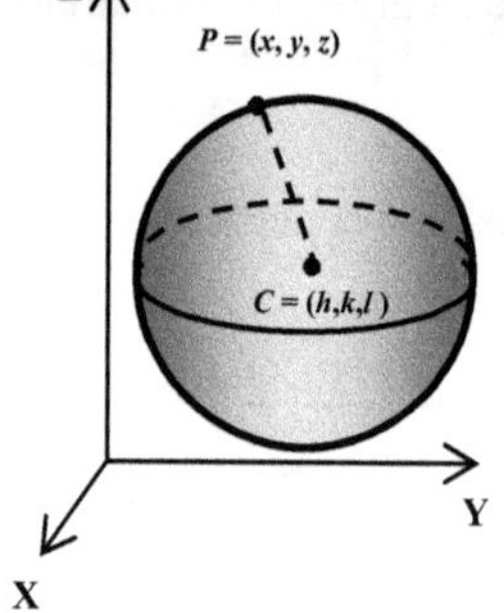

En efecto, si $P = (x, y, z)$ es un punto cualquiera de la esfera, entonces

$$d(P,C)=r \Leftrightarrow [d(P,C)]^2=r^2$$

$$\Leftrightarrow (x-h)^2+(y-k)^2+(z-l)^2=r^2$$

Si desarrollamos los cuadrados de la ecuación canónica de la esfera obtenemos una ecuación de segundo grado de la forma:

$$x^2+y^2+z^2+Hx+Ky+Lz+M=0 \qquad (2)$$

Recíprocamente, si tenemos una ecuación como la anterior, completando cuadrados obtenemos:

$$(x-h)^2+(y-k)^2+(z-l)^2=R, \text{ donde}$$

$$h=\frac{1}{2}H \quad k=\frac{1}{2}K \quad l=\frac{1}{2}L, \quad R=\frac{1}{4}\left(H^2+K^2+L^2-4M\right)$$

Si $R > 0$, entonces la ecuación (2) es la ecuación de la esfera de radio $r=\sqrt{R}$ Y centro en $C = (h, k, l)$. Si $R = 0$, la gráfica de (2) es el punto $C = (h, k, l)$. Si $R < 0$, la gráfica de (2) es el conjunto vacío, ya que la suma de los cuadrados de tres reales nunca es negativa. En resumen tenemos:

TEOREMA 1.1 La gráfica de una ecuación de segundo grado de la forma

$$x^2+y^2+z^2+Hx+Ky+Lz+M=0$$

es una esfera, un punto o el conjunto vacío.

A esta ecuación se le llama **ecuación general de la esfera.**

EJEMPLO 4. Identificar el gráfico de

$$3x^2+3y^2+3z^2+6x-18z-45=0$$

Solución

Completamos cuadrados:

$$3(x^2+2x+1)+3y^2+3(z^2-6z+9)=45+3+27 \Leftrightarrow$$

$$3(x+1)^2+3y^2+3(z-3)^2=75 \quad \Leftrightarrow$$

$$(x+1)^2 + y^2 + (z-3)^2 = 25 \iff$$
$$(x+1)^2 + y^2 + (z-3)^2 = 5^2$$

Esta ecuación corresponde a la esfera de radio $r = 5$ y centro en $C = (-1, 0, 3)$.

EJEMPLO 5. El segmento que tiene por extremos los puntos $P = (-6, 3, 6)$ y $Q = (4, -1, -2)$ es un diámetro de una esfera. Hallar la ecuación de esta esfera.

Solución

El centro de la esfera es el punto medio del diámetro. Luego, el centro

$$C = \left(\frac{-6+4}{2}, \frac{3-1}{2}, \frac{6-2}{2}\right) = (-1, 1, 2)$$

Por otro lado, el radio de la esfera es la mitad de un diámetro. Luego, este radio es

$$r = \frac{1}{2}d(P, Q) = \frac{1}{2}\sqrt{(4+6)^2 + (-1-3)^2 + (-2-6)^2} = 3\sqrt{5}$$

En consecuencia, la ecuación canónica de esta circunferencia es

$$(x+1)^2 + (y-1)^2 + (z-2)^2 = 45$$

PROBLEMAS RESUELTOS 1.1

PROBLEMA 1. Los puntos $A = (-1, -1, 1)$ y $B = (1, 2, 3)$ son vértices opuestos de un paralelepípedo cuyas caras son paralelas a los planos coordenados.

a. Dibujar el paralelepípedo.

b. Hallar los 8 vértices

c. Hallar la longitud de la diagonal. $\overline{AB}$.

Solución

b. $A = (-1, -1, 1)$, $(1, -1, 1)$,

$(1, -1, 3)$, $(-1, -1, 3)$

$B = (1, 2, 3)$, $(-1, 2, 1)$,

$(1, 2, 1)$, $(-1, 2, 3)$.

c. $d(A, B) = \sqrt{(1+1)^2 + (2+1)^2 + (3-1)^2} = \sqrt{17}$

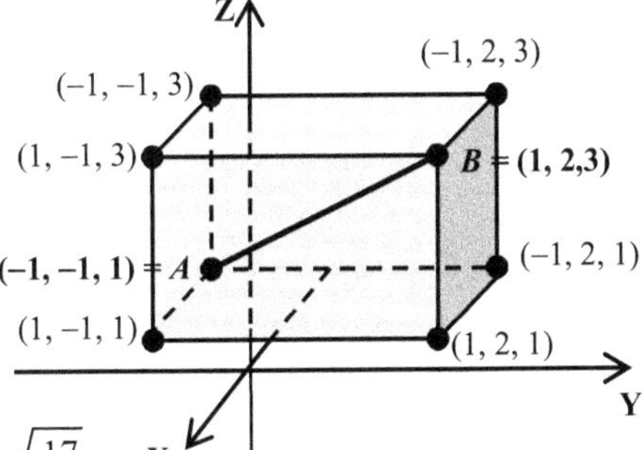

PROBLEMA 2. Probar que el punto medio M del segmento de recta comprendido entre los puntos $P_1 = (x_1, y_1, z_1)$ y $P_2 = (x_2, y_2, z_2)$ es

$$M = \left(\frac{x_1 + x_2}{2}, \frac{y_1 + y_2}{2}, \frac{z_1 + z_2}{2}\right)$$

Solución

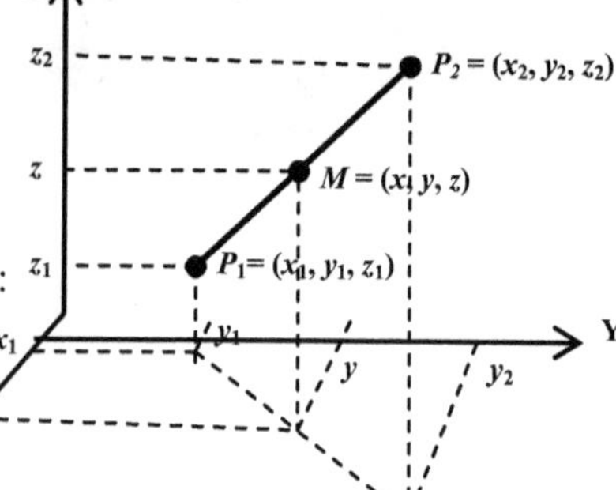

Sea $M = (x, y, z)$

Proyectamos el segmento $\overline{P_1P_2}$ sobre cada uno de los tres ejes.

Por ser $M = (x, y, z)$ el punto medio, tenemos:

En el eje X, x es punto medio del intervalo $[x_1, x_2]$. Luego,

$$x - x_1 = x_2 - x \Rightarrow 2x = x_1 + x_2 \Rightarrow$$

$$x = \frac{x_1 + x_2}{2}$$

En el eje Y, y es punto medio del intervalo $[y_1, y_2]$. Luego,

$$y - y_1 = y_2 - y \Rightarrow 2y = y_1 + y_2 \Rightarrow \quad y = \frac{y_1 + y_2}{2}$$

En el eje Z, z es punto medio del intervalo $[z_1, z_2]$. Luego,

$$z - z_1 = z_2 - z \Rightarrow 2z = z_1 + z_2 \Rightarrow \quad z = \frac{z_1 + z_2}{2}$$

PROBLEMAS PROPUESTOS 1.1

En los problemas 1 y 2, los puntos A y B son vértices opuestos de un paralelepípedo rectangular con caras paralelas a los planos coordenados.

a. Dibujar el paralelepípedo. b. Hallar los 8 vértices c. Hallar la longitud de la diagonal $\overline{AB}$.

1. $A = (1, 1, 1), B = (2, 4, 3)$ *Rpta.* **b.** $A =$ (1, 1, 1), (2, 1, 1), (2, 1, 3), (1, 1, 3)

$B =$ (2, 4, 3), (2, 4, 1), (1, 4, 1), (1, 4, 3)

c. $d(A, B) = \sqrt{14}$

2. $A = (-1, -1, 2), B = (3, 2, 4)$ *Rpta* **b.** $A =$ (−1, −1, 2), (3, −1, 2), (3, −1, 4), (−1, −1, 4). $B =$ (3, 2, 4), (3, 2, 2), (−1, 2, 2), (−1, 2, 4). **c.** $d(A, B) = \sqrt{29}$

3. a. Pruebe que el triángulo de vértices $P = (1, 1, 1)$, $Q = (3, 3, 2)$ y $R = (3, -3, 5)$ es un triángulo rectángulo.

b. Hallar el área del triángulo. *Rpta.* $A = 9$

4. a. Probar que el triángulo de vértices $P = (3, 4, 1)$, $Q = (0, 6, 2)$ y $R = (1, 3, 4)$ es un triángulo equilátero.

b. Hallar M, el punto medio del segmento $\overline{PQ}$. *Rpta.* $M = (3/2, 5, 3/2)$

c. Hallar la longitud del segmento $\overline{MR}$. *Rpta.* $\sqrt{42}/2$

d. Hallar el área del triángulo. *Rpta.* $7\sqrt{3}/2$

5. Probar que los puntos $P = (1, 0, 3)$, $Q = (2, 1, 4)$ y $R = (4, 3, 6)$ son colineales.
Sugerencia: Probar que $d(P, R) = d(P, Q) + d(Q, R)$

6. Hallar la distancia del punto $P = (2, -3, 4)$ a cada uno de los siguientes planos y ejes.

a. Plano XY **b.** Plano XZ **c.** Plano YZ

d. Eje X **e.** Eje Y **f.** Eje Z

Rpta. **a.** 4 **b.** 3 **c.** 2 **d.** 5 **e.** $2\sqrt{5}$ **f.** $\sqrt{13}$

7. Se traza una recta que pasa por el punto (3, 5, 2) y es perpendicular al plano YZ. Hallar los puntos de esta recta que están a una distancia de 7 unidades del punto (0, 5, 0). *Rpta.* $(3\sqrt{5}, 5, 2), (-3\sqrt{5}, 5, 2)$

8. Se traza una recta que pasa por el punto (3, 5, 2) y es perpendicular al plano XY. Hallar los puntos de esta recta que están a una distancia de 7 unidades del punto (0, 5, 0). *Rpta.* $(3, 5, 2\sqrt{10}), (3, 5, -2\sqrt{10})$

En los problemas del 9 al 12, completando cuadrados, hallar el centro y el radio de la esfera cuya ecuación es dada.

9. $x^2 + y^2 + z^2 - 6x + 2y - 2z + 10 = 0$ *Rpta.* $(3, -1, 1)$. $r = 1$

10. $x^2 + y^2 + z^2 - 6x - 8y + 8z + 25 = 0$ *Rpta.* $(3, 4, -4)$. $r = 4$

11. $4x^2 + 4y^2 + 4z^2 - 4y + 8z - 3 = 0$ *Rpta.* $(0, 1/2, -1)$. $r = \sqrt{2}$

12. $x^2 + y^2 + z^2 - z = 0$ *Rpta.* $(0, 0, 1/2)$. $r = 1/2$

13. a. Hallar la ecuación de la esfera con centro en $(4, -2, 1)$ y radio $\sqrt{5}$.
b. Describir la intersección de la esfera con el plano XY.
c. Describir la intersección de la esfera con el plano XZ.
d. Describir la intersección de la esfera con el plano YZ.

Rpta. **a.** $(x-4)^2 + (y+2)^2 + (z-1)^2 = 5$
b. *La circunferencia en el plano* XY: $(x-4)^2 + (y+2)^2 = 4, z = 0$
c. *La circunferencia en el plano* XZ: $(x-4)^2 + (z-1)^2 = 1, \ y = 0$
d. *La esfera no intersecta el plano* YZ.

14. Hallar la ecuación de la esfera con centro en $(2, -1, 2)$ y que pasa por el origen.
Rpta. $(x-2)^2 + (y+1)^2 + (z-2)^2 = 9$

15. Hallar la ecuación de la esfera con centro en $(-1, 3, -2)$ y que pasa por el punto $(3, 6, -2)$.
Rpta. $(x+1)^2 + (y-3)^2 + (z+2)^2 = 25$

16. Hallar la ecuación de la esfera con centro en $(4, -2, 3)$ y es tangente:

a. Al plano XY **b.** Al plano YZ

Rpta. **a.** $(x-4)^2 + (y+2)^2 + (z-3)^2 = 9$ **b.** $(x-4)^2 + (y+2)^2 + (z-3)^2 = 16$

17. Hallar las ecuaciones de las esferas tangentes que tienen el mismo radio y cuyos centros son $(4, -2, 5)$ y $(-4, 0, 1)$.

Rpta. **a.** $(x-4)^2 + (y+2)^2 + (z-5)^2 = 21$ **b.** $(x+4)^2 + y^2 + (z-1)^2 = 21$

18. Hallar la ecuación de la esfera que es tangente a los tres planos coordenados, de radio 5 y cuyo centro está en el primer octante.
Rpta. $(x-5)^2 + (y-5)^2 + (z-5)^2 = 25$

19. Un punto P se mueve en tal forma que su distancia al punto $(0, 1, -4)$ es el doble de su distancia al punto $(0, 1, 2)$. Probar que P está en una esfera. Hallar la ecuación de esta esfera. *Rpta.* $x^2 + (y-1)^2 + (z-4)^2 = 16$

En los problemas del 20 al 27 describir verbalmente la región descrita por la expresión algebraica dada.

20. $y = 4$

21. $z = -3$

22. $x > 1$

22. $|x| \leq 2$

23. $y = x$ *Rpta. El plano vertical que corta el plano XY en la recta $x = y$*

24. $x^2 + y^2 = 1$ *Rpta. Cilindro vertical que interseca al plano XY en la circunferencia $x^2 + y^2 = 1$*

25. $xy = 0$ *Rpta. Unión del plano YZ con el plano XZ.*

26. $xyz = 0$ *Rpta. Unión de los tres planos coordenados.*

27. $4 \leq x^2 + y^2 + z^2 < 9.$ *Rpta. Unión de la esfera $x^2 + y^2 + z^2 = 4$ con la región comprendida entre las esferas $x^2 + y^2 + z^2 = 4$ y $x^2 + y^2 + z^2 = 9$*

SECCION 1.2

VECTORES EN LOS ESPACIOS DE DOS Y TRES DIMENSIONES

En la sección anterior hemos usado a los elementos de $\mathbb{R}^3$ para representar puntos del espacio. En esta sección estudiaremos a $\mathbb{R}^3$ desde el punto de vista algebraico. Definiremos dos operaciones con las cuales, $\mathbb{R}^3$ se convertirá en un "**espacio vectorial**", gracias a lo cual cumplirá un rol fundamental en el estudio de la física y otras ciencias.

En general, un vector es un elemento de un espacio vectorial. Desde este punto de vista, las ternas ordenadas (x, y, z), que son los elementos de $\mathbb{R}^3$, son vectores. Por esta razón, haremos un pequeño cambio de notación. Ya sabemos que cuando escribimos $A = (a_1, a_2, a_3)$, queremos decir el punto A cuyas coordenadas son a_1, a_2 y a_3. En cambio, si la terna es pensada como vector, escribiremos: $\mathbf{a} = \langle a_1, a_2, a_3 \rangle$ y diremos el vector **a** con componentes a_1, a_2 y a_3. Observar que a los vectores los denotamos con letras minúsculas negreadas.

DEFINICION. **Adición en $\mathbb{R}^3$.**

Sean $\mathbf{a} = \langle a_1, a_2, a_3 \rangle$ y $\mathbf{b} = \langle b_1, b_2, b_3 \rangle$ dos elementos de $\mathbb{R}^3$. La suma $\mathbf{a} + \mathbf{b}$ es la terna:

$$\mathbf{a} + \mathbf{b} = \langle a_1, a_2, a_3 \rangle + \langle b_1, b_2, b_3 \rangle = \langle a_1 + b_1, a_2 + b_2, a_3 + b_3 \rangle$$

EJEMPLO 1.

1. $\langle 2, -5, 0 \rangle + \langle 4, 2, -7 \rangle = \langle 2 + 4, -5 + 2, 0 + (-7) \rangle = \langle 6, -3, -7 \rangle$

2. $\langle -1, 3, 8 \rangle + \langle 0, 0, 0 \rangle = \langle -1 + 0, 3 + 0, 8 + 0 \rangle = \langle -1, 3, 8 \rangle$

La terna $\langle 0, 0, 0 \rangle$ se llama el **vector cero** o, simplemente, el **cero** de $\mathbb{R}^3$ y lo denotaremos por $\mathbf{0}$. Esto es, $\mathbf{0} = \langle 0, 0, 0 \rangle$.

Se llama **vector opuesto** del vector $\mathbf{a} = \langle a_1, a_2, a_3 \rangle$ al vector $-\mathbf{a} = \langle -a_1, -a_2, -a_3 \rangle$

Ahora definimos la otra operación, **multiplicación por escalares**. Aquí usamos el término **escalar** como sinónimo de número real. Esta operación toma un escalar y un vector y produce otro vector. En términos precisos tenemos:

DEFINICION. **Multiplicación por escalares**

Sea r un número real y sea el vector $\mathbf{a} = \langle a_1, a_2, a_3 \rangle$, entonces $r\mathbf{a}$ es el vector:

$$r\mathbf{a} = r\langle a_1, a_2, a_3 \rangle = \langle ra_1, ra_2, ra_3 \rangle$$

EJEMPLO 2. **1.** $3\langle 2, -1, 0\rangle = \langle 3(2), 3(-1), 3(0)\rangle = \langle 6, -3, 0\rangle$

2. $-2\langle -1, 3, 8\rangle = \langle -2(-1), -2(3), -2(8)\rangle = \langle 2, -6, -16\rangle$

3. $1\langle a_1, a_2, a_3\rangle = \langle 1(a_1), 1(a_2), 1(a_3)\rangle = \langle a_1, a_2, a_3\rangle$

4. $0\langle a_1, a_2, a_3\rangle = \langle 0(a_1), 0(a_2), 0(a_3)\rangle = \langle 0, 0, 0\rangle$

Las propiedades esenciales de estas operaciones son dadas en el siguiente teorema.

TEOREMA 1. Si **a, b** y **c** son vectores de $\mathbb{R}^3$ y r, s son escalares, entonces

1. $\mathbf{a} + \mathbf{b} = \mathbf{b} + \mathbf{a}$ (propiedad conmutativa)
2. $(\mathbf{a} + \mathbf{b}) + \mathbf{c} = \mathbf{a} + (\mathbf{b} + \mathbf{c})$ (propiedad asociativa)
3. $\mathbf{a} + \mathbf{0} = \mathbf{a}, \forall\, \mathbf{a} \in \mathbb{R}^3$ (propiedad del elemento neutro)
4. $\mathbf{a} + (-\mathbf{a}) = \mathbf{0}, \forall\, \mathbf{a} \in \mathbb{R}^3$ (propiedad del opuesto)
5. $1\mathbf{a} = \mathbf{a}$
6. $r(s\mathbf{a}) = (rs)\mathbf{a}$
7. $r(\mathbf{a} + \mathbf{b}) = r\mathbf{a} + r\mathbf{b}$ (propiedad distributiva)
8. $(r + s)\mathbf{a} = r\mathbf{a} + s\mathbf{a}$ (propiedad distributiva)

Demostración

Estas propiedades son el reflejo de las propiedades de los números reales y son muy fáciles de probar. Como muestra, probaremos solamente 4 y 7. Dejamos las otras como ejercicio al lector.

4. $\mathbf{a} + (-\mathbf{a}) = \langle a_1, a_2, a_3\rangle + (-\langle a_1, a_2, a_3\rangle) = \langle a_1, a_2, a_3\rangle + \langle -a_1, -a_2, -a_3\rangle$

$= \langle a_1 - a_1,\ a_2 - a_2,\ a_3 - a_3\rangle = \langle 0, 0, 0\rangle = \mathbf{0}$

7. $r(\mathbf{a} + \mathbf{b}) = r(\langle a_1, a_2, a_3\rangle + \langle b_1, b_2, b_3\rangle) = r\langle a_1 + b_1, a_2 + b_2, a_3 + b_3\rangle$

$= \langle r(a_1 + b_1), r(a_2 + b_2), r(a_3 + b_3)\rangle = \langle ra_1 + rb_1, ra_2 + rb_2, ra_3 + rb_3\rangle$

$= \langle ra_1, ra_2, ra_3\rangle + \langle rb_1, rb_2, rb_3\rangle = r\langle a_1, a_2, a_3\rangle + r\langle b_1, b_2, b_3\rangle$

$= r\mathbf{a} + r\mathbf{b}$

DEFINICION. **Sustracción de vectores.**

Si **a** y **b** son vectores, entonces $\mathbf{a} - \mathbf{b} = \mathbf{a} + (-\mathbf{b})$

O sea, la diferencia de **a menos b** es suma de **a** con el opuesto de **b.**

EJEMPLO 3. Si $\mathbf{a} = \langle 2, -5, 8\rangle$ $\mathbf{b} = \langle 6, -3, 4\rangle$, entonces $-\mathbf{b} = \langle -6, 3, -4\rangle$ y

$$\mathbf{a} - \mathbf{b} = \mathbf{a} + (-\mathbf{b}) = \langle 2, -5, 8\rangle + \langle -6, 3, -4\rangle = \langle 2-6, -5+3, 8-4\rangle$$
$$= \langle -4, -2, 4\rangle$$

DEFINICION. Un **espacio vectorial** es un conjunto **V** provisto de dos operaciones, una "adición" y una "multiplicación por escalares" las cuales satisfacen las ocho propiedades dadas en el teorema anterior.

El teorema 1 nos dice que $\mathbb{R}^3$, provista de las dos operaciones antes definidas, es un espacio vectorial. A sus elementos los llamaremos **vectores tridimensionales**

DEFINICION. Si $P = (a_1, a_2, a_3)$ es un punto de $\mathbb{R}^3$ al vector $\mathbf{a} = \langle a_1, a_2, a_3\rangle$ lo llamaremos **vector de posición** del punto P.

Los resultados obtenidos para $\mathbb{R}^3$ también se cumplen para $\mathbb{R}^2$. En consecuencia, $\mathbb{R}^2$, con sus correspondientes operaciones, es también un espacio vectorial, A sus elementos los llamaremos **vectores bidimensionales.** Si $P = (a_1, a_2,)$ es un punto de $\mathbb{R}^2$ al vector $\mathbf{a} = \langle a_1, a_2\rangle$ lo llamaremos **vector de posición** del punto P.

REPRESENTACION GEOMETRICA DE VECTORES BIDIMENSIONALES

Aquí trataremos de las ideas geométricas que están detrás de las ideas algebraicas de los vectores. Empezamos con los vectores bidimensionales.

Sea $\mathbf{a} = \langle a_1, a_2\rangle$ un vector de $\mathbb{R}^2$. A este vector lo representaremos mediante flechas en el plano, construidas del modo siguiente:

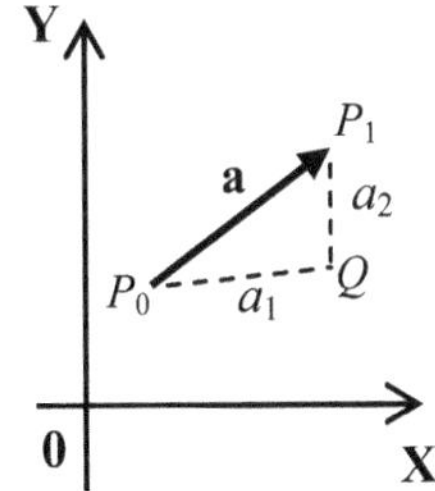

1. Tomamos P_0, un punto cualquiera del plano.
2. Comenzando en P_0, nos movemos paralelamente al eje X una distancia a_1. El movimiento es hacia la derecha si a_1 .es positivo o hacia la izquierda si a_1 es negativo. Sea Q el punto final de este movimiento.
3. A partir de Q nos movemos paralelamente al eje Y una distancia a_2. El movimiento es hacia arriba si a_2 es positivo o hacia abajo si a_2 es negativo. Sea P_1 el punto final de este movimiento.

4. Trazamos la flecha con punto inicial P_0 y punto final P_1, la que denotamos por $\overrightarrow{P_0P_1}$. Esta flecha representa al vector **a.**

Como el punto inicial P_0 fue escogido arbitrariamente, esto significa que hay infinitas flechas que representan al vector **a.** Estas se caracterizan por ser paralelas, tener igual longitud y apuntar en el mismo sentido.

REPRESENTACION ESTANDAR DE UN VECTOR

De todas las infinitas flechas que representan a un vector $\mathbf{a} = \langle a_1, a_2\rangle$, sobresale la flecha $\overrightarrow{0P}$, con punto inicial el origen y con punto final el punto $P = (a_1, a_2)$, cuyas coordenadas son la componentes del vector $\mathbf{a} = \langle a_1, a_2\rangle$. A la flecha $\overrightarrow{0P}$ la llamaremos **representación estándar** o **representación canónica** del vector **a**.

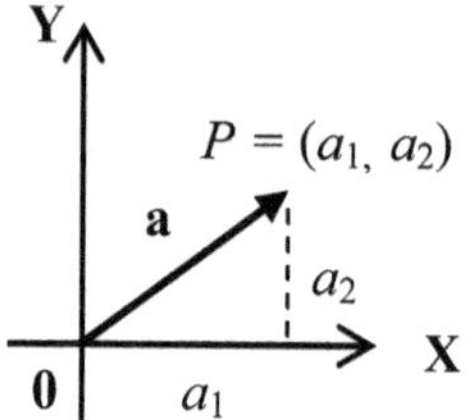

REPRESENTACION GEOMETRICA DE LA SUMA a + b

Sabemos que si $\mathbf{a} = \langle a_1, a_2\rangle$ y $\mathbf{b} = \langle b_1, b_2\rangle$, entonces

$$\mathbf{a} + \mathbf{b} = \langle a_1 + b_1, a_2 + b_2\rangle$$

Geométricamente, para hallar la suma de dos vectores se usa la **ley del triángulo.** Según esta regla, si se tienen las flechas que representan a los vectores **a** y **b**, se construye otra flecha que representa al vector **b** que tenga como punto inicial el punto final de la flecha que representa al vector **a**. La flecha que une el punto inicial de la flecha de **a** con el punto final de la flecha de **b** representa a la suma **a + b.**

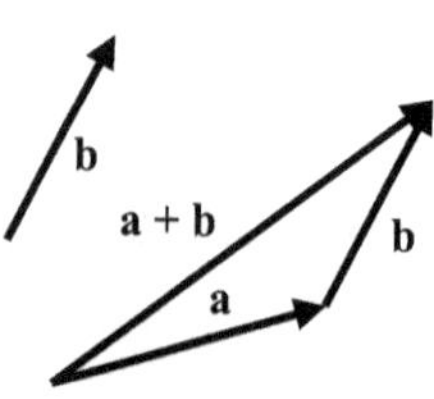

Ley del triángulo

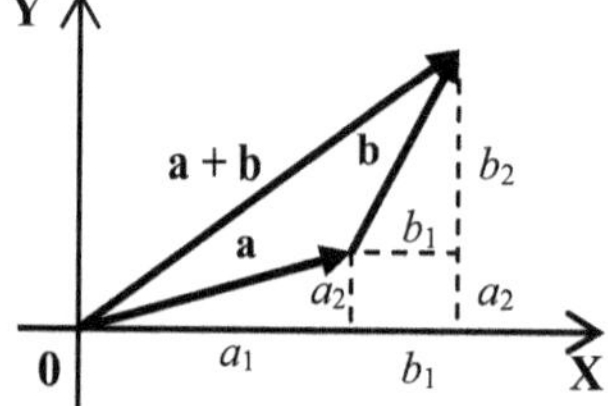

Prueba de la ley del triángulo

La figura anterior de la derecha nos muestra que el punto final de la flecha que une el origen con el punto final de la flecha del vector **b,** tiene por coordenadas $(a_1 + b_1, a_2 + b_2)$. Esta flecha representa al vector $\mathbf{a} + \mathbf{b} = \langle a_1 + b_1, a_2 + b_2\rangle$.

Si aplicamos la ley del triángulo moviendo la flecha de **a** a continuación de la flecha de **b**, obtenemos el triángulo superior. La unión de los dos triángulos nos da un paralelogramo cuya diagonal representa al vector suma **a + b.** Este resultado es conocido con el nombre de **ley del paralelogramo.**

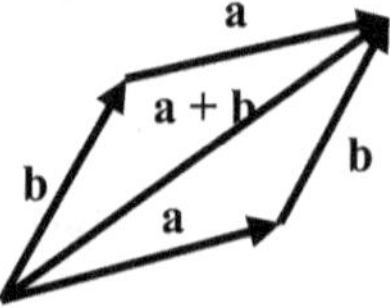

Ley del paralelogramo

EJEMPLO 4. Sea $\mathbf{a} = \langle 5, 4\rangle$ y $\mathbf{b} = \langle -1, 2\rangle$.

1. Hallar $\mathbf{a} + \mathbf{b}$ y representarlo geométricamente.
2. Hallar $\mathbf{a} - \mathbf{b}$ y representarlo geométricamente.

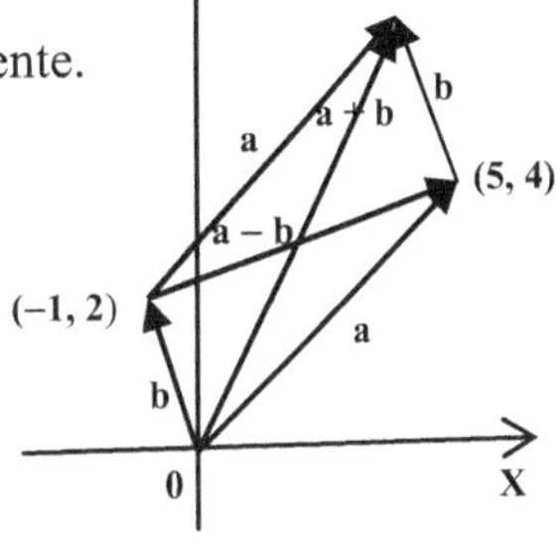

Solución

1. $\mathbf{a} + \mathbf{b} = \langle 5, 4\rangle + \langle -1, 2\rangle = \langle 4, 6\rangle$
2. $\mathbf{a} - \mathbf{b} = \langle 5, 4\rangle - \langle -1, 2\rangle = \langle 5, 4\rangle + \langle 1, -2\rangle = \langle 6, 2\rangle$

Construimos el paralelogramo determinado por los vectores $\mathbf{a} = \langle 5, 4\rangle$ y $\mathbf{b} = \langle -1, 2\rangle$.

La flecha sobre la diagonal que une el origen $\mathbf{0} = (0, 0)$ con el punto (4, 6) representa al vector suma $\mathbf{a} + \mathbf{b}$.

La flecha sobre la otra diagonal que une el punto (–1, 2) con el punto (5, 4) representa al vector diferencia $\mathbf{a} - \mathbf{b}$. Esta última afirmación podemos verificarla de dos maneras, geométricamente y analíticamente. Geométricamente: Si recorremos la flecha que representa a **b** y luego seguimos por la diagonal marcada con $\mathbf{a} - \mathbf{b}$, hallamos la flecha que representa al vector **a**. Analíticamente: La flecha sobre la diagonal marcada con $\mathbf{a} - \mathbf{b}$, une el punto (–1, 2) con el punto (5, 4); luego, esta flecha representa al vector $\langle 5 -(-1), 4 - 2\rangle = \langle 6, 2\rangle = \mathbf{a} - \mathbf{b}$.

REPRESENTACION GEOMETRICA DE LA MULTIPLICACION POR ESCALARES

Sabemos que si $\mathbf{a} = \langle a_1, a_2\rangle$ y r es un número real, entonces $r\mathbf{a} = \langle ra_1, ra_2\rangle$

Geométricamente, la flecha que representa al producto $r\mathbf{a}$ es una flecha paralela a la flecha que representa al vector **a**, pero r veces mas largo. Si r es positivo, la flecha de $r\mathbf{a}$ tiene la misma dirección que la de **a**. En cambio, si r es negativo, la flecha de $r\mathbf{a}$ tiene dirección opuesta a la flecha de **a**.

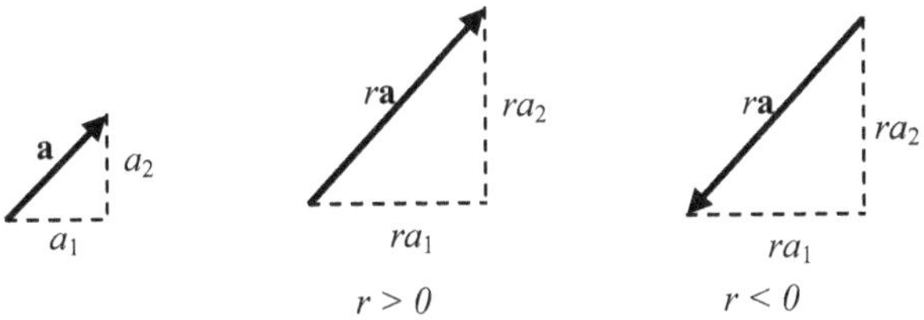

REPRESENTACION GEOMETRICA DE VECTORES TRIDIMENSIONALES

La discusión que hemos elaborado en la parte anterior sobre los vectores bidimensionales se generaliza fácilmente a los vectores tridimensionales, por lo que sobre este punto no nos extenderemos.

Dado un vector $\mathbf{a} = \langle a_1, a_2, a_2\rangle$ de $\mathbb{R}^3$. A este vector lo representaremos mediante flechas en el espacio construidas del modo siguiente:

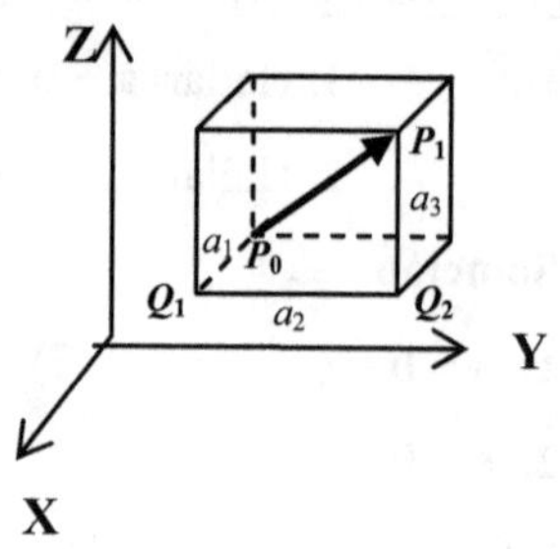

1. Tomamos P_0, un punto cualquiera del espacio.

2. Comenzando en P_0, nos movemos paralelamente al eje X una distancia a_1. El movimiento es en la dirección positiva del eje X si a_1 es positivo o en dirección negativa del eje X si a_1 es negativo. Sea Q_1 el punto final de este movimiento.

3. A partir de Q_1 nos movemos paralelamente al eje Y una distancia a_2. El movimiento es en la dirección positiva del eje Y si a_2 es positivo o en dirección negativa del eje Y si a_2 es negativo. Sea Q_2 el punto final de este movimiento.

4. A partir de Q_2 nos movemos paralelamente al eje Z una distancia a_3. El movimiento es hacia arriba si a_3 es positivo o hacia la abajo si a_3 es negativo. Sea P_1 el punto final de este movimiento.

4. Trazamos la flecha con punto inicial P_0 y punto final P_1., la que denotamos por $\overrightarrow{P_0P_1}$. Esta flecha representa al vector **a.**

DEFINICION. **Vectores paralelos.**

1. Dos vectores **a** y **b** distintos de **0** son **paralelos** si existe un escalar r tal que $\mathbf{a} = r\mathbf{b}$

2. Dos vectores **a** y **b** distintos de **0** tienen la **misma dirección** si existe un escalar $r > 0$ tal que $\mathbf{a} = r\mathbf{b}$

3. Dos vectores **a** y **b** distintos de **0** tienen **direcciones opuestas** si existe un escalar $r < 0$ tal que $\mathbf{b} = r\mathbf{a}$

EJEMPLO 5. Los vectores $\mathbf{a} = \langle -9, 3, -6\rangle$ y $\mathbf{b} = \langle 3, -1, 2\rangle$ son paralelos.

En efecto: $\mathbf{a} = \langle -9, 3, -6\rangle = -3\langle 3, -1, 2\rangle = -3\mathbf{b}$

Además, estos vectores tienen direcciones opuestas.

LONGITUD O NORMA DE UN VECTOR

DEFINICION. Se llama **norma o longitud** de un vector **a** a la longitud de cualquiera de sus representaciones.

Denotaremos con $\|\mathbf{a}\|$ a la norma de **a**.

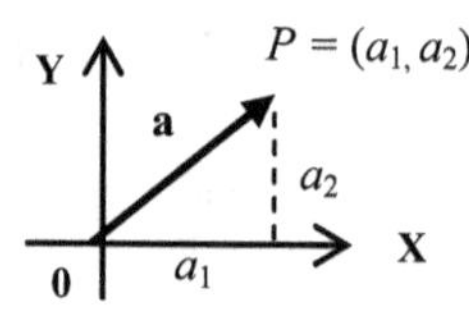

Si tomamos la representación estándar $\overrightarrow{0P}$ del vector **a**, entonces $\|\mathbf{a}\| = d(0, P)$.

Luego,

Si **a** es un vector **bidimensional**, $\mathbf{a} = \langle a_1, a_2\rangle$, entonces $P = (a_1, a_2)$ y, aplicando el teorema de Pitágoras,

$$\|\mathbf{a}\| = \sqrt{a_1^{\,2} + a_2^{\,2}}$$

Si **a** es un vector **tridimensional**, $\mathbf{a} = \langle a_1, a_2, a_3\rangle$, entonces $P = (a_1, a_2, a_3)$ y

$$\|\mathbf{a}\| = \sqrt{a_1^{\,2} + a_2^{\,2} + a_3^{\,2}}$$

EJEMPLO 6. Sea $\mathbf{a} = \langle 3, 0, -4\rangle$ y $\mathbf{b} = \langle 1, -2, 2\rangle$, hallar:

1. $\|\mathbf{a}\|$ **2.** $\|\mathbf{a}+\mathbf{b}\|$ **3.** $\|\mathbf{a}-\mathbf{b}\|$

Solución

1. $\|\mathbf{a}\| = \|\langle 3, 0, -4\rangle\| = \sqrt{3^2 + 0^2 + (-4)^2} = \sqrt{25} = 5$

2. $\|\mathbf{a}+\mathbf{b}\| = \|\langle 3, 0, -4\rangle + \langle 1, -2, 2\rangle\| = \|\langle 4, -2, -2\rangle\| = \sqrt{4^2 + (-2)^2 + (-2)^2} = 2\sqrt{6}$

3. $\|\mathbf{a}-\mathbf{b}\| = \|\langle 3, 0, -4\rangle - \langle 1, -2, 2\rangle\| = \|\langle 2, 2, -6\rangle\| = \sqrt{2^2 + 2^2 + (-6)^2} = 2\sqrt{11}$

TEOREMA 1. 2 $\|r\mathbf{a}\| = |r|\,\|\mathbf{a}\|$

Demostración

Sea $\mathbf{a} = \langle a_1, a_2, a_3\rangle$, entonces $r\mathbf{a} = \langle ra_1, ra_2, ra_3\rangle$ y

$$\|r\mathbf{a}\| = \sqrt{(ra_1)^2 + (ra_2)^2 + (ra_3)^2} = \sqrt{r^2\left(a_1^{\,2} + a_2^{\,2} + a_3^{\,2}\right)} = |r|\sqrt{a_1^{\,2} + a_2^{\,2} + a_3^{\,2}} = |r|\,\|\mathbf{a}\|$$

DEFINICION. Un vector **v** es un vector unitario si $\|\mathbf{v}\| = 1$

EJEMPLO 7. El vector $\mathbf{v} = \langle 3/5, 0, -4/5\rangle$ es un vector unitario.

En efecto,

$$\|\mathbf{v}\| = \|\langle 3/5, 0, -4/5\rangle\| = \sqrt{(3/5)^2 + 0^2 + (-4/5)^2} = \sqrt{9/25 + 16/25}$$

$$= \sqrt{25/25} = \sqrt{1} = 1$$

EJEMPLO 8. Si $\mathbf{a} \neq 0$, Probar que $\mathbf{v} = \dfrac{\mathbf{a}}{\|\mathbf{a}\|}$ es un vector unitario que tiene la misma dirección que el vector **a**.

Solución

Como $\mathbf{v} = \dfrac{\mathbf{a}}{\|\mathbf{a}\|} = \dfrac{1}{\|\mathbf{a}\|}\mathbf{a}$ y $\dfrac{1}{\|\mathbf{a}\|} > 0$, entonces **v** y **a** tienen la misma dirección.

Por otro lado, de acuerdo al teorema 1.2, con $r = \dfrac{1}{\|\mathbf{a}\|}$, tenemos $\mathbf{v} = r\mathbf{a}$ y

$$\|\mathbf{v}\| = \|r\mathbf{a}\| = |r|\,\|\mathbf{a}\| = \frac{1}{\|\mathbf{a}\|}\|\mathbf{a}\| = \frac{\|\mathbf{a}\|}{\|\mathbf{a}\|} = 1$$

EJEMPLO 9. Hallar el vector unitario en la dirección del vector $\mathbf{a} = \langle 2, 1, -2\rangle$.

Solución

Tenemos que $\|\mathbf{a}\| = \sqrt{2^2 + 1^2 + (-2)^2} = \sqrt{9} = 3$.

El vector unitario en la dirección de $\mathbf{a} = \langle 2, 1, -2\rangle$ es

$$\mathbf{v} = \frac{\mathbf{a}}{\|\mathbf{a}\|} = \frac{1}{\|\mathbf{a}\|}\mathbf{a} = \frac{1}{3}\mathbf{a} = \frac{1}{3}\langle 2, 1, -2\rangle$$

DEFINICION. Se llama **ángulo director** de un vector bidimensional $\mathbf{v} \neq \mathbf{0}$ al ángulo θ formado por el semieje positivo X y la representación estándar de **v**, medido en sentido antihorario.

Si θ es medido en grados, se tiene que $0 \leq \theta \leq 360°$. Aún más, si $\mathbf{v} = \langle a_1, a_2\rangle$ entonces

$$\theta = \begin{cases} \tan^{-1}(a_2/a_1), & \text{si } (a_1, a_2) \text{ está en el primer cuadrante} \\ 90°, \text{ si } a_1 = 0 \text{ y } a_2 > 0 & \\ \tan^{-1}(a_2/a_1) + 180°, & \text{si } (a_1, a_2) \text{ está en el segundo o tercer cuadrante} \\ 270°, \text{ si } a_1 = 0 \text{ y } a_2 < 0 & \\ \tan^{-1}(a_2/a_1) + 360°, & \text{si } (a_1, a_2) \text{ está en el cuartro cuadrante} \end{cases}$$

Si θ es medido en radianes, entonces $0 \leq \theta \leq 2\pi$ y

$$\theta = \begin{cases} \tan^{-1}\left(a_2 / a_1\right), & \text{si } (a_1,\ a_2) \text{ está en el primer cuadrante} \\ \dfrac{\pi}{2}, \text{ si } \ a_1 = 0 \text{ y } a_2 > 0 & \\ \tan^{-1}\left(a_2 / a_1\right) + \pi, & \text{si } (a_1, a_2) \text{ está en el segundo o tercer cuadrante} \\ \dfrac{3\pi}{2}, \text{ si } a_1 = 0 \text{ y } a_2 < 0 & \\ \tan^{-1}\left(a_2 / a_1\right) + 2\pi, & \text{si } (a_1,\ a_2) \text{ está en el cuarto cuadrante} \end{cases}$$

EJEMPLO 10. Hallar el ángulo director de los siguientes vectores:

1. $\langle -1, \sqrt{3} \rangle$ **2.** $\langle -2, -2 \rangle$ **3.** $\langle 0, -1 \rangle$ **4.** $\langle \sqrt{3}, -1 \rangle$

Solución

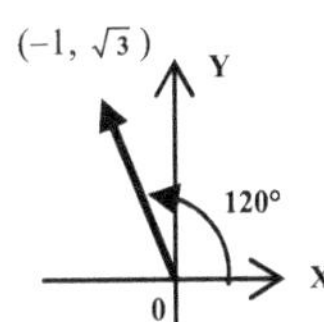

1. $(-1, \sqrt{3})$ está en el segundo cuadrante. Luego,

$$\theta = \tan^{-1}\left(\sqrt{3}/-1\right) + 180^\circ$$
$$= \tan^{-1}\left(-\sqrt{3}\right) + 180^\circ = -60^\circ + 180^\circ = 120^\circ$$

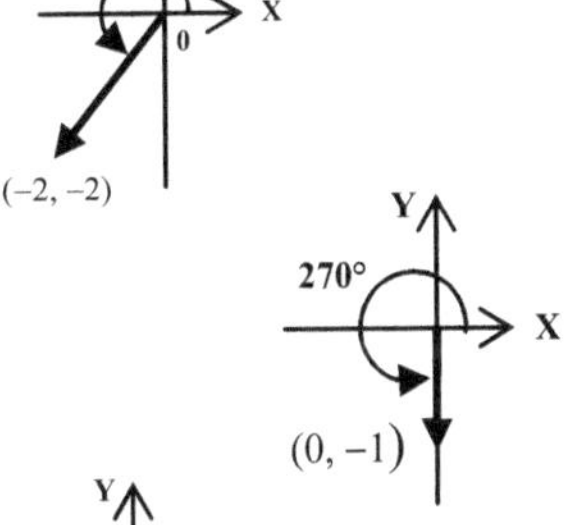

2. $(-2, -2)$ está en el tercer cuadrante. Luego,

$$\theta = \tan^{-1}\left(-2/-2\right) + 180^\circ$$
$$= \tan^{-1}(1) + 180^\circ = 45^\circ + 180^\circ = 225^\circ$$

3. $(0, -1)$ está en el semieje negativo Y. Luego,

$$\theta = 270^\circ$$

4. $(\sqrt{3}, -1)$ está en el cuarto cuadrante. Luego,

$$\theta = \tan^{-1}\left(-1/\sqrt{3}\right) + 360^\circ$$
$$= -30^\circ + 360^\circ = 330^\circ$$

Y
330°
X
$(\sqrt{3}, -1)$

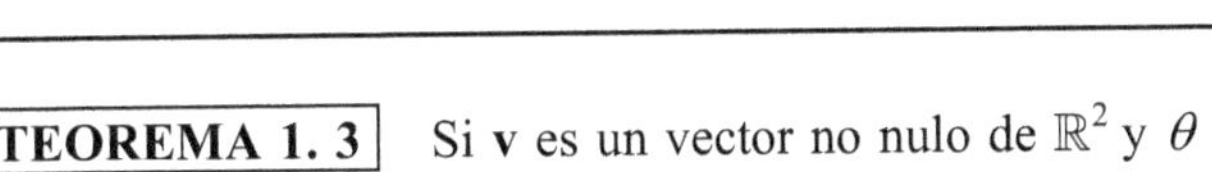

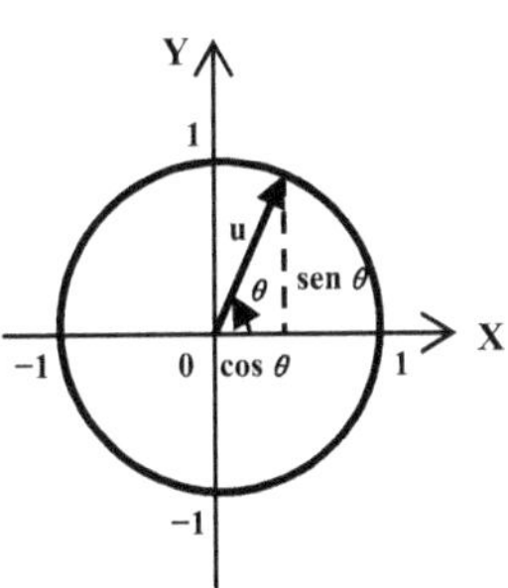

TEOREMA 1. 3 Si **v** es un vector no nulo de $\mathbb{R}^2$ y θ es su ángulo director, entonces

$$\mathbf{v} = \|\mathbf{v}\| \langle \cos\theta,\ \operatorname{sen}\theta \rangle$$

El vector $\mathbf{u} = \langle \cos\theta, \operatorname{sen}\theta \rangle$ es unitario y tiene la misma dirección que **v**.

Demostración

Sabemos que $\mathbf{u} = \dfrac{\mathbf{v}}{\|\mathbf{v}\|}$ es un vector unitario que tiene la misma dirección que **v**.

El gráfico nos dice que $\mathbf{u} = \dfrac{\mathbf{v}}{\|\mathbf{v}\|} = \langle \cos\theta,\ \text{sen}\ \theta \rangle$. Luego,

$$\mathbf{v} = \|\mathbf{v}\| \langle \cos\theta,\ \text{sen}\ \theta \rangle$$

EJEMPLO 11. Hallar el vector **v** que tiene longitud 6 y forma un ángulo de 30° con el semieje positivo X.

Solución

$$\mathbf{v} = \|\mathbf{v}\| \langle \cos 30,\ \text{sen}\ 30 \rangle = 6\left\langle \sqrt{3}/2, 1/2 \right\rangle = \left\langle 3\sqrt{3}, 3 \right\rangle$$

DEFINICION. Si **v** es un vector que expresa una velocidad, entonces su longitud o norma $\|\mathbf{v}\|$ recibe el nombre de **rapidez.**

EJEMPLO 12. Un avión vuela a una altura fija con una velocidad de 400 Km/h. y con dirección de 30° al Oeste del Norte (algunos autores simbolizan esta dirección así: N30°O). Hallar el vector velocidad del avión.

Solución.

En el sistema de coordenadas rectangulares del plano es costumbre asignar:

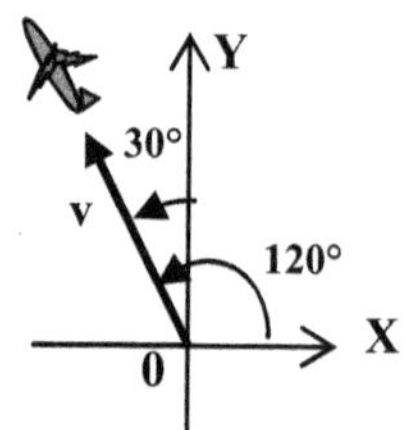

El Este a la dirección del semieje positivo del eje X.

El Norte a la dirección del semieje positivo del eje Y.

El Oeste a la dirección del semieje negativo del eje X.

El Sur a la dirección del semieje negativo del eje Y.

30° al Oeste del Norte significa 30° + 90° = 120° del semieje positivo del eje X.

Si **v** es el vector velocidad, entonces la rapidez es 400 Km/h. Esto es $\|\mathbf{v}\| = 400$

Luego,

$$\mathbf{v} = \|\mathbf{v}\| \langle \cos 120°,\ \text{sen}\ 120° \rangle = 400\left\langle -1/2,\ \sqrt{3}/2 \right\rangle = \left\langle -200,\ 200\sqrt{3} \right\rangle$$

LOS VECTORES UNITARIOS CANONICOS

En $\mathbb{R}^2$ tenemos dos vectores unitarios muy especiales, a los que llamaremos **vectores unitarios canónicos**. Estos son los siguientes:

$$\mathbf{i} = \langle 1, 0\rangle, \quad \mathbf{j} = \langle 0, 1\rangle$$

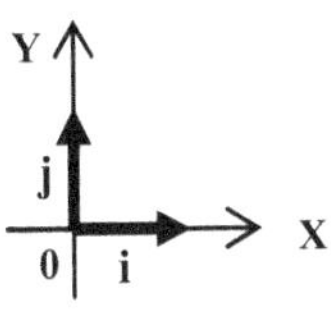

Estos vectores apuntan en las direccións positivas de los ejes X e Y, respectivamente. Una de las propiedades resaltantes de estos vectores es que ellos dos generan todo el espacio $\mathbb{R}^2$. Esto es, todo vector de $\mathbb{R}^2$ se expresa como una **combinación lineal** de ellos dos. En efecto, si

$\mathbf{a} = \langle a_1, a_2\rangle$, entonces $\mathbf{a} = \langle a_1, 0\rangle + \langle 0, a_2\rangle = a_1\langle 1, 0\rangle + a_2\langle 0, 1\rangle = a_1\mathbf{i} + a_2\mathbf{j}$

Similarmente, en $\mathbb{R}^3$ tenemos tres vectores unitarios canónicos:

$$\mathbf{i} = \langle 1, 0, 0\rangle, \quad \mathbf{j} = \langle 0, 1, 0\rangle, \ \mathbf{k} = \langle 0, 0, 1\rangle$$

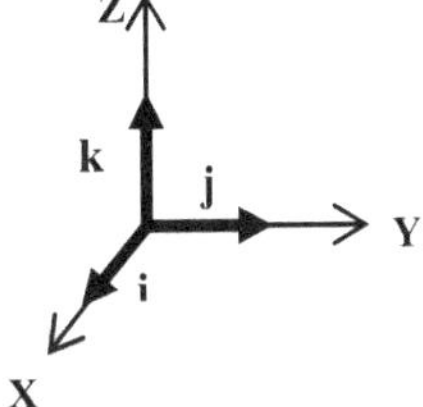

que apuntan en las direcciiones positivas de los ejes X, Y e Z, respectivamente. Estos tres generan todo $\mathbb{R}^3$. En efecto,

Si $\mathbf{a} = \langle a_1, a_2, a_3\rangle$, entonces

$$\mathbf{a} = \langle a_1, 0, 0\rangle + \langle 0, a_2, 0\rangle + \langle 0, 0, a_3\rangle$$
$$= a_1\langle 1, 0, 0\rangle + a_2\langle 0, 1, 0\rangle + a_3\langle 0, 0, 1\rangle = a_1\mathbf{i} + a_2\mathbf{j} + a_3\mathbf{k}$$

EJEMPLO 13. $\langle 5, -3\rangle = \langle 5, 0\rangle + \langle 0, -3\rangle = 5\langle 1, 0\rangle - 3\langle 0, 1\rangle = 5\mathbf{i} - 3\mathbf{j}$

EJEMPLO 14. Si $\mathbf{a} = 2\mathbf{i} - 7\mathbf{j} + \mathbf{k}$ y $\mathbf{b} = -3\mathbf{i} + 8\mathbf{j} - 4\mathbf{k}$, expresar el vector $3\mathbf{a} - 5\mathbf{b}$ como una combinación de **i, j** y **k.**

Solución

$$3\mathbf{a} - 5\mathbf{b} = 3(2\mathbf{i} - 7\mathbf{j} + \mathbf{k}) - 5(-3\mathbf{i} + 8\mathbf{j} - 4\mathbf{k}) = 6\mathbf{i} - 21\mathbf{j} + 3\mathbf{k} + 15\mathbf{i} - 40\mathbf{j} + 20\mathbf{k}$$
$$= (6 + 15)\,\mathbf{i} + (-21 - 40)\mathbf{j} + (3 + 20)\mathbf{k} = 21\mathbf{i} - 61\mathbf{j} + 23\mathbf{k}$$

PROBLEMAS RESUELTOS 1.2

PROBLEMA 1. Dos fuerzas $\boldsymbol{F}_1$ y $\boldsymbol{F}_2$ de 20 y 30 newtons respectivamente, se aplican en un mismo punto y forman un ángulo de $\dfrac{\pi}{3}$.

a. Hallar la magnitud de la fuerza resultante.

b. Hallar el ángulo θ que forma la fuerza $\boldsymbol{F}_1$ con la resultante.

Solución

Colocamos un sistema de coordenadas con origen en el punto donde se aplican las fuerzas y que la representación de posición de $\boldsymbol{F}_1$ se extienda sobre el semieje positivo X.

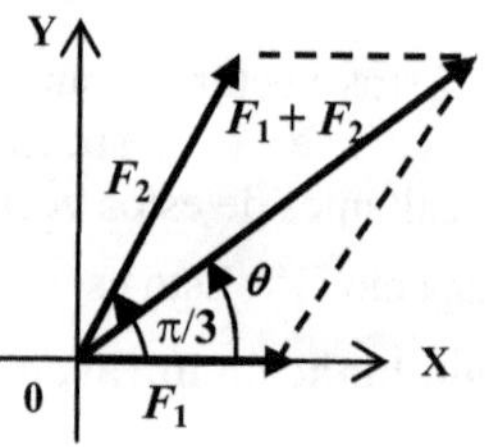

a. $\boldsymbol{F}_1 = 20\langle 1, 0\rangle = \langle 20, 0\rangle$

$\boldsymbol{F}_2 = 30\langle \cos \pi/3, \text{ sen } \pi/3\rangle = 30\langle 1/2, \sqrt{3}/2\rangle = \langle 15, 15\sqrt{3}\rangle$

$\boldsymbol{F}_1 + \boldsymbol{F}_2 = \langle 20, 0\rangle + \langle 15, 15\sqrt{3}\rangle = \langle 35, 15\sqrt{3}\rangle$

$$\| \boldsymbol{F}_1 + \boldsymbol{F}_2 \| = \sqrt{(35)^2 + \left(15\sqrt{3}\right)^2} = \sqrt{1.900} = 10\sqrt{19} \approx 43{,}589$$

b. $\tan \theta = \dfrac{15\sqrt{3}}{35} \approx 0.7423075 \approx \theta \Rightarrow \tan^{-1}(0.7423075) \approx 0.63856 \text{ radianes} \approx 36°35'$

PROBLEMA 2. Un viento sopla desde la dirección 30° al Oeste del Norte (N30°O) a 50 Km/h. Un avión esta volando con dirección 60° al Este del Norte (N60°E) a una velocidad de 200 Km/h. (velocidad en aire sin viento). La velocidad respecto a la tierra es suma de las dos velocidades anteriores. La longitud de esta resultante es llamada **rapidez absoluta**. Hallar la velocidad del avión respecto a la tierra y la rapidez absoluta.

Solución

Sea **v** el vector velocidad del viento, **a** el vector velocidad del avión (en aire sin viento) y **w** la velocidad del avión respecto a la tierra.

$$\mathbf{w} = \mathbf{v} + \mathbf{a}$$

Si el viento viene de la dirección 30° al Oeste del Norte, entonces la dirección de su vector velocidad es 30° al Este del Sur, o bien, 30° + 270° = 300° del semieje positivo del eje X. Luego,

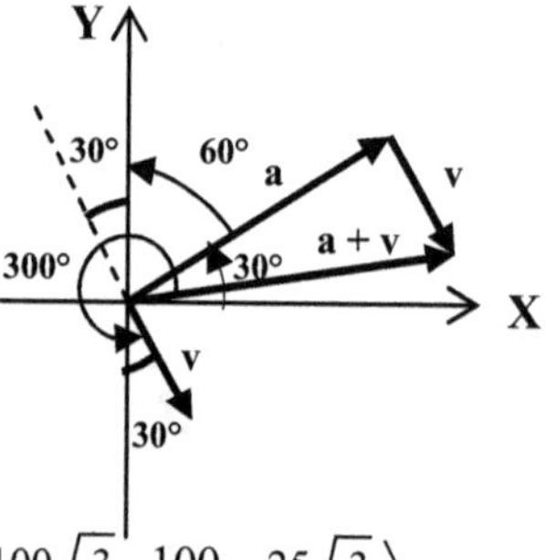

$\mathbf{v} = 50\langle \cos 300°, \text{ sen } 300°\rangle = 50\langle 1/2, -\sqrt{3}/2\rangle$
$= \langle 25, -25\sqrt{3}\rangle$

Por otro lado,

$\mathbf{a} = 200\langle \cos 30°, \text{ sen } 30°\rangle = 200\langle \sqrt{3}/2, 1/2\rangle$
$= \langle 100\sqrt{3}, 100\rangle$

El vector velocidad del avión respecto a la tierra es:

$\mathbf{w} = \mathbf{v} + \mathbf{a} = \langle 25, -25\sqrt{3}\rangle + \langle 100\sqrt{3}, 100\rangle = \langle 25 + 100\sqrt{3}, 100 - 25\sqrt{3}\rangle$

La rapidez absoluta es:

$$\| \mathbf{w} \| = \sqrt{\left(25 + 100\sqrt{3}\right)^2 + \left(100 - 25\sqrt{3}\right)^2} = 50\sqrt{17} \approx 200.155 \text{ Km/h}$$

PROBLEMA 3. Dos cables sostienen un peso de 50 libras, como indica la figura. Hallar las tensiones $\mathbf{T}_1$ y $\mathbf{T}_2$ que soportan los cables.

Solución

Colocamos un sistema de coordenadas con origen en el punto inicial de las tensiones.

La tensión $\mathbf{T}_1$ forma un ángulo de 150° con semieje positivo X. Luego,

$$\mathbf{T}_1 = \|\mathbf{T}_1\|\langle \cos 150°, \text{sen } 150°\rangle$$
$$= \langle \|\mathbf{T}_1\|\cos 150°, \|\mathbf{T}_1\|\text{sen } 150°\rangle \qquad \textbf{(1)}$$

La tensión $\mathbf{T}_2$ forma un ángulo de 45° con semieje positivo X. Luego,

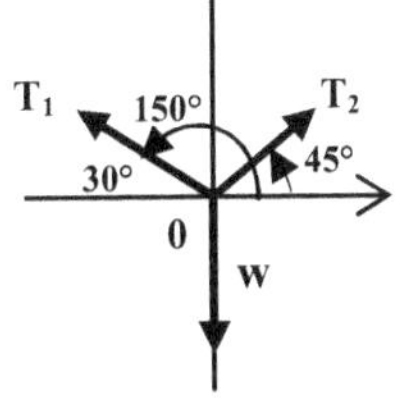

$$\mathbf{T}_2 = \|\mathbf{T}_2\|\langle \cos 45°, \text{sen } 45°\rangle$$
$$= \langle \|\mathbf{T}_2\|\cos 45°, \|\mathbf{T}_2\|\text{sen } 45°\rangle \qquad \textbf{(2)}$$

Si $\mathbf{w}$ es el vector correspondiente al peso, entonces

$$\mathbf{w} = 50\langle 0, -1\rangle = \langle 0, -50\rangle \qquad \textbf{(3)}$$

La suma de las tensiones debe equilibrar el peso y, por lo tanto, esta suma debe ser igual al peso, pero en dirección contraria. Esto es,

$$\mathbf{T}_1 + \mathbf{T}_2 = -\mathbf{w}$$

En consecuencia, tomando en cuenta (1), (2) y (3), tenemos

$$\langle \|\mathbf{T}_1\|\cos 150° + \|\mathbf{T}_2\|\cos 45°, \|\mathbf{T}_1\|\text{sen } 150° + \|\mathbf{T}_2\|\text{sen } 45°\rangle = \langle 0, 50\rangle$$

Igualando las componentes de estos vectores:

$$\textbf{(4):}\ \|\mathbf{T}_1\|\cos 150° + \|\mathbf{T}_2\|\cos 45° = 0, \quad \textbf{(5):}\ \|\mathbf{T}_1\|\text{sen } 150° + \|\mathbf{T}_2\|\text{sen } 45° = 50$$

Despejamos $\|\mathbf{T}_2\|$ en (4):

$$\|\mathbf{T}_2\| = -\|\mathbf{T}_1\|\ \frac{\cos 150°}{\cos 45°}$$

Reemplazando este valor de $\|\mathbf{T}_2\|$ en (5):

$$\|\mathbf{T}_1\|\text{sen } 150° - \|\mathbf{T}_1\|\ \frac{\cos 150°}{\cos 45°}\text{sen } 45° = 50$$

De donde obtenemos:

$$\|\mathbf{T}_1\| = \frac{50}{\text{sen } 150° - \cos 150° \tan 45°} \approx 36.6 \quad \text{y} \quad \|\mathbf{T}_2\| = -\|\mathbf{T}_1\|\ \frac{\cos 150°}{\cos 45°} \approx 44.83$$

Sustituyendo estos valores en (1) y (2) obtenemos, finalmente,

$$\mathbf{T}_1 \langle \approx (36.6)\cos 150°, (36.6)\text{sen } 150° - \langle \approx \rangle 31.7,\ 18.3\rangle$$

$$\mathbf{T}_2\ \langle \approx (44.83)\cos 45°, (44.83)\text{sen } 45° \langle \approx \rangle 31.7,\ 31.7\rangle$$

PROBLEMA 4. Un pájaro vuela desde su nido 4 Km. en la dirección 60° al Norte del Este (E60°N), donde se detiene en un árbol a descansar. Luego, reanuda un vuelo de 6 Km. en dirección Noroeste y se detiene en un poste. Colocar un sistema de coordenadas con eje X apuntando el Este y el eje Y apuntando el Norte.

1. Hallar las coordenadas del punto A donde está localizado el árbol.

2. Hallar las coordenadas del punto P donde está localizado el poste.

3. Si el pájaro hubiera volado directamente desde su nido al poste, ¿Cuál sería la longitud de este vuelo y cuál su dirección?

Solución.

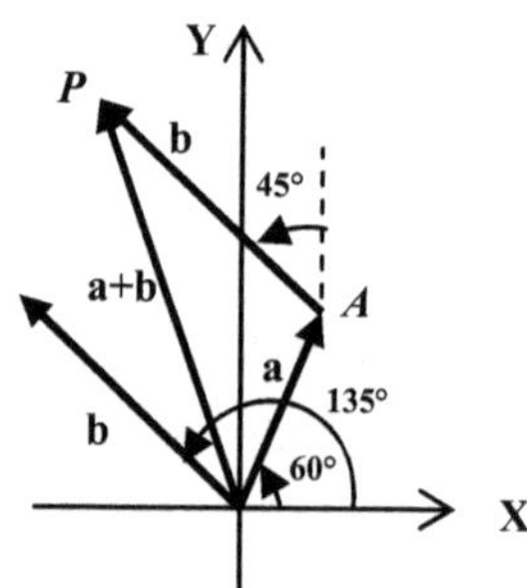

1. Sea **a** el vector determinado por el primer vuelo.

$$\mathbf{a} = 4\langle \cos 60°, \text{sen } 60° \rangle = 4\langle 1/2, \sqrt{3}/2 \rangle = \langle 2, 2\sqrt{3} \rangle$$

Luego, $A = (2, 2\sqrt{3})$

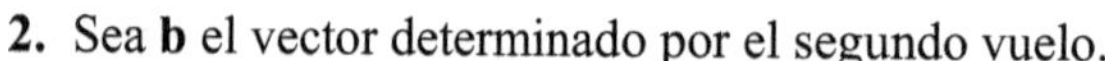

2. Sea **b** el vector determinado por el segundo vuelo.

El vector **b** forma un ángulo de 45° con el eje Y y un ángulo de $45° + 90° = 135°$ con el eje X. Luego,

$$\mathbf{b} = 6\langle \cos 135°, \text{sen } 135° \rangle = 6\langle -\sqrt{2}/2, \sqrt{2}/2 \rangle = \langle -3\sqrt{2}, 3\sqrt{2} \rangle$$

Tenemos que

$$\mathbf{a} + \mathbf{b} = \langle 2, 2\sqrt{3} \rangle + \langle -3\sqrt{2}, 3\sqrt{2} \rangle = \langle 2 - 3\sqrt{2}, 2\sqrt{3} + 3\sqrt{2} \rangle$$

Luego,

$$P = (2 - 3\sqrt{2}, 2\sqrt{3} + 3\sqrt{2}) \approx (-2.24264, \ 7.7067)$$

3, Longitud del vuelo = $\| \mathbf{a} + \mathbf{b} \|$

$$\| \mathbf{a} + \mathbf{b} \| = \sqrt{\left(2 - 3\sqrt{2}\right)^2 + \left(2\sqrt{3} + 3\sqrt{2}\right)^2}$$

$$= \sqrt{52 + 12\left(\sqrt{6} - \sqrt{2}\right)} \approx 8.026 \text{ Km.}$$

Por otro lado, si θ es el ángulo que forma el vector **a** + **b** con semieje positivo X, entonces

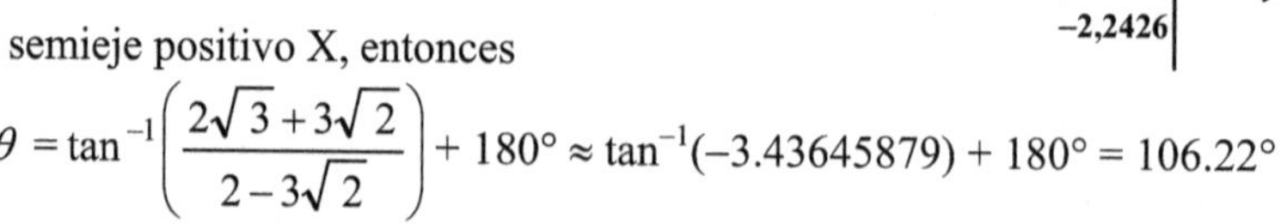

$$\theta = \tan^{-1}\left(\frac{2\sqrt{3} + 3\sqrt{2}}{2 - 3\sqrt{2}}\right) + 180° \approx \tan^{-1}(-3.43645879) + 180° = 106.22°$$

PROBLEMA 5. Las aguas de un río de 3 km. de ancho fluyen con rapidez de 8 Km/h. Una lancha, que viaja con una rapidez de 17 Km/h en aguas tranquilas, quiere atravesar el río en línea recta y desembarcar en el punto de la otra orilla que está exactamente enfrente del punto de partida.

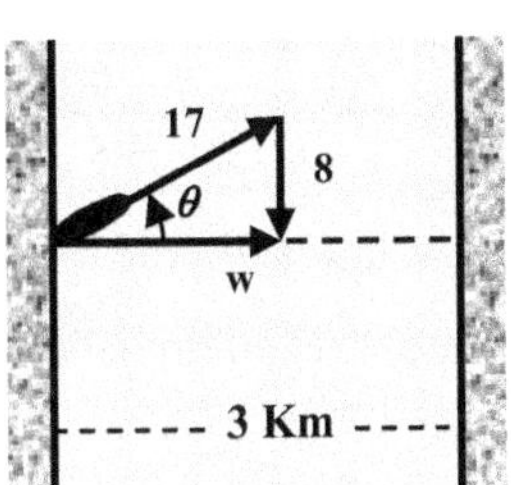

1. Hallar la dirección (ángulo θ). que debe seguir la lancha.
2. Hallar el vector velocidad de la lancha.
3. Hallar el tiempo que demorará la lancha en cruzar el río.

Solución.

1. El vector velocidad **v** de la lancha, el vector velocidad del río y el vector resultante **w** forman un triángulo rectángulo. Luego,

$$\operatorname{sen} \theta = \frac{8}{17} \Rightarrow \theta = \operatorname{sen}^{-1}\left(\frac{8}{17}\right) \approx 28.7°$$

2. El vector velocidad que debe seguir la lancha es

$$\mathbf{v} = 17\left\langle \cos 28.7°,\ \operatorname{sen} 28.7° \right\rangle = \left\langle\ 17 \cos 28.7°, 17 \operatorname{sen} 28.7° \right\rangle = \langle 15,\ 8 \rangle$$

3. La rapidez con que avanza la lancha en dirección de **w** es

$$\| w \| = 17 \cos 28.7° = 15 \text{ Km/h}$$

Luego, el tiempo que demora la lancha en cruzar el río es

$$\frac{3 \text{ km}}{15 \text{ km/h}} = 0.2 \text{ horas} = 12 \text{ minutos}$$

PROBLEMA 6. Está soplando un viento a 40 Km/h con dirección Este. Los motores de un avión lo impulsan a 398 Km/h. (velocidad en aire tranquilo)

a. ¿En qué dirección debe el piloto enfilar el avión para que éste siga el curso de 30° al este del norte?

b. Hallar la rapidez respecto a la tierra cuando el avión siga la ruta obtenida en la parte a.

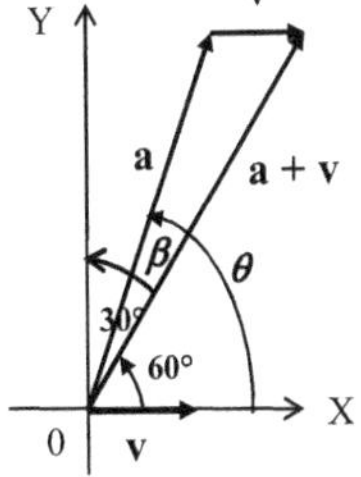

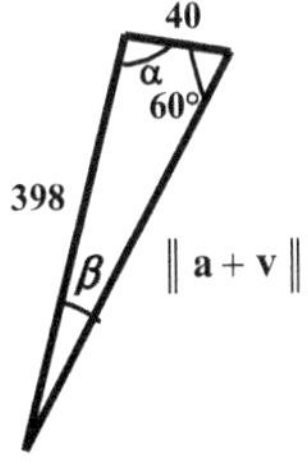

Solución

Sea **a** el vector velocidad del avión en aire tranquilo. Sea **v** la velocidad del viento.

El triángulo de la derecha es el triángulo de la izquierda, en el cual hemos reemplazado los vectores por sus longitudes.

a. aplicando la ley de los senos en el triángulo de la derecha:

$$\frac{\text{sen}\,\beta}{40} = \frac{\text{sen}\,60}{398} \Rightarrow \text{sen}\,\beta = \frac{40}{398}\,\text{sen}\,60 \approx 0.087038 \Rightarrow \beta \approx 5° \Rightarrow$$

$$\theta = 60° + 5° = 65°$$

Luego, el piloto debe enfilar el avión con un ángulo director de 65°

b. Nuevamente volvemos a observar el triángulo de la derecha. Dos de sus ángulos miden 60° y $\beta = 5°$, respectivamente. Luego, el tercer ángulo α mide

$$\alpha = 180° - (60 + 5) = 115°$$

Ahora aplicamos la ley de los cosenos:

$$\|\mathbf{a} + \mathbf{v}\|^2 = (398)^2 + 40^2 - 2(398)(40)\cos 115° = 173{,}460{,}1655 \Rightarrow$$

$$\|\mathbf{a} + \mathbf{v}\| = 416.5 \text{ Km/h}$$

EL ESPACIO VECTORIAL $\mathbb{R}^n$

Si n es un número natural mayor que 0, denotamos $\mathbb{R}^n$ al conjunto de n-uplas ordenadas de números reales. Esto es,

$$\mathbb{R}^n = \{\mathbf{a} = (a_1, a_2, \cdots, a_n) \,/\, a_1, a_2, \cdots, a_n \in \mathbb{R}\}$$

Este espacio generaliza los espacios particulares que hemos tratado anteriormente. Así, si n = 1, tenemos $\mathbb{R}^1 = \mathbb{R}$; si n = 2, tenemos $\mathbb{R}^2$; si n = 3, tenemos $\mathbb{R}^3$.

DEFINICION. **Igualdad de de n–uplas**

$$(a_1, a_2, \cdots, a_n) = (b_1, b_2, \cdots, b_n) \Leftrightarrow a_1 = b_1,\ a_2 = b_2, \cdots, a_n = b_n$$

Como en el caso de $\mathbb{R}^3$, definimos dos operaciones de **adición y multiplicación de un escalar por un vector**, del modo siguiente:

Si $\mathbf{a} = (a_1, a_2, \cdots, a_n)$ y $\mathbf{b} = (b_1, b_2, \cdots, b_n)$ son dos elementos de $\mathbb{R}^n$ y si r es un escalar, entonces

1. $\mathbf{a} + \mathbf{b} = (a_1 + b_1, a_2 + b_2, \cdots, a_n + b_n)$ **2.** $r\mathbf{a} = (ra_1, ra_2, \cdots, ra_n)$

Es muy fácil probar que estas operaciones cumplen las propiedades enunciadas en el teorema 1.1. En consecuencia, $\mathbb{R}^n$, provisto de estas dos operaciones, es un

espacio vectorial y sus elementos, tienen el derecho de llamarse vectores. Cuando a una n–upla $(a_1, a_2, \cdots, a_n)$ lo pensemos como vector, lo denotaremos así:

$$\mathbf{a} = \langle a_1, a_2, \cdots, a_n \rangle.$$

En $\mathbb{R}^n$ tenemos n vectores unitarios canónicos:

$$e_1 = \langle 1, 0, 0, \cdots, 0 \rangle, \quad e_2 = \langle 0, 1, 0 \cdots, 0 \rangle, \quad \ldots, \quad e_n = \langle 0, 0, \cdots, 0, 1 \rangle.$$

Todo vector $\mathbf{a} = \langle a_1, a_2, \cdots, a_n \rangle$. de $\mathbb{R}^n$ es combinación lineal de estos vectores:

$$\mathbf{a} = \langle a_1, a_2, \cdots, a_n \rangle = a_1 e_1 + a_2 e_2 + \cdots + a_n e_n$$

El concepto de **norma o longitud** de un vector $\mathbf{a} = \langle a_1, a_2, \cdots, a_n \rangle$ se define de la forma esperada:

$$\| \mathbf{a} \| = \sqrt{a_1^2 + a_2^2 + \cdots + a_n^2}$$

Si r es un escalar, es fácil comprobar que

$$\| r\mathbf{a} \| = | r | \, \| \mathbf{a} \|$$

PROBLEMAS PROPUESTOS 1.2

En los problemas del 1 al 4 hallar el vector $\mathbf{a}$ ***que tiene a*** $\overrightarrow{PQ}$ ***como representación. Trazar*** $\overrightarrow{PQ}$ ***y la representación canónica de*** $\mathbf{a}$.

1. $P(3, -2)$, $Q(6, -4)$ *Rpta.* $\mathbf{a} = \langle 3, -2 \rangle$

2. $P(-5, -2)$, $Q(0, 2)$ *Rpta.* $\mathbf{a} = \langle 5, 4 \rangle$

3. $P(1, 1, 1)$, $Q(3, -4, 1)$ *Rpta.* $\mathbf{a} = \langle 2, -5, 0 \rangle$

4. $P(-2, 1, 2)$, $Q(-1, 3, 5)$ *Rpta.* $\mathbf{a} = \langle 1, 2, 3 \rangle$

En los problemas del 5 al 8 hallar la norma del vector indicado si $\mathbf{a} = \langle -3, 2 \rangle$, $\mathbf{b} = \langle 4, -3 \rangle$, $\mathbf{c} = \langle 6, -1 \rangle$.

5. $\| \mathbf{a} - \mathbf{b} \|$ *Rpta.* $\sqrt{74}$ **6.** $\| \mathbf{a} - \mathbf{c} \|$ *Rpta.* $3\sqrt{10}$

7. $\| \mathbf{a} + \mathbf{b} - \mathbf{c} \|$ *Rpta* .5 **8.** $\| 2\mathbf{b} + 3\mathbf{c} \|$ *Rpta* $\sqrt{757}$

En los problemas del 9 al 12 hallar el vector unitario que tiene la misma dirección que el vector indicado.

9. $\langle -8, 15 \rangle$ *Rpta* $\langle -8/17, 15/17 \rangle$ **10.** $5\mathbf{i} - 12\mathbf{j}$ *Rpta.* $\frac{5}{13}\mathbf{i} - \frac{12}{13}\mathbf{j}$

11. $\langle -1, 1, -2 \rangle$ *Rpta.* $\langle -1/\sqrt{6}, 1/\sqrt{6}, -2/\sqrt{6} \rangle$

12. $4\mathbf{i} + \mathbf{j} - 8\mathbf{k}$ *Rpta.* $\frac{4}{9}\mathbf{i} + \frac{1}{9}\mathbf{j} - \frac{8}{9}\mathbf{k}$

En los problemas 13 y 14, si $\mathbf{a} = \mathbf{i} + 2\mathbf{j}$ y $\mathbf{b} = -4\mathbf{i} + \mathbf{j}$, ***hallar el vector unitario que tiene la misma dirección que el vector indicado.***

13. $\mathbf{a} + \mathbf{b}$ *Rpta.* $-\frac{1}{\sqrt{2}}\mathbf{i} + \frac{1}{\sqrt{2}}\mathbf{j}$ **14.** $\mathbf{a} - \mathbf{b}$ *Rpta.* $\frac{5}{\sqrt{26}}\mathbf{i} + \frac{1}{\sqrt{26}}\mathbf{j}$

En los problemas 15, 16 y 17, expresar el vector dado en la forma

$$r\langle \cos\theta,\ \text{sen}\,\theta\rangle,$$

donde r **es la magnitud del vector y** θ ***es el ángulo director.***

15. $\mathbf{v} = \mathbf{i} + \mathbf{j}$ *Rpta.* $\mathbf{v} = \sqrt{2}\,\langle \cos 45°, \text{sen}\, 45°\rangle$

16. $\mathbf{v} = -2\mathbf{i} - 2\sqrt{3}\,\mathbf{j}$ *Rpta.* $\mathbf{v} = 4\langle \cos 240°, \text{sen}\, 240°\rangle$

17. $\mathbf{v} = -3\mathbf{j}$ *Rpta.* $\mathbf{v} = 3\langle \cos 270°, \text{sen}\, 270°\rangle$

En los problemas del 18 al 21, hallar un vector $\mathbf{w}$ ***que tenga la dirección que el vector*** $\mathbf{v}$ ***dado y de la magnitud indicada.***

18. $\mathbf{v} = \langle -3, 4\rangle$, magnitud 7 *Rpta.* $\mathbf{w} = 7\langle -3/5, 4/5\rangle = \langle -21/5, 28/5\rangle$

19. $\mathbf{v} = 3\mathbf{i} - \mathbf{j}$, magnitud 5 *Rpta.* $\mathbf{w} = \frac{15}{\sqrt{10}}\mathbf{i} - \frac{5}{\sqrt{10}}\mathbf{j}$

20. $\mathbf{v} = \langle 1, -4. -1\rangle$, magnitud 2 *Rpta.* $\mathbf{w} = \langle 2/3\sqrt{2}, -8/3\sqrt{2}, -2/3\sqrt{2}\rangle$

21. $\mathbf{v} = -2\mathbf{i} + 3\mathbf{j} - \sqrt{3}\,\mathbf{k}$, magnitud 3 *Rpta.* $\mathbf{w} = -\frac{3}{2}\mathbf{i} + \frac{9}{4}\mathbf{j} - \frac{3\sqrt{3}}{4}\mathbf{k}$

22. Dos fuerzas F_1 y F_2, de 8 y 4 newtons respectivamente, actúan sobre un punto P de una maleta, como indica la figura. Colocar un sistema de coordenadas con el origen en el punto P y el eje X como se indica.

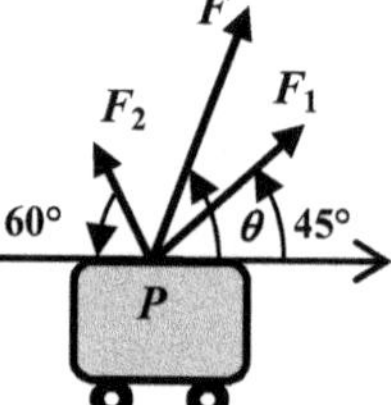

a. Hallar la fuerza resultante F y su magnitud $\| F \|$

b. Hallar la dirección de la resultante F determinando el ángulo θ.

Rpta. **a.** $F = \langle 4\sqrt{2} - 2,\ 4\sqrt{2} + 2\sqrt{3}\rangle$, $\| F \| \approx 9.83$ **b.** $\theta = 68°9'$

23. Dos cables sostienen un peso de 200 libras, como indica la figura. Hallar las tensiones $\mathbf{T}_1$ y $\mathbf{T}_2$ que soportan los cables.

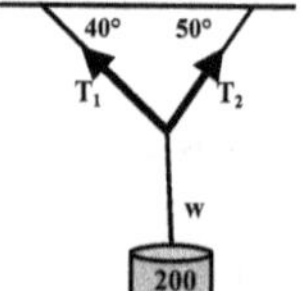

Rpta. $\mathbf{T}_1 = \langle -98.48,\ 82.66\rangle$, $\mathbf{T}_2 = \langle 98.48,\ 117.37\rangle$

24. Una caja de 20 libras situada en el origen cuelga de dos cables fijados en los puntos (1, 1, 1) y (–1, –1, 1). La fuerza de la gravedad sigue la dirección del vector $-\mathbf{k}$. Hallar los vectores que describen la tensión en cada cuerda.

Sugerencia: Usar simetría. *Rpta.* $10\langle 1, 1, 1\rangle$, $10\langle -1, -1, 1\rangle$

25. Las aguas de un río corren de norte a sur a una velocidad de 0,5 Km. /h. Un nadador, que en aguas tranquilas nada a 1.2 Km. /h, sale de la ribera oeste y nada para alcanzar la ribera este.

a. Hallar la dirección en que debe nadar para llegar al punto de la otra orilla que está exactamente enfrente del punto de partida.

b. Hallar la velocidad respecto a tierra si el nadador sigue la dirección hallada en la parte a. *Rpta.* **a.** $\theta = 24.62$ ° **b.** 1.09 Km/h

26. Las aguas de un río de 280 m. de ancho corren de norte a sur a una velocidad de 12 m/h. Un nadador, que en aguas tranquilas nada a 37m/h, sale de la ribera oeste y nada para alcanzar la ribera este.

a. Hallar la dirección en que debe nadar para llegar al punto de la otra orilla que está exactamente enfrente del punto de partida.

b. Hallar la velocidad respecto a tierra si el nadador sigue la dirección hallada en la parte a.

c. Hallar el tiempo que demora el nadador en cruzar el río.

Rpta. **a.** $\theta = 18.92°$ **b.** 35m/h **c.** 8 minutos

27. Un río de 4 km. de ancho fluye con rapidez de 5 Km/h. Una lancha, que viaja con una rapidez de 13 Km/h en aguas tranquilas, quiere atravesar el río en línea recta y desembarcar en el punto de la otra orilla que está exactamente enfrente del punto de partida.

a. Hallar la dirección en que debe seguir la lancha.

b. Hallar el vector velocidad de la lancha.

c. Hallar el tiempo que demorará la lancha en cruzar el río.

Rpta ***a.*** 22.62° **b.** $\mathbf{v} = \langle 12, 5 \rangle$ **c.** 20 minutos

28. Un piloto dirige su avión con dirección 60° al Este del Norte. Un viento está soplando a 60 Km. /h en dirección a Sur. El piloto descubre que, por motivo del viento, el avión vuela en dirección Este. Hallar la rapidez con que vuela el avión en aire tranquilo. *Rpta* 120 Km /h

29- Está soplando un viento a 40 Km/h con dirección Oeste. Los motores de un avión lo impulsan a 398 Km /h. (velocidad en aire tranquilo)

a. ¿En que dirección debe el piloto enfilar el avión para que éste siga el curso de 30° al Oeste del Norte?

b. Hallar la rapidez respecto a la tierra cuando el avión siga la ruta obtenida en la parte a. *Rpta.* **a.** $\theta = 115°$ **b.** 416.5 Km/h

30. Está soplando un viento a 50 Km. /h con dirección 15° al sur del este. Un piloto quiere que su avión avance a 500 Km. /h con dirección norte.

a. Hallar la rapidez con que deben impulsar los motores al avión.

b. Hallar la dirección en que el piloto debe enfilar el avión.

Rpta. **a.** 515.21 Km/h **b.** $\theta = 84.62°$

31. Está soplando un viento a 100 Km. /h con dirección sureste. Un piloto quiere que su avión avance a 500 Km. /h con dirección oeste.

a. Hallar la dirección en que el piloto debe enfilar el avión.

b. Hallar la rapidez con que deben impulsar los motores al avión.

Rpta. **a.** $\theta = 8.32°$ **b.** 435.07 Km/h

32. La rapidez de un avión en aire tranquilo es 250 Km/h El vector velocidad del viento es $\langle 40, -30\rangle$. Se quiere que el avión se dirija al Oeste.
a. Hallar el vector velocidad con la que el piloto debe enfilar al avión.
b. Hallar el ángulo director del vector hallado en la parte a.

Rpta. **a.** $\langle -20\sqrt{154}\ ,\ 30\rangle$ **b.** θ=173.11°

33. La rapidez de un avión en el aire en tranquilo es 450 Km/h El vector velocidad del viento es $\langle -30, 10\rangle$. Se quiere que el avión se dirija al norte.
a. Hallar el vector velocidad con la que el piloto debe enfilar al avión.
b. Hallar el ángulo director del vector hallado en la parte a.

Rpta. **a.** $\langle 30,\ 120\sqrt{14}\ \rangle$ **b.** θ= 86.18°

SECCION 1.3

PRODUCTO PUNTO

DEFINICION. Sean $\mathbf{a} = \langle a_1, a_2, \ldots, a_n\rangle$ y $\mathbf{b} = \langle b_1, b_2, \ldots, b_n\rangle$ dos vectores de $\mathbb{R}^n$, se llama **producto punto, producto interno** o **producto escalar** de **a** y **b** al número real

$$\mathbf{a}\cdot\mathbf{b} = a_1\, b_1 + a_2\, b_2 + \cdots + \ a_n\, b_n$$

EJEMPLO 1. **i.** $\langle 3, -8, 1\rangle\cdot\langle 4, 2, -7\rangle = 3(4) + (-8)(2) + 1(-7) = -11$

ii. $\langle 5, -2\rangle\cdot\langle 6, 3\rangle = 5(6) + (-2)(3) = 24$

TEOREMA 1. 4 **Propiedades fundamentales del producto punto**

Si **a**, **b** y **c** son vectores y r un número real, entonces

1. $\mathbf{a}\cdot\mathbf{a} \geq 0$ y $\mathbf{a}\cdot\mathbf{a} = 0 \Leftrightarrow \mathbf{a} = \mathbf{0}$
2. $\mathbf{a}\cdot\mathbf{b} = \mathbf{b}\cdot\mathbf{a}$
3. $(r\mathbf{a})\cdot\mathbf{b} = r(\mathbf{a}\cdot\mathbf{b})$
4. $\mathbf{a}\cdot(\mathbf{b}+\mathbf{c}) = \mathbf{a}\cdot\mathbf{b} + \mathbf{a}\cdot\mathbf{c}$
5. $\|\mathbf{a}\| = \sqrt{\mathbf{a}\cdot\mathbf{a}}$

Demostración

Estas propiedades siguen inmediatamente de la definición del producto punto. Como muestra probaremos la tres primeras. Las otras quedan como ejercicio.

1. $\mathbf{a}\cdot\mathbf{a} = a_1^2 + a_2^2 + \cdots + a_n^2 \geq 0.$

Por otro lado,

$$\mathbf{a}\cdot\mathbf{a} = 0 \Rightarrow a_1^2 + a_2^2 + \cdots + a_n^2 = 0 \Rightarrow a_1 = 0,\ a_2 = 0, \cdots, a_n = 0$$
$$\Rightarrow \mathbf{a} = \langle 0, 0, \ldots, 0\rangle = \mathbf{0}$$

$$\mathbf{a} = \langle 0, 0, \ldots, 0\rangle = \mathbf{0} \Rightarrow a_1 = 0, \cdots, a_n = 0 \Rightarrow a_1^2 + a_2^2 + \cdots + a_n^2 = 0 \Rightarrow \mathbf{a}\cdot\mathbf{a} = 0$$

2. $\mathbf{a}\cdot\mathbf{b} = a_1 b_1 + a_2 b_2 + a_3 b_3 = b_1 a_1 + b_2 a_2 + b_3 a_3 = \mathbf{b}\cdot\mathbf{a}$

3. $(r\mathbf{a})\cdot\mathbf{b} = (r\langle a_1, a_2, \cdots, a_n\rangle)\cdot\langle b_1, b_2, \ldots, b_n\rangle$

$$= \langle ra_1, ra_2, \cdots, ra_n\rangle\cdot\langle b_1, b_2, \cdots, b_n\rangle$$
$$= (ra_1)b_1 + (ra_2)b_2 + \cdots + (ra_n)b_n$$
$$= r(a_1 b_1 + a_2 b_2 + \cdots + a_n b_n) = r(\mathbf{a}\cdot\mathbf{b})$$

ANGULO ENTRE DOS VECTORES

El producto punto nos permite calcular el ángulo entre dos vectores.

TEOREMA 1. 5 Sean **a** y **b** dos vectores en $\mathbb{R}^3$ y sea θ, $0 \leq \theta \leq \pi$, el ángulo que forman. Entonces

$$\mathbf{a}\cdot\mathbf{b} = \|\mathbf{a}\|\,\|\mathbf{b}\|\cos\theta$$

Demostración

Consideremos el triángulo OAB formado por las representaciones estándar de los vectores **a** y **b**. Aplicando la ley de los cosenos tenemos:

$$\left|\overrightarrow{AB}\right|^2 = \left|\overrightarrow{OA}\right|^2 + \left|\overrightarrow{OB}\right|^2 - 2\left|\overrightarrow{OA}\right|\left|\overrightarrow{OB}\right|\cos\theta \qquad \textbf{(1)}$$

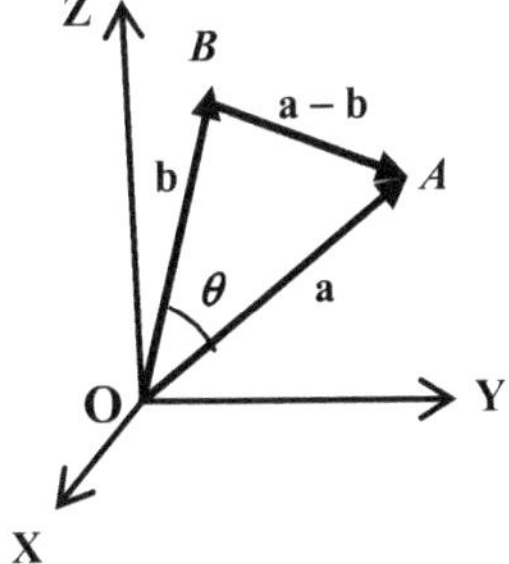

Pero, de acuerdo a la fórmula 2, 4 y 5 del teorema anterior,

$$\left|\overrightarrow{AB}\right|^2 = (\mathbf{a}-\mathbf{b})\cdot(\mathbf{a}-\mathbf{b}) = \mathbf{a}\cdot\mathbf{a} - 2(\mathbf{a}\cdot\mathbf{b}) + \mathbf{b}\cdot\mathbf{b}$$
$$= \|\mathbf{a}\|^2 - 2(\mathbf{a}\cdot\mathbf{b}) + \|\mathbf{b}\|^2$$

$$\left|\overrightarrow{OA}\right| = \|\mathbf{a}\|, \qquad \left|\overrightarrow{OB}\right| = \|\mathbf{b}\|$$

Reemplazando estos valores en (1):

$$\|\mathbf{a}\|^2 - 2(\mathbf{a}\cdot\mathbf{b}) + \|\mathbf{b}\|^2 = \|\mathbf{a}\|^2 + \|\mathbf{b}\|^2 - 2\|\mathbf{a}\|\,\|\mathbf{b}\|\cos\theta \Rightarrow$$
$$-2(\mathbf{a}\cdot\mathbf{b}) = -2\|\mathbf{a}\|\,\|\mathbf{b}\|\cos\theta \Rightarrow \mathbf{a}\cdot\mathbf{b} = \|\mathbf{a}\|\,\|\mathbf{b}\|\cos\theta$$

COROLARIO 1. **Angulo entre vectores.**

Si θ es el ángulo formado por los vectores no nulos **a** y **b**, entonces

$$\cos\theta = \frac{\mathbf{a}\cdot\mathbf{b}}{\|\mathbf{a}\|\|\mathbf{b}\|} \quad \text{o bien,} \quad \theta = \cos^{-1}\left(\frac{\mathbf{a}\cdot\mathbf{b}}{\|\mathbf{a}\|\|\mathbf{b}\|}\right)$$

EJEMPLO 1. Hallar el ángulo entre los vectores $\mathbf{a} = \langle 2, -2, -3\rangle$ y $\mathbf{b} = \langle 1, 4, 5\rangle$.

Solución

Tenemos que:

$$\mathbf{a}\cdot\mathbf{b} = \langle 2, -2, -3\rangle \cdot \langle 1, 4, 5\rangle .= 2(1) + (-2)(4) + (-3)(5) = -21$$

$$\|\mathbf{a}\| = \|\langle 2, -2, -3\rangle\| = \sqrt{2^2 + (-2)^2 + (-3)^2} = \sqrt{17}$$

$$\|\mathbf{b}\| = \|\langle 1, 4, 5\rangle\| = \sqrt{1^2 + 4^2 + 5^2} = \sqrt{42}$$

Luego,

$$\theta = \cos^{-1}\left(\frac{\mathbf{a}\cdot\mathbf{b}}{\|\mathbf{a}\|\|\mathbf{b}\|}\right) = \cos^{-1}\left(\frac{-21}{\sqrt{17}\sqrt{42}}\right) = \cos^{-1}(-0.78591) \approx 141.8°$$

DEFINICION. **Vectores ortogonales o perpendiculares.**

Dos vectores no nulos **a** y **b** son **perpendiculares** u **ortogonales** si el ángulo entre ellos es $\frac{\pi}{2}$.

El vector **0** es **ortogonale** a todo vector.

COROLARIO 2. Los vectores **a** y **b** son perpendiculares $\Leftrightarrow \mathbf{a}\cdot\mathbf{b} = 0$

Demostración

Si $\mathbf{a} = \mathbf{0}$ ó $\mathbf{b} = \mathbf{0}$ es obvio que el corolario se cumple. Luego, sólo falta probar el corolario para el caso $\mathbf{a} \neq \mathbf{0}$ y $\mathbf{b} \neq \mathbf{0}$. Bien,

Si **a** y **b** son perpendiculares, entonces

$$\mathbf{a}\cdot\mathbf{b} = \|\mathbf{a}\|\,\|\mathbf{b}\|\cos\frac{\pi}{2} = \|\mathbf{a}\|\,\|\mathbf{b}\|(0) = 0$$

Recíprocamente,

$$\mathbf{a}\cdot\mathbf{b} = 0 \Rightarrow \|\mathbf{a}\|\,\|\mathbf{b}\|\cos\theta = 0 \Rightarrow \cos\theta = 0 \Rightarrow \theta = \frac{\pi}{2}$$

EJEMPLO 2. Verificar que los vectores $\mathbf{a} = \langle 2, 3, 1\rangle$ y $\mathbf{b} = \langle -2, 1, 1\rangle$ son ortogonales.

Solución

$$\mathbf{a}\cdot\mathbf{b} = \langle 2, 3, 1\rangle \cdot \langle -2, 1, 1\rangle = 2(-2) + 3(1) + 1(1) = 0$$

TEOREMA 1.6 **Desigualdad de Cauchy–Schwarz:**

1. $|\mathbf{a} \cdot \mathbf{b}| \leq \|\mathbf{a}\| \, \|\mathbf{b}\|$, para todo par de vectores **a** y **b**.

   Además, la igualdad se cumple si y sólo alguno de ellos es **0** ó si **a** y **b** son paralelos. Esto es,

2. $|\mathbf{a} \cdot \mathbf{b}| = \|\mathbf{a}\| \, \|\mathbf{b}\| \Leftrightarrow (\mathbf{a} = \mathbf{0} \text{ ó } \mathbf{b} = \mathbf{0}) \text{ ó } (\exists\, r \in \mathbb{R} \,/\, \mathbf{a} = r\mathbf{b})$

Demostración

Ver el problema resuelto 3.

TEOREMA 1. 7 **Desigualdad triangular.**

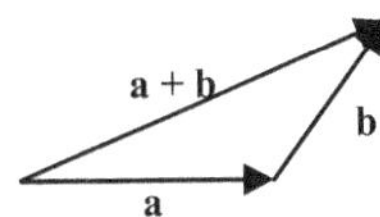

$$\|\mathbf{a} + \mathbf{b}\| \leq \|\mathbf{a}\| + \|\mathbf{b}\|$$

Geométricamente, este teorema nos dice que la longitud de un lado de un triángulo es menor que la suma de las longitudes de los otros dos lados.

Demostración

Ver el problema resuelto 4.

¿SABIAS QUE . . .

AGUSTIN LOUIS CAUCHY (1789–1857) Fundador del análisis moderno. *Nació en París. Tuvo una niñez dificultosa como consecuencia de eventos producidos por la Revolución Francesa. La familia Cauchy, durante la juventud de Agustín, recibía visitas de los ilustres matemáticos Laplace y Lagrange. En 1805 entró a estudiar matemática en la famosa Escuela Politécnica. Se graduó en 1807 y en 1815 entró como profesor de análisis en esta institución.*

Cauchy fue segregado por sus creencias políticas y religiosas. En 1830 abandonó sus posiciones en parís y se mudo, en primer lugar, a Suiza y después, a Turín. Regresó en 1848.

Ha sido uno de los matemáticos más prolíficos. Publicó 729 artículos de investigación ("papers"). Su nombre aparece en varias ramas de la matemática: sucesiones, variable compleja, ecuaciones diferenciales, etc.

HERMANN AMANDUS SCHWARZ (1743–1821) *Matemático alemán, nació en Hermsdorf, Silesia, (actualmente, Jerzmanowa, Polonia). Fue estudiante de Carl Weierstrass en la Universidad de Berlín. Trabajó en las universidades de Halle y Göttingen. En 1792, sucedió A Weierstrass en Berlín. Hizo numerosas contribuciones en análisis, geometría, análisis complejo y cálculo de variaciones.*

ANGULOS Y COSENOS DIRECTORES

DEFINICION. Se llaman **ángulos directores** de un vector $\mathbf{a} \neq \mathbf{0}$, a los ángulos α, β y γ que forma el vector **a** con los semiejes positivos X, Y y Z.

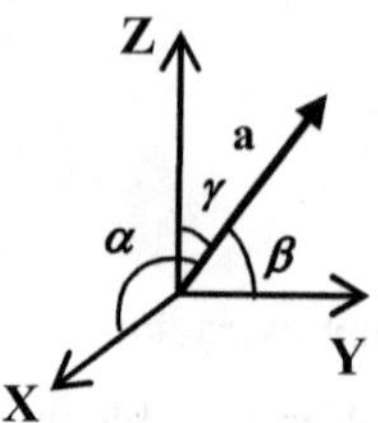

Los cosenos de estos ángulos,

$$\cos \alpha, \quad \cos \beta \quad \text{y} \quad \cos \gamma,$$

reciben el nombre de **cosenos directores de a.**

Los ángulos directores α, β y γ pueden verse como los ángulos que forman el vector **a** con los vectores unitarios **i**, **j** y **k**, respectivamente.

De acuerdo al corolario 1 anterior, si $\mathbf{a} = \langle a_1, a_2, a_3 \rangle$ tenemos:

$$\cos \alpha = \frac{\mathbf{a} \cdot \mathbf{i}}{\| \mathbf{a} \| \| \mathbf{i} \|} = \frac{a_1}{\| \mathbf{a} \|}, \quad \cos \beta = \frac{\mathbf{a} \cdot \mathbf{j}}{\| \mathbf{a} \| \| \mathbf{j} \|} = \frac{a_2}{\| \mathbf{a} \|}, \quad \cos \gamma = \frac{\mathbf{a} \cdot \mathbf{k}}{\| \mathbf{a} \| \| \mathbf{k} \|} = \frac{a_3}{\| \mathbf{a} \|}.$$

De estas igualdades obtenemos:

$$\mathbf{a} = \langle a_1, a_2, a_3 \rangle = \langle \| \mathbf{a} \| \cos \alpha, \ \| \mathbf{a} \| \cos \beta, \ \| \mathbf{a} \| \cos \gamma \rangle \Rightarrow$$

$$\mathbf{a} = \| \mathbf{a} \| \langle \cos \alpha, \cos \beta, \cos \gamma \rangle \quad \Rightarrow \quad \frac{\mathbf{a}}{\| \mathbf{a} \|} = \langle \cos \alpha, \cos \beta, \cos \gamma \rangle$$

Esto es, el vector unitario en la dirección del vector **a** tiene por componentes los cosenos directores del vector. Además, por ser $\langle \cos \alpha, \cos \beta, \cos \gamma \rangle$ un vector unitario,

$$\cos^2 \alpha + \cos^2 \beta + \cos^2 \gamma = 1$$

EJEMPLO 3. Hallar los cosenos y ángulos directores del vector $\mathbf{a} = \langle 3, -1, 2 \rangle$.

Solución

Tenemos que $\| \mathbf{a} \| = \sqrt{3^2 + (-1)^2 + 2^2} = \sqrt{14}$. Luego,

$$\cos \alpha = \frac{3}{\sqrt{14}} \quad \text{y} \quad \alpha = \cos^{-1}\left(\frac{3}{\sqrt{14}} \right) \approx 0.64 \text{ rad.} \approx 36.7°$$

$$\cos \beta = \frac{-1}{\sqrt{14}} \quad \text{y} \quad \beta = \cos^{-1}\left(\frac{-1}{\sqrt{14}} \right) \approx 1.841 \text{ rad.} \approx 105.5°$$

$$\cos \gamma = \frac{2}{\sqrt{14}} \quad \text{y} \quad \gamma = \cos^{-1}\left(\frac{2}{\sqrt{14}} \right) \approx 0.535 \text{ rad.} \approx 57.69°$$

PROYECCION ORTOGONAL

Sean **a** y **b** dos vectores no nulos. Buscamos construir un triángulo rectángulo que tenga al vector **b** por hipotenusa y por base un vector $r\,\mathbf{a}$, paralelo al vector **a**.

El tercer lado de triángulo es $\mathbf{c} = \mathbf{b} - r\mathbf{a}$, el cual debe ser perpendicular al vector **a**. Pero, entonces tenemos que:

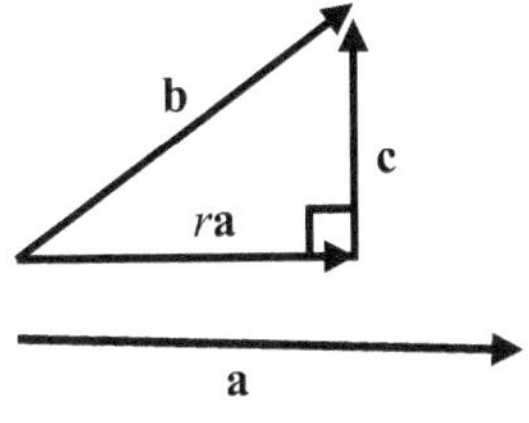

$$(\mathbf{b} - r\mathbf{a}) \cdot \mathbf{a} = 0 \Rightarrow \mathbf{a} \cdot \mathbf{b} - r\| \mathbf{a} \|^2 = 0 \Rightarrow$$

$$r = \frac{\mathbf{a} \cdot \mathbf{b}}{\| \mathbf{a} \|^2}$$

Luego, la base del triángulo rectángulo que tiene a **b** por hipotenusa es el vector $r\mathbf{a} = \dfrac{\mathbf{a} \cdot \mathbf{b}}{\| \mathbf{a} \|^2}\,\mathbf{a}$, al que llamaremos **proyección ortogonal de b sobre a**.

A este vector lo podemos escribir del modo siguiente: $r\mathbf{a} = \dfrac{\mathbf{a} \cdot \mathbf{b}}{\| \mathbf{a} \|} \dfrac{\mathbf{a}}{\| \mathbf{a} \|}$. Como el vector $\dfrac{\mathbf{a}}{\| \mathbf{a} \|}$ es unitario en la dirección de **a**, el escalar $\dfrac{\mathbf{a} \cdot \mathbf{b}}{\| \mathbf{a} \|}$ es la longitud del vector $r\mathbf{a} = \dfrac{\mathbf{a} \cdot \mathbf{b}}{\| \mathbf{a} \|} \dfrac{\mathbf{a}}{\| \mathbf{a} \|}$ y lo llamaremos componente de **b** en la dirección de **a**.

DEFINICION. Sean $\mathbf{a} \neq \mathbf{0}$ y **b** dos vectores de $\mathbb{R}^3$

1. La **proyección ortogonal** de **b** sobre **a** es el vector

$$\text{Proy}_{\mathbf{a}}\mathbf{b} = \frac{\mathbf{a} \cdot \mathbf{b}}{\| \mathbf{a} \|^2}\,\mathbf{a}$$

2. La **componente de b en la dirección de a** ó **proyección escalar de b sobre a** es el escalar:

$$\text{Comp}_{\mathbf{a}}\mathbf{b} = \frac{\mathbf{a} \cdot \mathbf{b}}{\| \mathbf{a} \|}$$

EJEMPLO 4. Si $\mathbf{a} = \langle 1, -2, 2 \rangle$ y $\mathbf{b} = \langle 2, -3, 1 \rangle$ hallar:

1. La componente de **b** en la dirección de **a**.
2. La proyección ortogonal de **b** sobre **a**.

Solución

1. $\text{Comp}_{\mathbf{a}}\,\mathbf{b} = \dfrac{\mathbf{a} \cdot \mathbf{b}}{\| \mathbf{a} \|} = \dfrac{\langle 1,\ -2,\ 2 \rangle \cdot \langle 2,\ -3,\ 1 \rangle}{\sqrt{1^2 + (-2)^2 + 2^2}} = \dfrac{10}{3}$

2. $\text{Proy}_{\mathbf{a}}\,\mathbf{b} = \dfrac{\mathbf{a} \cdot \mathbf{b}}{\| \mathbf{a} \|^2}\,\mathbf{a} = \dfrac{\langle 1,\ -2,\ 2 \rangle \cdot \langle 2,\ -3,\ 1 \rangle}{1^2 + (-2)^2 + 2^2} \langle 1, -2, 2 \rangle = \dfrac{10}{9} \langle 1, -2, 2 \rangle$

TRABAJO Y EL PRODUCTO PUNTO

Sabemos que el trabajo realizado por una fuerza constante **F** al desplazar un objeto a una distancia d es

$$W = \mathbf{F}\, d.$$

En este resultado se supone que la fuerza actúa en la dirección de la recta del movimiento del objeto.

Ahora veamos el caso en el que la fuerza constante **F** actúa en una dirección diferente al desplazamiento. Supongamos que el objeto es desplazado desde el punto P hasta el punto Q. Estos puntos determina el vector $\mathbf{d} = \overrightarrow{PQ}$, al que llamaremos **vector de desplazamiento**.

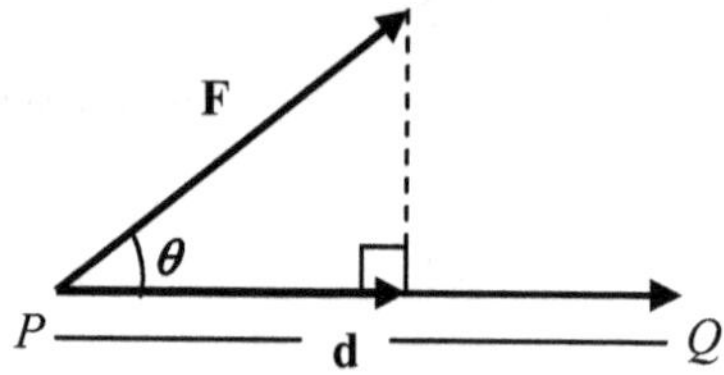

El trabajo realizado por esta fuerza **F** es el producto de la componente de **F** en la dirección del vector **d** por la distancia recorrida.

La distancia recorrida es $\|\mathbf{d}\|$ y la componente de **F** en la dirección de **d,** teniendo en cuenta el teorema 1.5, es

$$\text{Comp}_{\mathbf{d}}\, \mathbf{F} = \frac{\mathbf{F}\cdot\mathbf{d}}{\|\mathbf{d}\|} = \|\mathbf{F}\| \cos\theta$$

Luego, el trabajo realizado es

$$W = \left(\|\mathbf{F}\| \cos\theta\right)\|\mathbf{d}\| = \|\mathbf{F}\|\,\|\mathbf{d}\|\cos\theta \qquad \textbf{(1)}$$

O bien,

$$W = \mathbf{F}\cdot\mathbf{d} \qquad \textbf{(2)}$$

EJEMPLO 5. Una maleta recorre una distancia de 80 metros halada por una fuerza constante de 150 Newtons en la dirección que indica la figura. Calcular el trabajo realizado.

Solución

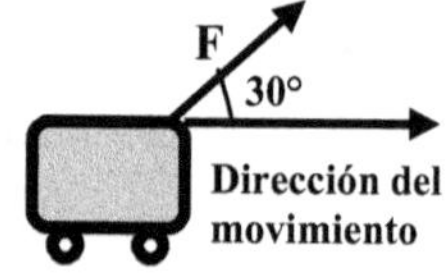

$$W = \|\mathbf{F}\|\,\|\mathbf{d}\|\cos\theta = (150)(80)\cos 30^\circ$$

$$= (150)(80)\frac{\sqrt{3}}{2}\text{ N–m} \approx 10.392.3 \text{ joules}$$

EJEMPLO 6. Una fuerza dada por el vector $\mathbf{F} = 2\mathrm{i} + \mathrm{j} + 4\mathrm{k}$ mueve un objeto desde el punto $P = (1, 3, 0)$ Hasta el punto $Q = (2, 4, 5)$. Calcular el trabajo realizado sabiendo que la magnitud de la fuerza está dada en libras y las distancia en pies.

Solución

El vector dirección es $\mathbf{d} = \overrightarrow{PQ} = \langle 2-1, 4-3, 5-0\rangle = \langle 1, 1, 5\rangle$. Luego,

$$W = \mathbf{F} \cdot \mathbf{d} = \langle 2, 1, 4\rangle \cdot \langle 1, 1, 5\rangle = 2(1) + 1(1) + 4(5) = 23 \text{ libras–pies}$$

PROBLEMAS RESUELTOS 1. 3

PROBLEMA 1. Una fuerza **F** de 4 newtons forma un ángulo de $\frac{\pi}{6}$ con el eje Y y apunta hacia arriba, como indica la figura. La fuerza mueve un objeto desde el punto P = (2, 1) hasta el punto Q = (6, 3).

1. Hallar el vector **F**.
2. Hallar el ángulo que forman **F** con el vector **d** de desplazamiento
3. Hallar el trabajo realizado.

Solución

1. $\mathbf{F} = 4\,\langle \cos \pi/3,\ \text{sen}\ \pi/3\rangle = 4\,\langle 1/2,\ \sqrt{3}/2\,\rangle$
$= \langle 2,\ 2\sqrt{3}\,\rangle$

Y, F, π/6, 0, X, F, θ, d, (2, 1), (6, 3)

2. Tenemos: $\mathbf{d} = \langle 6-2, 3-1\rangle = \langle 4, 2\rangle$,

$\|\mathbf{d}\| = \sqrt{4^2+2^2} = 2\sqrt{5}$ y

$\|\mathbf{F}\| = \sqrt{2^2 + \left(2\sqrt{3}\right)^2} = 4$

Luego,

$$\theta = \cos^{-1}\left(\frac{\mathbf{F}\cdot\mathbf{d}}{\|\mathbf{F}\|\|\mathbf{d}\|}\right) = \cos^{-1}\left(\frac{4(2)+2\left(2\sqrt{3}\right)}{(4)\left(2\sqrt{5}\right)}\right) = 0.5836 \text{ Rad.} \approx 33.\ 38°$$

3. $\text{W} = \mathbf{F}\cdot\mathbf{d} = \langle 2,\ 2\sqrt{3}\,\rangle \cdot \langle 4, 2\rangle = 8 + 4\sqrt{3} \approx 14.93$ joules

---

PROBLEMA 2. Probar que: $\mathbf{a}\cdot\mathbf{b} = \mathbf{a}\cdot\mathbf{c},\ \forall\ \mathbf{a} \in \mathbb{R}^n \Rightarrow \mathbf{b} = \mathbf{c}$

Solución

Sea $\mathbf{a} = \mathbf{e}_1$, entonces $\mathbf{e}_1\cdot\mathbf{b} = \mathbf{e}_1\cdot\mathbf{c} \Rightarrow b_1 = c_1$

$\mathbf{a} = \mathbf{e}_2$, entonces $\mathbf{e}_2\cdot\mathbf{b} = \mathbf{e}_2\cdot\mathbf{c} \Rightarrow b_2 = c_2$

. . .

$\mathbf{a} = \mathbf{e}_n$, entonces $\mathbf{e}_n\cdot\mathbf{b} = \mathbf{e}_n\cdot\mathbf{c} \Rightarrow b_n = c_n$

Luego, $\mathbf{b} = \mathbf{c}$.

PROBLEMA 3. **Probar la desigualdad de Cauchy–Schwartz**

1. $|\mathbf{a}\cdot\mathbf{b}| \leq \|\mathbf{a}\|\ \|\mathbf{b}\|$, para todo par de vectores **a** y **b**.

Además,

2. $|\mathbf{a}\cdot\mathbf{b}| = \|\mathbf{a}\|\ \|\mathbf{b}\| \Leftrightarrow (\mathbf{a}=\mathbf{0} \text{ ó } \mathbf{b}=\mathbf{0}) \text{ ó } (\exists\, r \in \mathbb{R} \,/\, \mathbf{a} = r\mathbf{b})$

Solución

1. Como $|\cos\theta| \leq 1$, se tiene

$$|\mathbf{a}\cdot\mathbf{b}| = \|\mathbf{a}\|\ \|\mathbf{b}\|\,|\cos\theta| \leq \|\mathbf{a}\|\ \|\mathbf{b}\| \qquad \textbf{(1)}$$

2. $(\Leftarrow)$

Si $\mathbf{a}=\mathbf{0}$, entonces $|\mathbf{a}\cdot\mathbf{b}| = |\mathbf{0}\cdot\mathbf{b}| = 0$ y $\|\mathbf{a}\|\ \|\mathbf{b}\| = \|\mathbf{0}\|\ \|\mathbf{b}\| = 0\,\|\mathbf{b}\| = 0$

y se cumple que $|\mathbf{a}\cdot\mathbf{b}| = \|\mathbf{a}\|\ \|\mathbf{b}\|$.

Similarmente si $\mathbf{b}=\mathbf{0}$.

Si $\mathbf{a}=r\mathbf{b}$, entonces $|\mathbf{a}\cdot\mathbf{b}| = |(r\mathbf{b})\cdot\mathbf{b}| = |r(\mathbf{b}\cdot\mathbf{b})| = |r|\,|\mathbf{b}\cdot\mathbf{b}| = |r|\,\|\mathbf{b}\|^2$

$$= \left(|r|\,\|\mathbf{b}\|\right)\|\mathbf{b}\| = \|r\mathbf{b}\|\ \|\mathbf{b}\| = \|\mathbf{a}\|\ \|\mathbf{b}\|$$

$(\Rightarrow)$

Si $|\mathbf{a}\cdot\mathbf{b}| = \|\mathbf{a}\|\ \|\mathbf{b}\|$, de la desigualdad (1) obtenemos,

$$\|\mathbf{a}\|\ \|\mathbf{b}\|\,|\cos\theta| = \|\mathbf{a}\|\ \|\mathbf{b}\|$$

En el caso de que $\mathbf{a}\neq\mathbf{0}$ y $\mathbf{b}\neq\mathbf{0}$, se tiene que $|\cos\theta| = 1$. Luego, $\theta = 0$ ó $\theta = \pi$ y, por lo tanto, **a** y **b** son paralelos. Esto es existe r tal que $\mathbf{a} = r\mathbf{b}$.

PROBLEMA 4. Probar la desigualdad triangular.

$$\|\mathbf{a}+\mathbf{b}\| \leq \|\mathbf{a}\| + \|\mathbf{b}\|$$

Solución

Teniendo en cuenta la desigualdad de Cauchy– Schwartz, tenemos

$$\|\mathbf{a}+\mathbf{b}\|^2 = (\mathbf{a}+\mathbf{b})\cdot(\mathbf{a}+\mathbf{b}) = \mathbf{a}\cdot\mathbf{a} + 2(\mathbf{a}\cdot\mathbf{b}) + \mathbf{b}\cdot\mathbf{b}$$

$$= \|\mathbf{a}\|^2 + 2(\mathbf{a}\cdot\mathbf{b}) + \|\mathbf{b}\|^2 \leq \|\mathbf{a}\|^2 + 2|\mathbf{a}\cdot\mathbf{b}| + \|\mathbf{b}\|^2$$

$$\leq \|\mathbf{a}\|^2 + 2\|\mathbf{a}\|\ \|\mathbf{b}\| + \|\mathbf{b}\|^2 = \left(\|\mathbf{a}\| + \|\mathbf{b}\|\right)^2$$

Luego,

$$\|\mathbf{a}+\mathbf{b}\| \leq \|\mathbf{a}\| + \|\mathbf{b}\|$$

PROBLEMAS PROPUESTOS 1. 3

***En los problemas del 1 al 8, hallar* a · b**

1. $\mathbf{a} = \langle 5, -3 \rangle$, $\mathbf{b} = \langle 2, 4 \rangle$ *Rpta.* -2

2. $\mathbf{a} = \langle 1/3, -2 \rangle$, $\mathbf{b} = \langle -6, -5 \rangle$ *Rpta.* 8

3. $\mathbf{a} = \langle 3, -1, 8 \rangle$, $\mathbf{b} = \langle -2, -4, 1 \rangle$ *Rpta.* 6

4. $\mathbf{a} = \langle \sqrt{2}, -3, 1 \rangle$, $\mathbf{b} = \langle 3, -2, -5 \rangle$ *Rpta.* $1 + 3\sqrt{2}$

5. $\mathbf{a} = 2\mathbf{i} + 4\mathbf{j} - \mathbf{k}$ $\mathbf{b} = -3\mathbf{i} + 5\,\mathbf{k}$ *Rpta.* -11

6. $\|\mathbf{a}\| = 3$, $\|\mathbf{b}\| = 8$ y el ángulo entre **a** y **b** es $\dfrac{\pi}{6}$ *Rpta.* $12\sqrt{3}$

7. $\|\mathbf{a}\| = 5$, $\|\mathbf{b}\| = 4$ y el ángulo entre **a** y **b** es $150°$ *Rpta.* $-10\sqrt{3}$

8. Probar: $\mathbf{i} \cdot \mathbf{j} = 0$, $\mathbf{j} \cdot \mathbf{k} = 0$, $\mathbf{i} \cdot \mathbf{k} = 0$, $\mathbf{i} \cdot \mathbf{i} = 1$, $\mathbf{j} \cdot \mathbf{j} = 0$, $\mathbf{k} \cdot \mathbf{k} = 0$.

***En los problemas del 9 al 11, hallar el ángulo entre vectores* a y b.**

9. $\mathbf{a} = \langle 3, 4 \rangle$, $\mathbf{b} = \langle 5, 12 \rangle$ *Rpta.* 0.249 rad.≈ 14.25°

10. $\mathbf{a} = \langle 3, 1, -4 \rangle$, $\mathbf{b} = \langle -2, 2, 1 \rangle$ *Rpta.* 2.12 rad. ≈ 121.5°

11. $\mathbf{a} = 2\mathbf{i} + \mathbf{j} - 3\mathbf{k}$ $\mathbf{b} = 6\mathbf{i} - 3\mathbf{j} + 2\mathbf{k}$ *Rpta.* 1.456 rad. ≈ 83.4°

12. Hallar dos vectores unitarios de $\mathbb{R}^3$ que sean ortogonales a los vectores a $\mathbf{i} + \mathbf{j}$ y $\mathbf{j} + \mathbf{k}$. *Rpta.* $\left\langle \sqrt{3}/3, -\sqrt{3}/3, \sqrt{3}/3, \right\rangle$, $\left\langle -\sqrt{3}/3, \sqrt{3}/3, -\sqrt{3}/3, \right\rangle$

13. Sean **a** y **b** dos vectores cualesquiera. Probar que los vectores $\|\mathbf{b}\|\mathbf{a} + \|\mathbf{a}\|\mathbf{b}$ y $\|\mathbf{b}\|\mathbf{a} - \|\mathbf{a}\|\mathbf{b}$ son ortogonales.

14. Sean **a** y **b** son dos vectores no nulos y sea $\mathbf{c} = \|\mathbf{b}\|\mathbf{a} + \|\mathbf{a}\|\mathbf{b}$. Probar que el ángulo formado por **a** y **c** y el ángulo formado por **b** y **c** tienen igual medida.

15. Hallar los ángulos del triángulo cuyos vértices son los puntos $P = (1, 1, 1)$, $Q = (5, 0, 4)$, $R = (2, 3, 4)$ *Rpta.* 54.8°, 79.11°, 46.1°

16. Hallar el ángulo que forma la diagonal de un cubo con una de sus aristas. *Rpta.* $\theta = \cos^{-1}(1/\sqrt{3}) \approx 54.7°$

17. Hallar el ángulo que forma la diagonal de un cubo con la diagonal de una de sus caras, *Rpta.* $\theta = \cos^{-1}(\sqrt{6}/3) \approx 35.3°$

En los problemas 18 y 19, hallar los cosenos y ángulos directores del vector:

18. $\langle -2, 0, 1 \rangle$ *Rpta.* $\dfrac{-2}{\sqrt{5}}$, 0, $\dfrac{1}{\sqrt{5}}$, 153.43°, 90°, 63.43°

19. $\langle 3, -6, 2\rangle$ *Rpta.* $\frac{3}{7}, -\frac{6}{7}, \frac{2}{7}$, 64.62°, 149°, 73.4°

20. Hallar todos vectores unitarios de $\mathbb{R}^3$ cuyos tres cosenos directores son iguales.

Rpta. $\langle \sqrt{3}/3, \sqrt{3}/3, \sqrt{3}/3 \rangle$, $\langle -\sqrt{3}/3, -\sqrt{3}/3, -\sqrt{3}/3 \rangle$

21. Probar que no existe un vector **a** que tenga como ángulos directores $\alpha = 30°$, $\beta = 30°$. *Sugerencia:* $\langle \cos\alpha, \cos\beta, \cos\gamma\rangle$ *es unitario.*

En los problemas del 22 al 26, hallar la proyección escalar y proyección ortogonal de b sobre a.

22. $\mathbf{a} = \langle 1, 1\rangle$, $\mathbf{b} = \langle -5, 8\rangle$. *Rpta.* $\text{Comp}_\mathbf{a}\, \mathbf{b} = \frac{3\sqrt{2}}{2}$, $\mathbf{Proy_a b} = \frac{3}{2}\langle 1, 1\rangle$

23. $\mathbf{a} = \langle 1, 2\rangle$, $\mathbf{b} = \langle 2, -6\rangle$. *Rpta.* $\text{Comp}_\mathbf{a}\, \mathbf{b} = -2\sqrt{5}$, $\mathbf{Proy_a b} = -2\langle 1, 2\rangle$

24. $\mathbf{a} = \langle 1, 2, 2\rangle$. $\mathbf{b} = \langle 2, -1, 3\rangle$ *Rpta.* $\text{Comp}_\mathbf{a}\, \mathbf{b} = 2$, $\mathbf{Proy_a b} = \frac{2}{3}\langle 1, 2, 2\rangle$

25. $\mathbf{a} = \langle 4, 3, -5\rangle$. $\mathbf{b} = \langle 12, 9, -5\rangle$ *Rpta.* $\text{Comp}_\mathbf{a}\, \mathbf{b} = 10\sqrt{2}$, $\mathbf{Proy_a b} = 2\langle 4, 3, -5\rangle$

26. $\mathbf{a} = \langle 0, a_2, 0\rangle$, $\mathbf{b} = \langle a_1, a_2, a_3\rangle$ *Rpta.* $\text{Comp}_\mathbf{a}\, \mathbf{b} = |a_2|$, $\mathbf{Proy_a b} = \mathbf{a}$

27. Probar que el vector $\text{Ort}_\mathbf{a}\mathbf{b} = \mathbf{b} - \mathbf{Proy_a b}$ es perpendicular al vector **a**.

28. Si $\mathbf{a} = \langle 4, 3, -5\rangle$ y $\mathbf{b} = \langle 12, 9, -5\rangle$, hallar $\text{Ort}_\mathbf{a}\mathbf{b}$. *Rpta.* $\langle 4, 3, 5\rangle$

29. Probar que $\text{Comp}_\mathbf{a}(\mathbf{b} + \mathbf{c}) = \text{Comp}_\mathbf{a}\, \mathbf{b} + \text{Comp}_\mathbf{a}\, \mathbf{c}$

30. Si **a** y **c** son no nulos y paralelos, entonces $\mathbf{Proy_a b} = \mathbf{Proy_c b}$, $\forall$ vector **b**

31. Si **a** y **c** tienen la misma dirección, entonces $\text{Comp}_\mathbf{a}\, \mathbf{b} = \text{Comp}_\mathbf{c}\, \mathbf{b}$, $\forall$ vector **b**

32. Si **a** y **c** tienen direcciones opuestas, entonces $\text{Comp}_\mathbf{a}\, \mathbf{b} = -\text{Comp}_\mathbf{c}\, \mathbf{b}$, $\forall$ vector **b**

33. Hallar el trabajo realizado por la fuerza $\boldsymbol{F} = 3\mathbf{i} - 2\mathbf{j} + \mathbf{k}$ al desplazar un objeto en línea recta desde el punto $P = (-2, 4, 3)$ hasta el punto $Q = (1, -3, 5)$. La fuerza se mide en libras y la distancia en pies. *Rpta.* 25 libras–pies

34. Se ha subido una caja desde el suelo hasta el final de una rampa de 12 m de longitud y de 30° de inclinación. La fuerza ejercida sobre la caja fue horizontal y de 15 newtons de magnitud. Hallar el trabajo realizado. *Rpta.* $90\sqrt{3}$ joules.

SECCION 1.4

PRODUCTO VECTORIAL

Este nuevo producto, el producto vectorial o producto cruz, sólo se define en $\mathbb{R}^3$. El resultado de esta operación es otro vector y no un escalar, como en el producto escalar.

DEFINICION. Sean $\mathbf{a} = \langle a_1, a_2, a_3 \rangle$ y $\mathbf{b} = \langle b_1, b_2, b_3 \rangle$. El **producto vectorial** o **producto cruz** de **a** y **b** es el vector

$$\mathbf{a} \times \mathbf{b} = \langle a_2b_3 - a_3 b_2,\ a_3b_1 - a_1b_3,\ a_1 b_2 - a_2b_1 \rangle$$

El lector seguramente está pensando que la fórmula de esta definición es complicada y no fácil de recordar. Para consuelo de la memoria del lector, presentamos a continuación esta fórmula en términos de determinantes.

Recordemos que:

El determinante de una matriz de orden 2 × 2 está dado por

$$\begin{vmatrix} a & b \\ c & d \end{vmatrix} = ad - bc \qquad \textbf{(1)}$$

El determinante de una matriz de orden 3× 3 está dado por

$$\begin{vmatrix} a_1 & a_2 & a_3 \\ b_1 & b_2 & b_3 \\ c_1 & c_2 & c_3 \end{vmatrix} = a_1 \begin{vmatrix} b_2 & b_3 \\ c_2 & c_3 \end{vmatrix} - a_2 \begin{vmatrix} b_1 & b_3 \\ c_1 & c_3 \end{vmatrix} + a_3 \begin{vmatrix} b_1 & b_2 \\ c_1 & c_2 \end{vmatrix} \qquad \textbf{(2)}$$

EJEMPLO 1. Hallar: **1.** $\begin{vmatrix} 4 & 7 \\ -2 & 3 \end{vmatrix}$ **2.** $\begin{vmatrix} 2 & 5 & -3 \\ 4 & 0 & -7 \\ 1 & -6 & 3 \end{vmatrix}$

Solución

1. $\begin{vmatrix} 4 & 7 \\ -2 & 3 \end{vmatrix} = 4(3) - 7(-2) = 26$

2. $\begin{vmatrix} 2 & 5 & -3 \\ 4 & 0 & -7 \\ 1 & -6 & 3 \end{vmatrix} = 2\begin{vmatrix} 0 & -7 \\ -6 & 3 \end{vmatrix} - 5\begin{vmatrix} 4 & -7 \\ 1 & 3 \end{vmatrix} + (-3)\begin{vmatrix} 4 & 0 \\ 1 & -6 \end{vmatrix}$

$$= 2(0 - 42) - 5(12 - (-7)) + (-3)(-24 - 0) = 83$$

Ahora retomamos la definición de producto vectorial. La fórmula de la definición, en términos de determinantes, lo escribimos así:

$$\mathbf{a}\times\mathbf{b} = \langle a_2b_3 - a_3b_2,\ a_3b_1 - a_1b_3,\ a_1b_2 - a_2b_1\rangle$$

$$= \left\langle \begin{vmatrix} a_2 & a_3 \\ b_2 & b_3 \end{vmatrix}, -\begin{vmatrix} a_1 & a_3 \\ b_1 & b_3 \end{vmatrix}, \begin{vmatrix} a_1 & a_2 \\ b_1 & b_2 \end{vmatrix} \right\rangle$$

O también,

$$\mathbf{a}\times\mathbf{b} = \begin{vmatrix} a_2 & a_3 \\ b_2 & b_3 \end{vmatrix}\mathbf{i} - \begin{vmatrix} a_1 & a_3 \\ b_1 & b_3 \end{vmatrix}\mathbf{j} + \begin{vmatrix} a_1 & a_2 \\ b_1 & b_2 \end{vmatrix}\mathbf{k} \qquad \textbf{(3)}$$

Comparando este resultado con la fórmula (2), obtenemos que:

$$\mathbf{a}\times\mathbf{b} = \begin{vmatrix} \mathbf{i} & \mathbf{j} & \mathbf{k} \\ a_1 & a_2 & a_3 \\ b_1 & b_2 & b_3 \end{vmatrix} \qquad \textbf{(4)}$$

El lector debe estar advertido que, de acuerdo a nuestros conocimientos previos, las entradas de una matriz son números. Sin embargo en la expresión anterior, las entradas de la primera fila son vectores. Esto no es matemáticamente correcto. El lector debe tomar la esta expresión sólo como una regla nemotécnica.

EJEMPLO 2. Si $\mathbf{a} = \langle 2, 5, 3\rangle$ y $\mathbf{b} = \langle -1, 7, 1\rangle$, hallar $\mathbf{a}\times\mathbf{b}$

Solución

$$\mathbf{a}\times\mathbf{b} = \begin{vmatrix} \mathbf{i} & \mathbf{j} & \mathbf{k} \\ 2 & 5 & 3 \\ -1 & 7 & 1 \end{vmatrix} = \begin{vmatrix} 5 & 3 \\ 7 & 1 \end{vmatrix}\mathbf{i} - \begin{vmatrix} 2 & 3 \\ -1 & 1 \end{vmatrix}\mathbf{j} + \begin{vmatrix} 2 & 5 \\ -1 & 7 \end{vmatrix}\mathbf{k}$$

$$= (5-21)\,\mathbf{i} - (2-3(-1))\mathbf{j} + (14-5(-1))\mathbf{k} = -16\mathbf{i} - 5\mathbf{j} + 19\mathbf{k}$$

PROPIEDADES DEL PRODUCTO VECTORIAL

TEOREMA 1.8 Para cualquier vector **a** de $\mathbb{R}^3$ de cumple que:

1. $\mathbf{a}\times\mathbf{a} = \mathbf{0}$ 2. $\mathbf{a}\times\mathbf{0} = \mathbf{0}$

Demostración

1. $$\mathbf{a}\times\mathbf{a} = \begin{vmatrix} \mathbf{i} & \mathbf{j} & \mathbf{k} \\ a_1 & a_2 & a_3 \\ a_1 & a_2 & a_3 \end{vmatrix} = \begin{vmatrix} a_2 & a_3 \\ a_2 & a_3 \end{vmatrix}\mathbf{i} - \begin{vmatrix} a_1 & a_3 \\ a_1 & a_3 \end{vmatrix}\mathbf{j} + \begin{vmatrix} a_1 & a_2 \\ a_1 & a_2 \end{vmatrix}\mathbf{k}$$

$$= (a_2a_3 - a_3a_2)\mathbf{i} - (a_1a_3 - a_3a_1)_{\mathbf{j}} + (a_1a_2 - a_2a_1)\mathbf{k}$$

$$= 0\mathbf{i} - 0\mathbf{j} + 0\mathbf{k} = \mathbf{0}$$

2. $$\mathbf{a}\times\mathbf{0} = \begin{vmatrix} \mathbf{i} & \mathbf{j} & \mathbf{k} \\ a_1 & a_2 & a_3 \\ 0 & 0 & 0 \end{vmatrix} = \begin{vmatrix} a_2 & a_3 \\ 0 & 0 \end{vmatrix}\mathbf{i} - \begin{vmatrix} a_1 & a_3 \\ 0 & 0 \end{vmatrix}\mathbf{j} + \begin{vmatrix} a_1 & a_2 \\ 0 & 0 \end{vmatrix}\mathbf{k}$$

$$= (a_2 0 - a_3 0)\,\mathbf{i} - (a_1 0 - a_3 0)\,\mathbf{j} + (a_1 0 - a_2 0)\,\mathbf{k}$$

$$= 0\mathbf{i} - 0\mathbf{j} + 0\mathbf{k} = \mathbf{0}$$

TEOREMA 1.9 El vector $\mathbf{a}\times\mathbf{b}$ es ortogonal a ambos $\mathbf{a}$ y $\mathbf{b}$.

Demostración

$$(\mathbf{a}\times\mathbf{b})\cdot\mathbf{a} = \begin{vmatrix} a_2 & a_3 \\ b_2 & b_3 \end{vmatrix}(\mathbf{i}\cdot\mathbf{a}) - \begin{vmatrix} a_1 & a_3 \\ b_1 & b_3 \end{vmatrix}(\mathbf{j}\cdot\mathbf{a}) + \begin{vmatrix} a_1 & a_2 \\ b_1 & b_2 \end{vmatrix}(\mathbf{k}\cdot\mathbf{a})$$

$$= \begin{vmatrix} a_2 & a_3 \\ b_2 & b_3 \end{vmatrix} a_1 - \begin{vmatrix} a_1 & a_3 \\ b_1 & b_3 \end{vmatrix} a_2 + \begin{vmatrix} a_1 & a_2 \\ b_1 & b_2 \end{vmatrix} a_3$$

$$= (a_2 b_3 - a_3 b_2)\,a_1 - (a_1 b_3 - a_3 b_1)\,a_2 + (a_1 b_2 - a_2 b_1)\,a_3$$

$$= a_1 a_2 b_3 - a_1 a_3 b_2 - a_1 a_2 b_3 + a_2 a_3 b_1 + a_1 a_3 b_2 - a_2 a_3 b_1$$

$$= \mathbf{0}$$

Similarmente, $(\mathbf{a}\times\mathbf{b})\cdot\mathbf{b} = 0$

EJEMPLO 3. Probar que:

$$\mathbf{i}\times\mathbf{j} = \mathbf{k}, \qquad \mathbf{j}\times\mathbf{k} = \mathbf{i}, \qquad \mathbf{k}\times\mathbf{i} = \mathbf{j}$$

Solución

$$\mathbf{i}\times\mathbf{j} = \begin{vmatrix} \mathbf{i} & \mathbf{j} & \mathbf{k} \\ 1 & 0 & 0 \\ 0 & 1 & 0 \end{vmatrix} = \begin{vmatrix} 0 & 0 \\ 1 & 0 \end{vmatrix}\mathbf{i} - \begin{vmatrix} 1 & 0 \\ 0 & 0 \end{vmatrix}\mathbf{j} + \begin{vmatrix} 1 & 0 \\ 0 & 1 \end{vmatrix}\mathbf{k}$$

$$= (0-0)\mathbf{i} - (0-0)\mathbf{j} + (1-0)\mathbf{k} = \mathbf{k}$$

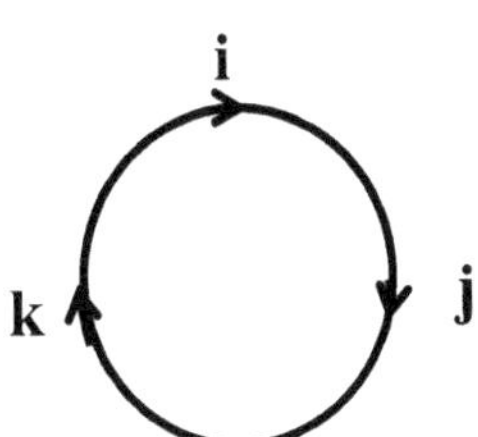

Similarmente, $\mathbf{j}\times\mathbf{k} = \mathbf{i}$ y $\mathbf{k}\times\mathbf{i} = \mathbf{j}$

Para ayudarnos a recordar estos productos contamos con el gráfico adjunto.

El producto de dos vectores consecutivos, moviéndonos en sentido horario, es el siguiente.

REGLA DE LA MANO DERECHA

Si **a** y **b** son dos vectores no paralelos, el teorema anterior nos asegura que el vector producto **a × b** es perpendicular tanto a **a** como a **b**. Además, este vector producto también es perpendicular a todo vector del plano generado por **a** y **b**. Ahora, el vector **a × b** debe apuntar a uno y sólo un lado de este plano. ¿Cuál de los dos lados? La respuesta nos la **regla de la mano derecha**, que dice: si se rotan los dedos de la mano derecha, excepto el pulgar, en dirección del vector **a** al vector **b**, entonces **a × b** apunta en la dirección del dedo pulgar.

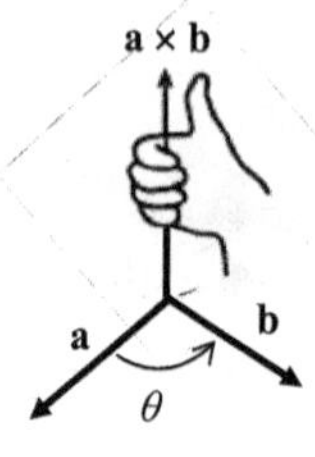

TEOREMA 1.10 **Otras propiedades del producto vectorial.**

Sean **a**, **b** y **c** vectores de $\mathbb{R}^3$ y r un escalar. Se cumple:

1. $\mathbf{a}\times\mathbf{b} = -\,\mathbf{b}\times\mathbf{a}$ (anticonmutatividad)
2. $(r\mathbf{a})\times\mathbf{b} = r(\mathbf{a}\times\mathbf{b})$
3. $\mathbf{a}\times(\mathbf{b}+\mathbf{c}) = \mathbf{a}\times\mathbf{b}+\mathbf{a}\times\mathbf{c}$ (distributividad)
4. $(\mathbf{a}+\mathbf{b})\times\mathbf{c} = \mathbf{a}\times\mathbf{c} + \mathbf{b}\times\mathbf{c}$ (distributividad)
5. $\mathbf{a}\cdot(\mathbf{b}\times\mathbf{c}) = (\mathbf{a}\times\mathbf{b})\cdot\mathbf{c}$ (triple producto escalar)
6. $\mathbf{a}\times(\mathbf{b}\times\mathbf{c}) = (\mathbf{a}\cdot\mathbf{c})\mathbf{b}-(\mathbf{a}\cdot\mathbf{b})\mathbf{c}$ (triple producto vectorial)

Demostración

Ver el problema resuelto 4.

OBSERVACION. El producto vectorial no es asociativo. Esto es, existe vectores **a**, **b** y **c** tales que

$$\mathbf{a}\times(\mathbf{b}\times\mathbf{c}) \neq (\mathbf{a}\times\mathbf{b})\times\mathbf{c}$$

En efecto,

$$\mathbf{i}\times(\mathbf{i}\times\mathbf{j}) = \mathbf{i}\times\mathbf{k} = -\mathbf{j} \quad \text{y} \quad (\mathbf{i}\times\mathbf{i})\times\mathbf{j} = \mathbf{0}\times\mathbf{j} = \mathbf{0}$$

Luego, $\mathbf{i}\times(\mathbf{i}\times\mathbf{j}) \neq (\mathbf{i}\times\mathbf{i})\times\mathbf{j}$

TEOREMA 1.11 Si θ es el ángulo entre **a** y **b** $(0 \leq \theta \leq \pi)$, entonces

$$\|\mathbf{a}\times\mathbf{b}\| = \|\mathbf{a}\|\,\|\mathbf{b}\|\text{ sen }\theta$$

Demostración

Ver el problema resuelto 3.

COROLARIO. Si **a** y **b** son vectores no nulos, entonces

$$\mathbf{a}\times\mathbf{b}=\mathbf{0} \Leftrightarrow \mathbf{a} \text{ y } \mathbf{b} \text{ son paralelos}$$

Demostración.

$$\mathbf{a}\times\mathbf{b}=\mathbf{0} \Leftrightarrow \|\mathbf{a}\times\mathbf{b}\|=0 \Leftrightarrow \|\mathbf{a}\|\,\|\mathbf{b}\| \operatorname{sen}\theta=0 \Leftrightarrow \theta=0 \text{ ó } \theta=\pi$$

$$\Leftrightarrow \mathbf{a} \text{ y } \mathbf{b} \text{ son paralelos}$$

El teorema anterior nos permite proporcionar la siguiente interpretación geométrica:

> $\|\mathbf{a}\times\mathbf{b}\|$ es igual al área del paralelogramo determinado por los vectores **a** y **b.**

En efecto, la base del paralelogramo es $\|\mathbf{a}\|$ y su altura es $\|\mathbf{b}\| \operatorname{sen}\theta$. Luego, su área es

$$A = \text{Base} \times \text{altura} = \|\mathbf{a}\|\,\|\mathbf{b}\| \operatorname{sen}\theta = \|\mathbf{a}\times\mathbf{b}\|$$

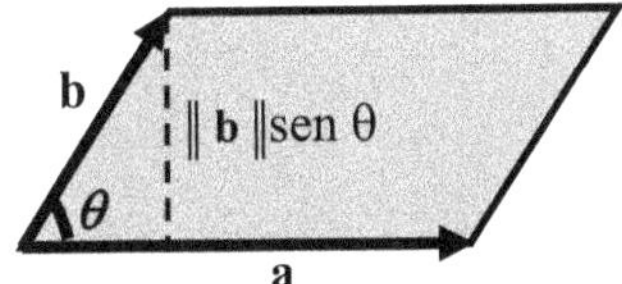

EJEMPLO 4. Hallar el área del triángulo cuyos vértices son los puntos

$$P=(-1, 4, 1), \quad Q=(2, 2, 1), \quad R=(2, -2, 5)$$

Solución

Sean los vectores $\mathbf{a} = \overrightarrow{PQ} = \langle 3, -2, 0\rangle$ y $\mathbf{b} = \overrightarrow{PR} = \langle 3, -6, 4\rangle$. El área del paralelogramo determinado por estos vectores es doble del área del triángulo de vértices P, Q y R. El área del paralelogramo es $\|\mathbf{a}\times\mathbf{b}\|$ y la del triángulo, es

$$A=\frac{1}{2}\|\mathbf{a}\times\mathbf{b}\|.$$

Pero, $\mathbf{a}\times\mathbf{b} = \begin{vmatrix} \mathbf{i} & \mathbf{j} & \mathbf{k} \\ 3 & -2 & 0 \\ 3 & -6 & 4 \end{vmatrix} = \begin{vmatrix} -2 & 0 \\ -6 & 4 \end{vmatrix}\mathbf{i} - \begin{vmatrix} 3 & 0 \\ 3 & 4 \end{vmatrix}\mathbf{j} + \begin{vmatrix} 3 & -2 \\ 3 & -6 \end{vmatrix}\mathbf{k} = -8\mathbf{i} - 12\mathbf{j} - 12\mathbf{k}$

Luego,

$$A=\frac{1}{2}\|\mathbf{a}\times\mathbf{b}\| = \frac{1}{2}\sqrt{(-8)^2+(-12)^2+(-12)^2} = 2\sqrt{22}$$

EL TRIPLE PRODUCTO ESCALAR

DEFINCION. Sean $\mathbf{a} = \langle a_1, a_2, a_3 \rangle$, $\mathbf{b} = \langle b_1, b_2, b_3 \rangle$ y $\mathbf{c} = \langle c_1, c_2, c_3 \rangle$ tres vectores de $\mathbb{R}^3$. El **triple producto escalar** de **a, b** y **c** es el número $\mathbf{a} \cdot (\mathbf{b} \times \mathbf{c})$.

Se prueba fácilmente que:

$$\mathbf{a} \cdot (\mathbf{b} \times \mathbf{c}) = \begin{vmatrix} a_1 & a_2 & a_3 \\ b_1 & b_2 & b_3 \\ c_1 & c_2 & c_3 \end{vmatrix}$$

Los vectores **a, b** y **c** determinan un paralelepípedo.

Si V es el volumen de este paralelepípedo, entonces V es igual al valor absoluto del triple producto de los vectores **a**, **b** y **c**.

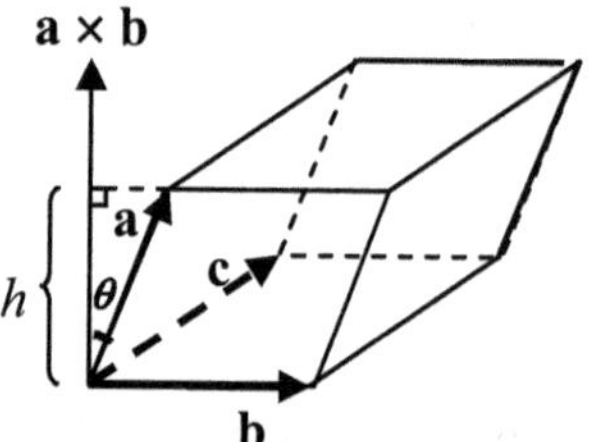

Eso es,

$$V = |\mathbf{a} \cdot (\mathbf{b} \times \mathbf{c})|$$

En efecto, sabemos que el volumen del paralelepípedo es igual al producto de A, el área de la base, por h, la altura. Esto es, $V = Ah$.

Pero, tenemos que $A = \| \mathbf{b} \times \mathbf{c} \|$.

Por otro lado,

$$h = \| \mathbf{a} \| \cos \theta, \text{ donde } 0 \leq \theta \leq \frac{\pi}{2}$$

Para $0 \leq \theta \leq \frac{\pi}{2}$, se tiene que $\cos \theta \geq 0$ y, por tanto, $\cos \theta = |\cos \theta|$.

Luego, $h = \| \mathbf{a} \| |\cos \theta|$.

Ahora, tomando en cuenta el teorema 1.5,

$$V = Ah = \| \mathbf{b} \times \mathbf{c} \| \; \| \mathbf{a} \| |\cos \theta| = \Big| \; \| \mathbf{a} \| \; \| \mathbf{b} \times \mathbf{c} \| \cos \theta \; \Big| = |\mathbf{a} \cdot (\mathbf{b} \times \mathbf{c})|$$

EJEMPLO 5. Sean los puntos $P = (4, 5, 2)$, $Q = (5, -5, 7)$ y $R = (2, -4, 3)$. Hallar el volumen del paralelepípedo que tiene a los vectores $\mathbf{a} = \overrightarrow{OP}$, $\mathbf{b} = \overrightarrow{OQ}$ y $\mathbf{c} = \overrightarrow{OR}$ como lados adyacentes.

Solución

Tenemos que $\mathbf{a} = \overrightarrow{OP} = \langle 4, 5, 2\rangle$, $\mathbf{b} = \overrightarrow{OQ} = \langle 5, -5, 7\rangle$, $\mathbf{c} = \overrightarrow{OR} = \langle 2, -4, 3\rangle$ y

$$\mathbf{a}\cdot(\mathbf{b}\times\mathbf{c}) = \begin{vmatrix} 4 & 5 & 2 \\ 5 & -5 & 7 \\ 2 & -4 & 3 \end{vmatrix} = 4\begin{vmatrix} -5 & 7 \\ -4 & 3 \end{vmatrix} - 5\begin{vmatrix} 5 & 7 \\ 2 & 3 \end{vmatrix} + 2\begin{vmatrix} 5 & -5 \\ 2 & -4 \end{vmatrix}$$

$$= 4(-15+28) - 5(15-14) + 2(-20+10) = 52 - 5 - 20 = 27$$

Luego, el volumen del paralelepípedo es

$$V = |\,\mathbf{a}\cdot(\mathbf{b}\times\mathbf{c})\,| = 27$$

¿SABIAS QUE . . .

El primer texto de ***cálculo vectorial*** *fue escrito en 1884 por el físico-matemático americano* ***Josiah Willard Gibbs (Connectcut, 1839–1903)****. Gibbs fue profesor de física matemática de la Universidad de Yale y estaba a cargo del curso de análisis vectorial. Su texto fue el resultado de sus notas de clase y fue publicado con el nombre de* ***Elementos de Análisis Vectorial.*** *En esta obra aparecen todas las propiedades del producto escalar y del producto vectorial.*

J. W. Gibbs

PROBLEMAS RESUELTOS 1. 4

PROBLEMA 1. Mediante el producto triple escalar, probar que los vectores

$\mathbf{a} = \langle 3, -1, -4\rangle$, $\mathbf{b} = \langle 7, 2, 4\rangle$, $\mathbf{c} = \langle 11, 5, 12\rangle$ son coplanares

Solución

Hallemos el volumen del paralelepípedo determinado por **a**, **b** y **c**.

$$\mathbf{a}\cdot(\mathbf{b}\times\mathbf{c}) = \begin{vmatrix} 3 & -1 & -4 \\ 7 & 2 & 4 \\ 11 & 5 & 12 \end{vmatrix} = 3\begin{vmatrix} 2 & 4 \\ 5 & 12 \end{vmatrix} + \begin{vmatrix} 7 & 4 \\ 11 & 12 \end{vmatrix} - 4\begin{vmatrix} 7 & 2 \\ 11 & 5 \end{vmatrix}$$

$$= 3(24-20) + (84-44) - 4(35-22) = 12 + 40 - 52 = 0$$

Luego, el volumen de este paralelepípedo es 0. Esto significa que los tres vectores, **a**, **b** y **c** son coplanares.

PROBLEMA 2. Consideremos el tetraedro (pirámide) $PQRS$.

1. Si $\mathbf{a} = \overrightarrow{PQ}$, $\mathbf{b} = \overrightarrow{PR}$ y $\mathbf{c} = \overrightarrow{PS}$, probar que el volumen del tetraedro $PQRS$ es

$$V = \frac{1}{6} \,|\, \mathbf{a} \cdot (\mathbf{b} \times \mathbf{c}) \,|$$

2. Usar esta fórmula para hallar el volumen del tetraedro $PQRS$, donde $P = (1, 2, 1)$, $Q = (2, 3, 6)$, $R = (5, 3, 0)$, $S = (2, 5, 2)$

Solución

1. El **tetraedro** es determinado por los vectores: **a**, **b** y **c**.

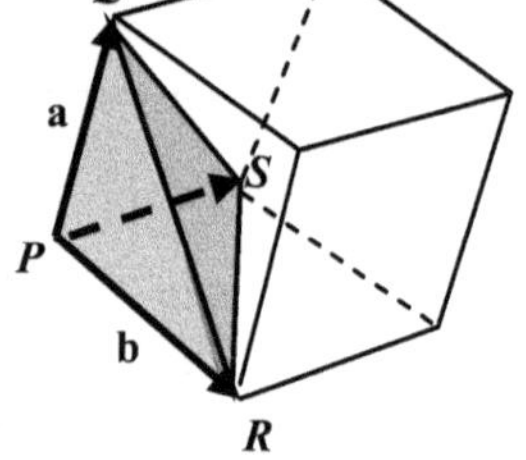

Sea A el área del triángulo que es la base del tetraedro y sea h la altura (del tetraedro). Sabemos, por nuestros estudios de Geometría, que el volumen de un tetraedro es

$$V = \frac{1}{3} Ah = \frac{1}{6}(2A)h \qquad \textbf{(1)}$$

Pero, los vectores también determinan el paralelepípedo mostrado en la figura, cuyo volumen es

$$(2A)h = |\, \mathbf{a} \cdot (\mathbf{b} \times \mathbf{c}) \,| \qquad \textbf{(2)}$$

De (1) y (2) obtenemos que: $V = \frac{1}{6} \,|\, \mathbf{a} \cdot (\mathbf{b} \times \mathbf{c}) \,|$

2. Tenemos que:

$$\mathbf{a} = \overrightarrow{PQ} = (2-1, 3-2, 6-1) = \langle 1, 1, 5 \rangle$$

$$\mathbf{b} = \overrightarrow{PR} = (5-1, 3-2, 0-1) = \langle 4, 1, -1 \rangle$$

$$\mathbf{c} = \overrightarrow{PS} = (2-1, 5-2, 2-1) = \langle 1, 3, 1 \rangle$$

$$\mathbf{a} \cdot (\mathbf{b} \times \mathbf{c}) = \begin{vmatrix} 1 & 1 & 5 \\ 4 & 1 & -1 \\ 1 & 3 & 1 \end{vmatrix} = (1+3) - (4+1) + 5(12-1) = 54$$

Luego, $V = 54/6 = 9$

PROBLEMA 3

1. La recta L pasa por los puntos Q y R. Sea P un punto que está fuera de L. Probar que la distancia d del punto P a la recta L es

$$d = \frac{\| \mathbf{a} \times \mathbf{b} \|}{\| \mathbf{a} \|}, \qquad \text{donde } \mathbf{a} = \overrightarrow{QR} \text{ y } \mathbf{b} = \overrightarrow{QP}.$$

2. Hallar la distancia del punto $P = (1, -3, 3)$ a la recta que pasa por los puntos $Q = (3, -1, 2)$ y $R = (0, -4, 1)$

Solución

1. Sea S el pie del segmento perpendicular a L y que pasa por P.

Tomamos el vector $\mathbf{c} = \overrightarrow{SP}$

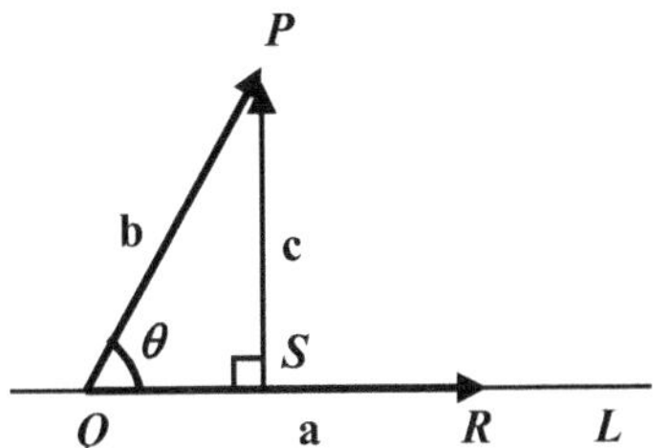

$$d = \|\mathbf{c}\| = \|\mathbf{b}\| \operatorname{sen}\theta$$

$$= \frac{\|\mathbf{a}\|\|\mathbf{b}\| \operatorname{sen}\theta}{\|\mathbf{a}\|} = \frac{\|\mathbf{a}\times\mathbf{b}\|}{\|\mathbf{a}\|}$$

2. $\mathbf{a} = \overrightarrow{QR} = \langle 0-3, -4+1, 1-2\rangle = \langle -3, -3, -1\rangle$

$\mathbf{b} = \overrightarrow{QP} = \langle 1-3, -3+1, 3-2\rangle = \langle -2, -2, 1\rangle$

$$\mathbf{a}\times\mathbf{b} = \begin{vmatrix} \mathbf{i} & \mathbf{j} & \mathbf{k} \\ -3 & -3 & -1 \\ -2 & -2 & 1 \end{vmatrix} = -5\mathbf{i} + 5\mathbf{j}$$

Luego,

$$d = \frac{\|\mathbf{a}\times\mathbf{b}\|}{\|\mathbf{a}\|} = \frac{\sqrt{(-5)^2+5^2}}{\sqrt{(-3)^2+(-3)^2+(-1)^2}} = 5\sqrt{2/19} = \frac{5}{19}\sqrt{38}$$

PROBLEMA 4. Probar el teorema 1.10

Sean **a**, **b** y **c** vectores de $\mathbb{R}^3$ y r un escalar. Se cumple:

1. $\mathbf{a}\times\mathbf{b} = -\mathbf{b}\times\mathbf{a}$ (anticonmutatividad)
2. $(r\mathbf{a})\times\mathbf{b} = r(\mathbf{a}\times\mathbf{b})$
3. $\mathbf{a}\times(\mathbf{b}+\mathbf{c}) = \mathbf{a}\times\mathbf{b} + \mathbf{a}\times\mathbf{c}$ (distributividad)
4. $(\mathbf{a}+\mathbf{b})\times\mathbf{c} = \mathbf{a}\times\mathbf{c} + \mathbf{b}\times\mathbf{c}$ (distributividad)
5. $\mathbf{a}\cdot(\mathbf{b}\times\mathbf{c}) = (\mathbf{a}\times\mathbf{b})\cdot\mathbf{c}$ (triple producto escalar)
6. $\mathbf{a}\times(\mathbf{b}\times\mathbf{c}) = (\mathbf{a}\cdot\mathbf{c})\mathbf{b} - (\mathbf{a}\cdot\mathbf{b})\mathbf{c}$ (triple producto vectorial)

Solución

Sean $\mathbf{a} = \langle a_1, a_2, a_3\rangle$, $\mathbf{b} = \langle b_1, b_2, b_3\rangle$, $\mathbf{c} = \langle c_1, c_2, c_3\rangle$

1. $$\mathbf{a}\times\mathbf{b} = \begin{vmatrix} a_2 & a_3 \\ b_2 & b_3 \end{vmatrix}\mathbf{i} - \begin{vmatrix} a_1 & a_3 \\ b_1 & b_3 \end{vmatrix}\mathbf{j} + \begin{vmatrix} a_1 & a_2 \\ b_1 & b_2 \end{vmatrix}\mathbf{k}$$

$$= (a_2b_3 - a_3b_2)\mathbf{i} - (a_3b_1 - a_1b_3)\mathbf{j} + (a_1b_2 - a_2b_1)\mathbf{k}$$

$$= -(b_2a_3 - b_3a_2)\mathbf{i} + (b_3a_1 - b_1a_3)\mathbf{j} - (b_1a_2 - b_2a_1)\mathbf{k}$$

$$= -\begin{vmatrix} b_2 & b_3 \\ a_2 & a_3 \end{vmatrix}\mathbf{i} + \begin{vmatrix} b_1 & b_3 \\ a_1 & a_3 \end{vmatrix}\mathbf{j} - \begin{vmatrix} b_1 & b_2 \\ a_1 & a_2 \end{vmatrix}\mathbf{k} \quad = -\mathbf{b}\times\mathbf{a}$$

2. $(r\mathbf{a})\times\mathbf{b} = \langle (ra_2)b_3 - (ra_3)b_2,\ (ra_3)\mathrm{b}_1 - (ra_1)b_3,\ (ra_1)b_2 - (ra_2)b_1 \rangle$

$$= \langle (ra_2)b_3 - (ra_3)b_2,\ (ra_3)\mathrm{b}_1 - (ra_1)b_3,\ (ra_1)b_2 - (ra_2)b_1 \rangle$$

$$= r\langle a_2b_3 - a_3b_2,\ a_3\mathrm{b}_1 - a_1b_3,\ a_1b_2 - a_2b_1 \rangle = r(\mathbf{a}\times\mathbf{b})$$

3. $\mathbf{a}\times(\mathbf{b}+\mathbf{c}) = \mathbf{a}\times\mathbf{b} = \begin{vmatrix} \mathbf{i} & \mathbf{j} & \mathbf{k} \\ a_1 & a_2 & a_3 \\ b_1+c_1 & b_2+c_2 & b_3+c_3 \end{vmatrix}$

$$= \begin{vmatrix} a_2 & a_3 \\ b_2+c_2 & b_3+c_3 \end{vmatrix}\mathbf{i} - \begin{vmatrix} a_1 & a_3 \\ b_1+c_1 & b_3+c_3 \end{vmatrix}\mathbf{j} + \begin{vmatrix} a_1 & a_2 \\ b_1+c_1 & b_2+c_2 \end{vmatrix}\mathbf{k}$$

Trabajemos en el primer determinante:

$$\begin{vmatrix} a_2 & a_3 \\ b_2+c_2 & b_3+c_3 \end{vmatrix} = \big(a_2(b_3+c_3),\ a_3(b_2+c_2)\big) = \big(a_2b_3 + a_2c_3,\ a_3b_2 + a_3c_2\big)$$

$$= (a_2b_3,\ a_3b_2) + (a_2c_3,\ a_3c_2) = \begin{vmatrix} a_2 & a_3 \\ b_2 & b_3 \end{vmatrix} + \begin{vmatrix} a_2 & a_3 \\ c_2 & c_3 \end{vmatrix}$$

Esta última suma es la componente **i** de $\mathbf{a}\times\mathbf{b} + \mathbf{a}\times\mathbf{c}$. En forma similar se procede con los otros dos determinantes.

4. Se procede como en 3.

5. $\mathbf{a}\cdot(\mathbf{b}\times\mathbf{c}) = a_1(b_2\mathrm{c}_3 - b_3\mathrm{c}_2) + a_2(b_3\mathrm{c}_1 - b_1\mathrm{c}_3) + a_3(b_1\mathrm{c}_2 - b_2\mathrm{c}_1)$

$$= a_1b_2\mathrm{c}_3 - a_1b_3\mathrm{c}_2 + a_2b_3\mathrm{c}_1 - a_2b_1\mathrm{c}_3 + a_3b_1\mathrm{c}_2 - a_3b_2\mathrm{c}_1$$

$$= (a_2b_3\mathrm{c}_1 - a_3b_2\mathrm{c}_1) + (a_3b_1\mathrm{c}_2 - a_1b_3\mathrm{c}_2) + (a_1b_2\mathrm{c}_3 - a_2b_1\mathrm{c}_3)$$

$$= (a_2b_3 - a_3b_2)\mathrm{c}_1 + (a_3b_1 - a_1b_3)\mathrm{c}_2 + (a_1b_2 - a_2b_1)\mathrm{c}_3 = (\mathbf{a}\times\mathbf{b})\cdot\mathbf{c}$$

6. Tenemos que $(\mathbf{b}\times\mathbf{c}) = \langle b_2\mathrm{c}_3 - b_3\mathrm{c}_2,\ b_3\mathrm{c}_1 - b_1\mathrm{c}_3,\ b_1\mathrm{c}_2 - b_2\mathrm{c}_1 \rangle$ y

$$\mathbf{a}\times(\mathbf{b}\times\mathbf{c}) = \begin{vmatrix} \mathbf{i} & \mathbf{j} & \mathbf{k} \\ a_1 & a_2 & a_3 \\ b_2c_3 - b_3c_2 & b_3c_1 - b_1c_3 & b_1c_2 - b_2c_1 \end{vmatrix}$$

Efectuando el determinante hallamos que:

$$\begin{aligned} \mathbf{a}\times(\mathbf{b}\times\mathbf{c}) = {} & (a_2b_1c_2 + a_3b_1c_3 - a_2b_2c_1 - a_3b_3c_1)\mathbf{i} \\ & + (a_1b_2c_1 + a_3b_2c_3 - a_1b_1c_2 - a_3b_3c_2)\mathbf{j} \\ & + (a_1b_3c_1 + a_2b_3c_2 - a_1b_1c_3 - a_2b_2c_3)\mathbf{k} \qquad \textbf{(1)} \end{aligned}$$

Por otro lado

$$\begin{aligned}(\mathbf{a}\cdot\mathbf{c})\mathbf{b} &= (a_1c_1+a_2c_2+a_3c_3)b_1\mathbf{i} + (a_1c_1+a_2c_2+a_3c_3)b_2\mathbf{j} \\ &\quad + (a_1c_1+a_2c_2+a_3c_3)b_3\mathbf{k} \\ &= (a_1\,b_1c_1+a_2\,b_1c_2+a_3\,b_1c_3)\mathbf{i} + (a_1b_2c_1+a_2b_2c_2+a_3b_2c_3)\,\mathbf{j} \\ &\quad + (a_1b_3c_1+a_2b_3c_2+a_3b_3c_3)\mathbf{k}\end{aligned}$$

$$\begin{aligned}(\,\mathbf{a}\cdot\mathbf{b})\mathbf{c} &= (a_1b_1+a_2b_2+a_3b_3)c_1\mathbf{i} + (a_1b_1+a_2b_2+a_3b_3)c_2\mathbf{j} \\ &\quad + (a_1b_1+a_2b_2+a_3b_3)c_3\mathbf{k} \\ &= (a_1b_1\,c_1+a_2b_2c_1+a_3b_3c_1)\mathbf{i} + (a_1b_1c_2+a_2b_2c_2+a_3b_3c_2)\,\mathbf{j} \\ &\quad + (a_1b_1c_3+a_2b_2c_3+a_3b_3c_3)\mathbf{k}\end{aligned}$$

Luego,

$$\begin{aligned}(\mathbf{a}\cdot\mathbf{c})\mathbf{b}-(\,\mathbf{a}\cdot\mathbf{b})\mathbf{c} &= (a_2\,b_1c_2+a_3\,b_1c_3-a_2b_2c_1-a_3b_3c_1)\mathbf{i}\; + \\ &\quad + (a_1b_2c_1+a_3b_2c_3-a_1b_1c_2-a_3b_3c_2)\mathbf{j} \\ &\quad + (a_1b_3c_1+a_2b_3c_2-a_1b_1c_3-a_2b_2c_3)\mathbf{k} \qquad \textbf{(2)}\end{aligned}$$

Comparando los segundos miembros de (1) y (2) concluimos que

$$\mathbf{a}\times(\,\mathbf{b}\times\mathbf{c}) = (\mathbf{a}\cdot\mathbf{c})\mathbf{b}-(\,\mathbf{a}\cdot\mathbf{b})\mathbf{c}$$

PROBLEMA 5. Probar el teorema 1.11

Si θ es el ángulo entre **a** y **b** $(0\le\theta\le\pi)$, entonces

$$\|\,\mathbf{a}\times\mathbf{b}\,\| = \|\,\mathbf{a}\,\|\;\|\,\mathbf{b}\,\|\ \text{sen}\ \theta$$

Solución

Teniendo en cuenta la definición del producto vectorial tenemos:

$$\begin{aligned}\|\,\mathbf{a}\times\mathbf{b}\,\|^2 &= (a_2b_3-a_3\,b_{2.})^2 + (a_3\mathrm{b}_1-a_1b_3)^2 + (a_1\,b_2\,-a_2b_1)^2 \\ &= a_2^2b_3^2\,-2a_2\,a_3\,b_2b_3+\,a_3^2b_2^2\,+\,a_3^2b_1^2\,-2a_1\,a_3\,b_1b_3+\,a_1^2b_3^2 \\ &\quad +\,a_1^2b_2^2\,-2a_1\,a_2\,b_1b_2+\,a_2^2b_1^2 \\ &= (\,a_1^2\,+\,a_2^2\,+\,a_3^2\,)(\,b_1^2\,+\,b_2^2+\,b_3^2\,)^2\,-(a_1\,b_1+a_2\,b_2+\,a_3b_{3.})^2\end{aligned}$$

La última igualdad se puede comprobar efectuando las operaciones indicadas en la parte última de la igualdad.

La igualdad anterior, en términos vectoriales, se expresa así:

$$\|\,\mathbf{a}\times\mathbf{b}\,\|^2 = \|\,\mathbf{a}\,\|^2\;\|\,\mathbf{b}\,\|^2\,-(\mathbf{a}\cdot\mathbf{b})^2$$

Ahora, tomando en cuenta el teorema 1.5, tenemos:

$$\| \mathbf{a} \times \mathbf{b} \|^2 = \| \mathbf{a} \|^2 \ \| \mathbf{b} \|^2 - (\mathbf{a} \cdot \mathbf{b})^2 = \| \mathbf{a} \|^2 \ \| \mathbf{b} \|^2 - \left(\| \mathbf{a} \| \, \| \mathbf{b} \| \cos \theta \right)^2$$

$$= \| \mathbf{a} \|^2 \ \| \mathbf{b} \|^2 \left(1 - \cos^2\theta\right) = \| \mathbf{a} \|^2 \ \| \mathbf{b} \|^2 \operatorname{sen}^2\theta$$

Finalmente, sacando raíz cuadrada:

$$\| \mathbf{a} \times \mathbf{b} \| = \| \mathbf{a} \| \ \| \mathbf{b} \| \operatorname{sen} \theta$$

PROBLEMAS PROPUESTOS 1.4

Para los problemas del 1 al 6, $\mathbf{a} = \langle 2, -4, 3 \rangle$, $\mathbf{b} = \langle 1, 1, 2 \rangle$, $\mathbf{c} = \langle -1, 2, 5 \rangle$. ***Hallar:***

1. $\mathbf{a} \times \mathbf{b}$ *Rpta.* $\langle -11, -1, 6 \rangle$
2. $\mathbf{b} \times \mathbf{a}$ *Rpta.* $\langle 11, 1, -6 \rangle$
3. $\mathbf{b} \times \mathbf{c}$ *Rpta.* $\langle 1, -7, 3 \rangle$
4. $\mathbf{a} \cdot (\mathbf{b} \times \mathbf{c})$ *Rpta.* 39
5. $\mathbf{a} \cdot (\mathbf{a} \times \mathbf{b})$ *Rpta.* 0
6. $(\mathbf{a} \times \mathbf{b}) \cdot (\mathbf{a} \times \mathbf{c})$ *Rpta.* 299

Para los problemas 7 y 8, $\mathbf{a} = \langle 1, 2, 3 \rangle$, $\mathbf{b} = \langle 1, -1, 0 \rangle$, $\mathbf{c} = \langle 2, 0, 0 \rangle$. ***Hallar:***

7. $(\mathbf{a} \times \mathbf{b}) \times \mathbf{c}$ *Rpta.* $\langle 0, -6, -6 \rangle$
8. $\mathbf{a} \times (\mathbf{b} \times \mathbf{c})$ *Rpta.* $\langle 4, 2, 0 \rangle$

En los problemas 9 y 10, hallar dos vectores unitarios ortogonales al vector $\mathbf{a} \times \mathbf{b}$, **donde** ***los vectores*** $\mathbf{a}$ *y* $\mathbf{b}$ ***son los indicados.***

9. $\mathbf{a} = \langle 1, -2, 1 \rangle$, $\mathbf{b} = \langle 0, 2, 1 \rangle$ *Rpta.* $\frac{1}{\sqrt{21}} \langle -4, -1, 2 \rangle$, $\frac{1}{\sqrt{21}} \langle 4, 1, -2 \rangle$

10. $\mathbf{a} = \langle 1, -1, 1 \rangle$, $\mathbf{b} = \langle 2, 1, 4 \rangle$ *Rpta.* $\frac{1}{\sqrt{6}} \langle 1, 2, 1 \rangle$, $-\frac{1}{\sqrt{6}} \langle 1, 2, 1 \rangle$

11. Hallar el área del paralelogramo determinado por los vectores $\mathbf{a} = \langle 4, -1, 1 \rangle$, $\mathbf{b} = \langle 2, 3, -1 \rangle$ *Rpta* $A = 2\sqrt{59}$

12. Probar que el cuadrilátero que tiene por vértices $P = (2, -1, 4)$, $Q = (5, 4, 0)$ $R = (3, 3, 2)$ y $S = (6, 8, -2)$ es un paralelogramo. Hallar su área.
Rpta $A = \sqrt{89}$

13. Probar que el cuadrilátero que tiene por vértices $P = (2, 2, 2)$, $Q = (3, 4, 5)$ $R = (-1, 2, 6)$ y $S = (0, 4, 9)$ es un paralelogramo. Hallar su área.
Rpta $A = \sqrt{269}$

En los problemas del 14 al 16, hallar el área del triángulo cuyos vértices son los puntos P, Q y R dados.

14. $P = (4, -1, 1)$, $Q = (6, 3, 1)$, $R = (0, -2, 3)$ *Rpta* $A = \sqrt{69}$

15. $P = (2, 4, 1)$, $Q = (0, -2, 5)$, $R = (-3, 0, 3)$ *Rpta* $A = 3\sqrt{21}$

16. $P = (1, 2, 3)$, $Q = (0, 1, 2)$, $R = (0, 0, 2)$ *Rpta* $A = \frac{1}{2}\sqrt{2}$

En los problemas del 17 y 18, hallar el volumen del paralelepípedo cuyos lados adyacentes son $\mathbf{a} = \overrightarrow{PQ}$, $\mathbf{b} = \overrightarrow{PR}$, $\mathbf{c} = \overrightarrow{PS}$.

17. $P = (1, 0, -2)$, $Q = (2, -1, 1)$, $R = (3, -3, 0)$, $S = (4, -4, -1)$. *Rpta.* $V = 4$

18. $P = (2, 1, -1)$, $Q = (7, 2, 3)$, $R = (1, 1, -3)$, $S = (5, 3, 1)$. *Rpta.* $V = 8$

En los problemas del 19 al 21, hallar el volumen del tetraedro cuyos lados adyacentes son $\mathbf{a} = \overrightarrow{PQ}$, $\mathbf{b} = \overrightarrow{PR}$, $\mathbf{c} = \overrightarrow{PS}$

19. $P = (1, -1, 2)$, $Q = (3, 1, 6)$, $R = (2, 4, 4)$ y $S = (2, -1, 3)$ *Rpta.* $V = 4/3$

20. $P = (2, 1, 3)$, $Q = (7, 1, 19)$, $R = (3, 0, 4)$ y $S = (10, 3, 6)$ *Rpta.* $V = 45/2$

21. $P = (4, 3, 4)$, $Q = (3, 9, 5)$, $R = (0, 7, 6)$ y $S = (1, 5, 8)$ *Rpta.* $V = 26/3$

22. Sean **a** y **b** dos vectores de $\mathbb{R}^3$ cualesquiera, probar que:

$$(\mathbf{a} + \mathbf{b}) \times (\mathbf{a} - \mathbf{b}) = 2(\mathbf{a} \times \mathbf{b})$$

23. Sean **a, b** y **c** tres vectores de $\mathbb{R}^3$ cualesquiera, probar que:

$$\mathbf{a} \times (\mathbf{b} \times \mathbf{c}) + \mathbf{b} \times (\mathbf{c} \times \mathbf{a}) + \mathbf{c} \times (\mathbf{a} \times \mathbf{b}) = \mathbf{0}$$

Sugerencia: Usar la fórmula 6 del teorema 1.10

24. Sean **a, b** y **c** tres vectores de $\mathbb{R}^3$ cualesquiera, probar que:

$$(\mathbf{a} \times \mathbf{b}) \cdot (\mathbf{c} \times \mathbf{d}) = \begin{vmatrix} \mathbf{a}\cdot\mathbf{c} & \mathbf{b}\cdot\mathbf{c} \\ \mathbf{a}\cdot\mathbf{d} & \mathbf{b}\cdot\mathbf{d} \end{vmatrix}$$

Sugerencia: Usar la fórmula 1, 5 y 6 del teorema 1.10

25. Hallar la distancia del punto $P = (6, 4, -2)$ a la recta que pasa por los puntos $Q = (2, 3, 1)$ y $R = (4, 5, 2)$. *Rpta* $d = \frac{1}{3}\sqrt{185}$

26. Sea P un punto que no está en el plano que para por los puntos Q, R y S.

Si $\mathbf{a} = \overrightarrow{QR}$, $\mathbf{b} = \overrightarrow{QS}$ y $\mathbf{c} = \overrightarrow{QP}$, probar que la distancia de P al plano es

$$d = \frac{\| (\mathbf{a} \times \mathbf{b}) \cdot \mathbf{c} \|}{\| \mathbf{a} \times \mathbf{b} \|}$$

Sugerencia: $d = \| \mathbf{h} \|$, *donde* $\mathbf{h} = \text{Proy}_{\mathbf{a} \times \mathbf{b}} \mathbf{c}$

27. Hallar la distancia del punto $P = (2, -2, 3)$ al plano que pasa por los puntos $Q = (4, 1, -1)$, $R = (-2, 3, 4)$ y $S = (2, 0, -3)$. *Rpta* $d = 104/3\sqrt{65}$

SECCION 1.5

RECTAS Y PLANOS EN EL ESPACIO

ECUACIONES DE LA RECTA EN EL ESPACIO

Una recta L en el espacio tridimensional queda determinada por un punto P_0 por donde pasa y por un vector **v** paralelo a la recta. Un punto P está en la recta L si y sólo si el vector $\overrightarrow{P_0P}$ es paralelo a **v**. Esto es, P está en la recta L si y sólo si $\overrightarrow{P_0P} = t\mathbf{v}$, para algún t. Al vector **v** lo llamaremos **vector director de la recta.** Este vector es cualquier vector paralelo a la recta.

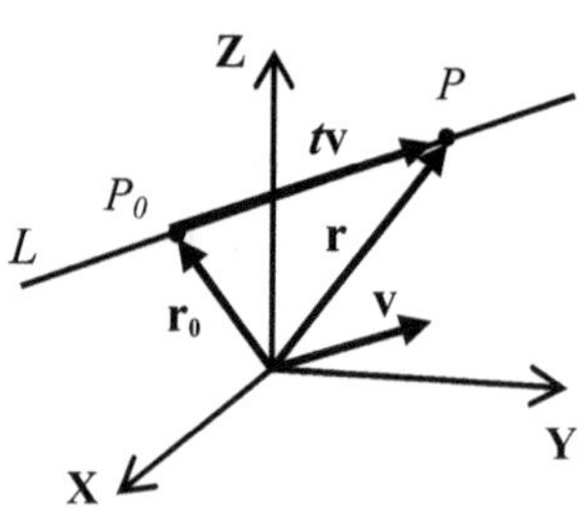

ECUACION VECTORIAL DE LA RECTA.

Si **r** es el vector posición de P y $\mathbf{r}_0$ es el vector posición de P_0, entonces

$\overrightarrow{P_0P} = \mathbf{r} - \mathbf{r}_0$. Luego, $\mathbf{r} - \mathbf{r}_0 = t\mathbf{v}$, o bien

$$\mathbf{r} = \mathbf{r}_0 + t\mathbf{v}, \quad -\infty < t < \infty \qquad (1)$$

Esta ecuación es llamada **ecuación vectorial de la recta.**

ECUACIONES PARAMETRICAS DE LA RECTA

Si $P_0 = (x_0, y_0, z_0)$, $P = (x, y, z)$ y $\mathbf{v} = \langle a, b, c \rangle$, entonces

$\mathbf{r} = \langle x, y, z \rangle$, $\mathbf{r}_0 = \langle x_0, y_0, z_0 \rangle$ y de la ecuación (1) dice:

$$\langle x, y, z \rangle = \langle x_0, y_0, z_0 \rangle + \langle ta, tb, tc \rangle,$$

de donde, igualando componente de estos vectores, obtenemos las **ecuaciones paramétricas** de la recta:

$$\begin{cases} x = x_0 + at \\ y = y_0 + bt \ , \quad \infty < t < \infty \\ z = z_0 + ct \end{cases} \qquad (2)$$

EJEMPLO 1. **a.** Hallar una ecuación vectorial y ecuaciones paramétricas de la recta L que pasa por el punto $(2, -3, 7)$ y es paralela al vector $\langle 5, -2, 4 \rangle$.

b. Hallar otra ecuación vectorial y otro juego de ecuaciones paramétricas para la recta L.

Solución

a. Tenemos: $\mathbf{r} = \langle x, y, z\rangle$, $\mathbf{r}_0 = \langle 2, -3, 7\rangle$, $\mathbf{v} = \langle 5, -2, 4\rangle$.

Luego, una ecuación vectorial para L es

$$\langle x, y, z\rangle = \langle 2, -3, 7\rangle + t\langle 5, -2, 4\rangle, \quad -\infty < t < \infty$$

Ahora, si efectuamos las operaciones indicadas en la ecuación anterior, tenemos

$$\langle x, y, z\rangle = \langle 2 + 5t, -3 - 2t, 7 + 4t\rangle$$

Igualando las componentes de los vectores anteriores, conseguimos el siguiente juego de ecuaciones paramétricas de L

$$\begin{cases} x = 2 + 5t \\ y = -3 - 2t \\ z = 7 + 4t \end{cases}, \quad -\infty < t < \infty$$

b. Conseguimos otro punto de la recta L distinto del punto $(2, -3, 7)$. Así, si en las ecuaciones paramétricas hacemos $t = 1$ obtenemos el punto $(7, -5, 11)$. Como vector paralelo a L tomamos otro múltiplo del vector $\mathbf{v}$. Así, tomamos $\mathbf{w} = 2\mathbf{v} = 2\langle 5, -2, 4\rangle = \langle 10, -4, 8\rangle$. Con estos nuevos datos conseguimos la siguiente ecuación vectorial.

$$\langle x, y, z\rangle = \langle 7, -5, 11\rangle + s\langle 10, -4, 8\rangle,$$

y las siguientes ecuaciones paramétricas, $\begin{cases} x = 7 + 11s \\ y = -5 - 4s \\ z = 11 + 8s \end{cases}$

Para estas nuevas ecuaciones hemos usado el parámetro s. Esta variable es "muda" y, por tanto, puede usarse cualquier variable, incluyendo la t anterior.

ECUACIONES SIMETRICAS DE LA RECTA

A los números a, b y c, que son las componentes del vector $\mathbf{v} = \langle a, b, c\rangle$, se les llama números **directores de la recta** L. Si estos tres números son distintos de 0, entonces despejando el parámetro t en las tres ecuaciones paramétricas e igualando los resultados, obtenemos:

$$\boxed{\frac{x - x_0}{a} = \frac{y - y_0}{b} = \frac{z - z_0}{c}} \qquad \textbf{(3)}$$

que son las **ecuaciones simétricas** de la recta. L.

Si una de las componentes de $\mathbf{v} = \langle a, b, c\rangle$ es 0; es decir si, $a = 0$, $b = 0$ ó $c = 0$, las ecuaciones simétricas de L son, respectivamente,

$$\frac{y - y_0}{b} = \frac{z - z_0}{c}, \; x = x_0; \qquad \frac{x - x_0}{a} = \frac{z - z_0}{c}, \; y = y_0 \qquad \text{ó} \qquad \frac{x - x_0}{a} = \frac{y - y_0}{b}, \; z = z_0$$

Las ecuaciones simétricas tampoco son únicas.

EJEMPLO 2. Hallar una ecuación vectorial, ecuaciones paramétricas y ecuaciones simétricas de la recta que pasa por los puntos

$$R = (1, -1, 3) \text{ y } S = (3, -4, 1).$$

Solución

Se puede tomar como P_0 al punto R o al punto S. Tomemos $P_0 = R = (1, -1, 3)$.

Como vector **v** paralelo a la recta, tomamos

$$\mathbf{v} = \overrightarrow{RS} = \langle 3-1, -4+1, 1-3\rangle = \langle 2, -3, -2\rangle$$

Luego, una ecuación vectorial de la recta es:

$$\langle x, y, z\rangle = \langle 1, -1, 3\rangle + t\langle 2, -3, -2\rangle, \quad \infty < t < \infty.$$

de donde conseguimos las siguientes ecuaciones paramétricas:

$$\begin{cases} x = 1 + 2t \\ y = -1 - 3t \\ z = 3 - 2t \end{cases}, \quad -\infty < t < \infty$$

Ahora, despejamos el parámetro t en cada ecuación se tiene:

$$t = \frac{x-1}{2}, \quad t = \frac{y+1}{-3}, \quad t = \frac{z-3}{-2},$$

de donde obtenemos las ecuaciones simétricas:

$$\frac{x-1}{2} = \frac{y+1}{-3} = \frac{z-3}{-2}$$

DEFINICION. Sean L_1 y L_2 dos rectas con vectores paralelos **v** y **w**, respectivamente.

1. L_1 y L_2 son **paralelas** si **v** y **w** son **paralelos**.

2. L_1 y L_2 son **perpendiculares** si **v** y **w** son **perpendiculares**.

3. L_1 y L_2 se **cruzan** si L_1 y L_2 no se intersectan ni son paralelas.

4. El ángulo entre L_1 y L_2 es el ángulo entre **v** y **w**.

EJEMPLO 3. **a.** Probar que las siguientes rectas se interceptan hallando el punto de intersección.

$$L_1: \frac{x-5}{2} = \frac{y}{-1} = \frac{z-5}{1} \qquad L_2: \frac{x+5}{3} = \frac{y-4}{-1} = \frac{z-1}{1}$$

b. Hallar el ángulo entre estas rectas.

Solución

a. En primer lugar verificamos que estas rectas no son paralelas. Un vector paralelo a L_1 es $\mathbf{v} = \langle 2, -1, 1\rangle$ y un vector paralelo a L_2 es $\mathbf{w} = \langle 3, -1, 1\rangle$

Supongamos que existe r tal que:

$$\langle 2, -1, 1\rangle = r\langle 3, -1, 1\rangle \Rightarrow \begin{cases} 2 = 3r \\ -1 = -r \\ 1 = r \end{cases} \Rightarrow \begin{cases} r = 3/2 \\ r = 1 \\ r = 1 \end{cases}$$, lo cual es imposible.

Luego, $\langle 2, -1, 1\rangle \neq r\langle 3, -1, 1\rangle$, para todo real r. Como **v** y **w** no son paralelos, L_1 y L_2 tampoco lo son.

Ahora, expresamos L_1 y L_2 mediante ecuaciones paramétricas:

$$L_1: \begin{cases} x = 5 + 2t \\ y = -t \\ z = 5 + t \end{cases} \qquad L_2: \begin{cases} x = -5 + 3s \\ y = -4 - s \\ z = 1 + s \end{cases}$$

En un punto de intersección se debe cumplir que:

$$\begin{aligned} x &= 5 + 2t = -5 + 3s \Rightarrow \quad 2t - 3s = -10 \\ y &= -t \quad = 4 - s \quad \Rightarrow -t + s = 4 \\ z &= 5 + t = 1 + s \quad \Rightarrow \quad t - s = -4 \end{aligned}$$

Resolvemos el sistema formado por las dos primeras ecuaciones

$$\begin{cases} 2t - 3s = -10 \\ -t + s = 4 \end{cases}$$

La solución es $t = -2$ y $s = 2$.

Observamos que esta solución satisface la tercera ecuación.

Reemplazamos el valor $t = -2$ en las ecuaciones paramétricas y obtenemos el punto de intersección: $(1, 2, 3)$.

b. Hallamos el ángulo entre los vectores $\mathbf{v} = \langle 2, -1, 1\rangle$ y $\mathbf{w} = \langle 3, -1, 1\rangle$.

$$\cos\theta = \frac{\mathbf{v}\cdot\mathbf{w}}{\|\mathbf{v}\|\|\mathbf{w}\|} = \frac{8}{\sqrt{6}\sqrt{11}} = \frac{8}{\sqrt{66}} \Rightarrow \quad \theta = \cos^{-1}\left(\frac{8}{\sqrt{66}}\right) \approx 10°$$

EJEMPLO 4. **a.** Probar que las siguientes rectas se cruzan.

$$L_1: \frac{x-1}{1} = \frac{y-3}{-2} = \frac{z+2}{3} \qquad L_2: \frac{x-1}{1} = \frac{y-4}{3} = \frac{z-3}{4}$$

b. Hallar el ángulo entre estas rectas.

Solución

a. En primer lugar verificamos que estas rectas no son paralelas.

Un vector paralelo a L_1 es $\mathbf{v} = \langle 1,-2, 3\rangle$. Un vector paralelo a L_2 es $\mathbf{w} = \langle 1,-3, 4\rangle$. Como en el problema anterior, es fácil ver que $\langle 1, -2, 3\rangle \neq r\langle 1, -3, 4\rangle$, para todo real r. Luego, **v** y **w** no son paralelos y, por lo tanto, L_1 y L_2 no son paralelas.

Supongamos que L_1 y L_2 se interceptan. Transformamos las ecuaciones simétricas de L_1 y L_2 en ecuaciones paramétricas:

$$L_1: \begin{cases} x = 1 + t \\ y = 3 - 2t \\ z = -2 + 3t \end{cases} \qquad L_2: \begin{cases} x = 1 + s \\ y = 4 + 3s \\ z = 3 + 4s \end{cases}$$

En un punto de intersección se debe cumplir que:

$$\begin{array}{llll} x = & 1 + t = 1 + s & \Rightarrow & t = s \\ y = & 3 - 2t = 4 + 3s & \Rightarrow & 2t + 3s = -1 \\ z = & -2 + 3t = 3 + 4s & \Rightarrow & 3t - 4s = 5 \end{array}$$

Resolvemos el sistema formado por las dos primeras ecuaciones

$$\begin{cases} t = s \\ 2t + 3s = -1 \end{cases}$$

La solución es $t = -1/5$ y $s = -1/5$. Observamos que esta solución no satisface la tercera ecuación. Luego, L_1 y L_2 no se interceptan.

Como las rectas no son paralelas ni se interceptan, entones, se cruzan.

b. Hallamos el ángulo entre los vectores $\mathbf{v} = \langle 1, -2, 3 \rangle$ y $\mathbf{w} = \langle 1, -3, 4 \rangle$.

$$\cos\theta = \frac{\mathbf{v} \cdot \mathbf{w}}{\|\mathbf{v}\| \|\mathbf{w}\|} = \frac{19}{\sqrt{14}\sqrt{26}} = \frac{19}{2\sqrt{91}} \Rightarrow \theta = \cos^{-1}\left(\frac{19}{2\sqrt{91}}\right) \approx 5.21°$$

DISTANCIA DE UN PUNTO A UNA RECTA

TEOREMA 1. 12 Sea L la recta pasa por el punto P_0 y es paralelo al vector $\mathbf{v}$. Sea P_1 un punto cualquiera del espacio. Probar que la distancia del punto P_1 a la recta L es

$$d = \frac{\left\| \overrightarrow{P_0P_1} \times \mathbf{v} \right\|}{\|\mathbf{v}\|}$$

Demostración

Ver el problema resuelto 6.

EJEMPLO 5. Hallar la distancia del punto $P_1 = (1, -3, 3)$ a la recta que pasa por los puntos $P_0 = (3, -1, 2)$ y $R = (0, -4, 1)$

Solución

Tenemos que:

$$\overrightarrow{P_0P_1} = \langle 1-3, -3+1, 3-2 \rangle = \langle -2, -2, 1 \rangle,$$

$$\mathbf{v} = \overrightarrow{P_0R} = \langle 0-3, -4+1, 1-2 \rangle = \langle -3, -3, -1 \rangle$$

$$\overrightarrow{P_0P_1} \times \mathbf{v} = \begin{vmatrix} \mathbf{i} & \mathbf{j} & \mathbf{k} \\ -2 & -2 & 1 \\ -3 & -3 & -1 \end{vmatrix} = 5\mathbf{i} - 5\mathbf{j}$$

Luego,

$$d = \frac{\left\| \overrightarrow{P_0P_1} \times \mathbf{v} \right\|}{\|\mathbf{v}\|} = \frac{\sqrt{5^2 + (-5)^2}}{\sqrt{(-3)^2 + (-3)^2 + (-1)^2}} = \frac{5}{19}\sqrt{38}$$

ECUACIONES DEL PLANO EN EL ESPACIO

ECUACION VECTORIAL DEL PLANO

Un plano $\mathcal{P}$ en el espacio tridimensional queda determinado por un punto P_0 por donde pasa y por una vector **n** no nulo ortogonal al plano. Un punto P está en plano $\mathcal{P}$ si y sólo si el vector $\overrightarrow{P_0P}$ es ortogonal a **n.** Esto es,

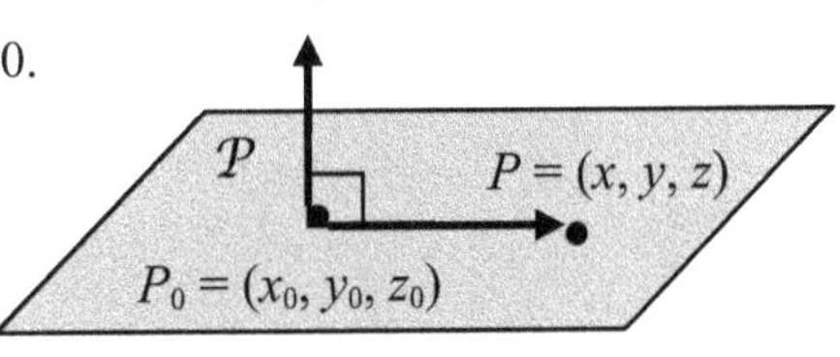

P está en el plano $\mathcal{P}$ si y sólo si $\mathbf{n} \cdot \overrightarrow{P_0P} = 0$.

Si **r** es el vector posición de P y $\mathbf{r}_0$ es el de P_0, tenemos que $\overrightarrow{P_0P} = \mathbf{r} - \mathbf{r}_0$.

Luego,

P está en el plano $\mathcal{P}$ si y sólo si $\mathbf{n} \cdot (\mathbf{r} - \mathbf{r}_0) = 0$.

Se llama **ecuación vectorial del plano** a la ecuación

$$\boxed{\mathbf{n} \cdot (\mathbf{r} - \mathbf{r}_0) = 0} \qquad \textbf{(4)}$$

ECUACION CANONICA Y ECUACION LINEAL DEL PLANO

Si $\mathbf{n} = \langle a, b, c\rangle$, $P = (x, y, z)$ y $P_0 = (x_0, y_0, z_0)$, entonces

$\mathbf{r} - \mathbf{r}_0 = \langle x - x_0, y - y_0, z - z_0 \rangle$ y la ecuación vectorial (4) toma la siguiente forma

$$\boxed{a(x - x_0) + b(y - y_0) + c(z - z_0) = 0} \qquad \textbf{(5)}$$

llamada **ecuación canónica o ecuación escalar del plano**.

En la ecuación anterior, efectuamos las operaciones indicadas, obtenemos

$ax + by + cz + (-ax_0 - b\,y_0 - c\,z_0) = 0$. Si $d = (-ax_0 - b\,y_0 - c\,z_0)$, entonces la ecuación (5) se transforma en la ecuación lineal:

$$\boxed{ax + by + cz + d = 0} \qquad \textbf{(6)}$$

Recíprocamente, toda ecuación lineal (ecuación 6), donde $a \neq 0$, $b \neq 0$ ó $c \neq 0$, representa un plano que tiene como vector normal a $\mathbf{n} = \langle a, b, c \rangle$. En efecto, si en la ecuación (6) se cumple que $a \neq 0$, entonces la podemos escribir así:

$$ax + by + cz - a\left(-\frac{d}{a}\right) = 0 \Leftrightarrow a\left(x - (-d/a)\right) + b(y - 0) + c(z - 0) = 0,$$

que es la ecuación canónica del plano que pasa por el punto $P_0 = (-d/a, 0, 0)$ y tiene como vector normal $\mathbf{n} = \langle a, b, c \rangle$.

Se procede en forma análoga si $b \neq 0$ ó $c \neq 0$

A la ecuación (6), cuando la pensemos representando un plano, diremos que es una **ecuación lineal del plano.**

NOTA. Las ecuaciones del plano anteriores, como en el caso de la recta, no son únicas.

EJEMPLO 6. Hallar una ecuación vectorial, una ecuación canónica y una ecuación lineal del plano que pasa por el punto $(2, -1, 1)$ y es ortogonal al vector $\mathbf{n} = \langle 5, 3, -2 \rangle$.

Solución

Tenemos que: $\mathbf{r} = \langle x, y, z \rangle$, $\mathbf{r}_0 = \langle 2, -1, 1 \rangle$, $\mathbf{r} - \mathbf{r}_0 = \langle x - 2, y + 1, z - 1 \rangle$.

Una ecuación vectorial de este plano es

$$\langle 5, 3, -2 \rangle \cdot \langle x - 2, y + 1, z - 1 \rangle = 0$$

Efectuando el producto escalar hallamos una ecuación canónica del plano:

$$5(x - 2) + 3(y + 1) - 2(z - 1) = 0$$

Efectuando las operaciones indicadas en la ecuación anterior, hallamos una ecuación lineal del plano:

$$5x + 3y - 2z - 5 = 0$$

EJEMPLO 7. Hallar una ecuación canónica y una ecuación lineal del plano que pasa por los puntos $P = (1, -3, 2)$, $Q = (2, 1, -2)$ y $R = (3, 1, -1)$

Solución

Tomamos a cualquiera de los tres puntos dados como punto de referencia P_0. Así, tomemos, por ejemplo, como punto de referencia al punto $P = (1, -3, 2)$. Con los otros puntos y el punto de referencia, formamos los vectores:

$$\mathbf{a} = \overrightarrow{PQ} = \langle 2-1, 1+3, -2 -2 \rangle = \langle 1, 4, -4 \rangle,$$

$$\mathbf{b} = \overrightarrow{PR} = \langle 3 - 1, 1+3, -1 - 2 \rangle = \langle 2, 4, -3 \rangle$$

Estos vectores son paralelos al plano y por tanto, $\mathbf{n} = \mathbf{a} \times \mathbf{b}$ es ortogonal plano.

Tenemos que:

$$\mathbf{n} = \mathbf{a} \times \mathbf{b} = \begin{vmatrix} \mathbf{i} & \mathbf{j} & \mathbf{k} \\ 1 & 4 & -4 \\ 2 & 4 & -3 \end{vmatrix} = (-12+14)\mathbf{i} - (-3+8)\mathbf{j} + (4-8)\mathbf{k} = 4\mathbf{i} - 5\mathbf{j} - 4\mathbf{k}$$

Luego, una ecuación canónica del plano que pasa por $P = (1, -3, 2)$ y es normal al vector $\mathbf{n} = \langle 4, -5, -4 \rangle$ es

$$4(x-1) - 5(y+3) - 4(z-2) = 0$$

Efectuando las operaciones indicadas en la ecuación anterior, obtenemos una ecuación lineal:

$$4x - 5y - 4z - 11 = 0$$

DEFINICION. Sean $\mathcal{P}_1$ y $\mathcal{P}_2$ dos planos con vectores normales $\mathbf{n_1}$ y $\mathbf{n_2}$, respectivamente.

1. $\mathcal{P}_1$ y $\mathcal{P}_2$ son **paralelos** si $\mathbf{n_1}$ y $\mathbf{n_2}$ son **paralelos**.

2. $\mathcal{P}_1$ y $\mathcal{P}_2$ son **perpendiculares** si $\mathbf{n_1}$ y $\mathbf{n_2}$ son **perpendiculares**.

3. El ángulo entre $\mathcal{P}_1$ y $\mathcal{P}_2$ es el ángulo entre $\mathbf{n_1}$ y $\mathbf{n_2}$.

EJEMPLO 8. Hallar una ecuación del plano que pasa por el punto $P_0 = (2, -3, 1)$ y es perpendicular a los planos

$$\mathcal{P}_1: 4x + y - 2z - 5 = 0 \quad \text{y} \quad \mathcal{P}_2: 2x + 3y - z - 11 = 0$$

Solución

Los vectores $\mathbf{n_1} = \langle 4, 1, -2 \rangle$ y $\mathbf{n_2} = \langle 2, 3, -1 \rangle$ normales a $\mathcal{P}_1$ y a $\mathcal{P}_2$, respectivamente. Sean $\mathcal{P}$ el plano que estamos buscando y $\mathbf{n}$ su vector normal. $\mathbf{n}$ debe ser perpendicular a $\mathbf{n_1}$ y a $\mathbf{n_2}$. Por tanto, tomamos

$$\mathbf{n} = \mathbf{n_1} \times \mathbf{n_2} = \begin{vmatrix} \mathbf{i} & \mathbf{j} & \mathbf{k} \\ 4 & 1 & -2 \\ 2 & 3 & -1 \end{vmatrix} = 5\mathbf{i} + 14\mathbf{k} = \langle 5, 0, 10 \rangle$$

Luego, el plano buscado es,

$$\mathcal{P}: \langle 5, 0, 10 \rangle \cdot \langle x-2, y+3, z-1 \rangle = 0 \ \text{ó bien} \ \mathcal{P}: 5x + 10z = 20$$

EJEMPLO 9. Hallar el ángulo entre los planos

$$\mathcal{P}_1: 5x + 3y - 2z - 5 = 0 \quad \text{y} \quad \mathcal{P}_2: 4x - 5y - 4z - 11 = 0$$

Solución

Los vectores $\mathbf{n_1} = \langle 5, 3, -2 \rangle$ y $\mathbf{n_2} = \langle 4, -5, -4 \rangle$ son normales a $\mathcal{P}_1$ y a $\mathcal{P}_2$, respectivamente. Luego, el ángulo entre los planos $\mathcal{P}_1$ y $\mathcal{P}_2$ es

$$\theta = \cos^{-1}\left(\frac{\mathbf{n}_1 \cdot \mathbf{n}_2}{\|\mathbf{n}_1\|\|\mathbf{n}_2\|}\right) = \cos^{-1}\left(\frac{13}{\sqrt{38}\sqrt{47}}\right) \approx 72°$$

LA RECTA COMO INTERSECCION DE DOS PLANOS

Si $\mathcal{P}_1$: $a_1x + b_1y + c_1z + d_1 = 0$ y $\mathcal{P}_2$: $a_2x + b_2y + c_2z + d_2 = 0$ son dos planos en el espacio, estos se interceptan formando una recta L. Un punto $P = (x, y, z)$ está en L si y sólo si sus coordenadas x, y, z satisfacen ambas ecuaciones. Luego, la recta L está representada por el sistema de ecuaciones:

$$L: \begin{cases} a_1x + b_1y + c_1z + d_1 = 0 \\ a_2x + b_2y + c_2z + d_2 = 0 \end{cases}$$

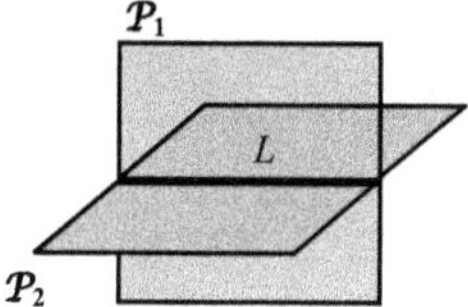

EJEMPLO 10. Hallar un juego de ecuaciones simétricas de la recta:

$$L: \begin{cases} 2x + y - 3z - 5 = 0 \\ 3x - 2y + 4z + 3 = 0 \end{cases}$$

Solución

Hallemos un punto de L. Haciendo $z = 0$ en el sistema obtenemos el nuevo sistema de dos incógnitas:

$$\begin{cases} 2x + y - 5 = 0 \\ 3x - 2y + 3 = 0 \end{cases}$$

cuya solución es $x = 1$, $y = 3$.

Luego, un punto de la recta es $P_0 = (1, 3, 0)$.

Por otro lado, un vector normal al plano $2x + y - 3z - 5 = 0$ es $\mathbf{n}_1 = \langle 2, 1, -3\rangle$ y un vector normal al otro plano, $3x - 2y + 4z + 3 = 0$, es $\mathbf{n}_2 = \langle 3, -2, 4\rangle$.

Buscamos un vector $\mathbf{v}$ paralelo a la recta. Como este vector debe ser ortogonal a $\mathbf{n}_1$ y a $\mathbf{n}_2$ tomamos

$$\mathbf{v} = \mathbf{n}_1 \times \mathbf{n}_2 = \begin{vmatrix} \mathbf{i} & \mathbf{j} & \mathbf{k} \\ 2 & 1 & -3 \\ 3 & -2 & 4 \end{vmatrix} = -2\mathbf{i} - 17\mathbf{j} - 7\mathbf{k} = \langle 2, -17, -7\rangle$$

En consecuencia, un juego de ecuaciones simétricas de la recta L es

$$L: \frac{x-1}{-2} = \frac{y-3}{-17} = \frac{z}{-7}$$

DISTANCIA DE UN PUNTO A UN PLANO

TEOREMA 1.13 Probar que la distancia del punto $P_1 = (x_1, y_1, z_1)$ al plano

$$\mathcal{P}_1:\ ax + by + cz + d = 0$$

está dado por

$$d(P_1, \mathcal{P}_1) = \frac{|\, ax_1 + by_1 + cz_1 + d \,|}{\sqrt{a^2 + b^2 + c^2}}$$

Demostración

Ver el problema resuelto 7.

EJEMPLO 11. Hallar la distancia del punto $P_1 = (1, 0, 5)$ al plano

$$\mathcal{P}:\ 4x - 3y + z - 1 = 0$$

Solución

$$d = \frac{|\, 4(1) - 3(0) + 1(5) - 1 \,|}{\sqrt{4^2 + (-3)^2 + 1^2}} = \frac{8}{\sqrt{26}}$$

PROBLEMAS RESUELTOS 1.5

PROBLEMA 1. Probar que las siguientes rectas se intersecan, hallando el punto de intersección.

$$L_1:\ \frac{x-7}{3} = \frac{y-2}{2} = \frac{z-1}{-2}; \qquad L_2: \begin{cases} x = -1 + 2t \\ y = 1 - 3t \\ z = 1 + 4t \end{cases}$$

Solución

Expresamos a la recta L_1 mediante ecuaciones paramétricas: $L_1: \begin{cases} x = 7 + 3s \\ y = 2 + 2s \\ z = 1 - 2s \end{cases}$

El punto de intersección debe satisfacer ambas ecuaciones paramétricas. Luego,

$$\begin{cases} x = -1 + 2t = 7 + 3s \\ y = 1 - 3t = 2 + 2s \\ z = 1 + 4t = 1 - 2s \end{cases} \Leftrightarrow \begin{cases} 2t - 3s = 8 \\ 3t + 2s = -1 \\ 4t + 2s = 0 \end{cases}$$

Resolvemos el sistema formado por la segunda y tercera ecuación:

$$\begin{cases} 3t + 2s = -1 \\ 4t + 2s = 0 \end{cases} \Leftrightarrow \begin{cases} t = 1 \\ s = -2 \end{cases}$$

La solución $t = 1$ y $s = -2$ también satisface la primera ecuación. En efecto:

$$4(1) + 2(-2) = 0$$

En consecuencia, las rectas L_1 y L_2 se intersecan en un punto.

Si en la ecuación de L_2 remplazamos $t = 1$, obtenemos:

$$x = -1 + 2(1) = 1,\ y = 1 - 3(1) = -2,\ z = 1 + 4(1) = 5$$

El punto de intersección es $(1, -2, 5)$.

PROBLEMA 2. **Rectas coplanares.**

Sea L_1 la recta que pasa por el punto P_1 y es paralela al vector $\mathbf{v_1}$ y sea L_2 pasa por P_2 y es paralela al vector $\mathbf{v_2}$. Probar que:

$$L_1 \text{ y } L_2 \text{ son coplanares} \Leftrightarrow \overrightarrow{P_1P_2} \cdot \mathbf{v_1} \times \mathbf{v_2} = 0.$$

Solución

Caso 1. L_1 y L_2 son paralelas.

Si L_1 y L_2 son paralelas, es claro que L_1 y L_2 son coplanares. Además, como $\mathbf{v_1}$ y $\mathbf{v_2}$ son paralelos, sabemos que se cumple que $\mathbf{v_1} \times \mathbf{v_2} = 0$ y, por tanto, $\overrightarrow{P_1P_2} \cdot \mathbf{v_1} \times \mathbf{v_2} = 0$.

Caso 2. L_1 y L_2 no son paralelas.

El vector $\mathbf{n} = \mathbf{v_1} \times \mathbf{v_2}$ es ortogonal a ambas rectas. Sea $\mathcal{P}$ el plano que pasa por el punto P_1 y tiene por vector normal a $\mathbf{n} = \mathbf{v_1} \times \mathbf{v_2}$.

Ahora, L_1 y L_2 están en el plano $\mathcal{P} \Leftrightarrow P_2$ está en $\mathcal{P} \Leftrightarrow$

$$\overrightarrow{P_1P_2} \text{ es ortogonal a } \mathbf{n} = \mathbf{v_1} \times \mathbf{v_2} \Leftrightarrow \overrightarrow{P_1P_2} \cdot \mathbf{v_1} \times \mathbf{v_2} = 0.$$

PROBLEMA 3. **Distancia mínima entre dos rectas que se cruzan.**

Sean L_1 y L_2 dos rectas que se cruzan. Si L_1 pasa por el punto P_1 y es paralela al vector $\mathbf{v_1}$ y L_2 pasa por P_2 y es paralela al vector $\mathbf{v_2}$, probar que la distancia mínima entre L_1 y L_2 es

$$d = \frac{\left| \overrightarrow{P_1P_2} \cdot \mathbf{v_1} \times \mathbf{v_2} \right|}{\left\| \mathbf{v_1} \times \mathbf{v_2} \right\|}$$

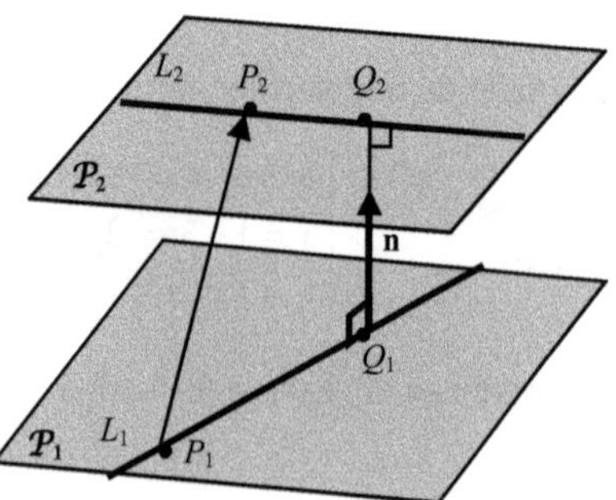

Solución

El vector $\mathbf{n} = \mathbf{v_1} \times \mathbf{v_2}$ es ortogonal a ambas rectas, L_1 y L_2.

Sea $\mathcal{P}_1$ el plano que pasa por P_1 y es ortogonal al vector $\mathbf{n}$.

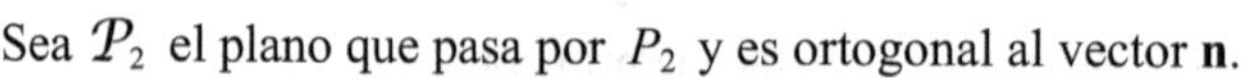

Sea $\mathcal{P}_2$ el plano que pasa por P_2 y es ortogonal al vector $\mathbf{n}$.

La distancia mínima entre las rectas L_1 y L_2 es igual a la distancia entre los planos paralelos $\mathcal{P}_1$ y $\mathcal{P}_2$. Esto es,

$$d = d(\mathcal{P}_1, \mathcal{P}_2) = \left| \text{Comp}_{\mathbf{n}} \overrightarrow{P_1P_2} \right| = \frac{\left| \overrightarrow{P_1P_2} \cdot \mathbf{n} \right|}{\| \mathbf{n} \|} = \frac{\left| \overrightarrow{P_1P_2} \cdot \mathbf{v_1} \times \mathbf{v_2} \right|}{\| \mathbf{v_1} \times \mathbf{v_2} \|}$$

PROBLEMA 4. Sean las rectas:

$$L_1: \frac{x-1}{4} = \frac{y+1}{1} = \frac{z+3}{-3} \qquad L_2: \begin{cases} x = -3t \\ y = 2 - t \\ z = -2 + t \end{cases}$$

1. Probar que L_1 y L_2 se cruzan

2. Hallar la mínima distancia entre L_1 y L_2.

Solución

1. Los vectores $\mathbf{v_1} = \langle 4, 1, -3 \rangle$ y $\mathbf{v_2} = \langle -3, -1, 1 \rangle$ son paralelos a las rectas L_1 y L_2, respectivamente. Vemos que $\mathbf{v_1}$ y $\mathbf{v_2}$ no son paralelos y, por tanto, L_1 y L_2 no son paralelas.

Tomamos el punto $P_1 = (1, -1, -3)$ de L_1 y $P_2 = (0, 2, -2)$ de L_2. Tenemos

$$\overrightarrow{P_1P_2} = \langle -1, 3, 1 \rangle \quad \text{y} \quad \mathbf{n} = \mathbf{v_1} \times \mathbf{v_2} = \begin{vmatrix} \mathbf{i} & \mathbf{j} & \mathbf{k} \\ 4 & 1 & -3 \\ -3 & -1 & 1 \end{vmatrix} = -2\mathbf{i} + 5\mathbf{j} - \mathbf{k}$$

Pero, $\overrightarrow{P_1P_2} \cdot \mathbf{n} = \langle -1, 3, 1 \rangle \cdot \langle -2, 5, -1 \rangle .= 2 + 15 - 1 = 16$ y, de acuerdo al problema resuelto 2, L_1 y L_2 no son coplanares. Por tanto, L_1 y L_2 se cruzan.

2. $$d = \frac{\left| \overrightarrow{P_1P_2} \cdot \mathbf{v_1} \times \mathbf{v_2} \right|}{\| \mathbf{v_1} \times \mathbf{v_2} \|} = \left| \frac{\langle -1,3,1 \rangle \cdot \langle -2,5,-1 \rangle}{\sqrt{(-2)^2 + 5^2 + (-1)^2}} \right| = \frac{16}{\sqrt{30}}$$

PROBLEMA 5. Hallar ecuaciones paramétricas de la bisectriz del ángulo formado por las rectas:

$$L_1: \frac{x-2}{2} = \frac{y+1}{2} = \frac{z-3}{1}, \qquad L_2: \frac{x-2}{4} = \frac{z-3}{-3}, y = -1$$

Solución

Las ecuaciones nos dicen que estas rectas se intersecan en el punto $(2, -1, 3)$.

L_1 es paralela al vector $\mathbf{v_1} = \langle 2, 2, 1 \rangle$ y al vector unitario $\mathbf{u_1} = \dfrac{\mathbf{v_1}}{\|\mathbf{v_1}\|} = \dfrac{1}{3}\langle 2, 2, 1\rangle$

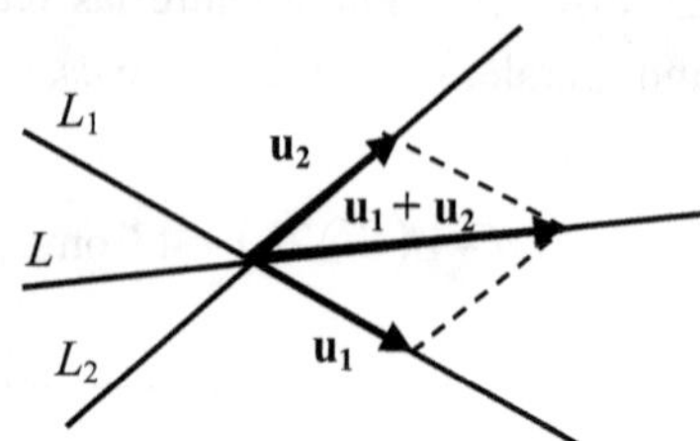

L_2 es paralela al vector $\mathbf{v_2} = \langle 4, 0, -3\rangle$ y al vector unitario $\mathbf{u_2} = \dfrac{\mathbf{v_2}}{\|\mathbf{v_2}\|} = \dfrac{1}{5}\langle 4, 0, -3\rangle$

La bisectriz es paralela al vector:

$$\mathbf{u} = \mathbf{u_1} + \mathbf{u_2} = \left\langle \frac{2}{3}+\frac{4}{5},\ \frac{2}{3},\ \frac{1}{3}-\frac{3}{5}\right\rangle = \left\langle \frac{22}{15},\ \frac{2}{3},\ \frac{4}{15}\right\rangle$$

Además, como esta bisectriz también pasa por el punto $(2, -1, 3)$, ésta tiene por ecuaciones paramétricas: L: $\begin{cases} x = 2+(22/15)t \\ y = -1+(2/3)t \\ x = 3-(4/15)t \end{cases}$

PROBLEMA 6. **Demostrar el teorema 1.12.**

Sea L la recta pasa por el punto P_0 y es paralelo al vector $\mathbf{v}$. Sea P_1 un punto cualquiera del espacio. Probar que la distancia del punto P_1 a la recta L es

$$d = \frac{\|\overrightarrow{P_0P_1} \times \mathbf{v}\|}{\|\mathbf{v}\|}$$

Solución

1. Sea S el pie del segmento perpendicular a L y que pasa por P_1.

Tomamos el vector $\mathbf{c} = \overrightarrow{SP_1}$

Tenemos:

$$d = \|\mathbf{c}\| = \|\overrightarrow{P_0P_1}\| \operatorname{sen}\theta$$

$$= \frac{\|\mathbf{v}\|\|\overrightarrow{P_0P_1}\| \, sen\ \theta}{\|\mathbf{v}\|} = \frac{\|\overrightarrow{P_0P_1} \times \mathbf{v}\|}{\|\mathbf{v}\|}$$

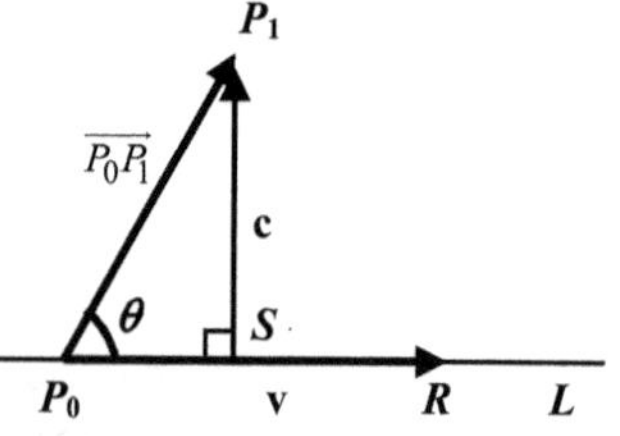

PROBLEMA 7. Probar que la distancia del punto $P_1 = (x_1, y_1, z_1)$ al plano

$$\mathcal{P}:\ ax + by + cz + d = 0$$

está dado por

$$d(P_1, \mathcal{P}) = \frac{|ax_1 + by_1 + cz_1 + d|}{\sqrt{a^2 + b^2 + c^2}}$$

Solución

Sea $P_0 = (x_0, y_0, z_0)$ un punto del plano y sea **b** el vector

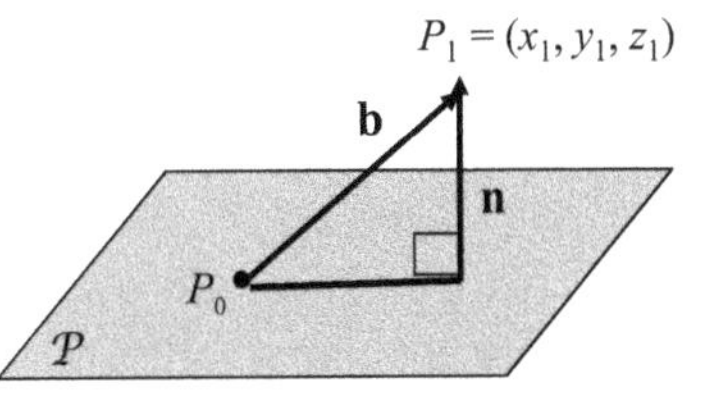

$$\mathbf{b} = \overrightarrow{P_0P_1} = \langle x_1 - x_0,\ y_1 - y_0, z_1 - z_0\rangle$$

Si $\mathbf{n} = \langle a, b, c\rangle$ es un vector normal al plano, entonces

$$d(P_1,\mathcal{P}) = \left|\text{comp}_{\mathbf{n}}\mathbf{b}\right| = \left|\frac{\mathbf{n}\cdot\mathbf{b}}{\|\mathbf{n}\|}\right| = \frac{\left|a(x_1 - x_0) + b(y_1 - y_0) + c(z_1 - z_0)\right|}{\sqrt{a^2 + b^2 + c^2}}$$

$$= \frac{\left|(ax_1 + by_1 + cz_1) - (ax_0 + by_0 + cz_0)\right|}{\sqrt{a^2 + b^2 + c^2}} = \frac{\left|ax_1 + by_1 + cz_1 + d\right|}{\sqrt{a^2 + b^2 + c^2}}$$

PROBLEMAS PROPUESTOS 1.5

En los problemas del 1 al 3 hallar una ecuación vectorial, ecuaciones paramétricas y ecuaciones simétricas de la recta descrita.

1. Pasa por el punto $(1, -2, 6)$ y es paralela al vector $3\mathbf{i} + 4\mathbf{j} - 5\mathbf{k}$

Rpta. $r = \langle 1, -2, 6\rangle + t\langle 3, 4, -5\rangle$; $\begin{cases} x = 1 + 3t \\ y = -2 + 4t \\ z = 6 - 5t \end{cases}$; $\dfrac{x-1}{3} = \dfrac{y+2}{4} = \dfrac{z-6}{-5}$

2. Pasa por el punto $(2, 0, -1)$ y paralela a la recta L: $\dfrac{x+3}{-2} = \dfrac{y+5}{3} = \dfrac{z-1}{-4}$

Rpta. $r = \langle 2, 0, -1\rangle + t\langle -2, 3, -4\rangle$; $\begin{cases} x = 2 - 2t \\ y = 3t \\ z = -1 - 4t \end{cases}$; $\dfrac{x-2}{-2} = \dfrac{y}{3} = \dfrac{z+1}{-4}$

3. Pasa por el punto $(-1, 5, -7)$ y es perpendicular al plano $x + 7y - 8z + 9 = 0$

Rpta. $r = \langle -1, 5, -7\rangle + t\langle 1, 7, -8\rangle$; $\begin{cases} x = -1 + 2t \\ y = 5 + 7t \\ z = -7 - 8t \end{cases}$; $\dfrac{x+1}{1} = \dfrac{y-5}{7} = \dfrac{z+7}{-8}$

En los problemas del 4 al 6 hallar ecuaciones paramétricas y ecuaciones simétricas de la recta descrita.

4. Pasa por los puntos $(2, -3, -1)$ y $(1, -1, 4)$

Rpta $\begin{cases} x = 2 - t \\ y = -3 + 2t \\ z = -1 + 5t \end{cases}$; $\dfrac{x-2}{-1} = \dfrac{y+3}{2} = \dfrac{z+1}{5}$

5. Pasa por el punto $(4, -1, -2)$ y es ortogonal a los vectores $\mathbf{i}+\mathbf{k}$ y $\mathbf{k}+\mathbf{j}$

$$Rpta \quad \begin{cases} x = 4 - t \\ y = -1 - t \\ z = -2 + t \end{cases} \quad ; \quad \frac{x-4}{-1} = \frac{y+1}{-1} = \frac{z+2}{1}$$

6. Pasa por el punto $(5, 0, -3)$ y es ortogonal a los vectores $\mathbf{j}$ y $\mathbf{i}+\mathbf{k}$

$$Rpta \quad \begin{cases} x = 5 + t \\ y = 0 \\ z = -3 - t \end{cases} \quad ; \quad \frac{x-5}{1} = \frac{z+3}{-1}, \; y = 0$$

7. Hallar ecuaciones paramétricas de la recta que pasa por el punto $(-5, 0, -2)$ y es paralela a los planos XY y YZ.

$$Rpta \quad \begin{cases} x = -5 \\ y = t \\ z = -2 \end{cases}$$

8. Probar que las siguientes rectas se intersecan, hallando el punto de intersección.

$$L_1: \; \frac{x-5}{2} = \frac{y}{-1} = \frac{z-5}{1}; \quad L_2: \; \begin{cases} x = -2 + 3t \\ y = 3 - t \\ z = 2 + t \end{cases} \qquad Rpta \quad (1, 2, 3)$$

9. Probar que las siguientes rectas se intersecan, hallando el punto de intersección.

$$L_1: \; \frac{x-1}{2} = y = \frac{z+1}{5}; \quad L_2: \; x - 3 = \frac{y-1}{2} = \frac{z-4}{7} \qquad Rpta \quad (3, 1, 4)$$

10. a. Probar que las siguientes rectas se cruzan.

$$L_1: \; \begin{cases} x = -7 + 3t \\ y = 4 - 2t \\ z = 4 + 3t \end{cases} \qquad L_2: \; \begin{cases} x = 1 + s \\ y = -9 + 2s \\ z = -12 - s \end{cases}$$

b. Hallar la distancia mínima entre estas rectas. $Rpta \quad d = \dfrac{119}{\sqrt{29}}$

11. a. Probar que las siguientes rectas se cruzan.

$$L_1: \; \frac{x-1}{2} = \frac{y+2}{2} = z - 3 \qquad L_2: \; \frac{x-1}{3} = \frac{z-3}{4}, \; y = 0$$

b. Hallar la distancia mínima entre estas rectas. $Rpta \quad d = \dfrac{10}{\sqrt{86}}$

12. Hallar el ángulo formado por las rectas

$$L_1: \; \frac{x-2}{3} = \frac{z-3}{-1}, \; y = 0 \qquad L_2: \; \frac{x+1}{2} = z - 3, \; y = 0 \qquad Rpta \; \theta = 45°$$

13. Hallar el ángulo formado por las rectas

$$L_1: \begin{cases} x - y - 4z + 2 = 0 \\ 2x + y - 2z - 3 = 0 \end{cases} \qquad L_2: \begin{cases} x - 3y - z + 5 = 0 \\ -2x + 2y + z - 4 = 0 \end{cases} \qquad Rpta \; \theta = 128.9°$$

14. Probar que las siguientes rectas son ortogonales.

$$L_1: x = 3,\ \frac{y+1}{1} = \frac{z-3}{1} \qquad L_2: \frac{x-1}{-4} = \frac{y-2}{7} = \frac{z+1}{-7}$$

15. Probar que las siguientes rectas son ortogonales.

$$L_1: \begin{cases} x+3y-z+7=0 \\ 4x+4y-z-2=0 \end{cases} \qquad L_2: \begin{cases} x-y-4z+5=0 \\ 2x+y-2z-1=0 \end{cases}$$

En los problemas del 16 al 28 hallar una ecuación del plano descrito:

16. Pasa por el punto $(2, 5, -1)$ y es ortogonal al vector $\langle 2, -3, 5 \rangle$.

Rpta. $2x - 3y + 5z + 16 = 0$

17. Pasa por el punto $(4, -1, 0)$ y es ortogonal a la recta $\dfrac{x+1}{2} = \dfrac{y-3}{1} = \dfrac{z+1}{-3}$

Rpta. $2x + y - 3z - 7 = 0$

18. Pasa por el punto $(1, -1, 0)$ y contiene a la recta $\begin{cases} x = 2t+1 \\ y = 3t-4 \\ z = t-8 \end{cases}$

Rpta. $21x - 16y + 6z - 37 = 0$

19. Pasa por el punto $(1, -4, 2)$ y contiene al eje Z.

Rpta. $4x + y = 0$

20. Pasa por los puntos $(0, 2, -1)$ y $(4, 1, 0)$ y es paralelo al eje X.

Rpta. $y + z - 1 = 0$

21. Pasa por los puntos $(0, 1, -1)$, $(-1, 1, 0)$ y $(1, 0, -1)$,

Rpta. $x + y + z = 0$

22. Pasa por el origen y es paralelo al plano $4x - 3y + z = 2$

Rpta. $4x - 3y + z = 0$

23. Pasa por el punto $(1, -2, 4)$ y es paralelo al plano XZ.

Rpta. $y + 2 = 0$

24. Pasa por el punto $(4, 1, -1)$ y es paralelo al plano $3x - y + 2z + 6 = 0$

Rpta. $3x - y + 2z - 9 = 0$

25. Pasa por el punto $(6, -7, 1)$ y es paralelo al plano $x - 2z = 1$

Rpta. $x - 2z - 4 = 0$

26. Contiene a la recta $\dfrac{x-1}{2} + \dfrac{y-3}{-3}$, $z = 2$ y es paralelo al plano $x - y + z + 8 = 0$

Rpta. $x - y + z = 0$

27. Pasa por el punto $(2\ -1, 1)$ y por la recta $\begin{cases} x-y-1=0 \\ y-z+2=0 \end{cases}$

Rpta. $y + z = 0$

28. Pasa por la recta $\begin{cases} x-y-1=0 \\ y-z+2=0 \end{cases}$ y es ortogonal al plano $x-y+z=4$

Rpta. $3x+y-2z+3=0$

29. Hallar el punto donde la recta $\begin{cases} x=t-1 \\ y=2t+1 \\ z=-t+3 \end{cases}$ corta al plano $2x-3y+1=0$

Rpta. $(-2,-1,4)$

30. Hallar el ángulo que forman los planos $3x+y-z=10$, $x-y+4z=2$
Rpta. $98.17°$

31. Hallar el ángulo que forman los planos $7x-4y+4z-2=0$, $3x+4y=0$
Rpta. $83{,}6°$

32. Hallar una ecuación del plano cuyos puntos equidistan de los puntos $(2,0,2)$ y $(1,1,0)$.
Rpta. $x-y+2z=3$

33. **a.** Probar que las siguientes rectas se cortan, hallando el punto de intersección.

$$L_1: \mathbf{r} = \langle 0,5,14\rangle + t\langle -1,2,3\rangle, \quad L_2: \mathbf{r} = \langle 3,-1,5\rangle + s\langle 4,1,-5\rangle.$$

Rpta. $(3,-1,5)$

b. Hallar una ecuación del plano que contiene a estas rectas.

Rpta. $13x-7y+9z=91$

34. Hallar una ecuación simétrica de la recta que pasa por el punto $(2,-1,3)$ es paralela al plano $2x-y-z=8$ y es ortogonal a la recta $x=\dfrac{y-1}{-2}=\dfrac{z+1}{2}$.

Rpta. $\dfrac{x-2}{4}=\dfrac{y+1}{5}=\dfrac{z-3}{3}$

35. Hallar la distancia del punto $(2,-1,1)$ a la recta $\begin{cases} x=2-4t \\ y=1 \\ z=-3-3t \end{cases}$

Rpta. $d=\dfrac{1}{5}\sqrt{356}\approx 3.77$

36. Hallar la distancia del punto $(-1,0,2)$ a la recta $\dfrac{x+4}{-1}=\dfrac{y+2}{3}=\dfrac{z+2}{1}$

Rpta. $d=3\sqrt{\dfrac{30}{11}}$

37. Hallar la distancia del punto $(5,3,-1)$ al plano $2x-y-2z+4=0$
Rpta. $d=3$

38. Hallar la distancia del punto $(1,-3,7)$ al plano $4x+2y-2z-6=0$

Rpta. $d=\dfrac{11}{6}\sqrt{6}$

39. a. Probar que la distancia entre los planos paralelos $ax + by + cz + d_1 = 0$, $ax + by + cz + d_2 = 0$ es

$$d = \frac{|d_1 - d_2|}{\sqrt{a^2 + b^2 + c^2}}$$

b. Hallar la distancia entre los planos $4x - 3y - z - 9 = 0$, $4x - 3y - z - 1 = 0$

Rpta. $d = \dfrac{8}{\sqrt{26}}$

40. Un plano corta al eje X en el punto $(\alpha, 0, 0)$, al eje Y en el punto $(0, \beta, 0)$, al eje Z en el punto $(0, 0, \gamma)$, donde α, β y γ son no nulos. Probar que una ecuación para este plano es $\dfrac{x}{\alpha} + \dfrac{y}{\beta} + \dfrac{z}{\lambda} = 1$

41. a. Verificar que las siguientes rectas se cortan en el punto $P_0 = (2, -5, -3)$

$$L_1: \begin{cases} x = 5 + 3t \\ y = -5 \\ z = 1 + 4t \end{cases}, \qquad L_2: \frac{x-8}{3} = \frac{y+2}{3} = \frac{z+5}{-2}$$

b. Hallar ecuaciones paramétricas de la bisectriz del ángulo que forman L_1 y L_2.

Rpta. $x = 2 + 51t$, $y = -5 + 15t$, $z = -3 + 18t$

SECCION 1.6

SUPERFICIES CILINDRICAS, CUADRATICAS Y SUPERFICIES DE REVOLUCION

Ya estamos familiarizados con dos tipos de superficies, el plano y la esfera. Aquí presentamos dos tipos más: las superficies cilíndricas y las superficies cuádricas.

Para ayudarnos a dibujar una superficie es conveniente determinar algunas trazas. Se llama **traza** a la curva que se obtiene al intersectar la superficie con un plano paralelo a uno de los planos coordenados. Son de especial importancia las trazas que provienen de los propios planos coordenados. Para hallar la ecuación de la traza sobre el plano XY, se hace $z = 0$ en la ecuación de la superficie. Similarmente, la ecuación de la traza sobre el plano XZ o el plano YZ, se obtiene haciendo $y = 0$ ó $x = 0$, respectivamente.

SUPERFICIES CILINDRICAS

Sea C una curva plana y L una recta que no es paralela al plano donde está C. Se llama **cilindro** a la figura geométrica generada por una recta que se desplaza paralelamente a L pasando por C.

A la curva C se le llama **directriz** del cilindro y la recta que se mueve pasando por C *es* la **generatriz**.

El cilindro más conocido es el **cilindro circular recto.** En este caso, la curva ***C*** es una circunferencia en un plano y la recta L es perpendicular al plano.

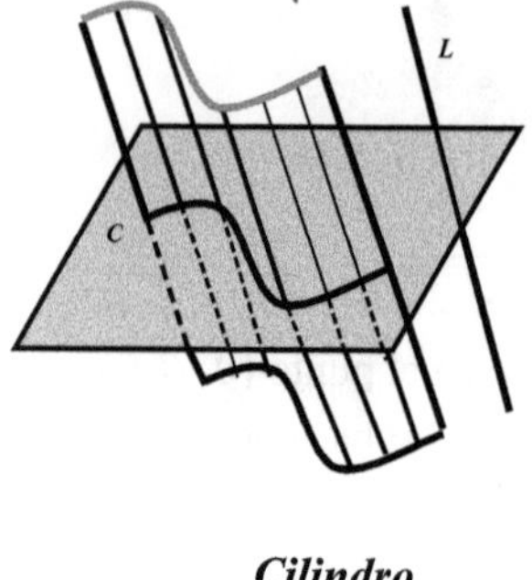

Cilindro

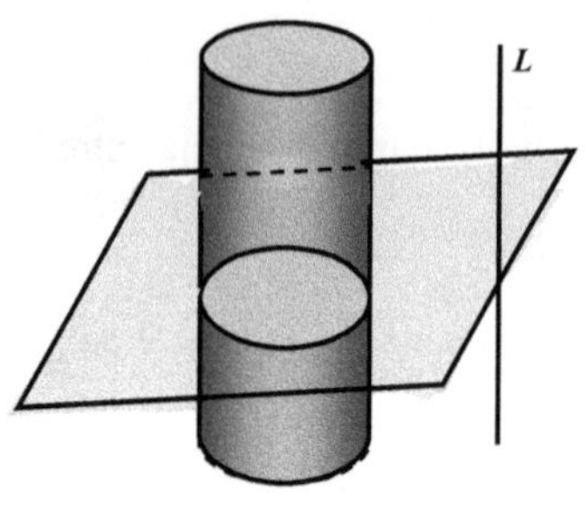

Cilindro circular recto

Al cilindro también podemos pensarlo como que está formado por la curva ***C*** moviéndose, sin rotar, en dirección de la recta ***L***.

Aquí sólo veremos el caso en el que ***C*** es una curva situada en uno de los planos coordenados y la recta ***L*** es paralela al eje coordenado que no está en el plano.

EJEMPLO 1. **Cilindro parabólico**

Bosquejar el gráfico del cilindro:

$$z = x^2$$

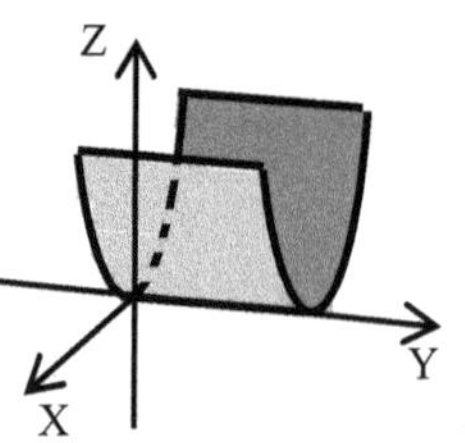

Solución

La traza sobre el plano XZ es la parábola $z = x^2$. Como la variable y está ausente en la ecuación, la traza sobre cualquier plano $y = k$ es la misma parábola $z = x^2$. Luego, este cilindro está configurado por las distintas copias de la parábola, cada una de las cuales tiene su vértice en el eje Y.

EJEMPLO 2. **Cilindro elíptico**

Bosquejar el gráfico del cilindro:

$$\frac{y^2}{25} + \frac{z^2}{4} = 1$$

Solución

La traza sobre el plano YZ es la elipse

$$\frac{y^2}{25} + \frac{z^2}{4} = 1, x = 0.$$

Coma la variable x está ausente en la ecuación, la traza sobre cualquier plano $x = k$ es la misma elipse. Luego, este cilindro está configurado por las distintas copias de la elipse, cada una de las cuales tiene su centro en el eje X.

SUPERFICIES CUADRATICAS

Se llama **superficie cuádrica** a la gráfica de una ecuación de segundo grado

(1) $$Ax^2 + By^2 + Cz^2 + Dxy + Exz + Fyz + Gx + Hy + Iz + J = 0,$$

donde alguno de los coeficientes A, B, C, D, E ó F no es 0.

Las superficies cuádricas corresponden, en dimensión 3, a las cónicas en dimensión 2.

Los cilindros parabólicos, elípticos e hiperbólicos, tratados en los ejemplos 1 y 2 anteriores son casos simples de superficies cuádricas

Las superficies cuádricas más destacadas son las siguientes seis:

1. Elipsoide **2. Hiperboloide de una hoja.**

3. Hiperboloide de dos hojas. **4. Cono elíptico**

5. Paraboloide elíptico **6. Paraboloide hiperbólico.**

A continuación presentamos a las **ecuaciones estándar** y sus respectivas gráficas de cada una de estas superficies.

1. EL ELIPSOIDE

$$\frac{x^2}{a^2} + \frac{y^2}{b^2} + \frac{z^2}{c^2} = 1$$

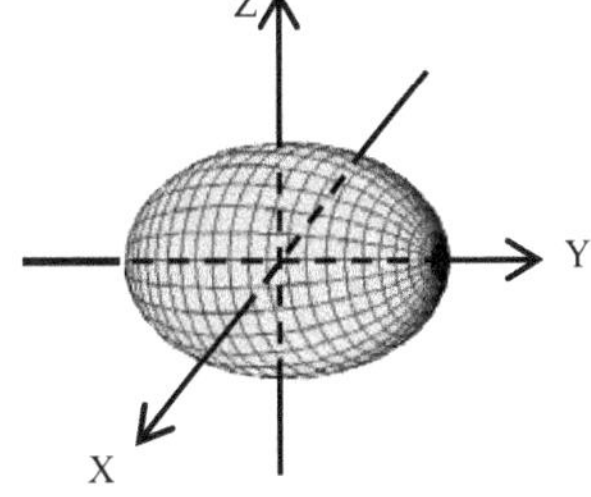

Las trazas sobre los planos YZ, XY y XZ son las elipses:

$$\frac{y^2}{b^2} + \frac{z^2}{c^2} = 1, \quad \frac{x^2}{a^2} + \frac{y^2}{b^2} = 1, \quad \frac{x^2}{a^2} + \frac{z^2}{c^2} = 1$$

Si los a, b y c son iguales, tenemos la esfera.

Si dos de los tres números a, b y c son iguales, tenemos un **elipsoide de revolución** o **esferoide**.

2. EL HIPERBOLOIDE DE UNA HOJA

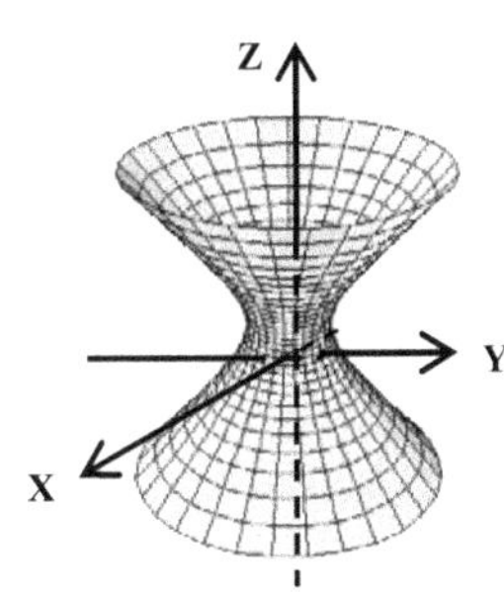

$$\frac{x^2}{a^2} + \frac{y^2}{b^2} - \frac{z^2}{c^2} = 1$$

La traza sobre el plano XY es la elipse

$$\frac{x^2}{a^2} + \frac{y^2}{b^2} = 1$$

Las trazas sobre los planos YZ y XZ son las hipérbolas:

$$\frac{y^2}{b^2}-\frac{z^2}{c^2}=1, \qquad \frac{x^2}{a^2}-\frac{z^2}{c^2}=1$$

3. EL HIPERBOLOIDE DE DOS HOJAS

$$\frac{z^2}{c^2}-\frac{x^2}{a^2}-\frac{y^2}{b^2}=1$$

No hay traza sobre el plano XY

Las trazas sobre los planos YZ y XZ son las hipérbolas:

$$-\frac{y^2}{b^2}+\frac{z^2}{c^2}=1, \qquad -\frac{x^2}{a^2}+\frac{z^2}{c^2}=1$$

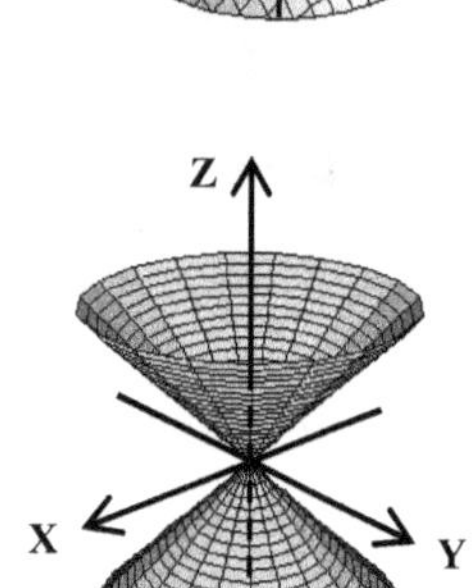

4. EL CONO ELIPTICO

$$\frac{z^2}{c^2}=\frac{x^2}{a^2}+\frac{y^2}{b^2}$$

La traza sobre el plano XY es el punto (0, 0. 0).

Las trazas sobre los planos paralelos al plano XY son elipses.

Las trazas sobre los planos XZ y YZ son rectas que se interceptan en el origen

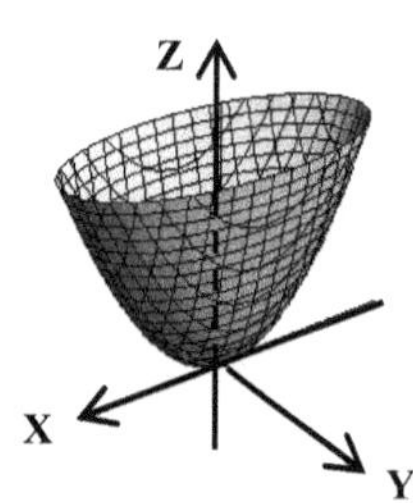

5. EL PARABOLOIDE ELIPTICO

$$\frac{z}{c}=\frac{x^2}{a^2}+\frac{y^2}{b^2}, \quad (c>0)$$

La traza sobre el plano XY es el punto (0, 0. 0).

Las trazas sobre los planos paralelos al plano XY son elipses o conjuntos vacíos

Las trazas sobre los planos XZ y YZ son parábolas

La gráfica corresponde al caso $c > 0$. Si $c < 0$, la gráfica se abre hacia abajo, siguiendo el semieje negativo del eje Z.

Z
X
Y

6. EL PARABOLOIDE HIPERBOLICO

$$\frac{z}{c}=\frac{x^2}{a^2}-\frac{y^2}{b^2}, \quad (c>0)$$

La traza sobre el plano XY son dos rectas que se cortan en el origen

Las trazas sobre los planos paralelos al plano XY son **hipérbolas**.

Las trazas sobre los planos XZ y YZ son parábolas.

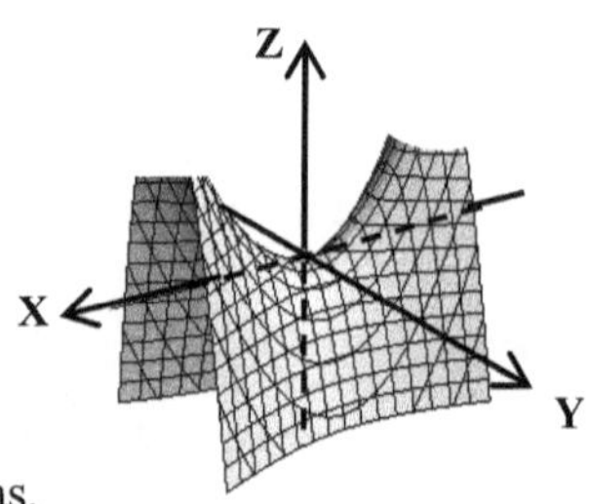

Otro nombre para esta superficie es **silla de montar.**

La gráfica corresponde al caso $c > 0$. Si $c < 0$, la silla gira 180° alrededor del eje X.

EJEMPLO 3. Identificar y graficar la superficie

$$18x^2 - 9y^2 + 4z^2 = 36$$

Solución

Operamos sobre esta ecuación cuadrática hasta conseguir su forma estándar.

Dividimos la ecuación entre 36 y simplificando obtenemos

$$\frac{x^2}{2} - \frac{y^2}{4} + \frac{z^2}{9} = 1 \Leftrightarrow \frac{x^2}{\left(\sqrt{2}\right)^2} - \frac{y^2}{2^2} + \frac{z^2}{3^2} = 1$$

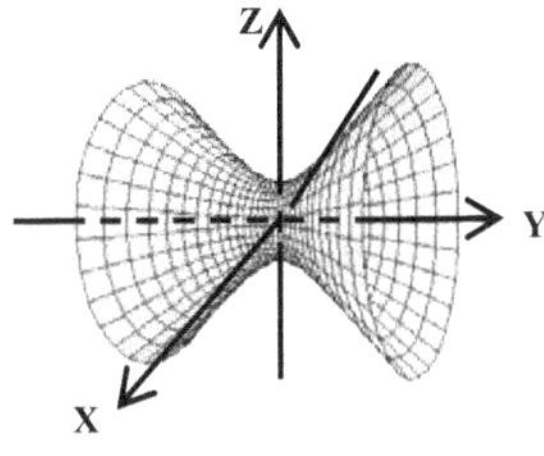

Vemos que esta última expresión es la ecuación estándar de un hiperboloide de dos hojas donde $a = \sqrt{2}$, $b = 2$ y $c = 3$. Además, el signo negativo que acompaña a la variable y significa que la superficie no corta al eje Y.

EJEMPLO 4. Identificar y graficar la superficie

$$36x = 9z^2 - 4y^2$$

Solución

Dividiendo entre 36:

$$x = \frac{z^2}{4} - \frac{y^2}{9}$$

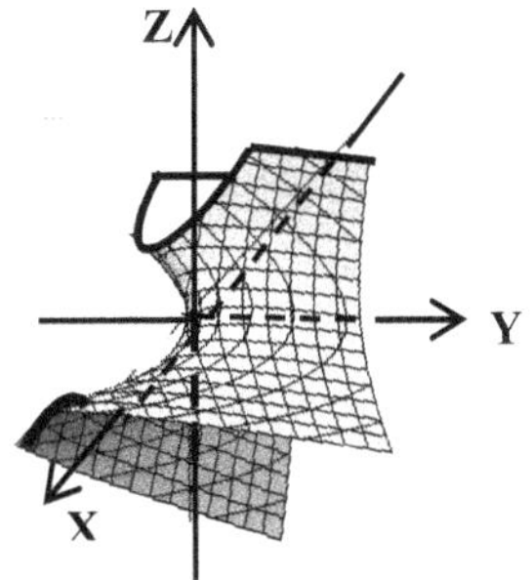

Vemos que esta última expresión es la ecuación estándar del paraboloide hiperbólico (ecuación 6)

Las trazas sobre los planos $x = k$, que son paralelos al plano YZ, son hipérbolas. Las trazas sobre los planos XY y XZ son parábolas

---

SUPERFICIES DE REVOLUCION

Sea ***C*** una curva plana y ***L*** una recta que está en su plano. La superficie que se obtiene al girar ***C*** alrededor de ***L*** se llama **superficie de revolución de eje *L* y curva generatriz revolvente *C*.**

En nuestro texto de Cálculo Integral se estudió el método de calcular el área de estas superficies. En esta parte tratamos el método de conseguir su ecuación.

Supongamos que la curva ***C*** esta en el plano YZ y que es el gráfico de la función:

$$\boldsymbol{C}:\ y = f(z)$$

la cual gira **alrededor del eje Z.**

Al girar la curva ***C***, cualquier punto

$$P = (x, y, z)$$

de la superficie proviene de un punto

$$Q = (0, y_0,\ z_0)$$

de la curva ***C***, como indica la figura.

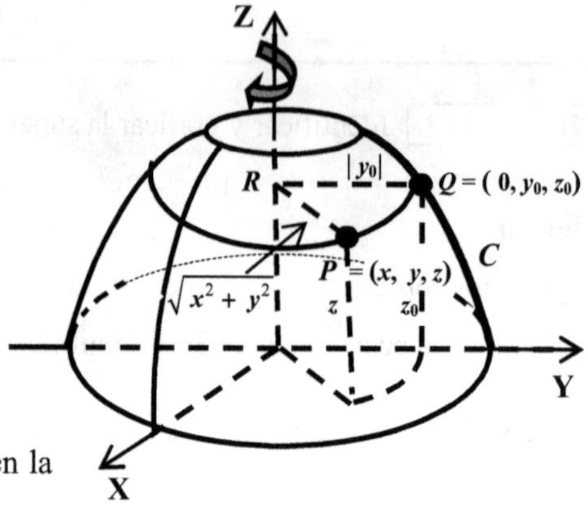

El punto $Q = (0, y_0,\ z_0)$, por estar en la curva C, cumple:

$$y_0 = f(z_0) \qquad \textbf{(1)}$$

Pero, mirando la figura, vemos que

$$z = z_0. \qquad \textbf{(2)}$$

Además, por ser $\overline{PR}$ y $\overline{QR}$ radios de una misma circunferencia, tenemos que

$$\left|\,\overline{PR}\,\right| = \left|\,\overline{QR}\,\right|.$$

Pero, $\left|\,\overline{PR}\,\right| = \sqrt{x^2 + y^2}$ y $\left|\,\overline{QR}\,\right| = |\,y_0\,|$. De donde,

$$y_0 = \pm\sqrt{x^2 + y^2} \qquad \textbf{(3)}$$

Reemplazando (2) y (3) en (1) obtenemos finalmente, la ecuación de la superficie de revolución:

$$\pm\sqrt{x^2 + y^2} = f(z) \qquad \textbf{(4)}$$

Muchas veces, para eliminar la molestia del doble signo del radical, se elimina este elevando al cuadrado:

$$x^2 + y^2 = \left[f(z)\right]^2 \qquad \textbf{(5)}$$

Este resultado es el mismo si ***C*** es la gráfica de $x = f(z)$

En forma análoga podemos obtener las ecuaciones de las superficies de revolución alrededor de los otros ejes. Estos resultamos los sintetizamos en la siguiente proposición:

TEOREMA 1. 14 **1.** Si se gira la gráfica de $y = f(z)$ o $x = f(z)$ alrededor del **eje Z,** la ecuación de la superficie de revolución resultante, es

$$f(z) = \pm\sqrt{x^2 + y^2}\ \text{, o bien}\ \ x^2 + y^2 = \left[f(z)\right]^2$$

2. Si se gira la gráfica de $y = f(x)$ ó $z = f(x)$ alrededor del **eje X**, la ecuación de la superficie de revolución resultante, es

$$f(x) = \pm\sqrt{y^2 + z^2}\ , \text{ o bien }\ y^2 + z^2 = \left[f(x)\right]^2$$

3. Si se gira la gráfica de $x = f(y)$ ó $z = f(y)$ alrededor del **eje Y**, la ecuación de la superficie de revolución resultante, es

$$f(y) = \pm\sqrt{x^2 + z^2}\ , \text{ 0 bien }\ x^2 + z^2 = \left[f(y)\right]^2$$

EJEMPLO 5. Hallar la ecuación de la superficie de revolución generada por **la** recta $z = 2y$ del plano YZ al girar alrededor del eje Z.

Solución

Aplicamos la parte 1 del teorema anterior. Para esto, despejamos la variable y en la ecuación $z = 2y$.

Tenemos que $y = \dfrac{z}{2}$. Esto es, $y = f(z) = \dfrac{z}{2}$. Luego, la ecuación buscada es

$$\frac{z}{2} = \pm\sqrt{x^2 + y^2}\ , \text{ o bien, }\ \frac{z^2}{4} = x^2 + y^2$$

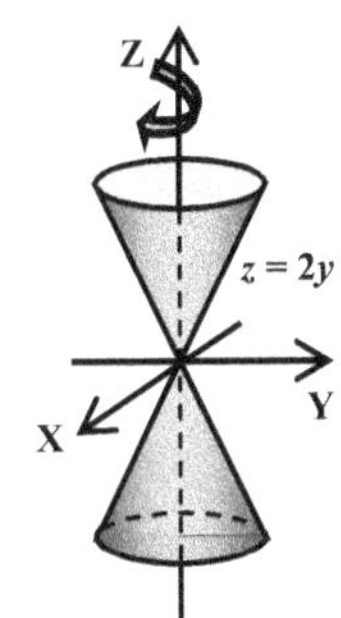

Esta superficie es un cono circular.

EJEMPLO 6. Hallar la ecuación de la superficie de revolución generada por la parábola $4y = x^2$ del plano XY al girar alrededor del eje Y.

Solución

Aplicamos la parte 3 del teorema anterior. Para esto, despejamos la variable x en la ecuación $4y = x^2$. Tenemos que $x = \pm 2\sqrt{y}$. Esto es, $x = f(y) = \pm 2\sqrt{y}$.

Luego, la ecuación buscada es

$$\pm 2\sqrt{y} = \pm\sqrt{x^2 + z^2}\ , \text{ o bien, }\ 4y = x^2 + z^2$$

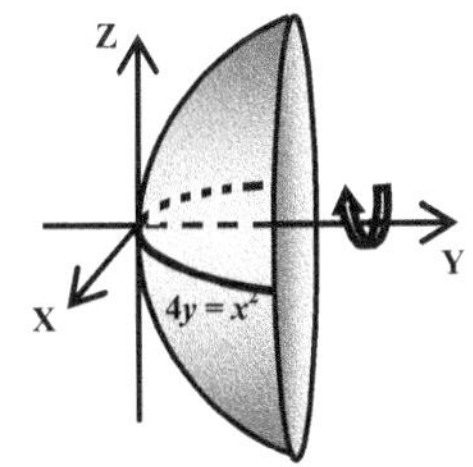

Esta superficie es un paraboloide circular.

PROBLEMAS RESUELTOS 1.6

PROBEMA 1. Identificar y graficar las siguientes superficies:

a. $x = y^2 + \dfrac{z^2}{4}$

b. $4y^2 + z^2 - 4x - 16y + 20 = 0$

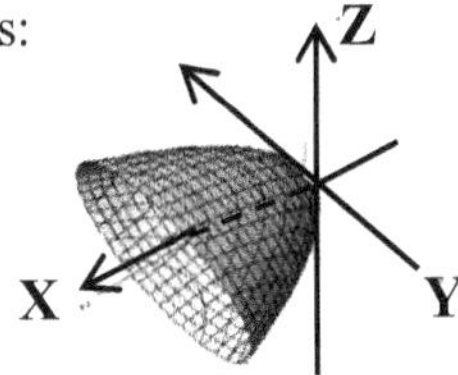

Solución

a. A la ecuación $x = y^2 + \dfrac{z^2}{4}$ la escribimos así:

$$\frac{x}{1} = \frac{y^2}{1^2} + \frac{z^2}{2^2} \qquad \textbf{(1)}$$

Vemos que esta ecuación tiene la forma de la ecuación estándar del paraboloide elíptico (ecuación 5).

Las trazas sobre los planos $x = k$, con $k > 0$, son las elipses $\dfrac{y^2}{1^2} + \dfrac{z^2}{2^2} = k$

b. $4y^2 + z^2 - 4x + 16y + 20 = 0 \;\Leftrightarrow\; 4x - 4 = (4y^2 + 16y + 16) + z^2 \;\Leftrightarrow$

$$4(x-1) = 4(y^2 + 4y + 4) + z^2 \;\Leftrightarrow$$

$$4(x-1) = 4(y+2)^2 + z^2 \;\Leftrightarrow$$

$$x - 1 = (y+2)^2 + \frac{z^2}{4} \;\Leftrightarrow$$

$$\frac{x-1}{1} = \frac{(y-2)^2}{1^2} + \frac{(z-0)^2}{4} \qquad \textbf{(2)}$$

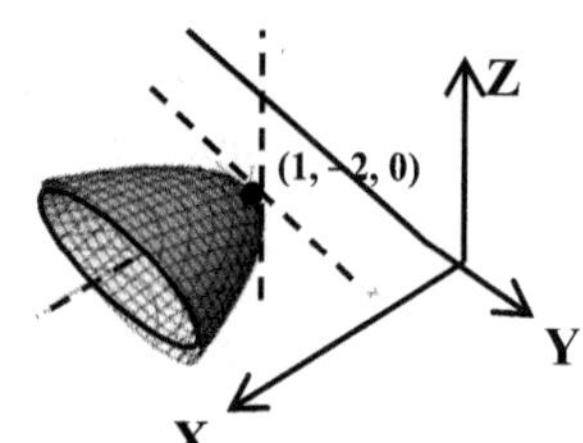

En consecuencia, la gráfica de esta ecuación es un paraboloide elíptico. En efecto, comparando las ecuaciones (1) y (2) concluimos que la gráfica de la ecuación (2) se obtiene trasladando la gráfica de la ecuación (1), mediante la traslación que lleva el origen $(0, 0, 0)$ al punto $(1, -2, 0)$

PROBLEMA 2. **El paraboloide hiperbólico es una superficie reglada.**

Sea el paraboloide hiperbólico $z = y^2 - x^2$ y sea $P_0 = (x_0, y_0, z_0)$ un punto cualquiera de esta superficie.

a. Probar que la recta:

$L_1: \; x = x_0 + t, \quad y = y_0 + t, \quad z = z_0 + 2(y_0 - x_0)t$

pasa por P_0 y está enteramente contenida en el paraboloide.

b. Probar que la recta:

$L_2: \; x = x_0 + t, \quad y = y_0 - t, \quad z = z_0 - 2(y_0 + x_0)t$

pasa por P_0 y está enteramente contenida en el paraboloide.

Solución

a. Para $t = 0$, obtenemos: $x = x_0$, $y = y_0$, $z = z_0$. Luego, la recta pasa por $P_0 = (x_0, y_0, z_0)$.

Por otro lado, si $P = (x, y, z)$ es un punto cualquiera de L, tenemos:

$$\begin{aligned} y^2 - x^2 &= (y_0 + t)^2 - (x_0 + t)^2 \\ &= y_0^2 + 2t\,y_0 + t^2 - x_0^2 - 2t\,x_0 - t^2 \\ &= y_0^2 - x_0^2 + 2(y_0 - x_0)t = z_0 + 2(y_0 - x_0)t = z \end{aligned}$$

Luego, $P = (x, y, z)$ está contenida en el paraboloide.

b. Se procede como en la parte a.

NOTA. Se dice que una superficie S es **reglada** si por cada punto P de S pasa una recta que está contenida en S. De acuerdo a esta definición, este problema prueba que este paraboloide hiperbólico es una superficie reglada. Aún más, como por cada punto pasan dos rectas, este hiperboloide es doblemente reglado.

PROBLEMA 3. Hallar una curva generatriz revolvente ***C*** que corresponda a la superficie de revolución

$$x^2 + z^2 - y^3 = 0$$

Solución

Operamos en la ecuación $x^2 + z^2 - y^3 = 0$ hasta obtener una de las tres formas dadas en el teorema anterior:

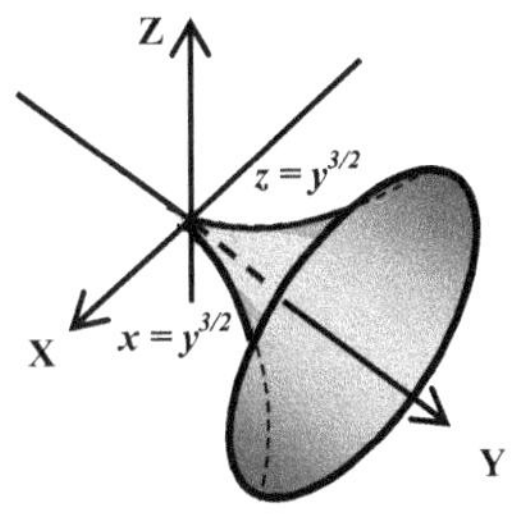

$$x^2 + z^2 - y^3 = 0 \Rightarrow x^2 + z^2 = y^3 \Rightarrow x^2 + z^2 = \left[y^{3/2}\right]^2$$

Vemos que estamos frente a la forma 3, donde el eje de giro es el eje Y. Para la curva generatriz tenemos dos opciones:

$$C_1\!: \ x = y^{3/2} \qquad \text{ó} \qquad C_2\!: \ z = y^{3/2}$$

PROBLEMA 4. Probar que el volumen del sólido limitado por el elipsoide

$$\frac{x^2}{a^2} + \frac{y^2}{b^2} + \frac{z^2}{c^2} = 1$$

es $\quad V = \dfrac{4}{3}\pi abc$

Solución

Procedemos por el método de las rebanadas.

Sea z un valor en el intervalo $[-c,\ c]$ del eje Z

Cortamos al elipsoide con un plano perpendicular al eje Z a la altura de z. La sección obtenida es una elipse:

$$\frac{x^2}{a^2} + \frac{y^2}{b^2} + \frac{z^2}{c^2} = 1 \Rightarrow \frac{x^2}{a^2} + \frac{y^2}{b^2} = 1 - \frac{z^2}{c^2} \Rightarrow \frac{x^2}{a^2} + \frac{y^2}{b^2} = \frac{c^2 - z^2}{c^2}$$

$$\Rightarrow \frac{x^2}{\dfrac{a^2}{c^2}\left(c^2 - z^2\right)} + \frac{y^2}{\dfrac{b^2}{c^2}\left(c^2 - z^2\right)} = 1$$

Sabemos que el área de una elipse es igual a π por el producto de las longitudes de los semiejes. Luego, el área de la elipse anterior es

$$A(z)=\pi\frac{a}{c}\sqrt{c^2-z^2}\;\frac{b}{c}\sqrt{c^2-z^2}=\frac{\pi ab}{c^2}\left(c^2-z^2\right)$$

El volumen del elipsoide es

$$V=\int_{-c}^{c}\frac{\pi ab}{c^2}\left(c^2-z^2\right)dz=2\frac{\pi ab}{c^2}\int_{0}^{c}\left(c^2-z^2\right)dz=2\frac{\pi ab}{c^2}\left[c^2z-\frac{z^3}{3}\right]_0^c$$

$$=2\frac{\pi ab}{c^2}\left[c^3-\frac{c^3}{3}\right]=2\frac{\pi ab}{c^2}\left[\frac{2c^3}{3}\right]=\frac{4}{3}\pi abc$$

PROBLEMAS PROPUESTOS 1.6

En los problemas del 1al 6, aparear (empatar) la ecuación, con su gráfica.

1. $-\frac{x^2}{3}+\frac{y^2}{4}+\frac{z^2}{5}=-1$ **2.** $y=\frac{z^2}{9}-\frac{x^2}{6}$ **3.** $\frac{x^2}{2}=\frac{y^2}{4}+\frac{z^2}{7}$

4. $\frac{x^2}{4}+\frac{z^2}{9}=1$ **5.** $\frac{x^2}{12}+\frac{y^2}{5}+\frac{z^2}{4}=1$ **6.** $y=\frac{x^2}{8}+\frac{y^2}{6}$

A

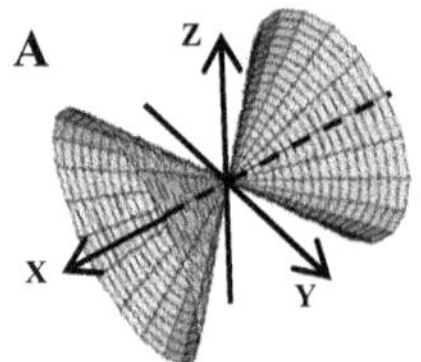

B.

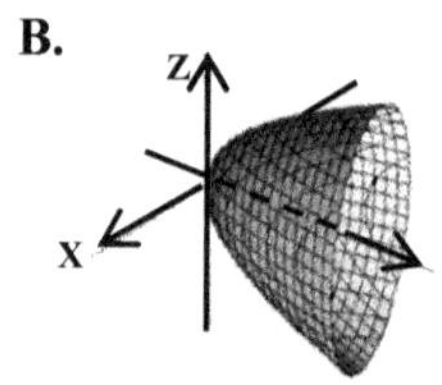

C.

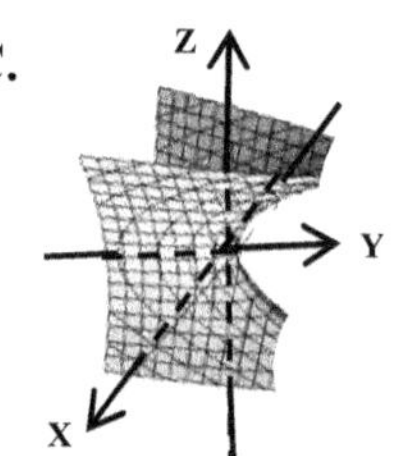

D

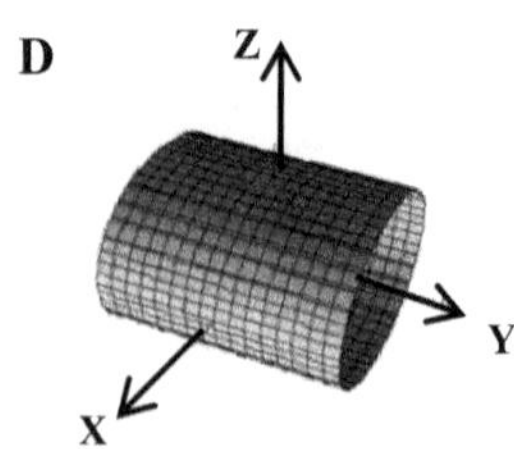

E

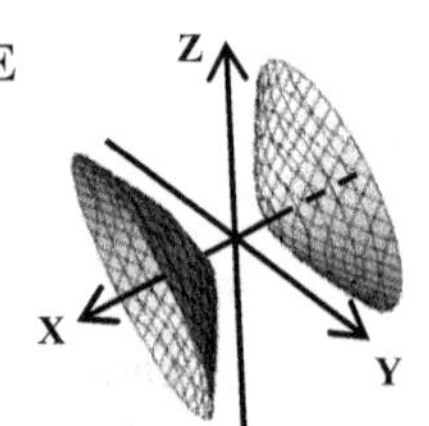

F.

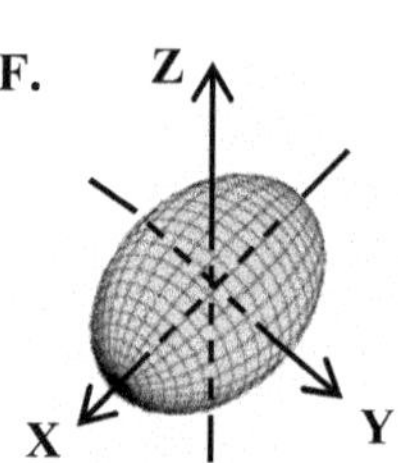

Rpta. 1–E, 2–C, 3–A, 4–D, 5–F, 6–B

En los problemas del 7 al 12, identifique la superficie

7. $36x^2-9y^2+4z^2=36$ *Rpta. Hiperboloide de una hoja.*

8. $36x^2-9y^2+4z^2=0$ *Rpta. Cono elíptico.*

9. $9x^2-y^2-9z^2=9$ *Rpta. Hiperboloide de dos hojas.*

10. $y = x^2 + 1$ *Rpta. Cilindro*

11. $9x^2 = -4y^2 - z^2 + 36$ *Rpta Elipsoide*

12. $4x^2 - 25z^2 = 100y$ *Rpta. Paraboloide hiperbólico*

En los problemas del 13 al 16, transformar la ecuación dada para darle su forma estándar e identificar la superficie.

13. $z = 4 - x^2 - y^2$ *Rpta. Paraboloide elíptico. Vértice:* (0, 0, 4)

14. $y = x^2 + z^2 - 2x + 2z + 6$ *Rpta. Paraboloide elíptico: Centro:* (1, 4, −1)

15. $x^2 + 4y^2 + 2z^2 + 4x - 4z = -2$ *Rpta. Elipsoide. Centro:* (−2, 0, 1)

16. $z^2 = x^2 - y^2 + 2x - 6y - 2z - 5$ *Rpta. Hiperboloide una hoja. Centro:* (−1, −3, −1)

17. Probar que **el hiperboloide de una hoja** $x^2 + y^2 - z^2 = 1$ es una superficie doblemente reglada, siguiendo los siguientes pasos:

a. La traza de este hiperboloide sobre el plano XY es la circunferencia $\boldsymbol{C}: x^2 + y^2 = 1$. Sea $P_0 = (x_0, y_0, 0)$ un punto de esta circunferencia. Probar que la recta

$$L_1 : x = x_0 + t\,y_0,\ \ y = y_0 - t\,x_0,\ \ z = t$$

pasa por P_0 y está contenida en el hiperboloide.

b. Sea $P_1 = (x_1, y_1, z_1)$ es un punto cualquiera del hiperboloide que no está en $\boldsymbol{C}$. Probar que la recta L_1 pasa por P_1 tomando un $P_0 = (x_0, y_0, 0)$ apropiado.

Sugerencia: Tomar: $x_0 = \dfrac{x_1 - z_1 y_1}{1 + z_1^2}$, $y_0 = \dfrac{y_1 + z_1 x_1}{1 + z_1^2}$, $z_0 = z_1$

c. Probar que la recta $L_2 : x = x_0 - t\,y_0,\ \ y = y_0 + t\,x_0,\ \ z = t$ pasa por $P_0 = (x_0, y_0, 0)$ y está contenida en el hiperboloide.

d. Sea $P_1 = (x_1, y_1, z_1)$ es un punto cualquiera del hiperboloide que no está en $\boldsymbol{C}$. Probar que la recta L_2 pasa por P_1 tomando un $P_0 = (x_0, y_0, 0)$ apropiado

Sugerencia: Tomar: $x_0 = \dfrac{x_1 + z_1 y_1}{1 + z_1^2}$, $y_0 = \dfrac{y_1 - z_1 x_1}{1 + z_1^2}$, $z_0 = z_1$

En los problemas del 18 al 29, hallar una ecuación de la de la superficie de revolución generada al girar la curva, situada en el plano coordenado indicado, alrededor del eje especificado.

18. $z = 3y$ en el plano YZ, gira alrededor el eje Z. *Rpta.* $9x^2 + 9y^2 - z^2 = 0$

19. $z = 3y$ en el plano YZ, gira alrededor el eje Y. *Rpta.* $x^2 + z^2 - 9y^2 = 0$

20. $y = 5z$ en el plano YZ, gira alrededor el eje Y. *Rpta.* $25x^2 + 25z^2 - y^2 = 0$

21. $z^2 = 9y$ en el plano YZ, gira alrededor el eje Y. *Rpta.* $x^2 + z^2 = 9y$

22. $x^2 = 9y$ en el plano XY, gira alrededor el eje Y. *Rpta.* $x^2 + z^2 = 9y$

23. $x^2 + 9z^2 = 4$ en el plano XZ, gira alrededor el eje X. *Rpta.* $x^2 + 9y^2 + 9z^2 = 4$

24. $x^2 + 9z^2 = 4$ en el plano XZ, gira alrededor el eje Z. *Rpta.* $x^2 + y^2 + 9z^2 = 4$

25. $z^2 = 2y$ en el plano YZ, gira alrededor el eje X. *Rpta.* $4y^2 + 4z^2 - x^4 = 0$

26. $3z = \sqrt{1 - x^2}$ en el plano XZ, gira alrededor el eje X. *Rpta.* $x^2 + 9y^2 + 9z^2 = 1$

27. $x^2 = 4z^3$ en el plano XZ, gira alrededor el eje Z. *Rpta.* $x^2 + y^2 = 4z^3$

28. $xy = 1$ en el plano XY, gira alrededor el eje X. *Rpta.* $Y^2 + z^2 = \dfrac{1}{x^2}$

29. $z = \ln y$ en el plano YZ, gira alrededor el eje Z. *Rpta.* $x^2 + y^2 = e^{2z}$

En los problemas de 30 al 32, hallar la una curva generadora y el eje de revolución de la superficie de revolución dada.

30. $x^2 + y^2 - 4z^2 = 0$ *Rpta* $y = 2z$ ó $x = 2z$, *eje Z*

31. $y^2 + z^2 = x$ *Rpta* $y = \sqrt{x}$ ó $z = \sqrt{x}$, *eje* X

32. $4x^2 - y^2 + 4z^2 = 0$ *Rpta* $y = 2x$ ó $y = 2z$, *eje* Y

33. Hallar la ecuación de la superficie formada por el conjunto de puntos P del espacio que equidistan del punto (0, 0, ½) y del plano z = – ½. Identificar la superficie.

Rpta $2z = x^2 + y^2$. *Paraboloide elíptico (circular)*

34. Hallar la ecuación de la superficie formada por el conjunto de puntos P del espacio tales que la distancia de P al eje Z es igual a la mitad de la distancia de P al plano XY. Identificar la superficie.

Rpta $\dfrac{z^2}{4} = x^2 + y^2$. *Paraboloide elíptico (circular)*

35. Probar que el volumen del sólido limitado por el plano $z = h$, donde $h > 0$, y el paraboloide elíptico $\dfrac{z}{c} = \dfrac{x^2}{a^2} + \dfrac{y^2}{b^2}$, donde $c > 0$, es $V = \dfrac{\pi abh^2}{2c}$.

SECCION 1.7
COORDENADAS CILINDRICAS Y ESFERICAS

Las coordenadas polares son extendidas a tres dimensiones, dando lugar a las coordenadas cilíndricas y las coordenadas esféricas.

COORDENADAS CILINDRICAS

Sea P un punto de $\mathbb{R}^3$ cuyas coordenadas rectangulares son $P = (x, y, z)$. **Las coordenadas cilíndricas de P** es el triple ordenado **(r, θ, z)**, donde:

1. (r, θ) son las coordenadas polares del punto $(x, y, 0)$, que es la proyección de $P = (x, y, z)$ sobre el plano XY.

2. z es la coordenada rectangular vertical o sea la distancia dirigida del punto P al plano XY.

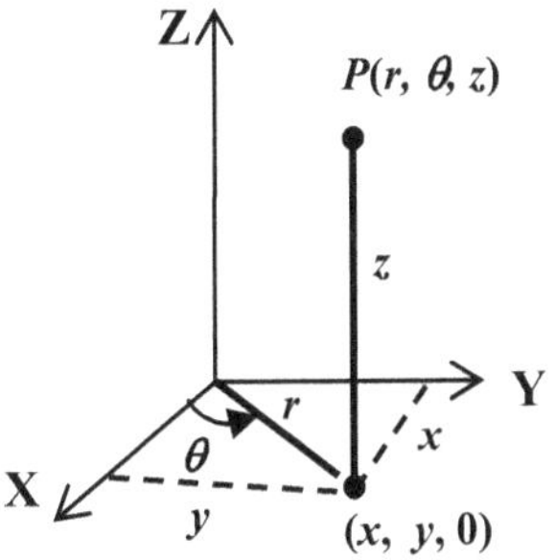

Las coordenadas rectangulares, **(x, y, z)**, y las coordenadas cilíndricas, **(r, θ, z)**, de un punto P están relacionadas por las ecuaciones

$$x = r\cos\theta, \qquad y = r\,\text{sen}\,\theta, \qquad z = z$$

$$r^2 = x^2 + y^2 \qquad \tan\theta = \frac{y}{x}$$

En vista de que las coordenadas cilíndricas están definidas en términos de coordenadas polares, un punto está representado por infinitos juegos de coordenadas cilíndricas. Nosotros, con el ánimo de simplificar esta situación, los valores de r y θ en la tríada (r, θ, z) les pondremos las siguientes restricciones:

$$r \geq 0 \quad \text{y} \quad 0 \leq \theta < 2\pi$$

EJEMPLO 1. Hallar las coordenadas cilíndricas de los puntos cuyas coordenadas rectangulares son:

a. $P_1 = (2\sqrt{3}, 2, -1)$ **b.** $P_2 = (-1, 1, 3)$

Solución

a. $r = \sqrt{\left(2\sqrt{3}\right)^2 + 2^2} = \sqrt{16} = 4.$

$\tan\theta = \dfrac{y}{x} = \dfrac{2}{2\sqrt{3}} = \dfrac{\sqrt{3}}{3} \Rightarrow \theta = \dfrac{\pi}{6}$ ó $\theta = \dfrac{7\pi}{6}$. Como $x = 2\sqrt{3}$ y $y = 2$ son ambos positivos, θ está en el primer cuadrante. Luego, $\theta = \dfrac{\pi}{6}$. Además, $z = -1$

En conclusión, las coordenadas cilíndricas de P_1 son $(r, \theta, z) = (4, \pi/6, -1)$

b. $r = \sqrt{1^2 + 1^2} = \sqrt{2}$.

$\tan\theta = \dfrac{1}{-1} = -1 \Rightarrow \theta = \dfrac{3\pi}{4}$ ó $\theta = \dfrac{7\pi}{4}$. Como $x = -1$ es negativo y $y = 1$ es positivo, θ está en el segundo cuadrante. Luego, $\theta = \dfrac{3\pi}{4}$. Además, $z = 3$.

En conclusión, las coordenadas cilíndricas de P_1 son $(r, \theta, z) = (\sqrt{2}, 3\pi/4, 3)$

El siguiente ejemplo nos dice que la ecuación de un cilindro en coordenadas cilíndrecas tiene una forma muy simple.

EJEMPLO 2. Demostrar que la gráfica de la siguiente ecuación

$$r = c, \text{ donde } c > 0,$$

es un cilindro circular recto simétrico al eje Z.

Solución

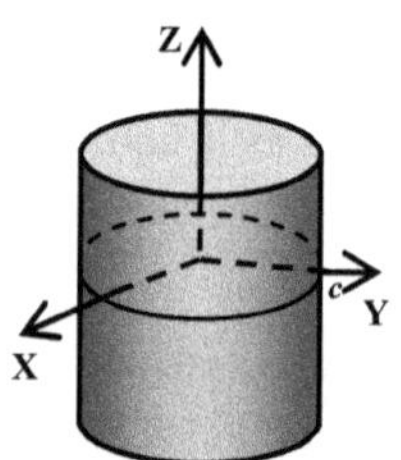

Transformemos esta ecuación a coordenadas rectangulares:

$$r = c \Rightarrow \sqrt{x^2 + y^2} = c \Rightarrow x^2 + y^2 = c^2.$$

La gráfica de esta es un cilindro circular recto de radio c y es simétrica al eje Z.

EJEMPLO 3. Describir las superficies:

a. $\theta = \dfrac{\pi}{3}$ **b.** $r(3\cos\theta - 4\,\text{sen}\,\theta) + 2z = 0$

Solución

a. Sabemos que $\tan\theta = \dfrac{y}{x}$. Luego,

$$\frac{y}{x} = \tan\theta = \tan\frac{\pi}{3} \Rightarrow \frac{y}{x} = \sqrt{3} \Rightarrow y = \sqrt{3}x$$

Esta superficie es el plano que contiene al eje Z y cuya traza sobre el plano XY es la recta

$$y = \sqrt{3}x.$$

b. $r(3\cos\theta - 4\,\text{sen}\,\theta) + 2z = 0 \Rightarrow 3(r\cos\theta) - 4(r\,\text{sen}\,\theta) + 2z = 0$

$$\Rightarrow 3x - 4y + 2z = 0$$

Esta superficie es un plano que pasa por el origen y cuyo vector normal es

$$n = \langle 3, -3, 2\rangle$$

EJEMPLO 4. Hallar la ecuación en coordenadas cilíndricas, del paraboloide hiperbólico (silla de montar) $z = x^2 - y^2$

Solución

$$z = x^2 - y^2 \Rightarrow z = (r\cos\theta)^2 - (r\,\text{sen}\,\theta)^2 \Rightarrow z = r^2(\cos^2\theta - \text{sen}^2\theta)$$

$$\Rightarrow z = r^2\cos 2\theta$$

COORDENADAS ESFERICAS

Sea P un punto de $\mathbb{R}^3$ cuyas coordenadas rectangulares son $P = (x, y, z)$. **Las coordenadas esféricas de P** es el triple ordenado **(ρ, θ, ϕ)**, donde:

1. $\rho = \left|\overline{OP}\right| = \sqrt{x^2 + y^2 + z^2}$
2. θ es el mismo ángulo que en coordenadas polares o cilíndricas.
3. ϕ es el ángulo formado por el semieje positivo Z y el segmento $\overline{0P}$.

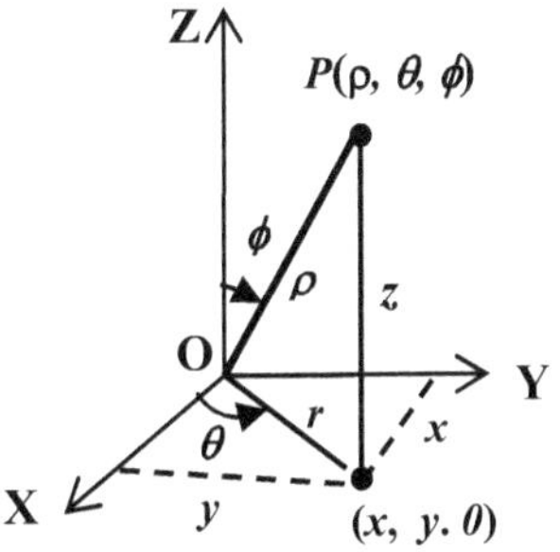

Observar que: $\rho \geq 0, \quad 0 \leq \phi \leq \pi$

Mirando el gráfico obtenemos que:

$$z = \rho\cos\phi \quad \text{y} \quad r = \rho\,\text{sen}\,\phi$$

Z
P(ρ, θ, ϕ)
ϕ
ρ
z
O
Y
r
x
θ
X
y
(x, y. 0)

Además, sabemos que $x = r\cos\theta$, $\quad y = r\,\text{sen}\,\theta$. Luego,

$$\rho^2 = x^2 + y^2 + z^2, \quad x = \rho\,\text{sen}\,\phi\cos\theta, \quad y = \rho\,\text{sen}\,\phi\,\text{sen}\,\theta, \quad z = \rho\cos\phi$$

Las coordenadas esféricas también están definidas en términos de coordenadas polares. En consecuencia, un punto está representado por infinitos juegos de coordenadas esféricas. Nuevamente, con el ánimo de simplificar, los valores de θ en la tríada (ρ, θ, ϕ), los restringimos al intervalo:

$$0 \leq \theta < 2\pi$$

EJEMPLO 5. Hallar las coordenadas esféricas del punto cuyas coordenadas rectangulares son $\left(1, 1, \sqrt{6}\right)$

Solución

$$\rho = \sqrt{x^2 + y^2 + z^2} = \sqrt{1^2 + 1^2 + \left(\sqrt{6}\right)^2} = \sqrt{8} = 2\sqrt{2}$$

$$z = \rho\cos\phi \Rightarrow \cos\phi = \frac{z}{\rho} = \frac{\sqrt{6}}{2\sqrt{2}} = \frac{\sqrt{3}}{2} \Rightarrow \phi = \frac{\pi}{6}$$

$$x = \rho\,\text{sen}\,\phi\cos\theta \Rightarrow \cos\theta = \frac{x}{\rho\,\text{sen}\,\phi} = \frac{1}{2\sqrt{2}\,\text{sen}(\pi/6)} = \frac{1}{2\left(\sqrt{2}/2\right)} = \frac{\sqrt{2}}{2}$$

$$\Rightarrow \theta = \frac{\pi}{4} \text{ ó } \theta = \frac{3\pi}{4}.$$

Pero $x = 1$ e $y = 1 \Rightarrow \theta$ está en el primer cuadrante $\Rightarrow \theta = \dfrac{\pi}{4}$

En conclusión las coordenadas esféricas del punto son $(\rho, \theta, \phi) = (2\sqrt{2}, \pi/4, \pi/6)$

EJEMPLO 6. Hallar las coordenadas rectangulares del punto con coordenadas esféricas $\left(2\sqrt{2}, \pi/3, \pi/4\right)$

Solución

Tenemos que $\rho = 2\sqrt{2}$, $\theta = \dfrac{\pi}{3}$, $\phi = \dfrac{\pi}{4}$. Luego,

$$x = \rho \operatorname{sen} \phi \cos \theta = 2\sqrt{2} \operatorname{sen} \frac{\pi}{4} \cos \frac{\pi}{3} = 2\sqrt{2} \left(\sqrt{2}/2\right)(1/2) = 1$$

$$y = \rho \operatorname{sen} \phi \operatorname{sen} \theta = 2\sqrt{2} \operatorname{sen} \frac{\pi}{4} \operatorname{sen} \frac{\pi}{3} = 2\sqrt{2} \left(\sqrt{2}/2\right)\left(\sqrt{3}/2\right) = \sqrt{3}$$

$$z = \rho \cos \phi = 2\sqrt{2}\left(\sqrt{2}/2\right) = 2$$

En conclusión, las coordenadas rectangulares del punto son $\left(1, \sqrt{3}, 2\right)$

El siguiente ejemplo nos dice que la ecuación de la esfera en coordenadas esféricas tiene una forma muy simple.

EJEMPLO 7. La gráfica de le ecuación $\rho = c$, $c > 0$ es una esfera de radio c y centro en el origen.

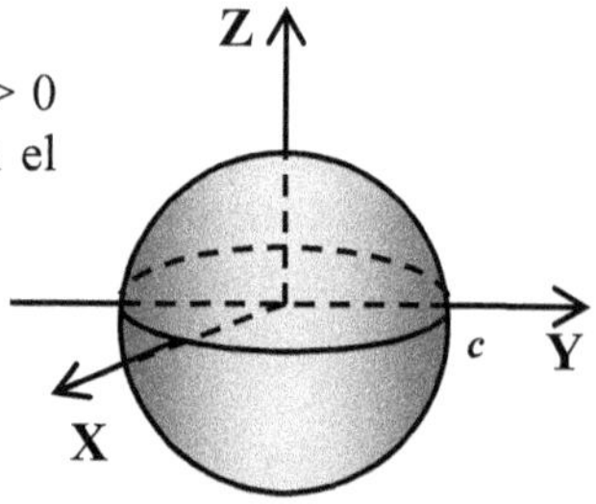

Z
Y
X
c

En efecto,

De acuerdo a la igualdad 1 anterior, tenemos

$$\sqrt{x^2 + y^2 + z^2} = c \Rightarrow x^2 + y^2 + z^2 = c^2$$

Esta ecuación corresponde a la de la esfera de centro en el origen y de radio c.

EJEMPLO 8. Tenemos la siguiente ecuación en coordenadas esféricas.

$$\rho^2(\operatorname{sen}^2\phi - 2\cos^2\phi) = 1$$

Exprese esta ecuación en coordenadas rectangulares e identifique su grafica.

Solución

Sabemos que $r = \rho \operatorname{sen} \phi$ y $z = \rho \cos \phi$.

Luego, $r^2 = \rho^2 \operatorname{sen}^2 \phi \Rightarrow x^2 + y^2 = \rho^2 \operatorname{sen}^2 \phi$

Ahora,

$$\rho^2(\operatorname{sen}^2\phi - 2\cos^2\phi) = 1 \Rightarrow \rho^2\operatorname{sen}^2\phi - 2\rho^2\cos^2\phi = 1$$

$$\Rightarrow x^2 + y^2 - 2z^2 = 1$$

$$\Rightarrow x^2 + y^2 - \frac{z^2}{1/2} = 1$$

La gráfica de esta última ecuación es un hiperboloide de una hoja.

PROBLEMAS RESUELTOS 1.7

PROBLEMA 1. Las coordenadas rectangulares de un punto son $\left(1,\ -1,\ -\sqrt{2}\right)$

Hallar:

a. Las coordenadas cilíndricas del punto.

b. Las coordenadas esféricas del punto.

Solución

a. $r = \sqrt{1^2 + (-1)^2} = \sqrt{2}$

$$\tan\theta = \frac{y}{x} = \frac{-1}{1} = -1 \Rightarrow \theta = \frac{\pi}{4} \text{ ó } \frac{7\pi}{4}$$

Como $x = 1$ y $y = -1$ es negativo, θ está en el tercer cuadrante. $\Rightarrow \theta = \dfrac{7\pi}{4}$

En conclusión, las coordenadas cilíndricas del punto son

$$(r,\ \theta,\ z) = (\sqrt{2}, 7\pi/4,\ -\sqrt{2})$$

b. $\rho = \sqrt{x^2 + y^2 + z^2} = \sqrt{1^2 + (-1)^2 + \left(-\sqrt{2}\right)^2} = \sqrt{4} = 2$

$$z = \rho\cos\phi \Rightarrow \cos\phi = \frac{z}{\rho} = -\frac{\sqrt{2}}{2} \Rightarrow \phi = \frac{3\pi}{4}$$

En la parte a. ya se encontró que $\theta = \dfrac{7\pi}{4}$

En conclusión, las coordenadas esféricas del punto son $(\rho,\ \theta,\ \phi) = (2,\ 7\pi/4,\ 3\pi/4)$

PROBLEMA 2. Describir la superficie cuya ecuación en coordenadas esféricas es

$$\phi = \frac{3\pi}{4}$$

Solución

$$\phi = \frac{3\pi}{4} \Rightarrow \cos\phi = \cos\frac{3\pi}{4} \Rightarrow \cos\phi = -\frac{\sqrt{2}}{2} \Rightarrow$$

$$\Rightarrow \rho\cos\phi = -\frac{\sqrt{2}}{2}\rho \qquad \text{(multiplicando por } \rho\text{)}$$

Ahora pasando a coordenadas rectangulares:

$$\Rightarrow z = -\frac{\sqrt{2}}{2}\sqrt{x^2+y^2+z^2} \qquad \textbf{(1)}$$

Elevando al cuadrado:

$$z^2 = \frac{1}{2}\left(x^2+y^2+z^2\right) \Rightarrow \frac{z^2}{1/2} = x^2+y^2\ ,$$

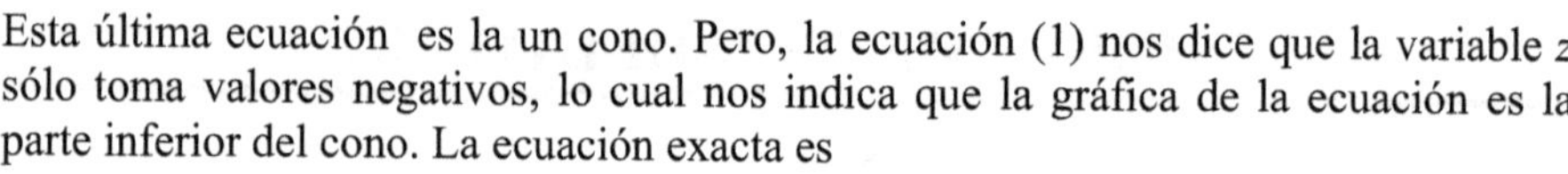

Esta última ecuación es la un cono. Pero, la ecuación (1) nos dice que la variable z sólo toma valores negativos, lo cual nos indica que la gráfica de la ecuación es la parte inferior del cono. La ecuación exacta es

$$\frac{z^2}{1/2} = x^2+y^2, \quad z \le 0.$$

PROBLEMA 3. Hallar una ecuación en coordenadas esféricas del elipsoide

$$x^2+y^2+4z^2 = 4$$

Solución

$$x^2+y^2+4z^2 = 4 \Rightarrow x^2+y^2+z^2+3z^2 = 4 \Rightarrow \rho^2 + 3\rho^2\cos^2\phi = 4 \Rightarrow$$

$$\rho^2(1+3\cos^2\phi) = 4$$

PROBLEMAS PROPUESTOS 1.7

En los problemas del 1 al 4, graficar el punto cuyas coordenadas cilíndricas son dadas. Hallar las coordenadas rectangulares del punto.

1. $(\sqrt{2}, \pi/4, 2)$ *Rpta.* $(1, 1, 2)$ **2.** $(4, \pi/3, -5)$ *Rpta.* $(2, 2\sqrt{2}, -5)$

3. $(4, 7\pi/6, 5)$ *Rpta.* $(-2\sqrt{2}, -2, 5)$ **4.** $(7, 2\pi/3, e)$ *Rpta.* $(-7/2, 7\sqrt{3}/2, e)$

En los problemas del 5 al 8, cambiar de coordenadas rectangulares a cilíndricas.

5. $(2, 2, -4)$ *Rpta.* $(2\sqrt{2}, \pi/4, -4)$ **6.** $(1, -1, -e)$ *Rpta.* $(\sqrt{2}, 7\pi/4, -e)$

7. $(-1, -\sqrt{3}, -1)$ *Rpta.* $(2, 4\pi/3, -1)$ **8.** $(1, -\sqrt{3}, -1)$ *Rpta.* $(2, 5\pi/3, -1)$

En los problemas del 9 al 12, graficar el punto cuyas coordenadas esféricas son dadas. Hallar las coordenadas rectangulares del punto.

9. $(4, \pi/6, \pi/4)$ *Rpta.* $(\sqrt{6}, \sqrt{2}, 2\sqrt{2})$

10. $(8, \pi/4, \pi/6)$ *Rpta.* $(4\sqrt{3}, 2\sqrt{2}, 2\sqrt{2})$

11. $(6, \pi/4, 3\pi/4,)$ *Rpta.* $(3, 3, -3\sqrt{2})$

12. $(5, \pi/2, \pi/2)$ *Rpta.* $(0, 5, 0)$

En los problemas del 13 al 16, cambiar de coordenadas rectangulares a esféricas.

13. $(1, \sqrt{3}, 0)$ *Rpta.* $(2, \pi/3, \pi/2)$

14. $(0, -1, \sqrt{3})$ *Rpta.* $(2, 3\pi/2, \pi/6)$

15. $(1, -1, -\sqrt{6})$ *Rpta.* $(2\sqrt{2}, 7\pi/4, 5\pi/6)$

16. $\left(-1,\ -1, \sqrt{2}\right)$ *Rpta.* $(2, 5\pi/4, \pi/4)$

En los problemas del 17 al 19, cambiar de coordenadas cilíndricas a esféricas.

17. $(4, \pi/4, 0)$ *Rpta.* $(4, \pi/4, \pi/2)$

18. $(\sqrt{6}, \pi/4, \sqrt{2})$ *Rpta.* $(2\sqrt{2}, \pi/4, \pi/3)$

19. $(4, 2\pi/3, 4)$ *Rpta.* $(4\sqrt{2}, 2\pi/3, \pi/4)$

20. $(6, 2, -2\sqrt{3})$ *Rpta.* $(4\sqrt{3}, 2, 2\pi/3)$

En los problemas del 20 al 24, cambiar de coordenadas esféricas a cilíndricas.

21. $(2, \pi/4, 5\pi/6)$ *Rpta.* $(1, \pi/4, -\sqrt{3})$

22. $(4, \pi/4, \pi/3)$ *Rpta.* $(2\sqrt{3}, \pi/4, 2)$

23. $(1, \pi/8, \pi)$ *Rpta.* $(0, \pi/8, -1)$

24. $(6, \pi/12, 5\pi/6)$ *Rpta.* $(3, \pi/12, -3\sqrt{3})$

En los problemas del 25 al 33, se da una ecuación en coordenadas cilíndricas. Exprese la ecuación en coordenadas rectangulares e identifique su gráfica.

25. $r = 3$ *Rpta.* $x^2 + y^2 = 3^2$. *Cilindro cicular simétrico al eje Z*

26. $\theta = \dfrac{\pi}{4}$ *Rpta.* $y = x$. *Plano que contiene al eje Z.*

27. $z = r^2$ *Rpta.* $z = x^2 + y^2$. *Paraboloide circular*

28. $z = r \operatorname{sen} \theta$ *Rpta.* $z = y$. *Plano que contiene al eje X*

29. $r = 4 \cos \theta$ *Rpta.* $(x-2)^2 + y^2 = 2^2$. *Cilindro circular recto.*

30. $r^2 + z^2 = 1$ *Rpta.* $x^2 + y^2 + z^2 = 1$. *Esfera de radio 1.*

31. $\text{sen}\,\theta + 2\cos\theta = 0$ *Rpta.* $y = -2x$. *Plano que contiene al eje Z.*

32. $r = 4\sec\theta$ *Rpta.* $x = 4$. *Plano paralelo al plano YZ.*

33. $r^2 = 3z^2 + 9$ *Rpta.* $\dfrac{x^2}{3^2} + \dfrac{y^2}{3^2} - \dfrac{z^2}{3} = 1$. *Hiperboloide de una hoja.*

En los problemas del 34 al 44, se da una ecuación en coordenadas esféricas. Exprese la ecuación en coordenadas rectangulares e identifique su gráfica.

34. $\rho = 2$ *Rpta.* $x^2 + y^2 + z^2 = 2^2$. *Esfera de radio* 2, *centro en O*

35. $\phi = \dfrac{\pi}{6}$ *Rpta.* $\dfrac{z^2}{3} = x^2 + y^2,\ z \geq 0$. *medio cono.*

36. $\phi = \dfrac{\pi}{2}$ *Rpta.* $z = 0$. *Plano XY.*

37. $\phi = 0$ *Rpta.* $x = 0,\ y = 0,\ z \geq 0$. *Semieje negativo Z*

38. $\phi = \pi$ *Rpta.* $x = 0,\ y = 0,\ z \leq 0$. *Semieje positivo Z.*

39. $\rho = 4\cos\phi$ *Rpta.* $x^2 + y^2 + (z-2)^2 = 2^2$. *Esfera, radio* 2, *centro* (0, 0, 2)

40. $\rho\,\text{sen}\,\phi = 1$ *Rpta.* $x^2 + y^2 = 1$. *Cilindro circular recto.*

41. $\rho = \sec\phi$ *Rpta.* $z = 1$. *Plano paralelo al plano XY*

42. $\rho\,\text{sen}\,\phi = -4\cos\theta$ *Rpta.* $(x+2)^2 + y^2 = 2^2$. *Cilindro circular recto.*

43. $\rho = 6\,\text{sen}\,\phi\,\text{sen}\,\theta$ *Rpta.* $x^2 + (y+3)^2 + z^2 = 3^2$. *Esfera, radio* 3, *centro* (0, –3, 0).

44. $\rho^2 - 4\rho + 3 = 0$ *Rpta.* $x^2 + y^2 + z^2 = 1^2$ ó $x^2 + y^2 + z^2 = 3^2$. Dos *esferas, centro* O

En los problemas del 45 al 50, se da una ecuación en coordenadas rectangulares. Exprese la ecuación en: a. Coordenadas esféricas b. Coordenadas cilíndricas.

45. $z = 2$ *Rpta.* **a.** $z = 2$ **b.** $\rho\cos\phi = 2$

46. $z = 5x^2 + 5y^2$ *Rpta.* **a.** $z = 5r^2$ **b.** $5\rho = \cos\phi\ \text{cosec}^2\phi$

47. $x^2 + y^2 + z^2 = 9$ *Rpta.* **a.** $r^2 + z^2 = 9$ **b.** $\rho = 3$

48. $x^2 + y^2 + 2z^2 = 4$ *Rpta.* **a.** $r^2 + 2z^2 = 4$ **b.** $\rho^2(1 + \cos^2\phi) = 4$

49. $x^2 - y^2 - 2z^2 = 1$ *Rpta.* **a.** $2z^2 = r^2\cos 2\theta - 1$ **b.** $\rho^2(\text{sen}^2\phi\cos 2\theta - 2\cos^2\phi) = 1$

50. $x^2 + y^2 = 2x$ *Rpta.* **a.** $r = 2\cos\theta$ **b.** $\rho\,\text{sen}\,\phi = 2\cos\theta$

En los problemas del 51 y 52, describir la región en el espacio que satisface las desigualdades dadas

51. $r^2 < z \leq 3$ *Rpta Los puntos que están encima del paraboloide* $z = x^2 + y^2$ *y están en el plano* $z = 2$ *y debajo de él.*

52. $2 \leq \rho \leq 5$ *Rpta Los puntos que están entre las esferas* $\rho = 2$ *y* $\rho = 5$ *y, además, los puntos de las dos esferas.*

2

FUNCIONES VECTORIALES

JOHANNES KEPLER
(1571–1630)

2.1 FUNCIONES VECTORIALES DE VARIABLE REAL

2.2 DERIVADAS E INTEGRALES DE FUNCIONES VECTORIALES

2.3 LONGITUD DE ARCO Y CAMBIO DE PARAMETRO

2.4 VECTORES TANGENTE UNITARIO, NORMAL Y BINORMAL

2.5 CURVATURA, TORSION Y ACELERACION

2.6 LAS LEYES DE KEPLER

2.7 SUPERFICIES PARAMETRICAS

JOHANNES KEPLER (1571–1630)

JOHANNES KEPLER *nació en Weil der Stadt, una pequeña ciudad alemana. Su nacimiento fue prematuro. Durante toda su vida sufrió por tener una salud frágil. A los 3 años de edad contrajo viruela, lo que afectó su vista severamente. Su padre fue un mercenario que murió en una campaña cuando Johannes tenía apenas 5 años. Su madre administraba una casa de huéspedes. Además era curandera y hierbatera, ocupaciones por las cuales fue acusada de ejercer la brujera. Johannes ayudaba a su madre en la casa de huéspedes. Entretenía a los clientes haciendo demostraciones de sus prodigios matemáticos.*

En 1589 entra a la Universidad de ***Tuninga****, que era un fuerte centro de ideas luteranas. Aquí estudia astronomía, física y otras materias como ética, dialéctica, griego, hebreo, etc. Por ser un estudiante distinguido, su maestro de astronomía,* ***Michael Maestlin*** *(1550−1631), le enseñó el sistema heliocéntrico de* ***Copérnico****. Los otros estudiantes aprendían el sistema geocétrico (la tierra es el centro del sistema) de* ***Ptolomeo****. En 1591 obtiene una maestría. En 1594 toma la posición de profesor de matemáticas en la escuela protestante de* ***Graz****.*

En 1597, Kepler, invitado por el astrónomo ***Tycho Brahe*** *(1546–1601) viaja a* ***Praga****, a trabajar como su asistente. Dos años después, muere Tycho y su posición es asumida por Kepler. Aquí, gracias a la gran cantidad de observaciones registrada que dejó Tycho, Kepler logra formular las famosa tres leyes, Leyes de Kepler, que publicó en 1609 en su obra* ***Astronomía Nova.***

Kepler fue un hombre profundamente religioso. En un inicio quiso ser ministro luterano. Durante estos años recrudece la intolerancia religiosa. Sus ideas religiosas y científicas entran en conflicto con los dirigentes religiosos de esa época. En 1612 fue excomulgado.

Kepler muere el año 1630 en Ratisbona, Baviera, Alemania a la edad de 59 años.

SECCION 2.1

FUNCIONES VECTORIALES DE VARIABLE REAL

En este capítulo estudiaremos funciones vectoriales de variable real. Estas son funciones cuyo dominio es un subconjunto D de $\mathbb{R}$ y cuyo conjunto de llegada es el espacio vectorial $\mathbb{R}^n$. Es decir, una función vectorial de variable real es una función de la forma:

$$\mathbf{r}: D \subset \mathbb{R} \to \mathbb{R}^n$$

Nuestro interés se concentrará principalmente en las funciones vectoriales con valores en $\mathbb{R}^3$. Estas funciones se expresan del modo siguiente:

$$\mathbf{r}: D \to \mathbb{R}^3$$

$$\mathbf{r}(t) = f(t)i + g(t)\mathbf{j} + h(t)\mathbf{k},$$

o también

$$\mathbf{r}(t) = \langle f(t),\ g(t),\ h(t) \rangle .$$

Las funciones f, g y h son las **componentes de la función r**.

Si el dominio de las componentes no se da en forma explícita, se entiende que

$$\mathrm{Dom}(\mathbf{r}) = \mathrm{Dom}(f) \cap \mathrm{Dom}(g) \cap \mathrm{Dom}(h)$$

EJEMPLO 1. Sea $\mathbf{r}(t) = \left\langle t^3, \dfrac{1}{\sqrt{1-t^2}}, \ln t \right\rangle$

a. Determinar las funciones componentes.

b. Hallar el dominio de la función vectorial.

Solución

a. $f(t) = t^3, \quad g(t) = \dfrac{1}{\sqrt{1-t^2}}, \quad h(t) = \ln t$

b. Tenemos que:

$\mathrm{Dom}(f) = \mathbb{R}, \quad \mathrm{Dom}(g) = (-1, 1), \quad \mathrm{Dom}(h) = (0, \infty)$

Luego,

$\mathrm{Dom}(\mathbf{r}) = \mathrm{Dom}(f) \cap \mathrm{Dom}(g) \cap \mathrm{Dom}(h) = \mathbb{R} \cap (-1, 1) \cap (0, \infty) = (0, 1)$

Eventualmente consideraremos funciones vectoriales bidimensionales:

$$\mathbf{r}(t) = f(t)\mathbf{i} + g(t)\mathbf{j} = \langle f(t),\ g(t) \rangle$$

Algunos resultados sobre estas funciones ya los hemos obtenido en el capítulo sobre ecuaciones paramétricas de nuestro texto de Cálculo Integral.

EJEMPLO 2. Sea $\mathbf{r}(t) = \left\langle \sqrt{t},\ 1+2t \right\rangle$

a. Determinar las funciones componentes.

b. Hallar el dominio de la función vectorial.

Soluciones

a. $f(t) = \sqrt{t}$, $g(t) = 1 + 2t.$

b. $\text{Dom}(f) = [0, \infty)$, $\text{Dom}(g) = \mathbb{R}$. Luego,

$$\text{Dom}(\mathbf{r}) = \text{Dom}(f) \cap \text{Dom}(g) = [0, \infty) \cap \mathbb{R} = [0, \infty).$$

OPERACIONES CON FUNCIONES VECTORIALES

DEFINICION. Sean las funciones vectoriales $\mathbf{u}: D_{\mathrm{u}} \to \mathbb{R}^3$ y $\mathbf{v}: D_{\mathrm{v}} \to \mathbb{R}^3$ y sea la función real $\varphi : D_\varphi \to \mathbb{R}$ Entonces:

1. $[\mathbf{u} \pm \mathbf{v}](t) = \boldsymbol{u}(t) \pm \boldsymbol{v}(t)$ **2.** $[\varphi \boldsymbol{u}](t) = \varphi(t)\boldsymbol{u}(t)$

3. $[\boldsymbol{u} \cdot \boldsymbol{v}](t) = \boldsymbol{u}(t) \cdot \boldsymbol{v}(t)$ **4.** $[\boldsymbol{u} \times \boldsymbol{v}](t) = \boldsymbol{u}(t) \times \boldsymbol{v}(t)$

El dominio de 1, 3, y 4 es $D_{\mathbf{u}} \cap D_{\mathrm{v}}$ y el de 2 es $D_\varphi \cap D_{\mathbf{u}}$.

EJEMPLO 3. Si $\mathbf{u}(t) = \langle t, \sqrt{4-t}, e^t \rangle$ y $\mathbf{v}(t) = \langle \cos t, 3+t, \ln(e+t) \rangle$, hallar:

1. $[\mathbf{u} - \mathbf{v}](0)$ **2.** $[\mathbf{u} \cdot \mathbf{v}](0)$ **3.** $[\mathbf{u} \times \mathbf{v}](0)$

Solución.

Tenemos que:

$\mathbf{u}(0) = \langle 0, \sqrt{4-0}, e^0 \rangle = \langle 0, 2, 1 \rangle$ y $\mathbf{v}(t) = \langle \cos 0, 3+0, \ln(e+0) \rangle = \langle 1, 3, 1 \rangle$

Luego,

1. $[\mathbf{u} - \mathbf{v}](0) = \mathbf{u}(0) - \mathbf{v}(0) = \langle 0, 2, 1 \rangle - \langle 1, 3, 1 \rangle = \langle -1, -1, 0 \rangle$

2. $[\mathbf{u} \cdot \mathbf{v}](0) = \mathbf{u}(0) \cdot v(0) = \langle 0, 2, 1 \rangle \cdot \langle 1, 3, 1 \rangle = (0)(1) + (2)(3) + (1)(1) = 7$

3. $[\mathbf{u} \times \mathbf{v}](0) = \mathbf{u}(0) \times \mathbf{v}(0) = \langle 0, 2, 1 \rangle \times \langle 1, 3, 1 \rangle = \begin{vmatrix} \mathbf{i} & \mathbf{j} & \mathbf{k} \\ 0 & 2 & 1 \\ 1 & 3 & 1 \end{vmatrix} = -\mathbf{i} + \mathbf{j} - 2\mathbf{k}$

LIMITES Y CONTINUIDAD DE FUNCIONES VECTORIALES

DEFINICION. Si $\mathbf{r}(t) = \langle f(t),\ g(t),\ h(t)\rangle$, entonces

$$\lim_{t\to a} \mathbf{r}(t) = \left\langle \lim_{t\to a} f(t),\ \lim_{t\to a} g(t),\ \lim_{t\to a} h(t)\right\rangle,$$

siempre que existan $\lim_{t\to a} f(t)$, $\lim_{t\to a} g(t)$ y $\lim_{t\to a} h(t)$

EJEMPLO 4. Si $\mathbf{r}(t) = \left\langle 3t^2,\ \dfrac{\operatorname{sen}(t-2)}{t-2},\ \dfrac{t^2-4}{t-2}\right\rangle$, hallar $\lim_{t\to 2} \mathbf{r}(t)$

Solución

$$\lim_{t\to 2} \mathbf{r}(t) = \left\langle \lim_{t\to 2} 3t^2,\ \lim_{t\to 2}\frac{\operatorname{sen}(t-2)}{t-2},\ \lim_{t\to 2}\frac{t^2-4}{t-2}\right\rangle$$

$$= \left\langle 3(2)^2,\ \lim_{\theta\to 0}\frac{\operatorname{sen}\theta}{\theta},\ \lim_{t\to 2}(t+2)\right\rangle = \langle 12,\ 1,\ 4\rangle$$

DEFINICION. La función vectorial $\boldsymbol{r}$ **es continua en** $\boldsymbol{a}$ si

$$\lim_{t\to a} \boldsymbol{r}(t) = r(a)$$

Si $\mathbf{r}(t) = \langle f(t),\ g(t),\ h(t)\rangle$, es fácil ver que $\mathbf{r}$ es continua en a si y sólo si las funciones f, g y h son continuas en a.

La función $\mathbf{r}$ es continua en un intervalo si $\mathbf{r}$ es continua en todo punto del intervalo.

EJEMPLO 5. Sea la función $\mathbf{r}(t) = \langle \ln t,\ t^3,\ \operatorname{senh} t\rangle$.

a. Hallar el dominio de $\mathbf{r}$.

b. Determinar si $\boldsymbol{r}$ es continua en todo su dominio.

Solución

a. Sea $f(t) = \ln t$, $g(t) = t^3$ y $h(t) = \operatorname{senh} t$. Se tiene que:

$\operatorname{Dom}(f) = (0, \infty)$, $\operatorname{Dom}(g) = \mathbb{R}$, $\operatorname{Dom}(h) = \mathbb{R}$

Luego,

$$\operatorname{Dom}(\mathbf{r}) = \operatorname{Dom}(f) \cap \operatorname{Dom}(g) \cap \operatorname{Dom}(h) = (0, \infty) \cap \mathbb{R} \cap \mathbb{R} = (0, \infty)$$

b. Las tres funciones $f(t) = \ln t$, $g(t) = t^3$ y $h(t) = \operatorname{senh} t$ son continuas en el intervalo $(0, \infty)$. Luego, la función $\boldsymbol{r}(t) = \langle \ln t,\ t^3,\ \operatorname{senh} t\rangle$ es continua en el intervalo $(0, \infty)$ y, por tanto, continua en todo su dominio.

Las reglas de los límites de las funciones vectoriales son análogas a las reglas de los límites de funciones reales.

TEOREMA 2.1 **Propiedades de los límites de funciones vectoriales.**

Sean las funciones vectoriales $\mathbf{u}: D_{\mathbf{u}} \to \mathbb{R}^3$ y $\mathbf{v}: D_{\mathbf{v}} \to \mathbb{R}^3$ y sea la función real $\varphi : D_{\varphi} \to \mathbb{R}$ Se cumple:

1. $\displaystyle \lim_{t\to a} [\, \mathbf{u}(t) \pm \mathbf{v}(t)\,] = \lim_{t\to a} \mathbf{u}(t) \pm \lim_{t\to a} \mathbf{v}(t)$

2. $\displaystyle \lim_{t\to a} [\varphi(t)\, \mathbf{u}(t)] = [\lim_{t\to a} \varphi(t)]\, [\lim_{t\to a} \mathbf{u}(t)]$

3. $\displaystyle \lim_{t\to a} [\mathbf{u}(t) \cdot \mathbf{v}(t)] = [\lim_{t\to a} \mathbf{u}(t)] \cdot [\lim_{t\to a} \mathbf{v}(t)]$

4. $\displaystyle \lim_{t\to a} [\, \mathbf{u}(t) \times \mathbf{v}(t)] = [\lim_{t\to a} \mathbf{u}(t)] \times [\lim_{t\to a} \mathbf{v}(t)]$

Demostración

La demostración de cada una de estas propiedades es muy simple. Como ejemplo, probaremos la propiedad 3, dejando la prueba de las otras como ejercicio para el lector.

3. Supongamos que $\mathbf{u}(t) = \langle f_1(t),\, g_1(t),\, h_1(t)\rangle$ y $\mathbf{v}(t) = \langle f_2(t),\, g_2(t),\, h_2(t)\rangle$.

$$\lim_{t\to a} [\mathbf{u}(t) \cdot \mathbf{v}(t)] = \lim_{t\to a} [\, f_1(t) f_2(t) + g_1(t)\, g_2(t) + h_1(t)\, h_2(t)\,]$$

$$= \lim_{t\to a} [f_1(t) f_2(t)] + \lim_{t\to a} [g_1(t)\, g_2(t)] + \lim_{t\to a} [\, h_1(t)\, h_2(t)]$$

$$= [\lim_{t\to a} f_1(t)][\lim_{t\to a} f_2(t)] + [\lim_{t\to a} g_1(t)][\lim_{t\to a} g_2(t)] + [\lim_{t\to a} h_1(t)][\lim_{t\to a} h_2(t)]$$

$$= \langle \lim_{t\to a} f_1(t),\ \lim_{t\to a} g_1(t),\ \lim_{t\to a} h_1(t)\rangle \cdot \langle \lim_{t\to a} f_2(t),\ \lim_{t\to a} g_2(t),\ \lim_{t\to a} h_2(t)\rangle$$

$$= [\lim_{t\to a} \mathbf{u}(t)] \cdot [\lim_{t\to a} \mathbf{v}(t)].$$

EJEMPLO 6. Si $\mathbf{u}(t) = \left\langle 2e^t,\ t^3, \dfrac{\tan t}{t} \right\rangle$ y $\mathbf{v}(t) = \left\langle \cos t,\ \dfrac{t}{1+t}, \dfrac{\operatorname{sen} \pi t}{t} \right\rangle$, hallar

a. $\displaystyle \lim_{t\to 0} [\mathbf{u}(t) \cdot \mathbf{v}(t)]$ **b.** $\displaystyle \lim_{t\to 0} [\mathbf{u}(t) \times \mathbf{v}(t)]$

Solución

Tenemos que:

$$\lim_{t\to 0} \mathbf{u}(t) = \left\langle \lim_{t\to 0} 2e^t,\ \lim_{t\to 0} t^3,\ \lim_{t\to 0} \frac{\tan t}{t} \right\rangle = \langle 2,\ 0,\ 1\rangle$$

$$\lim_{t\to 0} \mathbf{v}(t) = \left\langle \lim_{t\to 0} \cos t,\ \lim_{t\to 0} \frac{t}{1+t},\ \lim_{t\to 0} \frac{\operatorname{sen} \pi t}{t} \right\rangle = \langle 1,\ 0,\ \pi\rangle$$

Luego, de acuerdo a las partes 3 y 4 del teorema anterior,

a. $\lim_{t\to 0} \left[\mathbf{u}(t)\cdot \mathbf{v}(t)\right] = \left[\lim_{t\to 0} \mathbf{u}(t)\right]\cdot\left[\lim_{t\to 0} \mathbf{v}(t)\right] = \langle 2,\ 0,\ 1\rangle \cdot \langle 1,\ 0,\ \pi\rangle = 2+\pi$

b. $\lim_{t\to 0} \left[\mathbf{u}(t)\times \mathbf{v}(t)\right] = \left[\lim_{t\to a} \mathbf{u}(t)\right]\times\left[\lim_{t\to a} \mathbf{v}(t)\right] = \langle 2,\ 0,\ 1\rangle \times \langle 1,\ 0,\ \pi\rangle$

$$= \begin{vmatrix} \mathbf{i} & \mathbf{j} & \mathbf{k} \\ 2 & 0 & 1 \\ 1 & 0 & \pi \end{vmatrix} = 0\mathbf{i} - (2\pi - 1)\mathbf{j} - 0\mathbf{k} = \langle 0,\ 1-2\pi,\ 0\rangle$$

CURVAS EN EL ESPACIO

DEFINICION. Sea $\mathbf{r}: \mathrm{I}\to\mathbb{R}^3$, $\mathbf{r}(t) = \langle f(t),\ g(t),\ h(t)\rangle$, una función vectorial continua, donde $\mathrm{I} \subset \mathbb{R}$ es un intervalo. Se llama **curva en el espacio** determinada por la función ***r*** al siguiente conjunto

$$C = \left\{ \left(f(t),\ g(t),\ h(t)\right),\ t\in \mathrm{I} \right\}$$

Si $\mathrm{I} = [\alpha,\ \beta]$, entonces $\left(f(\alpha),\ g(\alpha),\ h(\alpha)\right)$ es el **punto inicial** de C y $f(\beta),\ g(\beta),\ h(\beta))$ es su **punto final.**

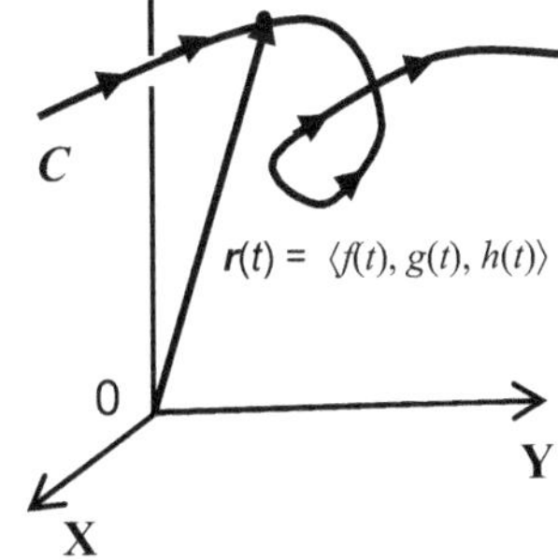

Si representamos los valores

$$\mathbf{r}(t) = \langle f(t),\ g(t),\ h(t)\rangle$$

de la función vectorial mediante flechas con punto inicial el origen, entonces la curva C está formada por los puntos terminales

$$\left(f(t),\ g(t),\ h(t)\right)$$

A la ecuación que describe la curva:

$$\mathbf{r}(t) = \langle f(t),\ g(t),\ h(t)\rangle,\quad \alpha\le t\le \beta$$

la llamaremos **ecuación vectorial** de la curva C.

Si escribimos separadamente las funciones componentes, obtenemos las **ecuaciones paramétricas** de la curva C:

$$C: \begin{cases} x = f(t) \\ y = g(t), \quad t\in \mathrm{I} \\ z = h(t) \end{cases}$$

OBSERVACION. En nuestros cursos pasados, una curva era simplemente un conjunto de puntos. En cambio, según la definición anterior, una curva en el espacio, es la imagen de una función vectorial, En consecuencia, además de obtener un conjunto de puntos, contamos con una dirección dada por la variable t cuando ésta crece. Para distinguir estos tipos de curvas, algunos autores llaman a estas últimas, **caminos**.

EJEMPLO 7. Describir la curva determinada por la función

$$\mathbf{r}(t) = \langle 3 + 2t,\ 1 + 2t,\ -2 + t \rangle$$

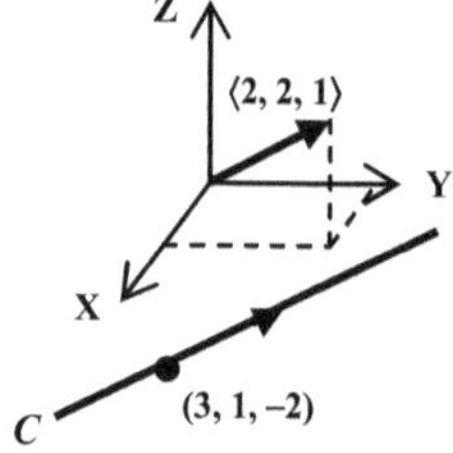

Solución

Escribimos la curva en términos de sus ecuaciones

paramétricas: $C: \begin{cases} x = 3 + 2t \\ y = 1 + 2t \\ z = -2 + t \end{cases}, \quad -\infty < t < \infty$

Vemos que la curva es la recta que pasa por el punto $(3, 1, -2)$ y es paralela al vector $\langle 2, 2, 1 \rangle$.

EJEMPLO 8. **La hélice**
Describir la curva determinada por la función

$$\mathbf{r}(t) = \langle a \cos t,\ a \operatorname{sen} t,\ ct \rangle, \text{ donde } a > 0 \text{ y } c > 0$$

Solución

Tenemos que: $x = a \cos t, \quad y = a \operatorname{sen} t, \quad z = ct.$
Luego, $x^2 + y^2 = a^2(\cos^2 t + \operatorname{sen}^2 t) = a^2$

Esto significa que la curva se encuentra en la superficie $x^2 + y^2 = a^2$, que es un cilindro circular recto de radio a. Como $c > 0$, $z = ct$ va creciendo a medida que t crece. Esta curva es una **hélice.**

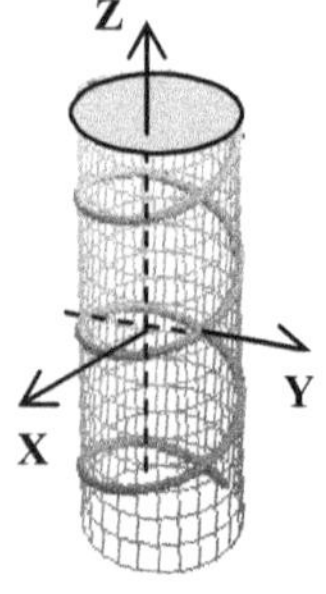

Hélice

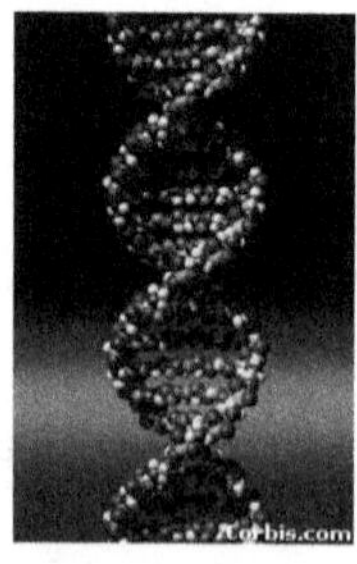

Molécula de ADN

Escalera Central. Castillo de Chambord

En la vida real la hélice aparece en los resortes espirales. La molécula de ADN, que contiene todas las instrucciones hereditarias de un organismo vivo, tiene una estructura de dos hélices paralelas. En Arquitectura es famosa la escalera Central diseñada por Leonado da Vinci usando la hélice. Esta escalera que se encuentra en el Castillo de Chamborb en Francia, es una fina obra renacentista construida entre los años 1.519 y 1.539.

PARAMETRIZACION DE CURVAS QUE SON INTERSECCIONES DE SUPERFICIES

EJEMPLO 9. Hallar ecuaciones paramétricas y una ecuación vectorial de la curva C que se obtiene intersecando el cilindro parabólico $y = x^2$ con la semiesfera $z = \sqrt{1 - x^2 - y^2}$

Solución

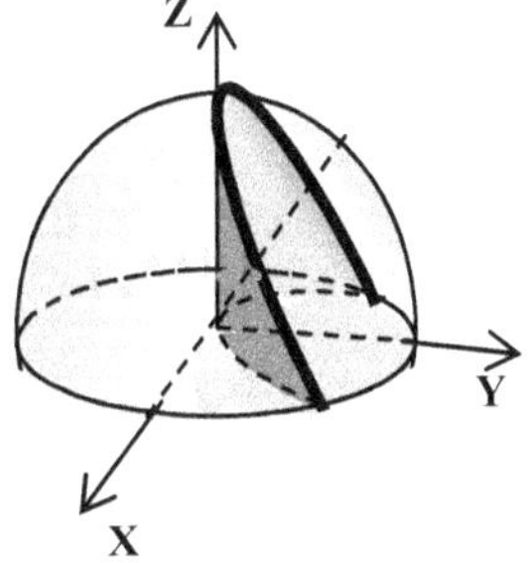

Sea $x = t$.

Luego, de acuerdo a la ecuación del cilindro parabólico,

$$y = t^2.$$

Reemplazando estos valores en la ecuación de la semiesfera,

$$z = \sqrt{1 - t^2 - t^4}$$

La curva C tiene como ecuaciones paramétricas y como ecuación vectorial las siguientes:

$$C : \begin{cases} x = t \\ y = t^2 \\ z = \sqrt{1 - t^2 - t^4} \end{cases} \qquad \mathbf{r}(t) = \left\langle t,\ t^2,\ \sqrt{1 - t^2 - t^4} \right\rangle$$

Si la curva es una circunferencia o elipses, para parametrizarla se puede recurrir a las coordenadas polares.

EJEMPLO 10. Hallar ecuaciones paramétricas para la curva C que se obtiene intersecando las superficies:

$$\mathbf{C} : \begin{cases} 4x^2 + y^2 - 6y + 5 = 0 & \text{(Cilindro elíptico)} \\ y + z = 7 & \text{(Plano)} \end{cases}$$

Solución

Completamos cuadrados en el cilindro elíptico.

$$4x^2 + y^2 - 6y + 5 = 0 \iff 4x^2 + (y - 3)^2 = 4$$

$$\Leftrightarrow \frac{x^2}{1} + \frac{(y-3)^2}{4} = 1$$

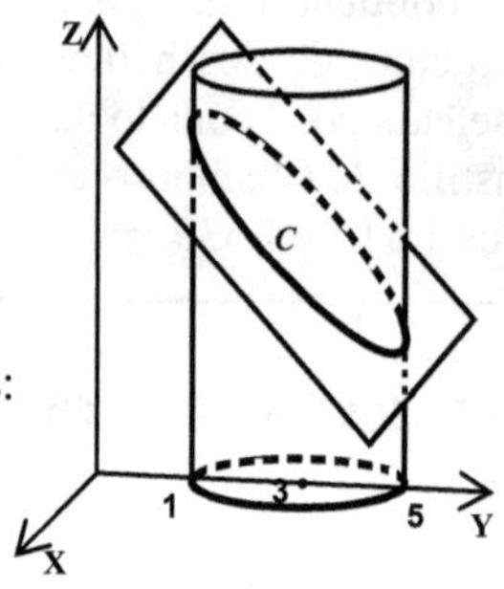

La proyección de este cilindro sobre el plano XY es la elipse $\frac{x^2}{1} + \frac{(y-3)^2}{4} = 1$

Parametrizamos esta elipse usando coordenadas polares:

$$\begin{cases} x = \cos t \\ y = 3 + 2\text{sen } t \end{cases}, 0 \le t \le 2\pi$$

La parametrización para la variable z lo obtenemos mediante la ecuación del plano y del valor de la variable y en la parametrización anterior:

$$y + z = 7 \quad \Leftrightarrow \quad z = 7 - y \Rightarrow z = 7 - (3 + 2\text{sen } t) \Rightarrow \quad z = 4 - 2\text{sen } t$$

En consecuencia una parametrización para la curva determinada por la intersección de las dos superficies es C: $\begin{cases} x = \cos t \\ y = 3 + 2\text{sen } t, \quad 0 \le t \le 2\pi \\ z = 4 - 2\text{sen } t \end{cases}$

PROBLEMAS PROPUESTOS 2.1

En los problemas del 1 al 5, hallar el dominio de la función vectorial dada.

1. $\mathbf{r}(t) = \left\langle \frac{1}{t-3}, t^2 - 1, \sqrt{t+2} \right\rangle$ *Rpta.* $[-2, \infty) - \{ 3 \}$

2. $\mathbf{r}(t) = \left\langle \ln t, \tan \frac{\pi t}{2}, \sqrt{t} \right\rangle$ *Rpta.* $(0, \infty) - \{ 2n + 1, \ n \text{ natural}\}$

3. $\mathbf{r}(t) = \left\langle \frac{2}{\text{sen } t}, \frac{1}{\cos t}, \frac{-3}{\tan t} \right\rangle$ *Rpta.* $\mathbb{R} - \{ n\pi/2, \ n \text{ entero} \}$

4. $\mathbf{r}(t) = \left\langle \text{sen}^{-1}(t), \cos t, \ln(2t - 1) \right\rangle$ *Rpta.* $(1/2, 1]$

5. $\mathbf{r}(t) = \left\langle e^t, \sqrt{6-2t}, \sqrt{3t - t^2} \right\rangle$ *Rpta.* $[0, 3]$

En los problemas del 6 al 10, hallar el límite de la función vectorial dada.

6. $\lim\limits_{t \to 1} \left\langle \frac{\ln t}{t^2 - 1}, \frac{t^2 - 1}{t - 1}, \frac{t^2 - 1}{t + 1} \right\rangle$ *Rpta.* $\langle 1/2, 2, 0 \rangle$.

7. $\lim\limits_{t\to 0}\left\langle \dfrac{1-\cos t}{t^2}, \dfrac{t}{\cos t}, \dfrac{1-\cos 2t}{t^2}\right\rangle$ *Rpta.* $\langle 1/2, 0, 2\rangle$.

8. $\lim\limits_{t\to 1}\left\langle \dfrac{t^3-1}{t^2-1}, \dfrac{t^4-1}{t^3-1}, \dfrac{t^5-1}{t^4-1}\right\rangle$ *Rpta.* $\langle 3/2, 4/3, 5/4\rangle$.

9. $\lim\limits_{t\to 0}\left\langle \dfrac{(a+t)^2-a^2}{t}, \dfrac{(a+t)^3-a^3}{t}, \dfrac{(a+t)^4-a^4}{t}\right\rangle$ *Rpta.* $\langle 2a, 3a^2, 4a^2\rangle$

10. $\lim\limits_{t\to 0}\left\langle \dfrac{\text{sen } 2t}{\text{sen } t}, \dfrac{\cos 3t}{\cos t}, \dfrac{\text{sen } 4t}{\tan t}\right\rangle$ *Rpta.* $\langle 2, 1, 4\rangle$

11. Sea la función vectorial $\mathbf{r}(t)=\left\langle \ln t, \dfrac{e^t-e}{t-1}, \dfrac{t^3-1}{t-1}\right\rangle$. Definir $\mathbf{r}(1)$ para que la función sea continua en $t = 1$. *Rpta.* $\mathbf{r}(1)=\langle 0, e, 3\rangle$.

12. Hallar los puntos donde la siguiente función es discontinua.

$\mathbf{r}(t)=\langle [\![t/2]\!], e^t, \text{sen } t\rangle$ *Rpta. $t = 2n$, n entero.*

En los problemas del 13 al 15, identificar la curva cuya ecuación vectorial es indicada.

13. $\mathbf{r}(t)=\langle \cos t, \text{sen } t, 3\rangle$. *Rpta. La circunferencia $x^2+y^2=1$ en el plano $z=3$*

14. $\mathbf{r}(t)=\langle t, t^2+1, 1\rangle$. *Rpta. La parábola* $y=x^2+1$ en el plano $z=1$

15. $\mathbf{r}(t)=\langle t, 2\cos t, 2\text{sen } t\rangle$ *Rpta. Hélice que enrolla en el cilindro* $y^2+z^2=4$.

En los problemas 16 y 17, hallar una ecuación vectorial y ecuaciones paramétricas del segmento que une P con Q.

16. $P=(1,-4,2)$, $Q=(3,-1,-3)$

Rpta. $\mathbf{r}(t)=\langle 1+2t, -4+3t, 2-5t\rangle$, $0\le t\le 1$. $\begin{cases} x=1+2t \\ y=-4+3t, \quad 0\le t\le 1 \\ z=2-5t \end{cases}$

17. $P=(3,-1,6)$, $Q=(-4,3,-2)$

Rpta. $\mathbf{r}(t)=\langle 3-7t, -1+4t, 6-8t\rangle$, $0\le t\le 1$. $\begin{cases} x=3-7t \\ y=-1+4t, \quad 0\le t\le 1 \\ z=6-8t \end{cases}$

18. Probar que la curva determinada por la ecuación vectorial

$$\mathbf{r}(t)=\langle \cos t, \text{sen } t, \cos 2t\rangle$$

está contenida en el paraboloide hiperbólico $z=x^2-y^2$.

19. Probar que la curva determinada por la ecuación vectorial

$$\mathbf{r}(t)=\langle t\cos t, t\,\text{sen } t, t\rangle$$

está contenida en el cono $z^2=x^2+y^2$.

20. Probar que la curva determinada por la ecuación vectorial

$$\mathbf{r}(t) = \langle 2\text{sen}\, t,\, 2\text{sen}\, t,\, \sqrt{8}\cos t\, \rangle$$

está contenida en la esfera de centro en el origen y radio $2\sqrt{2}$.

21. Probar que la curva determinada por la ecuación vectorial

$$\mathbf{r}(t) = \langle \text{sen}\, 2t,\, 2\text{sen}^2 t,\, 2\cos t\, \rangle$$

está contenida en la esfera de centro en el origen y radio 2.

22. Probar que la curva determinada por la ecuación vectorial

$$\mathbf{r}(t) = \langle \tan^2 t,\ \cot t,\ \cot t\, \text{cosec}\, t\, \rangle$$

está contenida en la intersección del cono $z^2 = x^2 + y^2$ con el cilindro parabólico $x = y^2$.

23. Probar que la curva determinada por la ecuación vectorial

$$\mathbf{r}(t) = \langle 2\cos t,\ \text{sen}\ t,\ 4 - \text{sen}^2 t\, \rangle$$

está contenida en la intersección del cilindro parabólico $z = 4 - y^2$ con el paraboloide $z = x^2 + 3y^2$.

24. Hallar una ecuación vectorial de la recta formada por la intersección de los planos $x + y + z = 2$ y $y - x = 0$. *Rpta.* $\mathbf{r}(t) = \langle t, t, 2 - 2t\rangle$.

25. Hallar una ecuación vectorial de la recta formada por la intersección de los planos $x + 2y + 3z = 6$ y $x - y - z = -1$. *Rpta.* $\mathbf{r}(t) = \langle t, -3 + 4t, 4 - 3t\rangle$.

26. Hallar ecuaciones paramétricas de la curva ***C*** que se obtiene intersecando el paraboloide $z = x^2 + y^2$ con el plano $y + x = 0$. *Rpta.* $C: \begin{cases} x = t \\ y = -t \\ z = 2t^2 \end{cases}$

27. Hallar ecuaciones paramétricas de la curva ***C*** que se obtiene intersecando el cilindro $x^2 + y^2 = 9$ con el plano $2x - z = 0$. *Rpta.* $C: \begin{cases} x = 3\cos t \\ y = 3\text{sen}\, t\,, \quad 0 \le t \le 2\pi \\ z = 6\cos t \end{cases}$

28. Hallar una ecuación vectorial de la curva que se obtiene al intersecar la esfera $x^2 + y^2 + z^2 = 2$ con el paraboloide $z = x^2 + y^2$. *Rpta.* $\mathbf{r}(t) = \langle \cos t, \text{sen}\, t, 1\rangle$.

29. Hallar una ecuación vectorial de la curva que se obtiene al intersecar la esfera $x^2 + y^2 + z^2 = 6$ con el plano $x + z = 2$.

Rpta. $\mathbf{r}(t) = \langle 1 + \sqrt{2}\cos t, 2\text{sen}\, t, 1 - \sqrt{2}\cos t\rangle$

30. Hallar una ecuación vectorial de la curva que se obtiene al intersecar el paraboloide $z = 8x^2 + y^2$ con el cilindro parabólico $z = 9 - x^2$.

Rpta. $\mathbf{r}(t) = \langle 1 + \sqrt{2}\cos t, 2\text{sen}\, t, 1 - \sqrt{2}\cos t\rangle$

SECCION 2.2

DERIVADAS E INTEGRALES DE FUNCIONES VECTORIALES

DERIVADAS

Procedemos en la misma forma como se definió la derivada para funciones reales.

DEFINICION La **derivada** de la función vectorial r es la **función vectorial** $\mathbf{r}'$ determinada por el límite

$$\mathbf{r}'(t) = \lim_{h\to 0} \frac{\mathbf{r}(t+h)-\mathbf{r}(t)}{h} \qquad \textbf{(1)}$$

y cuyo dominio es el conjunto formado por todos los t en los cuales el límite anterior existe.

La función $\mathbf{r}(t)$ es **derivable** en t si el límite (1) existe.

Para representar a la derivada de la función vectorial $\mathbf{r}$ se usan las siguientes notaciones:

$$\frac{d}{dt}[\,\mathbf{r}(t)\,], \quad \frac{d\mathbf{r}}{dt}, \quad \mathbf{r}'(t), \quad \mathbf{r}', \quad D_t\,\mathbf{r}, \quad D_t[\,\mathbf{r}(t)]$$

El siguiente teorema nos da un método práctico para calcular la derivada de una función vectorial.

TEOREMA. 2.1 La función vectorial $\mathbf{r}(t) = \langle f(t), g(t), h(t)\rangle$ es derivable en t si y sólo si las f, g y h son derivables en t, en cuyo caso se tiene:

$$\mathbf{r}'(t) = \langle f'(t), g'(t), h'(t)\rangle$$

Demostración

$$\mathbf{r}'(t) = \lim_{\Delta t\to 0} \frac{\mathbf{r}(t+\Delta t)-\mathbf{r}(t)}{t}$$

$$= \left\langle \lim_{\Delta t\to 0}\frac{f(t+\Delta t)-f(t)}{\Delta t},\ \lim_{\Delta t\to 0}\frac{g(t+\Delta t)-g(t)}{\Delta t},\ \lim_{\Delta t\to 0}\frac{h(t+\Delta t)-h(t)}{\Delta t}\right\rangle$$

$$= \langle f'(t), g'(t), h'(t)\rangle$$

EJEMPLO 1. Hallar los valores de t para los cuales la siguiente función vectorial es derivable

$$\mathbf{r}(t) = \langle\, |\,t\,|\,, e^t, 3t^2\rangle$$

Solución

Sabemos que la función $f(t) = |\ t\ |$ es derivable en todo real $t \neq 0$. Las funciones $g(t) = e^t$ y $h(t) = 3t^2$ son derivables en todo real t. Luego, la función vectorial $\mathbf{r}(t) = \langle |\ t\ |, e^t, 3t^2 \rangle$ es derivable en todo real $t \neq 0$. En otras palabras, el dominio de de la función derivada $\mathbf{r}'$ es $\mathbb{R} - \{0\}$.

EJEMPLO 2. Hallar la función derivada de la función vectorial

$$\mathbf{r}(t) = \langle\ e^{-2t}, t \text{ sen } 3t,\ \ln (t^2 + 1) \rangle$$

Solución

De acuerdo al teorema anterior tenemos:

$$\mathbf{r}'(t) = \left\langle \frac{d}{dt}\left[e^{-2t}\right],\ \frac{d}{dt}[t \text{ sen } 3t],\ \frac{d}{dt}\left[\ln\left(t^2+1\right)\right] \right\rangle$$

$$= \left\langle -2e^{-2t},\ 3t \cos 3\text{t} + \text{sen } 3t,\ \frac{2t}{t^2+1} \right\rangle$$

INTERPRETACION GEOMETRICA DE LA DERIVADA

Sea C la curva descrita por la función vectorial $\mathbf{r}(t)$. Supongamos que $\mathbf{r}(t)$ es derivable y que $\mathbf{r}'(t) \neq \mathbf{0}$.

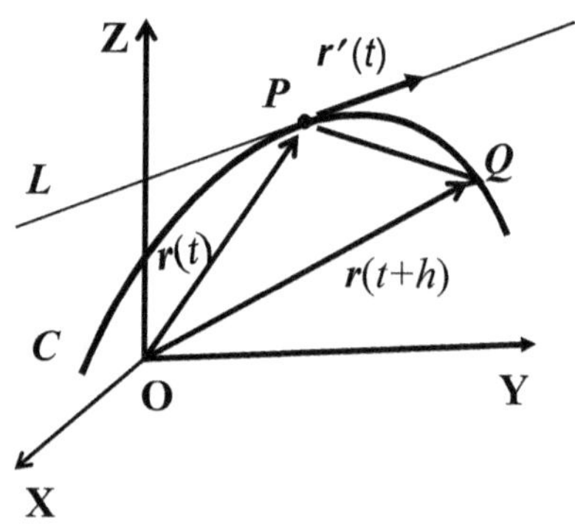

Sean P y Q los puntos cuyos vectores de posición son $\mathbf{r}(t)$ y $\mathbf{r}(t + h)$, respectivamente. El vector $\mathbf{r}(t + h) - \mathbf{r}(t)$ está representado por $\overrightarrow{PQ}$.

El vector $\dfrac{1}{h}\left[\mathbf{r}(t + h) - \mathbf{r}(t)\right]$ es paralelo al vector $\mathbf{r}(t + h) - \mathbf{r}(t)$.

Cuando $h \to 0$, $\dfrac{1}{h}\left[\mathbf{r}(t + h) - \mathbf{r}(t)\right]$ se aproxima a un vector que está en la recta tangente a la curva en el punto P. Este resultado justifica la siguiente definición.

DEFINICION. Sea C la curva descrita por la función vectorial $\mathbf{r}$. Si P es el punto cuyas coordenadas son la componentes del vector $\mathbf{r}(t)$ y si existe $\mathbf{r}'(t)$ y es distinto de cero, entonces

1. A $\mathbf{r}'(t)$ se le llama **vector tangente** a la curva C en el punto P.
2. A la recta L que pasa por el punto P y es paralela al vector $\mathbf{r}'(t)$ la llamaremos **recta tangente a la curva** C en el punto P.

EJEMPLO 3. Hallar la recta tangente a la curva determinada por la función vectorial $\mathbf{r}(t) = \langle 2\cos t, 2\text{sen } t, e^{6t} \rangle$ en el punto $P = (\sqrt{3}, 1, e^{\pi})$.

Solución

El punto $P = (\sqrt{3}, 1, e^{\pi})$ corresponde al vector $\mathbf{r}(\pi/6)$. En efecto:

$$\mathbf{r}(\pi/6) = \langle 2\cos \pi/6, 2\text{sen } \pi/6, e^{6\pi/6} \rangle = \langle 2\left(\sqrt{3}/2\right), 2(1/2), e^{\pi} \rangle = \langle \sqrt{3}, 1, e^{\pi} \rangle.$$

Por otro lado, tenemos que $\mathbf{r}'(t) = \langle -2\text{sen } t, 2\cos t, 6e^{6t} \rangle$.

De donde, $\mathbf{r}'(\pi/6) = \langle -2\text{sen } (\pi/6), 2\cos (\pi/6), e^{6(\pi/6)} \rangle = \langle -1, \sqrt{3}, 6e^{\pi} \rangle$.

La recta tangente buscada, en términos de ecuaciones paramétricas es:

$$L: \begin{cases} x = \sqrt{3} - t \\ y = 1 + \sqrt{3}\, t \\ z = e^{\pi} + 6e^{\pi} t \end{cases}, \quad -\infty < t < \infty$$

TEOREMA 2.2 **Reglas de derivación**

Sean $\mathbf{u}$ y $\mathbf{v}$ funciones vectoriales derivables, c un escalar y f una función de valores reales. Entonces

1. $\dfrac{d}{dt}[\mathbf{u}(t) \pm \mathbf{v}(t)] = \mathbf{u}'(t) \pm \mathbf{v}'(t)]$

2. $\dfrac{d}{dt}[c\boldsymbol{u}(t)] = c\boldsymbol{u}'(t)$

3. $\dfrac{d}{dt}[f(t)\mathbf{u}(t)] = f'(t)\mathbf{u}(t) + f(t)\mathbf{u}'(t)$

4. $\dfrac{d}{dt}[\mathbf{u}(t) \cdot \mathbf{v}(t)] = \mathbf{u}'(t) \cdot \mathbf{v}(t) + \mathbf{u}(t) \cdot \mathbf{v}'(t)$

5. $\dfrac{d}{dt}[\mathbf{u}(t) \times \mathbf{v}(t)] = \mathbf{u}'(t) \times \mathbf{v}(t) + \mathbf{u}(t) \times \boldsymbol{v}'(t)$

6. $\dfrac{d}{dt}[\mathbf{u}(f(t))] = f'(t)\mathbf{u}'(f(t))$ (regla de la cadena)

Demostración

Todas estas fórmulas son fáciles de probar. Como muestra probaremos la 5.

La prueba de las otras queda como ejercicios para el lector.

5. $$\frac{d}{dt}[\mathbf{u}(t) \times \mathbf{v}(t)] = \lim_{h\to 0} \frac{\mathbf{u}(t+h)\times\mathbf{v}(t+h) - \mathbf{u}(t)\times\mathbf{v}(t)}{h}$$

$$= \lim_{h\to 0} \frac{\mathbf{u}(t+h)\times\mathbf{v}(t+h) - \mathbf{u}(t)\times\mathbf{v}(t+h) + \mathbf{u}(t)\times\mathbf{v}(t+h) - \mathbf{u}(t)\times\mathbf{v}(t)}{h}$$

$$= \lim_{h\to 0}\left[\frac{\mathbf{u}(t+h)-\mathbf{u}(t)}{h}\times \mathbf{v}(t+h) + \mathbf{u}(t)\times\frac{\mathbf{v}(t+h)-\mathbf{v}(t)}{h}\right]$$

$$= \lim_{h\to 0}\frac{\mathbf{u}(t+h)-\mathbf{u}(t)}{h}\times \lim_{h\to 0}\mathbf{v}(t+h) + \lim_{h\to 0}\mathbf{u}(t)\times \lim_{h\to 0}\frac{\mathbf{v}(t+h)-\mathbf{v}(t)}{h}$$

$$= \mathbf{u}'(t)\times\mathbf{v}(t) + \mathbf{u}(t)\times\mathbf{v}'(t)$$

TEOREMA 2.3 Si $\mathbf{r}(t)$ es derivable y $\|\mathbf{r}(t)\|$ es constante, entonces $\mathbf{r}'(t)$ y $\mathbf{r}(t)$ son ortogonales, $\forall\, t$.

Demostración

Sabemos que $\|\mathbf{r}(t)\|^2 = \mathbf{r}(t)\cdot\mathbf{r}(t)$. Luego, si $\|\mathbf{r}(t)\| = c$. entonces $\|\mathbf{r}(t)\|^2 = c^2$ y, por tanto, $\mathbf{r}(t)\cdot\mathbf{r}(t) = c^2$

Derivando la última igualdad y considerando la regla 4 del teorema anterior:

$$\frac{d}{dt}[\,\mathbf{r}(t)\cdot\mathbf{r}(t)] = \frac{d}{dt}[\,c^2] \Rightarrow \mathbf{r}'(t)\cdot\mathbf{r}(t) + \mathbf{r}(t)\cdot\mathbf{r}'(t) = 0 \Rightarrow 2\,\mathbf{r}'(t)\cdot\mathbf{r}(t) = 0$$

$$\Rightarrow \mathbf{r}'(t)\cdot\mathbf{r}(t) = 0$$

En consecuencia, $\mathbf{r}'(t)$ y $\mathbf{r}(t)$ son ortogonales.

INTEGRALES VECTORIALES

DEFINICION Sea $\mathbf{r}(t) = \langle f(t), g(t), h(t)\rangle$ una función vectorial donde f, g y h son funciones continuas en el intervalo $[a, b]$.

1. La **integral indefinida** de $\mathbf{r}(t)$ es la función vectorial:

$$\int \mathbf{r}(t)dt = \left\langle \int f(t)dt,\ \int g(t)dt,\ \int h(t)dt \right\rangle$$

2. La **integral definida** de $\mathbf{r}(t)$ en el intervalo $[a, b]$ es el vector

$$\int_a^b \mathbf{r}(t)dt = \left\langle \int_a^b f(t)dt,\ \int_a^b g(t)dt,\ \int_a^b h(t)dt\right\rangle$$

Diremos que la función vectorial $\mathbf{R}(t)$ es una **antiderivada** de la función vectorial $\mathbf{r}(t)$ si $\mathbf{R}'(t) = \mathbf{r}(t)$.

Sin mucha dificultad podermos ver que el Primer y el Segundo Teorema Fundamental del Cálculo también se cumplen para funciones vectoriales.

TEOREMA 2.4 **Primer Teorema Fundamental del Cálculo**

Si $\mathbf{r}: [a, b] \to \mathbb{R}^3$ es continua, entonces

$$D_t \int_a^t \mathbf{r}(u)du = \mathbf{r}(t)$$

Demostración

Sea $\mathbf{r}(t) = \langle f(t), g(t), h(t) \rangle$. Aplicando el primer teorema fundamental del Cálculo a las funciones componentes, que son funciones reales de variable real, tenemos:

$$D_t \int_a^t \mathbf{r}(u)du = \left\langle D_t \int_a^t f(u)du, D_t \int_a^t g(u)du, D_t \int_a^t h(u)du \right\rangle$$

$$= \langle f(t), g(t), h(t) \rangle = \mathbf{r}(t)$$

TEOREMA 2.5 **Segundo Teorema Fundamental del Cálculo**

Si $\mathbf{r}: [a, b] \to \mathbb{R}^3$ es continua y si $\mathbf{R}(t)$ es una antiderivada de $\mathbf{r}(t)$, entonces

$$\int_a^b \mathbf{r}(t)dt = \mathbf{R}(t) \Big]_a^b = \mathbf{R}(b) - \mathbf{R}(a)$$

Demostración

Seguir los mismos pasos de la demostración anterior.

EJEMPLO 4. Hallar: **1.** $\int \left\langle \text{sen}\, t,\, 2t,\, e^t \right\rangle dt$ **2.** $\int_0^\pi \left\langle \text{sen}\, t,\, 2t,\, e^t \right\rangle dt$

Solución

1. $\int \left\langle \text{sen}\, t,\, 2t^2,\, e^t \right\rangle dt = \left\langle \int \text{sen}\, t dt,\, \int 2t dt,\, \int e^t dt \right\rangle$

$$= \left\langle -\cos\, t + C_1,\, t^2 + C_2,\, e^t + C_3 \right\rangle$$

$$= \left\langle -\cos\, t,\, t^2,\, e^t \right\rangle + \mathbf{C}, \quad \text{donde } \mathbf{C} = \langle C_1, C_2, C_3 \rangle$$

2. $\int_0^\pi \left\langle \text{sen}\, t,\, 2t,\, e^t \right\rangle dt = \left\langle -\cos\, t,\, t^2,\, e^t \right\rangle \Big]_0^\pi$

$$= \left\langle -\cos\pi,\ \pi^2,\ e^{\pi}\right\rangle - \left\langle -\cos 0,\ 0^2,\ e^{0}\right\rangle$$

$$= \left\langle -(-1),\ \pi^2,\ e^{\pi}\right\rangle - \langle -1,\ 0,\ 1\rangle = \left\langle 2,\ \pi^2,\ e^{\pi}-1\right\rangle$$

PROBLEMAS RESUELTOS 2.2

PROBLEMA 1. Sean las curvas:

$$C_1\colon \mathbf{u}(t) = \left\langle e^t,\ 3\cos t,\ t-1\right\rangle \quad \text{y} \quad C_2\colon \mathbf{v}(t) = \left\langle t,\ 3,\ t^2-2\right\rangle$$

a. Hallar el punto de intersección de las curvas.

b. Hallar la medida del ángulo entre las curvas en el punto de intersección.

Solución

a. Sea P el punto de intersección. Tenemos $P \in C_1 \cap C_2$

$P \in C_1 \Rightarrow$ Existe t_1 tal que $P = \mathbf{u}(t_1) = \left\langle e^{t_1},\ 3\cos t_1,\ t_1-1\right\rangle$

$P \in C_2 \Rightarrow$ Existe t_2 tal que $P = \mathbf{v}(t_2) = \left\langle t_2,\ 3,\ t_2^2-2\right\rangle$

Luego,

$$\left\langle e^{t_1},\ 3\cos t_1,\ t_1-1\right\rangle = \left\langle t_2,\ 3,\ t_2^2-2\right\rangle \Rightarrow \begin{cases} e^{t_1} = t_2 & (1) \\ 3\cos t_1 = 3 & (2) \\ t_1 - 1 = t_2^2 - 2 & (3) \end{cases}$$

Tomando la ecuación (2) tenemos:

$$3\cos t_1 = 3 \ \Rightarrow\ \cos t_1 = 1 \ \Rightarrow\ t_1 = \cos^{-1}(1) \Rightarrow t_1 = 0$$

Reemplazando $t_1 = 0$ en la ecuación (1) obtenemos: $t_2 = e^0 = 1$.

Las curvas se intersecan en el punto

$$P = \mathbf{u}(0) = \mathbf{v}(1) = (1,\ 3,\ -1)$$

b. Si θ es el ángulo formado por estas curvas en el punto $P = (1, 3, -1)$, entonces θ es el ángulo formado por los vectores tangentes $\mathbf{u}'(0)$ y $\mathbf{v}'(1)$. Pero,

$$\mathbf{u}'(t) = \left\langle e^t,\ -3\operatorname{sen} t,\ 1\right\rangle \ \Rightarrow\ \mathbf{u}'(0) = \langle 1,\ 0,\ 1\rangle$$

$$\mathbf{v}'(t) = \left\langle 1,\ 0,\ 2t\right\rangle \ \Rightarrow\ \mathbf{v}'(1) = \langle 1,\ 0,\ 2\rangle$$

De acuerdo al corolario del teorema 1.5 del capítulo anterior se tiene:

$$\cos\theta = \frac{\mathbf{u}'(0) \bullet \mathbf{v}'(1)}{\|\mathbf{u}'(0)\| \, \|\mathbf{v}'(1)\|} = \frac{\langle 1, 0, 1 \rangle \bullet \langle 1, 0, 2 \rangle}{\|\langle 1, 0, 1 \rangle\| \, \|\langle 1, 0, 2 \rangle\|} \frac{1+2}{\sqrt{2}\sqrt{5}} = \frac{3}{\sqrt{10}} \Rightarrow$$

$$\theta = \cos^{-1}(3/\sqrt{10}) \approx 18.435^{\circ} = 18^{\circ}26'\,6''$$

PROBLEMAS PROPUESTOS 2.2

En los problemas del 1 al 4, hallar $\mathbf{r}'(t)$ y $\mathbf{r}''(t)$.

1. $\mathbf{r}(t) = \left\langle t^3,\ 5-\sqrt{t},\ \text{sen}\ t \right\rangle$

Rpta. $\mathbf{r}'(t) = \left\langle 3t^2,\ -\dfrac{1}{2\sqrt{t}},\ \cos t \right\rangle.\quad \mathbf{r}''(t) = \left\langle 6t,\ \dfrac{1}{4\sqrt{t^3}},\ -\text{sen}\ t \right\rangle$

2. $\mathbf{r}(t) = \left\langle \tan^{-1} t,\ \ln(2+3t),\ t^2 \right\rangle$

$\mathbf{r}'(t) = \left\langle \dfrac{1}{1+t^2},\ \dfrac{3}{2+3t},\ 2t \right\rangle.\quad \mathbf{r}''(t) = \left\langle -\dfrac{2t}{\left(1+t^2\right)^2},\ -\dfrac{9}{(2+3t)^2},\ 2 \right\rangle$

3. $\mathbf{r}(t) = \left\langle \tan^{-1} t^2,\ \ln\sqrt{t},\ \cosh^{-1} t \right\rangle$

Rpta. $\mathbf{r}'(t) = \left\langle \dfrac{2t}{1+t^4},\ \dfrac{1}{2t},\ \dfrac{1}{\sqrt{t^2-1}} \right\rangle.\ \mathbf{r}''(t) = \left\langle \dfrac{2-6t^4}{\left(1+t^4\right)^2}, -\dfrac{1}{2t^2}, -\dfrac{t}{\left(t^2-1\right)^{3/2}} \right\rangle$

4. $\mathbf{r}(t) = \left\langle \text{senh}\ 3t,\ \text{sen}^{-1} t,\ e^{-2t} \right\rangle$

$\mathbf{r}'(t) = \left\langle 3\cosh 3t,\ \dfrac{1}{\sqrt{1-t^2}},\ -2e^{-2t} \right\rangle.\quad \mathbf{r}''(t) = \left\langle 9\text{sen h}\ 3t,\ \dfrac{t}{\left(1-t^2\right)^{3/2}},\ 4e^{-2t} \right\rangle$

5. Sea $\mathbf{u}(t) = \left\langle -t^2,\ t,\ 2t \right\rangle$ y $\mathbf{v}(t) = \left\langle \cos t,\ \text{sen}\ t,\ t \right\rangle$. Hallar $\dfrac{d}{dt}[\mathbf{u}(t) \bullet \mathbf{v}(t)]$

Rpta. $t^2\text{sen}\ t - t\cos t + \text{sen}\ t + 4t$

6. Sea $\mathbf{u}(t) = \left\langle -t^2,\ t,\ 2t \right\rangle$ y $\mathbf{v}(t) = \left\langle \cos t,\ \text{sen}\ t,\ t \right\rangle$. Hallar $\dfrac{d}{dt}[\mathbf{u}(t) \times \mathbf{v}(t)]$ en $t=\pi$

Rpta. $\langle 4\pi,\ 3\pi^2 - 2,\ \pi^2 + 1 \rangle$

7. Sea $\mathbf{u}(t) = \langle -t^2,\ t,\ 2t\rangle$. Hallar $\dfrac{d}{dt}\| \mathbf{u}(t) \|$ *Rpta.* $\dfrac{2t^3+5t}{\sqrt{t^4+5t^2}}$

8. Sea $\mathbf{v}(t) = \langle \cos t, \operatorname{sen} t, t\rangle$ y $\varphi(t) = e^{-2t}$. Hallar: **a.** $\dfrac{d}{dt}[\mathbf{v}(\varphi(t))]$ **b.** $\dfrac{d}{dt}[\varphi(t)\mathbf{v}(t)]$

Rpta. **a.** $-2e^{-2t}\langle -\operatorname{sen} e^{-2t}, \cos e^{-2t}, 1\rangle$

b. $-2e^{-2t}\langle \cos t, \operatorname{sen} t, t\rangle + e^{-2t}\langle -\operatorname{sen} t, \cos t, 1\rangle$

En los problemas 9 y 10, hallar las ecuaciones paramétricas de la recta tangente a la curva dada en el punto P_0 correspondiente al valor de t_0 indicado.

9. $\mathbf{r}(t) = \langle 1-t^2,\ \operatorname{sen} t,\ t+\cos t\rangle,\ t_0 = 0.$ *Rpta.* $x = 1,\ y = t,\ z = 1+t$

10. $\mathbf{r}(t) = \langle t \operatorname{sen} t,\ t,\ t\cos t\rangle,\ t_0 = \pi/2$. *Rpta.* $x = \pi/2 + t, y = \pi/2 + t,\ \ z = -(\pi/2)t$

11. Sean las curvas: $\mathbf{u}(t) = \langle 2-t,\ t^2,\ 1/t\rangle,\ \mathbf{v}(t) = \langle e^t,\ e^{2t},\ \cos t\rangle$.

a. Estas curvas se intersecan en un punto. Hallar este punto.

b. Hallar el ángulo que forman estas curvas en el punto de intersección.

Rpta. **a.** P = (1, 1, 1) **b.** $\theta = \cos^{-1}(3/\sqrt{30}) \approx 56.79°$

12. Sean las curvas: $\mathbf{u}(t) = \langle \operatorname{sen} t,\ 2\cos t,\ 3\operatorname{sen} t - 1\rangle,\ \mathbf{v}(t) = \langle \cos t,\ \tan t,\ \cos t\rangle$.

a. Estas curvas se intersecan en un punto. Hallar este punto.

b. Hallar el ángulo que forman estas curvas en el punto de intersección.

Rpta. **a.** P = $(1/2,\ \sqrt{3},\ 1/2)$ **b.** $\theta = \cos^{-1}(-14/\sqrt{17\times 35}) \approx 125°$

13. Probar que la recta tangente en cualquier punto de la hélice

$$\mathbf{r}(t) = \langle a\cos\alpha t,\ a\operatorname{sen}\alpha t,\ b\alpha t\rangle,\ \alpha > 0$$

forma con el eje Z un ángulo constante $\theta = \cos^{-1}\left(b/\sqrt{a^2+b^2}\right)$

En los problemas del 14 al 16, calcular la integral dada.

14. $\displaystyle\int_0^{\pi/4} \langle \operatorname{sen} t,\ \tan t,\ 1-\cos t\rangle\, dt$ *Rpta.* $\left\langle \left(2-\sqrt{2}\right)/2,\ \ln\sqrt{2},\ \left(\pi - 2\sqrt{2}\right)/4\right\rangle$

15. $\displaystyle\int_0^1 \left\langle te^{-2t},\ t,\ 2t/(1+t^2)\right\rangle dt$ *Rpta.* $\left\langle (1-3e^{-2})/4,\ 1/2,\ \ln 2\right\rangle$

16. $\displaystyle\int_0^1 \left\langle \frac{2t}{t^2+1},\ 3t\sqrt{1+t^2},\ \frac{1}{1+t^2}\right\rangle dt$ *Rpta.* $\left\langle \ln 2,\ 2\sqrt{2}-1,\ \pi/4\right\rangle$

SECCION 2.3

LONGITUD DE ARCO Y CAMBIO DE PARAMETRO

LONGITUD DE ARCO

En la sección 6.3 de nuestro texto de Cálculo Integral, se dedujo que la longitud de una curva paramétrica plana $C: \begin{cases} x = f(t) \\ y = g(t) \end{cases}$, $a \le t \le b$, donde f y g son funciones con derivadas continuas, f' y g' no se anulan simultáneamente y C es trazada exactamente una vez cuando t crece desde a hasta b, está dada por la fórmula

$$L = \int_a^b \sqrt{(f'(t))^2 + (g'(t))^2}\, dt = \int_a^b \sqrt{\left(\frac{dx}{dt}\right)^2 + \left(\frac{dy}{dt}\right)^2}\, dt \qquad \textbf{(1)}$$

Estos resultados se generalizan fácilmente a curvas paramétricas en el espacio tridimensional.

Consideremos una curva paramétrica en el espacio, $C: \begin{cases} x = f(t) \\ y = g(t) \\ z = h(t) \end{cases}$, $a \le t \le b$. La longitud de esta curva está dada por:

$$L = \int_a^b \sqrt{(f'(t))^2 + (g'(t))^2 + h'(t)}\, dt = \int_a^b \sqrt{\left(\frac{dx}{dt}\right)^2 + \left(\frac{dy}{dt}\right)^2 + \left(\frac{dz}{dt}\right)^2}\, dt \qquad \textbf{(2)}$$

Estos resultados presentados en (1) y (2) los podemos unificar expresando las curvas paramétricas en términos de sus ecuaciones vectoriales.

La ecuación vectorial de la curva paramétrica plana es $\mathbf{r}(t) = \langle f(t), g(t)\rangle$ y tenemos que $\| \mathbf{r}'(t) \| = \sqrt{(f'(t))^2 + (g'(t))^2}$.

La ecuación vectorial de una curva paramétrica en el espacio tridimensional es $\mathbf{r}(t) = \langle f(t), g(t), h(t)\rangle$ y $\| \mathbf{r'(t)} \| = \sqrt{(f'(t))^2 + (g'(t))^2 + (h'(t))^2}$.

La igualdad (1) y la igualdad (2) se sintetizan en la siguiente igualdad:

$$L = \int_a^b \| \mathbf{r}'(t) \|\, dt$$

Formalicemos este resultado.

DEFINICION. La curva C: $\mathbf{r} : [a, b] \to \mathbb{R}^n$ es **suave** si la derivada $\mathbf{r}'$ es continua en $[a, b]$ y $\mathbf{r}'(t) \neq 0$, $\forall\, t$ en el intervalo abierto (a, b).

Ahora ya estamos listos para presentar el teorema que nos proporciona la fórmula para calcular la longitud de una curva en $\mathbb{R}^n$, donde n = 2 o n = 3.

TEOREMA 2.8 Longitud de arco de una curva suave

Si C : $\mathbf{r}(t)$, $a \leq t \leq b$ es una curva suave y C es trazada exactamente una vez cuando t crece desde a hasta b, entonces su longitud es

$$L = \int_a^b \| \mathbf{r}'(t) \| \, dt$$

EJEMPLO 1. Hallar la longitud del arco de la hélice circular

$$C : \mathbf{r}(t) = \langle a \cos t, a \operatorname{sen} t, b\, t \rangle, \quad 0 \leq t \leq 2\pi$$

Solución

Tenemos que:

$$\mathbf{r}'(t) = \langle -a \operatorname{sen} t, a \cos t, b \rangle \quad \text{y}$$

$$\| \mathbf{r}'(t) \| = \sqrt{(-a \operatorname{sen} t)^2 + (a \cos t)^2 + b^2} = \sqrt{a^2 + b^2}$$

Luego,

$$L = \int_0^{2\pi} \| \mathbf{r}'(t) \| \, dt = \int_0^{2\pi} \sqrt{a^2 + b^2} \, dt = 2\pi \sqrt{a^2 + b^2}$$

REPARAMETRIZACION

DEFINICION. Sea C: $\mathbf{r}$: $[a, b] \to \mathbb{R}^n$ una curva parametrizada y

$$h : [c, d] \to [a, b]$$

una función biyectiva, diferenciable tal que

$$h'(t) \neq 0, \ \forall\, t \in (c, d).$$

A la función compuesta

$$\boldsymbol{\rho} = \mathbf{r} \circ h : \ [c, d] \to \mathbb{R}^n$$

$$\boldsymbol{\rho}(t) = \mathbf{r}(h(t))$$

se le llama una **reparametrización** de la curva C: $\mathbf{r}$: $[a, b] \to \mathbb{R}^n$

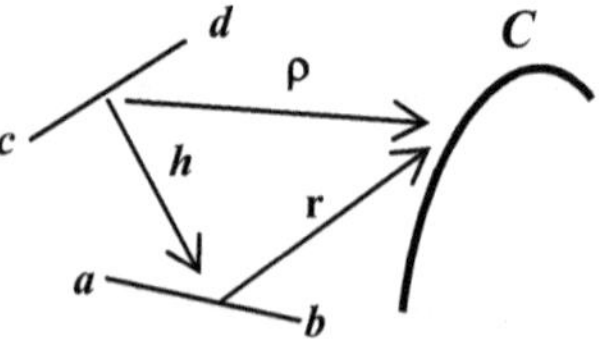

Aplicando la regla de cadena obtenemos que

$$\boldsymbol{\rho}(t) = \mathbf{r}(h(t)) \Rightarrow \boldsymbol{\rho}'(t) = \mathbf{r}'(h(t))h'(t).$$

Esto dice que la velocidad de $\boldsymbol{\rho}$ es igual a la velocidad de $\mathbf{r}$ multiplicada por el escalar $h'(t)$. Aún más:

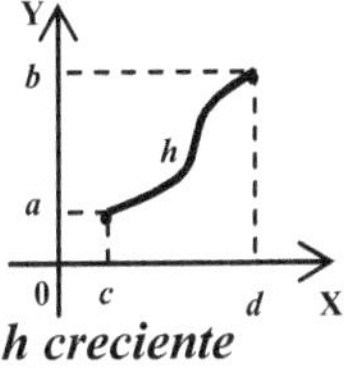

h **creciente**

1. Si $h'(t) > 0$, o sea si h es creciente, entonces $\boldsymbol{\rho}$ avanza en la misma dirección que $\mathbf{r}$ y se dice que $\boldsymbol{\rho}$ **preserva la orientación.** En este caso tenemos que

$$h(c) = a \quad \text{y} \quad h(d) = b$$

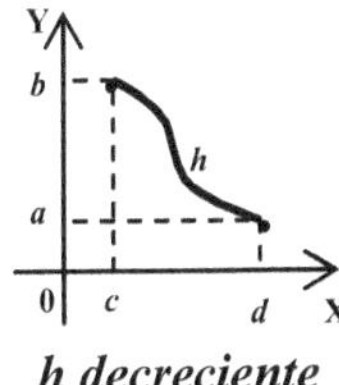

h **decreciente**

2. Si $h'(t) < 0$, o sea si h es decreciente, entonces $\boldsymbol{\rho}$ avanzan en dirección opuesta a la de $\mathbf{r}$ y se dice que $\boldsymbol{\rho}$ **invierte la orientación.** En este caso tenemos que

$$h(c) = b \quad \text{y} \quad h(d) = a$$

EJEMPLO 2. Sea C: $\mathbf{r}$: $[0, 2\pi] \to \mathbb{R}^2$ la circunferencia $\mathbf{r}(t) = \langle \cos t, \operatorname{sen} t \rangle$

1. Sea $\varphi : [0, 1] \to [0, 2\pi]$, $\varphi(u) = 2\pi u$

Entonces $\boldsymbol{\rho}(u) = \mathbf{r}(\varphi(u)) = \langle \cos 2\pi u, \operatorname{sen} 2\pi u \rangle$ es una reparametrización de C : $\mathbf{r}(t) = \langle \cos t, \operatorname{sen} t \rangle$.

Como $h'(u) = 2\pi > 0$, esta reparametrización mantiene la orientación de C: $\mathbf{r}$: $[0, 2\pi] \to \mathbb{R}^2$

2. Sea $h : [0, 1] \to [0, 2\pi]$, $h(u) = 2\pi(1 - u)$

Entonces $\boldsymbol{\rho}(u) = \mathbf{r}(\varphi(u)) = \langle \cos 2\pi(1-u), \operatorname{sen} 2\pi(1-u) \rangle$ es una reparametrización de C : $\mathbf{r}(t) = \langle \cos t, \operatorname{sen} t \rangle$.

Como $h'(u) = -2\pi < 0$, esta reparametrización invierte la orientación. de C: $\mathbf{r}$: $[0, 2\pi] \to \mathbb{R}^2$

LA FUNCION LONGITUD DE ARCO

A continuación introducimos la función longitud de arco de una curva. Esta función nos permitirá una nueva reparametrización de la curva, la cual será de gran utilidad más adelante.

Diremos que una curva es **suave por partes** si es unión finita de curvas suaves.

DEFINICION. Sea C : $\mathbf{r}(t)$, $a \leq t \leq b$ una curva suave por partes de longitd L.

Se llama **función longitud de arco** de la curva C a la función

$$s: [a, b] \rightarrow [0, L]$$

$$s(t) = \int_a^t \| \mathrm{r}'(u) \| \, du$$

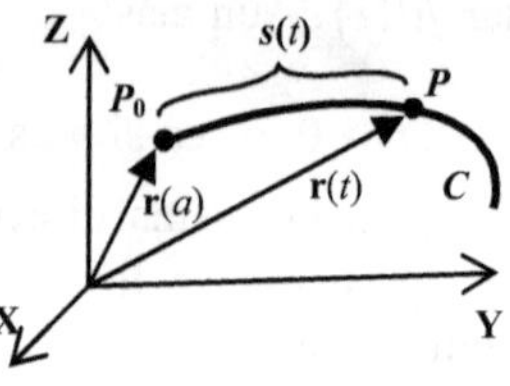

s(t) es la longitud del arco entre los puntos P_0 y P, que son los puntos terminales de $\mathbf{r}(a)$ y $\mathbf{r}(t)$.

EJEMPLO 3. Hallar la función longitud de arco de la siguiente hélice

$$C: \mathbf{r}(t) = \langle \cos t, \ \text{sen } t, t \rangle, \ 0 \leq t \leq 2\pi.$$

Solución

Tenemos que:

$$\mathbf{r}'(t) = \langle -\text{sen } t, \cos t, 1 \rangle \quad \text{y} \quad \| \mathbf{r}'(t) \| = \sqrt{(-\text{sen } t)^2 + (\cos t)^2 + 1^2} = \sqrt{2}$$

y la longitud de esta parte de la hélice, según el ejemplo 1, es $L = 2\pi\sqrt{2}$

Ahora, para $t \in [0, 2\pi]$ tenemos

$$s(t) = \int_0^t \| \mathbf{r}'(u) \| \, du = \int_0^t \sqrt{2} \, du = \sqrt{2} \, t$$

Luego, la función longitud de arco de esta porción de hélice es

$$s : [0, 2\pi] \rightarrow [0, 2\pi\sqrt{2}]$$

$$s(t) = \sqrt{2} \, t$$

REPARAMETRIZACION POR LONGITUD DE ARCO

Entre las muchas reparametrizaciones de una curva contamos con una que está muy relacionada con las características geométricas de la curva y además, posee propiedades importantes. Esta es la reparametrización por longitud de arco, la que se obtiene mediante la función de longitud de arco.

Sea C : $\mathbf{r}$: $[a, b] \rightarrow \mathbb{R}^n$ una curva suave. Para reparametrizarla por longitud de arco se siguen los siguientes pasos:

Paso 1. Hallar la función longitud de arco de la curva:

$$s: [a, b] \rightarrow [0, L], \qquad s(t) = \int_a^t \| \mathbf{r}'(u) \| \, du$$

Paso 2. Hallar la función inversa de la función longitud de arco:

$$h = s^{-1} : [0, L] \to [a, b]$$

La reparametrización por longitud de arco de la curva C : $\mathbf{r}$: $[a, b] \to \mathbb{R}^n$ es

$$C: \ \rho = \mathbf{r} \circ h : [0, L] \to \mathbb{R}^n$$

EJEMPLO 4. ***Reparametrización por longitud de arco de la circunferencia***

$$C : \mathbf{r}(t) = \langle\, a \cos t,\, a \operatorname{sen} t \rangle,\ a > 0,\ \ 0 \leq t \leq 2\pi$$

Solución

Paso 1. Hallamos la función longitud de arco s(t):

$$\mathbf{r}'(t) = \langle\, a \operatorname{sen} t, -a \cos t \rangle \quad \text{y} \quad \| \mathbf{r}'(t) \| = \sqrt{(a \cos t)^2 + (-a \operatorname{sen} t)^2} = a$$

$$s: [0, 2\pi] \to [0, 2\pi a], \qquad s(t) = \int_0^t \| \mathbf{r}'(u) \| \, du = \int_0^t a \, du = at$$

Esto es, s(t) = at

Paso 2. Hallamos la función inversa de la longitud de arco

$$h = s^{-1} : [0, 2\pi a] \to [0, 2\pi]$$

Sea $s = s(t)$. Entonces $s = at$. Despejando t tenemos $t = \dfrac{s}{a}$

Luego, $t = h(s) = \dfrac{s}{a}$ y la reparametrización buscada es

$$C: \ \rho(s) = \mathbf{r}(h(s)) = \left\langle a \cos \frac{s}{a},\ a \operatorname{sen} \frac{s}{a} \right\rangle, \ \ 0 \leq s \leq 2\pi a$$

EJEMPLO 5. ***Reparametrización por longitud de arco de la hélice***

$$C : \mathbf{r}(t) = \langle\, \cos t, \operatorname{sen} t, t \rangle,\ 0 \leq t \leq 2\pi$$

Solución

Paso 1. En el ejemplo 3 se halló que la función longitud de arco de esta hélice es

$$s : [0, 2\pi] \to [0,\ 2\pi\sqrt{2}\,],\ \ s(t) = \sqrt{2}\, t$$

Paso 2. Sea s = $s(t)$. Entonces $s = \sqrt{2}\, t$. Despejando t tenemos $t = \dfrac{s}{\sqrt{2}}$

Luego, $t = h(s) = \dfrac{s}{\sqrt{2}}$ y la reparametrización buscada es

$$C: \ \rho(s) = \mathbf{r}(h(s)) = \left\langle \cos \frac{s}{\sqrt{2}},\ \operatorname{sen} \frac{s}{\sqrt{2}},\ \frac{s}{\sqrt{2}} \right\rangle, \ \ 0 \leq s \leq 2\pi\sqrt{2}$$

TEOREMA 2.9 **Propiedades de la parametrización por longitud de arco.**

1. Si $C:\mathbf{r}:[a, b]\to\mathbb{R}^n$ es una curva suave y si t es un parámetro general y s es el parámetro de longitud de arco, entonces

$$\frac{ds}{dt}=\left\|\frac{d\mathbf{r}}{dt}\right\|=\|\mathbf{r}'(t)\|$$

2. Sea $C:\mathbf{r}:[0, L]\to\mathbb{R}^n$ una curva suave. Si s es el parámetro de longitud de arco, entonces el vector $\mathbf{r}'(s)$ es unitario. Esto es,

$$\left\|\frac{d\mathbf{r}}{ds}\right\|=\|\mathbf{r}'(s)\|=1$$

3. La proposición recíproca de esta segunda parte también se cumple.

Demostración

1. Sigue inmediatamente de aplicar el primer teorema fundamental del cálculo a

$$s(t)=\int_0^t\|\mathbf{r}'(u)\|\,du$$

2. En la fórmula de la parte 1 derivando respecto a la variable s, tenemos;

$$1=\frac{ds}{ds}=\left\|\frac{d\mathbf{r}}{ds}\right\|=\|\mathbf{r}'(s)\|\ \Rightarrow\ \left\|\frac{d\mathbf{r}}{ds}\right\|=\|\mathbf{r}'(s)\|=1$$

3. Ver el problema resuelto 1.

PROBLEMAS RESUELTOS 2.3

PROBLEMA 1. Sea $\mathbf{r}(t)$ una curva tal que $\|\mathbf{r}'(t)\|=1$, $\forall\ t$. Probar que para cualquier valor t_0 en el dominio de $\mathbf{r}$, el parámetro $s=t-t_0$ es el parámetro de longitud de arco que tiene como punto de referencia el punto que tiene vector de referencia a $\mathbf{r}(t_0)$.

Solución

Tenemos que:

$$s=\int_{t_0}^t\|\mathrm{r}'(u)\|\,du=\int_{t_0}^t 1\,du=t-t_0$$

PROBLEMA 2. Reparametrizar por longitud de arco a la curva

$$C: \mathbf{r}(t) = \langle\, e^t \cos t,\ e^t \operatorname{sen} t,\ \sqrt{2}\, e^t \rangle,\ \ t \geq 0$$

Solución

Paso 1. Hallamos la función longitud de arco:

$$\mathbf{r}'(t) = \langle e^t(\cos t - \operatorname{sen} t),\ e^t(\operatorname{sen} t + \cos t),\ \sqrt{2}\, e^t \rangle$$

$$= e^t \langle \cos t - \operatorname{sen} t,\ \operatorname{sen} t + \cos t),\ \sqrt{2} \rangle$$

$$\| \mathbf{r}'(t) \| = \sqrt{e^{2t}\left[(\cos t - \operatorname{sen} t)^2 + (\cos t + \operatorname{sen} t)^2 + 2\right]} = 2e^t$$

$$s = s(t) = \int_0^t \| \mathbf{r}'(u) \|\, du = \int_0^t 2e^u du = 2(e^t - 1)$$

Como $t \geq 0$, entonces $s = 2(e^t - 1) \geq 0$

Luego, $s = 2(e^t - 1),\ s \geq 0$

Paso 2. Hallamos la función inversa de la función longitud de arco:

$$s = 2(e^t - 1) \Rightarrow e^t = \frac{s}{2} + 1 \Rightarrow t = h(s) = \ln(1 + s/2)$$

La reparametrización por longitud de arco es:

$$C: \rho(s) = \mathbf{r}(h(s)) = \langle\, e^{h(s)} \cos h(s),\ e^{h(s)} \operatorname{sen} h(s),\ 2e^{h(s)} \rangle$$

$$= \left\langle e^{\ln(1+s/2)} \cos(\ln(1+s/2)),\ e^{\ln(1+s/2)} \operatorname{sen}(\ln(1+s/2)),\ \sqrt{2}e^{\ln(1+s/2)} \right\rangle \Rightarrow$$

$$\rho(s) = \left\langle \left(1+\frac{s}{2}\right)\cos\left(\ln\left(1+\frac{s}{2}\right)\right),\ \left(1+\frac{s}{2}\right)\operatorname{sen}\left(\ln\left(1+\frac{s}{2}\right)\right),\ \sqrt{2}\left(1+\frac{s}{2}\right)\right\rangle,\ s \geq 0$$

PROBLEMA 3. Hallar el punto de la hélice $\mathbf{r}(t) = \langle 5 \cos t, 5 \operatorname{sen} t, 12t \rangle$ que está a una distancia de 26π a lo largo de la curva desde el punto $P_0 = (5, 0, 0)$, en la dirección en que crece la longitud de arco.

Solución

Reparametrizamos la curva por longitud de arco:

$$\mathbf{r}'(t) = \langle -5 \operatorname{sen} t, 5 \cos t, 12 \rangle \quad \text{y}$$

$$\| \mathbf{r}'(t) \| = \sqrt{(-5 \operatorname{sen} t)^2 + (5 \cos t)^2 + 12^2} = 13$$

El punto $P_0 = (5, 0, 0)$ corresponde a $t = 0$. Luego,

$$s = \int_0^t \| \mathbf{r}'(u) \| \, du = \int_0^t 13\, du = 13t \quad \text{y, por tanto,} \quad t = \frac{s}{13}$$

La reparametrización de esta hélice por longitud de arco es

$$\boldsymbol{\rho}(s) = \mathbf{r}(s/13) = \left\langle 5 \cos \frac{s}{13},\ 5 \text{ sen } \frac{s}{13},\ \frac{12}{13} s \right\rangle$$

El punto que buscamos es

$$\boldsymbol{\rho}(26\pi) = \left\langle 5 \cos \frac{26\pi}{13},\ 5 \text{ sen } \frac{26\pi}{13},\ \frac{12}{13}(26\pi) \right\rangle = \langle 5, 0, 24\pi \rangle$$

PROBLEMAS PROPUESTOS 2.3

En los problemas del 1 al 12, hallar la longitud de la curva dada en el intervalo indicado.

1. $\mathbf{r}(t) = \left\langle 1, 3t^2, t^3 \right\rangle,\ 0 \le t \le \sqrt{5}$ *Rpta.* $L = 19$

2. $\mathbf{r}(t) = \left\langle 2t^3/3, t, t^2 \right\rangle,\ 0 \le t \le 3$ *Rpta.* $L = 21$

3. $\mathbf{r}(t) = \langle t \text{ sen } t, t \cos t, t \rangle,\ 0 \le t \le \pi$ *Rpta.* $L = \frac{\pi}{2}\sqrt{\pi^2 + 2} + \ln \frac{\pi + \sqrt{\pi^2 + 2}}{\sqrt{2}}$

4. $\mathbf{r}(t) = \langle 5 \cos t, 1 + 5 \text{ sen } t, 12t \rangle,\ 0 \le t \le 3$ *Rpta.* $L = 39$

5. $\mathbf{r}(t) = \langle a \cos t, a \text{ sen } t, bt \rangle,\ 0 \le t \le 2\pi$ *Rpta.* $L = 2\pi\sqrt{a^2 + b^2}$

6. $\mathbf{r}(t) = \left\langle \text{sen } t - t \cos t, \cos t + t \text{ sen } t, \sqrt{2}\, t^2 \right\rangle,\ 0 \le t \le \pi$ *Rpta.* $L = 3\pi^2/2$

7. $\mathbf{r}(t) = \langle t \cos t, t \text{ sen } t, t \rangle,\ 0 \le t \le \pi$

Rpta. $L = \frac{\pi}{2}\sqrt{\pi^2 + 2} + \ln\left(\pi + \sqrt{\pi^2 + 2}\right) - \ln\sqrt{2} \approx 6{,}95$

8. $\mathbf{r}(t) = \langle e^{-t}, 1 + e^t, \sqrt{2}\, t \rangle,\ 0 \le t \le 1$ *Rpta.* $e + e^{-1} - 2$

9. $\mathbf{r}(t) = \langle \cosh t, \text{senh } t, t \rangle,\ 0 \le t \le 1$ *Rpta.* $\frac{\sqrt{2}}{2}(e - e^{-1})$

10. $\mathbf{r}(t) = \left\langle t, \text{sen}^{-1} t, -\frac{1}{4} \ln \frac{1-t}{1+t} \right\rangle,\ 0 \le t \le 1/2$ *Rpta.* $\frac{1}{2} + \frac{1}{4} \ln 3$

11. $\mathbf{r}(t) = \langle e^t \cos t, e^t \text{ sen } t, e^t \rangle,\ -\ln 2 \le t \le 0$ *Rpta.* $\frac{\sqrt{3}}{2}$

12. $\mathbf{r}(t) = \left\langle 5e^t \cos t, 5e^t \text{sen } t, 5\sqrt{2}e^t \right\rangle,\ 0 \le t \le 1$ *Rpta.* $L = 10(e - 1)$

En los problemas del 13 al 17, parametrizar la curva dada por longitud de arco, tomando como punto de referencia el punto donde $t_0 = 0$

13. $\mathbf{r}(t) = \langle 1 - e^{-t}, e^{-t} \rangle$ *Rpta* $\rho(s) = \dfrac{1}{\sqrt{2}}\langle s, \sqrt{2} - s\rangle$

14. $\mathbf{r}(t) = \langle 1 + 2t, 4 - t, 3 + 2t \rangle$ *Rpta* $\rho(s) = \left\langle 1 + \dfrac{2}{3}s,\ 4 - \dfrac{1}{3}s,\ 3 + \dfrac{2}{3}s \right\rangle$

15. $\mathbf{r}(t) = \langle 1 + 2t,\ -2 + 3t,\ 5 + \sqrt{3}t \rangle$, *Rpta.* $\rho(s) = \left\langle 1 + \dfrac{1}{2}s,\ -2 + \dfrac{3}{4}s,\ 5 + \dfrac{\sqrt{3}}{4}s \right\rangle$

16. $\mathbf{r}(t) = \langle a \cos t, a \operatorname{sen} t, b\,t \rangle$

Rpta. $\rho(s) = \left\langle a \cos \dfrac{s}{\sqrt{a^2 + b^2}},\ a \operatorname{sen} \dfrac{s}{\sqrt{a^2 + b^2}},\ \dfrac{bs}{\sqrt{a^2 + b^2}} \right\rangle$

17. $\mathbf{r}(t) = \langle 3 \operatorname{sen} t - 3t\cos t,\ 3 \cos t + 3t \operatorname{sen} t,\ 2t^2 \rangle$, $0 \le t < \infty$

Rpta. $\rho(s) =$

$$\left\langle 3 \operatorname{sen}\sqrt{2s/5} - 3\sqrt{2s/5}\cos\sqrt{2s/5},\ 3\cos\sqrt{2s/5} + 3\sqrt{2s/5} \operatorname{sen}\sqrt{2s/5},\ \frac{4s}{5} \right\rangle$$

18. Hallar el punto en la hélice C : $\mathbf{r}(t) = \langle 4 \cos t,\ 4 \operatorname{sen} t,\ 3t \rangle$ que está a una distancia de 10π a lo largo de curva, desde el punto $P_0 = (4, 0, 0)$ en la dirección en que crece la longitud de arco. *Rpta.* $(4, 0, 6\pi)$

19. Hallar el punto en la hélice C : $\mathbf{r}(t) = \langle 15 \cos t,\ 15 \operatorname{sen} t,\ 8t \rangle$ que está a una distancia de 34π a lo largo de curva, desde el punto $P_0 = (15, 0, 0)$ en la dirección opuesta a la que crece la longitud de arco. *Rpta.* $(15, 0, 16\pi)$

SECCION 2.4

VECTORES TANGENTE UNITARIO, NORMAL Y BINORMAL

Sea $C : \mathbf{r}: [a, b] \to \mathbb{R}^n$ una curva suave. El vector derivada $\mathbf{r}'(t)$ es diferente de cero, es tangente a C y apunta en la el parámetro t crece.

DEFINICION. Sea $C : r : [a, b] \to \mathbb{R}^n$ una curva suave. Se llama **vector tangente unitario** a esta curva en t al vector:

$$\mathbf{T}(t) = \frac{\mathbf{r}'(t)}{\|\mathbf{r}'(t)\|} \qquad \textbf{(1)}$$

OBSERVACION. Si en la definición anterior, la curva está parametrizada por longitud de arco, considerando que $\| \mathbf{r}'(s) \| = 1$, se tiene

$$\mathbf{T}(s) = \mathbf{r}'(s) \qquad \textbf{(2)}$$

Como $\| \mathbf{T}(t) \| = 1 \ \forall \ t$, por el teorema 2.3, $\mathbf{T}'(t)$ es ortogonal a $\mathbf{T}(t)$. Este resultado nos permite definir un vector unitario ortogonal a $\mathbf{T}(t)$ y que tiene la misma dirección que $\mathbf{T}'(t)$.

DEFINICION. Sea C : **r**: $[a, b] \to \mathbb{R}^n$ una curva suave tal que $\mathbf{r}'(t)$ es también suave. Se llama **vector normal principal unitario** en t, o simplemente, **vector normal unitario,** al vector

$$\mathbf{N}(t) = \frac{\mathbf{T}'(t)}{\| \mathbf{T}'(t) \|} \qquad \textbf{(3)}$$

OBSERVACION. Si en la definición anterior, la curva está parametrizada por longitud de arco, considerando que $\mathbf{T}(s) = \mathbf{r}'(s)$, se tiene

$$\mathbf{N}(s) = \frac{\mathbf{r}''(s)}{\| \mathbf{r}''(s) \|} \qquad \textbf{(4)}$$

DEFINICION. **Vector Binormal en el espacio tridimensional.**

Sea C : **r**: $[a, b] \to \mathbb{R}^3$ una curva suave tal que $\mathbf{r}'(t)$ es también suave. Se llama **vector binormal** a C en t al vector

$$\mathbf{B}(t) = \mathbf{T}(t) \times \mathbf{N}(t)$$

De acuerdo a las propiedades del producto vectorial (teorema 1.9), el vector $\mathbf{B}$(t) es ortogonal tanto a **T(t)** como a $\mathbf{N}(t)$ y se orienta, con relación a $\mathbf{T}(t)$ y a $\mathbf{N}(t)$ siguiendo la regla de la mano derecha.

$\mathbf{B}(t)$ es unitario. En efecto, aplicando el teorema 1.11 tenemos:

$$\| \mathbf{B}(t) \| = \| \mathbf{T}(t) \times \mathbf{N}(t) \| = \| \mathbf{T}(t) \| \, \| \mathbf{N}(t) \| \operatorname{sen} \frac{\pi}{2} = (1)(1)(1) = 1$$

En el punto correspondiente a $\mathbf{r}(t)$ en la curva C, los vectores $\mathbf{T}(t)$, $\mathbf{N}(t)$ y $\mathbf{B}(t)$ conforman un trío de vectores unitarios y mutuamente ortogonales. Estos dan lugar a un sistema de coordenadas llamado **sistema de referencia TNB** o **sistema de referencia de Frenet-Serret** de la curva C.

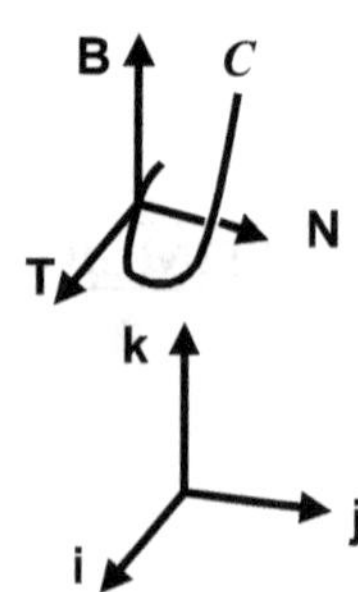

Los vectores $\mathbf{T}(t)$, $\mathbf{N}(t)$ y $\mathbf{B}(t)$ juegan en el punto de la curva correspondiente a $\mathbf{r}(t)$ un papel similar al que juega la tríada **i, j** y **k** en el origen del espacio tridimensional. Esta última tríada permace fija, en cambio los vectores $\mathbf{T}(t)$, $\mathbf{N}(t)$ y $\mathbf{B}(t)$ conforman una **tríada movil** que se mueve a lo largo de la curva.

EJEMPLO 1. Hallar la tríada móvil $\mathbf{T}(t)$, $\mathbf{N}(t)$ y $\mathbf{B}(t)$ de la hélice:

$$\mathbf{r}(t) = \langle 2\cos t,\, 2\,\text{sen}\, t,\, t\rangle$$

Solución

a. $\mathbf{r}'(t) = \langle -2\,\text{sen}\, t,\, 2\cos t,\, 1\rangle$ $\qquad \|\mathbf{r}'(t)\| = \sqrt{4\,\text{sen}^2 t + 4\cos^2 t + 1}$ $= \sqrt{5}$

$$\mathbf{T}(t) = \frac{\mathbf{r}'(t)}{\|\mathbf{r}'(t)\|} = \frac{\langle -2\,\text{sen}\, t,\, 2\cos t,\, 1\rangle}{\sqrt{5}} = \frac{1}{\sqrt{5}}\langle -2\,\text{sen}\, t,\, 2\cos t,\, 1\rangle$$

b. $\mathbf{T}'(t) = \dfrac{1}{\sqrt{5}}\langle -2\cos t,\, -2\,\text{sen}\, t,\, 0\rangle$, $\|\mathbf{T}'(t)\| = \dfrac{1}{\sqrt{5}}\sqrt{4\cos^2 t + 4\,\text{sen}^2 t + 0^2} = \dfrac{2}{\sqrt{5}}$

$$\mathbf{N}(t) = \frac{\mathbf{T}'(t)}{\|\mathbf{T}'(t)\|} = \frac{\frac{1}{\sqrt{5}}\langle -2\cos t,\, -2\text{sen} t,\, 0\rangle}{2/\sqrt{5}} = \langle -\cos t,\, -\text{sen}\, t,\, 0\rangle$$

c. $$\mathbf{B}(t) = \mathbf{T}(t)\times\mathbf{N}(t) = \begin{vmatrix} \mathbf{i} & \mathbf{j} & \mathbf{k} \\ -\frac{2}{\sqrt{5}}\text{sen}\, t & \frac{2}{\sqrt{5}}\cos t & \frac{1}{\sqrt{5}} \\ -\cos t & -\text{sen}\, t & 0 \end{vmatrix} = \frac{1}{\sqrt{5}}\langle \text{sen}\, t,\, -\cos t,\, 2\rangle$$

PLANO NORMAL, PLANO OSCULADOR Y PLANO RECTIFICADOR

Sea C : $\mathbf{r}$: $[a,\, b] \to \mathbb{R}^3$ una curva con triada móvil $\mathbf{T}(t)$, $\mathbf{N}(t)$ y $\mathbf{B}(t)$. Sea $P = (x_0, y_0, z_0)$ un punto de la curva C tal que $\mathbf{r}(t_0) = \langle x_0, y_0, z_0\rangle$.

1. Se llama **plano osculador de** C en el punto P al plano que pasa por P y es paralelo a los vectores $\mathbf{T}(t_0)$ y $\mathbf{N}(t_0)$. Este plano tiene por ecuación:

$$\mathbf{B}(t_0)\cdot\left[(x, y, z) - (x_0, y_0, z_0)\right] = 0$$

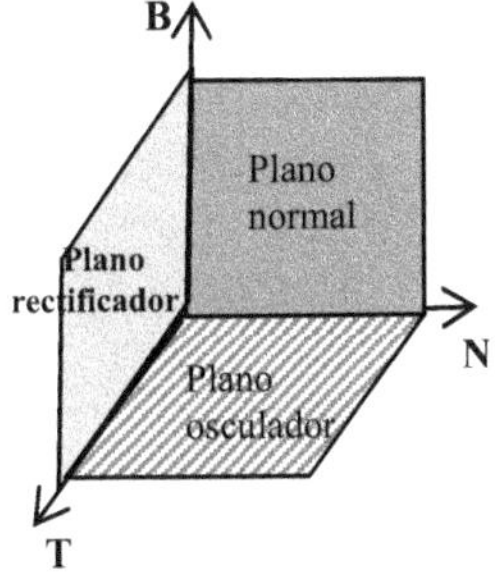

La palabra **osculador** se deriva de la palabra latina ***osculum,*** que significa "beso". Con este nombre se busca indicar que entre todos los planos que pasan por el punto P, el plano osculador es el que contiene la mayor parte de la curva cercana P. Si la curva es plana, toda ella está contenida en este plano.

2. Se llama **plano normal de** C en el punto P al plano que pasa por P y es paralelo a los vectores $\mathbf{N}(t_0)$ y $\mathbf{B}(t_0)$. Este plano tiene por ecuación:

$$\mathbf{T}(t_0)\cdot\left[(x, y, z) - (x_0, y_0, z_0)\right] = 0$$

3. Se llama **plano rectificador de C** en el punto P al plano que pasa por P y es paralelo a los vectores $\mathbf{T}(t_0)$ y $\mathbf{B}(t_0)$. Este plano tiene por ecuación:

$$\boxed{\mathbf{N}(t_0) \cdot \left[(x, y, z) - (x_0, y_0, z_0)\right] = 0}$$

EJEMPLO 2. Hallar las ecuaciones de los planos osculador, normal y rectificador de la hélice del ejemplo anterior, $\mathbf{r}(t) = \langle 2 \cos t, 2 \operatorname{sen} t, t\rangle$, en el punto $P = (0, 2, \pi/2) = \mathbf{r}(\pi/2)$

Solución

1. Plano osculador

Por el ejemplo anterior, sabemos que $\mathbf{B}(t) = \dfrac{1}{\sqrt{5}}\langle \operatorname{sen} t, -\cos t, 2\rangle$. Luego,

$\mathbf{B}(\pi/2) = \dfrac{1}{\sqrt{5}}\langle 1, 0, 2\rangle$ y el plano osculador es

$$\frac{1}{\sqrt{5}}\langle 1, 0, 2\rangle \cdot \left[(x, y, z) - (0, 2, \pi/2)\right] = 0 \Rightarrow x + 2z - \pi = 0$$

2. Plano normal

Sabemos, por el ejemplo anterior, que $\mathbf{T}(t) = \dfrac{1}{\sqrt{5}}\langle -2 \operatorname{sen} t, 2 \cos t, 1\rangle$. Luego,

$\mathbf{T}(\pi/2) = \dfrac{1}{\sqrt{5}}\langle -2, 0, 1\rangle$ y el plano normal es

$$\frac{1}{\sqrt{5}}\langle -2, 0, 1\rangle \cdot \left[(x, y, z) - (0, 2, \pi/2)\right] = 0 \Rightarrow 4x - 2z + \pi = 0$$

3. Plano rectificador.

Sabemos, por el ejemplo anterior, que $\mathbf{N}(t) = \langle -\cos t, -\operatorname{sen} t, 0\rangle$. Luego, $\mathbf{N}(\pi/2) = \langle 0, -1, 0\rangle$ y el plano rectificador es

$$\langle 0, -1, 0\rangle \cdot \left[(x, y, z) - (0, 2, \pi/2)\right] = 0 \Rightarrow y - 2 = 0$$

PROBLEMAS RESUELTOS 2.4

PROBLEMA 1. Probar que

1. $\mathbf{N}(t) = \mathbf{B}(t) \times \mathbf{T}(t)$ **2.** $\mathbf{T}(t) = \mathbf{N}(t) \times \mathbf{B}(t)$

Solución

1. Por definición de la binormal, sabemos que $\mathbf{B}(t) = \mathbf{T}(t) \times \mathbf{N}(t)$. Multiplicamos vectorialmente esta igualdad por $\mathbf{T}(t)$ y aplicamos las propiedades 1 y 6 del teorema 1.10:

$$\mathbf{B}(t) \times \mathbf{T}(t) = [\mathbf{T}(t) \times \mathbf{N}(t)] \times \mathbf{T}(t) = -\mathbf{T}(t) \times [\mathbf{T}(t) \times \mathbf{N}(t)]$$

$$= -[(\mathbf{T}(t) \cdot \mathbf{N}(t))\, \mathbf{T}(t) - (\mathbf{T}(t) \cdot \mathbf{T}(t))\, \mathbf{N}(t)]$$

$$= -0\, \mathbf{T}(t) + 1\, \mathbf{N}(t) = \mathbf{N}(t)$$

2. Procedemos como en el caso anterior. A la igualdad 1, $\mathbf{N}(t) = \mathbf{B}(t)\times \mathbf{T}(t)$, la multiplicamos por $\mathbf{B}(t)$ y aplicamos las propiedades 1 y 6 del teorema 1.10:

PROBLEMAS PROPUESTOS 2.4

En los problemas del 1 al 3, hallar la tríada móvil $\mathbf{T}(t)$, $\mathbf{N}(t)$ y $\mathbf{B}(t)$ de la curva dada ***para el valor de t indicado.***

1. $\mathbf{r}(t) = \langle t, t^2, 2t\rangle, \quad t = 1$

   Rpta. $\mathbf{T}(1) = \frac{1}{3}\langle 1, 2, 2\rangle$, $\mathbf{N}(1) = \frac{1}{3\sqrt{5}}\langle -2, 5, -4\rangle$, $\mathbf{B}(1) = \frac{1}{\sqrt{5}}\langle -2, 0, 1\rangle$

2. $\mathbf{r}(t) = \langle e^t \cos t, e^t \operatorname{sen} t, e^t\rangle$, $t = 0$

   Rpta. $\mathbf{T}(0) = \frac{1}{\sqrt{3}}\langle 1, 1, 1\rangle$, $\mathbf{N}(0) = \frac{1}{\sqrt{2}}\langle -1, 1, 0\rangle$, $\mathbf{B}(0) = \frac{1}{\sqrt{6}}\langle -1, -1, 2\rangle$

3. $\mathbf{r}(t) = \langle \cosh t, \operatorname{sen h} t, t\rangle, \quad t = \ln 2$

   Rpta. $\mathbf{T}(\ln 2) = \frac{1}{5\sqrt{2}}\langle 3, 5, 4\rangle$, $\mathbf{N}(\ln 2) = \frac{1}{5}\langle 4, 0, -3\rangle$, $\mathbf{B}(\ln 2) = \frac{1}{5\sqrt{2}}\langle -3, 5, -4\rangle$

En los problemas del 4 al 6, hallar:* a. *El plano osculador.* b. *El plano normal* c. *El plano rectificador, de la curva dada en el punto correspondiente al valor de t indicado.

4. $\mathbf{r}(t) = \langle t, t^2, 2t\rangle, \quad t = 1$ (curva del problema 1)

   Rpta. **a.** $2x - z = 0$ **b.** $x + 2y + 2z - 7 = 0$ **c.** $2x - 5y + 4z - 5 = 0$

5. $\mathbf{r}(t) = \langle e^t \cos t, e^t \operatorname{sen} t, e^t\rangle$, $t = 0$ (curva del problema 2)

   Rpta. **a.** $x + y - 2z + 1 = 0$ **b.** $x + y + z - 2 = 0$ **c.** $x - y - 1 = 0$

6. $\mathbf{r}(t) = \langle \cosh t, \operatorname{sen h} t, t\rangle, \quad t = \ln$ (curva del problema 3)

   Rpta. **a.** $3x - 5y + 4z - 4 \ln 2 = 0$ **b.** $6x + 10y + 8z - 15 + 8 \ln 2 = 0$
   c. $4x - 3z - 5 + 3 \ln 2 = 0$

SECCION 2.5

CURVATURA, TORSION Y ACELERACION

CURVATURA

DEFINICION. Sea C una curva suave y parametrizada por longitud de arco y **T** su vector tangente unitario. **La curvatura de C** es la función

$$\kappa(s) = \left\| \frac{d\mathbf{T}}{ds} \right\| = \| \mathbf{r}''(s) \|$$

La letra κ es la letra griega kappa. La curvatura mide la flexión de la curva. Mostraremos que una recta, curva que no se flexiona, tiene curvatura 0 y que la curvatura de circunferencia es igual al inverso de su radio, lo que significa que a menor radio mayor curvatura.

EJEMPLO 1. Probar que una circunferencia de radio a tiene curvatura constante igual al recíproco del radio. Esto es $\kappa(s) = \dfrac{1}{a}$

Solución

Podemos suponer, sin pérdida de generalidad, que el centro de la circunferencia está en el origen de coordenadas. De acuerdo al ejemplo 4 de la sección 2.3, la ecuación de esta circunferencia, parametrizada por longitud de arco, es

$$\mathbf{r}(s) = \left\langle a \cos\frac{s}{a},\ a \operatorname{sen}\frac{s}{a} \right\rangle,\ 0 \leq s \leq 2\pi a$$

Tenemos que:

$$\mathbf{r}'(s) = \left\langle -\operatorname{sen}\frac{s}{a},\ \cos\frac{s}{a} \right\rangle \text{ y } \mathbf{r}''(s) = \left\langle -\frac{1}{a}\cos\frac{s}{a},\ -\frac{1}{a}\operatorname{sen}\frac{s}{a} \right\rangle$$

Luego,

$$\kappa(s) = \| \mathbf{r}''(s) \| = \sqrt{\left(-\frac{1}{a}\cos\frac{s}{a}\right)^2 + \left(-\frac{1}{a}\operatorname{sen}\frac{s}{a}\right)^2} = \frac{1}{a}$$

El siguiente teorema nos proporciona otras fórmulas que nos permiten calcular la curvatura parametrizada por otro parámetro t, que no es necesariamente la longitud de arco.

TEOREMA 2.10 Sea $\mathbf{r}(t)$ una curva suave y dos veces derivable. Entonces

1. $\kappa(t) = \dfrac{\| \mathbf{T}'(t) \|}{\| \mathbf{r}'(t) \|}$ **2.** $\kappa(t) = \dfrac{\| \mathbf{r}'(t) \times \mathbf{r}''(t) \|}{\| \mathbf{r}'(t) \|^3}$

Demostración

Ver el problema resuelto 1.

EJEMPLO 2. Probar que la curvatura de una recta es 0.

Solución

Sea la recta $\mathbf{r}(t) = \mathbf{r}_0 + t\mathbf{v}$. Tenemos que:

$$\mathbf{r}'(t) = \mathbf{v} \ \text{ y } \ \mathbf{T}(t) = \frac{\mathbf{r}'(t)}{\|\mathbf{r}'(t)\|} = \frac{\mathbf{v}}{\|\mathbf{v}\|} \Rightarrow \mathbf{T}'(t) = \mathbf{0}. \text{ Luego,}$$

$$\kappa(t) = \frac{\|\mathbf{T}'(t)\|}{\|\mathbf{r}'(t)\|} = \frac{\|\mathbf{0}\|}{\|\mathbf{r}'(t)\|} = 0$$

EJEMPLO 3. Hallar la función curvatura $\kappa(t)$ de la curva

$$\mathbf{r}(t) = \langle t^2, t, 2t^3/3 \rangle$$

Solución

Aplicaremos la fórmula 2 del teorema anterior:

$$\mathbf{r}'(t) = \langle 2t, 1, 2t^2 \rangle, \quad \mathbf{r}''(t) = = \langle 2, 0, 4t \rangle, \quad \|\mathbf{r}'(t)\| = \sqrt{4t^2 + 1 + 4t^4} = 2t^2 + 1$$

$$\mathbf{r}'(t) \times \mathbf{r}''(t) = \begin{vmatrix} \mathbf{i} & \mathbf{j} & \mathbf{k} \\ 2t & 1 & 2t^2 \\ 2 & 0 & 4t \end{vmatrix} = 2\langle 2t, -2t^2, -1 \rangle,$$

$$\|\mathbf{r}'(t) \times \mathbf{r}''(t)\| = 2\sqrt{4t^2 + 4t^4 + 1} = 2(2t^2 + 1)$$

Luego, $$\kappa(t) = \frac{\|\mathbf{r}'(t) \times \mathbf{r}''(t)\|}{\|\mathbf{r}'(t)\|^3} = \frac{2(2t^2 + 1)}{(2t^2 + 1)^3} = \frac{2}{(2t^2 + 1)^2}$$

La fórmula 2 del teorema anterior puede usarse para calcular la curvatura de curvas planas, expresando estas curvas como curvas espaciales (curvas de $\mathbb{R}^3$)

EJEMPLO 4. Calcular la curvatura en los puntos extremos de los ejes de la elipse

$$\mathbf{r}(t) = \langle 3 \cos t, 2 \operatorname{sen} t \rangle$$

Solución

A la elipse la expresamos como curva espacial:

$$\mathbf{r}(t) = \langle 3 \cos t, 2 \operatorname{sen} t, 0\rangle$$

Ahora,

$$\mathbf{r}'(t) = \langle -3 \operatorname{sen} t, 2 \cos t, 0\rangle, \qquad \mathbf{r}''(t) = \langle -3 \cos t, -2 \operatorname{sen} t, 0\rangle,$$

$$\| \mathbf{r}'(t) \| = \sqrt{9 \operatorname{sen}^2 t + 4 \cos^2 t + 0^2} = \sqrt{5 \operatorname{sen}^2 t + 4}$$

$$\mathbf{r}'(t) \times \mathbf{r}''(t) = \begin{vmatrix} \mathrm{i} & \mathrm{j} & \mathrm{k} \\ -3 \operatorname{sen} t & 2 \cos t & 0 \\ -3 \cos t & -2 \operatorname{sen} t & 0 \end{vmatrix} = \langle 0, 0, 6\rangle,$$

$$\kappa(t) = \frac{\| \mathbf{r}'(t) \times \mathbf{r}''(t) \|}{\| \mathbf{r}'(t) \|^3} = \frac{\| \langle 0, 0, 6 \rangle \|}{\left(5 \operatorname{sen}^2 t + 4\right)^{3/2}} = \frac{6}{\left(5 \operatorname{sen}^2 t + 4\right)^{3/2}}$$

Los extremos de los ejes corresponden a los siguientes valores de t:

$$0, \ \pi/2, \ \pi, \ 3\pi/2.$$

Para estos valores tenemos:

$$\kappa(0) = \frac{6}{\left(5 \operatorname{sen}^2 0 + 4\right)^{3/2}} = \frac{3}{4}, \qquad \kappa(\pi/2) = \frac{6}{\left(5 \operatorname{sen}^2 \pi/2 + 4\right)^{3/2}} = \frac{2}{9}$$

$$\kappa(\pi) = \frac{6}{\left(5 \operatorname{sen}^2 \pi + 4\right)^{3/2}} = \frac{3}{4}, \qquad \kappa(3\pi/2) = \frac{6}{\left(5 \operatorname{sen}^2 3\pi/2 + 4\right)^{3/2}} = \frac{2}{9}$$

TEOREMA 2.11 Si C es la gráfica de una función $y = f(x)$ que es dos veces derivable, entonces la curvatura de de C es

$$\kappa(x) = \frac{|f''(x)|}{\left[1 + \left(f'(x)\right)^2\right]^{3/2}}$$

Demostración

Ver el problema resuelto 2.

EJEMPLO 5. Calcular la curvatura del gráfico de $f(x) = e^{-x}$

Solución

Tenemos que: $f'(x) = -e^{-x}$ y $f''(x) = e^{-x}$. Luego,

$$\kappa(x) = \frac{|f''(x)|}{\left[1+\left(f'(x)\right)^2\right]^{3/2}} = \frac{e^{-x}}{\left[1+\left(-e^{-x}\right)^2\right]^{3/2}} = \frac{e^{2x}}{\left[e^{2x}+1\right]^{3/2}}$$

CIRCUNFERENCIA Y RADIO DE CURVATURA

DEFINICION. Sea **r:** $[a, b] \to \mathbb{R}^2$ una curva plana y P un punto de la curva en el cual $\kappa(t) \neq 0$. Se llama **circunferencia de curvatura o circunferencia osculadora** de la curva en el punto P a la circunferencia que cumple las siguientes condiciones:

1. Es tangente a la curva en P. (la circunferencia y la curva tienen la misma recta tangente en el punto P).

2. Tiene la misma curvatura en P que la curva.

3. Está localizada en la región del plano cóncava de la curva.

De acuerdo a la condición 2 y el ejemplo 1, el radio de la circunferencia de curvatura, al cual llamaremos **radio de curvatura en** el punto P, es

$$\rho(t) = \frac{1}{\kappa(t)}$$

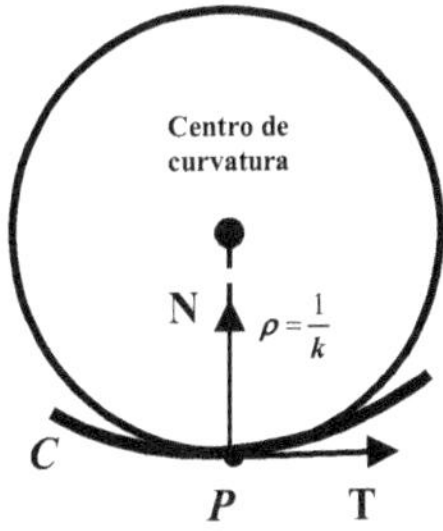

El centro de la circunferencia de curvatura se llama **centro de curvatura** de la curva en el punto P.

De acuerdo a la condición 1, el centro de curvatura está localizado en la recta que pasa por P y es paralela al vector normal $\mathbf{N}(t)$. Si $\mathbf{r}(t)$ es el vector de posición del punto P y $\boldsymbol{\gamma}$ es el vector de posición del centro de curvatura, como el radio de la circunferencia es $\rho(t) = \dfrac{1}{\kappa(t)}$, entonces se tiene

$$\boldsymbol{\gamma} = \mathbf{r}(t) + \rho(t)\mathbf{N}(t)$$

EJEMPLO 6. Sea la curva plana $\mathbf{r}(t) = \langle 2t, -t^2 + 1 \rangle$ y $P = (2, 0)$. Hallar

1. El vector tangente unitario **T** en el punto P.
2. El vector normal unitario **N** en el punto P.
3. La curvatura en el punto P.
4. El radio de curvatura en el punto P.
5. El centro de curvatura en el punto P.
6. La circunferencia de curvatura en el punto P.

Solución

1. El punto $P = (2, 0)$ de la curva corresponde al valor de $t = 1$.

$\mathbf{r}'(t) = \langle 2, -2t\rangle = 2\langle 1, -t\rangle$ y $\|\mathbf{r}'(t)\| = 2\sqrt{1+t^2}$. Luego,

$$\mathbf{T}(t) = \frac{\mathbf{r}'(t)}{\|\mathbf{r}'(t)\|} = \frac{2\langle 1, -t\rangle}{2\sqrt{1+t^2}} = \left\langle \frac{1}{\sqrt{1+t^2}}, \frac{-t}{\sqrt{1+t^2}} \right\rangle$$

Para $t = 1$: $\mathbf{T}(1) = \left\langle \frac{1}{\sqrt{2}}, \frac{-1}{\sqrt{2}} \right\rangle$ y $\|\mathbf{r}'(1)\| = 2\sqrt{2}$

2. Derivamos $\mathbf{T}(t)$:

$$\mathbf{T}'(t) = \left\langle \frac{d}{dt}\left(\frac{1}{\sqrt{1+t^2}}\right), \frac{d}{dt}\left(\frac{-t}{\sqrt{1+t^2}}\right) \right\rangle = \left\langle \frac{-t}{\left(1+t^2\right)^{3/2}}, \frac{-1}{\left(1+t^2\right)^{3/2}} \right\rangle$$

Para $t = 1$:

$$\mathbf{T}'(1) = \left\langle \frac{-1}{2\sqrt{2}}, \frac{-1}{2\sqrt{2}} \right\rangle \text{ y } \|\mathbf{T}'(1)\| = \sqrt{\left(-1/2\sqrt{2}\right)^2 + \left(-1/2\sqrt{2}\right)^2} = \frac{1}{2}$$

Luego, $\mathbf{N}(1) = \dfrac{\mathbf{T}'(1)}{\|\mathbf{T}'(1)\|} = \left\langle \dfrac{-1}{2\sqrt{2}}, \dfrac{-1}{2\sqrt{2}} \right\rangle \Big/ \dfrac{1}{2} = \left\langle \dfrac{-1}{\sqrt{2}}, \dfrac{-1}{\sqrt{2}} \right\rangle$

3. Sabemos que $\|\mathbf{T}'(1)\| = \frac{1}{2}$ y $\|\mathbf{r}'(1)\| = 2\sqrt{2}$. Luego,

$$\kappa(1) = \frac{\|\mathbf{T}'(1)\|}{\|\mathbf{r}'(1)\|} = \frac{1}{2}\Big/2\sqrt{2} = \frac{1}{4\sqrt{2}}$$

4. $\rho(1) = \dfrac{1}{\kappa(1)} = \dfrac{1}{1/4\sqrt{2}} = 4\sqrt{2}$

5. El centro de curvatura es el punto cuyo vector de posición es

$$\boldsymbol{\gamma} = \mathbf{r}(1) + \rho(1)\mathbf{N}(1) = \langle 2, 0\rangle + 4\sqrt{2}\left\langle \frac{-1}{\sqrt{2}}, \frac{-1}{\sqrt{2}} \right\rangle = \langle 2, 0\rangle + \langle -4, -4\rangle = \langle -2, -4\rangle$$

Luego, el centro de curvatura es el punto $Q = (-2, -4)$.

6. De acuerdo a los datos en las partes 4 y 5, la circunferencia de curvatura tiene su centro en el punto $Q = (-2, -4)$.y tiene radio $\rho(1) = 4\sqrt{2}$. En consecuencia, la ecuación de esta circunferencia es

$$(x+2)^2 + (y+4)^2 = 32$$

TORSION

Sea $\boldsymbol{C}$ una curva suave parametrizado por longitud de arco. Consideremos su triedro móvil: $\mathbf{T}(s)$, $\mathbf{N}(s)$, $\mathbf{B}(s)$. Como $\|\mathbf{B}(s)\| = 1$, $\dfrac{d\mathbf{B}}{ds}$ es ortogonal a $\mathbf{B}(s)$. En el problema resuelto 4 probaremos que $\dfrac{d\mathbf{B}}{ds}$ también es ortogonal a $\mathbf{T}(s)$. En consecuencia, $\dfrac{d\mathbf{B}}{ds}$ es paralelo a $\mathbf{N}(s)$ y, por tanto $\dfrac{d\mathbf{B}}{ds}$ es un múltiplo de $\mathbf{N}(s)$. Este resultado nos permite establecer la definición de torsión.

DEFINICION. La **torsión** de una curva suave es la función real $\tau = \tau(s)$ tal que

$$\frac{d\mathbf{B}}{ds} = -\tau(s)\mathbf{N}(s)$$

La torsión mide cómo una curva se tuerce con respecto al plano osculador.

Sabemos que la curvatura κ no toma valores negativos. En cambio, la tonsión τ, puede ser negativa, cero o positiva.

Se prueba que una curva es plana (está en un plano de $\mathbb{R}^3$) si y sólo si su torsión es idénticamente nula.

El siguiente teorema, cuya demostración omitimos, nos permite calcular la torsión con facilidad.

TEOREMA 2. 12 Si $\mathbf{r}(t)$ tiene tercera derivada, entonces

$$\tau(t) = \frac{[\mathbf{r}'(t)\times\mathbf{r}''(t)] \cdot \mathbf{r}'''(t)}{\|\mathbf{r}'(t)\times\mathbf{r}''(t)\|^2}$$

EJEMPLO 6. Probar que la torción de la hélice $\mathbf{r}(t) = \langle a\cos t, a \operatorname{sen} t, bt \rangle$ es

$$\tau(t) = \frac{b}{a^2+b^2}$$

Solución

$$\mathbf{r}'(t) = \langle -a \operatorname{sen} t,\ a\cos t, b\rangle, \qquad \mathbf{r}''(t) = \langle -a\cos t,\ -a\operatorname{sen} t, 0\rangle,$$

$$\mathbf{r}'''(t) = \langle a\operatorname{sen} t, -a\cos t, 0\rangle.$$

$$\mathbf{r}'(t)\times\mathbf{r}''(t) = \begin{vmatrix} \mathbf{i} & \mathbf{j} & \mathbf{k} \\ -a\ \operatorname{sen}\ t & a\ \cos\ t & b \\ -a\ \cos\ t & -a\ \operatorname{sen}\ t & 0 \end{vmatrix} = \langle ab\operatorname{sen} t,\ -ab\cos t,\ a^2\rangle$$

$$\mathbf{r}'(t) \times \mathbf{r}''(t) \cdot \mathbf{r}'''(t) = \langle\, ab \text{ sen } t, -ab\cos t, a^2 \,\rangle \bullet \langle\, a \text{ sen } t, -a\cos t, b \rangle = a^2 b$$

$$\| \mathbf{r}'(t) \times \mathbf{r}''(t) \| = \left\| \left\langle ab \text{ sen } t, -ab \ \cos\ t,\ a^2 \right\rangle \right\| = \sqrt{a^2b^2 + a^4} = |\, a \,| \sqrt{a^2 + b^2}$$

Luego,

$$\tau(t) = \frac{[\mathbf{r}'(t) \times \mathbf{r}''(t)] \bullet \mathbf{r}'''(t)}{\| \mathbf{r}'(t) \times \mathbf{r}''(t) \|^2} = \frac{a^2 b}{\left(|\, a \,| \sqrt{a^2 + b^2}\right)^2} = \frac{b}{a^2 + b^2}$$

Las fórmulas que dan las derivadas del triedro móvil, en términos del mismo triedro móvil, se llaman las fórmulas de Frenet-Serret

TEOREMA 2.13. **Fórmulas de Frenet-Serret**

1. $\dfrac{d\mathbf{T}}{ds} = \kappa\mathbf{N}$ 2. $\dfrac{d\mathbf{N}}{ds} = \tau\,\mathbf{B} - \kappa\mathbf{T}$ 3. $\dfrac{d\mathbf{B}}{ds} = -\tau\,\mathbf{N}(s)$

Demostración

Ver el problema resuelto 3.

¿SABIAS QUE . . .

JEAN FREDERICK FRENET (1816–1900) *Nació en Périgueux, Francia. En 1840 entró a la Escuela Normal Superior de París. Más tarde, pasó a la Universidad de Touluse, donde estudió geometría diferencial. En 1847, presentó su tesis doctoral. En 1852, parte de esta tesis fue publicada con el nombre de* ***Sur quelque propriétés des curbes a double courbure****, en donde aparecen las fórmulas que ahora conocemos como fórmulas de Frenet–Serret.*

JOSEPH ALFRED SERRET (1819–1885) *nació en París. Estudió en la Escuela Politécnica de París, donde se graduó en 1840. Fue profesor de mecánica celeste en el colegio de Francia y de cálculo diferencial e integral en la Sorbona. Investigó en varios campos, como la geometría diferencial, mecánica, teoría de números, etc. Complementó el trabajo de Serret en el estudio de las fórmulas de Frenet–Serret.*

Joseph. A. Serret

COMPONENTES TANGENCIAL Y NORMAL DE LA ACELERACION

El movimiento de una partícula en el plano o en el espacio se describe mediante una función vectorial $\mathbf{r}(t)$, donde el parámetro t denota el tiempo. A $\mathbf{r}(t)$ se le llama **función de posición o trayectoria** de la partícula. Recordemos que, por definición, **la velocidad instantánea, la aceleración instantánea y la rapidez instantánea** de la partícula en el instante t están dadas por:

1. **Velocidad** $= \mathbf{v}(t) = \dfrac{d\mathbf{r}}{dt}$

2. **Aceleración** $= \mathbf{a}(t) = \dfrac{d\mathbf{v}}{dt} = \dfrac{d^2\mathbf{r}}{dt^2}$

3. **Rapidez** $= \| \mathbf{v}(t) \| = \| \mathbf{r}'(t) \| = \dfrac{ds}{dt}$

TEOREMA 2.14. Si una partícula se mueve a lo largo de una curva, entonces

1. $\mathbf{v}(t) = \dfrac{ds}{dt}\mathbf{T}(t)$ 2. $\mathbf{a} = \dfrac{d^2 s}{dt^2}\mathbf{T} + \kappa\left(\dfrac{ds}{dt}\right)^2 \mathbf{N}$

Demostración

Ver el problema resuelto 5.

DEFINICION. **Componente tangencial y normal de la aceleración**

Se llama componente tangencial y componente normal de la aceleración a los términos

$$\mathbf{a}_\mathrm{T} = \frac{d^2 s}{dt^2} = \frac{d}{dt}\| \mathbf{v} \| \qquad \mathbf{a}_\mathrm{N} = \kappa\left(\frac{ds}{dt}\right)^2 = \kappa\| \mathbf{v} \|^2$$

El teorema anterior nos dice que

$$\mathbf{a} = \mathbf{a}_\mathrm{T}\,\mathbf{T} + \mathbf{a}_\mathrm{N}\,\mathbf{N}$$

TEOREMA 2. 15. **Fórmulas para las componentes de la aceleración**

$$\mathbf{a}_\mathrm{T} = \frac{\mathbf{v} \cdot \mathbf{a}}{\| \mathbf{v} \|} \qquad \mathbf{a}_\mathrm{N} = \frac{\| \mathbf{v} \times \mathbf{a} \|}{\| \mathbf{v} \|}$$

Demostración

Sea θ el ángulo entre $\mathbf{a}$ y $\mathbf{T}$. Entonces

$$\mathbf{a}_\mathrm{T} = \| \mathbf{a} \| \cos\theta = \frac{\| \mathbf{v} \| \| \mathbf{a} \| \cos\theta}{\| \mathbf{v} \|} = \frac{\mathbf{v} \cdot \mathbf{a}}{\| \mathbf{v} \|}$$

$$\mathbf{a}_N = \| \mathbf{a} \| \operatorname{sen} \theta = \frac{\| \mathbf{v} \| \| \mathbf{a} \| \operatorname{sen} \theta}{\| \mathbf{v} \|} = \frac{\| \mathbf{v} \times \mathbf{a} \|}{\| \mathbf{v} \|}$$

EJEMPLO 7. La función de posición de una partícula es

$$\mathbf{r}(t) = \langle \ln(\sec t + \tan t), \ln \sec t,\ t \rangle.$$

Hallar:

1. $\mathbf{v}(\pi/4)$ **2.** $\| \mathbf{v}(\pi/4) \|$ **3.** $\mathbf{a}(\pi/4)$

4. $\mathbf{T}(\pi/4)$ **5.** $\mathbf{N}(\pi/4)$

6. $\mathbf{a}_T$ y $\mathbf{a}_N$, las componentes tangencial y normal de la aceleración $\mathbf{a}(\pi/4)$

Solución

1. $\mathbf{v}(t) = \mathbf{r}'(t) = \left\langle \dfrac{\sec t \tan t + \sec^2 t}{\sec t + \tan t},\ \dfrac{\sec t \tan t}{\sec t},\ 1 \right\rangle = \langle \sec t,\ \tan t,\ 1 \rangle.$

Luego, $\mathbf{v}(\pi/4) = \langle \sec \pi/4,\ \tan \pi/4,\ 1 \rangle = \langle \sqrt{2},\ 1,\ 1 \rangle$

2. $\| \mathbf{v}(\pi/4) \| = \left\| \langle \sqrt{2}, 1, 1 \rangle \right\| = \sqrt{\left(\sqrt{2}\right)^2 + 1^2 + 1^2} = 2$

3. $\mathbf{a}(t) = \mathbf{v}'(t) = \mathbf{r}''(t) = \langle \sec t \tan t,\ \sec^2 t,\ 0 \rangle.$

Luego, $\mathbf{a}(\pi/4) = \langle \sec \pi/4 \tan \pi/4,\ \sec^2 \pi/4,\ 0 \rangle = \langle \sqrt{2},\ 2,\ 0 \rangle$

4. $\mathbf{T}(t) = \dfrac{\mathbf{r}'(t)}{\| \mathbf{r}'(t) \|} = \dfrac{\langle \sec t,\ \tan t,\ 1 \rangle}{\sqrt{\sec^2 t + \tan^2 t + 1}} = \dfrac{\langle \sec t,\ \tan t,\ 1 \rangle}{\sqrt{2 \sec^2 t}} = \dfrac{\langle \sec t,\ \tan t,\ 1 \rangle}{\sqrt{2} |\sec t|}$

$= \dfrac{|\cos t|}{\sqrt{2}} \langle \sec t,\ \tan t,\ 1 \rangle.$

Luego, $\mathbf{T}(\pi/4) = \dfrac{|\cos \pi/4|}{\sqrt{2}} \langle \sec \pi/4,\ \tan \pi/4,\ 1 \rangle = \dfrac{|\sqrt{2}/2|}{\sqrt{2}} \langle \sqrt{2},\ 1,\ 1 \rangle$

$= \dfrac{1}{2} \langle \sqrt{2},\ 1,\ 1 \rangle$

5. Sabemos que $\mathbf{T}(t) = \dfrac{|\cos t|}{\sqrt{2}} \langle \sec t,\ \tan t,\ 1 \rangle.$

Restringimos esta igualdad al intervalo $(0, \pi/2)$, donde se encuentra $\pi/4$,

$$\mathbf{T}(t) = \frac{\cos t}{\sqrt{2}} \langle \sec t,\ \tan t,\ 1 \rangle$$

Derivamos:

$$\mathbf{T}'(t) = \frac{\cos t}{\sqrt{2}}\langle \sec t, \tan t, \sec^2 t, 0\rangle - \frac{\operatorname{sen} t}{\sqrt{2}}\langle \sec t \tan t, 1\rangle$$

Luego, $\mathbf{T}'(\pi/4) = \dfrac{\sqrt{2}/2}{\sqrt{2}}\langle \sqrt{2}, 2, 0\rangle - \dfrac{\sqrt{2}/2}{\sqrt{2}}\left\langle \sqrt{2}, 1, 1\right\rangle = \dfrac{1}{2}\langle 0, 1, -1\rangle$ y

$$\mathbf{N}(\pi/4) = \frac{\mathbf{T}'(\pi/4)}{|\mathbf{T}'(\pi/4)|} = \frac{1/2\langle 0, 1, -1\rangle}{|1/2\langle 0, 1, -1\rangle|} = \frac{1}{\sqrt{2}}\langle 0, 1, -1\rangle$$

6. $\mathbf{a}_{\mathrm{T}} = \dfrac{\mathbf{v} \bullet \mathbf{a}}{\|\mathbf{v}\|} = \dfrac{\left\langle \sqrt{2}, 1, 1\right\rangle \bullet \left\langle \sqrt{2}, 2, 0\right\rangle}{2} = 2$

$$\mathbf{a}_{\mathrm{N}} = \frac{\|\mathbf{v} \times \mathbf{a}\|}{\|\mathbf{v}\|} = \frac{\left\|\left\langle \sqrt{2}, 1, 1\right\rangle \times \left\langle \sqrt{2}, 2, 0\right\rangle\right\|}{2} = \sqrt{2}$$

PROBLEMAS RESUELTOS 2.5

PROBLEMA 1. Probar el teorema 2.10

Sea $\mathbf{r}(t)$ una curva suave y dos veces derivable. Probar que

1. $\kappa(t) = \dfrac{\|\mathbf{T}'(t)\|}{\|\mathbf{r}'(t)\|}$ **2.** $\kappa(t) = \dfrac{\|\mathbf{r}'(t) \times \mathbf{r}''(t)\|}{\|\mathbf{r}'(t)\|^3}$

Solución

1. Sabemos, por el teorema 2.9, que $\dfrac{ds}{dt} = \|\mathbf{r}'(t)\|$. Además, usando la regla de la cadena:

$$\mathbf{T}'(t) = \frac{d\mathbf{T}}{dt} = \frac{d\mathbf{T}}{ds}\frac{ds}{dt} = \frac{d\mathbf{T}}{ds}\|\mathbf{r}'(t)\| \Rightarrow \frac{d\mathbf{T}}{ds} = \frac{\mathbf{T}'(t)}{\|\mathbf{r}'(t)\|} \Rightarrow$$

$$\left\|\frac{d\mathbf{T}}{ds}\right\| = \frac{\|\mathbf{T}'(t)\|}{\|\mathbf{r}'(t)\|} \Rightarrow \kappa(t) = \frac{\|\mathbf{T}'(t)\|}{\|\mathbf{r}'(t)\|}$$

2. Sabemos que $\mathbf{T}(t) = \dfrac{\mathbf{r}'(t)}{\|\mathbf{r}'(t)\|}$ y, por el teorema 2.9, $\dfrac{ds}{dt} = \|\mathbf{r}'(t)\|$. Luego,

$$\mathbf{r}'(t) = \|\mathbf{r}'(t)\|\,\mathbf{T}(t) \Rightarrow \mathbf{r}'(t) = \frac{ds}{dt}\mathbf{T}(t). \qquad \mathbf{(1)}$$

Derivando esta ecuación:

$$\mathbf{r}''(t) = \frac{d^2s}{dt^2}\,\mathbf{T}(t) + \frac{ds}{dt}\,\mathbf{T}'(t)\,. \qquad \textbf{(2)}$$

Multiplicando vectorialmente (1) y (2)

$$\mathbf{r}'(t) \times \mathbf{r}''(t) = \frac{ds}{dt}\frac{d^2s}{dt^2}\,\mathbf{T}(t) \times \mathbf{T}(t) + \left(\frac{ds}{dt}\right)^2 \mathbf{T}(t) \times \mathbf{T}'(t)$$

Por el corolario del teorema 1,11, $\mathbf{T}(t) \times \mathbf{T}(t) = 0$. Luego,

$$\mathbf{r}'(t) \times \mathbf{r}''(t) = \left(\frac{ds}{dt}\right)^2 \mathbf{T}(t) \times \mathbf{T}'(t)$$

Como $\|\mathbf{T}(t)\| = 1$, por el teorema 2.3, $\mathbf{T}(t)$ y $\mathbf{T}'(t)$ son ortogonales. Luego, tomando norma a la igualdad anterior y aplicando el teorema 1.11,

$$\|\mathbf{r}'(t)\times\mathbf{r}''(t)\| = \left(\frac{ds}{dt}\right)^2 \|\mathbf{T}(\mathbf{t})\times\mathbf{T}'(t)\| = \left(\frac{ds}{dt}\right)^2 \|\mathbf{T}(t)\|\,\|\mathbf{T}'(t)\|\operatorname{sen}\frac{\pi}{2}$$

$$= \left(\frac{ds}{dt}\right)^2 \|\mathbf{T}'(t)\|$$

En consecuencia, $$\|\mathbf{T}'(t)\| = \frac{\|\mathbf{r}'(t)\times\mathbf{r}''(t)\|}{\left(\frac{ds}{dt}\right)^2} = \frac{\|\mathbf{r}'(t)\times\mathbf{r}''(t)\|}{\|\mathbf{r}'(t)\|^2}$$

Por último,

$$\kappa(t) = \frac{\|\mathbf{T}'(t)\|}{\|\mathbf{r}'(t)\|} = \frac{\|\mathbf{r}'(t)\times\mathbf{r}''(t)\|}{\|\mathbf{r}'(t)\|^3}$$

PROBLEMA 2. Probar el teorema 2.11

Sea $y = f(x)$ una función dos veces derivable y sea $\boldsymbol{C}$ el gráfico de f. Probar que la curvatura de $\boldsymbol{C}$ es

$$\kappa(x) = \frac{|f''(x)|}{\left[1+(f'(x))^2\right]^{3/2}}$$

Solución

Al gráfico de f lo parametrizamos como curva del espacio de la siguiente forma:

$$\boldsymbol{C}\textbf{:}\ \mathbf{r}(\boldsymbol{x}) = \langle x,\ f(x),\ 0\rangle$$

Luego $\mathbf{r}'(x) = \langle 1, f'(x),\ 0\rangle$, $\|\mathbf{r}'(x)\| = \sqrt{1+(f'(x))^2+0^2} = \left(1+(f'(x))^2\right)^{1/2}$

$$\mathbf{r}''(x)=\langle 0,\ f''(x),\ 0\rangle,\qquad \mathbf{r}'(x)\times\mathbf{r}''(x)=\begin{vmatrix}\mathbf{i} & \mathbf{j} & \mathbf{k}\\ 1 & f'(x) & 0\\ 0 & f''(x) & 0\end{vmatrix}=\langle 0,\ 0,\ f''(x)\rangle \text{ y}$$

$$\|\,\mathbf{r}'(t)\times\mathbf{r}''(t)\,\|=\sqrt{0^2+0^2+\left(f''(x)\right)^2}=|\,f''(x)\,|$$

Ahora, de acuerdo a la fórmula 2 del teorema 2.10 tenemos:

$$\kappa(x)=\frac{\|\,\mathbf{r}'(t)\times\mathbf{r}''(t)\,\|}{\|\,\mathbf{r}'(t)\,\|^3}=\frac{|\,f''(x)\,|}{\left(1+\left(f'(x)\right)^2\right)^{3/2}}$$

PROBLEMA 3. Probar las fórmulas de Frenet-Serret

$$\mathbf{1.}\ \frac{d\mathbf{T}}{ds}=\kappa\mathbf{N}\qquad \mathbf{2.}\ \frac{d\mathbf{B}}{ds}=-\tau\mathbf{N}(s)\quad \mathbf{3.}\ \frac{d\mathbf{N}}{ds}=\tau\mathbf{B}-\kappa\mathbf{T}$$

Solución

1. Por definición, $\mathbf{N}(s)=\dfrac{\mathbf{T}'(s)}{\|\,\mathbf{T}'(s)\,\|}$ y $\kappa(s)=\left\|\dfrac{d\mathbf{T}}{ds}\right\|=\|\,\mathbf{r}''(s)\,\|$. Luego,

$$\mathbf{T}'(s)=\|\,\mathbf{T}'(s)\,\|\ \mathbf{N}(s)=\kappa(s)\,\mathbf{N}(s)$$

2. $\dfrac{d\mathbf{B}}{ds}=-\tau\,\mathbf{N}(s)$ es formula de definición de torción.

3. Sabemos, por el problema resuelto 1, que $\mathbf{N}(s)=\mathbf{B}(s)\times\mathbf{T}(s)$. Derivando esta ecuación respecto s:

$$\mathbf{N}'(s)=\mathbf{B}'(s)\times\mathbf{T}(s)+\mathbf{B}(s)\times\mathbf{T}'(s)=-\tau\,\mathbf{N}(s)\times\mathbf{T}(s)+\mathbf{B}(s)\times\kappa\mathbf{N}(s)$$

$$=\tau\,\mathbf{T}(s)\times\mathbf{N}(s)-\kappa\,\mathbf{N}(s)\times\mathbf{B}(s)=\tau\,\mathbf{B}(s)-\kappa\,\mathbf{T}(s).$$

PROBLEMA 4. Probar que $\mathbf{B}'(s)$ es ortogonal a $\mathbf{T}(s)$.

Solución

Sabemos que $\mathbf{B}(s)$ es ortogonal $\mathbf{T}(s)$. Esto es,

$$\mathbf{B}(s)\cdot\mathbf{T}(s)=0$$

Derivando esta igualdad:

$$0=\left(\mathbf{B}(s)\cdot\mathbf{T}(S)\right)'=\mathbf{B}'(s)\cdot\mathbf{T}(s)+\mathbf{B}(s)\cdot\mathbf{T}'(s)$$

$$= \mathbf{B}'(s) \cdot \mathbf{T}(s) + \mathbf{B}(s) \cdot \|\mathbf{T}'(s)\| \mathbf{N}(s) = \mathbf{B}'(s) \cdot \mathbf{T}(s) + 0 = \mathbf{B}'(s) \cdot \mathbf{T}(s)$$

Luego, $\mathbf{B}'(s)$ es ortogonal a $\mathbf{T}(s)$.

PROBLEMA 5. Probar el teorema 2.14

$$\textbf{1. } \mathbf{v}(t) = \frac{ds}{dt}\mathbf{T}(t) \qquad \textbf{2. } \mathbf{a} = \frac{d^2 s}{dt^2}\mathbf{T} + \kappa\left(\frac{ds}{dt}\right)^2 \mathbf{N}$$

Demostración

1. $\mathbf{v}(t) = \dfrac{d\mathbf{r}}{dt} = \dfrac{d\mathbf{r}/ds}{dt/ds} = \dfrac{ds}{dt}\dfrac{d\mathbf{r}}{ds} = \dfrac{ds}{dt}\mathbf{T}(t)$

2. $\mathbf{a} = \dfrac{d}{dt}\left(\dfrac{ds}{dt}\mathbf{T}\right) = \dfrac{d^2 s}{dt^2}\mathbf{T} + \dfrac{ds}{dt}\dfrac{d\mathbf{T}}{dt} = \dfrac{d^2 s}{dt^2}\mathbf{T} + \dfrac{ds}{dt}\dfrac{d\mathbf{T}}{ds}\dfrac{ds}{dt}$

$$= \frac{d^2 s}{dt^2}\mathbf{T} + \left(\frac{ds}{dt}\right)^2 \frac{d\mathbf{T}}{ds} = \frac{d^2 s}{dt^2}\mathbf{T} + \left(\frac{ds}{dt}\right)^2 \kappa\mathbf{N}$$

PROBLEMAS PROPUESTOS 2.5

En los problemas del 1 al 7, aplicar la fórmula 2 del teorema 2.10 y la fórmula del teorema 2.12 para calcular la curvatura y la torsión de la curva dada.

1. $\mathbf{r}(t) = \langle t^2, t^3 \rangle$ *Rpta.* $\kappa(t) = \dfrac{6}{|t|\left(4+9t^2\right)^{3/2}}$, $\tau(t) = 0$

2. $\mathbf{r}(t) = \langle t, t^2/2, t^3/3 \rangle$ *Rpta.* $\kappa(t) = \left(\dfrac{t^4 + 4t^2 + 1}{\left(t^4 + t^2 + 1\right)^3}\right)^{1/2}$, $\tau(t) = \dfrac{2}{t^4 + 4t^2 + 1}$

3. $\mathbf{r}(t) = \langle \cosh t, \operatorname{senh} t, t \rangle$ *Rpta.* $\kappa(t) = \dfrac{1}{2\cosh^2 t}$, $\tau(t) = \dfrac{1}{2\cosh^2 t}$

4. $\mathbf{r}(t) = \langle e^t, e^{-t}, \sqrt{2}\, t \rangle$ *Rpta.* $\kappa(t) = \dfrac{\sqrt{2}}{\left(e^t + e^{-t}\right)^2}$, $\tau(t) = \dfrac{-\sqrt{2}}{\left(e^t + e^{-t}\right)^2}$

5. Hallar la curvatura y torsión de $\mathbf{r}(t) = \langle e^t \cos t, e^{-t} \operatorname{sen} t, t \rangle$ en el punto donde $t = 0$

Rpta. $\kappa(t) = \dfrac{2}{9}\sqrt{6}$, $\tau(t) = -\dfrac{1}{2}$

6. Hallar la curvatura y torsión de $\mathbf{r}(t) = \langle t - \text{sen } t,\ 1 - \cos t,\ 4 \text{ sen } t/2 \rangle$ en el punto donde $t = 0$ *Rpta.* $\kappa(t) = \dfrac{1}{4},\quad \tau(t) = -\dfrac{1}{2}$

7. Hallar la curvatura y torsión de $\mathbf{r}(t) = \langle 2\cosh t/2,\ 2\text{senh } t/2,\ 2t \rangle$ en el punto donde $t = 0$ *Rpta.* $\kappa(t) = \dfrac{1}{10},\quad \tau(t) = \dfrac{1}{5}$

En los problemas del 8 al 11, aplicar la fórmula del teorema 2.11 para calcular la curvatura del gráfico de la función dada.

8. $y = 4px^2$ *Rpta.* $\kappa(t) = \dfrac{8|p|}{\left[1 + 64p^2x^2\right]^{3/2}}$ **9.** $y = x^3$ *Rpta.* $\kappa(t) = \dfrac{6|x|}{\left[1 + 9x^4\right]^{3/2}}$

10. $y = \cos x$ *Rpta.* $\kappa(t) = \dfrac{|\cos x|}{\left[1 + \text{sen}^2 x\right]^{3/2}}$ **11.** $y = \ln x$ *Rpta.* $\kappa(t) = \dfrac{x}{\left[1 + x^2\right]^{3/2}}$

En los problemas del 12 al 14, hallar: a. El radio de curvatura. b. La circunferencia de curvatura, de la curva dada, en el punto indicado

12. $y = 1 - x^2$ en $(0,1)$ *Rpta.* **a.** $\rho = \dfrac{1}{2}$ **b.** $x^2 + (y - 1/2)^2 = 1/4$

13. $y = \dfrac{1}{x}$ en $(1, 1)$ *Rpta.* **a.** $\rho = \dfrac{1}{\sqrt{2}}$ **b.** $(x - 2)^2 + (y - 2)^2 = 2$

14. $y = \ln \cos x$ en $(0, 0)$ *Rpta.* **a.** $\rho = 1$ **b.** $x^2 + (y + 1)^2 = 1$

En los problemas del 15 al 19, hallar $\mathbf{a}_T$ *y* $\mathbf{a}_N$, ***las componentes tangencial y normal de la aceleración en el punto indicado.***

15. $\mathbf{r}(t) = \langle \sqrt{3}\, t, t^2, t^3 \rangle$, $t = 1$ *Rpta.* $\mathbf{a}_T = \dfrac{11}{2}$ $\mathbf{a}_N = \dfrac{1}{2}\sqrt{39}$

16. $\mathbf{r}(t) = \langle 3t^2, 2t^3, 3t \rangle$, $t = 1$ *Rpta.* $\mathbf{a}_T = 12$ $\mathbf{a}_N = 6$

17. $\mathbf{r}(t) = \langle e^t, e^{-2t}, t \rangle$, $t = 0$ *Rpta.* $\mathbf{a}_T = -\dfrac{7}{\sqrt{6}}$ $\mathbf{a}_N = \dfrac{\sqrt{53}}{\sqrt{6}}$

18. $\mathbf{r}(t) = \langle \cos t, \text{sen } t, t \rangle$, $\forall\ t$ *Rpta.* $\mathbf{a}_T = 0$ $\mathbf{a}_N = 1$

19. $\mathbf{r}(t) = \langle e^t \cos t, e^t \text{sen } t, e^t \rangle$, $\forall\ t$ *Rpta.* $\mathbf{a}_T = \sqrt{3}\, e^t$ $\mathbf{a}_N = \sqrt{2}\, e^t$

SECCION 2.6

LAS LEYES DE KEPLER

En 1609 sucedió uno de los acontecimientos más importantes de la astronomía. Ese año, **Johannes Kepler** publicó su obra ***Astronomia Nova,*** en la que dio a conocer al mundo tres leyes que ahora llevan su nombre y que describían el movimiento de lo planetas alrededor del sol. Estas tres leyes sintetizaron multitud de datos astronómicos logrados en miles de años de observación. Las leyes de Kepler fueron logradas empíricamente. En 1687, **Isaac newton**, en su obra monumental, **Principia Matemática**, usando las herramientas dadas por el cálculo, demuestra estas leyes, basándose en la **Segunda Ley del Movimiento** y en la **Ley de la Gravitación Universal.**

PRIMERA LEY O LEY DE LAS ORBITAS. Cada planeta se mueve en una órbita elíptica con el sol en uno de sus focos.

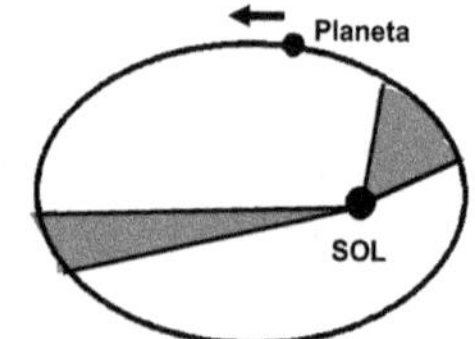

SEGUNDA LEY O LEY DE LAS AREAS. El rayo que va del sol al planeta barre áreas iguales en la elipse en tiempos iguales.

TERCERA LEY O LEY DE LOS PERIODOS. El cuadrado del periodo de un planeta (el tiempo que demora el planeta en recorrer su órbita) es proporcional al cubo del semieje mayor de la órbita. Esto es, si T es el periodo del planeta y a es el semieje mayor, entonces

$$T^2 = ka^3, \text{ donde } k \text{ es una constante de proporcionalidad.} \qquad \textbf{(i)}$$

Los resultados obtenidos en este capítulo nos permitirán probar las Leyes de Kepler. Nuestro trabajo lo dividimos en tres partes. En la parte 1 probamos que la trayectoria de un planeta cuando se mueve alrededor del sol, es una curva plana. En la segunda y tercera parte, probaremos la primera y la segunda ley de Kepler. La prueba de la tercera ley la dejamos como ejercicio al lector.

Suponemos que tenemos un planeta de masa m que está girando alrededor del sol, cuya masa la representamos por M. Tomamos un sistema de coordenadas con su origen localizado en el sol. Sean:

$\mathbf{r} = \mathbf{r}(t)$ el vector de posición del planeta,

$\mathbf{v} = \mathbf{v}(t) = \mathbf{r}'(t)$ su velocidad y $\mathbf{a} = \mathbf{a}(t) = \mathbf{v}'(t) = \mathbf{r}''(t)$ su aceleración

La segunda Ley del Movimiento dice: $\mathbf{F} = m\mathbf{a}$ **(1)**

La Ley de Gravitación dice:

$$\mathbf{F} = -\frac{GMm}{r^3}\mathbf{r} = -\frac{GMm}{r^2}\mathbf{u}, \qquad \textbf{(2)}$$

donde M es la masa del sol, m es la masa del planeta, G es la constante gravitacional, $r = \|\mathbf{r}\|$ y $\mathbf{u} = \dfrac{\mathbf{r}}{\|\mathbf{r}\|}$

Parte 1. La órbita del planeta es una curva plana.

De (1) y (2), obtenemos

$$m\mathbf{a} = -\frac{GMm}{r^3}\mathbf{r} \quad \Rightarrow \quad \mathbf{a} = -\frac{GM}{r^3}\mathbf{r} = -\frac{GM}{r^2}\mathbf{u} \qquad (3)$$

Esta igualdad nos dice que los vectores **a** y **r** son paralelos y, por tanto,

$$\mathbf{a} \times \mathbf{r} = \mathbf{0}$$

Ahora,

$$\frac{d}{dt}(\mathbf{r} \times \mathbf{v}) = \mathbf{r}' \times \mathbf{v} + \mathbf{r} \times \mathbf{v}' = \mathbf{v} \times \mathbf{v} + \mathbf{r} \times \mathbf{a} = 0 + 0 = 0$$

En consecuencia, $\mathbf{r} \times \mathbf{v}$ es un vector constante. Sea **h** este vector. Luego,

$$\mathbf{r} \times \mathbf{v} = \mathbf{h} \qquad \textbf{(4)}$$

Esta igualdad nos dice que, $\forall t$, $\mathbf{r} = \mathbf{r}(t)$ es ortogonal al vector **h** y, por tanto, $\mathbf{r}(t)$ está en el plano que pasa por el origen y es ortogonal a **h**.

Parte 2. Primera ley de Kepler.

La órbita del planeta es una elipse con el sol en uno de sus focos.

Tenemos que $\mathbf{r} = r\mathbf{u}$ y $\mathbf{v} = \dfrac{d\mathbf{r}}{dt} = \dfrac{d}{dt}(r\mathbf{u}) = r'\mathbf{u} + r\mathbf{u}'$

Reemplazando estas igualdades en (4)

$$\mathbf{h} = \mathbf{r} \times \mathbf{v} = r\mathbf{u} \times (r'\mathbf{u} + r\mathbf{u}') = rr'\mathbf{u} \times \mathbf{u} + r^2\mathbf{u} \times \mathbf{u}' = 0 + r^2\mathbf{u} \times \mathbf{u}' \Rightarrow$$

$$\mathbf{h} = r^2\mathbf{u} \times \mathbf{u}' \qquad \textbf{(5)}$$

Tomando en cuenta (3) y (5) tenemos:

$$\mathbf{a} \times \mathbf{h} = \left(-\frac{GM}{r^2}\mathbf{u}\right) \times \left(r^2\mathbf{u} \times \mathbf{u}'\right) = -MG\,\mathbf{u} \times (\mathbf{u} \times \mathbf{u}')$$

$$= -MG\left[(\mathbf{u} \cdot \mathbf{u}')\mathbf{u} - (\mathbf{u} \cdot \mathbf{u})\mathbf{u}'\right]$$

Como $\mathbf{u} \cdot \mathbf{u} = 1$, por el teorema 2.3, $\mathbf{u} \cdot \mathbf{u}' = 0$. Luego,

$$\mathbf{a} \times \mathbf{h} = MG\mathbf{u}' = \frac{d}{dt}(GM\ \mathbf{u}) \tag{6}$$

Por otro lado,

$$\mathbf{a} \times \mathbf{h} = \frac{d\,\mathbf{v}}{dt} \times \mathbf{h} = \frac{d}{dt}(\mathbf{v} \times \mathbf{h}) \tag{7}$$

De (6) y (7):

$$\frac{d}{dt}(\mathbf{v} \times \mathbf{h}) = \frac{d}{dt}(GM\ \mathbf{u})$$

Luego, integrando,

$$\mathbf{v} \times \mathbf{h} = GM\mathbf{u} + \mathbf{c}, \tag{8}$$

donde **c** es un vector constante.

Como $\mathbf{v} \times \mathbf{h}$ es ortogonal a **h**, $\mathbf{v} \times \mathbf{h}$ está en el plano XY. El vector **u** también está en este plano. En consecuencia, el vector **c** también está en este plano.

Ahora tomamos un sistema de coordenadas tal que el semieje positivo X siga la dirección del vector **c** y el semieje positivo Z siga la dirección del vector **h**, como indica la figura.

Si θ es el ángulo entre c y r, entonces (r, θ) son las coordenadas polares del planeta.

Tenemos que

$$\mathbf{c} \cdot \mathbf{u} = \|\mathbf{c}\|\|\mathbf{u}\| \cos\theta = c\cos\theta, \quad \text{donde } c = \|\mathbf{c}\| \tag{9}$$

Por otro lado, si $h = \|\mathbf{h}\|$, tomando en cuenta (4), (8) y (9) se tiene:

$$h^2 = \mathbf{h} \cdot \mathbf{h} = (\mathbf{r} \times \mathbf{v}) \cdot \mathbf{h} = \mathbf{r} \cdot (\mathbf{v} \times \mathbf{h}) = r\mathbf{u} \cdot (GM\mathbf{u} + \mathbf{c})$$

$$= rGM\ \mathbf{u} \cdot \mathbf{u} + r(\mathbf{u} \cdot \mathbf{c}) = rGM + rc\cos\theta$$

Despejando r en esta última ecuación: $r = \dfrac{h^2}{GM + c\cos\theta}$

Dividiendo el numerador y el denominador entre GM obtenemos

$$r = \frac{h^2 / GM}{1 + e\cos\theta} = \frac{eh^2 / c}{1 + e\cos\theta}, \quad \text{donde } e = \frac{c}{GM}$$

Si $d = h^2/c$, finalmente tenemos $\quad r = \dfrac{ed}{1 + e\cos\theta}$

De acuerdo al teorema 7.10 de nuestro texto de Cálculo Integral, la ecuación anterior es la ecuación polar de una cónica. Como la trayectoria de un planeta es cerrada, esta cónica es una elipse.

Parte 3. Segunda ley de Kepler. El rayo que va del sol al planeta barre áreas iguales en la elipse en tiempos iguales.

Como en la parte 2 suponemos que la elipse, que es la órbita del planeta, se encuentra en el plano XY y que uno de sus focos está en el origen de coordenadas.

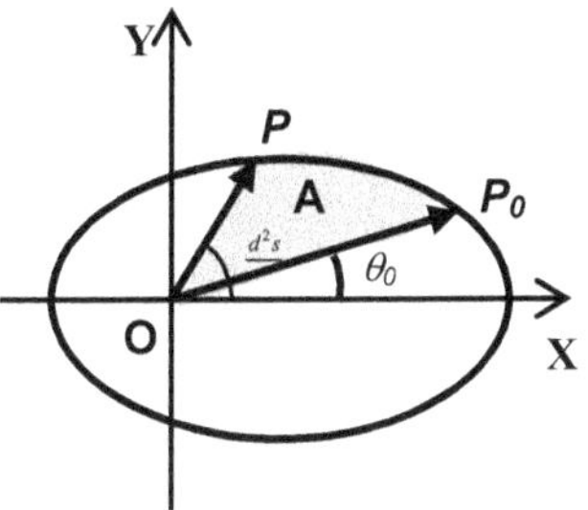

Sea $r = f(\theta)$ la ecuación polar de la elipse. Sea P_0 la posición del planeta en el tiempo t_0 y sea P la posición del planeta en el tiempo $t \geq t_0$.

Sea $\theta = \theta(t)$ el ángulo formado por $\overrightarrow{OP}$ con el semieje positivo X. Sea $\theta_0 = \theta(t_0)$ el correspondiente ángulo formado por $\overrightarrow{OP_0}$

Si A es el área del sector de la elipse barrido por $\overrightarrow{OP}$ en el periodo de tiempo $[t_0, t]$, sabemos, por el teorema 7.4 de nuestro texto de Cálculo Integral, que

$$A = \frac{1}{2}\int_{\theta_0}^{\theta} r^2 d\alpha$$

Derivando respecto a θ:

$$\frac{dA}{d\theta} = \frac{1}{2}r^2$$

y derivando respecto a t, usando la regla de la cadena,

$$\frac{dA}{dt} = \frac{dA}{d\theta}\frac{d\theta}{dt} = \frac{1}{2}r^2\frac{d\theta}{dt} \qquad \textbf{(10)}$$

Por otro lado tenemos que:

$$\mathbf{r} = \langle r\cos\theta,\ r\,\text{sen}\,\theta, 0\rangle, \qquad \mathbf{u} = \frac{1}{r}\mathbf{r} = \langle \cos\theta,\ \text{sen}\,\theta, 0\rangle$$

Derivando este última ecuación vectorial,

$$\frac{d\mathbf{u}}{dt} = \left\langle -\text{sen}\,\theta\frac{d\theta}{dt},\ \cos\theta\frac{d\theta}{dt}\right\rangle$$

Efectuando las operaciones indicadas se obtiene que $\mathbf{u}\times\dfrac{d\mathbf{u}}{dt} = \dfrac{d\theta}{dt}\mathbf{k}$

La ecuación (5) nos dice que $\mathbf{h} = r^2\mathbf{u}\times\mathbf{u}'$

De estas dos últimas ecuaciones obtenemos: $\mathbf{h} = r^2\dfrac{d\theta}{dt}\mathbf{k}$

De donde, $$h = \|\mathbf{h}\| = r^2\frac{d\theta}{dt} \qquad \textbf{(11)}$$

De (10) y (11) se tiene que $\dfrac{dA}{dt} = \dfrac{h}{2}$. Integrando esta igualdad

$$A = A(t) = \frac{h}{2}t + C$$

Si A_1 es el área del sector de la elipse barrido por $\overrightarrow{OP}$ en el periodo $[t_0, t_1]$, entonces

$$A_1 = A(t_1) - A(t_0) = \left(\frac{h}{2}t_1 + C\right) - \left(\frac{h}{2}t_0 + C\right) = \frac{h}{2}(t_1 - t_0)$$

Similarmente, si A_2 es el área del sector de la elipse barrido por $\overrightarrow{OP}$ en otro periodo $[t_2, t_3]$ de igual longitud que $[t_0, t_1]$, entonces

$$A_2 = \frac{h}{2}(t_3 - t_2)$$

Luego, $A_1 = \dfrac{h}{2}(t_1 - t_0) = \dfrac{h}{2}(t_3 - t_2) = A_2$

SECCION 2.7
SUPERFICIES PARAMETRICAS

En esta sección presentamos una introducción a las superficies paramétricas. Estas ideas extienden el concepto de curvas paramétricas, presentadas anteriormente.

DEFINICION. Sean $x = x(u, v)$, $y = y(u, v)$ y $z = z(u, v)$ funciones con dominio D, un subconjunto de del plano UV. El conjunto S de puntos (x, y, z) tales que

$$\mathbf{r}(u, v) = \langle x(u, v),\ y(u, v),\ z(u, v)\rangle$$

$$= x(u, v)\mathbf{i} + y(u, v)\mathbf{j} + z(u, v)\mathbf{k}, \quad (u, v) \in D$$

es llamado **superficie paramétrica *S*.** Las ecuaciones

$$x = x(u, v), \quad y = y(u, v), \quad z = z(u, v) \text{ con } (u, v) \in D$$

son las **ecuaciones paramétricas** de S.

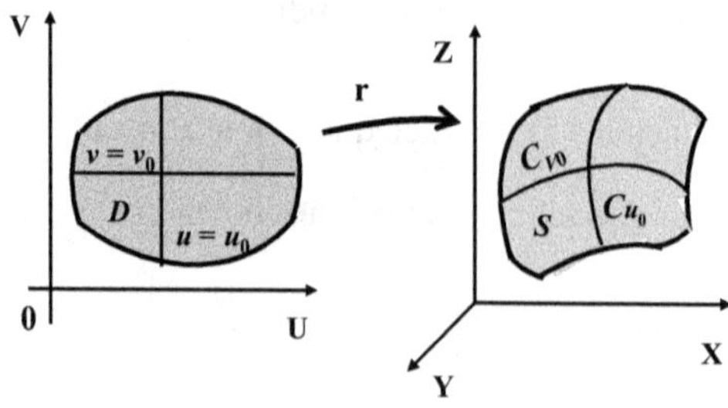

Para visualizar la superficie S se cuenta con dos familias de curvas que describimos a continuación. Si en la función $\mathbf{r}(u, v)$ la variable u se mantiene constante, $u = u_0$, la función $\mathbf{r}(u_0, v)$ sólo cambia con la variable v y traza la curva C_{u_0}, que es la imagen del segmento vertical $u = u_0$ en la región D del plano UV. A este tipo de curvas la llamaremos curvas ***u*–constante.** Similarmente, si mantenemos v constante, $v = v_0$, la función $\mathbf{r}(u, v_0)$ traza la curva C_{v_0}, que es la imagen del segmento horizontal $v = v_0$ en la región D del plano UV. A este tipo de curvas la llamaremos curvas ***v*–constante.**

EJEMPLO 1. Hallar una parametrización para el paraboloide $z = x^2 + y^2$

Solución

Recurrimos a las coordenadas cilíndricas:

$$x = r\cos\theta,\quad y = r \operatorname{sen}\theta,\quad z = z$$

Pero, $z = x^2 + y^2$ y $r^2 = x^2 + y^2 \Rightarrow z = r^2$

Luego, una parametrización para este paraboloide es

$$\mathbf{r}(r,\theta) = r\cos\theta\,\mathbf{i} + r\operatorname{sen}\theta\,\mathbf{j} + r^2\,\mathbf{k},$$

con dominio $D = \{(r,\theta) \,/\, r \geq 0,\quad 0 \leq \theta \leq 2\pi\}$

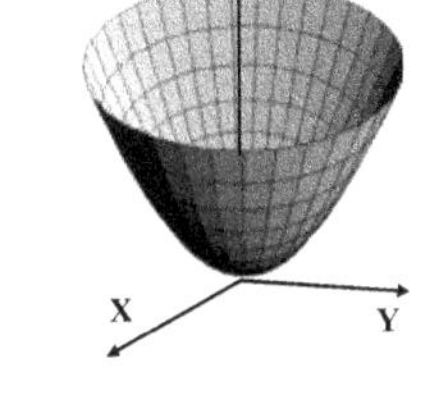

En esta parametrización las curvas r–constantes son circunferencias paralelas al plano XY y las curvas θ–constantes son parábolas con vértice en el origen y están en planos que pasan por el eje Z.

EJEMPLO 2. Hallar una parametrización para la superficie esférica

$$x^2 + y^2 + z^2 = a^2$$

Solución

Recurrimos a las coordenadas esféricas:

$$x = \rho\operatorname{sen}\phi\cos\theta,\quad y = \rho\operatorname{sen}\phi\operatorname{sen}\theta,\quad z = \rho\cos\phi$$

Pero, $x^2 + y^2 + z^2 = a^2$ y $\rho^2 = x^2 + y^2 + z^2 \Rightarrow \rho = a$

Luego, una parametrización para esta superficie esférica es

$$\mathbf{r}(\theta, \phi) = a\operatorname{sen}\phi\cos\theta\,\mathbf{i} + a\operatorname{sen}\phi\operatorname{sen}\theta\,\mathbf{j} + a\cos\phi\,\mathbf{k},$$

con dominio $D = \{(\phi, \theta) \,/\, 0 \leq \phi \leq \pi,\quad 0 \leq \theta \leq 2\pi\}$

Las curvas θ–constante son los meridianos, o sea las semicircunferencias que tienen como extremos los polos. Las curvas ϕ–constante son las circunferencias de latitud constante, que son paralelas al ecuador.

EJEMPLO 3. **Helicoide**

$$\mathbf{r}(r,\ \theta) = \langle r\cos\theta,\ r\,\text{sen}\,\theta,\ \theta\rangle,$$
$$0 \leq r \leq a,\quad 0 \leq \theta \leq 6\pi$$

Las curvas r–constante son las siguientes hélices

$$\mathbf{r}(\theta) = \langle r\cos\theta,\ r\,\text{sen}\,\theta,\ \theta\rangle$$

las cuales se enrollan alrededor del eje Z tres veces.

Las curvas θ–constante son segmentos de longitud a que son perpendiculares al eje Z

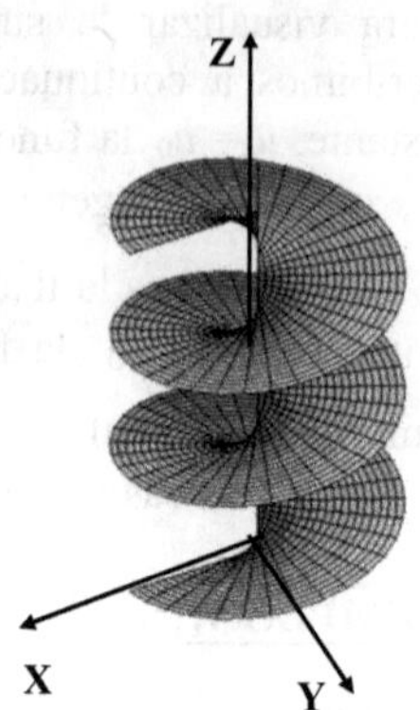

EJEMPLO 4. Hallar la ecuación cartesiana e identificar la siguiente superficie paramétrica

$$\mathbf{r}(u,v) = \langle 2u - v,\ 1 - u + 3v,\ 2 + 2u + v\rangle$$

Solución

Tenemos que: $x = 2u - v$, $y = -u + 3v + 1$, $z = 2u + v + 2$

Usamos las dos primeras ecuaciones para expresar u y v en términos de x e y.

$$x + 2y = 5v + 2 \Rightarrow v = \frac{x + 2y - 2}{5} \qquad \textbf{(1)}$$

Reemplazando este valor de v en la ecuación de x:

$$x = 2u - \frac{x + 2y - 2}{5} \Rightarrow u = \frac{3x + y - 1}{5} \qquad \textbf{(2)}$$

Reemplazando (1) y (2) en la ecuación de z:

$$z = 2u + v + 2 = 2\frac{3x + y - 1}{5} + \frac{x + 2y - 2}{5} + 2 \Rightarrow 7x + 4y - 5z + 6 = 0$$

Esta superficie es el plano $7x + 4y - 5z + 6 = 0$

EJEMPLO 5. Hallar la ecuación cartesiana e identificar la siguiente superficie paramétrica

$$\mathbf{r}(\theta, u) = a\,\text{senh}\,u\ \cos\theta\,\mathbf{i} + b\,\text{senh}\,u\ \text{sen}\,\theta\,\mathbf{j} + c\cosh u\,\mathbf{k},$$
$$0 \leq \theta \leq 2\pi,\quad -\infty < u < \infty$$

Solución

Tenemos que: $x = a\,\text{senh}\,u\ \cos\theta$, $y = b\,\text{senh}\,u\ \text{sen}\,\theta$, $z = c\cosh u$. Luego,

$$\frac{x^2}{a^2} = \text{senh}^2 u\ \cos^2\theta, \qquad \frac{y^2}{b^2} = \text{senh}^2 u\ \text{sen}^2\theta, \qquad \frac{z^2}{c^2} = \cosh^2 u$$

Ahora,

$$\frac{x^2}{a^2}+\frac{y^2}{b^2}-\frac{z^2}{c^2}=\operatorname{senh}^2 u\ \cos^2\theta+\operatorname{senh}^2 u\ \operatorname{sen}^2\theta-\cosh^2 u$$

$$=\operatorname{senh}^2 u\left[\cos^2\theta+\operatorname{sen}^2\theta\ \right]-\cosh^2 u$$

$$=\operatorname{senh}^2 u-\cosh^2 u=-1$$

Esto es, $\dfrac{z^2}{c^2}-\dfrac{x^2}{a^2}-\dfrac{y^2}{b^2}=1$, que es un hiperboloide de dos hojas

---

REPARAMETRIZACION DE LA GRAFICA DE

$z=f(x,y)$, $x=f(y,\ z)$ o $y=f(x,\ z)$

Una parametrización para una superficie de la forma $z=f(x,y)$ es la siguiente:

$$\mathbf{r}(x,y)=\langle x,\ y,f(x,y)\rangle=x\mathbf{i}+y\mathbf{j}+f(x,y)\mathbf{k}$$

Similarmente, una parametrización para las superficies $x=f(y,z)$ es

$$\mathbf{r}(y,z)=\langle f(y,z),\ y,z\rangle=f(y,z)\mathbf{i}+y\mathbf{j}+z\mathbf{k}$$

y para una superficie de la forma. $y=f(x,z)$ es

$$\mathbf{r}(x,z)=\langle x,f(x,z),\ z\rangle=x\mathbf{i}+f(x,z),\mathbf{j}+z\mathbf{k}$$

EJEMPLO 6. Parametrizar el paboloide hiperbólico

$$z=x^2-y^2$$

Solución

$$\mathbf{r}(x,y)=x\mathbf{i}+y\mathbf{j}+(x^2-y^2)\mathbf{k}$$

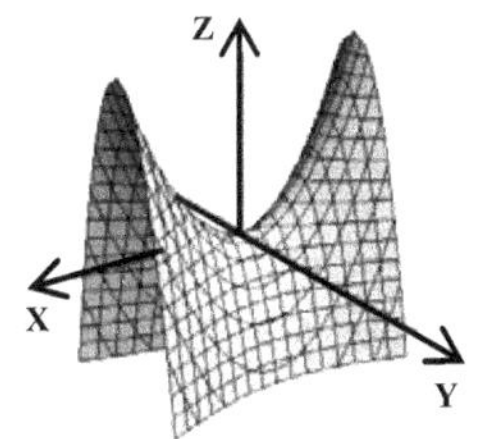

Las curvas x–constante son las parábolas $z=k-y^2$ y las curvas y–constante son las parábolas $z=x^2-k$.

REPARAMETRIZACION DE UNA SUPERFICIE DE REVOLUCION

Una parametrización para la superficie de revolución generada por la gráfica de

$$y=f(x),\quad a\le x\le b,$$

al girar alrededor del eje X es

$$\mathbf{r}(x,\ \theta)=x\mathbf{i}+f(x)\cos\theta\ \mathbf{j}+f(u)\operatorname{sen}\theta\,\mathbf{k},\quad a\le x\le b,\ \ 0\le\theta\le 2\pi.$$

Para superficies de revolución generada por curvas que giran alrededor del eje Y o el eje Z, se obtiene parametrizaciones similares. Así, para las superficie de revolución generada por la gráfica de

$$x = f(z), \quad a \leq z \leq b,$$

al girar alrededor del eje Z es

$$\mathbf{r}(z, \theta) = f(z)\cos\theta\,\mathbf{i} + f(z)\text{sen}\,\theta\,\mathbf{j} + z\mathbf{k}, \quad a \leq z \leq b, \quad 0 \leq \theta \leq 2\pi.$$

EJEMPLO 7. Hallar una parametrización para la superficie de revolución que se obtiene al girar la gráfica de

$$y = \sqrt{1+x^2}$$

alrededor del eje X.

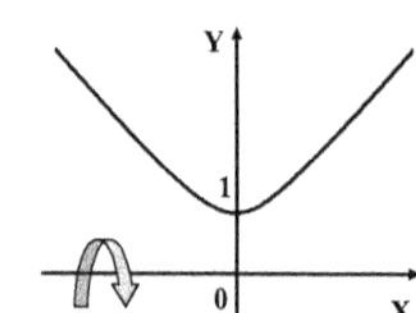

Solución

$$\mathbf{r}(x, \theta) = x\mathbf{i} + \sqrt{1+x^2}\cos\theta\,\mathbf{j} + \sqrt{1+x^2}\,\text{sen}\,\theta\,\mathbf{k},$$

$$-\infty < x < \infty, \quad 0 \leq \theta \leq 2\pi.$$

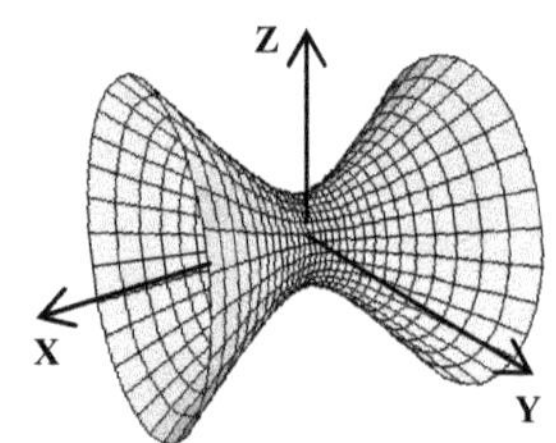

Esta superficie es el hiperboloide de una hoja:

$$y^2 + z^2 - x^2 = 1$$

En efecto,

$$y^2 + z^2 - x^2 = \left(\sqrt{1+x^2}\cos\theta\right)^2 + \left(\sqrt{1+x^2}\,\text{sen}\,\theta\right)^2 - x^2 = (1 + x^2) - x^2 = 1$$

PROBLEMAS PROPUESTOS 2.7

En los problemas del 1 al 9, hallar la ecuación rectangular de la superficie paramétrica dada e identificarla.

1. $\mathbf{r}(u, v) = \frac{v}{2}\mathbf{i} + v\mathbf{j} + u\mathbf{k}$ *Rpta.* El plano $y = 2x$

2. $\mathbf{r}(u, v) = \langle 2u - v\rangle,\ 1 - u + 3v.\ \ 2 + 2u + v\rangle$ *Rpta.* El plano $7x + 4y - 5z = -6$

3. $\mathbf{r}(u, \theta) = 4\cos\theta\,\mathbf{i} + u\,\mathbf{j} + 4\,\text{sen}\theta\,\mathbf{k}$ *Rpta.* $x^2 + z^2 = 16$. Cilindro circular

4. $\mathbf{r}(u, \theta) = u\cos\theta\,\mathbf{i} + u\,\mathbf{j} + u\,\text{sen}\,\theta\,\mathbf{k}$ *Rpta.* $x^2 + z^2 = y^2$. Cono

5. $\mathbf{r}(u,\theta) = a\,\text{sen}\theta\,\mathbf{i} + b\cos\theta\,\mathbf{j} + u\,\mathbf{k}$ *Rpta.* $\frac{x^2}{a^2} + \frac{y^2}{b^2} = 1$. Cilindro elíptico

6. $\mathbf{r}(\theta, \phi) = a \text{ sen } \phi \cos\theta \mathbf{i} + b \text{ sen } \phi \text{ sen } \theta \mathbf{j} + c \cos \phi \mathbf{k}, \quad 0 \le \theta \le 2\pi, \ 0 \le \phi \le \pi.$

donde $a > 0, \ b > 0$ y $c > 0$ *Rpta.* $\dfrac{x^2}{a^2} + \dfrac{y^2}{b^2} + \dfrac{z^2}{c^2} = 1$. Elipsoide

7. $\mathbf{r}(\theta, u) = a \cosh u \cos\theta \mathbf{i} + b \cosh u \text{ sen } \theta \mathbf{j} + c \text{ senh } u \mathbf{k}, \ 0 \le \theta \le 2\pi, -\infty < u < \infty$

donde $a > 0, \ b > 0$ y $c > 0$. *Rpta.* $\dfrac{x^2}{a^2} + \dfrac{y^2}{b^2} - \dfrac{z^2}{c^2} = 1$. Hiperboloide de una hoja

8. $\mathbf{r}(\theta, u) = au \cos \theta \mathbf{i} + bu \text{ sen } \theta \mathbf{j} + u^2 \mathbf{k}, \ 0 \le \theta \le 2\pi, \ 0 \le u < \infty$

donde $a > 0$ y $b > 0$ *Rpta.* $z = \dfrac{x^2}{a^2} + \dfrac{y^2}{b^2}$ Paraboloide elíptico.

9. $\mathbf{r}(\theta, u) = au \cos \theta \mathbf{i} + bu \text{ sen } \theta \mathbf{j} + u^2 \cos 2\theta \mathbf{k}, \quad 0 \le \theta \le 2\pi, \ 0 \le u < \infty$

donde $a > 0$ y $b > 0$ *Rpta.* $z = \dfrac{x^2}{a^2} - \dfrac{y^2}{b^2}$ Paraboloide hiperbólico.

En los problemas del 10 al 16, hallar una función vectorial cuya gráfica sea la superficie indicada.

10. El plano $z = x - y$.

Rpta. $\mathbf{r}(u, v) = \langle u + v, 2u - v, -u \rangle, \quad -\infty < u < \infty, -\infty < v < \infty$

11. El plano $x + y + z = 12$

Rpta. $\mathbf{r}(u, v) = \langle 6 - u - v, 2u + v, 6 - u \rangle, -\infty < u < \infty, -\infty < v < \infty$

12. El cilindro $x^2 + 9z^2 = 36$

Rpta. $\mathbf{r}(u, \theta) = \langle 6 \cos \theta, u, 2\text{sen } \theta \rangle, \ 0 \le \theta \le 2\pi, -\infty < u < \infty$

13. El cilindro $z = 2y^2$

Rpta. $\mathbf{r}(x, y) = \langle x, y, 2y^2 \rangle, \ -\infty < x < \infty, -\infty < u < \infty$

14. El paraboloide hiperbólico $z = x^2 - y^2$.

Rpta. $\mathbf{r}(\theta, u) = \langle u \cos \theta, u \text{ sen } \theta, \cos 2\theta \rangle, 0 \le \theta \le 2\pi, \ -\infty < u < \infty$

15. Parte de la superficie esférica $x^2 + y^2 + z^2 = 16$ que está sobre el plano $z = 2$

Rpta. $\mathbf{r}(\theta, \phi) = 4 \text{ sen } \phi \cos\theta \mathbf{i} + 4 \text{ sen } \phi \text{ sen } \theta \mathbf{j} + 4 \cos \phi \mathbf{k},$

$0 \le \phi \le \pi/6, \quad 0 \le \theta \le 2\pi$

16. Parte de la superficie esférica $x^2 + y^2 + z^2 = 16$ que está sobre el cono $z = \sqrt{x^2 + y^2}$

Rpta. $\mathbf{r}(\theta, \phi) = 4 \text{ sen } \phi \cos\theta \mathbf{i} + 4 \text{ sen } \phi \text{ sen } \theta \mathbf{j} + 4 \cos \phi \mathbf{k},$

$0 \le \phi \le 3\pi/4, \quad 0 \le \theta \le 2\pi$

En los problemas del 17 al 20, hallar una función vectorial cuya gráfica sea la superficie de revolución obtenida al girar la gráfica de la función dada alrededor del eje indicado.

17. $y = \frac{1}{x}$, $1 \leq x \leq 20$. Eje de giro: X

Rpta. $\mathbf{R}(x, \theta) = x\,\mathbf{i} + \frac{1}{x}\cos\theta\,\mathbf{j} + \frac{1}{x}\,\text{sen}\,\theta\,\mathbf{k}$, $0 \leq \theta \leq 2\pi$, $1 \leq x \leq 20$

18. $y = \frac{1}{e^x}$, $1 \leq x \leq 10$. Eje de giro: X

Rpta. $\mathbf{r}(x, \theta) = x\,\mathbf{i} + \frac{1}{e^x}\cos\theta\,\mathbf{j} + \frac{1}{e^x}\,\text{sen}\,\theta\,\mathbf{k}$, $0 \leq \theta \leq 2\pi$, $1 \leq x \leq 10$

19. $y = \text{sen}\,z$, $1 \leq z \leq \pi$. Eje de giro: Z

Rpta. $\mathbf{r}(z, \theta) = \text{sen}\,z\cos\theta\,\mathbf{i} + \text{sen}\,z\,\text{sen}\,\theta\,\mathbf{j} + z\mathbf{k}$ $0 \leq \theta \leq 2\pi$, $1 \leq z \leq \pi$.

20. $z = 8 - y^3$, $1 \leq y \leq 2$. Eje de giro: Y

Rpta. $\mathbf{r}(y, \theta) = (8 - y^3)\cos\theta\,\mathbf{i} + y\,\mathbf{j} + (8 - y^3)\,\text{sen}\,\theta\,\mathbf{k}$, $0 \leq \theta \leq 2\pi$, $1 \leq y \leq \pi$.

3

DERIVADAS PARCIALES

JOSEPH LOUIS LAGRANGE
(1736–1813)

3.1 FUNCIONES DE DOS O MAS VARIABLES

3.2 LÍMITES Y CONTINUIDAD

3.3 DERIVADAS PARCIALES

3.4 FUNCIONES DIFERENCIABLES, PLANO TANGENTE Y APROXIMACION LINEAL

3.5 LA REGLA DE LA CADENA

3.6 DERIVADAS DIRECCIONALES Y GRADIENTE

3.7 MAXIMOS Y MINIMOS DE FUNCIONES DE VARIAS VARIABLES

3.8 MULTIPLICADORES DE LAGRANGE

3.9 FORMULA DE TAYLOR PARA FUNCIONES DE DOS VARIABLES

JOSEPH LOUIS LAGRANGE
(1736–1813)

JOSEPH LOUIS LAGRANGE *nació en Turín, Italia, de ascendencia francesa. Es considerado como un matemático francés. Sin embargo, también es considerado como matemático italiano. Fue bautizado con el nombre de Giuseppe Ludovico Lagrangia. Más tarde, a este nombre se le dio forma francesa. Su padre fue tesorero de una oficina pública de Turín.*

Su familia lo indujo a estudiar abogacía. Su interés en la matemática nació al leer un trabajo de Halley en el cual aplica el algebra al estudio de la óptica. Desde entonces, por su cuenta, se abocó al estudio de la matemática, sin la ayuda de algún tutor o profesor.

Lagrange es uno de los matemáticos más notables del siglo XVIII. Gran parte de su obra está contenida en tres obras publicadas en París: ***Mécanique Analytique*** *(1788),* ***Théorie des Fonctions Analytiques*** *(1797) y* ***Leçon sur le Calcul des Fontions*** *(1806). En estos libros está resumida la matemática pura y aplicada del siglo XVIII.*

En 1756, Lagrange fue elegido miembro de la Academia de Berlín y el año siguiente es reconocido como miembro fundador de Real Academia de Ciencias de Turín. Por esta época, la Academia comenzó a publicar su revista, ***Mélanges de Turín****. Lagrange fue el principal contribuidor en los primeros volúmenes. En 1766, a la edad de 30 años, sucedió a Euler como Director de Matemáticas en la Academia Berlín. Su trabajo matemático durante su estadía en Berlín fue muy variado: astronomía, mecánica, estabilidad del sistema solar, probabilidad, fundamentos del cálculo, etc.*

En 1787, Lagrange dejó Berlín y se mudó a París. Allí se incorporó como miembro de la Academia de Ciencias, donde permaneció hasta el final de su carrera.

ACONTECIMIENTOS PARALELOS

Durante la estadía de Lagrange en París estalló la revolución francesa (1789) y fue testigo del ***Reino de Terror*** *(1793–1794). Vivió los primeros años de la era napoleónica. En Venezuela la campaña libertadora ya estaba en plena marcha.*

SECCION 3.1

FUNCIONES DE DOS O MAS VARIABLES

En nuestro capítulo anterior hemos tratado funciones de valores vectoriales de una variable real. En este capítulo estudiaremos las derivadas de funciones de valores reales de dos o más variables reales. Este tipo de funciones son abundantes. Así, en la fórmula que nos proporciona el área de un triángulo, $A = \frac{1}{2}bh$, es una función de dos variables, la variables b y h, que representan la longitud de la base y la longitud de la altura. El volumen de una caja rectangular, $V = lah$, es una función de las tres variables l, a y h, que representan el largo, ancho y altura de la caja. El promedio $P = \frac{1}{n}\left(x_1 + x_2 + \ldots + x_n\right)$ es una función de n variables. La notación para estas funciones es similar a la utilizada para funciones de una variable. Así,

1. $z = f(x, y)$, significa que z es función de x y de y. Aquí, z es la variable dependiente y x, y son las variables independientes.

2. $w = f(x, y, z)$, significa que w es función de x, y, z. Aquí, w es la variable dependiente y x, y, z son las variables independientes.

3. $u = f\left(x_1, x_2, \ldots, x_n\right)$, significa que u es función de $x_1, x_2, \ldots, x_n$. Aquí, u es la variable dependiente y $x_1, x_2, \ldots, x_n$ son las variables independientes

Nosotros, casi exclusivamente, trabajaremos con funciones de dos o tres variables. Para un desarrollo más preciso, establecemos la definición de función de dos y tres variables.

FUNCIONES DE DOS VARIABLES

DEFINICION. Una **función real de dos variables** es una función

$$f: D \to \mathbb{R},\ z = f(x, y),$$

donde D es un subconjunto de $\mathbb{R}^2$.

El conjunto $D = \text{Dom}(f)$ es el **dominio** de la función y puede verse como una región del plano XY.

El rango de f es el conjunto

$$\text{Rang}(f) = \{\, f(x, y) \in \mathbb{R} \ /\ (x, y) \in D \,\}$$

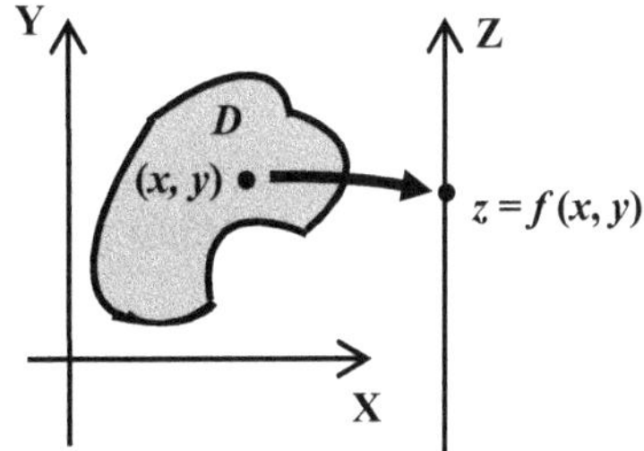

La gran mayoría de veces, una función se presentará mediante una fórmula algebraica, sin especificar el dominio. En este caso entenderemos que el dominio está conformado por todos los puntos para los cuales la fórmula está definida. Se llama a este conjunto el **dominio natural** de la función.

EJEMPLO 1. **Función polinómica y función racional de dos variables.**

Se llama **función polinómica** de dos variables, x e y, a una función que es suma de funciones de la forma $cx^m y^n$, donde c es un número real y m y n son números naturales.

Así, son funciones polinómicas, las siguientes:

$$f(x, y) = 5x^3y^2 - 3xy^4 + 2,$$

$$g(x, y) = -x^5y + 4x^2y^2 - 10xy^7$$

Si $z = f(x, y)$ es una función polinómica, entonces $\text{Dom}(f) = \mathbb{R}^2$

Una **función racional** es un cociente de dos funciones polinómicas.

Si $h(x, y) = \dfrac{f(x, y)}{g(x, y)}$ es una función racional, entonces

$$\text{Dom}(h) = \mathbb{R}^2 - \{ (x, y) \in \mathbb{R}^2 / g(x, y) = 0 \}$$

Si $f(x, y) = \sqrt{g(x, y)}$, entonces $\text{Dom}(f) = \{(x, y) \in \mathbb{R}^2 / g(x, y) \geq 0\}$

EJEMPLO 2. Dada la función $f(x, y) = \sqrt{36 - 9x^2 - 4y^2}$. Hallar:

a. El dominio de f. **b.** El rango de f.

Solución

a. Tenemos que:

$$36 - 9x^2 - 4y^2 \geq 0 \iff 9x^2 + 4y^2 \leq 36 \iff \frac{x^2}{2^2} + \frac{y^2}{3^2} \leq 1$$

Luego,

$$\text{Dom}(f) = \left\{ (x, y) \in \mathbb{R}^2 / \frac{x^2}{2^2} + \frac{y^2}{3^2} \leq 1 \right\}$$

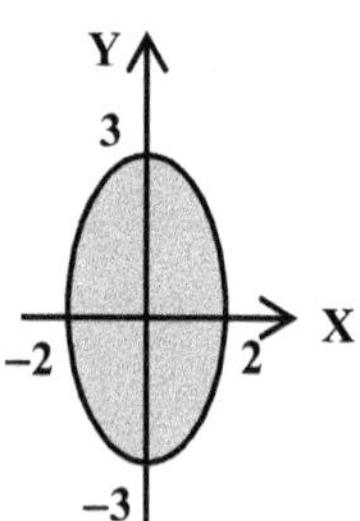

Esto es, el dominio de f está conformado por los puntos del plano que están dentro y sobre la elipse

$$\frac{x^2}{2^2} + \frac{y^2}{3^2} = 1$$

b. Sea $z = \sqrt{36 - 9x^2 - 4y^2}$.

Como z es la raíz positiva de $\sqrt{36 - 9x^2 - 4y^2}$, tenemos que $z \geq 0$. **(1)**

Por otro lado elevando al cuadrado $z = \sqrt{36 - 9x^2 - 4y^2}$ se obtiene que:

$$z^2 = 36 - 9x^2 - 4y^2 \Leftrightarrow 9x^2 + 4y^2 + z^2 = 36$$

Pero, $9x^2 + 4y^2 \geq 0 \Rightarrow z^2 \leq 36 \Rightarrow |z| \leq 6 \Rightarrow -6 \leq z \leq 6$ **(2)**

De (1) y (2) se tiene $0 \leq z \leq 6$.

Luego, Rang (f) = $[0, 6]$

EJEMPLO 3. Hallar el dominio de la función $f(x, y) = \ln\left(y - x^2\right)$.

Solución

En general, si $f(x, y) = \ln(g(x, y))$, entonces

$$\text{Dom}(f) = \{(x, y) \in \mathbb{R}^2 / g(x, y) > 0\}$$

En nuestro caso tenemos que $g(x, y) = y - x^2$ y

$$y - x^2 > 0 \Leftrightarrow y > x^2$$

Luego,

$$\text{Dom}(f) = \{(x, y) \in \mathbb{R}^2 / y > x^2\}$$

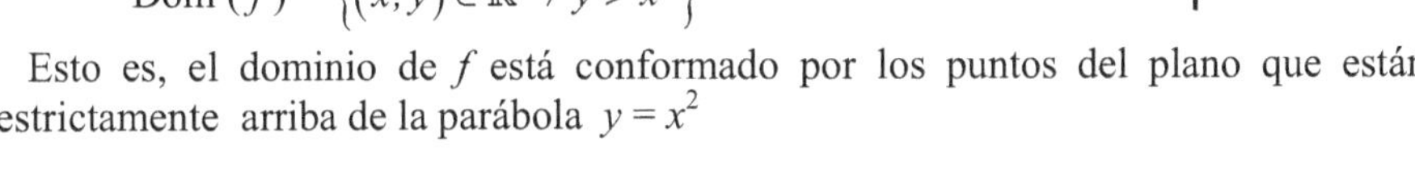

Esto es, el dominio de f está conformado por los puntos del plano que están estrictamente arriba de la parábola $y = x^2$

OPERACIONES CON FUNCIONES DE DOS VARIABLES

Las operaciones con funciones de dos variables se defines de manera enteramente análoga al caso de funciones de una variable. El lector, con sólo agregar más variables, puede extender esta definición al caso de n variables, con $n > 2$.

DEFINICION. Dadas las funciones $f: D_f \to \mathbb{R}$, $g: D_g \to \mathbb{R}$, donde

$$D_f = \text{Dom}(f) \quad \text{y} \quad D_g = \text{Dom}(g)$$

1. La **suma** o **diferencia de *f* y *g*** es la función

$$f \pm g: D_f \cap D_g \to \mathbb{R}, \quad (f \pm g)(x, y) = f(x, y) \pm g(x, y).$$

2. El **producto** de ***f* y *g*** es la función

$$fg: D_f \cap D_g \to \mathbb{R}, \quad (fg)(x, y) = f(x, y)\, g(x, y).$$

3. El **cociente** de $\boldsymbol{f}$ **y** $\boldsymbol{g}$ es la función

$$\frac{f}{g}: D_{f/g} \to \mathbb{R}, \left(\frac{f}{g}\right)(x, y) = \frac{f(x,y)}{g(x,y)},$$

donde $D_{f/g} = D_f \cap D_g - \left\{(x,y) \in D_g \,/\, g(x,y) = 0\right\}$

EJEMPLO 4. Sean las funciones $f(x, y) = \ln\left(y - x^2\right)$ y $g(x, y) = \sqrt{9 - x^2 - y^2}$

Hallar, con sus respetivos dominios, las funciones:

1. $f + g$ **2.** fg **3.** $\dfrac{f}{g}$

Solución

En primer lugar, hallemos el dominio de f y el de g.

En el ejemplo anterior se encontró que $D_f = \left\{(x,y) \in \mathbb{R}^2 \,/\, y > x^2\right\}$

Por otro lado, $(x, y) \in D_g \Leftrightarrow 9 - x^2 - y^2 \geq 0 \Leftrightarrow x^2 + y^2 \leq 3^2$.

Esto es, $D_g = \left\{(x,y) \in \mathbb{R}^2 \,/\, x^2 + y^2 \leq 3^2\right\}$

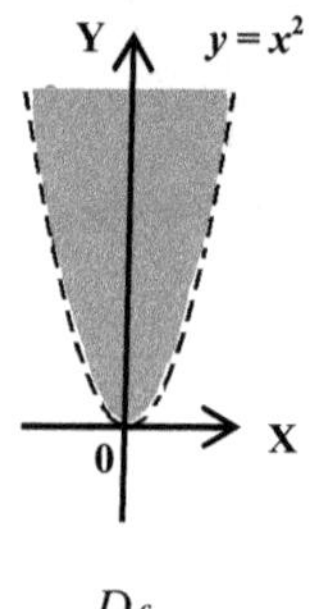

D_f

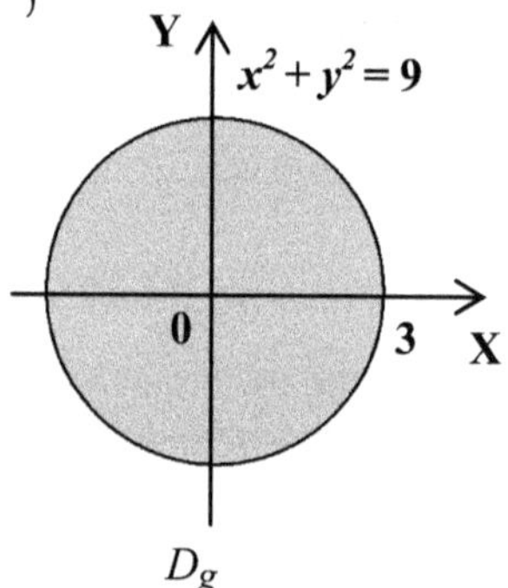

D_g

Ahora,

1. $\left(f + g\right)(x, y) = f(x, y) + g(x, y) = \ln\left(y - x^2\right) + \sqrt{9 - x^2 - y^2}$

$D_{f+g} = D_f \cap D_g$

$= \left\{(x,y) \in \mathbb{R}^2 \,/\, y > x^2\right\} \cap \left\{(x,y) \in \mathbb{R}^2 \,/\, x^2 + y^2 \leq 3^2\right\}$

$= \left\{(x,y) \in \mathbb{R}^2 \,/\, y > x^2, x^2 + y^2 \leq 3^2\right\}$

Esto es, el dominio de la función $f + g$, está conformado por los puntos que están dentro y sobre la circunferencia $x^2 + y^2 = 3^2$ y están estrictamente arriba de la parábola $y = x^2$.

2. $(fg)(x,y) = f(x,y)\,g(x,y) = \ln\left(y - x^2\right)\sqrt{9 - x^2 - y^2}$

El dominio de fg es el mismo que el de $f + g$. Esto es,

$$D_{fg} = \left\{(x,y) \in \mathbb{R}^2 \,/\, y > x^2, x^2 + y^2 \leq 3^2\right\}$$

3. $\left(\dfrac{f}{g}\right)(x,y) = \dfrac{f(x,y)}{g(x,y)} = \dfrac{\ln\left(y - x^2\right)}{\sqrt{9 - x^2 - y^2}}$

$$D_{f/g} = D_f \cap D_g - \left\{(x,y) \in D_g \,/\, g(x,y) = 0\right\}$$

$$= D_f \cap D_g - \left\{(x,y) \in D_g \,/\, x^2 + y^2 = 9\right\}$$

$$= \left\{(x,y) \in \mathbb{R}^2 \,/\, y > x^2,\ x^2 + y^2 < 3^2\right\}$$

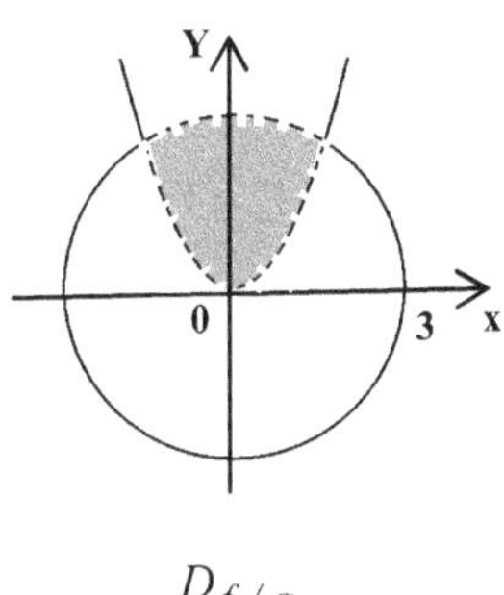

$D_{f/g}$

GRAFICA DE UNA FUNCION DE DOS VARIABLES

Sea $f : D \to \mathbb{R}$ una función de dos variables, $z = f(x, y)$. Se llama **gráfica** o **gráfico** de esta función al siguiente subconjunto de $\mathbb{R}^3$

$$S = \left\{(x,y,z) \in \mathbb{R}^3 \,/\, z = f(x,y) \text{ y } (x,y) \in D\right\}$$

Al gráfico de una función $z = f(x, y)$ también se le llama **superficie.**

EJEMPLO 4. Esbozar el gráfico de la función

$$f(x,y) = \sqrt{36 - 9x^2 - 4y^2}\,.$$

Solución

Sea $z = \sqrt{36 - 9x^2 - 4y^2}$. Tenemos que $z \geq 0$.

Por otro lado, elevando al cuadrado y ordenando obtenemos:

$$z^2 = 36 - 9x^2 - 4y^2 \Leftrightarrow 9x^2 + 4y^2 + z^2 = 36$$

$$\Leftrightarrow \frac{x^2}{2^2} + \frac{y^2}{3^2} + \frac{z^2}{6^2} = 1$$

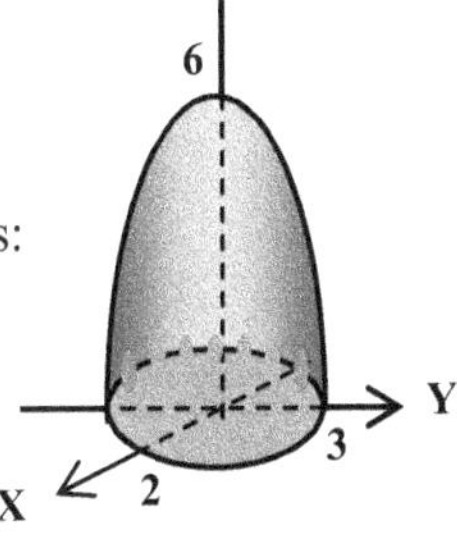

Esta última expresión es la ecuación de un elipsoide. Sin embargo, como $z \geq 0$, la gráfica de la función $f(x,y) = \sqrt{36 - 9x^2 - 4y^2}$ es la mitad superior del elipsoide

$$\frac{x^2}{2^2} + \frac{y^2}{3^2} + \frac{z^2}{6^2} = 1\,.$$

OBSERVACION. Si se cuenta con la gráfica de una función $z = f(x, y)$ se puede deducir intuitivamente el rango de esta función. Este está dado por la proyección del gráfico sobre el eje Z. Así, en el ejemplo anterior, se ve claramente que la proyección del gráfico de la función $f(x, y) = \sqrt{36-9x^2-4y^2}$ sobre el eje Z es el intervalo $[0, 6]$. Esto es, Rang $(f) = [0, 6]$. Este resultado lo obtuvimos analíticamente en el ejemplo 2, parte b.

CURVAS DE NIVEL

La intersección del plano horizontal $z = k$ con la superficie $z = f(x, y)$ es una curva en la superficie que está a la altura k del plano XY, llamada **curva de contorno**. La proyección vertical de esta curva de contorno sobre el plano XY es la curva $f(x, y) = k$, llamada **curva de nivel** de la superficie

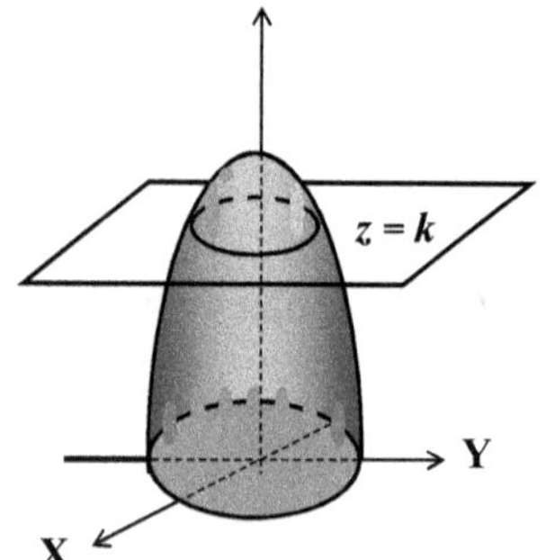

Curva de contorno

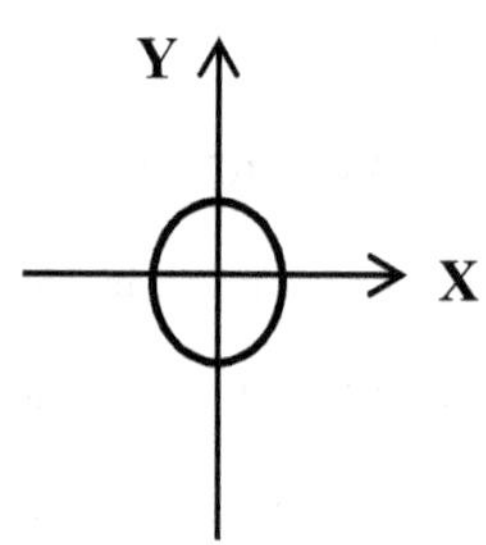

Curvas de nivel $f(x, y) = k$

EJEMPLO 5. Sea la función $f(x, y) = x^2 + y^2 + 1$

a. Hallar el dominio de f.

b. Hallar el rango de f.

c. Esbozar el gráfico de f.

d. Dibujar las curvas de nivel correspondiente a $k = 1, 2, 5$ y 8.

Solución

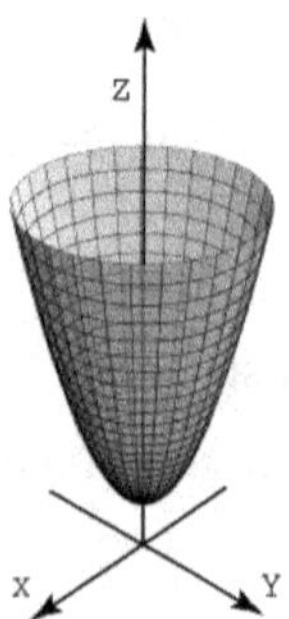

a. La función $f(x, y) = x^2 + y^2 + 1$ es un polinomio. Luego,

$$\text{Dom}(f) = \mathbb{R}^2$$

b. Como $x^2 + y^2 \geq 0$, $f(x, y) = x^2 + y^2 + 1 \geq 1$.

Luego, Rang $(f) = [1, \infty)$.

c. La superficie $z = x^2 + y^2 + 1$ es un paraboloide circular con vértice en el punto $(0, 0, 1)$.

d. $k = 1 \Rightarrow x^2 + y^2 + 1 = 1 \Rightarrow x^2 + y^2 = 0$

Esta curva de nivel se reduce a un punto, el origen (0, 0).

$k = 2 \Rightarrow x^2 + y^2 + 1 = 2 \Rightarrow x^2 + y^2 = 1$

Esta curva de nivel es la circunferencia de centro en el origen y radio $r = 1$.

$k = 5 \Rightarrow x^2 + y^2 + 1 = 5 \Rightarrow x^2 + y^2 = 4$

Esta curva de nivel es la circunferencia de centro en el origen y radio $r = 2$.

$k = 8 \Rightarrow x^2 + y^2 + 1 = 8 \Rightarrow x^2 + y^2 = 7$

Esta curva de nivel es la circunferencia de centro en el origen y radio $r = \sqrt{7}$.

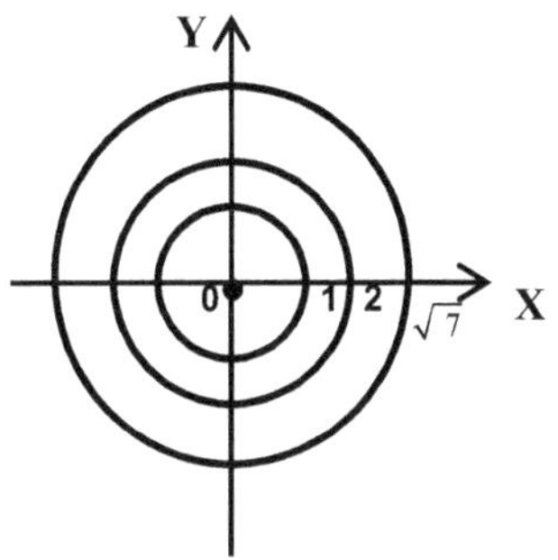

EJEMPLO 6. Identificar y esbozar las curvas de nivel de la silla de montar

$$z = x^2 - y^2$$

Solución

Si $k > 0$, las curvas de nivel son la hipérbolas $x^2 - y^2 = k$, o sea

$$\frac{x^2}{\left(\sqrt{k}\right)^2} - \frac{y^2}{\left(\sqrt{k}\right)^2} = 1$$

Si $k < 0$, las curvas de nivel son la hipérbolas $y^2 - x^2 = -k$, o sea

$$\frac{y^2}{\left(\sqrt{-k}\right)^2} - \frac{x^2}{\left(\sqrt{-k}\right)^2} = 1$$

Si $k = 0$, entonces

$$y^2 - x^2 = 0 \Leftrightarrow (y - x)(y + x) = 0 \Leftrightarrow y = x \text{ ó } y = -x,$$

que son dos rectas que pasan por el origen.

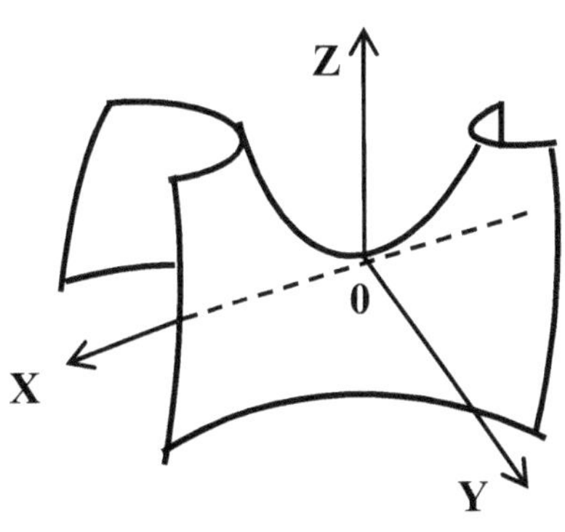

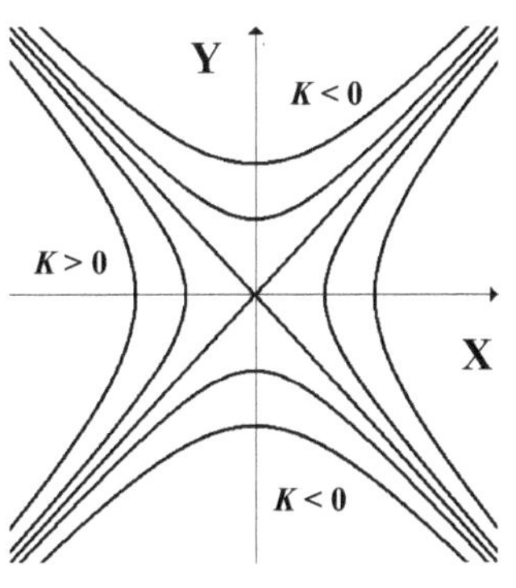

FUNCIONES DE TRES VARIABLES

Una **función real de tres variables** es una función

$$f: E \to \mathbb{R},\ w = f(x, y, z),$$

donde E es un subconjunto de $\mathbb{R}^3$.

El rango de f es el conjunto

$$\text{Rang}(f) = \{ f(x, y, z) \in \mathbb{R} \,/\, (x, y, z) \in E \}$$

EJEMPLO 7. Hallar el dominio y el rango de las siguientes funciones

a. $f(x, y, z) = \dfrac{1}{\sqrt{z^2 + x^2 + y^2}}$

b. $g(x, y, z) = y \ln(z - x)$

Solución

a. $(x, y, z) \in \text{Dom}(f) \Leftrightarrow z^2 + x^2 + y^2 > 0 \Leftrightarrow (x, y, z) \neq (0, 0, 0)$. Luego,

$$\text{Dom}(f) = \mathbb{R}^3 - \{ (0, 0, 0) \}$$

Por otro lado, los valores de la función $f(x, y, z) = \dfrac{1}{\sqrt{z^2 + x^2 + y^2}}$ son estrictamente positivos y los podemos hacer tan grandes o tan pequeños como queramos, tomando puntos (x, y, z) cercanos o lejanos al origen. Luego,

$$\text{Rang}(f) = (0, \infty)$$

b. $(x, y, z) \in \text{Dom}(g) \Leftrightarrow z - x > 0 \Leftrightarrow z > x$. Esto es,

$$\text{Dom}(f) = \{ (x, y, z) \in \mathbb{R}^3 \,/\, z > x \}$$

Es fácil ver que: $\text{Rang}(g) = \mathbb{R}$

El gráfico de una función de tres variables, $f: E \to \mathbb{R}$ es el conjunto

$$\{ (x, y, z, w) \in \mathbb{R}^4 \,/\, w = f(x, y, z) \text{ y } (x, y, z) \in E \}$$

Este gráfico. por estar en un espacio de cuatro dimensiones, es difícil visualizarlo. Para ayudarnos en el estudio de la función f contamos con las **superficies de nivel**, que son las superficies que tienen por ecuación

$$f(x, y, z) = k, \text{ donde } k \text{ es una constante}$$

EJEMPLO 8. Identificar las superficies de nivel de las funciones:

a. $f(x, y, z) = x^2 + y^2 + z^2$

b. $g(x, y, z) = z^2 - x^2 - y^2$

Solución

a. Las superficies de nivel son las gráficas de la ecuación $x^2 + y^2 + z^2 = k$

Si $k > 0$, la superficies es una esfera de centro en el origen y de radio $\sqrt{k}$
Si $k = 0$, la gráfica consiste únicamente del punto (0, 0, 0, 0).
Si $k < 0$, no hay superficie de nivel.

b. Las superficies de nivel son las gráficas de la ecuación $z^2 - x^2 - y^2 = k$

Si $k > 0$, la superficies es un hiperboloide de dos hojas.
Si $k = 0$, la superficies es cono
Si $k < 0$, la superficies es un hiperboloide de una hoja.

PROBLEMAS RESUELTOS 3.1

PROBLEMA 1. La función $f: \mathbb{R}^2 \to \mathbb{R}$ es tal que $f(x + y, x - y) = 4xy$.

1. Hallar la fórmula que defina a $f(x, y)$

2. Hallar $f(2, 5)$.

3. Hallar $f(3x, 4)$.

4. ¿A dónde manda f los puntos de la hipérbola $x^2 - y^2 = 1$?

Solución

1. Sea $x + y = \alpha$ y $x - y = \beta$.

Resolviendo el sistema $\begin{cases} x + y = \alpha \\ x - y = \beta \end{cases}$ hallamos que $x = \dfrac{\alpha + \beta}{2}$ y $y = \dfrac{\alpha - \beta}{2}$

Ahora,

$$f(\alpha, \beta) = f(x + y, x - y) = 4xy = 4\left(\frac{\alpha + \beta}{2}\right)\left(\frac{\alpha - \beta}{2}\right) = \alpha^2 - \beta^2.$$

Esto es, $f(\alpha, \beta) = \alpha^2 - \beta^2$.

En igualdad anterior, cambiando la variable α por la variable x y la variable β por la variable y, obtenemos: $f(x, y) = x^2 - y^2$.

2. $f(2, 5) = 2^2 - 5^2 = -21$

3. $f(3x, 4) = (3x)^2 - 4^2 = 9x^2 - 16$.

4. Si (x, y) está en la hipérbola, entonces $x^2 - y^2 = 1$ y $f(x, y) = x^2 - y^2 = 1$.

Esto es, f manda a los puntos de la hipérbola dada a 1.

PROBLEMA 2. Hallar el dominio de la función $f(x, y) = \sqrt{x^2 - 1} + \sqrt{4 - y^2}$

Solución

Sea $g(x, y) = \sqrt{x^2 - 1}$ y $h(x, y) = \sqrt{4 - y^2}$

$$D_g = \left\{ (x, y) \in \mathbb{R}^2 \,/\, x^2 - 1 \geq 0 \right\} = \left\{ (x, y) \in \mathbb{R}^2 \,/\, x^2 \geq 1 \right\}$$

$$= \left\{ (x, y) \in \mathbb{R}^2 \,/\, x \leq -1 \vee x \geq 1 \right\}$$

$$D_h = \left\{ (x, y) \in \mathbb{R}^2 \,/\, 4 - y^2 \geq 0 \right\}$$

$$= \left\{ (x, y) \in \mathbb{R}^2 \,/\, y^2 \leq 2^2 \right\}$$

$$= \left\{ (x, y) \in \mathbb{R}^2 \,/\, -2 \leq y \leq 2 \right\}$$

$$D_f = D_g \cap D_h = \left\{ (x, y) \in \mathbb{R}^2 \,/\, x \leq -1 \vee x \geq 1 \right\} \cap \left\{ (x, y) \in \mathbb{R}^2 \,/\, -2 \leq y \leq 2 \right\}$$

PROBLEMA 3. Hallar el dominio de la función $f(x, y) = \sqrt{\dfrac{y^2 - x}{x^2 + y^2 - 9}}$

Solución

$$(x, y) \in D_f \Leftrightarrow \frac{y^2 - x}{x^2 + y^2 - 9} \geq 0$$

$$\Leftrightarrow \left(y^2 - x \geq 0 \wedge x^2 + y^2 - 9 > 0 \right) \vee \left(y^2 - x \leq 0 \wedge x^2 + y^2 - 9 < 0 \right)$$

$$\Leftrightarrow \left(x \leq y^2 \wedge x^2 + y^2 > 3^2 \right) \vee \left(x \geq y^2 \wedge x^2 + y^2 < 3^2 \right)$$

Si $R_1 = \left\{ (x, y) / x \leq y^2 \wedge x^2 + y^2 > 3^2 \right\}$ y $R_2 = \left\{ (x, y) / x \geq y^2 \wedge x^2 + y^2 < 3^2 \right\}$,

entonces $D_f = R_1 \cup R_2$

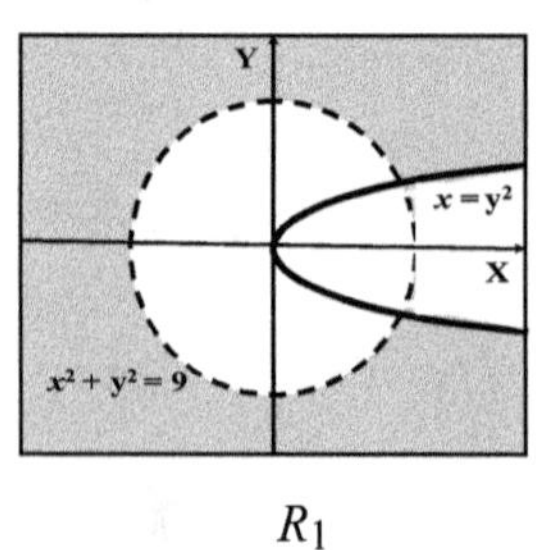

R_1

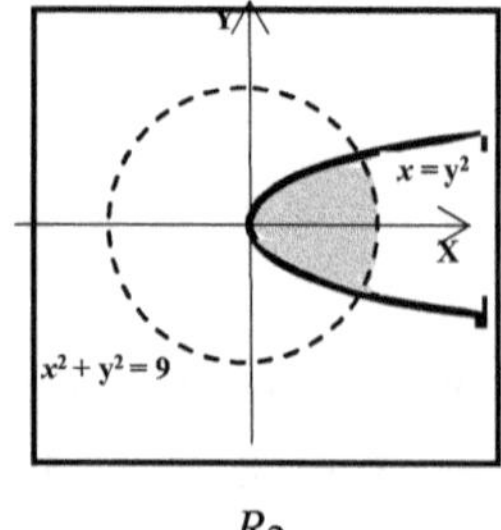

R_2

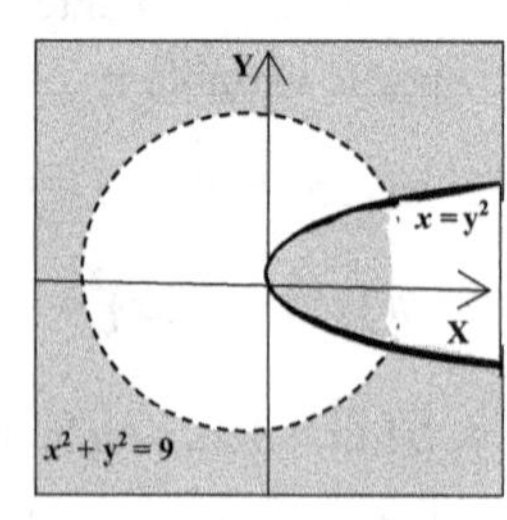

$D_f = R_1 \cup R_2$

PROBLEMA 4. Hallar el dominio de la función $f(x, y) = \cos^{-1}\left(\frac{y}{x}\right)$

Solución

Sea $\cos^{-1}\left(\frac{y}{x}\right) = \theta$. Luego, $\frac{y}{x} = \cos\theta$ y $-1 \leq \frac{y}{x} \leq 1 \Rightarrow -1 \leq \frac{y}{x} \wedge \frac{y}{x} \leq 1.$

Pero, $x > 0 \vee x < 0$

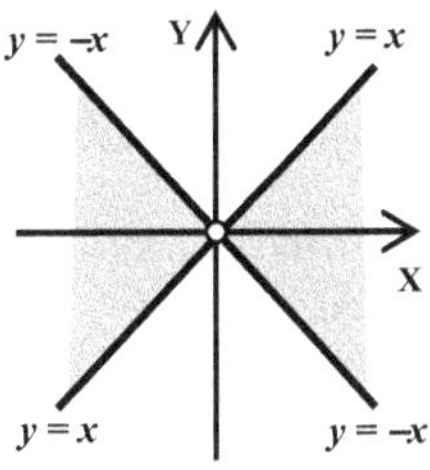

Si $x > 0$, entonces

$$-1 \leq \frac{y}{x} \wedge \frac{y}{x} \leq 1 \Rightarrow -x \leq y \wedge y \leq x$$

Si $x < 0$, entonces

$$-1 \leq \frac{y}{x} \wedge \frac{y}{x} \leq 1 \Rightarrow -x \geq y \wedge y \geq x$$

En consecuencia,

$$D_f = \{(x, y)/x > 0 \wedge -x \leq y \wedge y \leq x\} \cup \{(x, y)/x < 0 \wedge -x \geq y \wedge y \geq x\}$$

PROBLEMAS PROPUESTOS 3.1

1. Sea $f(x, y) = xy - 1$, hallar **a.** $f(3, -2)$ **b.** $f(5, 4y)$ **c.** $f(x+y, x-y)$

Rpta. **a.** $f(3, -2) = -7$ **b.** $f(5, 4y) = 20y - 1$ **c.** $f(x+y, x-y) = x^2 - y^2 - 1$

2. Sea $f(x, y) = x^2y - xy^2 + 1$, $x(t) = 2t^3$ y $y(t) = \sqrt{t}$, hallar

a. $f(x(t), y(t))$ **b.** $f(x(1), y(1))$

Rpta. **a.** $f(x(t), y(t)) = 4t^6\sqrt{t} - 2t^4 + 1$ **b.** $f(x(1), y(1)) = 3$

3. Sea $f(x, y) = e^{x-y}$, $x(t) = \ln(t)$ y $y(t) = \ln(1/t)$, hallar

a. $f(x(t), y(t))$ **b.** $f(x(2), y(2))$

Rpta. **a.** $f(x(t), y(t)) = t^2$ **b.** $f(x(2), y(2)) = 4$

4. Sea $f(x, y) = \int_x^y \left(6t^2 - 1\right)dt$, Hallar: **a.** $f(x, y)$ **b.** $f(2, 1)$

Rpta. **a.** $f(x, y) = 2(y^3 - x^3) + x - y$ **b.** $f(2, 1) = -13$

5. Sea $f(x, y) = \ln\left(x^2 + y^2\right)$, hallar

a. $\dfrac{dg}{dy}$, si $g(y) = f(1, y)$ **b.** $\dfrac{dh}{dx}$, si $h(x) = f(x, x)$

Rpta **a.** $\dfrac{dg}{dy} = \dfrac{2y}{1+y^2}$ **b.** $\dfrac{dh}{dx} = \dfrac{2}{x}$

6. La función $f: \mathbb{R}^2 \to \mathbb{R}$ es tal que $f(x+y, x-y) = x^2 + xy$. Hallar la fórmula que defina a $f(x, y)$. *Rpta.* $f(x, y) = \dfrac{1}{2}\left(x^2 + xy\right)$

7. La función f es tal que $f\left(x/y,\, x+y\right) = x^2 - y^2$. Hallar

a. La fórmula que defina a $f(x, y)$. **b.** El dominio de f.

Rpta. **a.** $f(x, y) = \dfrac{x-1}{x+1}y^2$ **b.** $D_f = \left\{(x, y) / x \neq -1\right\}$

8. Sea La función $f(x, y, z) = xyz^2 - 3$. Hallar:

a. $f(2, -1, 1/3)$ **b.** $f(-t, t^2, e^t)$ **c.** $f(a+b, a-b, b^2)$

Rpta. **a.** $-\dfrac{29}{9}$ **b.** $-t^3e^{2t} - 3$ **c.** $a^2b^4 - b^6 - 3$

En los problemas del 9 al 18 hallar el dominio y el rango de la función dada.

9. $f(x, y) = x^2 + y^2 - 2$ *Rpta.* $D_f = \mathbb{R}^2$, Rang $(f) = [-2, \infty)$.

10. $f(x, y) = x\sqrt{y}$ *Rpta.* $D_f = \left\{ (x, y) / y \geq 0 \right\}$, Rang $(f) = \mathbb{R}$.

11. $f(x, y) = \dfrac{x}{\sqrt{y}}$ *Rpta.* $D_f = \left\{ (x, y) / y > 0 \right\}$, Rang $(f) = \mathbb{R}$.

12. $f(x, y) = \sqrt{x+y}$ *Rpta.* $D_f = \left\{ (x, y) / x + y \geq 0 \right\}$, Rang$(f) = [0, \infty)$.

13. $f(x, y) = \sqrt{x} + \sqrt{y}$ *Rpta.* $D_f = \left\{ (x, y) / x \geq 0 \wedge y \geq 0 \right\}$, Rang$(f) = [0, \infty)$.

14. $f(x, y) = \dfrac{1}{\sqrt{x}} + \dfrac{1}{\sqrt{y}}$ *Rpta.* $D_f = \left\{ (x, y) / x > 0 \wedge y > 0 \right\}$, Rang$(f) = (0, \infty)$.

15. $f(x, y) = \sqrt{xy}$

Rpta $D_f = \left\{(x, y) / x \geq 0 \wedge y \geq 0 \right\} \cup \left\{(x, y) / x \leq 0 \wedge y \leq 0 \right\}$, Rang $(f) = [0, \infty)$.

16. $f(x, y) = \sqrt{9 - x^2 - y^2}$ *Rpta.* $D_f = \left\{ (x, y) / x^2 + y^2 \leq 9 \right\}$, Rang $(f) = [0, 3]$.

17. $f(x, y) = \sqrt{\ln\left(1+x^2+y^2\right)}$ *Rpta.* $D_f = \mathbb{R}^2$, Rang$(f) = [0, \infty)$.

18. $f(x, y) = \dfrac{1}{\sqrt{\ln\left(1+x^2+y^2\right)}}$ *Rpta.* $D_f = \mathbb{R}^2 - \left\{(0,0)\right\}$, Rang $(f) = (0, \infty)$.

19. $f(x,y) = \text{sen}^{-1}\left(x^2 + y^2 - 3\right)$

Rpta. $D_f = \left\{ (x,y)/2 \le x^2 + y^2 \le 4 \right\}$, Rang $(f) = [-\pi/2, \pi/2]$.

En los problemas del 20 al 29 hallar el dominio de la función dada. Describa el dominio en forma simbólica y en palabras

20. $f(x,y) = \ln\left(x^2 + y^2 - 1\right)$

Rpta. $D_f = \left\{ (x,y)/x^2 + y^2 > 1 \right\}$. *Los puntos del plano que están fuera del círculo unitario, excluyendo los puntos de la circunferencia unitaria.*

21. $f(x,y) = \ln(xy)$

Rpta. $D_f = \left\{ (x,y)/x > 0 \wedge y > 0 \right\} \cup \left\{ (x,y)/x < 0 \wedge y < 0 \right\}$. *Los puntos del plano que están en el primer o tercer cuadrante, excluyendo los ejes.*

22. $f(x,y) = \ln(y + x)\sqrt{y - x}$

Rpta. $D_f = \left\{ (x,y)/y > -x \wedge y \ge x \right\}$. *Los puntos del plano que están arriba de la rectas y = –x, y = x, excluyendo los puntos de la recta y = –x e incluyendo los puntos de la recta y = x que cumplen con x > 0.*

23. $f(x,y) = \text{sen}^{-1}(x) + y.$

Rpta. $D_f = \left\{ (x,y)/-1 \le x \le 1 \right\}$. *La franja vertical del plano encerrado por la rectas* $x = -1$ y $x = 1$, *incluyendo las rectas.*

24. $f(x,y) = \text{sen}^{-1}(x) - \text{sen}^{-1}(y)$.

Rpta. $D_f = \left\{ (x,y)/-1 \le x \le 1 \wedge -1 \le y \le 1 \right\}$. *El cuadrado del plano encerrado por la rectas* $x = -1, x = 1, y = -1$ y $y = 1$ *incluyendo los lados.*

25. $f(x,y) = \sqrt{y - \sqrt{x}}$

Rpta. $D_f = \left\{ (x,y)/y \ge \sqrt{x} \wedge x \ge 0 \right\}$. *Los puntos del plano que están arriba de la rama parabólica* $y = \sqrt{x}$ *y a la derecha del eje Y, incluyendo a los puntos de la rama parabólica y al semieje positivo Y.*

26. $f(x,y) = \sqrt{x - \sqrt{y}}$

Rpta. $D_f = \left\{ (x,y)/x \ge \sqrt{y} \wedge y \ge 0 \right\}$. *Los puntos del primer cuadrante que están a la derecha de la rama parabólica* $x = \sqrt{y}$, *incluyendo los puntos de ésta y los puntos del semieje positivo X.*

27. $f(x,y) = \sqrt{\ln(1 + y - x)}$

Rpta. $D_f = \{ (x, y) / y \geq x \}$. *Los puntos del plano que están arriba de la recta y = x, incluyendo sus puntos.*

28. $f(x, y) = (x - y)\sqrt{z - 1}$

Rpta. $D_f = \{ (x, y, z) / z \geq 1 \}$. *Los puntos del espacio que están arriba del plano z = 1, incluyendo los puntos del plano.*

29. $f(x, y) = \sqrt{x^2 + y^2 + z^2 - 1} + \ln\left(4 - x^2 - y^2 - z^2\right)$

Rpta. $D_f = \{ (x, y, z) / 1 \leq x^2 + y^2 + z^2 < 4 \}$. *Los puntos del espacio comprendido entre las esferas centradas en el origen y de radio 1 y 2 incluyendo sólo los puntos de la esfera de radio1.*

En los problemas del 30 al 36 describir las curvas de nivel de la función dada.

30. $f(x, y) = \sqrt{xy}$ *Rpta. Familia de hipérbolas:* $xy = k^2$

31. $f(x, y) = \sqrt{y^2 - x^2}$ *Rpta. Familia de hipérbolas:* $y^2 - x^2 = k^2$

32. $f(x, y) = \ln\left(y - x^2\right)$ *Rpta. Familia de parábolas:* $y = x^2 + e^k$

33. $f(x, y) = e^{x^2 + y^2}$ *Rpta. Familia de circunferencias:* $x^2 + y^2 = \ln k,\ k \geq 1$

34. $f(x, y) = \sqrt{4 - 4x^2 - y^2}$ *Rpta. Familia de elipses:* $\dfrac{x^2}{1 - \dfrac{k^2}{4}} + \dfrac{y^2}{4 - k^2} = 1,\ 0 \leq k < 2$

35. $f(x, y) = \dfrac{2y}{x^2 + y^2}$ *Rpta. Familia de circunferencias:* $x^2 + (y - 1/k)^2 = 1/k^2$

36. $f(x, y) = \dfrac{x^2 + 2y}{y^2 + 2x}$ *Rpta. Familia de hipérbolas:* $\dfrac{(x - k)^2}{(k^3 - 1)/k} - \dfrac{(y - (1/k))^2}{(k^3 - 1)/k^2} = 1$

En los problemas del 37 al 40 describir las superficies de nivel de la función dada.

37. $f(x, y, z) = x - z^2$. *Rpta. Familia de cilindros:* $x = z^2 + k$.

38. $f(x, y, z) = \left(x^2 + y^2 + z^2\right)^2$. *Rpta. Familia de esferas:* $x^2 + y^2 + z^2 = \sqrt{k}$

39. $f(x, y, z) = \sqrt{4x^2 + 4y^2 - z}$. *Rpta. Familia de paraboloides:* $\dfrac{z + k^2}{4} = x^2 + y^2$

40. $f(x, y, z) = \sqrt{9x^2 + 4y^2} + 6z$. *Rpta. Familia de conos:* $(z - (k/6))^2 = \dfrac{x^2}{4} + \dfrac{y^2}{9}$

SECCION 3.2

LIMITES Y CONTINUIDAD

CONJUNTOS ABIERTOS Y CONJUNTOS CERRADOS

DEFINICION. **Bola abierta.**

Sea $\mathbf{x}_0$ un punto de $\mathbb{R}^n$ y $r > 0$. La **bola abierta** de centro en $\mathbf{x}_0$ y radio r, denotada por $B(\mathbf{x}_0, r)$, es el conjunto de puntos $\mathbf{x}$ de $\mathbb{R}^n$ que están a una distancia de $\mathbf{x}_0$ menor que r. Esto es,

$$B(\mathbf{x}_0, r) = \left\{ \mathbf{x} \in \mathbb{R}^n \ / \ \left\| \mathbf{x} - \mathbf{x}_0 \right\| < r \right\}$$

Veamos como es una bola abierta en los casos particulares n = 1, 2, 3.

a. Si n = 1, entonces $\mathbb{R}^n = \mathbb{R}$, x_0 es un número real y la norma es el valor absoluto. En este caso, la bola abierta $B(x_0, r)$ es el intervalo abierto $(x_0 - r, x_0 + r)$. En efecto,

$$\left| x - x_0 \right| < r \iff -r < x - x_0 < r \iff x_0 - r < x < r + x_0$$

Luego, $B(x_0, r) = \left\{ x \in \mathbb{R} \ / \ \left| x - x_0 \right| < r \right\} = (x_0 - r, x_0 + r)$

b. Si n = 2 y si $\mathbf{x}_0 = (x_0, y_0)$ y $\mathbf{x} = (x, y)$, entonces la bola abierta $B(\mathbf{x}_0, r)$ es el conjunto de puntos "interiores" del círculo de centro en (x_0, y_0) y radio r. Esto es, el conjunto de puntos del círculo que no están en la circunferencia. En efecto,

$$\left\| \mathbf{x} - \mathbf{x}_0 \right\| < r \iff \sqrt{(x - x_0)^2 + (y - y_0)^2} < r \iff (x - x_0)^2 + (y - y_0)^2 < r^2.$$

Luego,

$$B(\mathbf{x}_0, r) = \left\{ (x, y) \in \mathbb{R}^2 \ / \ (x - x_0)^2 + (y - y_0)^2 < r^2 \right\}$$

c. Si n = 3 y si $\mathbf{x}_0 = (x_0, y_0, z_0)$ y $\mathbf{x} = (x, y, z)$, entonces la bola abierta $B(\mathbf{x}_0, r)$ es el conjunto de puntos "interiores" a la esfera de centro en (x_0, y_0, z_0) y radio r. En efecto,

$$\left\| \mathbf{x} - \mathbf{x}_0 \right\| < r \iff \sqrt{(x - x_0)^2 + (y - y_0)^2 + (z - z_0)^2} < r$$

$$\iff (x - x_0)^2 + (y - y_0)^2 + (z - z_0)^2 < r^2$$

Luego,

$$B(\mathbf{x}_0, r) = \left\{ (x, y, z) \in \mathbb{R}^3 \ / \ (x - x_0)^2 + (y - y_0)^2 + (z - z_0)^2 < r^2 \right\}$$

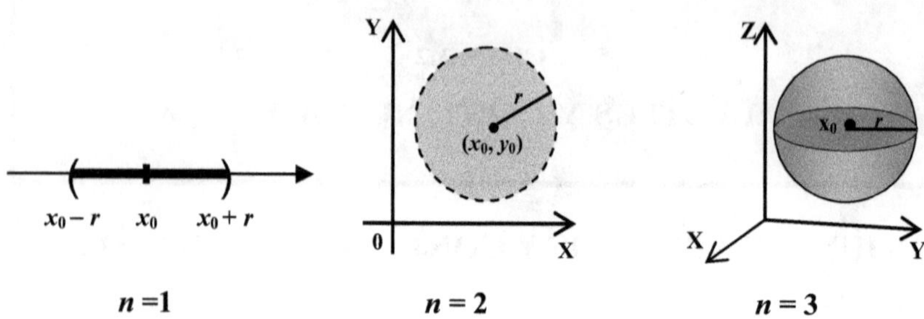

$n = 1$ $n = 2$ $n = 3$

DEFINICIONES. Sea U un subconjunto de $\mathbb{R}^n$.

a. Conjunto abierto.

Un punto $\mathbf{x}$ de U es un **punto interior** de U si existe $r > 0$ tal que $B(\mathbf{x}, r) \subset U$.

Un conjunto U es un **conjunto abierto** si todos sus puntos son interiores.

b. Punto frontera y frontera de un conjunto.

Un punto $\mathbf{x} \in \mathbb{R}^n$ es un **punto frontera** del conjunto U si toda bola abierta $B(\mathbf{x}, r)$ con centro en $\mathbf{x}$ contiene al menos un punto de U y al menos un punto que no está en U. **La frontera** de $\boldsymbol{U}$, es el conjunto formado por todos sus puntos frontera. A la frontera de U se lo denota por ∂U.

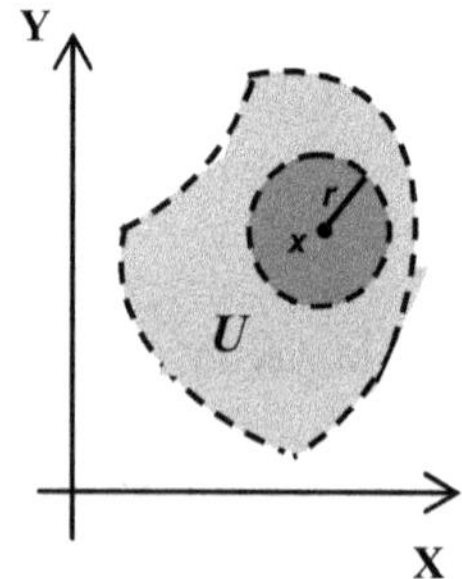

x ***es punto interior de U***

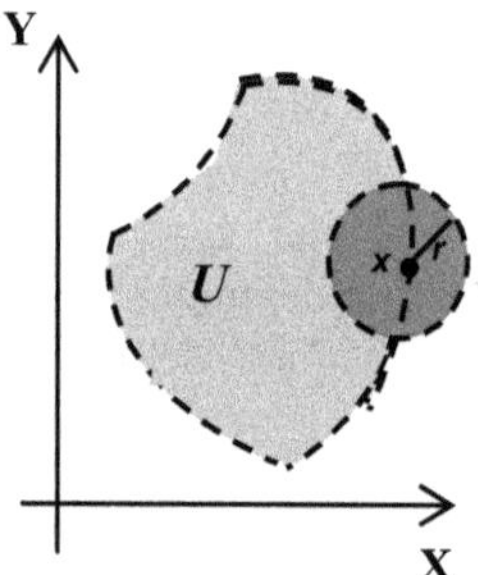

x *es punto frontera de* ***U***

c. Conjunto cerrado.

Un conjunto es **cerrado** si contiene a todos sus puntos frontera. Eso es, A es cerrado si $\partial A \subset A$.

EJEMPLO 1. **a.** El espacio total $\mathbb{R}^n$ es abierto, ya que todos sus puntos son interiores. En efecto, si $\mathbf{x}$ es cualquier punto de $\mathbb{R}^n$, toda bola abierta $B(\mathbf{x}, r)$, cualquiera sea el radio r, está contenida en $\mathbb{R}^n$.

b. Toda bola abierta $B(\mathbf{x_0}, r)$ es un conjunto abierto. Ver la demostración en el problema resuelto 8.

c. La frontera de una bola abierta $B(\mathbf{x}_0, r)$ de $\mathbb{R}^2$ es la circunferencia que la bordea; es decir, la circunferencia de radio r y centro $\mathbf{x}_0$.

d. $\mathbb{R}^n$ es cerrado. En efecto, es evidente que $\mathbb{R}^n$, por ser el espacio total, no tiene puntos frontera. Es decir, $\partial\mathbb{R}^n = \varnothing$ y como $\varnothing \subset \mathbb{R}^n$, entones $\mathbb{R}^n$ es cerrado.

Si un conjunto contiene sólo a algunos y no todos sus puntos frontera, entonces el conjunto no es ni abierto ni cerrado.

LIMITE

Consideramos una función de n variables $f : U \to \mathbb{R}$, donde $U \subset \mathbb{R}^n$ es un conjunto abierto. Sea $\mathbf{x}_0$ un punto de U o un punto de su frontera. El significado de

$$\lim_{\mathbf{x}\to\mathbf{x}_0} f(\mathbf{x}) = L$$

es enteramente análogo al caso de una función de una sola variable. Intuitivamente, significa que al valor $f(x)$ lo podemos acercar a L tanto como se desee con sólo mantener a $\mathbf{x}$ cercano a $\mathbf{x}_0$. La precisión de esta idea la establece la siguiente definición.

DEFINICION. Sea $f : U \subset \mathbb{R}^n \to \mathbb{R}$, donde U es un conjunto abierto. Sea $\mathbf{x}_0$ un punto de U o un punto de su frontera. Diremos que el límite de $f(\mathbf{x})$ cuando $\mathbf{x}$ tiende a $\mathbf{x}_0$ es L, lo cual lo escribiremos así

$$\lim_{\mathbf{x}\to\mathbf{x}_0} f(\mathbf{x}) = L,$$

si dado cualquier $\varepsilon > 0$ (por pequeño que sea) existe $\delta > 0$ tal que

$$0 < \|\mathbf{x} - \mathbf{x}_0\| < \delta \ \wedge \ \mathbf{x} \in U \Rightarrow |f(\mathbf{x}) - L| < \varepsilon \qquad \textbf{(1)}$$

La desigualdad $0 < \|\mathbf{x} - \mathbf{x}_0\|$ implica que no consideramos el caso $\mathbf{x} = \mathbf{x}_0$, lo cual significa que para el límite, el valor $f(\mathbf{x}_0)$ no interesa. Aun más, la función puede no estar definida en el punto $\mathbf{x}_0$.

Por otro lado, la condición $\mathbf{x} \in U$ de la expresión (1) sólo es necesaria cuando $\mathbf{x}_0$ es un punto de la frontera de U. En efecto, si $\mathbf{x}_0 \in U$, como U es abierto, se escoge δ lo suficientemente pequeño para que la bola abierta $B(\mathbf{x}_0, \delta)$ esté contenida en U. En este caso, $0 < \|\mathbf{x} - \mathbf{x}_0\| < \delta$ implica automáticamente que $\mathbf{x} \in U$ y en lugar de (1) se escribe simplemente así:

$$0 < \|\mathbf{x} - \mathbf{x}_0\| < \delta \Rightarrow |f(\mathbf{x}) - L| < \varepsilon \qquad \textbf{(2)}$$

OBSERVACION. En el caso particular de que f sea una función de dos variables, esta definición se expresa así:

Sea $f: U \subset \mathbb{R}^2 \to \mathbb{R}$, donde U es un conjunto abierto. Sea (x_0, y_0) un punto de U o un punto de su frontera.

$$\lim_{(x, y) \to (x_0, y_0)} f(x, y) = L,$$

si dado cualquier $\varepsilon > 0$ existe $\delta > 0$ tal que

$$0 < \sqrt{(x - x_0)^2 + (y - y_0)^2} < \delta \wedge (x, y) \in U \Rightarrow |f(x, y) - L| < \varepsilon$$

EJEMPLO 2. Mediante la definición de límite probar que:

$$\textbf{1.} \quad \lim_{(x, y) \to (a, b)} x = a \qquad \textbf{2.} \quad \lim_{(x, y) \to (a, b)} y = b$$

Solución

El dominio de ambas funciones es $U = \mathbb{R}^2$. Por lo tanto, la condición $(x, y) \in U$ se cumple automáticamente.

1. Sea $f(x, y) = x$ y $L = a$. Entonces $|f(x, y) - L| = |x - a|$.

Luego, dado $\varepsilon > 0$, debemos hallar $\delta > 0$ que cumpla:

$$0 < \sqrt{(x - a)^2 + (y - b)^2} < \delta \Rightarrow |x - a| < \varepsilon \qquad \textbf{(1)}$$

Bien, tenemos que

$$|x - a| = \sqrt{(x - a)^2} \leq \sqrt{(x - a)^2 + (y - b)^2} \qquad \textbf{(2)}$$

En consecuencia, para el $\varepsilon > 0$ dado, tomamos $\delta = \varepsilon$

Veamos que se verifica (1). En efecto, por (2) y considerando que $\delta = \varepsilon$:

$$0 < \sqrt{(x - a)^2 + (y - b)^2} < \delta \Rightarrow |x - a| < \delta \Rightarrow |x - a| < \varepsilon$$

2. Similar a 1.

EJEMPLO 3. Mediante la definición probar que:

$$\lim_{(x, y) \to (0, 0)} \frac{2xy^2}{x^4 + y^2} = 0$$

Solución

El dominio de la función $f(x, y) = \dfrac{2xy^2}{x^4 + y^2}$ es $U = \mathbb{R}^2 - \{\ (0, 0)\ \}$

Dado $\varepsilon > 0$, debemos hallar $\delta > 0$ que cumpla:

$$0 < \sqrt{(x-0)^2 + (y-0)^2} < \delta \ \wedge\ (x, y) \in U \ \Rightarrow \left| \frac{2xy^2}{x^4 + y^2} - 0 \right| < \varepsilon$$

O sea, simplificando,

$$0 < \sqrt{x^2 + y^2} < \delta \ \Rightarrow \left| \frac{2xy^2}{x^4 + y^2} \right| < \varepsilon \qquad \textbf{(1)}$$

Bien,

$$\left| \frac{2xy^2}{x^4 + y^2} \right| = 2|x| \left| \frac{y^2}{x^4 + y^2} \right| \leq 2|x| \left| \frac{y^2}{y^2} \right| = 2|x| = 2\sqrt{x^2} \leq 2\sqrt{x^2 + y^2} \qquad \textbf{(2)}$$

Luego, tomamos $\delta = \dfrac{\varepsilon}{2}$ y teniendo en cuenta (2), obtenemos (1). En efecto,

$$0 < \sqrt{x^2 + y^2} < \delta = \frac{\varepsilon}{2} \ \Rightarrow\ 2\sqrt{x^2 + y^2} < \varepsilon \ \Rightarrow \left| \frac{2xy^2}{x^4 + y^2} \right| < \varepsilon$$

En el siguiente teorema presentamos las **leyes de los límites** para funciones de varias variables. Estas leyes y sus demostraciones son las mismas que las correspondientes leyes de los límites para funciones de una variable.

TEOREMA 3. 1. **Leyes de los límites para funciones de varias variables.**

Sean $f, g: U \subset \mathbb{R}^n \to \mathbb{R}$ dos funciones definidas en un conjunto abierto de $\mathbb{R}^n$. Sea $\mathbf{x_0}$ un punto de U, o bien, un punto de su frontera. Supongamos que

$$\lim_{\mathbf{x} \to \mathbf{x}_0} f(\mathbf{x}) = L \quad \text{y} \quad \lim_{\mathbf{x} \to \mathbf{x}_0} g(\mathbf{x}) = M$$

Entonces

1. $\displaystyle \lim_{\mathbf{x} \to \mathbf{x}_0} (f \pm g)(\mathbf{x}) = \lim_{\mathbf{x} \to \mathbf{x}_0} \big(f(\mathbf{x}) \pm g(\mathbf{x})\big) = \lim_{\mathbf{x} \to \mathbf{x}_0} f(\mathbf{x}) \pm \lim_{\mathbf{x} \to \mathbf{x}_0} g(\mathbf{x}) = L \pm M$

2. $\displaystyle \lim_{\mathbf{x} \to \mathbf{x}_0} (fg)(\mathbf{x}) = \lim_{\mathbf{x} \to \mathbf{x}_0} \big(f(\mathbf{x}) g(\mathbf{x})\big) = \lim_{\mathbf{x} \to \mathbf{x}_0} f(\mathbf{x}) \lim_{\mathbf{x} \to \mathbf{x}_0} g(\mathbf{x}) = L\,M$

3. $\displaystyle \lim_{\mathbf{x} \to \mathbf{x}_0} (cf)(\mathbf{x}) = \lim_{\mathbf{x} \to \mathbf{x}_0} \big(cf(\mathbf{x})\big) = c \lim_{\mathbf{x} \to \mathbf{x}_0} f(\mathbf{x}) = cL$, donde c es una constante.

4. $\lim\limits_{\mathbf{x}\to\mathbf{x}_0}\left(\dfrac{f}{g}\right)(\mathbf{x}) = \lim\limits_{\mathbf{x}\to\mathbf{x}_0}\dfrac{f(\mathbf{x})}{g(\mathbf{x})} = \dfrac{\lim\limits_{\mathbf{x}\to\mathbf{x}_0} f(\mathbf{x})}{\lim\limits_{\mathbf{x}\to\mathbf{x}_0} g(\mathbf{x})} = \dfrac{L}{M}, \quad M \neq 0$

5. $\lim\limits_{\mathbf{x}\to\mathbf{x}_0}\sqrt[n]{f(\mathbf{x})} = \sqrt[n]{\lim\limits_{\mathbf{x}\to\mathbf{x}_0} f(\mathbf{x})} = \sqrt[n]{L}$, donde $L \geq 0$ si n es par.

COROLARIO. Si $f:\mathbb{R}^2 \to \mathbb{R}$ es una función polinómica, es decir,

$$f(x\,y) = \sum_{m,n} c_{mn}x^m y^n, \quad \text{donde } c_{mn} \text{ es una constante,}$$

entonces

$$\lim_{(x,y)\to(a,b)} f(x,y) = \sum_{m,n} c_{mn}a^m b^n = f(a,b)$$

Demostración

$$\lim_{(x,y)\to(a,b)} f(x,y) = \lim_{(x,y)\to(a,b)} \sum_{m,n} c_{mn}x^m y^n$$

$$= \sum_{m,n} \lim_{(x,y)\to(a,b)} \left(c_{mn}x^m y^n\right), \qquad \text{por (1)}$$

$$= \sum_{m,n} c_{mn} \lim_{(x,y)\to(a,b)} \left(x^m y^n\right), \qquad \text{por (3)}$$

$$= \sum_{m,n} c_{mn} \left(\lim_{(x,y)\to(a,b)} x\right)^m \left(\lim_{(x,y)\to(a,b)} y\right)^n, \qquad \text{por (2)}$$

$$= \sum_{m,n} c_{mn}a^m b^n \qquad \text{por el ejemplo 2.}$$

El corolario anterior se refiere a funciones polinómicas de dos variables. Sin embargo, es obvio que también se cumple para funciones polinómicas de 3, 4 o más variables.

EJEMPLO 4. Aplicando el teorema anterior y su corolario, hallar

a. $\lim\limits_{(x,y)\to(-1,2)} \dfrac{3x^2y-2}{x^2+y^2}$ **b.** $\lim\limits_{(x,y,z)\to(0,0,1)} \dfrac{\sqrt[3]{x^2+y^2+z^2}-5}{x^3+y^3+z^3+1}$

Solución

a. $$\lim_{(x,y)\to(-1,2)} \frac{3x^2y-2}{x^2+y^2} = \frac{\lim_{(x,y)\to(-1,2)}\left(3x^2y-2\right)}{\lim_{(x,y)\to(-1,2)}\left(x^2+y^2\right)} = \frac{3(-1)^2(2)-2}{(-1)^2+2^2} = \frac{4}{5}$$

b. $$\lim_{(x,y,z)\to(0,0,1)} \frac{\sqrt[3]{x^2+y^2+z^2}-5}{x^3+y^3+z^3+1} = \frac{\lim_{(x,y,z)\to(0,0,1)} \sqrt[3]{x^2+y^2+z^2}-5}{\lim_{(x,y,z)\to(0,0,1)}\left(x^3+y^3+z^3+1\right)}$$

$$= \frac{\sqrt[3]{\lim_{(x,y,z)\to(0,0,1)}\left(x^2+y^2+z^2\right)}-5}{\lim_{(x,y,z)\to(0,0,1)}\left(x^3+y^3+z^3+1\right)}$$

$$= \frac{\sqrt[3]{0^2+0^2+1^2}-5}{0^3+0^3+1^3+1} = \frac{\sqrt[3]{1}-5}{1+1} = \frac{-4}{2} = -2$$

INDETERMINACION DE LA FORMA $\frac{0}{0}$

Muchas veces, al calcular el límite de un cociente, cuando el límite del numerador y el límite del denominador son ambos 0, aparece la forma indeterminada $\frac{0}{0}$. Como el caso de funciones de una variable, la indeterminación puede salvarse mediante procesos algebraicos como simplificación o racionalización.

EJEMPLO 5. Evaluar $\displaystyle\lim_{(x,y)\to(1,1)} \frac{x^3y^3-1}{x^2y^2-1}$

Solución

$$\lim_{(x,y)\to(1,1)} \frac{x^3y^3-1}{x^2y^2-1} = \lim_{(x,y)\to(1,1)} \frac{(xy-1)\left(x^2y^2+xy+1\right)}{(xy-1)(xy+1)}$$

$$= \lim_{(x,y)\to(1,1)} \frac{x^2y^2+xy+1}{xy+1} = \frac{1^21^2+1(1)+1}{1(1)+1} = \frac{3}{2}$$

LIMTES A LO LARGO DE CAMINOS

Nuestra intención, en esta parte, es extender las ideas de límites laterales tratados en nuestro primer curso de Cálculo.

Supongamos ahora que tenemos una función de dos variables, $z = f(x, y)$, y un punto (x_0, y_0) en su dominio. En este caso, nos podemos acercar a (x_0, y_0) a través de las infinitas curvas que pasan por (x_0, y_0). De todas estas curvas, tomaremos las que son suaves, o sea las curvas que son descritas por funciones que tienen derivada continua. A estas curvas las llamaremos **caminos** o **trayectorias**. Si C es un camino, al límite de la función $f(x, y)$ cuando (x, y) se aproxima a (x_0, y_0) a lo largo del camino C lo denotaremos así:

$$\operatorname*{Lim}_{\substack{(x,y)\to(x_0,y_0)\\ (a\ lo\ largo\ de\ C)}} f(x,y)$$

Recordemos la definición de límite dado anteriormente para funciones de dos variables: $f: U \subset \mathbb{R}^2 \to \mathbb{R}$,

$\operatorname*{Lim}_{(x,y)\to(x_0,y_0)} f(x,y) = L$, si dado cualquier $\varepsilon > 0$ existe $\delta > 0$ tal que

$$0 < \sqrt{(x-x_0)^2 + (y-y_0)^2} < \delta \ \wedge (x, y) \in U \Rightarrow |\, f(x, y) - L \,| < \varepsilon$$

Aquí, la única restricción que nos ponen para aproximamos a (x_0, y_0) es que no salgamos del dominio U. Por lo tanto, el límite siguiendo cualquier camino C contenido en el dominio U y que pasa por (x_0, y_0) deber ser también L. En consecuencia, si existe un camino a lo largo del cual el límite no existe o si existen dos caminos a lo largo de los cuales obtengamos límites diferentes, entonces el límite tampoco existe. En resumen, tenemos el siguiente resultado.

TEOREMA 3. 2. Regla de las trayectorias

1. Si $\operatorname*{Lim}_{(x,y)\to(x_0,y_0)} f(x,y) = L$, entones, para todo camino C que pasa por (x_0, y_0) se cumple que $\operatorname*{Lim}_{\substack{(x,y)\to(x_0,y_0)\\ (\text{a lo largo de } C)}} f(x,y) = L$.

2. Si existe un camino C que pasa por (x_0, y_0) para el cual no existe el límite de f a lo largo de C, entonces no existe

$$\operatorname*{Lim}_{(x,y)\to(x_0,y_0)} f(x,y)$$

3. Si existen dos caminos que pasan por (x_0, y_0) a través de los cuales obtenemos dos límites diferentes, entonces no existe

$$\operatorname*{Lim}_{(x,y)\to(x_0,y_0)} f(x,y)$$

EJEMPLO 6. Un límite que no existe.

Evaluar $\displaystyle\operatorname*{Lim}_{(x,y)\to(1,0)} \frac{y^2}{x^2+y^2-1}$

Solución

1. Hallemos el límite a lo largo del eje X, o sea, a lo largo del camino

$$C_1 = \{ (x, y) \,/\, y = 0 \}$$

$$\lim_{\substack{(x,y)\to(1,0)\\ (\text{a lo largo de } C_1)}} \frac{y^2}{x^2+y^2-1} = \lim_{x\to 1} \frac{0^2}{x^2+0^2-1} = \lim_{x\to 1} 0 = 0$$

2. Hallemos el límite a lo largo de la recta vertical que pasa por el punto (1, 0), o sea, a lo largo del camino

$$C_2 = \{ (x, y) \,/\, x = 1 \}$$

$$\lim_{\substack{(x,y)\to(1,0)\\ (\text{a lo largo de } C_2)}} \frac{y^2}{x^2+y^2-1} = \lim_{y\to 0} \frac{y^2}{1^2+y^2-1} = \lim_{y\to 0} \frac{y^2}{y^2} = \lim_{y\to 0} 1 = 1$$

Estos límites son diferentes. Luego, no existe $\displaystyle\lim_{(x,y)\to(1,0)} \frac{y^2}{x^2+y^2-1}$

EJEMPLO 7. **Otro límite que no existe.**

Evaluar $\displaystyle\lim_{(x,y)\to(0,0)} \frac{x^2 y}{x^4+y^2}$

Solución

1. Hallemos el límite a lo largo del eje X, o sea, a lo largo del camino

$$C_1 = \{ (x, y) \,/\, y = 0 \}$$

$$\lim_{\substack{(x,y)\to(0,0)\\ (\text{a lo largo de } C_1)}} \frac{x^2 y}{x^4+y^2} = \lim_{x\to 0} \frac{x^2 0}{x^4+0^2} = \lim_{x\to 0} \frac{0}{x^4} = \lim_{x\to 0} 0 = 0$$

2. Hallemos el límite a lo largo del eje Y, o sea, a lo largo del camino

$$C_2 = \{ (x, y) \,/\, x = 0 \}$$

$$\lim_{\substack{(x,y)\to(0,0)\\ (\text{a lo largo de } C_2)}} \frac{x^2 y}{x^4+y^2} = \lim_{y\to 0} \frac{0^2 y}{0^4+y^2} = \lim_{y\to 0} \frac{0}{y^4} = \lim_{y\to 0} 0 = 0$$

A esta altura podríamos sospechar que el límite es 0. Sin embargo, ensayemos con un tercer camino.

3. Hallemos el límite a lo largo de la parábola $y = x^2$; o sea, a lo largo del camino

$$C_3 = \{ (x, y) \,/\, y = x^2 \}$$

$$\underset{\substack{(x,y)\to(0,0)\\ (\text{a lo largo de } C_3)}}{\text{Lim}} \frac{x^2 y}{x^4 + y^2} = \underset{x\to 0}{\text{Lim}} \frac{x^2\left(x^2\right)}{x^4 + \left(x^2\right)^2} = \underset{x\to 0}{\text{Lim}} \frac{x^4}{2x^4} = \underset{y\to 0}{\text{Lim}} \frac{1}{2} = \frac{1}{2}$$

Como tenemos caminos a lo largo de los cuales los límites son diferentes, concluimos que no existe $\underset{(x,y)\to(0,0)}{\text{Lim}} \dfrac{x^2 y}{x^4 + y^2}$.

EJEMPLO 8. **Un límite que existe.**

Evaluar $\underset{(x,y)\to(0,0)}{\text{Lim}} \dfrac{x^2 y^2}{x^2 + y^2}$

Solución

1. Hallemos el límite a lo largo de la recta $y = mx$. O sea $C_1 = \{(x, y) \,/\, y = mx\}$.

Observar que cuando $m = 0$ tenemos el eje X.

$$\underset{\substack{(x,y)\to(0,0)\\ (\text{a lo largo de } C_1)}}{\text{Lim}} \frac{x^2 y^2}{x^2 + y^2} = \underset{x\to 0}{\text{Lim}} \frac{x^2 (mx)^2}{x^2 + (mx)^2} = \underset{x\to 0}{\text{Lim}} \frac{m^2 x^4}{x^2\left(1 + x^2\right)}$$

$$= \underset{x\to 0}{\text{Lim}} \frac{m^2 x^2}{1 + m^2} = \underset{x\to 0}{\text{Lim}} \frac{m^2 (0)}{1 + m^2} = \underset{x\to 0}{\text{Lim}}\, 0 = 0$$

2. Hallemos el límite a lo largo del eje Y. $C_2 = \{ (x, y) \,/\, x = 0 \}$

$$\underset{\substack{(x,y)\to(0,0)\\ (\text{a lo largo de } C_2)}}{\text{Lim}} \frac{x^2 y^2}{x^2 + y^2} = \underset{y\to 0}{\text{Lim}} \frac{0^2 y^2}{0^2 + y^2} = \underset{y\to 0}{\text{Lim}} \frac{0}{y^2} = \underset{y\to 0}{\text{Lim}}\, 0 = 0$$

3. Hallemos el límite a lo largo de la parábola $y = x^2$. O sea $C_3 = \{ (x, y) \,/\, y = x^2 \}$

$$\underset{\substack{(x,y)\to(0,0)\\ (\text{a lo largo de } C_3)}}{\text{Lim}} \frac{x^2\left(x^2\right)^2}{x^2 + \left(x^2\right)^2} = \underset{x\to 0}{\text{Lim}} \frac{x^6}{x^2\left(1 + x^2\right)} = \underset{x\to 0}{\text{Lim}} \frac{x^4}{1 + x^2} = \frac{0^2}{1 + 0^2} = 0$$

Los tres resultados obtenidos anteriormente nos hacen conjeturar que existe el límite indicado y que es igual a 0. Pero, esta conjetura, para aceptarla como cierta, debe ser probada. Para esto, aquí, recurrimos a la definición de límite.

Dado $\varepsilon > 0$, debemos hallar $\delta > 0$ tal que

$$0 < \sqrt{(x-0)^2 + (y-0)^2} < \delta \Rightarrow \left| \frac{x^2 y^2}{x^2 + y^2} - 0 \right| < \varepsilon$$

O sea,

$$0 < \sqrt{x^2 + y^2} < \delta \Rightarrow \left| \frac{x^2 y^2}{x^2 + y^2} \right| < \varepsilon$$

Bien, tenemos que:

$$\left| \frac{x^2 y^2}{x^2 + y^2} \right| = \frac{x^2 y^2}{x^2 + y^2} \leq \frac{x^4 + x^2 y^2}{x^2 + y^2} = \frac{x^2 \left(x^2 + y^2\right)}{x^2 + y^2} \leq x^2 \leq x^2 + y^2 < \delta^2$$

Esto es,

$$\left| \frac{x^2 y^2}{x^2 + y^2} \right| < \delta^2$$

En consecuencia, tomamos $\delta = \sqrt{\varepsilon}$.

Comprobemos que esta escogencia para δ funciona:

$$0 < \sqrt{x^2 + y^2} < \delta \Rightarrow \left| \frac{x^2 y^2}{x^2 + y^2} \right| \leq \delta^2 = \varepsilon$$

La regla de las trayectorias para probar la no existencia de un límite, aunque la hemos enunciado para funciones de dos variables, ésta es válida también para funciones de 3 o más variables.

EJEMPLO 9. Probar que el siguiente límite no existe

$$\lim_{(x,\, y,\, z) \to (0,\, 0,\, 0)} \frac{xy^2 z^3}{x^6 + z^6}$$

Solución

1. Hallemos el límite a lo largo del eje X. $C_1 = \{(x, y, z) \,/\, y = 0, z = 0\}$

$$\lim_{\substack{(x,\, y,\, z) \to (0,\, 0,\, 0) \\ (\text{a lo largo de } C_1)}} \frac{xy^2 z^3}{x^6 + z^6} = \lim_{x \to 0} \frac{x(0)^2 (0)^3}{x^6 + (0)^6} = \lim_{x \to 0} \frac{0}{x^6} = \lim_{x \to 0} 0 = 0$$

2. Hallemos el límite a lo largo de la recta diagonal. $C_1 = \{ (x, y, z) \,/\, y = x = z \}$

$$\lim_{\substack{(x,y,z)\to(0,0,0)\\ \text{(a lo largo de } C_2)}} \frac{xy^2z^3}{x^6+z^6} = \lim_{x\to 0}\frac{x(x)^2(x)^3}{x^6+(x)^6} = \lim_{x\to 0}\frac{x^6}{2x^6} = \lim_{x\to 0}\frac{1}{2} = \frac{1}{2}$$

Como los dos límites son distintos, el límite $\lim\limits_{(x,y,z)\to(0,0,0)} \dfrac{xy^2z^3}{x^6+z^6}$ no existe.

CALCULO DE LIMITES MEDIANTE COORDENADAS POLARES O COORDENADAS ESFÉRICAS

Algunas veces, para evaluar ciertos límites de una función de 2 variables, es conveniente hacer un cambio a coordenadas polares. En el caso de 3 variables, es conveniente cambiar a coordenadas esféricas. En términos precisos,

1. Si buscamos $\lim\limits_{(x,y)\to(0,0)} f(x,y)$, haciendo el cambio $x = r\cos\theta$, $y = r \operatorname{sen}\theta$,

tenemos la función $F(r,\theta) = f(r\cos\theta,\ r\operatorname{sen}\theta)$.

Ahora, sabiendo que $r = \sqrt{x^2+y^2}$, tenemos que $(x, y) \to (0, 0) \Leftrightarrow r \to 0^+$.

Luego, $\lim\limits_{(x,y)\to(0,0)} f(x,y) = \lim\limits_{r\to 0^+} F(r,\theta)$.

2. Si buscamos $\lim\limits_{(x,y,z)\to(0,0,0)} f(x,y,z)$, haciendo el cambio

$$x = \rho\operatorname{sen}\phi\cos\theta,\quad y = \rho\operatorname{sen}\phi\operatorname{sen}\theta,\ z = \rho\cos\phi,$$

obtenemos la función $F(\rho,\theta,\phi) = f(\rho\operatorname{sen}\phi\cos\theta,\ \rho\operatorname{sen}\phi\operatorname{sen}\theta,\ \rho\cos\theta)$.

Ahora, como $\rho = \sqrt{x^2+y^2+z^2}$, tenemos que $(x, y, z) \to (0, 0, 0) \Leftrightarrow \rho \to 0^+$.

Luego, $\lim\limits_{(x,y,z)\to(0,0,0)} f(x,y,z) = \lim\limits_{\rho\to 0^+} F(\rho,\theta,\phi)$.

El siguiente teorema nos dará respuestas rápidas. Su demostración la presentamos en el problema resuelto 7.

TEOREMA 3. 3 **1.** Si $F(r,\theta) = g(r,\theta)\,h(r)$, donde $g(r,\theta)$ es acotada y $\lim\limits_{r\to 0^+} h(r) = 0$, entonces

$$\lim_{r\to 0^+} F(r,\theta) = \lim_{r\to 0^+}\left[g(r,\theta)h(r)\right] = 0.$$

2. Si $F(\rho,\theta,\phi) = g(\rho,\theta,\phi)\,h(\rho)$, donde $g(\rho,\theta,\phi)$ es acotada y $\lim\limits_{\rho\to 0^+} h(\rho) = 0$, entonces

$$\lim_{\rho\to 0^+} F(\rho,\ \theta,\ \phi) = \lim_{\rho\to 0^+}\left[g(\rho,\ \theta,\ \phi)h(\rho)\right] = 0.$$

EJEMPLO 9. Cambiando a coordenadas polares, probar que

$$\lim_{(x,\ y)\to(0,\ 0)} \frac{x^2y^2}{x^2+y^2} = 0$$

Solución

Tenemos que:

$$f(x, y) = \frac{x^2y^2}{x^2+y^2} = \frac{(r\cos\theta)^2(r\operatorname{sen}\theta)^2}{(r\cos\theta)^2+(r\operatorname{sen}\theta)^2} = \frac{\cos^2\theta\operatorname{sen}^2\theta\ r^4}{r^2\left(\cos^2\theta+\operatorname{sen}^2\theta\right)}$$

$$= \cos^2\theta\operatorname{sen}^2\theta\ r^2 = F(r,\ \theta)$$

Si hacemos $g(r,\ \theta) = \cos^2\theta\operatorname{sen}^2\theta$ y $h(r) = r^2$, entonces $F(r,\ \theta) = g(r,\theta)\ h(r)$

La función $g(r,\ \theta)$ es acotada. En efecto,

$$\left|g(r,\theta)\right| = \left|\cos^2\theta\operatorname{sen}^2\theta\right| = \left|\cos^2\theta\right|\left|\operatorname{sen}^2\theta\right| \leq (1)(1) = 1$$

Por otro lado, la función $h(r) = r^2$ es tal que $\displaystyle\lim_{r\to 0^+} h(r) = \lim_{r\to 0^+} r^2 = 0.$

Luego, por la parte 1 del teorema anterior,

$$\lim_{(x,\ y)\to(0,\ 0)} \frac{x^2y^2}{x^2+y^2} = \lim_{r\to 0^+}\left[F(r,\ \theta)\right] = \lim_{r\to 0^+}\left[\cos^2\theta\operatorname{sen}^2\theta\ r^2\right] = 0$$

EJEMPLO 10. Aplicando coordenadas polares, probar

$$\lim_{(x,\ y)\to(0,\ 0)} \frac{x^4y^3}{x^4+y^4} = 0$$

Solución

Cambiando coordenadas polares tenemos que:

$$\frac{x^4y^3}{x^4+y^4} = \frac{(r\cos\theta)^4(r\operatorname{sen}\theta)^3}{(r\cos\theta)^4+(r\operatorname{sen}\theta)^4} = \frac{\cos^4\theta\operatorname{sen}^3\theta\ r^7}{r^4\left(\cos^4\theta+\operatorname{sen}^4\theta\right)} = \frac{\cos^4\theta\operatorname{sen}^3\theta}{\cos^4\theta+\operatorname{sen}^4\theta}\ r^3$$

La función $g(\theta) = \dfrac{\cos^4\theta\operatorname{sen}^3\theta}{\cos^4\theta+\operatorname{sen}^4\theta}$ es acotada. En efecto,

$$|g(\theta)| = \left| \frac{\cos^4\theta \operatorname{sen}^3\theta}{\cos^4\theta + \operatorname{sen}^4\theta} \right| = \left| \frac{\operatorname{sen}^3\theta}{1 + \dfrac{\operatorname{sen}^4\theta}{\cos^4\theta}} \right| \le \left| \frac{\operatorname{sen}^3\theta}{1 + 0} \right| = \left| \operatorname{sen}^3\theta \right| \le 1$$

Por otro lado, la función $h(r) = r^3$ es tal que $\lim\limits_{r \to 0^+} h(r) = \lim\limits_{r \to 0^+} r^3 = 0.$

En consecuencia, por el teorema 3.3, tenemos:

$$\lim_{(x,\,y) \to (0,\,0)} \frac{x^4 y^3}{x^4 + y^4} = \lim_{r \to 0^+} \left[\frac{\cos^4\theta \operatorname{sen}^3\theta}{\cos^4\theta + \operatorname{sen}^4\theta}\, r^3 \right] = 0$$

EJEMPLO 11. Cambiando a coordenadas esféricas, probar que

$$\lim_{(x,\,y,\,z) \to (0,\,0,\,0)} \frac{xyz}{x^2 + y^2 + z^2} = 0$$

Solución

Tenemos que:

$$f(x,\ y,\ z) = \frac{xyz}{x^2 + y^2 + z^2} = \frac{(\rho \operatorname{sen}\phi \cos\theta)(\rho \operatorname{sen}\phi \operatorname{sen}\theta)(\rho \cos\phi)}{(\rho \operatorname{sen}\phi \cos\theta)^2 + (\rho \operatorname{sen}\phi \operatorname{sen}\theta)^2 + (\rho \cos\phi)^2}$$

$$= \frac{\rho^3 \operatorname{sen}^2\phi \cos\phi \operatorname{sen}\theta \cos\theta}{\rho^2} = \left(\operatorname{sen}^2\phi \cos\phi \operatorname{sen}\theta \cos\theta\right)\rho$$

La función $g(\theta, \phi) = \operatorname{sen}^2\phi \cos\phi \operatorname{sen}\theta \cos\theta$ es acotada. En efecto,

$$|g(\theta, \phi)| = \left| \operatorname{sen}^2\phi \cos\phi \operatorname{sen}\theta \cos\theta \right|$$

$$\le \left| \operatorname{sen}^2\phi \right| \left| \cos\phi \right| \left| \operatorname{sen}\theta \right| \left| \cos\theta \right| \le (1)\,(1)\,(1)\,(1) = 1$$

Por otro lado, la función $h(\rho) = \rho$ es tal que $\lim\limits_{\rho \to 0^+} h(\rho) = \lim\limits_{\rho \to 0^+} \rho = 0$

En consecuencia, por la parte 2 del teorema anterior, se tiene

$$\lim_{(x,\,y,\,z) \to (0,\,0,\,0)} \frac{xyz}{x^2 + y^2 + z^2} = \lim_{\rho \to 0^+} \left[\left(\operatorname{sen}^2\phi \cos\phi \operatorname{sen}\theta \cos\theta\right) \rho \right] = 0$$

CONTINUIDAD

La definición de continuidad para funciones de varias variables es exactamente la misma que para funciones de una variable.

DEFINICION. **Continuidad en un punto.**

Sea $f: U \subset \mathbb{R}^n \to \mathbb{R}$ una función definida en un conjunto abierto U de $\mathbb{R}^n$ y sea $\mathbf{x_0} \in U$. Se dice que f es continua en $\mathbf{x_0}$ si se cumple que

$$\lim_{\mathbf{x}\to\mathbf{x}_0} f(\mathbf{x}) = f(\mathbf{x_0}).$$

También se acostumbra definir la continuidad del siguiente modo:

f es continua en $\mathbf{x_0}$ si se cumplen las condiciones siguientes:

1. f está definida en $\mathbf{x_0}$. Es decir, existe $f(\mathbf{x_0})$.

2. Existe $\lim_{\mathbf{x}\to\mathbf{x}_0} f(\mathbf{x})$

3. $\lim_{\mathbf{x}\to\mathbf{x}_0} f(\mathbf{x}) = f(\mathbf{x_0})$.

Observar que la tercera condición ya lleva implícita a las dos primeras. En efecto, $\lim_{\mathbf{x}\to\mathbf{x}_0} f(\mathbf{x}) = f(\mathbf{x_0})$ ya nos está diciendo que tanto el límite como $f(\mathbf{x_0})$ existen.

En términos de $\varepsilon-\delta$ esto se expresa así: La función f es continua en $\mathbf{x_0}$ si

$$\forall\varepsilon > 0\ \exists\delta > 0 \text{ tal que } \| \mathbf{x} - \mathbf{x_0} \| < \delta \implies | f(\mathbf{x}) - f(\mathbf{x_0}) | < \varepsilon$$

La función f es **discontinua** en $\mathbf{x_0}$ si no es continua en $\mathbf{x_0}$. Esto significa que no se cumple al menos una de las tres condiciones anteriores.

Si no se cumple la condición 2, la discontinuidad es **esencial**. En cambio, si se cumple esta condición y no se cumple la condición 1 o 3, la discontinuidad es **removible**. Se llama así, porque la discontinuidad puede eliminarse redefiniendo la función así:

$$f(\mathbf{x_0}) = \lim_{\mathbf{x}\to\mathbf{x}_0} f(\mathbf{x}).$$

EJEMPLO 12. Determinar si la siguiente función $f(x) = \dfrac{x^2y^2}{x^2+y^2}$ es continua en el punto (0, 0).

Solución

El dominio de f es $\mathbb{R}^2 - \{(0, 0)\}$. Como f no está definida en (0, 0), no se cumple la primera condición de la definición. Por tanto, f es discontinua en (0, 0).

Sin embargo, esta discontinuidad es removible. En efecto, en el ejemplo 6 anterior se demostró que $\lim_{(x,y)\to(0,0)} \frac{x^2y^2}{x^2+y^2} = 0$. Luego, a f la hacemos continua redefiniéndola así:

$$f(x,y) = \begin{cases} \frac{x^2y^2}{x^2+y^2}, & \text{si } (x,y) \neq (0,0) \\ 0, & \text{si } (x,y) = (0,0) \end{cases}$$

EJEMPLO 13. Determinar si la siguiente función $g: \mathbb{R}^2 \to \mathbb{R}$

$$g(x,y) = \begin{cases} \frac{x^2y}{x^4+y^2}, & \text{si } (x,y) \neq (0,0) \\ 0, & \text{si } (x,y) = (0,0) \end{cases}$$

es continua en $(0, 0)$.

Solución

Sabemos, por el problema resuelto 5, que el límite $\lim_{(x,y)\to(0,0)} \frac{x^2y}{x^4+y^2}$ no existe y, por tanto, falla la condición 2 de la definición de continuidad. Luego, la función g es discontinua en (0, 0). Esta discontinuidad es esencial.

DEFINICION. **Continuidad en un abierto.**

Sea $f: U \subset \mathbb{R}^n \to \mathbb{R}$ una función definida en un abierto U de $\mathbb{R}^n$. Se dice que ***f* es continua en *U***, o simplemente continua, si f es continua en todo punto $\mathbf{x}$ de U.

EJEMPLO 14. Verificar que una función polinómica

$$f: \mathbb{R}^2 \to \mathbb{R}, \quad f(x\,y) = \sum_{m,n} c_{mn} x^m y^n,$$

es continua en $\mathbb{R}^2$.

Solución

Sea (a, b) cualquier punto de $\mathbb{R}^2$. El corolario al teorema 3.1 nos dice que

$$\lim_{(x,y)\to(a,b)} f(x,y) = \sum_{m,n} c_{mn} a^m b^n = f(a,b)$$

Esta igualdad nos dice que el polinomio es continuo en el punto (a, b) y, como es cualquier punto de $\mathbb{R}^2$, concluimos que es continuo en $\mathbb{R}^2$.

Por supuesto, este resultado también es válido para una función polinómica $f:\mathbb{R}^n \to \mathbb{R}$ de n variables.

De la definición de continuidad y de las leyes de los límites (teorema 3.1) se demuestra, sin mucha dificultad, el siguiente resultado.

TEOREMA 3. 4 Sean $f, g : U \subset \mathbb{R}^n \to \mathbb{R}$ funciones definidas en el abierto U de $\mathbb{R}^n$ y sea c una constante. Si f, g son continuas en U, entonces

1. La función $f \pm g$ es continua en U.
2. La función fg es continua en U.
3. La función cf es continua en U.
4. La función $\dfrac{f}{g}$ es continua en $U - \{\mathbf{x} \in U \,/\, g(\mathbf{x}) = 0\}$
5. La función $\sqrt[n]{f(\mathbf{x})}$ es continua en U si n es impar y en $U - \{\mathbf{x} \in U \,/\, f(\mathbf{x}) < 0\}$ si n es par.

De acuerdo al ejemplo anterior y a la parte 4 de este teorema, la función racional $\dfrac{f}{g}$ es continua en su dominio, que es $\mathbb{R}^n - \{\mathbf{x} \in U \,/\, g(\mathbf{x}) = 0\}$

EJEMPLO 15. La función racional $h(x, y) = \dfrac{y^2}{x^2 + y^2 - 1}$ es continua en

$$\mathbb{R}^2 - \{(x, y) \,/\, x^2 + y^2 = 1\}$$

O sea, h es continua en todo el plano, excepto en los puntos de la circunferencia $x^2 + y^2 = 1$

El siguiente teorema, cuya demostración omitimos, nos dice que la composición de dos funciones continuas es continua.

TEOREMA 3. 5 **Continuidad de una función compuesta.**

Sea $f : U \subset \mathbb{R}^n \to \mathbb{R}$, donde U es un abierto de $\mathbb{R}^n$. Sea g: $\mathrm{I} \to \mathbb{R}$, donde $\mathrm{I} \subset \mathbb{R}$ es un intervalo que contiene a $f(U)$. Si f es continua en $\mathbf{x} \in U$ y g es continua en $f(\mathbf{x})$, entonces la función compuesta $g \circ f$ es continua en $\mathbf{x}$.

EJEMPLO 16. Verificar que la siguientes funciones son continuas en $\mathbb{R}^2$.

1. $F(x, y) = e^{x^2-y^3}$ **2.** $G(x, y) = \text{sen}\left(xy/\left(x^2+y^2+1\right)\right)$

3. $H(x, y) = e^{x^2-y^3} + \text{sen}\left(xy/\left(x^2+y^2+1\right)\right)$

Solución

1. La función $f(x, y) = x^2 - y^3$ es un polinomio y por tanto, es continua en todo $\mathbb{R}^2$. La función $g(z) = e^z$ es la función exponencial, de cual sabemos que es continua en todo $\mathbb{R}$

Tenemos que $F = g \circ f$. Luego, por el teorema anterior, F es continua en $\mathbb{R}^2$.

2. La función $f(x, y) = \dfrac{xy}{x^2+y^2+1}$ es una función cuyo denominador nunca se anula. Por tanto, f es continua en todo $\mathbb{R}^2$. Sabemos que la función $g(z) = \text{sen } z$ es continua en todo $\mathbb{R}$

Tenemos que $G = g \circ f$. Luego, por el teorema anterior, G es continua en $\mathbb{R}^2$.

3. Vemos que $H = F + G$. Luego, la función H es continua en todo $\mathbb{R}^2$, por ser suma de dos funciones continuas en $\mathbb{R}^2$.

PROBLEMAS RESUELTOS 3.2

PROBLEMA 1. Probar que el siguiente límite no existe $\displaystyle\lim_{(x, y)\to(0, 0)} \frac{x^3 y}{x^6+y^2}$

Solución

Hallamos los límites por varias trayectorias.

1. Sea C_1 el eje X. $C_1 = \{ (x, y) / y = 0 \}$

$$\lim_{\substack{(x, y)\to(0, 0)\\ (\text{A lo largo de } C_1)}} \frac{x^3(0)}{x^6+(0)^2} = \lim_{x\to 0} \frac{0}{x^6} = \lim_{x\to 0} 0 = 0$$

2. Sea C_2 el eje Y. $C_2 = \{ (x, y) / x = 0 \}$

$$\underset{\substack{(x,\, y)\to(0,\, 0) \\ (\text{A lo largo de } C_2)}}{\text{Lim}} \frac{(0)^3 y}{(0)^6 + y^2} = \underset{y\to 0}{\text{Lim}} \frac{0}{y^2} = \underset{y\to 0}{\text{Lim}}\ 0 = 0$$

3. Sea C_3 la recta $y = mx$, donde $m \neq 0$

$$\underset{\substack{(x,\, y)\to(0,\, 0) \\ (\text{A lo largo de } C_3)}}{\text{Lim}} \frac{x^3 y}{x^6 + y^2} = \underset{x\to 0}{\text{Lim}} \frac{x^3 (mx)}{x^6 + (mx)^2} = \underset{x\to 0}{\text{Lim}} \frac{mx^4}{x^2\left(x^4 + m^2\right)}$$

$$= \underset{x\to 0}{\text{Lim}} \frac{mx^2}{x^4 + m^2} = \frac{m(0)^2}{(0)^4 + m^2} = \frac{0}{m^2} = 0$$

4. Sea C_4 la parábolas $y = ax^2$, donde $a \neq 0$

$$\underset{\substack{(x,\, y)\to(0,\, 0) \\ (\text{A lo largo de } C_4)}}{\text{Lim}} \frac{x^3 y}{x^6 + y^2} = \underset{x\to 0}{\text{Lim}} \frac{x^3\left(ax^2\right)}{x^6 + \left(ax^2\right)^2} = \underset{x\to 0}{\text{Lim}} \frac{ax^5}{x^4\left(x^2 + a^2\right)}$$

$$= \underset{x\to 0}{\text{Lim}} \frac{ax}{x^2 + a^2} = \frac{a(0)}{(0)^4 + a^2} = \frac{0}{a^2} = 0$$

A esta altura podríamos conjeturar que el límite si existe y es igual 0. Nuestra conjetura es falsa. En efecto, tratemos este otro camino.

5. Sea C_5 la curva $y = x^3$.

$$\underset{\substack{(x,\, y)\to(0,\, 0) \\ (\text{A lo largo de } C_5)}}{\text{Lim}} \frac{x^3 y}{x^6 + y^2} = \underset{x\to 0}{\text{Lim}} \frac{x^3\left(x^3\right)}{x^6 + \left(x^3\right)^2} = \underset{x\to 0}{\text{Lim}} \frac{x^6}{x^6(1+1)} = \underset{x\to 0}{\text{Lim}} \frac{1}{2} = \frac{1}{2}$$

Como los límites por caminos distintos no son iguales, el límite no existe

---

PROBLEMA 2. Cambiando a coordenadas polares, probar

1. $$\underset{(x,\, y)\to(0,\, 0)}{\text{Lim}} \frac{\operatorname{sen}\left(x^2 + y^2\right)}{x^2 + y^2} = 1$$

2. $$\underset{(x,\, y)\to(0,\, 0)}{\text{Lim}} \frac{x \operatorname{sen}\left(x^2 + y^2\right)}{x^2 + y^2} = 0$$

Solución

1. Recordemos que $\underset{u\to 0}{\text{Lim}} \dfrac{\operatorname{sen} u}{u} = 1$ y que $r = \sqrt{x^2 + y^2}$

Tenemos $(x, y) \to (0, 0) \Leftrightarrow r \to 0^+$. Luego,

$$\lim_{(x,y)\to(0,0)} \frac{\operatorname{sen}\left(x^2+y^2\right)}{x^2+y^2} = \lim_{r\to 0^+} \frac{\operatorname{sen}\left(r^2\right)}{r^2} = \lim_{u\to 0^+} \frac{\operatorname{sen}(u)}{u} = 1, \quad \text{donde } u = r^2$$

2. $$\lim_{(x,y)\to(0,0)} \frac{x\operatorname{sen}\left(x^2+y^2\right)}{x^2+y^2} = \left[\lim_{(x,y)\to(0,0)} x\right]\left[\lim_{(x,y)\to(0,0)} \frac{\operatorname{sen}\left(x^2+y^2\right)}{x^2+y^2}\right]$$

$$= [\ 0\ ][\ 1\ ] = 0$$

PROBLEMA 3. Cambiando a coordenadas polares, probar

$$\lim_{(x,y)\to(0,0)} \frac{\operatorname{sen}\left(x^3+y^3\right)}{x^2+y^2} = 0$$

Solución

$$\lim_{(x,y)\to(0,0)} \frac{\operatorname{sen}\left(x^3+y^3\right)}{x^2+y^2} = \lim_{r\to 0^+} \frac{\operatorname{sen}\left(r^3\left(\cos^3\theta+\operatorname{sen}^3\theta\right)\right)}{r^2}$$

(Aplicando la regla de L´Hopital)

$$= \lim_{r\to 0^+} \frac{3r^2\left(\cos^3\theta+\operatorname{sen}^3\theta\right)\cos\left(r^3\left(\cos^3\theta+\operatorname{sen}^3\theta\right)\right)}{2r}$$

$$= \lim_{r\to 0^+}\left[\frac{3}{2}\left(\cos^3\theta+\operatorname{sen}^3\theta\right)\cos\left(r^3\left(\cos^3\theta+\operatorname{sen}^3\theta\right)\right)r\right]$$

Pero, $g(r, \theta) = \frac{3}{2}\left(\cos^3\theta+\operatorname{sen}^3\theta\right)\cos\left(r^3\left(\cos^3\theta+\operatorname{sen}^3\theta\right)\right)$ es acotada. En efecto:

$$|\,g(r,\theta)\,| = \left|\ \frac{3}{2}\left(\cos^3\theta+\operatorname{sen}^3\theta\right)\cos\left(r^3\left(\cos^3\theta+\operatorname{sen}^3\theta\right)\right)\ \right|$$

$$\leq \frac{3}{2}\left|\ \left(\cos^3\theta+\operatorname{sen}^3\theta\right)\ \right|\ \left|\ \cos\left(r^3\left(\cos^3\theta+\operatorname{sen}^3\theta\right)\right)\ \right|$$

$$\leq \frac{3}{2}\left|\ \left(\cos^3\theta+\operatorname{sen}^3\theta\right)\ \right|(1) \leq \frac{3}{2}\left(\ \left|\cos^3\theta\right| + \left|\operatorname{sen}^3\theta\right|\ \right) \leq \frac{3}{2}(1+1) = 3$$

Por otro lado, tenemos $h(r) = r$ y $\lim_{r\to 0^+} r = 0$.

Luego, por la parte 1 del teorema 3.3,

$$\lim_{(x,y)\to(0,0)} \frac{\operatorname{sen}\left(x^3+y^3\right)}{x^2+y^2} = \lim_{r\to 0^+}\left[\frac{3}{2}\left(\cos^3\theta+\operatorname{sen}^3\theta\right)\cos\left(r^3\left(\cos^3\theta+\operatorname{sen}^3\theta\right)\right)r\right] = 0$$

PROBLEMA 4. **1.** Probar que $\displaystyle\lim_{(x,y)\to(0,0)} \frac{1-\cos xy}{x^2y^2} = \frac{1}{2}$

2. Hallar el numero real c que hace continua en (0, 0) a la siguiente función

$$f(x,y) = \begin{cases} \dfrac{1-\cos xy}{3x^2y^2+x^2y^3}, & \text{si } (x,y)\neq(0,0) \\ c, & \text{si } (x,y)=(0,0) \end{cases}$$

Solución

1. Sea $u = xy$. Tenemos que (x, y) → (0, 0) ⟹ $u \to 0$. Luego,

$$\lim_{(x,y)\to(0,0)} \frac{1-\cos xy}{x^2y^2} = \lim_{u\to 0}\frac{1-\cos u}{u^2} = \lim_{u\to 0}\frac{\operatorname{sen} u}{2u} \qquad \text{(L´Hopital)}$$

$$= \frac{1}{2}\lim_{u\to 0}\frac{\operatorname{sen} u}{u} = \frac{1}{2}(\ 1\ ) = \frac{1}{2}$$

2. $$\lim_{(x,y)\to(0,0)} \frac{1-\cos xy}{3x^2y^2+x^2y^3} = \lim_{(x,y)\to(0,0)} \frac{1-\cos xy}{x^2y^2\,(3+y)} = \lim_{(x,y)\to(0,0)} \frac{1-\cos xy}{x^2y^2}\,\frac{1}{3+y}$$

$$= \left[\lim_{(x,y)\to(0,0)} \frac{1-\cos xy}{x^2y^2}\right]\left[\lim_{(x,y)\to(0,0)} \frac{1}{3+y}\right]$$

$$= \left[\frac{1}{2}\right]\left[\ \frac{1}{3}\ \right] = \frac{1}{6}$$

Para que f sea continua en (0, 0) debemos tener que $f(0, 0) = \dfrac{1}{6}$. Luego, $c = \dfrac{1}{6}$.

PROBLEMA 5. **1.** Hallar la región del plano donde la siguiente función es continua.

$$f(x,y) = \begin{cases} x^2+4y^2, & \text{si } x^2+4y^2 \leq 1 \\ 2, & \text{si } x^2+4y^2 > 1 \end{cases}$$

2. Redefinir f para que sea continua en todo $\mathbb{R}^2$

Solución

1. El dominio de f es $\mathbb{R}^2$.

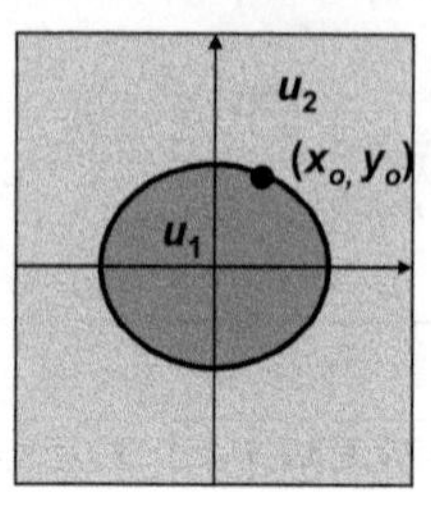

Sean $U_1 = \left\{(x,y) /\ x^2 + 4y^2 < 1\right\}$,

$U_2 = \left\{(x,y) /\ x^2 + 4y^2 > 1\right\}$ y

$C = \left\{(x,y) /\ x^2 + 4y^2 = 1\right\}$

Los conjuntos U_1 y U_2 son abiertos y el conjunto C es frontera de ambos.

En el abierto U_1 la función f es el polinomio $f(x, y) = x^2 + 4y^2$. Por lo tanto, f es continua en todo U_1.

En el abierto U_2 la función f es la función constante $f(x, y) = 2$. Por lo tanto, f es continua en todo U_2.

Examinemos la continuidad en el conjunto C. Sea $\left(x_{o,}\ y_{o,}\right)$ un punto de C.

Luego,

$$x_o^{\ 2} + 4y_o^{\ 2} = 1.$$

Por ser $\left(x_{o,}\ y_{o,}\right)$ un punto frontera de U_1, tenemos que

$$\lim_{\substack{(x,y)\to(x_o,y_o)\\ ((x,y) \text{ en } U_1)}} f(x,y) = \lim_{(x,y)\to(x_o,y_o)} \left(x^2 + 4y^2\right) = x_o^{\ 2} + 4y_o^{\ 2} = 1.$$

Por ser $\left(x_{o,}\ y_{o,}\right)$ un punto frontera de U_2, tenemos que

$$\lim_{\substack{(x,y)\to(x_o,y_o)\\ ((x,y) \text{ en } U_2)}} f(x,y) = \lim_{(x,y)\to(x_o,y_o)} (2) = 2$$

Como los dos límites son distintos, no existe $\lim\limits_{(x,y)\to(x_o,y_o)} f(x,y)$ y, en consecuencia, f es discontinua en $\left(x_{o,}\ y_{o,}\right)$.

Conclusión: f es continua en $U_1 \cup U_2 = \mathbb{R}^2 - C$. O sea, f es continua en $\mathbb{R}^2$, excepto en los puntos de la elipse $C.$: $x^2 + 4y^2 = 1$.

2. En vista de que $\lim\limits_{\substack{(x,y)\to(x_o,y_o)\\ ((x,y) \text{ en } U_1)}} f(x,y) = 1$ redefinimos f del modo siguiente:

$$f(x, y) = \begin{cases} x^2 + 4y^2, & \text{si } x^2 + 4y^2 \leq 1 \\ 1, & \text{si } x^2 + 4y^2 > 1 \end{cases}$$

PROBLEMA 6. Mediante la definición $\varepsilon - \delta$, probar que

$$\lim_{(x, y, z)\to(0, 0, 0)} \frac{xy + xz + yz}{\sqrt{x^2 + y^2 + z^2}} = 0$$

Solución

Debemos probar que dado $\varepsilon > 0$, existe un $\delta > 0$ tal que

$$0 < \| (x, y, z) - (0, 0, 0) \| < \delta \Rightarrow \left| \frac{xy + xz + yz}{\sqrt{x^2 + y^2 + z^2}} - 0 \right| < \varepsilon$$

O sea,

$$0 < \sqrt{x^2 + y^2 + z^2} < \delta \Rightarrow \left| \frac{xy + xz + yz}{\sqrt{x^2 + y^2 + z^2}} \right| < \varepsilon$$

Bien, considerando que

$|x| \leq \sqrt{x^2 + y^2 + z^2}$, $|y| \leq \sqrt{x^2 + y^2 + z^2}$, $|z| \leq \sqrt{x^2 + y^2 + z^2}$, tenemos

$$\left| \frac{xy + xz + yz}{\sqrt{x^2 + y^2 + z^2}} \right| \leq \frac{|x||y| + |x||z| + |y||z|}{\sqrt{x^2 + y^2 + z^2}}$$

$$\leq \frac{3\sqrt{x^2 + y^2 + z^2}\sqrt{x^2 + y^2 + z^2}}{\sqrt{x^2 + y^2 + z^2}} \leq 3\sqrt{x^2 + y^2 + z^2}$$

En consecuencia, tomamos $\delta = \dfrac{\varepsilon}{3}$ y así obtenemos

$$0 < \sqrt{x^2 + y^2 + z^2} < \delta = \frac{\varepsilon}{3} \Rightarrow \left| \frac{xy + xz + yz}{\sqrt{x^2 + y^2 + z^2}} \right| \leq 3\sqrt{x^2 + y^2 + z^2} < 3\frac{\varepsilon}{3} = \varepsilon$$

PROBLEMA 7. **Probar el teorema 3.3**

1. Si $F(r, \theta) = g(r, \theta)\, h(r)$, donde $g(r, \theta)$ es acotada y

$\lim_{r\to 0^+} h(r) = 0$, entonces

$$\lim_{r\to 0^+} F(r, \theta) = \lim_{r\to 0^+} \left[g(r, \theta) h(r) \right] = 0.$$

2. Si $F(\rho, \theta, \phi) = g(\rho, \theta, \phi)\, h(r)$, donde $g(\rho, \theta, \phi)$ es acotada y

$\lim_{r\to 0^+} h(r) = 0$, entonces

$$\lim_{\rho\to 0^+} F(\rho, \theta, \phi) = \lim_{\rho\to 0^+} \left[g(\rho, \theta, \phi) h(\rho)\right] = 0.$$

Solución

1. Como $g(r, \theta)$ es acotada, existe $M > 0$ tal que

$$|g(r,\theta)| \leq M, \forall\ (r, \theta)$$

Debemos probar: Dado $\varepsilon > 0$, existe $\delta > 0$ tal que $0 < r < \delta \Rightarrow |F(r,\theta)| < \varepsilon$

Bien, como $\lim_{r\to 0} h(r) = 0$, para $\varepsilon' = \dfrac{\varepsilon}{M}$, existe $\delta > 0$ tal que

$$0 < r < \delta \Rightarrow |h(r)| < \varepsilon' = \frac{\varepsilon}{M}$$

Ahora, Si $0 < r < \delta$, tenemos

$$|F(r, \theta)| = |g(r, \theta)h(r)| = |g(r, \theta)||h(r)| \leq M|h(r)| < M\varepsilon' = M\frac{\varepsilon}{M} = \varepsilon$$

Esto es, hemos probado lo que buscábamos:

$$0 < r < \delta \Rightarrow |F(r, \theta)| < \varepsilon$$

2. Similar a la parte 1.

PROBLEMA 8. Probar que una bola abierta $B(\mathbf{x_0}, r)$ de $\mathbb{R}^n$ es un conjunto abierto

Solución

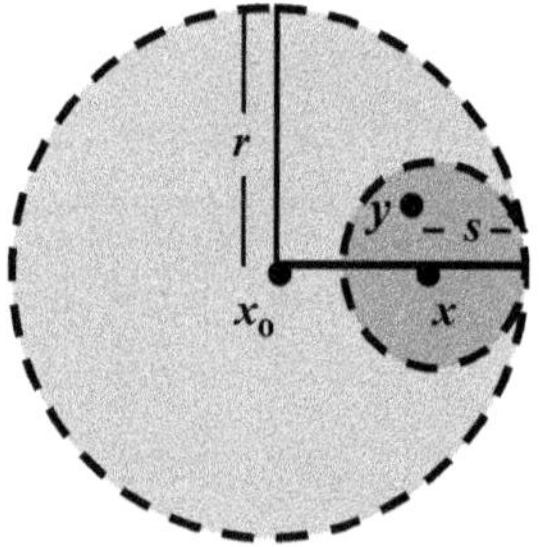

Sea $\mathbf{x}$ un punto de $B(\mathbf{x_0}, r)$. Debemos hallar un $s > 0$ tal que $B(\mathbf{x}, s) \subset B(\mathbf{x_0}, r)$. La figura adjunta nos sugiere que

$$s = r - \|\mathbf{x} - \mathbf{x_0}\|.$$

Ahora, sea $\mathbf{y} \in B(\mathbf{x}, s)$, entonces $\|\mathbf{y} - \mathbf{x}\| < s$ y, de acuerdo a la desigualdad triangular, tenemos

$$\|\mathbf{y} - \mathbf{x_0}\| \leq \|\mathbf{y} - \mathbf{x}\| + \|\mathbf{x} - \mathbf{x_0}\| < s + \|\mathbf{x} - \mathbf{x_0}\| = r - \|\mathbf{x} - \mathbf{x_0}\| + \|\mathbf{x} - \mathbf{x_0}\| = r.$$

Luego, $B(\mathbf{x}, s) \subset B(\mathbf{x_0}, r)$.

PROBLEMAS PROPUESTOS 3.2

En los problemas del 1 al 15 usar las leyes de los límites y los teoremas sobre continuidad para hallar el límite indicado.

1. $\displaystyle\lim_{(x,y)\to(0,0)} \frac{xy}{x^2+y^2+2}$ *Rpta.* 0

2. $\displaystyle\lim_{(x,y)\to(-3,5)} \sqrt[3]{x^2+y^2-7}$ *Rpta.* 3

3. $\displaystyle\lim_{(x,y)\to(4,1)} \frac{y}{\sqrt{x+5y}}$ *Rpta.* $\frac{1}{3}$

4. $\displaystyle\lim_{(x,y)\to(0,0)} \ln\sqrt{e-x^2-y^2}$ *Rpta.* $\frac{1}{2}$

5. $\displaystyle\lim_{(x,y)\to(0,0)} \frac{e^{2x}+e^{2y}}{\operatorname{sen} x+\cos y}$ *Rpta.* 2

6. $\displaystyle\lim_{(x,y)\to(0,\pi/3)} \sec x \tan y$ *Rpta* $\sqrt{3}$

7. $\displaystyle\lim_{(x,y,z)\to(1,1,1)} \frac{\cos\left(xy-z^2\right)}{xy+z^2}$ *Rpta.* $\frac{1}{2}$

8. $\displaystyle\lim_{(x,y,z)\to(1,1,1)} \frac{\ln(1+xyz)}{xyz}$ *Rpta.* ln 2

9. $\displaystyle\lim_{(x,y)\to(0,0)} \frac{\operatorname{sen} x \operatorname{sen} 2y}{xy}$ *Sugerencia:* $\displaystyle\lim_{\theta\to0} \frac{\operatorname{sen}\theta}{\theta}=1$ *Rpta.* 2

10. $\displaystyle\lim_{(x,y)\to(0,0)} \frac{e^{x}\operatorname{sen}(y)}{y}$ *Rpta.* 1

11. $\displaystyle\lim_{(x,y)\to(0,0)} \frac{e^{xy}\operatorname{sen}(xy)}{xy}$ *Rpta.* 1

12. $\displaystyle\lim_{(x,y)\to(0,0)} \frac{\left(e^{x}-1\right)\left(e^{2y}-1\right)}{xy}$ *Sugerencia* $\displaystyle\lim_{x\to0} \frac{e^{x}-1}{x}=1$ (*L'Hospital*) *Rpta.* 2

13. $\displaystyle\lim_{(x,y,z)\to(0,0,0)} \frac{\left(e^{x}-1\right)\left(e^{2y}-1\right)\left(e^{3z}-1\right)}{xyz}$ *Rpta.* 6

14. $\displaystyle\lim_{(x,y,z)\to(0,0,0)} \frac{(1-\cos x)\operatorname{sen} 2y \tan 3z}{xyz}$ *Rpta.* 0

15. $\displaystyle\lim_{(x,y,z)\to(0,0,0)} \frac{(1-\cos x)\operatorname{sen} 2y \tan 3z}{x^2yz}$ *Rpta.* 3

En los problemas del 16 al 23, en primer lugar, simplifica o racionaliza la función. Luego, usa las leyes de los límites y los teoremas sobre continuidad para hallar el límite indicado.

16. $\displaystyle\lim_{(x,y)\to(1,0)} \frac{(x-1)^4-y^4}{(x-1)^2+y^2}$ *Rpta.* 0

17. $\displaystyle\lim_{(x,y)\to(1,2)} \frac{\left(x^3-1\right)\left(y^4-16\right)}{(x-1)\left(y^2-4\right)}$ *Rpta.* 24

18. $\lim\limits_{(x,y)\to(2,-1)} \dfrac{x^2y-xy+x^2-x}{y+1}$ *Rpta.* 2

19. $\lim\limits_{(x,y)\to(2,1)} \dfrac{\sqrt{xy+2}-2}{x^2y^2-4}$ *Rpta.* $\dfrac{1}{16}$

20. $\lim\limits_{(x,y)\to(0,0)} \dfrac{\sqrt{x}-\sqrt{y}+x-y}{\sqrt{x}-\sqrt{y}}$ *Rpta.* 1

21. $\lim\limits_{(x,y)\to(0,0)} \dfrac{x^2+y^2}{\sqrt{x^2+y^2+1}-1}$ *Rpta.* 2

22. $\lim\limits_{(x,y)\to(0,0)} \dfrac{\sqrt{x^2y^2+9}-3}{x^2y^2}$ *Rpta.* $\dfrac{1}{6}$

23. $\lim\limits_{(x,y)\to(1,1)} \dfrac{\sqrt{xy-1}+x^3y^3-1}{\sqrt{x^2y^2-1}}$ *Rpta* $\dfrac{\sqrt{2}}{2}$

En los problemas del 24 al 38 demuestre que el límite indicado no existe.

24. $\lim\limits_{(x,y)\to(0,0)} \dfrac{x^2}{x^2+y^2}$

25. $\lim\limits_{(x,y)\to(0,0)} \dfrac{x^2-y^2}{x^2+y^2}$

26. $\lim\limits_{(x,y)\to(0,0)} \dfrac{2x^2-y^2}{x^2+2y^2}$

27. $\lim\limits_{(x,y)\to(0,0)} \dfrac{2y^2}{2x^2-y^2}$

28. $\lim\limits_{(x,y)\to(0,0)} \dfrac{2xy}{3y^2-x^2}$

29. $\lim\limits_{(x,y)\to(0,0)} \dfrac{2x^2\sqrt{y}}{x^4+y^2}$

30. $\lim\limits_{(x,y)\to(0,0)} \dfrac{2xy^3}{x^2+8y^6}$

31. $\lim\limits_{(x,y)\to(1,2)} \dfrac{xy-2x-y+2}{x^2+y^2-2x-4y+5}$ *Sugerencia: Factorice y considere los caminos (rectas)* C_1: $y=2$, C_2: $y=x+1$

32. $\lim\limits_{(x,y)\to(a,a)} \ln\left(\dfrac{x-a}{y-a}\right)$, donde x > a y $y>a$. *Sugerencia: Considerar la rectas* C_1: $y-a=2(x-a)$, C_2: $y-a=3(x-a)$.

33. $\lim\limits_{(x,y,z)\to(0,0,0)} \dfrac{x^2}{x^2+y^2+z^2}$

34. $\lim\limits_{(x,y,z)\to(0,0,0)} \dfrac{x^2+y^2+z^2}{x^2-y^2+z^2}$

35. $\lim\limits_{(x,y,z)\to(0,0,0)} \dfrac{xyz}{x^3+y^3+z^3}$

36. $\lim\limits_{(x,y,z)\to(0,0,0)} \dfrac{xy+xz+yz}{x^2+y^2+z^2}$

37. $\lim\limits_{(x,y,z)\to(0,0,0)} \dfrac{x^2+3y^2-z^2}{x^2-y^2}$

38. $\lim\limits_{(x,y,z)\to(0,0,0)} \dfrac{x^2yz^3}{x^6+z^6}$

En los problemas del 39 al 44, cambiando a coordenadas polares o esféricas, probar que el límite existe y es el indicado.

39. $\lim\limits_{(x,y)\to(0,0)} \dfrac{xy^2}{x^2+y^2} = 0$

40. $\lim\limits_{(x,y)\to(0,0)} \dfrac{e^{x^2+y^2}-1}{x^2+y^2} = 1$

41. $\lim\limits_{(x,y)\to(0,0)} \dfrac{x^2+y^2}{\ln\left(x^2+y^2\right)} = 0$

42. $\lim\limits_{(x,y)\to(0,0)} \dfrac{x^2y^2z^2}{x^2+y^2+z^2} = 0$

43. $\lim\limits_{(x,y,z)\to(0,0,0)} \dfrac{3x^3}{x^2+y^2+z^2} = 0$

44. $\lim\limits_{(x,y,z)\to(0,0,0)} \dfrac{\tan\left(x^2+y^2+z^2\right)}{x^2+y^2+z^2} = 1$

***En los problemas del 45 al 57, hallar el número real c que hace que la función f sea continua en el punto** (0, 0).*

45. $f(x,y) = \begin{cases} \dfrac{x^4-y^4}{x^2+y^2}, & \text{si } (x,y) \neq (0,0) \\ c, & \text{si } (x,y)=(0,0) \end{cases}$ *Rpta.* $c = 0$

46. $f(x,y) = \begin{cases} \dfrac{x^3-x^2y+xy^2-y^3}{x^2+y^2}, & \text{si } (x,y) \neq (0,0) \\ c, & \text{si } (x,y)=(0,0) \end{cases}$ *Rpta.* $c = 0$

47. $f(x,y) = \begin{cases} \dfrac{xy^2}{x^2+y^2}, & \text{si } (x,y) \neq (0,0) \\ c, & \text{si } (x,y)=(0,0) \end{cases}$ *Rpta.* $c = 0$

48. $f(x,y) = \begin{cases} \dfrac{x^3-y^3}{x^2+y^2}, & \text{si } (x,y) \neq (0,0) \\ c, & \text{si } (x,y)=(0,0) \end{cases}$ *Rpta.* $c = 0$

50. $f(x,y) = \begin{cases} \dfrac{\operatorname{sen}\left(\sqrt{x^2+y^2}\right)}{\sqrt{x^2+y^2}}, & \text{si } (x,y) \neq (0,0) \\ c, & \text{si } (x,y)=(0,0) \end{cases}$ *Rpta.* $c = 1$

51. $f(x, y) = \begin{cases} \left(x^2+y^2\right)\ln\left(x^2+y^2\right), & \text{si } (x, y) \neq (0,0) \\ c, & \text{si } (x, y) = (0,0) \end{cases}$ *Sugerencia.* $r^2 = x^2 + y^2$.

Rpta. $c = 0$

52. $f(x, y) = \begin{cases} \dfrac{y^2 \operatorname{sen} x}{x^2+y^2}, & \text{si } (x, y) \neq (0,0) \\ c, & \text{si } (x, y) = (0,0) \end{cases}$ *Rpta.* $c = 0$

53. $f(x, y) = \begin{cases} xy\left(\dfrac{x^2-y^2}{x^2+y^2}\right), & \text{si } (x, y) \neq (0,0) \\ c, & \text{si } (x, y) = (0,0) \end{cases}$ *Rpta.* $c = 0$

54. $f(x, y) = \begin{cases} \dfrac{x^4+y^4}{\left(x^2+y^2\right)^{3/2}}, & \text{si } (x, y) \neq (0,0) \\ c, & \text{si } (x, y) = (0,0) \end{cases}$ *Rpta.* $c = 0$

55. $f(x, y) = \begin{cases} \dfrac{5 \operatorname{sen} xy^2}{x^2y^2+xy^2}, & \text{si } (x, y) \neq (0,0) \\ c, & \text{si } (x, y) = (0,0) \end{cases}$ *Rpta.* $c = 5$

56. $f(x, y) = \begin{cases} \dfrac{xy}{|x|+|y|}, & \text{si } (x, y) \neq (0,0) \\ c, & \text{si } (x, y) = (0,0) \end{cases}$ *Rpta.* $c = 0$

57. $f(x, y) = \begin{cases} \dfrac{\operatorname{sen}^2(x-y)}{|x|+|y|}, & \text{si } (x, y) \neq (0,0) \\ c, & \text{si } (x, y) = (0,0) \end{cases}$ *Rpta.* $c = 0$

En los problemas del 58 al 67, hallar la región de continuidad de la función dada.

58. $f(x, y) = \sqrt{1 - x^2 - y^2}$ *Rpta.* $\left\{(x, y) \,/\, x^2 + y^2 \leq 1\right\}$

59. $f(x, y) = \dfrac{xy}{x^2 + y^2 + 1}$ *Rpta.* $\mathbb{R}^2$

60. $f(x, y) = \dfrac{\operatorname{sen}\left(y - x^2\right)}{y - x^2}$ *Rpta.* $\left\{(x, y) \,/\, y \neq x^2\right\}$

61. $f(x, y) = \ln\left(x^2 + y^2 - 9\right)$ *Rpta.* $\left\{(x, y) \,/\, x^2 + y^2 > 9\right\}$

62. $f(x, y) = \sqrt{\ln\left(x^2 - y\right) - 1}$ *Rpta.* $\left\{(x, y) \,/\, y < x^2 - e\right\}$

63. $f(x, y) = \ln\left(\dfrac{x^2 + y^2}{y^2 - 4y + 3}\right)$ *Rpta.* $\left\{(x, y) \,/\, y < 1 \text{ ó } y > 3\right\}$

64. $f(x, y) = \operatorname{sen}^{-1}\left(x^2 + y^2 - 3\right)$ *Rpta.* $\left\{(x, y) \,/\, 2 \leq x^2 + y^2 \leq 4\right\}$

65. $f(x, y, z) = \dfrac{x + y}{x^2 + y^2 - z}$ *Rpta.* $\left\{(x, y, z) \,/\, z \neq x^2 + y^2\right\}$

66. $f(x, y) = \begin{cases} x^2 + y^2, & \text{si } x^2 + y^2 \leq 4 \\ 0, & \text{si } x^2 + y^2 > 4 \end{cases}$ *Rpta.* $\mathbb{R}^2 - \left\{(x, y) \,/\, x^2 + y^2 = 4\right\}$

67. $f(x, y) = \begin{cases} \dfrac{\operatorname{sen}(x + y)}{x + y}, & \text{si } x + y \neq 0 \\ 0, & \text{si } x + y = 0 \end{cases}$ *Rpta.* $\mathbb{R}^2 - \left\{(x, y) \,/\, x + y = 0\right\}$

En los problemas del 68 al 70, hallar el valor de c que hace continua en todo $\mathbb{R}^2$ a la función dada.

68. $f(x, y) = \begin{cases} x^2 + y^2, & \text{si } x^2 + y^2 \leq 4 \\ c, & \text{si } x^2 + y^2 > 4 \end{cases}$ *Rpta.* $c = 4$

69. $f(x, y) = \begin{cases} \sqrt{1 - x^2 - 4y^2}, & \text{si } x^2 + 4y^2 \leq 1 \\ c, & \text{si } x^2 + 4y^2 > 1 \end{cases}$ *Rpta.* $c = 0$

70. $f(x, y) = \begin{cases} \dfrac{\operatorname{sen}(x + y)}{x + y}, & \text{si } x + y \neq 0 \\ c, & \text{si } x + y = 0 \end{cases}$ *Rpta.* . $c = 1$

En los problemas 71 y 72, mediante la definición (usando ε–δ) probar que $\lim\limits_{(x, y) \to (0, 0)} f(x, y) = 0$

71. $f(x, y) = (x + y) \operatorname{sen}\left(\dfrac{1}{x}\right) \operatorname{sen}\left(\dfrac{1}{y}\right)$ **72.** $f(x, y) = x \operatorname{sen}\left(\dfrac{1}{y}\right) + y \operatorname{sen}\left(\dfrac{1}{x}\right)$

73. Probar que la siguiente función es continua en $\mathbb{R}^2$.

$$f(x, y) = \begin{cases} \dfrac{1}{x} \operatorname{sen}(xy), & \text{si } x \neq 0 \\ y, & \text{si } x = 0 \end{cases}$$

SECCION 3.3

DERIVADAS PARCIALES

En esta sección extenderemos el concepto de derivada a funciones de varias variables. Comenzamos con funciones de dos variables.

DEFINICION. Sea $z = f(x, y)$ una función de dos variables.

1. La **derivada parcial de f respecto a la variable x** es la función, denotada por f_x , tal que su valor en un punto (x, y) del dominio de f está dado por el siguiente límite, si éste existe,

$$f_x(x,y) = \lim_{h\to 0} \frac{f(x+h,y)-f(x,y)}{h}$$

2. La **derivada parcial de f respecto a la variable y** es la función, denotada por f_y , tal que su valor en un punto (x, y) del dominio de f está dado por el siguiente límite, si éste existe,

$$f_y(x,y) = \lim_{k\to 0} \frac{f(x,y+k)-f(x,y)}{k}$$

Otras notaciones para las derivadas parciales:

1. $f_x = f_1 = D_1 f = D_x f = \dfrac{\partial f}{\partial x} = \dfrac{\partial z}{\partial x}$ **2.** $f_y = f_2 = D_2 f = D_y f = \dfrac{\partial f}{\partial y} = \dfrac{\partial z}{\partial y}$

Si se quiere indicar la derivada parcial de f respecto a la primera variable en el punto (x, y) se escribe así:

$$f_x(x,y),\quad f_1(x,y),\ D_1 f(x,y),\ D_x f(x,y),\ \frac{\partial f}{\partial x}(x,y),\ \left.\frac{\partial f}{\partial x}\right|_{(x,y)},\ \left.\frac{\partial z}{\partial x}\right|_{(x,y)}.$$

En forma análoga, para indicar la derivada parcial de f respecto a la segunda variable en el punto (x, y) se escribe así:

$$f_y(x,y),\quad f_2(x,y),\ D_2 f(x,y),\ D_y f(x,y),\ \frac{\partial f}{\partial y}(x,y),\ \left.\frac{\partial f}{\partial y}\right|_{(x,y)},\ \left.\frac{\partial z}{\partial y}\right|_{(x,y)}$$

EJEMPLO 1. Si $f(x, y) = 2x^2 - 5xy + 3y^2$, aplicando la definición anterior, hallar

1. $f_x(x,y)$ **2.** $f_y(x,y)$

Solución

1. $$f_x(x,y) = \lim_{h\to 0} \frac{f(x+h,y)-f(x,y)}{h}$$

$$= \lim_{h\to 0} \frac{2(x+h)^2 - 5(x+h)y + 3y^2 - \left[2x^2 - 5xy + 3y^2\right]}{h}$$

$$= \lim_{h\to 0} \frac{2x^2 + 4xh + 2h^2 - 5xy - 5hy + 3y^2 - 2x^2 + 5xy - 3y^2}{h}$$

$$= \lim_{h\to 0} \frac{4xh + 2h^2 - 5hy}{h} = \lim_{h\to 0} \frac{h\left(4x + 2h^2 - 5y\right)}{h}$$

$$= \lim_{h\to 0} \left(4x + 2h - 5y\right) = 4x - 5y$$

Esto es, $f_x(x,y) = 4x - 5y$

2. $$f_y(x,y) = \lim_{k\to 0} \frac{f(x,y+k)-f(x,y)}{k}$$

$$= \lim_{k\to 0} \frac{2x^2 - 5x(y+k) + 3(y+k)^2 - \left[2x^2 - 5xy + 3y^2\right]}{k}$$

$$= \lim_{k\to 0} \frac{2x^2 - 5xy - 5xk + 3y^2 + 6yk + 3k^2 - 2x^2 + 5xy - 3y^2}{h}$$

$$= \lim_{k\to 0} \frac{-5xk + 6yk + 3k^2}{k} = \lim_{k\to 0} \frac{k(-5x + 6y + 3k)}{h}$$

$$= \lim_{k\to 0}(-5x + 6y + 3k) = -5\text{x} + 6y$$

Esto es, $f_y(x,y) = -5y + 6y$

REGLA PRACTICA PARA HALLAR LAS DERIVADAS PARCIALES

Sea la función $z = f(x, y)$

1. Para hallar $f_x(x,y)$ se deriva a $f(x, y)$ respecto a x, considerando a la variable y como constante.

2. Para hallar $f_y(x,y)$ se deriva a $f(x, y)$ respecto a y, considerando a la variable x como constante.

EJEMPLO 2. Si $f(x, y) = 4x^3y^2 - 5xy^4 + 2x - 8$, hallar

1. $f_x(x,y)$ y $f_x(-1,2)$

2. $f_y(x,y)$ y $f_y(-1,2)$

Solución

1. $f_x(x,y) = 4(3x^2)\,y^2 - 5(1)y^4 + 2 - 0 = 12x^2y^2 - 5y^4 + 2$

$f_x(-1,2) = 12(-1)^2(2)^2 - 5(2)^4 + 2 = 48 - 80 + 2 = -30$

2. $f_y(x,y) = 4x^3(2y) - 5x\,(4y^3) + 0 - 0 = 8x^3y - 20x\,y^3$

$f_y(-1,2) = 8(-1)^3(2) - 20(-1)(2)^3 = -16 + 160 = 144$

EJEMPLO 3. Si $z = \left(x^2 + y^3\right)e^{xy^2}$, hallar

1. $\dfrac{\partial z}{\partial x}$ **2.** $\dfrac{\partial z}{\partial y}$

Solución

1. $\dfrac{\partial z}{\partial x} = (2x+0)e^{xy^2} + \left(x^2+y^3\right)\left(y^2e^{xy^2}\right) = 2xe^{xy^2} + y^2\left(x^2+y^3\right)e^{xy^2}$

2. $\dfrac{\partial z}{\partial y} = \left(0+3y^2\right)e^{xy^2} + \left(x^2+y^3\right)\left(2xye^{xy^2}\right) = 3y^2e^{xy^2} + 2xy\left(x^2+y^3\right)e^{xy^2}$

EJEMPLO 4. Si $f(x,y) = \sin^{-1}\left(x^3 - y^3\right)$, hallar

1. $D_xf(x,y)$ **2.** $D_yf(x,y)$

Solución

1. $D_xf(x,y) = \dfrac{1}{\sqrt{1-\left(x^3-y^3\right)^2}}\,D_x\left(x^3-y^3\right) = \dfrac{3x^2}{\sqrt{1-\left(x^3-y^3\right)^2}}$

2. $D_yf(x,y) = \dfrac{1}{\sqrt{1-\left(x^3-y^3\right)^2}}\,D_y\left(x^3-y^3\right) = \dfrac{-3y^2}{\sqrt{1-\left(x^3-y^3\right)^2}}$

EJEMPLO 5. Si $z = \ln\sqrt{x^2 + y^2}$ verificar que $x\dfrac{\partial z}{\partial x} + y\dfrac{\partial z}{\partial y} = 1$

Solución

$$z = \ln\sqrt{x^2 + y^2} = \ln\left(x^2 + y^2\right)^{1/2} = \frac{1}{2}\ln\left(x^2 + y^2\right)$$

Luego,

$$\frac{\partial z}{\partial x} = \frac{1}{2}\frac{\frac{\partial}{\partial x}\left(x^2 + y^2\right)}{x^2 + y^2} = \frac{1}{2}\frac{2x}{x^2 + y^2} = \frac{x}{x^2 + y^2}$$

$$\frac{\partial z}{\partial y} = \frac{1}{2}\frac{\frac{\partial}{\partial y}\left(x^2 + y^2\right)}{x^2 + y^2} = \frac{1}{2}\frac{2y}{x^2 + y^2} = \frac{y}{x^2 + y^2}$$

$$x\frac{\partial z}{\partial x} + y\frac{\partial z}{\partial y} = x\frac{x}{x^2 + y^2} + y\frac{y}{x^2 + y^2} = \frac{x^2}{x^2 + y^2} + \frac{y^2}{x^2 + y^2} = \frac{x^2 + y^2}{x^2 + y^2} = 1$$

DERIVADAS PARCIALES Y CONTINUIDAD

Sabemos que en el caso de funciones de una variable, la existencia de la derivada en un punto implica la continuidad de la función en ese punto. El ejemplo siguiente nos presenta una función de dos variables que tiene ambas derivadas parciales en un punto y, sin embargo, la función no es continua en ese punto. Mas adelante veremos que para tener continuidad de la función, además de existir la derivadas parciales, estas deben ser continuas.

EJEMPLO 6. **Una función que tiene derivadas parciales y no es continua**

Sea la función $f(x, y) = \begin{cases} \dfrac{xy}{x^2 + y^2}, & \text{si } (x, y) \neq (0, 0) \\ 0, & \text{si } (x, y) = (0, 0) \end{cases}$

Probar que:

1. $f_x(0,\ 0) = 0$ **2.** $f_y(0,0) = 0$ **3.** f es discontinua en $(0, 0)$

1. $f_x(0,\ 0) = \displaystyle\lim_{h\to 0}\frac{f(0+h,\ 0) - f(0,\ 0)}{h} = \lim_{h\to 0}\frac{0-0}{h} = \lim_{h\to 0}(\ 0\ ) = 0$

2. $f_y(0,\ 0) = \displaystyle\lim_{h\to 0}\frac{f(0,\ 0+h) - f(0,\ 0)}{h} = \lim_{h\to 0}\frac{0-0}{h} = \lim_{h\to 0}(\ 0\ ) = 0$

3. Sea C_1 el eje X y C_2 la recta diagonal $y = x$.

$$\underset{\substack{(x,y)\to(0,0)\\ (\text{A lo largo de } C_1)}}{\text{Lim}} \frac{xy}{x^2+y^2} = \underset{x\to 0}{\text{Lim}} \frac{x(0)}{x^2+0^2} = \underset{x\to 0}{\text{Lim}} \frac{0}{x^2} = 0$$

$$\underset{\substack{(x,y)\to(0,0)\\ (\text{A lo largo de } C_2)}}{\text{Lim}} \frac{xy}{x^2+y^2} = \underset{x\to 0}{\text{Lim}} \frac{xx}{x^2+x^2} = \underset{x\to 0}{\text{Lim}} \frac{x^2}{2x^2} = \underset{x\to 0}{\text{Lim}} \frac{1}{2} = \frac{1}{2}$$

Como los límites son diferentes, f no tiene límite en (0, 0) y, por lo tanto, f no es continua en (0, 0).

INTERPRETACION GEOMETRICA DE LAS DERIVADAS PARCIALES

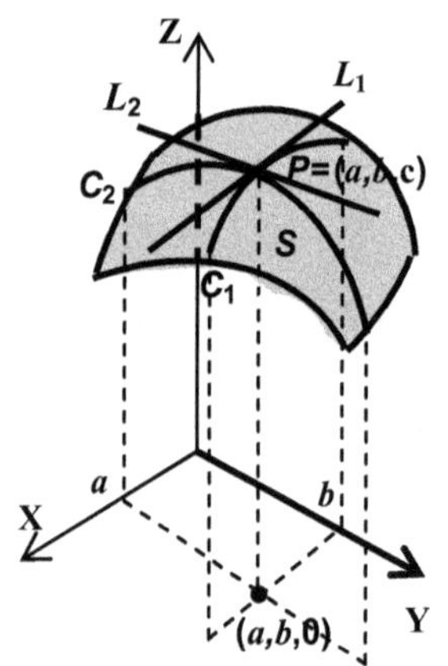

Sea S la superficie que es la gráfica de la función $z = f(x, y)$. Sea $P = (a, b, c)$ el punto de S tal que $c = f(a, b)$.

El plano $y = b$ es vertical y paralelo al eje X. Este plano corta a la superficie S formando la curva C_1. Esta curva es el gráfico de la función $g(x) = f(x, b)$ en el plano $y = b$.

Sea L_1 la recta tangente a C_1 en el punto $P = (a, b, c)$. La pendiente de L_1 es $g'(a) = f_x(a,b)$.

En forma análoga, el plano $x = a$, que es vertical y paralelo al eje Y, corta a la superficie S formando la curva C_2, a la cual la podemos ver como el gráfico de la función $h(y) = f(a, y)$. Si L_2 es la recta tangente a C_2 en el punto $P = (a, b, c)$. La pendiente de L_2 es $h'(b) = f_y(a,b)$.

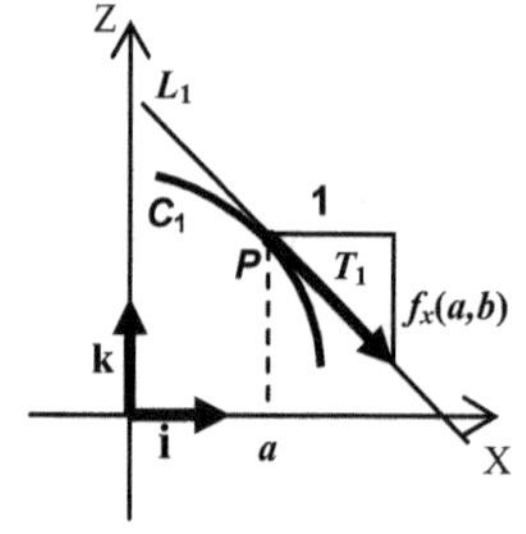

La proyección de la curva C_1 sobre el plano coordenado XZ es una curva como indica la figura adjunta. Un vector director de la recta tangente L_1 es el vector

$$\boldsymbol{T_1} = \mathbf{i} + f_x(a,b)\,\mathbf{k} = \langle 1, 0, f_x(a,b) \rangle$$

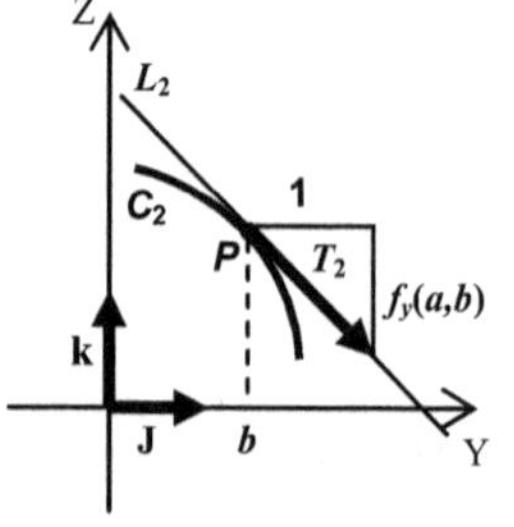

La proyección de la curva C_2 sobre el plano coordenado YZ es una curva como indica la figura adjunta. Un vector director de la recta tangente L_2 es el vector

$$\boldsymbol{T_2} = \mathbf{j} + f_y(a,b)\,\mathbf{k} = \langle 0, 1, f_y(a,b) \rangle$$

En consecuencia, las ecuaciones de las rectas tangentes L_1 y L_2 son:

Ecuaciones vectoriales

$$L_1: \ \langle x, y, z\rangle = \langle a, b, c\rangle + t\big\langle 1, 0, \ f_x(a,b)\big\rangle$$

$$L_2: \ \langle x, y, z\rangle = \langle a, b, c\rangle + t\big\langle 0, 1, \ f_y(a,b)\big\rangle$$

Ecuaciones paramétricas

$$L_1: \ \begin{cases} x = a + t \\ y = b \\ z = c + t f_x(a,b) \end{cases} \qquad L_2: \ \begin{cases} x = a \\ y = b + t \\ z = c + t f_y(a,b) \end{cases}$$

Ecuaciones simétricas

$$L_1: \ \frac{x-a}{1} = \frac{z-c}{f_x(a,b)}, \ y = b \qquad L_2: \ \frac{y-b}{1} = \frac{z-c}{f_y(a,b)}, \ x = a$$

EJEMPLO 7. Sea S el paraboloide $z = f(x, y) = 9 - x^2 - y^2$

1. Hallar la pendiente de la recta L_1, que es tangente a la curva C_1 que es la intersección del paraboloide con el plano $y = 2$, en el punto (1, 2, 4).
Hallar las ecuaciones paramétricas y simétricas de L_1.

2. Hallar la pendiente de la recta L_2, que es tangente a la curva C_2 que es la intersección del paraboloide con el plano $x = 1$, en el punto (1, 2, 4).
Hallar la ecuaciones paramétricas y simétricas de L_2.

Solución

1. Tenemos que $f_x(x, y) = -2x$. La pendiente de C_1 en el punto (1, 2, 4) es

$$f_x(1, 2) = -2.$$

Un vector director de L_1 es

$$\boldsymbol{T_1} = \mathbf{i} + f_x(1,2)\,\mathbf{k} = \langle 1, 0, -2\rangle.$$

Luego, las ecuaciones paramétricas y simétricas de L_1 son:

$$L_1: \ \begin{cases} x = 1 + t \\ y = 2 \\ z = 4 - 2t \end{cases} \qquad L_1: \ \frac{x-1}{1} = \frac{z-4}{-2}, \ y = 2$$

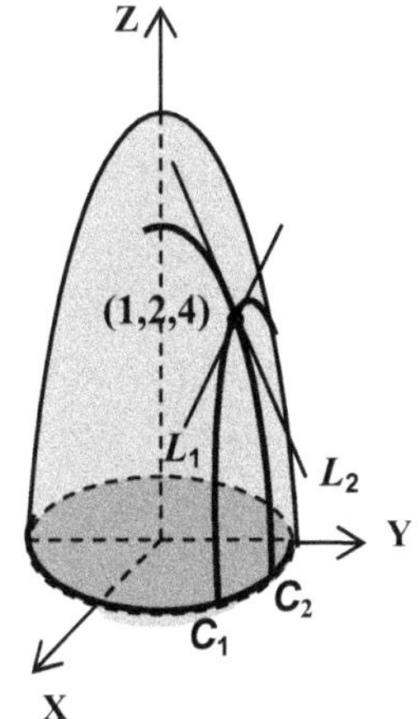

2. Tenemos que $f_y(x,y) = -2y$. La pendiente de C_2 en el punto (1, 2, 4) es

$$f_y(1,2) = -4.$$

Un vector director de L_2 es $\mathbf{T_2} = \mathbf{j} + f_y(1,2)\,\mathbf{k} = \langle 0, 1, -4\rangle$.

Luego, las ecuaciones paramétricas y simétricas de L_2 son:

$$L_2: \begin{cases} x = 1 \\ y = 2 + t \\ z = 4 - 4t \end{cases} \qquad\qquad L_2: \frac{y-2}{1} = \frac{z-4}{-4}, \quad x = 1$$

DERIVADAS PARCIALES DE FUNCIONES DE MAS DE DOS VARIABLES

Si $w = f(x_1, x_2, \ldots, x_n)$, entonces tiene n derivadas parciales. Si $i = 1, 2, \ldots, n$,

$$\frac{\partial w}{\partial x_i} = \lim_{h\to 0} \frac{f(x_1,\ldots,x_{i-1}, x_i + h, x_{i+1},\ldots, x_n) - f(x_1,\ldots,x_{i-1}, x_i, x_{i+1},\ldots, x_n)}{h},$$

Otras notaciones para $\dfrac{\partial w}{\partial x_i}$: $\quad \dfrac{\partial w}{\partial x_i} = \dfrac{\partial f}{\partial x_i} = f_{x_i} = f_i = D_{x_i} f = D_i f$

Una función de tres variables $w = f(x, y, z)$ tiene tres derivadas parciales:

$$\frac{\partial w}{\partial x} = f_x(x,y,z), \quad \frac{\partial w}{\partial y} = f_y(x,y,z) \text{ y } \frac{\partial w}{\partial z} = f_z(x,y,z).$$

En la práctica, para hallar, $f_x(x,y,z)$ se deriva $f(x, y, z)$ respecto a x, considerando a las variables x e y como constantes. Para hallar $f_y(x,y,z)$, se deriva $f(x, y, z)$ respecto a y, considerando a las variables x y z como constantes. En forma similar se procede para hallar $f_z(x,y,z)$

EJEMPLO 8. Hallar las derivadas parciales de la función

$$w = e^{x^2+y^3+z^4}$$

Solución

1. $\dfrac{\partial w}{\partial x} = \dfrac{\partial}{\partial x}\left(e^{x^2+y^3+z^4}\right) = e^{x^2+y^3+z^4}\dfrac{\partial}{\partial x}\left(x^2+y^3+z^4\right) = 2x\,e^{x^2+y^3+z^4}$

2. $\dfrac{\partial w}{\partial y} = \dfrac{\partial}{\partial y}\left(e^{x^2+y^3+z^4}\right) = e^{x^2+y^3+z^4}\dfrac{\partial}{\partial y}\left(x^2+y^3+z^4\right) = 3y^2e^{x^2+y^3+z^4}$

3. $\dfrac{\partial w}{\partial z} = \dfrac{\partial}{\partial z}\left(e^{x^2+y^3+z^4}\right) = e^{x^2+y^3+z^4}\dfrac{\partial}{\partial z}\left(x^2+y^3+z^4\right) = 4z^3e^{x^2+y^3+z^4}$

DERIVADAS DE ORDEN SUPERIOR

Sea $z = f(x, y)$ una función de dos variables, x e y. Sus derivadas parciales, f_x y f_y, a las que llamaremos **derivadas parciales de primer orden**, son también funciones de x e y. En consecuencia, las podemos volvemos a derivar respecto a x y respecto a y. Estas derivadas de las derivadas, son las **derivadas parciales de segundo orden** de f y son las cuatro siguientes:

1. Derivando 2 veces respecto x.

$$f_{xx} = \left(f_x\right)_x = \frac{\partial}{\partial x}\left(\frac{\partial f}{\partial x}\right) = \frac{\partial^2 f}{\partial x^2} = \frac{\partial^2 z}{\partial x^2} = D_{xx}\, f = D_{11} f$$

2. Derivando 2 veces respecto y.

$$f_{yy} = \left(f_y\right)_y = \frac{\partial}{\partial y}\left(\frac{\partial f}{\partial y}\right) = \frac{\partial^2 f}{\partial y^2} = \frac{\partial^2 z}{\partial y^2} = D_{yy}\, f = D_{22} f$$

3. Derivando respecto a x y luego respecto a y

$$f_{xy} = \left(f_x\right)_y = \frac{\partial}{\partial y}\left(\frac{\partial f}{\partial x}\right) = \frac{\partial^2 f}{\partial y \partial x} = \frac{\partial^2 z}{\partial y \partial x} = D_y\left(D_x f\right) = D_{xy}\, f = D_{12}\, f$$

4. Derivando respecto a y y luego respecto a x.

$$f_{yx} = \left(f_y\right)_x = \frac{\partial}{\partial x}\left(\frac{\partial f}{\partial y}\right) = \frac{\partial^2 f}{\partial x \partial y} = \frac{\partial^2 z}{\partial x \partial y} = D_x\left(D_y f\right) = D_{yx} f = D_{21}\, f$$

En el caso 3 tenemos que $f_{xy} = \dfrac{\partial^2 z}{\partial y \partial x}$. Observar que en la notación f_{xy} el orden de derivación va de izquierda a derecha (primero se deriva respecto a x y después respecto a y). En cambio en la notación $\dfrac{\partial^2 z}{\partial y \partial x}$ el orden de derivación va de derecha a izquierda. Igual sucede en el caso 4: $f_{yx} = \dfrac{\partial^2 z}{\partial x \partial y}$.

A las derivadas parciales f_{xy} y f_{yx} se les llama **derivadas parciales de segundo orden mixtas.**

EJEMPLO 9. Hallar las derivadas parciales de segundo orden de la función

$$f(x, y) = x \operatorname{sen} y + e^{xy}$$

Solución

Tenemos que: $\dfrac{\partial f}{\partial x} = \operatorname{sen} y + ye^{xy}$ y $\dfrac{\partial f}{\partial y} = x \cos y + xe^{xy}$

Luego,

$$\frac{\partial^2 f}{\partial x^2} = \frac{\partial}{\partial x}\left(\frac{\partial f}{\partial x}\right) = \frac{\partial}{\partial x}\left(\operatorname{sen} y + ye^{xy}\right) = y^2 e^{xy}$$

$$\frac{\partial^2 f}{\partial y^2} = \frac{\partial}{\partial y}\left(\frac{\partial f}{\partial y}\right) = \frac{\partial}{\partial y}\left(x \cos y + xe^{xy}\right) = -x \operatorname{sen} y + x^2 e^{xy}$$

$$\frac{\partial^2 f}{\partial y \partial x} = \frac{\partial}{\partial y}\left(\frac{\partial f}{\partial x}\right) = \frac{\partial}{\partial y}\left(\operatorname{sen} y + ye^{xy}\right) = \cos y + xye^{xy} + e^{xy}$$

$$\frac{\partial^2 f}{\partial x \partial y} = \frac{\partial}{\partial x}\left(\frac{\partial f}{\partial y}\right) = \frac{\partial}{\partial x}\left(x \cos y + xe^{xy}\right) = \cos y + xye^{xy} + e^{xy}$$

Observar que en el ejemplo anterior las dos derivadas parciales mixtas son iguales. Esto es,

$$\frac{\partial^2 f}{\partial y \partial x} = \frac{\partial^2 f}{\partial x \partial y} = \cos y + xye^{xy} + e^{xy}$$

Este resultado no es casual. El siguiente teorema, que se prueba en el problema resuelto 7, nos dice que, bajo ciertas condiciones de continuidad, esto siempre se cumple.

TEOERMA 3.6 **Teorema de Clairaut–Schwarz**

Si f_x, f_y, f_{xy} y f_{yx} están definidas y son continuas en un conjunto abierto que contiene al punto (a, b), entonces

$$f_{xy}(a,b) = f_{yx}(a,b)$$

¿SABIAS QUE . . .

ALEXIS CLAUDE CLAIRAUT (1713–1765) *nació en París. Fue introducido a las matemáticas desde temprana edad por su padre, quien era un matemático distinguido. Cuando estaba aprendiendo a leer, ya fojeaba la obra de Euclides,* ***Los Elementos.*** *A los 9 años ya dominaba la geometría analítica, el cálculo diferencial* **y** *el cálculo integral. A los 10 años leyó la obra de L'Hopital. En 1731, cuando tenía 18 años, fue electo miembro de la Academia de Ciencias de París, convirtiéndose en la persona más joven que ha sido elegida como miembro en toda la historia de la academia.*

A. C. CLAIRAUT

Si nos piden calcular una derivada parcial cruzada de una función que cumple con la condiciones del teorema anterior, éste nos faculta a escoger el orden derivación que más nos convenga.

EJEMPLO 10. **Escogiendo el orden de derivación.**

$$\text{Hallar } \frac{\partial^2 z}{\partial x \partial y} \quad \text{si} \quad z = 2xy - \frac{\operatorname{senh} y^2}{\sqrt{1+y^2}}.$$

Solución

El teorema anterior nos dice que $\frac{\partial^2 z}{\partial x \partial y} = \frac{\partial^2 z}{\partial y \partial x}$. Observando la función vemos que la segunda derivada mixta nos da una respuesta más rápida. En efecto:

$$\frac{\partial^2 z}{\partial y \partial x} = \frac{\partial}{\partial y}\left(\frac{\partial}{dx}\left(2xy - \frac{\operatorname{senh} y^2}{\sqrt{1+y^2}}\right)\right) = \frac{\partial}{\partial y}(2y) = 2$$

DERIVADAS PARCIALES DE TERCER ORDEN

Las derivadas parciales de segundo orden, f_{xx}, f_{xy}, f_{yx} y f_{yy}, también son funciones. Por tanto, podemos hallar sus derivadas parciales, las cuales son las derivadas **parciales de tercer orden.** Podemos seguir con este proceso y obtener las derivadas parciales de cuarto orden, quinto orden, etc.

Si f es una función de dos variables, entonces f tiene 2 derivadas parciales de primer orden, 4 de segundo orden y 8 de tercer orden.

EJEMPLO 11. Si $f(x, y) = x^3e^y + \operatorname{sen}(xy)$, verificar que f_{xxy}, f_{xyx} y f_{yxx} son iguales.

Solución

$$f_x(x, y) = 3x^2e^y + y\cos(xy), \qquad f_y(x, y) = x^3e^y + x\cos(xy).$$

$$f_{xx}(x, y) = 6xe^y - y^2\operatorname{sen}(xy), \qquad f_{xy}(x, y) = 3x^2e^y + \cos(xy) - xy\operatorname{sen}(xy)$$

$$f_{yx}(x, y) = 3x^2e^y + \cos(xy) - xy\operatorname{sen}(xy).$$

$$f_{xxy}(x, y) = 6xe^y - 2y\operatorname{sen}(xy) - x\,y^2\cos(xy)$$

$$f_{xyx}(x, y) = 6xe^y - \text{y}\operatorname{sen}(xy) - y\operatorname{sen}(xy) - xy^2\cos(xy)$$

$$= 6xe^y - 2y\operatorname{sen}(xy) - xy^2\cos(xy)$$

$$f_{yxx}(x,y) = 6xe^y - y\,\text{sen}\,(xy) - y\,\text{sen}\,(xy) - xy^2\cos(xy)$$

$$= 6xe^y - 2y\,\text{sen}\,(xy) - xy^2\cos(xy)$$

Vemos que:

$$f_{xxy}(x,y) = f_{xyx}(x,y) = f_{yxx}(x,y) = 6xe^y - 2y\,\text{sen}\,(xy) - xy^2\cos(xy)$$

Si f es una función de tres variables, entonces f tiene 3 derivadas parciales de primer orden, 9 se segundo orden y 27 de tercer orden.

EJEMPLO 12. Si $f(x, y, z) = \text{senh}\left(x^2 + 2y^2 + 5z^2\right)$, hallar f_x, f_{xz} y f_{xzy}

Solución

$$f_x(x,y,z) = \cosh\left(x^2+2y^2+5z^2\right)\frac{\partial}{\partial x}\left(x^2+2y^2+5z^2\right)$$

$$= 2x\cosh\left(x^2+2y^2+5z^2\right)$$

$$f_{xz}(x,y,z) = 2x\,\text{senh}\left(x^2+2y^2+5z^2\right)\frac{\partial}{\partial z}\left(x^2+2y^2+5z^2\right)$$

$$= 20xz\,\text{senh}\left(x^2+2y^2+5z^2\right)$$

$$f_{xzy}(x,y,z) = 20xz\cosh\left(x^2+2y^2+5z^2\right)\frac{\partial}{\partial y}\left(x^2+2y^2+5z^2\right)$$

$$= 80xyz\cosh\left(x^2+2y^2+5z^2\right)$$

PROBLEMAS RESUELTOS 3. 3

PROBLEMA 1. Hallar las derivadas parciales de primer orden de la función

$$z = \ln\left(\frac{x-\sqrt{x^2+y^2}}{x+\sqrt{x^2+y^2}}\right)$$

Solución

$$z = \ln\left(\frac{x-\sqrt{x^2+y^2}}{x+\sqrt{x^2+y^2}}\right) = \ln\left(x-\sqrt{x^2+y^2}\right) - \ln\left(x+\sqrt{x^2+y^2}\right)$$

Luego,

$$\frac{\partial z}{\partial x} = \frac{\partial}{\partial x}\ln\left(x-\sqrt{x^2+y^2}\right) - \frac{\partial}{\partial x}\ln\left(x+\sqrt{x^2+y^2}\right)$$

$$= \frac{\dfrac{\partial}{\partial x}\left(x-\sqrt{x^2+y^2}\right)}{x-\sqrt{x^2+y^2}} - \frac{\dfrac{\partial}{\partial x}\left(x+\sqrt{x^2+y^2}\right)}{x+\sqrt{x^2+y^2}}$$

$$= \frac{1-\dfrac{x}{\sqrt{x^2+y^2}}}{x-\sqrt{x^2+y^2}} - \frac{1+\dfrac{x}{\sqrt{x^2+y^2}}}{x+\sqrt{x^2+y^2}}$$

$$= \frac{\sqrt{x^2+y^2}-x}{\left(x-\sqrt{x^2+y^2}\right)\sqrt{x^2+y^2}} - \frac{\sqrt{x^2+y^2}+x}{\left(x+\sqrt{x^2+y^2}\right)\sqrt{x^2+y^2}}$$

$$= \frac{-1}{\sqrt{x^2+y^2}} - \frac{1}{\sqrt{x^2+y^2}} = -\frac{2}{\sqrt{x^2+y^2}}$$

Esto es,

$$\frac{\partial z}{\partial x} = -\frac{2}{\sqrt{x^2+y^2}}$$

Por otro lado,

$$\frac{\partial z}{\partial y} = \frac{\partial}{\partial y}\ln\left(x-\sqrt{x^2+y^2}\right) - \frac{\partial}{\partial y}\ln\left(x+\sqrt{x^2+y^2}\right)$$

$$= \frac{\dfrac{\partial}{\partial y}\left(x-\sqrt{x^2+y^2}\right)}{x-\sqrt{x^2+y^2}} - \frac{\dfrac{\partial}{\partial y}\left(x+\sqrt{x^2+y^2}\right)}{x+\sqrt{x^2+y^2}}$$

$$= \frac{-\dfrac{y}{\sqrt{x^2+y^2}}}{x-\sqrt{x^2+y^2}} - \frac{\dfrac{y}{\sqrt{x^2+y^2}}}{x+\sqrt{x^2+y^2}}$$

$$= \frac{y}{\sqrt{x^2+y^2}}\left(\frac{-1}{x-\sqrt{x^2+y^2}} - \frac{1}{x+\sqrt{x^2+y^2}}\right)$$

$$= \frac{y}{\sqrt{x^2+y^2}}\left(\frac{-x-\sqrt{x^2+y^2}-x+\sqrt{x^2+y^2}}{\left(x-\sqrt{x^2+y^2}\right)\left(x+\sqrt{x^2+y^2}\right)}\right)$$

$$= \frac{y}{\sqrt{x^2+y^2}}\left(\frac{-2x}{\left(x^2-\left(x^2+y^2\right)\right)}\right) = \frac{y}{\sqrt{x^2+y^2}}\left(\frac{-2x}{-y^2}\right) = \frac{2x}{y\sqrt{x^2+y^2}}$$

Esto es,

$$\frac{\partial z}{\partial y} = \frac{2x}{y\sqrt{x^2+y^2}}$$

PROBLEMA 2. **1.** **Sea** $H(x) = \int_{g(x)}^{h(x)} f(t)\, dt$, donde f es continua y h y g son diferenciables. Probar que

$$H'(x) = f(h(x))h'(x) - f(g(x))g'(x)$$

2. Hallar derivadas parciales de primer orden de las funciones:

a. $u(x, y) = \int_{y}^{x} \operatorname{sen}(t^2)\, dt$

b. $w(x, y) = \int_{0}^{xy} \operatorname{sen}(t^2)\, dt$

c. $\phi(x, y, z) = \int_{xyz}^{x+y+z} e^{t^2}\, dt$

Solución

1. Sea $F(x) = \int_{0}^{x} f(t)\, dt$.

El primer teorema fundamental del cálculo nos dice que $F'(x) = f(x)$

Ahora,

$$H(x) = \int_{g(x)}^{h(x)} f(t)\, dt = \int_{g(x)}^{0} f(t)\, dt + \int_{0}^{h(x)} f(t)\, dt$$

$$= \int_{0}^{h(x)} f(t)\, dt - \int_{0}^{g(x)} f(t)\, dt = F(h(x)) - F(g(x))$$

Esto es,

$$H(x) = F(h(x)) - F(g(x))$$

Aplicando la regla de la cadena y el primer teorema fundamental del cálculo,

$$H'(x) = F'(h(x))h'(x) - F'(g(x))g'(x)$$

$$= f(h(x))h'(x) - f(g(x))g'(x)$$

2. a. $\dfrac{\partial u}{\partial x} = \dfrac{\partial}{\partial x}\left(\int_{y}^{x} \operatorname{sen}(t^2)\, dt\right) = \operatorname{sen}(x^2)\dfrac{\partial}{\partial x}(x) - \operatorname{sen}(y^2)\dfrac{\partial}{\partial x}(y) = \operatorname{sen}(x^2)$

$\dfrac{\partial u}{\partial y} = \dfrac{\partial}{\partial y}\left(\int_{y}^{x} \operatorname{sen}(t^2)\, dt\right) = \operatorname{sen}(x^2)\dfrac{\partial}{\partial y}(x) - \operatorname{sen}(y^2)\dfrac{\partial}{\partial y}(y) = -\operatorname{sen}(y^2)$

b. $\dfrac{\partial w}{\partial x} = \dfrac{\partial}{\partial x}\left(\displaystyle\int_0^{xy} \operatorname{sen}\left(t^2\right)dt\right) = \operatorname{sen}\left((xy)^2\right)\dfrac{\partial}{\partial x}(xy) = y\ \operatorname{sen}\left(x^2y^2\right)$

$\dfrac{\partial w}{\partial y} = \dfrac{\partial}{\partial y}\left(\displaystyle\int_0^{xy} \operatorname{sen}\left(t^2\right)dt\right) = \operatorname{sen}\left((xy)^2\right)\dfrac{\partial}{\partial y}(xy) = x\ \operatorname{sen}\left(x^2y^2\right)$

c. $\dfrac{\partial \phi}{\partial x} = \dfrac{\partial}{\partial x}\left(\displaystyle\int_{xyz}^{x+y+z} e^{t^2}\,dt\right) = e^{(x+y+z)^2}\dfrac{\partial}{\partial x}(x+y+z) - e^{(xyz)^2}\dfrac{\partial}{\partial x}(xyz)$

$= e^{(x+y+z)^2} - yze^{x^2y^2z^2}$

$\dfrac{\partial \phi}{\partial y} = \dfrac{\partial}{\partial y}\left(\displaystyle\int_{xyz}^{x+y+z} e^{t^2}\,dt\right) = e^{(x+y+z)^2}\dfrac{\partial}{\partial y}(x+y+z) - e^{(xyz)^2}\dfrac{\partial}{\partial y}(xyz)$

$= e^{(x+y+z)^2} - xze^{x^2y^2z^2}$

$\dfrac{\partial \phi}{\partial z} = \dfrac{\partial}{\partial z}\left(\displaystyle\int_{xyz}^{x+y+z} e^{t^2}\,dt\right) = e^{(x+y+z)^2}\dfrac{\partial}{\partial z}(x+y+z) - e^{(xyz)^2}\dfrac{\partial}{\partial z}(xyz)$

$= e^{(x+y+z)^2} - xye^{x^2y^2z^2}$

PROBLEMA 3. Ecuación de Laplace y funciones armónicas

Se llama ecuación de Laplace (en honor a Pierre–Simon de Laplace, 1.749–1.827) a la siguiente ecuación diferencial parcial

$$\frac{\partial^2 u}{\partial x^2} + \frac{\partial^2 u}{\partial y^2} = 0$$

Se dice que una función $u = u(x, y)$ es **armónica** si es solución de la ecuación de Laplace.

Esta ecuación fue planteada por Laplace, estudiando el potencial gravitacional, y por Euler, estudiando el movimiento de fluidos.

Probar que la función $u = \ln\sqrt{x^2 + y^2}$ es armónica.

Solución

$$\frac{\partial u}{\partial x}=\frac{\dfrac{x}{\sqrt{x^2+y^2}}}{\sqrt{x^2+y^2}}=\frac{x}{x^2+y^2},\qquad \frac{\partial^2 u}{\partial x^2}=\frac{\left(x^2+y^2\right)-x(2x)}{\left(x^2+y^2\right)^2}=\frac{-x^2+y^2}{\left(x^2+y^2\right)^2}$$

$$\frac{\partial u}{\partial y}=\frac{\dfrac{y}{\sqrt{x^2+y^2}}}{\sqrt{x^2+y^2}}=\frac{y}{x^2+y^2},\qquad \frac{\partial^2 u}{\partial y^2}=\frac{\left(x^2+y^2\right)-y(2y)}{\left(x^2+y^2\right)^2}=\frac{x^2-y^2}{\left(x^2+y^2\right)^2}$$

$$\frac{\partial^2 u}{\partial x^2}+\frac{\partial^2 u}{\partial y^2}=\frac{-x^2+y^2}{\left(x^2+y^2\right)^2}+\frac{x^2-y^2}{\left(x^2+y^2\right)^2}=0$$

PROBLEMA 4. **La Ecuación de Ondas**

Se llama **ecuación de ondas** a la siguiente ecuación diferencial parcial

$$\frac{\partial^2 u}{\partial t^2}=a^2\frac{\partial^2 u}{\partial x^2},\ \text{donde } a \text{ es una constante.}$$

Esta ecuación fue deducida por Johann Benoulli II alrededor del año 1.727. Años mas tarde fue replanteada por Jean Le Rond d'Alenbert al estudiar los movimientos de cuerdas vibrantes.

Probar que la función

$$u=\text{sen } kx \cos kat,\ \text{ donde } a \text{ y } k \text{ son constantes,}$$

satisface la ecuación de ondas.

Solución

Tenemos que:

$$\frac{\partial u}{\partial t}=-ka\,\text{sen } kx\,\text{sen } kat,\qquad \frac{\partial^2 u}{\partial t^2}=-k^2a^2\,\text{sen } kx\cos kat.$$

$$\frac{\partial u}{\partial x}=k\cos kx\cos kat,\qquad \frac{\partial^2 u}{\partial x^2}=-k^2\,\text{sen } kx\cos kat.$$

Ahora,

$$\frac{\partial^2 u}{\partial t^2}=-k^2a^2\,\text{sen } kx\cos kat.=a^2\left(-k^2\text{sen } kx\cos kat.\right)=a^2\frac{\partial^2 u}{\partial x^2}$$

PROBLEMA 5. Si f tienen todas sus derivadas parciales hasta de tercer orden y son continuas en un abierto U, probar que en U se cumple:

$$D_{122}f = D_{212}f = D_{221}f$$

Solución

Aplicando el teorema de Clairaut tenemos que:

1. $D_{122}f = D_{12}(D_2 f) = D_{21}(D_2 f) = D_{212}f$

2. $D_{212}f = D_2(D_{12}f) = D_2(D_{21}f) = D_{221}f$

Vemos que:

$D_{122}f = D_{212}f = D_{221}f$

PROBLEMA 6. Sea $f(x,y) = \begin{cases} \dfrac{xy\left(x^2-y^2\right)}{x^2+y^2}, & \text{si } (x,y) \neq (0,0) \\ 0, & \text{si } (x,y) = (0,0) \end{cases}$

Probar que

a. $D_1 f(0,y) = -y$ **b.** $D_2 f(x,0) = x$

c. $D_{12}f(0,0) = -1$ **d.** $D_{21}f(0,0) = 1$

De **c** y **d** obtenemos que $D_{12}f(0,0) \neq D_{21}f(0,0)$. ¿Por qué este resultado no contradice el teorema de Clairaut–Schwarz?

Solución

a. Caso 1. $y \neq 0$

$$D_1 f(0,y) = \lim_{h\to 0}\frac{f(0+h,y)-f(0,y)}{h} = \lim_{h\to 0}\frac{\dfrac{hy\left(h^2-y^2\right)}{h^2+y^2}-0}{h}$$

$$= \lim_{h\to 0}\frac{y\left(h^2-y^2\right)}{h^2+y^2} = \frac{y\left(0^2-y^2\right)}{0^2+y^2} = -y$$

Caso 2. $y = 0$

$$D_1 f(0,0) = \lim_{h\to 0}\frac{f(0+h,0)-f(0,0)}{h} = \lim_{h\to 0}\frac{0-0}{h} = 0$$

De los casos 1 y 2 obtenemos $D_1 f(0,y) = -y$, para todo y.

b. Caso 1. $x \neq 0$

$$D_2 f(x,0) = \lim_{h \to 0} \frac{f(x,0+h) - f(x,0)}{h} = \lim_{h \to 0} \frac{\dfrac{xh\left(x^2-h^2\right)}{x^2+h^2} - 0}{h}$$

$$= \lim_{h \to 0} \frac{x\left(x^2-h^2\right)}{x^2+h^2} = \frac{x\left(x^2-0^2\right)}{x^2+0^2} = x$$

Caso 2. $x = 0$

$$D_2 f(0,0) = \lim_{h \to 0} \frac{f(0,0+h) - f(0,0)}{h} = \lim_{h \to 0} \frac{0-0}{h} = 0$$

De los casos 1 y 2 obtenemos $D_2 f(x,0) = x$, para todo x.

c. $D_{12} f(0,0) = \lim_{h \to 0} \dfrac{D_1 f(0,0+h) - D_1 f(0,0)}{h} = \lim_{h \to 0} \dfrac{-h-0}{h} = -1$

d. $D_{21} f(0,0) = \lim_{h \to 0} \dfrac{D_2 f(0+h,0) - D_2 f(0,0)}{h} = \lim_{h \to 0} \dfrac{h-0}{h} = 1$

El resultado $D_{12} f(0,0) \neq D_{21} f(0,0)$ no contradice el teorema de Clairaut–Schwarz porque este teorema exige la continuidad de las derivadas $D_{12} f$ y $D_{21} f$ en (0, 0), y éstas no lo son. En efecto, veamos que $D_{12} f$ no es continua en (0, 0). Haciendo los cálculos correspondientes hallamos que:

$$D_{12} f(x,y) = \begin{cases} \dfrac{x^6 + 9x^4y^2 - 9x^2y^4 - y^6}{\left(x^2+y^2\right)^3}, & \text{si } (x,y) \neq (0,0) \\ 0, & \text{si } (x,y) = (0,0) \end{cases}$$

Si nos acercamos a (0, 0) por las rectas L: $y = mx$ tenemos

$$\lim_{\substack{(x,y) \to (0,0) \\ (\text{A lo largo de } L)}} D_{12} f(x,y) = \lim_{x \to 0} D_{12} f(x, mx)$$

$$= \lim_{x \to 0} \frac{x^6 + 9x^4(mx)^2 - 9x^2(mx)^4 - (mx)^6}{\left(x^2 + (mx)^2\right)^3}$$

$$= \lim_{x \to 0} \frac{x^6\left(1 + 9m^2 - 9m^4 - m^6\right)}{x^6\left(1+m^2\right)^3} = \frac{1 + 9m^2 - 9m^4 - m^6}{\left(1+m^2\right)^3}$$

Si $m = 0$, el límite es 1. Si $m = 1$, el límite es 0. Luego $D_{12} f$ no es continua en (0, 0).

PROBLEMA 7. Probar el teorema de Clairaut–Schwarz

Si f_x, f_y, f_{xy} y f_{yx} están definidas y son continuas en un conjunto abierto U que contiene al punto (a, b), entonces

$$f_{xy}(a,b) = f_{yx}(a,b)$$

Solución

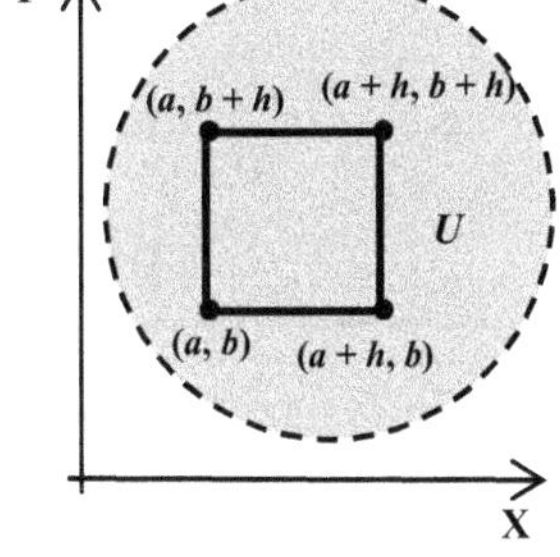

Sea $h \neq 0$ y suficientemente pequeño para que el rectángulo de vértices

(a, b), $(a + h, b)$, $(a, b + h)$ y $(a + h, b + h)$

esté contenido en U.

Consideremos la siguiente expresión:

$$A(h) = \frac{1}{h^2}\left[f(a+h,b+h) - f(a+h,b) - f(a,b+h) + f(a,b)\right]$$

Sea la función

$$g(x) = f(x,b+h) - f(x,b),$$

donde x es tal que $(x, b + h)$ y (x, b) están en U.

Tenemos que

$$A(h) = \frac{1}{h^2}\left[g(a+h) - g(a)\right]$$

Por el teorema del valor medio, existe c tal que $a < c < a + h$ y

$$A(h) = \frac{1}{h^2}\left[g'(c)h\right] = \frac{1}{h}g'(c) = \frac{1}{h}\left[f_x(c,b+h) - f_x(c,b)\right]$$

Aplicando nuevamente el teorema del valor medio a f_x, conseguimos un número d tal que $b < d < b + h$ y

$$A(h) = \frac{1}{h}\left[f_{xy}(c,d)h\right] = f_{xy}(c,d)$$

Ahora, si $h \to 0$, entonces $(c, d) \to (a, b)$ y, como f_{xy} es continua, tenemos

$$\lim_{h\to 0} A(h) = \lim_{(c,d)\to(a,b)} f_{xy}(c,d) = f_{xy}(a,b)$$

En forma análoga, expresamos $A(h)$ de la forma siguiente:

$$A(h) = \frac{1}{h^2}\left[f(a+h,b+h) - f(a,b+h) - f(a+h,b) + f(a,b)\right],$$

Aplicando dos veces el teorema del valor medio y tomando en cuenta la continuidad de f_{yx} obtenemos que

$$\lim_{h\to 0} A(h) = f_{yx}(a,b)$$

En consecuencia, $f_{xy}(a,b) = f_{yx}(a,b)$

PROBLEMAS PROPUESTOS 3. 3

En los problemas del 1 al 15 calcular las dos derivadas parciales de primer orden de la función indicada.

1. $f(x, y) = (4x-5y)^{3/2}$ *Rpta.* $\dfrac{\partial f}{\partial x} = 6(4x-5y)^{1/2}$, $\dfrac{\partial f}{\partial y} = -\dfrac{15}{2}(4x-5y)^{1/2}$

2. $f(x, y) = x^2 \operatorname{sen} y^2$ *Rpta.* $\dfrac{\partial f}{\partial x} = 2x \operatorname{sen} y^2$, $\dfrac{\partial f}{\partial y} = 2xy \cos y^2$

3. $f(x, y) = e^y(\operatorname{sen} x - \cos x)$ *Rpta.* $\dfrac{\partial f}{\partial x} = e^y(\cos x + \operatorname{sen} x)$,

$$\frac{\partial f}{\partial y} = e^y(\operatorname{sen} x - \cos x)$$

4. $f(x, y) = xy + \dfrac{x}{y}$ *Rpta.* $\dfrac{\partial f}{\partial x} = y + \dfrac{1}{y}$, $\dfrac{\partial f}{\partial y} = x - \dfrac{x}{y^2}$

5. $f(x, y) = \dfrac{x^2+y^2}{x^2-y^2}\ln(x^2+y^2)$ *Rpta.* $\dfrac{\partial f}{\partial x} = \dfrac{2x}{x^2-y^2} - \dfrac{4xy^2}{(x^2-y^2)^2}\ln(x^2+y^2)$,

$$\frac{\partial f}{\partial y} = \frac{2y}{x^2-y^2} + \frac{4x^2y}{(x^2-y^2)^2}\ln(x^2+y^2),$$

6. $f(x, y) = e^{y/x}\ln\left(\dfrac{x^2}{y}\right)$ *Rpta.* $\dfrac{\partial f}{\partial x} = \dfrac{e^{y/x}}{x^2}\left[2x - y\ln(x^2/y)\right]$

$$\frac{\partial f}{\partial y} = \frac{e^{y/x}}{xy}\left[y\ln(x^2/y) - x\right]$$

7. $f(x, y) = \tan^{-1}(x\sqrt{y})$ *Rpta.* $\dfrac{\partial f}{\partial x} = \dfrac{\sqrt{y}}{1+x^2y}$, $\dfrac{\partial f}{\partial y} = \dfrac{x}{2\sqrt{y}(1+x^2y)}$

8. $f(x, y) = \tan^{-1}\left(\dfrac{y}{x}\right)$ *Rpta.* $\dfrac{\partial f}{\partial x} = \dfrac{-y}{x^2+y^2}$, $\dfrac{\partial f}{\partial y} = \dfrac{x}{x^2+y^2}$

9. $f(x, y) = \text{sen}^{-1}\left(\dfrac{x}{\sqrt{x^2 + y^2}}\right)$ *Rpta.* $\dfrac{\partial f}{\partial x} = \dfrac{|\,y\,|}{x^2 + y^2}$ $\dfrac{\partial f}{\partial y} = \dfrac{-xy}{|\,y\,|\left(x^2 + y^2\right)}$

10. $f(x, y) = x^{y^2}$ *Rpta.* $\dfrac{\partial f}{\partial x} = y^2 x^{y^2 - 1}$, $\dfrac{\partial f}{\partial y} = 2y\, x^{y^2} \ln x$

11. $f(x, y) = x^y + y^x$ *Rpta.* $\dfrac{\partial f}{\partial x} = yx^{y-1} + y^x \ln y$,. $\dfrac{\partial f}{\partial y} = x\, y^{x-1} + x^y \ln x$

12. $f(x, y) = \displaystyle\int_y^x e^{t^2}\, dt$ *Rpta.* $\dfrac{\partial f}{\partial x} = e^{x^2}$, $\dfrac{\partial f}{\partial y} = -\, e^{y^2}$

13. $f(x, y) = \displaystyle\int_x^y \left(e^{\text{sen}\, t} + 1\right) dt + \int_y^x \left(e^{\text{sen}\, t} - 1\right) dt$ *Rpta.* $\dfrac{\partial f}{\partial x} = -2$, $\dfrac{\partial f}{\partial y} = 2$

14. $f(x, y) = \displaystyle\int_y^{\text{sen}\, x} e^{t^2}\, dt$ *Rpta.* $\dfrac{\partial f}{\partial x} = \cos x\; e^{\text{sen}^2 x}$, $\dfrac{\partial f}{\partial y} = -\, e^{y^2}$

15. $f(x, y) = \displaystyle\int_x^{x^2 + y^2} te^t\, dt$ *Rpta.* $\dfrac{\partial f}{\partial x} = 2x\left(x^2 + y^2\right)e^{x^2 + y^2} - xe^x$

$$\frac{\partial f}{\partial y} = 2y\left(x^2 + y^2\right)e^{x^2 + y^2}$$

En los problemas del 16 al 21 calcular las tres derivadas parciales de primer orden de la función indicada.

16. $f(x, y, z) = \dfrac{1}{\sqrt{1 - x^2 - y^2 - z^2}}$ *Rpta.* $\dfrac{\partial f}{\partial x} = \dfrac{x}{\left(1 - x^2 - y^2 - z^2\right)^{3/2}}$,

$$\frac{\partial f}{\partial y} = \frac{y}{\left(1 - x^2 - y^2 - z^2\right)^{3/2}}, \quad \frac{\partial f}{\partial z} = \frac{z}{\left(1 - x^2 - y^2 - z^2\right)^{3/2}}$$

17. $f(x, y, z) = e^{x\left(x^2 + y^2 + z^2\right)}$ *Rpta.* $\dfrac{\partial f}{\partial x} = \left(3x^2 + y^2 + z^2\right)e^{x\left(x^2 + y^2 + z^2\right)}$

$$\frac{\partial f}{\partial y} = 2xye^{x\left(x^2 + y^2 + z^2\right)}, \quad \frac{\partial f}{\partial z} = 2xze^{x\left(x^2 + y^2 + z^2\right)}$$

18. $f(x, y, z) = \left(1 - x^2 - y^2 - z^2\right)e^{-xyz}$ *Rpta.* $\dfrac{\partial f}{\partial x} = \left[yz\left(x^2 + y^2 + z^2 - 1\right) - 2x\right]e^{-xyz}$

$$\frac{\partial f}{\partial y} = \left[xz\left(x^2 + y^2 + z^2 - 1\right) - 2y\right]e^{-xyz}, \frac{\partial f}{\partial z} = \left[xy\left(x^2 + y^2 + z^2 - 1\right) - 2z\right]e^{-xyz}$$

19. $f(x, y, z) = \cot^{-1}\left(\dfrac{1}{xy^2z^3}\right)$ *Rpta.* $\dfrac{\partial f}{\partial x} = \dfrac{y^2z^3}{1+x^2y^4z^6}$, $\dfrac{\partial f}{\partial y} = \dfrac{2xyz^3}{1+x^2y^4z^6}$,

$$\frac{\partial f}{\partial z} = \frac{3xy^2z^2}{1+x^2y^4z^6}$$

20. $f(x, y, z) = \ln\left(\dfrac{1-\sqrt{x^2+y^2+z^2}}{1+\sqrt{x^2+y^2+z^2}}\right)$ *Rpta.* $\dfrac{\partial f}{\partial x} = \dfrac{2x}{\sqrt{x^2+y^2+z^2}\left(x^2+y^2+z^2-1\right)}$

$$\frac{\partial f}{\partial y} = \frac{2y}{\sqrt{x^2+y^2+z^2}\left(x^2+y^2+z^2-1\right)},\ \frac{\partial f}{\partial z} = \frac{2z}{\sqrt{x^2+y^2+z^2}\left(x^2+y^2+z^2-1\right)}$$

21. $f(x, y) = \displaystyle\int_{x+y+z}^{\ln(xyz)} \sqrt{1+e^t}\,dt$ *Rpta.* $\dfrac{\partial f}{\partial x} = \dfrac{1}{x}\sqrt{1+xyz} - \sqrt{1+e^{x+y+z}}$

$$\frac{\partial f}{\partial y} = \frac{1}{y}\sqrt{1+xyz} - \sqrt{1+e^{x+y+z}},\ \frac{\partial f}{\partial z} = \frac{1}{z}\sqrt{1+xyz} - \sqrt{1+e^{x+y+z}}$$

En los problemas del 22 al 26, evaluar la derivada parcial indicada

22. $f(x, y) = \cos^{-1}(xy)$, $f_x(1, 1/2)$ *Rpta* $f_x(1, 1/2) = \sqrt{3}/3$

23. $f(x, y) = \tan^{-1}\left(x^2y\right) + \tan^{-1}\left(xy^2\right)$ $f_y(1, 1)$ *Rpta* $f_y(1, 1) = 3/2$

24. $f(r, \theta) = r^2\tan\theta - r\,\text{sen}\,\theta$, $f_\theta(1, \pi/4)$ *Rpta* $f_\theta(1, \pi/4) = 2 - \sqrt{2}/2$

25. $f(x, y, z) = \text{senh}\left(\sqrt{z}\right) + \text{senh}^{-1}\left(x^2yz\right)$, $f_z(1, 1, 0)$ *Rpta* $f_z(1, 1, 0) = 1$

26. $f(x, y, z) = \sqrt{\text{sen}^2x + \text{sen}^2y + \text{sen}^2z}$, $f_z(0, 0, \pi/4)$ *Rpta* $f_z(0, 0, \pi/4) = \sqrt{2}/2$

En los problemas 27 y 28, hallar el valor de las derivadas parciales indicadas aplicando la definición

27. $D_1f(0, 0)$ y $D_2f(0, 0)$ si $f(x, y) = \begin{cases} \dfrac{x^3-y^3}{x^2+y^2}, & \text{si } (x, y) \neq (0, 0) \\ 0, & \text{si } (x, y) = (0, 0) \end{cases}.$

Rpta. $D_1f(0, 0) = 1$, $D_2f(0, 0) = 1$

28. $D_1f(0, 0)$ y $D_2f(0, 0)$ si $f(x, y) = \begin{cases} \dfrac{2x^2y^2}{x^4+y^4}, & \text{si } (x, y) \neq (0, 0) \\ 0, & \text{si } (x, y) = (0, 0) \end{cases}.$

Rpta. $D_1f(0, 0) = 0$, $D_2f(0, 0) = 0$

En los problemas del 29 al 31, calcule f_{xy} y f_{yx}. ***Verifique que las derivadas cruzadas son iguales. Esto es,*** $f_{xy} = f_{yx}$.

29. $f(x, y) = e^x \text{sen } y$ *Rpta* $f_{xy} = e^x \cos y = f_{yx}$

30. $f(x, y) = x^2 e^{xy} + \dfrac{x}{y}$ *Rpta* $f_{xy} = x^2 e^x (xy + 3) - \dfrac{1}{y^2} = f_{yx}$

31. $f(x, y) = \tan\left(\dfrac{y}{x}\right)$ *Rpta* $f_{xy} = -\dfrac{1}{x^2}\sec\left(\dfrac{y}{x}\right)\left[1 + \dfrac{2y}{x}\tan\left(\dfrac{y}{x}\right)\right] = f_{yx}$

En los problemas 32 y 33, calcule $D_{122}f$, $D_{212}f$ y $D_{221}f$. ***Verifique que*** $D_{122}f = D_{212}f = D_{221}f$

32. $f(x, y) = x^2 e^y + y^3 \ln x$ *Rpta* $D_{122}f = D_{212}f = D_{221}f = x^2 e^y + \dfrac{6y}{x}$

33. $f(x, y) = x^2 \cos y + y^2 \text{sen } x$

Rpta $D_{122}f = D_{212}f = D_{221}f = -2x \cos y + 2 \cos x$

34. Si $z = \dfrac{xy}{x + y}$, verificar que $x\dfrac{\partial z}{\partial x} + y\dfrac{\partial z}{\partial y} = \text{z}$

34. Si $z = \text{sen}^{-1}\left(\dfrac{x - y}{x + y}\right)$, verificar que $x\dfrac{\partial z}{\partial x} + y\dfrac{\partial z}{\partial y} = 0$

35. Si $z = \ln\left(x^2 + xy + y^2\right)$, verificar que $x\dfrac{\partial z}{\partial x} + y\dfrac{\partial z}{\partial y} = 2$

36. Si $w = \dfrac{y}{x} + \dfrac{z}{x} + \dfrac{x}{y}$, verificar que $x\dfrac{\partial w}{\partial x} + y\dfrac{\partial w}{\partial y} + z\dfrac{\partial w}{\partial z} = 2$

37. Si $w = \dfrac{z}{xy + yz + xz}$, verificar que $x\dfrac{\partial w}{\partial x} + y\dfrac{\partial w}{\partial y} + z\dfrac{\partial w}{\partial z} = -\text{w}$

38. Si $w = \dfrac{z}{x}\ln\left(\dfrac{y}{x}\right)$, verificar que $x\dfrac{\partial w}{\partial x} + y\dfrac{\partial w}{\partial y} + z\dfrac{\partial w}{\partial z} = 0$

39. Si $w = \dfrac{z}{\left(x^2 + y^2\right)^{1/3}}$, verificar que $x\dfrac{\partial w}{\partial x} + y\dfrac{\partial w}{\partial y} + z\dfrac{\partial w}{\partial z} = \dfrac{w}{3}$

40. Si $w = \left(\dfrac{x - y + z}{x + y - z}\right)^n$, verificar que $x\dfrac{\partial w}{\partial x} + y\dfrac{\partial w}{\partial y} + z\dfrac{\partial w}{\partial z} = 0$

En los problemas del 41 al 43, verificar que la función dada satisface la ecuación de Laplace: $\dfrac{\partial^2 z}{\partial x^2} + \dfrac{\partial^2 z}{\partial y^2} = 0$

41. $z = \frac{1}{2}\left(e^{x} - e^{-y}\right)\operatorname{sen} x$ **42.** $z = \tan^{-1}\left(\frac{y}{x}\right)$

43. $z = \operatorname{sen} x \operatorname{senh} y + \cos x \operatorname{senh} y$

En los problemas 44 y 45, verificar que la función dada satisface la ecuación de Laplace tridimensional $\frac{\partial^2 u}{\partial x^2} + \frac{\partial^2 u}{\partial y^2} + \frac{\partial^2 u}{\partial z^2} = 0$:

44. $u = \frac{1}{\sqrt{x^2 + y^2 + z^2}}$ **45.** $u = e^{ax+by}\cos cz$

En los problemas 46 y 47, verificar que la función dada satisface la ecuación de ondas: $\frac{\partial^2 z}{\partial t^2} = a^2 \frac{\partial^2 z}{\partial x^2}$.

46. $z = \ln(x + at)$ **47.** $z = e^{x+at} + \cos(kx + akt)$

En los problemas 48 y 49, verificar que la función dada satisface la ecuación del calor: $\frac{\partial z}{\partial t} = a^2 \frac{\partial^2 z}{\partial x^2}$.

48. $z = e^{-t}\cos\frac{x}{a}$ **49.** $z = e^{-n^2 at}\operatorname{sen} nx$

50. Si $z = (x - y)\ln(x + y)$ verificar que $\frac{\partial^2 z}{\partial x^2} - 2\frac{\partial^2 z}{\partial x \partial y} + \frac{\partial^2 z}{\partial y^2} = 0$

51. Si $z = \tan^{-1}\left(\frac{y}{x}\right)$ verificar que $\frac{\partial^2 z}{\partial x \partial y} = \frac{\partial^3 z}{\partial x^2 \partial y} + \frac{\partial^3 z}{\partial y^2 \partial x}$

52. Si $z = ye^{x} + xe^{y}$ verificar que $\frac{\partial^3 z}{\partial x \partial y^2} = \frac{\partial^3 z}{\partial y^2 \partial x}$

53. Si $f(x, y) = g(x)h(y)$ verificar que $z\frac{\partial^2 z}{\partial x \partial y} = \frac{\partial z}{\partial x}\frac{\partial z}{\partial y}$

54. Si $g(x,t) = \frac{x}{2a\sqrt{t}}$ verificar que $f(x, y) = \int_0^{g(x,t)} e^{-u^2}\,du$ satisface la ecuación del calor $\frac{\partial z}{\partial t} = a^2 \frac{\partial^2 z}{\partial x^2}$.

55. La ley del gas ideal nos dice que $PV = nRT$, donde P es la presión, V es el volumen, T es la temperatura, n es el número de moles del gas y R es una constante física.

a. Despeje cada una de las variables P, V y T en término de las otras y hallar

$$\frac{\partial P}{\partial V}, \quad \frac{\partial V}{\partial T} \quad \text{y} \quad \frac{\partial T}{\partial P}$$

b. Muestre que $\frac{\partial P}{\partial V}\frac{\partial V}{\partial T}\frac{\partial T}{\partial P} = -1$ **c.** Muestre que $T\frac{\partial V}{\partial T}\frac{\partial V}{\partial T} = nR$

56. Sea la función $f(x,y) = e^{ax+by}g(x,y)$. Hallar los valores de a y b para los cuales se cumplen que:

$$g_x(x,y) = g_y(x,y) = 1,\ f_x(x,y) = f_y(x,y),\ f_{xy}(x,y) + 1 = f_{yx}(x,y) + a$$

Rpta. $a = b = 1$

En los problemas 57 y 58 demuestre que las funciones f y g satisfacen las siguientes ecuaciones, llamadas ecuaciones de Cauchy–Riemann.

$$f_x = g_y \quad y \quad f_y = -g_x$$

57. $f(x,y) = e^x \cos y, \quad g(x,y) = e^x \operatorname{sen} y$

58. $f(x,y) = \ln\left(x^2+y^2\right), \quad g(x,y) = 2\tan^{-1}(y/x)$

59. Si f y g satisfacen las ecuaciones de Cauchy–Riemann, $f_x = g_y$ y $f_y = -g_x$, probar que f, g y $f+g$ satisfacen la ecuación de Laplace: $\frac{\partial^2 z}{\partial x^2} + \frac{\partial^2 z}{\partial y^2} = 0$

60. Si $f(x,y) = \begin{cases} \dfrac{x^2y^2}{x^4+y^4}, & \text{si } (x,y) \neq (0,\ 0) \\ 0, & \text{si } (x,y) = (0,\ 0) \end{cases}$, probar que

a. $D_1 f(0,\ 0) = 0$ **b.** $D_2 f(0,\ 0) = 0$ **c.** $D_{12} f(0,\ 0) = 0$ **d.** $D_{21} f(0,\ 0) = 0$

61. Sea $f(x,y) = \begin{cases} x^2\tan^{-1}(y/x) - y^2\tan^{-1}(x/y), & \text{si } x \neq 0 \text{ y } y \neq 0 \\ 0, & \text{si } x = 0 \text{ ó } y = 0 \end{cases}$

Probar que

a. $D_1 f(0,\ y) = -y$ **b.** $D_2 f(x,\ 0) = x$

c. $D_{12} f(0,\ 0) = -1$ **d.** $D_{21} f(0,\ 0) = 1$

En los problemas del 62 al 67, hallar las ecuaciones simétricas de la recta tangente a la curva de intersección de la superficie con el plano, en el punto indicado.

62. Superficie $z = x^2 + 8y^2$, Plano: $y = 1$, Punto: $(2, 1, 12)$

Rpta. $\frac{x-2}{1} = \frac{z-12}{4}$, $y = 1$

63. Superficie $z = x^2 + 8y^2$, Plano: $x = 2$, Punto: (2, 1, 12)

Rpta. $\dfrac{y-1}{1} = \dfrac{z-12}{16}$, $x = 2$

64. Superficie $z = 2 - \dfrac{x^2}{2} - y$, Plano: $y = 1$, Punto: (1, 1, 1/2)

Rpta. $\dfrac{x-1}{1} = \dfrac{z-1/2}{-1}$, $y = 1$

65. Superficie $z = 2 - \dfrac{x^2}{2} - y$, Plano: $x = 1$, Punto: (1, 1, 1/2)

Rpta. $\dfrac{y-1}{1} = \dfrac{z-1/2}{-1}$, $x = 1$

66. Superficie $z = \sqrt{36 - 5x^2 - 7y^2}$, Plano: $y = 1$, Punto: (2, 1, 3).

Rpta. $\dfrac{x-2}{1} = \dfrac{z-3}{-10/3}$, $y = 1$

67. Superficie $z = \sqrt{36 - 5x^2 - 7y^2}$, Plano: $x = 2$, Punto: (2, 1, 3).

Rpta. $\dfrac{y-1}{1} = \dfrac{z-3}{-7/3}$, $x = 2$

SECCION 3.4

FUNCIONES DIFERENCIABLES, PLANOS TANGENTES Y APROXIMACION LINEAL

FUNCION DIFERENCIABLE

Para el caso de una función de una variable dijimos que $y = f(x)$ es diferenciable en el punto a si existe la derivada $f'(a)$. La mera existencia de la derivada $f'(a)$ nos garantizó tres resultados importantes:

1. La gráfica de $y = f(x)$ tiene una recta tangente en el punto $(a, f(a))$
2. La función $y = f(x)$ es continua en a.
3. Los valores $f(x)$ con x cercano a a pueden aproximarse con los valores de una función lineal.

En el caso de una función de varias variables, la mera existencia de las derivadas parciales no garantiza resultados similares a los anteriores. Así, en el ejemplo 6 de la sección anterior se presentó una función de dos variables que tiene ambas derivadas parciales en (0, 0) y, sin embargo, no es continua en este punto.

En esta sección presentamos el concepto de diferenciabilidad para una función de dos variables, el cual nos permitirá rescatar los resultados que corresponden a los tres antes mencionados. Esto es, si $z = f(x, y)$ es diferenciable en el punto (a, b), entonces se debe cumplir que:

1. La gráfica de $z = f(x, y)$ tiene un plano tangente en el punto $(a, b, f(a, b))$

2. La función $z = f(x, y)$ es continua en (a, b).

3. Los valores $f(x, y)$ con (x, y) cercano a (a, b) pueden aproximarse con los valores de una función lineal.

Sea $z = f(x, y)$ una función definida en un conjunto abierto U y (a, b) un punto de U. Se llama **incremento de *f*,** y se denota por Δf o Δz, a la diferencia de los valores de f en los puntos $(a+\Delta x, b+\Delta y)$ y (a, b). Esto es,

$$\Delta z = \Delta f = f(a+\Delta x, b+\Delta y) - f(a,b)$$

DEFINICION. **Función diferenciable.**

Sea $f : U \subset \mathbb{R}^2 \to \mathbb{R}$, donde U es abierto. Sea (a,b) un punto de U. Diremos que ***f* es diferenciable en (*a*, *b*)** si existen $f_x(a,b)$ y $f_y(a,b)$ y además Δf puede escribirse de la forma:

$$\Delta f = f_x(a,b)\Delta x + f_y(a,b)\Delta y + \varepsilon_1 \Delta x + \varepsilon_2 \Delta y$$

donde $\varepsilon_1 \to 0$ y $\varepsilon_2 \to 0$ cuando $(\Delta x, \Delta y) \to (0, 0)$

La función ***f* es diferenciable en** U si f es diferenciable en todo punto (a, b) de U.

EJEMPLO 1. Probar que la función $f : \mathbb{R}^2 \to \mathbb{R}$, $f(x, y) = x^2 + y^2$ es diferenciable en $\mathbb{R}^2$.

Solución

Sea (a,b) cualquier punto de $\mathbb{R}^2$. Probaremos que f es diferenciable en (a,b).

Tenemos que: $f_x(a,b) = 2a$, $f_y(a,b) = 2b$ y

$$\Delta f = f(a+\Delta x, b+\Delta y) - f(a,b) = (a+\Delta x)^2 + (b+\Delta y)^2 - a^2 - b^2$$

$$= a^2 + 2a\Delta x + (\Delta x)^2 + b^2 + 2b\Delta y + (\Delta y)^2 - a^2 - b^2$$

$$= 2a\Delta x + 2b\Delta y + (\Delta x)^2 + (\Delta y)^2$$

Si hacemos $\varepsilon_1 = \Delta x$ y $\varepsilon_2 = \Delta y$, obtenemos

$$\Delta f = f_x(a,b)\Delta x + f_y(a,b)\Delta y + \varepsilon_1 \Delta x + \varepsilon_2 \Delta y$$

Además, $\varepsilon_1 = \Delta x \to 0$ y $\varepsilon_2 = \Delta y \to 0$ cuando $(\Delta x, \Delta y) \to (0,\ 0)$

En consecuencia, $f(x, y) = x^2 + y^2$ es diferenciable en $(a,\ b)$

DEFINICION. Sea $f: U \subset \mathbb{R}^2 \to \mathbb{R}$, donde U es un conjunto abierto U de $\mathbb{R}^2$

1. La función f es de clase $C^{(0)}$ (se lee: "C cero") en U si f es continua en U. Denotaremos con $C^{(0)}(U)$ al conjunto de todas las función de clase $C^{(0)}$ en U.

2. La función f es de clase $C^{(1)}$ (se lee: "C uno") en U si sus derivadas parciales $f_1(x, y)$ y $f_2(x, y)$ existen y son continuas en todo punto (x, y) de U.

   Denotaremos con $C^{(1)}(U)$ al conjunto de todas la función de clase $C^{(1)}$ en U.

En general, probar que una función es diferenciable es un trabajo laborioso. Para una buena cantidad de funciones, el siguiente teorema nos alivia este trabajo.

TEOREMA 3.7 Sea $f: U \subset \mathbb{R}^2 \to \mathbb{R}$, donde U es un conjunto abierto de $\mathbb{R}^2$. Si f es de clase $C^{(1)}$ en U, entonces f es diferenciable en U.

Demostración

Ver el problema resuelto 9.

EJEMPLO 2. Probar que la función $f(x, y) = 3x^2 - 2xy + y^3$ es diferenciable en $\mathbb{R}^2$.

Solución

Sea (x, y) cualquier punto de $\mathbb{R}^2$. Las derivadas parciales de f son

$$f_x(x,y) = 6x - 2y, \qquad f_y(x,y) = -2x + 3y^2,$$

las cuales son continuas en $\mathbb{R}^2$. En consecuencia, por el teorema anterior, f es diferenciable en $\mathbb{R}^2$.

Es fácil ver que cualquier polinomio de dos variables es diferenciable en $\mathbb{R}^2$.

OBSERVACION. La proposición recíproca al teorema anterior es falsa. Es decir, existen funciones diferenciables que no son de clase $C^{(1)}$.

En el problema resuelto 8 probaremos que la siguiente función

$$f(x,y)=\begin{cases}\left(x^2+y^2\right)\operatorname{sen}\left(1/\sqrt{x^2+y^2}\right), & \text{si } (x,y)\neq(0,0)\\ 0, & \text{si } (x,y)=(0,0)\end{cases}$$

es diferenciable en el punto (0, 0) y, sin embargo, sus derivadas parciales no son continuas en este punto.

DIFERENCIABILIDAD Y CONTINUIDAD

El siguiente teorema nos proporciona uno de los resultados buscados.

TEOREMA 3.8 **Toda función diferenciable es continua**

Sea la función $f: U\subset \mathbb{R}^2\to\mathbb{R}$, donde U es abierto. Si f *es* diferenciable en U, entonces f es continua en U

Demostración

Ver el problema resuelto 10.

COROLARIO. Toda función de clase $C^{(1)}$ en U es de clase $C^{(0)}$ en U. Esto es,

$$C^{(1)}(U)\subset C^{(0)}(U)$$

Demostración

Si f es de clase $C^{(1)}$ en un abierto U, por el teorema 3.7, f es diferenciable en U y, por el teorema 3.8, f es continua en U. Esto es, f es clase $C^{(0)}$ en U.

DEFINICION. Sea $f: U\subset \mathbb{R}^2\to\mathbb{R}$, donde U es abierto.

1. Sea $k\geq 1$. La función f es de clase $C^{(k)}$ en U si todas sus derivadas parciales de f de orden k existen en todo punto de U y éstas son continuas en U.

2. La función f es de clase $C^{(\infty)}$ en U si f tiene todas sus derivadas parciales de todo orden y éstas son continuas en U.

EJEMPLO 3. Las siguiente funciones son de case $C^{(\infty)}$ en $\mathbb{R}^2$

1. $f(x,y)=x^3\operatorname{sen}(xy)$ **2.** $g(x,y)=ye^{xy}$

Con los mismos argumentos usados en el corolario anterior se prueba que:

$$C^{(\infty)}(U) \subset \ldots \subset C^{(2)}(U) \subset C^{(1)}(U) \subset C^{(0)}(U)$$

PLANO TANGENTE Y RECTA NORMAL AL GRAFICO DE UNA FUNCIÓN $z = f(x, y)$

Sea $z = f(x, y)$ una función de clase $C^{(1)}$ en un conjunto abierto U de $\mathbb{R}^2$ y sea S la superficie determinada por la gráfica de f. Sea $P_0 = (x_0, y_0, z_0)$ un punto de S, donde $z_0 = f(x_0, y_0)$. Es natural definir el plano tangente a la superficie S en el punto $P_0 = (x_0, y_0, z_0)$ como el plano de $\mathbb{R}^3$ que contiene a todas las rectas tangentes en el punto P_0 a las curvas de S que pasan por P_0.

Al inicio de la sección anterior, cuando se trató la interpretación geométrica de las derivadas parciales, se presentó a las rectas L_1 y L_2 que son tangentes en el punto P_0 a las curvas C_1 y C_2 que se obtuvieron intersectando la superficie S con los planos verticales $y = y_0$, $x = x_0$. Estas dos rectas determinan un plano. Este es el plano tangente que buscamos. En efecto, más adelante probaremos que la condición de que $z = f(x, y)$ sea de clase $C^{(1)}$ garantiza que este plano contiene a todas las rectas tangente a las curvas de S que pasan por P_0.

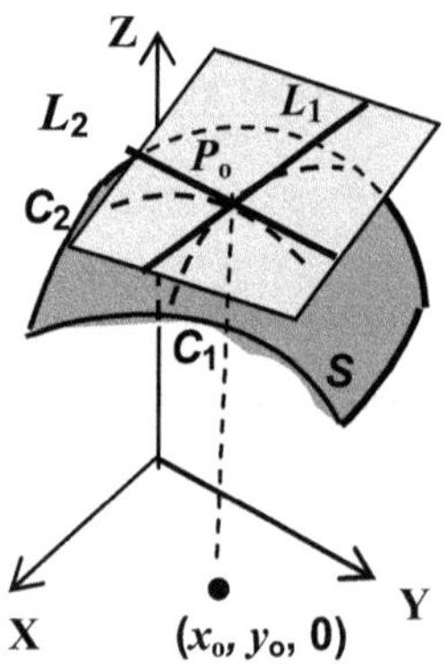

DEFINICION. Sea $z = f(x, y)$ una función de clase $C^{(1)}$ en un conjunto abierto U de $\mathbb{R}^2$. Sea (x_0, y_0) un punto de U y $z_0 = f(x_0, y_0)$. **El plano tangente a la superficie $z = f(x, y)$** en el punto $P_0 = (x_0, y_0, z_0)$ es el plano que contiene a las rectas tangentes en el punto $P_0 = (x_0, y_0, z_0)$ a las curvas:

1. $C_1: z = f(x, y_0)$ y **2.** $C_2: z = f(x_0, y)$

TEOREMA 3. 9 **Plano tangente a la superficie $z = f(x, y)$.**

Sea $z = f(x, y)$ una función de clase $C^{(1)}$ en un conjunto abierto U de $\mathbb{R}^2$. Sea (x_0, y_0) un punto de U y $z_0 = f(x_0, y_0)$.

Un **vector normal** al plano tangente a la superficie $z = f(x, y)$ en el punto $P_0 = (x_0, y_0, z_0)$ es

$$\mathbf{n} = \left\langle f_x(x_0, y_0), f_y(x_0, y_0), -1 \right\rangle$$

El plano tangente a la superficie $z = f(x, y)$ en el punto $P_0 = (x_0, y_0, z_0)$ tiene por ecuación

$$f_x(x_0, y_0)(x - x_0) + f_y(x_0, y_0)(y - y_0) - (z - z_0) = 0$$

O bien,

$$z = f(x_0, y_0) + f_x(x_0, y_0)(x - x_0) + f_y(x_0, y_0)(y - y_0)$$

Demostración

Un vector director de la recta L_1, tangente a la curva $C_1 : z = f(x, y_0),\ y = y_0$, es

$$T_1 = \mathbf{i} + f_x(x_0, y_0)\mathbf{k} = \langle 1, 0, f_x(x_0, y_0) \rangle$$

Un vector director de la recta L_2, tangente a la curva $C_2 : z = f(x_0, y),\ x = x_0$, es

$$T_2 = \mathbf{j} + f_y(x_0, y_0)\mathbf{k} = \langle 0, 1, f_y(x_0, y_0) \rangle$$

Un vector normal al plano tangente es

$$\mathbf{n} = \langle 0, 1, f_y(x_0, y_0) \rangle \times \langle 1, 0, f_x(x_0, y_0) \rangle = \begin{vmatrix} \mathbf{i} & \mathbf{j} & \mathbf{k} \\ 1 & 0 & f_y(x_0, y_0) \\ 0 & 1 & f_x(x_0, y_0) \end{vmatrix}$$

$$= \langle f_x(x_0, y_0), f_y(x_0, y_0), -1 \rangle$$

En consecuencia, la ecuación canónica del plano tangente es

$$f_x(x_0, y_0)(x - x_0) + f_y(x_0, y_0)(y - y_0) - (z - z_0) = 0$$

O bien, despejando z y tomando en cuenta que $z_0 = f(x_0, y_0)$,

$$z = f(x_0, y_0) + f_x(x_0, y_0)(x - x_0) + f_y(x_0, y_0)(y - y_0)$$

Se llama **recta normal** a la superficie $z = f(x, y)$ en el punto $P_0 = (x_0, y_0, z_0)$ a la recta que pasa por P_0 y es perpendicular al plano tangente. Un vector director para esta recta es el vector normal **n**:

$$\mathbf{n} = \langle f_x(x_0, y_0), f_y(x_0, y_0), -1 \rangle$$

En consecuencia, las ecuaciones paramétricas y simétricas de la recta normal son:

$$\begin{cases} x = x_0 + f_x(x_0, y_0)t \\ y = y_0 + f_y(x_0, y_0)t, \\ z = z_0 - t \end{cases} \qquad \frac{x - x_0}{f_x(x_0, y_0)} = \frac{y - y_0}{f_y(x_0, y_0)} = \frac{z - z_0}{-1}$$

EJEMPLO 3. Sea el paraboloide elíptico $z = \dfrac{x^2}{9} + \dfrac{y^2}{4}$

1. Hallar la recta normal al paraboloide en el punto $P_0 = (3, -4, 2)$.

2. Hallar el plano tangente al paraboloide en el punto $P_0 = (3, -4, 2)$.

Solución

Si $z = f(x, y) = \dfrac{x^2}{9} + \dfrac{y^2}{4}$, tenemos que $f(3, -4) = 2$ y

$$f_x(x,y) = \frac{2x}{9} \Rightarrow f_x(3,-4) = \frac{2}{3}, \quad f_y(x,y) = \frac{y}{2} \Rightarrow f_y(3,-4) = -2 \text{ y}$$

$$\mathbf{n} = \left\langle f_x(3,-4), f_y(3,-4), -1 \right\rangle = \langle 2/3,\ -2,\ -1 \rangle$$

Luego.

1. La recta normal es: $\dfrac{x-3}{2/3} = \dfrac{y+4}{-2} = \dfrac{z-2}{-1}$.

2. El plano tangente es: $z = 2 + \dfrac{2}{3}(x-3) - 2(y+4)$. O bien, $2x - 6y - 3z - 24 = 0$

APROXIMACIONES LINEALES

Observando una superficie y uno de sus planos tangentes podemos concluir que los puntos del plano cercanos al punto de tangencia están próximos a la superficie. A continuación formalizaremos este resultado.

Sea $z = f(x, y)$ una función de clase $C^{(1)}$ en un conjunto abierto U de $\mathbb{R}^2$. Sea (a, b) un punto de U y $c = f(a, b)$. De acuerdo al teorema 3.7, f es diferenciable en el punto (a, b) y, por tanto,

$$\Delta f = f_x(a,b)\Delta x + f_y(a,b)\Delta y + \varepsilon_1 \Delta x + \varepsilon_2 \Delta y$$

donde $\varepsilon_1 \to 0$ y $\varepsilon_2 \to 0$ cuando $(\Delta x, \Delta y) \to (0,0)$.

En consecuencia, si Δx y Δy son pequeños, Δf y $f_x(a,b)\Delta x + f_y(a,b)\Delta y$ están cercanos. Esto es,

$$\Delta f \approx f_x(a,b)\Delta x + f_y(a,b)\Delta y \qquad \textbf{(1)}$$

Considerando que $\Delta f = f(a+\Delta x, b+\Delta y) - f(a,b)$ y haciendo $x = a + \Delta x$, $y = b + \Delta y$, tenemos que $\Delta x = x - a$, $\Delta y = y - b$, y a la expresión (1) la podemos escribir así:

$$f(x,y) \approx f(a,b) + f_x(a,b)(x-a) + f_y(a,b)(y-b)$$

Los términos de lado derecho de la aproximación anterior corresponden a la ecuación del plano tangente. Con estos definimos la siguiente función lineal:

$$L(x,y) = f(a,b) + f_x(a,b)(x-a) + f_y(a,b)(y-b),$$

a la que llamaremos **función de aproximación lineal de f en el punto (a, b)**.

La aproximación,

$$\boxed{f(x,y) \approx L(x,y) = f(a,b) + f_x(a,b)(x-a) + f_y(a,b)(y-b)}$$

recibe el nombre de **aproximación lineal o aproximación tangencial de f en el punto (a, b)**.

EJEMPLO 4. Sea $f(x, y) = \sqrt{26 - x^2 - 2y^2}$

1. Hallar la función de aproximación lineal de f en el punto (3, 2).
2. Hallar una aproximación lineal de f (3.01, 2.06). Compare la aproximación con el valor real.

Solución

1. Tenemos que $f(3,2) = \sqrt{26 - 3^2 - 2(2)^2} = 3,$

$$f_x(x,y) = \frac{-x}{\sqrt{26 - x^2 - 2y^2}}, \quad f_x(3, 2) = \frac{-3}{3} = -1$$

$$f_y(x,y) = \frac{-2y}{\sqrt{26 - x^2 - 2y^2}}, \quad f_y(3, 2) = \frac{-4}{3} = -\frac{4}{3}.$$

Luego,

$$L(x,y) = 3 - (x-3) - \frac{4}{3}(y-2)$$

2. $f(3.01, 2.06) \approx L(3.01, 2.06) = f(3, 2) - (3.01 - 3) - \frac{4}{3}(2.06 - 2)$

$$= 3 - 0.01 - \frac{4}{3}(0.06) = 2.91$$

El valor de $f(3.01, 2.06)$ con 9 cifras decimales es $f(3.01, 2.06) = 2.907352748$ y la aproximación lineal es $L(3.01, 2.06) = 2.91$

DIFERENCIALES

DEFINICION. Sean $z = f(x,y)$ y Δx y Δy los incrementos de x y de y.

1. Las **diferenciales** de las variables independientes x e y son

$$dx = \Delta x \quad \text{y} \quad dy = \Delta y$$

2. La **diferencial total** de la variable dependiente z es

$$dz = \frac{\partial z}{\partial x}dx + \frac{\partial z}{\partial y}dy = f_x(x,y)dx + f_y(x,y)dy$$

La diferencial dz también es denotada por df.

Sabemos que $\Delta f \approx f_x(a,b)\Delta x + f_y(a,b)\Delta y$. Luego,

$$\boxed{\Delta f \approx df = dz.}$$

Además, si tomamos $dx = \Delta x = x - a$ y $dy = \Delta y = y - b$ en la fórmula que define a la diferencial total, obtenemos:

$$dz = f_x(a,b)(x-a) + f_y(a,b)(y-b)$$

En consecuencia la aproximación lineal la podemos expresar así:

$$\boxed{f(x,y) \approx f(a,b) + dz}$$

EJEMPLO 5. Sea la función $z = f(x,y) = x^4 - x^2y + y^3$

1. Hallar la diferencial total dz

2. Si el punto (2, 3) cambia al punto (2.01, 2.98), utilice la diferencial dz para hallar un valor aproximado de Δf. Halle la correspondiente aproximación lineal de $f(2.01, 2.98)$.

Solución

1. Tenemos que: $dz = \frac{\partial z}{\partial x}dx + \frac{\partial z}{\partial y}dy$, $\frac{\partial z}{\partial x} = 4x^3 - 2xy$, $\frac{\partial z}{\partial y} = -x^2 + 3y^2$

Luego, $$dz = \left(4x^3 - 2xy\right)dx + \left(-x^2 + 3y^3\right)dy$$

2. Tenemos que: (2.01, 2.98) = (2 + 0.01, 3 − 0.02). Luego, hallando el valor de la diferencial dz para el caso, $x = 2$, $y = 3$, $dx = 0.01$ y $dy = -0.02$, obtenemos:

$$dz = \left[4(2)^3 - 2(2)(3)\right](0.01) + \left[-(2)^2 + 3(3)^2\right](-0.02) = = -0.26$$

Luego,

$$\Delta f \approx -0.26$$

Por otro lado, sabemos que: $f(x, y) \approx f(a,b) + dz$. Luego

$$f(2.01, 2.98) \approx f(2,3) + (-0.26) = 2^4 - (2)^2(3) + 3^3 + (-0.26) = 30.74$$

Esto es, $f(2.01, 2.98) \approx 30.74$

EJEMPLO 6. Mediante diferenciales halle un estimado de

$$\sqrt{35.94}\ \sqrt[3]{27.09}$$

Solución

En primer lugar observamos que $\sqrt{36}\ \sqrt[3]{27} = 6(3) = 18$. Este resultado nos sugiere que tomemos la función

$$z = f(x, y) = \sqrt{x}\ \sqrt[3]{y} \quad \text{y el punto } (36,\ 27)$$

Tenemos que:

$$f_x(x, y) = \frac{\sqrt[3]{y}}{2\sqrt{x}} \Rightarrow f_x(36,\ 27) = \frac{\sqrt[3]{27}}{2\sqrt{36}} = \frac{1}{4}$$

$$f_y(x, y) = \frac{\sqrt{x}}{3\sqrt[3]{y^2}} \Rightarrow f_y(36,\ 27) = \frac{\sqrt{36}}{3\sqrt[3]{27^2}} = \frac{2}{9}$$

Sabemos que

$$f(x, y) \approx f(a, b) + dz, \quad \text{donde } dz = f_x(a, b)(x-a) + f_y(a, b)(y-b)$$

O sea,

$$f(x, y) \approx f(a, b) + f_x(a, b)(x-a) + f_y(a, b)(y-b)$$

En nuestro caso, $x = 35.94$, $y = 27.09$, $a = 36$, $b = 27$. Luego,

$$\sqrt{35.94}\ \sqrt[3]{27.09} \approx \sqrt{36}\ \sqrt[3]{27} + \frac{1}{4}(35.94 - 36) + \frac{2}{9}(27.09 - 27)$$

$$= 18 + \frac{1}{4}(-0.06) + \frac{2}{9}(0.09) = 18 - 0.015 + 0.02 = 18.005$$

Una calculadora (que también es una aproximación) nos da 18.00495491.

INCREMENTO ABSOLUTO, RELATIVO Y PORCENTUAL

Tenemos una función $z = f(x, y)$ y un punto $(a,\ b)$ de su dominio del cual nos movemos a un punto cercano $(a + \Delta x, b + \Delta y)$. Al incremento en los valores de $z = f(x, y)$ y a su aproximación podemos expresarlas de tres maneras:

Incremento Absoluto: Δf *Aproximación Absoluta*: df

Incremento Relativo: $\dfrac{\Delta f}{f(a,b)}$ *Aproximación relativa*: $\dfrac{df}{f(a,b)}$

Incremento Porcentual: $\dfrac{\Delta f}{f(a,b)} \times 100$ *Aproximación Porcentual:* $\dfrac{df}{f(a,b)} \times 100$

EJEMPLO 7. Los catetos de un triángulo rectángulo miden 6 y 8 pulgadas. Al cateto más corto se lo alarga 0.4 pulgadas y al otro se lo acorta 0.2 pulgadas. Usando diferenciales, hallar:

1. Una aproximación (absoluta) del cambio de la hipotenusa.

2. Una aproximación relativa del cambio de la hipotenusa.

3. Una aproximación porcentual del cambio de la hipotenusa.

Solución

En general, si los catetos miden x e y pulgadas, la longitud de la hipotenusa es

$$z = f(x,y) = \sqrt{x^2 + y^2},$$

cuya diferencial total es

$$dz = \frac{x}{\sqrt{x^2+y^2}}dx + \frac{y}{\sqrt{x^2+y^2}}dy$$

Cuando $x = 6$, $y = 8$, $dx = 0.4$ y $dy = -0.2$ tenemos:

1. $\Delta z \approx dz = \dfrac{6}{\sqrt{6^2+8^2}}(0.4) + \dfrac{8}{\sqrt{6^2+8^2}}(-0.2) = \dfrac{6}{10}(0.4) + \dfrac{8}{10}(-0.2) = 0.08$

Luego, la hipotenusa se alarga aproximadamente 0,08 pulgadas.

2. $\dfrac{\Delta z}{f(6,\ 8)} \approx \dfrac{dz}{f(6,\ 8)} = \dfrac{0.08}{10} = 0.008$

3. $\dfrac{\Delta z}{f(6,\ 8)}\times 100 \approx \dfrac{dz}{f(6,\ 8)}\times 100 = 0.008\times 100 = 0.8\ \%$

ESTIMACION DEL ERROR MAXIMO

Buscamos evaluar la función $z = f(x, y)$. Para esto, en primer lugar, debemos evaluar las variables x e y. Supongamos que estas dos últimas evaluaciones se han hecho con error Δx y Δy, respectivamente. Al evaluar $z = f(x, y)$. con estos errores, se cometerá el error

$$\Delta z = f(x + \Delta x,\ y + \Delta y) - f(x, y).$$

Si los errores Δx y Δy son pequeños, el error Δz puede ser aproximado por la diferencial dz. Esto es,

$$\Delta z \approx dz = \frac{df}{dx}\Delta x + \frac{df}{dy}\Delta y = \frac{df}{dx}dx + \frac{df}{dy}dy$$

En esta expresión, tanto las derivadas parciales como los errores, pueden ser negativos. Tomando valores absolutos:

$$|\Delta z| \approx |dz| \leq \left|\frac{df}{dx}\right| |\Delta x| + \left|\frac{df}{dy}\right| |\Delta y|$$

Si $\left|\Delta^{(m)}x\right|$, $\left|\Delta^{(m)}y\right|$ y $\left|\Delta^{(m)}z\right|$ son los valores absolutos de los errores máximos de las magnitudes x, y, z, respectivamente, entonces una estimación del máximo error al evaluar z es

$$\left|\Delta^{(m)}z\right| = \left|\frac{df}{dx}\right|\left|\Delta^{(m)}x\right| + \left|\frac{df}{dy}\right|\left|\Delta^{(m)}y\right| \qquad \textbf{(1)}$$

EJEMPLO 8. El volumen de un cilindro circular recto de radio r y altura h está dado por $V = \pi r^2 h$ Al medir el radio se obtuvo 8 cm., con un error de a lo más 0.1 cm. Al medir la altura se obtuvo 25 cm, con un error de a lo más, 0.12 cm.

1. Usando diferenciales estimar el máximo error que se comete al calcular el volumen con estos datos.

2. Estimar el máximo error porcentual.

Solución.

1. Tenemos que: $V = \pi r^2 h$ y $dV = \dfrac{dV}{dr}dr + \dfrac{dV}{dh}dh = 2\pi rh\, dr + \pi r^2 dh$

Si Δr y Δh son los errores cometido al medir el radio r y la altura h, nos dicen que $|\Delta r| \leq 0.1$ y $|\Delta h| \leq 0.12$. Para hallar el máximo error al calcular el volumen, tomamos los errores máximos al medir r y h. Esto es, tomamos

$$dr = \left|\Delta^{(m)}r\right| = 0.1 \quad \text{y} \quad dh = \left|\Delta^{(m)}h\right| = 0.12$$

Luego, de acuerdo a la fórmula **(1)**, una estimación para el máximo error en el cálculo del volumen es

$$\begin{aligned}\left|\Delta^{(m)}V\right| &= \left|\frac{dV}{dr}\right|\left|\Delta^{(m)}r\right| + \left|\frac{dV}{dh}\right|\left|\Delta^{(m)}h\right| \\ &= |2\pi rh|\left|\Delta^{(m)}r\right| + \left|\pi r^2\right|\left|\Delta^{(m)}h\right| \\ &= 2\pi(8)(25)(0.1) + \pi(8)^2(0.12) = 40\pi + 7.68\pi \\ &= 47.68\pi \text{ cm}^3.\end{aligned}$$

Esto es, el máximo error al calcular el volumen es, aproximadamente, 47.68π cm^3.

2. Tenemos que para $r = 8$ y $h = 25$, el volumen es

$$V = \pi(8)^2(25) = 1{,}600\pi \text{ cm}^3.$$

Una aproximación al máximo error porcentual es

$$\frac{\left|\Delta^{(m)}V\right|}{V}\times 100 = \frac{47.68\pi}{1{,}600\pi}\times 100 = 0.95\ \%$$

FUNCIONES DE TRES O MAS VARIABLES

Todos los temas anteriores tratados para funciones de dos variables se extienden de forma natural a funciones de tres o más variables.

Así, si se tiene la función $w = f(x, y, z)$, su diferencial total es

$$dw = \frac{\partial w}{\partial x}dx + \frac{\partial w}{\partial y}dy + \frac{\partial w}{\partial z}dz$$

Si (a,b,c) es un punto del dominio de f y a se incrementa en Δx, b se incrementa en Δy, c se incrementa en Δz, **el incremento** de la función es

$$\Delta w = \Delta f = f(a+\Delta x, b+\Delta y, c+\Delta z) - f(a,b,c)$$

y la **aproximación lineal** es

$$f(x,y,z) \approx f(a,b,c) + f_x(a,b,c)(x-a) + f_y(a,b,c)(y-b) + f_z(a,b,c)(z-c)$$

EJEMPLO 9. Se planea construir un tanque rectangular de cemento para almacenar agua. Las medidas interiores del tanque deben ser: 1.8 m de largo, 1.5 m. de ancho y 1.2 m de profundidad. Si el tanque no tendrá tapa y el grosor de sus paredes deben ser de 10 cm., usar diferenciales para estimar el volumen de cemento necesario.

Solución

Si x *es* el largo, y es el ancho y z es la profundidad, entonces el volumen y la diferencial total son:

$$V = xyz, \qquad dV = \frac{\partial V}{\partial x}dx + \frac{\partial V}{\partial y}dy + \frac{\partial V}{\partial z}dz = yz\,dx + xz\,dy + xy\,dz$$

Al largo $x = 1.8$ m se lo incrementa en $dx = 20$ cm. $= 0.2$ m (10 cm. en cada extremo)

Al ancho $y = 1.5$ m se lo incrementa en $dy = 20$ cm. $= 0.2$ m (10 cm. en cada extremo)

A la profundidad $z = 150$ cm se lo incrementa en $dz = 10$ cm. $= 0.1$ m (no hay tapa)

Luego,

$$\Delta V \approx dV = (1.5)(1.2)(0.2) + (1,8)(1.2)(0.2) + (1.8)(1.5)(0.1)$$
$$= 0.36 + 0.432 + 0.27 = 1.062 \text{ m}^3$$

El volumen de la mezcla necesaria es, aproximadamente, 1.062 m^3

PROBLEMAS RESUELTOS 3. 4

PROBLEMA 1. Sea S el gráfico de la función $f(x, y) = x + y + 4\ln(xy)$

1. Hallar el punto $P_0 = (x_0, y_0, z_0)$ de S en el cual el plano tangente es paralelo al plano $5x + 5y - z + 3 = 0$
2. Hallar el plano tangente a S en el punto (x_0, y_0, z_0).

Solución

1. Tenemos que:

$$f_x(x, y) = 1 + \frac{4}{x} \Rightarrow f_x(x_0, y_0) = 1 + \frac{4}{x_0}$$

$$f_y(x, y) = 1 + \frac{4}{y} \Rightarrow f_y(x_0, y_0) = 1 + \frac{4}{y_0}$$

Un vector normal al plano tangente en el punto $P_0 = (x_0, y_0, z_0)$ es

$$\mathbf{n_1} = \left\langle 1 + \frac{4}{x_0},\ 1 + \frac{4}{y_0},\ -1 \right\rangle$$

Un vector normal al plano $5x + 5y - z + 3 = 0$ es

$$\mathbf{n_2} = \langle 5,\ 5,\ -1 \rangle$$

Como el plano tangente y el plano $5x + 5y - z + 3 = 0$ son paralelos, los vectores normales $\mathbf{n_1}$ y $\mathbf{n_2}$ son paralelos. Esto es, existe λ tal que

$$\langle 1 + 4/x_0,\ 1 + 4/y_0,\ -1 \rangle = \lambda \langle 5,\ 5,\ -1 \rangle \Rightarrow -1 = \lambda(-1) \Rightarrow \lambda = 1 \Rightarrow$$

$$\langle 1 + 4/x_0,\ 1 + 4/y_0,\ -1 \rangle = \langle 5,\ 5,\ -1 \rangle \Rightarrow \begin{cases} 1 + 4/x_0 = 5 \\ 1 + 4/y_0 = 5 \end{cases} \Rightarrow x_0 = 1 \text{ y } y_0 = 1$$

Ahora, $z_0 = f(x_0, y_0) = f(1,\ 1) = 1 + 1 + 4\ \ln((1)(1)) = 1 + 1 + 4(0) = 2$

El punto de tangencia $(x_0, y_0, z_0) = (1, 1, 2)$.

2. Sabemos que la ecuación del plano tangente en el punto (x_0, y_0, z_0) es

$$z = f(x_0, y_0) + f_x(x_0, y_0)(x - x_0) + f_y(x_0, y_0)(y - y_0)$$

En nuestro caso, $f(1,\ 1) = 2$, $f_x(1,\ 1) = 5$, $f_y(1,\ 1) = 5$. Luego,

$$z = 2 + 5(x-1) + 5(y-1)\ \text{, o bien }\ 5x + 5y - z - 8 = 0$$

PROBLEMA 2. Sea S la superficie $z = \dfrac{k}{xy}$ y $P_0 = (x_0, y_0, z_0)$ un punto de S.

1. Probar que el plano tangente a S en el punto (x_0, y_0, z_0) puede escribirse en la forma:

$$\frac{x}{x_0} + \frac{y}{y_0} + \frac{z}{z_0} = 3$$

2. Probar que todos los tetraedros formados por los planos tangente a S tienen volumen constante igual a

$$V = \frac{9}{2}|\,k\,|$$

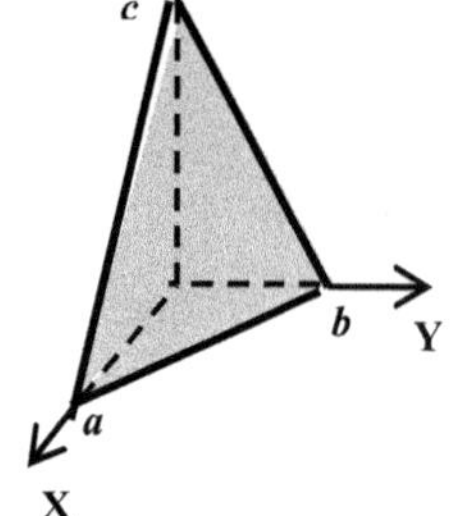

Solución

1. Sabemos que el plano tangente a S en el punto (x_0, y_0, z_0) está dado por

$$z = f(x_0, y_0) + f_x(x_0, y_0)(x - x_0) + f_y(x_0, y_0)(y - y_0) \qquad \textbf{(1)}$$

Pero, $\quad z_0 = f(x_0, y_0) = \dfrac{k}{x_0 y_0}$

$$f_x(x, y) = -\frac{k}{x^2 y} \Rightarrow f_x(x_0, y_0) = -\frac{k}{x_0^2 y_0}$$

$$f_y(x, y) = -\frac{k}{xy^2} \Rightarrow f_y(x_0, y_0) = -\frac{k}{x_0 y_0^2}$$

Reemplazando estos valores en (1):

$$z = \frac{k}{x_0 y_0} - \frac{k}{x_0^2 y_0}(x - x_0) - \frac{k}{x_0 y_0^2}(y - y_0) \Rightarrow$$

$$z = \frac{k}{x_0 y_0} - \frac{k}{x_0^2 y_0}x + \frac{k}{x_0 y_0} - \frac{k}{x_0 y_0^2}y + \frac{k}{x_0 y_0} \Rightarrow$$

$$\frac{k}{x_0^2 y_0}x + \frac{k}{x_0 y_0^2}y + z = 3\frac{k}{x_0 y_0} \Rightarrow$$

Dividiendo la expresión anterior entre $z_0 = \dfrac{k}{x_0 y_0}$:

$$\frac{x}{x_0} + \frac{y}{y_0} + \frac{z}{z_0} = 3$$

2. Tomamos un punto $P_0 = (x_0, y_0, z_0)$ cualquiera de S. Por la parte 1, una ecuación del plano tangente en este punto es

$$\frac{x}{x_0} + \frac{y}{y_0} + \frac{z}{z_0} = 3$$

Si $(a, 0, 0)$, $(0, b, 0)$ y $(0, 0, c)$ es el punto donde plano corta al eje X, eje Y y eje Z, respectivamente, entonces

$$\frac{a}{x_0} + \frac{0}{y_0} + \frac{0}{z_0} = 3 \Rightarrow a = 3x_0, \qquad \frac{0}{x_0} + \frac{b}{y_0} + \frac{0}{z_0} = 3 \Rightarrow b = 3y_0,$$

$$\frac{0}{x_0} + \frac{0}{y_0} + \frac{c}{z_0} = 3 \Rightarrow c = 3z_0.$$

El volumen del tetraedro es:

$$V = \frac{1}{6}|\, abc \,| = \frac{1}{6}|\, (3x_0)(3y_0)(3z_0) \,| = \frac{9}{2}|\, (x_0)(y_0)(z_0) \,|$$

$$= \frac{9}{2}\left|\, (x_0)(y_0)\left(\frac{k}{x_0 y_0}\right) \right| = \frac{9}{2}|\, k \,|$$

PROBLEMA 3. El volumen de un conoo circular recto está dado por

$$V = \frac{1}{3}\pi r^2 h$$

Al medir el radio r se comete un error de a lo más 2 %, y al medir la altura h se comete un error de a lo más 1 %.

Estimar el máximo error que se comete al calcular el volumen.

Solución

Se tiene que:

$$\left|\frac{dr}{r}\times 100\right| \leq 2 \quad \text{y} \quad \left|\frac{dh}{h}\times 100\right| \leq 1. \text{ O bien, } \left|\frac{dr}{r}\right| \leq 0.02 \quad \text{y} \quad \left|\frac{dh}{h}\right| \leq 0.01$$

Ahora,

$$dV = \frac{\partial V}{\partial r}dr + \frac{\partial V}{\partial h}dh = \frac{2}{3}\pi rhdr + \frac{1}{3}\pi r^2 dh$$

$$\frac{\partial V}{V} = \frac{2/3\ \pi rhdr}{1/3\ \pi r^2 h} + \frac{1/3\ \pi r^2 dh}{1/3\ \pi r^2 h} = 2\frac{dr}{r} + \frac{dh}{h}$$

Luego,

$$\left|\frac{\partial V}{V}\right| = \left|2\frac{\partial r}{r} + \frac{\partial h}{h}\right| \leq 2\left|\frac{\partial r}{r}\right| + \left|\frac{\partial h}{h}\right| \leq 2\,(0.02) + 0.01 = 0.05$$

Esto es, al calcular el volumen el máximo error relativo cometido es, aproximadamente, 0.05. El máximo error porcentual es, aproximadamente, 5 %.

PROBLEMA 4. El periodo de oscilación de un péndulo está dado por

$$T = 2\pi\sqrt{L/g}\,,$$

donde L es la longitud y g es la aceleración de la gravedad.

El péndulo es llevado de un lugar donde $g = 32$ pies/seg^2 a un lugar cerca del polo norte, donde $g = 32.2$ pies/seg^2. Debido al cambio de temperatura, la longitud del péndulo cambió de 2 pies a 1.97 pies. Estime el cambio del periodo.

Solución

Tenemos que:

$$dT = \frac{\partial T}{\partial L}dL + \frac{\partial T}{\partial g}dg = \frac{\pi}{\sqrt{gL}}dL - \frac{\pi L}{g\sqrt{gL}}dg$$

$$L = 2,\ \Delta L = -\,0.03, \quad g = 32 \ \text{ y } \ dg = 0.2$$

Luego,

$$\Delta T \approx dT = \frac{\pi}{\sqrt{32(2)}}(-\,0.03) - \frac{\pi(2)}{32\sqrt{32(2)}}(0.2)$$

$$= \frac{\pi}{8}(-\,0.03) - \frac{\pi}{128}(0.2) = -\,\frac{0.34}{64}\pi = -\,0.0167$$

Esto es, el periodo del péndulo disminuye, aproximadamente, 0.0167 segundos.

PROBLEMA 5. Dos lados de un triángulo miden 6.1 m y 5.92 m, y el ángulo que forman es de 62°. Mediante una aproximación lineal y la ley de los cosenos, estimar la longitud del tercer lado. La ley de los cosenos dice:

$$c^2 = a^2 + b^2 - 2ab\cos\theta$$

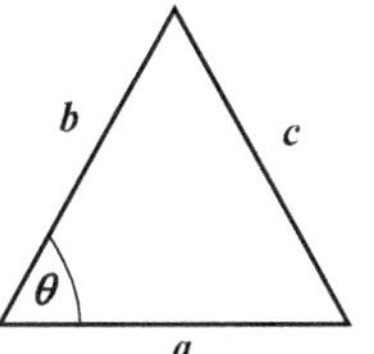

Solución

Sea $c = f(a,\ b,\ \theta) = \sqrt{a^2 + b^2 - 2ab\cos\theta}$. Entonces

$$dc = f_a(a,\ b,\ \theta)\Delta a + f_b(a,b,\theta)\Delta b + f_\theta(a,b,\theta)\Delta\theta$$

Cuando $a = 6,\ b = 6,\ \theta = 60° = \dfrac{\pi}{3}$, entonces

$$\Delta a = 6.1 - 6 = 0.1, \qquad \Delta b = 5.94 - 6 = -0.06, \qquad \Delta\theta = 62° - 60° = 2° = \frac{\pi}{90},$$

$$f(6,\ 6,\ 60°) = \sqrt{6^2 + 6^2 - 2(6)(6)(1/2)} = 6 \quad \text{y}$$

$$dc = f_a(6,\ 6,\ 60)(0.1) + f_b(6,\ 6,\ 60)(-0.03) + f_\theta(6,\ 6,\ 60)(\pi/90)$$

Pero,

$$f_a(a,\ b,\ \theta) = \frac{a - b\cos\theta}{\sqrt{a^2 + b^2 - 2ab\cos\theta}} \Rightarrow f_a(6,\ 6,\ 60) = \frac{6 - 6(1/2)}{6} = \frac{1}{2}$$

$$f_b(a,\ b,\ \theta) = \frac{b - a\cos\theta}{\sqrt{a^2 + b^2 - 2ab\cos\theta}} \Rightarrow f_b(6,\ 6,\ 60) = \frac{6 - 6(1/2)}{6} = \frac{1}{2}$$

$$f_\theta(a,\ b,\ \theta) = \frac{ab\,\text{sen}\theta}{\sqrt{a^2 + b^2 - 2ab\cos\theta}} \Rightarrow f_a(6,\ 6,\ 60) = \frac{(6)(6)\left(\sqrt{3}/2\right)}{6} = 3\sqrt{3}$$

En consecuencia,

$$dc = \frac{1}{2}(0.1) + \frac{1}{2}(-0.06) + 3\sqrt{3}\left(\frac{\pi}{90}\right) = 0.2018138$$

Por último,

$$c = f(6.1,\ 5.96,\ 62°) \approx f(6,\ 6,\ 60°) + dc = 6 + 0.2018138 = 6.\ 2018138$$

Esto es, $c \approx 6.2018138$.

La calculadora nos el valor 6.202574851

PROBLEMA 6. Se miden los lados a y b de un triángulo con un máximo error de 0.4 % y 0.5 %, respectivamente. Se mide el ángulo θ comprendido entre estos lados y se obtuvo 30°, con un error máximo de 0.2°. Usando diferenciales estimar el máximo error relativo y el máximo error porcentual en el cálculo de área, mediante la fórmula

$$A = \frac{1}{2}ab\ \text{sen}\ \theta$$

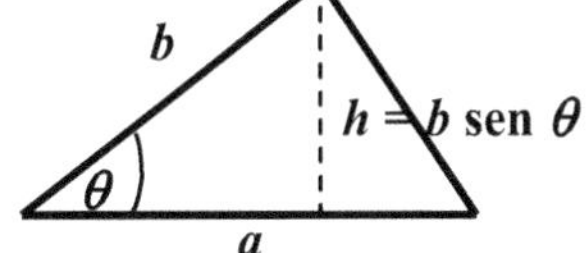

Solución

Nos dicen que:

$$\left|\frac{da}{a}\right| \leq 0.004\,, \quad \left|\frac{db}{b}\right| \leq 0.005 \text{ y } \quad |\,\mathrm{d}\theta\,| \leq 0.2\left(\frac{\pi}{180}\right) = 0.0035 \qquad \textbf{(1)}$$

Ahora,

$$dA = \frac{\partial A}{\partial a}da + \frac{\partial A}{\partial b}db + \frac{\partial A}{\partial \theta}d\theta$$

$$= \frac{1}{2}b \text{ sen } \theta \; da + \frac{1}{2}a \text{ sen } \theta \; db + \frac{1}{2}ab \cos \theta \; d\theta$$

Dividiendo entre $A = \dfrac{1}{2}ab \text{ sen } \theta$

$$\frac{dA}{A} = \frac{da}{a} + \frac{db}{b} + \cot \theta d\theta$$

De donde,

$$\left|\frac{dA}{A}\right| \leq \left|\frac{da}{a}\right| + \left|\frac{db}{b}\right| + |\cot \theta|\,|d\theta|$$

Considerando que $\theta = 30°$, $\cot 30° = \sqrt{3}$ y las desigualdades **(1)** obtenemos:

$$\left|\frac{dA}{A}\right| \leq 0.004 + 0.005 + \sqrt{3}(0.0035) = 0.01506$$

El máximo error relativo es, aproximadamente, 0.01506.

El máximo error porcentual es, aproximadamente, 1.506%

PROBLEMA 7. La resistencia total de tres resistencias R_1, R_2 y R_3, colocadas en paralelo, está dada por

$$\frac{1}{R} = \frac{1}{R_1} + \frac{1}{R_2} + \frac{1}{R_3} \qquad \textbf{(1)}$$

1. Probar que

$$dR = \left(\frac{R}{R_1}\right)^2 dR_1 + \left(\frac{R}{R_2}\right)^2 dR_2 + \left(\frac{R}{R_3}\right)^2 dR_3 \qquad \textbf{(2)}$$

2. Si las mediciones de R_1, R_2 y R_3 son de 100, 150 y 300 ohmios, con errores máximos de 2%, 3% y 5%, respectivamente. Usando diferenciales estimar el máximo error relativo y el máximo error porcentual al calcular R.

Solución.

1. Derivando **(1)** respecto R_1 tenemos:

$$\frac{\partial}{\partial R_1}\left(\frac{1}{R}\right) = \frac{\partial}{\partial R_1}\left(\frac{1}{R_1} + \frac{1}{R_2} + \frac{1}{R_3}\right)$$

Pero,

$$\frac{\partial}{\partial R_1}\left(\frac{1}{R}\right) = -\frac{1}{R^2}\frac{\partial R}{\partial R_1} \quad \text{y} \quad \frac{\partial}{\partial R_1}\left(\frac{1}{R_1}+\frac{1}{R_2}+\frac{1}{R_3}\right) = -\frac{1}{R_1^2}.$$

Luego,

$$-\frac{1}{R^2}\frac{\partial R}{\partial R_1} = -\frac{1}{R_1^2} \Rightarrow \frac{\partial R}{\partial R_1} = \frac{R^2}{R_1^2} = \left(\frac{R}{R_1}\right)^2$$

Similarmente, $\dfrac{\partial R}{\partial R_2} = \left(\dfrac{R}{R_2}\right)^2$ y $\dfrac{\partial R}{\partial R_3} = \left(\dfrac{R}{R_3}\right)^2$

Ahora,

$$dR = \frac{\partial R}{\partial R_1}dR_1 + \frac{\partial R}{\partial R_2}dR_2 + \frac{\partial R}{\partial R_3}dR_3 = \left(\frac{R}{R_1}\right)^2 dR_1 + \left(\frac{R}{R_2}\right)^2 dR_2 + \left(\frac{R}{R_3}\right)^2 dR_3$$

2. Tenemos que:

$$\left|\frac{dR_1}{R_1}\right| \le 0.02, \quad \left|\frac{dR_2}{R_2}\right| \le 0.03, \quad \left|\frac{dR_3}{R_3}\right| \le 0.05 \quad \text{y}$$

$$\frac{1}{R} = \frac{1}{R_1} + \frac{1}{R_2} + \frac{1}{R_3} = \frac{1}{100} + \frac{1}{150} + \frac{1}{300} = \frac{6}{300} = \frac{1}{50} \Rightarrow R = 50$$

La igualdad (2) la podemos escribir así:

$$dR = R^2\left(\frac{1}{R_1}\frac{dR_1}{R_1} + \frac{1}{R_2}\frac{dR_2}{R_2} + \frac{1}{R_3}\frac{dR_3}{R_3}\right)$$

Dividiendo ambos miembros entre R:

$$\frac{dR}{R} = R\left(\frac{1}{R_1}\frac{dR_1}{R_1} + \frac{1}{R_2}\frac{dR_2}{R_2} + \frac{1}{R_3}\frac{dR_3}{R_3}\right)$$

Tomando valor absoluto:

$$\left|\frac{dR}{R}\right| \le |R|\left(\frac{1}{|R_1|}\left|\frac{dR_1}{R_1}\right| + \frac{1}{|R_2|}\left|\frac{dR_2}{R_2}\right| + \frac{1}{|R_3|}\left|\frac{dR_3}{R_3}\right|\right)$$

Reemplazando en esta expresión los valores correspondientes, obtenemos:

$$\left|\frac{dR}{R}\right| \le 50\left(\frac{1}{100}(0.02) + \frac{1}{150}(0.03) + \frac{1}{300}(0.05)\right) = 0.0283$$

Esto es, el máximo error relativo es, aproximadamente, 0.0283

El máximo error porcentual es, aproximadamente, 2.83%.

PROBLEMA 8. **Una función diferenciable que no es de clase** $C^{(1)}$.

Sea la función:

$$f(x,y)=\begin{cases}\left(x^2+y^2\right)\operatorname{sen}\dfrac{1}{\sqrt{x^2+y^2}}, & \text{si } (x,y)\neq(0,0)\\[2mm] 0, & \text{si } (x,y)=(0,0)\end{cases}$$

a. Hallar $f_x(x,y)$ y $f_y(x,y)$

b. Usando la definición, probar que la función f es diferenciable en el punto (0, 0).

c. Probar que las derivadas parciales f_x y f_y no son continuas en el punto (0, 0).

Solución

a. Si $(x, y) \neq (0, 0)$, entonces

$$f_x(x,y) = 2x \operatorname{sen}\frac{1}{\sqrt{x^2+y^2}} + \left(x^2+y^2\right)\cos\frac{1}{\sqrt{x^2+y^2}}\left(-\frac{2x}{2\left(x^2+y^2\right)^{3/2}}\right)$$

$$= 2x \operatorname{sen}\frac{1}{\sqrt{x^2+y^2}} - \frac{x}{\sqrt{x^2+y^2}}\cos\frac{1}{\sqrt{x^2+y^2}}$$

Si $(x, y) = (0, 0)$, entonces

$$f_x(0,\ 0) = \lim_{h\to 0}\frac{f(h,0)-f(0,0)}{h} = \lim_{h\to 0}\frac{h^2\operatorname{sen}\dfrac{1}{\sqrt{h^2}}}{h} = \lim_{h\to 0} h \operatorname{sen}\frac{1}{|h|} = 0$$

Este último límite es 0 porque $\left| h \operatorname{sen}\dfrac{1}{|h|} - 0\right| = \left| h \operatorname{sen}\dfrac{1}{|h|}\right| \leq |h|$

Luego,

$$f_x(x,y) = \begin{cases} 2x \operatorname{sen}\dfrac{1}{\sqrt{x^2+y^2}} - \dfrac{x}{\sqrt{x^2+y^2}}\cos\dfrac{1}{\sqrt{x^2+y^2}}, & \text{si } (x,y)\neq(0,\ 0)\\[2mm] 0, & \text{si } (x,y)=(0,\ 0)\end{cases}$$

Similarmente,

$$f_y(x,y) = \begin{cases} 2y \operatorname{sen}\dfrac{1}{\sqrt{x^2+y^2}} - \dfrac{y}{\sqrt{x^2+y^2}}\cos\dfrac{1}{\sqrt{x^2+y^2}}, & \text{si } (x,y)\neq(0,0)\\[2mm] 0, & \text{si } (x,y)=(0,0)\end{cases}$$

b. Debemos probar que:

$$\Delta f(0, 0) = f_x(0,\ 0)\Delta x + f_y(0,\ 0)\Delta y + \varepsilon_1\Delta x + \varepsilon_2\Delta y$$

donde $\varepsilon_1 \to 0$ y $\varepsilon_2 \to 0$ cuando $(\Delta x,\ \Delta y) \to (0,\ 0)$

Tenemos que $f_x(0,\ 0) = 0,\ f_y(0,\ 0) = 0$ y

$$\Delta f(0, 0) = f(\Delta x, \Delta y) - f(0,\ 0) = \left((\Delta x)^2 + (\Delta y)^2\right) \operatorname{sen} \frac{1}{\sqrt{(\Delta x)^2 + (\Delta y)^2}} - 0$$

$$= (\Delta x)^2 \operatorname{sen} \frac{1}{\sqrt{(\Delta x)^2 + (\Delta y)^2}} + (\Delta y)^2 \operatorname{sen} \frac{1}{\sqrt{(\Delta x)^2 + (\Delta y)^2}}$$

$$= f_x(0,\ 0)\Delta x + f_y(0,\ 0)\Delta y + (\Delta x) \operatorname{sen} \frac{1}{\sqrt{(\Delta x)^2 + (\Delta y)^2}} (\Delta x)$$

$$+ (\Delta y) \operatorname{sen} \frac{1}{\sqrt{(\Delta x)^2 + (\Delta y)^2}} (\Delta y)$$

$$= f_x(0,\ 0)\Delta x + f_y(0,\ 0)\Delta y + \varepsilon_1 \Delta x + \varepsilon_2 \Delta y$$

donde $\varepsilon_1 = (\Delta x) \operatorname{sen} \dfrac{1}{\sqrt{(\Delta x)^2 + (\Delta y)^2}}$ y $\varepsilon_2 = (\Delta y) \operatorname{sen} \dfrac{1}{\sqrt{(\Delta x)^2 + (\Delta y)^2}}$

Además, $\varepsilon_1 \to 0$ y $\varepsilon_2 \to 0$ cuando $(\Delta x, \Delta y) \to (0,\ 0)$, ya que

$$\left| (\Delta x) \operatorname{sen} \frac{1}{\sqrt{(\Delta x)^2 + (\Delta y)^2}} - 0 \right| \leq |\Delta x| \ \text{ y } \ \left| (\Delta y) \operatorname{sen} \frac{1}{\sqrt{(\Delta x)^2 + (\Delta y)^2}} - 0 \right| \leq |\Delta y|$$

En consecuencia, f es diferenciable en (0, 0).

c. No existe $\displaystyle\lim_{(x,\,y)\to(0,\,0)} f_x(x, y)$. En efecto, tomando $y = x$, con $x \geq 0$ tenemos:

$$\lim_{(x,\,y)\to(0,\,0)} f_x(x, y) = \lim_{x\to 0^+} \left[2x \operatorname{sen} \frac{1}{\sqrt{x^2 + x^2}} - \frac{x}{\sqrt{x^2 + x^2}} \cos \frac{1}{\sqrt{x^2 + x^2}} \right]$$

$$= \lim_{x\to 0^+} \left[2x \operatorname{sen} \frac{1}{\sqrt{2}x} - \frac{1}{\sqrt{2}} \cos \frac{1}{\sqrt{2}x} \right]$$

Pero, $\displaystyle\lim_{x\to 0^+} \left[2x \operatorname{sen} \frac{1}{\sqrt{2}x} \right] = 0$ y $\displaystyle\lim_{x\to 0^+} \left[\frac{1}{\sqrt{2}} \cos \frac{1}{\sqrt{2}x} \right]$ no existe.

En consecuencia $\displaystyle\lim_{(x,\,y)\to(0,\,0)} f_x(x, y)$ no existe y por tanto, la derivada f_x no es continua en (0, 0).

En forma análoga se obtiene que f_y tampoco es continua en (0, 0).

PROBLEMA 9. **Probar el teorema 3.7**

Sea $f: U \subset \mathbb{R}^2 \to \mathbb{R}$, donde U es un conjunto abierto. Si f es de clase $C^{(1)}$ en U, entonces f es diferenciable en U.

Solución

Sea (a, b) un punto cualquiera de U. Probaremos que f es diferenciable en (a, b)

Sea $B((a, b), r)$ una bola abierta con centro en (a, b) y contenida en U. Tomemos Δx y Δy suficientemente pequeños para que el punto $(a+\Delta x, b+\Delta y)$ esté en la bola.

Tenemos que

$$\begin{aligned}\Delta f &= f(a+\Delta x,\ b+\Delta y) - f(a,b)\\ &= \left[f(a+\Delta x,\ b+\Delta y) - f(a+\Delta x,\ b)\right] + \left[f(a+\Delta x,\ b) - f(a,\ b)\right] \qquad \textbf{(1)}\end{aligned}$$

Ahora, aplicando el teorema del valor medio,

$$f(a+\Delta x,\ b+\Delta y) - f(a+\Delta x,\ b) = f_y(a+\Delta x,\ d)\Delta y, \text{ con } b \le d \le b+\Delta y \qquad \textbf{(2)}$$

$$f(a+\Delta x,\ b) - f(a,\ b) = f_x(c,b)\Delta x, \text{ con } a \le c \le a+\Delta x \qquad \textbf{(3)}$$

Reemplazando (2) y (3) en (1):

$$\begin{aligned}\Delta f &= f_y(a+\Delta x,\ d)\Delta y + f_x(c,\ b)\Delta x\\ &= f_x(c,\ b)\Delta x + f_y(a+\Delta x,\ d)\Delta y\\ &= f_x(a,\ b)\Delta x + f_y(a,\ b)\Delta y + \left[f_x(c,\ b) - f_x(a,\ b)\right]\Delta x\\ &\qquad + \left[f_y(a+\Delta x,\ d) - f_y(a,\ b)\right]\Delta y\end{aligned}$$

Luego,

$$\Delta f = f_x(a,\ b)\Delta x + f_y(a,\ b)\Delta y + \varepsilon_1 \Delta x + \varepsilon_2 \Delta y,$$

donde $\varepsilon_1 = f_x(c,\ b) - f_x(a,\ b)$ y $\varepsilon_2 = f_y(a+\Delta x, d) - f_y(a,b)$

Como $a \le c \le a+\Delta x$ y f_x es continua, tenemos

$$\lim_{(\Delta x, \Delta y)\to(0,\ 0)} \varepsilon_1 = \lim_{(\Delta x, \Delta y)\to(0,0)} \left[f_x(c,\ b) - f_x(a,\ b)\right] = f_x(a,\ b) - f_x(a,\ b) = 0$$

Similarmente, como $b \le d \le b+\Delta y$ y f_y es continua,

$$\lim_{(\Delta x, \Delta y)\to(0,\ 0)} \varepsilon_2 = \lim_{(\Delta x, \Delta y)\to(0,0)} \left[f_y(a+\Delta x,\ d) - f_x(a,\ b)\right] = f_y(a,b) - f_y(a,b) = 0$$

En consecuencia, f es diferenciable en $(a,\ b)$.

PROBLEMA 10. **Probar el teorema 3.8**

Sea $f: U \subset \mathbb{R}^2 \to \mathbb{R}$ donde U es abierto. Si f es diferenciable en U, entonces f es continua en U.

Solución

Sea $(a,\ b)$ un punto cualquiera de U. Probaremos que si f es diferenciable en $(a,\ b)$, entonces f es continua en $(a,\ b)$. Para esto, debemos verificar que

$$\lim_{(x,\ y)\to(a,\ b)} f(x, y) = f(a,b)\text{, lo cual es equivalente a}$$

$$\lim_{(\Delta x,\Delta y)\to(0,\ 0)} f(a+\Delta x, b+\Delta y) = f(a,b),$$

lo cual, a su vez, es equivalente a

$$\lim_{(\Delta x,\Delta y)\to(0,\ 0)} \left[f(a+\Delta x, b+\Delta y) - f(a,b)\right] = 0.\ \text{Esto es,}\quad \lim_{(\Delta x,\Delta y)\to(0,\ 0)} \Delta f = 0$$

Bien, probaremos este último límite.

Como f es diferenciable en (a,b), tenemos que

$$\Delta f = f_x(a,b)\Delta x + f_y(a,b)\Delta y + \varepsilon_1 \Delta x + \varepsilon_2 \Delta y$$

donde $\varepsilon_1 \to 0$ y $\varepsilon_2 \to 0$ cuando $(\Delta x, \Delta y) \to (0,\ 0)$

Luego,

$$\lim_{(\Delta x,\Delta y)\to(0,\ 0)} \Delta f = \lim_{(\Delta x,\Delta y)\to(0,\ 0)} f_x(a,b)\Delta x + \lim_{(\Delta x,\Delta y)\to(0,\ 0)} f_y(a,b)\Delta y$$

$$+ \lim_{(\Delta x,\Delta y)\to(0,\ 0)} [\varepsilon_1 \Delta x] + \lim_{(\Delta x,\Delta y)\to(0,\ 0)} [\varepsilon_2 \Delta y]$$

$$= 0 + 0 + \lim_{(\Delta x,\Delta y)\to(0,\ 0)} [\varepsilon_1 \Delta x] + \lim_{(\Delta x,\Delta y)\to(0,\ 0)} [\varepsilon_2 \Delta y]$$

$$= \lim_{(\Delta x,\Delta y)\to(0,\ 0)} \varepsilon_1 \lim_{(\Delta x,\Delta y)\to(0,\ 0)} \Delta x + \lim_{(\Delta x,\Delta y)\to(0,\ 0)} \varepsilon_2 \lim_{(\Delta x,\Delta y)\to(0,\ 0)} \Delta y$$

$$= (0)(0) + (0)(0) = 0$$

PROBLEMAS PROPUESTOS 3. 4

En los problemas del 1 al 5 hallar el plano tangente y la recta normal al gráfico de la función dada en el punto indicado.

1. $f(x,y)=\dfrac{x^2}{4}+\dfrac{y^2}{9}$, $(2, 3, 2)$ *Rpta.* $3x-2y-3z=0$, $\dfrac{x-2}{1}=\dfrac{y-3}{2/3}=\dfrac{z-1}{-1}$

2. $f(x,y)=\dfrac{1}{2}\sqrt{x^2+y^2-1}$, $(2, -1, 1)$

Rpta. $2x-y-4z-1=0$, $\dfrac{x-2}{1/2}=\dfrac{y+1}{-1/4}=\dfrac{z-1}{-1}$

3. $z=\tan^{-1}\left(\dfrac{y}{x}\right)$, $(2, 2, \pi/4)$

Rpta. $x+y-4z-4+\pi=0$, $\dfrac{x-2}{1/4}=\dfrac{y-3}{-1/4}=\dfrac{z-\pi/4}{-1}$

4. $z=2e^{-x}\operatorname{sen} y$, $(0, \pi/6, 1)$

Rpta. $x+\sqrt{3}y+z-1+\dfrac{\sqrt{3}\pi}{6}=0$, $\dfrac{x}{-1}=\dfrac{y-\pi/6}{\sqrt{3}}=\dfrac{z-1}{-1}$

5. $z=\sqrt{x}+\sqrt{y}$ $(4, 1, 3)$

Rpta. $x+y-4z+7=0$, $\dfrac{x-4}{1/4}=\dfrac{y-1}{1/4}=\dfrac{z-1}{-1}$

6. Hallar el punto de la superficie $z=xy-3x+2y-5$ en el cual el plano tangente es paralelo al plano XY. *Rpta.* $(-2, 3, 1)$

7. Hallar los puntos de la superficie $z=8x^3-12xy+y^3+1$ en los cuales el plano tangente es paralelo al plano XY. *Rpta.* $(0, 0, 1)$, $(1, 2, -7)$

8. Hallar el punto del paraboloide $z=3x^2+y^2$ en el cual el plano tangente es paralelo al plano $12x-6y-3z=1$. Hallar el plano tangente.

Rpta. $(2/3, -1, 7/3)$, $12x-6y-3z=7$

9. Hallar el punto del paraboloide $z=x^2+2y^2-7$ en el cual el plano tangente es paralelo al plano $6x-8y-z=10$. Hallar el plano tangente.

Rpta. $(3, -2, 10)$, $6x-8y-z=24$

10. Hallar el punto del paraboloide $z=4-2x^2-5y^2$ en el cual el plano tangente es perpendicular a la recta $x=1-2t$, $y=4-5t$, $z=3+t$. Hallar el plano tangente.

Rpta. $(-2, 1/2, -21/4)$, $32x-20y-4z=-53$

11. Hallar el punto de la superficie $z = x^3 + xy$ en el cual el plano tangente es perpendicular a la recta $\begin{cases} -3x + y - z = 1 \\ 5x - y + z = 3 \end{cases}$. Hallar el plano tangente.

Rpta. $(-1, -3, 2)$, $y + z = -15$

12. Demostrar que el plano tangente al paraboloide $\frac{z}{c} = \frac{x^2}{a^2} + \frac{y^2}{b^2}$ en el punto $P_0 = (x_0, y_0, z_0)$ puede escribirse en la forma $\frac{z + z_0}{c} = \frac{2x_0 x}{a^2} + \frac{2y_0 y}{b^2}$

Sugerencia: $z = \frac{cx^2}{a^2} + \frac{cy^2}{b^2}$

13. Hallar la linearización $L(x, y)$ de la función $f(x, y) = \sqrt{e^{2x} + y}$ en el punto (0, 3). Mediante esta linearización aproximar $f(0.1, 2.95)$.

Rpta. $L(x, y) = \frac{1}{2}x + \frac{1}{4}y + \frac{5}{4}$, $f(0.1, 2.95) \approx 2.0375$

14. Hallar la linearización $L(x, y)$ de la función $f(x, y) = x^2 y + x\cos(y - 1)$ en el punto (–2, 1). Mediante esta linearización aproximar $f(-2.01, 1.02)$.

Rpta. $L(x, y) = -3x + 4y - 8$, $f(-2.01, 1.02) \approx 2.11$

15. Hallar la linearización $L(x, y, z)$ de la función $f(x, y) = \sqrt{x^3 + y^3 + z^3}$ en el punto (2, 1, 3). Mediante esta linearización aproximar $f(1.98, 1.04, 2.96)$.

Rpta. $L(x, y, z) = x + \frac{1}{4}y + \frac{9}{4}z - 3$, $f(1.98, 1.04, 2.96) \approx 5.9$

En los problemas del 16 al 22, hallar la diferencial total de la función dada.

16. $z = xe^y$ *Rpta.* $dz = e^y dx + xe^y dy$

17. $z = xye^{x+y}$ *Rpta.* $dz = \left(ye^{x+y} + xye^{x+y}\right)dx + \left(xe^{x+y} + xye^{x+y}\right)dy$

18. $z = \ln\left(1 + x^2 y^2\right)$ *Rpta.* $dz = \frac{2xy^2}{1 + x^2 y^2}dx + \frac{2x^2 y}{1 + x^2 y^2}dy$

19. $z = y^2 \ln\left(x^3\right)$ *Rpta.* $dz = \frac{3y^2}{x}dx + 2y\ln\left(x^3\right)dy$

20. $w = \ln(1 + xyz)$ *Rpta.* $dw = \frac{yz}{1 + xyz}dx + \frac{xz}{1 + xyz}dy + \frac{xy}{1 + xyz}dz$

21. $w = \tan^{-1}(x + y + z)$ *Rpta.* $dw = \frac{1}{1 + (x + y + z)^2}(dx + dy + dz)$

22. $w = \sqrt{x} + \sqrt{y} + \sqrt{z}$ *Rpta.* $dw = \dfrac{dx}{\sqrt{x}} + \dfrac{dy}{\sqrt{y}} + \dfrac{dz}{\sqrt{z}}$

En los problemas del 23 al 28, usar las diferenciales para aproximar $\Delta f = f(Q) - f(P)$.

23. $f(x,y) = x^2 + xy - 3y^2$, $P = (4, 1)$, $Q = (4.02, 0.97)$ *Rpta.* $\Delta f \approx 0.24$

24. $f(x,y) = x^{1/3}y^{1/2}$, $P = (8, 9)$, $Q = (7.8,\ 9.06)$ *Rpta.* $\Delta f \approx -0.03$

25. $f(x,y) = \sqrt{x^2 - y^2}$, $P = (5, 3)$, $Q = (5.1,\ 2.9)$ *Rpta.* $\Delta f \approx 0.2$

26. $f(x,y) = \dfrac{xy}{x^2 + y^2}$, $P = (3, 1)$, $Q = (2.99,\ 1.5)$ *Rpta.* $\Delta f \approx 0.2$

27. $f(x,y,z) = \sqrt{xyz}$, $P = (12, 3, 1)$, $Q = (12.1,\ 2.85, 1.1)$ *Rpta.* $\Delta f \approx 0.175$

28. $f(x,y,z) = \dfrac{xyz}{x+y+z}$, $P = (4, -2, -1)$, $Q = (4.1,\ -1.98,\ 1.04)$ *Rpta.* $\Delta f \approx -0.2$

En los problemas del 29 al 31, usar las diferenciales para aproximar el número indicado

29. $\sqrt{(8.02)^2 + (14.97)^2}$ *Rpta.* 16.983

30. $\ln\left(\sqrt{25.4} + \sqrt{16.16}\right)$ *Rpta.* 0.06

31. $\sqrt[3.1]{(6.9)^2 + (4.2)^2 - 1} = \left[(6.9)^2 + (4.2)^2 - 1\right]^{1/3.1}$ *Rpta.* 3.819

32. Los catetos de un triángulo rectángulo miden 8 cm y 6 cm. El cateto más largo se encoge $\dfrac{1}{4}$ cm y el más corto se alarga $\dfrac{1}{6}$ cm. Usar diferenciales para aproximar la variación de la hipotenusa. *Rpta. Se encoge* $\dfrac{1}{10}$ cm.

33. El volumen de un cono circular recto de radio r y altura h está dado por $V = \dfrac{1}{3}\pi r^2 h$. Si el radio crece de 6 a 6.05 cm y la altura decrece de 18 a 17.96, Usando diferenciales estimar el cambio del volumen del cono.

Rpta. $\Delta V \approx 3.12\pi$

34. Se tiene un sector circular de radio r = 30 cm. y ángulo central $\theta = \dfrac{\pi}{3}$. Si al ángulo central lo incrementamos en un grado (1°), estimar en cuanto debemos disminuir el radio si queremos que el área se mantenga.

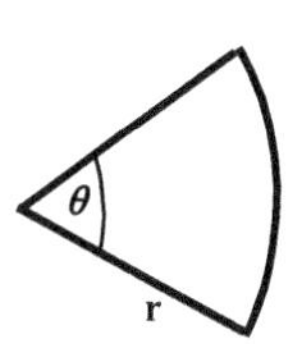

Recodar: $A = \dfrac{1}{2}r^2\theta$ *Rpta.* 0.25 cm.

35. Se miden los catetos de un triángulo rectángulo obteniendo 8 cm y 6 cm con un error de a lo más de 0.2 cm en cada medición. Usar diferenciales para estimar el máximo error al calcular:

a. La hipotenusa. *Rpta.* $7/25$ cm.

b. El área. *Rpta.* $7/5$ cm.

36. La resistencia total de dos resistencias R_1 y R_2, colocadas en paralelo, está dada por $\dfrac{1}{R} = \dfrac{1}{R_1} + \dfrac{1}{R_2}$

a. Probar que $dR = \left(\dfrac{R}{R_1}\right)^2 dR_1 + \left(\dfrac{R}{R_2}\right)^2 dR_2$

b. Si las mediciones de R_1 y R_2 son de 25 y 100 ohmios, con errores máximos de 0.5 ohmios y 0.75 ohmios, respectivamente. Usando diferenciales estimar el máximo error al calcular R.

Rpta. b. 0.35 ohmios

37. Sea A el área de un triángulo de lados a y b que forman un ángulo $\theta = 30°$. El ángulo θ crece 1°, el lado a crece 4 % y el lado b decrece 5 %. Usando diferenciales, estimar el cambio porcentual de A. Recordar que $A = \dfrac{1}{2}ab \operatorname{sen}\theta$.

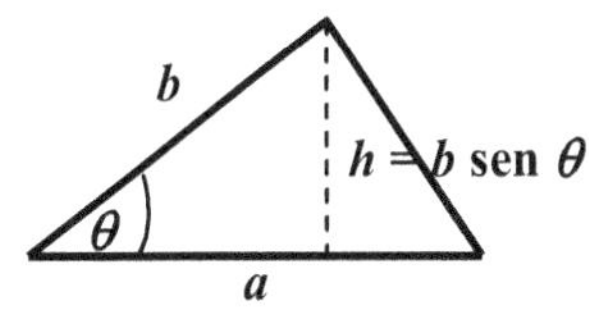

Rpta. crece 2 %

38. El periodo de oscilación de un péndulo está dado por $T = 2\pi\sqrt{L/g}$, donde L es la longitud y g es la aceleración de la gravedad.

a. Probar que $\dfrac{dT}{T} = \dfrac{1}{2}\left[\dfrac{dL}{L} - \dfrac{dg}{g}\right]$

b. Al medir L y g se cometen un error porcentuales máximos de 0.5 % y 0.3%. Usando la igualdad de la parte a. para estimar el error porcentual máximo de T. *Rpta.* 0.4 %

39. La potencia eléctrica está dada por $P = \dfrac{E^2}{R}$, donde E es el voltaje y R es la resistencia. Si 2 % es el error porcentual máximo al medir E y 3 % es el error porcentual máximo al medir R, estimar el error porcentual máximo al calcular P.

Rpta. 7 %

40. Dos lados de un triángulo miden 15 m y 20 m. El ángulo que forman estos lados es de 60°. Los errores máximos al efectuarse estas mediciones fueron 10 cm, 20 cm y 1°, respectivamente. Se calcula el tercer lado mediante la ley de los cosenos: $c^2 = a^2 + b^2 - 2ab\cos\theta$. Hallar una aproximación del máximo error al efectuar este cálculo. *Rpta.* 41.78 cm.

41. Sea la función $f(x,y) = \begin{cases} \dfrac{x^2y^2}{x^2+y^2}, & \text{si } (x,y) \neq (0,0) \\ 0, & \text{si } (x,y) = (0,0) \end{cases}$

a. Probar que $f_x(0,0) = 0$ y $f_y(0,0) = 0$

b. Usando la definición probar que f es diferenciable en (0, 0).

42. Sea la función $f(x,y) = \begin{cases} \dfrac{xy}{x^2+y^2}, & \text{si } (x,y) \neq (0,0) \\ 0, & \text{si } (x,y) = (0,0) \end{cases}$

a. Probar que $f_x(0,0) = 0$ y $f_y(0,0) = 0$

b. Probar que f no es diferenciable en (0, 0).
Sugerencia: Pruebe que f no es continua en (0, 0).

43. Sea la función $f(x,y) = (x+y)\sqrt{x^2+y^2}$,

a. Probar que $f_x(x,y) = \begin{cases} \sqrt{x^2+y^2} + \dfrac{x(x+y)}{\sqrt{x^2+y^2}}, & \text{si } (x,y) \neq (0,0) \\ 0, & \text{si } (x,y) = (0,0) \end{cases}$

$$f_y(x,y) = \begin{cases} \sqrt{x^2+y^2} + \dfrac{y(x+y)}{\sqrt{x^2+y^2}}, & \text{si } (x,y) \neq (0,0) \\ 0, & \text{si } (x,y) = (0,0) \end{cases}$$

b. Probar que f es clase $C^{(1)}$ en $\mathbb{R}^2$ y, por tanto, f es diferenciable en $\mathbb{R}^2$.

SECCION 3.5

LA REGLA DE LA CADENA

Llamamos **regla de la cadena** al resultado que expresa la derivada de una función compuesta en términos de sus funciones componentes. Recordemos lo que dice esta regla para el caso de funciones de una variable: Si $y = f(x)$ y $x = g(t)$ son diferenciables, entonces la función compuesta $f \circ g$ es diferenciable y se cumple que

$$(f \circ g)'(t) = f'(g(t))\, g'(t)$$

Con las otras notaciones este resultado se expresa así:

$$D_t y = D_x y\, D_t x \qquad \text{ó} \qquad \frac{dy}{dt} = \frac{dy}{dx}\frac{dx}{dt}$$

En esta sección, extenderemos este tema al caso de funciones de varias variables. Por razones didácticas, la regla de la cadena la presentamos en casos.

REGLA DE LA CADENA PARA UNA VARIABLE INDEPENDIENTE

TEOREMA 3.9 **Regla de la cadena para una variable independiente y dos variables intermedias.**

Si $w = f(x, y)$ es diferenciable en (x, y) y $x = g(t)$ e $y = h(t)$ son diferenciables en t, entonces $w = f(g(t), h(t))$ es diferenciable en t y se cumple que

$$\frac{dw}{dt} = \frac{\partial w}{\partial x}\frac{dx}{dt} + \frac{\partial w}{\partial y}\frac{dy}{dt} \qquad (1)$$

O bien, con otra notación,

$$D_t\left[f(g(t), h(t))\right] = f_x(g(t), h(t))\, g'(t) + f_y(g(t), h(t))\, h'(t)$$

Demostración

Ver el problema resuelto 13.

En este teorema, w es la **variable dependiente**, t es la **variable independiente** y x, y son **variables intermedias**.

Para reproducir con facilidad la regla de la cadena se construye el diagrama de árbol adjunto. Las variables las localizamos en tres niveles. En la parte superior está la variable dependiente; en la parte inferior, la variable o variables independientes; y en el intermedio, las variables intermedias. A cada rama se lo etiqueta con la derivada de la variable superior respecto a la variable inferior.

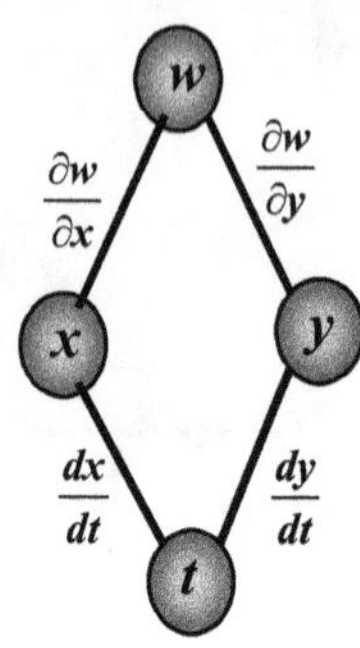

Para hallar $\frac{dw}{dt}$ se siguen las trayectorias que comienzan con w y terminan con t, multiplicando las derivadas correspondientes. Cada trayectoria nos da un sumando en la fórmula (1) de la regla de la cadena.

EJEMPLO 1. Sea $w = x^2 + xy + y^2$, $x = \text{sen}\ t$, $y = \cos t$

Hallar $\frac{dw}{dt}$ de dos maneras:

a. Usando la regla de la cadena.

b. Expresando w como función de t y derivando.

Solución

a. $$\frac{dw}{dt} = \frac{\partial w}{\partial x}\frac{dx}{dt} + \frac{\partial w}{\partial y}\frac{dy}{dt} = (2x+y)(\cos t) + (x+2y)(-\text{sen}\ t)$$

$$= (2\ \text{sen}\ t + \cos t)(\cos t) + (\text{sen}\ t + 2\cos t)(-\text{sen}\ t)$$

$$= 2\ \text{sen}\ t\cos t + \cos^2 t - \text{sen}^2 t - 2\ \text{sen}\ t\cos t = \cos^2 t - \text{sen}^2 t = \cos 2t$$

Esto es, $\frac{dw}{dt} = \cos 2t$

b. $w = x^2 + xy + y^2 = \text{sen}^2 t + \text{sen}\ t\cos t + \cos^2 t$

$$= \left(\text{sen}^2 t + \cos^2 t\right) + (\text{sen}\ t\cos t) = 1 + \frac{1}{2}\text{sen}\ 2t$$

Esto es, $w = 1 + \frac{1}{2}\text{sen}\ 2t$

Luego, $\frac{dw}{dt} = \frac{1}{2}\cos 2t\ (2) = \cos 2t$

EJEMPLO 2. Si $w = \ln\left(x^2 + y^2\right)$, $x = e^u$ y $y = e^{-u}$, hallar $\left.\frac{dw}{du}\right|_{u=0}$

Solución

$$\frac{dw}{du} = \frac{\partial w}{\partial x}\frac{dx}{du} + \frac{\partial w}{\partial y}\frac{dy}{du} = \frac{2x}{x^2+y^2}\left(e^u\right) + \frac{2y}{x^2+y^2}\left(-e^{-u}\right)$$

$$= \frac{2e^{u}}{e^{2u}+e^{-2u}}\left(e^{u}\right) + \frac{2e^{-u}}{e^{2u}+e^{-2u}}\left(-e^{-u}\right) = 2\frac{e^{u}-e^{-u}}{e^{2u}+e^{-2u}}$$

Para $u = 0$ tenemos

$$\left.\frac{dw}{du}\right|_{u=0} = 2\frac{e^{0}-e^{-0}}{e^{2(0)}+e^{-2(0)}} = 2\frac{1-1}{1+1} = 0$$

REGLA DE LA CADENA PARA DOS VARIABLES INDEPENDIENTES

TEOREMA 3.10 **Regla de la cadena para dos variables independientes y dos variables intermedias.**

Si $w = f(x,y)$ es diferenciable en (x,y) y $x = g(s, t)$, $y = h(s, t)$ son diferenciables en (s, t), entonces

$w = f\left(g(s,t), h(s,t)\right)$ tiene derivadas parciales de primer orden en (t,s) y se cumple que

$$\frac{\partial w}{\partial s} = \frac{\partial w}{\partial x}\frac{\partial x}{\partial s} + \frac{\partial w}{\partial y}\frac{\partial y}{\partial s} \quad \textbf{(3)}$$

y

$$\frac{\partial w}{\partial t} = \frac{\partial w}{\partial x}\frac{\partial x}{\partial t} + \frac{\partial w}{\partial y}\frac{\partial y}{\partial t} \quad \textbf{(4)}$$

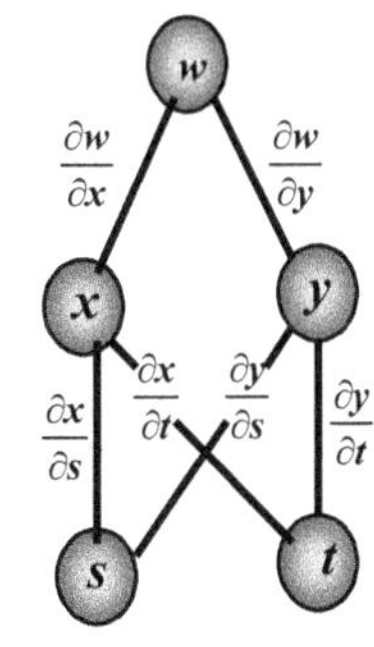

Demostración

La demostración es muy similar a la demostración del teorema 3.9.

EJEMPLO 3. Si $w = \ln\left(\sqrt{x^2+y^2}\right)$, $x = se^{t}$ y $y = se^{-t}$, hallar

a. $\dfrac{\partial w}{\partial s}$ **b.** $\dfrac{\partial w}{\partial t}$

Solución

Tenemos que:

$$w = \ln\left(\sqrt{x^2+y^2}\right) = \frac{1}{2}\ln\left(x^2+y^2\right), \quad \frac{\partial w}{\partial x} = \frac{x}{x^2+y^2}, \quad \frac{\partial w}{\partial y} = \frac{y}{x^2+y^2}$$

Ahora,

a. $\dfrac{\partial w}{\partial s}=\dfrac{\partial w}{\partial x}\dfrac{\partial x}{\partial s}+\dfrac{\partial w}{\partial y}\dfrac{\partial y}{\partial s}=\dfrac{x}{x^2+y^2}\left(e^t\right)+\dfrac{y}{x^2+y^2}\left(e^{-t}\right)=\dfrac{x\left(e^t\right)+y\left(e^{-t}\right)}{x^2+y^2}$

$$=\frac{\left(se^t\right)\left(e^t\right)+\left(se^{-t}\right)\left(e^{-t}\right)}{\left(se^t\right)^2+\left(se^{-t}\right)^2}=\frac{e^{2t}+e^{-2t}}{s\left(e^{2t}+e^{-2t}\right)}=\frac{1}{s}$$

Esto es, $\dfrac{\partial w}{\partial s}=\dfrac{1}{s}$

b. $\dfrac{\partial w}{\partial t}=\dfrac{\partial w}{\partial x}\dfrac{\partial x}{\partial t}+\dfrac{\partial w}{\partial y}\dfrac{\partial y}{\partial t}=\dfrac{x}{x^2+y^2}\left(se^t\right)+\dfrac{y}{x^2+y^2}\left(-se^{-t}\right)=\dfrac{x\left(se^t\right)-y\left(se^{-t}\right)}{x^2+y^2}$

$$=\frac{\left(se^t\right)\left(se^t\right)-\left(se^{-t}\right)\left(se^{-t}\right)}{\left(se^t\right)^2+\left(se^{-t}\right)^2}=\frac{e^{2t}-e^{-2t}}{e^{2t}+e^{-2t}}=\tanh 2t$$

Esto es, $\dfrac{\partial w}{\partial t}=\tanh 2t$

DEFINICION. Sea n un número natural positivo. Una función $f(x, y)$ es **homogénea de grado n** si se cumple que

$$f(tx, ty)=t^n f(x,y),\ \forall\, t>0 \text{ y } \forall\,(x, y) \text{ en el dominio de } f.$$

La proposición que presentamos y probamos en el siguiente ejemplo es conocida como el **Teorema de Euler para funciones homogéneas.**

EJEMPLO 4. Si $f(x, y)$ es diferenciable y homogénea de grado n, entonces

$$x f_1(x,y)+y f_2(x,y)=n f(x,y)$$

Solución

Si $u=tx,\ v=ty$, tenemos que la igualdad $f(tx, ty)=t^n f(x,y)$ se transforma en

$$f(u, v)=t^n f(x,y) \qquad \textbf{(1)}$$

Derivando respecto a t ambos miembros de esta igualdad (1):

$$\frac{\partial}{\partial t} f(u,v)=nt^{n-1} f(x,y) \qquad \textbf{(2)}$$

Pero, aplicando la regla de cadena a $\dfrac{\partial}{\partial t} f(u,v)$:

$$\frac{\partial}{\partial t} f(u,v) = \frac{\partial f}{\partial u}\frac{\partial u}{\partial t} + \frac{\partial f}{\partial v}\frac{\partial v}{\partial t} = \frac{\partial f}{\partial u}x + \frac{\partial f}{\partial v}y = x f_1(u,v) + y f_2(u,v)$$

$$= x f_1(tx,ty) + y f_2(tx,ty)$$

Reemplazando este resultado en (2):

$$x f_1(tx,ty) + y f_2(tx,ty) = nt^{n-1} f(x,y)$$

Finalmente, haciendo $t = 1$, 0btenemos:

$$x f_1(x,y) + y f_2(x,y) = n f(x,y)$$

En el siguiente ejemplo, la regla de la cadena nos proporciona fórmulas para calcular las derivas parciales de segundo orden.

EJEMPLO 5. Sean $w = f(x,y)$, $x = g(s,t)$, $y = h(s,t)$ de clase $C^{(2)}$. Probar:

1. $$\frac{\partial^2 w}{\partial s^2} = \frac{\partial^2 w}{\partial x^2}\left(\frac{\partial x}{\partial s}\right)^2 + \frac{\partial^2 w}{\partial y^2}\left(\frac{\partial y}{\partial s}\right)^2 + 2\frac{\partial^2 w}{\partial y \partial x}\frac{\partial y}{\partial s}\frac{\partial x}{\partial s} + \frac{\partial w}{\partial x}\frac{\partial^2 x}{\partial s^2} + \frac{\partial w}{\partial y}\frac{\partial^2 y}{\partial s^2}$$

2. $$\frac{\partial^2 w}{\partial t^2} = \frac{\partial^2 w}{\partial x^2}\left(\frac{\partial x}{\partial t}\right)^2 + \frac{\partial^2 w}{\partial y^2}\left(\frac{\partial y}{\partial t}\right)^2 + 2\frac{\partial^2 w}{\partial y \partial x}\frac{\partial y}{\partial t}\frac{\partial x}{\partial t} + \frac{\partial w}{\partial x}\frac{\partial^2 x}{\partial t^2} + \frac{\partial w}{\partial y}\frac{\partial^2 y}{\partial t^2}$$

Solución

1. Por el teorema 3.10 sabemos que $\frac{\partial w}{\partial s} = \frac{\partial w}{\partial x}\frac{\partial x}{\partial s} + \frac{\partial w}{\partial y}\frac{\partial y}{\partial s}$. Luego,

$$\frac{\partial^2 w}{\partial s^2} = \frac{\partial}{\partial s}\left[\frac{\partial w}{\partial s}\right] = \frac{\partial}{\partial s}\left[\frac{\partial w}{\partial x}\frac{\partial x}{\partial s} + \frac{\partial w}{\partial y}\frac{\partial y}{\partial s}\right] = \frac{\partial}{\partial s}\left[\frac{\partial w}{\partial x}\frac{\partial x}{\partial s}\right] + \frac{\partial}{\partial s}\left[\frac{\partial w}{\partial y}\frac{\partial y}{\partial s}\right]$$

$$= \left[\frac{\partial}{\partial s}\left(\frac{\partial w}{\partial x}\right)\right]\frac{\partial x}{\partial s} + \frac{\partial w}{\partial x}\frac{\partial^2 x}{\partial s^2} + \left[\frac{\partial}{\partial s}\left(\frac{\partial w}{\partial y}\right)\right]\frac{\partial y}{\partial s} + \frac{\partial w}{\partial y}\frac{\partial^2 y}{\partial s^2}$$

$$= \left[\frac{\partial^2 w}{\partial x^2}\frac{\partial x}{\partial s} + \frac{\partial^2 w}{\partial y \partial x}\frac{\partial y}{\partial s}\right]\frac{\partial x}{\partial s} + \frac{\partial w}{\partial x}\frac{\partial^2 x}{\partial s^2} + \left[\frac{\partial^2 w}{\partial x \partial y}\frac{\partial x}{\partial s} + \frac{\partial^2 w}{\partial y^2}\frac{\partial y}{\partial s}\right]\frac{\partial y}{\partial s} + \frac{\partial w}{\partial y}\frac{\partial^2 y}{\partial s^2}$$

$$= \frac{\partial^2 w}{\partial x^2}\left(\frac{\partial x}{\partial s}\right)^2 + \frac{\partial^2 w}{\partial y^2}\left(\frac{\partial y}{\partial s}\right)^2 + 2\frac{\partial^2 w}{\partial y \partial x}\frac{\partial y}{\partial s}\frac{\partial x}{\partial s} + \frac{\partial w}{\partial x}\frac{\partial^2 x}{\partial s^2} + \frac{\partial w}{\partial y}\frac{\partial^2 y}{\partial s^2}$$

2. Similar a la prueba anterior.

EJEMPLO 6. Si $x = e^{3t} + e^{3s}$, $y = 2st$ y $w = f(x, y)$ es de clase $C^{(2)}$, hallar:

a. $\dfrac{\partial f}{\partial t}$ **b.** $\dfrac{\partial^2 f}{\partial t^2}$

Solución

a. $\dfrac{\partial f}{\partial t} = \dfrac{\partial f}{\partial x}\dfrac{\partial x}{\partial t} + \dfrac{\partial f}{\partial y}\dfrac{\partial y}{\partial t} = \dfrac{\partial f}{\partial x}\left(3e^{3t}\right) + \dfrac{\partial f}{\partial y}(2s) = 3e^{3t}\dfrac{\partial f}{\partial x} + 2s\dfrac{\partial f}{\partial y}$

Esto es, $\dfrac{\partial f}{\partial t} = 3e^{3t}\dfrac{\partial f}{\partial x} + 2s\dfrac{\partial f}{\partial y}$

b. Podemos obtener el resultado rápidamente aplicando la fórmula 2 del ejemplo anterior. Sin embargo, para practicar el uso de la regla de la cadena, procedemos paso a paso.

$$\frac{\partial^2 f}{\partial t^2} = \frac{\partial}{\partial t}\left[\frac{\partial f}{\partial t}\right] = \frac{\partial}{\partial t}\left[3e^{3t}\frac{\partial f}{\partial x} + 2s\frac{\partial f}{\partial y}\right] = \frac{\partial}{\partial t}\left[3e^{3t}\frac{\partial f}{\partial x}\right] + \frac{\partial}{\partial t}\left[2s\frac{\partial f}{\partial y}\right]$$

$$= 9e^{3t}\frac{\partial f}{\partial x} + 3e^{3t}\frac{\partial}{\partial t}\left[\frac{\partial f}{\partial x}\right] + 2s\frac{\partial}{\partial t}\left[\frac{\partial f}{\partial y}\right]$$

Esto es,

$$\frac{\partial^2 f}{\partial t^2} = 3e^{3t}\frac{\partial}{\partial t}\left[\frac{\partial f}{\partial x}\right] + 2s\frac{\partial}{\partial t}\left[\frac{\partial f}{\partial y}\right] + 9e^{3t}\frac{\partial f}{\partial x} \qquad \textbf{(1)}$$

Pero,

$$\frac{\partial}{\partial t}\left[\frac{\partial f}{\partial x}\right] = \frac{\partial^2 f}{\partial x^2}\frac{\partial x}{\partial t} + \frac{\partial^2 f}{\partial y\partial x}\frac{\partial y}{\partial t} = 3e^{3t}\frac{\partial^2 f}{\partial x^2} + 2s\frac{\partial^2 f}{\partial y\partial x}$$

$$\frac{\partial}{\partial t}\left[\frac{\partial f}{\partial y}\right] = \frac{\partial^2 f}{\partial x\partial y}\frac{\partial x}{\partial t} + \frac{\partial^2 f}{\partial y^2}\frac{\partial y}{\partial t} = 3e^{3t}\frac{\partial^2 f}{\partial x\partial y} + 2s\frac{\partial^2 f}{\partial y^2}$$

Reemplazando estas igualdades en **(1)**:

$$\frac{\partial^2 f}{\partial t^2} = 3e^{3t}\left(3e^{3t}\frac{\partial^2 f}{\partial x^2} + 2s\frac{\partial^2 f}{\partial y\partial x}\right) + 2s\left(3e^{3t}\frac{\partial^2 f}{\partial x\partial y} + 2s\frac{\partial^2 f}{\partial y^2}\right) + 9e^{3t}\frac{\partial f}{\partial x}$$

$$= 9e^{6t}\frac{\partial^2 f}{\partial x^2} + 12se^{3t}\frac{\partial^2 f}{\partial y\partial x} + 4s^2\frac{\partial^2 f}{\partial y^2} + 9e^{3t}\frac{\partial f}{\partial x}$$

Los teoremas anteriores son casos particulares del siguiente teorema, cuya demostración sigue los mismos pasos que las demostraciones de los teoremas anteriores.

TEOREMA 3.10 Si $w = f(x_1, x_2, \ldots, x_n)$ es diferenciable y cada x_i es una función diferenciable de m variables $t_1, t_2, \ldots t_m$, entonces w es diferenciable de $t_1, t_2, \ldots t_m$, y se cumple que:

$$\frac{\partial w}{\partial t_1} = \frac{\partial w}{\partial x_1}\frac{\partial x_1}{\partial t_1} + \frac{\partial w}{\partial x_2}\frac{\partial x_2}{\partial t_1} + \frac{\partial w}{\partial x_3}\frac{\partial x_3}{\partial t_1} + \ldots + \frac{\partial w}{\partial x_n}\frac{\partial x_n}{\partial t_1}$$

$$\frac{\partial w}{\partial t_2} = \frac{\partial w}{\partial x_1}\frac{\partial x_1}{\partial t_2} + \frac{\partial w}{\partial x_2}\frac{\partial x_2}{\partial t_2} + \frac{\partial w}{\partial x_3}\frac{\partial x_3}{\partial t_2} + \ldots + \frac{\partial w}{\partial x_n}\frac{\partial x_n}{\partial t_2}$$

$$\vdots$$

$$\frac{\partial w}{\partial t_m} = \frac{\partial w}{\partial x_1}\frac{\partial x_1}{\partial t_m} + \frac{\partial w}{\partial x_2}\frac{\partial x_2}{\partial t_m} + \frac{\partial w}{\partial x_3}\frac{\partial x_3}{\partial t_m} + \ldots + \frac{\partial w}{\partial x_n}\frac{\partial x_n}{\partial t_m}$$

EJEMPLO 7. Si $w = f(x, y, z) = e^{x^2 + y^2 + z^2}$, $x = s \operatorname{sen} t$, $y = s \cos t$, $z = s \tan t$

a. Hallar $\dfrac{\partial w}{\partial s}$ **b.** Hallar $\left.\dfrac{\partial w}{\partial s}\right|_{(1,\ \pi/3)}$

c. Hallar $\dfrac{\partial w}{\partial t}$ **d.** Hallar $\left.\dfrac{\partial w}{\partial t}\right|_{(1,\ \pi/3)}$

Solución

En este ejemplo tenemos el caso $n = 3$ y $m = 2$

a. $$\frac{\partial w}{\partial s} = \frac{\partial w}{\partial x}\frac{\partial x}{\partial s} + \frac{\partial w}{\partial y}\frac{\partial y}{\partial s} + \frac{\partial w}{\partial z}\frac{\partial z}{\partial s} = \left[2xe^{x^2 + y^2 + z^2}\right](\operatorname{sen} t)$$

$$+ \left[2ye^{x^2 + y^2 + z^2}\right](\cos t) + \left[2ze^{x^2 + y^2 + z^2}\right](\tan t)$$

$$= 2e^{x^2 + y^2 + z^2}\left[x \operatorname{sen} t + y \cos t + z \tan t\right]$$

$$= 2e^{s^2\operatorname{sen}^2 t + s^2\cos^2 t + s^2\tan^2 t}\left[s \operatorname{sen}^2 t + s \cos^2 t + s \tan^2 t\right]$$

$$= 2s\, e^{s^2\left(1 + \tan^2 t\right)}\left[1 + \tan^2 t\right] = 2s \sec^2 t\, e^{s^2 \sec^2 t}$$

Esto es, $\dfrac{\partial w}{\partial s} = 2s \sec^2 t\, e^{s^2 \sec^2 t}$

b. $\left.\dfrac{\partial w}{\partial s}\right|_{(1,\,\pi/3)} = 2(1)\sec^2\dfrac{\pi}{3}\, e^{(1)^2\sec^2(\pi/3)} = 2(2)^2 e^{1^2(2)^2} = 8e^4$

c. $\dfrac{\partial w}{\partial t} = \dfrac{\partial w}{\partial x}\dfrac{\partial x}{\partial t} + \dfrac{\partial w}{\partial y}\dfrac{\partial y}{\partial t} + \dfrac{\partial w}{\partial z}\dfrac{\partial z}{\partial t} = \left[2xe^{x^2+y^2+z^2}\right](s\cos t)$

$$+\left[2ye^{x^2+y^2+z^2}\right](-s\,\text{sen}\,t) + \left[2ze^{x^2+y^2+z^2}\right]\left(s\sec^2 t\right)$$

$$= 2e^{x^2+y^2+z^2}\left[sx\cos t - sy\,\text{sen}\,t + sz\sec^2 t\right]$$

$$= 2s^2 e^{s^2\text{sen}^2 t + s^2\cos^2 t + s^2\tan^2 t}\left[\text{sen}\,t\cos t - \cos t\,\text{sen}\,t + \tan t\sec^2 t\right]$$

$$= 2s^2 e^{s^2\left(1+\tan^2 t\right)}\left[\tan t\sec^2 t\right] = 2s^2\tan t\sec^2 t\, e^{s^2\sec^2 t}$$

Esto es, $\dfrac{\partial w}{\partial t} = 2s^2\tan t\sec^2 t\, e^{s^2\sec^2 t}$

d. $\left.\dfrac{\partial w}{\partial t}\right|_{(1,\,\pi/3)} = 2(1)^2\tan\dfrac{\pi}{3}\sec^2\dfrac{\pi}{3}\, e^{(1)^2\sec^2(\pi/3)} = 2\left(\sqrt{3}\right)(2)^2 e^{1^2(2)^2} = 8\sqrt{3}\,e^4$

DERIVACION IMPLICITA

La regla de la cadena nos permite obtener fórmulas simples que facilitan la derivación implícita. Estas fórmulas las presentamos en dos casos.

TEOREMA 3.11 **1.** Si $F(x, y) = 0$ es clase de $C^{(1)}$ y define de manera implícita a la función $y = f(x)$, que también es de clase $C^{(1)}$, entonces para los puntos (x, y) tal que $F_y(x, y) \neq 0$ se tiene:

$$\frac{dy}{dx} = -\frac{F_x(x, y)}{F_y(x, y)}$$

2. Si $F(x, y, z) = 0$ es de clase $C^{(1)}$ y define de manera implícita a la función $z = f(x, y)$, que también es de clase $C^{(1)}$, entonces para los puntos (x, y, z) tal que $F_z(x, y.z) \neq 0$ se tiene

$$\frac{\partial z}{\partial x} = -\frac{F_x(x, y, z)}{F_z(x, y, z)} \quad \text{y} \quad \frac{\partial z}{\partial y} = -\frac{F_y(x, y, z)}{F_z(x, y, z)}$$

Demostración

Sólo probaremos la primera igualdad de la parte 2. Las otras se demuestran de manera análoga.

Como $w = F(x, y, f(x, y)) = 0$, entonces $\dfrac{\partial w}{\partial x} = 0$

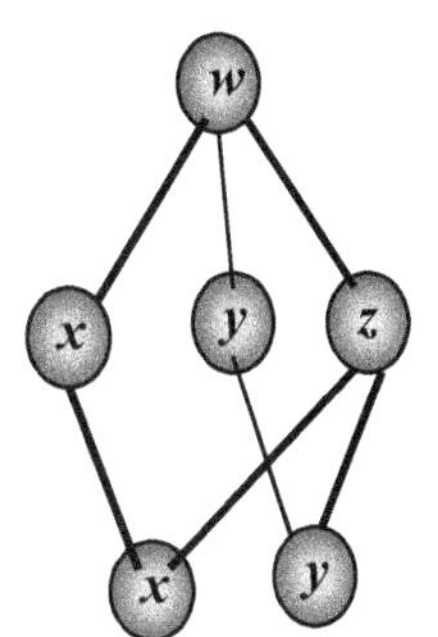

Pero, aplicando la regla de la cadena tenemos:

$$0 = \frac{\partial w}{\partial x} = \frac{\partial}{\partial x} F(x, y, f(x, y)) = \frac{\partial F}{\partial x}\frac{\partial x}{\partial x} + \frac{\partial F}{\partial z}\frac{\partial z}{\partial x}$$

$$= \frac{\partial F}{\partial x}(1) + \frac{\partial F}{\partial z}\frac{\partial z}{\partial x}$$

Luego,

$$\frac{\partial F}{\partial z}\frac{\partial z}{\partial x} = -\frac{\partial F}{\partial x} \Rightarrow \frac{\partial z}{\partial x} = -\frac{\dfrac{\partial F}{\partial x}}{\dfrac{\partial F}{\partial z}} = -\frac{F_x(x, y, z)}{F_z(x, y, z)}$$

EJEMPLO 8. La ecuación $xy \tan z + yz^3 - 1 = 0$ define implícitamente a z como función de x e y. Hallar

1. $\dfrac{\partial z}{\partial x}$ **2.** $\dfrac{\partial z}{\partial y}$

Solución

Sea $F(x, y, z) = xy \tan z + yz^3 - 1$. Tenemos que:

$$F_x(x, y, z) = y \tan z, \quad F_y(x, y, z) = x \tan z + z^3, \quad F_z(x, y, z) = xy \sec^2 z + 3yz^2$$

Luego,

1. $\dfrac{\partial z}{\partial x} = -\dfrac{F_x(x, y, z)}{F_z(x, y, z)} = -\dfrac{y \tan z}{xy \sec^2 z + 3yz^2}$ **2.** $\dfrac{\partial z}{\partial y} = -\dfrac{F_y(x, y, z)}{F_z(x, y, z)} = -\dfrac{x \tan z + z^3}{xy \sec^2 z + 3yz^2}$

PROBLEMAS RESUELTOS 3.5

PROBLEMA 1. Si $w = f(\rho)$ es diferenciable y $\rho = \sqrt{x^2 + y^2 + z^2}$, probar que

$$\left(\frac{dw}{d\rho}\right)^2 = \left(\frac{\partial w}{\partial x}\right)^2 + \left(\frac{\partial w}{\partial y}\right)^2 + \left(\frac{\partial w}{\partial z}\right)^2$$

Solución

De acuerdo a la regla de la cadena, tenemos:

$$\frac{\partial w}{\partial x}=\frac{dw}{d\rho}\frac{\partial \rho}{\partial x},\quad \frac{\partial w}{\partial y}=\frac{dw}{d\rho}\frac{\partial \rho}{\partial y},\quad \frac{\partial w}{\partial z}=\frac{dw}{d\rho}\frac{\partial \rho}{\partial z}$$

Pero,

$$\frac{\partial \rho}{\partial x}=\frac{x}{\sqrt{x^2+y^2+z^2}},\quad \frac{\partial \rho}{\partial y}=\frac{y}{\sqrt{x^2+y^2+z^2}},\quad \frac{\partial \rho}{\partial z}=\frac{z}{\sqrt{x^2+y^2+z^2}}.$$

Luego,

$$\left(\frac{\partial w}{\partial x}\right)^2+\left(\frac{\partial w}{\partial y}\right)^2+\left(\frac{\partial w}{\partial z}\right)^2=\left(\frac{dw}{d\rho}\frac{\partial \rho}{\partial x}\right)^2+\left(\frac{dw}{d\rho}\frac{\partial \rho}{\partial y}\right)^2+\left(\frac{dw}{d\rho}\frac{\partial \rho}{\partial z}\right)^2$$

$$=\left(\frac{dw}{d\rho}\right)^2\left[\left(\frac{\partial \rho}{\partial x}\right)^2+\left(\frac{\partial \rho}{\partial y}\right)^2+\left(\frac{\partial \rho}{\partial z}\right)^2\right]$$

$$=\left(\frac{dw}{d\rho}\right)^2\left[\frac{x^2}{x^2+y^2+z^2}+\frac{y^2}{x^2+y^2+z^2}+\frac{z^2}{x^2+y^2+z^2}\right]$$

$$=\left(\frac{dw}{d\rho}\right)^2\left[\frac{x^2+y^2+z^2}{x^2+y^2+z^2}\right]=\left(\frac{dw}{d\rho}\right)^2$$

PROBLEMA 2. Si $w=f(x,y)$ es diferenciable, $x=r\cos\theta,\ y=r\operatorname{sen}\theta,$ probar que:

$$\left(\frac{\partial w}{\partial x}\right)^2+\left(\frac{\partial w}{\partial y}\right)^2=\left(\frac{\partial w}{\partial r}\right)^2+\frac{1}{r^2}\left(\frac{\partial w}{\partial \theta}\right)^2$$

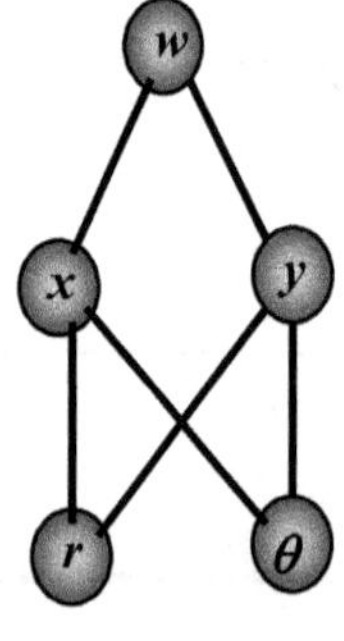

Solución

Tenemos que:

$$\frac{\partial w}{\partial r}=\frac{\partial w}{\partial x}\frac{\partial x}{\partial r}+\frac{\partial w}{\partial y}\frac{\partial y}{\partial r}=\frac{\partial w}{\partial x}\cos\theta+\frac{\partial w}{\partial y}\operatorname{sen}\theta \Rightarrow$$

$$\frac{\partial w}{\partial r}=\cos\theta\frac{\partial w}{\partial x}+\operatorname{sen}\theta\frac{\partial w}{\partial y} \qquad \textbf{(1)}$$

$$\left(\frac{\partial w}{\partial r}\right)^2=\cos^2\theta\left(\frac{\partial w}{\partial x}\right)^2+2\operatorname{sen}\theta\cos\theta\ \frac{\partial w}{\partial x}\frac{\partial w}{\partial y}+\operatorname{sen}^2\theta\left(\frac{\partial w}{\partial y}\right)^2 \qquad \textbf{(2)}$$

$$\frac{\partial w}{\partial \theta} = \frac{\partial w}{\partial x}\frac{\partial x}{\partial \theta} + \frac{\partial w}{\partial y}\frac{\partial y}{\partial \theta} = \frac{\partial w}{\partial x}(-r\ \text{sen}\theta) + \frac{\partial w}{\partial y}(r\cos\theta) \quad \Rightarrow$$

$$\frac{\partial w}{\partial \theta} = -r\ \text{sen}\theta\frac{\partial w}{\partial x} + r\cos\theta\frac{\partial w}{\partial y} \qquad \textbf{(3)}$$

$$\left(\frac{\partial w}{\partial \theta}\right)^2 = r^2\text{sen}^2\theta\left(\frac{\partial w}{\partial x}\right)^2 - 2r^2\text{sen}\theta\cos\theta\frac{\partial w}{\partial x}\frac{\partial w}{\partial y} + r^2\cos^2\theta\left(\frac{\partial w}{\partial y}\right)^2 \qquad \textbf{(4)}$$

Luego, tomando en cuenta (2) y (4):

$$\left(\frac{\partial w}{\partial r}\right)^2 + \frac{1}{r^2}\left(\frac{\partial w}{\partial \theta}\right)^2 = \left[\text{sen}^2\theta + \cos^2\theta\right]\left(\frac{\partial w}{\partial x}\right)^2 + \left[\cos^2\theta + \text{sen}^2\theta\right]\left(\frac{\partial w}{\partial y}\right)^2$$

$$= \left(\frac{\partial w}{\partial x}\right)^2 + \left(\frac{\partial w}{\partial y}\right)^2$$

PROBLEMA 3. **Forma polar de la ecuación de Laplace**

Sea $w = f(x, y)$ de clase $C^{(2)}$, $x = r\cos\theta$, $y = r\ \text{sen}\ \theta$. Probar que

$$\frac{\partial^2 w}{\partial x^2} + \frac{\partial^2 w}{\partial y^2} = \frac{\partial^2 w}{\partial r^2} + \frac{1}{r^2}\frac{\partial^2 w}{\partial \theta^2} + \frac{1}{r}\frac{\partial w}{\partial r}$$

En consecuencia, $w = f(x, y)$ satisface la ecuación de Laplace,

$$\frac{\partial^2 w}{\partial x^2} + \frac{\partial^2 w}{\partial y^2} = 0 \quad \text{si y sólo si} \quad \frac{\partial^2 w}{\partial r^2} + \frac{1}{r^2}\frac{\partial^2 w}{\partial \theta^2} + \frac{1}{r}\frac{\partial w}{\partial r} = 0$$

Esta última ecuación es llamada **forma polar de la ecuación de Laplace**

Solución

Las igualdades (1) y (3) obtenidas en el problema resuelto anterior dicen que:

$$\frac{\partial w}{\partial r} = \cos\theta\frac{\partial w}{\partial x} + \text{sen}\theta\frac{\partial w}{\partial y} \qquad \text{y} \qquad \frac{\partial w}{\partial \theta} = -r\ \text{sen}\theta\frac{\partial w}{\partial x} + r\cos\theta\frac{\partial w}{\partial y}$$

Volviendo a derivar estas ecuaciones:

$$\frac{\partial^2 w}{\partial r^2} = \cos\theta\frac{\partial}{\partial r}\left[\frac{\partial w}{\partial x}\right] + \text{sen}\theta\frac{\partial}{\partial r}\left[\frac{\partial w}{\partial y}\right]$$

$$= \cos\theta\left[\frac{\partial^2 w}{\partial x^2}\frac{\partial x}{\partial r} + \frac{\partial^2 w}{\partial y\partial x}\frac{\partial y}{\partial r}\right] + \text{sen}\theta\left[\frac{\partial^2 w}{\partial x\partial y}\frac{\partial x}{\partial r} + \frac{\partial^2 w}{\partial y^2}\frac{\partial y}{\partial r}\right]$$

$$= \cos\theta\left[\frac{\partial^2 w}{\partial x^2}(\cos\theta)+\frac{\partial^2 w}{\partial y\partial x}(\operatorname{sen}\theta)\right] + \operatorname{sen}\theta\left[\frac{\partial^2 w}{\partial x\partial y}(\cos\theta)+\frac{\partial^2 w}{\partial y^2}(\operatorname{sen}\theta)\right]$$

$$= \cos^2\theta\frac{\partial^2 w}{\partial x^2} + 2\operatorname{sen}\theta\cos\theta\frac{\partial^2 w}{\partial y\partial x} + \operatorname{sen}^2\theta\frac{\partial^2 w}{\partial y^2}$$

$$\frac{\partial^2 w}{\partial \theta^2} = -r\cos\theta\frac{\partial w}{\partial x} - r\operatorname{sen}\theta\frac{\partial}{\partial\theta}\left[\frac{\partial w}{\partial x}\right] - r\operatorname{sen}\theta\frac{\partial w}{\partial y} + r\cos\theta\frac{\partial}{\partial\theta}\left[\frac{\partial w}{\partial y}\right]$$

$$= -r\cos\theta\frac{\partial w}{\partial x} - r\operatorname{sen}\theta\frac{\partial w}{\partial y} - r\operatorname{sen}\theta\left[\frac{\partial^2 w}{\partial x^2}(-r\operatorname{sen}\theta) + \frac{\partial^2 w}{\partial y\partial x}(r\cos\theta)\right]$$

$$+ r\cos\theta\left[\frac{\partial^2 w}{\partial x\partial y}(-r\operatorname{sen}\theta) + \frac{\partial^2 w}{\partial y^2}(r\cos\theta)\right]$$

$$= -r\cos\theta\frac{\partial w}{\partial x} - r\operatorname{sen}\theta\frac{\partial w}{\partial y} + r^2\operatorname{sen}^2\theta\frac{\partial^2 w}{\partial x^2} - 2r^2\operatorname{sen}\theta\cos\theta\frac{\partial^2 w}{\partial y\partial x}$$

$$+ r^2\cos^2\theta\frac{\partial^2 w}{\partial y^2}$$

Ahora,

$$\frac{\partial^2 w}{\partial r^2} + \frac{1}{r^2}\frac{\partial^2 w}{\partial\theta^2} + \frac{1}{r}\frac{\partial w}{\partial r}$$

$$= \left(\cos^2\theta\frac{\partial^2 w}{\partial x^2} + 2\operatorname{sen}\theta\cos\theta\frac{\partial^2 w}{\partial y\partial x} + \operatorname{sen}^2\theta\frac{\partial^2 w}{\partial y^2}\right)$$

$$+ \left(-\frac{1}{r}\cos\theta\frac{\partial w}{\partial x} - \frac{1}{r}\operatorname{sen}\theta\frac{\partial w}{\partial y} + \operatorname{sen}^2\theta\frac{\partial^2 w}{\partial x^2} - 2\operatorname{sen}\theta\cos\theta\frac{\partial^2 w}{\partial y\partial x} + \cos^2\theta\frac{\partial^2 w}{\partial y^2}\right)$$

$$+ \left(\frac{1}{r}\cos\theta\frac{\partial w}{\partial x} + \frac{1}{r}\operatorname{sen}\theta\frac{\partial w}{\partial y}\right)$$

$$= \left(\operatorname{sen}^2\theta + \cos^2\theta\right)\frac{\partial^2 w}{\partial x^2} + \left(\operatorname{sen}^2\theta + \cos^2\theta\right)\frac{\partial^2 w}{\partial y^2} = \frac{\partial^2 w}{\partial x^2} + \frac{\partial^2 w}{\partial y^2}$$

Esto es, $\dfrac{\partial^2 w}{\partial x^2} + \dfrac{\partial^2 w}{\partial y^2} = \dfrac{\partial^2 w}{\partial r^2} + \dfrac{1}{r^2}\dfrac{\partial^2 w}{\partial\theta^2} + \dfrac{1}{r}\dfrac{\partial w}{\partial r}$

PROBLEMA 4. Sea $w = \dfrac{1}{\rho} f\left(t - \dfrac{\rho}{a}\right)$, $\rho = \sqrt{x^2 + y^2 + z^2}$ y f de clase $C^{(2)}$.

Probar que:

$$\frac{\partial^2 w}{\partial x^2} + \frac{\partial^2 w}{\partial y^2} + \frac{\partial^2 w}{\partial z^2} = \frac{1}{a^2}\frac{\partial^2 w}{\partial t^2}$$

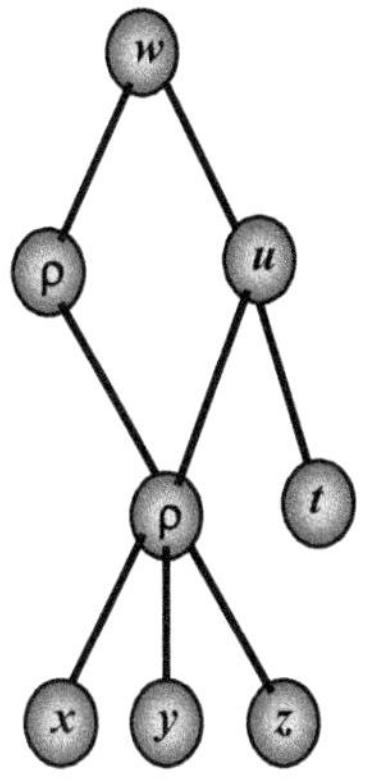

Solución

Sea $u = t - \dfrac{\rho}{a}$. Entonces

$$w = \frac{1}{\rho} f(u), \quad \frac{\partial w}{\partial u} = \frac{1}{\rho} f'(u), \quad \frac{\partial u}{\partial \rho} = -\frac{1}{a}, \quad \frac{\partial \rho}{\partial x} = \frac{x}{\rho}.$$

Ahora,

$$\frac{\partial w}{\partial x} = \frac{\partial w}{\partial \rho}\frac{\partial \rho}{\partial \rho}\frac{\partial \rho}{\partial x} + \frac{\partial w}{\partial u}\frac{\partial u}{\partial \rho}\frac{\partial \rho}{\partial x}$$

$$= -\frac{1}{\rho^2} f(u)(1)\left(\frac{x}{\rho}\right) + \frac{1}{\rho} f'(u)\left(-\frac{1}{a}\right)\left(\frac{x}{\rho}\right) = -\frac{x}{\rho^3} f(u) - \left(\frac{1}{a}\right)\frac{x}{\rho^2} f'(u)$$

$$= -x\left[\frac{1}{\rho^3} f(u) + \frac{1}{a}\frac{1}{\rho^2} f'(u)\right]$$

$$\frac{\partial^2 w}{\partial x^2} = -\left[\frac{1}{\rho^3} f(u) + \frac{1}{a}\frac{1}{\rho^2} f'(u)\right]$$

$$-x\left[\left(\frac{\partial}{\partial x}\frac{1}{\rho^3}\right) f(u) + \frac{1}{\rho^3}\left(\frac{\partial}{\partial x} f(u)\right) + \frac{1}{a}\left(\frac{\partial}{\partial x}\frac{1}{\rho^2}\right) f'(u) + \frac{1}{a}\frac{1}{\rho^2}\left(\frac{\partial}{\partial x} f'(u)\right)\right]$$

$$= -\left[\frac{1}{\rho^3} f(u) + \frac{1}{a}\frac{1}{\rho^2} f'(u)\right]$$

$$-x\left[\left(\frac{-3}{\rho^4}\frac{x}{\rho}\right) f(u) + \frac{1}{\rho^3}\left(f'(u)\frac{\partial u}{\partial \rho}\frac{\partial \rho}{\partial x}\right) + \frac{1}{a}\left(\frac{-2}{\rho^3}\frac{x}{\rho}\right) f'(u) + \frac{1}{a}\frac{1}{\rho^2}\left(f''(u)\frac{\partial u}{\partial \rho}\frac{\partial \rho}{\partial x}\right)\right]$$

$$= -\left[\frac{1}{\rho^3} f(u) + \frac{1}{a}\frac{1}{\rho^2} f'(u)\right]$$

$$-x\left[\frac{-3x}{\rho^5} f(u) + \frac{1}{\rho^3}\left(f'(u)\left(-\frac{1}{a}\right)\frac{x}{\rho}\right) + \frac{1}{a}\left(\frac{-2x}{\rho^4}\right) f'(u) + \frac{1}{a}\frac{1}{\rho^2}\left(f''(u)\left(-\frac{1}{a}\right)\frac{x}{\rho}\right)\right]$$

$$= -\left[\frac{1}{\rho^3} f(u) + \frac{1}{a}\frac{1}{\rho^2} f'(u)\right]$$

$$-\left[\frac{-3x^2}{\rho^5} f(u) - \frac{1}{a}\frac{x^2}{\rho^4} f'(u) - \frac{1}{a}\frac{2x^2}{\rho^4} f'(u) - \frac{1}{a^2}\frac{x^2}{\rho^3} f''(u)\right]$$

$$= \left(-\frac{1}{\rho^3} + \frac{3x^2}{\rho^5} \right) f(u) + \frac{1}{a} \left(-\frac{1}{\rho^2} + \frac{3x^2}{\rho^4} \right) f'(u) + \frac{1}{a^2} \frac{x^2}{\rho^3} f''(u)$$

Similarmente,

$$\frac{\partial^2 w}{\partial y^2} = \left(-\frac{1}{\rho^3} + \frac{3y^2}{\rho^5} \right) f(u) + \frac{1}{a} \left(-\frac{1}{\rho^2} + \frac{3y^2}{\rho^4} \right) f'(u) + \frac{1}{a^2} \frac{y^2}{\rho^3} f''(u)$$

$$\frac{\partial^2 w}{\partial z^2} = \left(-\frac{1}{\rho^3} + \frac{3z^2}{\rho^5} \right) f(u) + \frac{1}{a} \left(-\frac{1}{\rho^2} + \frac{3z^2}{\rho^4} \right) f'(u) + \frac{1}{a^2} \frac{z^2}{\rho^3} f''(u)$$

Ahora,

$$\frac{\partial^2 w}{\partial x^2} + \frac{\partial^2 w}{\partial y^2} + \frac{\partial^2 w}{\partial z^2}$$

$$= \left(-\frac{3}{\rho^3} + \frac{3\left(x^2 + y^2 + z^2\right)}{\rho^5} \right) f(u) + \frac{1}{a} \left(-\frac{3}{\rho^2} + \frac{3\left(x^2 + y^2 + z^2\right)}{\rho^4} \right) f'(u)$$

$$+ \frac{1}{a^2} \frac{\left(x^2 + y^2 + z^2\right)}{\rho^3} f''(u)$$

$$= \left(-\frac{3}{\rho^3} + \frac{3\rho^2}{\rho^5} \right) f(u) + \frac{1}{a} \left(-\frac{3}{\rho^2} + \frac{3\rho^2}{\rho^4} \right) f'(u) + \frac{1}{a^2} \frac{\rho^2}{\rho^3} f''(u) = \frac{1}{a^2} \frac{1}{\rho} f''(u)$$

Esto es,

$$\frac{\partial^2 w}{\partial x^2} + \frac{\partial^2 w}{\partial y^2} + \frac{\partial^2 w}{\partial z^2} = \frac{1}{a^2} \frac{1}{\rho} f''(u) \qquad \textbf{(1)}$$

Pero,

$$\frac{\partial w}{\partial t} = \frac{\partial w}{\partial u} \frac{\partial u}{\partial t} = \left(\frac{1}{\rho} f'(u) \right)(1) = \frac{1}{\rho} f'(u)$$

$$\frac{\partial^2 w}{\partial t^2} = \frac{\partial}{\partial t} \left(\frac{1}{\rho} f'(u) \right) = \frac{1}{\rho} \frac{\partial}{\partial t} \left(f'(u) \right) = \frac{1}{\rho} f''(u) \frac{\partial u}{\partial t} = \frac{1}{\rho} f''(u) \qquad \textbf{(2)}$$

Reemplazando (2) en (1):

$$\frac{\partial^2 w}{\partial x^2} + \frac{\partial^2 w}{\partial y^2} + \frac{\partial^2 w}{\partial z^2} = \frac{1}{a^2} \frac{1}{\rho} f''(u) = \frac{1}{a^2} \frac{\partial^2 w}{\partial t^2}$$

PROBLEMA 5. Sea $z = f(u,v)$ de clase $C^{(2)}$. Si $u = xy$ y $v = \dfrac{y}{x}$, probar que:

$$x^2\frac{\partial^2 z}{\partial x^2} - y^2\frac{\partial^2 z}{\partial y^2} = -4uv\frac{\partial^2 z}{\partial v\partial u} + 2v\frac{\partial z}{dv}$$

Solución

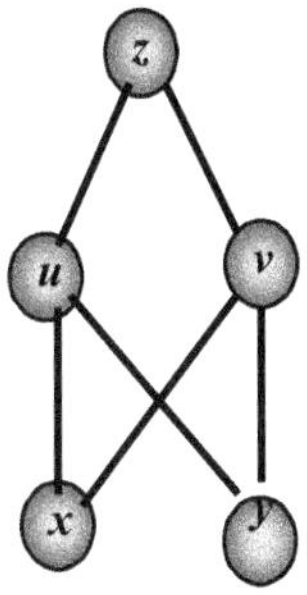

$$\frac{\partial z}{\partial x} = \frac{\partial z}{\partial u}\frac{\partial u}{\partial x} + \frac{\partial z}{\partial v}\frac{\partial v}{\partial x} = \frac{\partial z}{\partial u}(y) + \frac{\partial z}{\partial v}\left(-\frac{y}{x^2}\right) = y\frac{\partial z}{\partial u} - \frac{y}{x^2}\frac{\partial z}{\partial v}$$

$$\frac{\partial^2 z}{\partial x^2} = \frac{\partial}{\partial x}\left[y\frac{\partial z}{\partial u} - \frac{y}{x^2}\frac{\partial z}{\partial v}\right] = y\frac{\partial}{\partial x}\left[\frac{\partial z}{\partial u}\right] - \frac{\partial}{\partial x}\left[\frac{y}{x^2}\frac{\partial z}{\partial v}\right]$$

$$= y\frac{\partial}{\partial x}\left[\frac{\partial z}{\partial u}\right] - \left[\frac{y}{x^2}\frac{\partial}{\partial x}\left(\frac{\partial z}{\partial v}\right) - \frac{2y}{x^3}\frac{\partial z}{\partial v}\right]$$

$$= y\left[\frac{\partial^2 z}{\partial u^2}\left(\frac{\partial u}{\partial x}\right) + \frac{\partial^2 z}{\partial v\partial u}\left(\frac{\partial v}{\partial x}\right)\right] - \left[\frac{y}{x^2}\left(\frac{\partial^2 z}{\partial u\partial v}\left(\frac{\partial u}{\partial x}\right) + \frac{\partial^2 z}{\partial v^2}\left(\frac{\partial v}{\partial x}\right)\right) - \frac{2y}{x^3}\frac{\partial z}{\partial v}\right]$$

$$= y\left[\frac{\partial^2 z}{\partial u^2}(y) + \frac{\partial^2 z}{\partial v\partial u}\left(-\frac{y}{x^2}\right)\right] - \left[\frac{y}{x^2}\left(\frac{\partial^2 z}{\partial u\partial v}(y) + \frac{\partial^2 z}{\partial v^2}\left(-\frac{y}{x^2}\right)\right) - \frac{2y}{x^3}\frac{\partial z}{\partial v}\right]$$

$$= y^2\frac{\partial^2 z}{\partial u^2} - \frac{y^2}{x^2}\frac{\partial^2 z}{\partial v\partial u} - \frac{y^2}{x^2}\frac{\partial^2 z}{\partial u\partial v} + \frac{y^2}{x^4}\frac{\partial^2 z}{\partial v^2} + \frac{2y}{x^3}\frac{\partial z}{\partial v}$$

Esto es,

$$\frac{\partial^2 z}{\partial x^2} = y^2\frac{\partial^2 z}{\partial u^2} - 2\frac{y^2}{x^2}\frac{\partial^2 z}{\partial v\partial u} + \frac{y^2}{x^4}\frac{\partial^2 z}{\partial v^2} + \frac{2y}{x^3}\frac{\partial z}{\partial v} \qquad \textbf{(1)}$$

Por otro lado,

$$\frac{\partial z}{\partial y} = \frac{\partial z}{\partial u}\frac{\partial u}{\partial y} + \frac{\partial z}{\partial v}\frac{\partial v}{\partial y} = \frac{\partial z}{\partial u}(x) + \frac{\partial z}{\partial v}\left(\frac{1}{x}\right) = x\frac{\partial z}{\partial u} + \frac{1}{x}\frac{\partial z}{\partial v}$$

$$\frac{\partial^2 z}{\partial y^2} = \frac{\partial}{\partial y}\left[x\frac{\partial z}{\partial u} + \frac{1}{x}\frac{\partial z}{\partial v}\right] = x\frac{\partial}{\partial y}\left[\frac{\partial z}{\partial u}\right] + \frac{1}{x}\frac{\partial}{\partial y}\left[\frac{\partial z}{\partial v}\right]$$

$$= x\left[\frac{\partial^2 z}{\partial u^2}\left(\frac{\partial u}{\partial y}\right) + \frac{\partial^2 z}{\partial v\partial u}\left(\frac{\partial v}{\partial y}\right)\right] + \frac{1}{x}\left[\frac{\partial^2 z}{\partial u\partial v}\left(\frac{\partial u}{\partial y}\right) + \frac{\partial^2 z}{\partial v^2}\left(\frac{\partial v}{\partial y}\right)\right]$$

$$= x\left[\frac{\partial^2 z}{\partial u^2}(x) + \frac{\partial^2 z}{\partial v\partial u}\left(\frac{1}{x}\right)\right] + \frac{1}{x}\left[\frac{\partial^2 z}{\partial u\partial v}(x) + \frac{\partial^2 z}{\partial v^2}\left(\frac{1}{x}\right)\right]$$

$$= x^2 \frac{\partial^2 z}{\partial u^2} + 2\frac{\partial^2 z}{\partial v \partial u} + \frac{1}{x^2}\frac{\partial^2 z}{\partial v^2}$$

Esto es,

$$\frac{\partial^2 z}{\partial y^2} = x^2 \frac{\partial^2 z}{\partial u^2} + 2\frac{\partial^2 z}{\partial v \partial u} + \frac{1}{x^2}\frac{\partial^2 z}{\partial v^2} \qquad \textbf{(2)}$$

Ahora, teniendo en cuenta (1) y (2):

$$x^2 \frac{\partial^2 z}{\partial x^2} - y^2 \frac{\partial^2 z}{\partial y^2} = x^2\left[y^2 \frac{\partial^2 z}{\partial u^2} - 2\frac{y^2}{x^2}\frac{\partial^2 z}{\partial u \partial v} + \frac{y^2}{x^4}\frac{\partial^2 z}{\partial v^2} + 2\frac{y}{x^3}\frac{\partial z}{\partial v}\right]$$

$$- y^2\left[x^2 \frac{\partial^2 z}{\partial u^2} + 2\frac{\partial^2 z}{\partial v \partial u} + \frac{1}{x^2}\frac{\partial^2 z}{\partial v^2}\right]$$

$$= \left(x^2y^2 - x^2y^2\right)\frac{\partial^2 z}{\partial u^2} - \left(-2y^2 - 2y^2\right)\frac{\partial^2 z}{\partial v \partial u} + \left(\frac{y^2}{x^2} - \frac{y^2}{x^2}\right)\frac{\partial^2 z}{\partial v^2} + 2\frac{y}{x}\frac{\partial z}{\partial v}$$

$$= -4y^2 \frac{\partial^2 z}{\partial v \partial u} + \frac{2y}{x}\frac{\partial z}{\partial v} = -4uv\frac{\partial^2 z}{\partial v \partial u} + 2v\frac{\partial z}{\partial v}$$

PROBLEMA 6. La ecuación de una superficie tiene la forma

$z = x\,f\left(\frac{x}{y}\right)$, donde f es diferenciable.

Probar que todos sus planos tangentes pasan por el origen.

Solución

Sea $z = F(x,y) = x\,f\left(\frac{x}{y}\right)$ y sea (a,b,c) un punto cualquiera de la superficie. El plano tangente a la superficie en el punto (a,b,c) es

$$z = F(a,b) + F_x(a,b)[x-a] + F_y(a,b)[y-b], \qquad \textbf{(1)}$$

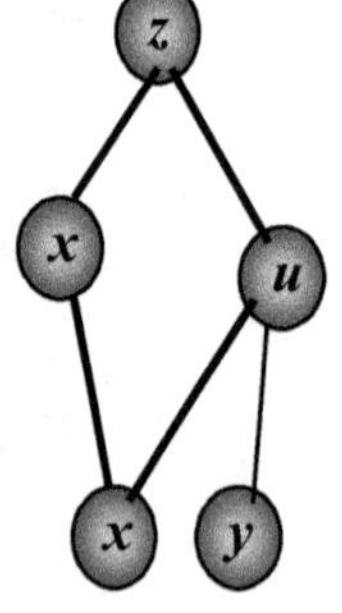

donde $c = F(a,b) = a\,f\left(\frac{a}{b}\right)$ **(2)**

Sea $u = \frac{x}{y}$, entonces $z = F(x,y) = x\,f(u)$.

Tenemos:

$$F_x(x,y) = \frac{\partial}{\partial x}\left(x\,f(u)\right) = f(u) + x\frac{\partial}{\partial x}\left(f(u)\right) = f(u) + x\,f'(u)\frac{\partial u}{\partial x}$$

$$= f(u) + xf'(u)\left[\frac{1}{y}\right] = f(u) + \frac{x}{y}f'(u) = f\left(\frac{x}{y}\right) + \frac{x}{y}f'\left(\frac{x}{y}\right)$$

Luego,

$$F_x(a,b) = f\left(\frac{a}{b}\right) + \frac{a}{b}f'\left(\frac{a}{b}\right) \qquad \textbf{(3)}$$

$$F_y(x,y) = \frac{\partial}{\partial y}(xf(u)) = x\frac{\partial}{\partial y}(f(u)) = xf'(u)\frac{\partial u}{\partial y} = xf'(u)\left[-\frac{x}{y^2}\right]$$

$$= -\frac{x^2}{y^2}f'\left(\frac{x}{y}\right)$$

Luego,

$$F_y(a,b) = -\frac{a^2}{b^2}f'\left(\frac{a}{b}\right) \qquad \textbf{(4)}$$

Reemplazando (2), (3) y (4) en (1):

$$z = af\left(\frac{a}{b}\right) + \left(f\left(\frac{a}{b}\right) + \frac{a}{b}f'\left(\frac{a}{b}\right)\right)[x-a] + \left(-\frac{a^2}{b^2}f'\left(\frac{a}{b}\right)\right)[y-b]$$

$$= af\left(\frac{a}{b}\right) - \left(af\left(\frac{a}{b}\right) + \frac{a^2}{b}f'\left(\frac{a}{b}\right)\right) - \left(-\frac{a^2}{b}f'\left(\frac{a}{b}\right)\right)$$

$$+ \left(f\left(\frac{a}{b}\right) + \frac{a}{b}f'\left(\frac{a}{b}\right)\right)x + \left(-\frac{a^2}{b^2}f'\left(\frac{a}{b}\right)\right)y$$

Simplificando obtenemos que la ecuación del plano es:

$$z = \left(f\left(\frac{a}{b}\right) + \frac{a}{b}f'\left(\frac{a}{b}\right)\right)x + \left(-\frac{a^2}{b^2}f'\left(\frac{a}{b}\right)\right)y$$

Este plano pasa por el punto (0, 0, 0), o sea por el origen.

PROBLEMA 7. Sea $w = xyf\left(\frac{x-y}{xy}\right)$, donde f es una función diferenciable.

Probar que $x^2\frac{\partial w}{\partial x} + y^2\frac{\partial w}{\partial y} = (x+y)w$

Solución

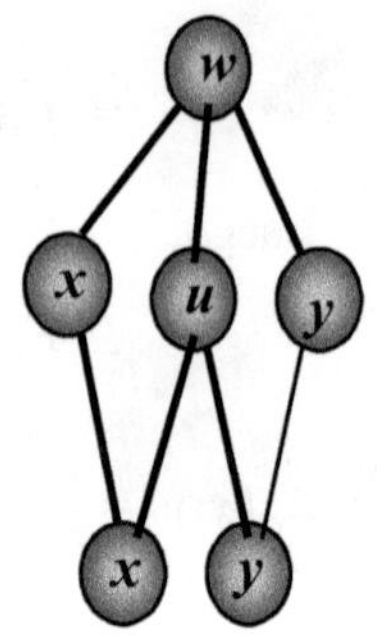

Tenemos que $w = xy\,f(u)$, donde $u = \dfrac{x-y}{xy} = \dfrac{1}{y} - \dfrac{1}{x}$

$$\frac{\partial w}{\partial x} = \frac{\partial}{\partial x}\big(xy\,f(u)\big) = \frac{\partial (xy)}{\partial x} f(u) + xy\frac{\partial}{\partial x} f(u)$$

$$= y\,f(u) + xy\,f'(u)\frac{\partial u}{\partial x} = y\,f(u) + xy\,f'(u)\left(\frac{1}{x^2}\right)$$

$$= y\left[f(u) + \frac{1}{x} f'(u)\right]$$

$$\frac{\partial w}{\partial y} = \frac{\partial}{\partial y}\big(xy\,f(u)\big) = \frac{\partial (xy)}{\partial y} f(u) + xy\frac{\partial}{\partial y} f(u) = x\,f(u) + xy\,f'(u)\frac{\partial u}{\partial y}$$

$$= x\,f(u) + xy\,f'(u)\left(-\frac{1}{y^2}\right) = x\left[f(u) - \frac{1}{y} f'(u)\right]$$

Luego,

$$x^2\frac{\partial w}{\partial x} + y^2\frac{\partial w}{\partial y} = x^2 y\left[f(u) + \frac{1}{x} f'(u)\right] + y^2 x\left[f(u) - \frac{1}{y} f'(u)\right]$$

$$= x^2 y\,f(u) + xy\,f'(u) + xy^2 f(u) - xy\,f'(u)$$

$$= x^2 y\,f(u) + xy^2 f(u) = (x+y)xy\,f(u) = (x+y)w$$

PROBLEMA 8. La ecuación $f\left(\dfrac{y}{x}, \dfrac{z}{x}\right) = 0$, donde la función f es diferenciable, define implícitamente a z como función de x e y. Sea $z = h(x,y)$ tal función. Probar que

$$x\frac{\partial h}{\partial x} + y\frac{\partial h}{\partial y} = h(x,y)$$

Solución

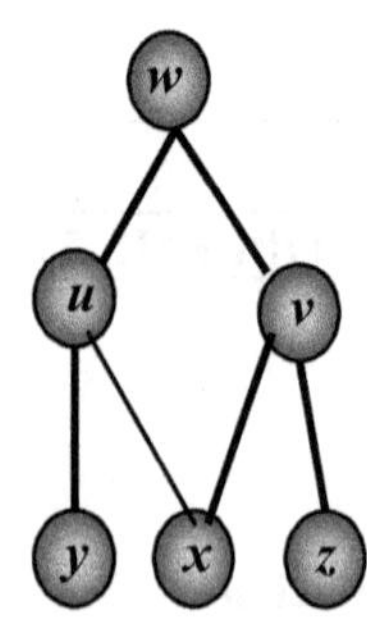

Sea $F(x,y,z) = f\left(\dfrac{y}{x}, \dfrac{z}{x}\right)$. Luego, $F(x,y,z) = 0$ y

(1) $\dfrac{\partial z}{\partial x} = -\dfrac{F_x(x,y,z)}{F_z(x,y,z)}$ **(2)** $\dfrac{\partial z}{\partial y} = -\dfrac{F_y(x,y,z)}{F_z(x,y,z)}$

Si $u = \dfrac{y}{x}$, $v = \dfrac{z}{x}$, entonces $w = F(x,y,z) = f(u,v)$.

tenemos que:

$$F_x(x,y,z) = \frac{\partial w}{\partial x} = \frac{\partial f}{\partial u}\frac{\partial u}{\partial x} + \frac{\partial f}{\partial v}\frac{\partial v}{\partial x}$$

$$= \frac{\partial f}{\partial u}\left(-\frac{y}{x^2}\right) + \frac{\partial f}{\partial v}\left(-\frac{z}{x^2}\right) = -\frac{1}{x^2}\left(y f_u + z f_v\right) \qquad \textbf{(3)}$$

$$F_y(x,y,z) = \frac{\partial f}{\partial u}\frac{\partial u}{\partial y} = \frac{\partial f}{\partial u}\left(\frac{1}{x}\right) = \frac{1}{x} f_u \qquad \textbf{(4)}$$

$$F_z(x,y,z) = \frac{\partial f}{\partial v}\frac{\partial v}{\partial z} = \frac{\partial f}{\partial v}\left(\frac{1}{x}\right) = \frac{1}{x} f_v \qquad \textbf{(5)}$$

Reemplazando (3) y (5) en (1):

$$\frac{\partial z}{\partial x} = -\frac{F_x(x,y,z)}{F_z(x,y,z)} = -\frac{-\frac{1}{x^2}\left(y f_u + z f_v\right)}{\frac{1}{x} f_v} = \frac{1}{x}\,\frac{y f_u + z f_v}{f_v} = \frac{1}{x}\left(y\frac{f_u}{f_v} + z\right)$$

Reemplazando (4) y (5) en (2):

$$\frac{\partial z}{\partial y} = -\frac{F_y(x,y,z)}{F_z(x,y,z)} = -\frac{\frac{1}{x} f_u}{\frac{1}{x} f_v} = -\frac{f_u}{f_v}$$

Ahora,

$$x\frac{\partial h}{\partial x} + y\frac{\partial h}{\partial y} = x\frac{\partial z}{\partial x} + y\frac{\partial z}{\partial y} = x\frac{1}{x}\left(y\frac{f_u}{f_v} + z\right) + y\left(-\frac{f_u}{f_v}\right) = y\frac{f_u}{f_v} + z - y\frac{f_u}{f_v}$$

$$= z = h(x,y)$$

PROBLEMA 9. Si $f(x,y)$ es homogénea de grado n y es de clase $C^{(2)}$, probar:

$$x^2 f_{11}(x,y) + 2xy\, f_{12}(x,y) + y^2 f_{22}(x,y) = n(n-1) f(x,y)$$

Solución

Sabemos, por el ejemplo 4 de esta sección, que

$$x f_1(x,y) + y f_2(x,y) = n f(x,y)$$

Luego, tomando tx y ty *en lugar de* x e y:

$$(tx) f_1(tx,ty) + (ty) f_2(tx,ty) = n f(tx,ty)$$

Por ser f homogénea de grado n:

$$(tx) f_1(tx,ty) + (ty) f_2(tx,ty) = nt^n f(x,y)$$

Dividiendo entre t:

$$x f_1(tx,ty) + y f_2(tx,ty) = nt^{n-1} f(x,y)$$

Si $u = tx$ y $v = ty$, tenemos

$$x f_1(u,v) + y f_2(u,v) = nt^{n-1} f(x,y)$$

Ahora, derivando respecto a t, usando la regla de la cadena,

$$x\left[\frac{\partial f_1}{\partial u}\frac{\partial u}{\partial t}+\frac{\partial f_1}{\partial v}\frac{\partial v}{\partial t}\right] + y\left[\frac{\partial f_2}{\partial u}\frac{\partial u}{\partial t}+\frac{\partial f_2}{\partial v}\frac{\partial v}{\partial t}\right] = n(n-1)t^{n-2} f(x,y) \Rightarrow$$

$$x\left[x\frac{\partial f_1}{\partial u}+y\frac{\partial f_1}{\partial v}\right] + y\left[x\frac{\partial f_2}{\partial u}+y\frac{\partial f_2}{\partial v}\right] = n(n-1)t^{n-2} f(x,y) \Rightarrow$$

$$x^2\frac{\partial f_1}{\partial u}+xy\frac{\partial f_1}{\partial v} + yx\frac{\partial f_2}{\partial u}+y^2\frac{\partial f_2}{\partial v} = n(n-1)t^{n-2} f(x,y) \Rightarrow$$

$$x^2 f_{11}(tx,ty)+xy\, f_{12}(tx,ty)+yx\, f_{21}(tx,ty)+y^2 f_{22}(tx,ty) = n(n-1)t^{n-2} f(x,y)$$

Haciendo $t = 1$ y tomando en cuenta que $f_{12} = f_{21}$, tenemos:

$$x^2 f_{11}(x,y)+2xy\, f_{12}(x,y)+y^2 f_{22}(x,y) = n(n-1) f(x,y)$$

PROBLEMA 10. La ecuación $F(x,y,z)=0$ define implícitamente a cada una de las tres variables como función de las otras dos: $z = f(x, y)$, $y = g(x, z)$, $x = f(y, z)$. Si F es diferenciable y F_x, F_y, F_z son distintas de 0, probar que

$$\frac{\partial z}{\partial x}\,\frac{\partial y}{\partial z}\,\frac{\partial x}{\partial y} = -1$$

Solución

Por el teorema 3.11, sabemos que:

$$\frac{\partial z}{\partial x} = -\frac{F_x}{F_z},\quad \frac{\partial y}{\partial z} = -\frac{F_z}{F_y},\quad \frac{\partial x}{\partial y} = -\frac{F_y}{F_x}.$$ Luego,

$$\frac{\partial z}{\partial x}\,\frac{\partial y}{\partial z}\,\frac{\partial x}{\partial y} = \left(-\frac{F_x}{F_z}\right)\left(-\frac{F_z}{F_y}\right)\left(-\frac{F_y}{F_x}\right) = -1$$

PROBLEMA 11. Un cono circular recto está inscrito en una esfera. El radio de la esfera se encoge a razón de 2 cm/seg y el radio de la base del cono aumenta a razón de 4/3 cm/seg. Hallar la razón de cambio del volumen del cono en el instante en el cual el radio de la esfera es de 10 cm y el radio de la base del cono es de 6 cm.

Solución

Sean R el radio de la esfera, h la altura del cono, h^* el segmento que une el centro de la esfera con el centro de la base del cono y r el radio de la base.

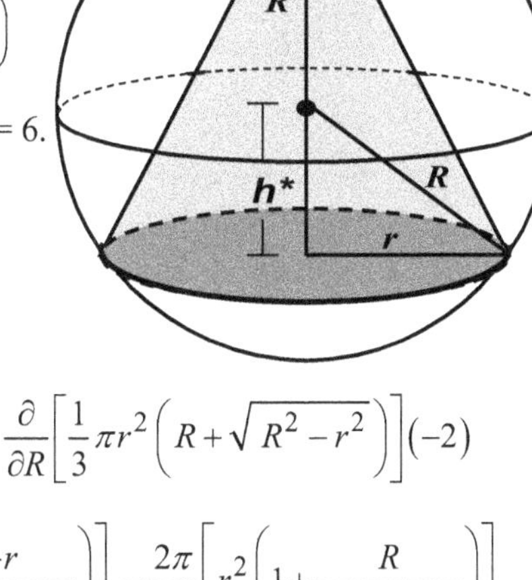

Tenemos que $h = R + h^* = R + \sqrt{R - r^2}$

Si V es el volumen de cono, entonces

$$V = \frac{1}{3}\pi r^2 h = \frac{1}{3}\pi r^2\left(R + \sqrt{R^2 - r^2}\right)$$

Nos piden hallar $\dfrac{dV}{dt}$ cuando $R = 10$ y $r = 6$.

Aplicando la regla de la cadena, tenemos:

$$\frac{dV}{dt} = \frac{\partial V}{\partial r}\frac{dr}{dt} + \frac{\partial V}{\partial R}\frac{dR}{dt}$$

$$= \frac{\partial}{\partial r}\left[\frac{1}{3}\pi r^2\left(R + \sqrt{R^2 - r^2}\right)\right]\left(\frac{4}{3}\right) + \frac{\partial}{\partial R}\left[\frac{1}{3}\pi r^2\left(R + \sqrt{R^2 - r^2}\right)\right](-2)$$

$$= \frac{4}{9}\pi\left[2r\left(R + \sqrt{R^2 - r^2}\right) + r^2\left(\frac{-r}{\sqrt{R^2 - r^2}}\right)\right] - \frac{2\pi}{3}\left[r^2\left(1 + \frac{R}{\sqrt{R^2 - r^2}}\right)\right]$$

$$= \frac{4}{9}\pi\left[2r\left(R + \sqrt{R^2 - r^2}\right) - \frac{r^3}{\sqrt{R^2 - r^2}}\right] - \frac{2\pi}{3}\left[r^2\frac{\sqrt{R^2 - r^2} + R}{\sqrt{R^2 - r^2}}\right]$$

Ahora, cuando $R = 10$ y $r = 6$ tenemos:

$$\left.\frac{dV}{dt}\right|_{R=10, r=6} = \frac{4}{9}\pi\left[12(10 + 8) - \frac{216}{8}\right] - \frac{2\pi}{3}\left[36\frac{8 + 10}{8}\right] = 30\pi$$

Esto es, el volumen del cono está creciendo a razón de 30π cm^3/seg.

PROBLEMA 12. Un muro forma un ángulo de $\dfrac{2\pi}{3}$ con el suelo. Sobre el muro de apoya una escalera de 12 m de longitud. Debido a la gravedad, la parte superior de la escalera se está resbalando a razón de 0.5 m/seg. La escalera, el muro y el suelo forman un triángulo. Hallar la razón de cambio del área de este triángulo en el instante en que el ángulo θ formado por la escalera y el suelo es de $\dfrac{\pi}{6}$ radianes.

Solución

El área del triángulo es

$$A = \frac{1}{2}xh = \frac{1}{2}x\left(y \text{ sen } 2\pi/3\right) = \frac{\sqrt{3}}{4}xy$$

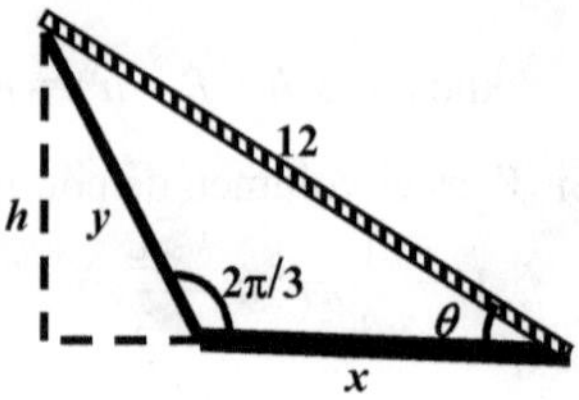

Luego,

$$\frac{dA}{dt} = \frac{\partial A}{\partial x}\frac{dx}{dt} + \frac{\partial A}{\partial y}\frac{dy}{dt} = \frac{\sqrt{3}}{4}y\frac{dx}{dt} + \frac{\sqrt{3}}{4}x\frac{dy}{dt}$$

12

h y

2π/3

θ

x

Esto es,

$$\frac{dA}{dt} = \frac{\sqrt{3}}{4}y\frac{dx}{dt} + \frac{\sqrt{3}}{4}x\frac{dy}{dt} \qquad \textbf{(1)}$$

Por otro lado, aplicando la ley de los cosenos, tenemos:

$$12^2 = x^2 + y^2 - 2xy\cos\frac{2\pi}{3} \Rightarrow x^2 + y^2 + xy = 144$$

Derivando respecto a t:

$$2x\frac{dx}{dt} + 2y\frac{dy}{dt} + y\frac{dx}{dt} + x\frac{dy}{dt} = 0 \Rightarrow$$

$$(2y + x)\frac{dy}{dt} = -(2x + y)\frac{dx}{dt} \qquad \textbf{(2)}$$

Ahora, cuando $\theta = \frac{\pi}{6}$, el triángulo es isósceles y tenemos:

$$x = y \qquad \textbf{(3)}$$

Este resultado, reemplazado en (2) nos dice que:

$$(2x + x)\frac{dy}{dt} = -(2x + x)\frac{dx}{dt} \Rightarrow (3x)\frac{dy}{dt} = -(3x)\frac{dx}{dt} \Rightarrow$$

$$\frac{dy}{dt} = -\frac{dx}{dt} \qquad \textbf{(4)}$$

Finalmente, reemplazando (3) y (4) en (1) obtenemos:

$$\frac{dA}{dt} = \frac{\sqrt{3}}{4}y\frac{dx}{dt} + \frac{\sqrt{3}}{4}x\frac{dy}{dt} = \frac{\sqrt{3}}{4}x\frac{dx}{dt} + \frac{\sqrt{3}}{4}x\left(-\frac{dx}{dt}\right) = 0$$

Esto es, en el instante en el que $\theta = \frac{\pi}{6}$, la razón de cambio del área es 0.

PROBLEMA 13. **Probar el teorema 3.9**

Si $w = f(x, y)$ es diferenciable en (x, y) y $x = g(t)$, $y = h(t)$ son diferenciables en t, entonces $w = f(g(t), h(t))$ es diferenciable en t y se cumple que

$$\boxed{\frac{dw}{dt} = \frac{\partial w}{\partial x}\frac{dx}{dt} + \frac{\partial w}{\partial y}\frac{dy}{dt}} \qquad \textbf{(1)}$$

Demostración

Como f es diferenciable en el punto (x, y) tenemos que

$$\Delta w = \frac{\partial w}{\partial x}\Delta x + \frac{\partial w}{\partial y}\Delta y + \varepsilon_1 \Delta x + \varepsilon_2 \Delta y \text{ , donde}$$

$$\varepsilon_1 \to 0 \text{ y } \varepsilon_2 \to 0 \text{ cuando } (\Delta x, \Delta y) \to (0,\ 0)$$

Dividiendo la expresión anterior entre Δt :

$$\frac{\Delta w}{\Delta t} = \frac{\partial w}{\partial x}\frac{\Delta x}{\Delta t} + \frac{\partial w}{\partial y}\frac{\Delta y}{\Delta t} + \varepsilon_1 \frac{\Delta x}{\Delta t} + \varepsilon_2 \frac{\Delta y}{\Delta t} \qquad \textbf{(2)}$$

Como $x = g(t)$, $y = h(t)$ son continuas, (por ser diferenciables), tenemos que:

$$\lim_{\Delta t \to 0} \Delta x = \lim_{\Delta t \to 0}\left[g(t + \Delta t) - g(t)\right] = g(t) - g(t) = 0$$

$$\lim_{\Delta t \to 0} \Delta y = \lim_{\Delta t \to 0}\left[h(t + \Delta t) - h(t)\right] = h(t) - h(t) = 0$$

y, por lo tanto,

$$\lim_{\Delta t \to 0} \varepsilon_1 = \lim_{(\Delta x, \Delta y) \to (0,\ 0)} \varepsilon_1 = 0 \ , \quad \lim_{\Delta t \to 0} \varepsilon_2 = \lim_{(\Delta x, \Delta y) \to (0,\ 0)} \varepsilon_2 = 0$$

Ahora, tomando límites en (2) obtenemos;

$$\lim_{\Delta t \to 0} \frac{\Delta w}{\Delta t} = \frac{\partial w}{\partial x} \lim_{\Delta t \to 0} \frac{\Delta x}{\Delta t} + \frac{\partial w}{\partial y} \lim_{\Delta t \to 0} \frac{\Delta y}{\Delta t}$$

$$+ \lim_{\Delta t \to 0} \varepsilon_1 \lim_{\Delta t \to 0} \frac{\Delta x}{\Delta t} + \lim_{\Delta t \to 0} \varepsilon_2 \lim_{\Delta t \to 0} \frac{\Delta y}{\Delta t} \qquad \Rightarrow$$

$$\frac{dw}{dt} = \frac{\partial w}{\partial x}\frac{dx}{dt} + \frac{\partial w}{\partial y}\frac{dy}{dt} + 0\ \frac{dx}{dt} + 0\ \frac{dy}{dt} = \frac{\partial w}{\partial x}\frac{dx}{dt} + \frac{\partial w}{\partial y}\frac{dy}{dt}$$

PROBLEMAS PROPUESTOS 3.5

En los problemas del 1 al 5, usando la regla de cadena, hallar $\frac{dw}{dt}$

1. $w = x^2 - xy + 2y^2$, $x = \cos t$, $y = \operatorname{sen} t$. ***Rpta.*** $\frac{dw}{dt} = 1 - 3 \operatorname{sen} 2t$

2. $w = \dfrac{1}{x^2 + y^2}$, $x = \cos 2t$, $y = -\operatorname{sen} 2t$. ***Rpta.*** $\frac{dw}{dt} = 0$

3. $w = \ln\left(2x^2 + y\right)$, $x = \sqrt{t}$, $y = 2t.$ **Rpta.** $\dfrac{dw}{dt} = \dfrac{1}{t}$

4. $w = e^{1-xy}$, $x = t^{1/3}$, $y = t^{2/3}$ **Rpta.** $\dfrac{dw}{dt} = -e^{1-t}$

5. $w = \ln(x + y + z)$, $x = \cos^2 t$, $y = \operatorname{sen}^2 t$, $z = \tan^2 t$ **Rpta.** $\dfrac{dw}{dt} = 2\tan t$

En los problemas 6 y 7, usando la regla de cadena, hallar $\dfrac{\partial w}{\partial s}$ *y* $\dfrac{\partial w}{\partial t}$

6. $w = x^2 - y^2$, $x = s\operatorname{sen} t$, $y = -s\cos t.$ *Rpta* $\dfrac{\partial w}{\partial s} = -s\cos 2t$, $\dfrac{\partial w}{\partial t} = s^2 \operatorname{sen} 2t$

7. $w = \dfrac{1}{x} + \dfrac{1}{y}$, $x = e^{st}$, $y = e^{-st}$ *Rpta* $\dfrac{\partial w}{\partial s} = t\left(e^{st} - e^{-st}\right)$, $\dfrac{\partial w}{\partial t} = s\left(e^{st} - e^{-st}\right)$

8. Sea $w = (y - z)\dfrac{e^{ax}}{a^2 + 1}$, $y = a\operatorname{sen} x$, $z = \cos x$. Hallar $\dfrac{dw}{dx}$ *Rpta* $\dfrac{dw}{dx} = e^{ax}\operatorname{sen} x$

9. Sea $w = e^{x^2 + y^2 + z^2}$, $x = \operatorname{sen} t$, $y = \cos t$, $z = \tan t$. Hallar $\left.\dfrac{dw}{dt}\right|_{t = \pi/4}$ *Rpta* $4e^2$

En los problemas del 10 al 13, la ecuación dada define implícitamente a y como función de x. Mediante el teorema 3.11, hallar $\dfrac{dy}{dx}$

10. $2x + \sqrt{xy} - y = 1$ *Rpta* $\dfrac{dy}{dx} = \dfrac{4\sqrt{xy} + y}{2\sqrt{xy} - x}$

11. $x^{2/3} + 2x^{1/3}y^{1/3} + y^{2/3} = 12$ *Rpta* $\dfrac{dy}{dx} = -\sqrt[3]{\dfrac{y^2}{x^2}}$

12. $\ln\left(x^2 + y^2\right) - 2x + 2y = 1$ *Rpta* $\dfrac{dy}{dx} = \dfrac{x^2 + y^2 - x}{x^2 + y^2 + y}$

13. $\operatorname{sen}(xy) + \cos(xy) - 1 = 0$ *Rpta* $\dfrac{dy}{dx} = -\dfrac{y}{x}$

En los problemas del 14 al 17, la ecuación dada define implícitamente a z como función de x e y. Mediante el teorema 3.11, hallar $\dfrac{\partial z}{\partial x}$ y $\dfrac{\partial z}{\partial y}$

14. $4xy - yz^2 + 2xz = 0$ *Rpta.* $\dfrac{\partial z}{\partial x} = \dfrac{2y + z}{yz - x}$, $\dfrac{\partial z}{\partial y} = \dfrac{4x - z^2}{2(yz - x)}$

15. $xyz + \cos(xyz) = 0$ *Rpta.* $\dfrac{\partial z}{\partial x} = -\dfrac{z}{x},\ \dfrac{\partial z}{\partial y} = -\dfrac{z}{y}$

16. $x^3 + y^3 + z^3 - 3xyz = 0$ *Rpta.* $\dfrac{\partial z}{\partial x} = -\dfrac{x^2 - yz}{z^2 - xy},\ \dfrac{\partial z}{\partial y} = -\dfrac{y^2 - xz}{z^2 - xy}$

17. $xz - \ln(xz) + yz - \ln(yz) = 1$ *Rpta.* $\dfrac{\partial z}{\partial x} = -\dfrac{z^2(x-1)}{x(x+y)(z-1)},\ \dfrac{\partial z}{\partial y} = -\dfrac{z^2(y-1)}{y(x+y)(z-1)}$

18. El radio de un cilindro circular recto crece a razón de 2 cm/seg y la altura decrece a razón de 3 cm/seg. En el instante en que el radio es de 10 cm y la altura es de 24 cm. hallar: **a.** La razón de cambio del volumen del cilindro. **b.** La razón de cambio del área lateral del cilindro.

Rpta. **a.** 660 cm^3/seg **b.** –12 cm^2/seg

19. Resolver el problema anterior cambiando el cilindro por un cono circular recto.

Rpta. **a.** 220 cm^3/seg **b.** $\dfrac{350}{13}$ cm^2/seg

20. Los dos radios de un tronco de circular recto crecen a razón de 2 cm/min y la altura decrece a razón de 3 cm/min. En el instante en el que los radios son de 6 y 12 cm y la altura es de 8 cm. hallar: **a.** La razón de cambio del volumen del tronco de cono. **b.** La razón de cambio del área lateral del tronco. *Sugerencia:*

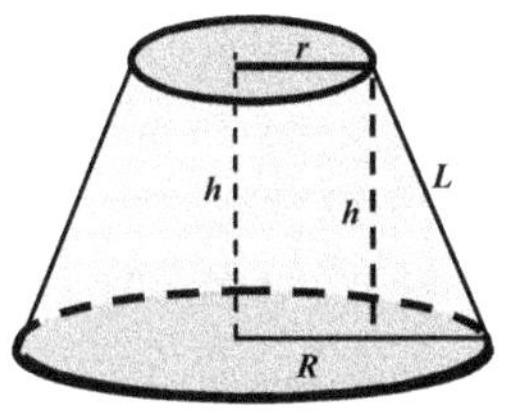

$$V = \frac{\pi}{3}\left(r^2 + rR + R^2\right)h,\ A = \pi(r+R)L = \pi(r+R)\sqrt{(R-r)^2 + h^2}$$

Rpta. **a.** 36π cm^3/seg **b.** –3.2π cm^2/seg

21. El cateto a de un triángulo rectángulo crece a razón de 3 cm/min. El cateto b decrece a razón de 2 cm/min. Hallar la razón con la que cambia el ángulo θ en el instante cuando $a = 10$ cm y $b = 20$ cm.

Sugerencia: $\theta = \tan^{-1}(b/a)$ *Rpta.* $\dfrac{d\theta}{dt} = -\dfrac{4}{25}$ rad/min

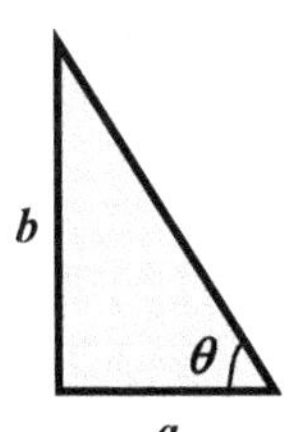

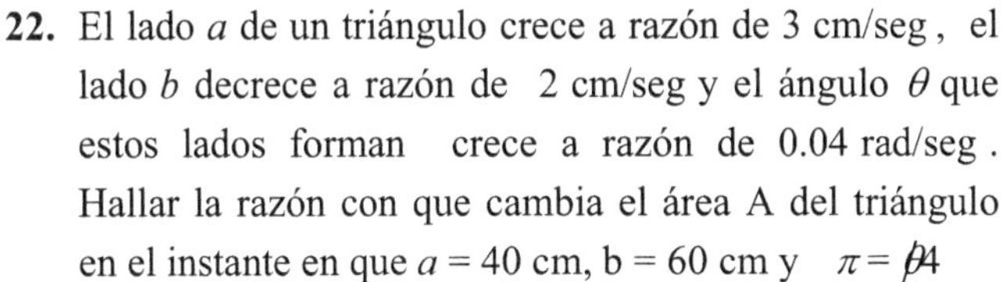

22. El lado a de un triángulo crece a razón de 3 cm/seg , el lado b decrece a razón de 2 cm/seg y el ángulo θ que estos lados forman crece a razón de 0.04 rad/seg . Hallar la razón con que cambia el área A del triángulo en el instante en que $a = 40$ cm, b = 60 cm y $\pi = \not{\phi}4$

Sugerencia: $A = \dfrac{1}{2}ab \operatorname{sen}\theta$ *Rpta.* $\dfrac{dA}{dt} = 23\sqrt{2}\ \text{cm}^2/\text{seg}$

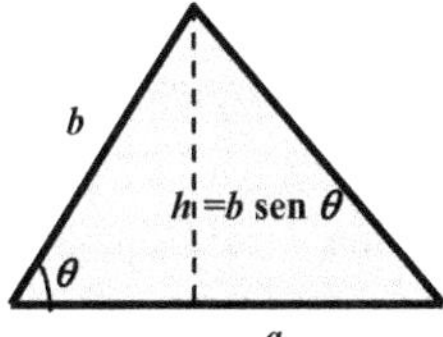

23. Los lados a y b de un triángulo está creciendo a razón de 1.5 cm/seg y 1 cm/seg. Si el área permanece constante, hallar la razón con la que cambia el ángulo θ que ellos forman, cuando $a = 16$ cm, $b = 12$ cm y $\theta = \dfrac{\pi}{6}$.

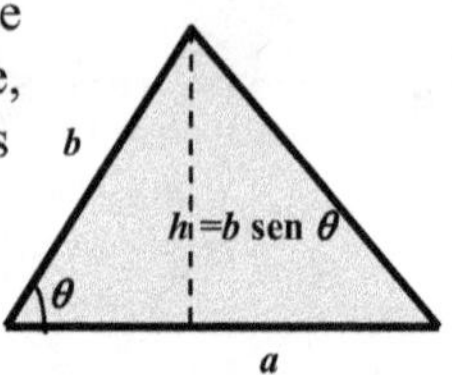

Sugerencia: $A = \dfrac{1}{2} ab \operatorname{sen} \theta$ *Rpta.* $\dfrac{d\theta}{dt} = -\dfrac{17\sqrt{3}}{288}$ rad/seg

24. El lado a de un paralelogramo está creciendo a razón de 8 cm/seg. El lado b decrece a razón de 4 cm/seg. El ángulo θ que forman estos lados, crece a razón de 2 ° /seg. Hallar la razón con la que cambia el área cuando $a = 1{,}8$ m, $b = 1{,}2$ m y $\theta = 60°$.

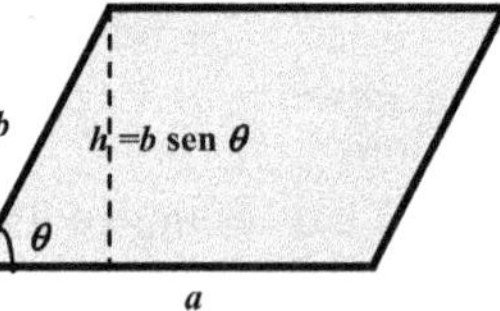

Rpta. $\dfrac{d\theta}{dt} = 60\left(\pi - \sqrt{3}\right) \text{cm}^2/\text{seg}$

25. Un tanque de goma, que tiene la forma de un cilindro circular recto, está recibiendo agua a razón de 2π m^3/hora. El radio del tanque esta creciendo a razón de 5 cm/hora. Hallar la razón con que crece la altura del agua cuando el radio es de 2 m y el volumen de agua en el tanque es de 12π m^3

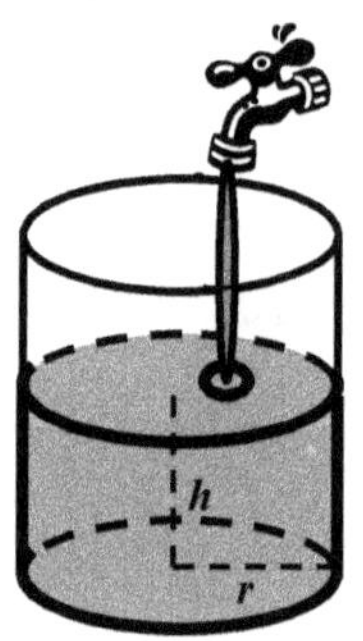

Sugerencia: $V = \pi r^2 h$. *Rpta.* $\dfrac{dh}{dt} = 35$ cm / hora

26. Los lados a, b, y c de una caja rectangular están cambiando a razón de 2 cm/min, −2 cm/min y 3 cm/min, respectivamente. En el instante en el que $a = 20$ cm, $b = 15$ cm y $c = 40$ cm, hallar:

a. La razón en que está cambiado el volumen de la caja.

b. La razón en que está cambiando el área de las caras de la caja.

Rpta. **a.** 500 cm^3 / min **b.** 150 cm^2 / min

27. Un cono circular recto está cambiando de tamaño pero manteniendo su área lateral constante igual 60 cm^2 / *seg*. El radio de la base crece a razón de 2 cm/seg. En el instante en el que el radio es 6 cm hallar. **a.** La razón con la que cambia la altura h del cono. **b.** La razón con la cambia el volumen del cono.

Sugerencia: $A = \pi r \sqrt{h^2 + r^2}$ *Rpta.* **a.** $\dfrac{dh}{dt} = -\dfrac{17}{6}$ cm/seg **b.** 30 cm^3 / seg

28. Sea f diferenciable y $z = f\left(x^2 - y^2\right)$. Probar que $y\dfrac{\partial z}{\partial x} + x\dfrac{\partial z}{\partial y} = 0$.

29. Sea f diferenciable, $w = f\left(x - y, y - z, z - x\right)$. Probar que $\dfrac{\partial w}{\partial x} + \dfrac{\partial w}{\partial y} + \dfrac{\partial w}{\partial z} = 0$.

30. Sea f es diferenciable, $w=f(u)$, $u=x+2y+3z$. Probar que

$$\frac{\partial w}{\partial x}+\frac{\partial w}{\partial y}+\frac{\partial w}{\partial z}=6\frac{\partial w}{\partial u}.$$

31. Sea f es diferenciable, $w=f(u,v)$, $u=x+\text{y}$, $v=x-\text{y}$. Probar que

$$\frac{\partial w}{\partial x}\frac{\partial w}{\partial y}=\left(\frac{\partial w}{\partial u}\right)^2-\left(\frac{\partial w}{\partial v}\right)^2$$

32. Sea f de clase $C^{(2)}$, $w=f(\rho)$, $\rho=\sqrt{x^2+y^2+z^2}$. Probar que

$$\frac{\partial^2 w}{\partial x^2}+\frac{\partial^2 w}{\partial y^2}+\frac{\partial^2 w}{\partial z^2}=\frac{\partial^2 w}{\partial \rho^2}+\frac{2}{\rho}\frac{\partial w}{d\rho}.$$

33. Sean f y g de clase $C^{(2)}$, $z=f(x+at)+g(x-at)$**.** Probar que esta función satisface la ecuación de onda: $\dfrac{\partial^2 z}{\partial t^2}=a^2\dfrac{\partial^2 z}{\partial x^2}$

34. Sea $w=f(x,y)$ de clase $C^{(2)}$, $x=e^s\cos t$, $y=e^s\text{sen}\, t$. Probar que

$$\frac{\partial^2 w}{\partial s^2}+\frac{\partial^2 w}{\partial t^2}=e^{2s}\left[\frac{\partial^2 w}{\partial x^2}+\frac{\partial^2 w}{\partial y^2}\right]$$

35. Ecuaciones de Cauchy–Riemann en coordenadas polares.

Sean $u=f(x,y)$, $v=g(x,y)$ diferenciables que satisfacen las ecuaciones de Cauchy–Riemann: $\dfrac{\partial u}{\partial x}=\dfrac{\partial v}{\partial y}$ y $\dfrac{\partial v}{\partial x}=-\dfrac{\partial u}{\partial y}$.

Si $x=r\cos\theta$, $y=r\,\text{sen}\,\theta$, probar que: $\dfrac{\partial u}{\partial r}=\dfrac{1}{r}\dfrac{\partial v}{\partial \theta}$ y $\dfrac{\partial v}{\partial r}=-\dfrac{1}{r}\dfrac{\partial u}{\partial \theta}$

A este último par de ecuaciones se la las conoce con el nombre de **forma polar de las ecuaciones de Cauchy–Riemann.**

36. Sea $w=x^3 f\left(\dfrac{y}{x},\dfrac{z}{x}\right)$, donde f es diferenciable. Probar que:

$$x\frac{\partial w}{\partial x}+y\frac{\partial w}{\partial y}+z\frac{\partial w}{\partial z}=3x^3 f\left(\frac{y}{x},\frac{z}{x}\right)$$

37. Sea F diferenciable. Si $F(cx-az,cy-bz)=0$ define implícitamente a z como función de x e y, probar que

$$a\frac{\partial z}{\partial x}+b\frac{\partial z}{\partial y}=\text{c}$$

38. Sean f y g de clase $C^{(2)}$. Si $\text{z}=f\left(x+e^y\right)+g\left(x-e^y\right)$, probar que

$$e^{2y}\frac{\partial^2 z}{\partial x^2}-\frac{\partial^2 z}{\partial y^2}+\frac{\partial z}{\partial y}=0$$

39. Sean f y g de clase $C^{(2)}$. Si $z = x f(x+y) + y g(x+y)$, probar que

$$\frac{\partial^2 z}{\partial x^2} - 2\frac{\partial^2 z}{\partial y \partial x} + \frac{\partial^2 z}{\partial y^2} = 0$$

40. Sea $w = f(x, y)$ diferenciable, $x =$ cosh t , $y =$ senh t . Probar que:

$$\left(\frac{\partial w}{\partial x}\right)^2 - \left(\frac{\partial w}{\partial y}\right)^2 = \left(\frac{\partial w}{\partial r}\right)^2 - \frac{1}{r^2}\left(\frac{\partial w}{\partial t}\right)^2$$

41. Sea $f(x, y)$ homogénea de clase n y diferenciable. Probar que

a, f_1 es homogénea de grado $n - 1$. Esto es, $f_1(tx, ty) = t^{n-1} f_1(x, y)$

Sugerencia: Derivar respecto a x: $f(tx, ty) = t^n f(x, y)$

b, f_2 es homogénea de grado $n - 1$. Esto es, $f_2(tx, ty) = t^{n-1} f_2(x, y)$

Sugerencia: Derivar respecto a y: $f(tx, ty) = t^n f(x, y)$

SECCION 3.6

DERIVADAS DIRECCIONALES Y DRADIENTES

DERIVADAS DIRECCIONALES.

Nuestro objetivo en esta sección es extender el concepto de derivada parcial. Comenzamos con una función de dos variables $z = f(x, y)$. Las derivadas parciales $f_x(x, y)$ y $f_y(x, y)$ miden las razones de cambio en direcciones paralelas a los ejes X y Y, respectivamente. Ahora buscamos la razón de cambio en cualquier dirección.

Consideremos los vectores unitarios $\mathbf{i} = \langle 1,\ 0\rangle$ y $\mathbf{j} = \langle 0,\ 1\rangle$, que son paralelos al eje X y al eje Y, respectivamente. Las definiciones de derivadas parciales las podemos expresar en términos de estos vectores.

En primer lugar, tenemos que:

$$(x+h,\ y) = (x,\ y) + (h,\ 0) = (x,\ y) + h\langle 1,\ 0\rangle = (x,\ y) + h\mathbf{i}$$

$$(x,\ y+h) = (x,\ y) + (0,\ h) = (x,\ y) + h\langle 0,\ 1\rangle = (x,\ y) + h\mathbf{j}$$

Luego,

$$f_x(x, y) = \lim_{h\to 0} \frac{f(x+h, y) - f(x, y)}{h} = \lim_{h\to 0} \frac{f((x, y) + h\mathbf{i}) - f(x, y)}{h}$$

$$f_y(x,y) = \lim_{h\to 0} \frac{f(x,y+h) - f(x,y)}{h} = \lim_{h\to 0} \frac{f((x,y)+h\mathbf{j}) - f(x,y)}{h}$$

Ahora, si en las expresiones anteriores reemplazamos al vector **i** ó al vector **j** por cualquier vector unitario $\mathbf{u} = \langle u_1,\ u_2 \rangle$, obtenemos la derivada direccional en la dirección **u**. En términos más precisos tenemos:

DEFINICIÓN. Sea $z = f(x,\ y)$ una función de dos variables. La **derivada direccional** de f en el punto $(x,\ y)$ y en la dirección del vector unitario $\mathbf{u} = \langle u_1,\ u_2 \rangle$ es el siguiente límite, si este existe,

$$D_{\mathbf{u}} f(x,y) = \lim_{h\to 0} \frac{f((x,y)+h\mathbf{u}) - f(x,y)}{h}$$

$$= \lim_{h\to 0} \frac{f(x+hu_1,\, y+hu_2) - f(x,y)}{h}$$

Las derivadas parciales son casos particulares de las derivadas direccionales. En efecto, $f_x(x,y)$ y $f_y(x,y)$ son la derivadas direccionales en la dirección de los vectores **i** y **j**, respectivamente. Esto es,

$$f_x(x,y) = D_{\mathbf{i}} f(x,y), \qquad f_y(x,y) = D_{\mathbf{j}} f(x,y).$$

El dibujo adjunto nos proporciona la interpretación geométrica de la derivada direccional $D_{\mathbf{u}} f(x_0, y_0)$ en el punto (x_0, y_0) y en la dirección de **u**.

El punto $P_0 = (x_0, y_0, f(x_0, y_0))$ está en la superficie S que es el gráfico de la función $z = f(x,y)$. Su proyección sobre el plano XY es el punto $(x_0, y_0, 0)$. Este punto y el vector unitario **u** determinan un plano vertical que corta a la superficie S formando la curva C. Sea T la recta tangente a C en el punto P_0 y L su proyección sobre el plano XY. Si α es el ángulo entre T y L, entonces la derivada direccional $D_{\mathbf{u}} f(x_0, y_0)$ es la pendiente de la recta tangente T. Esto es,

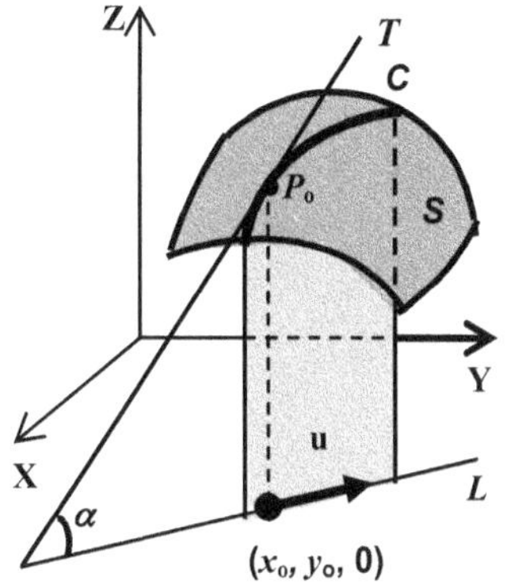

$$D_{\mathbf{u}} f(x_0, y_0) = \tan\alpha$$

EJEMPLO 1. Hallar la derivada direccional de $f(x,y) = xy$ en el punto $(2,\ 1)$ y en la dirección $\mathbf{u} = \left\langle \sqrt{3}/2,\ 1/2 \right\rangle$.

Solución

$$D_{\mathbf{u}} f(2,1) = \lim_{h\to 0} \frac{f\left(2+\frac{\sqrt{3}}{2}h,\ 1+\frac{1}{2}h\right) - f(2,\ 1)}{h}$$

$$= \lim_{h\to 0} \frac{\left(2+\frac{\sqrt{3}}{2}h\right)\left(1+\frac{1}{2}h\right) - 2(1)}{h} = \lim_{h\to 0} \frac{\left(\frac{\sqrt{3}}{2}+1\right)h + \frac{\sqrt{3}}{4}h^2}{h}$$

$$= \lim_{h\to 0} \left[\left(\frac{\sqrt{3}}{2}+1\right) + \frac{\sqrt{3}}{4}h\right] = \frac{\sqrt{3}}{2} + 1 \approx 2{,}73$$

La definición de la derivada direccional de una función de tres variables es enteramente análoga al caso de dos variables.

DEFINICION. Sea $w = f(x, y, z)$ una función de tres variables. La **derivada direccional** de f en el punto (x, y, z) y en la dirección del vector unitario $\mathbf{u} = \langle u_1, u_2, u_3 \rangle$ es el siguiente límite, si éste existe,

$$D_{\mathbf{u}} f(x,y,z) = \lim_{h\to 0} \frac{f\left((x,y,z)+h\mathbf{u}\right) - f(x,y,z)}{h}$$

$$= \lim_{h\to 0} \frac{f(x+hu_1, y+hu_2, z+hu_3) - f(x,y,z)}{h}$$

El siguiente teorema nos proporciona la condición bajo la cual existen todas las derivadas direccionales y una manera simple de calcularlas.

TEOREMA 3.12 **1.** Si f es diferenciable en el punto (x, y) y si $\mathbf{u} = (u_1, u_2)$ es cualquier vector unitario, entonces f tiene derivada direccional en (x, y) en la dirección de $\mathbf{u}$. Además

$$\boxed{D_{\mathbf{u}} f(x,y) = f_x(x,y)u_1 + f_y(x,y)u_2}$$

2. Si f es diferenciable en el punto (x, y, z) y si $\mathbf{u} = (u_1, u_2, u_3)$ es cualquier vector unitario, entonces f tiene derivada direccional en (x, y, z) en la dirección de $\mathbf{u}$. Además

$$\boxed{D_{\mathbf{u}} f(x,y,z) = f_x(x,y,z)u_1 + f_y(x,y,z)u_2 + f_z(x,y,z)u_3}$$

Demostración

Probaremos la parte 2 del teorema. La prueba de la parte 1 es enteramente análoga.

2. Tomemos un punto fijo (x_0, y_0, z_0). Probaremos que

$$D_{\mathbf{u}} f(x_0, y_0, z_0) = f_x(x_0, y_0, z_0)u_1 + f_y(x_0, y_0, z_0)u_2 + f_z(x_0, y_0, z_0)u_3$$

Sea $x = x_0 + hu_1,\ \ y = y_0 + hu_2,\ \ z = z_0 + hu_3$ y

$$g(h) = f(x, y, z) = f(x_0 + hu_1, y_0 + hu_2, z_0 + hu_3)$$

Aplicando la regla de la cadena, tenemos:

$$g'(h) = \frac{df}{dx}\frac{dx}{dh} + \frac{df}{dy}\frac{dy}{dh} + \frac{df}{dz}\frac{dz}{dh} = f_x(x, y, z)u_1 + f_y(x, y, z)u_2 + f_z(x, y, z)u_3$$

Pero, si $h = 0$, entonces $x = x_0,\ \ y = y_0,\ \ z = z_0$ y

$$g'(0) = f_x(x_0, y_0, z_0)u_1 + f_y(x_0, y_0, z_0)u_2 + f_z(x_0, y_0, z_0)u_3 \qquad \mathbf{(1)}$$

Por otro lado,

$$\begin{aligned} g'(0) &= \lim_{h \to 0} \frac{g(h) - g(0)}{h} \\ &= \lim_{h \to 0} \frac{f(x_0 + hu_1, y_0 + hu_2, z_0 + hu_3) - f(x_0, y_0, z_0)}{h} \\ &= D_{\mathbf{u}} f(x_0, y_0, z_0) \end{aligned} \qquad \mathbf{(2)}$$

De (1) y (2) obtenemos:

$$D_{\mathbf{u}} f(x_0, y_0, z_0) = f_x(x_0, y_0, z_0)u_1 + f_y(x_0, y_0, z_0)u_2 + f_z(x_0, y_0, z_0)u_3$$

OBSERVACION. **1.** Si $\mathbf{u}$ es un vector de $\mathbb{R}^2$ y si θ es su **ángulo director**, es decir el ángulo que forma $\mathbf{u}$ con el semieje positivo X, entonces

$$\mathbf{u} = \langle \cos\theta, \operatorname{sen}\theta \rangle .$$

En este caso, la parte 1 del teorema nos dice que:

$$D_{\mathbf{u}} f(x, y) = f_x(x, y)\cos\theta + f_y(x, y)\operatorname{sen}\theta$$

2. Si $\mathbf{u}$ es un vector de $\mathbb{R}^3$ y si α, β y γ son sus **ángulos directores**, es decir los ángulos que forma $\mathbf{u}$ con los semiejes positivos X, Y y Z, entonces

$$\mathbf{u} = \langle \cos\alpha, \cos\beta, \cos\lambda \rangle .$$

En este caso, la parte 2 del teorema nos dice que:

$$D_{\mathbf{u}} f(x, y, z) =$$

$$f_x(x, y, z)\cos\alpha + f_y(x, y, z)\cos\beta + f_z(x, y, z)\cos\gamma$$

EJEMPLO 2. Hallar la derivada direccional de $f(x,y)=x^2-6xy+\dfrac{y^2}{3}$ en el punto $(-1,\ 3)$ y en la dirección $\mathbf{u}=\left\langle\dfrac{\sqrt{2}}{2},\ \dfrac{\sqrt{2}}{2}\right\rangle$

Solución

De acuerdo al teorema anterior, tenemos que:

$$D_{\mathbf{u}}f(-1,\ 3)=f_x(-1,\ 3)\frac{\sqrt{2}}{2}+f_y(-1,\ 3)\frac{\sqrt{2}}{2}$$

Pero,

$$f_x(x,y)=2x-6y \quad \text{y} \quad f_x(-1,\ 3)=-2-18=-20$$

$$f_y(x,y)=-6x+2y \quad \text{y} \quad f_y(-1,\ 3)=12+6=18$$

Luego,

$$D_{\mathbf{u}}f(-1,\ 3)=-20\frac{\sqrt{2}}{2}+18\frac{\sqrt{2}}{2}=-10\sqrt{2}+9\sqrt{2}=-\sqrt{2}$$

EJEMPLO 3. Hallar la derivada direccional de $f(x,y)=\tan^{-1}\dfrac{y}{x}$ en el punto $(4,-4)$ y en la dirección del vector unitario que forma el ángulo $\theta=\dfrac{\pi}{3}$ con el semieje positivo X.

Solución

Tenemos que $\mathbf{u}=\left\langle\cos\dfrac{\pi}{3},\ \text{sen}\ \dfrac{\pi}{3}\right\rangle=\left\langle\dfrac{1}{2},\ \dfrac{\sqrt{3}}{2}\right\rangle$

De acuerdo a la observación anterior,

$$D_{\mathbf{u}}f(4,\ -4)=f_x(4,\ -4)\cos\pi/3+f_y(4,\ -4)\text{sen}\ \pi/3$$

Pero,

$$f_x(x,y)=-\frac{y}{x^2+y^2} \quad \text{y} \quad f_x(4,\ -4)=-\frac{-4}{4^2+(-4)^2}=\frac{1}{8}$$

$$f_y(x,y)=\frac{x}{x^2+y^2} \quad \text{y} \quad f_y(4,\ -4)=\frac{4}{4^2+(-4)^2}=\frac{1}{8}$$

Luego,

$$D_{\mathbf{u}}f(4,\ -4)=\frac{1}{8}\left(\frac{1}{2}\right)+\frac{1}{8}\left(\frac{\sqrt{3}}{2}\right)=\frac{1}{16}\left(1+\sqrt{3}\right)$$

GRADIENTE

DEFINICION. **1. Gradiente en $\mathbb{R}^2$.**

Sea $z = f(x,y)$ una función tal que f_x y f_y existen. El gradiente de f es la función vectorial ∇f definida por

$$\nabla f(x,y) = \left\langle f_x(x,y), f_y(x,y) \right\rangle = f_x(x,y)\,\mathbf{i} + f_y(x,y)\,\mathbf{j}$$

o bien,

$$\nabla f = \left\langle f_x, f_y \right\rangle = \left\langle \frac{df}{dx}, \frac{df}{dy} \right\rangle$$

2. Gradiente en $\mathbb{R}^3$.

Sea $w = f(x,y,z)$ una función tal que f_x, f_y y f_z existen. El gradiente de f es la función vectorial ∇f definida por

$$\nabla f(x,y,z) = \left\langle f_x(x,y,z), f_y(x,y,z), f_z(x,y,z) \right\rangle$$

$$= f_x(x,y,z)\,\mathbf{i} + f_y(x,y,z)\,\mathbf{j} + f_z(x,y,z)\,\mathbf{k}$$

o bien,

$$\nabla f = \left\langle f_x, f_y, f_z \right\rangle = \left\langle \frac{df}{dx}, \frac{df}{dy}, \frac{df}{dz} \right\rangle$$

∇f se lee **"nabla *f*"**

¿SABIAS QUE . .

*El símbolo ∇ usado para designar al gradiente esta inspirada en la forma del arpa, el instrumento musical. De hecho, la palabra **nabla** era el nombre griego del arpa. El primer matemático en usar este símbolo fue el irlandés William Hamilton (1805–1865) en el año 1835, en sus trabajos sobre quaterniones. Al símbolo ∇ también se lo ve como la letra griega delta Δ invertida. En el griego actual, el símbolo ∇es llamado $\alpha\tau\lambda\varepsilon\delta\alpha\eta\alpha$ (anadelta) que significa delta invertida.*

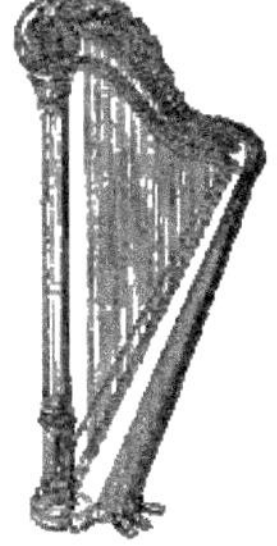

EJEMPLO 4. Hallar el vector gradiente de la función $f(x,y) = \sqrt{x^2 + y^2}$ en el punto (3, 4).

Solución

$$\nabla f(x,y) = \left\langle \frac{d}{dx}\sqrt{x^2+y^2},\ \frac{d}{dy}\sqrt{x^2+y^2} \right\rangle = \left\langle \frac{x}{\sqrt{x^2+y^2}},\ \frac{y}{\sqrt{x^2+y^2}} \right\rangle$$

En el punto (3, 4):

$$\nabla f(3,4) = \left\langle \frac{3}{\sqrt{3^2+4^2}},\ \frac{4}{\sqrt{3^2+4^2}} \right\rangle = \left\langle \frac{3}{5},\ \frac{4}{5} \right\rangle$$

El teorema 3,12 tiene una expresión más simple en términos del gradiente, que es la siguiente.

TEOREMA 3.13 **1.** Si f es diferenciable, en el punto (x, y) y si **u** es cualquier vector unitario, entonces f tiene derivada direccional en (x, y) y en la dirección de **u**. Además

$$D_{\mathbf{u}} f(x,y) = \nabla f(x,y) \bullet \mathbf{u}$$

2. Si f es diferenciable, en el punto (x, y, z) y si **u** es cualquier vector unitario, entonces f tiene derivada direccional en (x, y, z) y en la dirección de **u**. Además

$$D_{\mathbf{u}} f(x,y,z) = \nabla f(x,y,z) \bullet \mathbf{u}$$

Demostración

1. De acuerdo al teorema 3.12 tenemos que:

$$D_{\mathbf{u}} f(x,y) = f_x(x,y)u_1 + f_y(x,y)u_2 = \langle f_x(x,y), f_y(x,y) \rangle \bullet \langle u_1,\ u_2 \rangle$$
$$= \nabla f(x,y) \bullet \mathbf{u}$$

2. Similar a la parte 1.

EJEMPLO 5. Hallar la derivada direccional de $f(x,y) = \ln\left(x^2+y^2\right)$ en el punto (1, – 2) y la dirección $\mathbf{v} = 5\mathbf{i} + 12\mathbf{j}$.

Solución

Tenemos que:

$$f_x(x,y) = \frac{2x}{x^2+y^2} \quad \text{y} \quad f_x(1,-2) = \frac{2(1)}{1^2+(-2)^2} = \frac{2}{5}$$

$$f_y(x,y) = \frac{2y}{x^2+y^2} \quad \text{y} \quad f_x(1,-2) = \frac{2(-2)}{1^2+(-2)^2} = -\frac{4}{5}$$

Luego,

$$\nabla f(1,-2) = \left\langle f_x(1,-2), f_y(1,-2) \right\rangle = \left\langle \frac{2}{5}, -\frac{4}{5} \right\rangle$$

Por otro lado, el vector $\mathbf{v} = 5\mathbf{i} + 12\mathbf{j}$ no es unitario. El vector unitario en la dirección, de $\mathbf{v}$ es

$$\mathbf{u} = \frac{\mathbf{v}}{\|\mathbf{v}\|} = \frac{1}{\|\mathbf{v}\|}\mathbf{v} = \frac{1}{\sqrt{5^2+12^2}}\langle 5, 12\rangle = \frac{1}{13}\langle 5, 12\rangle = \left\langle \frac{5}{13}, \frac{12}{13} \right\rangle$$

Ahora,

$$D_{\mathbf{u}} f(1,-2) = \nabla f(1,-2) \bullet \mathbf{u} = \left\langle \frac{2}{5}, -\frac{4}{5} \right\rangle \bullet \left\langle \frac{5}{13}, \frac{12}{13} \right\rangle = \frac{10}{65} - \frac{48}{65} = -\frac{38}{65}$$

EJEMPLO 6. Hallar la derivada direccional de $f(x,y,z) = x^2 + y^2 + z^2 - xyz$ en el punto (1, 1, – 4) y la dirección $\mathbf{v} = \mathbf{i} + \mathbf{j} - \mathbf{k}$

Solución

Tenemos que:

$$f_x(x,y,z) = 2x - yz \quad \text{y} \quad f_x(1, 1, -4) = 6$$

$$f_y(x,y,z) = 2y - xz \quad \text{y} \quad f_x(1, 1, -4) = 6$$

$$f_z(x,y,z) = 2z - xy \quad \text{y} \quad f_x(1, 1, -4) = -9$$

Luego,

$$\nabla f(1, 1, -4) = \left\langle f_x(1, 1, -4), f_y(1, 1, -4), f_z(1, 1, -4) \right\rangle = \langle 6, 6, -9\rangle$$

Por otro lado, el vector $\mathbf{v} = \mathbf{i} + \mathbf{j} - \mathbf{k}$ no es unitario. El vector unitario en la dirección, de $\mathbf{v}$ es

$$\mathbf{u} = \frac{\mathbf{v}}{\|\mathbf{v}\|} = \frac{1}{\|\mathbf{v}\|}\mathbf{v} = \frac{1}{\sqrt{1^2+1^2+(-1)^2}}\langle 1, 1, -1\rangle = \left\langle \frac{1}{\sqrt{3}}, \frac{1}{\sqrt{3}}, -\frac{1}{\sqrt{3}} \right\rangle$$

Ahora,

$$D_{\mathbf{u}} f(1,1-4) = \nabla f(1,1,-4) \bullet \mathbf{u} = \langle 6, 6, -9\rangle \bullet \left\langle \frac{1}{\sqrt{3}}, \frac{1}{\sqrt{3}}, -\frac{1}{\sqrt{3}} \right\rangle$$

$$= \frac{6}{\sqrt{3}} + \frac{6}{\sqrt{3}} + \frac{9}{\sqrt{3}} = \frac{21}{\sqrt{3}} = 7\sqrt{3}$$

DIRECCIONES DE CRECIMIENTO OPTIMO

Sea f una función diferenciable de dos o más variables. En un punto fijo, f tiene derivada direccional en cualquier dirección. Entre todas estas, hay una máxima y una mínima. ¿Cuál es la dirección que corresponde a la máxima y cuál a la mínima? La respuesta es dada en el siguiente teorema.

TEOREMA 3. 14 Sea f una función de dos o tres variables que es diferenciable en el punto P, donde $P = (x, y)$ ó $P = (x,y,z)$. Sea $\mathbf{0} = (0, 0)$ ó $\mathbf{0} = (0, 0, 0)$. Si $\nabla f(P) \neq \mathbf{0}$, entonces

La derivada direccional máxima es $D_{\mathbf{u}} f(P)$, donde $\mathbf{u}$ es dirección del vector gradiente. Esto es, cuando

$$\mathbf{u} = \frac{\nabla f(P)}{\| \nabla f(P) \|}.$$

El valor de la máxima derivada direccional es $\| \nabla f(P) \|$

La derivada direccional mínima es $D_{\mathbf{u}} f(P)$, donde $\mathbf{u}$ es dirección opuesta a del vector gradiente. Esto es, cuando

$$\mathbf{u} = -\frac{\nabla f(P)}{\| \nabla f(P) \|}.$$

El valor de la mínima derivada direccional es $-\| \nabla f(P) \|$

Demostración

Sabemos, por el teorema 1.5 del capítulo 1, que:

$$\mathbf{a} \bullet \mathbf{b} = \| \mathbf{a} \| \| \mathbf{b} \| \cos \theta,$$

donde θ el ángulo entre los vectores $\mathbf{a}$ y $\mathbf{b}$.

Aplicando este teorema para el caso $\mathbf{a} = \nabla f(P)$ y $\mathbf{b} = \mathbf{u}$ tenemos:

$$D_{\mathbf{u}} f(P) = \nabla f(P) \bullet \mathbf{u} = \| \nabla f(P) \| \, \| \mathbf{u} \| \cos \theta = \| \nabla f(P) \| \cos \theta$$

Esto es,

$$D_{\mathbf{u}} f(P) = \| \nabla f(P) \| \cos \theta$$

Pero, $-1 \leq \cos \theta \leq 1$, $\cos \theta = 1$ cuando $\theta = 0$ y $\cos \theta = -1$ cuando $\theta = \pi$.

Luego,

$D_{\mathbf{u}} f(P)$ es máxima cuando $\theta = 0$. Es decir, cuando $\mathbf{u} = \dfrac{\nabla f(P)}{\| \nabla f(P) \|}$ y este máximo es $D_{\mathbf{u}} f(P) = \| \nabla f(P) \|$.

$D_{\mathbf{u}} f(P)$ es mínima cuando $\theta = \pi$. Es decir, cuando $\mathbf{u} = -\dfrac{\nabla f(P)}{\| \nabla f(P) \|}$ y este mínimo $D_{\mathbf{u}} f(P) = -\| \nabla f(P) \|$.

OBSERVACION. Este teorema nos dice que en el punto P la función crece más rápidamente en dirección del vector gradiente $\nabla f(P)$ y decrece más rápidamente en la dirección opuesta.

EJEMPLO 7. Sea $f(x, y, z) = xz^2 - y^3$

1. Hallar el vector unitario $\mathbf{u}$ para el cual $D_{\mathbf{u}} f(P)$ en el punto $P =$ (0, 1, 2) es máxima. Determinar el valor de esta derivada direccional máxima.

2. Hallar el vector unitario $\mathbf{u}$ para el cual $D_{\mathbf{u}} f(P)$ en el punto $P =$ (0, 1, 2) es mínima. Determinar el valor de esta derivada direccional mínima.

Solución

Tenemos que:

$$\nabla f(x, y, z) = \left\langle z^2, 3y^2, 2xz \right\rangle \Rightarrow \nabla f(0,\ 1,\ 2) = \left\langle 2^2,\ 3(1)^2,\ 2(0)(2) \right\rangle = \langle 4,3,0 \rangle$$

Luego,

1. El vector unitario para el cual $D_{\mathbf{u}} f(0,1,2)$ es máxima es

$$\mathbf{u} = \frac{\nabla f(0,\ 1,\ 2)}{\|\nabla f(0,\ 1,\ 2)\|} = \frac{\langle 4,\ 3,\ 0\rangle}{\|\langle 4,\ 3,\ 0\rangle\|} = \frac{1}{\sqrt{4^2 + 3^2 + 0^2}} \langle 4,\ 3,\ 0\rangle = \left\langle \frac{4}{5},\ \frac{3}{5},\ 0 \right\rangle$$

El valor de esta derivada direccional máxima es $\|\nabla f(0,\ 1,\ 2)\| = 5$

2. El vector unitario para el cual la derivada direccional es mínima es

$$\mathbf{u} = -\frac{\nabla f(0,\ 1,\ 2)}{\|\nabla f(0,\ 1,\ 2)\|} = -\left\langle \frac{4}{5},\ \frac{3}{5},\ 0 \right\rangle = \left\langle -\frac{4}{5},\ -\frac{3}{5},\ 0 \right\rangle$$

El valor de esta derivada direccional mínima es $-\|\nabla f(0,\ 1,\ 2)\| = -5$

EJEMPLO 8. La temperatura en grados centígrados en la superficie de una placa metálica es

$$T(x, y) = 40 - 3x^2 - y^2,$$

donde x e y están dada en centímetros.

Hallar la dirección en la que la temperatura aumenta más rápidamente en el punto (1, 3). ¿Cuál es la tasa de crecimiento?

Solución

$$\nabla T(x, y) = \left\langle T_x(x, y), T_y(x, y) \right\rangle = \langle -6x, -2y \rangle \Rightarrow \nabla T(1,\ 3) = \langle -6,\ -6 \rangle$$

Luego, la temperatura está creciendo más rápidamente en la dirección del vector $\langle -6,\ -6\rangle$. El vector unitario en esta dirección es $\mathbf{u} = \frac{1}{\sqrt{2}}\langle -1,\ -1\rangle$

La razón de cambio de la temperatura es

$$\| \nabla T(1,3) \| = \| \langle -6,-6 \rangle \| = 6\sqrt{2} \approx 8.49\ ^{o}\text{C por cm.}$$

En el mundo actual ya contamos con objetos que se mueven buscando el calor. Estos buscadores de calor prestan utilidad en medicina, para localizar tumores. En el campo militar se han construido misiles que localizan y destruyen objetivos generadores de calor. El siguiente ejemplo nos ilustra cómo el gradiente nos permite encontrar la trayectoria de un buscador.

EJEMPLO 8. **Trayectoria de un buscador de calor.**

Un rastreador de calor se encuentra en el punto $(8, -12)$ sobre una placa metálica plana cuya temperatura en el punto (x, y) es

$$T(x,y) = 500 - 3x^2 - 2y^2$$

El rastreador se mueve continuamente en la dirección del incremento máximo de temperatura.

a. Hallar las ecuaciones paramétricas de la trayectoria.

b. Hallar la ecuación cartesiana de la trayectoria.

Solución

a. Tenemos que

$$\nabla T(x,y) = \langle -6x, -4y\rangle$$

Sea $\mathbf{r}(t) = \langle x(t), y(t)\rangle$ la trayectoria paramétrica del rastreador. Se debe cumplir que

$\mathbf{r}(0) = \langle 8,\ -12\rangle$. O bien, $x(0) = 8$ y $y(0) = -12$

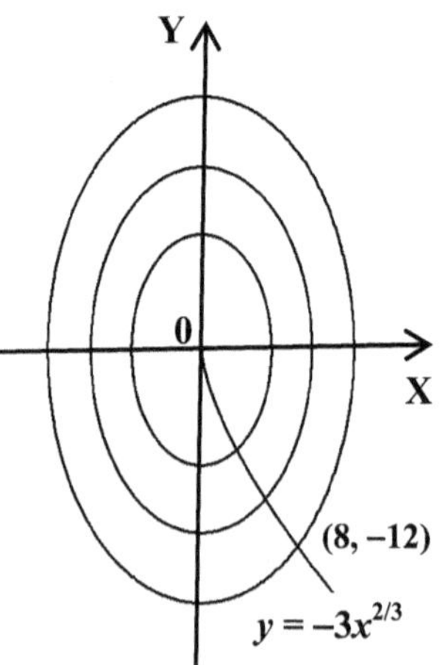

Además, como se mueve en dirección del incremento máximo de temperatura, el vector velocidad,

$$\mathbf{r}'(t) = \left\langle \frac{dx}{dt}, \frac{dy}{dt} \right\rangle = \langle x'(t),\ y'(t)\rangle$$

debe seguir la dirección del gradiente $\nabla T(x,y)$.

Esto es,

$$\langle x'(t),\ y'(t)\rangle = \langle -6x, -4y\rangle.$$

Luego,

(1) $x'(t) = -6x$ y **(2)** $y'(t) = -4y$

De (1) obtenemos:

$$\frac{x'(t)}{x(t)} = -6 \Rightarrow \int \frac{x'(t)}{x(t)}dt = \int -6dt \Rightarrow \ln|\, x(t)\,| = -6t + k_1 \Rightarrow$$

$$|\, x(t)\,| = e^{k_1}e^{-6t} \Rightarrow |\, x(t)\,| = C_1\, e^{-6t} \text{ , donde } C_1 = e^{k_1}$$

Pero,

$$|\, x(t)\,| = C_1\, e^{-6t} \text{ y } x(0) = 8 \Rightarrow C_1\, e^{-6(0)} = |\, x(0)\,| = 8 \Rightarrow C_1 = 8 \Rightarrow$$

$$|\, x(t)\,| = 8\, e^{-6t}. \quad \text{Como } x(0) = 8 > 0, \text{ entonces } x(t) = 8e^{-6t}.$$

De **(2)** obtenemos:

$$\frac{y'(t)}{y(t)} = -4 \Rightarrow \int \frac{y'(t)}{y(t)}dt = \int -4dt \Rightarrow \ln|\, y(t)\,| = -4t + k_2 \Rightarrow$$

$$|\, y(t)\,| = e^{k_2}e^{-4t} \Rightarrow |\, y(t)\,| = C_2\, e^{-4t} \text{ , donde } C_2 = e^{k_2}$$

Pero,

$$|\, y(t)\,| = C_2\, e^{-4t} \text{ y } y(0) = -12 \Rightarrow C_2\, e^{-2(0)} = |\, y(0)\,| = 12 \Rightarrow C_2 = 12 \Rightarrow$$

$$|\, y(t)\,| = 12e^{-2t}. \text{ Como } y(0) = -12 < 0, \text{ entonces } y(t) = -12e^{-4t}$$

En consecuencia, las ecuaciones paramétricas de la trayectoria, son $\begin{cases} x = 8e^{-6t} \\ y = -12e^{-4t} \end{cases}$

b. Hallemos la ecuación cartesiana de la trayectoria:

Tenemos que $x(t) = 8e^{-6t} \Rightarrow e^{-6t} = \dfrac{x}{8}$

Ahora,

$$y = -12e^{-4t} = -12\left(e^{-6t}\right)^{\frac{2}{3}} = -12\left(\frac{x}{8}\right)^{\frac{2}{3}} = -3x^{2/3}. \text{ Esto es,}$$

$$y = -3x^{2/3}.$$

GRADIENTES Y PLANOS TANGENTES A SUPERFICIES DE NIVEL

En esta parte nos enfocaremos a estudiar planos tangentes a superficies de nivel en el espacio tridimensional.

Sea S una superficie y P_0 un punto de S. Se dice que un vector **v** es **normal** o es **ortogonal** a la superficie S en el punto P_0 si **v** es ortogonal (perpendicular) a todo vector tangente en P_0 de cualquier curva lisa sobre la superficie que pasa por P_0.

Nuestro interés se concentrará en las superficies de nivel. Recordemos que una superficie de nivel es la gráfica de una ecuación $F(x,y,z)=k$, donde k es una constante. El siguiente teorema nos asegura que el gradiente $\nabla F(x,y,z)$ es un vector normal a la superficie $F(x,y,z)=k$.

TEOREMA 3.15 El gradiente es normal a una superficie de nivel

Sea $F(x,y,z)$ de clase $C^{(1)}$ y sea S la superficie de nivel $F(x,y,z)=k$. Si $P_0=(x_0,y_0,z_0)$ es un punto de S en el cual $\nabla F(P_0)\neq \mathbf{0}$, entonces $\nabla F(P_0)$ es normal a S en P_0.

Demostración

Sea C: $\mathbf{r}(t)=\langle x(t),y(t),z(t)\rangle$ una curva suave en S que pasa por $P_0=(x_0,y_0,z_0)$. Supongamos que $\mathbf{r}(t_0)=(x(t_0),y(t_0),z(t_0))=(x_0,y_0,z_0)$.

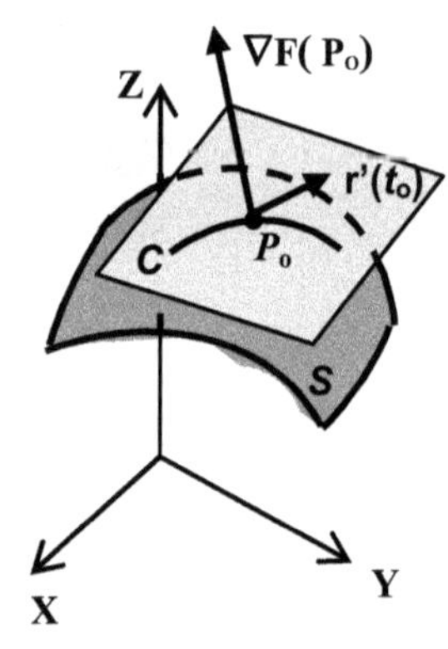

El vector tangente a la curva C en P_0 es $\mathbf{r}'(t_0)$.

Debemos probar que

$$\nabla F(P_0)\cdot \mathbf{r}'(t_0)=0.$$

Bien, como $\mathbf{r}(t)$ está en S, entonces

$$F(x(t),y(t),z(t))=k.$$

Derivamos esta ecuación respecto a t, aplicando la regla de la cadena,

$$\frac{d}{dt}\big(F(x(t),y(t),z(t))\big)=\frac{d}{dt}(k)\Rightarrow$$

$$F_x(x(t),y(t),z(t))x'(t)+F_y(x(t),y(t),z(t))y'(t)+F_z(x(t),y(t),z(t))z'(t)=0$$

Esto es,

$$\nabla F(x(t),y(t),z(t))\cdot\langle x'(t),y'(t),z'(t)\rangle=0$$

Para $t=t_0$,

$$\nabla F(x(t_0),y(t_0),z(t_0))\cdot\langle x'(t_0),y'(t_0),z'(t_0)\rangle=0\Rightarrow\nabla F(P_0)\cdot\mathbf{r}'(t_0)=0$$

El teorema anterior nos permite definir plano tangente y recta normal de una superficie de nivel del modo siguiente:

Sea F de clase $C^{(1)}$ en un abierto U de $\mathbb{R}^3$. Sea S la superficie de nivel

$$S : F(x, y, z) = k$$

y sea $P_0 = (x_0, y_0, z_0)$ un punto de S, en donde $\nabla F(P_0) \neq \mathbf{0}$.

El **plano tangente a la superficie** $\boldsymbol{S}$: $F(x, y, z) = k$ en el punto P_0 es el plano que pasa por P_0 y tiene como vector normal a $\nabla F(P_0)$. En consecuencia, su ecuación canónica es

$$F_x(x_0, y_0, z_0)(x - x_0) + F_y(x_0, y_0, z_0)(y - y_0) + F_z(x_0, y_0, z_0)(z - z_0) = 0$$

La **recta normal** a la superficie $S : F(x, y, z) = k$ en el punto $P_0 = (x_0, y_0, z_0)$ es la recta que pasa por P_0 y tiene como vector director al vector $\nabla F(P_0)$. En consecuencia, las ecuaciones paramétricas y simétricas de esta recta normal son:

Ecuaciones paramétricas

$$\begin{cases} x = x_0 + F_x(x_0, y_0, z_0)t \\ y = y_0 + F_y(x_0, y_0, z_0)t \\ z = z_0 + F_z(x_0, y_0, z_0)t \end{cases}$$

Ecuaciones simétricas

$$\frac{x - x_0}{F_x(x_0, y_0, z_0)} = \frac{y - y_0}{F_y(x_0, y_0, z_0)} = \frac{z - z_0}{F_z(x_0, y_0, z_0)}$$

OBSERVACION.

En la sección 3.4 hemos estudiado planos tangentes y rectas normales a una superficie que es el gráfico de una un función de dos variables: $S : z = f(x, y)$

Esta superficie S: $z = f(x, y)$ es un caso particular de las superficies de nivel. En efecto, $z = f(x, y) \Leftrightarrow f(x, y) - z = 0$

Luego, si $F(x, y, z) = f(x, y) - z$, entonces $z = f(x, y) \Leftrightarrow F(x, y, z) = 0$ y, por tanto,

$$S: z = f(x, y) \Leftrightarrow S: F(x, y, z) = 0$$

Además, $\nabla F(x_0, y_0, z_0) = \langle f_x(x_0, y_0), f_y(x_0, y_0), -1 \rangle$

Si reemplazamos estos valores de $\nabla F(x_0, y_0, z_0)$ en las ecuaciones del plano tangente y de la recta normal anteriores, obtenemos las ecuaciones del plano tangente y de la recta normal obtenidas en sección 3.4.

EJEMPLO 9. Hallar las ecuaciones del plano tangente y de la recta normal en el punto (1, –3, 2) del elipsoide

$$\frac{x^2}{6}+\frac{y^2}{3}+\frac{z^2}{2}=1$$

Solución

Si $F(x,y,z)=\dfrac{x^2}{6}+\dfrac{y^2}{3}+\dfrac{z^2}{2}$, entonces el elipsoide está dado por $F(x,y,z)=1$

Tenemos:

$$F_x(x,y,z)=\frac{x}{3},\ F_y(x,y,z)=\frac{2}{3}y,\ F_z(x,y,z)=z \quad\Rightarrow$$

$$F_x(1,-3,2)=\frac{1}{3},\qquad F_y(1,-3,2)=-2,\qquad F_z(1,-3,2)=2$$

Luego,

La ecuación del plano tangente es

$\dfrac{1}{3}(x-1)-2(y+3)+2(z-2)=0$ ó, simplificando, $x-6y+6z-33=0$

Las ecuaciones simétricas de la recta normal son:

$$\frac{x-1}{1/3}=\frac{y+3}{-2}=\frac{z-2}{2}$$

Supongamos que las dos superficies de nivel

$$S_1:\ F(x,y,z)=k_1 \quad \text{y} \quad S_2:\ G(x,y,z)=k_2$$

se interceptan formando la curva C. Si $P=(x_0,y_0,z_0)$ es un punto de esta curva, entonces la recta tangente a C en el punto P está en el plano tangente a S_1 y en el plano tangente a S_2 en el punto P. De hecho, esta recta tangente es la intersección de estos dos planos tangentes. En consecuencia, el vector

$$\mathbf{T}=\nabla F(x_0,y_0,z_0)\times\nabla G(x_0,y_0,z_0)$$

es tangente a la curva C en el punto $P=(x_0,y_0,z_0)$ y es ortogonal al plano normal a la curva en este mismo punto.

EJEMPLO 10. El punto $P=(3,-4,5)$ está en la curva C formada por la intersección de las dos superficies:

$$S_1: x^2+y^2=z^2,\quad S_2:\ 2x^2+2y^2-25=z^2$$

Hallar una ecuación del plano normal (perpendicular) a la curva C en el punto $P=(3,-4,5)$.

Solución

Sea $F(x, y, z) = x^2 + y^2 - z^2$ y $G(x, y, z) = 2x^2 + 2y^2 - 25 - z^2$

Un vector tangente a C en P es

$$\mathbf{T} = \nabla F(P) \times \nabla G(P)$$

Hallemos el valor de **T.**

$\nabla F(x,y,z) = \langle 2x,\ 2y, -2z\rangle = 2\langle x,\ y, -z\rangle$ y $\nabla F(3,-4,5) = 2\langle 3,-4,-5\rangle$

$\nabla G(x,y,z) = \langle 4x,\ 4y, -2z\rangle = 2\langle 2x,\ 2y, -z\rangle$ y $\nabla G(3,-4,5) = 2\langle 6,-8,-5\rangle$

$$\mathbf{T} = \nabla F(3,-4,5) \times \nabla G(3,-4,5) = 4\begin{vmatrix} \mathbf{i} & \mathbf{j} & \mathbf{k} \\ 3 & -4 & -5 \\ 6 & -8 & -5 \end{vmatrix} = -20\langle 4,\ 3,\ 0\rangle$$

Luego, una ecuación para el plano normal es

$$4(x-3) + 3(y+4) = 0. \quad \text{O bien,} \quad 4x + 3y = 0$$

GRADIENTES Y RECTAS TANGENTES A CURVAS DE NIVEL

En esta parte, traduciremos al espacio bidimensional los resultados que acabamos de discutir en el espacio tridimensional. Los resultados, como es de esperar, son enteramente similares a los ya obtenidos anteriormente.

TEOREMA 3.16 **El gradiente es normal a una curva de nivel**

Sea $z = f(x,y)$ de clase $C^{(1)}$ y sea C la curva de nivel $f(x,y) = k$.

Si $P_0 = (x_0, y_0)$ es un punto de C en el cual $\nabla f(P_0) \neq \mathbf{0}$, entonces $\nabla f(P_0)$ es normal a C en P_0.

Demostración

Seguir los mismos pasos dados en la demostración del teorema anterior.

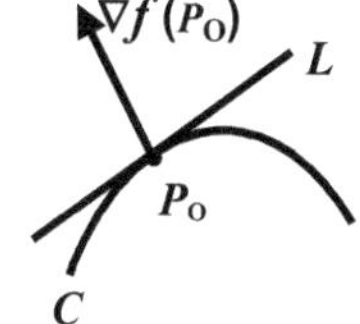

RECTA TANGENTE A UNA CURVA DE NIVEL

Ahora, buscamos una ecuación para la recta L, que es **la recta tangente** a la curva de nivel C: $f(x,y) = k$ en el punto $P_0 = (x_0, y_0)$.

De acuerdo al teorema anterior, el vector

$$\nabla f(P_0) = \nabla f(x_0, y_0) = \langle f_x(x_0, y_0), f_y(x_0, y_0) \rangle$$

es un vector perpendicular a la recta. Luego, si (x, y) es un punto de L, entonces $\nabla f(x_0, y_0)$ y $\overrightarrow{P_0 P} = \langle x - x_0, y - y_0 \rangle$ son ortogonales y, por tanto,

$$\nabla f(x_0, y_0) \cdot \langle x - x_0, y - y_0 \rangle = 0 \Rightarrow$$

$$\langle f_x(x_0, y_0), f_y(x_0, y_0) \rangle \cdot \langle x - x_0, y - y_0 \rangle = 0$$

De donde, obtenemos la ecuación para L:

$$L : f_x(x_0, y_0)(x - x_0) + f_y(x_0, y_0)(y - y_0) = 0$$

EJEMPLO 10. Hallar la ecuación de la recta tangente de a la elipse

$$\frac{x^2}{4} + \frac{y^2}{12} = 1$$

en el punto $(-1, 3)$

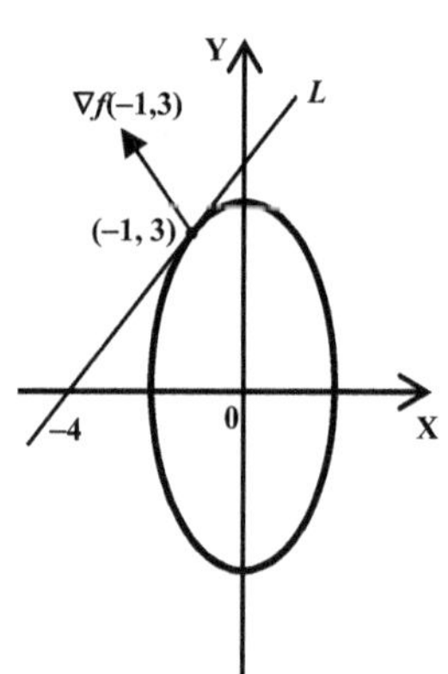

Solución

Sea $f(x, y) = \dfrac{x^2}{4} + \dfrac{y^2}{12}$

Esta elipse es la curva de nivel $f(x, y) = 1$

$$\nabla f(x, y) = \left\langle \frac{x}{2}, \frac{y}{6} \right\rangle \Rightarrow \nabla f(-1, 3) = \left\langle -\frac{1}{2}, \frac{1}{2} \right\rangle$$

Luego, la ecuación de la recta tangente L es

$$-\frac{1}{2}(x+1) + \frac{1}{2}(x-3) = 0, \text{ ó, simplificando, } x - y + 4 = 0$$

PROBLEMAS RESUELTOS 3. 6

PROBLEMA 1. La derivada direccional de una función $z = f(x, y)$ en el punto $P = (1, 3)$ y en la dirección de P a $Q = (2, 4)$ es $\sqrt{2}$; y en la dirección del vector unitario que forma un ángulo de $\dfrac{\pi}{6}$ con el eje X positivo es $-2 + 3\sqrt{3}$.

a. Hallar $\nabla f(2,\ 3)$

b. Hallar la derivada direccional en $P = (1,\ 3)$ y en la dirección de P a $M = (-2, -1)$.

Solución

a. Sea $\nabla f(2,\ 3) = \langle a, b\rangle$

El vector de $P = (1, 3)$ a $Q = (2, 4)$ es $\langle 2-1,\ 4-3\rangle = \langle 1,\ 1\rangle$. El vector unitario en la dirección del vector $\langle 1,\ 1\rangle$ es $\mathbf{u_1} = \dfrac{1}{\sqrt{2}}\langle 1,\ 1\rangle = \left\langle \dfrac{\sqrt{2}}{2},\ \dfrac{\sqrt{2}}{2}\right\rangle$

Nos dicen que: $D_{\mathbf{u_1}} f(1,\ 3) = \sqrt{2}$. Luego,

$$\nabla f(2,\ 3) \bullet \left\langle \frac{\sqrt{2}}{2},\ \frac{\sqrt{2}}{2}\right\rangle = \sqrt{2} \Rightarrow \langle a,b\rangle \bullet \left\langle \frac{\sqrt{2}}{2},\ \frac{\sqrt{2}}{2}\right\rangle = \sqrt{2} \Rightarrow$$

$$\frac{\sqrt{2}}{2}a + \frac{\sqrt{2}}{2}b = \sqrt{2} \Rightarrow a + b = 2 \qquad \textbf{(1)}$$

Por otro lado, el vector unitario que forma un ángulo de $\dfrac{\pi}{6}$ con el eje X positivo es

$$\mathbf{u_2} = \left\langle \cos \pi/6,\ \operatorname{sen} \pi/6 \right\rangle = \left\langle \frac{\sqrt{3}}{2},\ \frac{1}{2}\right\rangle$$

Nos dicen que: $D_{\mathbf{u_2}} f(1,\ 3) = -2 + 3\sqrt{3}$. Luego,

$$\nabla f(2,\ 3) \bullet \left\langle \frac{\sqrt{3}}{2},\ \frac{1}{2}\right\rangle = -2 + 3\sqrt{3} \Rightarrow \langle a,b\rangle \bullet \left\langle \frac{\sqrt{3}}{2},\ \frac{1}{2}\right\rangle = -2 + 3\sqrt{3} \Rightarrow$$

$$\frac{\sqrt{3}}{2}a + \frac{1}{2}b = -2 + 3\sqrt{3} \Rightarrow \sqrt{3}\,a + b = -4 + 6\sqrt{3} \qquad \textbf{(2)}$$

Las ecuaciones (1) y (2) conforman el siguiente sistema:

$$\begin{cases} a + b = 2 \\ \sqrt{3}a + b = -4 + 6\sqrt{3} \end{cases},$$

cuya solución es $a = 6$ y $b = -4$.

Luego,

$$\nabla f(2,\ 3) = \langle 6,\ -4\rangle$$

b. El vector de $P = (1, 3)$ a $M = (-2, -1)$ es $\langle -2-1,\ -1-3\rangle = \langle -3,\ -4\rangle$. El vector unitario en la dirección del vector $\langle -3,\ -4\rangle$ es $\mathbf{u_3} = \left\langle -\dfrac{3}{5},\ -\dfrac{4}{5}\right\rangle$. Luego,

$$D_{\mathbf{u_3}} f(1,\ 3) = \nabla f(2,\ 3) \bullet \left\langle -\frac{3}{5},\ -\frac{4}{5}\right\rangle = \langle 6,\ -4\rangle \bullet \left\langle -\frac{3}{5},\ -\frac{4}{5}\right\rangle = -\frac{2}{5}$$

PROBLEMA 2. La superficie de una colina es descrita por la ecuación

$$z = f(x, y) = 500{,}5 - \frac{x^2}{80} - \frac{y^2}{160},$$

donde x, y, z están dados en metros.

El eje positivo Y señala hacia el norte y el eje positivo X, hacia el este. Un hombre está parado en el punto (40, 60, 458).

a. Si el hombre camina hacia el sur. ¿El hombre asciende o desciende? ¿A qué razón de cambio?

b. Si el hombre camina hacia el sureste. ¿El hombre asciende o desciende? ¿A qué razón de cambio?

c. Si el hombre quiere ascender siguiendo la máxima pendiente. ¿Que dirección debe tomar? ¿Cuál es la razón en esta dirección? ¿Con qué ángulo sobre la horizontal comienza este ascenso? Si **u** es la dirección con que se inicia el ascenso a partir de un punto $(P, f(P))$, el ángulo sobre la horizontal con que comienza este ascenso es $\theta = \tan^{-1}\left(D_{\mathbf{u}} f(P)\right)$.

Solución

Tenemos que:

$$\nabla f(x, y) = \left\langle -\frac{x}{40}, -\frac{y}{80} \right\rangle \quad \text{y} \quad \nabla f(40, 60) = \left\langle -1, -\frac{3}{4} \right\rangle$$

a. La dirección hacia el sur corresponde al vector unitario $-\mathbf{j} = \langle 0, -1 \rangle$. Luego,

$$D_{\mathbf{j}} f(40, 60) = \nabla f(40, 60) \bullet (-\mathbf{j}) = \left\langle -1, -\frac{3}{4} \right\rangle \bullet \langle 0, -1 \rangle = \frac{3}{4} = 0.75$$

Luego, si el hombre camina en dirección sur, él está ascendiendo a razón de 0.75 .metros verticales por cada metro horizontal.

b. La dirección hacia el sureste corresponde al vector unitario

$$\mathbf{u} = \frac{1}{\sqrt{2}} \langle 1, -1 \rangle = \left\langle \frac{1}{\sqrt{2}}, -\frac{1}{\sqrt{2}} \right\rangle.$$

Luego,

$$D_{\mathbf{u}} f(40, 60) = \nabla f(40, 60) \bullet \mathbf{u} = \left\langle -1, -\frac{3}{4} \right\rangle \bullet \left\langle \frac{\sqrt{2}}{2}, -\frac{\sqrt{2}}{2} \right\rangle = -\frac{\sqrt{2}}{8} \approx -0.177$$

Luego, si el hombre camina en dirección sureste, él está descendiendo a razón de 0.177 metros verticales por cada metro horizontal.

c. La dirección de máxima pendiente es $\nabla f(40, 60) = \left\langle -1, -\frac{3}{4} \right\rangle$ y la razón de cambio en esta dirección es

$$\| \nabla f(40,\ 60) \| = \left\| \left\langle -1,\ -\frac{3}{4} \right\rangle \right\| = \frac{5}{4} = 1.25$$

Esto es, caminando es esta dirección, se asciende a razón de 1.25 metros verticales por cada metro horizontal. El ángulo sobre la horizontal con que comienza este ascenso es

$$\theta = \tan^{-1}(1.25) = 51.34^{\circ}$$

PROBLEMA 3. Calcular la derivada direccional de la función

$$f(x,y,z) = \sqrt{x^2 + y^2 + z^2}$$

en el punto $(-1,\ 2,\ 2)$ y en las direcciones de la recta tangente en el punto $(-1,\ 2,\ 2)$ de la curva C determinada por la intersección de las superficies

$$3x - 2y + z = -5, \qquad 2x^2 + y^2 - z = 4\,.$$

Solución

Sea $F(x, y, z) = 3x - 2y + z$ y $G(x, y, z) = 2x^2 + y^2 - z$

Un vector tangente a la curva C en el punto $(-1,\ 2,\ 2)$ está dado por

$$\mathbf{v} = \nabla F(-1,\ 2,\ 2) \times \nabla G(-1,\ 2,\ 2)$$

Pero, $\nabla F(x, y, z) = \langle 3, -2,\ 1 \rangle$ y $\nabla F(-1,\ 2,\ 2) = \langle 3, -2,\ 1 \rangle$,

$$\nabla G(x,\ y,\ z) = \langle 4x, 2y, -1 \rangle \ \text{ y } \ \nabla G(-1,\ 2,\ 2) = \langle -4,\ 4, -1 \rangle$$

$$\mathbf{v} = \nabla F(-1,\ 2,\ 2) \times \nabla G(-1,\ 2,\ 2) = \begin{vmatrix} \mathrm{i} & \mathrm{j} & \mathrm{k} \\ 3 & -2 & 1 \\ -4 & 4 & 1 \end{vmatrix} = \langle -2, -1,\ 4 \rangle$$

Un vector unitario determinado por el vector tangente $\mathbf{v}$ es

$$\mathbf{u} = \frac{1}{\| \mathbf{v} \|}\mathbf{v} = \frac{1}{\sqrt{21}}\langle -2, -1,\ 4 \rangle\,.$$

El otro vector unitario determinado por el vector tangente $\mathbf{v}$ es $-\mathbf{u}$

Por otro lado,

$$\nabla f(x,\ y,\ z) = \frac{1}{\sqrt{x^2 + y^2 + z^2}}\langle x, y, z \rangle \ \text{ y } \ \nabla f(-1,\ 2,\ 2) = \frac{1}{3}\langle -1,\ 2,\ 2 \rangle$$

Por último tenemos

$$D_{\mathrm{u}} f(-1,2,2)=\nabla f(-1,\ 2,\ 2)\bullet \mathbf{u}=\frac{1}{3}\langle -1,\ 2,\ 2\rangle \bullet \frac{1}{\sqrt{21}}\langle -2,-1,\ 4\rangle=\frac{8}{3\sqrt{21}}$$

La otra derivada direccional es

$$D_{-\mathrm{u}} f(-1,\ 2,\ 2)=\nabla f(-1,\ 2,\ 2)\bullet(-\mathbf{u})=-\nabla f(-1,\ 2,\ 2)\bullet \mathbf{u}=-\frac{8}{3\sqrt{21}}$$

PROBLEMA 4. **Una función que en un punto tiene todas las derivadas direccionales y, sin embargo, no es diferenciable.**

a. Probar que la siguiente función

$$f(x,y)=\begin{cases}\dfrac{x^2y}{x^4+y^2}, & \text{si } (x,\ y)\neq(0,\ 0)\\ 0, & \text{si } (x,\ y)=(0,\ 0)\end{cases}$$

tiene derivada direccional en cualquier dirección en el punto $(0,\ 0)$

b. Probar que f no es diferenciable en $(0,\ 0)$

Solución

a. Sea el vector unitario $\mathbf{u}=(u_1,\ u_2)$.

$$D_{\mathbf{u}} f(0,\ 0)=\lim_{h\to 0}\frac{f(0+hu_1,\ 0+hu_2)-f(0,0)}{h}=\lim_{h\to 0}\frac{f(hu_1,\ hu_2)}{h}$$

$$=\lim_{h\to 0}\frac{h^3u_1^2u_2}{h\left(h^4u_1^4+h^2u_2^2\right)}=\lim_{h\to 0}\frac{u_1^2u_2}{h^2u_1^4+u_2^2}$$

Si $u_2\neq 0$, entonces $D_{\mathbf{u}} f(0,\ 0)=\lim\limits_{h\to 0}\dfrac{u_1^2u_2}{h^2u_1^4+u_2^2}=\dfrac{u_1^2u_2}{0+u_2^2}=\dfrac{u_1^2}{u_2}$

Si $u_2=0$, entonces

$$D_{\mathbf{u}} f(0,\ 0)=\lim_{h\to 0}\frac{u_1^2(0)}{h^2u_1^4+0^2}=\lim_{h\to 0}\frac{0}{hu_1^4}=0$$

En conclusión,

$$D_{\mathbf{u}} f(0,\ 0)=\begin{cases}\dfrac{u_1^2}{u_2}, & \text{si } u_2\neq 0\\ 0, & \text{si } u_2=0\end{cases}$$

Lo cual nos dice que la derivada direccional $D_{\mathbf{u}} f(0,\ 0)$ existe en todas las direcciones.

b. Probaremos que f no es continua en $(0,\ 0)$ y, por tanto, no puede ser diferenciable en este punto.

Tomemos el camino $C = \left\{\ (x, y) \in \mathbb{R}^2 \ /\ y = x^2 \right\}$

Tenemos que:

$$\underset{\substack{(x,\, y)\to(0,\ 0)\\ (\text{a lo largo de } C)}}{\text{Lim}} f(x, y) = \underset{x\to 0}{\text{Lim}}\, f\left(x, x^2\right) = \underset{x\to 0}{\text{Lim}} \frac{x^2 x^2}{\left(x^2\right)^2 + x^4}$$

$$= \underset{x\to 0}{\text{Lim}} \frac{x^4}{2x^4} = \frac{1}{2} \neq 0 = f(0,\ 0)$$

Luego, f no es continua en $(0,\ 0)$.

PROBLEMA 5. Hallar una ecuación del plano tangente a la esfera

$$x^2 + y^2 + z^2 = 9$$

que es paralelo al plano $8x - 8y + 4z = 1$

Solución

Sea $P = \left(x_0, y_0,\ z_0\right)$ el punto de tangencia.

Si $F(x, y, z) = x^2 + y^2 + z^2$, la esfera dada es la superficie de nivel $F(x, y, z) = 9$

Un vector normal al plano tangente es

$$\nabla F\left(x_0, y_0,\ z_0\right) = \left\langle 2x_0, 2y_0,\ 2z_0\right\rangle$$

Un vector normal al plano $8x - 8y + 4z = 1$ es $\langle 8,\ -8,\ 4\rangle$

El vector $\nabla F\left(x_0, y_0,\ z_0\right)$ debe ser paralelo al vector $\langle 8,\ -8,\ 4\rangle$. Luego,

$$\left\langle 2x_0, 2y_0,\ 2z_0\right\rangle = k\langle 8,\ -8,\ 4\rangle \Rightarrow\ x_0 = 4k,\ \ y_0 = -4k,\ \ z_0 = 2k.$$

Como $\left(x_0, y_0,\ z_0\right)$ es un punto de la esfera, entonces

$$x_0^2 + y_0^2 + z_0^2 = 9 \Rightarrow 16k^2 + 16k^2 + 4k^2 = 9 \Rightarrow 36k^2 = 9 \Rightarrow k^2 = \frac{1}{4} \Rightarrow k = \pm\frac{1}{2}$$

Existen dos puntos de tangencia,

$$\left(x_0, y_0,\ z_0\right) = \left(\frac{4}{2},\ -\frac{4}{2},\ \frac{2}{2}\right) = (2,\ -2,\ 1)\ \text{ y }\ \left(x_0, y_0,\ z_0\right) = (-2,\ 2, -1)$$

y, por lo tanto, existen dos planos tangentes:

$$8(x-2)-8(y+2)+4(z-1)=0 \quad \text{y} \quad 8(x+2)-8(y-2)+4(z+1)=0$$

O bien, simplificando,

$$2x-2y+z-9=0 \qquad \text{y} \qquad 2x-2y+z+9=0$$

PROBLEMA 6. Sea la superficie $S: \sqrt{x}+\sqrt{y}+\sqrt{z}=a, \ a>0$

Si $P=(x_0, y_0, z_0)$ es un punto de la superficie que no está en ninguno de los ejes, probar que:

a. Una ecuación del plano tangente a S en el punto (x_0, y_0, z_0) es

$$\frac{x}{\sqrt{x_0}}+\frac{y}{\sqrt{y_0}}+\frac{z}{\sqrt{z_0}}=a$$

b. La suma de las longitudes de los segmentos determinados por el plano tangente en los ejes coordenados es constante e igual a a^2.

Solución

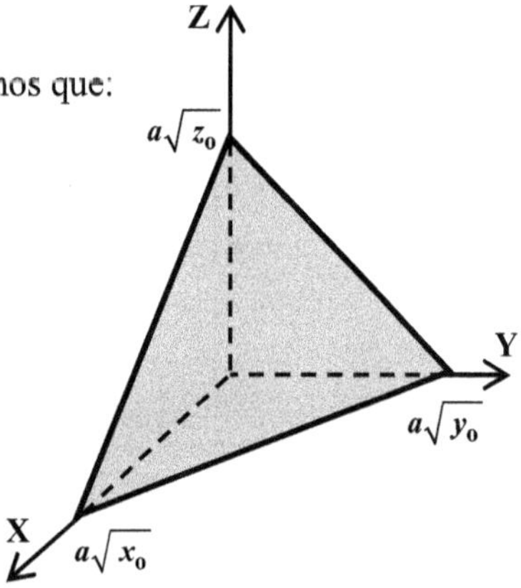

Z

$a\sqrt{z_0}$

Y

$a\sqrt{y_0}$

X

$a\sqrt{x_0}$

a. Sea $F(x,y,z)=\sqrt{x}+\sqrt{y}+\sqrt{z}$. Tenemos que:

$$\nabla F(x,y,z)=\left\langle \frac{1}{2\sqrt{x}}, \frac{1}{2\sqrt{y}}, \frac{1}{2\sqrt{z}} \right\rangle \text{ y}$$

$$\nabla F(x_0, y_0, z_0)=\frac{1}{2}\left\langle \frac{1}{\sqrt{x_0}}, \frac{1}{\sqrt{y_0}}, \frac{1}{\sqrt{z_0}} \right\rangle$$

Una ecuación del plano tangente en el punto $P=(x_0, y_0, z_0)$ es

$$\frac{1}{\sqrt{x_0}}(x-x_0)+\frac{1}{\sqrt{y_0}}(y-y_0)+\frac{1}{\sqrt{z_0}}(z-z_0)=0 \Rightarrow$$

$$\frac{x}{\sqrt{x_0}}+\frac{y}{\sqrt{y_0}}+\frac{z}{\sqrt{z_0}}=\frac{x_0}{\sqrt{x_0}}+\frac{y_0}{\sqrt{y_0}}+\frac{z_0}{\sqrt{z_0}} \Rightarrow$$

$$\frac{x}{\sqrt{x_0}}+\frac{y}{\sqrt{y_0}}+\frac{z}{\sqrt{z_0}}=\sqrt{x_0}+\sqrt{y_0}+\sqrt{z_0} \Rightarrow \frac{x}{\sqrt{x_0}}+\frac{y}{\sqrt{y_0}}+\frac{z}{\sqrt{z_0}}=a$$

b. Intersección con el eje X: $y=0, \ z=0 \Rightarrow \dfrac{x}{\sqrt{x_0}}=a \Rightarrow x=a\sqrt{x_0}$

Intersección con el eje Y: $x=0,\ z=0 \Rightarrow \dfrac{y}{\sqrt{y_0}} = a \Rightarrow y = a\sqrt{y_0}$

Intersección con el eje Z: $y=0,\ x=0 \Rightarrow \dfrac{z}{\sqrt{z_0}} = a \Rightarrow z = a\sqrt{z_0}$

Tenemos que: $a\sqrt{x_0} + a\sqrt{y_0} + a\sqrt{z_0} = a\left(\sqrt{x_0} + \sqrt{y_0} + \sqrt{z_0}\right) = a^2.$

PROBLEMA 7. Hallar una ecuación del plano tangente al elipsoide

$$\frac{x^2}{a^2} + \frac{y^2}{b^2} + \frac{z^2}{c^2} = 1$$

que corta a los semiejes positivos formando segmentos de igual longitud.

Solución

Sea $F(x, y, z) = \dfrac{x^2}{a^2} + \dfrac{y^2}{b^2} + \dfrac{z^2}{c^2}$ y $P = (x_0, y_0, z_0)$ el punto de tangencia.

Tenemos que $\nabla F(x_0, y_0, z_0) = \left\langle \dfrac{2x_0}{a^2}, \dfrac{2y_0}{b^2}, \dfrac{2z_0}{c^2} \right\rangle = 2\left\langle \dfrac{x_0}{a^2}, \dfrac{y_0}{b^2}, \dfrac{z_0}{c^2} \right\rangle$

Como el plano tangente debe formar segmentos de igual longitud con los semiejes positivos, $\nabla F(x_0, y_0, z_0)$ debe ser paralelo al vector $\langle 1, 1, 1 \rangle$. Luego,

$$\left\langle \frac{x_0}{a^2}, \frac{y_0}{b^2}, \frac{z_0}{c^2} \right\rangle = k\langle 1, 1, 1 \rangle = \langle k, k, k \rangle, \text{ con } k > 0$$

De donde, $\dfrac{x_0}{a^2} = k,\ \dfrac{y_0}{b^2} = k,\ \dfrac{z_0}{c^2} = k.$ O bien,

$$x_0 = ka^2,\ y_0 = kb^2,\ z_0 = kc^2 \qquad \textbf{(1)}$$

Como el punto $P = (x_0, y_0, z_0)$ está en el elipsoide, debemos tener:

$$\frac{x_0^2}{a^2} + \frac{y_0^2}{b^2} + \frac{z_0^2}{c^2} = 1 \Rightarrow \frac{k^2a^4}{a^2} + \frac{k^2b^4}{b^2} + \frac{k^2c^4}{c^2} = 1 \Rightarrow k^2\left(a^2 + b^2 + c^2\right) = 1 \Rightarrow$$

$$k = \frac{1}{\sqrt{a^2 + b^2 + c^2}} \qquad \textbf{(2)}$$

Como el vector $\langle 1, 1, 1 \rangle$ es normal al plano y este plano pasa por (x_0, y_0, z_0), entonces una ecuación de éste es:

$$(x - x_0) + (y - y_0) + (z - z_0) = 0 \Rightarrow x + y + z = x_0 + y_0 + z_0 \qquad \textbf{(3)}$$

Ahora, teniendo en cuenta las igualdades (1), (2) y (3), obtenemos:

$$x+y+z = ka^2 + kb^2 + kc^2 = k\left(a^2+b^2+c^2\right) = \frac{a^2+b^2+c^2}{\sqrt{a^2+b^2+c^2}}$$

$$= \sqrt{a^2+b^2+c^2}\,.$$

Esto es, una ecuación del plano tangente es $x+y+z = \sqrt{a^2+b^2+c^2}$

PROBLEMA 8. **Superficies ortogonales**

Dos superficies que se cortan son **ortogonales** si los planos tangentes a estas superficies en todo punto de la intersección, son ortogonales. O sea, si los vectores normales son perpendiculares.

Probar que las familias de esferas

$$x^2+y^2+z^2+ax=0 \quad \text{y} \quad x^2+y^2+z^2+by=0$$

son ortogonales. Es decir, cualquier miembro de la primera familia es ortogonal a cualquier miembro de la segunda familia.

Solución

Sea $P = \left(x_0, y_0, z_0\right)$ un punto común a ambas superficies. Se debe cumplir que:

$$x_o^2+y_o^2+z_o^2+ax_o=0 \quad \text{y} \quad x_o^2+y_o^2+z_o^2+by_o=0$$

Restando estas ecuaciones tenemos,

$$ax_o - by_o = 0\,. \text{ O bien, } \quad ax_o = by_o \qquad \textbf{(1)}$$

Si $F(x,y,z) = x^2+y^2+z^2+ax$ y $G(x,y,z) = x^2+y^2+z^2+by$, entonces

$$\nabla F\left(x_o, y_o, z_o\right) = \left\langle 2x_o+a, 2y_o, 2z_o\right\rangle \text{ y } \nabla G\left(x_o, y_o, z_o\right) = \left\langle 2x_o, 2y_o+b, 2z_o\right\rangle$$

son vectores normales a las esferas en el punto $P = \left(x_0, y_0, z_0\right)$

Ahora, tomando en cuenta (1), tenemos:

$$\begin{aligned}\nabla F\left(x_o, y_o, z_o\right) \bullet \nabla G\left(x_o, y_o, z_o\right) &= 2x_o\left(2x_o+a\right) + 2y_o\left(2y_o+b\right) + 4z_o^2 \\ &= 4x_o^2 + 4y_o^2 + 4z_o^2 + 2ax_o + 2by_o \\ &= -4ax_o + 2ax_o + 2by_o \\ &= -2ax_o + 2by_o = -2by_o + 2by_o = 0 \quad \text{(por (1))}\end{aligned}$$

Luego, las dos esferas son ortogonales.

PROBLEMA 9. Sea la superficie S: $xyz = a^3$, donde $a > 0$, y sea $P = (x_0, y_0, z_0)$ un punto de esta superficie, situado en el primer octante. El plano tangente a la superficie en el punto (x_0, y_0, z_0) y los planos coordenados forman un tetraedro. Probar que todos estos tetraedros así obtenidos, tienen el mismo volumen, que es $V = \frac{9}{2}a^3$.

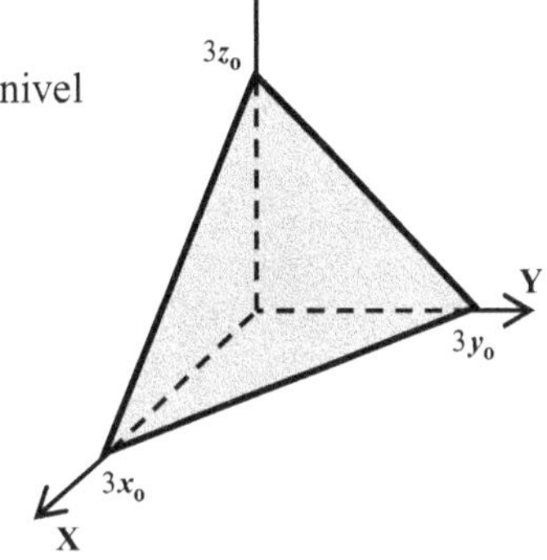

Solución

Sea $F(x,y,z) = xyz$. Luego, S es la superficie de nivel

$$F(x,y,z) = a^3.$$

Tenemos que

$$\nabla F(x_0, y_0, z_0) = \langle y_0 z_0, x_0 z_0, x_0 y_0 \rangle.$$

Una ecuación del plano tangente a S en el punto (x_0, y_0, z_0) es

$$y_0 z_0 (x - x_0) + x_0 z_0 (y - y_0) + x_0 y_0 (z - z_0) = 0 \Rightarrow$$

$$y_0 z_0 x + x_0 z_0 y + x_0 y_0 z = 3x_0 y_0 z_0$$

Las intersecciones con los ejes son:

Eje X: $y = 0, z = 0 \Rightarrow x = 3x_0$ Eje Y: $x = 0, z = 0 \Rightarrow y = 3y_0$

Eje Z: $x = 0, y = 0 \Rightarrow z = 3z_0$

Sabemos que el volumen de un tetraedro es igual a la tercera parte del área de la base por la altura. Luego,

$$V = \frac{1}{3}\left(\frac{(3x_0)(3y_0)}{2}\right)(3z_0) = \frac{9}{2}x_0 y_0 z_0 = \frac{9}{2}a^3$$

PROBLEMA 10. **Propiedades básicas del gradiente**

Sean f y g funciones diferenciables y a, b, c constantes.

Probar:

1. Regla de constante. $\nabla c = 0$

2. Regla de linealidad. $\nabla(af + bg) = a\nabla f + b\nabla g$

3. Regla del producto. $\nabla(fg) = f\nabla g + g\nabla f$

4. Regla de la potencia. $\nabla\left(f^n\right) = n f^{n-1}\nabla f$

5. Regla del cociente. $\nabla\left(\dfrac{f}{g}\right) = \dfrac{g\nabla f - f\nabla g}{g^2}, \quad g \neq 0$

Demostración

Probaremos sólo las tres últimas reglas. Las otras la dejamos como ejercicio al lector. Suponemos que f y g son funciones de dos variables. Para funciones de más de dos variables se procede en forma análoga.

3. $\nabla(fg) = \left\langle \dfrac{\partial}{\partial x}(fg), \dfrac{\partial}{\partial y}(fg) \right\rangle = \left\langle f\dfrac{\partial g}{\partial x} + g\dfrac{\partial f}{\partial x}, f\dfrac{\partial g}{\partial y} + g\dfrac{\partial f}{\partial x} \right\rangle$

$$= \left\langle f\frac{\partial g}{\partial x}, f\frac{\partial g}{\partial y}\right\rangle + \left\langle g\frac{\partial f}{\partial x}, g\frac{\partial f}{\partial y}\right\rangle = f\left\langle \frac{\partial g}{\partial x}, \frac{\partial g}{\partial y}\right\rangle + g\left\langle \frac{\partial f}{\partial x}, \frac{\partial f}{\partial y}\right\rangle$$

$$= f\nabla g + g\nabla f$$

4. $\nabla\left(f^n\right) = \left\langle \dfrac{\partial}{\partial x}\left(f^n\right), \dfrac{\partial}{\partial y}\left(f^n\right) \right\rangle = \left\langle n f^{n-1}\dfrac{\partial f}{\partial x}, n f^{n-1}\dfrac{\partial f}{\partial y} \right\rangle$

$$= n f^{n-1}\left\langle \frac{\partial f}{\partial x}, \frac{\partial f}{\partial y}\right\rangle = n f^{n-1}\nabla f$$

5. Aplicando la regla 4, tenemos que:

$$\nabla f = \nabla\left(g\frac{f}{g}\right) = g\nabla\left(\frac{f}{g}\right) + \frac{f}{g}\nabla(g)$$

Despejando $\nabla\left(\dfrac{f}{g}\right)$,

$$\nabla\left(\frac{f}{g}\right) = \frac{1}{g}\left[\nabla f - \frac{f}{g}\nabla(g)\right] = \frac{1}{g}\left[\frac{g\nabla f - f\nabla(g)}{g}\right] = \frac{g\nabla f - f\nabla g}{g^2}$$

PROBLEMAS PROPUESTOS 3. 6

En los problemas del 1 al 6 hallar el gradiente de la función dada en el punto P indicado.

1. $f(x,y) = 2e^x\cos y$, $P = (1, 5\pi/6)$ *Rpta.* $\nabla f(1, 5\pi/6) = -e\left\langle\sqrt{3}, 1\right\rangle$

2. $f(x,y)=\dfrac{x}{y}+\dfrac{y}{x}$, $P=(1,-1/2)$ *Rpta.* $\nabla f(1,\ -1/2)=-3\langle 1/2,\ 1\rangle$

3. $f(x,y)=\sec^{-1}(2xy)$, $P=(1,-1)$ *Rpta.* $\nabla f(1,\ -1)=\dfrac{1}{\sqrt{3}}\langle 1,\ -1\rangle$

4. $f(x,y,z)=2\sqrt{xyz}$, $P=(3,-2,-6)$ *Rpta.* $\nabla f(3,-2,-6)=\langle 2,\ -3,\ -1\rangle$

5. $f(x,y,z)=\dfrac{xyz}{x^2+y^2+z^2}$, $P=(1,1,-1)$ *Rpta.* $\nabla f(1,\ 1,\ -1)=\dfrac{7}{9}\langle -1,\ -1,\ 1\rangle$

6. $f(x,y)=x^z+z^x+y^z+z^y$, $P=(1,\ 1,\ 1)$ *Rpta.* $\nabla f(1,\ 1,\ 1)=\langle 1,\ 1,\ 2\rangle$

En los problemas del 7 al 11, hallar la derivada direccional de la función dada, en el punto P y en la dirección del vector unitario $\mathbf{u}$.

7. $f(x,y)=x^2-3xy+2y^2$, $P=(2,1)$, $\mathbf{u}=\left\langle \sqrt{2}/2,\ \sqrt{2}/2\right\rangle$ *Rpta.* $-\sqrt{2}/2$

8. $f(x,y)=2x\ln y$, $P=(1,e)$, $\mathbf{u}=\left\langle \sqrt{3}/2,\ -1/2\right\rangle$ *Rpta.* $\sqrt{3}-e^{-1}$

9. $f(x,y)=2(xy+1)^{3/2}$, $P=(3,1)$, $\mathbf{u}=\langle 3/5,\ -4/5\rangle$ *Rpta.* $-54/5$

10. $f(x,y,z)=ze^{xy}-y^2$, $P=(0,2,3)$, $\mathbf{u}=\langle 1/3,\ 2/3,\ 2/3\rangle$ *Rpta.* 0

11. $f(x,y,z)=x^y+z^x+y^z+z^y$, $P=(1,1,1)$, $\mathbf{u}=\left\langle \dfrac{6}{7},\ -\dfrac{3}{7},\ \dfrac{2}{7}\right\rangle$ *Rpta* 1

En los problemas del 12 al 18, hallar la derivada direccional de la función dada, en el punto P y en dirección del vector unitario con ángulo director $\boldsymbol{\theta}$ ***(el ángulo formado por el vector y el eje X positivo)***

12. $f(x,y)=e^x\operatorname{sen} y$, $P=(0,\ \pi/4)$, $\theta=3\pi/4$ *Rpta.* 0

13. $f(x,y)=\dfrac{x-y}{x+y}$, $P=(-1,\ -2)$, $\theta=\pi/2$ *Rpta.* $\dfrac{2}{9}$

14. $f(x,y)=ln\left(x^2+y^2+1\right)+e^{2xy}$, $P=(0,\ 1)$, $\theta=\pi/6$ *Rpta.* $\dfrac{1}{2}+\sqrt{3}$

15. $f(x,y)=e^{xy}+\ln z$, $P=(0,\ -2,\ 1)$, $\mathbf{v}=\langle 2,\ 0,\ 1\rangle$ *Rpta.* $-\dfrac{3}{\sqrt{5}}$

16. $f(x,y)=x^2-\operatorname{sen}(x+y)+z^2$, $P=(1,-1,1)$, $\mathbf{v}=\langle -6,\ -2,\ 3\rangle$ *Rpta.* $\dfrac{2}{7}$

17. $f(x,y) = e^{x+y-3z}$, $P = (2, -2, 1)$, $\mathbf{v} = \langle 2, 1, 2 \rangle$ *Rpta.* $-\dfrac{1}{e^{-3}}$

18. $f(x,y) = \operatorname{senh} x \cosh y + \tanh z$, $P = (0, 0, 0)$, $\mathbf{v} = \langle 20, -4, -5 \rangle$ *Rpta.* $\dfrac{5}{7}$

En los problemas del 19 al 23, hallar el vector unitario* u *en la dirección en que la función f crece más rápidamente el punto P, y hallar la razón de cambio de f en P.

19. $f(x,y) = e^{2y} \tan x^2$, $P = \left(\sqrt{\pi}/2, 0\right)$

Rpta. $\mathbf{u} = \left\langle \sqrt{\dfrac{\pi}{\pi+1}}, -1 \right\rangle$, $\left\| \nabla f\left(\sqrt{\pi}/2, 0\right) \right\| = 2\sqrt{\pi+1}$

20. $f(x,y) = \ln\left(\sqrt[3]{x^3 + y^2}\right)$, $P = (1, 2)$

Rpta. $\mathbf{u} = \langle 3/5, 4/5 \rangle$, $\|\nabla f(1,2)\| = \dfrac{1}{3}$

21. $f(x,y,z) = (x+y)^2 + (y+z)^2 + (x+z)^2$, $P = (2, 0, -1)$

Rpta. $\mathbf{u} = \dfrac{1}{\sqrt{10}}\langle 3, 10 \rangle$, $\|\nabla f(2, 0, -1)\| = 2\sqrt{10}$

22. $f(x,y,z) = x^{yz}$, $P = (e, 0, 2)$

Rpta. $\mathbf{u} = \langle 0, 1, 0 \rangle$, $\|\nabla f(e, 0, 2)\| = 2$

23. $f(x,y,z) = \left(x^2 + y^2 + z^2\right)\ln\sqrt{x^2 + y^2 + z^2}$, $P = (1, 1, 1)$

Rpta. $\mathbf{u} = \dfrac{1}{\sqrt{3}}\langle 1, 1, 1 \rangle$, $\|\nabla f(1, 1, 1)\| = (1 + \ln 3)\sqrt{3}$

24. La temperatura sobre una placa metálica plana en el punto (x, y) es

$$T(x,y) = \frac{225}{x^2 + y^2 + z^2}$$

a. Hallar el vector unitario **u** en la dirección en que la temperatura decrece más rápidamente en el punto $P = (1, -5, 2)$.

b. Hallar la razón de cambio ***de T*** en ***P.***

Rpta. **a.** $\mathbf{u} = -\dfrac{1}{30}\langle -1, 5, -2 \rangle$ **b.** $-\|\nabla f(1, 1, 1)\| = -15$

25. Si $\nabla f\left(x_0, y_{0,}\right) = \langle 2, -1 \rangle$.

a. Hallar **u,** vector unitario, tal que $D_{\mathbf{u}} f\left(x_0, y_{0,}\right) = 0$

b. Hallar **u,** vector unitario, tal que $D_{\mathbf{u}} f(x_0, y_0) = -1$

Rpta. **a.** $\mathbf{u} = \frac{\sqrt{5}}{2}\langle 1, 2\rangle$ ó $\mathbf{u} = \frac{\sqrt{5}}{2}\langle -1,-2\rangle$ **b.** $\mathbf{u} = \langle 0, 1\rangle$ ó $\mathbf{u} = \frac{1}{5}\langle -4,-3\rangle$

26. La derivada direccional de $z = f(x, y)$ en el punto $P_0 = (2, -1)$ y en dirección hacia el punto $P_1 = (3, -2)$ es $2\sqrt{2}$; y en dirección hacia el punto $P_2 = (6, -1)$ es -2.

a. Hallar $\nabla f(2, -1)$

b. Hallar la derivada direccional en $P_0 = (2, -1)$ en dirección hacia el punto $P_3 = (-1, -5)$. *Rpta.* **a.** $\nabla f(2, -1) = \langle -2, -6\rangle$ **b.** *Rpta.* 6

27. Sea w = $f(x,y,z)$ una función de tres variables y P_0 un punto de su dominio. Se sabe que:

1. $D_{\mathbf{u}_1} f(P_0) = \frac{1}{\sqrt{11}}$, donde $\mathbf{u}_1 = \frac{1}{\sqrt{11}}\langle 1, 3, -1\rangle$
2. $D_{\mathbf{u}_2} f(P_0) = \frac{4}{3}$, donde $\mathbf{u}_2 = \frac{1}{3}\langle -1, 2, 2\rangle$
3. $D_{\mathbf{u}_3} f(P_0) = \frac{-2}{\sqrt{11}}$, donde $\mathbf{u}_3 = \frac{1}{\sqrt{11}}\langle 2, 2, \sqrt{3}\rangle$

Hallar: **a.** $\nabla f(P_0)$ **b.** $D_{\mathbf{v}} f(P_0)$, si $\mathbf{v} = \frac{1}{\sqrt{3}}\langle 1, -1, 1\rangle$

Rpta. **a.** $\nabla f(P_0) = \langle -2, 1, 0\rangle$ **b.** $D_{\mathbf{v}} f(P_0) = -\sqrt{3}$

28. Calcular la derivada direccional de la función $f(x,y,z) = xe^{yz}$ en el punto $(1, 1, -1)$ y en las direcciones de la recta tangente en el punto $(1, 1, -1)$ a la curva C determinada por la intersección de las superficies

$2x^2 + 2y^2 - z^2 = 7$, $x^2 + y^2 - z^2 = 3$ *Rpta.* 2. La otra, -2

29. Calcular la derivada direccional de la función $f(x,y,z) = x^2y^2z^2 - xyz$ en el punto $(-2, 0, 1)$ y en las direcciones de la recta tangente en el punto $(-2, 0, 1)$ a la curva C determinada por la intersección de las superficies

$(x-1)^2 + (y+1)^2 = 4$, $x - y - 2z = 2$ *Rpta.* $-3/\sqrt{5}$. La otra, $3/\sqrt{5}$

30. La superficie de una colina es descrita por la ecuación

$z = f(x,y) = 100 - \frac{5x^2}{100} - \frac{12y^2}{100}$, donde x, y, z están dados en metros.

El eje positivo Y señala hacia el norte y el eje positivo X, hacia el este. Un alpinista está parado en el punto (10, −10, 83).

a. Si el alpinista camina hacia el noroeste. ¿Está ascendiendo o descendiendo? ¿A qué razón de cambio?

b. Si el alpinista camina hacia el suroeste. ¿Está ascendiendo o descendiendo? ¿A qué razón de cambio?

c. Si el alpinista quiere ascender siguiendo la máxima pendiente. ¿Que dirección debe tomar? ¿Cuál es la razón en esta dirección? ¿Con qué ángulo sobre la horizontal comienza este ascenso?

Rpta. **a.** sube a razón de 2.4 m. verticales por m. horizontal.
b. sube a razón de 2.4 m. verticales por m. horizontal.
c. En la dirección $\mathbf{u} = \frac{1}{13}\langle -5, 12\rangle$ a razón 2.6 m verticales por m. horizontal, y con ángulo $\theta = \tan^{-1}(2.6) = 68.96°$.

31. Un rastreador de calor se encuentra en el punto $(-2, 5)$ sobre una placa metálica plana cuya temperatura en el punto (x, y) es

$$T(x,y) = 200 - x^2 - 3y^2,$$

El rastreador se mueve continuamente en la dirección del incremento máximo de temperatura.
a. Hallar las ecuaciones paramétricas de la trayectoria.
b. Hallar la ecuación cartesiana de la trayectoria.

Rpta. **a.** $x = -2e^{-2t}$, $y = 5e^{-6t}$ **b.** $y = -\frac{5}{8}x^3$

En los problemas del 32 al 36, hallar el plano tangente y la recta normal a la superficie en el punto P indicado.

32. $x^2 + y^2 + z^2 = 6$, $P = (-1, -2, 3)$.

Rpta. $2x + y + z - 6 = 0$, $\frac{x-2}{2} = y - 1 = z - 1$

33. $x^2 + 4y^2 + 2z^2 = 35$, $P = (2, 1, 1)$.

Rpta. $x + 8y - 6z + 35 = 0$, $\frac{x+1}{-1} = \frac{y+2}{-8} = \frac{z-3}{6}$

34. $2x^2 + 2y^2 - z = 21$, $P = (-2, 3, 5)$.

Rpta. $8x - 12y + z + 47 = 0$, $\frac{x+2}{-8} = \frac{y-3}{12} = z - 5$

35. $x^{1/3} + y^{1/3} + z^{1/3} = 1$, $P = (-1, 1, 1)$.

Rpta. $x - y - z + 3 = 0$, $\frac{x+1}{-1} = y - 1 = z - 1$

36. $x^{2/3} + y^{2/3} + z^{2/3} = 14$, $P = (1, -8, 27)$.

Rpta. $6x - 3y + 2z - 84 = 0$, $\frac{x-1}{6} = \frac{y+8}{-3} = \frac{z-27}{2}$

37. $z = x^{1/2} + y^{1/2}$, $P = (4,\ 1,\ 3)$.

Rpta. $\mathbf{x + 2y - 4z + 6 = 0}$, $\dfrac{x-4}{-1} = \dfrac{y-1}{2} = \dfrac{z-3}{-4}$

38. Hallar los puntos de la superficie $x^2 + y^2 + z^2 = 2$ donde los planos tangentes son paralelos al plano $8x + 6y + 10z - 3 = 0$.

Rpta $(4/5,\ 3/5,\ 1)$, $(-4/5,\ -3/5,\ -1)$

39. Hallar los planos tangentes a la superficie $6x^2 + 4y^2 + z^2 = 14$ que son paralelos al plano $3x + 2y + z - 5 = 0$.

Rpta $3x + 2y + z - 7 = 0$, $3x + 2y + z + 7 = 0$

40. Hallar los puntos de la superficie $2x^2 + y^2 + z^2 - xy = 7$ donde los planos tangentes son paralelos al plano YZ.

Rpta $(2,\ 1,\ 0)$, $(-2,\ -1,\ 0)$

41. Hallar los planos tangentes a la superficie $2x^2 + 3y^2 - 5z = 0$ que son perpendiculares al plano $\dfrac{x}{4} + \dfrac{z}{5} = 1$ y que pasan por el punto $(4,\ 0,\ 2/5)$.

Rpta $4x + 12y - 5z - 14 = 0$, $4x - 12y - 5z - 14 = 0$.

42. Hallar el plano tangente a la superficie $x^2 - y^2 - 4z = 0$ que es paralelo a la recta $\begin{cases} x - y = 5 \\ x + y - z = 1 \end{cases}$ y que pasan por el punto $(0,\ 0,\ -2)$.

Rpta $3x + y - 2z - 4 = 0$.

43. Hallar el plano tangente al hiperboloide de una hoja $x^2 + y^2 - z^2 = 1$ que contiene a la recta $\dfrac{x+3}{-3} = \dfrac{y-3}{2} = \dfrac{z-1}{1}$ *Rpta.* $x + 2y - z = 2$ ó $x + y + z = 1$.

44. Hallar el plano tangente a la esfera $x^2 + y^2 + z^2 = 8$ que contiene a la recta L: $(4,\ 0,\ 0) + t(-1,\ 1,\ 1)$.

Rpta. $x + y = 4$.

45. Hallar el plano tangente al paraboloide $2x^2 + y^2 - 16z = 0$ que es perpendicular a la recta tangente en el punto $(2,\ 2,\ 1)$ a la curva formada por la intersección de la superficie $x^2 + y^2 + z = 9$ con el plano $y = 2$.

Rpta. $2x - 8z = 1$.

46. Hallar el plano tangente a la superficie $x^2 + xy - 3z = 0$ que es perpendicular a los planos $x + y - z = 1$, $x - 2y - 2z = 3$.

Rpta. $y + 3z = 1$.

47. Probar que la ecuación del plano tangente al elipsoide $\frac{x^2}{a^2}+\frac{y^2}{b^2}+\frac{z^2}{c^2}=1$ en el punto (x_0, y_0, z_0) puede escribirse en la forma $\frac{x_0 x}{a^2}+\frac{y_0 y}{b^2}+\frac{z_0 z}{c^2}=1$

48. Probar que la ecuación del plano tangente al hiperboloide $\frac{x^2}{a^2}+\frac{y^2}{b^2}-\frac{z^2}{c^2}=1$ en el punto (x_0, y_0, z_0) puede escribirse en la forma $\frac{x_0 x}{a^2}+\frac{y_0 y}{b^2}-\frac{z_0 z}{c^2}=1$.

49. Probar que la ecuación de la recta tangente a la cónica $Ax^2+Bxy+Cz^2=D$ en el punto (x_0, y_0) puede escribirse en la forma

$$(Ax_0)x+\frac{1}{2}B(y_0x+x_0y)+(Cz_0)z=D$$

50. Probar que todos los planos tangentes al cono $z^2=a^2x^2+b^2z^2$ pasan por el origen (0, 0, 0).

51. Probar que la suma de los cuadrados de las intersecciones con los ejes de cualquier plano tangente a la superficie $x^{2/3}+y^{2/3}+z^{2/3}x^{2/3}=a^{2/3}$ es constante igual a a^2.

52. Probar que las superficies $x^2+y^2+z^2=3$ y $xyz=1$ son tangentes en el punto $P=(1, 1, 1)$. Esto es, ambas superficies tienen el mismo plano tangente en el punto $P=(1, 1, 1)$.

53. Hallar el valor de a para el cual las dos esferas siguientes son ortogonales:

$$(x-1)^2+y^2+z^2=1, \qquad x^2+(y-a)^2+z^2=4 \qquad \textit{Rpta. } a=\pm 2$$

54. Hallar el conjunto de puntos (lugar geométrico) formado por todos los puntos (a, b, c) para los cuales las esferas siguientes son ortogonales

$$x^2+y^2+z^2=2, \qquad (x-a)^2+(y-b)^2+(z-c)^2=2$$

Rpta. Los puntos de la esfera $x^2+y^2+z^2=4$

55. Hallar los puntos del elipsoide $\frac{x^2}{a^2}+\frac{y^2}{b^2}+\frac{z^2}{c^2}=1$, en donde el vector normal forma ángulos iguales con los ejes coordenados-

$$\textit{Rpta } P_1=\frac{1}{\sqrt{a^2+b^2+c^2}}\left(a^2, b^2, c^2\right), \; P_2=\frac{1}{\sqrt{a^2+b^2+c^2}}\left(-a^2,-b^2,-c^2\right)$$

Sugerencia. Analizar el problema resuelto 7.

SECCION 3.7

MAXIMOS Y MINIMOS DE FUNCIONES DE VARIAS VARIABLES

En esta sección extenderemos las nociones de optimización de funciones de una variable a funciones de dos o más variables.

EXTREMOS ABSOLUTOS

DEFINICION. Sea $z = f(x, y)$ una función de dos variables definida en una región D de $\mathbb{R}^2$ que contiene a los puntos (a,b).

1. La función f tiene un **máximo global o máximo absoluto sobre *D*** en el punto (a,b) si

$$f(a,b) \geq f(x,y), \ \forall \ (x,y) \in D$$

En este caso, $f(a,b)$ es el **máximo absoluto de *f*.**

2. La función f tiene un **mínimo global o mínimo absoluto sobre *D*** en el punto (a,b) si

$$f(a,b) \leq f(x,y), \ \forall \ (x,y) \in D$$

En este caso, $f(a,b)$ es el **mínimo absoluto de *f*.**

3. La función f tiene un **extremo absoluto sobre *D*** en el punto (a,b) si $f(a,b)$ es un máximo absoluto ó un mínimo absoluto.

¿En qué casos tenemos la seguridad que una función tiene máximo absoluto o mínimo absoluto en una región *D*? Para el caso de funciones de una variable contamos con el teorema del valor extremo, que dice que toda función continua en un intervalo cerrado tiene máximo y mínimo. El siguiente teorema generaliza este resultado a funciones de varias variables y cuya cuya demostración corresponde a cursos más avanzados.

DEFINICION. **Conjunto acotado.**

Un conjunto D de $\mathbb{R}^n$ es **acotada** si existe una bola, cerrada o abierta, B que contiene a D. Esto es, $D \subset B$.

TEREMA 3.17 **Teorema del valor extremo o teorema de Weierstrass.**

Si D es un conjunto cerrado y acotado de $\mathbb{R}^n$ y $f(x_1, x_2, \ldots, x_n)$ es una función continua en D, entonces

1. Existe por lo menos un punto $(a_1, a_2, \ldots, a_n)$ en D tal que $f(a_1, a_2, \ldots, a_n)$ es el máximo absoluto de f sobre *D*.

2. Existe por lo menos un punto $(b_1, b_2, \ldots, b_n)$ en D tal que $f(b_1, b_2, \ldots, b_n)$ es el mínimo absoluto de f sobre D.

¿SABIAS QUE . . .

KARL WEIERSTRASS (1815–1897), *conocido como el padre del análisis moderno, nació en Oftenfelde, Bavaria, Alemania. Fue uno de los fundadores de la moderna teoría de funciones. Se dio la gran tarea de aritmetizar el análisis; es decir, desarrollar el análisis basándose en el sistema de los números reales. Hizo importantes contribuciones a la teoría de series, funciones periódicas, cálculo de variaciones, etc.*

EXTREMOS LOCALES Y PUNTOS CRITICOS

Supongamos que el gráfico de una función de dos variables $z = f(x, y)$ describe la superficie de una cordillera, constituida por varias colinas y varios valles. Si tomamos una colina cualquiera, aunque no sea la más elevada, la altura de su cima, comparada con la altura de los puntos cercanos a ella, es máxima. Aquí estamos en presencia de un máximo local. Similarmente, la profundidad de cualquier valle es un mínimo local. Estas ideas las precisamos en la siguiente definición.

DEFINICION. Sea $z = f(x, y)$ una función de dos variables definida en una región D de $\mathbb{R}^2$ que contiene al punto (a, b).

1. La función f tiene un **máximo local o máximo relativo** en (a, b) si existe una bola abierta B centrada en (a, b) tal que

$$f(a,b) \geq f(x,y), \ \forall \ (x,y) \in B$$

En este caso, $f(a,b)$ **es el máximo local de** ***f***.

2. La función f tiene un **mínimo local o mínimo relativo** en (a, b) si existe una bola abierta B centrada en (a, b) tal que

$$f(a,b) \leq f(x,y), \ \forall \ (x,y) \in B$$

En este caso, $f(a,b)$ **es un mínimo local de** ***f***.

3. La función f tiene un **extremo local** en (a, b) si $f(a, b)$ es un máximo local ó un mínimo local. Observar que el punto (a, b) es un punto interno de D.

DEFINICION. **Punto Crítico**

Sea (a, b) un punto del dominio de $z = f(x, y)$. (a, b) es un **punto crítico** de f si se cumple una de las siguientes condiciones:

1. $f_x(a,b) = 0$ y $f_y(a,b) = 0$

2. No existe $f_x(a,b)$ o no existe $f_y(a,b)$.

TEREMA 3.18 **Los Extremos locales sólo se presentan en puntos críticos**

Si $z = f(x, y)$ tiene un extremo local en el punto (a, b), entonces (a, b) es un punto crítico.

Demostración

Sea la función de una variable $g(x) = f(x,b)$. Como $f(x,y)$ está definida en una bola abierta de centro en (a, b), $g(x)$ está definida en un intervalo abierto que contiene al punto a. Como $f(x,y)$ tiene un extremo local en (a, b), entonces $g(x)$ tiene un extremo local en a. Por el teorema de Fermat (teorema 5.2 de nuestro texto de Calculo Diferencial), a es un punto crítico de g. Esto es, $g'(a) = 0$ ó $g'(a)$ no existe. Pero, $g'(a) = f_x(a,b)$. Luego, $f_x(a,b) = 0$ ó $f_x(a,b)$ no existe.

Similarmente, tomando $h(y) = f(a,y)$ se obtiene que $h'(b) = f_y(a,b) = 0$ ó $f_y(a,b)$ no existe. En consecuencia, (a, b) es un punto crítico de f.

EJEMPLO 1. Hallar los puntos críticos y los extremos de cada una de las siguientes funciones.

1. $f(x,y) = 1 + x^2 + y^2$ **2.** $g(x,y) = 1 - x^2 - y^2$

3. $h(x,y) = \sqrt{x^2 + y^2}$

Solución

1. $f(x,y) = 1 + x^2 + y^2$

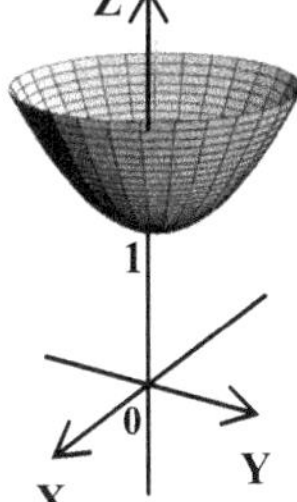

Puntos críticos:

$f(x,y) = 1 + x^2 + y^2$ es diferenciable en todo $\mathbb{R}^2$.

$f_x(x,y) = 2x = 0$ y $f_y(x,y) = 2y = 0 \Rightarrow x = 0,\ y = 0$

Luego, (0, 0) es un punto crítico de f, y es el único.

Extremos:

Tenemos que $f(0,0) = 1$ y $f(x,y) = 1 + x^2 + y^2 \geq 1,\ \forall\ (x, y) \in \mathbb{R}^2$.

Luego, $f(0,0) = 1$ es un mínimo absoluto de f en $\mathbb{R}^2$.

La gráfica de $f(x,y) = 1 + x^2 + y^2$ es un paraboloide circular que se abre hacia arriba. El gráfico nos corrobora que $f(0,0) = 1$ es mínimo absoluto y que f no tiene máximos locales ni máximo absoluto.

2. $g(x,y) = 1 - x^2 - y^2$

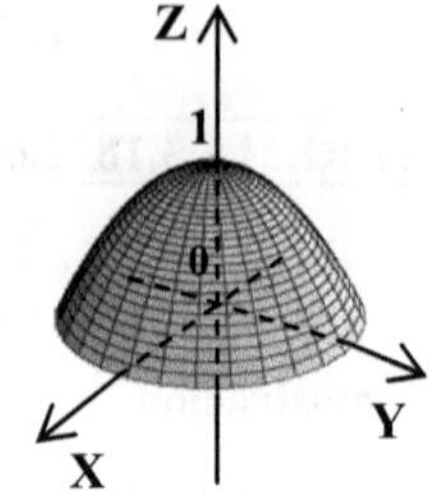

Puntos críticos:

$g(x,y) = 1 - x^2 - y^2$ es diferenciable en todo $\mathbb{R}^2$.

$g_x(x,y) = -2x = 0,\; g_y(x,y) = -2y = 0 \Rightarrow x = 0,\; y = 0$

Luego, (0, 0) es un punto crítico de g, y es el único.

Extremos:

$g(0,0) = 1$ y $g(x,y) = 1 - x^2 - y^2 \leq 1,\ \forall\ (x, y) \in \mathbb{R}^2$.

Luego, $g(0,0) = 1$ es un máximo absoluto en $\mathbb{R}^2$.

La gráfica de $g(x,y) = 1 - x^2 - y^2$ es un paraboloide circular que se abre hacia abajo. Esta gráfica nos corrobora que $g(0,0) = 1$ es máximo absoluto y que g no tiene mínimos locales ni mínimo absoluto.

3. $h(x,y) = \sqrt{x^2 + y^2}$

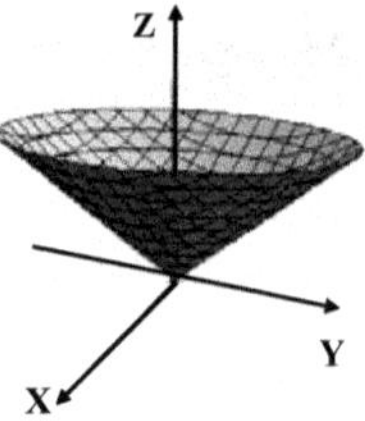

Puntos críticos:

$h(x,y) = \sqrt{x^2 + y^2}$ es diferenciable $\mathbb{R}^2 - \{(0,0)\}$.

En $(0,\ 0)$ h no tiene derivadas parciales.

Luego, (0, 0) es un punto crítico de h, y es el único.

Extremos:

$h(0,0) = 0$ y $h(x,y) = \sqrt{x^2 + y^2} \geq 0,\ \forall\ (x, y) \in \mathbb{R}^2$.

Luego, $h(0,0) = 0$ es un mínimo absoluto en $\mathbb{R}^2$.

La gráfica de $h(x,y) = \sqrt{x^2 + y^2}$ es un cono circular con vértice en el origen y que se abre hacia arriba. Esta gráfica nos corrobora que $h(0,0) = 0$ es mínimo absoluto y que h no tiene máximos locales ni máximo absoluto.

DEFINICION. **Punto Silla**

Una función diferenciable $z = f(x,\ y)$ tiene un **punto silla, un punto silla de montar** o un **punto de ensilladura,** en un punto crítico $(a,\ b)$ si existen puntos $(x,\ y)$ en el dominio de f tales que $f(x,y) > f(a,b)$ y existen puntos (x,y) en dominio de f tales que $f(x,y) < f(a,b)$. En este caso, el punto $(a,\ b,\ f(a,b))$ de la superficie $z = f(x,\ y)$ es un **punto silla**.

EJEMPLO 2. Hallar y analizar los puntos críticos de la función

$$f(x,y) = x^2 - y^2$$

Solución

$f(x,y) = x^2 - y^2$ es diferenciable en todo $\mathbb{R}^2$.

$$f_x(x,y) = 2x = 0 \quad \text{y} \quad f_y(x,y) = -2y = 0 \Rightarrow$$

$$x = 0 \quad \text{y} \quad y = 0$$

Luego, (0, 0) es un punto crítico de f, y es el único.

Veamos que f tiene un punto silla en $(0,\ 0)$.

Tenemos que $f(0,0) = 0$.

Los puntos $(x,\ 0)$ con $x \neq 0$ son tales que $f(x,0) = x^2 > 0 = f(0,0)$.

Los puntos $(0,\ y)$ con $y \neq 0$ son tales que $f(0,y) = -y^2 < 0 = f(0,0)$.

Luego, la función $f(x,y) = x^2 - y^2$ tiene un punto silla en $(0,0)$. El punto silla es

$$(0,0,f(0,0)) = (0,0,0)$$

OBSERVACION. El ejemplo anterior nos demuestra que la proposición recíproca al teorema anterior es falsa. Es decir, existen funciones que tienen puntos críticos en los cuales la función no tiene un extremo local.

DETERMINACION DE EXTREMOS RELATIVOS

El siguiente teorema nos da criterios que nos permiten determinar cuando un punto crítico da lugar a un máximo local, a un mínimo local o un punto de ensilladura.

TEREMA 3.19 Criterio de las segundas derivadas parciales

Sea $z = f(x,y)$ de clase $C^{(2)}$ en un disco abierto con centro en un punto crítico (a,b), y sea

$$\Delta = \Delta(a,b) = f_{xx}(a,b) f_{yy}(a,b) - \left(f_{xy}(a,b)\right)^2$$

a. Si $\Delta(a,b) > 0$ y $f_{xx}(a,b) > 0$, entonces f tiene un mínimo local en (a,b).

b. Si $\Delta(a,b) > 0$ y $f_{xx}(a,b) < 0$, entonces f tiene un máximo local en (a,b).

c. Si $\Delta(a,b) < 0$, entonces f tiene un punto silla en (a,b).

d. Si $\Delta(a,b) = 0$, no se tiene ninguna conclusión. Puede suceder que f en el punto (a,b) tenga un mínimo local, un máximo local o un punto silla.

Demostración

Ver el problema resuelto 12.

EL HESSIANO

Si $z = f(x, y)$ es de clase $C^{(2)}$, se llama **matriz Hessiana** de f a la matriz

$$\text{Hf}(x, y) = \begin{bmatrix} f_{xx}(x, y) & f_{xy}(x, y) \\ f_{yx}(x, y) & f_{yy}(x, y) \end{bmatrix}$$

El término $\Delta = \Delta(a, b)$ introducido en el teorema anterior, es el determinante de la matriz hessiana de f evaluada en el punto crítico (a, b). En efecto:

$$\det \text{Hf}(a, b) = \det \begin{bmatrix} f_{xx}(a, b) & f_{xy}(a, b) \\ f_{yx}(a, b) & f_{yy}(a, b) \end{bmatrix} = f_{xx}(a, b) f_{yy}(a, b) - \left(f_{xy}(a, b)\right)^2 = \Delta(a, b)$$

A $\Delta(a, b) = \det \text{Hf}(a, b)$ se le llama el **hessiano** de f en el punto (a, b).

¿SABIAS QUE . . .

LUDWIG OTTO HESS, matemático alemán (1811–1874) Nació en Konigsberg, En aquella época esta ciudad pertenecía a Alemania. En 1945, al final de la Segunda Guerra Mundial, Konigsberg pasó a formar parte del territorio ruso, con el nombre de Kalingrado.

Hess estudió en la Universidad de Konigsberg,, donde tuvo como profesores a C, G. Jacobi y al astrónomo F. Bessel. En el siglo XIX, introdujo el estudio de la matriz que ahora lleva su nombre.

EJEMPLO 3. Hallar los extremos locales de la función

$$f(x, y) = x^3 + y^3 - 3axy, \quad a > 0$$

Solución

Puntos críticos:

$$f_x(x, y) = 3x^2 - 3ay = 3\left(x^2 - ay\right) = 0, \qquad f_y(x, y) = 3y^2 - 3ax = 3\left(y^2 - ax\right) = 0 \Rightarrow$$

(1) $x^2 = ay$ **(2)** $y^2 = ax$

De (1) obtenemos $y = \dfrac{x^2}{a}$. Reemplazando este valor de y en (2):

$$\frac{x^4}{a^2} = ax \Rightarrow x\left(x^3 - a^3\right) = 0 \Rightarrow x = 0 \text{ ó } x = a.$$

Ahora, teniendo en cuenta (1):

Si $x = 0$, entonces $y = 0$ y si $x = a$, entonces $y = a$.

Luego, tenemos dos puntos críticos: $(0, 0)$ y (a, a).

Análisis de cada punto crítico:

Tenemos que: $f_{xx}(x, y) = 6x$, $f_{yy}(x, y) = 6y$, $f_{xy}(x, y) = -3a$.

$$\Delta(x, y) = f_{xx}(x, y) f_{yy}(x, y) - \left(f_{xy}(x, y)\right)^2 = (6x)(6y) - (-3a)^2 = 36xy - 9a^2$$

El punto $(0,0)$: $\Delta(0, 0) = 36(0)(0) - 9a^2 = -9a^2 < 0$

Luego, f tiene un punto silla en $(0, 0)$ y el punto silla es

$$(0, 0, f(0,0)) = (0, 0, 0)$$

El punto (a, a): $\Delta(a, a) = 36(a)(a) - 9a^2 = 27a^2 > 0$ y $f_{xx}(a, a) = 6a > 0$

Luego, f tiene un mínimo local en (a, a), el cual vale

$$f(a, a) = a^3 + a^3 - 3a(a)(a) = -a^3$$

EJEMPLO 4. Hallar los extremos locales de la función

$$f(x, y) = 2x^3 - 6x^2 + 6xy^2 - 6y^2 + 1$$

Solución

Puntos críticos:

$$f_x(x, y) = 6x^2 - 12x + 6y^2 = 0 \Rightarrow x^2 - 2x + y^2 = 0 \qquad \textbf{(1)}$$

$$f_y(x, y) = 12xy - 12y = 0 \Rightarrow y(x - 1) = 0 \Rightarrow y = 0 \text{ ó } x = 1$$

Si $y = 0$, reemplazando en (1), obtenemos $x^2 - 2x = x(x - 2) = 0 \Rightarrow x = 0$ ó $x = 2$

Luego, $(0, 0)$ y $(2, 0)$ son puntos críticos.

Si $x = 1$, reemplazando en (1), obtenemos $y^2 = 1 \Rightarrow y = 1$ ó $y = -1$

Luego, $(1, 1)$ y $(1, -1)$ son puntos críticos.

En resumen, tenemos cuatro puntos críticos:

$$(0, 0),\ (2, 0),\ (1, 1) \text{ y } (1, -1)$$

Análisis de cada punto crítico:

Tenemos que:

$f_{xx}(x, y) = 12(x - 1)$, $f_{yy}(x, y) = 12(y - 1)$, $f_{xy}(x, y) = 12y$,

$$\Delta(x,y) = f_{xx}(x,y)\, f_{yy}(x,y) - \left(f_{xy}(x,y)\right)^2 = \left[12(x-1)\right]\left[12(y-1)\right] - \left[12y\right]^2$$
$$= 144\left[(x-1)(y-1) - y^2\right]$$

El punto $(0,\ 0)$:

$$\Delta(0,0) = 144\left[(0-1)(0-1) - 0^2\right] = 144 > 0 \ \text{ y } \ f_{xx}(0,\ 0) = 12(0-1) < -12 < 0$$

Luego, f tiene un máximo local en $(0,\ 0)$ y este es $f(0,0) = 1$

El punto $(2,\ 0)$:

$$\Delta(2,0) = 144\left[(2-1)(0-1) - 0^2\right] = -144 < 0$$

Luego, f tiene un punto silla en $(2,\ 0)$ y este es $(2,\ 0, -7)$

El punto $(1,\ 1)$:

$$\Delta(1,1) = 144\left[(1-1)(1-1) - 1^2\right] = -144 < 0$$

Luego, f tiene un punto silla en $(1,\ 1)$ y este es $(1,\ 1,\ -3)$

El punto $(1,\ -1)$:

$$\Delta(1,-1) = 144\left[(1-1)(1-1) - (-1)^2\right] = -144 < 0$$

Luego, f tiene un punto silla en $(1,\ -1)$ y este es $(1,\ -1,\ -3)$

EJEMPLO 5. Hallar el punto del plano $x - 2y + 2z + 32 = 0$ que está más cercano al punto $P_0 = (2,\ 0,\ 1)$. Determinar esta distancia más corta.

Solución

Sea $P = (x,\ y,\ z)$ un punto cualquiera del plano.

La distancia del punto $P = (x,\ y,\ z)$ al punto $P_0 = (2,\ 0,\ 1)$ es

$$d(P, P_0) = \sqrt{(x-2)^2 + (y-0)^2 + (z-1)^2} \qquad \textbf{(1)}$$

$P = (x,\ y,\ z)$ está en el plano, entonces $x - 2y + 2z + 32 = 0 \Rightarrow z = -16 - \dfrac{x}{2} + y.$

Reemplazando este valor de z en (1) y simplificando:

$$d(P, P_0) = \sqrt{(x-2)^2 + y^2 + (-17 - x/2 + y)^2} \qquad \textbf{(2)}$$

El punto del plano que está más cercano al punto $P_0 = (2,\ 0,\ 1)$ es el punto cuya distancia $d(P, P_0)$ es mínima. Por lo tanto debemos hallar el mínimo de (2). Pero minimizar (2) equivale minimizar su cuadrado:

$$\left(d\left(P,P_0\right)\right)^2 = f\left(x,y\right) = \left(x-2\right)^2 + y^2 + \left(-17 - x/2 + y\right)^2 \qquad \textbf{(3)}$$

Hallemos el punto donde $f\left(x,y\right)$ es mínimo (absoluto).

Puntos críticos:

$$f_x\left(x,y\right) = 2\left(x-2\right) + 2\left(-17 - x/2 + y\right)\left(-1/2\right) = \frac{5}{2}x - y + 13$$

$$f_y\left(x,y\right) = 2y + 2\left(-17 - x/2 + y\right) = -x + 4y - 34$$

$$\begin{cases} f_x\left(x,y\right) = 0 \\ f_y\left(x,y\right) = 0 \end{cases} \Rightarrow \begin{cases} \dfrac{5}{2}x - y + 13 = 0 \\ -x + 4y - 34 = 0 \end{cases} \Rightarrow x = -2,\ y = 8$$

Tenemos sólo un punto crítico: $\left(-2,\ 8\right)$.

Analicemos este punto crítico:

$$f_{xx}(x,y) = \frac{5}{2},\ f_{yy}(x,y) = 4,\ \ f_{xy}(x,y) = -1,$$

$$\Delta(x,y) = f_{xx}(x,y)\, f_{yy}(x,y) - \left(f_{xy}\left(x.y\right)\right)^2 = \left(\frac{5}{2}\right)(4) - \left(-1\right)^2 = 9$$

Luego, f tiene un mínimo local en $\left(-2,\ 8\right)$.

Pero, geométricamente vemos que este mínimo local es un mínimo absoluto.

Reemplazando las coordenadas del punto crítico $\left(-2,\ 8\right)$ en $z = -16 - x/2 + y$ obtenemos $z = -16 - \dfrac{-2}{2} + 8 = -7$. Luego, el punto del plano que está más cercano al punto $P_0 = \left(2,\ 0,\ 1\right)$ es el punto $P = \left(-2,\ 8,\ -7\right)$.

La distancia más corta del punto $P_0 = \left(2,\ 0,\ 1\right)$ al plano dado es

$$d\left(P,P_0\right) = \sqrt{\left(-2-2\right)^2 + \left(8-0\right)^2 + \left(-7-1\right)^2} = \sqrt{144} = 12$$

ESTRATEGIA PARA HALLAR LOS EXTREMOS ABSOLUTOS

Sea $z = f\left(x,y\right)$ una función de dos variables definida en una región D de $\mathbb{R}^2$, que es cerrada y acotada. El teorema de Weierstrass nos asegura que f tiene máximo absoluto y mínimo absoluto en el conjunto D. Para hallar estos extremos se siguen los siguientes pasos:

Paso 1. Hallar los puntos críticos de f que existan en el interior de D.

Paso 2. Hallar todos los puntos de la frontera de D en los que puedan ocurrir extremos absolutos de f.

Paso 3. Evaluar $f\left(x,y\right)$ en los puntos obtenidos en los pasos anteriores. El mayor de estos valores es el máximo absoluto, y el menor es el mínimo absoluto.

EJEMPLO 6. Hallar los extremos absolutos de la función

$$f(x,y)=x^2-xy+y^2-6x+1$$

en la región rectangular

$$D=\{(x,y)\ /\ -2\le x\le 5,\ 0\le y\le 3\}$$

Solución

Y

C = (−2, 3) E = (5, 3)

D

X

A = (−2, 0) B = (5, 0)

Paso1. Puntos críticos de f en el interior de D:

$f_x=2x-y-6=0$ **(1)**

$f_y=-x+2y=0$ **(2)**

De (1) y (2) obtenemos $x=4,\ y=2$.

Luego, $(4,\ 2)$ es un punto crítico de f, y es el único.

Paso2. Puntos en ∂D en los que puedan ocurrir extremos absolutos de f.

La frontera de D es la unión de los segmentos $\overline{AB}$, $\overline{AC}$, $\overline{CE}$ y $\overline{BE}$

En el segmento $\overline{AB}$, $y=0$ y

$$f(x,0)=x^2-6x+1,\quad -2\le x\le 5$$

Hallemos los puntos críticos de esta función (de una variable)

$$f_x(x,0)=2x-6=0\Rightarrow x=3$$

El punto crítico $x=3$ y los extremos -2 y 5 del intervalo $[-2,\ 5]$ nos dan los siguientes puntos del segmento $\overline{AB}$:

$$(3,0),\ A=(-2,0)\ \text{ y }\ B=(5,0)$$

En el segmento $\overline{AC}$, $x=-2$ y

$$f(-2,\ y)=y^2+2y+17,\quad 0\le y\le 3$$

Hallemos los puntos críticos de esta función (de una variable)

$$f_y(-2,\ y)=2y+2=0\ \Rightarrow\ y=-1$$

El punto crítico $y=-1$ nos da el punto $(-2,-1)$, que no lo consideramos porque está fuera del segmento $\overline{AC}$. Los extremos 0 y 3 del intervalo $[0,\ 3]$ nos dan los puntos extremos del segmento $\overline{AC}$.

$$A=(-2,0)\ \text{ y }\ C=(-2,3)$$

En el segmento $\overline{CE}$, $y=3$ y

$$f(x,\ 3)=x^2-9x+10,\quad -2\le x\le 5$$

Hallemos los puntos críticos de esta función (de una variable)

$$f_x(x,\ 3)=\ 2x-9=0\Rightarrow x=9/2$$

El punto crítico $x = 9/2$ y los extremos -2 y 5 del intervalo $[-2, 5]$ nos dan los siguientes puntos del segmento $\overline{CE}$.

$$(9/2,\ 3),\ C = (-2,\ 3)\ \text{ y }\ E = (5,\ 3)$$

En el segmento $\overline{BE}$, $x = 5$ y

$$f(5,\ y) = y^2 - 5y - 4,\quad 0 \le y \le 3$$

Hallemos los puntos críticos de esta función (de una variable)

$$f_y(-2,\ y) = 2y - 5 = 0 \implies y = 5/2$$

El punto crítico $y = 5/2$ y los extremos 0 y 3 del intervalo $[0, 3]$ nos dan los puntos extremos del segmento $\overline{BE}$. .

$$(5,\ 5/2)\quad (3,\ 0)\ \text{ y }\ (5,3)$$

Paso 3.

(x, y)	(4, 2)	(3, 0)	(–2, 0)	(5, 0)	(–2, 3)	(9/2, 3)	(5, 5/2)	(5, 3)
$f(x, y)$	–6	–8	17	–4	32	–41/4	–71/4	20

El mínimo absoluto es $f(5,\ 5/2) = -71/4$.

El máximo absoluto es $f(-2, 3) = 32$

EJEMPLO 7. Una oficina de correos acepta solamente cajas rectangulares cuya suma del largo con el perímetro de una de las caras que determinan el ancho y la altura (la cara sombreada) no exceda 120 cm. Hallar las dimensiones de la caja de volumen máximo que satisface esta condición

Solución

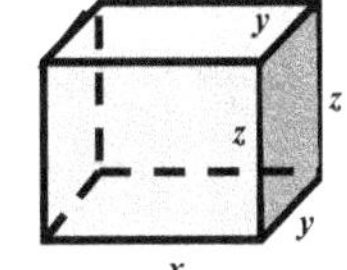

Sea x, y, z las dimensiones del largo, ancho y altura de la caja rectangular que cumple la condición.

El perímetro de la cara indicada es $2y + 2z$

Buscamos:

Maximizar el volumen $V = xyz$ de la caja sujeto a la condición $x + 2y + 2z = 120$.

Despejando x en esta ecuación y reemplazando este valor en la fórmula del volumen, obtenemos

$$V = (120 - 2y - 2z)yz$$

Los tres factores de esta función deben ser no negativos. Esto es,

$0 \leq y, \quad 0 \leq z, \quad 0 \leq 120 - 2y - 2z \Rightarrow 0 \leq y, \quad 0 \leq z, \quad 0 \leq y + z \leq 60 \Rightarrow$

$0 \leq y \leq 60, \quad 0 \leq z \leq 60, \quad 0 \leq y + z \leq 60$

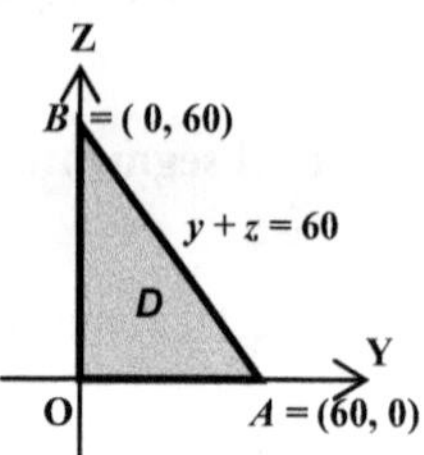

En términos más precisos, buscamos maximizar la función

$$V = V(y,z) = (120 - 2y - 2z)yz$$

en la región

$$D = \{(y,z) /\ 0 \leq y \leq 60,\ 0 \leq z \leq 60,\ y + z \leq 60\}$$

Esta región es cerrada y acotada y, por lo tanto, la función V tiene extremos absolutos en esta región. Hallemos estos extremos

Paso1. Puntos críticos de V en el interior de D:

$$V_y = (120 - 2y - 2z)z - 2yz = (120 - 4y - 2z)z = 2(60 - 2y - z)z = 0$$

$$V_z = (120 - 2y - 2z)y - 2yz = (120 - 2y - 4z)y = 2(60 - y - 2z)y = 0$$

Las soluciones de este sistema son los puntos:

(0, 0), (0, 60), (60, 0) y (20, 20)

De estos cuatro puntos, sólo (20, 20) está en el interior de D. Los otros tres puntos están en la frontera. Por tanto sólo tomamos el punto (20, 20).

Paso 2. Puntos en ∂D en los que puedan ocurrir extremos absolutos de f.

El valor de V en cada uno de los segmentos $\overline{OA}$, $\overline{OB}$ y $\overline{AB}$ es 0:

$$V(y,z) = 0,\ \forall\ (y, z) \in \partial D$$

Paso 3. Tenemos que

$$V(20,20) = 16.000 \quad \text{y} \quad V(y,z) = 0,\ \text{si } (y, z) \in \partial D$$

El máximo absoluto de V es $V(20,20) = 16.000\ \text{cm}^3$.

En consecuencia, las dimensiones de la caja de máximo volumen son:

Ancho: $y = 20$ cm. Alto: $z = 20$ cm. Largo: $x = 120 - 2(20) - 2(20) = 40$ cm.

OBSERVACIÓN. Para funciones de una sola variable se cumple que un extremo local único es un extremo absoluto. En términos más precisos:

Si $y = f(x)$ es continua en un intervalo I cualquiera (no nesariamente cerrado y acotado) y si $f(c)$ es un extremo local único, entonces $f(c)$ es un extremo absoluto. Una prueba de esta resultado está en nuestro texto de Calculo Diferencial.

Para funciones de dos o más variables, este resultado no se cumple. El siguiente ejemplo nos ilustra esta situación.

EJEMPLO 8. **Una función que tiene un único punto crítico, en el cual tiene un mínimo local, pero la función no tiene mínimo absoluto.**

Sea la función $f(x,y)= x^2(1+y)^3+y^2$.

1. Probar que (0, 0) es el único punto crítico de f.

2. Probar que $f(0,0)=0$ es un mínimo local de f.

3, Probar que f no tiene mínimo absoluto.

Solución

1. (0, 0) es el único punto crítico.

$f_x(x,y) = 2x(1+y)^3, \quad f_y(x,y) = 3x^2(1+y)^2+2y$

$$\begin{cases} f_x(x,y)=0 \\ f_y(x,y)=0 \end{cases} \Rightarrow \begin{cases} 2x(1+y)^3=0 & (1) \\ 3x^2(1+y)^2+2y=0 & (2) \end{cases} \Rightarrow \begin{cases} x=0 \text{ ó } y=-1 & (1) \\ 3x^2(1+y)^2+2y=0 & (2) \end{cases}$$

Reemplazando $x=0$ en (2) obtenemos:

$0+2y=0 \Rightarrow y=0 \Rightarrow$ (0, 0) es un punto crítico.

Reemplazando $y=-1$ en (2) obtenemos:

$3x^2(1-1)^2+2(-1)=0 \Rightarrow -2=0$, lo cual no es posible.

Luego, la función $f(x,y)=x^2(1+y)^3+y^2$ tiene único punto crítico, que es (0, 0).

2. $f(0, 0)=0$ es un mínimo local.

$f_{xx}(x,y)= 2(1+y)^3, \quad f_{xx}(0,0)=2, \quad f_{xy}(x,y)=6x(1+y)^2, \quad f_{xy}(0,0)=0$

$f_{yy}(x,y)= 6x^2(1+y)+2, \quad f_{yy}(0,0)=2$

$\Delta(0,0)= f_{xx}(0,0)\, f_{yy}(0,0)-\left(f_{xy}(0,0)\right)^2= (2)(2)-0^2=4>0,$

$f_{xx}(0,0)=2>0$

Luego, $f(0,0)=0$ es un mínimo local.

3. La función no tiene mínimo absoluto.

Tomemos que:

$$f(1,y)= (1+y)^3+y^2= y^3+4y^2+3y+1= y^3\left(1+\frac{4}{y}+\frac{3}{y^2}+\frac{1}{y^3}\right)$$

$$\lim_{y\to-\infty} f(1,y) = \lim_{y\to-\infty} y^3\left(1+\frac{4}{y}+\frac{3}{y^2}+\frac{1}{y^3}\right) = (-\infty)(1+0+0+0)=-\infty$$

Luego, $f(x,y)$ no tiene mínimo absoluto.

METODO DE MINIMOS CUADRADOS

Es muy común en las ciencias experimentales buscar una función $y = f(x)$ que mejor aproxime o mejor se ajuste a un conjunto de datos obtenidos experimentalmente. Estos datos están dados por un conjunto de puntos (x_1, y_1), $(x_2, y_2), \ldots, (x_n, y_n)$ donde las coordenadas son x_i distintas. En otros términos, buscamos una función $y = f(x)$ que mejor cumpla la condición:

$$f(x_1) \approx y_1,\ f(x_2) \approx y_2,\ \ldots,\ f(x_n) \approx y_n$$

La función $y = f(x)$ es un **modelo matemático** de los datos.

Las diferencias $(f(x_1) - y_1),\ (f(x_2) - y_2), \ldots, (f(x_n) - y_n)$ son los errores

En la presente discusión, buscamos una función lineal, o sea una recta, $y = f(x) = mx + b$ que mejor se ajuste a los datos:

$$(x_1, y_1),\ (x_2, y_2), \ldots, (x_n, y_n).$$

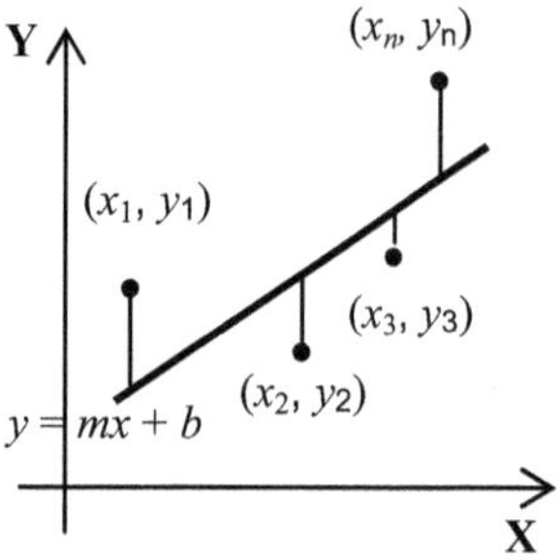

El criterio que seguiremos es determinar los valores m y b tales que minimicen la función que se obtiene sumando los cuadrados de los errores:

$$S = \sum_{i=1}^{n} \left[f(x_i) - y_i \right]^2$$

Esta técnica es llamada método de los **mínimos cuadrados** y la recta obtenida **se** llama **recta de regresión de mínimos cuadrados**.

TEOREMA 3.20 **Recta de regresión de mínimos cuadrados.**

La recta de regresión de mínimos cuadrados para (x_1, y_1), $(x_2, y_2), \ldots, (x_n, y_n)$ está dada por $f(x) = mx + b$, donde

$$m = \frac{n\sum_{i=1}^{n} x_i y_i - \sum_{i=1}^{n} x_i \sum_{i=1}^{n} y_i}{n\sum_{i=1}^{n} x_i^2 - \left(\sum_{i=1}^{n} x_i \right)^2}, \qquad b = \frac{1}{n}\left(\sum_{i=1}^{n} y_i - m\sum_{i=1}^{n} x_i \right)$$

Demostración

Ver el problema resuelto 13.

EJEMPLO 9. Hallar la recta de regresión de mínimos cuadrados para los puntos:

$(-1, 1)$, $(0, 2)$, $(1, 1)$, $(2, 3)$, $(4, 3)$

Solución

$n = 5$,

x	y	xy	x^2
−1	1	−1	1
0	2	0	0
1	1	1	1
2	3	6	4
4	3	12	16
$\sum_{i=1}^{5} x_i = 6$	$\sum_{i=1}^{5} y_i = 10$	$\sum_{i=1}^{5} x_i y_i = 18$	$\sum_{i=1}^{5} x_i^2 = 22$

$$\sum_{i=1}^{5} x_i = -1 + 0 + 1 + 2 + 4 = 6 \qquad \sum_{i=1}^{5} y_i = 1 + 2 + 1 + 3 + 3 = 10$$

$$\sum_{i=1}^{5} x_i y_i = (-1)(1)+(0)(2) + (1)(1)+(2)(3)+(4)(3)=18 \quad \sum_{i=1}^{5} x_i^2 = 1 + 0 + 1 + 4 + 16 = 22$$

$$m = \frac{n\sum_{i=1}^{n} x_i y_i - \sum_{i=1}^{n} x_i \sum_{i=1}^{n} y_i}{n\sum_{i=1}^{n} x_i^2 - \left(\sum_{i=1}^{n} x_i\right)^2} = \frac{5(18)-(6)(10)}{5(22)-(6)^2} = \frac{15}{37}$$

$$b = \frac{1}{n}\left(\sum_{i=1}^{n} y_i - m\sum_{i=1}^{n} x_i\right) = \frac{1}{5}\left(10 - \frac{15}{37}(6)\right) = \frac{56}{37}$$

Luego, la recta de regresión es

$$y = \frac{15}{37}x + \frac{56}{37} \quad \text{o bien,} \quad 15x - 37y + 56 = 0$$

PROBLEMAS RESUELTOS 3.7

PROBLEMA 1. Hallar los extremos locales de la función

$$f(x, y) = \left(2x^2 - y^2\right)e^{x-y}$$

Solución

Puntos críticos:

$$f_x(x, y) = 4xe^{x-y} + \left(2x^2 - y^2\right)e^{x-y} = \left(2x^2 - y^2 + 4x\right)e^{x-y}$$

$$f_y(x, y) = -2ye^{x-y} - \left(2x^2 - y^2\right)e^{x-y} = -\left(2x^2 - y^2 + 2y\right)e^{x-y}$$

Ahora,

$$\begin{cases} f_x(x,y)=0 \\ f_y(x,y)=0 \end{cases} \Rightarrow \begin{cases} \left(2x^2-y^2+4x\right)e^{x-y}=0 \\ \left(2x^2-y^2+2y\right)e^{x-y}=0 \end{cases} \Rightarrow \begin{cases} 2x^2-y^2+4x=0 \\ 2x^2-y^2+2y=0 \end{cases} \Rightarrow y=2x$$

Reemplazando $y=2x$ en $2x^2-y^2+4x=0$ se obtiene:

$$x(x-2)=0 \Rightarrow x=0 \text{ ó } x=2$$

Si $x=0$, entonces $y=0$ y si $x=2$, entonces $y=4$

Tenemos dos puntos críticos: $(0, 0)$ y $(2, 4)$.

Análisis de cada punto crítico:

Tenemos que:

$f_{xx}(x,y)=\left(2x^2-y^2+8x+4\right)e^{x-y}$, $f_{yy}(x,y)=\left(2x^2-y^2+4y-2\right)e^{x-y}$,

$f_{xy}(x,y)=\left(2x^2-y^2+4x+2y\right)e^{x-y}$

El punto $(0, 0)$:

$$f_{xx}(0,0)=4, \quad f_{yy}(0,0)=-2, \quad f_{xy}(0,0)=0$$

$$\Delta(0,0) = f_{xx}(0,0)\, f_{yy}(0,0) - \left(f_{xy}(0,0)\right)^2 = 4(-2)-0^2 = -8<0$$

Luego, f tiene un punto silla en $(0, 0)$.

El punto $(2, 4)$:

$$f_{xx}(2,4)=12e^{-2}, \quad f_{yy}(2,4)=6e^{-2}, \quad f_{xy}(2,4)=8e^{-2}$$

$$\Delta(2,4) = f_{xx}(2,4)\, f_{yy}(2,4) - \left(f_{xy}(2,4)\right)^2$$

$$= \left(12e^{-2}\right)\left(6e^{-2}\right)-\left(8e^{-2}\right)^2 = 8e^{-4}>0 \text{ y } f_{xx}(2,4)=12e^{-2}>0$$

Luego, f tiene un mínimo local en $(2, 4)$ que vale $f(2,4)=-8e^{-2}$

PROBLEMA 2. Hallar los extremos absolutos de la función

$$f(x,y)=x^2-xy+y^2-2x+5$$

en la región D encerrada por el triángulo formado por las rectas:

$$x=0, \quad y=0, \quad x+y=3.$$

Solución

Paso1. Puntos críticos de f en el interior de D:

$f_x(x, y) = 2x - y - 2 = 0 \Rightarrow 2x = y + 2$ **(1)**

$f_y(x, y) = -x + 2y = 0 \Rightarrow x = 2y$ **(2)**

De (1) y (2) obtenemos $x = \dfrac{4}{3}$, $y = \dfrac{2}{3}$.

Luego, $(4/3, 2/3)$ es el único punto crítico y está en el interior de D.

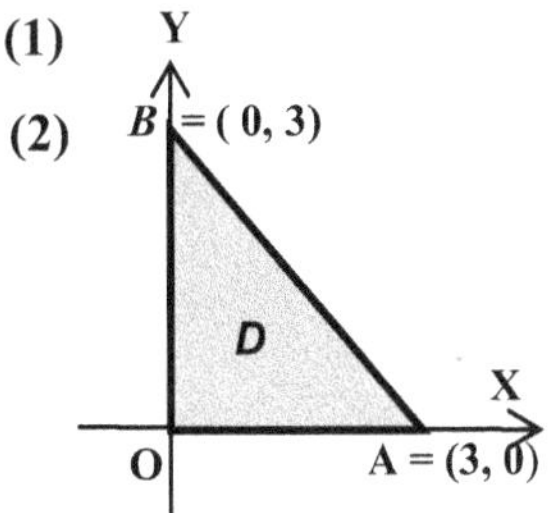

Paso2. Puntos en ∂D en los que puedan ocurrir extremos absolutos de f.

La frontera de D está formada por la unión de los tres segmentos $\overline{OA}$, $\overline{OB}$ y $\overline{AB}$, mostrados en la figura.

En el segmento $\overline{OA}$, $y = 0$ y $f(x, 0) = x^2 - 2x + 5, \; 0 \le x \le 3$

Puntos críticos $f(x, 0) = x^2 - 2x + 5, \; 0 \le x \le 3$:

$$f_x(x, 0) = 2x - 2 = 0 \Rightarrow x = 1$$

Este punto crítico de $f(x, 0)$ y los extremos del intervalos $[0, 3]$ nos dan los puntos de la frontera

$$(1, 0), \; \mathbf{0} = (0, 0) \; \text{y} \; A = (3, 0)$$

En el segmento $\overline{OB}$, $x = 0$ y $f(0, y) = y^2 + 5, \; 0 \le y \le 3$

Puntos críticos de $f(0, y) = y^2 + 5, \; 0 \le y \le 3$:

$$f_y(0, y) = 2y = 0 \Rightarrow y = 0, \text{ que está en la frontera.}$$

Los extremos del intervalo $[0, 3]$ nos dan los puntos de la frontera

$$\mathbf{0} = (0, 0) \; \text{y} \; B = (0, 3)$$

En el segmento $\overline{AB}$, $y = 3 - x$ y

$$g(x) = f(x, 3 - x) = 3x^2 - 11x + 14, \quad 0 \le x \le 3$$

Puntos críticos de $g(x) = f(x, 3 - x) = 3x^2 - 11x + 14, \quad 0 \le x \le 3$

$g'(x) = 6x - 11 = 0 \Rightarrow x = 11/6, \; y = 3 - 11/6 = 7/6$

Este punto crítico de $g(x) = f(x, 3 - x)$ y los extremos del intervalo $[0, 3]$ nos dan los puntos de la frontera

$$(11/6, 3 - 11/6) = (11/6, 7/6), \; A = (3, 0) \; \text{y} \; B = (0, 3)$$

Paso 3.

(x, y)	(4/3, 2/3)	(1, 0)	(0, 0)	(3, 0)	(0, 3)	(11/6, 7/6)
f(x, y)	41/9 ≈ 4.6	4	5	8	14	131/36 ≈ 3.6

Mínimo absoluto: $f(11/6, 7/6) = \dfrac{131}{36} \approx 3.6$

Máximo absoluto: $f(0,\ 3) = 14.$

PROBLEMA 3. Se está calentando una placa de metal plana que ocupa la región D del plano XY encerrada por la elipse $\dfrac{x^2}{3} + \dfrac{y^2}{2} = 1$.

La temperatura en cualquier punto $(x,\ y)$ es

$$T(x, y) = 2x^2 - 4x + 3y^2 - 6y + 30$$

Hallar el punto más caliente y el punto más frío de la placa, con sus respectivas temperaturas.

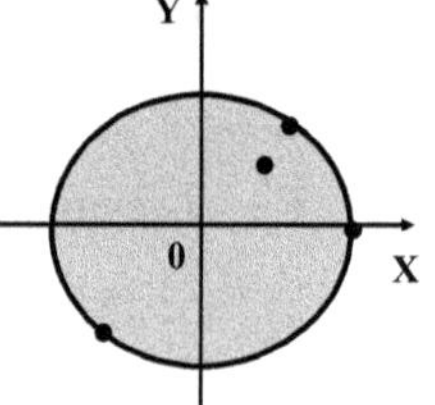

Solución

Paso 1. Puntos críticos en el interior de *D*.

$$T_x = 4x - 4 = 4(x-1) = 0 \Rightarrow x = 1,$$

$$T_y = 6y - 6 = 6(y-1) = 0 \Rightarrow y = 1$$

Luego, en el interior de D, T tiene un único punto crítico, que es $(1,\ 1)$.

Paso 2. Puntos en ∂D en los que puedan ocurrir extremos absolutos de *T*.

La frontera de D está constituida por los puntos de la elipse $\dfrac{x^2}{3} + \dfrac{y^2}{2} = 1$, que, en ecuaciones paramétricas, está descrita por

$$\begin{cases} x = \sqrt{3} \cos\ \theta \\ y = \sqrt{2}\ \text{sen}\ \theta \end{cases},\quad 0 \le \theta \le 2\pi$$

Buscamos los puntos donde la siguiente función alcance sus extremos:

$$g(\theta) = T\left(\sqrt{3}\cos\theta,\ \sqrt{2}\ \text{sen}\theta\right),\quad 0 \le \theta \le 2\pi$$

Hallemos los números críticos de $g(\theta)$. Usando la regla de la cadena:

$$g'(\theta) = \frac{\partial T}{\partial x}\frac{\partial x}{\partial \theta} + \frac{\partial T}{\partial y}\frac{\partial y}{\partial \theta} = 4(x-1)\left(-\sqrt{3}\ \text{sen}\ \theta\right) + 6(y-1)\left(\sqrt{2}\ \cos\ \theta\right)$$

$$= 4\left(\sqrt{3}\cos\theta - 1\right)\left(-\sqrt{3}\ \text{sen}\ \theta\right) + 6\left(\sqrt{2}\ \text{sen}\theta - 1\right)\left(\sqrt{2}\ \cos\ \theta\right)$$

$$= -\ 12\ \text{sen}\ \theta\ \cos\ \theta\ + 4\sqrt{3}\ \text{sen}\ \theta + 12\ \text{sen}\ \theta\ \cos\ \theta\ - 6\sqrt{2}\ \cos\ \theta$$

$$= 4\sqrt{3}\ \text{sen}\ \theta\ - 6\sqrt{2}\ \cos\ \theta$$

Ahora,

$$g'(\theta) = 0 \Rightarrow\ 4\sqrt{3}\ \text{sen}\ \theta\ - 6\sqrt{2}\ \cos\ \theta = 0 \Rightarrow$$

$$2\sqrt{3}\ \text{sen}\ \theta = 3\sqrt{2}\ \cos\theta \qquad \textbf{(1)}$$

Elevando al cuadrado esta igualdad:

$$12\ \text{sen}^2\theta = 18\ \cos^2\theta \Rightarrow \ 12\ \text{sen}^2\theta = 18\left(1-\text{sen}^2\theta\right) \ \Rightarrow$$

$$30\ \text{sen}^2\theta = 18 \ \Rightarrow \ \text{sen}\ \theta = \pm\sqrt{\frac{3}{5}}$$

Si $\text{sen}\ \theta = \sqrt{\frac{3}{5}}$, reemplazando en (1) obtenemos, $\cos\theta = \sqrt{\frac{2}{5}}$ y si $\text{sen}\ \theta = -\sqrt{\frac{3}{5}}$, entonces $\cos\theta = -\sqrt{\frac{2}{5}}$

Luego, $g(\theta)$ tiene dos números críticos que dan lugar a los siguientes puntos de la frontera:

$$(x,y)=\left(\sqrt{3}\cos\ \theta,\ \sqrt{2}\ \text{sen}\theta\right)=\left(\sqrt{3}\sqrt{\frac{2}{5}},\ \sqrt{2}\sqrt{\frac{3}{5}}\right)=\left(\sqrt{\frac{6}{5}},\ \sqrt{\frac{6}{5}}\right) \ \text{y}$$

$$\left(\sqrt{3}\left(-\sqrt{\frac{2}{5}}\right),\ \sqrt{2}\left(\left(-\sqrt{\frac{3}{5}}\right)\right)\right)=\left(-\sqrt{\frac{6}{5}},\ -\sqrt{\frac{6}{5}}\right)$$

Tenemos que considerar los puntos correspondientes a los extremos del intervalo $0 \leq \theta \leq 2\pi$

$$\left(\sqrt{3}\cos 0,\ \sqrt{2}\ \text{sen}\ 0\right)=\left(\sqrt{3}(\ 1\ ),\ \sqrt{2}\ (0)\right)=\left(\sqrt{3},\ 0\right)$$

$$\left(\sqrt{3}\cos\ 2\pi,\ \sqrt{2}\ \text{sen}\ 2\pi\right)=\left(\sqrt{3}(\ 1\ ),\ \sqrt{2}\ (0)\right)=\left(\sqrt{3},\ 0\right)$$

Paso 3.

(x, y)	$(1, 1)$	$\left(\sqrt{6/5},\ \sqrt{6/5}\right)$	$\left(-\sqrt{6/5},-\sqrt{6/5}\right)$	$\left(\sqrt{3},\ 0\right)$
$T(x, y)$	25	≈ 25.0455	≈ 46.95	≈ 29.07

El punto más caliente es $\left(-\sqrt{6/5},-\sqrt{6/5}\right)$, donde la temperatura es

$$T\left(-\sqrt{6/5},-\sqrt{6/5}\right) = 36 + 10\sqrt{6/5} \approx 46.95^\circ.$$

El punto más frío es (1, 1), donde la temperatura es

$$T(1, 1) = 25^\circ$$

PROBLEMA 4. Hallar los extremos absolutos de la función

$$f(x,y)=\ln\left(4x^2+y^2+4\right)+\int_0^x \frac{2t}{t^4+1}\,dt$$

en la región D encerrada por la elipse $\dfrac{x^2}{1}+\dfrac{y^2}{4}=1$

Solución

Paso 1. Puntos críticos en el interior de *D*.

$$f_x(x,y)=\frac{8x}{4x^2+y^2+4}+\frac{2x}{x^4+1}=\frac{2x\left(4x^4+4x^2+y^2+8\right)}{\left(4x^2+y^2+4\right)\left(x^4+1\right)}$$

$$f_y(x,y)=\frac{2y}{4x^2+y^2+4}$$

$$\begin{cases} f_x(x,y)=0 \\ f_y(x,y)=0 \end{cases} \Rightarrow \begin{cases} 2x\left(4x^4+4x^2+y^2+8\right)=0 \\ 2y=0 \end{cases} \Rightarrow x=0,\ \ y=0$$

Luego, en el interior de D, f tiene un único punto crítico, que es $(0,\ 0)$.

Paso 2. Puntos en ∂D en los que puedan ocurrir extremos absolutos de *f*.

La frontera de D está constituida por los puntos de la elipse

$$\frac{x^2}{1}+\frac{y^2}{4}=1 \Leftrightarrow 4x^2+y^2=4,$$

que en ecuaciones paramétricas, está descrita por

$$\begin{cases} x=\cos\ \theta \\ y=2\ \text{sen}\ \theta \end{cases},\quad 0\le\theta\le 2\pi$$

Buscamos los puntos donde la siguiente función alcance sus extremos:

$$g(\theta)=f\left(\cos\theta,\ 2\ \text{sen}\theta\right)=\ \ln\left(4\cos^2\theta+4\text{sen}^2\theta+4\right)+\int_0^{\cos\theta}\frac{2t}{t^4+1}\,dt$$

$$=\ln(8)+\int_0^{\cos\theta}\frac{2t}{t^4+1}\,dt,\qquad 0\le\theta\le 2\pi$$

Hallemos los puntos críticos de $g(\theta)$:

$$g'(\theta)=\frac{2\cos\theta}{\cos^4\theta+1}(-\text{sen}\theta)=\frac{-2\ \text{sen}\theta\cos\theta}{\cos^4\theta+1}=\frac{-\ \text{sen}2\theta}{\cos^4\theta+1}$$

$$g'(\theta)=0\ \Rightarrow -2\ \text{sen}\ 2\theta=0 \Rightarrow 2\theta=0,\ 2\theta=\pi,\ 2\theta=2\pi \Rightarrow \theta=0,\ \theta=\frac{\pi}{2},\ \ \theta=\pi$$

Luego, $g(\theta)$ tiene tres puntos críticos que dan lugar a los siguientes puntos de la frontera:

$$\left(\cos\ 0,2\ \text{sen}\ 0\right)=(1,0),\ \left(\cos\pi/2,2\ \text{sen}\ \pi/2\right)=(0,2),\ \left(\cos\pi,2\ \text{sen}\pi\right)=(-1,0)$$

Los puntos correspondientes a los extremos del intervalo $0 \leq \theta \leq 2\pi$ ya los tenemos. En efecto,

$$(\cos\ 0,\ 2\ \text{sen}\ 0) = (1,\ 0) \quad \text{y} \quad (\cos 2\pi,\ 2\ \text{sen}\ 2\pi) = (1,\ 0)$$

Paso 3.

En primer lugar, hallemos una antiderivada de $\displaystyle\int \frac{2t}{t^4+1}\,dt$

Sea $u = t^2$, entonces $du = 2tdt$ y

$$\int \frac{2t}{t^4+1}\,dt = \int \frac{du}{u^2+1} = \tan^{-1}(u) = \tan^{-1}(t^2)$$

Ahora,

$$f(0,0) = \ln\left(4(0)^2 + 0^2 + 4\right) + \int_0^0 \frac{2t}{t^4+1}\,dt = \ln(4) + 0 = \ln(4)$$

$$f(1,0) = \ln\left(4(1)^2 + 0^2 + 4\right) + \int_0^1 \frac{2t}{t^4+1}\,dt = \ln(8) + \tan^{-1}(t^2)\Big]_0^1 = \ln(8) + \frac{\pi}{4}$$

$$f(0,2) = \ln\left(4(0)^2 + 2^2 + 4\right) + \int_0^0 \frac{2t}{t^4+1}\,dt = \ln(8) + 0 = \ln(8)$$

$$f(-1,0) = \ln\left(4(-1)^2 + 0^2 + 4\right) + \int_0^{-1} \frac{2t}{t^4+1}\,dt = \ln(8) - \int_{-1}^{0} \frac{2t}{t^4+1}\,dt$$

$$= \ln(8) - \tan^{-1}(t^2)\Big|_{-1}^{0} = \ln(8) + \frac{\pi}{4}$$

Luego,

El mínimo absoluto es $f(0,0) = \ln(4)$

E l máximo absoluto es $f(1,0) = f(-1,0) = \ln(8) + \dfrac{\pi}{4}$

PROBLEMA 5. Se desea construir una caja rectangular sin tapa de 4 m^3 de volumen. Hallar las dimensiones de la caja que requiera el mínimo de material para su construcción.

Solución

Sea: x = longitud de la caja. y = ancho de la caja.

z = altura de la caja. A = área de la caja.

V = volumen de la caja.

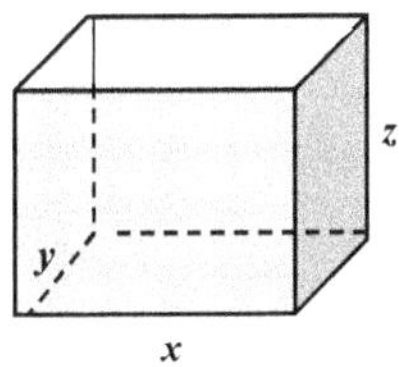

Es claro que la caja que requiera el mínimo de material es la que tenga área A mínima.

Tenemos que: $A = xy + 2xz + 2yz.$ $\quad V = xyz = 4$

Despejando z en el volumen y sustituyendo en la fórmula de A obtenemos:

$$A = xy + \frac{8}{y} + \frac{8}{x} \qquad \textbf{(1)}$$

donde $0 < x < \infty,\ \ 0 < y < \infty,$

Debemos hallar el punto (x, y) donde el área A dada en la fórmula (1) alcance su mínimo absoluto en la región

$$R = (0,\ \infty) \times (0,\ \infty).$$

Hallemos los puntos críticos:

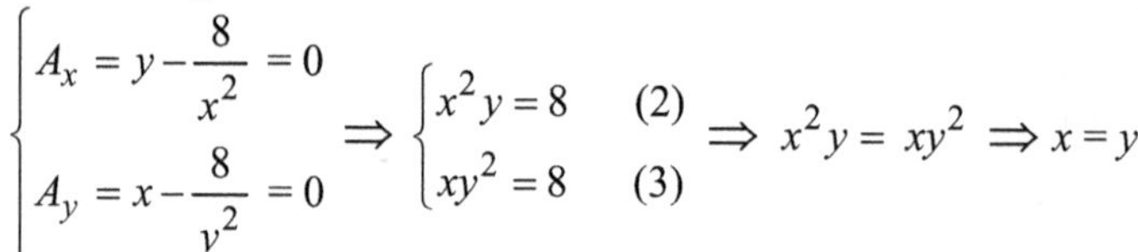

$$\begin{cases} A_x = y - \dfrac{8}{x^2} = 0 \\ A_y = x - \dfrac{8}{y^2} = 0 \end{cases} \Rightarrow \begin{cases} x^2 y = 8 & (2) \\ xy^2 = 8 & (3) \end{cases} \Rightarrow x^2 y = xy^2 \Rightarrow x = y$$

Reemplazando esta igualdad en (2): $\quad x^3 = 8 \Rightarrow x = y = 2$

Luego, (2, 2) es un punto critico de A y es el único.

Analicemos este punto crítico:

$$A_{xx} = \frac{16}{x^3},\quad A_{yy} = \frac{16}{y^3},\quad A_{xy} = 1,\quad \Delta(x, y) = \left(\frac{16}{x^3}\right)\left(\frac{16}{y^3}\right) - \left(1\right)^2 = \frac{256}{x^3 y^3} - 1$$

$$\Delta(2, 2) = \frac{256}{2^3 \times 2^3} - 1 = 3 > 0,\quad A_{xx}(2, 2) = \frac{16}{2^3} = 2 > 0$$

Luego,

$$A(2, 2) = 2(2) + \frac{8}{2} + \frac{8}{2} = 12$$

es un mínimo local.

Nuestra tarea todavía no ha concluido, porque sólo hemos hallado un mínimo local y no sabemos si éste es el mínimo absoluto. Para verificar esto último, tropezamos con una dificultad. La región $R = (0,\ \infty) \times (0,\ \infty)$ no es acotada y, por tanto, no podemos aplicar la táctica detallada anteriormente para hallar los extremos absolutos. Tenemos que recurrir a otros argumentos. Uno de ellos es el siguiente: La variable varía en el intervalo abierto $(0,\ \infty)$. Si a x lo acercamos a 0, el término $8/x$ de la fórmula de A crece en tal forma que se hace mayor que $A(2, 2) = 12$. Por otro lado, si a x lo tomamos suficientemente grande, el término xy de la fórmula de A crece en tal forma que se hace mayor que A(2, 2) = 12. Igual resultado se obtiene con la variable y. En consecuencia, $A(2, 2) = 12$ es el mínimo absoluto de A en la región R.

Luego, las dimensiones de la caja que requiera el mínimo de material para su construcción son: $x = 2,\quad y = 2\quad$ y $\quad z = \dfrac{V}{xy} = \dfrac{4}{2 \times 2} = 1$

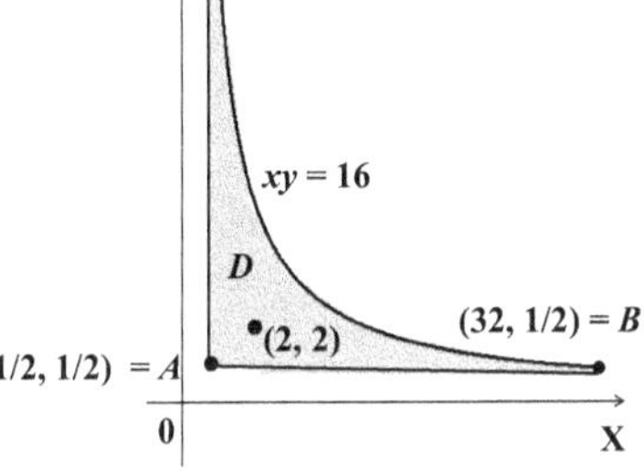

Para quienes el argumento anterior, que muestra que el mínimo local $A(2, 2) = 12$ es el mínimo absoluto, no es tan convincente, presentamos esta otra demostración.

El término xy de la fórmula de A nos sugiere tomar la hipérbola $xy = 16$ y con ella construir la siguiente región cerrada y acotada:

$$D = \{(x, y) / \ 1/2 \leq x, \ \ 1/2 \leq y, \ \ xy \leq 16\}$$

El punto crítico (2, 2) está en el interior de D y

$$A(2, 2) = 12$$

Analicemos el valor de $A = xy + \dfrac{8}{y} + \dfrac{8}{x}$ en la frontera de D.

En el segmento $\overline{AB}$, $y = \dfrac{1}{2}$ y $A = \dfrac{x}{2} + \dfrac{8}{1/2} + \dfrac{8}{x} = \dfrac{x}{2} + 16 + \dfrac{8}{x} > 12$

En el segmento $\overline{AC}$, $x = \dfrac{1}{2}$ y $A = \dfrac{y}{2} + \dfrac{8}{y} + \dfrac{8}{1/2} = \dfrac{y}{2} + \dfrac{8}{y} + 16 > 12$

En el segmento $\overline{BC}$, xy = 16 y $A = xy + \dfrac{8}{y} + \dfrac{8}{x} = 16 + \dfrac{8}{y} + \dfrac{8}{x} > 12$

Luego, el mínimo absoluto de A en D es $A(2, 2) = 12$

Analicemos el valor de $A = xy + \dfrac{8}{y} + \dfrac{8}{x}$ fuera de D, o sea en su complemento:

$$\complement D = \{(x, y) / \ 1/2 > x, \ \ 1/2 > y \text{ ó } xy > 16\}$$

Si $x < \dfrac{1}{2}$, entonces $A = xy + \dfrac{8}{y} + \dfrac{8}{x} > xy + \dfrac{8}{y} + \dfrac{8}{1/2} = xy + \dfrac{8}{y} + 16 > 12$

Si $y < \dfrac{1}{2}$, entonces $A = xy + \dfrac{8}{y} + \dfrac{8}{x} > xy + \dfrac{8}{1/2} + \dfrac{8}{x} = xy + 16 + \dfrac{8}{x} > 12$

Si $xy > 16$, entonces $A = xy + \dfrac{8}{y} + \dfrac{8}{x} > 16 + \dfrac{8}{y} + \dfrac{8}{x} > 12$

En consecuencia, el mínimo absoluto de A en R es $A(2, 2) = 12$.

PROBLEMA 6. Probar que entre todas las cajas rectangulares (paralelepípedos) cuya diagonal mayor mida d, la que tiene volumen máximo es un cubo. Hallar este volumen máximo.

Solución.

Sean x el ancho, y el largo, z la altura de la caja.

Sea α el ángulo formado por la diagonal principal d y la diagonal b de la base de la caja. Se cumple que $0 \leq \alpha \leq \dfrac{\pi}{2}$.

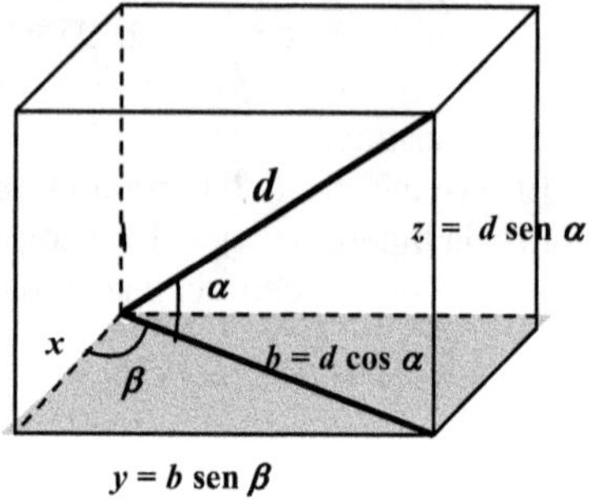

Sea β el ángulo formado por la diagonal b y el lado x. Se cumple que $0 \leq \beta \leq \dfrac{\pi}{2}$.

Tenemos que:

$$b = d\cos\alpha,\ x = b\cos\beta = d\cos\alpha\cos\beta,$$

$$y = b\,\text{sen}\,\beta = d\cos\alpha\,\text{sen}\,\beta,\ z = d\,\text{sen}\,\alpha$$

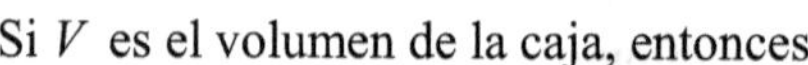

Si V es el volumen de la caja, entonces

$$V = xyz = (d\cos\alpha\cos\beta)\,(d\cos\alpha\,\text{sen}\,\beta)\,(d\,\text{sen}\,\alpha) = d^3\cos^2\alpha\,\text{sen}\,\alpha\,\text{sen}\,\beta\cos\beta$$

Ahora, hallamos el máximo absoluto de

$$V = d^3\cos^2\alpha\,\text{sen}\,\alpha\,\text{sen}\,\beta\cos\beta \text{ en } D = \{(\alpha,\beta) /\ 0 \leq \alpha \leq \pi/2,\ 0 \leq \beta \leq \pi/2\}$$

Paso 1. Puntos críticos en el interior de *D*.

$$\begin{aligned} V_\alpha &= -2d^3\cos\alpha\,\text{sen}^2\alpha\,\text{sen}\,\beta\cos\beta + d^3\cos^3\alpha\,\text{sen}\,\beta\cos\beta \\ &= d^3\cos\alpha\,\text{sen}\,\beta\cos\beta\left(-2\text{sen}^2\alpha + \cos^2\alpha\right) \\ &= d^3\cos\alpha\,\text{sen}\,\beta\cos\beta\left(1 - 3\text{sen}^2\alpha\right) \end{aligned}$$

$$\begin{aligned} V_\beta &= d^3\cos^2\alpha\,\text{sen}\,\alpha\cos^2\beta - d^3\cos^2\alpha\,\text{sen}\,\alpha\,\text{sen}^2\beta \\ &= d^3\cos^2\alpha\,\text{sen}\,\alpha\left(\cos^2\beta - \text{sen}^2\beta\right) \\ &= d^3\cos^2\alpha\,\text{sen}\,\alpha\cos 2\beta \end{aligned}$$

$$V_\alpha = 0 \Rightarrow d^3\cos\alpha\,\text{sen}\,\beta\cos\beta\left(1 - 3\text{sen}^2\alpha\right) = 0 \quad \Rightarrow$$

$$\cos\alpha = 0,\ \text{sen}\,\beta = 0,\ \cos\beta = 0 \text{ ó } \text{sen}^2\alpha = \frac{1}{3} \quad \Rightarrow$$

$$\alpha = \frac{\pi}{2},\ \beta = 0,\ \beta = \frac{\pi}{2} \text{ ó } \alpha = \text{sen}^{-1}\left(\frac{1}{\sqrt{3}}\right)$$

$$V_\beta = 0 \Rightarrow d^3\cos^2\alpha\,\text{sen}\,\alpha\cos 2\beta = 0 \Rightarrow$$

$$\cos^2\alpha = 0,\ \text{sen}\,\alpha = 0 \text{ ó } \cos 2\beta = 0 \Rightarrow$$

$$\alpha = \frac{\pi}{2},\ \alpha = 0 \text{ ó } 2\beta = \frac{\pi}{2} \Rightarrow \alpha = \frac{\pi}{2},\ \alpha = 0 \text{ ó } \beta = \frac{\pi}{4}$$

En el interior de D sólo está el punto crítico $\left(\text{sen}^{-1}\left(1/\sqrt{3}\right),\ \pi/4\right)$

Paso 2. Puntos en ∂D en los que puedan ocurrir extremos absolutos de f.

Es fácil ver que en la frontera de D se tiene que $V = 0$.

Paso 3. $V\left(\operatorname{sen}^{-1}\left(1/\sqrt{3}\right),\ \pi/4\right)$

$$= d^3\cos^2\left(\operatorname{sen}^{-1}\left(1/\sqrt{3}\right)\right)\ \operatorname{sen}\left(\operatorname{sen}^{-1}\left(1/\sqrt{3}\right)\right)\ \operatorname{sen}\frac{\pi}{4}\ \cos\frac{\pi}{4}$$

$$= d^3\left(\frac{2}{3}\right)\left(\frac{1}{\sqrt{3}}\right)\left(\frac{\sqrt{2}}{2}\right)\left(\frac{\sqrt{2}}{2}\right) = \frac{d^3}{3\sqrt{3}} = \frac{\sqrt{3}}{9}d^3$$

Luego,

El mínimo de V es 0 y el máximo es $V\left(\operatorname{sen}^{-1}\left(1/\sqrt{3}\right),\ \pi/4\right) = \dfrac{\sqrt{3}}{9}d^3$.

Ahora, para $(\alpha, \beta) = \left(\operatorname{sen}^{-1}\left(1/\sqrt{3}\right),\ \pi/4\right)$ tenemos que:

$$x = d\cos\alpha\cos\beta = d\sqrt{\frac{2}{3}}\frac{\sqrt{2}}{2} = \frac{d}{\sqrt{3}}$$

$$y = d\cos\alpha\operatorname{sen}\beta,\ d\sqrt{\frac{2}{3}}\frac{\sqrt{2}}{2} = \frac{d}{\sqrt{3}},\qquad z = d\operatorname{sen}\alpha = d\frac{1}{\sqrt{3}} = \frac{d}{\sqrt{3}}$$

Como las tres dimensiones de la caja son iguales, la caja es un cubo de arista $\dfrac{d}{\sqrt{3}}$

y de volumen $V = \left(\dfrac{d}{\sqrt{3}}\right)^3 = \dfrac{\sqrt{3}}{9}d^3$

PROBLEMA 7. Sean las rectas:

$$L_1: \frac{x-1}{4} = \frac{y-3}{1} = \frac{z-3}{5},\qquad L_2: \frac{x}{-2} = \frac{y-4}{3} = \frac{z-1}{1}.$$

a. Hallar el punto P_1 de L_1 y el punto P_2 de L_2 tales que $d(P_1, P_2)$, la distancia de P_1 a P_2, sea mínima.

b. Hallar $d(P_1, P_2)$.

Solución

a. Las ecuaciones paramétricas de las rectas L_1 y L_2 son:

$$L_1: \begin{cases} x = 1 + 4t \\ y = 3 + t \\ z = 3 + 5t \end{cases},\qquad L_2: \begin{cases} x = -2s \\ y = -4 + 3s \\ z = 1 + s \end{cases}$$

La distancia de un punto P de L_1 a un punto Q de L_2 está dada por

$$d(P,Q) = \sqrt{(4t + 2s + 1)^2 + (t - 3s + 7)^2 + (5t - s + 2)^2} \qquad \textbf{(1)}$$

Debemos minimizar esta función. Pero esto equivale a minimizar su cuadrado:

$$f(t,s)=\left(d(P,Q)\right)^2=(4t+2s+1)^2+(t-3s+7)^2+(5t-s+2)^2$$

$$f_t(t,s)=8(4t+2s+1)+2(t-3s+7)+10(5t-s+2)=84t+42=0 \Rightarrow t=-\frac{1}{2}$$

$$f_s(t,s)=4(4t+2s+1)-6(t-3s+7)-2(5t-s+2)=28s-42=0 \Rightarrow s=\frac{3}{2}$$

Luego, $(-1/2,\ 3/2)$ es un punto crítico de f, y es el único. La geometría del problema nos dice que $f(-1/2,\ 3/2)$ es el mínimo absoluto de f.

Reemplazando $t=-1/2$ y $s=3/2$ en las ecuaciones paramétricas de L_1 y L_2 obtenemos los puntos P_1 y P_2 buscados:

$$P_1=\left(1+4(-1/2),\ 3+(-1/2),\ 3+5(-1/2)\ \right)=\left(-1,\ 5/2,\ 1/2\right)$$

$$P_2=\left(-2(3/2),\ -4+3(3/2),\ 1+(3/2)\ \right)=\left(-3,\ 1/2,\ 5/2\right)$$

b. $d(P_1,P_2)=\sqrt{(-1+3)^2+(5/2-1/2)^2+(1/2-5/2)^2}=\sqrt{2^2+2^2+(-2)^2}=2\sqrt{3}$

PROBLEMA 8. Probar que de todos los triángulos inscritos en una circunferencia, el que tiene área máxima es equilátero. Si el radio de la circunferencia es r, hallar esta área máxima.

Solución

En primer lugar, hallamos la función que nos proporciona el área de un triángulo inscrito en una circunferencia de radio r.

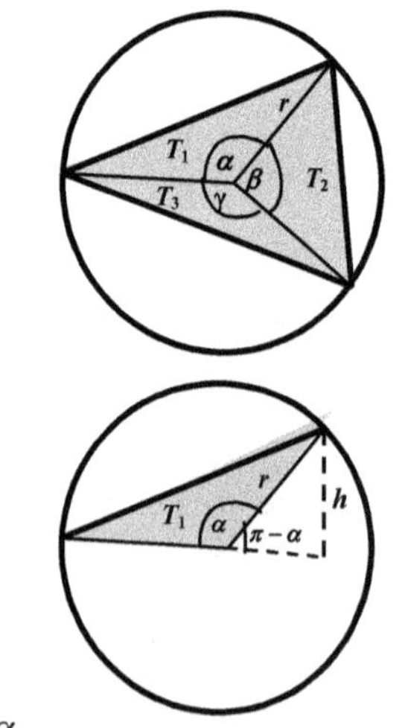

Sean α, β y γ los ángulos que forman los vértices con el centro de la circunferencia. Se cumple que:

$$\alpha+\beta+\gamma=2\pi \qquad \textbf{(1)}$$

Si alguno de los tres ángulos es mayor que π, el triángulo está contenido en la mitad del círculo. En este caso es claro que el área de este triángulo no es la máxima. Luego, podemos suponemos que

$$0\le\alpha\le\pi,\qquad 0\le\beta\le\pi,\qquad 0\le\gamma\le\pi \qquad \textbf{(2)}$$

El área del triángulo inscrito es igual a la suma de las áreas de los triángulos T_1, T_2 y T_3 indicados en la figura.

El área del triángulo T_1 es

$$A_1=\frac{1}{2}(\text{base})(\text{altura})=\frac{1}{2}(r)\left(r\ \text{sen}(\pi-\alpha)\right)=\frac{r^2}{2}\text{sen}\ \alpha$$

En forma análoga se obtiene que las áreas de los triángulos T_2 y T_3 son

$$A_2 = \frac{r^2}{2}\text{sen }\beta \qquad \text{y} \qquad A_3 = \frac{r^2}{2}\text{sen }\lambda$$

Luego, si A es área del triángulo inscrito, tenemos

$$A = A_1 + A_2 + A_3 = \frac{r^2}{2}\left(\text{sen }\alpha + \text{sen }\beta + \text{sen }\gamma\right) \qquad \textbf{(3)}$$

De (1) obtenemos que $\gamma = 2\pi - \alpha - \beta$ y

$$\text{sen }\gamma = \text{sen}\left(2\pi - \alpha - \beta\right) = \text{sen}\left(-\alpha - \beta\right) = -\text{sen}\left(\alpha + \beta\right)$$

lo cual reemplazado en (3), nos da la función buscada:

$$A = A\left(\alpha, \beta\right) = \frac{r^2}{2}\left[\text{sen }\alpha + \text{sen }\beta - \text{sen}\left(\alpha + \beta\right)\right]$$

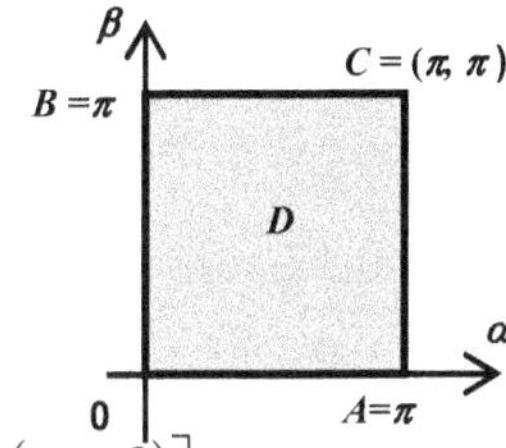

Ahora, buscamos el máximo de esta función en la región

$$D = \left\{\left(\alpha, \beta\right) / \ 0 \le \alpha \le \pi, 0 \le \beta \le \pi\right\}.$$

Puntos críticos en el interior de *D*.

$$A_\alpha = \frac{r^2}{2}\left[\cos\ \alpha - \cos\left(\alpha + \beta\right)\right], \quad A_\beta = \frac{r^2}{2}\left[\cos\ \beta - \cos\left(\alpha + \beta\right)\right]$$

$$A_\alpha = 0 \Rightarrow \cos\ \alpha = \cos\left(\alpha + \beta\right) \quad \textbf{(4)} \qquad A_\beta = 0 \Rightarrow \cos\ \beta = \cos\left(\alpha + \beta\right) \quad \textbf{(5)}$$

De (4) y (5) obtenemos: $\cos\ \alpha = \cos\ \beta \Rightarrow \alpha = \beta$

Reemplazando $\alpha = \beta$ en (4):

$$\cos\ \alpha = \cos\left(2\alpha\right) \Rightarrow \cos\ \alpha = 2\cos^2\alpha - 1 \Rightarrow 2\cos^2\alpha - \cos\ \alpha - 1 = 0 \Rightarrow$$

$$\cos\ \alpha = \frac{1 \pm \sqrt{1 + 4(2)}}{4} \Rightarrow \cos\ \alpha = -\frac{1}{2} \ \text{ó}\ \cos\ \alpha = 1 \Rightarrow \alpha = \frac{2\pi}{3} \ \text{ó}\ \alpha = 0$$

Tomamos $\alpha = \dfrac{2\pi}{3}$ y obtenemos el punto crítico $\left(2\pi/3, 2\pi/3\right)$. Desechamos $\alpha = 0$, porque esta solución nos da el punto (0, 0), que está en la frontera de D.

Puntos en ∂D en los que puedan ocurrir extremos absolutos de *A*.

En $\overline{0A}$, $\beta = 0$ y $A\left(\alpha, 0\right) = \dfrac{r^2}{2}\left[\text{sen }\alpha - \text{sen }\alpha\right]$

En $\overline{0B}$, $\alpha = 0$ y $A\left(0, \beta\right) = \dfrac{r^2}{2}\left[\text{sen }\beta - \text{sen }\beta\right]$

En $\overline{BC}$, $\beta = \pi$ y $A\left(\alpha, \pi\right) = \dfrac{r^2}{2}\left[\text{sen }\alpha - \text{sen }\left(\alpha + \pi\right)\right] = r^2\text{sen }\alpha \Rightarrow$

$$A_\alpha\left(\alpha, \pi\right) = r^2\cos\ \alpha = 0 \Rightarrow \alpha = \frac{\pi}{2} \Rightarrow \left(\pi/2,\ \pi\right) \text{ es punto crítico.}$$

En $\overline{AC}$, $\alpha = \pi$ y $A\left(\pi, \beta\right) = \dfrac{r^2}{2}\left[\text{sen }\beta + \text{sen }\beta\right] = r^2\text{sen }\beta \Rightarrow$

$$A_\beta(\pi,\beta) = r^2\cos\beta = 0 \Rightarrow \beta = \frac{\pi}{2} \Rightarrow (\pi,\ \pi/2) \text{ es punto crítico.}$$

Además, agregamos el extremo $(\pi,\ \pi)$

Tenemos que:

$$A(2\pi/3, 2\pi/3) = \frac{3\sqrt{3}}{4}r^2,\quad A(\alpha,0) = 0,\quad A(\beta,0) = 0,$$

$$A(\pi/2,\pi) = r^2,\quad A(\pi,\pi) = 0$$

El máximo de la función es $A(2\pi/3, 2\pi/3) = \frac{3\sqrt{3}}{4}r^2$ y lo toma en el punto $\alpha = 2\pi/3$, $\beta = 2\pi/3$.

Además, estos valores, reemplazados en (1) nos dan $\gamma = 2\pi/3$. O sea,

$$\alpha = 2\pi/3,\ \beta = 2\pi/3,\ \gamma = 2\pi/3,$$

Luego, el triángulo inscrito es equilátero y su área es $A = \frac{3\sqrt{3}}{4}r^2$

PROBLEMA 9. A una lámina de metal de ancho L se la va a doblar para formar un canal de agua. Un corte transversal del canal es el trapecio isósceles que se indica en la figura. Hallar los valores de x y θ que permiten pasar el máximo volumen de agua por el canal. Esto sucederá si el área del trapecio es máxima.

Solución

El área del trapecio es igual al área del rectángulo central más el área de los dos triángulos rectángulos de los costados. Esto es,

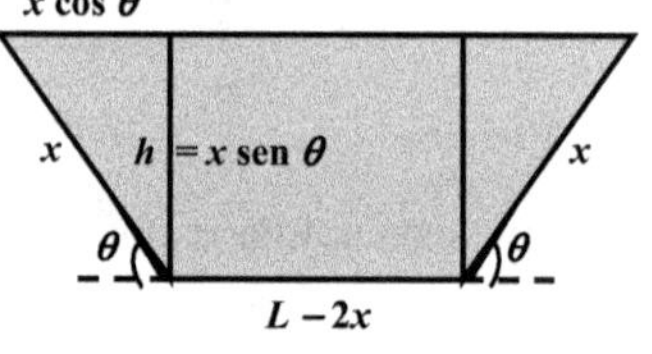

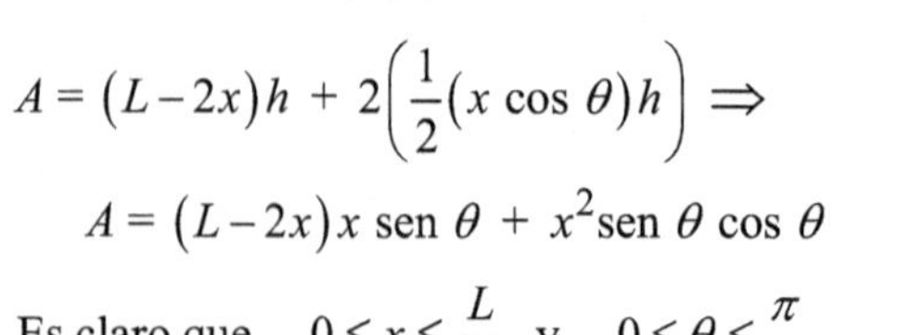

$$A = (L-2x)h + 2\left(\frac{1}{2}(x\cos\theta)h\right) \Rightarrow$$

$$A = (L-2x)x\ \text{sen}\ \theta + x^2\text{sen}\ \theta\cos\theta$$

Es claro que $0 \le x \le \frac{L}{2}$ y $0 \le \theta \le \frac{\pi}{2}$.

Luego, debemos maximizar

$$A = \left(Lx - 2x^2\right)\text{sen}\ \theta + x^2\text{sen}\ \theta\cos\theta \text{ en la región}$$

$$D = \{(x,\theta)/\ 0 \le x \le L/2,\ 0 \le \theta \le \pi/2\}.$$

θ
B = (0, π/2)
C = (L/2, π/2)
D
0
A = (L/2, 0) X

Puntos críticos en el interior de *D*.

$$A_x = (L-4x)\text{sen }\theta + 2x\text{ sen }\theta\cos\theta = (L-4x+2x\cos\theta)\text{ sen }\theta = 0 \Rightarrow$$

$$L-4x+2x\cos\theta = 0 \Rightarrow \cos\theta = \frac{4x-L}{2x} \qquad \textbf{(1)}$$

$$A_\theta = \left(Lx-2x^2\right)\cos\theta + x^2\left(\cos^2\theta - \text{sen}^2\theta\right) = 0 \Rightarrow$$

$$\left(Lx-2x^2\right)\cos\theta + x^2\left(2\cos^2\theta - 1\right) = 0 \qquad \textbf{(2)}$$

Reemplazando (1) en (2):

$$\left(Lx-2x^2\right)\frac{4x-L}{2x} + x^2\left(2\left(\frac{4x-L}{2x}\right)^2 - 1\right) = 0 \Rightarrow x(x-L/3) = 0 \Rightarrow x = \frac{L}{3}$$

Reemplazando $x = \dfrac{L}{3}$ en (1): $\cos\theta = \dfrac{4(L/3)-L}{2(L/3)} = \dfrac{1}{2} \Rightarrow \theta = \dfrac{\pi}{3}$

Hemos obtenido el punto crítico $\left(\dfrac{L}{3}, \dfrac{\pi}{3}\right)$

Puntos en ∂D en los que puedan ocurrir extremos absolutos de A.

En $\overline{0A}$, $\theta = 0$ y $\text{sen } 0 = 0 \Rightarrow A = 0$

En $\overline{0B}$, $x = 0 \Rightarrow A = 0$

En $\overline{BC}$, $\theta = \dfrac{\pi}{2} \Rightarrow A = Lx - 2x^2 \Rightarrow A_x = L - 4x = 0 \Rightarrow x = \dfrac{L}{4}$

Aquí hemos obtenido el punto $\left(\dfrac{L}{4}, \dfrac{\pi}{2}\right)$

En $\overline{AC}$, $x = \dfrac{L}{2} \Rightarrow A = \dfrac{L^2}{4}\text{sen }\theta\cos\theta \Rightarrow A_\theta = \dfrac{L^2}{4}\left(2\cos^2\theta - 1\right) = 0 \Rightarrow$

$$\cos\theta = \frac{\sqrt{2}}{2} \Rightarrow \theta = \frac{\pi}{4}$$

Aquí hemos obtenido el punto $\left(\dfrac{L}{2}, \dfrac{\pi}{4}\right)$

Ahora,

$$A(L/3, \pi/3) = \frac{\sqrt{3}}{12}L^2, \quad A(L/4, \pi/2) = \frac{1}{8}L^2, \quad A(L/2, \pi/4) = \frac{1}{8}L^2$$

Vemos que el área máxima es $\dfrac{\sqrt{3}}{12}L^2$ y es alcanzado cuando x = $\dfrac{L}{3}$ y $\theta = \dfrac{\pi}{3}$

PROBLEMA 10. Hallar las dimensiones de la caja rectangular (paralelepípedo) de volumen máximo que puede inscribirse en el elipsoide.

$$\frac{x^2}{a^2}+\frac{y^2}{b^2}+\frac{z^2}{c^2}=1$$

Hallar el valor del volumen máximo.

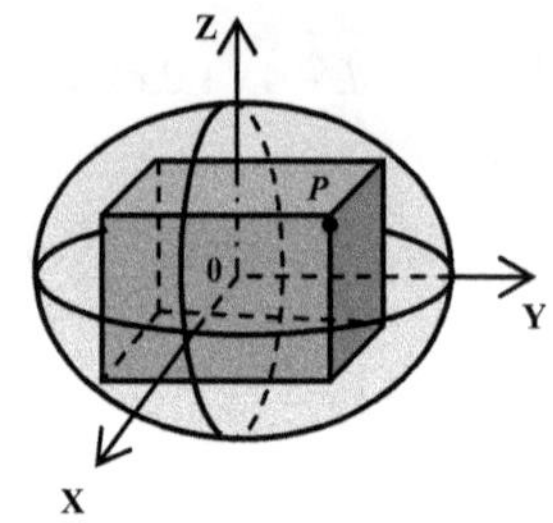

Solución

Sea $P=(x,y,z)$ el vértice de la caja que está en el primer octante. Las longitudes de los lados de la caja son $2x$, $2y$, $2z$, y el volumen es

$$V=8xyz \qquad \textbf{(1)}$$

Si $x=0$, $y=0$ ó $z=0$, tenemos una caja (un rectángulo) de volumen $V=0$. En este caso, este volumen sería el mínimo, él cual no estamos buscando. Por tanto, vamos suponer que $x>0$, $y>0$ y $z>0$.

Podríamos despejar z en la ecuación del elipsoide y reemplazarla en (1). De este modo el volumen resultaría una función de dos variables, x e y. Sin embargo, no procederemos así. Bastaré con aceptar que z es función implícita de x e y.

Tenemos que:

$$V_x=8yz+8xy\frac{\partial z}{\partial x}=8y\left(z+x\frac{\partial z}{\partial x}\right) \quad \textbf{(2)}, \qquad V_y=8xz+8xy\frac{\partial z}{\partial y}=8x\left(z+y\frac{\partial z}{\partial y}\right) \quad \textbf{(3)}$$

Por otro lado, derivando la ecuación del elipsoide respecto a x y y, tenemos:

$$\frac{\partial}{\partial x}\left(\frac{x^2}{a^2}+\frac{y^2}{b^2}+\frac{z^2}{c^2}\right)=\frac{\partial}{\partial x}\left(1\right) \Rightarrow \frac{2x}{a^2}+\frac{2z}{c^2}\frac{\partial z}{\partial x}=0 \Rightarrow \frac{\partial z}{\partial x}=-\frac{c^2}{z}\frac{x}{a^2}$$

$$\frac{\partial}{\partial y}\left(\frac{x^2}{a^2}+\frac{y^2}{b^2}+\frac{z^2}{c^2}\right)=\frac{\partial}{\partial y}\left(1\right) \Rightarrow \frac{2y}{b^2}+\frac{2z}{c^2}\frac{\partial z}{\partial y}=0 \Rightarrow \frac{\partial z}{\partial y}=-\frac{c^2}{z}\frac{y}{b^2}$$

Reemplazando estas derivadas en (2) y en (3):

$$V_x=8y\left(z-\frac{c^2}{z}\frac{x^2}{a^2}\right), \qquad V_y=8x\left(z-\frac{c^2}{z}\frac{y^2}{b^2}\right)$$

Ahora,

$$V_x=0 \text{ y } V_y=0 \Rightarrow y\left(z-\frac{c^2}{z}\frac{x^2}{a^2}\right)=0 \text{ y } x\left(z-\frac{c^2}{z}\frac{y^2}{b^2}\right)=0 \Rightarrow$$

$$z-\frac{c^2}{z}\frac{x^2}{a^2}=0 \text{ y } z-\frac{c^2}{z}\frac{y^2}{b^2}=0 \Rightarrow \frac{x^2}{a^2}=\frac{z^2}{c^2}=\frac{y^2}{b^2}$$

Reemplazando estas igualdades en la ecuación del elipsoide:

$$\frac{x^2}{a^2}+\frac{y^2}{b^2}+\frac{z^2}{c^2}=1 \Rightarrow 3\frac{x^2}{a^2}=1 \Rightarrow x=\frac{a}{\sqrt{3}}$$

Similarmente, $y=\dfrac{b}{\sqrt{3}}$ y $z=\dfrac{c}{\sqrt{3}}$

No es difícil ver que el punto crítico $\left(a/\sqrt{3},\ b/\sqrt{3},\ c/\sqrt{3},\right)$ corresponde a un máximo volumen de la función volumen. Luego, las dimensiones de la caja de volumen máximo son $x=\dfrac{a}{\sqrt{3}}$, $y=\dfrac{b}{\sqrt{3}}$ y $z=\dfrac{c}{\sqrt{3}}$ y el volumen máximo es

$$V=8\frac{a}{\sqrt{3}}\frac{b}{\sqrt{3}}\frac{c}{\sqrt{3}}=\frac{8abc}{3\sqrt{3}}$$

PROBLEMA 11. Hallar el plano que pasa por el punto $P=(2,\ 1,\ 3)$ y que forma con los planos coordenados un tetraedro de mínimo volumen.

Solución

Sean a, b y c los puntos donde el plano que pasa por $P=(2,\ 1,\ 3)$ corta a los ejes coordenados. Para obtener un tetraedro, el plano no debe pasar por el origen.

En este caso, tenemos que $a>0$, $b>0$ y $c>0$.

La ecuación del plano es $\quad \dfrac{x}{a}+\dfrac{y}{b}+\dfrac{z}{c}=1 \quad$ **(1)**

El volumen del tetraedro es $\quad V=\dfrac{1}{6}abc$

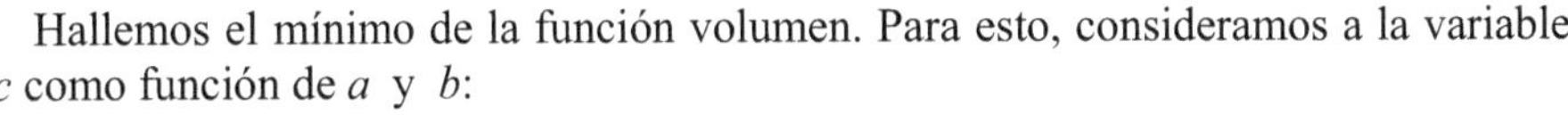

Hallemos el mínimo de la función volumen. Para esto, consideramos a la variable c como función de a y b:

$$V_a=\frac{1}{6}bc+\frac{1}{6}ab\frac{\partial c}{\partial a}=\frac{1}{6}b\left(a\frac{\partial c}{\partial a}+c\right)=0 \Rightarrow \frac{\partial c}{\partial a}=-\frac{c}{a} \quad \textbf{(2)}$$

$$V_b=\frac{1}{6}ac+\frac{1}{6}a\frac{\partial c}{\partial b}=\frac{1}{6}a\left(b\frac{\partial c}{\partial a}+c\right)=0 \Rightarrow \frac{\partial c}{\partial b}=-\frac{c}{b} \quad \textbf{(3)}$$

Por otro lado, como $P=(2,\ 1,\ 3)$ es un punto del plano, entonces

$$\frac{2}{a}+\frac{1}{b}+\frac{3}{c}=1 \quad \textbf{(4)}$$

Derivando esta ecuación respecto a a y a b:

$$-\frac{2}{a^2}-\frac{3}{c^2}\frac{\partial c}{\partial a}=0 \Rightarrow \frac{\partial c}{\partial a}=-\frac{2c^2}{3a^2} \quad \textbf{(5)}$$

$$-\frac{1}{b^2}-\frac{3}{c^2}\frac{\partial c}{\partial b}=0 \Rightarrow \frac{\partial c}{\partial b}=-\frac{c^2}{3b^2} \quad \textbf{(6)}$$

De (2) y (5), y de (3) y (6) obtenemos:

$$-\frac{2c^2}{3a^2} = -\frac{c}{a} \Rightarrow a = \frac{2c}{3}, \qquad -\frac{c^2}{3b^2} = -\frac{c}{b} \Rightarrow b = \frac{c}{3}$$

Reemplazando estos valores de a y b en (4) se tiene:

$$\frac{2}{2c/3} + \frac{1}{c/3} + \frac{3}{c} = 1 \Rightarrow c = 9 \Rightarrow a = 6 \text{ y } b = 3$$

Luego, la función volumen V tiene un único punto crítico que es el punto (6 3), en el cual $V(6,3) = \frac{1}{6}(6)(3)(9) = 27$.

Verificar analíticamente que $V = \frac{1}{6}(6)(3)(9) = 27$ es el mínimo no es simple. Sin embargo, observamos que $V = \frac{1}{6}abc$ no es acotada superiormente y por tanto no tiene máximo. Sin embargo, $V = \frac{1}{6}abc$ es acotado inferiormente (0 es una cota inferior) y (6, 3) es el único punto crítico, entonces podemos afirmar que $V = \frac{1}{6}abc$ alcanza su mínimo en este punto.

Reemplazando $a = 6$, $b = 3$, $c = 9$ en (1) obtenemos el plano buscado:

$$\frac{x}{6} + \frac{y}{3} + \frac{z}{9} = 1$$

PROBLEMA 12. **Probar el teorema 3.19. Criterio de las segundas derivadas parciales**

Sea $z = f(x,y)$ de clase $C^{(2)}$ en un disco abierto con centro en un punto crítico (a, b), y sea

$$\Delta = \Delta(a, b) = f_{xx}(a,b) f_{yy}(a,b) - \left(f_{xy}(a,b)\right)^2$$

a. Si $\Delta(a, b) > 0$ y $f_{xx}(a,b) > 0$, entonces f tiene un mínimo local en (a, b).

b. Si $\Delta(a, b) > 0$ y $f_{xx}(a,b) < 0$, entonces f tiene un máximo local en (a, b).

c. Si $\Delta(a, b) < 0$, entonces f tiene un punto silla en (a, b).

d. Si $\Delta(a, b) = 0$, no hay conclusión. Esto es, puede suceder que f en el punto (a,b) tenga un mínimo local, un máximo local o un punto silla.

Solución

Probaremos sólo la parte a. Las otras se prueban de manera análoga.

Recordemos el teorema 5.9 (criterio de concavidad) de nuestro texto de Cálculo Diferencial. Este teorema asegura que el gráfico de una función es cóncava hacia arriba en un intervalo I si su segunda derivada es positiva en todo punto interior de I.

Ahora bien. Sea $\mathbf{u} = \langle h, k\rangle$ un vector unitario. La parte 1 del teorema 3.12 nos dice que la derivada direccional de f en la dirección de $\mathbf{u} = \langle h, k\rangle$ está dada por

$$D_{\mathbf{u}}f = f_x h + f_y k$$

Volviendo a calcular la misma derivada direccional a esta función:

$$D^2_{\mathbf{u}}f = D_{\mathbf{u}}(D_{\mathbf{u}}f) = \frac{\partial}{\partial x}(D_{\mathbf{u}}f)h + \frac{\partial}{\partial y}(D_{\mathbf{u}}f)k$$

$$= \left(f_{xx}h + f_{yx}k\right)h + \left(f_{xy}h + f_{yy}k\right)k$$

$$= f_{xx}h^2 + 2f_{xy}hk + f_{yy}k^2$$

$$= f_{xx}\left(h + \frac{f_{xy}}{f_{xx}}\right)^2 + \frac{k^2}{f_{xx}}\left(f_{xx}f_{yy} - f_{xy}^2\right) \quad \text{(completando cuadrados)}$$

O sea,

$$D^2_{\mathbf{u}}f = f_{xx}\left(h + \frac{f_{xy}}{f_{xx}}\right)^2 + \frac{k^2}{f_{xx}}\Delta \qquad \textbf{(1)}$$

Por hipótesis, $\Delta(a,b) > 0$ y $f_{xx}(a,b) > 0$ y como $\Delta = f_{xx}f_{yy} - f_{xy}^2$ son continuas en el punto (a, b), existe una bola abierta $B = B\left((a,b),\ r\right)$, de centro en (a, b) y radio $r > 0$, en donde

$$\Delta(x,y) > 0 \text{ y } f_{xx}(x,y) > 0,\ \forall (x,y) \in B \qquad \textbf{(2)}$$

De (1) y (2) obtenemos:

$$D^2_{\mathbf{u}}f(x,y) > 0,\ \ \forall (x,y) \in B \qquad \textbf{(3)}$$

Ahora, si C es la curva que se obtiene intersectando la grafica de $z = f(x,y)$ con el plano vertical que pasa por el punto $\left(a,b,f(a,b)\right)$ y en la dirección del vector **u**, entonces la desigualdad (3) nos dice que la porción de la curva C que está sobre la bola B, es cóncava hacia arriba. Este resultado se cumple para cualquier dirección **u.** Luego, la porción de gráfica de $z = f(x,y)$ que está sobre la bola B está sobre el plano horizontal que pasa por el punto $\left(a,b,f(a,b)\right)$. En consecuencia.

$$f(x,y) \geq f(a,b),\ \forall (x,y) \in B\ ,$$

lo que nos dice que $f(a,b)$ es un mínimo local.

PROBLEMA 13. **Probar el teorema 3.20**

La recta de regresión de mínimos cuadrados para (x_1, y_1), $(x_2, y_2), \ldots, (x_n, y_n)$ está dada por $f(x) = mx + b$, donde

$$m = \frac{n\sum_{i=1}^{n} x_i y_i - \sum_{i=1}^{n} x_i \sum_{i=1}^{n} y_i}{n\sum_{i=1}^{n} x_i^2 - \left(\sum_{i=1}^{n} x_i\right)^2}, \qquad b = \frac{1}{n}\left(\sum_{i=1}^{n} y_i - m\sum_{i=1}^{n} x_i\right)$$

Solución

Tenemos que $S = \sum_{i=1}^{n}\left[f(x_i) - y_i\right]^2 = \sum_{i=1}^{n}\left[(mx_i + b) - y_i\right]^2$

$$S_m = 2\sum_{i=1}^{n} x_i\left(mx_i + b - y_i\right) = 2m\sum_{i=1}^{n} x_i^2 + 2b\sum_{i=1}^{n} x_i - 2\sum_{i=1}^{n} x_i y_i$$

$$S_b = 2\sum_{i=1}^{n}\left(mx_i + b - y_i\right) = 2m\sum_{i=1}^{n} x_i + 2\sum_{i=1}^{n} b - 2\sum_{i=1}^{n} y_i = 2m\sum_{i=1}^{n} x_i + 2nb - 2\sum_{i=1}^{n} y_i$$

Ahora,

$$\begin{cases} S_m = 0 \\ S_b = 0 \end{cases} \Rightarrow \begin{cases} 2m\sum_{i=1}^{n} x_i^2 + 2b\sum_{i=1}^{n} x_i - 2\sum_{i=1}^{n} x_i y_i = 0 \\ 2m\sum_{i=1}^{n} x_i + 2nb - 2\sum_{i=1}^{n} y_i = 0 \end{cases} \Rightarrow \begin{cases} m\sum_{i=1}^{n} x_i^2 + b\sum_{i=1}^{n} x_i = \sum_{i=1}^{n} x_i y_i & (1) \\ m\sum_{i=1}^{n} x_i + nb = \sum_{i=1}^{n} y_i & (2) \end{cases}$$

Despejando b en la ecuación (2):

$$nb = = \sum_{i=1}^{n} y_i - m\sum_{i=1}^{n} x_i \Rightarrow b = \frac{1}{n}\left(\sum_{i=1}^{n} y_i - m\sum_{i=1}^{n} x_i\right)$$

Reemplazando este valor de b en (1) y despejando m:

$$m = \frac{n\sum_{i=1}^{n} x_i y_i - \sum_{i=1}^{n} x_i \sum_{i=1}^{n} y_i}{n\sum_{i=1}^{n} x_i^2 - \left(\sum_{i=1}^{n} x_i\right)^2}$$

Para concluir, debemos probar que el mínimo absoluto de la función S es alcanzado en el punto crítico (m, b) hallado. Para esto, recurriremos a la desigualdad de Cauchy–Schwartz presentado en el teorema 1.6. Este teorema dice que para cualquier par de vectores $\mathbf{a}$ y $\mathbf{x}$ se cumple

$$|\mathbf{a} \cdot \mathbf{x}| \leq \|\mathbf{a}\| \, \|\mathbf{x}\|$$

y que $|\mathbf{a} \cdot \mathbf{x}| < \|\mathbf{a}\| \, \|\mathbf{x}\|$ si $\mathbf{a}$ y $\mathbf{x}$ no son nulos o no son paralelos.

Ahora bien,

$$S_{mm} = 2\sum_{i=1}^{n} x_i^2, \qquad S_{bb} = 2n, \qquad S_{mb} = 2\sum_{i=1}^{n} x_i,$$

$$\Delta = \left(2\sum_{i=1}^{n} x_i^2\right)(2n) - \left(2\sum_{i=1}^{n} x_i\right)^2 = 4\left[n\sum_{i=1}^{n} x_i^2 - \left(\sum_{i=1}^{n} x_i\right)^2\right] \qquad \textbf{(3)}$$

Consideremos los vectores de n componentes:

$$\mathbf{a} = \langle 1,\ 1,\ .\ .\ .\ .\ ,1\rangle \quad \text{y} \quad \mathbf{x} = \langle x_1,\ x_2,\ .\ .\ .\ .\ ,x_n\rangle$$

Estos vectores son no nulos y no paralelos. Luego,

$$|\,\mathbf{a}\cdot\mathbf{x}\,| < \|\,\mathbf{a}\,\|\,\|\,\mathbf{x}\,\| \Rightarrow |\,\mathbf{a}\cdot\mathbf{x}\,|^2 < \|\,\mathbf{a}\,\|^2\|\,\mathbf{x}\,\|^2 \Rightarrow$$

$$(1x_1 + 1x_2 + .\ .\ . + 1x_n)^2 < \left(1^2 + 1^2 + .\ .\ . + 1^2\right)\left(x_1^2 + x_2^2 + .\ .\ . + x_n^2\right) \Rightarrow$$

$$\left(\sum_{i=1}^{n} x_i\right)^2 < n\sum_{i=1}^{n} x_i^2 \Rightarrow n\sum_{i=1}^{n} x_i^2 - \left(\sum_{i=1}^{n} x_i\right)^2 > 0$$

Con esta desigualdad, reemplazada en (3), obtenemos que $\Delta > 0$.

Como $\Delta > 0$ y $S_{mm} = 2\sum_{i=1}^{n} x_i^2 > 0$, concluimos que $S(b, m)$ es un mínimo local. La naturaleza del problema nos indica que $S(b, m)$ es un mínimo absoluto.

PROBLEMAS PROPUESTOS 3.7

En los problemas del 1 a 14 hallar los extremos locales y los puntos donde la función tiene un punto silla.

1. $f(x,y) = xy - x^2 - y^2 - x - y + 1$ *Rpta.* $f(-1,-1) = 2$, *máx. local*

2. $f(x,y) = x^3 + y^3 - 3x^2 - 3y^2 - 9y$ *Rpta.* $f(0,-1) = 5$ *máx. local.* $f(2,\ 3) = -31$ *mín. local. Punto silla en* (0, 3) *y en* (2, –1)

3. $f(x,y) = x^3 + 3xy^2 - 6x^2 - 3y^2 + 3$ *Rpta.* $f(0,\ 0) = 3$ *máx. local.* $f(4,\ 0) = -32$ *mín. local. Punto silla en* $\left(1, \sqrt{3}\right)$ *y en* $\left(1, -\sqrt{3}\right)$

4. $f(x,y) = 4xy - x^4 - y^4 + 1$ *Rpta.* $f(1,\ 1) = 3$ *máx. local.* $f(-1,-1) = 3$ *máx. local. Punto silla en* (0, 0).

5. $f(x,y) = \dfrac{1}{x^2 + y^2 - 1}$ *Rpta.* $f(0,\ 2) = -1$ *máx. local.*

6. $f(x,y) = x + y^2 - e^x$ *Rpta. Punto silla en* (0, 0).

7. $f(x,y) = e^x \operatorname{sen} y$ *Rpta. No tiene puntos críticos.*

8. $f(x,y) = e^{1 + x^2 - y^2}$ *Rpta. Punto silla en* (0, 0).

9. $f(x,y)=\left(x^2-2y^2\right)e^{x-y}$ *Rpta.* $f(-4,\ -2)=8$ *máx. local.*

Punto silla en (0, 0).

10. $f(x,y)=x+\left(y^2-5\right)\ln x$ *Rpta.* $f(5,\ 0)=5-5\ln 5$ *máx. local.*

Punto silla en (1, 2) *y en* (1, –2).

11. $f(x,y)=\dfrac{1}{2}\tan^{-1}\left(x^2\right)+\dfrac{1}{2}\tan^{-1}\left(y^2\right)$

Rpta. $f(0,\ 0)=0$ *mín. local.*

12. $f(x,y)=\cos x+\cos y+\cos(x+y),\ \dfrac{\pi}{2}<x<\pi,\ \ \dfrac{\pi}{2}<y<\pi$

Rpta. $f(2\pi/3,\ 2\pi/3)=-3/2$ *mín. local.*

13. $f(x,y)=\operatorname{sen}x+\operatorname{sen}y+\operatorname{sen}(x+y),\ \ 0\le x\le\dfrac{\pi}{2},\ \ 0\le y\le\dfrac{\pi}{2}$

Rpta. $f(\pi/3,\ \pi/3)=3\sqrt{3}/2$ *máx. local*

14. $f(x,y)=3\tan^{-1}\left(\dfrac{y}{x}\right)+\dfrac{1}{2}\ln\left(x^2+y^2\right)+x-2y+1$

Rpta. Punto silla en (1, 1)

En los problemas del 15 al 19 hallar los extremos absolutos de la función en la región indicada.

15. $f(x,y)=xy-2x-2y$. En la región del primer cuadrante encerrada por las rectas $x=0,\ y=0,\ x+y=4$.

Rpta. Mín absoluto: $f(4,\ 0)=f(0,\ 4)=-8$. *Máx absoluto:* $f(0,\ 0)=0$.

16. $f(x,y)=2x^2+y^2-4x-2y$. En la región del primer cuadrante encerrada por las rectas $x=0, y=0,\ x+y=2$. *Rpta. Mín absoluto:* $f(1,\ 1)=-3$.

Máx absoluto: $f(0,\ 0)=f(2,\ 0)=f(0,\ 2)=0$.

17. $f(x,y)=\left(y^2-4y\right)\tan x$. En la región encerrada por el rectángulo:

$$-\pi/4\le x\le\pi/4,\qquad 1\le y\le 3$$

Rpta. Mín absoluto: $f(\pi/4,\ 2)=-4$. *Máx absoluto:* $f(-\pi/4,\ 2)=4$.

18. $f(x,y)=4x^2+y^2-x-\dfrac{3}{2}y$. En región $D=\left\{(x,y)/\ 4x^2+y^2\le 4,\ y\ge 0\right\}$

Rpta. Mín absoluto: $f(4/5,\ 6/5)=f(1/2,\ 0)=-1$. *Máx absoluto:* $f(-1,\ 0)=8$.

19. $f(x,y)=\ln\left(1+x^2+y^2\right)+\displaystyle\int_0^y\frac{2t}{1+t^2}\,dt$ en el círculo D: $x^2+y^2\le 1$.

Rpta. Mín absoluto: $f(0,0)=0$. *Máx absoluto:* $f(0,1)=\ln(2)+\dfrac{\pi}{4}$.

20. Sea $f(a,b)=\displaystyle\int_a^b\left(2-x-x^2\right)dx$. Hallar a y b tales que $a\leq b$ y $f(a,b)$ es un máximo local. *Rpta* $a=-2,\ b=1$

21. Sea $f(a,b)=\displaystyle\int_0^1\left(a+bx-x^2\right)^2dx$. Hallar a y b tales $f(a,b)$ es un mínimo local.

Rpta $a=-1/6,\ b=1$

22. Una función que tiene un único punto crítico, en el cual tiene un máximo local, pero la función no tiene máximo absoluto.

Sea la función $f(x,y)=3xe^y-x^3-e^{3y}$.

a. Probar que f tiene sólo un punto crítico, que es el punto (1, 0).

b. Probar que $f(1,0)=1$ es un máximo local.

c. Probar que f no tiene máximo absoluto.

23. Dos montañas sin un valle.

Sea la función $f(x,y)=4x^2e^y-2x^4-e^{4y}$.

a. Probar que f tiene sólo dos puntos críticos, que son (–1, 0) y (1, 0).

b. Probar que $f(-1,0)=1$ y $f(1,0)=1$ son máximos locales.

24. Se está calentando una placa de metal plana que ocupa la región D del plano XY encerrada por la región $D=\left\{(x,y)/\ x^2+y^2\leq 4,\ y\geq -1\right\}$

La temperatura en cualquier punto $(x,\ y)$ es $T(x,y)=x^2+3y^2-2x-2y+1$.

Hallar el punto más frío y el punto más caliente y sus respectivas temperaturas.

Rpta El punto más frío es $\left(\sqrt{2},\sqrt{2}\right)$, donde $T\left(\sqrt{2},\sqrt{2}\right)=5-4\sqrt{2}$

El punto más caliente es $\left(-\sqrt{3},-1\right)$, donde $T\left(-\sqrt{3},-1\right)=7+2\sqrt{2}$

25. Hallar tres números positivos x, y, z tales que $x+y+z=36$ y xyz es máximo.

Rpta $x=12,\ y=12,\ z=12$

26. Hallar tres números positivos x, y, z tales que $xyz=125$ y $x+y+z=$ es mínimo.

Rpta $x=5,\ y=5,\ z=5$

27. Hallar el punto P del plano $x+3y-z+1=0$ que está más cercano al punto $P_0=(-1,2,1)$. Determinar esta distancia más corta.

Rpta $P=(-3/2,\ 1,\ 3/2)$, $d(P_0,\ P)=\sqrt{6}/2$

28. Sean las rectas: $L_1:\ \dfrac{x-2}{-4}=\dfrac{y-8}{3}=\dfrac{z-11}{1}$, $\quad L_2:.\dfrac{x-1}{2}=\dfrac{z-5}{-1}$, $y=3$,

a. Hallar el punto P_1 de L_1 y el punto P_2 de L_2 tales que $d(P_1, P_2)$, la distancia de P_1 a P_2, sea mínima.

b. Hallar $d(P_1, P_2)$.

Rpta ***a.*** $P_1 = (3, 3, 4)$, $P_2 = (6, 5, 10)$ **b.** $d(P_1, P_2) = 7$

29. Sean las rectas: $L_1 : x - 2 = \dfrac{y}{2} = z$, $L_2 : x = y - 1 = z$

a. Hallar el punto P_1 de L_1 y el punto P_2 de L_2 tales que $d(P_1, P_2)$, la distancia de P_1 a P_2, sea mínima.

b. Hallar $d(P_1, P_2)$.

Rpta ***a.*** $P_1 = (4, 4, 2)$, $P_2 = (3, 4, 3)$ **b.** $d(P_1, P_2) = \sqrt{2}$

30. Hallar los puntos de la superficie $z^2 - 4xy = 4$ que están más cerca del origen.

Rpta $(0, 0, -2)$ y $(0, 0, 2)$

31. Hallar los puntos de la superficie $y^2 - xz = 9$ que están más cerca del origen.

Rpta $(0, -3, 0)$ y $(0, 3, 0)$

32. Probar que de entre las cajas rectangulares inscritas en una esfera de radio r, la que tiene volumen máximo es un cubo. Hallar su volumen. *Rpta* $V = \dfrac{8\sqrt{3}}{9} r^3$

Sugerencia: Ver el problema resuelto 9.

33. Probar que de entre los paralelogramos de perímetro P, el que tiene área máxima es un cuadrado de lado $P/4$.

Sugerencia: $A = ab \text{ sen } \alpha$ y $2a + 2b = P$

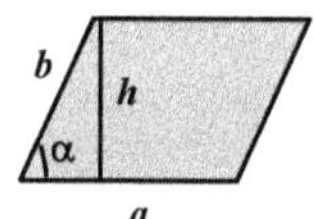

34. Probar que de entre los triángulos de perímetro P, el que tiene área máxima es un triángulo equilátero.

Sugerencia: $x + y + z = P$. *Si* $P = 2s$, *la fórmula de Herón dice:* $A = \sqrt{s(s-x)(s-y)(s-z)}$. *Maximizar* A^2

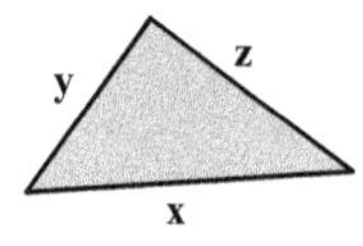

Herón. *Matemático y físico de Alejandría. Siglo I D. de C.*

35. Hallar las dimensiones del palelepípedo rectangular de volumen máximo que tiene tres de sus caras en los planos coordenados. Uno de sus vértices es el origen y el vértice opuesto esta en el plano $4x + 6y + z = 12$

Rpta $a = 1$, $b = 2/3$, $c = 4$

36. Hallar la ecuación del plano que pasa por el punto $P = (2, 1, 1)$ y que forma con los planos coordenados un tetraedro de mínimo volumen. *Rpta* $\dfrac{x}{6} + \dfrac{y}{3} + \dfrac{z}{3} = 1$

37. (Generalización del ejemplo 6). Una oficina de correos acepta solamente cajas rectangulares cuya suma del largo con el perímetro de una de las caras que determinan el ancho y la altura no exceda L cm. Hallar las dimensiones de la caja de volumen máximo que satisface esta condición

Sugerencia: Ver el ejemplo 6 de esta sección

Rpta. $Largo = \dfrac{L}{3}$, $ancho = altura = \dfrac{L}{6}$

38. (Generalización del problema resuelto 5). Se desea construir una caja rectangular sin tapa de volumen V. Hallar las dimensiones de la caja que requiera el mínimo de material para su construcción.

Rpta. $Largo = ancho = \sqrt[3]{2V}$, $altura = \sqrt[3]{2V}/2$

39. Se desea construir una caja rectangular con tapa de volumen V. El material que se usa para construir el fondo de la caja es tres veces más caro por unidad de área que el material que se usa para hacer la tapa y las caras laterales. Hallar las dimensiones de la de la caja para que el costo de los materiales sea mínimo.

Rpta. $Largo = ancho = \sqrt[3]{4V}/2$, $altura = \sqrt[3]{4V}$

40. Se tiene un pentágono de perímetro P, conformado por un triángulo isósceles sobrepuesto sobre un rectángulo, como lo muestra la figura. Hallar los valores de x, y, y θ para los cuales el área del pentágono es máxima.

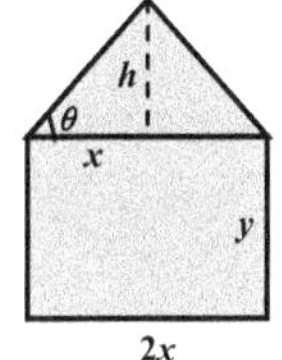

Rpta. $x = \dfrac{2-\sqrt{3}}{2}P$, $y = \dfrac{3-\sqrt{3}}{6}P$, $\theta = \dfrac{\pi}{6}$

41. El siguiente cuadro nos muestra la esperanza de vida por año de nacimiento de la población venezolana.

Año de nacimiento	1950	1960	1970	1980	1990	2000	2010
Esperanza de vida	55.2	58.1	63.9	**67.7**	**71.2**	73.3	73.8

a. Hallar la recta de regresión correspondiente a los datos dados en la tabla.

b. Usar la recta de regresión hallada para conjeturar la esperanza de vida de los venezolanos que nacerán el año 2020.

Sugerencia. Tomar los puntos (x_1, y_1), (x_2, y_2), . . . (x_7, y_7), donde $x_1 = 0$ *representa* 1950, $x_2 = 10$ *representa* 1960, . . . , $x_7 = 60$ *representa* 2010 y $y_1 = 55.2$, $y_2 = 58.1$, . . . , $y_7 = 73.8$

Rpta. **a.** $y = 0.334x + 56.15$ **b.** 79.53

SECCION 3.8

MULTIPLICADORES DE LAGRANGE

En esta sección buscamos optimizar funciones cuyas variables no son completamente independientes, sino que éstas deben satisfacer restricciones expresadas en una o más ecuaciones. Así, por ejemplo, buscamos:

1. Los extremos de $f(x,y)$ sujeta a $g(x,y)=c$

2. Los extremos de $f(x,y,z)$ sujeta a $g(x,y,z)=c$

3. Los extremos de $f(x,y,z)$ sujeta a $g(x,y,z)=c_1$ y $h(x,y,z)=c_2$

En casos simples, estos problemas se pueden resolver recurriendo a las técnicas expuestas en la sección anterior. Así, en el caso 2, si en la restricción $g(x,y,z)=c$ se puede despejar z = $\varphi(x,y)$, entonces remplazamos este valor en $f(x,y,z)$ y obtenemos una función de dos variables $f(x,y,\varphi(x,y))$ de la cual se buscan sus extremos libres (sin restricciones).

Cuando el despeje es difícil o tiene un resultado muy complicado, contamos con otra técnica, llamada el **método de los multiplicadores de Lagrange**. Este método lleva el nombre del matemático Joseph L. Lagrange, quien lo creó cuando apenas contaba con 19 años. El basamento de este método está en el siguiente teorema, cuya demostración la presentamos en el problema resuelto 4.

TEOREMA 3.21 Teorema de Lagrange

Sean $f(x,y)$ y $g(x,y)$ funciones de clase $C^{(1)}$. Si el valor máximo o mínimo de $f(x,y)$ sujeta a la condición $g(x,y)=c$ ocurre en un punto (x_0, y_0) donde $\nabla g(x_0,y_0)\neq \mathbf{0}$, entonces existe un número real λ tal que

$$\nabla f(x_0,y_0)=\lambda\nabla g(x_0,y_0)$$

Al escalar λ se le llama **multiplicador de Lagrange.**

INTERPRETACION GEOMETRICA

Sea $f(x_0,y_0)=m$ un extremo de la función $f(x, y)$ sujeta a la restricción $g(x, y) = c$. El teorema 3.16 nos dice que $\nabla f(x_0,y_0)$ es normal a la curva de nivel $f(x,y) = m$ en el punto (x_0, y_0), y que $\nabla g(x_0, y_0)$ es normal a la curva $g(x_0, y_0) = c$ en el punto (x_0, y_0). Por otro lado, la igualdad del teorema anterior,

$$\nabla f(x_0, y_0) = \lambda \nabla g(x_0, y_0)$$

dice que los vectores $\nabla f(x_0, y_0)$ y $\nabla g(x_0, y_0)$ son paralelos. En consecuencia, las curvas $f(x,y) = m$ y $g(x, y) = c$, en el punto común (x_0, y_0), comparten la misma recta tangente. Esto significa que estas **curvas se cortan tangencialmente** en el punto (x_0, y_0).

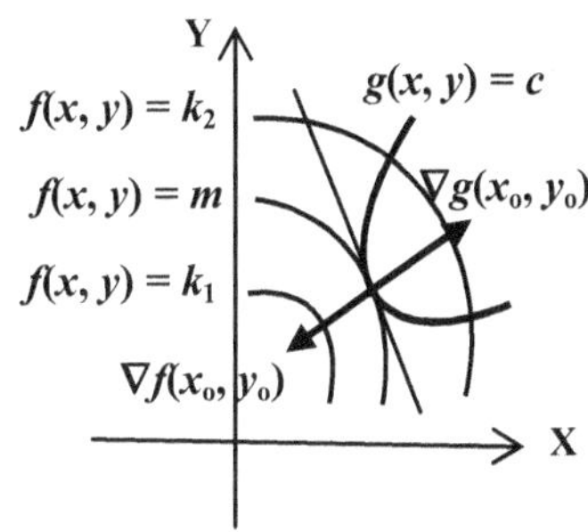

METODO DE LOS MULTIPLICADORES DE LAGRANGE

El teorema anterior nos sugiere que para obtener candidatos de puntos de la curva $g(x, y) = c$ donde $f(x, y)$ alcance su máximo o su mínimo, debemos buscarlos entre los puntos que satisfacen la ecuación $\nabla f(x,y) = \lambda \nabla g(x,y)$ y la ecuación $g(x, y) = c$. En términos más precisos, estos puntos deben ser soluciones del siguiente sistema de tres ecuaciones:

$$\begin{cases} f_x(x,y) = \lambda g_x(x,y) \\ f_y(x,y) = \lambda g_y(x,y) \\ g(x,y) = c \end{cases} \qquad \textbf{(1)}$$

Debemos hacer notar que el teorema no nos proporciona criterios para saber cuando estamos frente a un mínimo o cuando estamos frente a un máximo. Estos resultados se obtienen analizando la geometría del problema.

Un caso muy especial se presenta cuando la curva $g(x, y) = c$ es acotada. Se prueba en cursos posteriores que si la función $g(x, y)$ es continua, entonces la curva $g(x, y) = c$ es cerrada. El teorema del valor extremo (teorema 3.17) nos asegura que la función $f(x, y)$, restringida a la curva $g(x, y) = c$, tiene máximo y tiene mínimo. Para hallar estos, se evalúa la función en las soluciones obtenidas al resolver el sistema de ecuaciones (1) y los extremos de la curva. El mayor de estos valores es el máximo, y el menor, es el mínimo. Los ejemplos 1 y 2 siguientes nos ilustran este caso.

EJEMPLO 1. Hallar el máximo y el mínimo de la función $f(x, y) = 6xy$ sobre la elipse $\dfrac{x^2}{2} + \dfrac{y^2}{8} = 1$

Solución.

Aquí, la curva de restricción es la elipse $g(x, y) = \dfrac{x^2}{2} + \dfrac{y^2}{8} = 1$ que es acotada y cerrada. Por tanto, $f(x, y) = 6xy$ tiene máximo y mínimo sobre esta curva. Hallemos los puntos críticos a partir del sistema de ecuaciones (1).

$$\begin{cases} f_x(x,y) = \lambda g_x(x,y) \\ f_y(x,y) = \lambda g_y(x,y) \\ g(x,y) = c \end{cases} \Rightarrow \begin{cases} 6y = \lambda x & (2) \\ 6x = \lambda \dfrac{y}{4} & (3) \\ x^2/2 + y^2/8 = 1 & (4) \end{cases}$$

Desechamos $x = 0$, ya que si $x = 0$, por (2), también $y = 0$. Pero estos dos valores no satisfacen (4).

Despejando λ en (2): $\lambda = \dfrac{6y}{x}$ y reemplazando en (3):

$$6x = \frac{6y}{x}\frac{y}{4} \Rightarrow y^2 = 4x^2.$$

Reemplazando este valor en (4):

$$\frac{x^2}{2} + \frac{y^2}{8} = 1 \Rightarrow \frac{x^2}{2} + \frac{4x^2}{8} = 1 \Rightarrow$$

$$x^2 = 1 \Rightarrow x = \pm 1 \Rightarrow y^2 = 4 \Rightarrow \text{y} = \pm 2$$

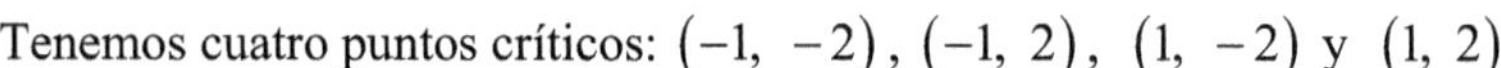

Tenemos cuatro puntos críticos: $(-1, -2)$, $(-1, 2)$, $(1, -2)$ y $(1, 2)$

Como la curva (la elipse) no tiene puntos extremos, sólo tenemos que evaluar la función $f(x, y) = 6xy$ en estos cuatro puntos críticos:

(x, y)	$(-1,-2)$	$(-1, 2)$	$(1, -2)$	$(1, 2)$
$f(x, y)$	12	−12	−12	12

El máximo es 12 y es alcanzado en los puntos $(-1,-2)$ y $(1, 2)$.

El mínimo es -12 y es alcanzado en los puntos $(-1, 2)$ y $(1,-2)$.

EJEMPLO 2. **Función de producción de Cobb–Douglas**

Se llama función de producción de Cobb–Douglas a la función

$$P = f(x,y) = k\, x^{\alpha} y^{\beta},\ \alpha > 0,\ \beta > 0,\ \alpha + \beta = 1,$$

donde x es la cantidad de unidades de mano de obra e y es la cantidad de unidades de capital (maquinaria, equipos, etc.).

El costo de la unidad de mano obra es a dólares y el costo de la unidad de capital es b dólares y se dispone de c dólares para invertirlos en la producción, Maximizando la producción P sujeta a la condición $ax + by = c$, probar que la producción es máxima cuando

$$x = \frac{\alpha c}{a} \quad \text{y} \quad y = \frac{\beta c}{b}$$

Solución

Buscamos maximizar

$$P = f(x, y) = k\, x^{\alpha} y^{\beta} \text{ sujeta a } g(x, y) = ax + by = c$$

La curva $ax + by = c$ es una recta, la cual no es acotada. Sin embargo, en nuestro problema, los números x, y representan unidades de mano de obra y unidades de capital, por tanto, se debe cumplir que $x \geq 0$, $y \geq 0$.

Esto significa que la parte de recta donde debemos evaluar a la función de producción es el segmento de la recta comprendido en el primer cuadrante. Este segmento es cerrado y acotado. Por lo tanto, para identificar el máximo y el mínimo, podemos aplicar el teorema del valor extremo.

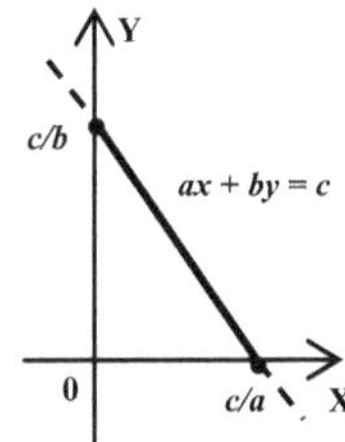

Tenemos que:

$$\begin{cases} f_x(x, y) = \lambda g_x(x, y) \\ f_y(x, y) = \lambda g_y(x, y) \\ g(x, y) = c \end{cases} \Rightarrow \begin{cases} k\alpha x^{\alpha-1} y^{\beta} = \lambda a & (1) \\ k\beta x^{\alpha} y^{\beta-1} = \lambda b & (2) \\ ax + by = c & (3) \end{cases}$$

De (1): $k\alpha x^{\alpha-1} y^{\beta} = \lambda a \Rightarrow k\alpha x^{\alpha} y^{\beta} = \lambda ax \Rightarrow \alpha P = \lambda ax \quad (4)$

De (2): $k\beta x^{\alpha} y^{\beta-1} = \lambda b \Rightarrow k\beta x^{\alpha} y^{\beta} = \lambda by \Rightarrow \beta P = \lambda by \quad (5)$

Sumando (4) y (5):

$$\alpha P + \beta P = \lambda ax + \lambda by \Rightarrow (\alpha + \beta) P = \lambda (ax + by) \Rightarrow P = \lambda c \Rightarrow \lambda = \frac{P}{c} \quad (6)$$

De (4) y (6): $\alpha P = \dfrac{P}{c} ax \Rightarrow x = \dfrac{\alpha c}{a}$. De (5) y (6): $\beta P = \dfrac{P}{c} by \Rightarrow y = \dfrac{\beta c}{a}$

Hemos obtenido el punto $\left(\dfrac{\alpha c}{a}, \dfrac{\beta c}{b} \right)$.

Para concluir, debemos probar que la función de producción tiene su máximo en este punto.

Los extremos del segmento de la recta son $(0, c/b)$ y $(c/a, 0)$.

Ahora,

$$f(0, c/b) = k(0)^{\alpha} (c/b)^{\beta} = 0. \qquad f(c/a, 0) = k(c/a)^{\alpha} (0)^{\beta} = 0$$

$$f(\alpha c/a,\ \beta c/b) = k\left(\frac{\alpha c}{a}\right)^{\alpha}\left(\frac{\beta c}{b}\right)^{\beta} = kc\frac{\alpha^{\alpha}\beta^{\beta}}{a^{\alpha}b^{\beta}} > 0$$

Luego,

El mínimo es $f(0,\ c/b) = f(c/a,\ 0) = 0.$

El máximo es $f(\alpha c/a,\ \beta c/b) = kc\dfrac{\alpha^{\alpha}\beta^{\beta}}{a^{\alpha}b^{\beta}}$

Por lo tanto, la producción es máxima cuando $x = \dfrac{\alpha c}{a}$ y $y = \dfrac{\beta c}{a}$

¿SABIAS QUE . . .

En Economía, la función de ***producción de Cobb–Douglas*** *es, seguramente, la función de producción más utilizada. Su popularidad se debe a que su formulación es matemáticamente simple e incorpora las propiedades básicas exigidas por la economía. Esta función fue propuesta, a comienzos del siglo pasado, por el economista y matemático sueco* ***Knut Wicksell*** *(1851–1926). En 1928, el economista y político* ***Paul Douglas*** *y el matemático* ***Charles Cobb****, ambos estadounidenses, investigaron su validez estadística modelando el crecimiento de la economía de Estados Unidos durante el periodo 1899–1922.*

En el siguiente ejemplo, la curva de restricción no es acotada y, por lo tanto, no podemos aplicar el teorema del valor extremo para asegurar la existencia del máximo y mínimo. De hecho, veremos que, en este ejemplo, el máximo no existe.

EJEMPLO 3. Hallar los puntos de la curva $x^2y = 54$ que están más cerca del origen.

Solución

La distancia de un punto (x, y) al origen es $d(x, y) = \sqrt{x^2 + y^2}$

Para hallar los puntos de la curva $x^2y = 54$ que están más cerca del origen., debemos minimizar la función $d(x, y) = \sqrt{x^2 + y^2}$ sujeta a $x^2y = 54$; o bien, minimizar el cuadrado de la función:

$$f(x, y) = x^2 + y^2 \text{ sujeta a } g(x, y) = x^2y = 54$$

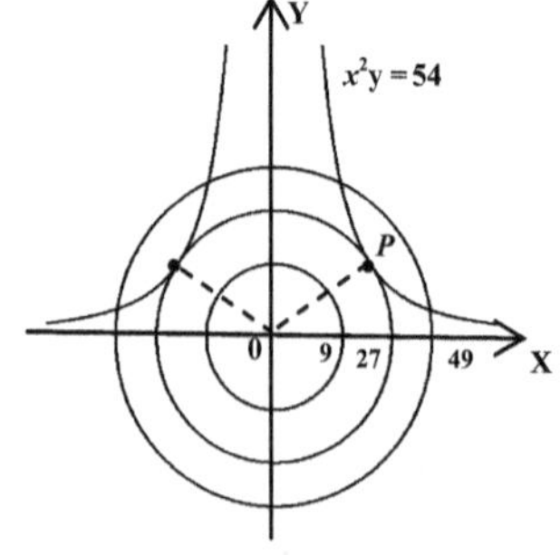

Graficamos la curva $x^2y = 54$ y algunas curvas de nivel de $f(x, y) = x^2 + y^2$.

El gráfico nos dice que la función f no tiene máximo; pero sí tiene mínimo, el cual es alcanzado en dos puntos de la curva.

Apliquemos el método de Lagrange:

$$\begin{cases} f_x(x,y) = \lambda g_x(x,y) \\ f_y(x,y) = \lambda g_y(x,y) \\ g(x,y) = c \end{cases} \Rightarrow \begin{cases} 2x = 2\lambda xy & (1) \\ 2y = \lambda x^2 & (2) \\ x^2 y = 54 & (3) \end{cases}$$

Tomamos la ecuación (1) :

$$2x = 2\lambda xy \Rightarrow x(\lambda y - 1) = 0 \Rightarrow x = 0 \text{ ó } \lambda y = 1.$$

Desechamos la solución $x = 0$ por inconsistente con la ecuación (3) y nos quedamos con $\lambda y = 1$. Como y tampoco puede ser 0, tenemos que: $\lambda = \dfrac{1}{y}$.

Reemplazando esta igualdad en la ecuación (2), obtenemos:

$$2y = \lambda x^2 \Rightarrow 2y = \frac{1}{y}x^2 \Rightarrow x^2 = 2y^2 \qquad (4)$$

Reemplazando en (3):

$$x^2 y = 54 \Rightarrow 2y^3 = 54 \Rightarrow y^3 = 27 \Rightarrow y = 3$$

Reemplazando en (4):

$$x^2 = 2y^2 \Rightarrow x^2 = 18 \quad x = \pm 3\sqrt{2}$$

Luego, los puntos de la curva más cercanos al origen son

$$P = \left(3\sqrt{2},\ 3\right) \text{ y } \left(-3\sqrt{2},\ 3\right)$$

MULTIPLICADORES DE LAGRANGE EN TRES DIMENSIONES

Buscamos los extremos de $f(x,y,z)$ sujeta a $g(x,y,z) = c$

El teorema 3.21, enunciado para funciones de dos variables, también se cumple para funciones de tres variables. El enunciado y la demostración siguen el mismo esquema.

Sean $f(x,y,z)$ y $g(x,y,z)$ dos funciones de clase $C^{(1)}$. Si el valor máximo o mínimo de $f(x,y,z)$ sujeta a la condición $g(x,y,z) = c$ ocurre en un punto (x_0, y_0, z_0) donde $\nabla g(x_0, y_0, z_0) \neq \mathbf{0}$, entonces existe un número real λ tal que

$$\nabla f(x_0, y_0, z_0) = \lambda \nabla g(x_0, y_0, z_0)$$

Para hallar los posibles puntos críticos de $f(x,y,z)$ en la curva $g(x,y,z) = c$ se resuelve el sistema de cuatro ecuaciones:

$$\begin{cases} f_x(x,y,z) = \lambda g_x(x,y,z) \\ f_y(x,y,z) = \lambda g_y(x,y,z) \\ f_z(x,y,z) = \lambda g_z(x,y,z) \\ g(x,y,z) = c \end{cases}$$

El gráfico de $g(x,y,z) = c$ es una superficie, la cual es un conjunto cerrado. Si esta superficie en acotada, para determinar los extremos se aplica el teorema del valor extremo, como lo hacemos en el siguiente ejemplo.

EJEMPLO 4. Hallar los puntos de la esfera $x^2 + y^2 + z^2 = 81$ que estén más cerca y más lejos del punto (2, 1, 2). Hallar las respectivas distancias.

Solución

Buscamos los extremos de

$f(x,y,z) = (x-2)^2 + (y-1)^2 + (z-2)^2$ sujeta a

$$g(x,y,z) = x^2 + y^2 + z^2 = 81$$

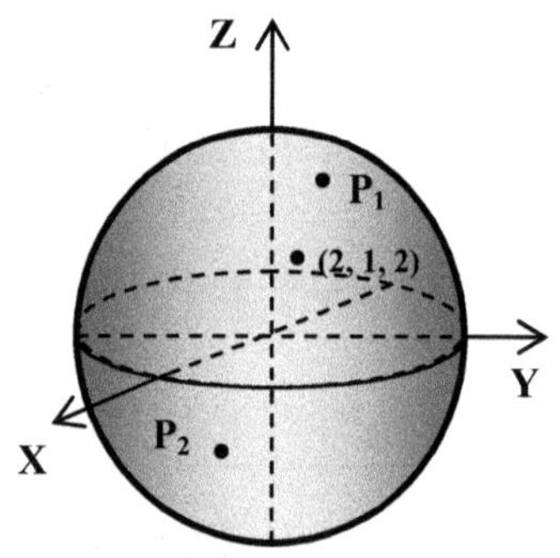

Como la esfera es una superficie cerrada y acotada, el teorema del valor extremo nos asegura que la función anterior restringida a la esfera, tiene máximo y mínimo. Para encontrar los puntos donde se alcanza estos extremos resolvemos el sistema:

$$\begin{cases} f_x(x,y,z) = \lambda g_x(x,y,z) \\ f_y(x,y,z) = \lambda g_y(x,y,z) \\ f_z(x,y,z) = \lambda g_z(x,y,z) \\ g(x,y,z) = c \end{cases} \Rightarrow \begin{cases} 2(x-2) = 2\lambda x & (1) \\ 2(y-1) = 2\lambda y & (2) \\ 2(z-2) = 2\lambda z & (3) \\ x^2 + y^2 + z^2 = 81 & (4) \end{cases}$$

Desechamos $x = 0$, $y = 0$ y $z = 0$ ya que $x = 0$ no satisface la ecuación (1), $y = 0$ no satisface la ecuación (2) y $z = 0$ no satisface la ecuación (3).

Despejando λ en (1), (2) y (3):

$$\lambda = \frac{x-2}{x}, \ \lambda = \frac{y-1}{y}, \ \lambda = \frac{z-2}{z} \Rightarrow \ \frac{x-2}{x} = \frac{y-1}{y} \ \text{y} \ \frac{z-2}{z} = \frac{y-1}{y}$$

$$\Rightarrow x = 2y, \quad z = 2y$$

Reemplazando estas igualdades en ecuación (4):

$$x^2 + y^2 + z^2 = 81 \Rightarrow 4y^2 + y^2 + 4y^2 = 81 \Rightarrow 9y^2 = 81 \Rightarrow y^2 = 9 \Rightarrow y = \pm 3$$

$y = 3 \Rightarrow x = 6,\ z = 6.$ Obtenemos el punto $P_1 = (6,\ 3,\ 6)$

$y = -3 \Rightarrow x = -6,\ z = -6$. Obtenemos el punto $P_2 = (-6,\ -3,\ -6)$

Como la esfera es una superficie acotada, aplicamos el teorema del valor extremo:

$$f(P_1) = f(6,\ 3,\ 6) = (6-2)^2 + (3-1)^2 + (6-2)^2 = 36$$

$$f(P_2) = f(-6,\ -3,\ -6) = (-6-2)^2 + (-3-1)^2 + (-6-2)^2 = 144$$

El punto de la esfera más cercano al punto (2, 1, 2) es $P_1 = (6,\ 3,\ 6)$ y la distancia entre ellos es $\sqrt{36} = 6$.

El punto de la esfera más lejano al punto (2, 1, 2) es $P_2 = (-6,\ -3,\ -6)$ y la distancia entre ellos es $\sqrt{144} = 12$.

PROBLEMAS CON DOS RESTRICCIONES

Buscamos hallar los extremos de una función de tres variables sujeta a dos restricciones. Esto es, buscamos:

Optimizar $f(x,y,z)$ **sujeta a** $g(x,y,z) = c$ y $h(x,y,z) = k$,

donde las tres funciones son de clase $C^{(1)}$.

Aquí tenemos dos superficies, $g(x,y,z) = c$ y $h(x,y,z) = k$, que al intersecarse forman una curva C. Buscamos optimizar la función $f(x,y,z)$ restringida a C.

Sea $P = (x_0,\ y_0,\ z_0)$ un punto en C en el cual $f(x_0, y_0, z_0)$ es un máximo o un mínimo, los vectores $\nabla g(x_0, y_0, z_0)$ y $\nabla h(x_0, y_0, z_0)$ son no nulos y no paralelos. Sabemos que $\nabla g(x_0, y_0, z_0)$ y $\nabla h(x_0, y_0, z_0)$ son, ambos, ortogonales a C. Con un argumento similar al usado en la demostración del teorema, 3.21, se prueba que $\nabla f(x_0, y_0, z_0)$ también es ortogonal C. Luego, el vector $\nabla f(x_0, y_0, z_0)$ está en el plano determinado por $\nabla g(x_0, y_0, z_0)$ y $\nabla h(x_0, y_0, z_0)$. En consecuencia, $\nabla f(x_0, y_0, z_0)$ es una combinación de estos dos vectores y, por tanto, existen dos números reales, λ y μ, **llamados multiplicadores de Lagrange**, tales que:

$$\nabla f(x_0, y_0, z_0) = \lambda \nabla g(x_0, y_0, z_0) + \mu \nabla h(x_0, y_0, z_0)$$

El método de Lagrange para este caso, consiste en resolver el siguiente sistema:

$$\begin{cases} f_x = \lambda g_x + \mu h_x \\ f_y = \lambda g_y + \mu h_y \\ f_z = \lambda g_z + \mu h_z \\ g(x,y,z) = c \\ h(x,y,z) = k \end{cases}$$

EJEMPLO 5. Encontrar los puntos más cercanos y más alejados del origen, de la curva que se obtiene al intersecar el plano $x + y + z = 6$ con el cilindro $x^2 + y^2 = 8$.

Solución

La curva que se obtiene al intersecar el plano y el cilindro especificados es una elipse, la cual es cerrada y acotada. Luego, podemos aplicar el teorema del valor extremo.

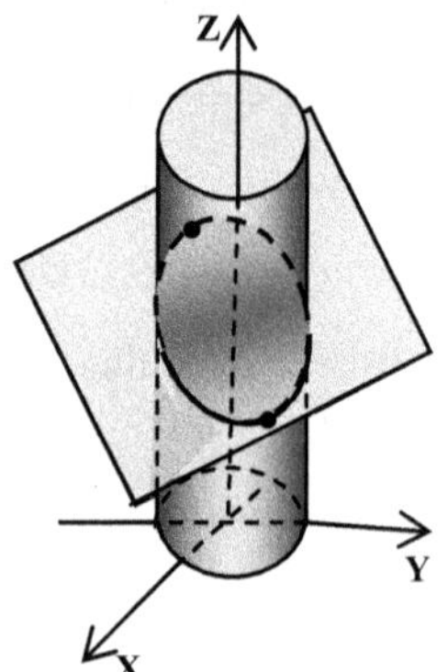

Debemos optimizar $f(x,y,z) = x^2 + y^2 + z^2$ sujeta a

$g(x, y, z) = x + y + z = 6$ y $h(x, y, z) = x^2 + y^2 = 8$

$$\begin{cases} f_x = \lambda g_x + \mu h_x \\ f_y = \lambda g_y + \mu h_y \\ f_z = \lambda g_z + \mu h_z \\ g(x,y,z) = c \\ h(x,y,z) = k \end{cases} \Rightarrow \begin{cases} 2x = \lambda + 2\mu x & (1) \\ 2y = \lambda + 2\mu y & (2) \\ 2z = \lambda & (3) \\ x + y + z = 6 & (4) \\ x^2 + y^2 = 8 & (5) \end{cases}$$

Restando (2) de (1): $2x - 2y = 2\mu x - 2\mu y \Rightarrow x - y = \mu(x - y) \Rightarrow$

$(1-\mu)(x-y) = 0 \Rightarrow 1 - \mu = 0$ ó $x - y = 0 \Rightarrow \mu = 1$ ó $x = y$

Caso 1. $\mu = 1$. Reemplazando este valor en (1):

$2x = \lambda + 2x \Rightarrow \lambda = 0$. Reemplazando en (3): $2z = 0 \Rightarrow z = 0$

Reemplazando $z = 0$ en (4): $x + y = 6 \Rightarrow y = 6 - x$

Reemplazando $y = 6 - x$ en (5): $x^2 + (6-x)^2 = 8 \Rightarrow$

$$x^2 - 6x + 14 = 0$$

Pero, esta ecuación no tiene soluciones reales.

Caso 2. $x = y$. Reemplazando este valor en (5):

$x^2 + x^2 = 8 \Rightarrow x^2 = 4 \Rightarrow x = \pm 2$

Si $x = 2$, entonces $y = 2$ y, reemplazando en (4), $z = 2$

Obtenemos el punto $P_1 = (2, 2, 2)$.

Si $x = -2$, entonces $y = -2$ y, reemplazando en (5), $z = 10$

Obtenemos el punto $P_2 = (-2, \ -2, 10)$.

Ahora,

$f(P_1) = 2^2 + 2^2 + 2^2 = 12$ y $f(P_2) = (-2)^2 + (-2)^2 + 10^2 = 108$

Luego, el punto más cercano al origen es $P_1 = (2, \ 2, \ 2)$ y el más alejado es $P_2 = (-2, \ -2, 10)$.

PROBLEMAS RESUELTOS 3. 8

PROBLEMA 1. Hallar los vértices y las longitudes de los ejes de la siguiente elipse (girada) que tiene su centro en el origen.

$$x^2 + xy + y^2 = 12$$

Solución

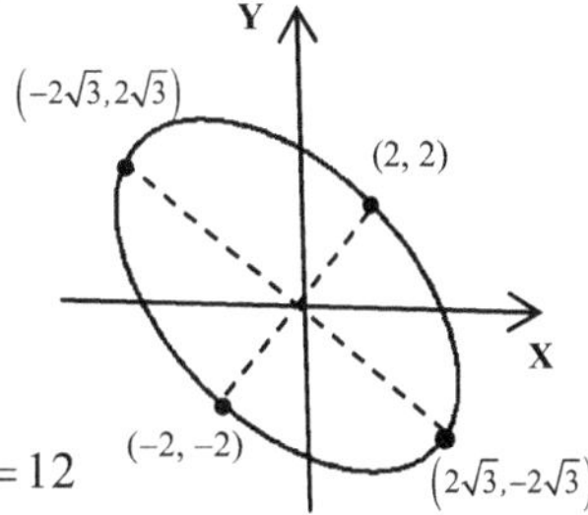

Los vértices son los extremos del eje mayor y son los puntos de la elipse más lejanos del origen. En cambio los extremos del eje menor son los puntos de la elipse más cercanos al origen. Luego, debemos optimizar la función:

$f(x, y) = x^2 + y^2$ sujeta a $g(x, y) = x^2 + xy + y^2 = 12$

La elipse es una curva cerrada y acotada. El teorema del valor extremo nos garantiza la existencia del máximo y el mínimo de la función $f(x, y) = x^2 + y^2$ restringida a la elipse.

Bien,

$$\begin{cases} f_x(x, y) = \lambda g_x(x, y) \\ f_y(x, y) = \lambda g_y(x, y) \\ g(x, y) = c \end{cases} \Rightarrow \begin{cases} 2x = \lambda(2x + y) & (1) \\ 2y = \lambda(2y + x) & (2) \\ x^2 + xy + y^2 = 12 & (3) \end{cases}$$

Despejando λ en (1) y (2)

$$\lambda = \frac{2x}{2x + y}, \ \lambda = \frac{2y}{2y + x} \Rightarrow \frac{2x}{2x + y} = \frac{2y}{2y + x} \Rightarrow 4xy + 2y^2 = 4xy + 2x^2 \Rightarrow$$

$$y^2 = x^2 \Rightarrow (x - y)(x + y) = 0 \Rightarrow x - y = 0 \text{ ó } x + y = 0 \Rightarrow x = y \text{ ó } x = -y$$

Si $x = y$, entonces, reemplazando en (3), $3x^2 = 12 \Rightarrow x^2 = 4 \Rightarrow x = \pm 2$

Obtenemos dos puntos: $(2, \ 2)$ y $(-2, -2)$.

Si $x = -y$, entonces, reemplazando en (3), $x^2 = 12 \Rightarrow x = \pm 2\sqrt{3}$

Obtenemos dos puntos: $\left(2\sqrt{3}, -2\sqrt{3}\right)$ y $\left(-2\sqrt{3}, 2\sqrt{3}\right)$

Ahora,

$$f(2,\ 2) = 2^2 + 2^2 = 8\,, \qquad f(-2,-2) = (-2)^2 + (-2)^2 = 8$$

$$f\left(2\sqrt{3},\ -2\sqrt{3}\right) = \left(2\sqrt{3}\right)^2 + \left(-2\sqrt{3}\right)^2 = 24$$

$$f\left(-2\sqrt{3},\ 2\sqrt{3}\right) = \left(-2\sqrt{3}\right)^2 + \left(2\sqrt{3}\right)^2 = 24$$

Luego, los vértices de la elipse son $\left(2\sqrt{3},\ -2\sqrt{3}\right)$ y $\left(-2\sqrt{3},\ 2\sqrt{3}\right)$ y los extremos del eje menor son $(2,\ 2)$ y $(-2,\ -2)$.

La longitud del eje mayor: $2\sqrt{f\left(2\sqrt{3},-2\sqrt{3}\right)} = 2\sqrt{24} = 4\sqrt{6}$

La longitud del eje menor: $2\sqrt{f(2,\ 2)} = 2\sqrt{8} = 4\sqrt{2}$

PROBLEMA 2. Sea $P_0 = (r, s)$, donde $r > 0$ y $s > 0$, un punto de la elipse

$$\frac{x^2}{a^2} + \frac{y^2}{b^2} = 1$$

1. Probar que el área del triángulo formado por los ejes coordenados y la recta tangente a la elipse en el punto $P_0 = (r, s)$ es

$$A = A(r,s) = \frac{a^2b^2}{2rs}$$

2. Hallar el punto P_0 sobre la elipse tal que el triángulo antes indicado tenga área mínima. Hallar esta área mínima.

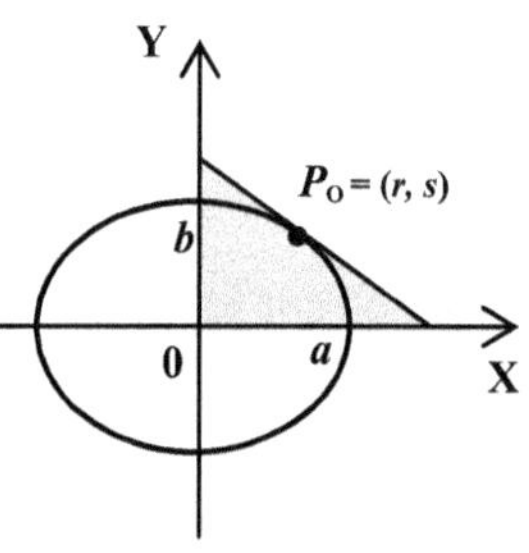

Solución

Consideramos la función $f(x,y) = \dfrac{x^2}{a^2} + \dfrac{y^2}{b^2}$

Esta elipse es la curva de nivel $f(x,y) = 1$. Luego, $\nabla f(r,s) = \left\langle \dfrac{2r}{a^2}, \dfrac{2s}{b^2} \right\rangle$ es normal a la elipse en el punto $P_0 = (r, s)$. En consecuencia, la recta tangente a la elipse en el punto $P_0 = (r, s)$ es

$$\frac{2r}{a^2}(x-r) + \frac{2s}{b^2}(y-s) = 0 \Rightarrow \frac{r}{a^2}x + \frac{s}{b^2}y = 1 \qquad \textbf{1.}$$

Hallemos los puntos donde la recta tangente corta a los ejes:

Eje X: $y = 0 \Rightarrow \dfrac{r}{a^2}x = 1 \Rightarrow x = \dfrac{a^2}{r} \Rightarrow$ Punto de intersección: $\left(a^2/r,\ 0\right)$

Eje Y: $x=0 \Rightarrow \dfrac{s}{b^2}y=1 \Rightarrow y=\dfrac{b^2}{s} \Rightarrow$ Punto de intersección: $\left(0,\ b^2/s\right)$

El área del triángulo es

$$A = A(r,s)=\frac{1}{2}(\text{base})(\text{altura})=\frac{1}{2}\left(\frac{a^2}{r}\right)\left(\frac{b^2}{s}\right)=\frac{a^2b^2}{2rs}$$

2. Buscamos el mínimo de

$$A=A(r,s)=\frac{a^2b^2}{2rs} \text{ sujeta a } g(r,s)=\frac{r^2}{a^2}+\frac{s^2}{b^2}=1$$

$$\begin{cases} A_r(r,s)=\lambda g_r(r,s) & (1) \\ A_s(r,s)=\lambda g_s(r,s) & (2) \\ r^2/a^2+s^2/b^2=1 & (3) \end{cases} \Rightarrow \begin{cases} -\dfrac{a^2b^2}{2r^2s}=2\lambda\dfrac{r}{a^2} \\ -\dfrac{a^2b^2}{2rs^2}=2\lambda\dfrac{s}{b^2} \end{cases} \Rightarrow \begin{cases} \lambda=-\dfrac{a^4b^2}{4r^3s} \\ \lambda=-\dfrac{a^2b^4}{4rs^3} \end{cases} \Rightarrow$$

$-\dfrac{a^4b^2}{4r^3s}=-\dfrac{a^2b^4}{4rs^3} \Rightarrow \dfrac{r^2}{a^2}=\dfrac{s^2}{b^2}$. Reemplazando en (1):

$$2\frac{r^2}{a^2}=1 \Rightarrow r=\frac{a}{\sqrt{2}},\ s=\frac{b}{\sqrt{2}} \text{ y } A\left(a/\sqrt{2},\ b/\sqrt{2}\right)=ab$$

Si hacemos tender r a 0 ó s a 0, el valor del área $A=\dfrac{a^2b^2}{2rs}$ crece ilimitadamente.

Esto nos indica que la función $A=\dfrac{a^2b^2}{2rs}$ no tiene máximo y que $A=ab$ es su mínimo, que es alcanzado en el punto $P_0=\left(\dfrac{a}{\sqrt{2}},\ \dfrac{b}{\sqrt{2}}\right)$

PROBLEMA 3. Dadas la parábola $y=\dfrac{x^2}{2}$ y la recta L: $y-x+4=0$.

a. Hallar el punto P_0 de la parábola que está a una distancia mínima de la recta L.

b. Hallar el punto Q de la recta L que está más cerca del punto P_0 de la parábola.

c. Hallar la distancia mínima entre la parábola y la recta.

Solución

a. Sabemos que la que distancia de un punto $P=(x,y)$ a la recta L: $x-y+4=0$ está dada por

$$d(P, L) = \frac{|y - x + 4|}{\sqrt{1^2 + 1^2}} = \frac{|y - x + 4|}{\sqrt{2}}$$

Para nuestro caso, tomando el cuadrado de esta distancia y el punto $P = (x, y)$ en la parábola, nos planteamos el problema de minimizar

$$f(x, y) = \frac{(y - x + 4)^2}{2} \text{ sujeta a } g(x, y) = y - \frac{x^2}{2} = 0$$

$$\begin{cases} f_x(x, y) = \lambda g_x(x, y) \\ f_y(x, y) = \lambda g_y(x, y) \\ g(x, y) = 0 \end{cases} \Rightarrow \begin{cases} -(y - x + 4) = -\lambda x & (1) \\ y - x + 4 = \lambda & (2) \\ y - x^2/2 = 0 & (3) \end{cases}$$

$$(1) \text{ y } (2) \Rightarrow \lambda x = \lambda \Rightarrow x = 1.$$

Reemplazando $x = 1$ en (3) obtenemos $y = 1/2$.

Luego, el punto buscado es $P_0 = (1,\ 1/2)$

b. La recta ortogonal a $y - x + 4 = 0$ y que pasa por $P_0 = (1,\ 1/2)$ es $y + x = \frac{3}{2}$.

Intersecando estas dos rectas hallamos que $Q = (11/4,\ -5/4)$.

c. La distancia mínima entre la parabola y la recta es

$$d(P_0, L) = \frac{|1/2 - 1 + 4|}{\sqrt{1^2 + 1^2}} = \frac{7\sqrt{2}}{4}$$

PROBLEMA 4. Para almacenar agua, se está diseñando un tanque de metal de 150π m^3 de volumen, conformado por un cilindro circular recto de 5 m de radio y por dos tapas cónicas iguales, una en cada extremo. Hallar la altura x del cilindro y la altura y de los conos de modo que se utilice la mínima cantidad de metal en su construcción.

Solución

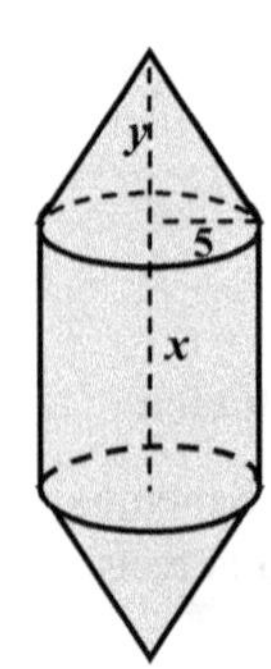

El área de la superficie del tanque es

A = área del cilindro + 2(área del cono)

$$= 2\pi(5)x + 2\left(\pi(5)\sqrt{5^2 + y^2}\right) = 10\pi x + 10\pi\sqrt{25 + y^2}$$

El volumen del tanque es

V = volumen del cilindro + 2(volumen del cono) $= 150\pi \Rightarrow$

$$V = \pi(5^2)x + 2\left(\frac{1}{3}\pi(5^2)y\right) = 150\pi \Rightarrow$$

$$25\pi x + \frac{50}{3}\pi y = 150\pi \Rightarrow x + \frac{2}{3}y = 6$$

En resumen, buscamos:

Minimizar $A(x, y) = 10\pi x + 10\pi\sqrt{25 + y^2}$ sujeta a $g(x, y) = x + \frac{2}{3}y = 6$

$$\begin{cases} A_x(x, y) = \lambda g_x(x, y) \\ A_y(x, y) = \lambda g_y(x, y) \\ g(x, y) = 6 \end{cases} \Rightarrow \begin{cases} 10\pi = \lambda & (1) \\ 10\pi y/\sqrt{25 + y^2} = 2\lambda/3 & (2) \\ x + 2y/3 = 6 & (3) \end{cases}$$

Reemplazando (1) en (2):

$$\frac{10\pi y}{\sqrt{25 + y^2}} = \frac{2}{3}(10\pi) \Rightarrow 3y = 2\sqrt{25 + y^2} \Rightarrow 5y^2 = 4(25) \Rightarrow y = 2\sqrt{5}$$

Reemplazando $y = 2\sqrt{5}$ en (3) tenemos: $x = 6 - \frac{4}{3}\sqrt{5}$

Tenemos un único punto crítico, $\left(6 - 4\sqrt{5}/3,\ 2\sqrt{5}\right)$, y el valor de A en este punto

$$A\left(6 - \frac{4}{3}\sqrt{5}, 2\sqrt{5}\right) = 10\pi\left(6 - \frac{4}{3}\sqrt{5}\right) + 10\pi\sqrt{25 + \left(2\sqrt{5}\right)^2} = 10\pi\left(6 + \frac{5}{3}\sqrt{5}\right) \approx 97.2\pi$$

Como x e y representan longitudes, debemos tener que $x \geq 0$, $y \geq 0$. Esto significa que el área A debe ser evaluada sólo en el segmento de la recta $x + \frac{2}{3}y = 6$ que está en el primer cuadrante, el cual es cerrado y acotado. Los extremos de este segmento son $(0, 9)$ y $(6, 0)$, y, en estos puntos,

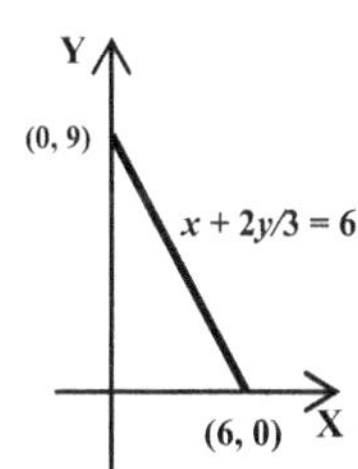

$$A(0, 9) = 10\pi\sqrt{25 + 9^2} = 10\pi\sqrt{106} \approx 102.96\pi$$

$$A(6, 0) = 10\pi(6) + 10\pi\sqrt{25 + 0^2} = 10\pi(11) = 110\pi$$

El mínimo es $A\left(6 - \frac{4}{3}\sqrt{5}, 2\sqrt{5}\right) = 10\pi\left(6 + \frac{5}{3}\sqrt{5}\right) \approx 97.2\pi$

Luego, la altura del cilindro y la altura de los conos buscadas son

$$x = 6 - \frac{4}{3}\sqrt{5} \approx 3.19, \qquad y = 2\sqrt{5} \approx 4.47$$

PROBLEMA 5. **Media Geométrica es menor o igual que la Media Aritmética.**

1. Si la suma de 3 números no negativos x, y, z tiene un valor fijo S, probar que el máximo del producto xyz es $\frac{S^3}{3^3}$

2. Aplicando la parte 1, probar que la media geométrica de tres números no negativos es menor o igual que su media aritmética. Esto es,

$$\sqrt[3]{xyz} \leq \frac{x+y+z}{3}$$

Solución

1. Buscamos el máximo de

$f(x,y,z) = xyz$ sujeto a $g(x,y,z) = x+y+z = S$, donde $x \geq 0, y \geq 0, z \geq 0$.

La región $D = \{(x,y,z) /\ x \geq 0, y \geq 0, z \geq 0,\ x+y+z = S\}$,

que es la parte del plano $x+y+z=S$ que está en el primer octante, es cerrada y acotada. Luego, el teorema del valor extremo nos garantiza la existencia del máximo de $f(x,y,z) = xyz$ en esta región.

Puntos críticos en el interior de *D*. Aquí: $x > 0, y > 0, z > 0$

$$\begin{cases} f_x(x,y,z) = \lambda g_x(x,y,z) \\ f_y(x,y,z) = \lambda g_y(x,y,z) \\ f_z(x,y,z) = \lambda g_z(x,y,z) \\ g(x,y,z) = c \end{cases} \Rightarrow \begin{cases} yz = \lambda & (1) \\ xz = \lambda & (2) \\ xy = \lambda & (3) \\ x+y+z = S & (4) \end{cases}$$

De (1) y (2): $yz = xz \Rightarrow z\,(y-x) = 0 \Rightarrow x = y$ (5)

De (1) y (3): $yz = xy \Rightarrow y\,(z-x) = 0 \Rightarrow z = x$ (6)

De (5) y (6): $x = y = z$. Esto valores, reemplazados en (4):

$$x+x+x = \mathrm{S} \Rightarrow 3x = S \Rightarrow x = y = z = \frac{S}{3}$$

Hemos obtenido el punto crítico $(S/3, S/3, S/3)$, en el cual

$$f(S/3, S/3, S/3) = \frac{S^3}{3^3}$$

Para muchos es evidente que el valor anterior es el máximo. Para quienes no lo ven evidente, a continuación mostramos que $f(x,y,z) = 0$ en la frontera ∂D. Esto nos diría que el mínimo de $f(x,y,z)$ es 0.

Valor de *f* en la frontera ∂D.

La frontera de D está conformada por los segmentos $\overline{AB}$, $\overline{BC}$ y $\overline{AC}$

En $\overline{AB}$, tenemos que $y = 0$ y, por tanto, $f(x,0,z) = x(0)z = 0$

En $\overline{BC}$, tenemos que $x=0$ y, por tanto, $f(0,y,z)=(0)yz=0$

En $\overline{AC}$, tenemos que $z=0$ y, por tanto, $f(x,y,0)=xy(0)=0$

Así, hemos mostrado que el máximo de f es $\dfrac{S^3}{3^3}$ y el mínimo, 0.

2. De acuerdo a la parte 1,

$$0 \le xyz \le \frac{S^3}{3^3}. \text{ De donde, } \sqrt[3]{xyz} \le \frac{S}{3} = \frac{x+y+z}{3}$$

PROBLEMA 6. Usando el método de los multiplicadores de Lagrange y la formula de Herón, probar que de entre todos los triángulos de perímetro P, el que tiene área máxima es un triángulo equilátero. Hallar esta área máxima.

La fórmula de Herón dice que el área de un triangulo de perímetro $P=2s$ y lados x, y, z está dada por

$$A = \sqrt{s(s-x)(s-y)(s-z)}.$$

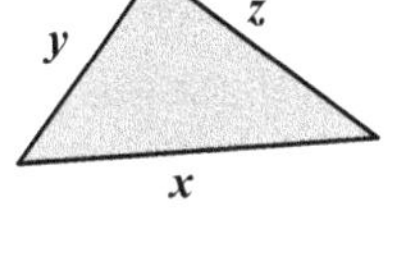

Solución

Buscamos maximizar la función

$$f(x,y,z) = A^2 = s(s-x)(s-y)(s-z) \quad \text{sujeta a}$$

la condición:

$$P = g(x,y,z) = x+y+z = 2s$$

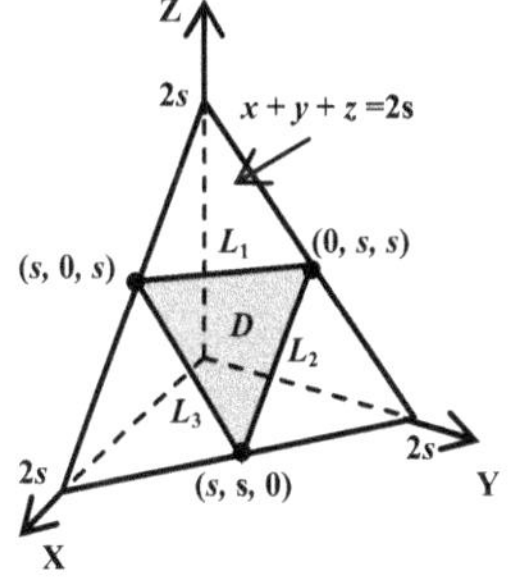

Los números x, y, z representan longitudes y, por tanto, se debe cumplir que $x \ge 0$, $y \ge 0$, $z \ge 0$ y

$$s \ge x, \quad s \ge y, \quad s \ge z.$$

La región D donde debemos evaluar f es la siguiente parte del plano $x+y+z=2s$:

$$D = \{(x,y,z) / \ x+y+z=2s, \ 0 \le x \le s, \ 0 \le y \le s, \ 0 \le z \le s\},$$

la cual es cerrada y acotada. El teorema del valor extremo nos garantiza que la función f tiene máximo y mínimo en D.

Puntos críticos en el interior de *D*.

$$\begin{cases} f_x(x,y,z) = \lambda g_x(x,y,z) \\ f_y(x,y,z) = \lambda g_y(x,y,z) \\ f_z(x,y,z) = \lambda g_z(x,y,z) \\ g(x,y,z) = c \end{cases} \Rightarrow \begin{cases} -s(s-y)(s-z) = \lambda & (1) \\ -s(s-x)(s-z) = \lambda & (2) \\ -s(s-x)(s-y) = \lambda & (3) \\ x+y+z = 2s & (4) \end{cases}$$

De (1) y (2):

$$-s(s-y)(s-z)= -s(s-x)(s-z) \Rightarrow (s-y)(s-z)=(s-x)(s-z)\Rightarrow$$

$$\Rightarrow s-y= s-x \Rightarrow x=y \qquad (5)$$

De (1) y (3):

$$-s(s-y)(s-z)= -s(s-x)(s-y)\Rightarrow (s-y)(s-z)=(s-x)(s-y)$$

$$\Rightarrow s-z=s-x \Rightarrow x=z \qquad (6)$$

De (5) y (6) obtenemos: $x=y=z$.

Reemplazando estas igualdades en (4): $x=\dfrac{2s}{3},\ y=\dfrac{2s}{3},\ z=\dfrac{2s}{3},$

Luego, tenemos un únicu punto crítico: $\left(\dfrac{2s}{3},\dfrac{2s}{3},\dfrac{2s}{3}\right)$

Valor de f en la frontera ∂D.

La frontera de la región D está constituida por los segmentos L_1, L_2 y L_3, que son los lados del triángulo sombreado.

En L_1, $z=s$. Luego, en este segmento, $f(x,y,s)= s(s-x)(s-y)(s-s)=0$

En L_2, $y=s$. Luego, en este segmento, $f(x,s,z)= s(s-x)(s-s)(s-z)=0$

En L_3, $x=s$. Luego, en este segmento, $f(s,y,z)= s(s-s)(s-y)(s-z)=0$

Por otro lado,

$$f(2s/3,2s/3,2s/3)= s(s-2s/3)(s-2s/3)(s-2s/3)= s\left(\frac{s}{3}\right)^3=\frac{s^4}{27}$$

En consecuencia, el máximo es $\dfrac{s^4}{27}$ y es alcanzado en $\left(\dfrac{2s}{3},\dfrac{2s}{3},\dfrac{2s}{3}\right)$.

Como $x=y=z=\dfrac{2s}{3}$, el triángulo es equilátero de área $A=\sqrt{\dfrac{s^4}{27}}=\dfrac{s^2}{3\sqrt{3}}$

¿SABIAS QUE . . .

HERON DE ALEJANDRÍA (10–70 d.c.) *conocido con el sobrenombre de el* ***Viejo,*** *fue un ingeniero y matemático griego, nacido en Alejandría. Es considerado como uno de los científicos e inventores más destacados de la antigüedad. En el año 60 escribió* ***La Métrica****, obra donde estudia las maneras de hallar el área de polígonos, elipses; y volúmenes de cilindros, conos, esferas. Aquí aparece la fórmula del área de un triángulo descrita anteriormente y que ahora lleva su nombre.*

Herón

PROBLEMA 7. **Probar el teorema 3.21. Multiplicadores de Lagrange**

Sean $f(x,y)$ y $g(x,y)$ dos funciones de clase $C^{(1)}$ tales que f tiene un extremo en el punto (x_0, y_0) que está sobre la curva $g(x,y)=c$.

Si $\nabla g(x_0,y_0)\neq \mathbf{0}$, entonces existe un real λ tal que

$$\nabla f(x_0,y_0)=\lambda\nabla g(x_0,y_0)$$

Solución

Por el hecho de que de que $g(x,y)$ sea de clase $C^{(1)}$ y que $\nabla g(x_0,y_0)\neq 0$, el **teorema de la función implícita,** presentado y demostrado en textos de cálculo avanzado, nos asegura que en una vecindad de (x_0,y_0), la curva $g(x,y)=c$ puede ser parametrizada mediante una función vectorial $\mathbf{r}(t)=\langle x(t),y(t)\rangle$, de clase $C^{(1)}$ definida en un intervalo abierto I que contiene 0 y tal que

$$\mathbf{r}(0)=\langle x(0),y(0)\rangle=(x_0,y_0),\quad \mathbf{r}'(t)\neq \mathbf{0}.$$

Sea

$$h(t)=f(\mathbf{r}(t))=f(x(t),y(t)).$$

Como $f(x,y)$ tiene un extremo en (x_0, y_0), entonces $h(0)=f(x(0),y(0))=f(x_0,y_0)$ es un extremo de $h(t)$. Por lo tanto, $h'(0)=0$.

Por otra parte, aplicando la regla de la cadena,

$$\begin{aligned}0=h'(0)&=f_x(x(0),y(0))x'(0)+f_y(x(0),y(0))y'(0)\\&=\langle f_x(x(0),y(0)),f_y(x(0),y(0))\rangle\bullet\langle x'(0),y'(0)\rangle\\&=\nabla f(x(0),y(0))\bullet\langle x'(0),y'(0)\rangle=\nabla f(x_0,y_0)\bullet\mathbf{r}'(0)\end{aligned}$$

Esto es, $\nabla f(x_0,y_0)\bullet \mathbf{r}'(0)=0$. Luego, $\nabla f(x_0,y_0)$ es perpendicular a $\mathbf{r}'(0)$

Por el teorema 3.16, $\nabla g(x_0,y_0)$ es normal a la curva $g(x, y) = c$ en el punto (x_0, y_0) y, por tanto, es perpendicular a $\mathbf{r}'(0)$. En consecuencia, $\nabla f(x_0,y_0)$ es paralelo a $\nabla g(x_0,y_0)$. Luego, existe λ tal que

$$\nabla f(x_0,y_0)=\lambda\nabla g(x_0,y_0)$$

PROBLEMAS PROPUESTOS 3. 8

En los problemas siguientes usar los multiplicadores de Lagrange.

1. Hallar los extremos de $f(x,y)=xy$ sujeta a $x^2+y^2=8$

Rpta. Max. $f(2,2)=f(-2,-2)=4$, *Min.* $f(2,-2)=f(-2,2)=-4$

2. Hallar los extremos de $f(x,y)=xy$ sujeta a $x^2+y^2-2x=0$

Rpta. Max. $f\left(3/2,\sqrt{3}/2\right)=3\sqrt{3}/4$, *Min.* $f\left(3/2,-\sqrt{3}/2\right)=-3\sqrt{3}/4$

3. Hallar los extremos de $f(x,y)=4x^2+2y^2+1$ sujeta a $x^2+y^2-4y=0$

Rpta. Max. $f(0,4)=33$, *Min.* $f(0,0)=1$

4. Hallar los extremos de $f(x,y)=8x-2y$ sujeta a $2x^2+3y^2=75$

Rpta. Max. $f(6,-1)=50$, *Min.* $f(-6,\ 1)=-50$

5. Hallar el punto sobre la recta $2x+3y=6$ que está más cercano al origen.

Rpta. $(12/13,\ 18/13)$

6. Hallar los vértices del rectángulo de área máxima y lados paralelos a los ejes, inscrito en la elipse $\dfrac{x^2}{9}+\dfrac{y^2}{1}=1$

Rpta. $\left(3\sqrt{2}/2,\sqrt{2}/2\right)$, $\left(-3\sqrt{2}/2,\sqrt{2}/2\right)$, $\left(-3\sqrt{2}/2,-\sqrt{2}/2\right)$, $\left(3\sqrt{2}/2,-\sqrt{2}/2\right)$

7. Hallar los puntos extremos del eje mayor y del eje menor de la elipse (girada)

$$x^2+xy+y^2=4$$

Rpta. Eje mayor: $(2,-2),(-2,\ 2)$. *Menor:* $\left(3\sqrt{2}/3,3\sqrt{2}/3\right),\left(-3\sqrt{2}/3,-3\sqrt{2}/3\right)$

8. Hallar los puntos extremos del eje mayor y del eje menor de la elipse (girada)

$$5x^2-6xy+5y^2=32$$

Rpta. Eje mayor $\left(2\sqrt{2},2\sqrt{2}\right),\left(-2\sqrt{2},\ -2\sqrt{2}\right)$. *Menor:* $\left(\sqrt{2},-\sqrt{2}\right),\left(-\sqrt{2},\sqrt{2}\right)$

9. Hallar los extremos de $f(x,y,z)=x+y+z$ sujeta a $x^2+y^2+z^2=12$

Rpta. Max: $f(2,\ 2,\ 2)=6$, *Min:* $f(-2,\ -2,\ -2)=-6$.

10. Hallar el máximo de $f(x,y,z)=x+y+z$ sujeta a $\dfrac{x^2}{a^2}+\dfrac{y^2}{b^2}+\dfrac{z^2}{c^2}=1$

Rpta. $f\left(\dfrac{a^2}{\sqrt{a^2+b^2+c^2}}, \dfrac{b^2}{\sqrt{a^2+b^2+c^2}}, \dfrac{c^2}{\sqrt{a^2+b^2+c^2}}\right)=\sqrt{a^2+b^2+c^2}$.

11. Hallar los extremos de $f(x,y)=xyz$ sujeta a $x^2+y^2+z^2=27$

Rpta. Max: $f(3,\ 3,\ 3)=f(-3,\ -3,\ 3)=f(-3,\ 3,\ -3)=f(3,-3,-3)=27$

Min: $f(-3,-3,-3)=f(-3,\ 3,\ 3)=f(3,-3,\ 3)=f(3,\ 3,-3)=-27$

12. Hallar los extremos de $f(x,y)=xyz$ sujeta a $\dfrac{x^2}{3}+\dfrac{y^2}{12}+\dfrac{z^2}{27}=1$

Rpta. Max: $f(1,\ 2,\ 3)=f(-1,\ -2,\ 3)=f(-1,\ 2,\ -3)=f(1,-2,-3)=6$

Min: $f(-1,-2,-3)=f(-1,\ 2,\ 3)=f(1,-2,\ 3)=f(1,\ 2,-3)=-6$

13. Hallar los extremos de $f(x,y)=xyz$ sujeta a $x^2+y^2+z^2=6$ y $x+y+z=0$

Rpta. Max: $f(-1,-1,\ 2)=f(-1,\ 2,-1)=f(2,-1,-1)=2$

Min: $f(1,\ 1,-2)=f(1,-2,\ 1)=f(-2,\ 1,\ 1)=-2$

14. Hallar los extremos de $f(x,y)=xyz$ sujeta a $xy+xz+yz=1$ y $x+y+z=2$

Rpta. Max: $f(1/3,1/3,\ 4/3)=f(4/3,\ 1/3,\ 1/3)=f(1/3,\ 4/3,\ 1/3)=\dfrac{4}{27}$

Min: $f(1,\ 1,\ 0)=f(0,\ 1,\ 1)=f(1,\ 0,\ 1)=0$

15. Hallar los extremos de $f(x,y,z)=4x+y+4z$ en la elipse formada por la intersección del cilindro $x^2+y^2=1$ con el plano $y-2z=1$.

Rpta. Max $f(4/5,3/5,\ -1/5)=3$. *Man* $f(-4/5,-3/5,\ -4/5)=-7$.

16. Se tiene la elipse $\dfrac{x^2}{6}+\dfrac{y^2}{3}=1$ y la recta L: $y+x-5=0$.

a. Hallar el punto P_0 de la elipse que está a una distancia mínima de la recta L.

b. Hallar el punto Q de la recta L que está más cerca del punto P_0 de la elipse.

c. Hallar la distancia mínima entre la elipse y la recta

Rpta **a.** $P_0(2,\ 1)$ **b.** $Q=(3,\ 2)$ **c.** $\sqrt{2}$

17. Se tiene la elipse $\dfrac{x^2}{9}+\dfrac{y^2}{4}=1$ y la recta L: $3y+x-9=0$.

a. Hallar el punto P_0 de la elipse que está a una distancia mínima de la recta L.

b. Hallar la distancia mínima entre la elipse y la recta.

Rpta **a.** $P_0=\left(3/\sqrt{5},4/\sqrt{5}\ \right)$ **b.** $\dfrac{9-3\sqrt{5}}{\sqrt{10}}$

18. Hallar los puntos de la superficie $xy - z^2 = 1$ que están a la distancia mínima del origen. Hallar esta distancia mínima.

Rpta $(2,\ 2),\ (-2,-2)$. *Dist. mín* $= 2\sqrt{2}$

19. Hallar los puntos P_1 y P_2 de la esfera $x^2 + y^2 + z^2 = 1$ que están a la distancia mínima y máxima del punto $\left(1,-3,\sqrt{6}\right)$. Hallar estas distancias.

Rpta $P_1 = \left(\frac{1}{4}, \frac{-3}{4}, \frac{\sqrt{6}}{4}\right),\ P_2 = \left(-\frac{1}{4}, \frac{3}{4}, -\frac{\sqrt{6}}{4}\right)$. *Dist. mín* $= 3$, *Dist. max* $= 5$

20. El elipsoide $\frac{x^2}{a^2} + \frac{y^2}{b^2} + \frac{z^2}{c^2} = 1$ pasa por el punto $(1,\ 2,\ 1)$. Hallar los valores de a, b y c para los cuales el volumen del elipsoide, $V = \frac{4\pi}{3}abc$, sea mínimo.

Rpta $a = \sqrt{3},\ b = 2\sqrt{3},\ c = \sqrt{3}$

21. Hallar los puntos del cono $z^2 = x^2 + y^2$ que están a la distancia mínima del punto $(2,\ 1,\ 0)$. Hallar esta distancia mínima.

Rpta $\left(1,\ \frac{1}{2},\ \frac{\sqrt{5}}{2}\right),\ \left(1,\ \frac{1}{2},\ -\frac{\sqrt{5}}{2}\right)$. *Dist. mín* $= \frac{\sqrt{10}}{2}$

22. Se tiene el elipsoide $\frac{x^2}{96} + \frac{y^2}{1} + \frac{z^2}{1} = 1$ y el plano $y + x - 5 = 0$.

a. Hallar el punto P_0 del elipsoide que está a una distancia mínima del plano.

b. Hallar la distancia mínima entre el elipsoide y el plano.

Rpta **a.** $P_0\left(9,\ \frac{1}{8},\ \frac{3}{8}\right)$ **b.** *Dist. mín* $= 4$

23. Hallar las longitudes de los lados de un triángulo rectángulo de perímetro mínimo y área constante A.

Rpta $x = y = \sqrt{2A},\ z = 2\sqrt{A}$

24. Hallar las longitudes de los lados de un triángulo rectángulo de área máxima y de perímetro constante P.

Rpta $x = y = \frac{P}{2+\sqrt{2}},\ z = \frac{\sqrt{2}\,P}{2+\sqrt{2}}$

25. Función de producción de Cobb–Douglas.

La función de producción de Cobb–Douglas de tres entradas es la siguiente: $f(x,y,z) = kx^{\alpha}y^{\beta}z^{\gamma}$, donde $\alpha > 0,\ \beta > 0,\ \gamma > 0$ y $\alpha + \beta + \gamma = 1$, sujeta a la condición de costos $ax + by + cz = d$.

Probar que la producción es máxima cuando $x = \frac{\alpha d}{a},\ y = \frac{\beta d}{b},\ z = \frac{\gamma d}{c}$

26. Probar que el paralelepípedo de volumen máximo y cuya suma de sus 12 aristas es $12a$ es un cubo de volumen $V = a^3$

27. Probar que el paralelepípedo de volumen máximo y cuya suma de las áreas de sus caras es $6a^2$ es un cubo de volumen $V = a^3$.

28. Hallar el radio r y la altura h del cilindro de máximo volumen que puede inscribirse en una esfera de radio R.

Rpta $r = \sqrt{\dfrac{2}{3}}\,R\,,\quad h = \dfrac{2\sqrt{3}}{3}R$

29. Un tanque de agua de 36π m^2 de superficie está conformado por un cilindro de 2 m de radio y coronado por un cono. Hallar x e y, las alturas del cilindro y del cono, respectivamente; de manera que el volumen sea máximo.

Rpta $x = 8 - \dfrac{3}{\sqrt{5}},\quad y = \dfrac{4}{\sqrt{5}}$

30. Se está diseñando un tanque de metal para almacenar agua de 36π m^3 de volumen. El tanque debe estar conformado por un cilindro y una semiesfera en cada lado. Hallar el radio r de las semiesferas y la altura h del cilindro de tal forma que el material para la construcción sea mínimo.

Rpta $r = 3,\quad h = 0$

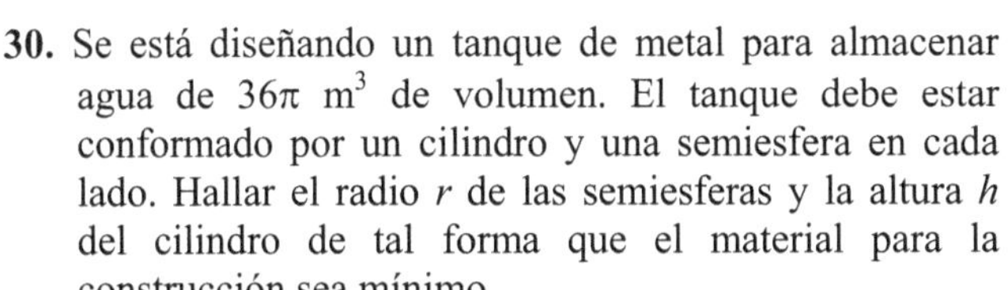

31. Hallar el plano tangente al paraboloide eliptico $z = 4 - x^2 - y^2$ tal que el volumen del tetraedro, en el primer octante, que determina este plano con los planos coordenados es mínimo.

Rpta $2x + 2y + z = 6$

32. Hallar el plano que pasando por la recta $\begin{cases} x + y + z = 4 \\ x + y - z = -2 \end{cases}$ forma con los planos coordenados, en el primer octante, un tetraedro de volumen mínimo.

Rpta $6x + 6y + z = 9$

33. Media Geométrica y la Media Aritmética.

a. Si la suma de n números no negativos $x_1, x_2, \ldots, x_n$ tiene un valor fijo S, probar que el máximo del producto $x_1\,x_2\,\ldots\,x_n$ es S^n/n^n

b. Aplicando la parte 1, probar que la media geométrica de n números no negativos no es mayor que su media aritmética. Esto es,

$$\sqrt[n]{x_1\,x_2\,\ldots\,x_n} \le \frac{x_1 + x_2 + \ldots + x_n}{n}$$

SECCION 3.9

FORMULA DE TAYLOR PARA FUNCIONES DE DOS VARIABLES

En esta sección presentamos la fórmula de Taylor para funciones de dos variables. A partir de este resultado, la fórmula puede ser generalizada para funciones de más de dos variables. Empezamos recordando este teorema para funciones de una variable.

Sea I un intervalo abierto de $\mathbb{R}$. Si $F: \mathrm{I} \to \mathbb{R}$ es derivable hasta de orden n + 1 en el intervalo I y x_o es un punto de I, entonces, para cada x en I existe un c entre x_o y x tal que

$$F(x) = F(x_o) + \frac{F'(x_o)}{1!}(x - x_o) + \frac{F''(x_o)}{2!}(x - x_o)^2 + \ldots + \frac{F^{(n)}(x_o)}{n!}(x - x_o)^n + R_n$$

$$\text{donde } R_n = \frac{F^{(n+1)}(c)}{(n+1)!}(x - x_o)^{n+1}$$

En el caso particular en el que $x_o = 0$ y $x = 1$, tenemos que

$$F(1) = F(0) + F'(0) + \frac{F''(0)}{2!} + \ . \ . \ . + \frac{F^{(n)}(0)}{n!} + R_n$$

$$= \sum_{k=0}^{n} \frac{F^{(k)}(0)}{k!} + R_n, \text{ donde } R_n = \frac{F^{(n+1)}(c)}{(n+1)!}, \text{ para algún } c \text{ entre 0 y 1} \qquad \textbf{(1)}$$

Ahora, consideramos una función $f: \mathbb{R}^2 \to \mathbb{R}$ de clase $C^{(n+1)}$ en un abierto U de $\mathbb{R}^2$. Es decir, f tiene derivadas parciales continuas hasta de orden n + 1 en el abierto $U \subset \mathbb{R}^2$.

Si $\mathbf{x_o} = (x_o, y_o)$ es un punto de U y $\mathbf{x} = (x, y)$ otro punto de U tales que el segmento rectilíneo $[\mathbf{x_o}, \mathbf{x}]$, que une los puntos $\mathbf{x_o}$ y $\mathbf{x}$ está contenido en U, entonces podemos definir la función de una variable:

$$F: [0, 1] \to \mathbb{R}$$
$$F(t) = f(\mathbf{x_o} + t(\mathbf{x} - \mathbf{x_o}))$$

La función $F(t)$ tiene derivadas hasta de orden n + 1. Buscamos relacionar estas derivadas con las derivadas parciales de $f(x, y)$.

Si $\mathbf{x} - \mathbf{x_o} = \mathbf{h} = (h_1, h_2)$, entonces $F(t) = f(\mathbf{x_o} + t\,\mathbf{h})$ y tenemos:

$$F(0) = f(\mathbf{x_o}), \qquad F(1) = f(\mathbf{x_o} + \mathbf{h}) = f(\mathbf{x})$$

Usando la regla de la cadena,

$$F'(t) = h_1 D_1 f(\mathbf{x_0} + t\mathbf{h}) + h_2 D_2 f(\mathbf{x_0} + t\mathbf{h})$$

$$F''(t) = h_1 D_1 \left[h_1 D_1 f(\mathbf{x_0} + t\mathbf{h}) + h_2 D_2 f(\mathbf{x_0} + t\mathbf{h})\right]$$

$$+ h_2 D_2 \left[h_1 D_1 f(\mathbf{x_0} + t\mathbf{h}) + h_2 D_2 f(\mathbf{x_0} + t\mathbf{h})\right]$$

$$= h_1^2 D_{11} f(\mathbf{x_0}+ t\mathbf{h}) + h_1 h_2 D_{21} f(\mathbf{x_0}+ t\mathbf{h}) + h_2 h_1 D_{12} f(\mathbf{x_0}+ t\mathbf{h}) + h_2^2 D_{22} f(\mathbf{x_0}+ t\mathbf{h})$$

Si $n \geq 1$, entonces f es de clase $C^{(2)}$ y tenemos que $D_{21} f = D_{12} f$. Luego,

$$F''(t) = h_1^2 D_{11} f(\mathbf{x_0}+ t\mathbf{h}) + 2h_1 h_2 D_{12} f(\mathbf{x_0}+ t\mathbf{h}) + h_2^2 D_{22} f(\mathbf{x_0}+ t\mathbf{h})$$

Similarmente, si $n \geq 2$, entonces f es de clase $C^{(3)}$ y

$$F'''(t) = h_1^3 D_{111} f(\mathbf{x_0}+t\mathbf{h}) + 3 h_1^2 h_2 D_{112} f(\mathbf{x_0}+t\mathbf{h}) + 3h_1 h_2^2 D_{122} f(\mathbf{x_0}+ t\mathbf{h}) + h_2^3 D_{222} f(\mathbf{x_0}+t\mathbf{h})$$

En general, para i = 1, 2, 3, …, n +1, tenemos

$$F^{(k)}(t) = \sum_{i=1}^{k} \binom{k}{i} h_1^{k-1} h_2^{i} D_1^{k-i} D_2^{i} f(\mathbf{x_0} + t\mathbf{h}), \qquad \textbf{(2)}$$

donde $\binom{k}{i} = \dfrac{k!}{i!(k-i)!}$ es el coeficiente del binomio de Newton.

La forma de la igualdad (2) nos sugiere que esta igualdad puede expresarse, usando el formulismo del binomio de Newton, de la forma siguiente

$$F^{(k)}(t) = \left[h_1 D_1 + h_2 D_2\right]^k f(\mathbf{x_0} + t\mathbf{h}) \qquad \textbf{(3)}$$

En particular, para $t = 0$, tenemos:

$$F^{(k)}(0) = \left[h_1 D_1 + h_2 D_2\right]^k f(\mathbf{x_0}) \qquad \textbf{(4)}$$

Ahora, ya podemos enunciar el teorema de Taylor para funciones de dos variables.

TEOREMA 3.22. Teorema de Taylor para funciones de dos variables.

Sea $U \subset \mathbb{R}^2$ abierto y $f: U \to \mathbb{R}$ una función de clase $C^{(n+1)}$. Si $\mathbf{x_0} = (x_0, y_0) \in U$, entonces, para cualquier $\mathbf{x} \in U$ tal que $\mathbf{x} \neq \mathbf{x_0}$ y $[\mathbf{x_0}, \mathbf{x}] \subset U$, se cumple que:

$$f(\mathbf{x}) = \sum_{k=0}^{n} \frac{1}{k!} \left[(x - x_0) D_1 + (y - y_0) D_2\right]^k f(\mathbf{x_0}) + R_n, \qquad \textbf{(5)}$$

donde

$$R_n = \frac{1}{(n+1)!}\left[(x - x_0) D_1 + (y - y_0) D_2\right]^{n+1} f(\mathbf{c}), \text{ para algún } \mathbf{c} \in (\mathbf{x_0}, \mathbf{x})$$

Demostración

Sea $F: [0, 1] \to \mathbb{R}$ $F(t) = f(\mathbf{x_0} + t(\mathbf{x} - \mathbf{x_0})) = f(\mathbf{x_0} + t\mathbf{h})$, donde $\mathbf{h} = \mathbf{x} - \mathbf{x_0}$

Como f es de clase $C^{(n+1)}$, F tiene derivadas hasta de orden n + 1.

De acuerdo a (1):

$$F(1) = \sum_{k=0}^{n} \frac{1}{k!} F^{(k)}(0) + R_n, \text{ donde} \quad \textbf{(6)}$$

$$R_n = \frac{1}{(n+1)!} F^{(n+1)}(c), \text{ para algún } c \text{ entre } 0 \text{ y } 1$$

Pero, $F(1) = f(\mathbf{x})$ y si hacemos $\mathbf{c} = \mathbf{x_0} + c\mathbf{h}$, entonces $\mathbf{c}$ está entre $\mathbf{x_0}$ y $\mathbf{x}$ y, de acuerdo a (3),

$$F^{(k)}(c) = \left[h_1 D_1 + h_2 D_2\right]^k f(\mathbf{x_0} + c\mathbf{h}) = \left[h_1 D_1 + h_2 D_2\right]^k f(\mathbf{c})$$

Ahora, reemplazando estos valores en (6) y considerando (4), tenemos

$$f(\mathbf{x}) = \sum_{k=0}^{n} \frac{1}{k!} \left[(x - x_0) D_1 + (y - y_0) D_2\right]^k f(\mathbf{x_0}) + R_n, \quad \text{donde}$$

$$R_n = \frac{1}{(n+1)!} \left[(x - x_0) D_1 + (y - y_0) D_2\right]^{n+1} f(\mathbf{c}).$$

OBSERVACION. A la igualdad (5) dada en el teorema se la llama **fórmula de Taylor** de la función f en el punto (x_0, y_0). En esta fórmula se distinguen dos partes:

1. **El polinomio de Taylor**, de orden o de grado n:

$$P_n(x, y) = \sum_{k=0}^{n} \frac{1}{k!} \left[(x - x_0) D_1 + (y - y_0) D_2\right]^k f(\mathbf{x_0})$$

Este polinomio nos proporciona una aproximación a $f(x, y)$ en la cercanía de $\mathbf{x_0} = (x_0, y_0)$. En el caso de n = 1, la aproximación es mediante el plano tangente:

$$f(x, y) \approx f(x_0, y_0) + D_1 f(x_0, y_0)(x - x_0) + D_2 f(x_0, y_0)(y - y_0)$$

2. **El residuo:**

$$R_n = \frac{1}{(n+1)!} \left[(x - x_0) D_1 + (y - y_0) D_2\right]^{n+1} f(\mathbf{c})$$

R_n es el error que cometemos cuando aproximamos $f(x, y)$ con $P_n(x, y)$

EJEMPLO 1. Desarrollar la fórmula de Taylor en $\mathbf{x_0} = (0, 0)$ para n = 3 de la función $f(x, y) = e^x \ln(1+y)$

Solución

Tenemos que:

$f(0,0) = 0$

$D_1 f(x,y) = e^x \ln(1+y)$ $\quad$ $D_1 f(0,0) = 0$

$D_2 f(x,y) = \dfrac{e^x}{1+y}$ $\quad$ $D_2 f(0,0) = 1$

$D_{11} f(x,y) = e^x \ln(1+y)$ $\quad$ $D_{11} f(0,0) = 0$

$D_{12} f(x,y) = \dfrac{e^x}{1+y}$ $\quad$ $D_{12} f(0,0) = 1$

$D_{22} f(x,y) = -\dfrac{e^x}{(1+y)^2}$ $\quad$ $D_{22} f(0,0) = -1$

$D_{111} f(x,y) = e^x \ln(1+y)$ $\quad$ $D_{111} f(0,0) = 0$

$D_{112} f(x,y) = \dfrac{e^x}{1+y}$ $\quad$ $D_{112} f(0,0) = 1$

$D_{122} f(x,y) = -\dfrac{e^x}{(1+y)^2}$ $\quad$ $D_{122} f(0,0) = -1$

$D_{222} f(x,y) = \dfrac{2e^x}{(1+y)^3}$ $\quad$ $D_{222} f(0,0) = 2$

$D_{1111} f(x,y) = e^x \ln(1+y)$ $\quad$ $D_{1111} f(c_1, c_2) = e^{c_1} \ln(1+c_2)$

$D_{1112} f(x,y) = \dfrac{e^x}{1+y}$ $\quad$ $D_{1112} f(c_1, c_2) = \dfrac{e^{c_1}}{1+c_2}$

$D_{1122} f(x,y) = -\dfrac{e^x}{(1+y)^2}$ $\quad$ $D_{1122} f(c_1, c_2) = -\dfrac{e^{c_1}}{(1+c_2)^2}$

$D_{1222} f(x,y) = \dfrac{2e^x}{(1+y)^3}$ $\quad$ $D_{1222} f(c_1, c_2) = \dfrac{2e^{c_1}}{(1+c_2)^3}$

$D_{2222} f(x,y) = -\dfrac{6e^x}{(1+y)^4}$ $\quad$ $D_{2222} f(c_1, c_2) = -\dfrac{6e^{c_1}}{(1+c_2)^4}$

Ahora,

La fórmula de Taylor en $\mathbf{x_0} = (0, 0)$ para n = 3 es

$$f(x,y)=\sum_{k=0}^{3}\frac{1}{k!}[xD_1+yD_2]^k f(0,0)+R_3,$$

$$f(x,y)=\frac{1}{0!}[xD_1+yD_2]^0 f(0,0)+[xD_1+yD_2]^1 f(0,0)+\frac{1}{2!}[xD_1+yD_2]^2 f(0,0)$$

$$+\frac{1}{3!}[xD_1+yD_2]^3 f(0,0)+R_3$$

$$=f(0,0)+\left[xD_1 f(0,0)+yD_2 f(0,0)\right]$$

$$+\frac{1}{2}\left[x^2D_{11}f(0,0)+2xyD_{12}f(0,0)+y^2D_{22}f(0,0)\right]$$

$$+\frac{1}{6}\left[x^3D_{111}f(0,0)+3x^2yD_{112}f(0,0)+3xy^2D_{122}f(0,0)+y^3D_{222}f(0,0)\right]$$

$$=0+\left[x(0)+y(1)\right]+\frac{1}{2}\left[x^2(0)+2xy(1)+y^2(-1)\right]$$

$$+\frac{1}{6}\left[x^3(0)+3x^2y(1)+3xy^2(-1)+y^3(2)\right]$$

Esto es,

$$f(x,y)=y+xy-\frac{1}{2}y^2+\frac{1}{2}x^2y-\frac{1}{2}xy^2+2y^3+R_3, \quad \text{donde}$$

$$R_3=\frac{1}{4!}[xD_1+yD_2]^4 f(c_1,c_2)$$

$$=\frac{1}{4!}\left[x^4D_{1111}f(c_1,c_2)+4x^3y^1D_{1112}f(c_1,c_2)+6x^2y^2D_{1122}f(c_1,c_2)\right.$$

$$\left.+4xy^3D_{1222}f(c_1,c_2)+y^4D_{2222}f(c_1,c_2)\right]$$

$$=\frac{e^{c_1}}{24}\left[x^4\ln(1+c_2)+\frac{4}{1+c_2}x^3y-\frac{6}{(1+c_2)^2}x^2y^2+\frac{8}{(1+c_2)^3}xy^3-\frac{6}{(1+c_2)^4}y^4\right]$$

para un cierto punto (c_1, c_2) entre $(0, 0)$ y (x, y)

EJEMPLO 1. Dada la función $f(x,y)=\sqrt{x^3+y^2}$

1. Hallar $P_2(x\,y)$, el polinomio de Taylor de segundo grado de f en $\mathbf{x_0}=(2, 1)$.

2. Utilice $P_2(x, y)$ para aproximar $\sqrt{(2.02)^3+(0.97)^2}$

Solución

1. Tenemos que:

$$f(2,1)=\sqrt{2^3+1^2}=3$$

$$D_1 f(x,y) = \frac{3x^2}{2\sqrt{x^3+y^2}}, \qquad D_1 f(2,\ 1) = 2$$

$$D_2 f(x,y) = \frac{y}{\sqrt{x^3+y^2}}, \qquad D_2 f(2,\ 1) = \frac{1}{3}$$

$$D_{11} f(x,y) = \frac{3x^4+12xy^2}{4\left(x^3+y^2\right)^{3/2}}, \qquad D_{11} f(2,\ 1) = \frac{1}{3}$$

$$D_{12} f(x,y) = \frac{-3x^2 y}{2\left(x^3+y^2\right)^{3/2}}, \qquad D_{12} f(2,\ 1) = -\frac{2}{9}$$

$$D_{22} f(x,y) = \frac{x^3}{\left(x^3+y^2\right)^{3/2}}, \qquad D_{22} f(2,\ 1) = \frac{8}{27}$$

$$P_2(x,y) = \sum_{k=0}^{2} \frac{1}{k!}\left[(x-x_0)D_1 + (y-y_0)D_2\right]^k f(\mathbf{x}_0)$$

$$= f(2,1) + \frac{1}{1!}\left[(x-2)D_1 + (y-1)D_2\right]^1 f(2,\ 1)$$

$$+ \frac{1}{2!}\left[(x-2)D_1 + (y-1)D_2\right]^2 f(2,\ 1)$$

$$= f(2,1) + \left[(x-2)D_1 f(2,\ 1) + (y-1)D_2 f(2,\ 1)\right]$$

$$+ \frac{1}{2}\left[(x-2)^2 D_{11} f(2,\ 1) + 2(x-2)(y-1)D_{12} f(2,\ 1) + (y-1)^2 D_{22} f(2,\ 1)\right]$$

$$= 3 + \left[2(x-2) + \frac{1}{3}(y-1)\right] + \frac{1}{2}\left[\frac{1}{3}(x-2)^2 + 2\left(-\frac{2}{9}\right)(x-2)(y-1) + \frac{8}{27}(y-1)^2\right]$$

$$= 3 + 2(x-2) + \frac{1}{3}(y-1) + \frac{1}{6}(x-2)^2 - \frac{2}{9}(x-2)(y-1) + \frac{4}{27}(y-1)^2$$

Esto es,

$$P_2(x,y) = 3 + 2(x-2) + \frac{1}{3}(y-1) + \frac{1}{6}(x-2)^2 - \frac{2}{9}(x-2)(y-1) + \frac{4}{27}(y-1)^2$$

2. Para $(x, y) = (2.02, 0.97)$ y $\mathbf{x}_0 = (2, 1)$, tenemos $x - 2 = 0.02$, $y - 1 = -0.03$ y

$$P_2(2.02,\ 0.97) = 3 + 2(0.02) + \frac{1}{3}(-0.03) + \frac{1}{6}(0.02)^2 - \frac{2}{9}(0.02)(-0.03) + \frac{4}{27}(-0.03)^2$$

$$= 3.0304$$

Luego,

$$\sqrt{(2.02)^3 + (0.97)^2} \approx P_2(2.02,\ 0.97) = 3.0304$$

PROBLEMAS RESUELTOS 3.9

PROBLEMA 1. **Usando el teorema de Taylor, probar el criterio de las segundas derivadas parciales para extremos locales (teorema 3.19),** que dice así:

Sea $z = f(x,y)$ de clase $C^{(2)}$ en un disco abierto con centro en un punto crítico (a,b), y sea

$$\Delta = \Delta(a, b) = f_{xx}(a,b)f_{yy}(a,b) - \left(f_{xy}(a,b)\right)^2$$

a. Si $\Delta(a, b) > 0$ y $f_{xx}(a,b) > 0$, entonces f tiene un mínimo local en (a,b).

b. Si $\Delta(a, b) > 0$ y $f_{xx}(a,b) < 0$, entonces f tiene un máximo local en (a,b).

c. Si $\Delta(a, b) < 0$, entonces f tiene un punto silla en (a,b).

d. Si $\Delta(a, b) = 0$, no se tiene ninguna conclusión.

Solución

Como $z = f(x,y)$ es de $C^{(2)} = C^{(1+1)}$, podemos aplicar el teorema de Taylor con $n = 1$, $\mathbf{x_0} = (a, b)$, $\mathbf{h} = (h, k)$ y $\mathbf{x} = \mathbf{x_0} + \mathbf{h} = (a + h, b + k)$:

$$f(x, y) \approx f(x_0, y_0) + D_1 f(x_0, y_0)(x - x_0) + D_2 f(x_0, y_0)(y - y_0)$$

$$f(a + h, b + k) = f(a,b) + hf_x(a,b) + kf_y(a,b) + R_1, \text{ donde} \qquad \textbf{(1)}$$

$$R_1 = \frac{1}{2}\left[h^2 f_{xx}(c_1, c_2) + 2hkf_{xy}(c_1, c_2) + k^2 f_{yy}(c_1, c_2)\right]$$

Por ser (a, b) un punto crítico de f, tenemos que $f_x(a,b) = f_y(a,b) = 0$. Luego, a (1) lo podemos escribir así:

$$f(a + h, b + k) - f(a,b) = \frac{1}{2}\left[h^2 f_{xx}(c_1, c_2) + 2hkf_{xy}(c_1, c_2) + k^2 f_{yy}(c_1, c_2)\right] \qquad \textbf{(2)}$$

Sea $Q(a,b) = \frac{1}{2}\left[h^2 f_{xx}(a,b) + 2hkf_{xy}(a,b) + k^2 f_{yy}(a,b)\right]$.

Como f_{xx}, f_{xy} y f_{yy} son continuas, para valores pequeños de h y k,

$$Q(a,b) \approx R_1 = \frac{1}{2}\left[h^2 f_{xx}(c_1, c_2) + 2hkf_{xy}(c_1, c_2) + k^2 f_{yy}(c_1, c_2)\right]$$

Luego, de (2), obtenemos que:

$$f(a + h, b + k) - f(a,b) \approx Q(a,b) \qquad \textbf{(3)}$$

La determinación de un extremo relativo de $f(x, y)$ en (a, b) depende del signo de $f(a + h, b + k) - f(a,b)$. Pero este signo, de acuerdo a la expresión anterior, es igual al signo de $Q(a,b)$.

Pero, multiplicando y dividiendo entre $f_{xx}(a,b)$ y completando cuadrados,

$$Q(a,b) = \frac{1}{2}\frac{1}{f_{xx}(a,b)}\left[h^2 f_{xx}^2(a,b) + 2hkf_{xx}f_{xy}(a,b) + k^2 f_{xx}f_{yy}(a,b)\right]$$

$$= \frac{\left[\left(hf_{xx}(a,b) + kf_{xy}(a,b)\right)^2 + k^2\left(f_{xx}(a,b)f_{yy}(a,b) - f_{xy}^2(a,b)\right)\right]}{2f_{xx}(a,b)} \Rightarrow$$

$$Q(a,b) = \frac{\left(hf_{xx}(a,b) + kf_{xy}(a,b)\right)^2 + k^2\Delta(a,b)}{2f_{xx}(a,b)}$$

Ahora,

a. Si $\Delta(a, b) > 0$ y $f_{xx}(a,b) > 0$, entonces $Q(a,b) > 0$ y de (3),

$f(a + h, b + k) > f(a,b) \Rightarrow f(a,b)$ es un mínimo local.

b. Si $\Delta(a, b) > 0$ y $f_{xx}(a,b) < 0$, entonces $Q(a,b) < 0$ y de (3),

$f(a + h, b + k) < f(a,b) \Rightarrow f(a,b)$ es un máximo local.

c. Si $\Delta(a, b) < 0$, entonces existen h y k para los cuales $Q(a,b) > 0$, y existen h y k para los cuales $Q(a,b) < 0 \Rightarrow (a, b, f(a,b))$ es un punto silla.

PROBLEMAS PROPUESTOS 3.9

1. Hallar el polinomio de Taylor de grado 3 en el punto (0, 0) de la función

$$f(x,y) = e^x \cos y$$

Rpta. $P_3(x,y) = 1 + x + \frac{1}{2}x^2 - \frac{1}{2}y^2 + \frac{1}{6}x^3 - \frac{1}{2}xy^2$

2. Hallar el polinomio de Taylor de grado 3 en el punto (0, 0) de la función

$$f(x,y) = e^{x+y^2}$$

Rpta. $P_3(x,y) = 1 + x + \frac{1}{2}x^2 + y^2 + \frac{1}{6}x^3 + xy^2$

3. Hallar la fórmula de Taylor de la función $f(x,y) = x^4 + xy^2 - 2y^2$ en el punto (0, 0) y para n = 2

Rpta. $x^4 + xy^2 - 2y^2 = -2y^2 + R_2$, donde $R_2 = 4c_1x^3 + xy^2$

4. Hallar la fórmula de Taylor de la función $f(x,y)=x^4+x^2y^2+y^3$ en el punto $(-1, 1)$ y para n = 2

Rpta. $x^4+x^2y^2+y^3=3-(x+1)+5(y-1)+7(x+1)^2-4(x+1)(y-1)+4(y-1)^3+R_2$

donde $R_2=-4c_1(x+1)^3+2c_2(x+1)^2(y-1)+2c_1(x+1)(y-1)^2+(y-1)^3$

5. Hallar la fórmula de Taylor de la función $f(x,y)=\dfrac{\operatorname{sen} x}{y}$ en el punto $\left(\dfrac{\pi}{2}, 1\right)$ y para n = 2

Rpta. $\dfrac{\operatorname{sen} x}{y}=1+(y-1)-\dfrac{1}{2}(x-\pi/2)+(y-1)^2+R_2$, donde

$$R_2=-\frac{1}{6}\frac{\cos c_1}{c_2}(x-\pi/2)^3+\frac{1}{2}\frac{\cos c_1}{c_2}(x-\pi/2)^2(y-1)$$

$$+\frac{\cos c_1}{c_2^3}(x-\pi/2)(y-1)^2-\frac{\operatorname{sen} c_1}{c_2^4}(y-1)^3$$

4

INTEGRALES MULTIPLES

GUIDO FUBINI
(1879–1943)

4.1 INTEGRALES DOBLES SOBRE RECTANGULOS

4.2 INTEGRALES DOBLES SOBRE REGIONES GENERALES

4.3 VOLUMEN Y AREA CON INTEGRALES DOBLES

4.4 INTEGRALES DOBLES EN COORDENADAS POLARES

4.5 APLICACIONES DE LAS INTEGRALES DOBLES

4.6 AREA DE UNA SUPERFICIE

4.7 INTEGRALES TRIPLES

4.8 INTEGRALES TRIPLES EN COORDENADAS CILINDRICAS Y ESFERICAS

4.9 CAMBIO DE VARIABLE EN INTEGRALES MULTIPLES

GUIDO FUBINI
(1879–1943)

GUIDO FUBINI, nació en Venecia, Italia, el 19 de enero de 1879. Tenía el sobrenombre ***"El Pequeño Gigante",*** por su talla pequeña, su gran mente y gran personalidad. Su padre fue un profesor de matemáticas en Venecia. Ejerció gran influencia en la formación educativa de su hijo, quien mostró, desde temprana edad, ser un brillante matemático.

En 1896 Fubini ingresó a la ***Escuela Normal superior de Pisa****, donde fue estudiante de dos matemáticos italianos sobresalientes,* ***Ulisse Dini*** *(1845–1918) y* ***Luigi Bianchi*** *(1856–1928). Este último condujo a Fubini a la geometría diferencial, campo en que desarrolla su tesis doctoral,* ***Paralelismo de Clifford en Espacios Elípticos****. Más tarde abordó, con mucho éxito, otros campos como funciones armónicas, análisis complejo, ecuaciones diferenciales, ecuaciones integrales, teoría de grupos, geometría no euclidiana, cálculo de variaciones. Durante la Primera Guerra Mundial su trabajo se orientó a asistir al ejército italiano en las áreas aplicadas a la precisión de la artillería, la acústica y los circuitos eléctricos.*

En 1901, Fubini entró como profesor en la ***Universidad de Catania****, en Cecilia. De aquí se mudó a la* ***Universidad de Génova.*** *En 1908, pasó a* ***Turín*** *donde permaneció tres décadas como profesor del* ***Politécnico y de la Universidad de Turín.***

Se dice que Fubini fue una de las mentes más brillantes de la primera mitad del siglo XX. En el mundo del cálculo integral él es muy conocido, por el teorema que lleva su nombre, el cual nos permite calcular integrales dobles mediante integrales iteradas.

Guido Fubini fue judío. En 1938, obligado por la política fascista de Mussolini, renunció a su posición en la universidad de Turín. En 1939, aceptando una invitación de Albert Eistein. emigra a Estados Unidos a trabajar en el ***Instituto para estudios Avanzados de Princeton****. Aquí trabajó los 5 últimos años de su vida. Muere en Nueva York en 1943.*

SECCION 4.1

INTEGRALES DOBLES SOBRE RECTANGULOS

Este capítulo está dedicado al estudio de las **integrales múltiples,** que son las **integrales** de funciones de dos, tres o más variables Estas integrales ampliarán las aplicaciones de la integral de funciones de una variable. La más simple de las integrales múltiples es la integral doble sobre rectángulos.

Consideremos el siguiente rectángulo en el plano XY

$$R = [a, b] \times [c, d] = \{ (x, y) \,/\, a \leq x \leq b, \;\; c \leq y \leq d \}$$

Dada una función real $f : R \to \mathbb{R}$, buscamos definir la integral $\iint\limits_R f(x, y)dA$.

Procedemos en forma similar al caso de una variable. Tomamos una partición de $[a, b]$ formada por m subintervalos $[x_{i-1}, x_i]$ y una partición de $[c, d]$ formada por n subintervalos $[y_{j-1}, y_j]$. Con estas dos particiones construimos la siguiente partición del rectángulo R,

$$\mathcal{P} = \{ R_1, \; R_2, R_3, \; . \; . \; . \; , R_N \},$$

formado por los siguientes $N = mn$ subrectángulos de la forma

$$[x_{i-1}, x_i] \times [y_{j-1}, \; y_j]$$

a los que numeramos en algún orden.

Definimos la **norma** de esta partición $\mathcal{P}$ como el número

$\| \mathcal{P} \|$ = La máxima longitud de las diagonales de los subrectángulos

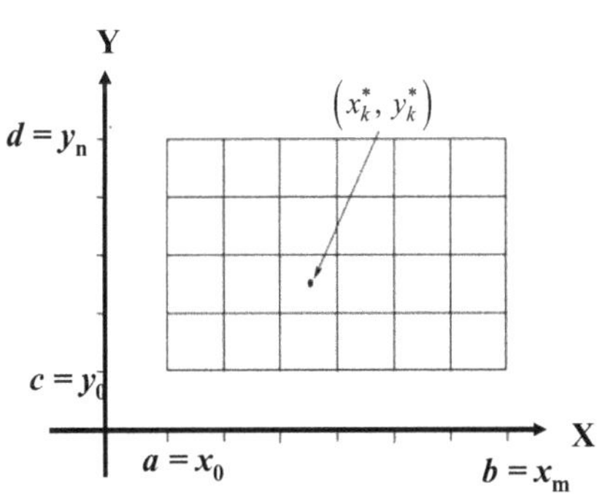

En cada uno de estos subrectángulos R_k tomamos un punto cualquiera $\left(x_k^*, \; y_k^*\right)$.

El área de este subrectángulo es $\Delta A_k = \Delta x_k \times \Delta y_k$.

Con estos elementos formamos la suma de Riemann $\sum\limits_{k=1}^{N} f(x_k^*, \; y_k^* \;) \, \Delta A_k$

DEFINICION. Dada la función $f : R \to \mathbb{R}$. Se llama integral doble de f sobre el rectángulo R al número

$$\iint\limits_R f(x, y)dA = \lim_{\| \mathcal{P} \| \to 0} \sum_{k=1}^{N} f(x_k^*, \; y_k^* \;) \, \Delta A_k$$

en el supuesto de que el límite exista, en cuyo caso se dice que la función f es **integrable** sobre R.

Se prueba que si $f: R \to \mathbb{R}$ es continua, entonces f es integrable sobre R. Aunque hay funciones no continuas que son integrables, la gran mayoría de ejemplos que aquí veremos caen dentro del caso continuo.

PROPIEDADES DE LAS INTEGRALES DOBLES

El siguiente teorema nos dice que las propiedades importantes de la integral doble son las mismas que las de las integrales simples. La demostración de esta proposición sigue fácilmente de las propiedades de las sumas de Riemann y los límites, por esta razón, esta tarea la dejamos como ejercicio para el lector.

TEOREMA 4.1 **Propiedades de las integrales dobles.**

Sean $f(x, y)$ y $g(x, y)$ dos funciones integrales sobre el rectángulo R y sean a y b dos constantes.

1. **Propiedad de linealidad**

$$\iint_R \left[af(x,y)+bg(x,y)\right]dA = a\iint_R f(x,y)dA + b\iint_R g(x,y)dA$$

2. **Propiedad dominante**

$$f(x,y) \geq g(x,y) \Rightarrow \iint_R f(x,y)dA \geq \iint_R g(x,y)dA$$

3. **Propiedad de subdivisión del dominio**

Si R es unión de los dos subrectángulos R_1 y R_2 que no se sobreponen, entonces

$$\iint_R f(x,y)dA = \iint_{R_1} f(x,y)dA + \iint_{R_2} f(x,y)dA$$

VOLUMEN Y LA INTEGRAL DOBLE

Así como la integral de una variable está relacionada con el área, veremos a continuación que la integral doble está relacionada con el volumen.

Supongamos que la función $f: R \to \mathbb{R}$ es no negativa. Esto es, $f(x, y) \geq 0$ en todo punto del rectángulo R.

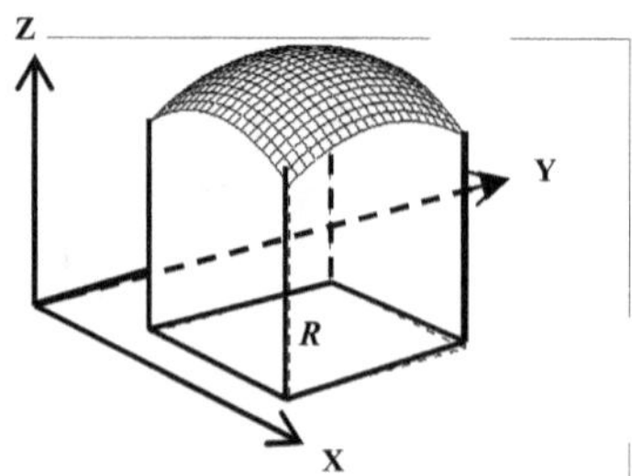

En este caso, $f(x_k^*, y_k^*)\,\Delta A_k$ es el volumen del paralelepípedo (la caja) de base el rectángulo R_k y altura $f(x_k^*, y_k^*)$. La suma de Riemann

$$\sum_{k=1}^{N} f(x_k^*, y_k^*)\, \Delta A_k$$

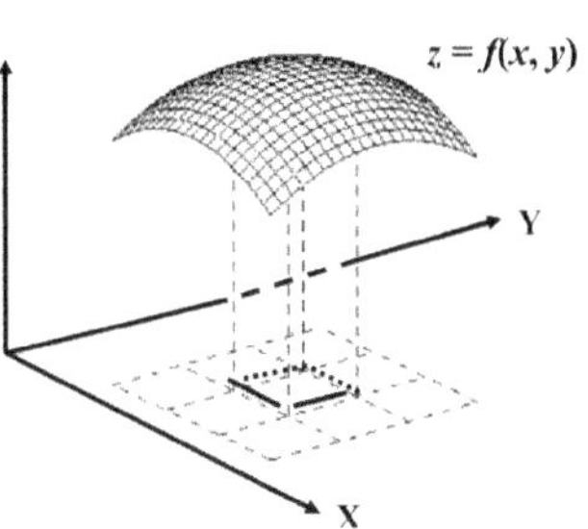

nos proporciona una aproximación del volumen V del sólido bajo la superficie $z = f(x, y)$ y sobre el rectángulo R. Si f es integrable, un refinamiento de la partición $\mathcal{P}$, formada por subrectángulos de menor norma, nos dará una mejor aproximación.

Tomando límites obtendremos:

$$V = \lim_{\|\mathcal{P}\|\to 0} \sum_{k=1}^{N} f(x_k^*, y_k^*)\, \Delta A_k = \iint_R f(x,y)dA$$

INTEGRALES ITERADAS

La tarea de calcular una integral doble mediante la definición es complicada. Para salvar esta dificultad contamos con el método llamado de **integración iterada o integración repetida**. Supongamos que $f(x, y)$ está definida y es continua en el rectángulo $R = [a, b] \times [c, d]$. Consideramos la integral simple

$$\int_c^d f(x,y)dy,$$

que llamaremos **integral parcial** de $f(x, y)$ respecto a y en el intervalo $[c, d]$ manteniendo a la variable x constante. El resultado es una función de x en el intervalo $[a, b]$,

$$F(x) = \int_c^d f(x,y)dy,$$

Integrando esta función $F(x)$ en el intervalo $[a, b]$ obtenemos la integral iterada:

$$\int_a^b F(x)dx = \int_a^b \left[\int_c^d f(x,y)dy\right]dx \qquad \textbf{(1)}$$

Similarmente, integrando $f(x, y)$ respecto a x en $[a, b]$ manteniendo a y constante, y luego integrando el resultado respecto a y en $[c, d]$, obtenemos la integral iterada

$$\int_c^d \left[\int_a^b f(x,y)dx\right]dy \qquad \textbf{(2)}$$

Para calcular una integral iterada se procede de adentro hacia fuera. Esto es, en primer lugar se halla la integral que está dentro del corchete, y luego se halla la integral exterior.

Con ánimo de simplificar, en lo sucesivo en las integrales (1) y (2) omitiremos los corchetes, del modo siguiente:

$$\int_a^b \int_c^d f(x,y)dy\,dx\,, \qquad \int_c^d \int_a^b f(x,y)dx\,dy$$

Con este caso, el orden $dy\,dx$ ó $dx\,dy$ indican cual integración se lleva a cabo primero.

EJEMPLO 1. Hallar:

$$\textbf{1.}\ \int_1^2 \int_0^3 (4xy+3y^2)dy\,dx \qquad \textbf{2.}\ \int_0^3 \int_1^2 (4xy+3y^2)dx\,dy$$

Solución

1. $$\int_1^2 \int_0^3 (4xy+3y^2)dy\,dx = \int_1^2 \left[4x\frac{y^2}{2} + 3\frac{y^3}{3}\right]_0^3 dx$$

$$= \int_1^2 \left[2xy^2 + y^3\right]_0^3 dx = \int_1^2 \left(\left[2x(3)^2 + 3^3\right] - \left[2x(0)^2 + 0^3\right]\right)dx$$

$$= \int_1^2 [18x+27]dx = \left[9x^2+27x\right]_1^2 = [36+54]-[9+27] = 54$$

2. $$\int_0^3 \int_1^2 (4xy+3y^2)dx\,dy = \int_0^3 \left[4\frac{x^2}{2}y + 3y^2x\right]_1^2 dy$$

$$= \int_0^3 \left[2x^2y + 3y^2x\right]_1^2 dy = \int_0^3 \left(\left[8y + 6y^2\right] - \left[2y + 3y^2\right]\right)dy$$

$$= \int_0^3 \left(6y + 3y^2\right)dy = \left[3y^2 + y^3\right]_0^3 = [27+27]-[0+0] = 54$$

Vemos que ambas integrales dan el mismo resultado. Esto, como veremos a continuación, no es casualidad.

El siguiente teorema, demostrado por Guido Fubini en 1.907, nos dice que una integral doble se puede calcular mediante integrales iteradas.

TEOREMA 4.2 **Teorema de Fubini para rectágulos**

Si $f(x, y)$ es continua en el rectángulo $R = [a, b\,] \times [c, d]$, entonces

$$\iint_R f(x,y)dA = \int_a^b \int_c^d f(x,y)dy\,dx = \int_c^d \int_a^b f(x,y)dx\,dy$$

Demostración

La demostración de este teorema está fuera del nivel de este texto. Sin embargo, en el problema resuelto 6, presentamos la prueba para el caso particular $f(x, y) \geq 0$.

EJEMPLO 2. Evaluar la integral $\iint_R 6xy^2 dA$,

donde R es el rectángulo $[-2, 1] \times [-1, 3]$.

Solución

De acuerdo al teorema de Fubini, para evaluar esta integral doble, podemos tomar una de las dos integrales iteradas:

$$\int_{-2}^{1}\int_{-1}^{3} 6xy^2 dy\, dx \quad \text{ó} \quad \int_{-1}^{3}\int_{-2}^{1} 6xy^2 dx\, dy$$

Escogemos la segunda:

$$\iint_R 6xy^2 dA = \int_{-1}^{3}\int_{-2}^{1} 6xy^2 dx\, dy = \int_{-1}^{3}\left[3x^2y^2\right]_{-2}^{1} dy = \int_{-1}^{3}\left(\left[3y^2\right]-\left[12y^2\right]\right)dy$$

$$= \int_{-1}^{3}\left(-9y^2\right)dy = \left[-3y^3\right]_{-1}^{3} = -81 - 3 = -84$$

EJEMPLO 3. Hallar el volumen del sólido acotado por arriba por el paraboloide $z = x^2 + y^2$ y por abajo por el rectángulo $R = [-2, 1] \times [-2, 2]$.

Solución

$$\text{V} = \iint_R \left(x^2 + y^2\right)dA = \int_{-2}^{2}\int_{-2}^{1}\left(x^2 + y^2\right)dx\, dy$$

$$= \int_{-2}^{2}\left[x^3/3 + y^2x\right]_{-2}^{1} dy = \int_{-2}^{2}\left[3 + 3y^2\right]dy$$

$$= \left[3y + y^3\right]_{-2}^{2} = [6 + 8] - [-6 - 8] = 28$$

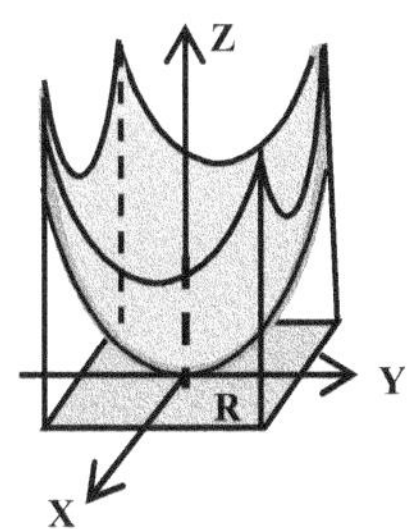

PROBLEMAS RESUELTOS 4.1

PROBLEMA 1. **El orden de integración es importante.**

Evaluar $\iint_R x\cos(xy)dA$, donde $R = [0, \pi] \times [1, 2]$

Solución

El teorema de Fubini nos da dos alternativas:

1. $\iint_R x\cos(xy)dA = \int_1^2 \int_0^{\pi} \left[x\cos(xy)\,dx\right] dy$ ó

2. $\iint_R x\cos(xy)dA = \int_0^{\pi} \int_1^2 \left[x\cos(xy)\,dy\right] dx$

El grado de dificultad, en ambos casos, no es el mismo. En efecto, en el primer caso requiere integración por partes. Aquí, evaluamos la segunda integral y en el problema resuelto 2 evaluamos la primera. Comparar las dificultades.

2. $$\iint_R x\cos(xy)dA = \int_0^{\pi} \int_1^2 [x\cos xy\,dy]\,dx = \int_0^{\pi} \left[\operatorname{sen} xy\right]_1^2 dx$$

$$= \int_0^{\pi} [\operatorname{sen} 2x - \operatorname{sen} x]dx = \left[-\frac{1}{2}\cos 2x + \cos x\right]_0^{\pi}$$

$$= \left[-\frac{1}{2}\cos 2\pi + \cos \pi\right] - \left[-\frac{1}{2}\cos 0 + \cos 0\right]$$

$$= \left[-\frac{1}{2} - 1\right] - \left[-\frac{1}{2} + 1\right] = -2$$

PROBLEMA 2. Evaluar $\int_1^2 \int_0^{\pi} [x\cos xy\,dx]\,dy$

Solución

Procedemos a integrar por partes:

Sea $u = x$ y $dv = \cos xy\,dx$. Luego, $du = dx$, $v = \dfrac{\operatorname{sen} xy}{y}$ y

$$\int_0^{\pi} x\cos xy\,dx = \left[\frac{x\operatorname{sen} xy}{y}\right]_0^{\pi} - \int_0^{\pi} \frac{\operatorname{sen} xy}{y}dx$$

$$= \frac{\pi \text{ sen } \pi y}{y} + \frac{1}{y^2}\Big[\cos xy\Big]_0^{\pi} = \frac{\pi \text{ sen } \pi y}{y} + \frac{\cos \pi y}{y^2} - \frac{1}{y^2}$$

Esto es,

$$\int_0^{\pi} x \cos xy\, dx = \frac{\pi \text{ sen } \pi y}{y} + \frac{\cos \pi y}{y^2} - \frac{1}{y^2}$$

Integrando respecto a y la expresión anterior:

$$\int_1^2\int_0^{\pi}[x \cos xy\, dx]\, dy = \int_1^2 \frac{\pi \text{ sen } \pi y}{y}\, dy + \int_1^2 \frac{\cos \pi y}{y^2}\, dy - \int_1^2 \frac{1}{y^2}\, dy \qquad \textbf{(1)}$$

Calculemos la última integral:

$$\int_1^2 \frac{1}{y^2}\, dy = \left[-\frac{1}{y}\right]_1^2 = -\frac{1}{2} + 1 = \frac{1}{2} \qquad \textbf{(2)}$$

Calculemos $\int_1^2 \frac{\pi \text{ sen } \pi y}{y}\, dy$. Lo hacemos ntegrando por partes.

Sea $u = \frac{1}{y}$ y $dv = \pi \text{sen } \pi y\, dy$. Luego, $du = -\frac{dy}{y^2}$, $v = -\cos \pi y$.

$$\int_1^2 \frac{\pi \text{ sen } \pi y}{y}\, dy = \left[-\frac{\cos \pi y}{y}\right]_1^2 - \int_1^2 \frac{\cos \pi y}{y^2}\, dy$$

$$= -\frac{\cos 2\pi}{2} + \frac{\cos \pi}{1} - \int_1^2 \frac{\cos \pi y}{y^2}\, dy$$

$$= -\frac{1}{2} - 1 - \int_1^2 \frac{\cos \pi y}{y^2}\, dy = -\frac{3}{2} - \int_1^2 \frac{\cos \pi y}{y^2}\, dy$$

Esto es,

$$\int_1^2 \frac{\pi \text{ sen } \pi y}{y}\, dy = -\int_1^2 \frac{\cos \pi y}{y^2}\, dy - \frac{3}{2} \qquad \textbf{(3)}$$

Finalmente, reemplazando (2) y (3) en (1), obtenemos:

$$\int_1^2\int_0^{\pi}[x \cos xy\, dx]\, dy = -\int_1^2 \frac{\cos \pi y}{y^2}\, dy - \frac{3}{2} + \int_1^2 \frac{\cos \pi y}{y^2}\, dy - \frac{1}{2} = -2$$

PROBLEMA 3. Evaluar $\int_0^1\int_0^1 \frac{xy}{\sqrt[3]{x^2 + y^2 + 1}}\, dydx$

Solución

$$\int_0^1\int_0^1 \frac{xy}{\sqrt{x^2+y^2+1}}\,dydx = \int_0^1 \frac{x}{2}\left[\int_0^1 \left(x^2+y^2+1\right)^{-1/2}\,(2ydy)\right]dx$$

$$= \int_0^1 \frac{x}{2}\left[2\left(x^2+y^2+1\right)^{1/2}\right]_0^1 dx = \int_0^1 \left[x\left(x^2+2\right)^{1/2} - x\left(x^2+1\right)^{1/2}\right]dx$$

$$= \frac{1}{2}\int_0^1 \left(x^2+2\right)^{1/2}(2xdx) - \frac{1}{2}\int_0^1 \left(x^2+1\right)^{1/2}(2xdx)$$

$$= \frac{1}{2}\,\frac{2}{3}\left[\left(x^2+2\right)^{3/2}\right]_0^1 - \frac{1}{2}\,\frac{2}{3}\left[\left(x^2+1\right)^{3/2}\right]_0^1$$

$$= \frac{1}{3}\left[3^{3/2} - 2^{3/2}\right] - \frac{1}{3}\left[2^{3/2} - 1^{3/2}\right] = \frac{1}{3}\left[3^{3/2} - 2(2^{3/2}) + 1\right]$$

$$= \sqrt{3} - \frac{4}{3}\sqrt{2} + \frac{1}{3}$$

PROBLEMA 4. **a.** Si f es continua en $R = [a, b] \times [c, d]$ y $f(x, y) = g(x)h(y)$, entonces

$$\iint_R f(x, y)dA = \iint_R g(x)h(y)dA = \left[\int_a^b g(x)dx\right]\left[\int_c^d h(y)dy\right]$$

b. Evaluar $\displaystyle\iint_R \frac{\ln\sqrt{y}}{xy}dA$, R es el rectángulo $1 \le x \le e^2$, $1 \le y \le e$

Solución

Aplicando el teorema de Fubini tenemos:

$$\iint_R f(x, y)dA = \int_c^d\int_a^b g(x)h(y)\,dxdy = \int_c^d\left[\int_a^b g(x)h(y)\,dx\right]dy$$

$$= \int_c^d\left[h(y)\int_a^b g(x)\,dx\right]dy, \qquad h(y) \text{ no depende de } x.$$

$$= \int_a^b g(x)\,dx\int_c^d h(y)dy, \qquad \int_a^b g(x)\,dx \text{ es una constante}$$

b. Aplicando el resultado de la parte a:

$$\iint_R \frac{\ln\sqrt{y}}{xy}dA = \iint_R \left(\frac{1}{x}\right)\left(\frac{\ln\sqrt{y}}{y}\right)dA = \left[\int_1^{e^2}\frac{dx}{x}\right]\left[\int_1^{e}\frac{\ln\sqrt{y}}{y}dy\right]$$

$$=\Big[\ \ln x\ \Big]_1^{e^2}\left[\int_1^{e}\frac{(1/2)\ln y}{y}dy\right]$$

$$=\Big[\ \ln e^2 - \ln\ 1\Big]\left[\frac{1}{2}\int_1^{e}\frac{\ln y}{y}dy\right] = \int_1^{e}\frac{\ln y}{y}dy = \left[\frac{\ln^2 y}{2}\right]_1^{e}$$

$$=\frac{\ln^2 e}{2}-\frac{\ln^2 1}{2}=\frac{1^2}{2}-\frac{0^2}{2}=\frac{1}{2}$$

PROBLEMA 5. **a.** Probar que $\displaystyle\int_0^1\int_0^1 \frac{y-x}{(x+y)^3}\,dxdy = \frac{1}{2}$

b. Probar que $\displaystyle\int_0^1\int_0^1 \frac{y-x}{(x+y)^3}\,dydx = -\frac{1}{2}$

c. ¿Por qué los resultados distintos obtenidos en a) y b) no contradicen el teorema de Fubini?

Solución

a. Sea $u = x + y$, donde consideramos a y como constante. Luego,

$du = dx,\ x = u - y.$

$$\int \frac{y-x}{(x+y)^3}dx = \int\frac{y-(u-y)}{u^3}du = \int\frac{2y-u}{u^3}du = \int\frac{2y}{u^3}du - \int\frac{u}{u^3}du$$

$$=2y\int u^{-3}du - \int u^{-2}du = 2y\frac{u^{-2}}{-2}-\frac{u^{-1}}{-1} = -\frac{y}{(x+y)^2}+\frac{1}{x+y}$$

En consecuencia,

$$\int_0^1 \frac{y-x}{(x+y)^3}dx = \left[-\frac{y}{(x+y)^2}+\frac{1}{x+y}\right]_0^1 = \left[-\frac{y}{(1+y)^2}+\frac{1}{1+y}\right]-\left[-\frac{y}{y^2}+\frac{1}{y}\right]$$

$$= -\frac{y}{(1+y)^2}+\frac{1}{1+y} \qquad \textbf{(1)}$$

Pero, descomponiendo en fracciones parciales,

$$-\frac{y}{(1+y)^2} = \frac{1}{(1+y)^2}-\frac{1}{1+y} \qquad \textbf{(2)}$$

Reemplazando (2) en (1):

$$\int_0^1 \frac{y-x}{(x+y)^3}dx = \left[\frac{1}{(1+y)^2}-\frac{1}{1+y}\right]+\frac{1}{1+y}=\frac{1}{(1+y)^2}$$

En consecuencia,

$$\int_0^1\int_0^1 \frac{y-x}{(x+y)^3}\,dxdy=\int_0^1 \frac{1}{(1+y)^2}\,dy=\left[-\frac{1}{1+y}\right]_0^1=-\frac{1}{2}+1=\frac{1}{2}$$

b. Procedemos en forma análoga al caso anterior:

Sea $u = x + y$, donde consideramos a x como constante. Luego,

$$du = dy, \quad y = u - x \quad \text{y}$$

$$\int\frac{y-x}{(x+y)^3}dy=\int\frac{(u-x)-x}{u^3}du=\int\frac{u-2x}{u^3}du=\int u^{-2}du-2x\int u^{-3}du$$

$$=-\frac{1}{x+y}+\frac{x}{(x+y)^2}$$

Luego.

$$\int_0^1 \frac{y-x}{(x+y)^3}dy=\left[-\frac{1}{x+y}+\frac{x}{(x+y)^2}\right]_0^1=\left[-\frac{1}{x+1}+\frac{x}{(x+1)^2}\right]-\left[-\frac{1}{x}+\frac{x}{x^2}\right]$$

$$=-\frac{1}{x+1}+\frac{x}{(x+1)^2}=-\frac{1}{x+1}+\left[-\frac{1}{(x+1)^2}+\frac{1}{x+1}\right]=-\frac{1}{(x+1)^2}$$

En consecuencia,

$$\int_0^1\int_0^1 \frac{y-x}{(x+y)^3}\,dydx=\int_0^1 -\frac{1}{(x+1)^2}\,dx=\left[\frac{1}{x+1}\right]_0^1=\frac{1}{2}-1=-\frac{1}{2}$$

c. La función $f(x, y) = \dfrac{y-x}{(x+y)^3}$ no es continua en el punto (0, 0) y, por tanto, las hipótesis del teorema de Fubini no se cumplen.

PROBLEMA 6. Probar el **Teorema de Fubini** para el siguiente caso particular:

Si f es continua y $f(x, y) \geq 0$ en $R = [a, b] \times [c, d]$ entonces

$$\iint_R f(x,y)dA=\int_a^b\int_c^d f(x,y)dy\,dx=\int_c^d\int_a^b f(x,y)dx\,dy$$

Demostración

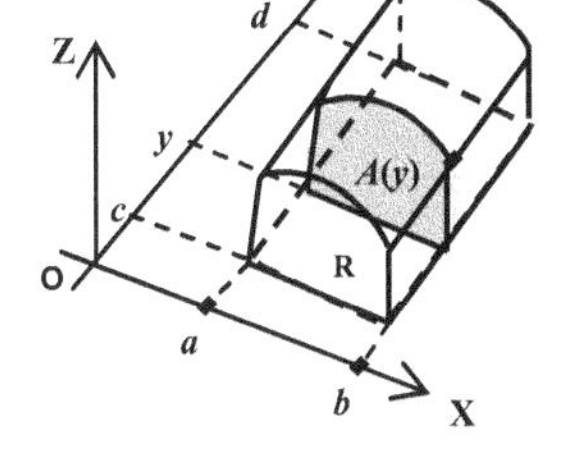

Como $f(x, y) \geq 0$, $\iint_R f(x,y)dA$ es igual a V, el volumen del sólido bajo la superficie $z = f(x, y)$ y sobre el rectángulo R. Esto es,

$$V = \iint_R f(x,y)dA \qquad \textbf{(1)}$$

Por otro lado, cortamos al sólido en forma pendicular al eje Y.

Si $A(y)$ es el área de la sección de corte a la altura de punto y, entonces

$$A(y) = \int_a^b f(x,\ y)dx \qquad \textbf{(2)}$$

Pero, de acuerdo al método de las rebanadas (sección 4.1 de nuestro texto de Calculo Integral), el volumen del sólido es

$$V = \int_c^d A(y)dy \qquad \textbf{(3)}$$

Reemplazando (2) en (3):

$$V = \int_c^d \left[\int_a^b f(x,\ y)dx \right] dy \qquad \textbf{(4)}$$

De (1) y (4) obtenemos:

$$\iint_R f(x,y)dA = \int_c^d \left[\int_a^b f(x,\ y)dx \right] dy$$

En forma análoga se obtiene la otra igualdad:

$$\iint_R f(x,y)dA = \int_a^b \int_c^d f(x,y)dy\ dx$$

PROBLEMAS PROPUESTOS 4.1

En los problemas del 1 al 10, evaluar la integral iterada dada.

1. $\displaystyle\int_0^3 \int_{-1}^1 \left(x^2 + xy + y^2\right) dxdy$ *Rpta.* 20 **2.** $\displaystyle\int_0^\pi \int_0^1 x \cos y\ dxdy$ *Rpta* 0

3. $\displaystyle\int_0^{\ln 3} \int_0^{\ln 2} e^{x+y} dydx$ *Rpta* 2 **4.** $\displaystyle\int_2^3 \int_1^2 \frac{1}{(x+y)^2} dydx$ *Rpta* $\ln\dfrac{16}{15}$

5. $\int_0^1\int_0^1\left(\frac{1}{x+1}+\frac{1}{y+1}\right)dxdy$ *Rpta* $\ln 4$ **6.** $\int_0^1\int_0^1\frac{x}{(xy+1)^2}\,dydx$ *Rpta* $1-\ln 2$

7. $\int_1^2\int_1^4\left(\frac{x}{y}+\frac{y}{x}\right)dydx$ *Rpta* $\frac{21}{2}\ln 2$ **8.** $\int_0^{\ln 2}\int_0^1 xye^{xy^2}\,dydx$ *Rpta* $\frac{1-\ln 2}{2}$

9. $\int_0^{\pi/2}\int_0^{\pi} e^{x+\operatorname{sen} y}\cos y\,dxdy$ *Rpta* $(e^{\pi}-1)(e-1)$

10. $\int_0^1\int_0^1\frac{xy}{x^2+y^2+1}\,dydx$ *Rpta* $\frac{1}{4}\ln\frac{27}{16}$

En los problemas del 11 al 18, evaluar la integral doble dada.

11. $\iint_R (x+y)e^{x+y}\,dA$ $R=[0,1]\times[0,2]$ *Rpta.* $(e-1)(e^2+e+2)$

12. $\iint_R 4xye^{x^2+y^2}\,dA$ $R=[0,1]\times[0,\sqrt{2}\,]$ *Rpta.* $(e+1)(e-1)^2$

13. $\iint_R (xy)\cos x^2\,dA$ $R=[0,\sqrt{\pi/2}\,]\times[0,1]$ *Rpta* $\frac{1}{4}$

14. $\iint_R \left(x^2+2xy+y\sqrt{x}\right)dA$ $R=[0,1]\times[0,1]$ *Rpta* $\frac{7}{6}$

15. $\iint_R \frac{2xy}{x^2+1}\,dA$ $R=[0,1]\times[1,3]$ *Rpta* $4\ln 2$

16. $\iint_R \operatorname{sen}(x+y)\,dA$ $R=[0,\pi/4]\times[0,\pi/2]$ *Rpta* 1

17. $\iint_R x\cos(x+y)\,dA$ $R=[0,\pi/6]\times[0,\pi/3]$ *Rpta* $\frac{\sqrt{3}(\pi-6)}{12}+\frac{1}{2}$

18. $\iint_R \frac{xye^{x^2}}{1+y^2}\,dA$ $R=[0,\sqrt{\ln 2}\,]\times[0,1]$ *Rpta* $\frac{1}{4}\ln 2$

19. Hallar el volumen del sólido situado debajo del paraboloide elíptico $z=4x^2+y^2$ y sobre el rectángulo $R=[0,2]\times[0,3]$ *Rpta* 50

20. Hallar el volumen del sólido situado debajo de superficie $z=4x^3+3x^2y$ y sobre el rectángulo $R=[1,2]\times[0,4]$ *Rpta* 116

21. Hallar el volumen del sólido situado debajo de superficie $z = \sqrt{xy}$ y sobre el rectángulo $R = [0, 1]\times[0, 9]$ *Rpta* 12

22. Hallar el volumen del sólido situado debajo de superficie $z = x \ln(xy)$ y sobre el rectángulo $R = [1, 2]\times[1, e]$ *Rpta* $(e-1)2\ln 2 - \frac{3}{4}(e-3)$

23. Hallar el volumen del sólido situado debajo de superficie $z = \dfrac{\ln x}{y}$ y sobre el rectángulo $R = [1, e]\times[1, 2]$ *Rpta* $\ln 2$

24. Hallar el volumen del sólido situado debajo de superficie $z = y\sqrt{x+y^2}$ y sobre el rectángulo $R = [0, 1]\times[0, 1]$ *Rpta* $\frac{4}{15}\left(2\sqrt{2}-1\right)$

25. Hallar el volumen del sólido situado en el primer octante encerrado por el cilindro $z = 16 - y^2$ y el plano $x = 3$. *Rpta* 128

26. Sea el rectángulo $R = [x_1, y_1]\times[x_2, y_2]$, donde $x_1 < x_2$ y $y_1 < y_2$. Sea f una función con dominio R y que tiene sus segundas derivadas continuas. Probar:

$$\iint_R \frac{\partial^2 f}{\partial y \partial x}\, dA = f(x_1, y_1) - f(x_2, y_1) + f(x_2, y_2) - f(x_1, y_2)$$

Sugerencia: Usar el Segundo Teorema Fundamental del Cálculo.

27. Si $f(x, y)$ es continua en el rectángulo $R = [a, b]\times[c, d]$ y

$$g(x, y) = \int_a^x \int_c^y f(s, t)\,dt\,ds$$

Probar que $g_{xy} = g_{yx} = f(x, y)$

Sugerencia: Usar el Primer Teorema Fundamental del Cálculo.

SECCION 4.2

INTEGRALES DOBLES SOBRE REGIONES GENERALES

Buscamos extender el concepto de integral doble de una función $z = f(x, y)$ a regiones más generales que los rectángulos, como son las **regiones acotadas.** Una región D del plano XY es acotada si existe un rectángulo R que lo contiene. Esto es, $D \subset R$

A la función $f : D \to \mathbb{R}$ la extendemos a todo el rectángulo R, mediante la siguiente función $F: R \to \mathbb{R}$

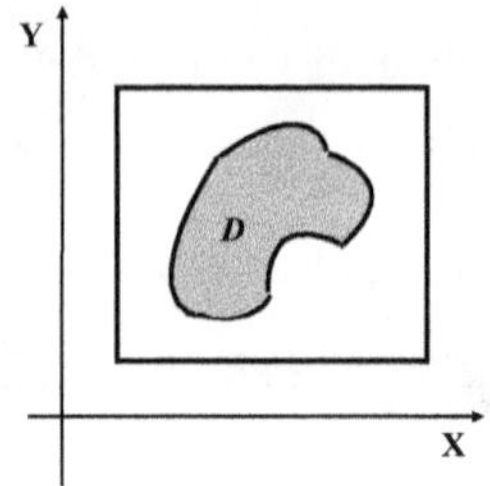

$$F(x,y) = \begin{cases} f(x, y), & \text{si } (x, y) \in D \\ 0, & \text{si } (x, y) \in R - D \end{cases}$$

Diremos que la función f **es integrable sobre D** si F es integrable sobre R y que la integral de f sobre D está dada por la integral de F sobre R. Esto es,

$$\iint_D f(x, y)dA = \iint_R F(x, y)dA$$

PROPIEDADES DE LAS INTEGRALES DOBLES

Las siguientes propiedades de las integrales dobles sobre regiones D acotadas generalizan las propiedades de las integrales sobre rectángulos, dado en teorema 4.1. Las demostraciones siguen inmediatamente de este teorema 4.1.

TEOREMA 4.3 **Propiedades de las integrales dobles.**

Sean $f(x, y)$ y $g(x, y)$ dos funciones integrables sobre la región D y sean a y b dos constantes.

1. Propiedad de linealidad

$$\iint_D [a f(x,y) + b\, g(x,y)]\, dA = a \iint_R f(x,y)dA + b \iint_R g(x,y)dA$$

2. Propiedad dominante

$$f(x, y) \geq g(x, y) \Rightarrow \iint_D f(x,y)dA \geq \iint_D g(x,y)dA$$

3. Propiedad de subdivisión del dominio

Si $D = D_1 \cup D_2$, donde las regiones D_1 y D_2 no se intersecan excepto quizás en sus fronteras, entonces

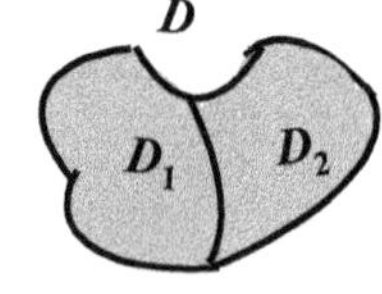

$$\iint_D f(x,y)dA = \iint_{D_1} f(x,y)dA + \iint_{D_2} f(x,y)dA$$

Nuestro interés se concentrará en dos tipos de regiones. Si f es continua en una región D, que es de estos dos tipos, se prueba en cursos más avanzados que f es integrable en D.

REGION DE TIPO I

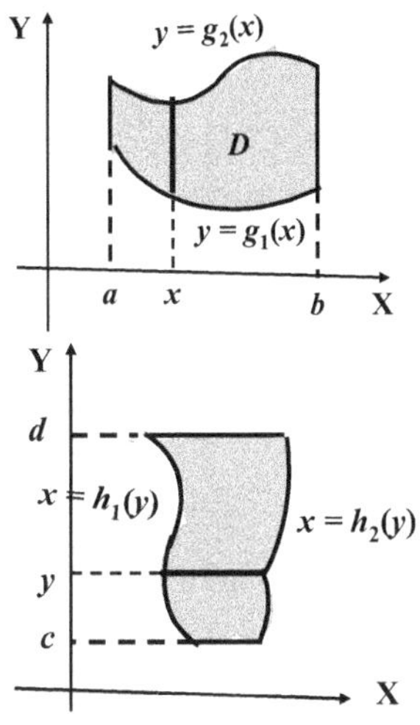

Una región D es de **tipo I** o es **verticalmente simple** si existen dos funciones continuas

$$g_1, g_2 : [a, b] \to \mathbb{R} \text{ tales que}$$

$$D = \left\{ (x, y) \,/\, g_1(x) \le y \le g_2(x),\ a \le x \le b \right\}$$

REGION DE TIPO II

Una región D es de **tipo II** o es **horizontalmente simple** si existen dos funciones continuas

$$h_1, h_2 : [c, d] \to \mathbb{R} \text{ tales que}$$

$$D = \left\{ (x, y) \,/\, h_1(y) \le x \le h_2(y),\ c \le y \le d \right\}$$

El siguiente teorema nos permite calcular las integrales sobre esta clase de regiones. La demostración la omitimos, por estar fuera de nuestro alcance.

TEOREMA 4.4 **Teorema de Fubini para regiones de tipo I y II**

1. Si D es de tipo I y f es continua en D, entonces

$$\iint_D f(x, y)dA = \int_a^b \int_{g_1(x)}^{g_2(x)} f(x, y)dydx$$

2. Si D es de tipo II y f es continua en D, entonces

$$\iint_D f(x, y)dA = \int_c^d \int_{h_1(y)}^{h_2(y)} f(x, y)dxdy$$

EJEMPLO 1. Evaluar $\iint_D 4x\,dA$, donde D es la región encerrada por la parábola $y = x^2$ y la recta $y = x + 2$

Solución

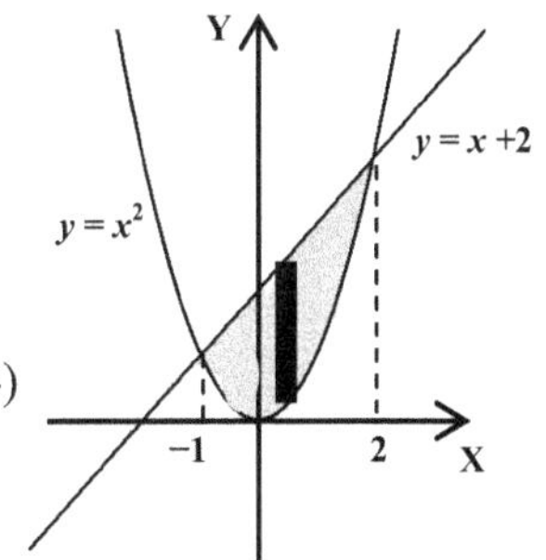

Hallemos los puntos de intersección de las curvas:

$$\begin{cases} y = x^2 \\ y = x + 2 \end{cases} \Rightarrow x^2 - x - 2 = 0 \Rightarrow x = -1 \text{ ó } x = 2$$

Las curvas se intersecan en los puntos $(-1, 1)$ y $(2, 4)$

La región D está dada por

$$D = \left\{ (x, y) \,/\, x^2 \le y \le x + 2,\ -1 \le x \le 2 \right\},$$

la cual es una región de tipo I.

Luego, de acuerdo a la parte 1 del teorema anterior,

$$\iint_D 4x\,dA = \int_{-1}^{2}\int_{x^2}^{x+2} 4x\,dy\,dx = \int_{-1}^{2}\Big[4xy\Big]_{x^2}^{x+2} dx$$

$$= \int_{-1}^{2}\Big[4x(x+2) - 4x(x^2)\Big]dx = \int_{-1}^{2}\Big[-4x^3 + 4x^2 + 8x\Big]dx$$

$$= \left[-x^4 + \frac{4}{3}x^3 + 4x^2\right]_{-1}^{2} = 9$$

Algunas regiones poseen la propiedad de ser tanto de tipo I como de tipo II. Cualquier integral sobre estas regiones puede resolverse de las dos maneras que indica el teorema anterior. El siguiente ejemplo nos ilustra esta situación.

EJEMPLO 2. Sea D la región encerrada por la parábola $y = x^2$ y la recta $y = 2x$. Evaluar la siguiente integral $\iint_D 3xy^2 dA$ de dos maneras:

1. Considerando a D como una región de tipo I.

2. Considerando a D como una región de tipo II.

Solución

Hallemos los puntos de intersección de las curvas:

$$\begin{cases} y = x^2 \\ y = 2x \end{cases} \Rightarrow x^2 = 2x \Rightarrow x^2 - 2x = 0 \Rightarrow x = 0 \text{ ó } x = 2$$

Las curvas se intersecan en los puntos $(0, 0)$ y $(2, 4)$

1. La región D está dada por

$$D = \left\{(x, y) \,/\, x^2 \leq y \leq 2x,\ 0 \leq x \leq 2\right\},$$

la cual es una región de tipo I.

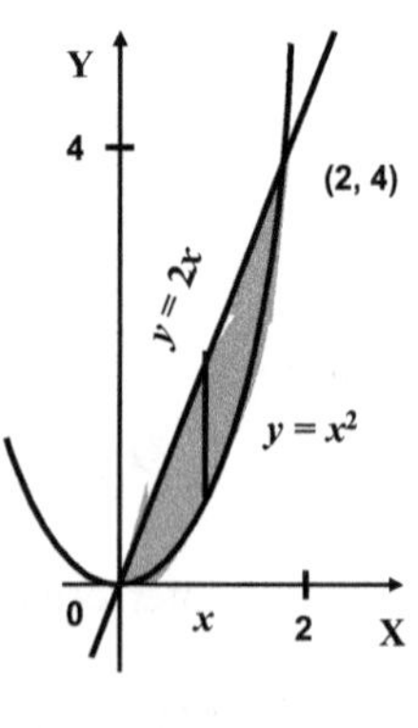

Luego, de acuerdo a la parte 1 del teorema anterior,

$$\iint_D 3xy^2 dA = \int_0^2\int_{x^2}^{2x} 3xy^2\,dy\,dx = \int_0^2\Big[xy^3\Big]_{x^2}^{2x} dx$$

$$= \int_0^2\Big[x(2x)^3 - x(x^2)^3\Big]dx$$

$$= \int_0^2\Big[8x^4 - x^7\Big]dx = \left[\frac{8}{5}x^5 - \frac{1}{8}x^8\right]_0^2$$

$$= \frac{256}{5} - 32 = \frac{96}{5}$$

2. Despejando x en la parábola y en la recta tenemos:

$$x = \sqrt{y}, \quad x = \frac{y}{2}$$

La región D está dada por

$$D = \left\{ (x, y) \,/\, \frac{y}{2} \leq x \leq \sqrt{y}\,,\ 0 \leq y \leq 4 \right\},$$

la cual es tipo II.

Luego, de acuerdo a la parte 2 del teorema anterior,

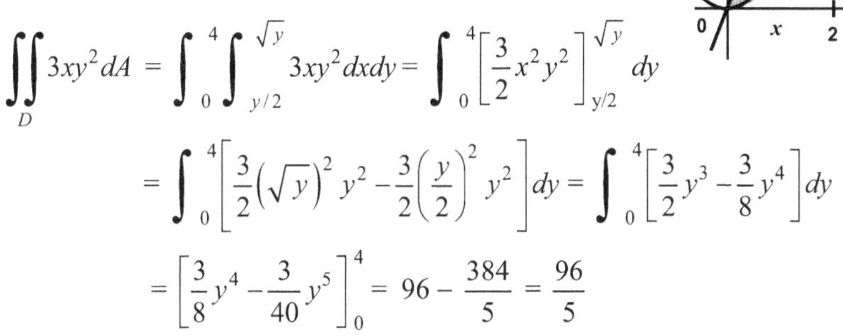

$$\iint_D 3xy^2 dA = \int_0^4 \int_{y/2}^{\sqrt{y}} 3xy^2 dxdy = \int_0^4 \left[\frac{3}{2}x^2y^2 \right]_{y/2}^{\sqrt{y}} dy$$

$$= \int_0^4 \left[\frac{3}{2}\left(\sqrt{y}\right)^2 y^2 - \frac{3}{2}\left(\frac{y}{2}\right)^2 y^2 \right] dy = \int_0^4 \left[\frac{3}{2}y^3 - \frac{3}{8}y^4 \right] dy$$

$$= \left[\frac{3}{8}y^4 - \frac{3}{40}y^5 \right]_0^4 = 96 - \frac{384}{5} = \frac{96}{5}$$

EJEMPLO 3. Sea D la región encerrada por las gráficas de $y = \sqrt{2x}$, $y = 2\sqrt{x-4}$, $y = 0$. Evaluar $\iint_D xy\, dA$ de dos maneras:

1. usando la parte 1 del teorema de Fubini.

2. usando la parte 2 del teorema de Fubini.

Solución

1. La región D no es del tipo I. Sin embargo, a D lo podemos expresar como la unión de dos regiones, D_1 y D_2, de tipo I. En términos más precisos, tenemos que:

$$D = D_1 \cup D_2$$

donde

$$D_1 = \left\{ (x, y) \,/\, 0 \leq y \leq \sqrt{2x}\,, 0 \leq x \leq 4 \right\}$$

$$D_2 = \left\{ (x, y) \,/\, 2\sqrt{x-4} \leq y \leq \sqrt{2x}\,,\ 4 \leq x \leq 8 \right\}$$

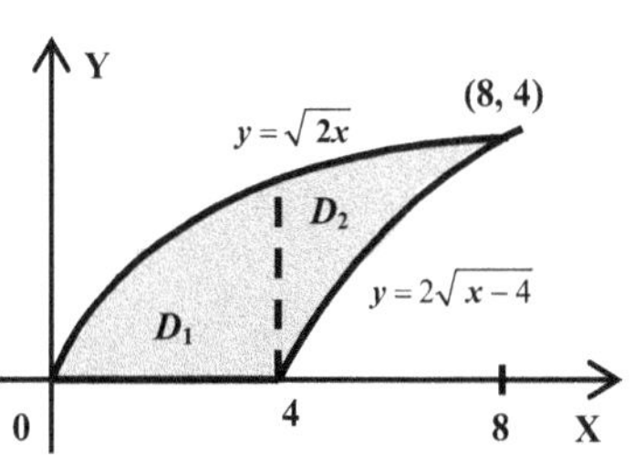

Luego,

$$\iint_D xy\, dA = \iint_{D_1} xy\, dA + \iint_{D_2} xy\, dA$$

$$= \int_0^4 \int_0^{\sqrt{2x}} xy\, dydx + \int_4^8 \int_{2\sqrt{x-4}}^{\sqrt{2x}} xy\, dydx$$

$$= \int_0^4 \left[x\frac{y^2}{2} \right]_0^{\sqrt{2x}} dx + \int_4^8 \left[x\frac{y^2}{2} \right]_{2\sqrt{x-4}}^{\sqrt{2x}} dx$$

$$= \int_0^4 \left[x^2 - 0 \right] dx + \int_4^8 \left[x^2 - x(2(x-4)) \right] dx$$

$$= \int_0^4 x^2 dx + \int_4^8 \left[-x^2 + 8x \right] dx = \left[\frac{x^3}{3} \right]_0^4 + \left[-\frac{x^3}{3} + 4x^2 \right]_4^8 = 64$$

2. La región D es de tipo II.

En las ecuaciones que definen la región D despejamos x en función de y:

$$y = \sqrt{2x} \Rightarrow x = \frac{y^2}{2}, \qquad y = 2\sqrt{x-4} \Rightarrow x = \frac{y^2}{4} + 4$$

Luego,

$$D = \left\{ (x, y) \;/\; \frac{y^2}{2} \leq x \leq \frac{y^2}{4} + 4 \;, 0 \leq y \leq 4 \right\} \qquad \text{y}$$

$$\iint_D xy\, dA = \int_0^4 \int_{y^2/2}^{y^2/4+4} xy\, dxdy$$

$$= \int_0^4 \left[\frac{x^2}{2} y \right]_{y^2/2}^{y^2/4+4} dy$$

$$= \frac{1}{2} \int_0^4 \left[-\frac{3}{16} y^5 + 2y^3 + 16y \right] dy$$

$$= \frac{1}{2} \left[-\frac{1}{32} y^6 + \frac{1}{2} y^4 + 8y^2 \right]_0^4 = 64$$

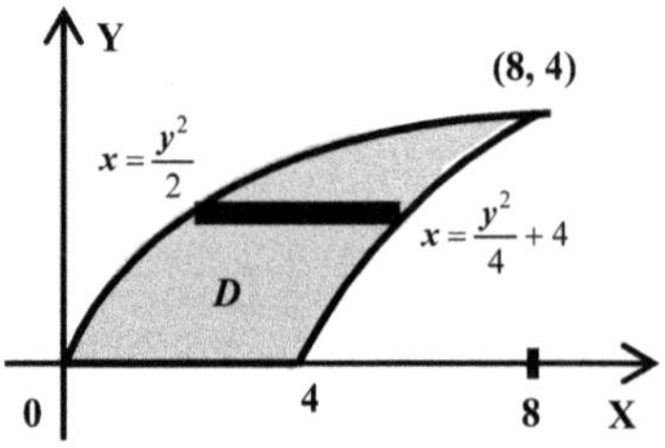

EJEMPLO 4. Evaluar $\iint_D \left| y - x^2 \right| dA$, D es el rectángulo $D = [-1, 1] \times [-1, 1]$

Solución

En primer lugar, busquemos dividir el rectángulo D como unión de regiones en las cuales la función $f(x, y) = \left| y - x^2 \right|$ se exprese sin el valor absoluto. Bien,

$$| y-x^2 | = \begin{cases} y-x^2, & \text{si } y-x^2 \geq 0 \\ x^2-y, & \text{si } y-x^2 < 0 \end{cases} = \begin{cases} y-x^2, & \text{si } y \geq x^2 \\ x^2-y, & \text{si } y < x^2 \end{cases}$$

Este resultado nos permite definir las dos siguientes subregiones de D de tipo I.

$$D_1 = \left\{(x, y) \in D \;/\; y \geq x^2\right\}, \quad D_2 = \left\{(x, y) \in D \;/\; y < x^2\right\}. \quad D = D_1 \cup D_2$$

Ahora,

$$\iint_D \left|y-x^2\right| dA = \iint_{D_1} \left(y-x^2\right) dA + \iint_{D_2} \left(x^2-y\right) dA$$

$$= \int_{-1}^{1}\int_{x^2}^{1} \left(y-x^2\right) dydx + \int_{-1}^{1}\int_{-1}^{x^2} \left(x^2-y\right) dydx$$

$$= \int_{-1}^{1}\left[\frac{y^2}{2}-x^2y\right]_{x^2}^{1} dx + \int_{-1}^{1}\left[x^2y-\frac{y^2}{2}\right]_{-1}^{x^2} dx$$

$$= \int_{-1}^{1}\left[\left(\frac{1}{2}-x^2\right)-\left(\frac{x^4}{2}-x^4\right)\right]dx + \int_{-1}^{1}\left[\left(x^4-\frac{x^4}{2}\right)-\left(-x^2-\frac{1}{2}\right)\right]dx$$

$$= \int_{-1}^{1}\left(\frac{1}{2}-x^2+\frac{x^4}{2}\right)dx + \int_{-1}^{1}\left(\frac{x^4}{2}+x^2+\frac{1}{2}\right)dx$$

$$= \int_{-1}^{1}\left(1+x^4\right)dx = \left[x+\frac{x^5}{5}\right]_{-1}^{1} = 2\left[1+\frac{1}{5}\right] = \frac{12}{5}$$

INVETIR EL ORDEN DE INTEGRACION

Algunas veces, para facilitar los cálculos, es conveniente invertir el orden de integración. Ilustramos este proceso en el siguiente ejemplo,

EJEMPLO 5. Evaluar $\displaystyle\int_0^2\int_{x/2}^1 e^{y^2}\, dydx$

Solución

En esta integral nos indican que, en primer lugar, integremos respecto a la variable y. Tenemos dificultad. El integrando e^{y^2} no tiene una antiderivada elemental. Salvamos esta dificultad cambiando el orden de integración.

La integral $\int_0^2 \int_{x/2}^1 e^{y^2}\, dydx$ nos dice que estamos integrando la función $f(x, y) = e^{y^2}$ sobre la región

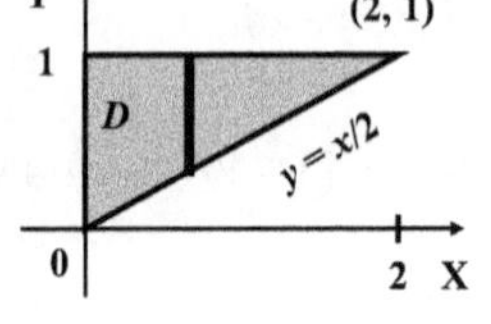

$$D = \left\{(x, y) \;/\; x/2 \le y \le 1,\; 0 \le x \le 2\right\},$$

la cual es considerada como región de tipo I. A esta misma región la consideramos como de tipo II:

Tenemos que: $y = \dfrac{x}{2} \Rightarrow x = 2y$, entonces

$$D = \left\{(x, y) \;/\; 0 \le x \le 2y, 0 \le y \le 1\right\}$$

Luego,

$$\int_0^2 \int_{x/2}^1 e^{y^2}\, dydx = \int_0^1 \int_0^{2y} e^{y^2}\, dxdy$$

$$= \int_0^1 \left[xe^{y^2}\right]_0^{2y} dy = \int_0^1 2ye^{y^2} dy = \left[e^{y^2}\right]_0^1 = e - 1$$

EJEMPLO 6. Evaluar $\displaystyle\int_0^{\sqrt{\pi/4}} \int_y^{\sqrt{\pi/4}} \tan\left(x^2\right) dxdy$

Solución

En esta integral, en primer lugar, nos piden integrar respecto a la variable x, pero el integrando tan (x^2) no tiene una antiderivada elemental. Salvamos esta dificultad cambiando el orden de integración

La integral $\displaystyle\int_0^{\sqrt{\pi/4}} \int_y^{\sqrt{\pi/4}} \tan\left(x^2\right) dxdy$ nos dice que estamos integrando sobre la región

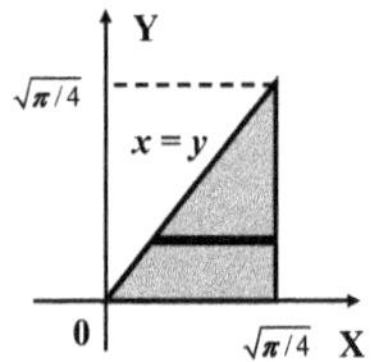

$$D = \left\{(x, y) \;/\; y \le x \le \sqrt{\pi/4},\quad 0 \le y \le \sqrt{\pi/4}\right\},$$

la cual es considerada como región de tipo II.

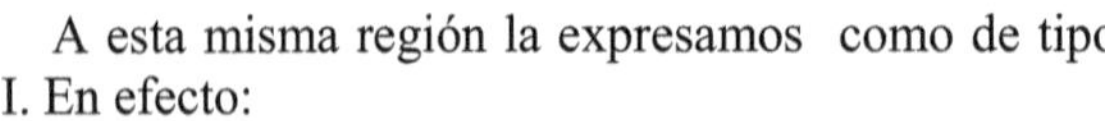

A esta misma región la expresamos como de tipo I. En efecto:

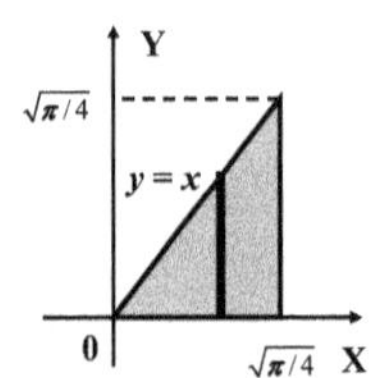

Tenemos que: $x = y \Rightarrow y = x$, entonces

$$D = \left\{(x, y) \;/\; 0 \le y \le x,\; 0 \le x \le \sqrt{\pi/4}\right\}.$$

Luego,

$$\int_0^{\sqrt{\pi/4}}\int_y^{\sqrt{\pi/4}} \tan\left(x^2\right)dxdy = \int_0^{\sqrt{\pi/4}}\int_0^{x} \tan\left(x^2\right)dydx$$

$$= \int_0^{\sqrt{\pi/4}} \Big[y\tan\left(x^2\right)\Big]_0^x dx = \int_0^{\sqrt{\pi/4}} x\tan\left(x^2\right)dx$$

$$= \left[\frac{1}{2}\ln\sec\left(x^2\right)\right]_0^{\sqrt{\pi/4}} = \frac{1}{2}\ln\sec\left(\frac{\pi}{4}\right) = \frac{1}{2}\ln\sqrt{2} = \frac{1}{4}\ln 2$$

PROBLEMAS RESUELTOS 4.2

PROBLEMA 1. Evaluar la integral

$$\iint_D \left(|x| + |y| \right) dA, \text{ donde } D = \left\{ (x, y) \,/\, |x| + |y| \le 1 \right\}$$

Solución

A la región D la dividimos en cuatro regiones de tipo I: D_1, D_2, D_3 y D_4, que no se sobrepon y

$$D = D_1 \cup D_2 \cup D_3 \cup D_4.$$

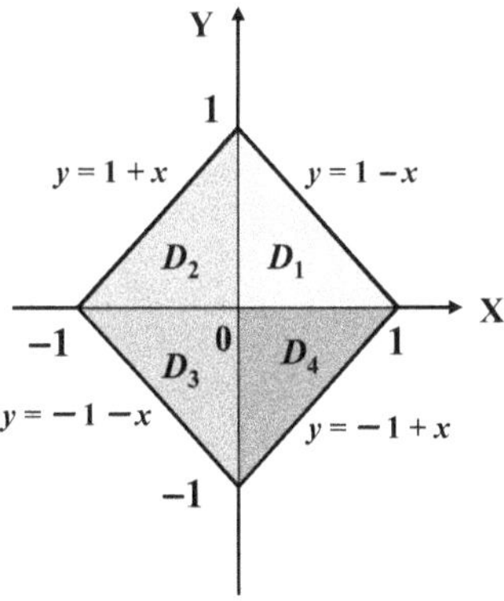

1. Si $x \ge 0$, $y \ge 0$, tenemos

$|x| + |y| \le 1 \Rightarrow x + y \le 1 \Rightarrow y \le 1 - x$

$D_1 = \left\{ (x, y) \,/\, 0 \le y \le 1 - x, 0 \le x \le 1 \right\}$

2. Si $x < 0$, $y \ge 0$, tenemos

$|x| + |y| \le 1 \Rightarrow -x + y \le 1 \Rightarrow y \le 1 + x$

$D_2 = \left\{ (x, y) \,/\, 0 \le y \le 1 + x, -1 \le x < 0 \right\}$

3. Si $x < 0$, $y < 0$, tenemos

$|x| + |y| \le 1 \Rightarrow -x - y \le 1 \Rightarrow y \ge -1 - x$

$D_3 = \left\{ (x, y) \,/\, y \ge -1 - x, -1 \le x < 0 \right\}$

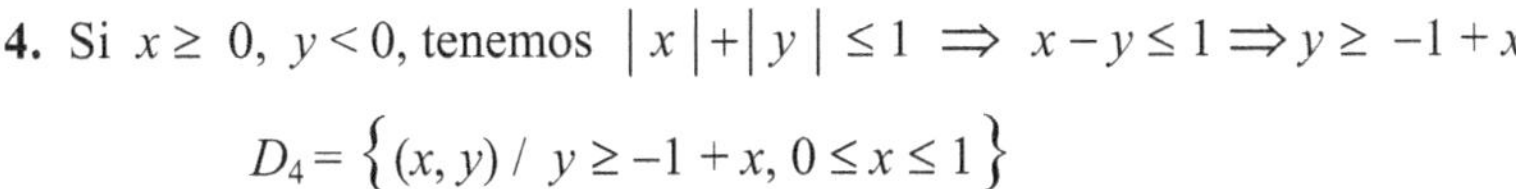

4. Si $x \ge 0$, $y < 0$, tenemos $|x| + |y| \le 1 \Rightarrow x - y \le 1 \Rightarrow y \ge -1 + x$

$D_4 = \left\{ (x, y) \,/\, y \ge -1 + x, 0 \le x \le 1 \right\}$

Por otro lado, $f(x,y)=|x|+|y|=\begin{cases} x+y, & \text{si } (x,y)\in D_1 \\ -x+y, & \text{si } (x,y)\in D_2 \\ -x-y, & \text{si } (x,y)\in D_3 \\ x-y, & \text{si } (x,y)\in D_4 \end{cases}$

Ahora,

$$\iint_D (\,|x|+|y|\,)dA=\iint_{D_1}(\,|x|+|y|\,)dA+\iint_{D_2}(\,|x|+|y|\,)dA$$

$$+\iint_{D_3}(\,|x|+|y|\,)dA+\iint_{D_4}(|x|+|y|)dA$$

Pero,

$$\iint_{D_1}(\,|x|+|y|\,)dA=\int_0^1\int_0^{1-x}(x+y)\,dydx=\int_0^1\left[xy+\frac{y^2}{2}\right]_0^{1-x}dx$$

$$=\int_0^1\left[x(1-x)+\frac{1}{2}(1-x)^2-0\right]dx$$

$$=\frac{1}{2}\int_0^1\left[1-x^2\right]dx=\frac{1}{2}\left[x-\frac{x^3}{3}\right]_0^1=\frac{1}{2}\left[1-\frac{1}{3}\right]=\frac{1}{3}$$

En forma análoga,

$$\iint_{D_2}(\,|x|+|y|\,)dA=\int_{-1}^0\int_0^{1+x}(-x+y)\,dydx=\frac{1}{3}$$

$$\iint_{D_3}(\,|x|+|y|\,)dA=\int_{-1}^0\int_{-1-x}^0(-x-y)\,dydx=\frac{1}{3}$$

$$\iint_{D_4}(\,|x|+|y|\,)dA=\int_0^1\int_{-1+x}^0(x-y)\,dydx=\frac{1}{3}$$

En consecuencia,

$$\iint_D(\,|x|+|y|\,)dA=\frac{1}{3}+\frac{1}{3}+\frac{1}{3}+\frac{1}{3}=\frac{4}{3}$$

PROBLEMA 2. Sea la integral, $\displaystyle\int_1^4\int_0^{\ln x} f(x,\,y)\,dydx$

Graficar la región de integración y cambiar el orden de integración.

Solución

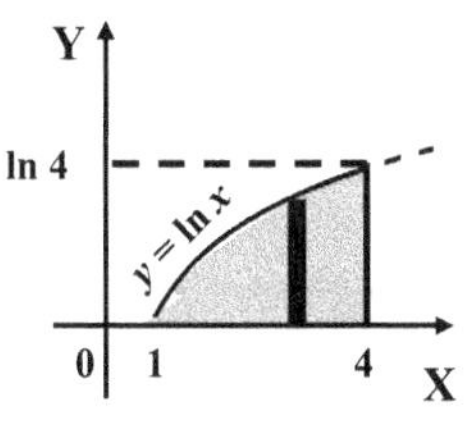

La región de integración de $\int_1^4 \int_0^{\ln x} f(x, y)dydx$

es la región

$$D = \left\{ (x, y) \,/\, 0 \le y \le \ln x,\ 1 \le x \le 4 \right\},$$

la cual es vista como de tipo I.

Ahora queremos ver a D como de tipo II.

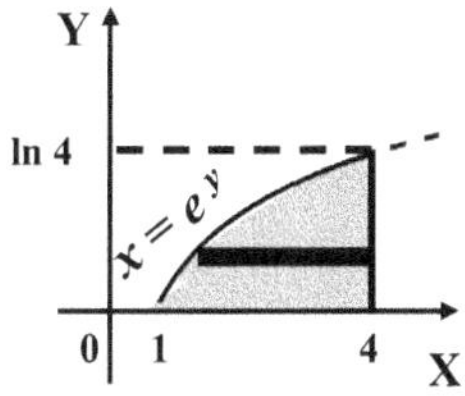

Como $y = \ln x \Leftrightarrow x = e^y$, tenemos que:

$$D = \left\{ (x, y) \,/\, e^y \le x \le 4,\ 0 \le y \le \ln 4 \right\}$$

Luego,

$$\int_1^4 \int_0^{\ln x} f(x, y)dydx = \int_0^{\ln 4} \int_{e^y}^{4} f(x, y)dxdy$$

PROBLEMA 3. La integral doble sobre la región D es igual a la suma de dos integrales iteradas:

$$\iint_D f(x, y)dA = \int_0^1 \int_0^{3y} f(x, y)dxdy + \int_1^4 \int_0^{4-y} f(x, y)dxdy$$

Bosquejar la región D. Expresar esta doble integral como una integral iterada con orden de integración invertido.

Solución

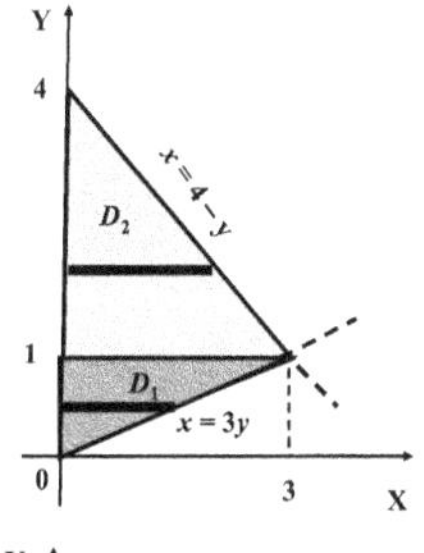

La región de integración de la primera integral iterada es

$$D_1 = \left\{ (x, y) \,/\, 0 \le x \le 3y,\ 0 \le y \le 1 \right\}$$

La región de integración de la segunda integral iterada es

$$D_2 = \left\{ (x, y) \,/\, 0 \le x \le 4 - y,\ 1 \le y \le 4 \right\}$$

Ambas regiones son vistas como del tipo II. Además

$$D = D_1 \cup D_2.$$

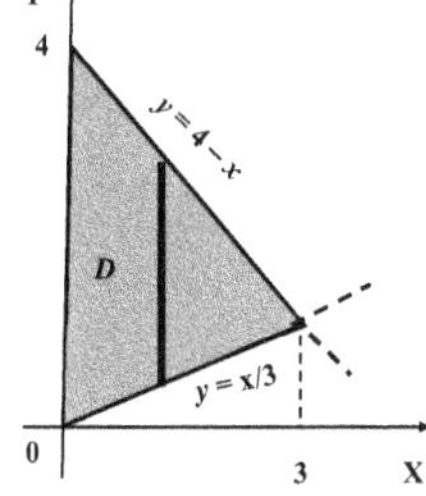

Ahora queremos ver a D como una región de tipo I.

Tenemos que:

$$x = 3y \quad \Leftrightarrow \quad y = \frac{x}{3}, \qquad x = 4 - y \Leftrightarrow y = 4 - x,$$

$$D = \left\{ (x, y) \,/\, \frac{x}{3} \le y \le 4 - x,\ 0 \le x \le 3 \right\}$$

$$\iint_D f(x,y)dA = \int_0^3 \int_{x/3}^{4-x} f(x,\,y)dydx$$

PROBLEMA 4. Evaluar la siguiente integral invirtiendo el orden de integración.

$$\int_0^1 \int_0^{\cos^{-1}y} \operatorname{sen} x\sqrt{1+\operatorname{sen}^2 x}\;dxdy$$

Solución

La región de integración para la integral

$$\int_0^1 \int_0^{\cos^{-1}y} \operatorname{sen} x\sqrt{1+\operatorname{sen}^2 x}\;dxdy \quad \text{es}$$

$$D = \left\{\,(x,y)\,/\,0 \le x \le \cos^{-1}y,\ \ 0 \le y \le 1\right\},$$

la cual es vista como de tipo II.

Pero, $x = \cos^{-1}y \iff y = \cos x$

Ahora, esta misma región, para cambiar el orden integración, la vemos como de tipo I:

$$D = \left\{\,(x,y)\,/\,0 \le y \le \cos x,\ \ 0 \le x \le \pi/2\right\}.$$

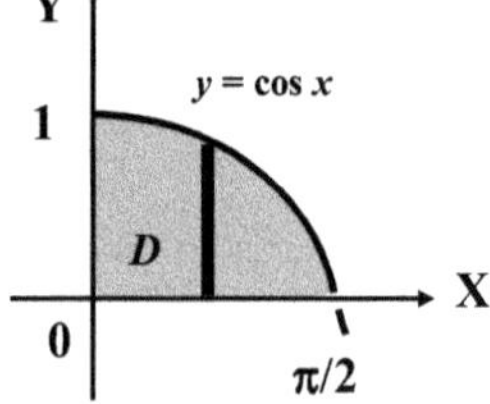

Luego,

$$\int_0^1 \int_0^{\cos^{-1}y} \operatorname{sen} x\sqrt{1+\operatorname{sen}^2 x}\;dxdy = \int_0^{\pi/2} \int_0^{\cos x} \operatorname{sen} x\sqrt{1+\operatorname{sen}^2 x}\;dydx$$

$$= \int_0^{\pi/2} \left[y \operatorname{sen} x\sqrt{1+\operatorname{sen}^2 x} \right]_0^{\cos x} dx = \int_0^{\pi/2} \operatorname{sen} x \cos x \sqrt{1+\operatorname{sen}^2 x}\;dx$$

$$= \frac{1}{3}\left[\left(1+\operatorname{sen}^2 x\right)^{3/2}\right]_0^{\pi/2} \qquad \text{(haciendo } u = 1 + \operatorname{sen}^2 x\text{)}$$

$$= \frac{1}{3}\left[(1+1)^{3/2} - 1\right]_0^{\pi/2} = \frac{1}{3}\left(2\sqrt{2} - 1\right)$$

PROBLEMAS PROPUESTOS 4.2

En los problemas del 1 al 14 calcular la integral iterada dada.

1. $\int_0^9 \int_0^{\sqrt{x}} dydx$ *Rpta.* 18

2. $\int_{-1}^0 \int_{y+1}^{2y} 2xydxdy$ *Rpta.* $-\frac{11}{12}$

3. $\int_0^a \int_0^{\sqrt{a^2-x^2}} x\, dydx$ *Rpta.* $\frac{a^3}{3}$

4. $\int_0^1 \int_{-\sqrt{1-x^2}}^{\sqrt{1-x^2}} (xy-x)dydx$ *Rpta.* $-\frac{2}{3}$

5. $\int_0^a \int_0^{\sqrt{a^2-x^2}} \sqrt{a^2-x^2-y^2}\, dydx$ *Rpta.* $\frac{a^3}{6}\pi$

6. $\int_0^a \int_{x^2}^{x} \sqrt{\frac{x}{y}}\, dydx$ *Rpta.* $\frac{a^2}{5}\left(5-4\sqrt{a}\right)$

7. $\int_0^\pi \int_0^x y \operatorname{sen} x\, dydx$ *Rpta.* $\frac{\pi^2}{2}-2$

8. $\int_0^{\pi/2} \int_0^{1+\operatorname{sen} x} y^2 \cos x\, dydx$ *Rpta.* $\frac{5}{4}$

9. $\int_1^2 \int_y^{y^2} \frac{1}{y}\operatorname{sech}^2\left(\frac{x}{y}\right) dxdy$ *Rpta.* $\ln\frac{\cosh 2}{\cosh 1} - \tanh(1)$

10. $\int_0^\pi \int_0^{\operatorname{sen} x} e^{\cos x} dydx$ *Rpta.* $e-\frac{1}{e}$

11. $\int_0^{\ln 8} \int_0^{\ln y} e^{x+y} dxdy$ *Rpta.* $8\ln 8 - 14$

12. $\int_{-1}^1 \int_{-2|x|}^{|x|} e^{x+y} dydx$ *Rpta.* $\frac{e^2}{2}-\frac{5}{6}+\frac{1}{e}+\frac{1}{3e^3}$

13. $\int_0^{\pi/2} \int_0^{\operatorname{sen} x} \left(\frac{1}{\sqrt{1-y^2}}+1\right) dydx$ *Rpta* $\frac{\pi^2}{8}+1$

14. $\int_0^1 \int_0^{y^3} e^{x/y} dxdy$ *Rpta* $\frac{e}{2}-1$

En los problemas del 15 al 24 evaluar la integral doble dada

15. $\iint_D 2x^2y\, dA$, $D = \left\{(x,y) / 1-x \le y \le \sqrt{x},\ 1 \le x \le 2\right\}$ *Rpta.* $\frac{163}{60}$

16. $\iint_D 3x\, dA$, $D = \left\{(x,y) / 0 \le x \le \sqrt{4-y^2},\ -2 \le y \le 2\right\}$ *Rpta.* 16

17. $\iint\limits_D (x^2+2y)\,dA$, D es la región limitada por $y=x^2,\ x=y^2$ $\quad Rpta\ \frac{27}{70}$

18. $\iint\limits_D (x+y)\,dA$, D es el triángulo de vértices (0, 0), (0,1) y (1,1) $\quad Rpta\ \frac{1}{2}$

19. $\iint\limits_D (x-y)\,dA$, $D=\left\{(x,y)\ /\ y^2 \le x \le 4-y^2,\ 0 \le y\right\}$ $\quad Rpta\ \frac{16}{3}\sqrt{2}-2$

20. $\iint\limits_D \frac{x}{\sqrt{4+x^2+y^2}}\,dA$, $D=\left\{(x,y)\ /\ 0 \le y \le \frac{x^2}{4},\ 1 \le x \le 2\right\}$ $\quad Rpta\ 2\ln 2$

21. $\iint\limits_D x^2\sqrt{a^2-y^2}\,dA$, $D=\left\{(x,y)\ /\ x^2+y^2 \le a^2\right\}$ $\quad Rpta\ \frac{32}{45}a^5$

22. $\iint\limits_D x^2 e^{y^2}\,dA$, D es la región limitada por $y=x,\ y=x^3$ $\quad Rpta\ \frac{1}{6}(e-2)$

23. $\iint\limits_D |y-x|\,dA$, $D=[0,1]\times[0,1]$ $\quad Rpta\ \frac{1}{3}$

24. $\iint\limits_D |y+x|\,dA$, $D=[-1,1]\times[-1,1]$ $\quad Rpta\ \frac{8}{3}$

En los problemas del 25 al 29, bosquejando la región de integración, cambie el orden de integración.

25. $\int_0^9\int_0^{\sqrt{x}} f(x,y)\,dy\,dx$ $\quad Rpta\ \int_0^3\int_{y^2}^9 f(x,y)\,dx\,dy$

26. $\int_0^1\int_{x^3}^{x} f(x,y)\,dy\,dx$ $\quad Rpta\ \int_0^1\int_y^{\sqrt[3]{y}} f(x,y)\,dx\,dy$

27. $\int_0^2\int_{-\sqrt{4-y^2}}^{\sqrt{4-y^2}} f(x,y)\,dx\,dy$ $\quad Rpta\ \int_{-2}^2\int_0^{\sqrt{4-x^2}} f(x,y)\,dy\,dx$

28. $\int_0^5\int_0^{\sqrt{16-y}} f(x,y)\,dx\,dy$ $\quad Rpta\ \int_0^{\sqrt{11}}\int_0^5 f(x,y)\,dy\,dx+\int_{\sqrt{11}}^4\int_0^{16-x^2} f(x,y)\,dy\,dx$

29. $\int_0^1\int_0^{\cos^{-1}y} f(x,y)\,dx\,dy$ $\quad Rpta\ \int_0^{\pi/2}\int_0^{\cos x} f(x,y)\,dy\,dx$

En los problemas del 30 al 32, cambiando el orden de integración, expresar la suma de las integrales dadas en una sola integral iterada.

30. $\int_0^1\int_0^{2x} f(x,y)dydx + \int_1^3\int_0^{3-x} f(x,y)dydx$ *Rpta* $\int_0^2\int_{y/2}^{3-y} f(x,y)dxdy$

31. $\int_0^{\sqrt{2}}\int_0^{x} f(x,y)dydx + \int_{\sqrt{2}}^2\int_0^{\sqrt{4-x^2}} f(x,y)dydx$ *Rpta* $\int_0^{\sqrt{2}}\int_y^{\sqrt{4-y^2}} f(x,y)dxdy$

32. $\int_0^1\int_{y^2/4}^{y} f(x,y)dxdy + \int_1^2\int_{y^2/4}^{1} f(x,y)dxdy$ *Rpta* $\int_0^1\int_x^{2\sqrt{x}} f(x,y)dydx$

En los problemas del 33 al 44, evaluar la integral doble dada invirtiendo el orden de integración.

33. $\int_0^a\int_x^a \frac{x}{\sqrt{y^2+x^2}}dydx$ *Rpta* $\frac{a^2}{2}\left(\sqrt{2}-1\right)$

34. $\int_0^{\sqrt{\pi/2}}\int_y^{\sqrt{\pi/2}} \operatorname{sen}(x^2)dxdy$ *Rpta* $\frac{1}{2}$

35. $\int_0^2\int_{y^2}^4 y\operatorname{sen}(x^2)dxdy$ *Rpta* $\frac{1}{4}[1-\cos\ (16)]$

36. $\int_0^1\int_{x^2}^1 x^3\sec^2(y^3)dydx$ *Rpta* $\frac{1}{12}\tan(1)$

37. $\int_0^{\pi/2}\int_0^x \frac{\operatorname{sen} x}{4-\operatorname{sen}^2 y}dydx$ *Rpta* $\frac{1}{4}\ln 3$

38. $\int_0^1\int_{\operatorname{sen}^{-1}y}^{\pi/2} \cos x\sqrt{1+\cos^2 x}\ dxdy$ *Rpta* $\frac{1}{3}\left(2\sqrt{2}-1\right)$

39. $\int_0^1\int_{\sqrt{y}}^1 e^{y/x}dydx$ *Rpta* $\frac{1}{2}$

40. $\int_0^1\int_y^1 ye^{x^3}dxdy$ *Rpta* $\frac{1}{6}(e-1)$

41. $\int_0^1\int_0^{\cos^{-1}x} e^{\operatorname{sen} y}dydx$ *Rpta* $e-1$

42. $\int_0^1\int_{\tan^{-1}y}^{\pi/4} \sec x\ dxdy$ *Rpta* $\sqrt{2}-1$

43. $\displaystyle\int_0^1\int_0^y (x^2+y^2)dxdy + \int_1^2\int_0^{2-y}(x^2+y^2)dxdy$ *Rpta* $\dfrac{4}{3}$

44. $\displaystyle\int_1^2\int_{\sqrt{x}}^x \operatorname{sen}\left(\frac{\pi}{2}\frac{x}{y}\right)dydx + \int_2^4\int_{\sqrt{x}}^2 \operatorname{sen}\left(\frac{\pi}{2}\frac{x}{y}\right)dydx$ *Rpta* $\dfrac{4(\pi+2)}{\pi^3}$

SECCION 4.3

VOLUMEN Y AREA CON INTEGRALES DOBLES

MAS SOBRE VOLUMEN

Si f es continua y $f(x, y) \geq 0$ sobre una región D, entonces el **volumen** del sólido bajo la superficie $z = f(x, y)$ y sobre la región D está dado por

$$V = \iint_D f(x,y)\, dA$$

EJEMPLO 1. Hallar el volumen del sólido en forma de cuña encerrado por el plano $z = y$, el plano XY y el cilindro $x^2 + y^2 = 4$.

Solución

La región D de la base es un semicírculo encerrado por la semicircunferencia $y = \sqrt{4-x^2}$. La superficie que forma el techo del sólido es el plano $z = y$.

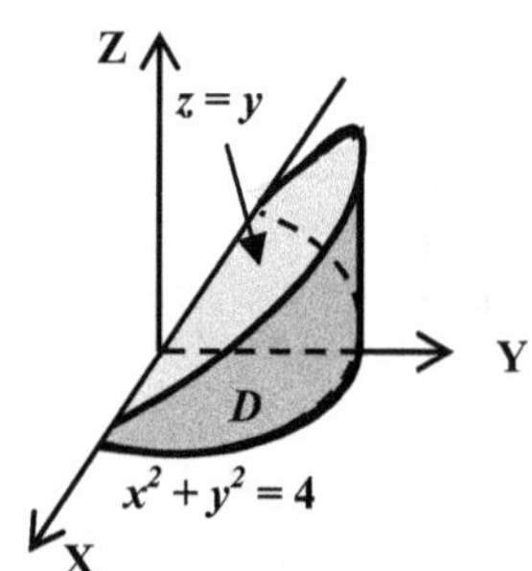

Luego,

$$V = \iint_D f(x,y)\, dA = \int_{-2}^{2}\int_0^{\sqrt{4-x^2}} y\, dydx$$

$$= \frac{1}{2}\int_{-2}^{2}\left[y^2\right]_0^{\sqrt{4-x^2}} dx = \frac{1}{2}\int_{-2}^{2}\left[4-x^2\right]dx$$

$$= \frac{1}{2}\left[4x - \frac{1}{3}x^3\right]_{-2}^{2} = \frac{16}{3}$$

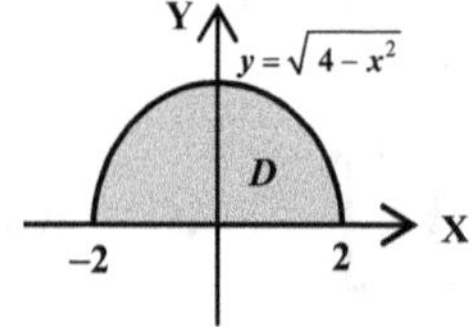

VOLUMEN ENTRE DOS SUPERFICIES

Sean $z = f(x, y)$ y $z = g(x, y)$ dos superficies tales que

$$g(x, y) \leq f(x, y)$$

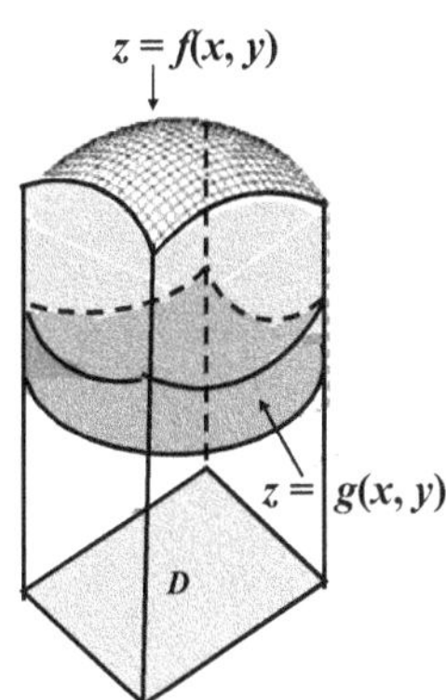

Supongamos que tenemos un sólido sobre una región D del plano XY y es tal que está limitado por arriba por la superficie $z = f(x, y)$ y por abajo por la superficie $z = g(x, y)$. El volumen de este sólido está dado por

$$V = \iint_D \left[f(x, y) - g(x, y) \right] dA$$

En efecto, Si V_1 es el volumen del sólido bajo la superficie $z = f(x, y)$ y la región D y V_2 es el volumen del sólido bajo la superficie $z = g(x, y)$ y la región D, entonces

$$V = V_1 - V_2 = \iint_D f(x, y)\, dA - \iint_D g(x, y)\, dA = \iint_D \left[f(x, y) - g(x, y) \right] dA$$

Con el ánimo de ayudar a la memoria, la fórmula del volumen la escribimos así:

$$V = \iint_D \left[\text{Techo} - \text{Piso} \right] dA$$

EJEMPLO 2. Hallar el volumen del sólido encerrado superiormente por el paraboloide $z = 18 - x^2 - y^2$ e inferiormente por el paraboloide $z = x^2 + y^2$.

Solución

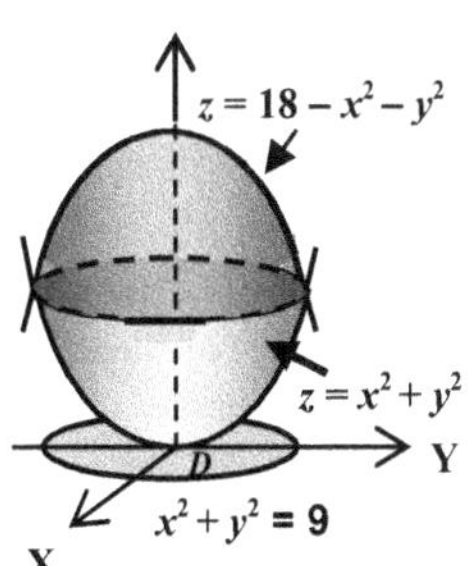

Los paraboloides se intersecan en la curva:

$$x^2 + y^2 = 18 - x^2 - y^2 \Rightarrow x^2 + y^2 = 9,$$

la cual, proyectada sobre el plano XY es la circunferencia

$$x^2 + y^2 = 9$$

El sólido indicado está sobre la región (círculo)

$$D: x^2 + y^2 \leq 9,$$

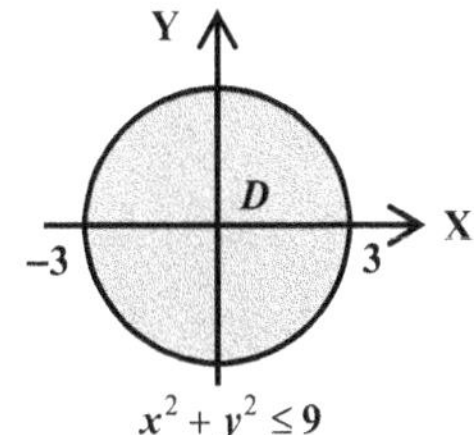

y por arriba esta limitado por la superficie (Techo)

$$z = f(x, y) = 18 - x^2 - y^2,$$

y por abajo (Piso), por la superficie

$$z = g(x, y) = x^2 + y^2$$

Luego, el volumen de este sólido es

$$V=\iint_D \left[(18-x^2-y^2)-(x^2+y^2)\right] dA = 2\iint_D \left(9-x^2-y^2\right) dA$$

Por simetría, este volumen es 4 veces el volumen de la parte del sólido que está el primer octante. Esta parte se proyecta sobre D_1, la parte del círculo D que está en el primer cuadrante del plano XY.

Luego,

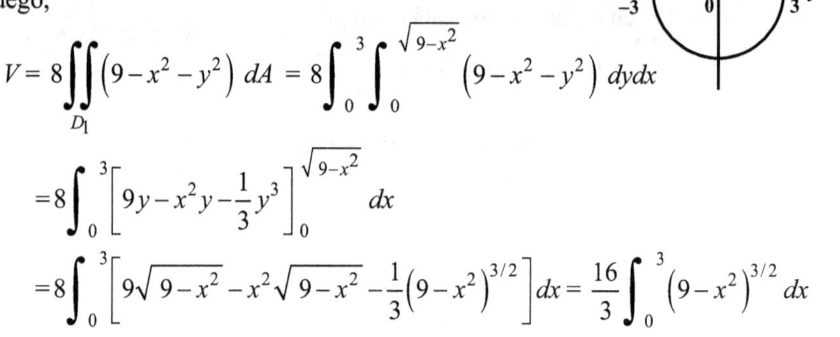

$$V= 8\iint_{D_1} \left(9-x^2-y^2\right) dA = 8\int_0^3\int_0^{\sqrt{9-x^2}} \left(9-x^2-y^2\right) dydx$$

$$=8\int_0^3 \left[9y-x^2y-\frac{1}{3}y^3\right]_0^{\sqrt{9-x^2}} dx$$

$$=8\int_0^3 \left[9\sqrt{9-x^2}-x^2\sqrt{9-x^2}-\frac{1}{3}\left(9-x^2\right)^{3/2}\right]dx=\frac{16}{3}\int_0^3 \left(9-x^2\right)^{3/2} dx$$

Haciendo el cambio de variable: $x = 3$ sen θ tenemos:

$$dx = 3\cos\theta d\theta. \quad x=0 \Rightarrow \theta=0 \text{ y } x=3 \Rightarrow \theta=\frac{\pi}{2}$$

$$V= \frac{16}{3}\int_0^3 \left(9-x^2\right)^{3/2} dx = \frac{16}{3}\int_0^{\pi/2} \left(9-9\,\text{sen}^2\theta\right)^{3/2}(3\cos\theta d\theta)$$

$$= \frac{16}{3}\times 81\int_0^{\pi/2} \cos^4\theta d\theta = \frac{16}{3}\times 81\left(\frac{3\pi}{16}\right) = 81\pi.$$

AREA DE REGIONES PLANAS

La integral doble nos permite calcular el área de una región D situada en el plano coordenado XY. Para esto, desplazamos verticalmente a la región D hasta situarla en el plano $z = 1$. De este modo, hemos obtenido un cilindro recto de altura $h = 1$. Sabemos que el volumen de este cilindro es igual al área de la base por la altura:

$$V = A(D)\times h = A(D)\times 1 = A(D) \qquad \textbf{(1)}$$

donde $A(D)$ es el área de D.

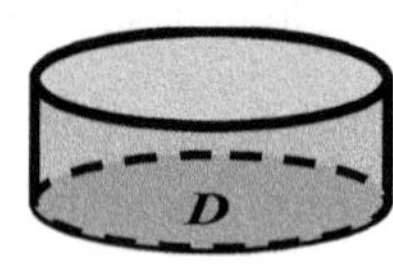

Por otro lado, sabemos que

$$V=\iint_D 1.dA = \iint_D dA \qquad \textbf{(2)}$$

De (1) y (2) obtenemos que

$$A(D) = \iint_D dA$$

EJEMPLO 3. Hallar el área de la región D encerrada por la recta $y = x + 1$ y la parábola $y = x^2 - 1$.

Solución

En primer lugar, hallemos los puntos de intersección de las curvas:

$x^2 - 1 = x + 1 \Leftrightarrow x^2 - x - 2 = 0 \Leftrightarrow (x+1)(x-2) = 0 \Rightarrow x = -1$ ó $x = 2$

Las curvas se intersecan en los puntos

$(-1, 0)$ y $(2, 3)$.

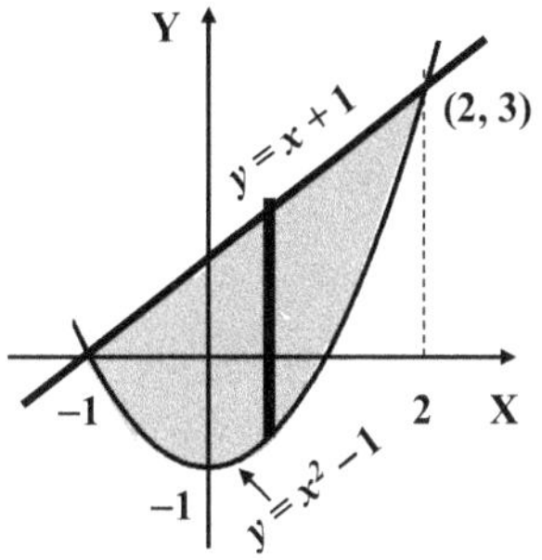

Mirando la figura observamos que D es una región de tipo I.

Luego,

$$A(D) = \iint_D dA = \int_{-1}^{2}\int_{x^2-1}^{x+1} dydx$$

$$= \int_{-1}^{2}\Big[y\Big]_{x^2-1}^{x+1} dx = \int_{-1}^{2}\Big[(x+1)-(x^2-1)\Big]dx$$

$$= \int_{-1}^{2}\Big[-x^2+x+2\Big]dx = \left[-\frac{x^3}{3}+\frac{x^2}{2}+2x\right]_{-1}^{2} = \frac{9}{2}$$

El siguiente teorema nos permite estimar el valor de una integral.

TEOREMA 4.5 Si $m \le f(x, y) \le M$, para todo (x, y) en D, entonces

$$mA(D) \le \iint_D f(x,y)\, dA \le MA(D)$$

Demostración

Aplicando la propiedad dominante del teorema 4.2, tenemos:

$$m \le f(x, y) \le M \Rightarrow \iint_D m\, dA \le \iint_D f(x,y)\, dA \le \iint_D M\, dA$$

$$\Rightarrow m\iint_D dA \le \iint_D f(x,y)\, dA \le M\iint_D dA$$

$$\Rightarrow mA(D) \le \iint_D f(x,y)\, dA \le MA(D)$$

EJEMPLO 4. Mediante la desigualdad del teorema anterior, estimar la integral

$$\iint_D \frac{1}{\sqrt{1+x^4+y^4}}\, dA,$$

donde D es el círculo de radio 1 y centro en el origen.

Solución

Como (x, y) es un punto del círculo de radio 1 y centro en el origen, se tiene:

$$-1 \leq x \leq 1 \quad \text{y} \quad -1 \leq y \leq 1 \Rightarrow 0 \leq x^4 \leq 1 \quad \text{y} \quad 0 \leq y^4 \leq 1$$

$$\Rightarrow \frac{1}{\sqrt{1+1+1}} \leq \frac{1}{\sqrt{1+x^4+y^4}} \leq \frac{1}{\sqrt{1+0+0}}$$

$$\Rightarrow \frac{1}{\sqrt{3}} \leq \frac{1}{\sqrt{1+x^4+y^4}} \leq 1$$

$$\Rightarrow \frac{1}{\sqrt{3}} A(D) \leq \iint_D \frac{1}{\sqrt{1+x^4+y^4}}\, dA \leq 1\, A(D)$$

$$\Rightarrow \frac{1}{\sqrt{3}} \pi \leq \iint_D \frac{1}{\sqrt{1+x^4+y^4}}\, dA \leq \pi$$

PROBLEMAS RESUELTOS 4.3

PROBLEMA 1. Probar que el volumen del tetraedro formado por los planos coordenados y el plano

$$\frac{x}{a} + \frac{y}{b} + \frac{z}{c} = 1, \quad a > 0,\ b > 0,\ c > 0, \quad \text{es}$$

$$V = \frac{abc}{6}$$

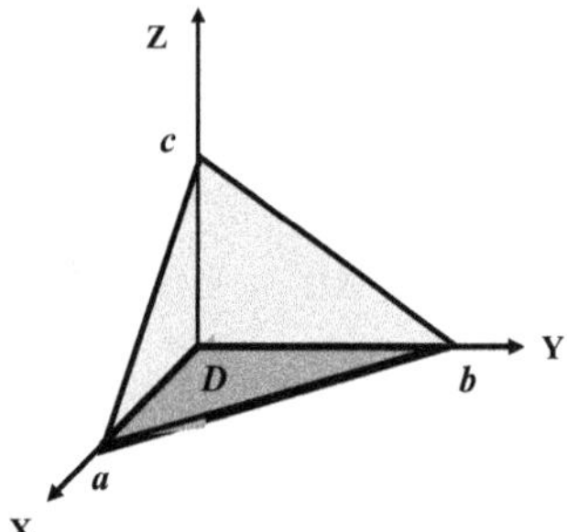

Solución

La cara superior del tetraedro (techo) está formada por el plano $\frac{x}{a} + \frac{y}{b} + \frac{z}{c} = 1$, cuya ecuación la escribimos despejando z:

$$z = c\left(1 - \frac{x}{a} - \frac{y}{b}\right)$$

La proyección del tetraedro sobre el plano XY es el triángulo formado por los ejes X e Y y la recta de $\frac{x}{a}+\frac{y}{b}=1$, la cual la escribimos así: $y=b\left(1-\frac{x}{a}\right)$

Luego, el volumen del tetraedro es

$$V=\iint_D z\,dA=\int_0^a\int_0^{b(1-x/a)} c\left(1-\frac{x}{a}-\frac{y}{b}\right)dydx$$

$$=c\int_0^a\left[y-\frac{x}{a}y-\frac{y^2}{2b}\right]_0^{b(1-x/a)}dx=c\int_0^a\left[b\left(1-\frac{x}{a}\right)-b\frac{x}{a}\left(1-\frac{x}{a}\right)-\frac{b^2}{2b}\left(1-\frac{x}{a}\right)^2\right]dx$$

$$=\frac{bc}{a}\int_0^a(a-x)dx-\frac{bc}{a^2}\int_0^a x(a-x)dx-\frac{bc}{2a^2}\int_0^a(a-x)^2dx$$

$$=\frac{bc}{a}\left[ax-\frac{x^2}{2}\right]_0^a-\frac{bc}{a^2}\left[a\frac{x^2}{2}-\frac{x^3}{3}\right]_0^a-\frac{bc}{2a^2}\left[a^2x-ax^2+\frac{x^3}{3}\right]_0^a$$

$$=\frac{abc}{2}-\frac{abc}{6}-\frac{abc}{6}=\frac{abc}{6}$$

PROBLEMA 2. Hallar el volumen del sólido encerrado por el cilindro $x^2+y^2=4$, el plano $x+z=4$ y el plano XY.

Solución

El sólido está limitado por arriba por el plano $z=4-x$ y por abajo por el círculo D: $x^2+y^2\leq 4$. Luego,

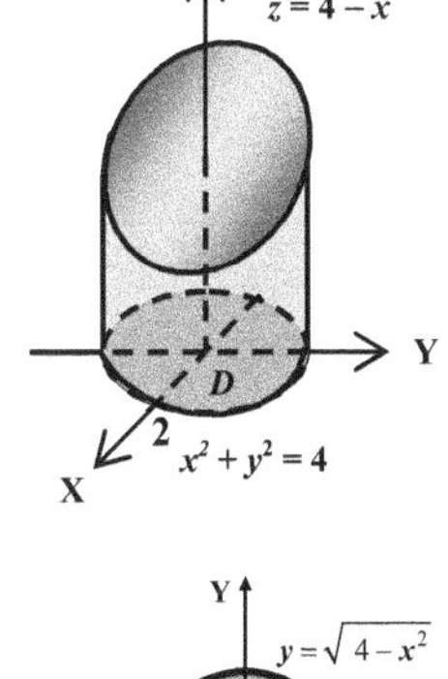

$$V=\iint_D(4-x)\,dA=\int_{-2}^{2}\int_{-\sqrt{4-x^2}}^{\sqrt{4-x^2}}(4-x)\,dydx$$

$$=\int_{-2}^{2}\left[(4-x)y\right]_{-\sqrt{4-x^2}}^{\sqrt{4-x^2}}dx=2\int_{-2}^{2}(4-x)\sqrt{4-x^2}\,dx$$

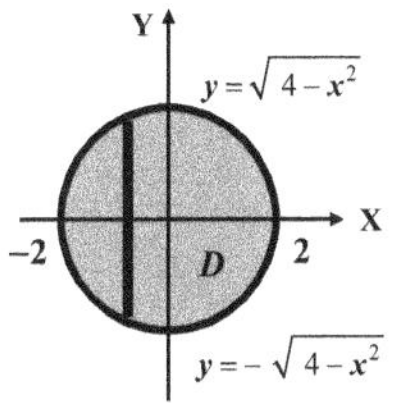

$$=8\int_{-2}^{2}\sqrt{4-x^2}\,dx-2\int_{-2}^{2}x\sqrt{4-x^2}\,dx$$

$$=8\left[\frac{x}{2}\sqrt{4-x^2}+\frac{4}{2}\text{sen}^{-1}\left(\frac{x}{2}\right)\right]_{-2}^{2}-\int_{-2}^{2}\left(4-x^2\right)^{1/2}(-2xdx)$$

$$= 8\left[0 + 4\left(\frac{\pi}{2}\right)\right] - \left[\frac{2}{3}\left(4 - x^2\right)\right]_{-2}^{2} = 16\pi - 0 = 16\pi$$

PROBLEMA 3. Hallar el volumen del sólido encerrado por el plano XY, plano $x = 3$, plano $x = 1$ y el paraboloide hiperbólico $z = x^2 - y^2$.

Solución

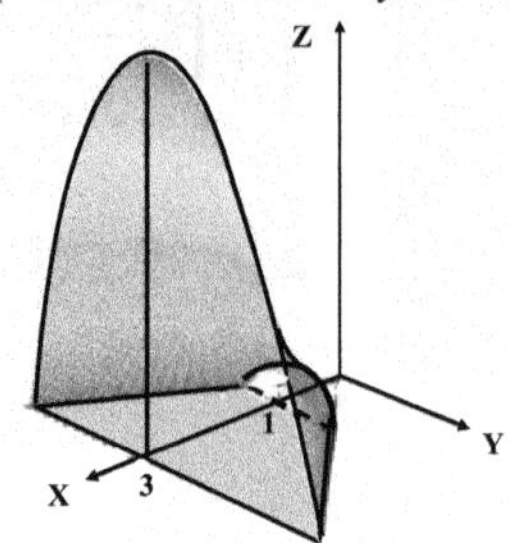

El paraboloide hiperbólico $z = x^2 - y^2$ corta al plano XY en

$$x^2 - y^2 = 0 \Rightarrow (x - y)(x + y) = 0$$

$$\Rightarrow y = x \text{ ó } y = -x$$

Luego,

$$D = \left\{(x, y) \,/\, 1 \le x \le 3, \ -x \le y \le x\right\} \quad \text{y}$$

$$V = \iint_D \left(x^2 - y^2\right) dA = \int_1^3 \int_{-x}^{x} \left(x^2 - y^2\right) dy dx$$

$$= \int_1^3 \left[x^2 y - \frac{1}{3}y^3\right]_{-x}^{x} dx = \frac{4}{3}\int_1^3 \left[x^3\right] dx$$

$$= \frac{4}{3}\left[\frac{1}{4}x^4\right]_1^3 = \frac{80}{3}$$

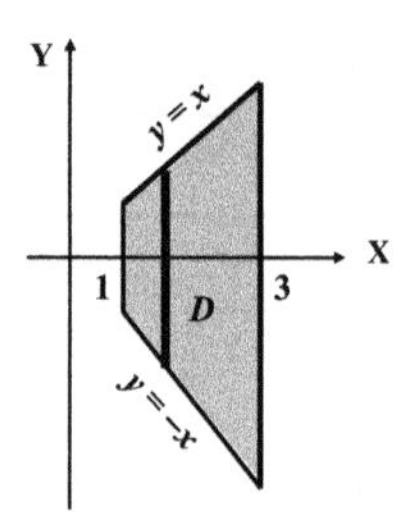

PROBLEMA 4. Hallar el volumen del sólido encerrado por los cilindros

$$x^2 + y^2 = a^2, \quad x^2 + z^2 = a^2 \quad (a > 0)$$

Solución

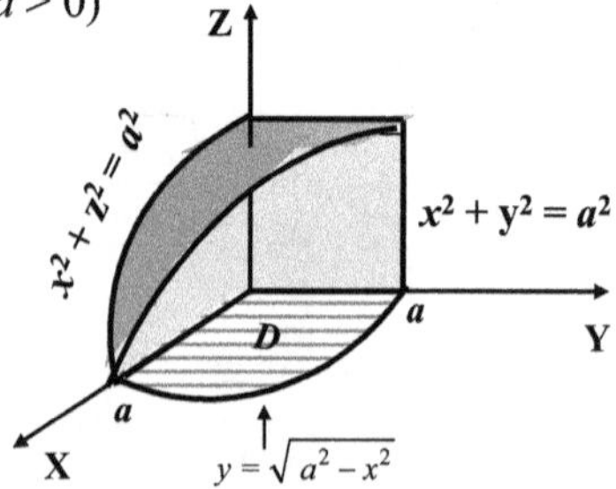

Tomemos la parte del sólido que está en el primer octante, como se indica en la figura. Este sólido tiene por techo el gráfico de la función $z = f(x, y) = \sqrt{a^2 - x^2}$ y por piso la región D que es la parte del círculo de radio a y centro en el origen que está en el primer cuadrante del plano XY.

Si V_1 es el volumen de esta parte y V es el volumen del sólido total, tenemos que $V = 8V_1$

Luego,

$$V = 8\iint_D \sqrt{a^2 - x^2}\, dA = 8\int_0^a \int_0^{\sqrt{a^2 - x^2}} \sqrt{a^2 - x^2}\, dydx$$

$$= 8\int_0^a \left(a^2 - x^2\right) dx = 8\left[a^2 x - \frac{x^3}{3}\right]_0^a = \frac{16}{3}a^3$$

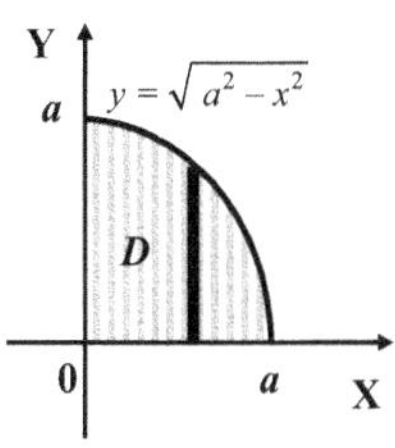

PROBLEMAS PROPUESTOS 4.3

1. Hallar el volumen del sólido bajo el plano $2x + 7y - z = 0$ y sobre la región del plano XY encerrada por las curvas $y = x$, $y = x^3$. *Rpta.* $\frac{14}{15}$

2. Hallar el volumen del sólido encerrado por el plano $x + y + z = 2$, el cilindro parabólico $y = x^2$ y el plano XY. *Rpta.* $\frac{81}{20}$

3. Hallar el volumen del sólido encerrado por el plano $x + y + z = 3$, el cilindro circular $x^2 + y^2 = 1$ y el plano XY. *Rpta.* 3π

4. Hallar el volumen del sólido encerrado por el paraboloide $z = x^2 + 6y^2$, los planos coordenados y el plano $x + y = 1$. *Rpta.* $\frac{7}{12}$

5. Hallar el volumen del sólido encerrado por el paraboloide $z = x^2 + y^2$, el cilindro $x^2 + y^2 = 4$ y el plano XY. *Rpta.* 8π

6. Hallar el volumen del sólido en el primer octante encerrado por el paraboloide $z = 4 - x^2 - y^2$ y el cilindro $y = 1 - x^2$. *Rpta.* $\frac{50}{21}$

7. Hallar el volumen del sólido en el primer octante encerrado por el cilindro $z = 16 - x^2$ y el plano $3x + 4y = 12$. *Rpta.* 80

8. Hallar el volumen de la cuña formada por el cilindro elíptico $9x^2 + 4y^2 = 36$, el plano $z = -y + 3$ y el plano $z = 0$ *Rpta.* 18π

9. Hallar el volumen del sólido encerrado por la superficie $z = xy$ y los planos $x + y = 2$, $z = 0$. *Rpta.* $\frac{2}{3}$

10. Hallar el volumen del sólido encerrado por la superficie $z = xy$, el cilindro circular recto $(x-1)^2 + (y-1)^2 = 1$ y el plano $z = 0$. *Rpta.* π

11. Hallar el volumen del sólido encerrado por el cilindro (techo) $z = 4 - y^2$, el plano $y + \mathbf{z} = 2$ (piso) y los planos $x = 0$ y $x = 2$ (caras laterales). *Rpta.* 9

12. Hallar el volumen del sólido encerrado por el plano (techo) $x + y + z = 12$, el plano $x + y + z = 3$ (piso) y los cilindros (caras laterales) $y = 2x^4$, $y = 2\sqrt{x}$.

Rpta. 42/5

13. Hallar el volumen del sólido encerrado por el paraboloide $z = 3x^2 + y^2$ y el cilindro $z = 4 - x^2$. *Rpta.* 4π

14. Hallar el volumen del sólido encerrado por arriba (techo) por el paraboloide $z = 8 - x^2 - y^2$ y por abajo (piso) por la superficie $z = x^2 + y^2$. *Rpta.* 16π

15. Hallar el volumen del sólido encerrado por el paraboloide (techo) $z = 1 - \dfrac{x^2}{2} - y^2$ y por el paraboloide (piso) $z = 2x^2 + 4y^2 - 4$. *Rpta.* $5\pi / \sqrt{2}$

En los problemas del 16 al 19, usando integrales dobles, hallar el área de la región del plano XY encerrada por las curvas dadas.

16. $y^2 = 4ax$, $x + y = 3a$ $y \geq 0$. *Rpta* $10a^2/3$

17. $x^{1/2} + y^{1/2} = a^{1/2}$, $x + y = a$ *Rpta* $a^2/3$

18. $y = a|x|$, $4y = 4x^2 + a^2$, $a > 0$ *Rpta* $a^3/12$

19. $xy = a^2$, $x + y = 5a/2$, $a > 0$ *Rpta* $(15/8 - 2\ln 2)a^2$

20. Mediante la desigualdad del valor medio, probar que:

$$\frac{1}{e} \leq \iint_D e^{\cos(xy)} dA \leq e, \text{ donde } D = [-\pi, \pi] \times [-\pi, \pi]$$

21. Mediante la desigualdad del teorema 4.5, probar que:

$$1 \leq \iint_D \frac{1}{1 + x^2 + y^2} dA \leq 9, \text{ donde } D = [-1, 2] \times [-1, 2]$$

SECCION 4.4

INTEGRALES DOBLES EN COORDENADAS POLARES

Algunas integrales dobles son más fáciles de calcular cuando están expresadas en coordenadas polares. Este es el caso cuando la región D de integración tiene por frontera a circunferencias, cardioides, rosas con pétalos, etc.

Recordemos que si las coordenadas rectangulares de un punto P son (x, y), y las coordenadas polares del punto son (r, θ), entonces se cumple que:

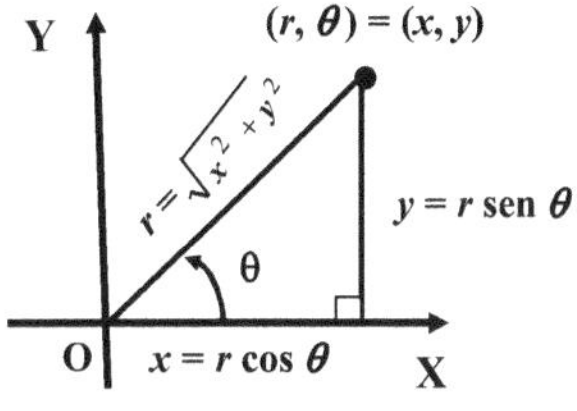

$$x = r\cos\theta, \qquad y = r \operatorname{sen} \theta,$$

$$r^2 = x^2 + y^2, \quad \theta = \tan^{-1}\frac{y}{x}$$

Llamaremos **rectángulo polar** a una región R del plano que es de la forma:

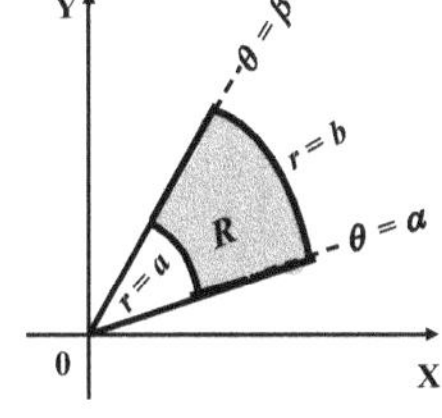

$$R = \{(r, \theta) \,/\, a \leq r \leq b, \ \alpha \leq \theta \leq \beta\},$$

donde $a \geq 0$ y $\beta - \alpha \leq 2\pi$.

Si $\bar{r}$ es el radio medio. Esto es, si $\bar{r} = \frac{1}{2}(a+b)$,

el área de R es

$$A(R) = \bar{r}(b-a)(\beta-\alpha)$$

En efecto, si S_a y S_b son los sectores circulares de radios a y b, respectivamente, entonces

$$A(R) = A(S_b) - A(S_a) = \frac{1}{2}b^2(\beta-\alpha) - \frac{1}{2}a^2(\beta-\alpha) = \frac{1}{2}(b^2-a^2)(\beta-\alpha)$$

$$= \frac{1}{2}(b+a)(b-a)(\beta-\alpha) = \bar{r}(b-a)(\beta-\alpha).$$

Supongamos que tenemos una función $z = f(x, y)$ definida sobre el rectángulo polar R. A esta función también la podemos escribir así:

$$z = f(x, y) = f(r\cos\theta, r\operatorname{sen}\theta)$$

Buscamos calcular la siguiente integral doble en términos de coordenadas polares.

$$\iint_R f(x,y)\,dA$$

Construimos una partición del rectángulo R:

$$\mathcal{P} = \{ R_1, R_2, R_3, \ldots, R_N \}$$

mediante una malla polar, como indica la figura. Tomemos un subrectángulo típico R_i. El centro de R_i es el punto $(\overline{r_i}, \overline{\theta_i})$, donde

$$\overline{r_i} = \frac{1}{2}(r_{i-1} + r_i) \ \text{ y } \ \overline{\theta_i} = \frac{1}{2}(\theta_{i-1} + \theta_i),$$

El área de este rectángulo polar es

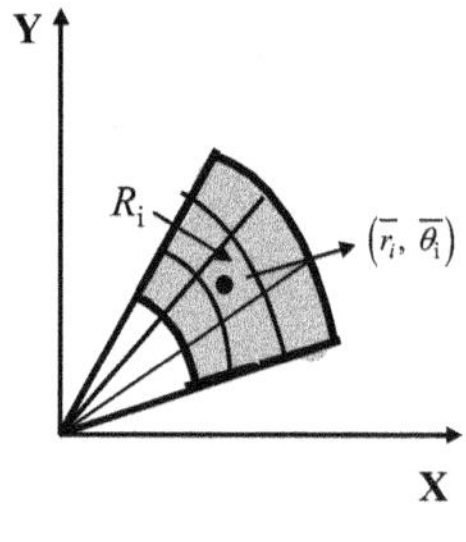

$$A(R_i) = \overline{r_i}\, \Delta r_i\, \Delta\theta_i,$$

donde, $\Delta r_i = r_i - r_{i-1}$ y $\Delta\theta_i = \theta_i - \theta_{i-1}$.

Tenemos que

$$\iint_R f(x,y)dA = \lim_{\|\mathcal{P}\| \to 0} \sum_{i=1}^{N} f\left(\overline{r_i}\cos\overline{\theta_i},\ \overline{r_i}\operatorname{sen}\overline{\theta_i}\right) \overline{r_i}\Delta r_i \Delta\theta_i$$

Por lo tanto

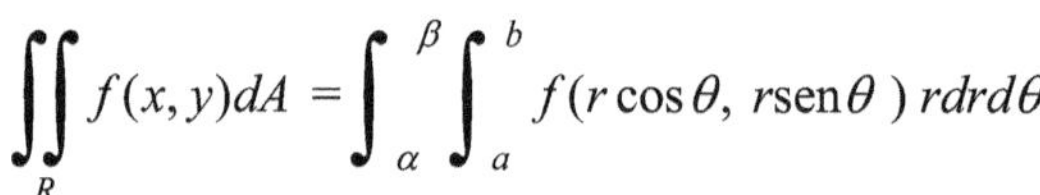

$$\iint_R f(x,y)dA = \int_\alpha^\beta \int_a^b f(r\cos\theta,\ r\operatorname{sen}\theta)\, r\,dr\,d\theta$$

En resumen:

TEOREMA 4.6 **Cambio de una integral doble a coordenadas polares**

Si f es continua sobre un rectángulo polar R determinado por $0 \le a \le r \le b$, $\alpha \le \theta \le \beta$, donde $\beta - \alpha \le 2\pi$, entonces

$$\iint_R f(x,y)dA = \int_\alpha^\beta \int_a^b f(r\cos\theta,\ r\operatorname{sen}\theta)\, r\,dr\,d\theta$$

EJEMPLO 1. Evaluar $\displaystyle\iint_R \frac{y^2}{(x^2+y^2)^2}dA$, donde R es la región en el plano encerrada por las circunferencias

$$x^2 + y^2 = 1, \quad x^2 + y^2 = 9.$$

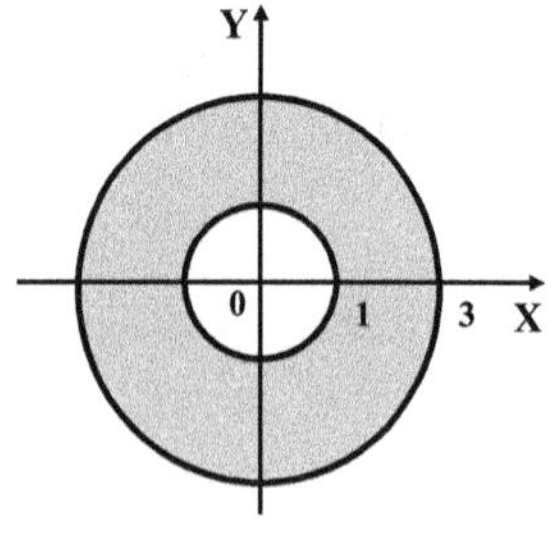

Solución

La región R encerrada por las circunferencias dadas es el rectángulo polar definido del modo siguiente:

$$R = \{(r, \theta) \,/\, 1 \le r \le 3,\ 0 \le \theta \le 2\pi\}$$

Luego, aplicando el teorema anterior,

$$\iint_R \frac{y^2}{\left(x^2+y^2\right)^2}\, dA = \int_0^{2\pi}\int_1^3 \frac{r^2 \operatorname{sen}^2\theta}{\left(r^2\right)^2}\, r dr d\theta$$

$$= \int_0^{2\pi}\int_1^3 \frac{1}{r}\operatorname{sen}^2\theta\, dr d\theta \;\int_0^{2\pi} \operatorname{sen}^2\theta \Big[\ln(r)\Big]_1^3 d\theta$$

$$= \ln(3)\int_0^{2\pi} \operatorname{sen}^2\theta\, d\theta = \ln(3)\int_0^{2\pi}\left(\frac{1-\cos 2\theta}{2}\right) d\theta$$

$$= \ln(3)\left[\frac{\theta}{2} - \frac{1}{4}\operatorname{sen} 2\theta\right]_0^{2\pi} = \pi \ln 3$$

Las regiones de tipo I y de tipo II vistas en la sección anterior, tienen sus equivalentes en el plano polar.

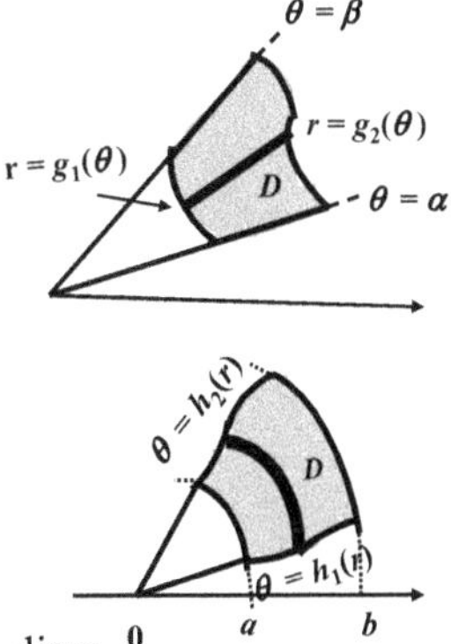

Una región polar D es ***r*–simple** si D es de la forma

$$D = \left\{(r,\theta)\,/\ \alpha \le \theta \le \beta,\ g_1(\theta) \le r \le g_2(\theta)\right\}$$

Una región polar D es ***θ*–simple** si D es de la forma

$$D = \left\{(r,\theta)\,/\ a \le r \le b,\ h_1(r) \le \theta \le h_2(r)\right\}$$

El teorema de Fubini, para este tipo de regiones polares, dice:

TEOREMA 4.7 **Forma polar del teorema de Fubini**

Sea f continua en la región polar plana D.

1. Si D es la región r–simple

$$D = \left\{(r,\theta)\,/\ \alpha \le \theta \le \beta,\ g_1(\theta) \le r \le g_2(\theta)\right\},$$

donde g_1 y g_2 son continuas en $[\alpha, \beta]$, entonces

$$\iint_D f(x,y)dA = \int_\alpha^\beta \int_{g_1(\theta)}^{g_2(\theta)} f(r\cos\theta,\ r\operatorname{sen}\theta)\, r dr d\theta$$

2. Si D es la región θ–simple

$$D = \left\{(r,\theta)\,/\ a \le r \le b,\ h_1(r) \le \theta \le h_2(r)\right\},$$

donde h_1 y h_2 son continuas en $[a, b]$, entonces

$$\iint_D f(x,y)dA = \int_a^b \int_{h_1(r)}^{h_2(r)} f(r\cos\theta,\ r\operatorname{sen}\theta\,)\, r d\theta dr$$

EJEMPLO 2. Sea D la región en el primer cuadrante exterior a la circunferencia $r = 2$ e interior a la circunferencia $r = 4$ sen θ. Calcular

$$\iint_D x\, dA$$

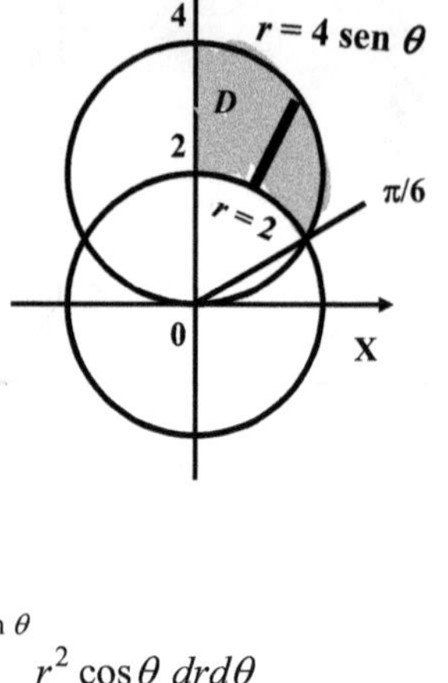

Solución

Hallemos la intersección de las circunferencias:

$$4 \text{ sen } \theta = 2 \Rightarrow \text{sen } \theta = \frac{1}{2} \Rightarrow \theta = \frac{\pi}{6}$$

D es la región r–simple

$$D = \left\{(r, \theta) /\ \pi/6 \leq \theta \leq \pi/2,\ \ 2 \leq r \leq 4 \text{ sen } \theta\right\}$$

Ahora,

$$\iint_D x\, dA = \int_{\pi/6}^{\pi/2}\int_2^{4 \text{ sen } \theta} r\cos\theta\ r dr d\theta = \int_{\pi/6}^{\pi/2}\int_2^{4 \text{ sen } \theta} r^2 \cos\theta\ dr d\theta$$

$$= \int_{\pi/6}^{\pi/2}\left[\frac{r^3}{3}\cos\ \theta\right]_2^{4 \text{ sen } \theta} d\theta = \frac{1}{3}\int_{\pi/6}^{\pi/2}\left[\left(64 \text{ sen}^3\theta - 8\right)\cos\theta\right] d\theta$$

$$= \frac{64}{3}\int_{\pi/6}^{\pi/2} \text{sen}^3\theta\cos\theta d\theta - \frac{8}{3}\int_{\pi/6}^{\pi/2}\cos\theta d\theta$$

$$= \frac{64}{3}\left[\frac{1}{4}\text{sen}^4\theta\right]_{\pi/6}^{\pi/2} - \frac{8}{3}\left[\ \text{sen } \theta\right]_{\pi/6}^{\pi/2} = \frac{16}{3}\left[1 - \frac{1}{16}\right] - \frac{8}{3}\left[1 - \frac{1}{2}\right] = \frac{11}{3}$$

EJEMPLO 3. Hallar el área de la región D del plano que está dentro de la circunferencia $r = 3$ cos θ y fuera de la cardiode $r = 1 + \cos\theta$.

Solución

Hallemos los puntos de intersección de las curvas:

$$3 \cos \theta = 1 + \cos \theta \Rightarrow 2 \cos \theta = 1 \Rightarrow \cos \theta = \frac{1}{2}$$

$$\Rightarrow \theta = \pm\, \frac{\pi}{3}$$

Ahora,

$$A(D) = \iint_D dA = \int_{-\pi/3}^{\pi/3}\int_{1+\cos\theta}^{3 \cos \theta} r dr d\theta = \int_{-\pi/3}^{\pi/3}\left[\frac{1}{2}r^2\right]_{1+\cos\theta}^{3 \cos \theta} d\theta$$

$$=\frac{1}{2}\int_{-\pi/3}^{\pi/3}\left[9\cos^2\theta-(1+\cos\theta)^2\right]d\theta=\frac{1}{2}\int_{-\pi/3}^{\pi/3}\left[-1-2\cos\theta+8\cos^2\theta\right]d\theta$$

$$=\frac{1}{2}\int_{-\pi/3}^{\pi/3}\left[-1-2\cos\theta+8\frac{1+\cos 2\theta}{2}\right]d\theta$$

$$=\frac{1}{2}\int_{-\pi/3}^{\pi/3}\left[3-2\cos\theta+4\cos 2\theta\right]d\theta=3\pi$$

EJEMPLO 4. Hallar el volumen del sólido bajo el paraboloide $z = x^2 + y^2$ dentro del cilindro $x^2 + y^2 - 2y = 0$ y sobre el plano XY.

Solución

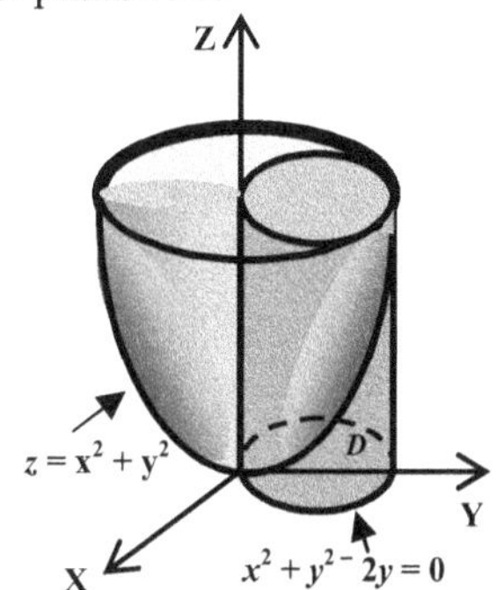

La base (piso) del sólido es la región D encerrada por la circunferencia

$$x^2 + y^2 - 2y = 0 \Rightarrow x^2 + (y-1)^2 = 1.$$

Sabemos que la ecuación polar de esta circunferencia es $r = 2$ sen θ. Luego, D es la siguiente región r–simple:

$$D = \{(r, \theta) \,/\, 0 \leq \theta \leq \pi,\ 0 \leq r \leq 2 \text{ sen } \theta\}$$

Ahora,

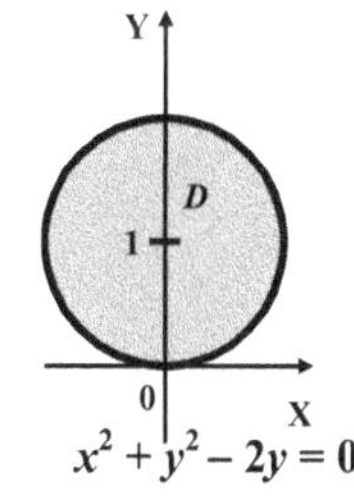

$$V=\iint_D (x^2+y^2)\,dA=\int_0^{\pi}\int_0^{2\text{ sen }\theta}\left(r^2\right)r\,dr\,d\theta$$

$$=\int_0^{\pi}\int_0^{2\text{ sen }\theta}r^3\,dr\,d\theta=\int_0^{\pi}\left[\frac{1}{4}r^4\right]_0^{2\text{ sen }\theta}$$

$$=4\int_0^{\pi}\text{sen}^4\theta\,d\theta=4\left[\frac{3}{8}\pi\right]=\frac{3}{2}\pi$$

PROBLEMAS RESUELTOS 4.4

PROBLEMA 1. Usando coordenadas polares evaluar la integral

$$\int_{-2}^{2}\int_{0}^{\sqrt{4-y^2}}\sqrt{x^2+y^2}\,dxdy$$

Solución

En primer lugar identificamos la región D de integración.

Observando el orden de integración vemos que primero debemos integrar respecto a x, conservando a la variable y fija. La integración de x va desde $x = 0$ hasta el semicírculo $x = \sqrt{4-y^2}$. Esto nos dice que la frontera de la izquierda es el eje Y y la frontera de la derecha es el semicírculo de radio 2 y centro en el origen. La integración respecto a y se hace desde $y = -2$ hasta $y = 2$. Luego,

$$D = \left\{(x,\ y)\ /\ 0 \le x \le \sqrt{4-y^2}\ ,\ -2 \le y \le 2\right\}$$

En segundo lugar, expresamos la región D en coordenadas polares.

Vemos que r varía entre 0 y 2 y que θ varía entre $-\dfrac{\pi}{2}$ y $\dfrac{\pi}{2}$. Esto es,

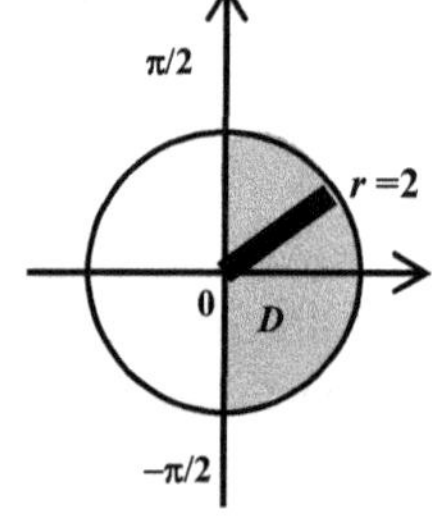

$$D = \left\{(r,\ \theta)\ /\ 0 \le r \le 2,\ \ -\pi/2 \le \theta \le \pi/2\ \right\}$$

Ahora evaluamos la integral:

$$\int_{-2}^{2}\int_{0}^{\sqrt{4-y^2}} \sqrt{x^2+y^2}\,dxdy = \iint_D \sqrt{x^2+y^2}\,dA = \int_{-\pi/2}^{\pi/2}\int_{0}^{2} \sqrt{r^2}\,rdrd\theta$$

$$= \int_{-\pi/2}^{\pi/2}\int_{0}^{2} r^2 drd\theta = \int_{-\pi/2}^{\pi/2}\left[\frac{1}{3}r^3\right]_0^2 d\theta$$

$$= \frac{8}{3}\int_{-\pi/2}^{\pi/2} d\theta = \frac{8}{3}\pi$$

PROBLEMA 2. Evaluar $\displaystyle\iint_D \sqrt{x^2+y^2}\,dA$, donde $D = \left\{(x, y)\ /\ x^2 \le y \le 1\ \right\}$

Solución

La región D es la región del plano encerrada por la parábola $y = x^2$ y la recta horizontal $y = 1$.

Las ecuaciones de estas curvas en coordenadas polares son:

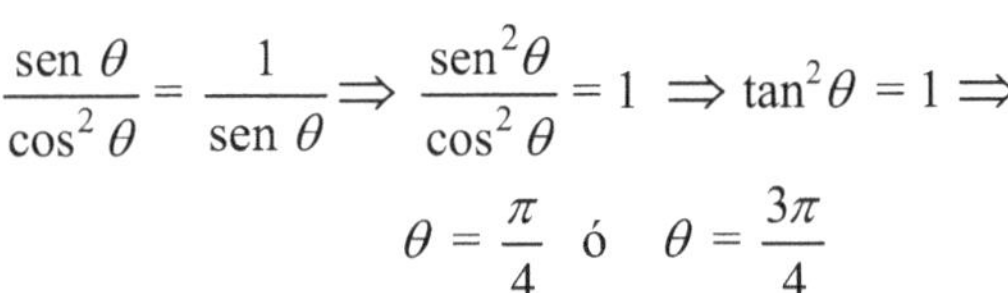

$$y = x^2 \Rightarrow r \text{ sen } \theta = r^2 \cos^2 \theta \Rightarrow r = \frac{\text{sen } \theta}{\cos^2 \theta}$$

$$y = 1 \Rightarrow r \text{ sen } \theta = 1 \Rightarrow r = \frac{1}{\text{sen } \theta}$$

Hallemos la intersección de estas curvas:

$$\frac{\text{sen } \theta}{\cos^2 \theta} = \frac{1}{\text{sen } \theta} \Rightarrow \frac{\text{sen}^2 \theta}{\cos^2 \theta} = 1 \Rightarrow \tan^2 \theta = 1 \Rightarrow$$

$$\theta = \frac{\pi}{4} \text{ ó } \theta = \frac{3\pi}{4}$$

Oservando la figura vemos que D es unión de tres regiones r-simples:

$$D = D_1 \cup D_2 \cup D_3$$

Luego,

$$\iint_D \sqrt{x^2+y^2}\, dA = \iint_{D_1} \sqrt{x^2+y^2}\, dA + \iint_{D_2} \sqrt{x^2+y^2}\, dA + \iint_{D_3} \sqrt{x^2+y^2}\, dA$$

Calculemos estas integrales separadamente:

1. $$\iint_{D_1} \sqrt{x^2+y^2}\, dA = \int_0^{\pi/4} \int_0^{\text{sen } \theta / \cos^2 \theta} r r dr d\theta = \int_0^{\pi/4} \left[\frac{1}{3} r^3 \right]_0^{\text{sen } \theta / \cos^2 \theta} d\theta$$

$$= \int_0^{\pi/4} \left[\frac{1}{3} \frac{\left(1-\cos^2 \theta\right)}{\cos^6 \theta} \text{sen } \theta \right] d\theta = \int_0^{\pi/4} \left[\frac{1}{3} \left(\cos^{-6} \theta - \cos^{-6} \theta \right) \text{sen } \theta \right] d\theta$$

$$= \left[\frac{1}{15} \sec^5 \theta - \frac{1}{9} \sec^3 \theta \right]_0^{\pi/4} = \frac{2}{15}\left(\sqrt{2}+1\right)$$

2. $$\iint_{D_2} \sqrt{x^2+y^2}\, dA = \int_{\pi/4}^{3\pi/4} \int_0^{1/\text{sen } \theta} r r dr d\theta = \int_{\pi/4}^{3\pi/4} \left[\frac{1}{3} r^3 \right]_0^{1/\text{sen } \theta} d\theta$$

$$= \int_{\pi/4}^{3\pi/4} \left[\frac{1}{3} \frac{1}{\text{sen}^3 \theta} \right] d\theta = \frac{1}{3} \int_0^{\pi/4} \left[\text{cosec}^3 \theta \right] d\theta$$

$$= \frac{1}{3}\left[-\frac{1}{2}\operatorname{cosec}\theta\cot\theta + \frac{1}{2}\ln\left|\operatorname{cosec}\theta - \cot\theta\right|\right]_{\pi/4}^{3\pi/4}$$

$$= \frac{\sqrt{2}}{3} + \frac{1}{6}\ln\frac{\left(\sqrt{2}+1\right)}{\left(\sqrt{2}-1\right)} = = \frac{\sqrt{2}}{3} + \frac{1}{6}\ln\left(2\sqrt{2}+3\right)$$

3. $$\iint_{D_3} \sqrt{x^2+y^2}\, dA = \int_{3\pi/4}^{\pi}\int_{0}^{\operatorname{sen}\theta/\cos^2\theta} r r dr d\theta = \int_{3\pi/4}^{\pi}\left[\frac{1}{3}r^3\right]_0^{\operatorname{sen}\theta/\cos^2\theta} d\theta$$

$$= \left[\frac{1}{15}\sec^5\theta - \frac{1}{9}\sec^3\theta\right]_{\pi/4}^{\pi} = \frac{2}{15}\left(\sqrt{2}+1\right)$$

Finalmente, sumando las tres integrales calculadas tenemos:

$$\iint_{D} \sqrt{x^2+y^2}\, dA = \frac{1}{15}\left(19\sqrt{2}+4\right) + \frac{1}{6}\ln\left(2\sqrt{2}+3\right)$$

PROBLEMA 3. ***Volumen de un cono de helado.***

Hallar el volumen del sólido que está debajo de la esfera $x^2+y^2+z^2=a^2$ y encima del cono $z=\sqrt{x^2+y^2}$

Solución

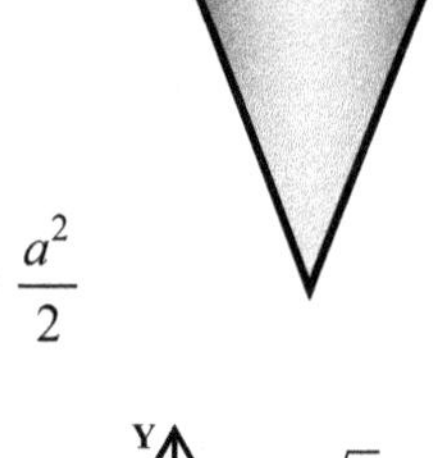

Hallemos la curva donde las dos superficies se intersecan. Para esto, se resuelve de manera simultánea las ecuaciones de las superficies. Reemplazado el valor de z de la segunda ecuación en la primera, obtenemos

$$x^2+y^2+\left(\sqrt{x^2+y^2}\right)^2 = a^2 \Rightarrow 2x^2+2y^2=a^2 \Rightarrow x^2+y^2=\frac{a^2}{2}$$

Esta curva, proyectada al plano XY es la circunferencia con centro en el origen y radio $\frac{a}{\sqrt{2}}$.

La ecuación polar de esta circunferencia es $r=\frac{a}{\sqrt{2}}$.

El techo del sólido es la semiesfera

$z=\sqrt{a^2-x^2-y^2}=\sqrt{a^2-r^2}$ y el piso es el cono $z=\sqrt{x^2+y^2}=r$.

Luego, $V = \int_0^{\pi}\int_0^{a/\sqrt{2}} \left(\sqrt{a^2 - r^2} - r\right) r dr d\theta$

Tomando en cuenta la simetría, tenemos:

$$V = 4\int_0^{\pi/2}\int_0^{a/\sqrt{2}} \left(\sqrt{a^2 - r^2} - r\right) r dr d\theta$$

$$= 4\int_0^{\pi/2}\int_0^{a/\sqrt{2}} \sqrt{a^2 - r^2}\, r dr d\theta - 4\int_0^{\pi/2}\int_0^{a/\sqrt{2}} r^2 dr d\theta$$

$$= -\frac{4}{3}\int_0^{\pi/2}\left[\left(a^2 - r^2\right)^{3/2}\right]_0^{a/\sqrt{2}} d\theta - \frac{4}{3}\int_0^{\pi/2}\left[r^3\right]_0^{a/\sqrt{2}} d\theta$$

$$= -\frac{4}{3}\int_0^{\pi/2}\left[\frac{a^3}{2\sqrt{2}} - a^3\right] d\theta - \frac{4}{3}\int_0^{\pi/2}\frac{a^3}{2\sqrt{2}} d\theta$$

$$= -\frac{8}{3}\int_0^{\pi/2}\frac{a^3}{2\sqrt{2}} d\theta + \frac{4}{3}\int_0^{\pi/2} a^3 d\theta = -\frac{8}{3}\frac{a^3}{2\sqrt{2}}\left(\frac{\pi}{2}\right) + \frac{4a^3}{3}\left(\frac{\pi}{2}\right)$$

$$= \frac{2\pi a^3}{3} - \frac{2\pi a^3}{3\sqrt{2}} = \frac{\pi a^3}{3}\left(2 - \sqrt{2}\right)$$

PROBLEMA 4. Verificar que $\int_0^{\infty} e^{-x^2} dx = \frac{\sqrt{\pi}}{2}$

Esta integral juega un papel importante en la teoría de probabilidades.

Solución

Sea $\mathbf{I} = \int_0^{\infty} e^{-x^2} dx$.

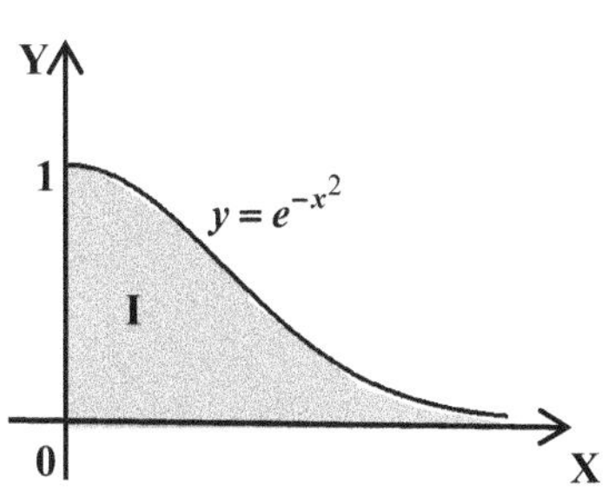

Cambiando la variable de integración,

$$\mathbf{I} = \int_0^{\infty} e^{-y^2} dy$$

$$\mathbf{I}^2 = \left(\int_0^{\infty} e^{-x^2} dx\right)\left(\int_0^{\infty} e^{-y^2} dy\right)$$

$$= \int_0^{\infty}\left(\int_0^{\infty} e^{-x^2} dx\right)e^{-y^2} dy = \int_0^{\infty}\left(\int_0^{\infty} e^{-x^2} e^{-y^2} dx\right)dy$$

$$= \int_0^{\infty}\int_0^{\infty} e^{-(x^2+y^2)} dxdy = \iint_R e^{-(x^2+y^2)} dA\,,$$

donde $R = [0,\,\infty) \times [0,\,\infty)$

Ahora cambiamos a coordenadas polares:

$$\mathbf{I}^2 = \int_0^{\pi/2}\int_0^{\infty} e^{-r^2} r dr d\theta = \int_0^{\pi/2}\left(\int_0^{\infty} e^{-r^2} r dr\right)d\theta$$

$$= \int_0^{\pi/2}\left(\operatorname{Lim}_{b\to\infty}\int_0^{b} e^{-r^2} r dr\right)d\theta = \int_0^{\pi/2}\left(\operatorname{Lim}_{b\to\infty}\left[-\frac{1}{2}e^{-r^2}\right]_0^b\right)d\theta$$

$$= \int_0^{\pi/2}\left(\operatorname{Lim}_{b\to\infty}\left[-\frac{1}{2}e^{-b^2} + \frac{1}{2}\right]\right)d\theta = \int_0^{\pi/2}\left(0+\frac{1}{2}\right)d\theta = \frac{1}{2}\int_0^{\pi/2} d\theta = \frac{\pi}{4}$$

En consecuencia, $\mathbf{I} = \int_0^{\infty} e^{-x^2} dx = \frac{\sqrt{\pi}}{2}$

PROBLEMAS PROPUESTOS 4.4

En los problemas del 1 al 7 evaluar las integrales dobles indicadas, transformándolas a coordenadas polares.

1. $\iint_D e^{-(x^2+y^2)} dA$, donde D es el disco con centro en el origen y radio 1.

Rpta. $(1-1/e)\pi$

2. $\iint_D \sqrt{1-x^2-y^2}\,dA$, $D = \{(x,\ y)\,/\ 0 \le y \le \sqrt{1-x^2}\ ,\ 0 \le x \le 1\}$

Rpta. $\pi/6$

3. $\iint_D \frac{1}{9+x^2+y^2}dA$, donde D es la región en el primer cuadrante del círculo

$x^2+y^2 \le 9$ entre $y=0$ e $y=x$ *Rpta.* $\frac{\pi}{8}\ln 2$

4. $\iint_D \ln\left(2+x^2+y^2\right)dA$, $D=\left\{(x,\ y)\ /\ 0\le y\le \sqrt{4-x^2},\ 0\le x\le 2\right\}$

Rpta. $\left(\frac{3}{2}\ln 3+\ln 2-|1\right)\pi$

5. $\iint_D \frac{1}{x^2+y^2}dA$, donde D es la región en el primer cuadrante comprendida entre

las circunferencias $x^2+y^2=1$, $x^2+y^2=9$. *Rpta.* $\frac{\pi}{2}\ln 3$

6. $\iint_D \sqrt{9-x^2-y^2}\,dA$. D es la región encerrada por la circunferencia $x^2+y^2-3x=0$

Rpta. 9π

7. $\iint_D \tan^{-1}\left(\frac{y}{x}\right)dA$, $D=\left\{(x,\ y)\ /\ 1\le x^2+y^2\le 9,\ \frac{1}{\sqrt{3}}x\le y\le \sqrt{3}\,x\right\}$

Rpta. $\pi^2/6$

En los problemas del 8 al 13 evaluar las integrales iteradas indicadas, transformándolas a coordenadas polares.

8. $\int_0^a \int_0^{\sqrt{a^2-x^2}} e^{x^2+y^2}\,dydx$ *Rpta.* $\frac{\pi}{4}\left(e^{a^2}-1\right)$

9. $\int_{-a}^a \int_0^{\sqrt{a^2-y^2}} \left(x^2+y^2\right)^{5/2} dxdy$ *Rpta.* $\frac{\pi}{7}a^7$

10. $\int_0^{2a} \int_0^{\sqrt{2ax-x^2}} \left(x^2+y^2\right)dydx$ *Rpta.* $\frac{3}{4}\pi a^4$

11. $\int_0^1 \int_{x^2}^x \frac{1}{\sqrt{x^2+y^2}}dydx$ *Rpta.* $\sqrt{2}-1$

12. $\int_{-a}^a \int_0^{\sqrt{a^2-y^2}} \operatorname{sen}\left(x^2+y^2\right)dxdy$ *Rpta.* $\frac{\pi}{2}\left(1-\cos a^2\right)$

13. $\int_{-a}^{a}\int_{0}^{\sqrt{a^2-y^2}} \ln\left(1+x^2+y^2\right)dxdy$ *Rpta.* $\frac{\pi}{2}\left[\left(1+a^2\right)\ln\left(1+a^2\right)-a^2\right]$

En los problemas del 14 al 21, usar coordenadas polares para hallar el volumen del sólido indicado.

14. El sólido delimitado por el cilindro $x^2+y^2=16$, el plano XY y el plano $z=4-x$

Rpta. 64π

15. El sólido bajo el paraboloide $z=x^2+y^2$ dentro del cilindro $x^2+y^2=4$ y sobre el plano XY. *Rpta.* 8π

16. El sólido que está dentro de la esfera $x^2+y^2+z^2=25$ y dentro del cilindro $x^2+y^2=16$. *Rpta.* $\frac{392}{3}\pi$

17. El sólido que está dentro de la esfera $x^2+y^2+z^2=25$ y fuera del cilindro $x^2+y^2=16$. *Sugerencia: Usar el resultado del problema 16.*

Rpta. 36π

18. El sólido que está dentro del elipsoide $9x^2+9y^2+z^2=36$ y dentro del cilindro $x^2+y^2=1$. *Rpta.* $4\left(8-3\sqrt{3}\right)\pi$

19. El sólido que está dentro del elipsoide $9x^2+9y^2+z^2=36$ y fuera del cilindro $x^2+y^2=1$. *Rpta.* $3\sqrt{3}\pi$

20. El sólido que está dentro de la esfera $x^2+y^2+z^2=16$ y dentro del cilindro $x^2+y^2=4x$. *Rpta.* $\frac{64}{3}\left(\pi-\frac{4}{3}\right)$

21. El sólido que está dentro del elipsoide $\frac{x^2}{a^2}+\frac{y^2}{a^2}+\frac{z^2}{c^2}=1$ y dentro del cilindro $x^2+y^2=ay$. *Rpta.* $\frac{2a^2c}{9}(3\pi-4)$

22. Hallar el área de la región encerrada por las circunferencias $r=4\cos\theta$ y $r=\frac{4}{\sqrt{3}}\operatorname{sen}\theta$. *Rpta.* $\frac{2}{9}\left(5\pi-6\sqrt{3}\right)$

23. Hallar el área de la región del primer cuadrante encerrada por la circunferencia $r=4\operatorname{sen}\theta$ y la lemniscata $r^2=8\cos\theta$.

Rpta. $2+2\pi/3-2\sqrt{3}$

24. Hallar el área de la región del primer cuadrante que está dentro de la circunferencia $r=4\operatorname{sen}\theta$ fuera de la lemniscata $r^2=8\cos\theta$. *Sugerencia: Usar el resultado del problema anterior* *Rpta.* $4\pi/3+2\sqrt{3}-2$

25. Probar que $\displaystyle\int_0^{\infty}\int_0^{\infty}\frac{dA}{\left(1+x^2+y^2\right)^2}=\frac{\pi}{4}$

Sugerencia: $\displaystyle\int_0^{\infty}\int_0^{\infty}\frac{dA}{\left(1+x^2+y^2\right)^2}=\frac{1}{4}\lim_{a\to\infty}\iint_D\frac{dA}{\left(1+x^2+y^2\right)^2}$, donde

$$D=\left\{(x,\ y)\ /\ x^2+y^2\leq a^2\right\}$$

SECCION 4.5

APLICACIONES DE LAS INTEGRALES DOBLES

MASA DE UNA LAMINA

En la sección 4.6 del capítulo 4 de nuestro texto de Cálculo Integral se estudió algunas aplicaciones de la integral simple para calcular los momentos y el centro de masa de una lámina homogénea. Recordemos que una lámina es homogénea si la densidad del material, que mide la masa por unidad de área, es constante. Ahora, las integrales dobles nos permitirá trabajar con láminas no homogéneas.

Supongamos que tenemos una lámina no homogénea que ocupa una región D en el plano XY. La densidad la expresamos mediante una función, $\delta : D\to\mathbb{R}$, a la que llamaremos **función densidad** y la definimos del modo siguiente:

Sea (x, y) un punto de la región D. Tomamos un pequeño rectángulo con centro el punto (x, y) y de área ΔA. Si ΔM es la masa de esta porción de la lámina, entonces

$$\delta(x, y)=\lim_{\Delta A\to 0}\frac{\Delta M}{\Delta A}$$

De esta igualdad obtenemos la siguiente aproximación:

$$\Delta M\approx\delta(x, y)\Delta A.$$

Buscamos una fórmula que nos permita calcular la masa total de una lámina que ocupa una región D del plano XY, y que tiene una función de densidad continua $\delta(x, y)$. En primer lugar establecemos que $\delta(x, y)=0$ si (x, y) está fuera de D. Ahora encerramos la región mediante un rectángulo y lo subdividimos en rectángulos más pequeños del mismo tamaño, obteniendo una partición

$$\mathcal{P}=\left\{\ R_1,\ R_2, R_3,\ .\ .\ .\ , R_N\ \right\}$$

En cada rectágunlo R_i tomamos un punto $\left(x_i^*, y_i^*\right)$. La siguiente suma es aproximación a la masa total

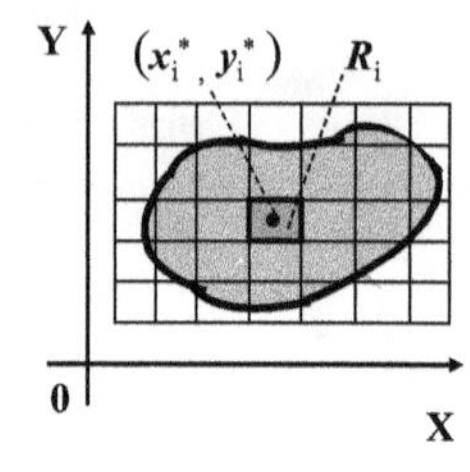

$$M \approx \sum_{i=1}^{N} \delta\left(x_i^*, y_i^*\right)\Delta_i A$$

Tomando límite cuando la norma de la partición va a cero, $\| \mathcal{P} \| \to 0$, obtenemos:

$$M = \lim_{\| \mathcal{P} \| \to 0} \sum_{i=1}^{N} \delta\left(x_i^* . y_i^*\right) \Delta_i A = \iint_D \delta(x, y)\, dA$$

DEFINICION. **Masa de una lámina de densidad variable**

Si una lámina con función densidad continua $\delta(x, y)$, ocupa una región D del plano XY, entonces su masa total M está dada por

$$M = \iint_D \delta(x, y)\, dA$$

EJEMPL0 1. Los vértices de una lámina triangular están en los puntos (0, 0), $(a, 0)$ y $(0, a)$, donde $a > 0$. La función densidad de la lámina es $\delta(x, y) = xy$. Hallar la masa total de la lámina.

Solución

La ecuación de la recta que pasa por los vértices $(0, a)$ y $(a, 0)$ es $y = a - x$.

Ahora,

$$M = \iint_D \delta(x, y) dA = \int_0^a \int_0^{a-x} xy\, dydx$$

$$= \int_0^a \left[\frac{1}{2}xy^2\right]_0^{a-x} dx = \frac{1}{2}\int_0^a x(a-x)^2\, dx = \frac{1}{2}\int_0^a \left(a^2 x - 2ax^2 + x^3\right)dx = \frac{a^4}{24}$$

MOMENTOS Y CENTRO DE MASA

Consideremos una partición de la región D ocupada por la lámina. Tomamos el rectángulo R_i de área ΔA_i . Suponemos que la masa ΔM_i de este rectángulo está concentrada en un punto (x_i, y_i) interior de R_i. Se tiene que:

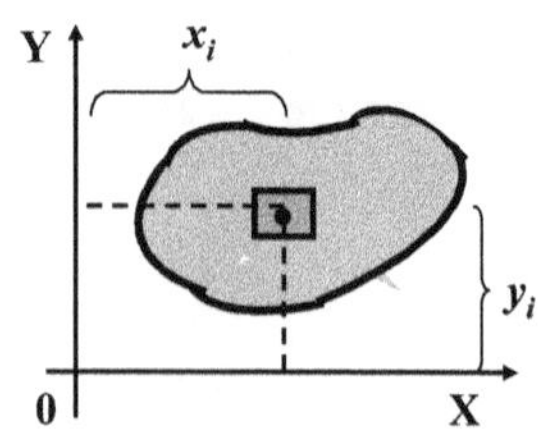

Momento de R_i respecto al eje X =

$$(y_i)\, \Delta M_i \approx (y_i)\left[\delta\left(x_i . y_i\right)\Delta A_i\right]$$

Momento de R_i respecto al eje Y =

$$(x_i)\, \Delta M_i \approx (x_i)\left[\delta\left(x_i . y_i\right)\Delta A_i\right]$$

Tomando las sumas de Riemann y llevando la norma de la partición a 0 obtenemos los momentos de la lámina respecto a los ejes X y Y que definimos a continuación.

DEFINICION. **Momentos y centro de masa de una lámina de densidad variable**

Si una lámina, con una función densidad continua $\delta(x, y)$, ocupa una región D del plano XY, entonces

1. El **momento** de la lámina **respecto al eje X** es

$$M_x = \iint_D y\delta(x, y)dA$$

2. El **momento** de la lámina **respecto al eje Y** es

$$M_y = \iint_D x\delta(x, y)dA$$

3. El **centro de masa** de la lámina es el punto $(\bar{x}, \bar{y})$ tal que

$$\bar{x} = \frac{M_y}{M}, \qquad \bar{y} = \frac{M_x}{M}$$

OBSERVACION. Si la lámina es homogénea, o sea si la función de densidad es constante, $\delta(x, y) = k$, entonces los valores de $\bar{x}$ **y** $\bar{y}$ son independientes de $\delta(x, y) = k$ y sólo dependen de la geometría de la región. En este caso, al punto $(\bar{x}, \bar{y})$ se le llama **centroide de la región**.

EJEMPLO 2. Hallar los momentos respecto a los ejes y el centro de masa de la lámina triangular del ejemplo 1.

Solución

1. $M_x = \iint_D y\delta(x, y)\, dA = \iint_D y(xy)\, dA = \int_0^a \int_0^{a-x} xy^2 dydx$

$$= \frac{1}{3}\int_0^a \left[xy^3\right]_0^{a-x} dx = \frac{1}{3}\int_0^a x(a-x)^3\, dx = \frac{a^5}{60}$$

2. $M_y = \iint_D x\delta(x, y)\, dA = \iint_D x(xy)\, dA = \int_0^a \int_0^{a-x} x^2 ydydx$

$$= \frac{1}{2}\int_0^a \left[x^2y^2\right]_0^{a-x} dx = \frac{1}{2}\int_0^a x^2(a-x)^2\, dx = \frac{a^5}{60}$$

3. $\bar{x} = \dfrac{M_y}{M} = \dfrac{a^5/60}{a^4/24} = \dfrac{2a}{5}$, $\quad \bar{y} = \dfrac{M_x}{M} = \dfrac{a^5/60}{a^4/24} = \dfrac{2a}{5}$.

El centro de masa está en el punto $(\bar{x}, \bar{y}) = \left(\dfrac{2a}{5}, \dfrac{2a}{5}\right)$.

EJEMPLO 3. Una lámina ocupa la región del primer cuadrante encerrada por la circunferencia $(x - a/2)^2 + y^2 = a^2$. La densidad en un punto es proporcional a la distancia del punto al origen. Esto es,

$$\delta(x, y) = k\sqrt{x^2 + y^2}\ , \quad k \text{ es una constante.}$$

Hallar:

1. M, la masa de la lámina.

2. M_x, el momento de masa respecto al eje X.

3. M_y, el momento de masa respecto al eje Y.

4. $(\bar{x}, \bar{y})$, el centro de masa

Solución

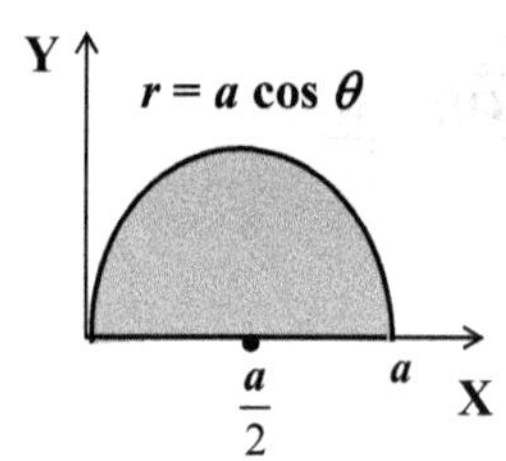

Cambiamos a coordenadas polares.

La ecuación en coordenadas polares de la circunferencia

$$(x - a/2)^2 + y^2 = a^2 \quad \text{es} \quad r = a\cos\theta$$

1. Masa.

$$M = \iint_D \delta(x, y)dA = \iint_D k\sqrt{x^2 + y^2}\,dA = k\iint_D r r dr d\theta = k\int_0^{\pi/2}\int_0^{a\cos\theta} r^2 dr d\theta$$

$$= k\int_0^{\pi/2}\left[\frac{r^3}{3}\right]_0^{a\cos\theta} d\theta = \frac{k}{3}\int_0^{\pi/2}(a\cos\theta)^3 d\theta = \frac{ka^3}{3}\int_0^{\pi/2}\cos^3\theta d\theta$$

$$= \frac{ka^3}{3}\left(\frac{2}{3}\right) = \frac{2ka^3}{9}$$

2. Momento de masa respecto al eje X.

$$M_x = \iint_D y\delta(x, y)\,dA = \iint_D y\left(k\sqrt{x^2 + y^2}\right)dA = k\iint_D r\operatorname{sen}\theta(r)\,r dr d\theta$$

$$= k\int_0^{\pi/2}\int_0^{a\cos\theta} r^3\operatorname{sen}\theta\,dr d\theta = \frac{ka^4}{4}\int_0^{\pi/2}\left(\cos^4\theta\right)\operatorname{sen}\theta\,d\theta = \frac{ka^4}{20}$$

3. Momento de masa respecto al eje Y.

$$M_y = \iint_D x\delta(x, y)\, dA = \iint_D x\left(k\sqrt{x^2+y^2}\right) dA = k\iint_D r\cos\theta(r)\, rdrd\theta$$

$$= k\int_0^{\pi/2}\int_0^{a\cos\theta} r^3\cos\theta drd\theta = \frac{ka^4}{4}\int_0^{\pi/2}\cos^5\theta d\theta = \frac{2ka^4}{15}$$

4. Centro de masa.

$$(\overline{x}, \overline{y}) = \left(\frac{M_y}{M}, \frac{M_x}{M}\right) = \left(\frac{2ka^4/15}{2ka^3/9}, \frac{ka^4/20}{2ka^3/9}\right) = \left(\frac{3a}{5}, \frac{9a}{40}\right)$$

MOMENTO DE INERCIA

DEFINCION. Si una lámina, con función densidad continua $\delta(x, y)$, ocupa una región D del plano XY, entonces

1. El **momento de inercia respecto al eje X** es

$$I_x = \iint_D y^2\delta(x, y)dA$$

2. El **momento de inercia respecto al eje Y** es

$$I_y = \iint_D x^2\delta(x, y)dA$$

3. El **momento de inercia respecto al origen o momento polar de inercia** es

$$I_0 = \iint_D (x^2+y^2)\delta(x, y)dA = I_x + I_y$$

EJEMPLO 4. Una lámina ocupa el cuadrado D de vértices (0, 0), (0, a), (a, 0), (a, a). La densidad en un punto P = (x, y) es proporcional a la distancia de P al eje X. Esto es, $\delta(x, y) = ky$, donde k es una constante positiva. Hallar los momentos de inercia respecto a los ejes y al origen.

Solución

Y
a
(a, a)
P = (x, y)
y
a
X

1. $I_x = \iint_D y^2\delta(x, y)dA = \iint_D y^2(ky)\, dA = k\int_0^a\int_0^a y^3 dydx$

$$= k\int_0^a\left[\frac{y^4}{4}\right]_0^a dx = \frac{ka^4}{4}\int_0^a dx = \frac{ka^5}{4}$$

2. $I_y = \iint_D x^2 \delta(x, y) dA = \iint_D x^2 (ky)\, dA = k \int_0^a \int_0^a x^2 y dy dx$

$$= k \int_0^a \left[x^2 \frac{y^2}{2} \right]_0^a dx = \frac{ka^2}{2} \int_0^a x^2 dx = \frac{ka^3}{2} \left[\frac{x^3}{3} \right]_0^a = \frac{ka^2}{2} \left[\frac{a^3}{3} \right] = \frac{ka^5}{6}$$

3. $I_0 = I_x + I_y = \dfrac{ka^5}{4} + \dfrac{ka^5}{6} = \dfrac{5ka^5}{12}$

DEFINICION. **Radio de giro**

Si una lámina tiene masa M y si sus momentos de inercia respecto a los ejes son I_x y I_y, entonces

1. El radio de giro de la lámina respecto al eje X es $\overline{\overline{y}} = \sqrt{\dfrac{I_x}{M}}$

2. El radio de giro de la lámina respecto al eje Y es $\overline{\overline{x}} = \sqrt{\dfrac{I_y}{M}}$

EJEMPLO 5. Hallar los radios de giro respecto al eje X y al eje Y de la lámina del ejemplo 4.

Solución

En primer lugar hallemos la masa de la lámina.

$$M = \iint_D \delta(x, y) dA = \iint_D ky dA = k \int_0^a \int_0^a y dy dx = k \int_0^a \left[\frac{a^2}{2} \right] dx = \frac{ka^3}{2}$$

Ahora,

$$\overline{\overline{y}} = \sqrt{\frac{I_x}{M}} = \sqrt{\frac{ka^5/4}{ka^3/2}} = \frac{\sqrt{2}}{2} a, \qquad \overline{\overline{x}} = \sqrt{\frac{I_y}{M}} = \sqrt{\frac{5ka^5/12}{ka^3/2}} = \frac{\sqrt{30}}{6} a$$

APLICACIÓN A LAS PROBABILIDADES

La presión arterial de una persona escogida al azar, el ingreso mensual de un individuo tomado al azar, la talla de un estudiante de cierta universidad, tomado al azar, son tres ejemplos de cantidades llamadas **variables aleatorias continuas**. El término "continua" es usado para indicar que los valores de las variables están situados en un intervalo de números reales.

Trabajaremos con dos variables aleatorias X y Y, consideradas simultáneamente. Así, si X es la edad de un paciente de cierta clínica, tomado aleatoriamente, y si Y es el índice de colesterol del paciente, la probabilidad de que la edad del paciente esté en el intervalo $[25, 50]$ y que su colesterol esté en el intervalo $[120, 200]$ se denota de dos maneras:

$$P(25 \leq X \leq 50,\ 120 \leq Y \leq 200) \text{ o } P((X, Y) \in D), \text{ donde } D = [25, 50] \times [120, 200]$$

DEFINICION. Sea X e Y dos variables aleatorias continuas. Se llama **función de densidad conjunta** de X y Y a una función $z = f(x, y)$ de dos variables tal que:

1. La probabilidad de que (X, Y) esté en una región D es

$$P((X, Y) \in D) = \iint_D f(x, y)\, dA$$

2. $f(x, y) \geq 0$

3. $\displaystyle\iint_{\mathbb{R}^2} f(x, y)\, dA = \int_{-\infty}^{\infty}\int_{-\infty}^{\infty} f(x, y)dydx = 1$

EJEMPLO 6. La siguiente función es la función de densidad conjunta de las variables aleatorias X e Y

$$f(x, y) = \begin{cases} Cxy, & \text{si } 0 \leq x \leq 5,\ 0 \leq y \leq 10 \\ 0, & \text{en otros casos} \end{cases}$$

1. Hallar el valor de la constante C.

2. Hallar $P(X \leq 3, Y \geq 6)$

3. Hallar $P(X \geq 3)$

Solución

1. Debemos tener que $\displaystyle\int_{-\infty}^{\infty}\int_{-\infty}^{\infty} f(x, y)dydx = 1.$

Ahora,

$$1 = \int_{-\infty}^{\infty}\int_{-\infty}^{\infty} f(x, y)dydx = \int_0^5\int_0^{10} Cxy\ dydx = C\int_0^5 x\left[\frac{y^2}{2}\right]_0^{10} dx$$

$$= 50C\int_0^5 xdx = 50C\left[\frac{x^2}{2}\right]_0^5 = 625C \Rightarrow C = \frac{1}{625}.$$

Luego,

$$f(x, y) = \begin{cases} \dfrac{1}{625}xy, & \text{si } 0 \leq x \leq 5,\ 0 \leq y \leq 10 \\ 0, & \text{en otros casos} \end{cases}$$

2. $P(X \leq 3, Y \geq 6) = \int_{-\infty}^{3}\int_{6}^{\infty} \frac{1}{625} xy\, dydx = \int_{0}^{3}\int_{6}^{10} \frac{1}{625} xy\, dydx$

$$= \frac{1}{625}\int_{0}^{3} x\left[\frac{y^2}{2}\right]_{6}^{10} dx = \frac{1}{625}\int_{0}^{3} x[50-18]dx$$

$$= \frac{32}{625}\int_{0}^{3} xdx = \frac{32}{625}\left[\frac{x^2}{2}\right]_{0}^{3} = \frac{32}{625}\left[\frac{9}{2}\right] = \frac{144}{625} \approx 0.23$$

3. $P(X \geq 3) = \int_{3}^{\infty}\int_{-\infty}^{\infty} \frac{1}{625} xy\, dydx = \int_{3}^{5}\int_{0}^{10} \frac{1}{625} xy\, dydx$

$$= \frac{1}{625}\int_{3}^{5} x\left[\frac{y^2}{2}\right]_{0}^{10} dx = \frac{50}{625}\int_{3}^{5} xdx = \frac{50}{625}\left[\frac{x^2}{2}\right]_{3}^{5}$$

$$= \frac{50}{625}\left[\frac{25}{2} - \frac{9}{2}\right] = \frac{16}{25} = 0.64$$

DEFINICION. Sea X una variable aleatoria con función de densidad de probabilidad $f_1(x)$ y sea Y otra variable aleatoria con función de densidad de probabilidad $f_2(x)$. Se dice que X y Y son **variables aleatorias independientes** si su función de probabilidad conjunta $f(x, y)$ es el producto de las funciones de densidad individuales. Esto es,

$$f(x, y) = f_1(x)\, f_2(x).$$

EJEMPLO 7. Se toma, aleatoriamente, un cliente de un supermercado particular. Sea X número de minutos que demora el cliente para meter en su carrito los productos que va a comprar y sea Y el número de minutos que el cliente debe esperar en la cola para pagar en la caja. Las funciones de densidad de X y Y son, respectivamente:

$$f_1(x) = \begin{cases} \frac{1}{30} e^{-x/30}, & \text{si } x \geq 0 \\ 0, & \text{si } x < 0 \end{cases}, \qquad f_2(y) = \begin{cases} \frac{1}{10} e^{-y/10}, & \text{si } y \geq 0 \\ 0, & \text{si } y < 0 \end{cases},$$

Si X y Y son variables aleatorias independientes, hallar

a. La función de densidad conjunta de X y Y

b. La probabilidad de que el tiempo total para que el cliente realice las dos tareas no exceda los 40 minutos.

c. La probabilidad de que el tiempo total para que el cliente realice las dos tareas exceda los 40 minutos.

Solución

a. $f(x, y) = f_1(x)\, f_2(x) = \begin{cases} \left(\dfrac{1}{30}e^{-x/30}\right)\left(\dfrac{1}{10}e^{-y/10}\right), & \text{si } x \geq 0 \text{ y } y \geq 0 \\ 0, & \text{el cualquier otro caso} \end{cases}$

$$= \begin{cases} \dfrac{1}{300}e^{-x/30}\, e^{-y/10}, & \text{si } x \geq 0 \text{ y } y \geq 0 \\ 0, & \text{el cualquier otro caso} \end{cases}$$

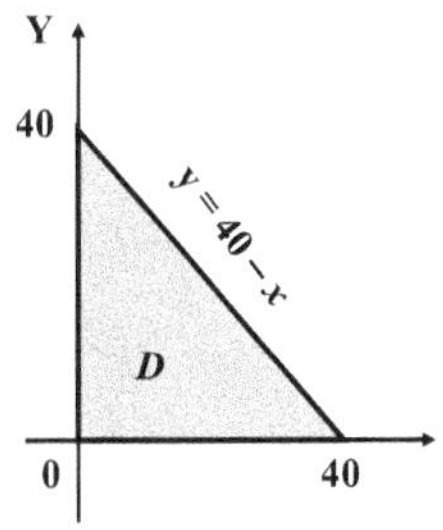

b. Buscamos la probabilidad de que $X + Y \leq 40$. Esto significa que buscamos la probabilidad de que el punto (x, y) esté en la región D del primer cuadrante encerrada por los ejes coordenados y la recta $x + y = 40$

$$P\big((X, Y) \in D\big) = \iint_D f(x, y)\, dA$$

$$= \frac{1}{300}\int_0^{40}\int_0^{40-x} e^{-x/30}\, e^{-y/10} dydx = \frac{1}{300}\int_0^{40} e^{-x/30}\left[e^{-y/10}\Big/ -\frac{1}{10}\right]_0^{40-x} dx$$

$$= -\frac{1}{30}\int_0^{40} e^{-x/30}\left[e^{-(40-x)/10} - 1\right] dx = -\frac{1}{30}\int_0^{40}\left[e^{-4}e^{x/15} - e^{-x/30}\right] dx$$

$$= -\frac{e^{-4}}{30}\int_0^{40} e^{x/15} dx + \frac{1}{30}\int_0^{40} e^{-x/30} dx = -\frac{15e^{-4}}{30}\left[e^{x/15}\right]_0^{40} + \frac{-30}{30}\left[e^{-x/30}\right]_0^{40}$$

$$= -\frac{e^{-4}}{2}\left[e^{40/15} - 1\right] - \left[e^{-40/30} - 1\right] = -\frac{e^{-4}e^{8/3}}{2} + \frac{e^{-4}}{2} - e^{-\frac{4}{3}} + 1$$

$$= -\frac{1}{2e^{4/3}} + \frac{1}{2e^4} - \frac{1}{e^{4/3}} + 1 = \frac{1}{2e^4} - \frac{3}{2e^{4/3}} + 1 \approx 0.8773$$

c. $1 - P\big((X, Y) \in D\big) \approx 1 - 0.8773 = 0.123$

DEFINICION. Sean X y Y dos variables aleatorias y sea $z = f(x, y)$ su función de densidad conjunta. Se llama **media, esperanza o valor esperado respecto al eje X y al eje Y,** respectivamente a:

1. $\mu_1 = \displaystyle\iint_{\mathbb{R}^2} xf(x, y)\, dA$ **2.** $\mu_2 = \displaystyle\iint_{\mathbb{R}^2} yf(x, y)\, dA$

EJEMPLO 8. Una fábrica produce lavadoras y neveras. Sea X el número de meses después de los cuales una nevera, escogida al azar, necesita ser reparada. Sea Y el número de meses después de los cuales una lavadora, escogida al azar, necesita ser reparada. X e Y son variables aleatorias independientes y sus funciones de densidad probabilísticas son, respectivamente,

$$f_1(x) = \begin{cases} 0.02e^{-0.02x}, & \text{si } x \geq 0 \\ 0, & \text{si } x < 0 \end{cases}, \quad f_2(y) = \begin{cases} 0.03\, e^{-0.03x}, & \text{si } y \geq 0 \\ 0, & \text{si } y < 0 \end{cases}$$

La fábrica otorga 15 meses de garantía para la nevera y 12 meses para la lavadora.

1. Hallar la función de densidad conjunta de X e Y.

2. Hallar la probabilidad de que un cliente que compró ambos aparatos, tomado al azar, necesite usar ambas garantías.

Solución

1. $f(x, y) = f_1(x)\, f_2(x). = \begin{cases} 0.02e^{-0.02x}\, 0{,}03e^{-0.03y}, & \text{si } x \geq 0 \text{ e } y \geq 0 \\ 0, & \text{en otro caso} \end{cases} \Rightarrow$

$$f(x, y) = \begin{cases} 0.0006e^{-0.02x-0.03y}, & \text{si } x \geq 0 \text{ e } y \geq 0 \\ 0, & \text{en otro caso} \end{cases}$$

2. $P\left(0 \leq X \leq 15,\, 0 \leq Y \leq 12\right) = \int_0^{15}\int_0^{12} f(x, y)dydx$

$$= \int_0^{15}\int_0^{12} 0.0006e^{-0.02x-0.03y}dydx$$

$$= -0.02\int_0^{15}\int_0^{12}\left[e^{-0.03y}(-0.03)dy\right]e^{-0.02x}dx$$

$$= -0.02\int_0^{15}\left[e^{-0.03y}\right]_0^{12} e^{-0.02x}dx$$

$$= \left(e^{-0.36}-1\right)\int_0^{15} e^{-0.02x}\left(-0.02dx\right)$$

$$= \left(e^{-0.36}-1\right)\left[e^{-0.02x}\right]_0^{15} = \left(e^{-0.36}-1\right)\left(e^{-0.3}-1\right)$$

$$\approx 0.07837$$

Una variable aleatoria es **normalmente distribuida** si su función de densidad de probabilidad es de la forma

$$f(x) = \frac{1}{\sigma\sqrt{2\pi}} e^{-(x-\mu)^2/2\sigma^2}$$

donde μ es la media o esperanza y σ es la desviación estándar.

EJEMPLO 9. Una fábrica de vidrio produce láminas de cristal de 3 m de largo y 2 m ancho. El largo X es normalmente distribuido con media $\mu_1 = 3\text{m}$ y $\sigma_1 = 0.004\text{m}$ de desviación estándar. El ancho Y es normalmente distribuido con media $\mu_2 = 2$ m y $\sigma_2 = 0.004$ m de desviación estándar. Si X y Y son independientes, hallar

1. La función de densidad conjunta
2. La probabilidad de que una lámina escogida aleatoriamente, su largo y su ancho difieran de la media por menos de 0.004 m.

Solución

1. Como X y Y son normalmente distribuidas con medias $\mu_1 = 3$ y $\mu_2 = 2$ y desviaciones estándar $\sigma_1 = \sigma_2 = 0.004$, las funciones de densidad de X y Y, son respectivamente,

$$f_1(x) = \frac{1}{0.004\sqrt{2\pi}} e^{-(x-3)^2/2(0.004)^2} \qquad f_2(y) = \frac{1}{0.004\sqrt{2\pi}} e^{-(y-2)^2/2(0.004)^2}$$

Luego,

$$f(x, y) = f_1(x)\, f_2(x) = \frac{1}{0.004\sqrt{2\pi}} e^{-(x-3)^2/2(0.004)^2}\ \frac{1}{0.004\sqrt{2\pi}} e^{-(y-2)^2/2(0.004)^2} \Rightarrow$$

$$f(x, y) = \frac{31250}{\pi} e^{-31250\left[(x-3)^2 + (y-2)^2\right]}$$

2. Usando Maple para calcular la integral, tenemos:

$$P\big(2.996 < X < 3.004,\ 1.996 < Y < 2.004\big) = \int_{2.996}^{3.004}\int_{1.996}^{2.004} f(x, y)\,dydx$$

$$= \frac{31250}{\pi}\int_{2.996}^{3.004}\int_{1.996}^{2.004} e^{-31250\left[(x-3)^2 + (y-2)^2\right]} dydx \approx \frac{31250}{\pi}(0,0000117) = 0.1164$$

PROBLEMAS RESUELTOS 4.5

PROBLEMA 1. Una lámina ocupa la región semicircular superior encerrada por la circunferencia $x^2 + y^2 = a^2$ y el eje X. La densidad en un punto es proporcional al cuadrado de la distancia del punto al origen. Esto es, $\delta(x, y) = k\left(x^2 + y^2\right)$, k es una constante.

Hallar:

1. M, la masa de la lámina.
2. M_x, el momento de masa respecto al eje X.
3. M_Y, el momento de masa respecto al eje Y.
4. $(\bar{x},\ \bar{y})$, el centro de masa

Solución

1. Masa: $M = \iint_D \delta(x, y)\, dA = \iint_D k\left(x^2 + y^2\right) dA$

$$= k\int_0^{\pi}\int_0^{a} r^2 r\,dr\,d\theta = k\int_0^{\pi}\left[\frac{r^4}{4}\right]_0^a d\theta$$

$$= \frac{ka^4}{4}\int_0^{\pi} d\theta = \frac{k\pi a^4}{4}$$

2. $M_X = \iint_D y\delta(x, y)\, dA = \iint_D yk\left(x^2 + y^2\right) dA = k\int_0^{\pi}\int_0^{a} r\operatorname{sen}\theta\, r^2\, r\,dr\,d\theta$

$$= k\int_0^{\pi}\int_0^{a} r^4 \operatorname{sen}\theta\, dr\,d\theta = \frac{ka^5}{5}\int_0^{\pi}\operatorname{sen}\theta\, d\theta = \frac{ka^5}{5}\left[-\cos\theta\right]_0^{\pi} = \frac{2ka^5}{5}$$

Luego,

$$\bar{y} = \frac{M_x}{M} = \frac{2ka^5}{5}\Big/\frac{k\pi a^4}{4} = \frac{8a}{5\pi}$$

3. $\bar{x} = 0$, ya que tanto la región como la densidad de la lámina son simétricas respecto al eje Y.

4. El centro de masa de la lámina es $(\bar{x},\ \bar{y}) = \left(0,\ \dfrac{8a}{5\pi}\right)$

PROBLEMA 2. Una lámina homogénea con densidad $\delta(x, y) = 1$ ocupa el anillo encerrado por las circunferencias de centro en origen y de radios a y b, siendo $a < b$. Hallar

1. I_0, el momento de inercia respecto al origen.
2. I_X, el momento de inercia respecto al eje X.
3. I_y, el momento de inercia respecto al eje Y.

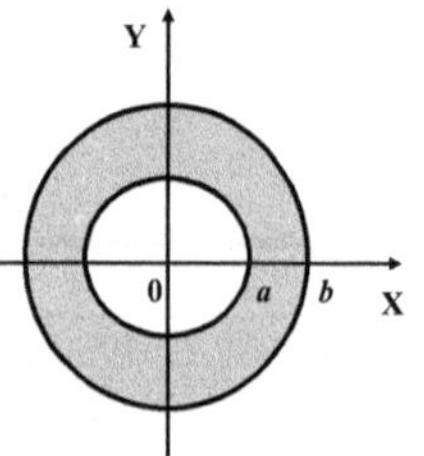

Solución

1. $I_0 = \iint_D \left(x^2 + y^2\right)\delta(x, y)\, dA = \iint_D \left(x^2 + y^2\right) dA$

$$= \int_0^{2\pi}\int_a^b r^2 r dr d\theta = \frac{1}{4}\int_0^{2\pi}\left(b^4 - a^4\right)d\theta = \frac{\pi}{2}\left(b^4 - a^4\right)$$

2. $$I_X = \iint_D y^2 \delta(x, y)\, dA = \iint_D y^2\, dA = \int_0^{2\pi}\int_a^b r^2 \operatorname{sen}^2\theta\; r dr d\theta$$

$$= \frac{b^4 - a^4}{4}\int_0^{2\pi} \operatorname{sen}^2\theta\, d\theta = \frac{b^4 - a^4}{4}\int_0^{2\pi}\frac{1-\cos 2\theta}{2}\, d\theta = \frac{\pi}{4}\left(b^4 - a^4\right)$$

3. $$I_y = I_0 - I_X = \frac{\pi}{2}\left(b^4 - a^4\right) - \frac{\pi}{4}\left(b^4 - a^4\right) = \frac{\pi}{4}\left(b^4 - a^4\right)$$

PROBLEMA 3. Una lámina ocupa la región encerrada por la cardiode

$$r = a(1 + \cos\theta).$$

La densidad de la lámina es $\delta(x, y) = \sqrt{x^2 + y^2} = r.$

Hallar:

1. M, la masa de la lámina.

2. M_y, el momento de masa respecto al eje Y.

3. $(\overline{x}, \overline{y})$, el centro de masa.

Solución

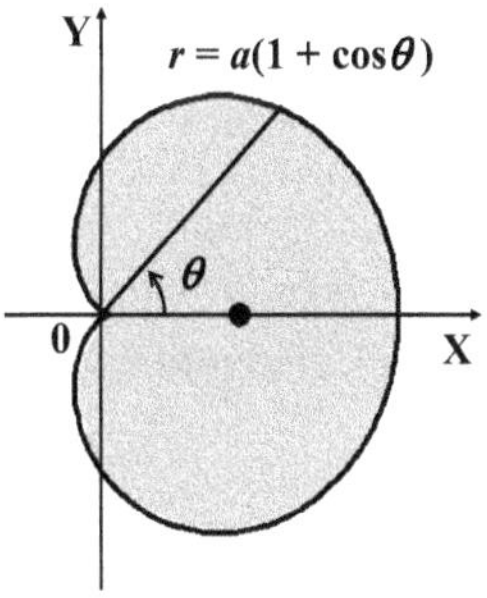

Y r = a(1 + cosθ) θ 0 X

1. $$M = \iint_D \delta(x, y) dA = 2\int_0^{\pi}\int_0^{a(1+\cos\theta)} r r dr d\theta$$

$$= 2\int_0^{\pi}\left[\frac{r^3}{3}\right]_0^{a(1+\cos\theta)} d\theta = \frac{2a^3}{3}\int_0^{\pi}(1+\cos\theta)^3\, d\theta$$

$$= \frac{2a^3}{3}\int_0^{\pi}\left(1 + 3\cos\theta + 3\cos^2\theta + \cos^3\theta\right)d\theta$$

$$= \frac{2a^3}{3}\int_0^{\pi} d\theta + 2a^3\int_0^{\pi}\cos\theta d\theta + 2a^3\int_0^{\pi}\cos^2\theta d\theta + \frac{2a^3}{3}\int_0^{\pi}\cos^3\theta d\theta$$

$$= \frac{2\pi a^3}{3} + 0 + \pi a^3 + 0 = \frac{5\pi a^3}{3}$$

2. $$M_y = \iint_D x\delta(x, y)\, dA = 2\int_0^{\pi}\int_0^{a(1+\cos\theta)} r\cos\theta\; r dr d\theta$$

$$= 2\int_0^{\pi}\int_0^{a(1+\cos\theta)} r^3\cos\theta\, dr d\theta = 2\int_0^{\pi}\left[\frac{r^4}{4}\right]_0^{a(1+\cos\theta)}\cos\theta\, d\theta$$

$$= \frac{a^4}{2}\int_0^{\pi}(1+\cos\theta)^4\cos\theta\, d\theta$$

$$= \frac{a^4}{2}\int_0^{\pi}\left(\cos\theta + 4\cos^2\theta + 6\cos^3\theta + 4\cos^4\theta + \cos^5\theta\right)^4 d\theta = \frac{7\pi a^4}{4}$$

3. $\bar{x} = \frac{M_y}{M} = \frac{7\pi a^4/4}{5\pi a^3/3} = \frac{21a}{20}$

$\bar{y} = 0$, ya que tanto la región como la densidad de la lámina son simétricas respecto al eje X.

Luego, $\left(\bar{x},\ \bar{y}\right) = \left(\frac{21a}{20},\ 0\right)$

PROBLEMAS PROPUESTOS 4.5

En los problemas del 1 al 10 hallar la masa y el centro de masa de la lámina que ocupa la región D y que tiene la función densidad δ indicada.

1. $D = \left\{(x,\ y)\ /\ 0 \le x \le a,\ 0 \le y \le a\right\}$, $\delta(x, y) = x + y$

Rpta. $M = a^3$, $\left(\bar{x},\ \bar{y}\right) = \left(7a/12,\ 7a/12\right)$

2. D el triángulo con vértices (0, 0), (0, 3) y (2, 3), $\delta(x, y) = x + y$

Rpta. $M = 8$, $\left(\bar{x},\ \bar{y}\right) = \left(13/16,\ 9/4\right)$

3. $D = \left\{(x,\ y)\ /\ 0 \le y \le \operatorname{sen} x,\ 0 \le x \le \pi\right\}$, $\delta(x, y) = x + y$

Rpta. $M = \frac{\pi}{4}$, $\left(\bar{x},\ \bar{y}\right) = \left(\pi/2,\ 16/9\pi\right)$

4. $D = \left\{(x,\ y)\ /\ 0 \le y \le \sqrt{a^2 - x^2},\ 0 \le x \le a\right\}$, $\delta(x, y) = xy$

Rpta. $M = \frac{a^4}{8}$, $\left(\bar{x},\ \bar{y}\right) = \left(8a/15,\ 8a/15\right)$

5. $D = \left\{(x,\ y)\ /\ 0 \le y \le 4 - x^2,\ -2 \le x \le 2\right\}$, $\delta(x, y) = y$

Rpta. $M = \frac{256}{15}$, $\left(\bar{x},\ \bar{y}\right) = \left(0,\ 16/7\right)$

6. $D = \left\{(x,\ y)\ /\ 0 \le y \le \frac{4}{x},\ 1 \le x \le 4\right\}$, $\delta(x, y) = x^2$

Rpta. $M = 30, \quad (\bar{x}, \bar{y}) = (14/5,\ 4/5)$

7. D es la región semicircular $x^2 + y^2 \le a^2,\ y \ge 0, \quad \delta(x, y) = k\sqrt{x^2 + y^2}$

Rpta. $M = \dfrac{\pi k a^3}{3}, \quad (\bar{x}, \bar{y}) = (0,\ 3a/2\pi)$

8. D es la región encerrada por $\sqrt{x} + \sqrt{y} \le \sqrt{a}$, $x = 0, y = 0, \quad \delta(x, y) = xy$

Rpta. $M = \dfrac{a^4}{280}, \quad (\bar{x}, \bar{y}) = (2a/9,\ 2a/9)$

9. D es la región encerrada por $y = e^{-x^2}$, $x = -1, x = 1, y = 0.\ \delta(x, y) = |\, xy\,|$.

Rpta. $M = \dfrac{e^2 - 1}{4e^2}, \ (\bar{x}, \bar{y}) = \left(0,\ 4(e^2 + e + 1)/9e(e+1)\right)$

10. D es la región dentro de la circunferencia $r = 2a\cos\theta$ y fuera de la circunferencia $r = a.\ \ \delta(x, y) = x$

Rpta. $M = \dfrac{3\sqrt{3} + 8\pi}{12}, \quad (\bar{x}, \bar{y}) = \left(\dfrac{33\sqrt{3} + 36\pi}{12\sqrt{3} + 32\pi},\ 0\right)$

En los problemas del 11 al 15, hallar I_X, I_Y y I_0, los momentos de inercia respecto al eje X, al eje Y y al origen, respectivamente, de la lamina que ocupa la región D y que tiene la función densidad δ indicada.

11. D es el semicírculo superior determinado por $x^2 + y^2 = a^2$, y = 0; $\delta(x, y) = y$.

Rpta: $I_X = \dfrac{4}{15}a^5, \ I_y = \dfrac{2}{15}a^5, \ I_0 = \dfrac{2}{5}a^5$

12. D es la región encerrada por $y = x^2,\ y = 4;\ \delta(x, y) = |\, x\,|$.

Rpta: $I_X = 64, \ I_y = \dfrac{32}{3}, \ I_0 = \dfrac{224}{3}$.

13. D es la región encerrada por la circunferencia $r = a;\ \delta(x, y) = r^n$.

Rpta: $I_x = I_y = \dfrac{\pi}{n+4}a^{n+4}, \ I_0 = \dfrac{2\pi}{n+4}a^{n+4}$

14. D es la región encerrada por $y = \sqrt{x}$, $x = 4;\ \delta(x, y) = x + y$.

Rpta: $I_X = \dfrac{368}{21}, \ I_y = \dfrac{544}{9}, \ I_0 = \dfrac{4,912}{63}$.

15. D es la región encerrada por $|\, x\,| + |\, y\,| = 1;\ \delta(x, y) = 1$.

Rpta: $I_X = \dfrac{1}{3}, \ I_y = \dfrac{1}{3}, \ I_0 = \dfrac{2}{3}$.

En los problemas del 16 al 19 hallar $\bar{\bar{y}}$, el radio de giro respecto al eje X; $\bar{\bar{x}}$, el radio de giro respecto al eje Y, de la lámina que ocupa la región D y que tiene la función densidad δ indicada.

16. D es el semicírculo superior determinado por $x^2+y^2=a^2$, y = 0; $\delta(x, y)=y$.

Rpta: $\bar{\bar{x}}=\frac{\sqrt{5}}{5}$, $\bar{\bar{y}}=\frac{\sqrt{10}}{5}$

17. D es el rectángulo de vértices (0, 0), (b, 0), (0, h), (b, h); $\delta(x, y)=1$.

Rpta: $\bar{\bar{x}}=\frac{h\sqrt{3}}{3}$, $\bar{\bar{y}}=\frac{b\sqrt{3}}{3}$

18. D es la región encerrada por $y=x^2$, $y=\sqrt{x}$, $x=4$; $\delta(x, y)=x$.

Rpta: $\bar{\bar{x}}=\frac{\sqrt{30}}{9}$, $\bar{\bar{y}}=\frac{\sqrt{70}}{14}$

19. D es la región encerrada por $y=\operatorname{sen} x$, $y=0$, $x=0$, $x=\pi$; $\delta(x, y)=y$.

Rpta: $\bar{\bar{x}}=\frac{2\pi^2-3}{6}$, $\bar{\bar{y}}=\frac{3}{8}$

20. La función de densidad conjunta de las variables aleatorias X e Y es

$$f(x, y)=\begin{cases} Cx(1+2y), & \text{si } 0\leq x\leq 1, \ 0\leq y\leq 2 \\ 0, & \text{en otros casos}\end{cases}$$

a. Hallar el valor de la constante C.

b. Hallar $P(X\geq 1/2, Y\leq 1)$

c. Hallar $P(X+\mathrm{Y}\leq 1)$

Rpta: **a.** $C=1/3$, **b.** 1/4, **c.** 1/12

21. Se toma, aleatoriamente, un paciente de un médico particular. Sea X número de minutos que espera el paciente su turno en el consultorio y sea Y el número de de minutos que el médico examina al paciente. Las funciones de densidad de X y Y son, respectivamente:

$$f_1(x)=\begin{cases} \frac{1}{60}e^{-x/60}, & \text{si } x\geq 0 \\ 0, & \text{si } x<0\end{cases}, \qquad f_2(y)=\begin{cases} \frac{1}{30}e^{-y/30}, & \text{si } y\geq 0 \\ 0, & \text{si } y<0\end{cases},$$

Si X y Y son variables aleatorias independientes, hallar

a. La función de densidad conjunta de X y Y.

b. La probabilidad de que el tiempo total para que el paciente lleve a cabo las dos tareas no exceda una hora (60 minutos).

c. La probabilidad de que el tiempo total para que el paciente lleve a cabo las dos tareas exceda una hora.

Rpta: **a.** $\begin{cases} \frac{1}{1,800}e^{-x/60}\,e^{-y/30}, & \text{si } x\geq 0 \text{ y } y\geq 0 \\ 0, & \text{el cualquier otro caso}\end{cases}$ **b.** 0.60353 **c.** 0.39647

22. Una fábrica de productos eléctricos produce un tipo de bombillos. Sea X la variable aleatoria que representa, en horas, la vida promedio de un bombillo. La función de densidad de X es $f(x) = \begin{cases} \dfrac{1}{5000} e^{-x/500}, & \text{si } x \geq 0 \\ 0, & \text{si } x < 0 \end{cases}$.

a. A una lámpara, que usa dos bombillos, se le coloca dos bombillos de la fábrica mencionada. Hallar la probabilidad de que ambos bombillos no duren más de 500 horas.

b. Otra lámpara, que usa sólo un bombillo, se le coloca un bombillo de la fábrica mencionada. A este bombillo, después que se quema, se lo cambiará por otro de mismo tipo. Hallar la probabilidad de que ambos bombillos no duren más de 500 horas.

Rpta: **a.** 0.3996 **c.** 0.2642

SECCION 4.6

AREA DE UNA SUPERFICIE

En primer lugar, obtendremos una fórmula para calcular el área de una superficie paramétrica. A partir de esta fórmula deduciremos fácilmente otra fórmula para calcular el área de una superficie de la forma $z = f(x, y)$.

Sea S una superficie parametrizada por la función

$$\mathbf{r}: D \to \mathbb{R}^3,$$

$$\mathbf{r}(u, v) = x(u, v)\mathbf{i} + y(u, v)\mathbf{j} + z(u, v)\mathbf{k},$$

donde D es una región del plano UV.

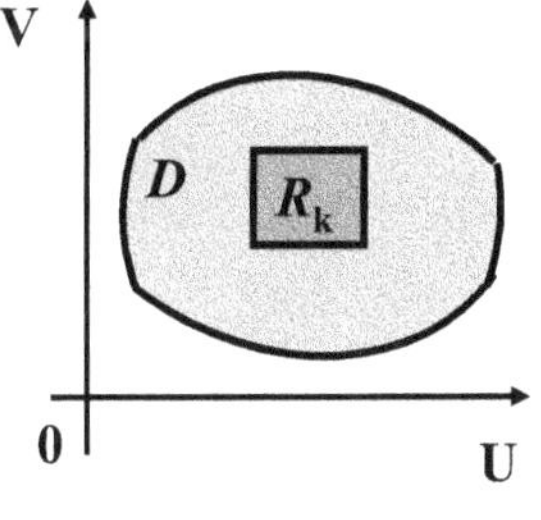

Tomamos una partición de la región D en rectángulos R_1, R_2, R_3, . . . R_k, . . . R_n cada uno con dimensiones Δu y Δv. Consideremos un rectángulo cualquiera, digamos el rectángulo R_k.

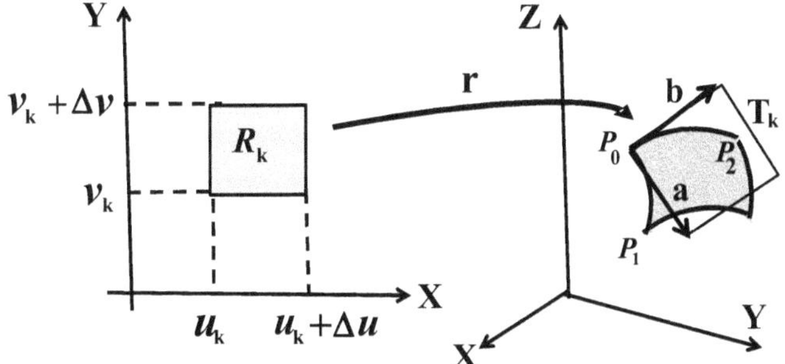

Sea (u_k, v_k) la esquina inferior izquierda del rectángulo R_k . Sea $S_k = \mathbf{r}(R_k)$ la imagen de R_k mediante la función $\mathbf{r}$. S_k es parte de la superficie S, donde el punto $P_0 = \mathbf{r}(u_k, v_k)$ es uno de sus vértices.

Hallemos una aproximación de la longitud de los lados $\widehat{P_0P_1}$ y $\widehat{P_0P_2}$ de S_k. El lado $\widehat{P_0P_1}$ es descrito por la curva

$$\lambda:[u_k, u_k, + \Delta u] \to S_k,\ \lambda(t) = \mathbf{r}(u_k + t, v_k)$$

cuya derivada es $\lambda'(t) = \dfrac{\partial \mathbf{r}}{\partial u}(u_k + t, v_k) = \mathbf{r}_u(u_k + t, v_k)$. Luego

$$\text{Longitud de } \widehat{P_0P_1} = \int_{u_k}^{u_k+\Delta u} \| \lambda'(t) \| dt \qquad \textbf{(1)}$$

El teorema del valor medio para integrales nos dice que

$$\int_{u_k}^{u_k+\Delta u} \| \lambda'(t) \| dt = \| \lambda'(c) \| \Delta u = \| \mathbf{r}_u(u_k + c, v_k) \| \Delta u, \text{ donde } 0 \leq c \leq \Delta u \quad \textbf{(2)}$$

Si Δu es pequeño, podemos tomar $c = 0$ y así, tomando en cuenta las igualdades (1) y (2), obtenemos la siguiente aproximación

$$\text{Longitud de } \widehat{P_0P_1} \approx \| \mathbf{r}_u(u_k, v_k) \| \Delta u \qquad \textbf{(3)}$$

Similarmente,

$$\text{Longitud de } \widehat{P_0P_2} \approx \| \mathbf{r}_v(u_k, v_k) \| \Delta v \qquad \textbf{(4)}$$

Tomemos los vectores

$$\mathbf{a} = \mathbf{r}_u(u_k, v_k)\Delta u \qquad \text{y} \qquad \mathbf{b} = \mathbf{r}_v(u_k, v_k)\Delta v$$

Sea T_k el paralelogramo con vértice P_0 y de lados los vectores **a** y **b.** Este paralelogramo está en el plano tangente a la superficie S en el punto P_0.

Tenemos que

$$\text{Area}(T_k) = \| \mathbf{a} \times \mathbf{b} \| = \| \mathbf{r}_u(u_k, v_k)\Delta u \times \mathbf{r}_v(u_k, v_k)\Delta v \|$$

$$= \| \mathbf{r}_u(u_k, v_k) \times \mathbf{r}_v(u_k, v_k) \| \Delta u\, \Delta v$$

Si el rectángulo R_k es suficientemente pequeño, el área de la porción de superficie S_k es aproximada por el área del paralelogramo T_k, esto es

$$\text{Area}(S_k) \approx \text{Area}(T_k) \approx \| \mathbf{r}_u(u_k, v_k) \times \mathbf{r}_v(u_k, v_k) \| \Delta u\, \Delta v$$

Ahora, sumando sobre todos los rectángulos de la partición:

$$\text{Area}(S) = \sum_{k=1}^{n} Area(S_k) \approx \sum_{k=1}^{n} Area(T_k) \approx \sum_{k=1}^{n} \left\| \mathbf{r}_u\left(u_k,\, v_k\right) \times \mathbf{r}_v\left(u_k,\, v_k\right) \right\| \Delta u \Delta v$$

Nótese que la última sumatoria es la suma de Riemann de la función $\| \mathbf{r}_u \times \mathbf{r}_v \|$ sobre la región D. Si tomamos el límite de esta suma de Riemann cuando la norma de la partición tiende a 0, obtenemos una integral doble que expresa el área de la superficie. De este modo resulta justificada la siguiente definición

DEFINICION. Sea S una superficie paramétrica suave dada por la función

$$\mathbf{r}(u, v) = x(u, v)\mathbf{i} + y(u, v)\mathbf{j} + z(u, v)\mathbf{k}$$

definida sobre una región D del plano UV. Si cada punto de S corresponde exactamente a un punto del dominio D, entonces el área de S es

$$A(S) = \iint_D \| \mathbf{r}_u \times \mathbf{r}_v \| \, dA$$

donde $\mathbf{r}_u = \dfrac{\partial x}{\partial u}\mathbf{i} + \dfrac{\partial y}{\partial u}\mathbf{j} + \dfrac{\partial z}{\partial u}\mathbf{k}, \qquad \mathbf{r}_v = \dfrac{\partial x}{\partial v}\mathbf{i} + \dfrac{\partial y}{\partial v}\mathbf{j} + \dfrac{\partial z}{\partial v}\mathbf{k}$

EJEMPLO 1. Probar que el área de la esfera de radio a es $4\pi a^2$

Solución

Sabemos que una representación paramétrica de la esfera con centro en el origen y de radio a es

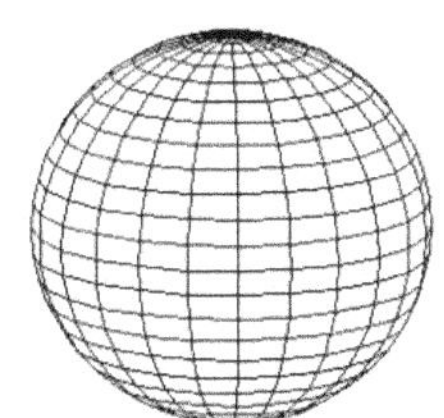

$$\mathbf{r} = \langle\, a \operatorname{sen} \phi \cos \theta,\, a \operatorname{sen} \phi \operatorname{sen} \theta,\; z = a \cos \phi \,\rangle$$

con dominio $D = \{(\phi\,,\,\theta) \mid 0 \le \phi \le \pi, 0 \le \theta \le 2\pi\}$

Tenemos que

$$\mathbf{r}_\phi = \langle a \cos \phi \cos \theta,\; a \cos \phi \operatorname{sen} \theta,\; -a \operatorname{sen} \phi \rangle$$

$$\mathbf{r}_\theta = \langle -a \operatorname{sen} \phi \operatorname{sen} \theta,\; a \operatorname{sen} \phi \cos \theta,\; 0 \rangle$$

$$\mathbf{r}_\phi \times \mathbf{r}_\theta = \begin{vmatrix} \mathrm{i} & \mathrm{j} & \mathrm{k} \\ a \cos \phi \cos \theta & a \cos \phi \operatorname{sen} \theta & -a \operatorname{sen} \phi \\ -a \operatorname{sen} \phi \operatorname{sen} \theta & a \operatorname{sen} \phi \cos \theta & 0 \end{vmatrix}$$

$$= a^2 \operatorname{sen}^2 \phi \cos \theta\, \mathbf{i} + a^2 \operatorname{sen}^2 \phi \operatorname{sen} \theta\, \mathbf{j} + a^2 \operatorname{sen} \phi \cos \phi\, \mathbf{k}$$

$$\left\| \mathbf{r}_\phi \times \mathbf{r}_\theta \right\| = \sqrt{a^4 \text{sen}^4\phi \cos^2\theta + a^4 \text{sen}^4\phi \,\text{sen}^2\theta + a^4 \text{sen}^2\phi \cos^2\phi}$$

$$= \sqrt{a^4 \text{sen}^4\phi + a^4 \text{sen}^2\phi \cos^2\phi} = \sqrt{a^4 \text{sen}^2\phi} = a^2 \text{sen}\ \phi$$

Ahora,

$$A = \iint_D \left\| \mathbf{r}_\phi \times \mathbf{r}_\vartheta \right\| dA = \int_0^{2\pi}\int_0^{\pi} a^2 \text{sen}\phi \ d\phi d\theta = a^2 \int_0^{2\pi} \left[-\cos\ \phi\right]_0^{\pi} d\theta$$

$$= 2a^2 \Big[\ \theta\ \Big]_0^{2\pi} = 4\pi a^2$$

AREA DE SUPERFICIES DE LA FORMA $z = f(x, y)$

TEOREMA 4.8 Sea $z = f(x, y)$, $(x, y) \in D$, una función que tiene sus derivadas parciales continuas. Si S es la superficie descrita por el gráfico de la función, entonces

$$A(S) = \iint_D \sqrt{1 + \left(\frac{\partial f}{\partial x}\right)^2 + \left(\frac{\partial f}{\partial y}\right)^2}\ dA = \iint_D \sqrt{1 + \left(\frac{\partial z}{\partial x}\right)^2 + \left(\frac{\partial z}{\partial y}\right)^2}\ dA \qquad \textbf{(1)}$$

Demostración

En términos de ecuaciones paramétricas, la superficie S es descrita por

$x = x$, $y = y$, $z = f(x, y)$. O bien $\mathbf{r} = \langle x, y, f(x,y) \rangle$

Tenemos: $\mathbf{r}_x = \left\langle 1, 0, \dfrac{\partial f}{\partial x} \right\rangle$, $\mathbf{r}_y = \left\langle 0, y, \dfrac{\partial f}{\partial y} \right\rangle$

$$\mathbf{r}_x \times \mathbf{r}_y = \begin{vmatrix} \mathrm{i} & \mathrm{j} & \mathrm{k} \\ 1 & 0 & \dfrac{\partial f}{\partial x} \\ 0 & 1 & \dfrac{\partial f}{\partial y} \end{vmatrix} = -\frac{\partial f}{\partial x}\mathbf{i} - \frac{\partial f}{\partial y}\mathbf{j} + \mathbf{k},$$

$$\left\| \mathbf{r}_x \times \mathbf{r}_y \right\| = \sqrt{\left(\frac{\partial f}{\partial x}\right)^2 + \left(\frac{\partial f}{\partial y}\right)^2 + 1}$$

Luego,

$$A(S) = \iint_D \sqrt{1 + \left(\frac{\partial f}{\partial x}\right)^2 + \left(\frac{\partial f}{\partial y}\right)^2}\, dA$$

EJEMPLO 2. Hallar el área de la porción S del paraboloide $z = x^2 + y^2$ debajo del plano $z = 4$.

Solución

La proyección de esta superficie sobre el plano XY es el circulo D: $x^2 + y^2 \leq 4$

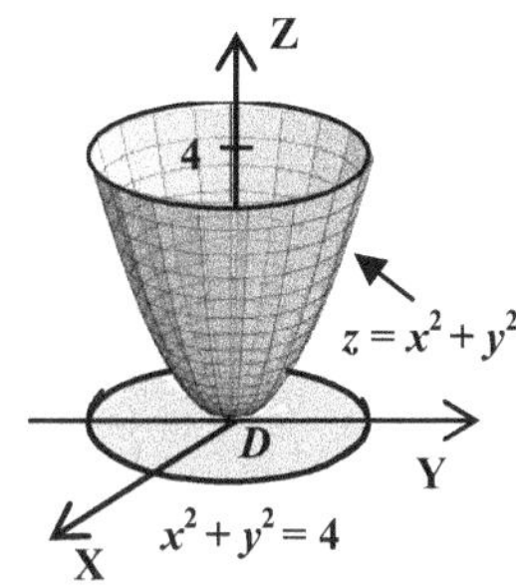

$$A(S) = \iint_D \sqrt{1 + \left(\frac{\partial z}{\partial x}\right)^2 + \left(\frac{\partial z}{\partial y}\right)^2}\, dA$$

$$= \iint_D \sqrt{1 + 4x^2 + 4y^2}\, dA$$

Pasando a coordenadas polares:

$$A(S) = \int_0^{2\pi}\int_0^2 \sqrt{1+4r^2}\, r dr d\theta = \int_0^{2\pi}\left[\frac{(1+4r^2)^{3/2}}{12}\right]_0^2 d\theta = \frac{17^{3/2}-1}{12}\int_0^{2\pi} d\theta$$

$$= \frac{17^{3/2}-1}{12}(2\pi) = \frac{\pi}{6}\left(17^{3/2}-1\right)$$

AREA DE SUPERFICIES DE LA FORMA $y = f(x, z)$ ó $x = f(y, z)$

Si la función f está expresada en la forma $y = f(x, z)$ **ó** $x = f(y, z)$**,** siguiendo los mismos pasos que en teorema anterior se llega a los siguiente resultados.

1. Sea $y = f(x, z)$, $(x, z) \in D$, una función que tiene sus derivadas parciales continuas. Si S es la superficie descrita por el gráfico de la función, entonces

$$A(S) = \iint_D \sqrt{1 + \left(\frac{\partial y}{\partial x}\right)^2 + \left(\frac{\partial y}{\partial z}\right)^2}\, dA \qquad \textbf{(2)}$$

2. Sea $x = f(y, z)$, $(y, z) \in D$, una función que tiene sus derivadas parciales continuas. Si S es la superficie descrita por el gráfico de la función, entonces

$$A(S) = \iint_D \sqrt{1 + \left(\frac{\partial x}{\partial y}\right)^2 + \left(\frac{\partial x}{\partial z}\right)^2}\, dA \qquad \textbf{(3)}$$

EJEMPLO 3. Sea S la parte del cilindro $x^2 + y^2 = 9$ que está en el primer octante y debajo del plano $z = y$. Hallar el área de S.

Solución

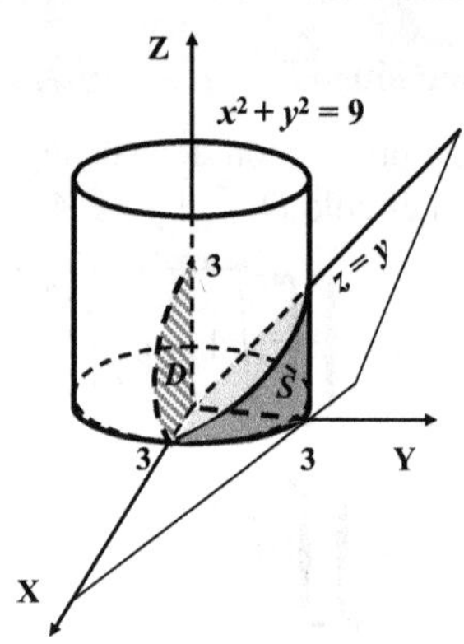

La superficie S es parte del cilindro $x^2 + y^2 = 9$.

De esta ecuación despejamos y:

$$y = \sqrt{9 - x^2}\,.$$

La superficie S puede ser descrita como gráfico de $y = \sqrt{9 - x^2}$.

Luego, podemos recurrir a la fórmula (2).

Las derivadas parciales de $y = \sqrt{9 - x^2}$ son

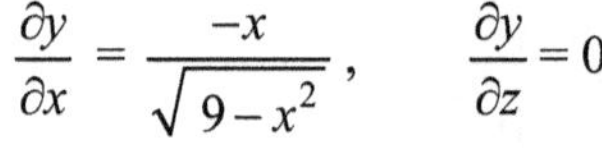

$$\frac{\partial y}{\partial x} = \frac{-x}{\sqrt{9 - x^2}}, \qquad \frac{\partial y}{\partial z} = 0$$

Hallemos la intersección del cilindro $x^2 + y^2 = 9$ con el plano $z = y$.

$$x^2 + y^2 = 9 \ \text{ y } \ y = z \Rightarrow \ x^2 + z^2 = 9$$

Luego, la proyección de esta intersección sobre el plano XZ es la circunferencia $x^2 + z^2 = 9$ y la proyección de la superficie S sobre este plano es

$$D = \left\{ (x, z) \mid 0 \le z \le \sqrt{9 - x^2}\,, \ 0 \le x \le 3 \right\}$$

Ahora,

$$A(S) = \iint_D \sqrt{1 + \left(\frac{\partial y}{\partial x}\right)^2 + \left(\frac{\partial y}{\partial z}\right)^2}\, dA = \iint_D \sqrt{1 + \left(\frac{-x}{\sqrt{9 - x^2}}\right)^2 + (0)^2}\, dA$$

$$= \iint_D \frac{3}{\sqrt{9 - x^2}}\, dA = 3\int_0^3 \int_0^{\sqrt{9-x^2}} \frac{1}{\sqrt{9 - x^2}}\, dz dx$$

$$= 3\int_0^3 \frac{1}{\sqrt{9 - x^2}} \Big[\, z \,\Big]_0^{\sqrt{9-x^2}} dx = 3\int_0^3 1\, dx = 9$$

EJEMPLO 4. Hallar el área de la superficie S del ejemplo anterior usando la fórmula (3).

Solución

En la ecuación $x^2 + y^2 = 9$ del cilindro despejamos x:

$$x = \sqrt{9 - y^2}\ .$$

Consideramos a S como gráfico de la función

$$x = \sqrt{9 - y^2}\ .$$

Tenemos:

$$\frac{\partial x}{\partial y} = \frac{-y}{\sqrt{9 - y^2}}, \qquad \frac{\partial x}{\partial z} = 0$$

La proyección de la superficie S sobre el plano YZ es la siguiente región triangular:

$$D = \left\{ (y, z) \mid \ 0 \leq z \leq y, \ \ 0 \leq y \leq 3 \right\}$$

Ahora, de acuerdo a la fórmula (3):

$$A(S) = \iint\limits_D \sqrt{1 + \left(\frac{\partial x}{\partial y}\right)^2 + \left(\frac{\partial x}{\partial z}\right)^2}\, dA = \iint\limits_D \sqrt{1 + \left(\frac{-y}{\sqrt{9 - y^2}}\right)^2 + (0)^2}\, dA$$

$$= \iint\limits_D \frac{3}{\sqrt{9 - y^2}}\, dA = 3\int_0^3 \int_0^y \frac{1}{\sqrt{9 - y^2}}\, dz dy \ = 3\int_0^3 \frac{1}{\sqrt{9 - y^2}} \Big[z \Big]_0^y dy$$

$$= 3\int_0^3 \frac{y}{\sqrt{9 - y^2}}\, dy \ = -\frac{3}{2}\int_0^3 \left(9 - y^2\right)^{-1/2} (-2y dy) \ = -3\left[\left(9 - y^2\right)^{1/2} \right]_0^3 = 9$$

PROBLEMAS RESUELTOS 4.6

PROBLEMA 1. Hallar el área de la parte del **helicoide**

$$S \colon \mathbf{r}(r, \theta) = \langle r \cos\theta, \ r \operatorname{sen}\theta, \ \theta \rangle, \quad 0 \leq r \leq 1, \ \ 0 \leq \theta \leq 4\pi$$

Solución

Sea $D = \left\{ (r, \theta) \mid \ 0 \leq r \leq 1, \ 0 \leq \theta \leq 4\pi \right\}$

Tenemos que

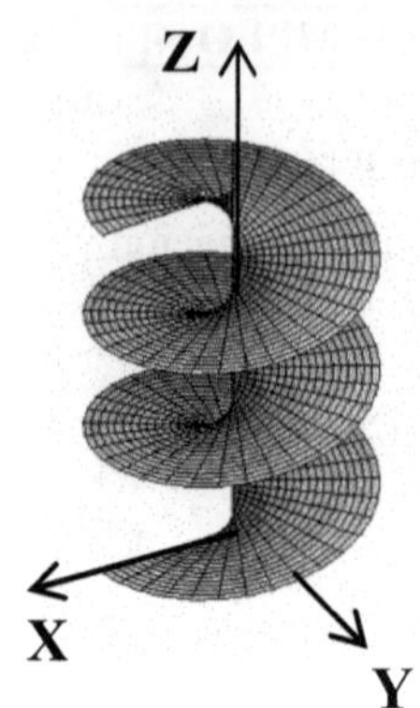

$$\mathbf{r}_r = \langle \cos\theta,\ \operatorname{sen}\theta,\ 0 \rangle, \qquad \mathbf{r}_\theta = \langle -r\operatorname{sen}\theta,\ r\cos\theta,\ 1 \rangle$$

$$\mathbf{r}_r \times \mathbf{r}_\theta = \begin{vmatrix} \mathrm{i} & \mathrm{j} & \mathrm{k} \\ \cos\theta & \operatorname{sen}\theta & 0 \\ -r\operatorname{sen}\theta & r\cos\theta & 1 \end{vmatrix}$$

$$= \langle \operatorname{sen}\theta,\ -\cos\theta,\ r \rangle$$

$$\| \mathbf{r}_r \times \mathbf{r}_\theta \| = \sqrt{(\operatorname{sen}\theta)^2 + (-\cos\theta)^2 + r^2} = \sqrt{r^2+1}$$

Luego,

$$A(S) = \iint_D \| \mathbf{r}_r \times \mathbf{r}_\theta \|\, dA = \int_0^{4\pi}\int_0^1 \sqrt{r^2+1}\, dr d\theta$$

$$= \int_0^{4\pi} \left[\frac{r}{2}\sqrt{r^2+1} + \frac{1}{2}\ln\left| r + \sqrt{r^2+1} \right| \right]_0^1 d\theta = 2\pi\left(\sqrt{2} + \ln\left(1+\sqrt{2}\right) \right)$$

PROBLEMA 2. Sea S la porción de la superficie esférica $x^2+y^2+z^2=a^2$ entre los planos

$$z=b \ \text{ y } \ z=c, \ 0 \le b \le c$$

Probar que el área de S es

$$A(S) = 2\pi a(c-b)$$

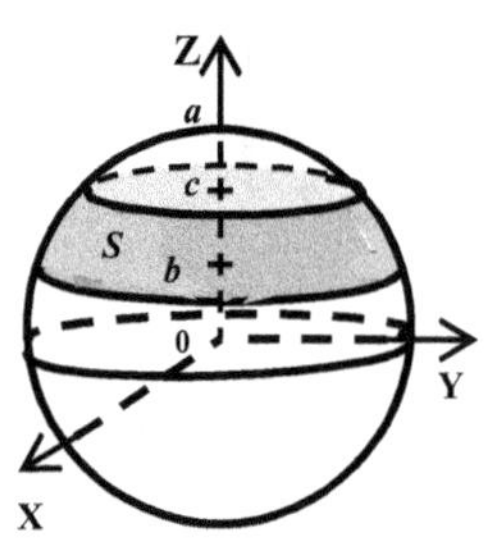

Solución.

El plano $z = c$ corta a la superficie esférica formando una circunferencia de radio

$$r_1 = \sqrt{a^2 - c^2}$$

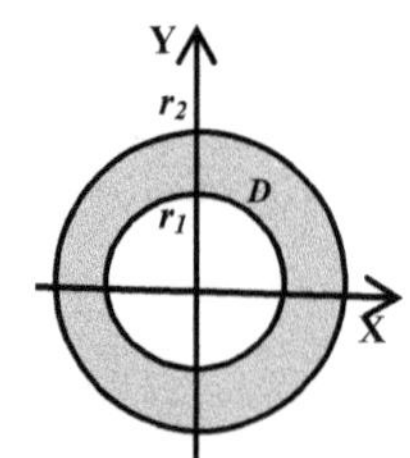

El plano $z = b$ corta a la superficie esférica formando una circunferencia de radio

$$r_2 = \sqrt{a^2 - b^2}$$

Sea D la proyección de S sobre el plano XY. D es el anillo encerrado por las circunferencias

$$x^2+y^2 = r_1^2 \quad \text{y} \quad x^2+y^2 = r_2^2$$

Esto es,

$$D = \left\{ (x,y) \,/\, r_1^2 \le x^2+y^2 \le r_2^2 \right\} = \left\{ (r,\theta) \,/\, r_1 \le r \le r_2,\ 0 \le \theta \le 2\pi \right\}$$

Por otro lado, la ecuación de la semiesfera superior es $z = \sqrt{a^2 - x^2 - y^2}$

$$A(S) = \iint_D \sqrt{1 + \left(\frac{\partial z}{\partial x}\right)^2 + \left(\frac{\partial z}{\partial y}\right)^2}\, dA$$

$$= \iint_D \sqrt{1 + \left(\frac{-x}{\sqrt{a^2 - x^2 - y^2}}\right)^2 + \left(\frac{-y}{\sqrt{a^2 - x^2 - y^2}}\right)^2}\, dA$$

$$= \iint_D \frac{a}{\sqrt{a^2 - x^2 - y^2}}\, dA = a\int_0^{2\pi}\int_{r_1}^{r_2} \frac{1}{\sqrt{a^2 - r^2}}\, r dr d\theta$$

$$= -a\int_0^{2\pi}\left[\left(a^2 - r^2\right)^{1/2}\right]_{r_1}^{r_2} d\theta = -a\int_0^{2\pi}\left[\left(a^2 - r_2^2\right)^{1/2} - \left(a^2 - r_1^2\right)^{1/2}\right] d\theta$$

$$= -a\int_0^{2\pi}\left[\left(a^2 - (a^2 - b^2\right)^{1/2} - \left(a^2 - (a^2 - c^2\right)^{1/2}\right] d\theta$$

$$= a\int_0^{2\pi}[c - b]\, d\theta = a(c - b)\int_0^{2\pi} d\theta = 2\pi a(c - b)$$

PROBLEMA 3. Construimos la superficie S uniendo la parte del cilindro $x^2 + z^2 = a^2$ situada dentro del cilindro $x^2 + y^2 = a^2$ con la parte de este último cilindro que está dentro del primero. Hallar el área de S.

Solución

La superficie indicada se compone de ocho partes de igual área, una en cada octante. La primera figura muestra la parte situada en el primer octante. Esta parte, a su vez, se compone de dos subpartes de igual área, la parte sombreada que corresponde al cilindro horizontal y la parte rayada, que corresponde al cilindro vertical. Si S_1 es la parte sombreada, entonces

$$A(S) = 16A(S_1)$$

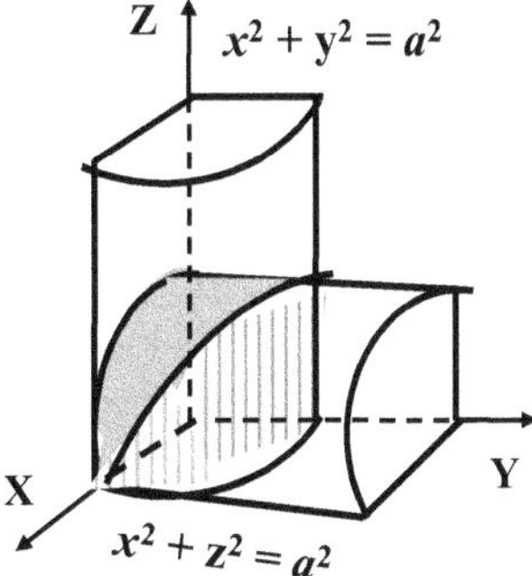

Ahora calculamos el área de S_1. Observemos la segunda figura. S_1 se proyecta, en el plano XY, sobre un cuadrante del círculo $x^2+y^2 \le a^2$.

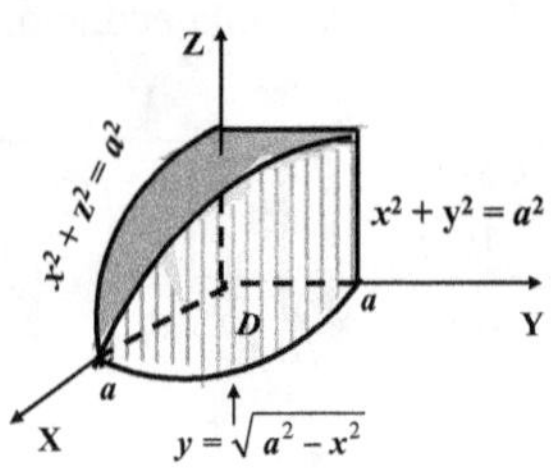

Despejamos z en el cilindro $x^2+z^2=a^2$:

$$z=\sqrt{a^2-x^2} \quad \text{derivando}$$

$$\frac{\partial z}{\partial x}=\frac{-x}{\sqrt{a^2-x^2}}, \qquad \frac{\partial z}{\partial y}=0$$

$$A(S_1)=\iint_D \sqrt{1+\left(\frac{\partial z}{\partial x}\right)^2+\left(\frac{\partial z}{\partial y}\right)^2}\, dA = \iint_D \sqrt{1+\left(\frac{-x}{\sqrt{a^2-x^2}}\right)^2+(0)^2}\, dA$$

$$=\iint_D \sqrt{\frac{a^2}{a^2-x^2}}\, dA = \int_0^a\int_0^{\sqrt{a^2-x^2}} \frac{a}{\sqrt{a^2-x^2}}\, dydx$$

$$=\int_0^a \left[\frac{a}{\sqrt{a^2-x^2}}\, y\right]_0^{\sqrt{a^2-x^2}} dx = a\int_0^a dx = a\Big[x\Big]_0^a = a^2$$

En consecuencia,

$$A(S)=16A(S_1)=16a^2$$

PROBLEMA 4. Hallar el área de la porción del cono $z^2=x^2+y^2$ que está arriba del plano XY y en el interior del cilindro $x^2+y^2=2ay$.

Solución

Tenemos que

$$x^2+y^2=2ay \Leftrightarrow x^2+(y-a)^2=a^2$$

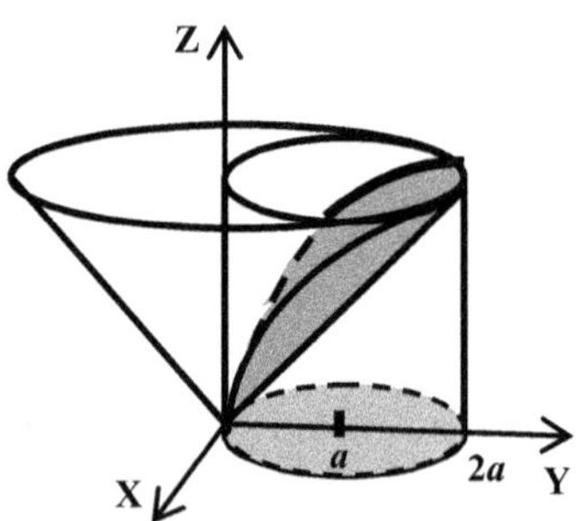

Sea S la porción del cono indicado. La proyección de S sobre el plano XY es el círculo encerrado por la circunferencia

$$x^2+y^2=2ay \Leftrightarrow x^2+(y-a)^2=a^2$$

Sea $D=\left\{(x,y) \mid x^2+(y-a)^2 \le a^2\right\}$

$$=\left\{(x,y) \mid -\sqrt{2ay-y^2} \le x \le \sqrt{2ay-y^2}\ ,\ 0 \le y \le 2a\right\}$$

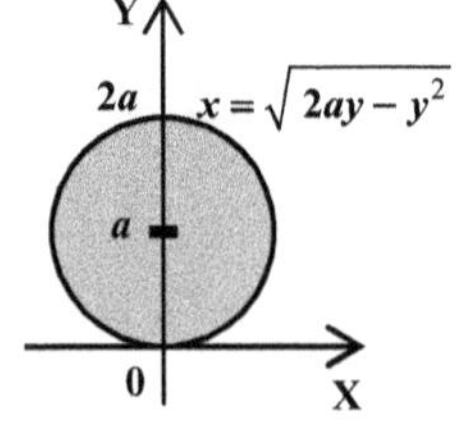

Tomemos la ecuación del cono $z^2=x^2+y^2$

Derivando respecto a x: $2z\dfrac{\partial z}{\partial x}=2x \Rightarrow \dfrac{\partial z}{\partial x}=\dfrac{x}{z}$

Derivando respecto a y: $2z\dfrac{\partial z}{\partial y} = 2y \Rightarrow \dfrac{\partial z}{\partial y} = \dfrac{y}{z}$

$$\sqrt{1+\left(\frac{\partial z}{\partial x}\right)^2+\left(\frac{\partial z}{\partial y}\right)^2} = \sqrt{1+\left(\frac{x}{z}\right)^2+\left(\frac{y}{z}\right)^2}$$

$$= \sqrt{\frac{z^2+x^2+y^2}{z^2}} = \sqrt{\frac{2z^2}{z^2}} = \sqrt{2}$$

Ahora,

$$A(S) = \iint_D \sqrt{1+\left(\frac{\partial z}{\partial x}\right)^2+\left(\frac{\partial z}{\partial y}\right)^2}\, dA = \iint_D \sqrt{2}\, dA$$

$$= 2\int_0^{2a}\int_0^{\sqrt{2ay-y^2}} \sqrt{2}\, dxdy = 2\sqrt{2}\int_0^{2a}\Big[\,x\,\Big]_0^{\sqrt{2ay-y^2}} dy$$

$$= 2\sqrt{2}\int_0^{2a} \sqrt{2ay-y^2}\,dy = 2\sqrt{2}\left[\frac{y-a}{2}\sqrt{2ay-y^2}+\frac{a^2}{2}\operatorname{sen}^{-1}\left(\frac{y-a}{a}\right)\right]_0^{2a}$$

$$= \sqrt{2}\pi a^2$$

PROBLEMA 5. **Area de la bóveda de Viviani**

Se llama **bóveda de Viviani** a la superficie S que es la porción de la semiesfera

$$x^2+y^2+z^2 = a^2,\ z \geq 0$$

que está dentro del cilindro

$$x^2+y^2 = ax,\ a>0$$

Hallar el área de S.

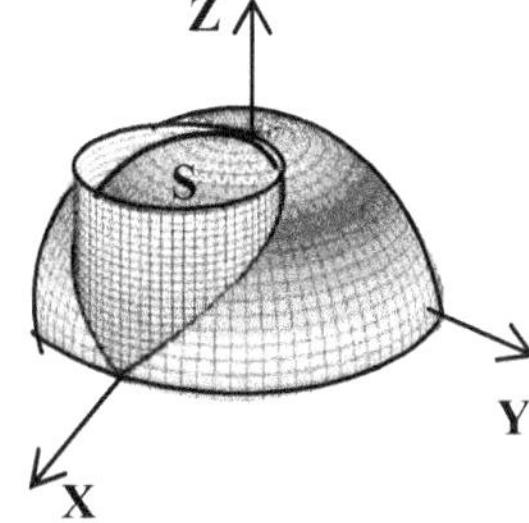

Solución

$x^2 + y^2 = ax \Rightarrow \left(x-\dfrac{a}{2}\right)^2 + y^2 = \left(\dfrac{a}{2}\right)^2$. Luego, la intersección del plano coordenado $z=0$ con el cilindro es la circunferencia

$$(x-a/2)^2+y^2 = (a/2)^2.$$

S es el gráfico de $z = \sqrt{a^2 - x^2 - y^2}$ con dominio el círculo:

$$D: (x - a/2)^2 + y^2 \leq (a/2)^2$$

En coordenadas polares:

$$(x - a/2)^2 + y^2 \leq (a/2)^2 \Rightarrow x^2 + y^2 \leq ax \Rightarrow$$

$$\Rightarrow r^2 \leq ar \cos\theta \Rightarrow r \leq a \cos\theta$$

Esto es,

$$D = \left\{ (r,\ \theta) / 0 \leq r \leq a\cos\theta,\ -\frac{\pi}{2} \leq \theta \leq \frac{\pi}{2} \right\}$$

Tenemos que:

$$\sqrt{1 + \left(\frac{\partial z}{\partial x}\right)^2 - \left(\frac{\partial z}{\partial y}\right)^2} = \sqrt{1 + \frac{(-x)^2}{a^2 - x^2 - y^2} + \frac{(-y)^2}{a^2 - x^2 - y^2}} = \frac{a}{\sqrt{a^2 - x^2 - y^2}}$$

Luego, pasando a coordenadas polares:

$$\text{Area}(S) = \iint_D \frac{a}{\sqrt{a^2 - x^2 - y^2}}\, dA = a \int_{-\pi/2}^{\pi/2} \int_0^{a\cos\theta} \frac{1}{\sqrt{a^2 - r^2}}\, r dr d\theta$$

$$= -a \int_{-\pi/2}^{\pi/2} \left[\sqrt{a^2 - r^2} \right]_0^{a\cos\theta} d\theta = a \int_{-\pi/2}^{\pi/2} \left[a - \sqrt{a^2 - a^2\cos^2\theta} \right] d\theta$$

$$= a^2 \int_{-\pi/2}^{\pi/2} \left(1 - |\operatorname{sen}\theta| \right) d\theta = a^2\pi - a^2 \int_{-\pi/2}^{\pi/2} |\operatorname{sen}\theta|\, d\theta$$

$$= a^2\pi - 2a^2 \int_0^{\pi/2} \operatorname{sen}\theta\, d\theta = a^2\pi - 2a^2 \Big[-\cos\theta \Big]_0^{\pi/2} = a^2(\pi - 2)$$

PROBLEMA 6. **Area del cilindro de la bóveda de Viviani**

Sea S la parte del cilindro

$$x^2 + y^2 = ax,\ a > 0,$$

que está dentro de la semiesfera

$$x^2 + y^2 + z^2 = a^2,\ z \geq 0.$$

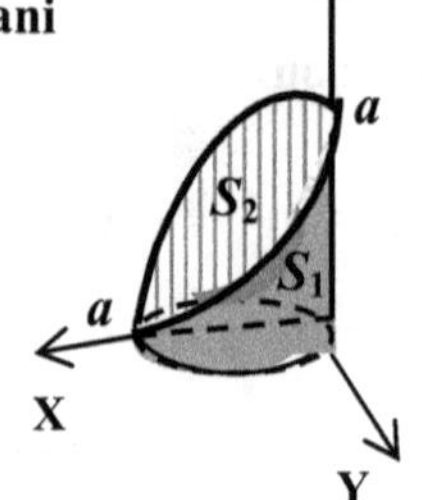

Solución

S es unión de dos superficies de igual área: S_1, la parte de S que está delante del plano XZ y S_2, la parte que está detrás.

La intersección de la semiesfera $x^2+y^2+z^2 = a^2, z \geq 0$ y el cilindro $x^2+y^2 = ax$ es la curva:

$$C: ax + z^2 = a^2. \text{ O, despejando, } z = \sqrt{a^2 - ax}$$

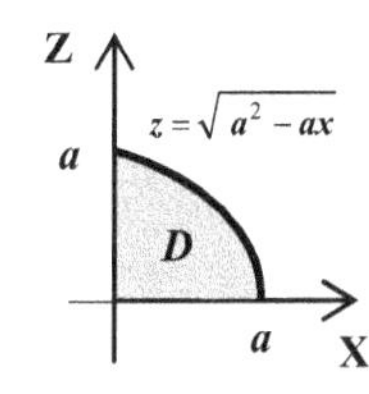

S_1 es la gráfica de $x^2+y^2 = ax, y \geq 0$. O, despejando, S_1

es la gráfica de la función $y = \sqrt{ax - x^2}$, con dominio

$$D = \left\{ (x, z) / \ 0 \leq z \leq \sqrt{a^2 - ax} \right\}$$

Tenemos que:

$$\sqrt{1 + \left(\frac{\partial y}{\partial x}\right)^2 + \left(\frac{\partial y}{\partial z}\right)^2} = \sqrt{1 + \left(\frac{a - 2x}{2\sqrt{ax - x^2}}\right)^2 + (0)^2} = \frac{a}{2\sqrt{ax - x^2}}$$

Luego,

$$\text{Area}(S) = 2\text{Area}(S_1) = 2\iint_D \sqrt{1 + \left(\frac{\partial y}{\partial x}\right)^2 + \left(\frac{\partial y}{\partial z}\right)^2}\, dA = a\iint_D \frac{1}{\sqrt{ax - x^2}}\, dA$$

$$= a\int_0^a \int_0^{\sqrt{a^2 - ax}} \frac{1}{\sqrt{ax - x^2}}\, dz\, dx = a\int_0^a \left[\frac{z}{\sqrt{ax - x^2}}\right]_0^{\sqrt{a^2 - ax}} dx$$

$$= a\int_0^a \frac{\sqrt{a^2 - ax}}{\sqrt{ax - x^2}}\, dx = a\int_0^a \frac{\sqrt{a}\sqrt{a - x}}{\sqrt{x}\sqrt{a - x}}\, dx = a\sqrt{a}\int_0^a \frac{1}{\sqrt{x}}\, dx$$

$$= a\sqrt{a}\left[2\sqrt{x}\,\right]_0^a = 2a^2$$

¿SABIAS QUE . . .

En el año 1692, el matemático Vincenzo Viviani (1622−1703), discípulo de Torricelli y Galieo, planteó el siguiente problema, que se llama el problema de la **bóveda de Viviani.:**

¿Cómo cortar, de una bóveda semiesférica cuatro ventanas de tal manera que el área de la superficie que quede sea cuadrable (pueda calcularse el valor exacto)?

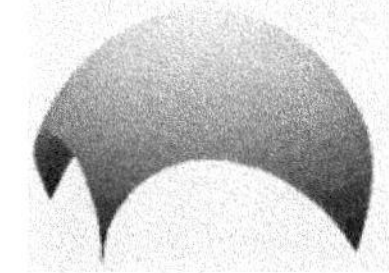

El mismo Viviani presentó la solución de su problema. La solución consiste el cortar una ventana de la semiesfera con un cilindro, como se vio en el problema resuelto 5 anterior.

PROBLEMA 7. En ejemplo 6 de la sección 4.5 de nuestro texto de Cálculo Integral se determinó que el área del toro

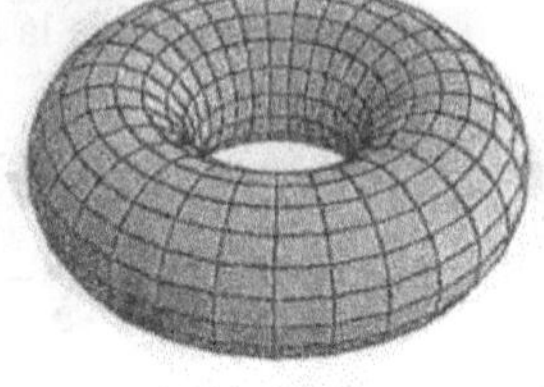

$$(x-b)^2+y^2=a^2,\quad 0<a<b$$

es $A=4\pi^2ab$. Comprobar este resultado calculando el área del toro usando la parametrización:

$$\mathbf{r}(\theta,\psi)=(b+a\cos\psi)\cos\theta\ \mathbf{i}+(b+a\cos\psi)\operatorname{sen}\theta\ \mathbf{j}$$
$$+\ a\operatorname{sen}\psi\ \mathbf{k},\quad 0\le\theta\le 2\pi,\quad 0\le\psi\le 2\pi$$

Solución

$$\mathbf{r}_\theta(\theta,\psi)=-(b+a\cos\psi)\operatorname{sen}\theta\ \mathbf{i}+(b+a\cos\psi)\cos\theta\ \mathbf{j}$$

$$\mathbf{r}_\psi(\theta,\psi)=-a\operatorname{sen}\psi\cos\theta\ \mathbf{i}-a\operatorname{sen}\psi\operatorname{sen}\theta\ \mathbf{j}+a\cos\psi\ \mathbf{k}$$

$$\mathbf{r}_\theta\times\mathbf{r}_\psi=\begin{vmatrix}\mathrm{i} & \mathrm{j} & \mathrm{k}\\ -(b+a\cos\psi)\operatorname{sen}\theta & (b+a\cos\psi)\cos\theta & 0\\ -a\operatorname{sen}\psi\cos\theta & -a\operatorname{sen}\psi\operatorname{sen}\theta & a\cos\psi\end{vmatrix}$$

$$=a(b+a\cos\psi)\left[\cos\theta\cos\psi\mathbf{i}+\operatorname{sen}\theta\cos\psi\mathbf{j}+\operatorname{sen}\psi\mathbf{k}\right]$$

$$\left\|\mathbf{r}_\theta\times\mathbf{r}_\psi\right\|=a(b+a\cos\psi)$$

Sea $D=\left\{(\theta,\psi)\,/\,0\le\theta\le 2\pi,\quad 0\le\psi\le 2\pi\right\}$

Ahora,

$$A=\iint_D\left\|\mathbf{r}_\theta\times\mathbf{r}_\psi\right\|dA=\iint_D a(b+a\cos\psi)\,dA$$

$$=a\int_0^{2\pi}\int_0^{2\pi}(b+a\cos\psi)\,d\theta d\psi=2\pi a\big[b\psi+a\operatorname{sen}\psi\big]_0^{2\pi}=4\pi^2ab$$

PROBLEMA 8. ***Area de una superficie de revolución***

Sea S la superficie de revolución que se obtiene al girar la curva $x=f(z)$, $f(z)\ge 0$. $a\le z\le b$, alrededor del eje Z. Probar que

$$A(S)=\int_0^{2\pi}\int_a^b f(z)\sqrt{1+[f'(z)]^2}\,dzd\theta$$

Solución

Una parametrización para S es

$$\mathbf{r}(\theta, z) = f(z)\cos\theta\,\mathbf{i} + f(z)\,\text{sen}\,\theta\,\mathbf{j} + z\,\mathbf{k}, \; a \le z \le b, \; 0 \le \theta \le 2\pi$$

$$\mathbf{r}_\theta(\theta, z) = -f(z)\,\text{sen}\,\theta\,\mathbf{i} + f(z)\cos\theta\,\mathbf{j} + 0\,\mathbf{k}$$

$$\mathbf{r}_z(\theta, z) = f'(z)\cos\theta\,\mathbf{i} + f'(z)\,\text{sen}\,\theta\,\mathbf{j} + \mathbf{k}$$

$$\mathbf{r}_\theta \times \mathbf{r}_z = \begin{vmatrix} \text{i} & \text{j} & \text{k} \\ -f(z)\,\text{sen}\,\theta & f(z)\cos\theta & 0 \\ f'(z)\cos\theta & f'(z)\,\text{sen}\,\theta & 1 \end{vmatrix}$$

$$= f(z)\cos\theta\,\mathbf{i} + f(z)\,\text{sen}\,\theta\,\mathbf{j} - f(z)\,f'(z)\,\mathbf{k}$$

$$\| \mathbf{r}_\theta \times \mathbf{r}_z \| = f(z)\sqrt{1 + [f'(z)]^2}$$

Si $D = \{(\theta, z) \,/\, 0 \le \theta \le 2\pi, \;\; a \le z \le b\}$, entonces

$$A(S) = \int_0^{2\pi}\int_a^b f(z)\sqrt{1 + [f'(z)]^2}\,dz d\theta$$

OBSERVACION. La fórmula anterior es del mismo tipo y complementa las fórmulas de superficies de revolución obtenidas en la sección 4.5 de nuestro texto de Cálculo Integral.

PROBLEMAS PROPUESTOS 4.6

1. Hallar el área de la parte del plano $3x + 4y + 6z = 12$ que está en el primer octante. *Rpta.* $\sqrt{61}$

2. Hallar el área de la parte del plano $x + y + z = 6$ que está en el interior del cilindro $x^2 + y^2 = 16$ *Rpta.* $32\sqrt{3}\pi$

3. Hallar el área de la parte del plano $2x + 2y + z = 8$ que está en el interior del cilindro elíptico $\dfrac{x^2}{4} + \dfrac{y^3}{9} = 1$ *Rpta.* 12π

4. Hallar el área de la parte del paraboloide $z = 4 - x^2 - y^2$ que está sobre el plano XY. *Rpta.* $\dfrac{\pi}{6}\left(17^{3/2} - 1\right)$

5. Sea S la superficie que se obtiene cortando el cilindro $x^2 + y^2 = 16$ con el plano $z = x$ y que está en el primer octante. Hallar el área de S. *Rpta.* 16

6. Hallar el área de la parte del plano $2x + 2y + z = 6$ que está dentro del cilindro $x^2 + y^2 = 1$. *Rpta.* 3π

7. Hallar el área de la parte del cono $x^2 + y^2 = z^2$ que está sobre el triángulo del plano XY formado por $x = 0, y = 1, y = x$. *Rpta.* $\sqrt{2}/2$

8. Hallar el área de la parte de la esfera $x^2 + y^2 + z^2 = a^2$ que está dentro del cilindro $x^2 + y^2 = ax$. *Rpta.* $4a\pi\left(a - \sqrt{a^2 - b^2}\right)$

9. Hallar el área de la parte de la esfera $x^2 + y^2 + z^2 = a^2$ que está dentro del cilindro $x^2 + y^2 = ax$. *Rpta.* $2a^2(\pi - 2)$

10. Hallar el área de la parte de la esfera $x^2 + y^2 + z^2 = 4z$ que está dentro del paraboloide $z = x^2 + y^2$. *Rpta.* 4π

11. Hallar el área de la parte del paraboloide $z = x^2 + y^2$ que está dentro de la esfera $x^2 + y^2 + z^2 = 4z$. *Rpta.* $\frac{\pi}{6}\left(13\sqrt{13} - 1\right)$

12. Hallar el área de la parte de la esfera $x^2 + y^2 + z^2 = 4y$ que está dentro de una hoja del cono $x^2 + z^2 = y^2$. *Rpta.* 8π

13. Probar que el área de la parte de la superficie $x^2 + y^2 + z^2 = a^2$ que está entre los planos $z = b$ y $z = c$ es $A = 2\pi ah$, donde $0 \le b < c \le a$ y $h = c - b$
Sugerencia: Ver el problema resuelto 1.

14. Hallar el área de la parte del plano $\frac{x}{a} + \frac{y}{b} + \frac{z}{c} = 1$ comprendida entre los planos coordenados. *Rpta* $\frac{1}{2}\sqrt{a^2b^2 + a^2c^2 + b^2c^2}$

15. Hallar el área de la parte de la silla de montar $z = x^2 - y^2$ que está dentro del cilindro $x^2 + y^2 = 4$ *Rpta* $\frac{\pi}{6}\left(17\sqrt{17} - 1\right)$

16. Hallar el área de la parte de la silla de montar $z = xy$ que está dentro del cilindro $x^2 + y^2 = 1$ *Rpta* $\frac{2\pi}{3}\left(2\sqrt{2} - 1\right)$

17. Hallar el área de la porción del cono $3x^2 = y^2 + z^2$ que está al frente del plano YZ y en el interior del cilindro $y^2 + z^2 = 4y$. *Rpta* $\frac{\pi}{8\sqrt{3}}$

18. Hallar el área de la porción del cono $4z^2 = x^2 + y^2$ que está sobre el plano XY y en el interior del cilindro $(x-1)^2 + y^2 = 1$. *Rpta* $\sqrt{5}\pi$

19. Hallar el área de la porción del paraboloide $z = 8 - x^2 - y^2$ comprendida entre los conos $x^2 + y^2 = 7z^2$, $x^2 + y^2 = \frac{z^2}{4}$, $z > 0$. *Rpta* $\frac{\pi}{6}\left(29\sqrt{29} - 17\sqrt{17}\right)$

20. Hallar el área de la porción de la superficie esférica $x^2+y^2+z^2=a^2$ que está dentro cilindro elíptico $\dfrac{x^2}{a^2}+\dfrac{y^2}{b^2}=1$ *Rpta* $8a^2\,\text{sen}^{-1}\left(\dfrac{b}{a}\right)$

21. Hallar el área de la porción del paraboloide
$\mathbf{r}(u,v)=u\cos v\mathbf{i}+u\,\text{sen}\,v\mathbf{j}+u^2\mathbf{k},\quad 1\le u\le 3,\quad 0\le v\le 2\pi$

Rpta $\dfrac{\pi}{6}\left(37\sqrt{37}-5\sqrt{5}\right)$

22. Hallar el área de la porción del cono
$\mathbf{r}(u,v)=au\cos v\mathbf{i}+au\,\text{sen}\,v\mathbf{j}+u\mathbf{k},\quad 0\le u\le 3,\quad 0\le v\le 2\pi$

Rpta $9a\pi\sqrt{1+a^2}$

23. Probar que el área lateral del cilindro $x^2+z^2=r^2,\ 0\le y\le h$ es $A=2\pi rh$.
Sugerencia: Aplicar la fórmula del problema resuelto 6.

SECCION 4.7

INTEGRALES TRIPLES

INTEGRALES TRIPLES EN CAJAS RECTANGULARES

Seguimos el mismo esquema que en la integral doble. En primer lugar consideramos funciones de tres variables, $f(x, y, z)$, definidas en un paralelepípedo (caja rectangular):

$$Q=[a,b]\times[c,d]\times[r,s]=\left\{(x,y,z)\,/\,a\le x\le b,\ \ c\le y\le d,\ \ r\le z\le s\right\}$$

Buscamos definir la integral $\displaystyle\iiint_Q f(x,y,z)\,dV$.

Tomamos una partición de $[a, b]$ formada por m subintervalos $[x_{i-1}, x_i]$, una partición de $[c, d]$ formada por n subintervalos $[y_{j-1}, y_j]$ y una partición de $[r, s]$ formada por q subintervalos $[z_{k-1}, z_k]$. Con estas tres particiones construimos la siguiente partición $\mathcal{P}$ del paralelepípedo Q, formada por los siguientes $N = mnq$ paralelepípedos de la forma $[x_{i-1}, x_i]\times[y_{j-1}, y_j]\times[z_{k-1}, z_k]$.

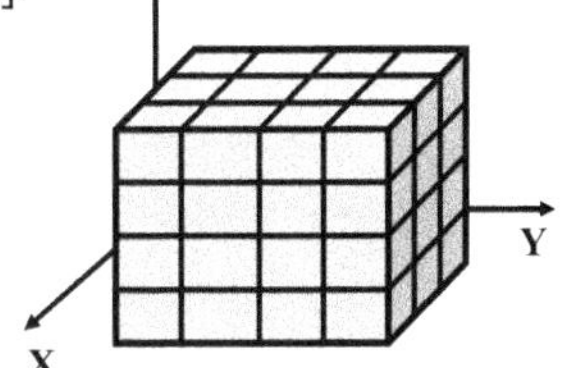

a los que numeramos en algún orden y tenemos la partición $\wp$:

$$\wp=\{Q_1,\ Q_2, Q_3,\ .\ .\ .\ , Q_N\}$$

Definimos la **norma** de esta partición $\mathcal{P}$ como el número

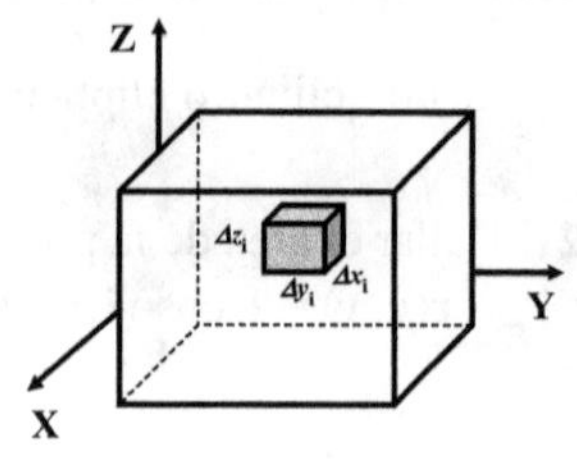

$\| \wp \|$ = La máxima longitud de las diagonales de los subparalelepípedos.

En cada uno de estos subparalelepípedos Q_k tomamos un punto cualquiera $\left(x_k^*, y_k^*, z_k^*\right)$.

El volumen de este subparalelepípedo es

$$\Delta V_k = \Delta x_k \times \Delta y_k . \times \Delta z_k .$$

Con estos elementos formamos la suma de Riemann $\displaystyle\sum_{k=1}^{N} f(x_k^*, y_k^*, z_k^*)\,\Delta V_k$

DEFINICION. La **integral triple** de la función $f: Q \to \mathbb{R}$ sobre Q es el número

$$\iiint_Q f(x, y, z)dV = \lim_{\| \wp \| \to 0} \sum_{k=1}^{N} f(x_k^*, y_k^*, z_k^*)\,\Delta V_k$$

en el supuesto de que el límite exista, en cuyo caso se dice que la función f es **integrable** sobre Q.

Se prueba que si $f: Q \to \mathbb{R}$. es continua, entonces f es integrable sobre Q. Aunque hay funciones no continuas que son integrables, la gran mayoría de ejemplos que aquí veremos caen dentro del caso continuo.

Como es de esperar, para el cómputo de integrales triples se cuenta con las integrales iteradas, como indica en siguiente teorema del cual omitimos su demostración.

TEOREMA 4. 9 **Teorema de Fubini para cajas rectangulares**

Si f es continua en el paralelepípedo $Q = [a, b\,] \times [c, d] \times [r, s]$, entonces

$$\iiint_Q f(x, y, z)dV = \int_r^s \int_c^d \int_a^b f\left(x, y, z\right) dxdydz$$

Además, la integral iterada de la derecha puede sustituirse por cualquiera de las otras cinco integrales iteradas que resultan de modificar el orden de integración.

Los posibles seis órdenes de integración que se insinúa en el teorema anterior son:

dxdydz, dxdzdy, dydxdz, dydzdx, dzdxdy, dzdydx

EJEMPLO 1. Evaluar $\iiint_Q 6xy^2e^z dV$, donde Q es es la caja rectangular

$$Q = \{(x, y, z)/\ 0 \le x \le 2,\ 1 \le y \le 3,\ 0 \le z \le \ln 2\}$$

Solución

$$\iiint_Q 6xy^2e^z dV = \int_0^{\ln 2}\int_1^3\int_0^2 6xy^2e^z\,dxdydz = \int_0^{\ln 2}\int_1^3 \Big[3x^2y^2e^z\Big]_0^2 dydz$$

$$= \int_0^{\ln 2}\int_1^3 12y^2e^z\,dydz = \int_0^{\ln 2}\Big[4y^3e^z\Big]_1^3 dz$$

$$= \int_0^{\ln 2}\Big[108e^z - 4e^z\Big]dz = \int_0^{\ln 2} 104e^z\,dz$$

$$= 104\Big[e^z\Big]_0^{\ln 2} = 104\Big[e^{\ln 2} - e^0\Big] = 104[2-1] = 104$$

INTEGRALES TRIPLES EN REGIONES GENERALES

Extendemos el concepto de integral triple al caso de una función $w = f(x, y, z)$ definida en **regiones tridimensionales (sólidos) acotadas.** Una región tridimensional $E \subset \mathbb{R}^3$ es **acotada** si existe una caja rectangular Q que lo contiene. Esto es, $E \subset Q$

A la función $f: E \to \mathbb{R}$ la extendemos a todo el rectángulo Q, mediante la siguiente función $F: Q \to \mathbb{R}$, $F(x, y, z) = \begin{cases} f(x, y, z), & \text{si } (x, y, z) \in E \\ 0, & \text{si } (x, y, z) \in Q - E \end{cases}$

Diremos que la función f **es integrable sobre E** si F es integrable sobre Q y que la integral de f sobre E está dada por la integral de F sobre Q. Esto es,

$$\iiint_E f(x, y, z)dV = \iiint_Q F(x, y, z)dV$$

En cursos más avanzados se prueba que si una función $f(x, y, z)$ es continua en una región E y se comporta "razonablemente bien" en la frontera de E, entonces f es integrable en E.

PROPIEDADES DE LAS INTEGRALES TRIPLES

Como es de esperar, las propiedades de la integral triples son las mismas que las de las integrales simples y las integrales dobles. La demostración de la siguiente proposición sigue fácilmente de las propiedades de las sumas de Riemann y de los límites.

TEOREMA 4.10 **Propiedades de las integrales triples.**

Sean $f(x, y, z)$ y $g(x, y, z)$ dos funciones integrales sobre la región tridimensional E y sean a y b dos constantes.

1. Propiedad de linealidad

$$\iiint_E \left[a f(x,y,z)+bg(x,y,z)\right]dV = a\iiint_E f(x,y,z)dV + b\iint_E g(x,y,z)dV$$

2. Propiedad dominante

$$f(x, y, z) \geq g(x, y, z) \Rightarrow \iiint_E f(x,y,z)dV \geq \iint_E g(x,y,z)dV$$

3. Propiedad de subdivisión del dominio

Si E es unión de dos subregiones E_1 y E_2 que no se sobreponen, entonces

$$\iiint_E f(x,y,z)dV = \iiint_{E_1} f(x,y,z)dV + \iiint_{E_2} f(x,y,z)dV$$

Nuestro interés se concentrará en ciertas regiones tridimensionales a las que las clasificaremos en tres tipos: z–simples, x–simples y y–simples.

REGIONES TRIDIMENSIONALES z–SIMPLES

Se dice que una región tridimensional E es ***z*–simple** si E está limitada por abajo por el gráfico de una función continua $z = u_1(x, y)$ y por arriba por el gráfico de otra función continua $z = u_2(x, y)$. Además, la proyección de E sobre el plano XY es una región plana D de tipo I o tipo II. En términos más precisos,

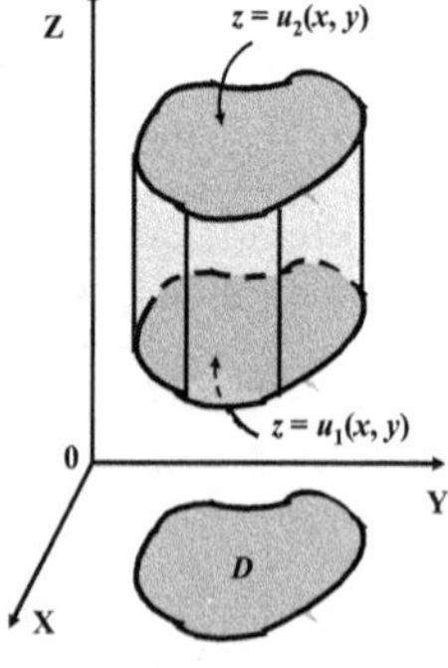

$$E = \left\{(x, y, z) \,/\, (x, y) \in D,\ u_1(x, y) \leq z \leq u_2(x, y)\right\}$$

En este caso tenemos que:

$$\iiint_E f(x,y,z)dV = \iint_D \left[\int_{u_1(x,y)}^{u_2(x,y)} f(x,y,z)dz\right]dA$$

Si D es de tipo I, esto es,

$$D = \{(x, y) \, / \, a \le x \le b, \ g_1(x) \le y \le g_2(x)\},$$

entonces

$E = \{(x, y, z) \, / \, a \le x \le b, \ g_1(x) \le y \le g_2(x), \ u_1(x, y) \le z \le u_2(x, y)\}$ y

$$\iiint_E f(x, y, z)dV = \int_a^b \int_{g_1(x)}^{g_2(x)} \int_{u_1(x, y)}^{u_2(x, y)} f(x, y, z)dzdydx \qquad \textbf{(1)}$$

Si D es de tipo II, esto es, $D = \{(x, y) \, / \, c \le y \le d, \ h_1(y) \le x \le h_2(y)\}$, entonces,

$E = \{(x, y, z) \, / \, c \le y \le d, \ h_1(y) \le x \le h_2(y), \ u_1(x, y) \le z \le u_2(x, y)\}$ y

$$\iiint_E f(x, y, z)dV = \int_c^d \int_{h_1(y)}^{h_2(y)} \int_{u_1(x, y)}^{u_2(x, y)} f(x, y, z)dzdxdy \qquad \textbf{(2)}$$

EJEMPLO 2. Evaluar la integral $\iiint_E 2xdV$, donde E es la región tridimensional (tetraedro) encerrada por los planos coordenados y el plano $2x + y + z = 6$.

Solución

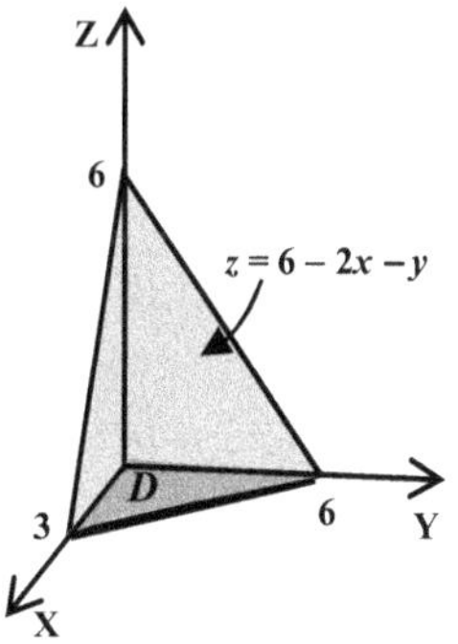

La región tridimensional E es tipo z–simple. En efecto, la región E esta limitada por abajo por el plano $z = 0$ y por arriba por el plano $z = 6 - 2x - y$.

La proyección de E sobre el plano XY es el triángulo D formado por los ejes X e Y y la recta $y = 6 - 2x$, que es una región plana de tipo I. En términos más precisos:

Z
6
$z = 6 - 2x - y$
D
3
6
Y
X

$D = \{(x, y) \, / \, 0 \le x \le 3, \ 0 \le y \le 6 - 2x\}$ y

$E = \{(x, y, z) \, / \, 0 \le x \le 3, \ 0 \le y \le 6 - 2x, 0 \le z \le 6 - 2x - y\}$

Luego,

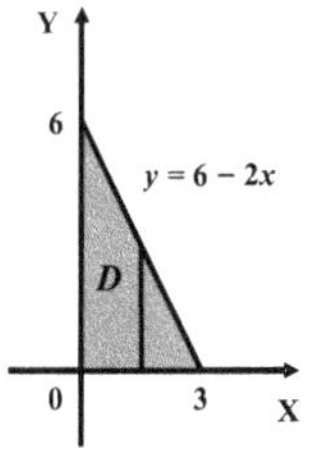

Y
6
$y = 6 - 2x$
D
0
3
X

$$\iiint_E 2xdV = 2\iiint_E xdV = 2\int_0^3 \int_0^{6-2x} \int_0^{6-2x-y} xdzdydx$$

$$= 2\int_0^3 \int_0^{6-2x} x\Big[z\Big]_0^{6-2x-y} dydx$$

$$= 2\int_0^3 \int_0^{6-2x} x[6 - 2x - y]dydx = 2\int_0^3 x\left[(6 - 2x)y - \frac{1}{2}y^2\right]_0^{6-2x} dx$$

$$=2\int_0^3 x\left[(6-2x)^2-\frac{1}{2}(6-2x)^2\right]dx = 2\int_0^3 x\left[\frac{1}{2}(6-2x)^2\right]dx$$

$$=\int_0^3 x\left[(6-2x)^2\right]dx = \int_0^3 x\left[2^2(3-x)^2\right]dx$$

$$=4\int_0^3 \left(9x-6x^2+x^3\right)dx = 4\left[\frac{9}{2}x^2-2x^3+\frac{1}{4}x^4\right]_0^3 = 27$$

REGIONES TRIDIMENSIONALES *x*–SIMPLES

Una región tridimensional E es ***x*–simple** si E está limitada por la derecha, siguiendo la dirección del eje X, por el gráfico de una función continua $x = u_1(y, z)$ y por la izquierda por el gráfico de otra función continua $x = u_2(y, z)$. Además, la proyección de E sobre el plano YZ es una región plana D de tipo I o II. En términos más precisos,

$$E = \left\{(x, y, z) \,/\, (y, z) \in D,\ u_1(y, z) \le x \le u_2(y, z)\right\}$$

En este caso tenemos que:

$$\iiint_E f(x,y,z)dV = \iint_D \left[\int_{u_1(y,z)}^{u_2(y,z)} f(x,y,z)dx\right]dA$$

Si D es de tipo I, esto es, $D = \left\{(y, z) \,/\, c \le y \le d,\ g_1(y) \le z \le g_2(y)\right\}$, entonces,

$$E = \left\{(x, y, z) \,/\, c \le y \le d,\ g_1(y) \le z \le g_2(y),\ u_1(y, z) \le x \le u_2(y, z)\right\} \text{ y}$$

$$\iiint_E f(x,y,z)dV = \int_c^d \int_{g_1(y)}^{g_2(y)} \int_{u_1(y,z)}^{u_2(y,z)} f(x,y,z)dxdzdy \qquad \textbf{(3)}$$

Si D es de tipo II, entonces,

$$E = \left\{(x, y, z) \,/\, r \le z \le s,\ k_1(z) \le y \le k_2(z),\ u_1(y, z) \le x \le u_2(y, z)\right\} \text{ y}$$

$$\iiint_E f(x,y,z)dV = \int_r^s \int_{k_1(z)}^{k_2(z)} \int_{u_1(y,z)}^{u_2(y,z)} f(x,y,z)dxdydz \qquad \textbf{(4)}$$

EJEMPLO 3. Evaluar la integral $\iiint_E y\, dV$, donde E es el sólido en el semiespacio $y \geq 0$ encerrada por los planos $y = 0$, $x = 4$ y el paraboloide $x = y^2 + z^2$

Solución

La región tridimensional E es tipo x–simple. En efecto, E está limitado, a lo largo del eje X, por la derecha, por el paraboloide $x = y^2 + z^2$, por la izquierda, por el plano $x = 4$. O sea,

$$u_1(y, z) = y^2 + z^2 \quad \text{y} \quad u_2(y, z) = 4$$

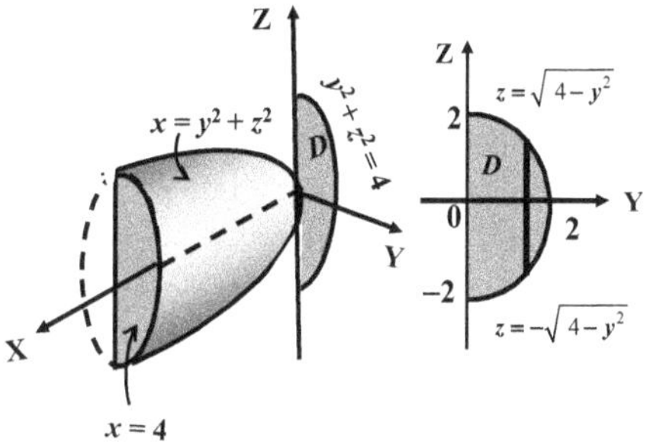

La proyección D del sólido sobre el plano YZ es el semicírculo

$$y^2 + z^2 \leq 4,\ y \geq 0,$$

el cual es una región plana de tipo I, que podemos describirla así:

$$D = \left\{ (y, z) \,/\, 0 \leq y \leq 2,\ -\sqrt{4 - y^2} \leq z \leq \sqrt{4 - y^2} \right\}$$

En términos más precisos, el sólido E lo describimos así:

$$E = \left\{ (x, y, z) \,/\, 0 \leq y \leq 2,\ -\sqrt{4 - y^2} \leq z \leq \sqrt{4 - y^2},\ y^2 + z^2 \leq x \leq 4 \right\}$$

Ahora, aplicando la integral **(3)**:

$$\iiint_E y\, dV = \int_0^2 \int_{-\sqrt{4-y^2}}^{\sqrt{4-y^2}} \int_{y^2+z^2}^{4} y\,dxdzdy = \int_0^2 \int_{-\sqrt{4-y^2}}^{\sqrt{4-y^2}} y \Big[x \Big]_{y^2+z^2}^{4} dzdy$$

$$= \int_0^2 \int_{-\sqrt{4-y^2}}^{\sqrt{4-y^2}} y \left[4 - y^2 - z^2 \right] dzdy$$

$$= \int_0^2 y \left[\left(4 - y^2\right) z - \frac{1}{3} z^3 \right]_{-\sqrt{4-y^2}}^{\sqrt{4-y^2}} dy$$

$$= \int_0^2 y \left[2\left(4 - y^2\right)^{3/2} - \frac{2}{3}\left(4 - y^2\right)^{3/2} \right] dy = \int_0^2 \frac{4y}{3}\left(4 - y^2\right)^{3/2} dy$$

$$= -\frac{2}{3}\int_0^2 \left(4-y^2\right)^{3/2}(-2ydy) = \left(-\frac{4}{15}\left(4-y^2\right)^{5/2}\right]_0^2 = \frac{128}{15}$$

REGIONES TRIDIMENSIONALES *y*–SIMPLES.

Una región tridimensional E es ***y*–simple** si E está limitada por la izquierda, en la dirección del eje Y, por el gráfico de una función continua $y = u_1(x, z)$, y por la derecha por el gráfico de otra función continua $y = u_2(x, z)$. Además, la proyección de E sobre el plano XZ es una región plana D de tipo I o II. En términos más precisos,

$$E = \left\{(x, y, z) \,/\, (x, z) \in D,\ u_1(x, z) \le y \le u_2(x, z)\right\}$$

Z
$y = u_2(x, z)$
D
$y = u_1(x, z)$
0
Y
X

En este caso tenemos que:

$$\iiint_E f(x,y,z)dV = \iint_D \left[\int_{u_1(x,z)}^{u_2(x,z)} f(x,y,z)dy\right]dA$$

Si D es de tipo I, esto es, $D = \left\{(x, z) \,/\, r \le z \le s,\ g_1(z) \le x \le g_2(z)\right\}$, entonces,

$$E = \left\{(x, y, z) \,/\, r \le z \le s,\ g_1(z) \le x \le g_2(z),\ u_1(x, z) \le y \le u_2(x, z)\right\} \text{ y}$$

$$\iiint_E f(x,y,z)dV = \int_r^s \int_{g_1(z)}^{g_2(z)} \int_{u_1(x,z)}^{u_2(x,z)} f(x,y,z)dydxdz \qquad \textbf{(5)}$$

Si D es de tipo II, entonces,

$$E = \left\{(x, y, z) \,/\, a \le x \le b,\ k_1(x) \le z \le k_2(x),\ u_1(x, z) \le y \le u_2(x, z)\right\} \text{ y}$$

$$\iiint_E f(x,y,z)dV = \int_a^b \int_{k_1(x)}^{k_2(x)} \int_{u_1(x,z)}^{u_2(x,z)} f(x,y,z)dydzdx \qquad \textbf{(6)}$$

OBSERVACION. Los tres tipos de regiones tridimensionales descritas no son excluyentes. Esto es, puede suceder que una misma región puede cualificar para ser de dos o hasta de tres tipos a la vez. El siguiente ejemplo nos ilustra esta situación. Aquí, la integral dada es la del ejemplo 3 anterior, donde la región E que fue vista como tipo x–simple. Ahora la resolvemos considerándo a E como una región y–simple.

EJEMPLO 4. Evaluar la integral $\iiint_E y\,dV$, donde E es el sólido en el semiespacio $y \geq 0$ encerrada por los planos $y = 0$, $x = 4$ y el paraboloide $x = y^2 + z^2$. Resolver la integral considerándo a la región E como y–simple.

Solución

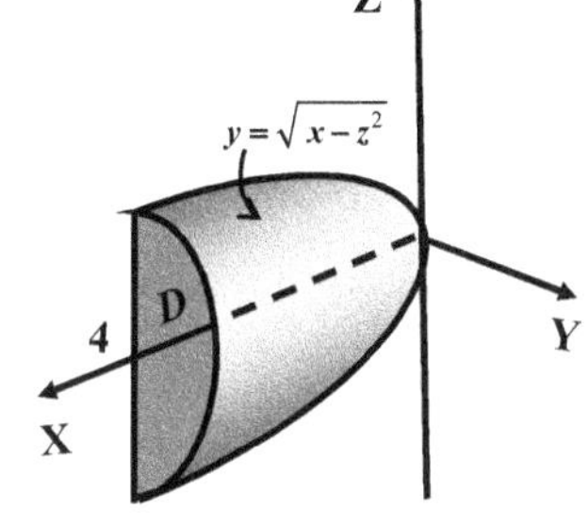

La región tridimensional E es tipo y–simple. En efecto, La región E está limitada, en dirección del eje Y, por la izquieda por el plano $y = 0$, y la derecha por la superficie $y = \sqrt{x - z^2}$. O sea,

$$u_1(x, z) = 0 \quad \text{y} \quad u_2(x, z) = \sqrt{x - z^2}$$

La proyección D del sólido sobre el plano XZ es la región plana encerrada por la parábola $x = z^2$ y la recta $x = 4$, la cual es de tipo I:

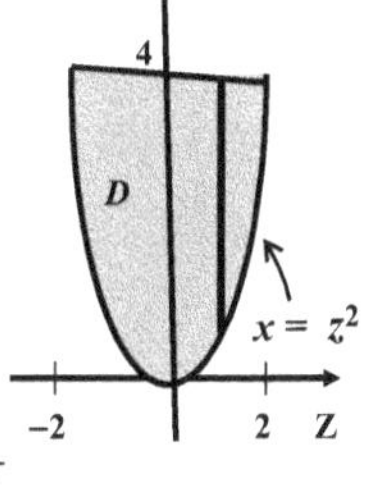

$$D = \left\{ (x, z) \, / \, -2 \leq z \leq 2, \; z^2 \leq x \leq 4 \right\}$$

En términos más precisos, el sólido E lo describimos así:

$$E = \left\{ (x, y, z) \, / \; -2 \leq z \leq 2, \; z^2 \leq x \leq 4, \; 0 \leq y \leq \sqrt{x - z^2} \right\}$$

Ahora, aplicando la integral **(5):**

$$\iiint_E y dV = \int_{-2}^{2}\int_{z^2}^{4}\int_{0}^{\sqrt{x-z^2}} y dy dx dz = \int_{-2}^{2}\int_{z^2}^{4}\left[\frac{y^2}{2}\right]_0^{\sqrt{x-z^2}} dx dz$$

$$= \frac{1}{2}\int_{-2}^{2}\int_{z^2}^{4}\left[x - z^2\right] dx dz = \frac{1}{2}\int_{-2}^{2}\left[\frac{x^2}{2} - z^2 x\right]_{z^2}^{4} dz$$

$$= \frac{1}{2}\int_{-2}^{2}\left[\frac{z^4}{2} - 4z^2 + 8\right] dz = \frac{1}{2}\left[\frac{z^5}{10} - \frac{4}{3}z^3 + 8z\right]_{-2}^{2}$$

$$= \left[\frac{16}{5} - \frac{32}{3} + 16\right] = \frac{128}{15}$$

APLICACIONES DE LAS INTEGRALES TRIPLES.

VOLUMEN

Si E es una región tridimensional, escribiremos $V(E)$ para denotar el volumen de la región E.

Recordemos la definición de la integral triple de una función $f: Q \to \mathbb{R}$ definida sobre el paralelepípedo Q:

$$\iiint_Q f(x, y, z)dV = \lim_{\|\wp\| \to 0} \sum_{k=1}^{N} f(x_k^*, y_k^*, z_k^*)\, \Delta V_k$$

Si f es la función constante $f(x, y, z) = 1$, entonces tenemos

$$\iiint_Q dV = \lim_{\|\wp\| \to 0} \sum_{k=1}^{N} \Delta V_k = \lim_{\|\wp\| \to 0} \sum_{k=1}^{N} V(Q_K) = V(Q)$$

Este resultado también se cumple para regiones E más generales de $\mathbb{R}^3$. Esto es,

$$V(E) = \iiint_E dV$$

EJEMPLO 5. Hallar el volumen del sólido encerrado por el cilindro $x^2 + y^2 = 16$ y los planos $z = 5$ y $y + z = 10$.

Solución

El sólido E descrito es del tipo 1, limitado por abajo por el plano $z = 5$ y por arriba por el plano $z = 10 - y$.

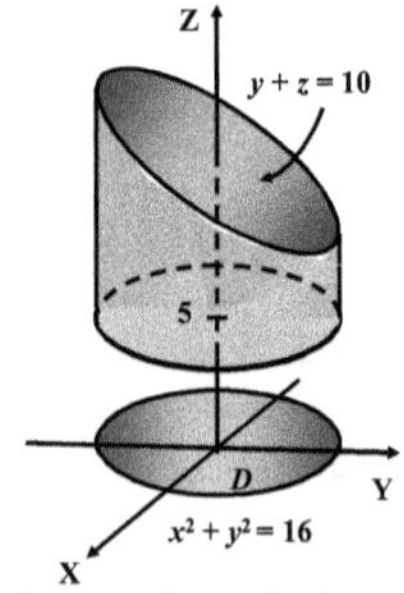

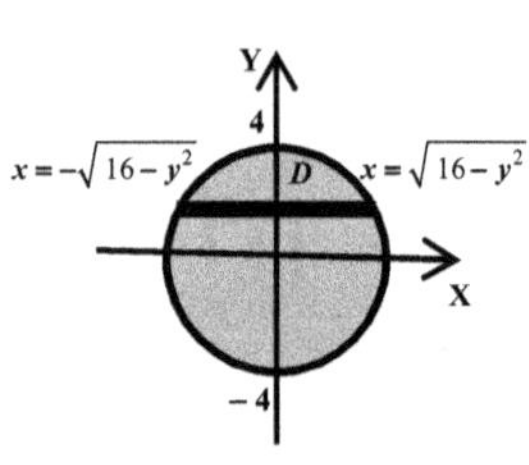

La proyección de E sobre el plano XY es el círculo

$$D = \left\{ (x, y) \,/\, -4 \leq y \leq 4,\ -\sqrt{16 - y^2} \leq x \leq \sqrt{16 - y^2} \right\},$$

al cual lo hemos expresado como una región plana de tipo II.

Luego,

$$E = \left\{ (x, y, z) \,/\, -4 \leq y \leq 4,\ -\sqrt{16 - y^2} \leq x \leq \sqrt{16 - y^2}\ , 5 \leq z \leq 10 - y \right\} \quad \text{y}$$

$$V(E) = \iiint_E dV = \int_{-4}^{4} \int_{-\sqrt{16-y^2}}^{\sqrt{16-y^2}} \int_{5}^{10-y} dz dx dy$$

$$= \int_{-4}^{4}\int_{-\sqrt{16-y^2}}^{\sqrt{16-y^2}} \Big[z \Big]_{5}^{10-y} dxdy = \int_{-4}^{4}\int_{-\sqrt{16-y^2}}^{\sqrt{16-y^2}} [5-y]\, dxdy$$

$$= \int_{-4}^{4} \Big[(5-y)x \Big]_{-\sqrt{16-y^2}}^{\sqrt{16-y^2}} dy = 2\int_{-4}^{4} (5-y)\sqrt{16-y^2}\, dy$$

$$= 10\int_{-4}^{4} \sqrt{16-y^2}\, dy - 2\int_{-4}^{4} y\sqrt{16-y^2}\, dy$$

$$= 10\left[\frac{y}{2}\sqrt{16-y^2} + 8 \operatorname{sen}^{-1}\left(\frac{y}{4}\right) \right]_{-4}^{4} + \left[\frac{2}{3}\left(16-y^2\right)^{3/2} \right]_{-4}^{4}$$

$$= 10\left[0+8\pi\right] + 0 = 80\pi$$

MASA, CENTRO DE MASA Y MOMENTOS DE INERRCIA

Los conceptos de masa, centro de masa y momentos de inercia, tratados anteriormente para dimensión 2, se extienden fácilmente para dimensión 3.

Si un sólido ocupa la región E de $\mathbb{R}^3$ y si $\delta\colon E \to \mathbb{R}$ es la función de densidad de sólido, entonces

1. La **masa** del sólido es $M = \iiint\limits_E \delta(x, y, z)\, dV$

2. Los **momentos** respecto a los **planos coordenados YZ, XZ y XY** son, respectivamente,

$$M_{yz} = \iiint\limits_E x\delta(x, y, z)\, dV \qquad M_{xz} = \iiint\limits_E y\delta(x, y, z)\, dV$$

$$M_{xy} = \iiint\limits_E z\delta(x, y, z)\, dV .$$

3. El centro de masa es el punto $(\bar{x}, \bar{y}, \bar{z})$ donde

$$\bar{x} = \frac{M_{yz}}{M}, \qquad \bar{y} = \frac{M_{xz}}{M}, \qquad \bar{z} = \frac{M_{xy}}{M}$$

Si el cuerpo es homogéneo; es decir si la función densidad es constante, $\delta(x, y, z) = k$, las coordenadas del punto $(\bar{x}, \bar{y}, \bar{z})$ sólo dependen de la geometría de la región E del sólido y, en este caso $(\bar{x}, \bar{y}, \bar{z})$ toma el nombre de **centroide** de E

4. Momentos de inercia respecto a los ejes coordenados X, Y y Z.

$$I_x = \iiint_E \left(y^2 + z^2\right)\delta(x, y, z)\,dV \qquad I_y = \iiint_E \left(x^2 + z^2\right)\delta(x, y, z)\,dV$$

$$I_z = \iiint_E \left(x^2 + y^2\right)\delta(x, y, z)\,dV$$

5. Momentos de inercia respecto al origen

$$I_0 = \iiint_E \left(x^2 + y^2 + z^2\right)\delta(x, y, z)\,dV$$

EJEMPLO 6. Un sólido tiene la forma de un cilindro circular recto de radio a y altura h. La densidad del sólido en cada punto es proporcional al cuadrado de la distancia del punto a la base.

1. Hallar la masa del sólido.
2. Hallar el centro de masa del sólido.

Solución

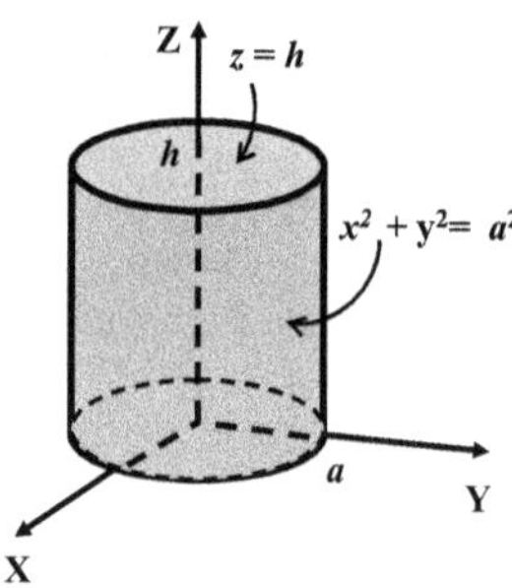

Colocamos un sistema de coordenadas como indica la figura. En este caso, el sólido ocupa la región E encerrada por abajo por el plano $z = 0$, por arriba por el plano $z = h$ y lateralmente por la superficie cilíndrica $x^2 + y^2 = a^2$. La función densidad es

$$\delta(x, y, z) = kz^2,$$

k es una constante de proporcionalidad

La región E es z–simple y se proyecta sobre el círculo

$$D = \left\{ (x, y) \,/\, -a \le x \le a,\ -\sqrt{a^2 - x^2} \le y \le \sqrt{a^2 - x^2} \right\}$$

1. $M = \iiint_E \delta(x, y, z)\,dV$

$$= \int_{-a}^{a}\int_{-\sqrt{a^2-x^2}}^{\sqrt{a^2-x^2}}\int_0^h kz^2\,dz\,dy\,dx = \frac{1}{3}kh^3\int_{-a}^{a}\int_{-\sqrt{a^2-x^2}}^{\sqrt{a^2-x^2}} dy\,dx$$

$$= \frac{2}{3}kh^3\int_{-a}^{a}\sqrt{a^2 - x^2}\,dx = \frac{2}{3}kh^3\left[\frac{x}{2}\sqrt{a^2 - x^2} + \frac{a^2}{2}\operatorname{sen}^{-1}\frac{x}{a}\right]_{-a}^{a} = \frac{1}{3}ka^2h^3\pi$$

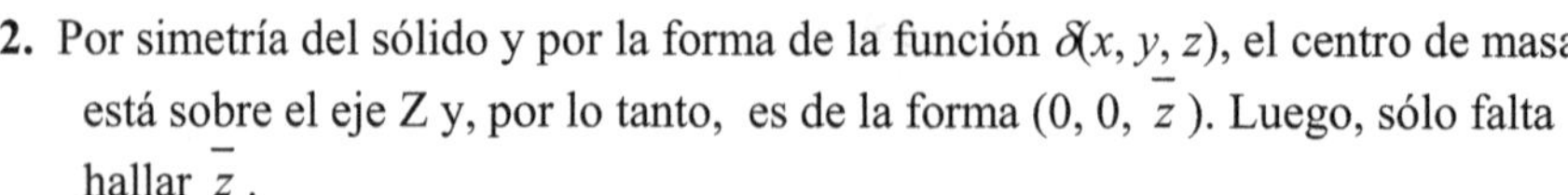

2. Por simetría del sólido y por la forma de la función $\delta(x, y, z)$, el centro de masa está sobre el eje Z y, por lo tanto, es de la forma $(0, 0, \bar{z})$. Luego, sólo falta hallar $\bar{z}$.

$$M_{xy} = \iiint_E z\delta(x, y, z)\,dV = \int_{-a}^{a}\int_{-\sqrt{a^2-x^2}}^{\sqrt{a^2-x^2}}\int_0^h z\left(kz^2\right)dzdydx$$

$$= \frac{1}{4}kh^4\int_{-a}^{a}\int_{-\sqrt{a^2-x^2}}^{\sqrt{a^2-x^2}} dydx = \frac{1}{2}kh^4\int_{-a}^{a}\sqrt{a^2-x^2}\,dx = \frac{1}{2}ka^2h^4$$

$$\bar{z} = \frac{M_{xy}}{M} = \frac{1}{2}ka^2h^4 \Big/ \frac{2}{3}ka^2h^3 = \frac{3h}{4}$$

El centro de masa es el punto $\left(0,\ 0,\ \dfrac{3h}{4}\right)$

PROBLEMAS RESUELTOS 4.7

PROBLEMA 1. La integral $V = \displaystyle\int_0^4\int_3^{7-x}\int_0^{2-x/2} dzdydx$ representa el volumen de un sólido.

1. Graficar el Sólido.
2. Evaluar la integral cambiando el orden de integración a *dydxdz*.

Solución

1. La integral nos dice que:

a. La región E que ocupa el sólido es z–simple limitada por arriba por el plano $z = 2 - \dfrac{x}{2}$, y por abajo por el plano $z = 0$

b. La región E se proyecta en el plano XY sobre el triángulo

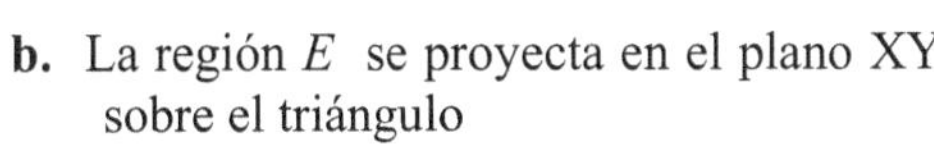

$$D_1 = \left\{(x, y) \,/\, 0 \le x \le 4,\ 3 \le y \le 7 - x\right\}$$

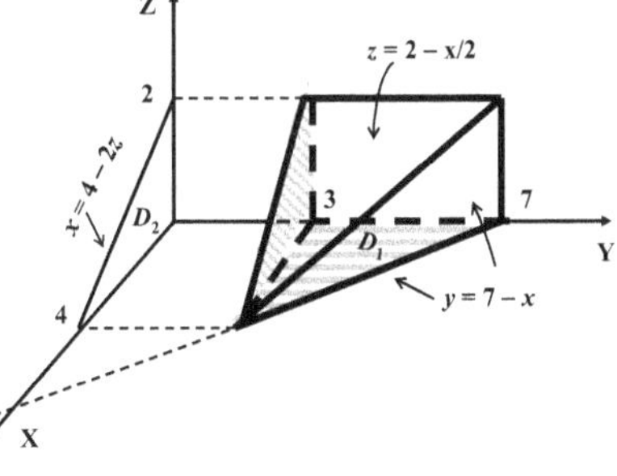

El gráfico del sólido es la pirámide (acostada) adjunta.

2. El orden de integración *dydxdz* nos sugiere que veamos gráfico del sólido como una región y–simple. En este caso, E está limitada por la izquierda por el plano $y = 3$, y por la derecha por el plano $y = 7 - x$.

E se proyecta sobre el plano XZ sobre el triángulo formado por el eje X, el eje Z y la recta $z = 2 - \dfrac{x}{2}$ o, lo que es lo mismo, por la recta $x = 4 - 2z$. Esto es,

$$D_2 = \left\{ (x, y) \,/\, 0 \le z \le 2,\ 0 \le x \le 4 - 2z \right\}$$

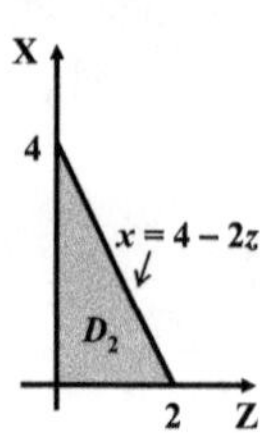

Luego,

$$V = \int_0^2 \int_0^{4-2z} \int_3^{7-x} dydxdz = \int_0^2 \int_0^{4-2z} (4 - x)\, dxdz$$

$$= \int_0^2 \left[4x - \frac{x^2}{2} \right]_0^{4-2z} dz = \int_0^2 \left(8 - 2z^2 \right) dz = \frac{32}{3}$$

PROBLEMA 2. Consideremos el tetraedro E formado por los planos coordenados y el plano

$$\frac{x}{a} + \frac{y}{b} + \frac{z}{c} = 1,\quad a > 0, b > 0, c > 0.$$

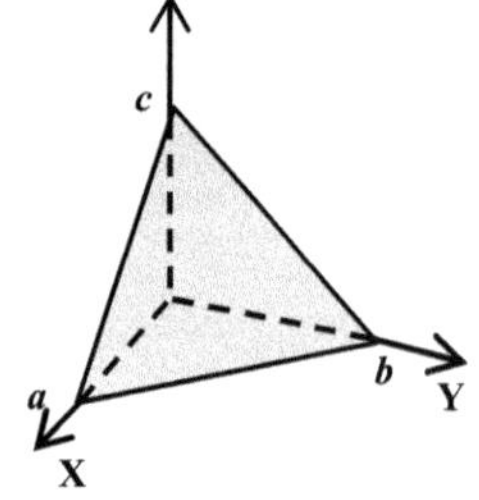

1. Expresar el volumen de E mediante una integral triple considerando a E como una región z-simple.

2. Expresar el volumen de E mediante una integral triple considerando a E como una región x-simple.

3. Expresar el volumen de E mediante una integral triple considerando a E como una región y-simple.

4. Probar que el volumen de E es $V = \dfrac{1}{6} abc$

Solución

1. Despejando z de $\dfrac{x}{a} + \dfrac{y}{b} + \dfrac{z}{c} = 1$: $\quad z = c\left(1 - x/a - y/b\right)$

E está limitado por abajo por $z = 0$ y por arriba por $z = c\left(1 - x/a - y/b\right)$

$$V = \int_0^a \int_0^{b(1-x/a)} \int_0^{c(1-x/a-y/b)} dzdydx$$

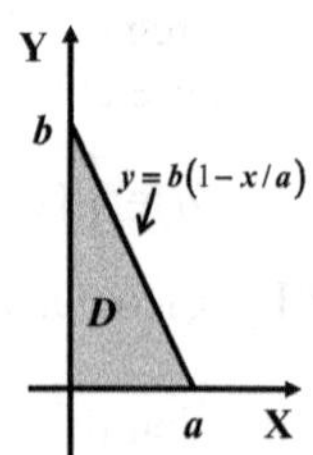

2. Despejando x de $\dfrac{x}{a} + \dfrac{y}{b} + \dfrac{z}{c} = 1$: $\quad x = a\left(1 - y/b - z/c\right)$

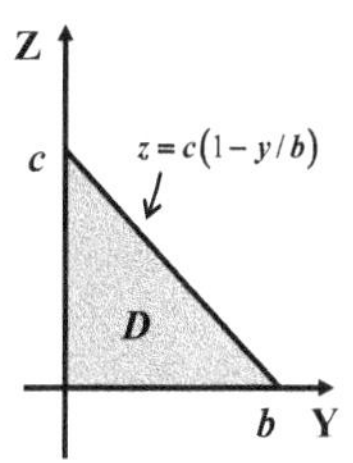

E está limitado por la izquierda por $x = a(1-y/b-z/c)$

y por la derecha por $x=0$

$$V=\int_0^b\int_0^{c(1-y/b)}\int_0^{a(1-y/b-z/c)} dxdzdy$$

3. Despejando y de $\frac{x}{a}+\frac{y}{b}+\frac{z}{c}=1$: $\quad y= b(1-x/a-z/c)$

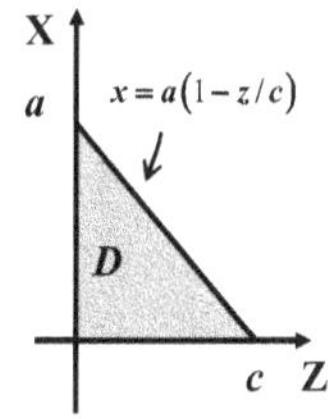

E está limitado por la izquierda por $y=0$

y por la derecha por $y= b(1-x/a-z/c)$

$$V=\int_0^{\mathrm{c}}\int_0^{a(1-z/c)}\int_0^{b(1-x/a-z/c)} dydxdz$$

4. Calculamos la integral obtenida en la parte 1.

$$V=\int_0^a\int_0^{b(1-x/a)}\int_0^{c(1-x/a-y/b)} dzdydx=\int_0^a\int_0^{b(1-x/a)} c\left(1-\frac{x}{a}-\frac{y}{b}\right)dydx$$

$$=\int_0^a\left[c\left(1-\frac{x}{a}\right)y-c\frac{y^2}{2b}\right]_0^{b(1-x/a)} dx=\frac{bc}{2}\int_0^a\left(1-\frac{x}{a}\right)^2 dx=\frac{bc}{2a^2}\int_0^a (a-x)^2\,dx$$

$$=\frac{bc}{2a^2}\int_0^a\left(a^2-2ax+x^2\right)dx=\frac{bc}{2a^2}\left[a^2x-ax^2+\frac{x^3}{3}\right]_0^a=\frac{bc}{2a^2}\left[\frac{a^3}{3}\right]=\frac{abc}{6}$$

PROBLEMA 3. Un sólido de densidad constante $\delta(x, y, z) = \delta_0$ tiene la forma del tetraedro E formado por los planos coordenados y el plano

$$\frac{x}{a}+\frac{y}{b}+\frac{z}{c}=1,\ a>0,\ b>0,\ c>0.$$

1. Hallar sus momentos.

2. Hallar su centroide.

3. Hallar sus momentos de inercia.

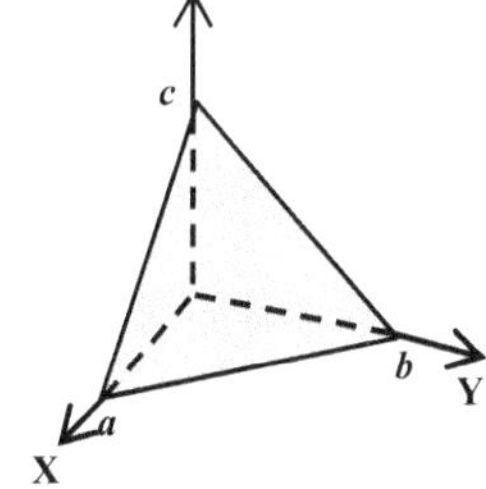

Solución

1. $M_{yz}=\iiint\limits_E x\delta(x, y, z)\,dV=\iiint\limits_E x\delta_0 dV=\delta_0\iiint\limits_E xdV$

A esta última integral la desarrollamos como en la parte 1 del problema anterior:

$$M_{yz}=\delta_0\int_0^a\int_0^{b(1-x/a)}\int_0^{c(1-x/a-y/b)} xdzdydx=\delta_0\int_0^a\int_0^{b(1-x/a)} cx\left(1-\frac{x}{a}-\frac{y}{b}\right)dydx$$

$$=\delta_0\frac{bc}{2a^2}\int_0^a x(a-x)^2\,dx=\delta_0\frac{bc}{2a^2}\int_0^a x(a-x)^2\,dx$$

$$=\delta_0\frac{bc}{2a^2}\int_0^a\left(a^2x-2ax^2+x^3\right)dx=\delta_0\frac{bc}{2a^2}\left[\frac{a^2x^2}{2}-\frac{2ax^3}{3}+\frac{x^4}{4}\right]_0^a=\delta_0\frac{a^2bc}{24}$$

$$M_{xz}=\iiint_E y\delta(x,y,z)\,dV=\iiint_E y\delta_0\,dV=\delta_0\iiint_E y\,dV$$

A esta última integral la desarrollamos como en la parte 2 del problema anterior. y haciendo los cálculos obtenemos

$$M_{xz}=\delta_0\int_0^b\int_0^{c(1-y/b)}\int_0^{a(1-y/b-z/c)} ydxdzdy=\delta_0\frac{ab^2c}{24}$$

Similarmente,

$$M_{xy}=\delta_0\int_0^c\int_0^{a(1-z/c)}\int_0^{b(1-x/a-z/c)} zdydxdz=\delta_0\frac{abc^2}{24}$$

2. $$M=\iiint_E\delta(x,y,z)\,dV=\iiint_E\delta_0\,dV=\delta_0\iiint_E dV=\delta_0\frac{abc}{6}$$

$$\bar{x}=\frac{M_{yz}}{M}=\delta_0\frac{a^2bc}{24}\Big/\delta_0\frac{abc}{6}=\frac{a}{4},\qquad \bar{y}=\frac{M_{xz}}{M}=\delta_0\frac{ab^2c}{24}\Big/\delta_0\frac{abc}{6}=\frac{b}{4}$$

$$\bar{z}=\frac{M_{xy}}{M}=\delta_0\frac{abc^3}{24}\Big/\delta_0\frac{abc}{6}=\frac{c}{4}.$$

El centroide es $\left(\frac{a}{4},\frac{b}{4},\frac{c}{4}\right)$

3. Calculemos, previamente, las siguientes integrales:

a. $$\iiint_E x^2\delta(x,y,z)\,dV=\delta_0\int_0^a\int_0^{b(1-x/a)}\int_0^{c(1-x/a-y/b)} x^2dzdydx$$

$$=\delta_0\int_0^a\int_0^{b(1-x/a)} cx^2\left(1-\frac{x}{a}-\frac{y}{b}\right)dydx$$

$$= \delta_0 \frac{bc}{2a^2} \int_0^a x^2 (a-x)^2 \, dx$$

$$= \delta_0 \frac{bc}{2a^2} \int_0^a \left(a^2x^2 - 2ax^3 + x^4 \right) dx = \delta_0 \frac{a^3bc}{60}$$

b. $\displaystyle\iiint_E y^2 \delta(x, y, z)\, dV = \delta_0 \int_0^b \int_0^{c(1-y/b)} \int_0^{a(1-y/b-z/c)} y^2 \, dxdzdy = \delta_0 \frac{ab^3c}{60}$

c. $\displaystyle\iiint_E z^2 \delta(x, y, z)\, dV = \delta_0 \int_0^c \int_0^{a(1-z/c)} \int_0^{b(1-x/a-z/c)} z^2 \, dydxdz = \delta_0 \frac{abc^3}{60}$

Ahora,

$$\boldsymbol{Ix} = \iiint_E \left(y^2 + z^2 \right) \delta(x, y, z)\, dV$$

$$= \iiint_E y^2 \delta(x, y, z)\, dV + \iiint_E z^2 \delta(x, y, z)\, dV = \delta_0 \frac{ab^3c}{60} + \delta_0 \frac{abc^3}{60}$$

$$= \delta_0 \frac{abc}{60} \left(b^2 + c^2 \right)$$

$$\boldsymbol{I_y} = \iiint_E \left(x^2 + z^2 \right) \delta(x, y, z)\, dV$$

$$= \iiint_E x^2 \delta(x, y, z)\, dV + \iiint_E z^2 \delta(x, y, z)\, dV = \delta_0 \frac{a^3bc}{60} + \delta_0 \frac{abc^3}{60}$$

$$= \delta_0 \frac{abc}{60} \left(a^2 + c^2 \right)$$

$$\boldsymbol{Iz} = \iiint_E \left(x^2 + y^2 \right) \rho(x, y, z)\, dV = \delta_0 \frac{abc}{60} \left(a^2 + b^2 \right)$$

$$\boldsymbol{I_0} = \iiint_E \left(x^2 + y^2 + z^2 \right) \delta(x, y, z)\, dV = \delta_0 \frac{abc}{60} \left(a^2 + b^2 + c^2 \right)$$

PROBLEMA 4. Hallar el volumen de la región E encerrada por los paraboloides:

$$y = -1 + x^2 + z^2, \qquad y = 15 - 3x^2 - 3z^2$$

Solución

Hallemos la curva donde se cortan los paraboloides:

$$-1+x^2+z^2=15-3x^2-3z^2 \Leftrightarrow 4x^2+4z^2=16 \Leftrightarrow x^2+z^2=4$$

Los paraboloides se cortan el la circunferencia $x^2+z^2=4$ del plano $y=3$.

La región E es una región y–simple que está limitada por la izquierda por el paraboloide $y=-1+x^2+z^2$, y por la derecha, por el paraboloide $y=15-3x^2-3z^2$. Se proyecta sobre el plano XZ sobre el círculo D: $x^2+z^2\leq 4$

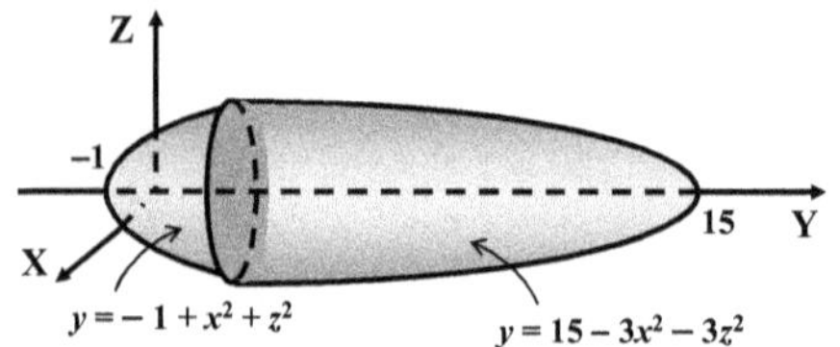

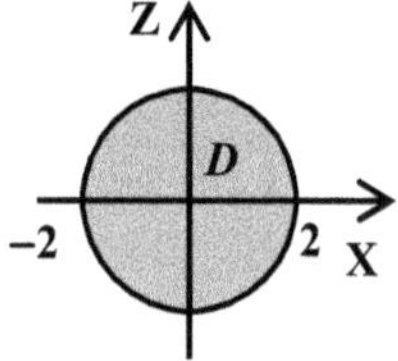

Tenemos que:

$$V=\iiint_E dV=\iint_D\int_{-1+x^2+z^2}^{15-3x^2-3z^2} dydA=\iint_D\left(16-4x^2-4z^2\right)dA$$

Expresamos D en coordenadas polares:

$$D=\left\{(r,\theta)\,/\,0\leq r\leq 2,\ 0\leq\theta\leq 2\pi\right\}$$

Luego,

$$V=\int_0^{2\pi}\int_0^{2}\left(16-4r^2\right)rdrd\theta=4\int_0^{2\pi}\int_0^{2}\left(4r-r^3\right)drd\theta$$

$$=4\int_0^{2\pi}\left[2r^2-\frac{1}{4}r^4\right]_0^2 d\theta=4\int_0^{2\pi}[4]d\theta=32\pi$$

PROBLEMA 5. Hallar el volumen del sólido encerrado por el **elipsoide**

$$\frac{x^2}{a^2}+\frac{y^2}{b^2}+\frac{z^2}{c^2}=1$$

Solución

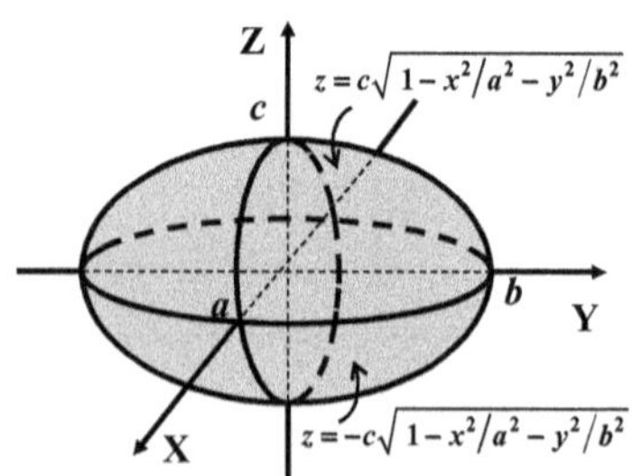

Sea E la parte del elipsoide que está en el primer octante.

El volumen V del elipsoide, por razones simétricas, es igual a 8 veces el volumen de E.

E es una región z–simple limitada inferiormente por el plano $z=0$ y superiormente por la superficie $z = c\sqrt{1-x^2/a^2-y^2/b^2}$. Además, la proyección de E sobre el plano XY es la región D del primer cuadrante encerrada por los ejes coordenados y la elipse $\dfrac{x^2}{a^2}+\dfrac{y^2}{b^2}=1$.

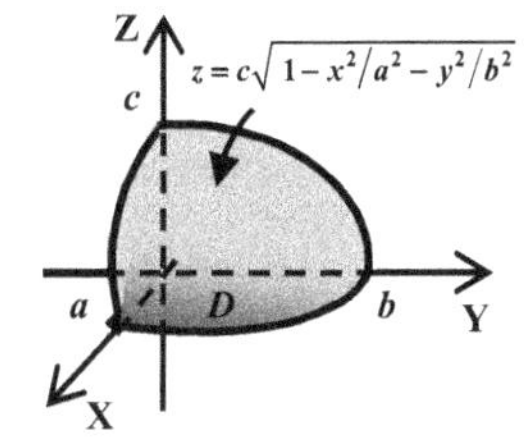

Esto es,

$$D=\left\{(x,y)\,/\,0\le x\le a,\ 0\le y\le b\sqrt{1-x^2/a^2}\right\}$$

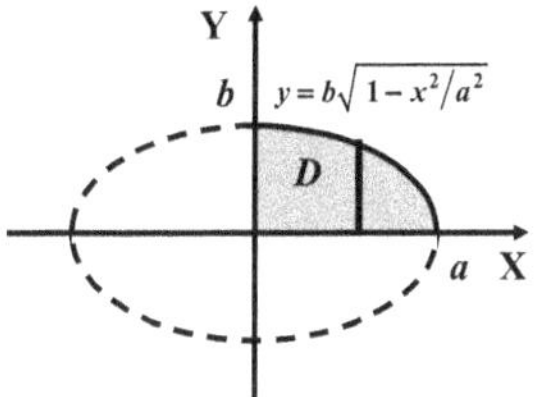

Luego,

$$V=8\iiint_E dV$$

$$=8\int_0^a\int_0^{b\sqrt{1-x^2/a^2}}\int_0^{c\sqrt{1-x^2/a^2-y^2/b^2}}dzdydx$$

$$=8c\int_0^a\left[\int_0^{b\sqrt{1-x^2/a^2}}\sqrt{1-x^2/a^2-y^2/b^2}\,dy\right]dx$$

Hacemos el cambio de variable:

$$y=b\sqrt{1-x^2/a^2}\ \text{sen}\,\theta,\qquad dy=b\sqrt{1-x^2/a^2}\cos\theta\,d\theta$$

Como y varía de $y=0$ hasta $y=b\sqrt{1-x^2/a^2}$, θ varía de 0 a $\dfrac{\pi}{2}$

Luego,

$$V=8c\int_0^a\left[\int_0^{\pi/2}\left(\sqrt{1-x^2/a^2-\left(1-x^2/a^2\right)\text{sen}^2\theta}\right)\left(b\sqrt{1-x^2/a^2}\cos\theta d\theta\right)\right]dx$$

$$=8bc\int_0^a\left[\int_0^{\pi/2}\left(\sqrt{1-x^2/a^2}\cos\theta\right)\left(\sqrt{1-x^2/a^2}\cos\theta d\theta\right)\right]dx$$

$$=8bc\int_0^a\left[\int_0^{\pi/2}\cos^2\theta d\theta\right]\left(1-x^2/a^2\right)dx=8bc\int_0^a\left[\frac{\pi}{4}\right]\left(1-x^2/a^2\right)dx$$

$$=\frac{2\pi bc}{a^2}\int_0^a\left(a^2-x^2\right)dx=\frac{2\pi bc}{a^2}\left[\frac{2a^3}{3}\right]=\frac{4}{3}\pi abc$$

Esto es, $V=\dfrac{4}{3}\pi abc$.

PROBLEMAS PROPUESTOS 4.7

En los problemas del 1 al 10, evalúe la integral indicada

1. $\displaystyle\int_{-2}^{0}\int_{-1}^{2}\int_{0}^{1} zy^2e^x\,dxdydz$ *Rpta.* $6(1-e)$

2. $\displaystyle\int_{-1}^{2}\int_{0}^{x}\int_{0}^{x+y} 2xyz\,dzdydx$ *Rpta.* $\dfrac{119}{8}$

3. $\displaystyle\int_{-1}^{0}\int_{0}^{\pi/2}\int_{0}^{y^2} \frac{z}{y}\cos\frac{x}{y}\,dxdydz$ *Rpta.* $-\dfrac{1}{2}$

4. $\displaystyle\int_{0}^{\pi}\int_{z}^{\pi}\int_{0}^{xz/2} \cos\frac{y}{z}\,dydxdz$ *Rpta.* $4(\pi-2)$

5. $\displaystyle\int_{0}^{\pi/2}\int_{0}^{z}\int_{0}^{y} \cos(x+y+z)\,dxdydz$ *Rpta.* $-\dfrac{1}{3}$

6. $\displaystyle\int_{0}^{\pi/4}\int_{\text{sen}\,2z}^{0}\int_{0}^{2yz} \text{sen}\frac{x}{y}\,dxdydz$ *Rpta.* $\dfrac{1}{12}-\dfrac{\pi}{16}$

7. $\displaystyle\int_{-\ln 2}^{\ln 2}\int_{0}^{\sqrt{x}}\int_{0}^{x+y^2} ye^z\,dzdydx$ *Rpta.* $\dfrac{3}{16}$

8. $\displaystyle\int_{0}^{2}\int_{0}^{y}\int_{0}^{\sqrt{3}\,z} \frac{z}{x^2+z^2}\,dxdzdy$ *Rpta.* $\dfrac{2}{3}\pi$

9. $\displaystyle\int_{1}^{2}\int_{x}^{2x}\int_{\sqrt{1-x^2-y^2}}^{\sqrt{2xy}} \frac{z}{x^2+y^2+z^2}\,dzdydx$ *Rpta.* $\ln\dfrac{81\sqrt{3}}{2}-\dfrac{9}{4}$

10. $\displaystyle\int_{0}^{a}\int_{0}^{\sqrt{a^2-x^2}}\int_{0}^{\sqrt{a^2-x^2-y^2}} \sqrt{a^2-x^2-y^2}\,dzdydx$ *Rpta.* $\dfrac{a^4}{8}\pi$

En los problemas del 11 al 25, evalúe la integral dada en la región E indicada

11. $\displaystyle\iiint_E xyz\,dV$, $E=[0,1]\times[0,1]\times[0,1]$ *Rpta.* $\dfrac{1}{8}$

12. $\displaystyle\iiint_E \ln(xyz)\,dV$, $E=[1,2]\times[1,2]\times[1,2]$ *Rpta.* $6\ln 2-3$

13. $\iiint\limits_E \frac{1}{xyz}\,dV$, $E=[1,e]\times[1,e]\times[1,e]$ *Rpta.* 1

14. $\iiint\limits_E \ln x \ln y \ln z\, dV$, $E=[1,e]\times[1,e]\times[1,e]$ *Rpta.* 1

15. $\iiint\limits_E (x+y+z)\,dV$, $E=[0,1]\times[0,1]\times[0,1]$ *Rpta.* $\frac{3}{2}$

16. $\iiint\limits_E e^{x+y+z}\,dV$, $E=[0,1]\times[0,1]\times[0,1]$ *Rpta.* $(e-1)^3$

17. $\iiint\limits_E \operatorname{sen}(x+y+z)\,dV$, $E=[0,\pi]\times[0,\pi]\times[0,\pi]$ *Rpta.* -8

18. $\iiint\limits_E y\,dV$, E es el tetraedro formado por los planos coordenados y el plano

$3x+6y+4z=12$ *Rpta.* 2

19. $\iiint\limits_E 6z^2\,dV$, E es el tetraedro de vértices (0, 0, 0), (1, 1, 0), (1, 0, 0) y (1, 0, 1)

Rpta. $1/10$

20. $\iiint\limits_E yz\,dV$, E es el tetraedro de vértices (0, 0, 0), (1, 1, 0), (0, 1, 0) y (0, 1, 1)

Rpta. $1/30$

21. $\iiint\limits_E y\,dV$, E es la región delimitada por $z=y$, $z=0$ y el cilindro $y=1-x^2$

Rpta. $32/105$

22. $\iiint\limits_E \frac{dV}{(x+y+z+a)^3}$, E es el tetraedro formado por los planos coordenados y por

el plano $x+y+z=a,\ a>0$ *Rpta.* $\frac{\ln 2}{2}-\frac{5}{16}$

23. $\iiint\limits_E (x+y+z)\,dV$, $E=\left\{(x,y,z)\,/\,x^2\le z\le 2-x^2,\ 0\le y\le 3\right\}$ *Rpta.* 20

24. $\iiint\limits_E 6xyz\,dV$, $E=\left\{(x,y,z)\,/\,0\le z\le 2-x^2,\ 0\le y\le x\right\}$ *Rpta.* 1

25. $\iiint\limits_E 3x^2y\,dV$, $E=\left\{(x,y,z)\,/\,0\le x\le y\cos z,\ 0\le y\le b,\ 0\le z\le\frac{\pi}{2}\right\}$ *Rpta.* $\frac{2b^5}{15}$

26. Hallar el volumen del sólido encerrado por el cilindro parabólico $y = x^2$ y los planos $z = 0$, $z = 3$, $y = 16$. *Rpta.* 256

27. Hallar el volumen del sólido encerrado por el cilindro parabólico $y = x^2$ y los planos $z = 0$ y $y + z = 4$. *Rpta.* $\dfrac{256}{15}$

28. Hallar el volumen del sólido encerrado por los paraboloides

$z = 4x^2 + y^2$, $\quad z = 4 - x^2 - 4y^2$ *Rpta.* $\dfrac{6\pi}{25}$

29. Hallar el volumen del sólido encerrado por los cilindros parabólicos $y = z^2$, $y = 2 - z^2$ y los planos $x = 0, x + z = 4$. *Rpta.* $\dfrac{32}{3}$

SECCION 4.8

INTEGRALES TRIPLES EN COORDENADAS CILINDRICAS Y ESFERICAS

Si una región E de $\mathbb{R}^3$ tiene un eje de simetría, como sucede con un cilindro circular o con un cono circular, el cálculo de una integral triple sobre E puede simplificarse usando coordenadas cilíndricas. Si E es simétrico respecto a un punto, como es el caso de una esfera, las coordenadas esféricas son las convenientes.

COORDENADAS CILINDRICAS

Recordemos las coordenadas cilíndricas desarrolladas en la sección 1.7 del capítulo 1.

$$r^2 = x^2 + y^2$$

$$x = r \cos \theta$$

$$y = r \operatorname{sen} \theta$$

$$\tan \theta = \frac{y}{x}$$

Supongamos que tenemos una región E de $\mathbb{R}^3$ que es z–simple:

$$E = \{(x, y, z) \,/\, (x, y) \in D,\ u_1(x, y) \le z \le u_2(x, y)\},$$

donde D es una región del plano XY.

Si $f: E \to \mathbb{R}$ es continua, sabemos que:

$$\iiint_E f(x,y,z)dV = \iint_D \left[\int_{u_1(x,y)}^{u_2(x,y)} f(x,y,z)dz \right] dA$$

Si D puede expresarse en coordenadas polares del modo siguiente,

$$D = \{(r, \theta) \,/\, \alpha \le \theta \le \beta, h_1(\theta) \le r \le h_2(\theta)\},$$

entonces

$$\boxed{\iiint_E f(x, y, z)dV = \int_\alpha^\beta \int_{h_1(\theta)}^{h_2(\theta)} \int_{u_1(r\cos\theta,\, rsen\theta)}^{u_2(r\cos\theta,\, rsen\theta)} f(r\cos\theta.\ r\text{sen}\theta)\ rdzdrd\theta}$$

EJEMPLO 1. Sea E el sólido limitado por arriba por la semiesfera $z = \sqrt{25 - x^2 - y^2}$, por abajo por el plano z = 0 y a los lados por el cilindro $x^2 + y^2 = 16$. La densidad es $\delta(x, y, z) = z$ Hallar:

1. El volumen de E. **2.** La masa de E. **3.** El centro de masa.

Solución

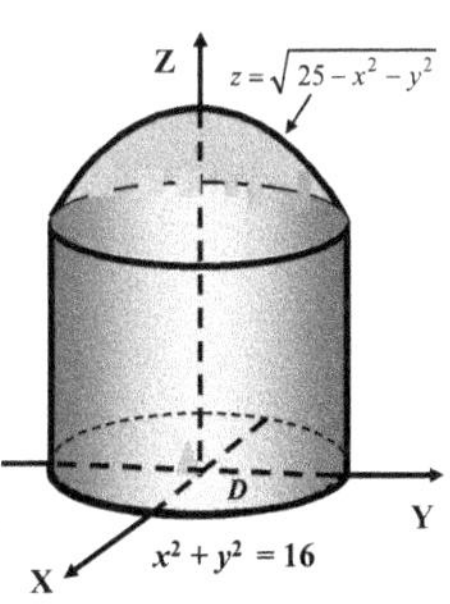

En términos de coordenadas cilíndricas tenemos.

Semiesfera: $z = \sqrt{25 - r^2}$

Cilindro: $r^2 = 16 \Rightarrow r = 4$

$$D = \{(r, \theta) \,/\, 0 \le r \le 4,\ 0 \le \theta \le 2\pi\}$$

$$E = \{(r, \theta, z) \,/\, 0 \le z \le \sqrt{25 - r^2},\ 0 \le r \le 4,\ 0 \le \theta \le 2\pi\}$$

Ahora,

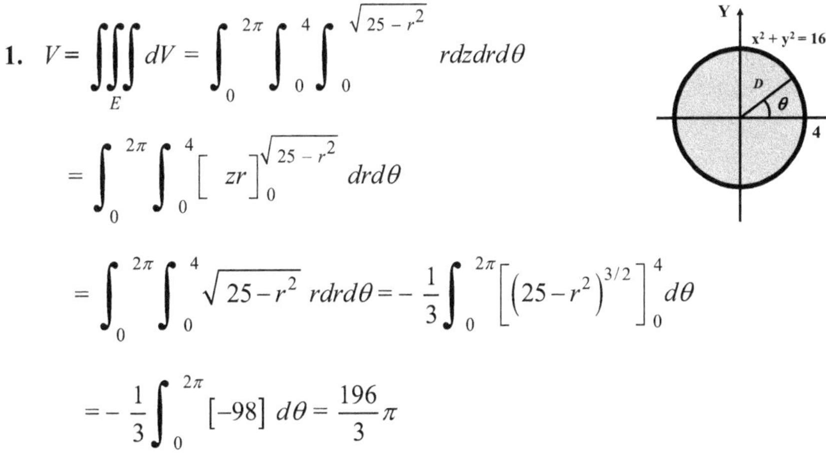

1. $$V = \iiint_E dV = \int_0^{2\pi} \int_0^4 \int_0^{\sqrt{25 - r^2}} rdzdrd\theta$$

$$= \int_0^{2\pi} \int_0^4 \Big[\ zr\ \Big]_0^{\sqrt{25 - r^2}} drd\theta$$

$$= \int_0^{2\pi} \int_0^4 \sqrt{25 - r^2}\ rdrd\theta = -\frac{1}{3}\int_0^{2\pi} \left[\left(25 - r^2\right)^{3/2} \right]_0^4 d\theta$$

$$= -\frac{1}{3}\int_0^{2\pi} [-98]\ d\theta = \frac{196}{3}\pi$$

2. $$M = \iiint_E \delta(x,y,z)\, dV = \iiint_E z\, dV = \int_0^{2\pi}\int_0^4\int_0^{\sqrt{25-r^2}} zrdzdrd\theta$$

$$= \int_0^{2\pi}\int_0^4 \left[\frac{z^2}{2}r\right]_0^{\sqrt{25-r^2}} drd\theta = \frac{1}{2}\int_0^{2\pi}\int_0^4 \left(25-r^2\right)rdrd\theta$$

$$= \frac{1}{2}\int_0^{2\pi}\left[\frac{25}{2}r^2 - \frac{1}{4}r^4\right]_0^4 d\theta = 68\int_0^{2\pi} d\theta = 136\pi$$

3. Por razones de simetría el centro de masa es de la forma $\left(0,\ 0,\ \bar{z}\right)$

$$M_{xy} = \iiint_E z\delta(x,y,z)\, dV = \iiint_E zz\, dV = \iiint_E z^2 dV$$

$$= \int_0^{2\pi}\int_0^4\int_0^{\sqrt{25-r^2}} z^2 rdzdrd\theta = \int_0^{2\pi}\int_0^4 \left[\frac{z^3}{3}r\right]_0^{\sqrt{25-r^2}} drd\theta$$

$$= \frac{1}{3}\int_0^{2\pi}\int_0^4 \left(25-r^2\right)^{3/2} rdrd\theta = -\frac{1}{15}\int_0^{2\pi}\left[\left(25-r^2\right)^{5/2}\right]_0^4 d\theta$$

$$= \frac{2882}{15}\int_0^{2\pi} d\theta = \frac{5.764}{15}\pi$$

$$\bar{z} = \frac{M_{xy}}{M} = \frac{5.764}{15}\pi \Big/ 136\pi = \frac{1.441}{510}$$

El centro de masa es $(0, 0, 1441/510) \approx (0, 0, 2.83)$

COORDENADAS ESFERICAS

En el capítulo 1, sección 1.7 vimos que las siguientes ecuaciones relacionan las coordenadas rectangulares con las esféricas:

$\rho^2 = x^2 + y^2 + z^2,$

$r = \rho \operatorname{sen} \phi,$

$x = \rho \operatorname{sen} \phi \cos \theta,$

$y = \rho \operatorname{sen} \phi \operatorname{sen} \theta,$

$z = \rho \cos \phi$

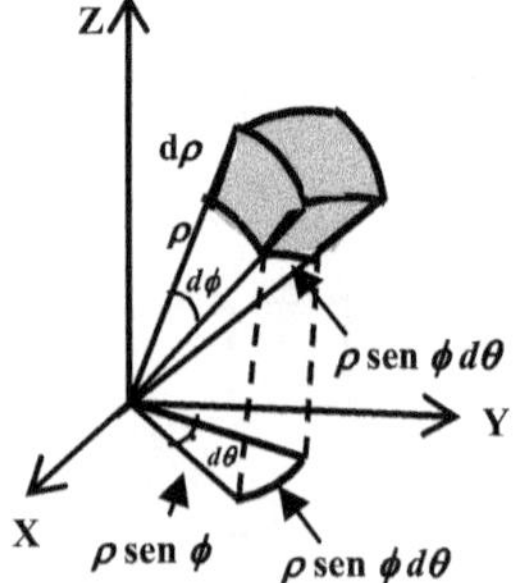

Sea $f: E \to \mathbb{R}$ una función continua, donde E es una región de $\mathbb{R}^3$. Buscamos una fórmula que nos permita calcular la integral triple $\iiint\limits_E f(x, y, z)dV$ cambiando las coordenadas rectangulares a coordenadas esféricas.

En primer lugar, hallemos una fórmula que exprese el elemento de volumen dV en términos de las variables de las coordenadas esféricas. Tomamos un punto cualquiera (ρ, ϕ, θ). A cada coordenada de este punto le damos un pequeño incremento, $d\rho$, $d\theta$ y $d\phi$, respectivamente. De este modo hemos obtenido una pequeña "caja esférica", que se muestra en la figura de la derecha, cuyas aristas miden $d\rho$, $\rho\, d\phi$ y $\rho \operatorname{sen} \phi\, d\theta$. El volumen de esta caja es

$$dV = (d\rho)\,(\rho\, d\phi)\,(\rho \operatorname{sen} \phi\, d\theta) = \rho^2 \operatorname{sen} \phi\, d\rho\, d\phi\, d\theta.$$

Por otro lado, si el siguiente conjunto

$$\{(\rho, \theta, \phi) \,/\, \alpha \le \theta \le \beta,\ \phi_1 \le \phi \le \phi_2,\ \rho_1(\theta, \phi) \le \rho \le \rho_2(\theta, \phi)\}$$

es el que da lugar al conjunto E, al aplicar las coordenadas esféricas, entonces

$$\iiint\limits_E f(x, y, z)dV =$$

$$\int_\alpha^\beta \int_{\phi_1}^{\phi_2} \int_{\rho_1(\theta,\phi)}^{\rho_2(\theta,\phi)} f(\rho \operatorname{sen}\phi \cos\theta,\ \rho \operatorname{sen}\phi \operatorname{sen}\theta,\ \rho \cos\phi)\, \rho^2 \operatorname{sen}\phi\, d\rho\, d\phi\, d\theta$$

EJEMPLO 1. Sea E el sólido limitado por arriba por la semiesfera $x^2 + y^2 + z^2 = a^2$, $z \ge 0$ y por abajo por el cono $z = \sqrt{3x^2 + 3y^2}$. Si el sólido es homogéneo, Hallar:

1. El volumen de E. **2.** El centroide de E.

Solución

Cambiamos a coordenadas esféricas.

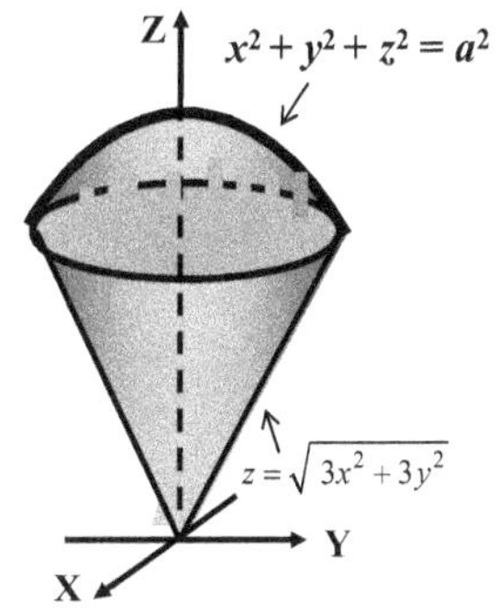

La esfera: $x^2 + y^2 + z^2 = a^2 \Rightarrow \rho^2 = a^2 \Rightarrow \rho = a$

El cono: $z = \sqrt{3x^2 + 3y^2}$. $\Rightarrow$

$$\rho \cos \phi = \sqrt{3\rho^2 \operatorname{sen}^2\phi \cos^2\theta + 3\rho^2 \operatorname{sen}^2\phi \operatorname{sen}^2\theta}$$

$$= \sqrt{3\rho^2 \operatorname{sen}^2\phi \left(\cos^2\theta + \operatorname{sen}^2\theta\right)} = \sqrt{3}\, \rho \operatorname{sen} \phi$$

$$= \sqrt{3}\,\rho \operatorname{sen}\phi \;\Rightarrow\; \cos\phi = \sqrt{3}\,\operatorname{sen}\phi \;\Rightarrow\; \tan\phi = \frac{\sqrt{3}}{3} \Rightarrow \phi = \frac{\pi}{6}$$

Esto es, la ecuación esférica del cono es $\phi = \dfrac{\pi}{6}$

Los dos resultados anteriores nos permiten describir al sólido E así:

$$\left\{(\rho, \theta, \phi) \,/\, 0 \leq \rho \leq a,\; 0 \leq \phi \leq \frac{\pi}{6},\; 0 \leq \theta \leq 2\pi\right\}$$

Ahora,

1. $V = \displaystyle\iiint_E dV = \int_0^{2\pi}\int_0^{\pi/6}\int_0^a \rho^2 \operatorname{sen}\phi \, d\rho d\phi d\theta$

$$= \int_0^{2\pi}\int_0^{\pi/6}\left[\frac{1}{3}\rho^3\right]_0^a \operatorname{sen}\phi \, d\phi d\theta = \frac{a^3}{3}\int_0^{2\pi}\int_0^{\pi/6} \operatorname{sen}\phi \, d\phi d\theta$$

$$= \frac{a^3}{3}\int_0^{2\pi}\Big[-\cos\phi\Big]_0^{\pi/6} d\theta = \frac{a^3}{3}\int_0^{2\pi}\left(1-\frac{\sqrt{3}}{2}\right)d\theta = \frac{a^3}{3}\left(1-\frac{\sqrt{3}}{2}\right)(2\pi)$$

$$= \frac{a^3}{3}\left(2-\sqrt{3}\right)\pi$$

2. Tomando $\delta(x, y, z) = 1$, Tenemos:

$$M_{xy} = \iiint_E z\delta(x, y, z)dV = \iiint_E z dV$$

$$= \int_0^{2\pi}\int_0^{\pi/6}\int_0^a (\rho \cos\phi)\,\rho^2 \operatorname{sen}\phi \, d\rho d\phi d\theta$$

$$= \int_0^{2\pi}\int_0^{\pi/6}\int_0^a \rho^3 d\rho \operatorname{sen}\phi\cos\phi \, d\phi d\theta = \frac{a^4}{4}\int_0^{2\pi}\int_0^{\pi/6} \operatorname{sen}\phi \cos\phi \, d\phi d\theta$$

$$= \frac{a^4}{4}\int_0^{2\pi}\left[\frac{1}{2}\operatorname{sen}^2\phi\right]_0^{\pi/6} d\theta = \frac{a^4}{4}\int_0^{2\pi}\left(\frac{1}{2}\times\frac{1}{4}\right)d\theta = \frac{a^4}{4}\left(\frac{1}{2}\times\frac{1}{4}\right)(2\pi) = \frac{a^4}{16}\pi$$

Como $\delta(x, y, z) = 1$, tenemos que $M = V$. Luego,

$$\bar{z} = \frac{M_{xy}}{M} = \frac{M_{xy}}{V} = \frac{a^4}{16}\pi \Big/ \frac{a^3}{3}\left(2-\sqrt{3}\right)\pi = \frac{3a}{16\left(2-\sqrt{3}\right)} = \frac{3a}{16}\left(2+\sqrt{3}\right)$$

Considerando la simetría, el centroide de E es

$$\left(0,\, 0,\, \frac{3a}{16}\left(2+\sqrt{3}\right)\right) \approx (0,\, 0,\, 0{,}7a)$$

PROBLEMAS PROPUESTOS 4.8

En los problemas del 1 al 6 cambiar a coordenadas cilíndricas o esféricas para evaluar la integral dada.

1. $\displaystyle\int_{-3}^{3}\int_{-\sqrt{9-x^2}}^{\sqrt{9-x^2}}\int_{\sqrt{x^2+y^2}}^{3}\sqrt{x^2+y^2}\,dzdydx$ *Rpta.* $\dfrac{27}{2}\pi$

2. $\displaystyle\int_{0}^{2}\int_{0}^{\sqrt{2x-x^2}}\int_{0}^{a} z\sqrt{x^2+y^2}\,dzdydx$ *Rpta.* $\dfrac{8}{9}a^2$

3. $\displaystyle\int_{-a}^{a}\int_{-\sqrt{a^2-x^2}}^{\sqrt{a^2-x^2}}\int_{0}^{\sqrt{a^2-x^2-y^2}}\frac{1}{\sqrt{z}}\,dzdydx$ *Rpta.* $\dfrac{8}{5}a^{5/2}\pi$

4. $\displaystyle\int_{-1}^{1}\int_{-\sqrt{1-x^2}}^{\sqrt{1-x^2}}\int_{-\sqrt{1-x^2-y^2}}^{\sqrt{1-x^2-y^2}}\left(x^2+y^2+z^2\right)^{3/2}dzdydx$ *Rpta.* $\dfrac{2}{3}\pi$

5. $\displaystyle\int_{0}^{a}\int_{0}^{\sqrt{a^2-x^2}}\int_{0}^{\sqrt{a^2-x^2-y^2}}\frac{xyz}{\sqrt{x^2+y^2+z^2}}\,dzdydx$ *Rpta.* $\dfrac{1}{40}a^5$

6. $\displaystyle\int_{-a}^{a}\int_{-\sqrt{a^2-x^2}}^{\sqrt{a^2-x^2}}\int_{-\sqrt{a^2-x^2-y^2}}^{\sqrt{a^2-x^2-y^2}} e^{\left(x^2+y^2+z^2\right)^{3/2}}dzdydx$ *Rpta.* $\dfrac{4}{3}\left(e^{a^3}-1\right)\pi$

7. Hallar el volumen de la porción de la esfera $x^2+y^2+z^2\leq 16$ que está dentro del cilindro $x^2+(y-1)^2=1$ *Rpta.* $\dfrac{128}{9}(3\pi-4)$

8. Hallar el volumen del sólido limitado superiormente por el cono $z^2=x^2+y^2$, inferiormente por el plano $z=0$ y lateralmente por el cilindro $x^2+y^2=2ax$

Rpta. $32a^3/9$

9. Hallar el volumen del sólido limitado por arriba por la esfera $x^2+y^2+z^2=4$, por abajo por el cono $3z^2=x^2+y^2$, y en el semiespacio superior $z\geq 0$. *Rpta.* 4π

10. Hallar la masa del sólido limitado por una esfera de radio a cuya función de densidad es $\rho(x,y,z)=x^2+y^2+z^2$ *Rpta.* $\dfrac{4}{5}a^5\pi$

11. Hallar el centroide del sólido homogéneo que está dentro del paraboloide $z=x^2+y^2$ y fuera del cono $z^2=x^2+y^2$. *Rpta.* $(0,\ 0,\ 1/2)$

SECCION 4.9
CAMBIO DE VARIABLES EN INTEGRALES MULTIPLES

CAMBIO DE VARIABLES EN INTEGRALES DOBLES

DEFINICION. Se llama **jacobiano** de una transformación

$$T(u, v) = (x(u, v), y(u, v))$$

al determinante de su matriz jacobiana. Esto es,

$$J(u, v) = \frac{\partial(x,y)}{\partial(u,v)} = \begin{vmatrix} \dfrac{\partial x}{\partial u} & \dfrac{\partial y}{\partial u} \\ \dfrac{\partial x}{\partial v} & \dfrac{\partial y}{\partial v} \end{vmatrix} = \frac{\partial x}{\partial u}\frac{\partial y}{\partial v} - \frac{\partial x}{\partial v}\frac{\partial y}{\partial u}$$

TEOREMA 4.11 **Cambio de variable en una integral doble**

Sea T una transformación que lleva la región S del plano UV sobre la región D del plano XY. Si se cumple que:

1. T es de clase C^1 y es uno a uno, excepto quizás en la frontera de S.
2. $\dfrac{\partial(x,y)}{\partial(u,v)} \neq 0$, para todo punto de S.
3. La función $f: D \to \mathbb{R}$ es integrable

Entonces,

$$\iint_D f(x,y)\, dA = \iint_S f(x(u,v), y(u,v)) \left| \frac{\partial(x,y)}{\partial(u,v)} \right| dudv$$

EJEMPLO 1. Demostrar que el cambio de una integral doble de coordenadas cartesianas a coordenadas polares, dado en el teorema 4.6,

$$\iint_R f(x,y)\, dA = \int_\alpha^\beta \int_a^b f(r\cos\theta,\ r\operatorname{sen}\theta)\, r dr d\theta$$

es un caso particular del teorema anterior.

Solución

En este caso tenemos que la transformación

$T(r, \theta) = (r\cos\theta,\ r\operatorname{sen}\theta)$, o sea $x = r\cos\theta,\ y = r\operatorname{sen}\theta$, lleva el rectángulo $S = \left\{ (r, \theta) \;/\; a \le r \le b,\ \alpha \le \theta \le \beta \right\}$ del plano rθ a la región R del plano XY.

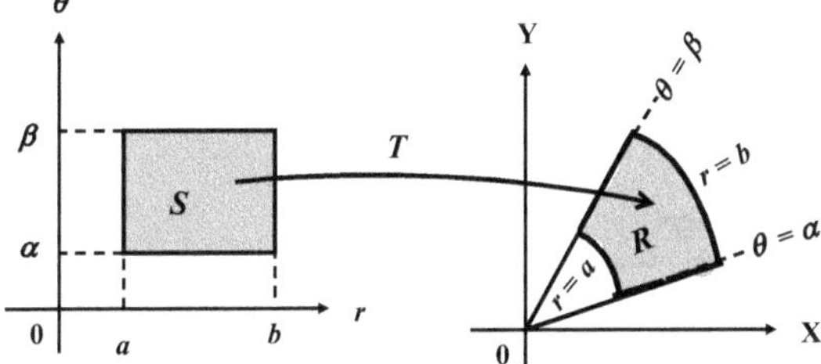

Tenemos que

$$\frac{\partial(x,y)}{\partial(r,\theta)} = \begin{vmatrix} \dfrac{\partial x}{\partial r} & \dfrac{\partial y}{\partial r} \\ \dfrac{\partial x}{\partial \theta} & \dfrac{\partial y}{\partial \theta} \end{vmatrix} = \begin{vmatrix} \cos\theta & \operatorname{sen}\theta \\ -r\operatorname{sen}\theta & r\cos\theta \end{vmatrix} = r\cos^2\theta + r\operatorname{sen}^2\theta = r$$

Luego,

$$\iint_R f(x,y)dA = \iint_S f(r\cos\theta, r\operatorname{sen}\theta)\left|\frac{\partial(x,y)}{\partial(r,\theta)}\right| drd\theta$$

$$= \iint_S f(r\cos\theta, r\operatorname{sen}\theta) r drd\theta = \int_\alpha^\beta \int_a^b f(r\cos\theta,\ r\operatorname{sen}\theta)\ rdrd\theta$$

EJEMPLO 2. Evaluar la integral $\iint_D e^{\frac{y-x}{y+x}} dA$, donde D es el triángulo formado por la recta x + y = 4 y los ejes coordenados.

Solución

Consideramos la transformación $\begin{cases} u = y - x \\ v = y + x \end{cases}$.

Despejando u y v obtenemos las igualdades $x = \dfrac{v-u}{2}$ y $y = \dfrac{v+u}{2}$ con las cuales definimos la transformación $T(u, v) = (x, y) = \left(\dfrac{v-u}{2}, \dfrac{v+u}{2}\right)$

Hallemos la región S en el plano UV que es llevado por T a la región D del plano XY. Para esto, hallamos los segmentos que constituyen las fronteras:

Eje X : $y = 0 \Rightarrow y = \dfrac{v+u}{2} = 0 \Rightarrow\ v + u = 0\ \Rightarrow\ v = -u$

Eje Y : $x = 0 \Rightarrow x = \dfrac{v-u}{2} = 0 \Rightarrow\ v - u = 0\ \Rightarrow\ v = u$

Recta $x+y=4 \Rightarrow x+y=\dfrac{v-u}{2}+\dfrac{v+u}{2}=4 \Rightarrow v=4$

Luego, $S=\left\{(u,v)\,/-v\le u\le v,\ 0\le v\le 4\right\}$

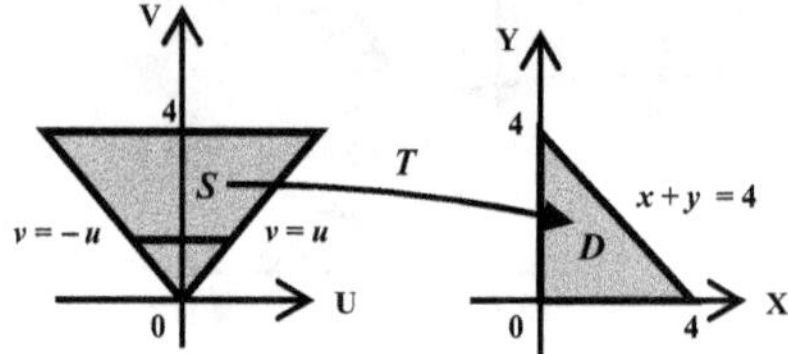

El jacobiano de $T(u,v)=\left(\dfrac{v-u}{2},\dfrac{v+u}{2}\right)$ es

$$\frac{\partial(x,y)}{\partial(u,v)}=\begin{vmatrix}\dfrac{\partial x}{\partial u} & \dfrac{\partial x}{\partial v}\\ \dfrac{\partial y}{\partial u} & \dfrac{\partial y}{\partial v}\end{vmatrix}=\begin{vmatrix}-\dfrac{1}{2} & \dfrac{1}{2}\\ \dfrac{1}{2} & \dfrac{1}{2}\end{vmatrix}=-\frac{1}{2}$$

En consecuencia,

$$\iint_D e^{\frac{y-x}{y+x}}dA=\iint_S e^{\frac{u}{v}}\left|-\frac{1}{2}\right|dudv=\frac{1}{2}\int_0^4\int_{-v}^{v}e^{\frac{u}{v}}dudv=\frac{1}{2}\int_0^4 v\left[e^{u/v}\right]_{-v}^{v}dv$$

$$=\frac{1}{2}\int_0^4 v\left(e-e^{-1}\right)dv=\frac{1}{2}\left(e-e^{-1}\right)\left[\frac{v^2}{2}\right]_0^4=4\left(e-e^{-1}\right)$$

En el ejemplo anterior, con el cambio de variables se consiguió simplificar el integrando. Algunas veces también se busca simplificar la región de integración, consiguiendo reemplazar regiones complicadas por rectángulos, triángulos o círculos. El siguiente ejemplo nos ilustra esta situación.

EJEMPLO 3. Evaluar la integral $\displaystyle\iint_D \frac{y^2}{x^2}\operatorname{sen}(\pi xy)\,dA$, donde D es la región del primer cuadrante encerrada por las hipérbolas $xy=1, xy=4$ y las rectas $y=x,\ \ y=5x$

Solución

Al integrando y a las hipérbolas que limitan a D los escribimos así:

$$\frac{y^2}{x^2}\operatorname{sen}(\pi xy)=\left(\frac{y}{x}\right)^2\operatorname{sen}(\pi xy),\qquad \frac{y}{x}=1,\qquad \frac{y}{x}=5,$$

lo cual nos sugiere que el cambio de variables que nos conviene es el siguiente:

$$u = xy, \quad v = \frac{y}{x} \qquad \textbf{(1)}$$

Hallemos la región S del plano UV que corresponde a la región D del plano XY

$$xy = 1 \Rightarrow u = 1, \quad xy = 4 \Rightarrow u = 4,$$

$$y = x \Rightarrow \frac{y}{x} = 1 \Rightarrow v = 1, \quad y = 5x \Rightarrow \frac{y}{x} = 5 \Rightarrow v = 5$$

Luego S *es* el rectángulo $S = \left\{(u, v) \,/\, 1 \le u \le 4, \; 1 \le v \le 5\right\}$

Despejando x e y de las ecuaciones (1):

$$x = x(u, v) = \left(\frac{u}{v}\right)^{1/2}, \quad y = y(u, v) = (uv)^{1/2}$$

La transformación $T\colon S \to D$ está dada por $T(u, v) = (x, y) = \left((u/v)^{1/2}, \; (uv)^{1/2}\right)$

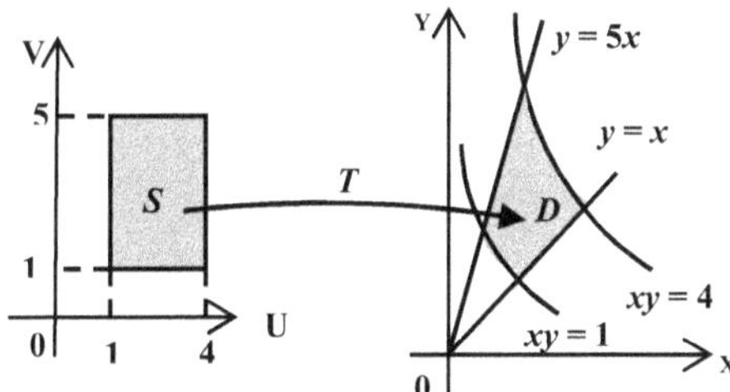

Hallemos el jacobiano de T:

$$\frac{\partial(x, y)}{\partial(u, v)} = \begin{vmatrix} \dfrac{1}{2\sqrt{uv}} & -\dfrac{1}{2v}\sqrt{\dfrac{u}{v}} \\ \dfrac{1}{2}\sqrt{\dfrac{v}{u}} & \dfrac{1}{2}\sqrt{\dfrac{u}{v}} \end{vmatrix} = \frac{1}{2v}$$

Ahora,

$$\iint_D \frac{y^2}{x^2} \operatorname{sen}(\pi xy)\, dA = \iint_S v^2 \operatorname{sen}(\pi u) \left| \frac{\partial(x, y)}{\partial(u, v)} \right| dudv$$

$$= \int_1^4 \int_1^5 v^2 \operatorname{sen}(\pi u) \left(\frac{1}{2v}\right) dvdu$$

$$= \frac{1}{2} \int_1^4 \int_1^5 v \operatorname{sen}(\pi u)\, dvdu = \frac{1}{2} \int_1^4 \operatorname{sen}(\pi u) \left[\frac{v^2}{2}\right]_1^5 du$$

$$= 6 \int_1^4 \operatorname{sen}(\pi u)\, du = 6 \left[-\frac{1}{\pi}\cos(\pi u)\right]_1^4 = -\frac{12}{\pi}$$

En los dos últimos ejemplos anteriores, para hallar la transformación $T(u,\ v) =$ $\big(x(u,v),\ y(u,v)\big)$ y su correspondiente jacobiano $\dfrac{\partial(x,y)}{\partial(u,v)}$, hemos empezado definiendo las variables u y v en términos de x e y. Esto es $u = u(x, y)$ y $v = v(x, y)$. Luego, hemos despejado x e y en términos de u y v: $x = x(u, v)$, $y = y(u, v)$. Algunas veces estos despejes son engorrosos o difíciles. Cuando se tropiece con esta dificultad, para salvarla se puede usar el siguiente resultado, que se prueba en cursos más avanzados,

$$\frac{\partial(x,y)}{\partial(u,v)}\frac{\partial(u,v)}{\partial(x,y)} = 1, \text{ de donde obtenemos, } \frac{\partial(x,y)}{\partial(u,v)} = 1\Big/\frac{\partial(u,v)}{\partial(x,y)}$$

EJEMPLO 4. Evaluar la integral $\displaystyle\iint_D \left(x^2+y^2\right)^3 dA$, donde D es la región del primer cuadrante encerrada por las hipérbolas:

$$xy = 2, \quad xy = 3, \quad x^2 - y^2 = 1, \quad x^2 - y^2 = 4$$

Solución

Hacemos el siguiente cambio de variables:

$$u = xy, \qquad v = x^2 - y^2 \qquad \textbf{(1)}$$

Hallemos la región S del plano UV que corresponde a la región D del plano XY

$$xy = 2 \Rightarrow u = 2, \quad xy = 3 \Rightarrow u = 3,$$
$$x^2 - y^2 = 1 \Rightarrow v = 1, \quad x^2 - y^2 = 4 \Rightarrow v = 4$$

Luego, S *es* el rectángulo $S = \Big\{(u, v) \,/\, 2 \le u \le 3,\ 1 \le v \le 4\Big\}$

No trataremos de encontrar la transformación T, por ser el despeje no muy simple.

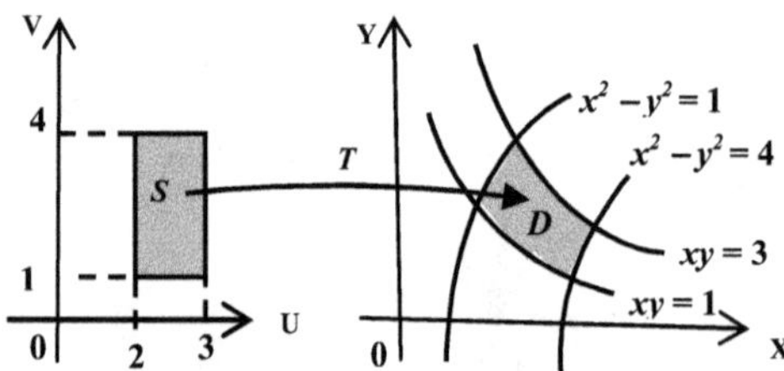

De acuerdo a las ecuaciones **(1)** tenemos:

$$4u^2 + v^2 = 4x^2y^2 + (x^2 - y^2)^2 = 4x^2y^2 + x^4 - 2x^2y^2 + y^4 = \left(x^2+y^2\right)^2 \Rightarrow$$

$$x^2 + y^2 = \sqrt{4u^2 + v^2} \qquad \textbf{(2)}$$

Por otro lado, teniendo en cuenta las igualdades (1) y (2),

$$\frac{\partial(u,v)}{\partial(x,y)} = \begin{vmatrix} y & x \\ 2x & -2y \end{vmatrix} = -2\left(x^2+y^2\right) = -2\sqrt{4u^2+v^2}$$

Luego,

$$\frac{\partial(x,y)}{\partial(u,v)} = 1\Big/\frac{\partial(u,v)}{\partial(x,y)} = \frac{1}{-2\sqrt{4u^2+v^2}}$$

Ahora,

$$\iint_D \left(x^2+y^2\right)^3 dA = \iint_S \left(\sqrt{4u^2+v^2}\right)^3 \left|\frac{\partial(x,y)}{\partial(u,v)}\right| dudv$$

$$= \iint_S \left(4u^2+v^2\right)^{3/2} \frac{1}{2\sqrt{4u^2+v^2}} dudv$$

$$= \frac{1}{2}\iint_S \left(4u^2+v^2\right) dudv = \frac{1}{2}\int_2^3\int_1^4 \left(4u^2+v^2\right) dvdu$$

$$= \frac{1}{2}\int_2^3 \left[4u^2v+\frac{1}{3}v^3\right]_1^4 du = \frac{1}{2}\int_2^3 \left(12u^2+21\right) du = \frac{81}{2}$$

CAMBIO DE VARIABLES EN INTEGRALES TRIPLES

La fórmula para el cambio de variables para una integral triple es muy similar la fórmula correspondiente a la de una integral doble.

Sea $\boldsymbol{T}: S \to E$, $\boldsymbol{T}(u, v, w) = (x, y, z)$, una transformación que lleva una región S del espacio UVW sobre una región E del espacio XYZ determinada por las funciones

$$x = x(u, v, w), \qquad y = y(u, v, w), \qquad z = z(u, v, w)$$

El jacobiano de T es el determinante

$$J(u,v,w) = \frac{\partial(x,y,z)}{\partial(u,v,w)} = \begin{vmatrix} \frac{\partial x}{\partial u} & \frac{\partial x}{\partial v} & \frac{\partial x}{\partial w} \\ \frac{\partial y}{\partial u} & \frac{\partial y}{\partial v} & \frac{\partial y}{\partial w} \\ \frac{\partial z}{\partial u} & \frac{\partial z}{\partial v} & \frac{\partial z}{\partial w} \end{vmatrix}$$

Si T es uno a uno, de clase $C^{(1)}$, su jacobiano no se anula en S y $f: E \to \mathbb{R}$ es integrable, entonces

$$\boxed{\iiint_E f(x,y,z)dV = \iiint_S f(x(u,v,w), y(u,v,w), z(u,v,w)) \left|\frac{\partial(x,y,z)}{\partial(u,v,w)}\right| dudvdw}$$

EJEMPLO 5. Sabiendo que el volumen del sólido encerrado por una esfera de radio r es $V = \frac{4}{3}\pi r^3$, verificar que el volumen del sólido E encerrado por el elipsoide $\frac{x^2}{a^2}+\frac{y^2}{b^2}+\frac{z^2}{c^2}=1$ es $V = \frac{4}{3}\pi abc$

Solución

Sea $T(u, v, w) = (x, y, z)$ la transformación que lleva al espacio UVW sobre el espacio XYZ determinada por las funciones componentes:

$$x = au, \qquad y = bv, \qquad z = cw$$

En el espacio UVW, consideremos la esfera $u^2 + v^2 + w^2 = 1$

Tenemos que $u = \frac{x}{a}$, $v = \frac{v}{b}$, $w = \frac{z}{c}$ y

$$u^2 + v^2 + w^2 = 1 \Rightarrow \left(\frac{x}{a}\right)^2 + \left(\frac{y}{b}\right)^2 + \left(\frac{z}{c}\right)^2 = 1 \Rightarrow \frac{x^2}{a^2}+\frac{y^2}{b^2}+\frac{z^2}{c^2}=1$$

Esto es, si S es el sólido encerrado por la esfera anterior, entonces la transformación T lleva al sólido S sobre el sólido E.

Además,

$$\frac{\partial(x,y,z)}{\partial(u,v,w)} = \begin{vmatrix} a & 0 & 0 \\ 0 & b & 0 \\ 0 & 0 & c \end{vmatrix} = abc$$

Luego,

$$\text{Volumen}(E) = \iiint_E dV = \iiint_S \left| \frac{\partial(x,y,z)}{\partial(u,v,w)} \right| dudvdw = \iiint_S (abc)\, dudvdw$$

$$= abc \iiint_S dudvdw = abc\left(\text{Volumen}(S)\right) = abc\left(\frac{4}{3}\pi(1)^3\right) = \frac{4}{3}\pi abc$$

EJEMPLO 6. Deducir, mediante la fórmula de cambios variables, la fórmula para integrales triples en coordenadas esféricas.

Solución

Tenemos que: $x = \rho \operatorname{sen}\phi \cos\theta$, $y = \rho \operatorname{sen}\phi \operatorname{sen}\theta$, $z = \rho\cos\phi$

$$\frac{\partial(x,y,z)}{\partial(\rho,\theta,\phi)}=\begin{vmatrix} \text{sen}\phi\cos\theta & -\rho\,\text{sen}\phi\,\text{sen}\theta & \rho\cos\phi\cos\theta \\ \text{sen}\phi\,\text{sen}\theta & \rho\,\text{sen}\phi\cos\theta & \rho\cos\phi\,\text{sen}\theta \\ \cos\theta & 0 & -\rho\,\text{sen}\phi \end{vmatrix}$$

$$=\cos\phi\begin{vmatrix} -\rho\,\text{sen}\phi\,\text{sen}\theta & \rho\cos\phi\cos\theta \\ \rho\,\text{sen}\phi\cos\theta & \rho\cos\phi\,\text{sen}\theta \end{vmatrix} -\rho\,\text{sen}\phi\begin{vmatrix} \text{sen}\phi\cos\theta & -\rho\,\text{sen}\phi\,\text{sen}\theta \\ \text{sen}\phi\,\text{sen}\theta & \rho\,\text{sen}\phi\cos\theta \end{vmatrix}$$

$$=\cos\phi\left(-\rho^2\,\text{sen}\phi\cos\phi\,\text{sen}^2\theta-\rho^2\text{sen}\phi\cos\phi\cos^2\theta\right)$$

$$-\rho\,\text{sen}\phi\left(\rho\,\text{sen}^2\phi\cos^2\theta+\rho\,\text{sen}^2\phi\,\text{sen}^2\theta\right)$$

$$=-\rho^2\text{sen}\phi\cos^2\phi-\rho^2\text{sen}\phi\,\text{sen}^2\phi\ =-\rho^2\text{sen}\phi$$

Luego, $\left|\dfrac{\partial(x,y,z)}{\partial(\rho,\theta,\phi)}\right|=\rho^2\text{sen}\phi$ y

$$\iiint_E f(x,y,z)dV=\iiint_S f(\rho\,\text{sen}\phi\cos\theta,\ \rho\,\text{sen}\phi\,\text{sen}\theta,\ \rho\cos\phi)\,\rho^2\text{sen}\phi\,d\rho d\phi d\theta$$

COORDENADAS ESFERICAS GENERALIZADAS

Se llaman **coordenadas esféricas generalizadas** o **coordenadas elipsoidales** a las coordenadas (ρ,θ,ϕ) definidas por las fórmulas:

$$x=a\rho\,\text{sen}\,\phi\cos\,\theta,\quad y=b\rho\,\text{sen}\,\phi\,\text{sen}\,\theta,\quad z=c\rho\cos\,\phi,\ \text{donde } a>0,\ b>0,\ c>0$$

Se cumple que

$$\frac{x^2}{a^2}+\frac{y^2}{b^2}+\frac{z^2}{c^2}=\rho^2 \qquad \textbf{(1)}$$

Además, siguiendo los mismos pasos que en el ejemplo anterior, se obtiene:

$$\frac{\partial(x,y,z)}{\partial(\rho,\theta,\phi)}=\begin{vmatrix} a\,\text{sen}\,\phi\cos\,\theta & -a\rho\,\text{sen}\,\phi\,\text{sen}\,\theta & a\rho\cos\,\phi\cos\,\theta \\ b\,\text{sen}\,\phi\,\text{sen}\,\theta & b\rho\,\text{sen}\,\phi\cos\,\theta & b\rho\cos\,\phi\,\text{sen}\,\theta \\ c\cos\theta & 0 & -c\rho\,\text{sen}\,\phi \end{vmatrix}=-abc\,\rho^2\text{sen}\,\phi$$

Luego, $\left|\dfrac{\partial(x,y,z)}{\partial(\rho,\theta,\phi)}\right|=abc\,\rho^2\text{sen}\,\phi$.

EJEMPLO 7. Evaluar $\displaystyle\iiint_E\left(1-\frac{x^2}{a^2}-\frac{y^2}{b^2}-\frac{z^2}{c^2}\right)dV$, donde E es la región encerrada por el elipsoide. $\dfrac{x^2}{a^2}+\dfrac{y^2}{b^2}+\dfrac{z^2}{c^2}=1$

Solución

Cambiamos a coordenadas esféricas generalizadas

$$x = a\rho \operatorname{sen}\phi \cos\theta, \quad y = b\rho \operatorname{sen}\phi \operatorname{sen}\theta, \quad z = c\rho \cos\phi,$$

La transformación T correspondiente nos lleva la región

$$S = \left\{ (\rho, \theta, \phi) \,/\, 0 \le \rho \le 1,\ 0 \le \theta \le 2\pi,\ 0 \le \phi \le \pi, \right\}$$

sobre la región E encerrada por el elipsoide $\dfrac{x^2}{a^2} + \dfrac{y^2}{b^2} + \dfrac{z^2}{c^2} = 1$

Ahora,

$$\iiint_E \left(1 - \frac{x^2}{a^2} - \frac{y^2}{b^2} - \frac{z^2}{c^2}\right) dV = \iiint_S \left(1 - \rho^2\right)\left(abc\rho^2 \operatorname{sen}\phi\right) d\rho\, d\theta\, d\phi$$

$$= abc \int_0^1 \int_0^{\pi} \int_0^{2\pi} \left(1 - \rho^2\right) \rho^2 \operatorname{sen}\phi \; d\theta\, d\phi\, d\rho$$

$$= 2abc\pi \int_0^1 \int_0^{\pi} \left(1 - \rho^2\right) \rho^2 \operatorname{sen}\phi \; d\phi\, d\rho$$

$$= 2abc\pi \int_0^1 \left(1 - \rho^2\right) \rho^2 \left[-\cos\phi\right]_0^{\pi} d\rho$$

$$= 4abc\pi \int_0^1 \left(1 - \rho^2\right) \rho^2 d\rho = 4abc\pi \int_0^1 \left(\rho^2 - \rho^4\right) d\rho$$

$$= 4abc\pi \left[\frac{1}{3}\rho^3 - \frac{1}{5}\rho^5\right]_0^1 = \frac{8}{15}\pi abc$$

¿SABIAS QUE . . .

CARL GUSTAV JACOBI (1804–1851) *nació en potsdam, Alemania. De ascendencia judía. Desde pequeño se distinguió por su facilidad para la matemática. A los 12 años ya tenía la preparación para entrar a la universidad, sin embargo el reglamento de la Universidad de Berlín exigía a sus postulantes la edad mínima de 16 años. Jacobi tuvo que esperar 4 años. Recibió su Doctorado en esta universidad el año 1825. Hizo contribuciones notables en el campo de las funciones elípticas y en la teoría de los determinantes. El determinante que ahora lleva su nombre fue presentado por él en 1841. Este mismo año, Jacobi generalizó el símbolo ∂ para las derivadas parciales, el cual fue introducido por primera vez por el matemático francés A. M. Legendre (1752–1833).*

PROBLEMAS RESUELTOS 4. 9

PROBLEMA 1. Evaluar $\iint\limits_{E} \operatorname{sen}(y+x)\cos(y-x)\,dA$, donde E es la región trapezoidal cuyos vértices son $(\pi, 0)$, $(2\pi, 0)$, $(0, 2\pi,)$ y $(0, \pi)$.

Solución

Consideramos la transformación $\begin{cases} u = y - x \\ v = y + x \end{cases}$.

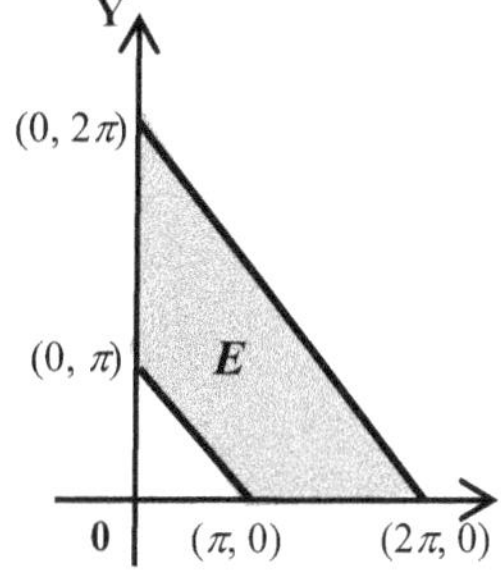

Despejando x y y obtenemos las igualdades

$x = \dfrac{v-u}{2}$ y $y = \dfrac{v+u}{2}$ con las cuales definimos

la transformación $T(u, v) = (x, y) = \left(\dfrac{v-u}{2}, \dfrac{v+u}{2}\right)$

Hallemos la región S en el plano UV que es llevada por T a la región E del plano.

Haciendo uso de la las ecuaciones $u = y - x$, $v = y + x$ hallamos que:

El punto $(x, y) = (\pi, 0)$ viene del punto $(u, v) = (0 - \pi, 0 + \pi) = (-\pi, \pi)$

El punto $(x, y) = (2\pi, 0)$ viene del punto $(u, v) = (0 - 2\pi, 0 + 2\pi) = (-2\pi, 2\pi)$

El punto $(x, y) = (0, 2\pi,)$ viene del punto $(u, v) = (2\pi - 0, 2\pi + 0) = (2\pi, 2\pi)$

El punto $(x, y) = (0, \pi)$ viene del punto $(u, v) = (\pi - 0, \pi + 0) = (\pi, \pi)$

Eje X: $y = 0 \Rightarrow y = \dfrac{v+u}{2} = 0 \Rightarrow$

$v + u = 0 \;\Rightarrow\; v = -u$

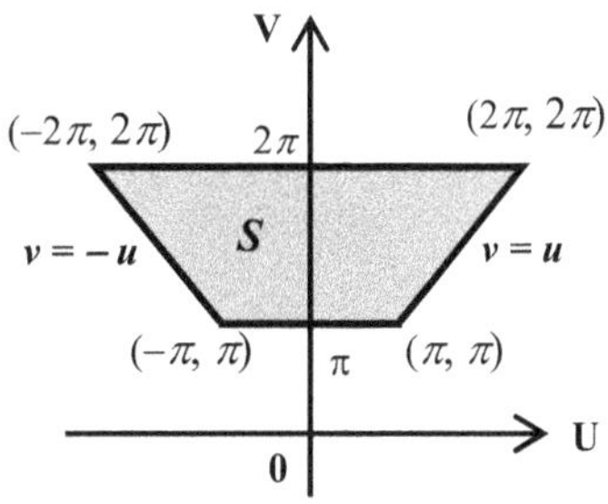

Eje Y: $x = 0 \Rightarrow x = \dfrac{v-u}{2} = 0 \Rightarrow$

$v - u = 0 \;\Rightarrow\; v = u$

Recta $x + y = \pi \Rightarrow x + y = \dfrac{v-u}{2} + \dfrac{v+u}{2} = \pi$

$\Rightarrow v = \pi$

Recta $x + y = 2\pi \Rightarrow x + y = \dfrac{v-u}{2} + \dfrac{v+u}{2} = 2\pi \Rightarrow v = 2\pi$

Luego, S es la región trapezoidal del plano UV cuyos vértices son

$(-\pi, \pi)$, $(-2\pi, 2\pi)$, $(2\pi, 2\pi)$, (π, π).

El jacobiano de $T(u, v) = \left(\dfrac{v-u}{2}, \dfrac{v+u}{2}\right)$ es

$$\frac{\partial(x,y)}{\partial(u,v)} = \begin{vmatrix} \dfrac{\partial x}{\partial u} & \dfrac{\partial x}{\partial v} \\ \dfrac{\partial y}{\partial u} & \dfrac{\partial y}{\partial v} \end{vmatrix} = \begin{vmatrix} -\dfrac{1}{2} & \dfrac{1}{2} \\ \dfrac{1}{2} & \dfrac{1}{2} \end{vmatrix} = -\frac{1}{2}$$

En consecuencia,

$$\iint_E \operatorname{sen}(y+x)\cos(y-x)\,dA = \iint_S \operatorname{sen} v \cos u \left|-\frac{1}{2}\right| du dv$$

$$= \frac{1}{2}\int_{\pi}^{2\pi}\int_{-v}^{v} \operatorname{sen} v \cos u\, du dv = \frac{1}{2}\int_{\pi}^{2\pi} \operatorname{sen} v \Big[\operatorname{sen} u\Big]_{-v}^{v} dv$$

$$= \frac{1}{2}\int_{\pi}^{2\pi} \operatorname{sen} v \Big[\operatorname{sen} v - \operatorname{sen}(-v)\Big] dv = \int_{\pi}^{2\pi} \operatorname{sen}^2 v\, dv$$

$$= \frac{1}{2}\int_{\pi}^{2\pi} (1 - \cos 2v)\,dv = \frac{1}{2}\Big[v - \frac{1}{2}\operatorname{sen} 2v\Big]_{\pi}^{2\pi} = \frac{\pi}{2}$$

PROBLEMA 2. Hallar el área de la región E del primer cuadrante encerrada por las curvas $y = x^3$, $y = 4x^3$, $x = y^3$, $x = 9y^3$.

Solución

Sea $u = \dfrac{y}{x^3} = yx^{-3}$, $v = \dfrac{x}{y^3} = xy^{-3}$

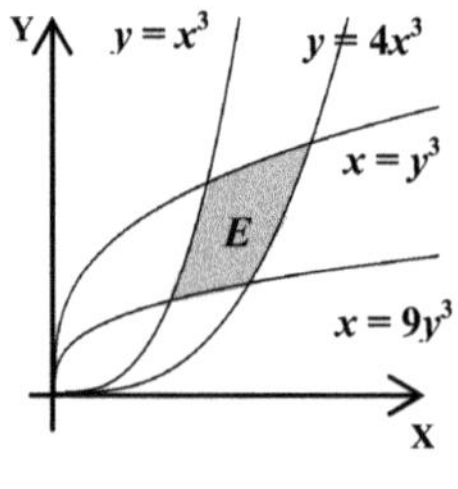

Tenemos que:

$$y = x^3 \Rightarrow \frac{y}{x^3} = 1 \Rightarrow u = 1$$

$$y = 4x^3 \Rightarrow \frac{y}{x^3} = 4 \Rightarrow u = 4$$

$$x = y^3 \Rightarrow \frac{x}{y^3} = 1 \Rightarrow v = 1$$

$$x = 9y^3 \Rightarrow \frac{x}{y^3} = 9 \Rightarrow v = 9$$

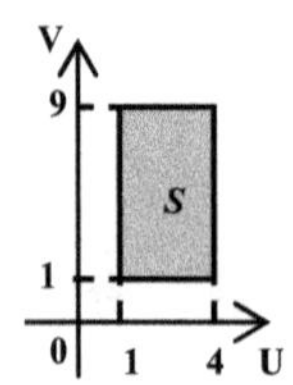

Luego, la región correspondiente a E en el plano UV es el rectángulo $S = [1, 4] \times [1, 9]$

Hallemos el jacobiano $\dfrac{\partial(x,y)}{\partial(u,v)}$. En vista de que despejar x e y en términos de u y v es complicado, procederemos aplicando $\dfrac{\partial(x,y)}{\partial(u,v)} = 1 \Big/ \dfrac{\partial(u,v)}{\partial(x,y)}$

Bien,

$$\frac{\partial(u,v)}{\partial(x,y)} = \begin{vmatrix} -3yx^{-4} & x^{-3} \\ y^{-3} & -3xy^{-4} \end{vmatrix} = 9yx^{-4}xy^{-4} - x^{-3}y^{-3} = \frac{8}{x^3y^3}$$

Luego,

$$\frac{\partial(x,y)}{\partial(u,v)} = 1 \Big/ \frac{\partial(u,v)}{\partial(x,y)} = 1 \Big/ \frac{8}{x^3y^3} = \frac{1}{8}x^3y^3 \qquad \textbf{(1)}$$

Pero,

$$uv = \frac{y}{x^3}\,\frac{x}{y^3} = \frac{1}{x^2y^2} \Rightarrow x^2y^2 = \frac{1}{uv} \Rightarrow xy = \frac{1}{u^{1/2}v^{1/2}} \Rightarrow x^3y^3 = \frac{1}{u^{3/2}v^{3/2}} \qquad \textbf{(2)}$$

Reemplazando (2) en (1):

$$\frac{\partial(x,y)}{\partial(u,v)} = \frac{1}{8u^{3/2}v^{3/2}} = \frac{1}{8}u^{-3/2}v^{-3/2}$$

Ahora,

$$\text{Area de } E = \iint_E dA = \iint_S \left|\frac{\partial(x,y)}{\partial(u,v)}\right| dudv = \iint_S \frac{1}{8}u^{-3/2}v^{-3/2}\,dudv$$

$$= \frac{1}{8}\int_1^9\int_1^4 u^{-3/2}v^{-3/2}\,dudv = \frac{1}{8}\int_1^9 v^{-3/2}\left[\frac{-2}{\sqrt{u}}\right]_1^4 dv$$

$$= \frac{1}{8}\int_1^9 v^{-3/2}\,dv = \frac{1}{8}\left[\frac{-2}{\sqrt{v}}\right]_1^9 = \frac{1}{8}\left(\frac{4}{3}\right) = \frac{1}{6}$$

PROBLEMAS PROPUESTOS 4. 9

En los problemas del 1 al 7 hallar el jacobiano $\dfrac{\partial(x,y)}{\partial(u,v)}$ o $\dfrac{\partial(x,y,z)}{\partial(u,v,w)}$

1. $x = u - 3v,\ y = 2u + v$ *Rpta.* $\dfrac{\partial(x,y)}{\partial(u,v)} = 7$

2. $x = au + bv,\ y = cu + dv$ *Rpta.* $\dfrac{\partial(x,y)}{\partial(u,v)} = ad - bc$

3. $x = u^2 - v,\ y = u + v$ *Rpta.* $\dfrac{\partial(x,y)}{\partial(u,v)} = 2u + 1$

4. $x = e^u \cos v,\ y = e^u \operatorname{sen} v$ *Rpta.* $\dfrac{\partial(x,y)}{\partial(u,v)} = e^{2u}$

5. $x = \dfrac{2u}{u^2+v^2},\ y = -\dfrac{2v}{u^2+v^2}$ *Rpta.* $\dfrac{\partial(x,y)}{\partial(u,v)} = 4$

6. $x = uvw,\ y = u\,v,\ z = vw$ *Rpta.* $\dfrac{\partial(x,y,z)}{\partial(u,v,w)} = uv^2\mathrm{w}$

7. $x = e^u,\ y = e^{u+v},\ z = e^{u+v+w}$ *Rpta.* $\dfrac{\partial(x,y,z)}{\partial(u,v,w)} = e^{3u+2v+w}$

En los problemas del 8 al 11 despejar x e y en términos de u y v, y hallar el jacobiano $\dfrac{\partial(x,y)}{\partial(u,v)}$.

8. $u = x^2 - y^2,\quad v = x^2 + y^2$, donde $x > 0, y > 0$.

Rpta. $x = \dfrac{1}{\sqrt{2}}\sqrt{v+u},\ y = \dfrac{1}{\sqrt{2}}\sqrt{v-u},\ \dfrac{\partial(x,y)}{\partial(u,v)} = \dfrac{1}{4\sqrt{v^2-u^2}}$

9. $u = \dfrac{y}{x},\ v = xy$, donde $x > 0, y > 0$. *Rpta.* $x = \sqrt{\dfrac{v}{u}},\ y = \sqrt{uv},\ \dfrac{\partial(x,y)}{\partial(u,v)} = -\dfrac{1}{2u}$

10. $u = xy,\ v = x - xy$ *Rpta.* $x = u + v,\ y = \dfrac{u}{u+v},\ \dfrac{\partial(x,y)}{\partial(u,v)} = -\dfrac{1}{u+v}$

11. $u = xy,\ v = xy^3$, donde $x > 0,\ y > 0$. *Rpta.* $x = \sqrt{\dfrac{u^3}{v}},\ y = \sqrt{\dfrac{v}{u}},\ \dfrac{\partial(x,y)}{\partial(u,v)} = \dfrac{1}{2v}$

12. Sabiendo que el área de círculo de radio r es $A = \pi r^2$, mediante el cambio de coordenadas $x = au,\ y = bv$, verificar que el área de la elipse $\dfrac{x^2}{a^2} + \dfrac{y^2}{b^2} = 1$ es $A = ab\pi$

13. Calcular $\displaystyle\iint_D \frac{y-2x}{y+2x}\,dxdy$, donde D es la región encerrada por las rectas $y = 2x$, $y = 2x + 2,\ y = 2 - 2x,\ y = 6 - 2x$. *Rpta.* $\dfrac{1}{2}\ln 3$

Sugerencia: Sea $u = y - 2x,\ v = y + 2x$. *De donde* $u = \dfrac{v-u}{2},\quad u = \dfrac{v+u}{2}$

14. Calcular $\iint\limits_D (x+y)^2 e^{x-y} dxdy$, donde D es la región encerrada por las rectas

$x+y=1,\ x+y=3,\ 2-y=2,\ y-x=0$ *Rpta.* $\frac{13}{2}\left(e^2-1\right)$

Sugerencia: Sea $u=x+y,\ \ v=x-y$. *De donde* $x=\frac{u+v}{2},\quad y=\frac{u-v}{2}$

15. Calcular $\iint\limits_D \frac{\operatorname{sen}(x-y)}{\cos(x+y)} dxdy$, donde D es la región triangular encerrada por

las rectas $y=0,\ y=x,\ x+y=\frac{\pi}{3}$. *Rpta.* $\frac{1}{2}\ln\left(2+\sqrt{3}\right)-\frac{\pi}{6}$

16. Hallar el área de la región D del primer cuadrante encerrado por las rectas $y=2x,\quad y=\frac{1}{2}x$ y las hipérbolas $xy=1,\ xy=3$.

Rpta. $\frac{3}{4}$

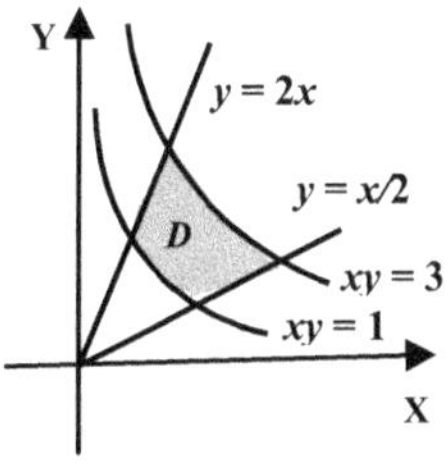

Sugerencia: Sea $u=xy,\quad v=\frac{y}{x}$. *De donde*

$x=u^{1/2}v^{-1/2},\quad y=u^{1/2}v^{1/2}$

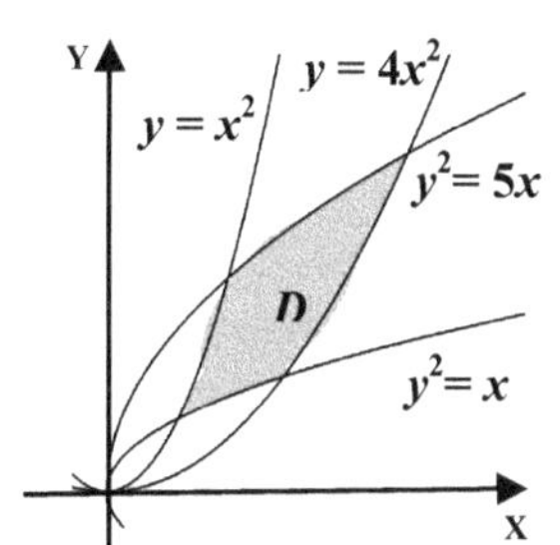

17. Hallar el área de la región D del primer cuadrante encerrado por las parábolas: $y=x^2,\quad y=\frac{1}{4}x^2,\ y^2=5x,\ y^2=x$.

Rpta. 4

Sugerencia: Sea $u=\frac{y^2}{x},\ v=\frac{x^3}{y}$. *De donde*

$x=u^{1/3}v^{2/3},\quad y=u^{2/3}v^{1/3}$

18. Hallar el área de la región D del primer cuadrante encerrado por las curvas $xy=2,\ \ xy^3=1,\ \ xy^3=7$.

Rpta. ln 7

Sugerencia: Sea $u=xy,\quad v=xy^3$. *De donde*

$x=u^{3/2}v^{-1/2},\quad y=u^{-1/2}v^{1/2}$

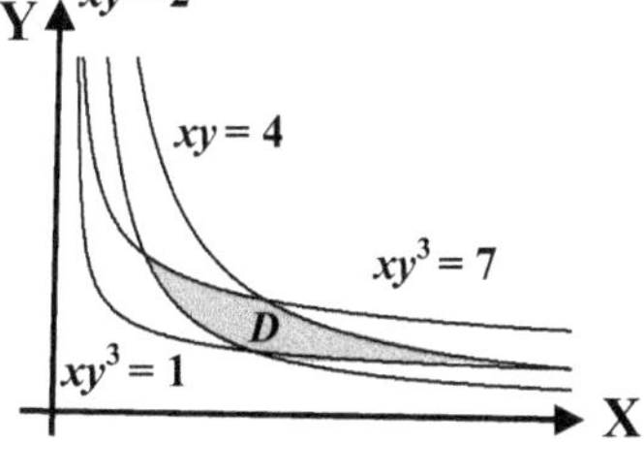

19. Evaluar $\iint\limits_D \sqrt{1-\frac{x^2}{a^2}-\frac{y^2}{b^2}}\,dA$, donde D es la región del plano encerrada por la elipse $\frac{x^2}{a^2}+\frac{y^2}{b^2}=1$ *Rpta.* $\frac{2}{3}ab\pi$

Sugerencia: Sea $x = ar\cos\theta,\ \ y = br\,\text{sen}\,\theta.$

20. Hallar el volumen del sólido E acotado por arriba por el plano $x + y + z = 6$, por abajo por el plano $z = 0$ y lateralmente por el cilindro elíptico $\frac{x^2}{9}+\frac{y^2}{4}=1$

Rpta. 6π

Sugerencia: Sea $x = 3r\cos\theta,\ \ y = 2r\,\text{sen}\,\theta.$

21. Evaluar $\iiint\limits_E x^3 y(z-y)^3\,dV$ donde E es el sólido encerrado por las superficies $x=1,\ x=5,\ \ z=y,\ \ z=y+1,\ \ xy=1,\ xy=3$ *Rpta.* 16

Sugerencia: Sea $u=x,\ v=z-y,\ w=xy$

22. Hallar el volumen del sólido E acotado por arriba por el paraboloide $z = x^2 + y^2$, por abajo por el plano $z = 0$ y lateralmente por el cilindro elíptico $\frac{x^2}{4}+y^2=1$

Rpta. $5\pi/3$

Sugerencia: Sea $x = 2r\cos\theta,\ \ y = r\,\text{sen}\,\theta.$

22. Hallar el volumen del sólido E en el primer octante acotado por los cilindros hiperbólicos $xy=1,\ xy=2,\ \ yz=1,\ \ yz=4,\ \ xz=1,\ xz=9,$

Rpta. $8\left(\sqrt{2}-1\right)$

Sugerencia: Sea $u=xy,\ v=yz,\ w=xz$*. Observar que* $x^2y^2z^2=uvw$

5

ANALISIS VECTORIAL INTEGRAL

GEORGE GABRIEL STOKES
(1819–1903)

5.1 CAMPOS VECTORIALES

5.2 INTEGRALES DE LINEA

5.3 TEOREMA FUNDAMENTAL DE LAS INTEGRALES DE LINEA. INDEPENDENCIA DE LA TRAYECTORIA

5.4 TEOREMA DE GREEN

5.5 INTEGRALES DE SUPERFICIE

5.6 TEOREMA DE STOKES

5.7 TEOREMA DE LA DIVERGENCIA

GEORGE GABRIEL STOKES (1819–1903)

Sir GEORGE GABRIEL STOKES, primer Baronet, *fue un físico y matemático valioso, que hizo importantes contribuciones en dinámica de fluidos, óptica y la matemática. En este último campo es más recordado por el muy conocido teorema que lleva su nombre, el cual lo estudiaremos más adelante.*

G. Stokes nació en Skreen, Irlalanda. Después de estudiar en Skreen, Dublín y Bristol, en 1837 ingresó en Pembroke Collage de la Universidad de Cambridge (una de las universidades más antiguas y más prestigio en el mundo) de donde se graduó cuatro años más tarde con los más altos honores.

En 1849 le concedieron la muy prestigiosa ***Cátedra Lucasiana de matemáticas de la Universidad de cambridge****. En 1851 fue incorporado como miembro de la* ***Royal Society****. En 1854 lo eligieron su secretario y en 1885, su presidente, cargo que conservó hasta 1890. Por sus valiosas contribuciones a la tecnología y la ciencia, en 1889 le fue otorgado el título noble de Baronet.*

El teorema de stokes fue conjeturado, sin demostración, por Lord Kelvin el año 1850. Este comunicó su conjetura a G. Stokes, quien lo propuso a los estudiantes que concursaban en el examen del Smith´s price en Cambridge el año 1.854. En ese examen estuvo, como estudiante, J. K. Maxwell. Más adelante, cuando Maxwell comentaba este problema lo llamaba Teorema de Stokes.

LA CATEDRA LUCASIANA DE MATEMATICAS, U. DE CAMBRIDGE

La Cátedra Lucasiana es, sin duda, la más famosa y prestigiosa cátedra académica del mundo. Fue fundada en diciembre del 1663, gracias a un donativo de ***Henry Lucas (1610–1663)*** *a la Universidad de Cambridge. H. Lucas fue un mimbro del parlamento inglés representando a la universidad. En su testamento dejó establecido que su donativo a la universidad se invirtiera en la compra de terrenos suficientes para obtener una renta anual de 100 libras, con las cuales se pagaría el sueldo de un sobresaliente profesor de matemáticas.*

El rey Carlos II oficializó la creación de la cátedra el 18 de enero de 1664. Al siguiente mes, Isaac Barrow, el profesor de Isaac Newton, se hizo cargo de la posición. El siguiente ocupante fue el propio Isaac Newton.

La cátedra ya tiene 349 años de existencia y ha sido ocupada por 18 científicos ilustres, entre los que está George Stokes. El ocupante actual es el matemático Michael Green y el anterior, fue el famoso físico teórico Stephen Hawking (1941-) muy conocido por su obra ***Una Breve Historia del Tiempo.*** *Hawking padece de una enfermedad motoneuronal, que lo ha incapacitado físicamente.*

S. Hawking

SECCION 5.1

CAMPOS VECTORIALES

DEFINICION. **Un campo vectorial en** $\mathbb{R}^n$ es una función

$$\mathbf{F}: D \subset \mathbb{R}^n \to \mathbb{R}^n$$

que asigna a cada punto $(x_1, x_2, \ldots, x_n)$ del dominio D un vector

$$\mathbf{F}(x_1, x_2, \ldots, x_n).$$

Nosotros nos concentráremos sólo en los dos casos particulares n = 2 ó n = 3.

Si n = 2, **F** es un **campo vectorial en el plano** y lo expresaremos así:

$$\mathbf{F}(x,y) = P(x,y)\,\mathbf{i} + Q(x,y)\,\mathbf{j}, \quad \mathbf{F} = P\mathbf{i} + Q\mathbf{j} \quad \text{ó} \quad \mathbf{F} = \langle P, Q \rangle$$

Las funciones P y Q son las componentes de **F** y son funciones escalares:

$$P, Q : D \subset \mathbb{R}^2 \to \mathbb{R}$$

A este tipo de funciones las llamaremos **campos escalares.**

Si n = 3, **F** es un **campo vectorial en el espacio** y lo expresaremos así:

$$\mathbf{F}(x,y,z) = P(x,y,z)\,\mathbf{i} + Q(x,y,z)\,\mathbf{j} + R(x,y,z)\,\mathbf{k}, \quad \mathbf{F} = P\mathbf{i} + Q\mathbf{j} + R\mathbf{k} \text{ o}$$

$$\mathbf{F} = \langle P, Q, R \rangle$$

DEFINICION. Un campo vectorial $\mathbf{F}: D \subset \mathbb{R}^n \to \mathbb{R}^n$, es de clase $C^{(k)}$ si cada una de sus n componentes es de clase $C^{(k)}$.

CONVENCION. Convenimos que de aquí en adelante, a menos que se diga lo contrario, los campos que aparezcan serán de, al menos, de clase $C^{(1)}$.

REPRESENTACION DE UN CAMPO VECTORIAL

Para obtener una representación de un campo **F**, en cada punto (x, y) ó (x, y, z) de su dominio se dibuja una flecha que represente al vector $\mathbf{F}(x, y)$ o $\mathbf{F}(x, y, z)$.

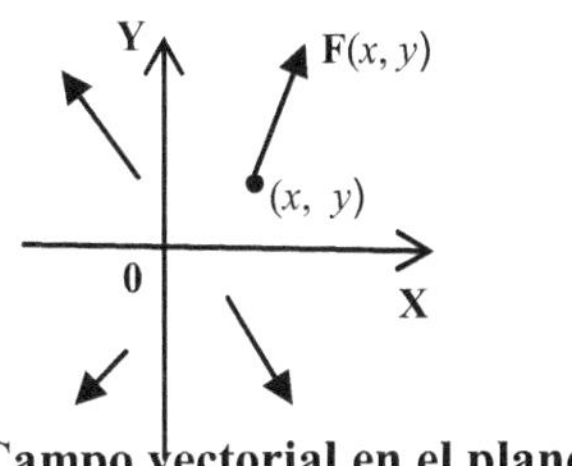

Campo vectorial en el plano

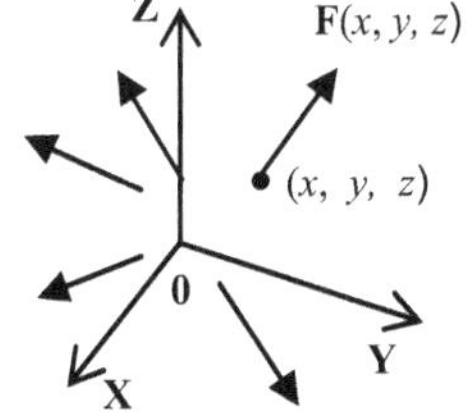

Campo vectorial en el espacio

EJEMPLO 1. Describir el campo vectorial

$$\mathbf{F}(x,y) = \langle -y, x\rangle = -y\mathbf{i} + x\mathbf{j}$$

Solución

Evaluamos el campo en algunos puntos:

$\mathbf{F}(1,\ 0) = \langle 0,\ 1\rangle$, $\mathbf{F}(0,\ 1) = \langle -1,\ 0\rangle$,

$\mathbf{F}(-1,\ 0) = \langle 0,\ -1\rangle$, $\mathbf{F}(0,\ -1) = \langle 1,\ 0\rangle$,

$\mathbf{F}(2,\ 2) = \langle -2,\ 2\rangle$, $\mathbf{F}(-2,\ 2) = \langle -2,\ -2\rangle$,

$\mathbf{F}(-2,\ -2) = \langle 2,\ -2\rangle$, $\mathbf{F}(2,\ -2) = \langle 2,\ 2\rangle$.

Los dos gráficos siguientes representan al campo **F**. En el gráfico de la izquierda hemos dibujado los ocho vectores antes calculados. El gráfico de la derecha fue logrado con un sistemas algebraicos de computación.

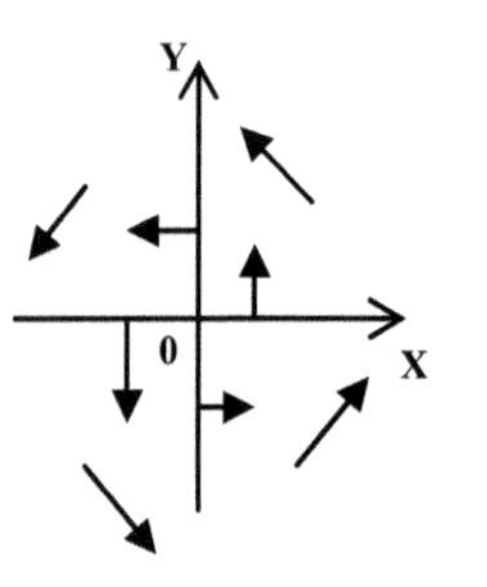

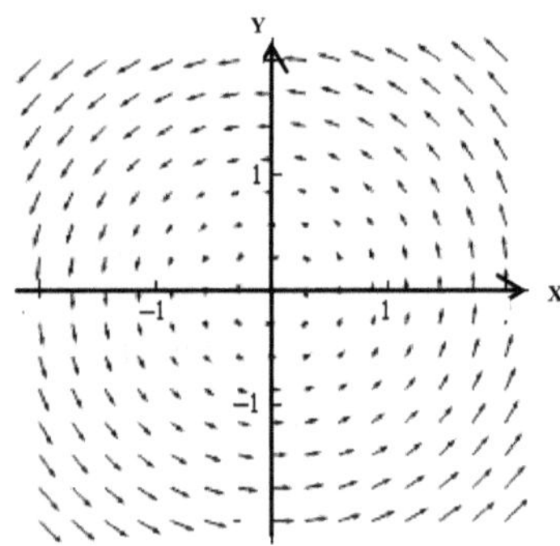

EJEMPLO 2. **Campos Gravitatorios**

Una masa M situada en el origen de coordenadas ejerce una fuerza de atracción gravitatoria sobre una masa m situada en el punto (x, y, z) distinto al origen. La **ley de gravitación de Newton** establece que esta fuerza está dada por

$$\mathbf{F}(x, y, z) = \frac{-\,GMm}{x^2 + y^2 + z^2}\,\mathbf{u}, \qquad \textbf{(1)}$$

donde G es una constante gravitatoria y $\mathbf{u}$ es el vector unitario en la dirección del origen en el punto (x, y, z).

Si $\mathbf{r} = \langle x, y, z\rangle = x\mathbf{i} + y\mathbf{j} + z\mathbf{k}$ es el vector de posición del punto (x, y, z) y $r = \|\mathbf{r}\| = \sqrt{x^2 + y^2 + z^2}$, entonces $\mathbf{u} = \dfrac{\mathbf{r}}{\|\mathbf{r}\|}$ y a la igualdad (1) se puede escribir así:

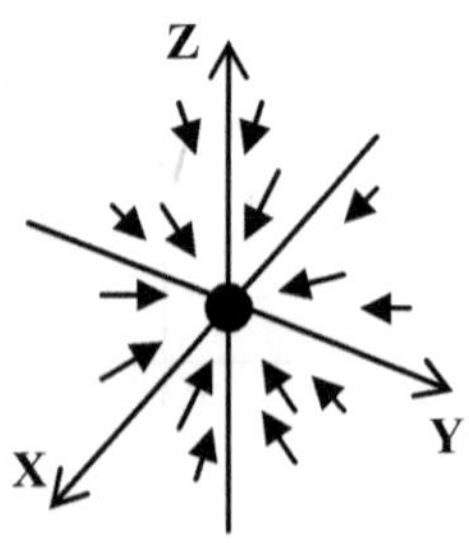

$$\mathbf{F}(x, y, z) = \frac{-\,GMm}{r^2}\,\mathbf{u} = \frac{-\,GMm}{r^2}\,\frac{\mathbf{r}}{\|\mathbf{r}\|} = \frac{-\,GMm}{r^3}\,\mathbf{r} \qquad \textbf{(2)}$$

EJEMPLO 3. **Campos de fuerzas eléctricas**

Los campos de fuerzas eléctricas están dadas por la **ley de Coulomb**, la cual establece que la fuerza ejercida por una partícula con carga eléctrica q_1 situada en el origen (0, 0, 0) sobre otra partícula eléctrica de carga q_2 localizada en el punto (x, y, z) está dada por

$$\mathbf{F}(x, y, z) = \frac{cq_1q_2}{r^2}\mathbf{u} = \frac{cq_1q_2}{r^2}\frac{\mathbf{r}}{\|\mathbf{r}\|} = \frac{cq_1q_2}{r^3}\mathbf{r} \qquad \textbf{(3)}$$

donde c es una constante, $\mathbf{r} = x\mathbf{i} + y\mathbf{j} + z\mathbf{k}$, $r = \|\mathbf{r}\|$ y $\mathbf{u} = \dfrac{\mathbf{r}}{\|\mathbf{r}\|}$.

Observar que los campos de fuerzas eléctricas y los campos gravitatorios tienen la misma forma. En efecto, si $k = -GMm$ en la ley de Newton o $k = cq_1q_2$ en la ley de Coulomb, entonces ambas leyes tienen la forma:

$$\mathbf{F}(x, y, z) = \frac{k}{r^2}\mathbf{u} = \frac{k}{r^3}\mathbf{r}$$

DEFINICION. Si $\mathbf{r} = x\mathbf{i} + y\mathbf{j} + z\mathbf{k}$ y si k es una constante. Un campo $\mathbf{F}$ es un **campo cuadrático inverso** si es de la forma:

$$\mathbf{F}(x, y, z) = \frac{k}{\|\mathbf{r}\|^3}\mathbf{r} = \frac{k}{\|\mathbf{r}\|^2}\mathbf{u}, \text{ donde } \mathbf{u} = \frac{\mathbf{r}}{\|\mathbf{r}\|}$$

CAMPO VECTORIAL GRADIENTE. OPERADOR NABLA

En el capítulo anterior, en la sección 3.6, se estudió el gradiente de una función escalar. Si la función $f(x, y, z)$ tiene derivadas parciales se estableció que el gradiente de f es la función vectorial:

$$\nabla f(x, y, z) = f_x(x, y, z)\,\mathbf{i} + f_y(x, y, z)\,\mathbf{j} + f_z(x, y, z)\,\mathbf{k}$$

O bien,

$$\nabla f = \langle f_x, f_y, f_z \rangle = f_x\mathbf{i} + f_y\mathbf{j} + f_z\mathbf{k} \qquad \textbf{(1)}$$

A $\nabla f(x, y, z)$ lo llamaremos **campo vectorial gradiente.**

Si f es una función escalar de dos variables, tenemos que:

$$\nabla f(x, y) = f_x(x, y)\,\mathbf{i} + f_y(x, y)\,\mathbf{j}$$

Inspirados en la igualdad (1) definimos el **operador nabla** ∇ del modo siguiente:

$$\nabla = \mathbf{i}\frac{\partial}{\partial x} + \mathbf{j}\frac{\partial}{\partial y} + \mathbf{k}\frac{\partial}{\partial z}$$

Este operador, aplicado a la función escalar diferenciable f, nos da su gradiente

$$\nabla f = \langle f_x, f_y, f_z \rangle = f_x\mathbf{i} + f_y\mathbf{j} + f_z\mathbf{k}$$

TEOREMA 5.1 **Propiedades del operador nabla.**

Si f y g son funciones diferenciables y a, b, c son constantes, entonces

1. **Regla de la constante:** $\nabla c = 0$
2. **Regla de linealidad:** $\nabla(af + bg) = a\nabla f + b\nabla g$
3. **Regla del producto:** $\nabla(fg) = f\nabla g + g\nabla f$
4. **Regla de la potencia:** $\nabla\left(f^n\right) = nf^{n-1}\nabla f$
5. **Regla del cociente:** $\nabla\left(\dfrac{f}{g}\right) = \dfrac{g\nabla f - f\nabla g}{g^2}, \quad g \neq 0$

Demostración

Ver problema resuelto 10 de la sección 3.6

DEFINICION. **Campo conservativo.**

Un campo vectorial **F** es **conservativo** si es el campo gradiente de una función escalar. Esto es, existe una función escalar f tal que

$$\mathbf{F} = \nabla f$$

En este caso, de dice que f es una **función potencial de F**.

EJEMPLO 3. Verificar que $f(x, y, z) = 2x^2y^3 - z^4$ es una función potencial del siguiente campo vectorial.

$$\mathbf{F}(x, y, z) = 4xy^3\,\mathbf{i} + 6x^2y^2\,\mathbf{j} - 4z^3\,\mathbf{k}$$

Solución

Tenemos que $f_x(x, y, z) = 4xy^3$, $f_y(x, y, z) = 6x^2y^2$, $f_z(x, y, z) = -4z^3$

$$\nabla f(x, y, z) = 4xy^3\,\mathbf{i} + 6x^2y^2\,\mathbf{j} - 4z^3\,\mathbf{k} = \mathbf{F}(x, y, z)$$

DIVERGENCIA

DEFINICION. Sea $\mathbf{F}(x, y, z) = P(x, y, z)\mathbf{i} + Q(x, y, z)\mathbf{j} + R(x, y, z)\mathbf{k}$ un campo vectorial, cuyas funciones componentes, P, Q y R son diferenciables. Se llama **divergencia de F** al campo escalar

$$\text{div}\,\mathbf{F} = \nabla \cdot \mathbf{F} = \left\langle \frac{\partial}{\partial x}, \frac{\partial}{\partial y}, \frac{\partial}{\partial z} \right\rangle \cdot \left\langle P, Q, R \right\rangle = \frac{\partial P}{\partial x} + \frac{\partial Q}{\partial y} + \frac{\partial R}{\partial z}$$

Si **F** es un campo plano $\mathbf{F} = P\mathbf{i} + Q\mathbf{j}$, entonces

$$\text{div}\,\mathbf{F} = \nabla \cdot \mathbf{F} = \left\langle \frac{\partial}{\partial x}, \frac{\partial}{\partial y} \right\rangle \cdot \left\langle P, Q \right\rangle = \frac{\partial P}{\partial x} + \frac{\partial Q}{\partial y}$$

EJEMPLO 4. Si $\mathbf{F}(x, y, z) = x^2yz^2\mathbf{i} + xe^{y}z\mathbf{j} + yz^3\mathbf{k}$, hallar

a. div **F** **b.** div **F**(2, 1, –3)

Solución

a. $\text{div}\,\mathbf{F} = \frac{\partial}{\partial x}\left(x^2yz^2\right) + \frac{\partial}{\partial y}\left(xe^y z\right) + \frac{\partial}{\partial z}\left(yz^3\right) = 2xyz^2 + xe^y z + 3yz^2$

b. $\text{div}\,\mathbf{F}(2, 1, -3) = 2(2)(1)(-3)^2 + 2e^1(-3) + 3(1)(-3)^2 = 36 - 6e + 27 = 63 - 6e$

DEFINICION. **Campo solenoidal.**

Un campo vectorial **F** es **solenoidal** si div **F** = 0.

EJEMPLO 5. Verificar que el siguiente campo es solenoidal

$$\mathbf{F}(x, y, z) = e^{2x}\mathbf{i} - ye^{2x}\mathbf{j} - ze^{2x}\mathbf{k}$$

Solución

$$\text{div}\,\mathbf{F} = \frac{\partial}{\partial x}\left(e^{2x}\right) + \frac{\partial}{\partial y}\left(-ye^{2x}\right) + \frac{\partial}{\partial z}\left(-ze^{2x}\right) = 2e^{2x} - e^{2x} - e^{2x} = 0$$

DEFINICIÓN. Si $f(x, y, z)$ tiene derivadas parciales de segundo orden, se llama **laplaciano** de f a la función escalar

$$\nabla^2 f = \frac{\partial^2 f}{\partial x^2} + \frac{\partial^2 f}{\partial y^2} + \frac{\partial^2 f}{\partial z^2}$$

TEOREMA 5.2 **Propiedades de la divergencia.**

Si **F** y **G** son campos vectoriales, f un campo escalar de clase $C^{(2)}$, a y b son constantes, entonces

1. **Linealidad:** $\text{div}\left(a\mathbf{F} + b\mathbf{G}\right) = a\,\text{div}\,\mathbf{F} + b\,\text{div}\,\mathbf{G}$
2. **Regla del producto:** $\text{div}\left(f\,\mathbf{F}\right) = \left(\nabla f\right) \cdot \mathbf{F} + f\,\text{div}\,\mathbf{F}$
3. **Laplaciano:** $\text{div}\left(\nabla f\right) = \nabla \cdot \nabla f = \nabla^2 f$

Demostración

Ver el problema resuelto 2.

ROTACIONAL

DEFINICION. Sea $\mathbf{F}(x, y, z) = P(x, y, z)\mathbf{i} + Q(x, y, z)\mathbf{j} + R(x, y, z)\mathbf{k}$ un campo vectorial, cuyas funciones componentes, P, Q y R son diferenciables. Se llama **rotacional de F** al campo

$$\text{rot } \mathbf{F} = \nabla \times \mathbf{F} = \begin{vmatrix} \mathbf{i} & \mathbf{j} & \mathbf{k} \\ \dfrac{\partial}{\partial x} & \dfrac{\partial}{\partial y} & \dfrac{\partial}{\partial z} \\ P & Q & R \end{vmatrix} = \left(\frac{\partial R}{\partial y} - \frac{\partial Q}{\partial z} \right)\mathbf{i} + \left(\frac{\partial P}{\partial z} - \frac{\partial R}{\partial x} \right)\mathbf{j} + \left(\frac{\partial Q}{\partial x} - \frac{\partial P}{\partial y} \right)\mathbf{k}$$

Si $\mathbf{F} = P\mathbf{i} + Q\mathbf{j}$, es un campo vectorial en el plano, lo consideramos como un campo en el espacio: $\mathbf{F} = P\mathbf{i} + Q\mathbf{j} + 0k$ y

$$\text{rot } \mathbf{F} = \nabla \times \mathbf{F} = \begin{vmatrix} \mathbf{i} & \mathbf{j} & \mathbf{k} \\ \dfrac{\partial}{\partial x} & \dfrac{\partial}{\partial y} & \dfrac{\partial}{\partial z} \\ P & Q & 0 \end{vmatrix} = \left(\frac{\partial Q}{\partial x} - \frac{\partial P}{\partial y} \right)\mathbf{k}$$

EJEMPLO 6. Si $\mathbf{F}(x, y, z) = (y^3 - x^2z^2)\mathbf{i} + (x^2 - z^2)\mathbf{j} + xy^2z\mathbf{k}$, hallar

a. rot **F** **b.** rot **F**(1, −1, 3)

Solución

$$\textbf{a. } \text{rot } \mathbf{F} = \begin{vmatrix} \text{i} & \text{j} & \text{k} \\ \dfrac{\partial}{\partial x} & \dfrac{\partial}{\partial y} & \dfrac{\partial}{\partial z} \\ y^3 - x^2z^2 & x^2 - z^2 & xy^2z \end{vmatrix} = \left(\frac{\partial}{\partial y}\left(xy^2z\right) - \frac{\partial}{\partial z}\left(x^2 - z^2\right) \right)\mathbf{i}$$

$$+ \left(\frac{\partial}{\partial z}\left(y^3 - x^2z^2\right) - \frac{\partial}{\partial x}\left(xy^2z\right) \right)\mathbf{j} + \left(\frac{\partial}{\partial x}\left(x^2 - z^2\right) - \frac{\partial}{\partial y}\left(y^3 - x^2z^2\right) \right)\mathbf{k}$$

$$= \left(2xyz + 2z\right)\mathbf{i} + \left(-2x^2z - y^2z\right)\mathbf{j} + \left(2x - 3y^2\right)\mathbf{k}$$

$$\textbf{b. } \text{rot } \mathbf{F}(1, -1, 3) = \left(-6 + 6\right)\mathbf{i} + \left(-6 - 3\right)\mathbf{j} + \left(2 - 27\right)\mathbf{k} = -9\mathbf{j} - 25\mathbf{k}$$

DEFINICION. **Campo irrotacional.**

Un campo vectorial **F** es **irrotacional** si rot **F** = 0.

EJEMPLO 7. Verificar que el siguiente campo es irrotacional

$$\mathbf{F}(x, y, z) = \left\langle xy,\ yz + x^2/2,\ y^2/2 \right\rangle$$

Solución

$$\text{rot } \mathbf{F} = \begin{vmatrix} \mathbf{i} & \mathbf{j} & \mathbf{k} \\ \dfrac{\partial}{\partial x} & \dfrac{\partial}{\partial y} & \dfrac{\partial}{\partial z} \\ xy & \dfrac{x^2}{2} + yz & \dfrac{y^2}{2} \end{vmatrix} = \left(\frac{\partial}{\partial y}\left(\frac{y^2}{2}\right) - \frac{\partial}{\partial z}\left(\frac{x^2}{2} + yz\right) \right)\mathbf{i}$$

$$+\left(\frac{\partial}{\partial z}(xy)-\frac{\partial}{\partial x}\left(\frac{y^2}{2}\right)\right)\mathbf{j}+\left(\frac{\partial}{\partial x}\left(\frac{x^2}{2}+yz\right)-\frac{\partial}{\partial y}(xy)\right)\mathbf{k}$$

$$=(y-y)\mathbf{i}+(0-0)\mathbf{j}+(x-x)\mathbf{k}=0$$

TEOREMA 5.3 **Propiedades del rotacional.**

Si $\mathbf{F}$ y $\mathbf{G}$ son campos vectoriales, f un campo escalar, a y b son constantes, entonces

1. **Linealidad:** $\operatorname{rot}(a\mathbf{F}+b\mathbf{G})= a\operatorname{rot}\mathbf{F}+ b\operatorname{rot}\mathbf{G}$
2. **Regla del producto**: $\operatorname{rot}(f\,\mathbf{F})=f\operatorname{rot}\mathbf{F}+(\nabla f)\times\mathbf{F}$

Demostración

Ver el problema resuelto 3.

OTRAS PROPIEDADES DEL GRADIENTE, DIVERGENCIA Y ROTACIONAL

TEOREMA 5.4 Si la función f y el campo vectorial $\mathbf{F}$ son de clase $C^{(2)}$, entonces

1. $\operatorname{div}\operatorname{rot}\mathbf{F}=\nabla\bullet(\nabla\times F)=\mathbf{0}$
2. $\operatorname{rot}\nabla f=\nabla\times(\nabla f)=0$
3. $\operatorname{div}(\mathbf{F}\times\mathbf{G})=\mathbf{G}\bullet\operatorname{rot}\mathbf{F}-\mathbf{F}\bullet\operatorname{rot}\mathbf{G}$
4. $\operatorname{rot}(\operatorname{rot}\mathbf{F})=\nabla(\nabla\bullet\mathbf{F})-\nabla^2\mathbf{F}$, donde $\nabla^2\mathbf{F}=\nabla^2P\,\mathbf{i}+\nabla^2Q\,\mathbf{j}+\nabla^2R\,\mathbf{k}$

Demostración

1. Como $\mathbf{F}$ es de clase $C^{(2)}$, las derivadas parciales cruzadas de sus componentes son iguales. Luego,

$$\operatorname{div}\operatorname{rot}\mathbf{F}=\nabla\bullet(\nabla\times\mathbf{F})=\frac{\partial}{\partial x}\left(\frac{\partial R}{\partial y}-\frac{\partial Q}{\partial z}\right)+\frac{\partial}{\partial y}\left(\frac{\partial P}{\partial z}-\frac{\partial R}{\partial x}\right)+\frac{\partial}{\partial \mathbf{z}}\left(\frac{\partial Q}{\partial x}-\frac{\partial P}{\partial y}\right)$$

$$=\left(\frac{\partial^2 R}{\partial x\partial y}-\frac{\partial^2 Q}{\partial x\partial z}\right)+\left(\frac{\partial^2 P}{\partial y\partial z}-\frac{\partial^2 R}{\partial y\partial x}\right)+\left(\frac{\partial^2 Q}{\partial z\partial x}-\frac{\partial^2 P}{\partial z\partial y}\right)=0$$

2. Como la función f es de clase $C^{(2)}$, sus derivadas parciales cruzadas son iguales. Luego,

$$\operatorname{rot}\nabla f = \nabla\times(\nabla f) = \begin{vmatrix} \mathbf{i} & \mathbf{j} & \mathbf{k} \\ \dfrac{\partial}{\partial x} & \dfrac{\partial}{\partial y} & \dfrac{\partial}{\partial z} \\ \dfrac{\partial f}{\partial x} & \dfrac{\partial f}{\partial y} & \dfrac{\partial f}{\partial z} \end{vmatrix}$$

$$= \left(\frac{\partial^2 f}{\partial y\partial z} - \frac{\partial^2 f}{\partial z\partial y}\right)\mathbf{i} + \left(\frac{\partial^2 f}{\partial z\partial x} - \frac{\partial^2 f}{\partial x\partial z}\right)\mathbf{j} + \left(\frac{\partial^2 f}{\partial x\partial y} - \frac{\partial^2 f}{\partial y\partial x}\right)\mathbf{k} = 0$$

3. Ver el problema propuesto 15.

4. Ver el problema propuesto 16.

COROLARIO. Si **F** es conservativo, entonces **F** es irrotacional

Demostración

Si **F** es conservativo, existe una función real f tal que $\mathbf{F} = \nabla f$

Ahora, de acuerdo a la parte 2 del teorema anterior, rot $\mathbf{F}$ = rot $\nabla f = 0$.

PROBLEMAS RESUELTOS 5. 1

PROBLEMA 1. Probar que el campo de fuerza de cuadrado inverso del ejemplo 2,

$$\mathbf{F}(x, y, z) = \mathbf{F}(x, y, z) = \frac{-GMm}{r^2}\,\mathbf{u}$$

$$\text{donde } \mathbf{r} = \langle x, y, z\rangle = x\mathbf{i} + y\mathbf{j} + z\mathbf{k},\ r = \|\mathbf{r}\| \quad \text{y} \quad \mathbf{u} = \frac{1}{r}\mathbf{r},$$

es conservativo.

Solución

Sea $f(x, y, z) = \dfrac{GMm}{\sqrt{x^2 + y^2 + z^2}}$. Tenemos que:

$$\nabla f = \langle f_x, f_y, f_z\rangle = f_x\mathbf{i} + f_y\mathbf{j} + f_z\mathbf{k}$$

$$= \frac{-GMmx}{\left(x^2 + y^2 + z^2\right)^{3/2}}\mathbf{i} + \frac{-GMmy}{\left(x^2 + y^2 + z^2\right)^{3/2}}\mathbf{j} + \frac{-GMmz}{\left(x^2 + y^2 + z^2\right)^{3/2}}\mathbf{k}$$

$$= \frac{-GMm}{\left(x^2+y^2+z^2\right)^{3/2}}(x\mathbf{i} + y\mathbf{j} + z\mathbf{k}) = \frac{-GMm}{r^3}\mathbf{r} = \frac{-GMm}{r^2}\frac{\mathbf{r}}{r} = \frac{-GMm}{r^2}\mathbf{u}$$

PROBLEMA 2. **Probar el teorema 5.2. Propiedades de la divergencia.**

Si $\mathbf{F}$ y $\mathbf{G}$ son campos vectoriales, f un campo escalar de clase $C^{(2)}$, a y b son constantes, entonces

1. Linealidad: $\operatorname{div}(a\mathbf{F}+b\mathbf{G}) = a \operatorname{div}\mathbf{F} + b \operatorname{div}\mathbf{G}$
2. Regla del producto: $\operatorname{div}(f\,\mathbf{F}) = (\nabla f) \bullet \mathbf{F} + f \operatorname{div}\mathbf{F}$
3. Laplaciano: $\operatorname{div}(\nabla f) = \nabla \bullet \nabla f = \nabla^2 f$

Solución

Sea $\mathbf{F} = P\mathbf{i} + Q\mathbf{j} + R\mathbf{k}$ y $\mathbf{G} = M\mathbf{i} + N\mathbf{j} + S\mathbf{k}$.

1. $a\mathbf{F} + b\mathbf{G} = (aP\mathbf{i} + aQ\mathbf{j} + aR\mathbf{k}) + (bM\mathbf{i} + bN\mathbf{j} + bS\mathbf{k})$

$$= (aP + bM)\mathbf{i} + (aQ + bM)\mathbf{j} + (aR + bS)\mathbf{k}$$

$$= \left\langle aP+bM,\ aQ+bN,\ aR+bS \right\rangle$$

Luego,

$$\operatorname{div}(a\mathbf{F}+b\mathbf{G}) = \nabla \bullet (a\mathbf{F}+b\mathbf{G})$$

$$= \left\langle \frac{\partial}{\partial x}, \frac{\partial}{\partial y}, \frac{\partial}{\partial z} \right\rangle \bullet \left\langle aP+bM,\ aQ+bN,\ aR+bS \right\rangle$$

$$= \frac{\partial}{\partial x}(aP+bM) + \frac{\partial}{\partial y}(aQ+bN) + \frac{\partial}{\partial z}(aR+bS)$$

$$= a\left(\frac{\partial P}{\partial x} + \frac{\partial Q}{\partial y} + \frac{\partial R}{\partial z}\right) + b\left(\frac{\partial M}{\partial x} + \frac{\partial N}{\partial y} + \frac{\partial S}{\partial z}\right) = a \operatorname{div}\mathbf{F} + b \operatorname{div}\mathbf{G}$$

2. $\operatorname{div}(f\,\mathbf{F}) = \nabla \bullet (f\mathbf{F}) = \left\langle \frac{\partial}{\partial x}, \frac{\partial}{\partial y}, \frac{\partial}{\partial z} \right\rangle \bullet \left\langle fP,\ fQ,\ fR \right\rangle$

$$= \frac{\partial}{\partial x}(fP) + \frac{\partial}{\partial y}(fQ) + \frac{\partial}{\partial z}(fR)$$

$$= \frac{\partial f}{\partial x}P + \frac{\partial f}{\partial y}Q + \frac{\partial f}{\partial z}R + f\frac{\partial P}{\partial x} + f\frac{\partial Q}{\partial y} + f\frac{\partial R}{\partial z}$$

$$= \left\langle \frac{\partial f}{\partial x}, \frac{\partial f}{\partial y}, \frac{\partial f}{\partial z} \right\rangle \bullet \left\langle P,\ Q,\ R \right\rangle + f\left(\frac{\partial P}{\partial x} + \frac{\partial Q}{\partial y} + \frac{\partial R}{\partial z}\right)$$

$$= (\nabla f) \cdot \mathbf{F} + f \operatorname{div} \mathbf{F}$$

3. $\operatorname{div}(\nabla f) = \nabla \cdot \nabla f = \left\langle \frac{\partial}{\partial x}, \frac{\partial}{\partial y}, \frac{\partial}{\partial z} \right\rangle \cdot \left\langle \frac{\partial f}{\partial x}, \frac{\partial f}{\partial y}, \frac{\partial f}{\partial z} \right\rangle = \frac{\partial^2 f}{\partial x^2} + \frac{\partial^2 f}{\partial y^2} + \frac{\partial^2 f}{\partial z^2}$

PROBLEMA 3. Probar el teorema 5.3. Propiedades del rotacional.

Si $\mathbf{F}$ y $\mathbf{G}$ son campos vectoriales, f un campo escalar, a y b son constantes, entonces

1. Linealidad: $\operatorname{rot}(a\mathbf{F} + b\mathbf{G}) = a \operatorname{rot} \mathbf{F} + b \operatorname{rot} \mathbf{G}$

2. Regla del producto: $\operatorname{rot}(f\ \mathbf{F}) = f \operatorname{rot} \mathbf{F} + (\nabla f) \times \mathbf{F}$

Solución

1. $\operatorname{rot}(a\mathbf{F} + b\mathbf{G}) = \nabla \times (a\mathbf{F} + b\mathbf{G}) = a\, \nabla \times \mathbf{F} + b\, \nabla \times \mathbf{G} = a \operatorname{rot} \mathbf{F} + b \operatorname{rot} \mathbf{G}$

2. Si $\mathbf{F} = P\mathbf{i} + Q\mathbf{j} + R\mathbf{k}$, entonces $f\mathbf{F} = fP\mathbf{i} + fQ\mathbf{j} + fR\mathbf{k}$ y

$$\operatorname{rot}(f\ \mathbf{F}) = \nabla \times (f\mathbf{F})$$

$$= \left(\frac{\partial}{\partial y}(fR) - \frac{\partial}{\partial z}(fQ) \right)\mathbf{i} + \left(\frac{\partial}{\partial z}(fP) - \frac{\partial}{\partial x}(fR) \right)\mathbf{j} + \left(\frac{\partial}{\partial x}(fQ) - \frac{\partial}{\partial y}(fP) \right)\mathbf{k}$$

$$= \left(f\frac{\partial R}{\partial y} + \frac{\partial f}{\partial y}R - f\frac{\partial Q}{\partial z} - \frac{\partial f}{\partial z}Q \right)\mathbf{i} + \left(f\frac{\partial P}{\partial z} + \frac{\partial f}{\partial z}P - f\frac{\partial R}{\partial z} - \frac{\partial f}{\partial x}R \right)\mathbf{j}$$

$$+ \left(f\frac{\partial Q}{\partial x} + \frac{\partial f}{\partial x}Q - f\frac{\partial P}{\partial y} - \frac{\partial f}{\partial y}P \right)\mathbf{k}$$

$$= \left(f\frac{\partial R}{\partial y} - f\frac{\partial Q}{\partial z} \right)\mathbf{i} + \left(\frac{\partial f}{\partial y}R - \frac{\partial f}{\partial z}Q \right)\mathbf{i} + \left(f\frac{\partial P}{\partial z} - f\frac{\partial R}{\partial z} \right)\mathbf{j} + \left(\frac{\partial f}{\partial z}P - \frac{\partial f}{\partial x}R \right)\mathbf{j}$$

$$+ \left(f\frac{\partial Q}{\partial x} - f\frac{\partial P}{\partial y} \right)\mathbf{k} + \left(\frac{\partial f}{\partial x}Q - \frac{\partial f}{\partial y}P \right)\mathbf{k}$$

$$= f\left(\frac{\partial R}{\partial y} - \frac{\partial Q}{\partial z} \right)\mathbf{i} + f\left(\frac{\partial P}{\partial z} - \frac{\partial R}{\partial z} \right)\mathbf{j} + f\left(\frac{\partial Q}{\partial x} - \frac{\partial P}{\partial y} \right)\mathbf{k}$$

$$+ \left(\frac{\partial f}{\partial y}R - \frac{\partial f}{\partial z}Q \right)\mathbf{i} + \left(\frac{\partial f}{\partial z}P - \frac{\partial f}{\partial x}R \right)\mathbf{j} + \left(\frac{\partial f}{\partial x}Q - \frac{\partial f}{\partial y}P \right)\mathbf{k}$$

$$= f \operatorname{rot} \mathbf{F} + \nabla f \times \mathbf{F}$$

PROBLEMAS PROPUESTOS 5. 1

***En los problemas del 1 al 5, hallar la divergencia y el rotacional del campo* F**

1. $\mathbf{F}(x, y, z) = x\mathbf{i} + y\mathbf{j} + z\mathbf{k}$ *Rpta.* div $\mathbf{F} = 3$, rot $\mathbf{F} = 0$

2. $\mathbf{F}(x, y) = -y\mathbf{i} + x\mathbf{j}$ *Rpta.* div $\mathbf{F} = 0$, rot $\mathbf{F} = 2\mathbf{k}$

3. $\mathbf{F}(x, y) = x\sqrt{x^2 + y^2}\,\mathbf{i} + y\sqrt{x^2 + y^2}\,\mathbf{j}$ *Rpta.* div $\mathbf{F} = 3\sqrt{x^2 + y^2}$, rot $\mathbf{F} = 0$

4. $\mathbf{F}(x, y, z) = xy^2\mathbf{i} + yz^2\mathbf{j} + x^2z\mathbf{k}$ *Rpta.* div $\mathbf{F} = x^2 + y^2 + z^2$,
rot $\mathbf{F} = -2yz\mathbf{i} - 2xz\mathbf{j} - 2xy\mathbf{k}$

5. $\mathbf{F}(x, y, z) = \left(x + e^{xyz}\right)\mathbf{i} + \left(y + e^{xyz}\right)\mathbf{j} + \left(z + e^{xyz}\right)\mathbf{k}$
Rpta. div $\mathbf{F} = 3 + \left(xy + xz + yz\right)e^{xyz}$, rot $\mathbf{F} = e^{xyz}\left[x(z-y)\mathbf{i} + y(x-z)\mathbf{j} + z(y-yx)\mathbf{k}\right]$

6. Probar que el campo $\mathbf{F}(x, y, z) = ye^z\mathbf{i} + xe^z\mathbf{j} + xye^z\mathbf{k}$ es conservativo, hallando una función potencial f. *Rpta.* $f(x, y, z) = xye^z$

7. Verificar que el campo $\mathbf{F}(x, y, z) = \left\langle y\,\text{sen}(yz),\ -z\cos(xz),\ -x\cos(xy)\right\rangle$ es solenoidal. Esto es, verificar que div $\mathbf{F} = 0$

8. Verificar que el campo $\mathbf{F}(x, y, z) = \dfrac{1}{\sqrt{x^2 + y^2 + z^2}}\left\langle x,\ y,\ z\right\rangle$ es irrotacional. Esto es, verificar que rot $\mathbf{F} = 0$.

9. Hallar div$(\mathbf{F}\times\mathbf{G}) = \nabla \bullet (\mathbf{F}\times\mathbf{G})$, si
$\mathbf{F}(x, y, z) = x\mathbf{i} + 2\mathbf{j} + 4y\mathbf{k}$ y $\mathbf{G}(x, y, z) = x\mathbf{i} + y\mathbf{j} - z\mathbf{k}$ *Rpta.* $4x$

10. Hallar div$(\mathbf{F}\times\mathbf{G}) = \nabla \bullet (\mathbf{F}\times\mathbf{G})$, si
$\mathbf{F}(x, y, z) = xy\mathbf{i} + xyz\mathbf{j}$ y $\mathbf{G}(x, y, z) = yz\mathbf{i} + xz\mathbf{j} + xy\mathbf{k}$ *Rpta.* $-x^2y$

11. Hallar rot$(\mathbf{F}\times\mathbf{G}) = \nabla \times (\mathbf{F}\times\mathbf{G})$, si
$\mathbf{F}(x, y, z) = 2\mathbf{i} + x\mathbf{j} + 2y\mathbf{k}$ y $\mathbf{G}(x, y, z) = x\mathbf{i} - y\mathbf{j} - z\mathbf{k}$ *Rpta.* $-4\mathbf{i} + x\mathbf{j} - 2y\mathbf{k}$

12. Hallar rot$(\mathbf{F}\times\mathbf{G}) = \nabla \times (\mathbf{F}\times\mathbf{G})$, si
$\mathbf{F}(x, y, z) = x^2\mathbf{i} + y^2\mathbf{j} + z^2\mathbf{k}$ y $\mathbf{G}(x, y, z) = x\mathbf{i} - y\mathbf{j} - z\mathbf{k}$
Rpta. $-2x(y+z)\mathbf{i} + 2y(x+z)\mathbf{j} + 2xz(x+y)\mathbf{k}$

13. Hallar rot$(\text{rot}\,\mathbf{F}) = \nabla \times (\nabla \times \mathbf{F})$, si $\mathbf{F}(x, y, z) = 3xz^2\mathbf{i} - xz\mathbf{j} + (x+z)\mathbf{k}$
Rpta. $-6x\mathbf{i} + 6z\mathbf{k}$

14. Hallar rot$(\text{rot}\,\mathbf{F}) = \nabla \times (\nabla \times \mathbf{F})$, si $\mathbf{F}(x, y, z) = x^2z^2\mathbf{i} - y^2z^2\mathbf{j} + xy^2z\mathbf{k}$
Rpta. $(y^2 - 2x^2)\mathbf{i} + (2xy + 2y^2)\mathbf{j} + (2xz - 4yz)\mathbf{k}$

15. Probar que div $(\mathbf{F}\times\mathbf{G}) = \mathbf{G} \bullet \text{rot}\,\mathbf{F} - \mathbf{F} \bullet \text{rot}\,\mathbf{G}$

16. Probar que rot (rot $\mathbf{F}$) $= \nabla(\nabla \bullet \mathbf{F}) - \nabla^2\mathbf{F}$, donde $\nabla^2\mathbf{F} = \nabla^2 P\,\mathbf{i} + \nabla^2 Q\,\mathbf{j} + \nabla^2 R\,\mathbf{k}$

En los problemas del 17 al 22 verificar las identidades dadas, donde
$\mathbf{r} = x\mathbf{i} + y\mathbf{j} + z\mathbf{k}$, $r = \|\mathbf{r}\| = \sqrt{x^2+y^2+z^2}$ ***y*** $\mathbf{a}$ ***es un vector constante.***

17. $\nabla r = \dfrac{\mathbf{r}}{r}$

18. $\nabla\left(\dfrac{1}{r}\right) = -\dfrac{\mathbf{r}}{r^3}$

19. $\nabla\left(r^{n}\right) = n(n-1)\,\mathbf{r}$

20. $\nabla\left(\ln r\right) = \dfrac{\mathbf{r}}{r^2}$

21. $\text{div}\left(\mathbf{a}\times\mathbf{r}\right) = \nabla \bullet \left(\mathbf{a}\times\mathbf{r}\right) = 0$

22. $\text{rot}\left(\mathbf{a}\times\mathbf{r}\right) = \nabla \times \left(\mathbf{a}\times\mathbf{r}\right) = 2\mathbf{a}$

SECCION 5.2
INTEGRALES DE LINEA

En esta sección generalizaremos la integral definida $\int_a^b f(x)dx$, cambiando el intervalo $[a,b]$ por una curva C, dando como resultante una nueva integral llamada **integral de línea**; aunque, más propiamente, debería llamarse integral curva o integral curvilínea. Comenzamos presentando los tipos de curvas que aparecerán más adelante.

Recordemos que una curva C dada por las ecuaciones paramétricas

$$C:\ x = x(t),\quad y = y(t),\ z = z(t),\quad a \le t \le b,$$

ó, equivalentemente, dada por una ecuación vectorial,

$$C:\ \mathbf{r}(t) = x(t)\mathbf{i} + y(t)\mathbf{j} + z(t)\mathbf{k}\,,\quad a \le t \le b,$$

es una **curva suave** si las derivadas $x'(t)$, $y'(t)$ y $z'(t)$ son continuas en el intervalo cerrado $[a,b]$ y no se anulan simultáneamente en el intervalo abierto (a,b). Esto es, $\mathbf{r}(t)$ es de clase $C^{(1)}$ en $[a,b]$ y $\mathbf{r}'(t) \neq (0,\ 0,0)$, $\forall t \in (a,\ b)$.

La ecuación vectorial $\mathbf{r}(t) = x(t)\mathbf{i} + y(t)\mathbf{j} + z(t)\mathbf{k}$, $a \le t \le b$, determina una **orientación** de la curva C dando la dirección positiva a la que se obtiene incrementando el parámetro t. El **punto inicial** es $A = \mathbf{r}(a) = (x(a), y(a))$ y punto terminal, $B = \mathbf{r}(b) = (x(b), y(b))$

Dada la curva C: $\mathbf{r} : [a,b] \to \mathbb{R}^3$, se llama **curva opuesta a** C a la curva denotada por $-C$ y definida por

$$-C:\ \rho\text{:}\ [a,b] \to \mathbb{R}^3,\ \ \rho(t) = \mathbf{r}(a+b-t)$$

Observar que $-C$: ρ: $[a,b] \to \mathbb{R}^3$, es una reparametrización de C: $\mathbf{r} : [a,b] \to \mathbb{R}^3$, que invierte la orientación. En efecto, si consideramos la función h: $[a, b] \to [a, b]$, $h(t) = a + b - t$, entonces tenemos que:

$$\rho(t) = \mathbf{r}(h(t)),\quad h'(t) = -1 < 0,\quad h(a) = b, h(b) = a,\ \rho(a) = \mathbf{r}(b),\ \rho(b) = \mathbf{r}(a).$$

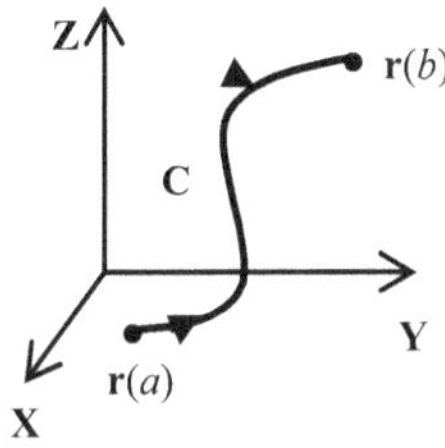

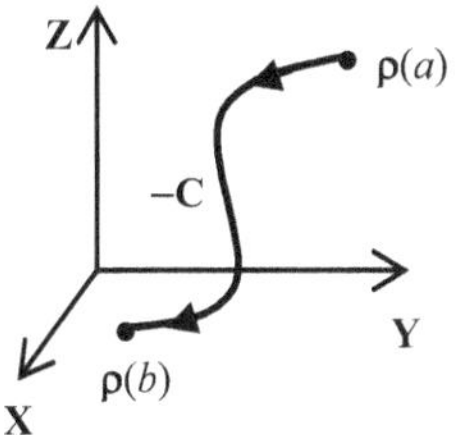

La curva C es una **curva suave por partes** o **suave a trozos** si C es unión,

$$C = C_1 \cup C_2 \cup \ \ldots \cup C_n,$$

de n curvas suaves tales que el punto terminal de cada una de ellas es el punto inicial de la siguiente.

La curva C es una **curva cerrada** si su punto terminal coincide con su punto inicial. Esto es, si $A = \mathbf{r}(a) = \mathbf{r}(b) = B$.

C es una **curva simple** si no se intersecta, excepto posiblemente en sus extremos. En el caso de que los extremos coinciden, la curva es **cerrada simple.**

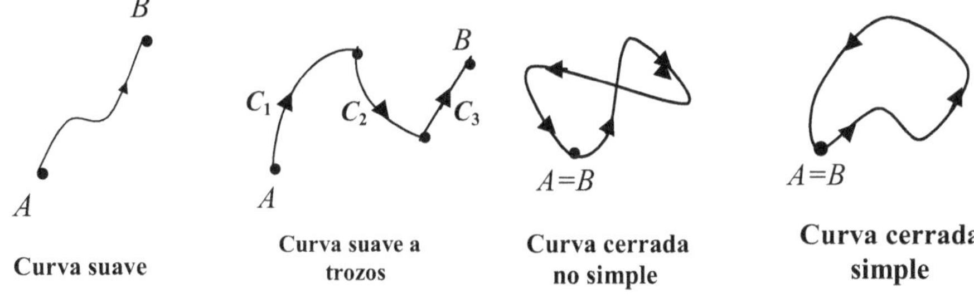

Curva suave | **Curva suave a trozos** | **Curva cerrada no simple** | **Curva cerrada simple**

INTEGRALES DE LINEA RESPECTO A LA LONGITUD DE ARCO

Sea C una curva suave en $\mathbb{R}^3$ dada por las ecuaciones paramétricas

$$x = x(t),\qquad y = y(t),\ z = z(t),\quad a \le t \le b$$

O, equivalentemente, por la ecuación vectorial,

$$\mathbf{r}(t) = \langle x(t), y(t)\rangle = x(t)\mathbf{i} + y(t)\mathbf{j} + z(t)\mathbf{k},\ a \le t \le b$$

El punto inicial de C es $A = (x(a), y(a), z(a))$ y el punto terminal es $B = (x(b), y(b), z(a))$.

Tomemos una partición $\mathcal{P}$ del intervalo $[a,b]$:

$$a = t_0 < t_1 < t_2 < \ldots t_n = b$$

Esta partición determina los siguientes puntos de C:

$$A = P_0,\ P_1,\ P_2,\ \ldots P_n = B$$

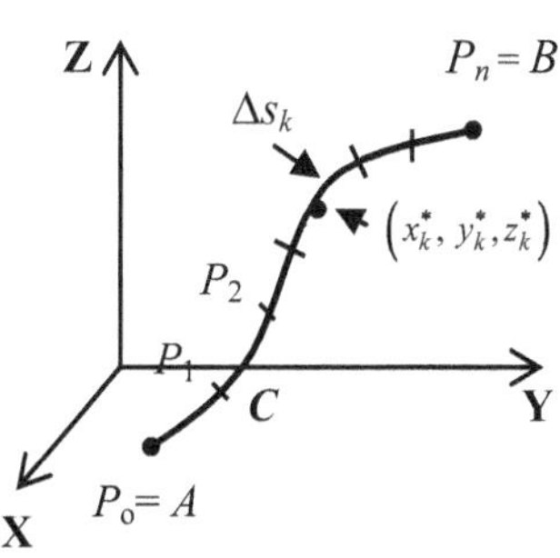

donde $P_k = (x(t_k), y(t_k), z(t_k))$, $k = 0, 1, 2, \ldots n$

Estos puntos dividen a C en n subarcos de longitudes $\Delta s_1, \Delta s_2, \ldots, \Delta s_n$. Sea $\| \mathcal{P} \|$ el máximo de estas longitudes

Tomemos $\left(x_k^*, y_k^*, z_k^*\right)$ un punto en el arco k, $k = 0, 1, 2, \ldots n$

Si $f(x, y, z)$ es una función de tres variables cuyo dominio contiene a la curva C, formamos la siguiente suma de Riemann:

$$\sum_{k=1}^{n} f\left(x_k^*, y_k^*, z_k^*\right) \Delta s_k$$

Tomando el límite de esta suma cuando $\| \mathcal{P} \| \to 0$ tenemos la siguiente integral.

DEFINICION. Sea f una función definida sobre una región que contiene a la curva suave C. **La integral de línea de f respecto a la longitud de arco s a lo largo de C de A a B es**

$$\int_C f(x,y,z)\, ds = \lim_{\| \mathcal{P} \| \to 0} \sum_{k=1}^{n} f\left(x_k^*, y_k^*, z_k^*\right) \Delta s_k$$

Se prueba que si la función f es continua sobre la curva C, entonces el límite de esta suma de Riemann existe. Aún más, se prueba también que este límite es el mismo para todas las parametrizaciones suaves de C.

Para evaluar esta integral de línea, la transformamos en una integral definida guiados por el siguiente resultado, obtenido en el teorema 2.9 del capítulo anterior,

$$\frac{ds}{dt} = \| r'(t) \| = \sqrt{\left[x'(t)\right]^2 + \left[y'(t)\right]^2 + \left[z'(t)\right]^2}$$

De donde,

$$ds = \sqrt{\left[x'(t)\right]^2 + \left[y'(t)\right]^2 + \left[z'(t)\right]^2}\, dt$$

En consecuencia, tenemos el siguiente resultado que lo ponemos como teorema.

TEOREMA 5.5 Teorema de evaluación de integrales de línea.

Sea f continua en una región D que contiene a la curva suave C.

Si C está parametrizada por

$\mathbf{r}(t) = \langle x(t), y(t), z(t)\rangle = x(t)\mathbf{i} + y(t)\mathbf{j} + z(t)\rangle\mathbf{k}$, $a \le t \le b$, entonces

$$\int_C f(x,y,z)\, ds = \int_a^b f(\mathbf{r}(t)) \| \mathbf{r}'(t) \|\, dt$$

$$= \int_a^b f(x(t), y(t), z(t)) \sqrt{\left[x'(t)\right]^2 + \left[y'(t)\right]^2 + \left[z'(t)\right]^2}\, dt$$

Si la función es la constante 1; es decir, si $f(x, y, z) = 1$, la integral de línea es la longitud de arco de la curva *C*, dado en el teorema 2.8. Esto es,

$$\int_C ds = \int_a^b \sqrt{[x'(t)]^2 + [y'(t)]^2 + [z'(t)]^2}\, dt = \int_a^b \| \mathrm{r}'(t) \|\, dt$$

EJEMPLO 1. Evaluar $\int_C \frac{(x+y)z}{y+z}\, ds$, donde C es la curva paramétrica

$$C:\ x = t,\ \ y = \frac{1}{2}t^2,\ \ z = t,\quad 1 \le t \le 2$$

Solución

De acuerdo Al teorema anterior, tenemos:

$$\int_C \frac{(x+y)z}{y+z}\, ds = \int_1^2 \frac{\left(t + t^2/2\right)t}{t^2/2\ +\ t}\sqrt{1^2 + t^2 + 1^2}\, dt = \int_1^2 t\sqrt{t^2 + 2}\, dt$$

$$= \frac{1}{2}\left[\frac{2}{3}\left(t^2 + 2\right)^{3/2}\right]_1^2 = \frac{1}{3}\left(\sqrt{6}\right)^3 - \frac{1}{3}\left(\sqrt{3}\right)^3 = \sqrt{3}\left(2\sqrt{2} - 1\right)$$

INTEGRALES DE LINEA SOBRE CURVAS PLANAS

Los resultados sobre integrales de línea para curvas en $\mathbb{R}^2$ se obtienen como un caso particular de las curvas en $\mathbb{R}^3$, tomando la coordenada $z = 0$. En este caso también tenemos que $z'(t) = 0$ y, por tanto

$$\int_C f(x,y)\, ds = \int_a^b f(x(t), y(t))\sqrt{[x'(t)]^2 + [y'(t)]^2}\, dt \qquad \textbf{(1)}$$

INTERPRETACIÓN GEOMÉTRICA DE LA INTEGRAL $\int_C f(x,y)\, ds$

Si $f(x, y) \ge 0$, entonces el producto $f\left(x_k^*, y_k^*\right)\Delta s_k$ es el área de un rectángulo vertical de ancho Δs_k y altura $f\left(x_k^*, y_k^*\right)$.

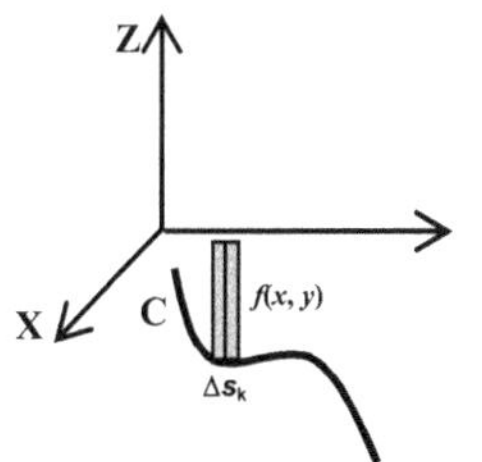

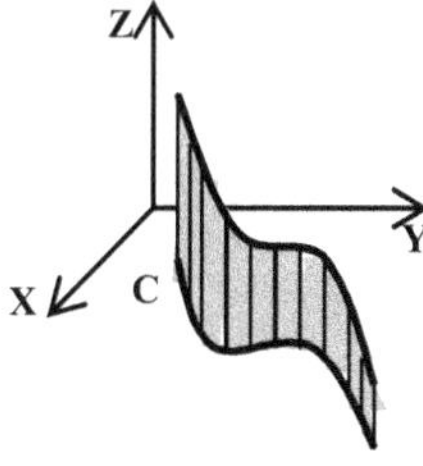

Luego, la definición de $\int_C f(x,y)\, ds$ nos dice que esta integral es el área A de la "cortina" u "hoja" que se levanta sobre la curva C y cuya altura sobre el punto (x, y) de la curva es $z = f(x, y)$. Esto es,

$$A = \int_C f(x,y)\, ds \qquad \textbf{(2)}$$

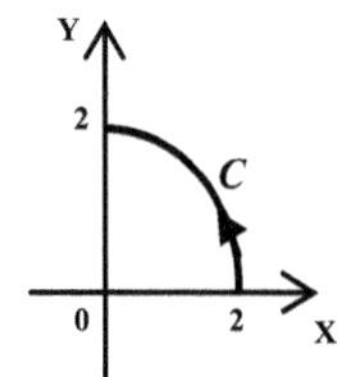

EJEMPLO 2. **1.** Evaluar $\int_C xy\, ds$, donde C es la curva

$$C: x = 2 \cos t, \quad y = 2 \operatorname{sen} t, \quad 0 \leq t \leq \frac{\pi}{2}$$

2. Evaluar $\int_{-C} xy\, ds$, donde $-C$ es la curva opuesta a C, que está dada por

$$-C: x = 2 \operatorname{sen} t, \quad y = 2 \cos t, \quad 0 \leq t \leq \frac{\pi}{2}$$

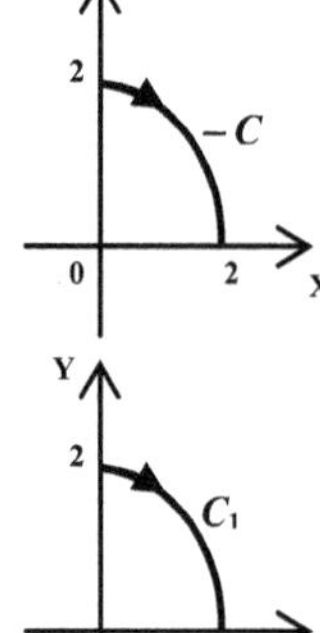

3. Evaluar $\int_{C_1} xy\, ds$, donde C_1 es la curva

$$C_1: x = t, \quad y = \sqrt{4 - t^2}\, , 0 \leq t \leq 2$$

4. Observar que $\int_{-C} xy\, ds = \int_C xy\, ds = \int_{C_1} xy\, ds$

Solución

Aplicando la igualdad (1),

1. $$\int_C xy\, ds = \int_0^{\pi/2} (x(t))(y(t))\sqrt{[x'(t)]^2 + [y'(t)]^2}\, dt$$

$$= \int_0^{\pi/2} (2\cos\, t)(2 \operatorname{sen} t)\sqrt{(-2 \operatorname{sen} t)^2 + (2 \cos t)^2}\, dt$$

$$= 4\int_0^{\pi/2} (\operatorname{sen} t\ \cos\ t)\sqrt{4\left(\operatorname{sen}^2 t + \cos^2 t\right)}\, dt$$

$$= 8\int_0^{\pi/2} \operatorname{sen} t\ \cos\ t\, dt = 8\left[\frac{\operatorname{sen}^2 t}{2}\right]_0^{\pi/2} = 4$$

2. $$\int_{-C} xy\, ds = \int_0^{\pi/2} (2 \operatorname{sen} t)(2 \cos t)\sqrt{(2 \cos t)^2 + (-2 \operatorname{sen} t)^2}\, dt$$

$$= 4\int_0^{\pi/2} (\operatorname{sen} t\ \cos\ t)\sqrt{4\left(\cos^2 t + \operatorname{sen}^2 t\right)}\, dt$$

$$= 8\int_0^{\pi/2} \operatorname{sen} t \, \cos t \, dt = 8\left[\frac{\operatorname{sen}^2 t}{2}\right]_0^{\pi/2} = 4$$

3. $\displaystyle\int_{C_1} xy \, ds = \int_0^2 t\sqrt{4-t^2}\sqrt{1^2 + \left(-2t/\sqrt{4-t^2}\right)^2}\, dt$

$$= \int_0^2 t\sqrt{4-t^2}\,\frac{2}{\sqrt{4-t^2}}\, dt = 2\int_0^2 t \, dt = 2\left[\frac{t^2}{2}\right]_0^2 = 4$$

4. Los tres resultados anteriores dicen que

$$\int_C xy \, ds = \int_{-C} xy \, ds = \int_{C_1} xy \, ds = 4$$

OBSERVACION. En el ejemplo anterior, las tres curvas: C, $-C$ y C_1 corresponden a tres parametrizaciones distintas de la parte de la circunferencia $x^2 + y^2 = 4$ situada en el primer cuadrante. Se obtuvo que el valor de la integral a lo largo de cada una de estas tres curvas es el mismo. Este resultado no es casual. En el problema resuelto 8 probaremos que:

$\displaystyle\int_C f(x, y, z)\, ds$ es independiente de la parametrización de C.

EJEMPLO 3. De un tubo (cilindro circular recto) de aluminio se corta un pedazo, como muestra la figura. La base del cilindro es la circunferencia $x^2 + y^2 = 4$. En cada punto (x, y) de la base, la altura del pedazo es $f(x, y) = 1 + y^2$. Hallar el área del pedazo cortado.

Solución

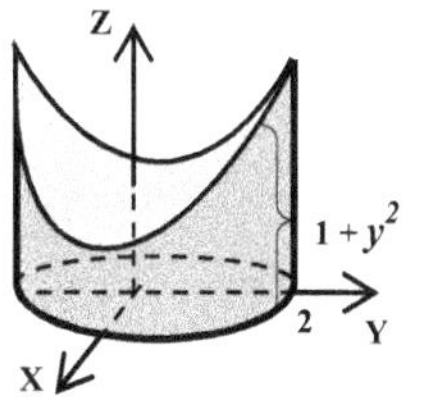

Sea C la circunferencia $x^2 + y^2 = 4$. Una parametrización para C es

$$C\colon x = 2\cos t,\ y = 2\operatorname{sen} t,\ 0 \le t \le 2\pi$$

El área del pedazo de hojalata, de acuerdo a (2), es

$$A = \int_C f(x, y)\, ds = \int_C \left(1 + y^2\right) ds$$

$$= \int_0^{2\pi}\left(1 + 4\operatorname{sen}^2 t\right)\sqrt{(-2\operatorname{sen} t)^2 + (2\cos t)^2}\, dt = 2\int_0^{2\pi}\left(1 + 4\operatorname{sen}^2 t\right) dt$$

$$= 2\int_0^{2\pi}\left(1 + 4\,\frac{1-\cos 2t}{2}\right) dt = 2\int_0^{2\pi}(3 - 2\cos 2t)\, dt = 2\Big[3t - \operatorname{sen} 2t\Big]_0^{2\pi}$$

$$= 12\pi$$

Extendemos la integral de línea a curvas **suaves por partes**

Si C es una **curva suave por partes** y $C = C_1 \cup C_2 \cup \ldots \cup C_n$, donde cada C_k es suave, entonces definimos la integral de línea a lo largo de C como la suma de la correspondiente integral de línea a lo largo de cada curva suave C_i. Esto es,

$$\int_C f(x,y)\,ds = \int_{C_1} f(x,y)\,ds + \int_{C_2} f(x,y)\,ds + \ldots + \int_{C_n} f(x,y)\,ds$$

EJEMPLO 4. Evaluar la integral $\displaystyle\int_C 12x\,ds$

donde C es la porción de la parábola desde $(-1, 1)$ hasta $(2, 4)$ seguido por el segmento de recta de $(2, 4)$ hasta $(3, 0)$

Solución

Sea C_1 la porción de la parábola y C_2 el segmento.

Tenemos que $C = C_1 \cup C_2$, y

$$\int_C 12x\,ds = \int_{C_1} 12x\,ds + \int_{C_2} 12x\,ds \qquad \textbf{(1)}$$

Calculemos estas dos integrales separadamente:

a. Una parametrización de C_1, que es la parte de la parábola $y = x^2$, que va desde $(-1, 1)$ hasta $(2, 4)$, es la siguiente:

$$x = t, \quad y = t^2, \quad -1 \le t \le 2$$

Luego,

$$\int_{C_1} 12x\,ds = \int_{-1}^{2} 12t\sqrt{1^2 + (2t)^2}\,dt = \frac{12}{8}\int_{-1}^{2} \sqrt{1 + 4t^2}\,(8t\,dt)$$

$$= \frac{12}{8}\left[\frac{2}{3}\left(1 + 4t^2\right)^{3/2}\right]_{-1}^{2} = 17\sqrt{17} - 5\sqrt{5} \qquad \textbf{(2)}$$

b. La ecuación vectorial del segmento de recta con punto inicial $(2, 4)$ y punto final $(3, 0)$ es

$$\mathbf{r}(t) = (2, 4) + t(1, -4), \qquad 0 \le t \le 1$$

de donde obtenemos la siguiente parametrización para el segmento C_2,

$$x = 2 + t, \quad y = 4 - 4t, \quad 0 \le t \le 1.$$

Luego,

$$\int_{C_2} 12x\,ds = \int_{0}^{1} 12(2+t)\sqrt{1^2 + (-4)^2}\,dt = 12\sqrt{17}\int_{0}^{1} (2+t)\,dt$$

$$= 12\sqrt{17}\left[2t + \frac{t^2}{2}\right]_0^1 = 12\sqrt{17}\left[\frac{5}{2}\right] = 30\sqrt{17} \qquad \textbf{(3)}$$

Reemplazando (2) y (3) en (1):

$$\int_C 12x\, ds = 17\sqrt{17} - 5\sqrt{5} + 30\sqrt{17} = 47\sqrt{17} - 5\sqrt{5}$$

MASA, CENTRO DE MASA Y MOMENTOS DE INERCIA

Si un alambre de densidad $\delta(x, y, z)$ tiene la forma de una curva C, la **masa** M del alambre y su **centro de masa** $(\overline{x}, \overline{y}, \overline{z})$ están dados por:

$$M = \int_C \delta(x, y, z)\, ds$$

$$\overline{x} = \frac{1}{M}\int_C x\delta(x, y, z)\, ds\,, \quad \overline{y} = \frac{1}{M}\int_C y\delta(x, y, z)\, ds\,, \quad \overline{z} = \frac{1}{M}\int_C z\delta(x, y, z)\, ds$$

Si la densidad es constante, $\delta(x, y, z) = k$, el punto $(\overline{x}, \overline{y}, \overline{z})$ depende de la forma geométrica del alambre y no de su masa. En este caso, el centro de masa toma el nombre de **centroide**.

Los **momentos de inercia** respectos a los ejes X, Y y Z están dados por

$$I_x = \int_C \left(y^2 + z^2\right)\delta(x, y, z)\, ds,$$

$$I_y = \int_C \left(x^2 + z^2\right)\delta(x, y, z)\, ds\,, \qquad I_z = \int_C \left(y^2 + z^2\right)\delta(x, y, z)\, ds.$$

EJEMPLO 5. Un resorte tiene la forma de la hélice

$$x = \sqrt{3}\cos t,\ \ y = \sqrt{3}\,\text{sen}\, t,\ \ z = t,\ \ 0 \le t \le 3\pi$$

Si su densidad es $\delta(x, y, z) = z$, hallar:

1. La masa del resorte. **2.** El centro de masa.

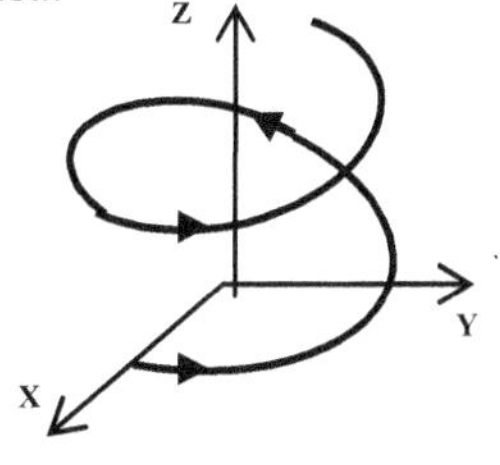

Solución

Tenemos que

$$ds = \sqrt{\left[x'(t)\right]^2 + \left[y'(t)\right]^2 + \left[z'(t)\right]^2}\ dt$$

$$= \sqrt{\left(-\sqrt{3}\,\text{sen}\, t\right)^2 + \left(\sqrt{3}\cos t\right)^2 + 1^2}\ dt$$

$$= \sqrt{3\left(\text{sen}^2 t + \cos^2 t\right) + 1}\ dt = \sqrt{3 + 1}\ dt = 2dt$$

1. $M = \int_C \delta(x,y,z)\,ds = \int_C z\,ds = \int_0^{3\pi} t(2dt) = 2\left[\frac{t^2}{2}\right]_0^{3\pi} = 9\pi^2 \approx 88.83$

2. $\bar{x} = \frac{1}{M}\int_C x\delta(x,y,z)\,ds = \frac{1}{9\pi^2}\int_0^{3\pi}\left(\sqrt{3}\cos\, t\right)t(2dt)$

$$= \frac{2\sqrt{3}}{9\pi^2}\int_0^{3\pi} t\cos\, t\,dt = \frac{2\sqrt{3}}{9\pi^2}\left[t\,\text{sen}\,t \;+\; \cos t\right]_0^{3\pi} = -\frac{4\sqrt{3}}{9\pi^2} \approx -0.08$$

$$\bar{y} = \frac{1}{M}\int_C y\delta(x,y,z)\,ds = \frac{1}{9\pi^2}\int_0^{3\pi}\left(\sqrt{3}\,\text{sen}\,t\right)t(2dt)$$

$$= \frac{2\sqrt{3}}{9\pi^2}\int_0^{3\pi} t\,\text{sen}\,t\,dt = \frac{2\sqrt{3}}{9\pi^2}\left[-t\cos\, t \;+\text{sen}\,t\right]_0^{3\pi} = \frac{2\sqrt{3}}{3\pi} \approx 0.37$$

$$\bar{z} = \frac{1}{M}\int_C z\delta(x,y,z)\,ds = \frac{1}{9\pi^2}\int_0^{3\pi} t^2\,(2dt)$$

$$= \frac{2}{9\pi^2}\int_0^{3\pi} t^2 dt = \frac{2}{9\pi^2}\left[\frac{t^3}{3}\right]_0^{3\pi} = 2\pi \approx 6.28$$

El centro de masa del resorte es $\left(\bar{x},\ \bar{y},\ \bar{z}\right) \approx (-\,0.08,\ 0.37,\ 6.28)$.

INTEGRAL DE LINEA RESPECTO A LAS VARIABLES COORDENADAS

Nuevamente tomamos una curva suave C dada por las ecuaciones paramétricas

$$x = x(t),\quad y = y(t),\quad z = z(t),\quad a \leq t \leq b,$$

con punto inicial $A = (x(a),\ \ y(a))$ y punto final $B = (x(b),\ \ y(b))$

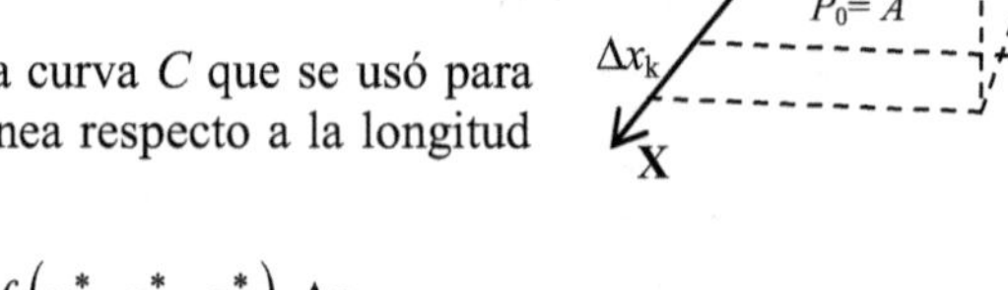

Al subarco Δs_k de la curva C que se usó para definir la integral de línea respecto a la longitud de arco,

$$\sum_{k=1}^{n} f\left(x_k^*, y_k^*,\ z_k^*\right)\ \Delta s_k$$

lo proyectamos sobre los ejes X, Y, Z, obteniendo subintervalos de longitud Δx_k, Δy_k, Δz_k respectivamente.

Si en la suma de Riemann anterior cambiamos el subarco ΔS_k por cada uno de estos subintervalos, obtenemos las tres sumas de Riemann siguientes

$$\sum_{k=1}^{n} f\left(x_k^*, y_k^*, z_k^*\right) \Delta x_k, \qquad \sum_{k=1}^{n} f\left(x_k^*, y_k^*, z_k^*\right) \Delta y_k, \qquad \sum_{k=1}^{n} f\left(x_k^*, y_k^*, z_k^*\right) \Delta z_k$$

Tomando el límite de estas sumas cuando $\| \mathcal{P} \| \to 0$ tenemos las tres siguientes integrales.

DEFINICION. Sea f una función definida sobre una región que contiene a la curva suave C.

1. **La integral de línea de f respecto a x a lo largo de C de A a B es**

$$\int_C f(x,y,z)\, dx = \lim_{\| \mathcal{P} \| \to 0} \sum_{k=1}^{n} f\left(x_k^*, y_k^*, z_k^*\right) \Delta x_k$$

2. **La integral de línea de f respecto a y a lo largo de C de A a B es**

$$\int_C f(x,y,z)\, dy = \lim_{\| \mathcal{P} \| \to 0} \sum_{k=1}^{n} f\left(x_k^*, y_k^*, z_k^*\right) \Delta y_k$$

3. **La integral de línea de f respecto a z a lo largo de C de A a B es**

$$\int_C f(x,y,z)\, dz = \lim_{\| \mathcal{P} \| \to 0} \sum_{k=1}^{n} f\left(x_k^*, y_k^*, z_k^*\right) \Delta z_k$$

Teniendo en cuenta que: $dx = x'(t)dt$, $dy = y'(t)dt$ y $dz = z'(t)dt$

se obtiene el siguiente resultado:

TEOREMA 5.6 Teorema de evaluación de integrales de línea.

Sea f continua en una región D que contiene a la curva suave C.

Si C está parametrizada por

$$\mathbf{r}(t) = \langle x(t),\ y(t),\ z(t) \rangle = x(t)\mathbf{i} + y(t)\mathbf{j} + z(t)\mathbf{k}, \quad a \leq t \leq b,$$

entonces

1. $$\int_C f(x,y,z)\, dx = \int_a^b f\left(x(t), y(t), z(t)\right) x'(t)\, dt$$

2. $$\int_C f(x,y,z)\, dy = \int_a^b f\left(x(t), y(t), z(t)\right) y'(t)\, dt$$

3. $$\int_C f(x,y,z)\, dz = \int_a^b f\left(x(t), y(t), z(t)\right) z'(t)\, dt$$

EJEMPLO 6. Sea $f(x, y, z) = xyz$ y sea la curva

$$C: x(t) = t,\quad y(t) = t^2,\ z(t) = t^3,\ \ 0 \le t \le 2$$

Evaluar:

a. $\int_C f(x,y,z)\, dx$ **b.** $\int_C f(x,y,z)\, dy$ **c.** $\int_C f(x,y,z)\, dz$

Solución

a. $\int_C f(x,y,z)\, dx = \int_C xyz\, dx = \int_0^2 t\left(t^2\right)\left(t^3\right)(1)\, dt = \int_0^2 t^6 dt = \left[\frac{t^7}{7}\right]_0^2 = \frac{128}{7}$

b. $\int_C f(x,y,z)\, dy = \int_C xyz\, dy = \int_0^2 t\left(t^2\right)\left(t^3\right)(2t)\, dt = 2\int_0^2 t^7\, dt = 2\left[\frac{t^8}{8}\right]_0^2 = 64$

c. $\int_C f(x,y,z)\, dz = \int_C xyz\, dz = \int_0^2 t\left(t^2\right)\left(t^3\right)\left(3t^2\right) dt = 3\int_0^2 t^8 dt = 3\left[\frac{t^9}{9}\right]_0^2 = \frac{512}{3}$

Las integrales de línea para funciones de dos variables a lo largo de curvas en el plano se pueden ver como un caso particular de las integrales anteriores, tomando la variable $z = 0$ (por tanto, $z'(t) = 0$). Esto es,

4. $\int_C f(x,y)\, dx = \int_a^b f\left(x(t), y(t)\right) x'(t)\, dt$

5. $\int_C f(x,y)\, dy = \int_a^b f\left(x(t), y(t)\right) y'(t)\, dt$

EJEMPLO 7. Evaluar las siguientes integrales de línea a lo largo de la curva

1. $\int_C xy\, dx$ **2.** $\int_C xy\, dy$

donde C es la curva:

$$C:\ x = 2\cos t,\quad y = 2\,\text{sen}\, t,\quad 0 \le t \le \frac{\pi}{2}$$

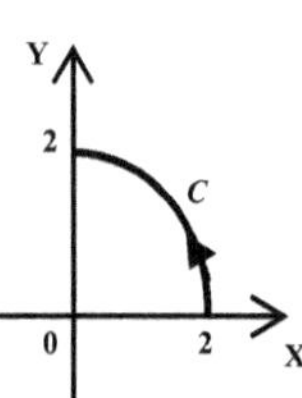

Solución

1. Aplicando la igualdad de 4.

$$\int_C xy\, dx = \int_0^{\pi/2} (2\cos\ t)(2\ \text{sen}\, t)(-2\ \text{sen}\, t\ dt) = -8\int_0^{\pi/2} \text{sen}^2 t\left(\cos t\ dt\right)$$

$$= -8\left[\frac{\text{sen}^3 t}{3}\right]_0^{\pi/2} = -\frac{8}{3}$$

2. Aplicando la igualdad de 5.

$$\int_C xy\,dy = \int_0^{\pi/2} (2\cos t)(2\,\text{sen}\,t)(2\cos t\,dt) = 8\int_0^{\pi/2} \cos^2 t\,(\text{sen}\,t\,dt)$$

$$= -8\left[\frac{\cos^3 t}{3}\right]_0^{\pi/2} = \frac{8}{3}$$

En el siguiente ejemplo mostramos los efectos que ocasionan las reparametrizaciones de una curva C sobre las integrales de línea. Para esto, tomamos la curva

$$C: x = t, \quad y = t^2, \quad 0 \le t \le 2,$$

que es la parte de el gráfico de la parábola $y = x^2$ de el punto (0, 0) al punto (2, 4)

A esta curva C la reparametrizamos de dos maneras más, una conserva la orientación y la otra la invierte.

EJEMPLO 8. Evaluar:

a. $\int_C x^2 y\,dy$, donde C es la parábola $y = x^2$, parametrizada por $\mathbf{r}(t) = t\mathbf{i} + t^2\mathbf{j}$, $0 \le t \le 2$

b. $\int_{C_1} x^2 y\,dy$, donde C_1 es la parábola $y = x^2$ parametrizada por $\mathbf{r}(t) = 2t\mathbf{i} + 4t^2\mathbf{j}$, $0 \le t \le 1$

c. $\int_{C_2} x^2 y\,dy$, donde C_2 es la parábola $y = x^2$ parametrizada por $\mathbf{r}(t) = (2-t)\mathbf{i} + (2-t)^2\mathbf{j}$, $0 \le t \le 2$

Y, 4, (2, 4), C, (0, 0), 2, X

Y, 4, (2, 4), C_1, (0, 0), 2, X

Solución

a. $$\int_C x^2 y\,dy = \int_0^2 (t)^2 (t^2)(2t)\,dt = 2\int_0^2 t^5\,dt = 2\left[\frac{t^6}{6}\right]_0^2 = \frac{64}{3}$$

b. $$\int_{C_1} x^2 y\,dy = \int_0^1 (2t)^2 (4t^2)(8t)\,dt = 128\int_0^1 t^5\,dt = 128\left[\frac{t^6}{6}\right]_0^1 = \frac{64}{3}$$

Y, 4, (2, 4), C_2, (0, 0), 2, X

c. $$\int_{C_2} x^2 y\,dy = \int_0^1 (2-t)^2 (2-t)^2 (-2(2-t))\,dt = -2\int_0^1 (2-t)^5\,dt$$

$$= 2\left[\frac{(2-t)^6}{6}\right]_0^2 = -\frac{64}{3}$$

Observamos C_1 tiene la misma orientación que C y que

$$\int_{C_1} x^2 y\, dy = \int_{C} x^2 y\, dy = \frac{64}{3}$$

En cambio, C_2 invierte la orientación de C y, en este caso,

$$\int_{C_2} x^2 y\, dy = -\int_{C} x^2 y\, dy = -\frac{64}{3}$$

El siguiente teorema nos dice que este resultado no es casual.

TEOREMA 5. 7 **Cambio de parametrización para integrales de línea.**

Sea f una función continua sobre una curva C de clase $C^{(1)}$ parametrizada por $\mathbf{r}$: $[a, b] \to \mathbb{R}^3$. Sea ρ: $[c, d] \to \mathbb{R}^3$ una reparametrización de $\mathbf{r}$ y sea C_1 la curva dada por esta reparametrización.

1. Si ρ preserva la orientación, entonces

$$\int_{C_1} f(x, y, z)\, dx = \int_{C} f(x, y, z)\, dx$$

2. Si ρ invierte la orientación, entonces

$$\int_{C_1} f(x, y, z)\, dx = -\int_{C} f(x, y, z)\, dx$$

Estos resultados también se cumplen para las integrales respecto a la variable y y respecto a la variable z.

Demostración

Ver el problema resuelto 9.

COROLARIO. Si $-C$ es La curva opuesta a la curva C, entonces

$$\int_{-C} f(x, y, z)\, dx = -\int_{C} f(x, y, z)\, dx$$

NOTACION. Con frecuencia, a la suma de integrales respecto a x y a y la denotaremos así:

$$\int_C P\, dx + \int_C Q\, dy + \int_C R\, dz = \int_C P\, dx + Q\, dy + R\, dz$$

EJEMPLO 9. **a.** Evaluar $\int_{C_1} y\,dx + x\,dy$, donde

C_1 es el segmento de recta desde (0, 0) hasta (1, 1)

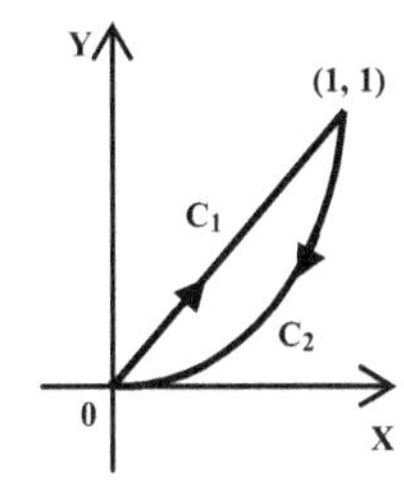

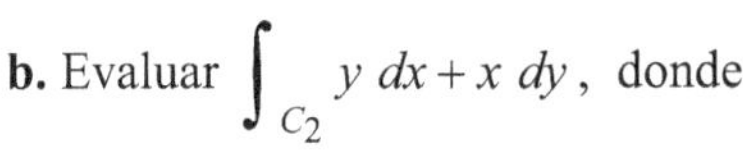

b. Evaluar $\int_{C_2} y\,dx + x\,dy$, donde

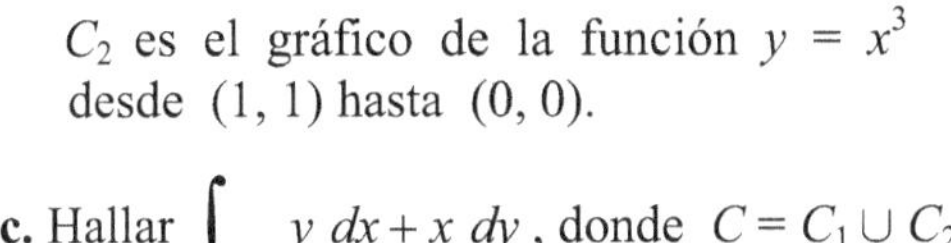

C_2 es el gráfico de la función $y = x^3$ desde (1, 1) hasta (0, 0).

c. Hallar $\int_{C} y\,dx + x\,dy$, donde $C = C_1 \cup C_2$

Solución

a. Una parametrización para el segmento C_1, que va desde (0, 0) hasta (1, 1), es

$$x = t, \quad y = t, \quad 0 \leq t \leq 1$$

Luego,

$$\int_{C_1} y\,dx + x\,dy = \int_0^1 t\,dt + t\,dt = \int_0^1 2t\,dt = \left[t^2\right]_0^1 = 1 \qquad \textbf{(1)}$$

b. Una parametrización para C_2, que es la parte de la gráfica de $y = x^3$ que va desde (1, 1) hasta (0, 0), es:

$$x = 1 - t, \quad y = (1 - t)^3, \quad 0 \leq t \leq 1$$

Luego,

$$\int_{C_2} y\,dx + x\,dy = \int_0^1 (1-t)^3(-dt) + (1-t)\left(3(1-t)^2(-dt)\right) = -4\int_0^1 (1-t)^3\,dt$$

$$= -4\int_0^1 \left(1 - 3t + 3t^2 - t^3\right)dt = -1 \qquad \textbf{(3)}$$

c. $\int_C y\,dx + x\,dy = \int_{C_1} y\,dx + x\,dy + \int_{C_2} y\,dx + x\,dy = 1 + (-1) = 0$

EJEMPLO 10. Evaluar la integral de línea $\int_C x^2 y\,dx + xy^2 dy$,

donde C es la porción superior de la elipse

$$\frac{x^2}{4} + \frac{y^2}{9} = 1$$

desde el punto (2, 0) hasta (–2, 0).

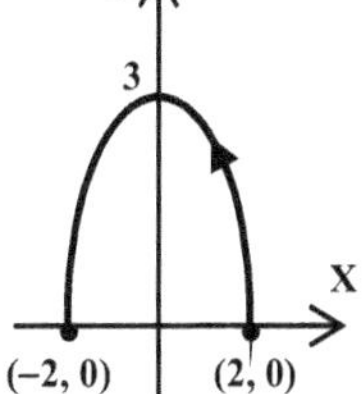

Solución

Una parametrización para esta parte de la elipse es

$$x = 2\cos t, \quad y = 3\,\text{sen}\,t, \quad 0 \leq t \leq \pi$$

Luego,

$$\int_C x^2 y\,dx + xy^2 dy$$

$$= \int_0^{\pi} (2\cos\ t)^2\,(3\ \text{sen}\ t)(-2\text{sen}\ t\ )\,dt + (2\cos\ t)(3\ \text{sen}\ t)^2\,(3\cos t\ )\,dt$$

$$= \int_0^{\pi} \left(-24\cos^2 t\ \text{sen}^2 t\ \right)dt\ +\ 54\left(\ \text{sen}^2 t\ \cos^2 t\right)dt$$

$$= 30\int_0^{\pi} (\ \text{sen}\ t\ \cos t)^2\ dt = \frac{30}{4}\int_0^{\pi} (\ 2\text{sen}\ t\ \cos t)^2\ dt = \frac{15}{2}\int_0^{\pi} \text{sen}^2\, 2t\ dt$$

$$= \frac{15}{2}\int_0^{\pi} \frac{1-\cos 4t}{2}\,dt = \frac{15}{4}\int_0^{\pi} (1-\cos 4t)\,dt = \frac{15}{4}\left[t - \frac{\text{sen}\ 4t}{4}\right]_0^{\pi} = \frac{15\pi}{4}$$

EJEMPLO 11. Evaluar $\int_C y\,dx + z\,dy + x\,dz$, donde

C es la unión de los segmentos:

C_1, desde $(1, -1, 0)$ hasta $(2, 2, 4)$.

C_2, desde $(2, 2, 4)$ hasta $(0, 2, 0)$

C_3, desde $(0, 2, 0)$ hasta $(1, -1, 0)$.

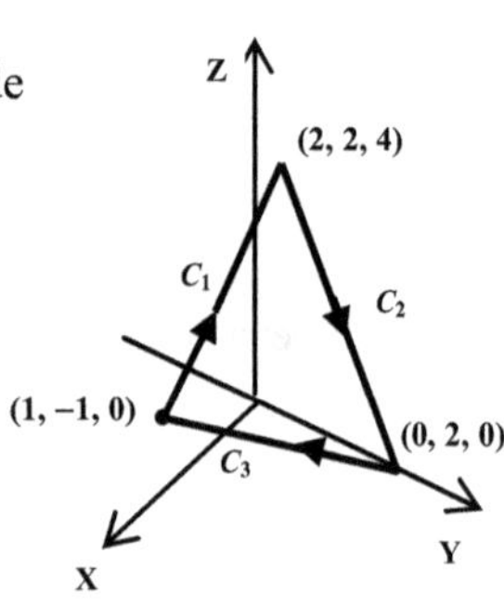

Solución

$$\int_C ydx + zdy + xdz = \int_{C_1} ydx + zdy + xdz + \int_{C_2} ydx + zdy + xdz + \int_{C_2} ydx + zdy + xdz$$

Calculemos estas tres integrales separadamente.

1. Una parametrización para el segmento C_1, desde $(1, -1, 0)$ hasta $(2, 2, 4)$, es

$$x = 1 + t,\quad y = -1 + 3t,\quad z = 4t,\quad 0 \le t \le 1$$

Luego,

$$\int_{C_1} y\,dx + z\,dy + x\,dz = \int_0^1 (-1+3t)\,dt + 4t\,(3dt) + (1+t)(4dt)$$

$$= \int_0^1 (3+19t)\,dt = \left[3t + \frac{19}{2}t^2\right]_0^1 = \frac{25}{2}$$

2. Una parametrización para el segmento C_2, desde $(2, 2, 4)$ hasta $(0, 2, 0)$, es

$$x = 2 - 2t,\quad y = 2,\quad z = 4 - 4t,\quad 0 \le t \le 1$$

Luego,

$$\int_{C_2} y\,dx + z\,dy + x\,dz = \int_0^1 2(-2dt) +\ (4-4t)(0dt) + (2-2t)(-4dt)$$

$$= \int_0^1 (-12+8t)\,dt = \left[-12t+4t^2\right]_0^1 = -8$$

3. Una parametrización para el segmento C_3, desde (0, 2, 0) hasta (1, −1, 0), es

$$x = t,\quad y = 2-3t,\quad z = 0,\quad 0 \le t \le 1$$

Luego,

$$\int_{C_3} y\,dx + z\,dy + x\,dz = \int_0^1 (2-3t)\,dt + (0)(-3dt) + t(0dt)$$

$$= \int_0^1 (2-3t)\,dt = \left[2t - \frac{3}{2}t^2\right]_0^1 = \frac{1}{2}$$

Remplazando los resultados de 1, 2 y 3 en la igualdad inicial:

$$\int_C y\,dx + z\,dy + x\,dz = \frac{25}{2} - 8 + \frac{1}{2} = 5.$$

INTEGRALES DE LINEA DE CAMPOS VECTORIALES

Ahora buscamos definir la integral de línea de un campo vectorial a lo largo de una curva.

Sea la curva C: $\mathbf{r}(t) = x(t)\mathbf{i} + y(t)\mathbf{j} + z(t)\mathbf{k},\quad a \le t \le b$

De $\dfrac{d\mathbf{r}}{dt} = \mathbf{r}'(t)$, tenemos que $d\mathbf{r} = \mathbf{r}'(t)\,dt$

Si **F** es un campo vectorial, tenemos que:

$$\mathbf{F} \cdot d\mathbf{r} = \mathbf{F} \cdot \mathbf{r}'(t)\,dt \qquad \textbf{(1)}$$

Por otro lado, si $s = s(t)$ es la función longitud de arco de la curva C, tenemos que

$$s(t) = \int_a^t \|\mathbf{r}'(t)\|\,dt \Rightarrow \frac{ds}{dt} = \|\mathbf{r}'(t)\| \Rightarrow ds = \|\mathbf{r}'(t)\|\,dt \qquad \textbf{(2)}$$

Ahora, si $\mathbf{T}(t)$ es el vector tangente unitario de la curva C, de (1) y (2) obtenemos:

$$\mathbf{F} \cdot d\mathbf{r} = \mathbf{F} \cdot \mathbf{r}'(t)\,dt = \mathbf{F} \cdot \frac{\mathbf{r}'(t)}{\|\mathbf{r}'(t)\|}\|\mathbf{r}'(t)\|\,dt = \mathbf{F} \cdot \mathbf{T}\,ds \qquad \textbf{(3)}$$

$\mathbf{F} \cdot \mathbf{T}$ es la componente del campo **F** en la dirección del vector tangente **T**. En efecto, recordemos de la sección 1.3 que esta componente está dada por

$$\mathbf{Comp_T F} = \frac{\mathbf{F} \cdot \mathbf{T}}{\|\mathbf{T}\|} = \mathbf{F} \cdot \mathbf{T}$$

Tomando en cuenta estos resultados presentamos la siguiente definición:

DEFINICION. Sea **F** un campo vectorial continuo sobre una curva suave C dada por una función vectorial $\mathbf{r}(t)$, $a \leq t \leq b$. La **integral de línea de F** a lo largo de C está dada por

$$\int_C \mathbf{F} \cdot d\mathbf{r} = \int_C \mathbf{F} \cdot \mathbf{T} ds = \int_a^b \mathbf{F}\big(x(t), y(t), z(t)\big) \cdot \mathbf{r}'(t)\, dt \qquad \textbf{(4)}$$

El nombre "integral de línea de **F** a lo largo de C" no es muy apropiado, ya que no se está integrando a **F**, sino a la componente de **F** en dirección de **T**.

FORMA DIFERENCIAL DE LA INTEGRAL DE LINEA

Si $\mathbf{F}(x, y, z) = P\mathbf{i} + Q\mathbf{j} + R\mathbf{k}$ y C: $\mathbf{r}(t) = x(t)\mathbf{i} + y(t)\mathbf{j} + z(t)\mathbf{k}$, entonces

$$\int_C \mathbf{F} \cdot d\mathbf{r} = \int_C \mathbf{F} \cdot \frac{d\mathbf{r}}{dt} dt$$

$$= \int_a^b (P\mathbf{i} + Q\mathbf{j} + R\mathbf{k}) \cdot \big(x'(t)\mathbf{i} + y'(t)\mathbf{j} + z'(t)\mathbf{k}\big) dt$$

$$= \int_a^b Px'(t)\, dt + Qy'(t)\, dt + Rz'(t)\, dt = \int_C P\, dx + Q\, dy + R\, dz$$

Esto es,

$$\int_C \mathbf{F} \cdot d\mathbf{r} = \int_C Pdx + Qdy + Rdz \qquad \textbf{(5)}$$

TRES FORMAS DE LA INTEGRAL DE LINEA DE UN CAMPO

Las igualdades (4) y (5) anteriores las resumimos en la siguiente expresión:

Si $\mathbf{F}(x, y, z) = P\mathbf{i} + Q\mathbf{j} + R\mathbf{k}$ y C: $\mathbf{r}(t) = x(t)\mathbf{i} + y(t)\mathbf{j} + z(t)\mathbf{k}$, $a \leq t \leq b$, entonces

$$\boxed{\int_C Pdx + Qdy + Rdz = \int_C \mathbf{F} \cdot \mathbf{T} ds = \int_C \mathbf{F} \cdot d\mathbf{r} = \int_a^b \mathbf{F}\big(x(t), y(t), z(t)\big) \cdot \mathbf{r}'(t)\, dt}$$

EJEMPLO 12. Sea $\mathbf{F}(x, y, z) = xy\mathbf{i} - xz\mathbf{j} + yz\mathbf{k}$.

a. Evaluar $\int_{C_1} \mathbf{F} \cdot d\mathbf{r}$, donde C_1 es el segmento desde el punto $\mathbf{0} = (0, 0, 0)$ hasta el punto $(1, 3, 2)$.

b. Evaluar $\int_{C_2} \mathbf{F} \cdot d\mathbf{r}$, donde C_2 es la curva del punto $\mathbf{0} = (0, 0, 0)$ al punto $(1, 3, 2)$, dada por la ecuación

$$\mathbf{r}(t) = t\mathbf{i} + 3t^2\mathbf{j} + 2t^3\mathbf{k},\ 0 \le t \le 1.$$

Solución

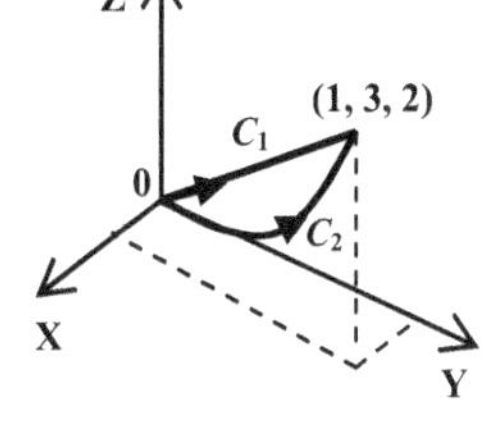

a. El segmento de recta de (0, 0, 0) a (1, 3, 2) es descrito por la ecuación vectorial

$$\mathbf{r}(t) = t\mathbf{i} + 3t\mathbf{j} + 2t\mathbf{k},\ 0 \le t \le 1.$$

Luego,

$$\int_{C_1} \mathbf{F} \cdot d\mathbf{r} = \int_0^1 \mathbf{F}\big(x(t), y(t), z(t)\big) \cdot \mathbf{r}'(t)\ dt$$

$$= \int_0^1 \mathbf{F}\big(t,\ 3t,\ 2t\big) \cdot \big(\mathbf{i} + 3\mathbf{j} + 2\mathbf{k}\big)\, dt$$

$$= \int_0^1 \big(t(3t)\mathbf{i} - t(2t)\mathbf{j} + (3t)(2t)k\ \big) \cdot \big(\mathbf{i} + 3\mathbf{j} + 2\mathbf{k}\big)\, dt$$

$$= \int_0^1 \big(3t^2 - 6t^2 + 12t^2\big)\, dt = \int_0^1 9t^2 dt = \big[3t^3\big]_0^1 = 3$$

b. $$\int_{C_2} \mathbf{F} \cdot d\mathbf{r} = \int_0^1 \mathbf{F}\big(x(t), y(t), z(t)\big) \cdot \mathbf{r}'(t)\ dt$$

$$= \int_0^1 \mathbf{F}\big(t,\ 3t^2,\ 2t^3\big) \cdot \big(\mathbf{i} + 6t\mathbf{j} + 6t^2\mathbf{k}\big)\, dt$$

$$= \int_0^1 \big(t(3t^2)\mathbf{i} - t(2t^3)\mathbf{j} + (3t^2)(2t^3)\mathbf{k}\big) \cdot \big(\mathbf{i} + 6t\mathbf{j} + 6t^2\mathbf{k}\big)\, dt$$

$$= \int_0^1 \big(3t^3 - 12t^5 + 36t^7\big)\, dt = \left[\frac{3}{4}t^4 - 2t^6 + \frac{9}{2}t^8\right]_0^1 = \frac{13}{4}$$

ORIENTACION Y PARAMETRIZACION

La igualdad (5) anterior nos dice que

$$\int_C \mathbf{F} \cdot d\mathbf{r} = \int_C Pdx + Qdy + Rdz = \int_C Pdx + \int_C Qdy + \int_C Rdz$$

Este resultado expresa la integral de un campo como suma de tres integrales respecto a las variables coordenadas. Esto implica que el teorema 5. 7 y su corolario, establecidos para estas últimas integrales, también es válido para las integrales de campos. En particular, se tiene el siguiente resultado, correspondiente al corolario mencionado:

$$\int_{-C} \mathbf{F} \cdot d\mathbf{r} = -\int_{C} \mathbf{F} \cdot d\mathbf{r}$$

INTEGRAL DE UN CAMPO Y TRABAJO

Sea **F** un campo de fuerza que actúa sobre una partícula que se mueve a lo largo de una curva C dada por

$$C\colon\ \mathbf{r}(t) = x(t)\mathbf{i} + y(t)\mathbf{j} + z(t)\mathbf{k},\quad a \le t \le b$$

Buscamos calcular el trabajo que realiza el campo **F** al desplazar la partícula desde el punto $A = (x(a), y(a), z(a))$ hasta el punto $B = (x(b), y(b), z(b))$.

En nuestros cursos anteriores, la partícula se desplazaba a lo largo del eje X. Tanto la fuerza **F** como el desplazamiento, tenían la misma dirección.

En el caso presente, el desplazamiento es curvilíneo y su dirección cambia constantemente. Esta dirección está determinada por **T**, la tangente unitaria de la curva.

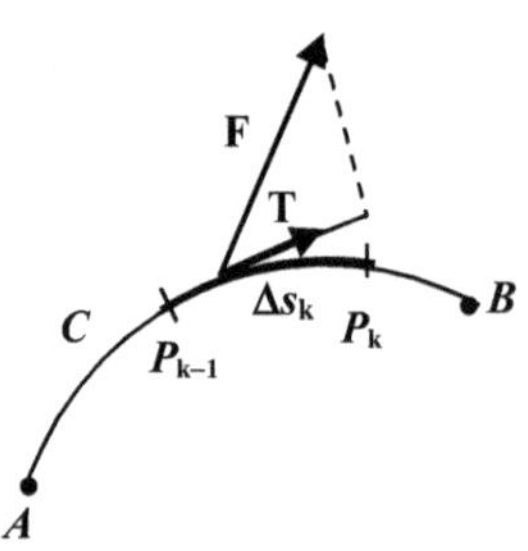

Tomamos una partición $\mathcal{P}$ del intervalo $[a, b]$, la cual divide a la curva C en subarcos. Consideremos el subarco comprendido entre los puntos P_{K-1} y P_K, cuya longitud es Δs_k. Sea $\left(x\left(t_k^*\right), y\left(t_k^*\right), z\left(t_k^*\right)\right)$ un punto de la curva entre los puntos P_{K-1} y P_K.

El trabajo ΔW_K realizado al mover la partícula del punto P_{K-1} al punto P_K. es, aproximadamente, el producto de la componente tangencial de la fuerza en el punto $\left(x\left(t_k^*\right), y\left(t_k^*\right), z\left(t_k^*\right)\right)$ por la longitud Δs_k. Esto es,

$$\Delta W_K \approx \mathbf{F}\left(x\left(t_k^*\right), y\left(t_k^*\right), z\left(t_k^*\right)\right) \bullet \mathbf{T}\left(t_k^*\right)\Delta s_k$$

El trabajo total es,

$$W \approx \sum_{k=1}^{n} \mathbf{F}\left(x\left(t_k^*\right), y\left(t_k^*\right), z\left(t_k^*\right)\right) \bullet \mathbf{T}\left(t_k^*\right)\Delta s_k$$

Tomando el límite cuado $\|\mathcal{P}\| \to 0$

$$W = \lim_{\|\mathcal{P}\| \to 0} \sum_{k=1}^{n} \mathbf{F}\left(x\left(t_k^*\right), y\left(t_k^*\right), z\left(t_k^*\right)\right) \bullet \mathbf{T}\left(t_k^*\right)\Delta s_k = \int_C \mathbf{F} \cdot \mathbf{T}\, ds$$

Este resultado nos permite establecer la siguiente definición.

DEFINICION. Sea $\mathbf{F} = P\mathbf{i} + Q\mathbf{j} + R\mathbf{k}$ un campo de fuerza continuo bajo cuya influencia una partícula se mueve a lo largo de una curva suave

$$C: \ \mathbf{r}(t) = x(t)\mathbf{i} + y(t)\mathbf{j} + z(t)\mathbf{k}, \quad a \le t \le b$$

orientada en la misma dirección del movimiento de la partícula.

El trabajo realizado por el campo de fuerza sobre la partícula es

$$W = \int_C \mathbf{F} \cdot \mathbf{T}\, ds = \int_C \mathbf{F} \cdot d\mathbf{r} = \int_C Pdx + Qdy + Rdz$$

$$= \int_C Pdx + \int_C Qdy + \int_C Rdz$$

EJEMPLO 12. Hallar el trabajo realizado por el campo de fuerzas

$$\mathbf{F}(x, y, z) = xy\mathbf{i} + yz\mathbf{j} + xz\mathbf{k}$$

al mover una partícula a lo largo de la curva

$$C: \mathbf{r}(t) = t\mathbf{i} + t^2\mathbf{j} + t^3\mathbf{k}, \quad 0 \le t \le 1$$

Solución

$$W = \int_C \mathbf{F} \cdot d\mathbf{r} = \int_0^1 \mathbf{F}\big(x(t), y(t), z(t)\big) \cdot \mathbf{r}'(t)\, dt$$

$$= \int_0^1 \mathbf{F}\left(t, t^2, t^3\right) \cdot \left(1\mathbf{i} + 2t\mathbf{j} + 3t^3\mathbf{k}\right) dt$$

$$= \int_0^1 \left[(t)(t^2)(1) + (t^2)(t^3)(2t) + (t)(t^3)(3t^3)\right] dt$$

$$= \int_0^1 \left[t^3 + 5t^6\right] dt = \left[\frac{t^4}{4} + \frac{5t^7}{7}\right]_0^1 = \frac{27}{28}$$

EJEMPLO 13. **Trabajando sobre la bóveda de Viviani.**

Hallar el trabajo realizado por el campo de fuerzas

$$\mathbf{F}(x, y, z) = -y\mathbf{i} + z\mathbf{j} + x\mathbf{k}$$

al mover una partícula a lo largo de la curva que C que es la intersección de la semiesfera $x^2 + y^2 + z^2 = a^2$, $z \ge 0$ con el cilindro $x^2 + y^2 = ax$. recorrida en sentido antihorario vista desde arriba del eje Z. Recordar que esta curva C es el borde de la bóveda de Viviani.

Solución

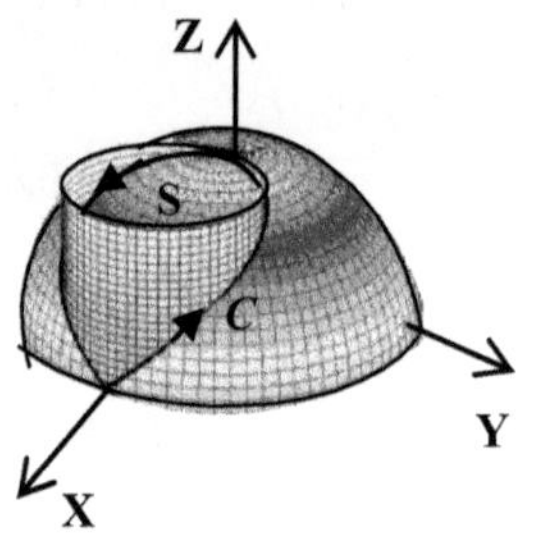

La proyección de C sobre el plano XY es la circunferencia

$$(x - a/2)^2 + y^2 = a^2/4, \quad z = 0$$

de radio $\dfrac{a}{2}$ y centro $(a/2, 0, 0)$.

Luego, una parametrización para es la circunferencia es

$$x = \frac{a}{2} + \frac{a}{2}\cos t, \quad y = \frac{a}{2}\operatorname{sen} t, \quad 0 \le t \le 2\pi$$

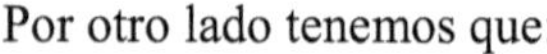
Por otro lado tenemos que:

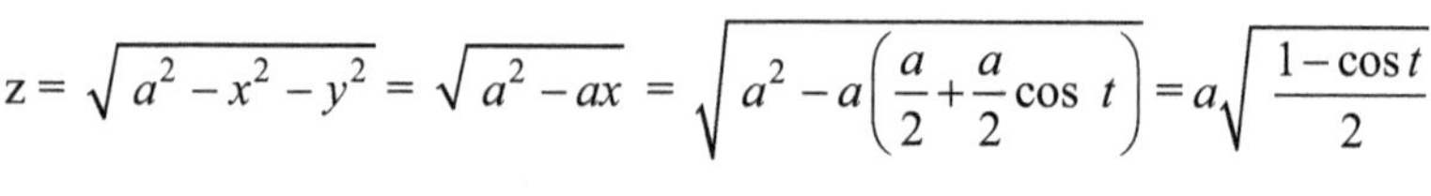

$$z = \sqrt{a^2 - x^2 - y^2} = \sqrt{a^2 - ax} = \sqrt{a^2 - a\left(\frac{a}{2} + \frac{a}{2}\cos t\right)} = a\sqrt{\frac{1 - \cos t}{2}}$$

$$= a\sqrt{\operatorname{sen}^2(t/2)} = a\left|\ \operatorname{sen}(t/2)\ \right| = a \operatorname{sen}(t/2)$$

Luego, una parametrización para C es:

$$C: x = \frac{a}{2} + \frac{a}{2}\cos t, \quad y = \frac{a}{2}\operatorname{sen} t, \ z = a\operatorname{sen}(t/2) \quad 0 \le t \le 2\pi.$$

Ahora,

$$W = \int_C -ydx + zdy + xdz = \int_C -ydx + \int_C zdy + \int_C xdz$$

Calculemos separadamente cada una de estas tres últimas integrales:

1. $$\int_C -ydx = \int_0^{2\pi}\left(-\frac{a}{2}\operatorname{sen} t\right)\left(-\frac{a}{2}\operatorname{sen} t\right)dt = \frac{a^2}{4}\int_0^{2\pi}\operatorname{sen}^2 t\, dt$$

$$= \frac{a^2}{4}\int_0^{2\pi}\left(\frac{1 - \cos 2t}{2}\right)dt = \frac{a^2}{8}\int_0^{2\pi}(1 - \cos 2t)\, dt$$

$$= \frac{a^2}{8}\left[t - \frac{\operatorname{sen} 2t}{2}\right]_0^{2\pi} = \frac{\pi a^2}{4}$$

2. $$\int_C zdy = \int_0^{2\pi}\left(a\operatorname{sen}\left(\frac{t}{2}\right)\right)\left(\frac{a}{2}\cos t\right)dt = \frac{a^2}{2}\int_0^{2\pi}(\cos t)\operatorname{sen}(t/2)\, dt$$

$$= \frac{a^2}{2}\int_0^{2\pi}\left(2\cos^2(t/2) - 1\right)\operatorname{sen}(t/2)\, dt$$

$$= \frac{a^2}{2}\int_0^{2\pi}\left[2\cos^2(t/2)\,\text{sen}(t/2) - \text{sen}(t/2)\right]dt$$

$$= \frac{a^2}{2}\left[-4\frac{\cos^3(t/2)}{3} + 2\cos(t/2)\right]_0^{2\pi} = \frac{a^2}{2}\left[\left(\frac{4}{3}-2\right)-\left(-\frac{4}{3}+2\right)\right] = -\frac{2a^2}{3}$$

3. $$\int_C x\,dz = \int_0^{2\pi}\left(\frac{a}{2}+\frac{a}{2}\cos t\right)\left(\frac{a}{2}\cos(t/2)\right)dt = \frac{a^2}{2}\int_0^{2\pi}\left(\frac{1+\cos t}{2}\right)\left(\cos(t/2)\right)dt$$

$$= \frac{a^2}{2}\int_0^{2\pi}\left(\cos^2(t/2)\right)\cos(t/2)\,dt = \frac{a^2}{2}\int_0^{2\pi}\left(1-\text{sen}^2(t/2)\right)\cos(t/2)\,dt$$

$$= \frac{a^2}{2}\int_0^{2\pi}\left[\cos(t/2) - \text{sen}^2(t/2)\cos(t/2)\right]dt$$

$$= \frac{a^2}{2}\left[2\,\text{sen}(t/2) - \frac{2\,\text{sen}^3(t/2)}{3}\right]_0^{2\pi} = \frac{a^2}{2}\left[0 - \frac{2(0)}{3}\right] = 0$$

Por último, sumando estos tres resultados:

$$W = \frac{\pi a^2}{4} - \frac{2a^2}{3} + 0 = \frac{a^2}{12}(3\pi - 8)$$

PROBLEMAS RESUELTOS 5.2

PROBLEMA 1. Evaluar la integral $\displaystyle\int_C \frac{dx+dy}{|x|+|y|}$, donde C es el contorno del cuadrado de vértices $A = (1, 0)$, $B = (0, 1)$, $C = (-1, 0)$, $D = (0, -1)$, recorrido en sentido antihorario.

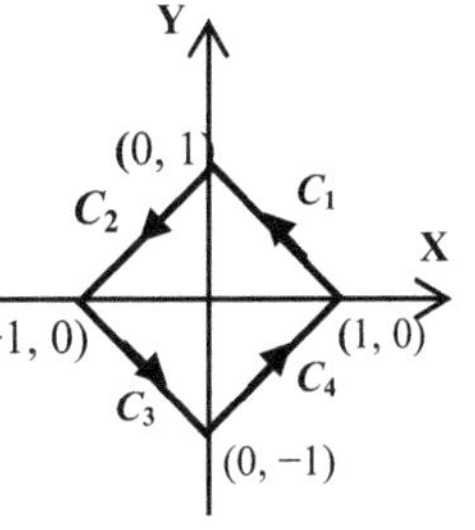

Solución

Sean C_1, C_2, C_3 y C_4 los lados del cuadrado orientados como indica la figura. Tenemos que

$$C = C_1 \cup C_2 \cup C_3 \cup C_4$$

Parametrización de C_1 :

$$(x, y) = A + t(B - A) = (1, 0) + t(-1, 1) \Rightarrow C_1 : \begin{cases} x = 1 - t \\ y = t \end{cases}, \quad 0 \le t \le 1$$

Parametrización de C_2:

$$(x, y) = B + t(C - B) = (0, 1) + t(-1, -1) \Rightarrow C_2 : \begin{cases} x = -t \\ y = 1 - t \end{cases}, \quad 0 \le t \le 1$$

Parametrización de C_3:

$$(x, y) = C + t(D - C) = (-1, 0) + t(1, -1) \Rightarrow C_3 : \begin{cases} x = -1 + t \\ y = -t \end{cases}, \quad 0 \le t \le 1$$

Parametrización de C_4:

$$(x, y) = D + t(A - D) = (0, -1) + t(1, 1) \Rightarrow C_4 : \begin{cases} x = t \\ y = -1 + t \end{cases}, \quad 0 \le t \le 1$$

Ahora,

$$\int_C \frac{dx + dy}{|x| + |y|} = \int_{C_1} \frac{dx + dy}{x + y} + \int_{C_2} \frac{dx + dy}{-x + y} + \int_{C_3} \frac{dx + dy}{-x - y} + \int_{C_4} \frac{dx + dy}{x - y}$$

$$= \int_0^1 \frac{-dt + dt}{1 - t + t} + \int_0^1 \frac{-dt - dt}{t + 1 - t} + \int_0^1 \frac{dt - dt}{1 - t + t} + \int_0^1 \frac{dt + dt}{t + 1 - t}$$

$$= 0 + \int_0^1 (-2)\,dt + 0 + \int_0^1 2dt = 0 - 2 + 0 + 2 = 0$$

PROBLEMA 2. Una cerca tiene como base la parte de la astroide que está en el primer cuadrante:

$$C: \; x^{2/3} + y^{2/3} = a^{2/3}, \; x \ge 0, \; y \ge 0$$

La altura en cada punto (x, y) de la base es $f(x, y) = x + y$.

Hallar el área de la cerca.

Solución

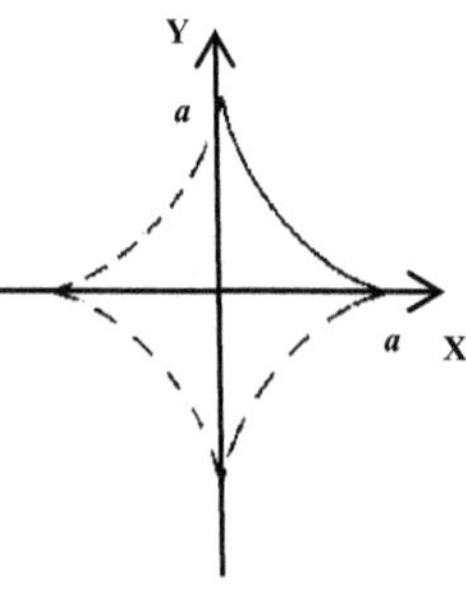

C: $x^{2/3} + y^{2/3} = a^{2/3}$

Hallemos una parametrización para esta parte de astroide.

$$C: \; x^{2/3} + y^{2/3} = a^{2/3} \;\Rightarrow\; \left(\frac{x^{1/3}}{a^{1/3}}\right)^2 + \left(\frac{y^{1/3}}{a^{1/3}}\right)^2 = 1$$

Sea $\dfrac{x^{1/3}}{a^{1/3}} = \cos t$ y $\dfrac{y^{1/3}}{a^{1/3}} = \operatorname{sen} t$,

Una parametrización para C es

$$C: x = a\cos^3 t, \quad y = a\operatorname{sen}^3 t, \quad 0 \le t \le \frac{\pi}{2}$$

El área de la cerca es

$$A = \int_C f(x, y)\,ds = \int_C (x + y)\,ds$$

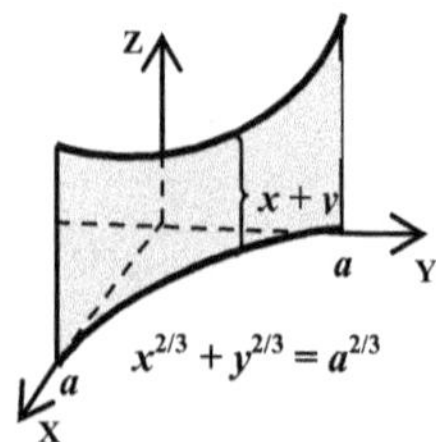

Tenemos que:

$$ds = \sqrt{\left(x'(t)\right)^2+\left(y'(t)\right)^2}\,dt = \sqrt{\left(-3a\cos^2 t\ \text{sen}\ t\right)^2+\left(3a\ \text{sen}^2 t\cos t\right)^2}\ dt$$

$$=3a\sqrt{\cos^4 t\ \text{sen}^2 t+\ \text{sen}^4 t\cos^2 t}\ dt = 3a\sqrt{\text{sen}^2 t\cos^2 t\left(\cos^2 t+\text{sen}^2 t\right)}\ dt$$

$$= 3a\ \text{sen}\ t\cos t\ dt$$

Luego,

$$A = \int_C (x+y)\,ds = = \int_0^{\pi/2}\left(a\cos^3 t + a\ \text{sen}^3 t\right)\left(3a\ \text{sen}\ t\cos t\ dt\right)$$

$$= 3a^2\int_0^{\pi/2}\cos^4 t\ \text{sen}\ t\ dt + 3a^2\int_0^{\pi/2}\text{sen}^4 t\cos t\ dt$$

$$=-3a^2\left[\frac{\cos^5 t}{5}\right]_0^{\pi/2} + 3a^2\left[\frac{sen^5 t}{5}\right]_0^{\pi/2} = -3a^2\left[\frac{0}{5}-\frac{1}{5}\right]+3a^2\left[\frac{1}{5}-\frac{0}{5}\right]=\frac{6a^2}{5}$$

PROBLEMA 3. Evaluar $\int_C xyz^2 ds$,

donde C es la intersección de la esfera

$$x^2+y^2+z^2=16$$

con el cilindro $x^2+y^2=4$ en el primer octante.

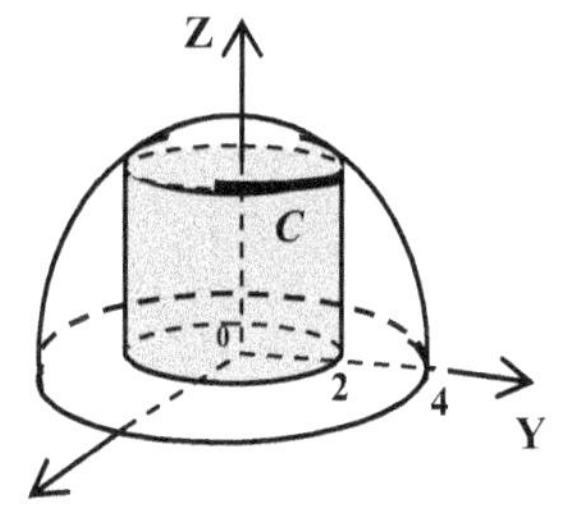

Solución

La intersección de la esfera y el cilindro está dada por el sistema:

$$\begin{cases} x^2+y^2+z^2=16 & \textbf{(1)} \\ x^2+y^2=4 & \textbf{(2)} \end{cases}$$

Reemplazando (2) en (1):

$$4+z^2=16 \Rightarrow z^2=12 \Rightarrow z=2\sqrt{3}$$

Esto nos dice que la intersección de la esfera y el cilindro es la circunferencia $x^2+y^2=4$ del cilindro que está a la altura $z=2\sqrt{3}$. Luego, una parametrización para la curva C es:

$$x=2\cos t,\quad y=2\ \text{sen}\ t,\quad z=2\sqrt{3},\quad 0\le t\le\frac{\pi}{2}$$

Ahora,

$$\int_C xy\ ds = \int_0^{\pi/2}\left(x(t)\right)\left(y(t)\right)\sqrt{\left[x'(t)\right]^2+\left[y'(t)\right]^2+\left[z'(t)\right]^2}\ dt$$

$$= \int_0^{\pi/2} (2\cos t)(2\,\mathrm{sen}\,t)\left(2\sqrt{3}\right)^2 \sqrt{(-2\,\mathrm{sen}\,t)^2 + (2\cos t)^2 + (0)^2}\,dt$$

$$= \int_0^{\pi/2} 48(\mathrm{sen}\,t\cos t)\sqrt{4}\,dt = 96\int_0^{\pi/2} (\mathrm{sen}\,t\cos t)\,dt$$

$$= 96\left[\frac{\mathrm{sen}^2 t}{2}\right]_0^{\pi/2} = 48$$

PROBLEMA 4. Evaluar $\int_C y\,ds$, donde C es la intersección de la semiesfera $x^2 + y^2 + z^2 = 16,\ z \geq 0$ con el cilindro $x^2 + y^2 = 4x.$

Solución

Completando cuadrados:

$$x^2 + y^2 = 4x \Rightarrow (x-2)^2 + y^2 = 4.$$

Despejando z de la semiesfera:

$$x^2 + y^2 + z^2 = 16,\ z \geq 0 \Rightarrow z = \sqrt{16 - x^2 - y^2}$$

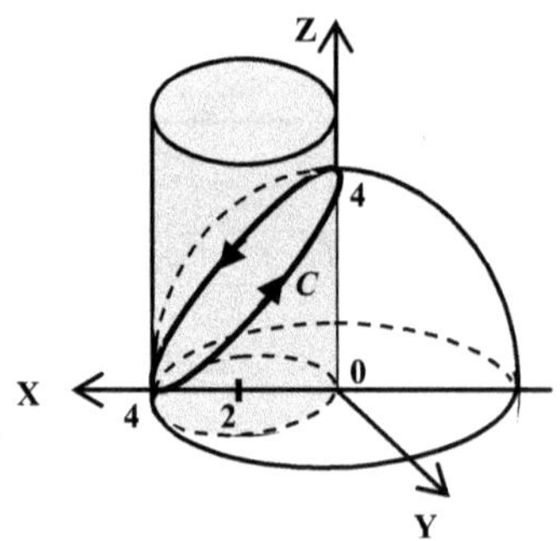

Luego, $C: \begin{cases} (x-2)^2 + y^2 = 4. \\ z = \sqrt{16 - x^2 - y^2} \end{cases}$

Una parametrización para la primera ecuación

$$(x-2)^2 + y^2 = 4: \begin{cases} x = 2 + 2\cos t \\ y = 2\,\mathrm{sen}\,t \end{cases},\quad 0 \leq t \leq 2\pi$$

Reemplazando estos valores de x e y en la ecuación de z:

$$z = \sqrt{16 - x^2 - y^2} = \sqrt{16 - (2 + 2\cos t)^2 - (2\,\mathrm{sen}\,t)^2} = \sqrt{8 - 8\cos t}$$

$$= \sqrt{4\left(\frac{1-\cos t}{2}\right)} = 2\sqrt{\frac{1-\cos t}{2}} = 2\,\mathrm{sen}\,\frac{t}{2}$$

Luego, una parametrización para C es

$$C: \begin{cases} x = 2 + 2\cos t \\ y = 2\,\mathrm{sen}\,t \qquad 0 \leq t \leq 2\pi \\ z = 2\,\mathrm{sen}(t/2) \end{cases}$$

Ahora,

$$\int_C y\,ds = \int_0^{2\pi} (y(t))\sqrt{[x'(t)]^2 + [y'(t)]^2 + [z'(t)]^2}\,dt$$

$$= \int_0^{2\pi} 2\text{sen}\,t\sqrt{(-2\text{sen}\,t)^2 + (2\cos t)^2 + (\cos(t/2))^2}\,dt$$

$$= \int_0^{2\pi} 2\text{sen}\,t\sqrt{4 + \cos^2(t/2)}\,dt$$

$$= \int_0^{2\pi} 4(\text{sen}\,(t/2)\cos\,(t/2))\sqrt{4 + \cos^2(t/2)}\,dt$$

$$= -4\int_0^{2\pi} \sqrt{4 + \cos^2(t/2)}\,(-\text{sen}\,(t/2)\cos\,(t/2)\,dt)$$

$$= -\frac{8}{3}\left[\left(4 + \cos^2\frac{t}{2}\right)^{3/2}\right]_0^{2\pi} = -\frac{8}{3}\left[\left(4 + (-1)^2\right)^{3/2} - \left(4 + 1^2\right)^{3/2}\right]$$

$$= -\frac{8}{3}\left[5^{3/2} - 5^{3/2}\right] = 0$$

PROBLEMA 5. Evaluar $\int_C (1-z)\,dx + (1-x)\,dy - (1-y)\,dz$,

donde C es la intersección del cilindro elíptico $\frac{x^2}{4} + z^2 = 1$ con el plano $y = x$ en el primer octante, recorrida en dirección antihoraria.

Solución

La curva C es parte de intersección

$$\begin{cases} \left(\dfrac{x}{2}\right)^2 + z^2 = 1 \\ y = x \end{cases}$$

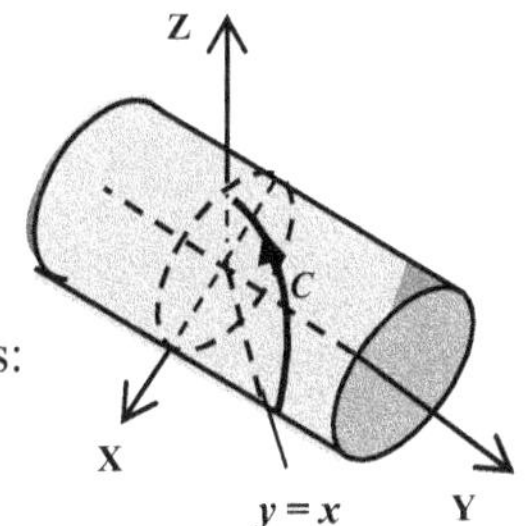

Una parametrización para la parte de $(x/2)^2 + z^2 = 1$ es:

$$x = 2\cos t,\ z = \text{sen}\,t,\quad 0 \le t \le \frac{\pi}{2}.$$

Como $y = x$, tenemos que $y = 2\cos t$. Luego, una parametrización para C es

$$C\!: x = 2\cos t,\ y = 2\cos t,\ z = \text{sen}\,t,\quad 0 \le t \le \frac{\pi}{2}$$

Ahora,

$$\int_C (1-z)\,dx + (1-x)\,dy - (1-y)\,dz$$

$$= \int_0^{\pi/2} \left[(1-\text{sen } t)(-2\text{sen } t) + (1-2\cos t)(-2\text{sen } t) - (1-2\cos t)(\cos t) \right] dt$$

$$= \int_0^{\pi/2} \left[-4 \text{ sen } t - \cos t + 4 \text{ sen } t \cos t + 2 \right] dt$$

$$= \left[4 \cos t - \text{sen } t + 2 \text{ sen}^2 t + 2t \right]_0^{\pi/2} = \left[0 - 1 + 2 + \pi - 4 \right] = \pi - 3$$

PROBLEMA 6. Sea **F** el siguiente campo de fuerza

$$\mathbf{F}(x, y, z) = \frac{xz}{\left(x^2+y^2+z^2\right)^{3/2}} \mathbf{i} + \frac{xy}{\left(x^2+y^2+z^2\right)^{3/2}} \mathbf{j} + \frac{yz}{\left(x^2+y^2+z^2\right)^{3/2}} \mathbf{k}$$

$$= \frac{1}{r^3}\left(xz\mathbf{i} + xy\mathbf{j} + yz\mathbf{k}\right), \quad \text{donde} \quad r = \left(x^2+y^2+z^2\right)^{1/2}$$

Evaluar el trabajo realizado por el campo de fuerza al mover una partícula del punto (2, 0, 0) al punto (2, 2, 2) a lo largo de la curva C que consiste en la cuarte parta de la circunferencia en el plano XZ y de los segmentos que indica figura.

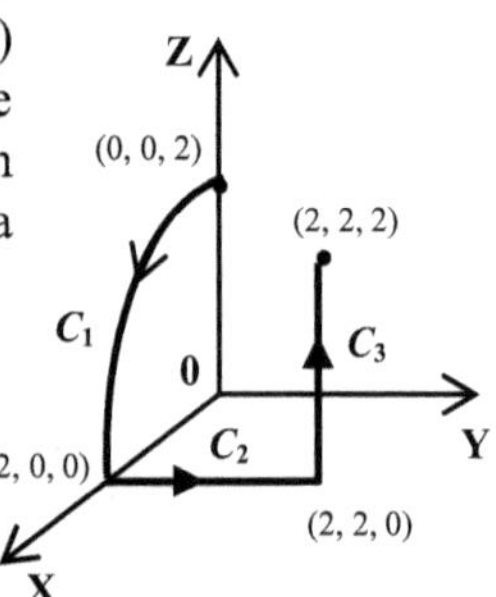

Solución

Tenemos que

$$W = \int_C \mathbf{F} \cdot d\mathbf{r} = \int_C \frac{1}{r^3}\left(xz\ dx + xy\ dy + yz\ dz\right)$$

Por otro lado,

$$W = \int_C \mathbf{F} \cdot d\mathbf{r} = \int_{C_1} \mathbf{F} \cdot d\mathbf{r} + \int_{C_2} \mathbf{F} \cdot d\mathbf{r} + \int_{C_3} \mathbf{F} \cdot d\mathbf{r}$$

Calculamos estas tres integrales separadamente.

1. Una parametrización para la parte indicada de la circunferencia $x^2 + y^2 = 2^2$ es:

$$C_1: x = t,\ y = 0,\ z = \sqrt{4-t^2}\ ,\ 0 \le t \le 2$$

Para esta parametrización tenemos:

$$r^3 = \left(x^2+y^2+z^2\right)^{3/2} = \left(t^2 + 0^2 + \left(\sqrt{4-t^2}\right)^2\right)^{3/2} = 8 \quad \text{y}$$

$$\int_{C_1} \mathbf{F} \cdot d\mathbf{r} = \int_{C_1} \frac{1}{r^3}\left(xz\ dx + xy\ dy + yz\ dz\right) = \int_{C_1} \frac{1}{r^3}\left(xz\ dx + x(0)\ dy + (0)z\ dz\right)$$

$$= \int_{C_1} \frac{1}{r^3}(xz\ dx) = \frac{1}{8}\int_{C_1} xz\ dx = \frac{1}{8}\int_0^2 t\sqrt{4-t^2}\,dt = -\frac{1}{24}\left[\left(4-t^2\right)^{3/2}\right]_0^2 = \frac{1}{3}$$

2. Una parametrización para el segmento C_2

$C_2 : x = 2\ \ y = t, z = 0,\ \ 0 \leq t \leq 2$

Para esta parametrización tenemos:

$$r^3 = \left(x^2 + y^2 + z^2\right)^{3/2} = \left(2^2 + t^2 + 0^2\right)^{3/2} = \left(4 + t^2\right)^{3/2} \text{ y}$$

$$\int_{C_2} \mathbf{F} \bullet d\mathbf{r} = \int_{C_2} \frac{1}{r^3}\left(xz\ dx + xy\ dy + yz\ dz\right) = \int_{C_2} \frac{1}{r^3}\left(x(0)\ dx + xy\ dy + y(0)\ dz\right)$$

$$= \int_{C_2} \frac{1}{r^3} xydy = \int_0^2 \frac{1}{\left(4+t^2\right)^{3/2}}(2t)\,dt = \int_0^2 \left(4 + t^2\right)^{-3/2}(2tdt)$$

$$= \left[\frac{-2}{\sqrt{4+t^2}}\right]_0^2 = 1 - \frac{1}{\sqrt{2}}$$

3. Una parametrización para el segmento C_3

$$C_3 : x = 2\ \ y = 2, z = t,\ \ 0 \leq t \leq 2$$

Para esta parametrización tenemos:

$$dx = 0, dy = 0,\quad r^3 = \left(x^2 + y^2 + z^2\right)^{3/2} = \left(2^2 + 2^2 + t^2\right)^{3/2} = \left(8 + t^2\right)^{3/2} \text{ y}$$

$$\int_{C_3} \mathbf{F} \bullet d\mathbf{r} = \int_{C_3} \frac{1}{r^3}\left(xz\ dx + xy\ dy + yz\ dz\right) = \int_{C3} \frac{1}{r^3}\left(xz(0)\ + xy(0) + yzdz\right)$$

$$= \int_{C_3} \frac{1}{r^3} yz\ dy = \int_0^2 \frac{1}{\left(8+t^2\right)^{3/2}}(2t)\,dt = \int_0^2 \left(8 + t^2\right)^{-3/2}(2tdt)$$

$$= \left[\frac{-2}{\sqrt{8+t^2}}\right]_0^2 = \frac{1}{\sqrt{2}} - \frac{1}{\sqrt{3}}$$

Por último, sumando los tres resultados,

$$W = \int_C \mathbf{F} \bullet d\mathbf{r} = \frac{1}{3} + 1 - \frac{1}{\sqrt{2}} + \frac{1}{\sqrt{2}} - \frac{1}{\sqrt{3}} = \frac{4}{3} - \frac{1}{\sqrt{3}} = \frac{1}{3}\left(4 - \sqrt{3}\right)$$

PROBLEMA 7. Sea la superficie $S = S_1 \cup S_2$, donde S_1 es la parte del cilindro $x^2 + z^2 = a^2$ que está en el primer octante y dentro del cilindro $x^2 + y^2 = a^2$. S_2 es la parte del cilindro $x^2 + y^2 = a^2$ que está en el primer octante y dentro del cilindro $x^2 + z^2 = a^2$.

Sea C el borde de S, orientado como indica la segunda figura adjunta.

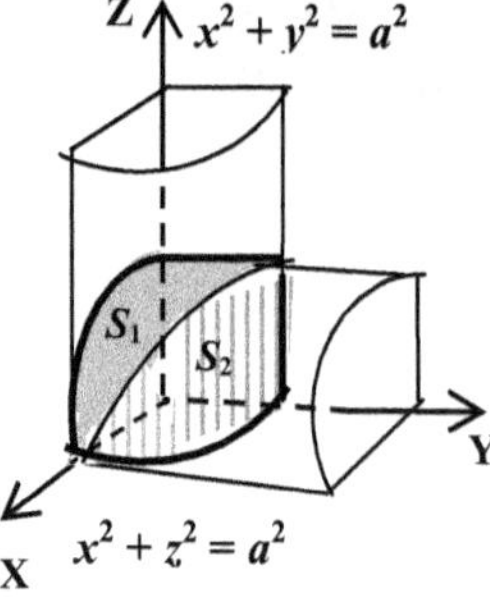

Verificar que

$$\int_C \mathbf{F} \cdot d\mathbf{r} = -\frac{a^2}{12}(8a + 3\pi),$$

donde $\mathbf{F}(x, y, z) = yz\mathbf{i} - x\mathbf{j} + (x^2 + z^2)\mathbf{k}$

Solución

Tenemos que $C = C_1 \cup C_2 \cup C_3 \cup C_4$ y, por lo tanto,

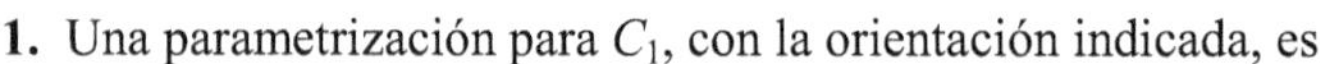

$$\int_C \mathbf{F} \cdot d\mathbf{r} = \int_{C_1} \mathbf{F} \cdot d\mathbf{r} + \int_{C_2} \mathbf{F} \cdot d\mathbf{r} + \int_{C_3} \mathbf{F} \cdot d\mathbf{r} + \int_{C_4} \mathbf{F} \cdot d\mathbf{r}$$

Calculemos estas cuatro integrales separadamente.

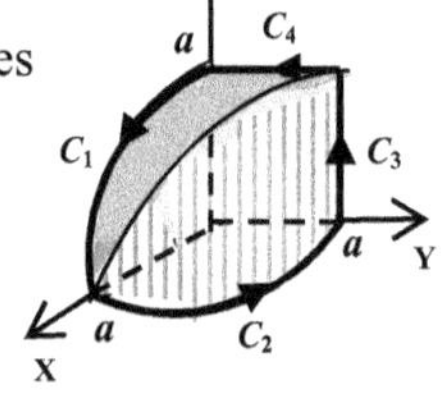

1. Una parametrización para C_1, con la orientación indicada, es

$$\mathbf{r}(t) = a \operatorname{sen} t\, \mathbf{i} + 0\mathbf{j} + a \cos t\, \mathbf{k}, \quad 0 \le t \le \pi/2$$

Luego,

$$\mathbf{r}'(t) = a \cos t\, \mathbf{i} + 0\mathbf{j} - a \operatorname{sen} t\, \mathbf{k}$$

$$\mathbf{F}(\mathbf{r}(t)) = (0)(a \cos t)\, \mathbf{i} - a \operatorname{sen} t\, \mathbf{j} + (a^2 \operatorname{sen}^2 t + a^2 \cos^2 t)\mathbf{k}$$

$$= 0\mathbf{i} - a \operatorname{sen} t\, \mathbf{j} + a^2\mathbf{k}$$

$$\mathbf{F}(\mathbf{r}(t)) \cdot \mathbf{r}'(t) = -a^3 \operatorname{sen} t$$

$$\int_{C_1} \mathbf{F} \cdot d\mathbf{r} = \int_0^{\frac{\pi}{2}} -a^3 \operatorname{sen} t\, dt = -a^3 \Big[-\cos t \Big]_0^{\frac{\pi}{2}} = -a^3$$

2. Una parametrización para C_2, con la orientación indicada, es

$$\mathbf{r}(t) = a \cos t\, \mathbf{i} + a \operatorname{sen} t\, \mathbf{j} + 0\mathbf{k}, \quad 0 \le t \le \pi/2$$

Luego,

$$\mathbf{r}'(t) = -a \operatorname{sen} t\, \mathbf{i} + a \cos t\, \mathbf{j} + 0\mathbf{k}$$

$$\mathbf{F}(\mathbf{r}(t)) = (a \operatorname{sen} t)(0)\, \mathbf{i} - a \cos t\, \mathbf{j} + (a^2 \cos^2 t + 0^2)\mathbf{k}$$

$$= 0\mathbf{i} - a \cos t\, \mathbf{j} + a^2 \cos^2 t\, \mathbf{k}$$

$$\mathbf{F}(\mathbf{r}(t)) \bullet \mathbf{r}'(t) = -a^2\cos^2 t$$

$$\int_{C_2} \mathbf{F} \bullet d\mathbf{r} = \int_0^{\frac{\pi}{2}} -a^2\cos^2 t\, dt = -a^2\int_0^{\frac{\pi}{2}} \frac{1+\cos 2t}{2}\, dt = -\frac{a^2}{2}\left[t + \frac{\operatorname{sen} 2t}{2}\right]_0^{\frac{\pi}{2}}$$

$$= -\frac{\pi a^2}{4}$$

3. Una parametrización para C_3, con la orientación indicada, es

$$\mathbf{r}(t) = 0\mathbf{i} + a\,\mathbf{j} + t\,\mathbf{k},\ 0 \leq t \leq a$$

Luego,

$$\mathbf{r}'(t) = 0\,\mathbf{i} + 0\,\mathbf{j} + 1\mathbf{k},\quad \mathbf{F}(\mathbf{r}(t)) = at\,\mathbf{i} + 0\,\mathbf{j} + t^2\mathbf{k},\quad \mathbf{F}(\mathbf{r}(t)) \bullet \mathbf{r}'(t) = t^2$$

$$\int_{C_3} \mathbf{F} \bullet d\mathbf{r} = \int_0^a t^2 dt = \frac{a^3}{3}$$

4. Una parametrización para C_4, con la orientación indicada, es

$$\mathbf{r}(t) = 0\mathbf{i} + (a-t)\,\mathbf{j} + a\,\mathbf{k},\ 0 \leq t \leq a$$

Luego,

$$\mathbf{r}'(t) = 0\,\mathbf{i} - 1\,\mathbf{j} + 0\mathbf{k},\quad \mathbf{F}(\mathbf{r}(t)) = a(a-t)\,\mathbf{i} + 0\,\mathbf{j} + a^2\mathbf{k},\quad \mathbf{F}(\mathbf{r}(t)) \bullet \mathbf{r}'(t) = 0$$

$$\int_{C_3} \mathbf{F} \bullet d\mathbf{r} = \int_0^a 0\, dt = \left[at - \frac{t^2}{2}\right]_0^a = 0$$

En conclusión,

$$\int_C \mathbf{F} \bullet d\mathbf{r} = -a^3 - \frac{\pi a^2}{4} + \frac{a^3}{3} + 0 = -\frac{a^2}{12}(8a + 3\pi)$$

PROBLEMA 8. Sea f una función continua sobre una curva C: $\mathbf{r}$: $[a, b] \to \mathbb{R}^3$ de clase $C^{(1)}$. Si C_1: ρ: $[c, d] \to \mathbb{R}^3$ es una reparametrización de C, probar que

$$\int_{C_1} f(x, y, z)\, ds = \int_C f(x, y, z)\, ds$$

Solución

Como ρ es una reparametrización de $\mathbf{r}$, existe una función diferenciable y biyectiva h: $[c, d] \to [a, b]$ tal que $h'(t) \neq 0\ \forall\, t$ y $\rho = \mathbf{r} \circ h$. Por la regla de la cadena tenemos que:

$$\rho'(t) = \mathbf{r}'(h(t))\, h'(t)$$

$$\int_{C_1} f(x,y,z)\,ds = \int_c^d f\big(x(h(t)),\, y(h(t)),\, z(h(t))\big)\,\|\boldsymbol{\rho}'(t)\|\,dt$$

$$= \int_c^d f\big(x(h(t)),\, y(h(t)),\, z(h(t))\big)\,\|\mathbf{r}'(h(t))h'(t)\|\,dt$$

$$= \int_c^d f\big(x(h(t)),\, y(h(t)),\, z(h(t))\big)\|\mathbf{r}'(h(t))\|\,|h'(t)|\,dt$$

Caso 1. ρ preserva la orientación. Esto es, $h'(t) > 0$, $h(c) = a$ y $h(d) = b$.

En este caso, $|h'(t)| = h'(t)$ y, por tanto,

$$\int_{C_1} f(x,y,z)\,ds = \int_c^d f\big(x(h(t)),\, y(h(t)),\, z(h(t))\big)\,\|\mathbf{r}'(h(t))\|\,h'(t)\,dt$$

Ahora, haciendo el cambio de variable $u = h(t)$ tenemos:

$$\int_{C_1} f(x,y,z)\,ds = \int_{h(c)}^{h(d)} f\big(x(u),\, y(u),\, z(u)\big)\,\|\mathbf{r}'(u)\|\,du$$

$$= \int_a^b f\big(x(u),\, y(u),\, z(u)\big)\,\|\mathbf{r}'(u)\|\,du$$

$$= \int_C f(x,y,z)\,ds$$

Caso 2. ρ invierte la orientación. Esto es, $h'(t) < 0$, $h(c) = b$ y $h(d) = a$.

En este caso, $|h'(t)| = -h'(t)$ y, por tanto,

$$\int_{C_1} f(x,y,z)\,ds = -\int_c^d f\big(x(h(t)),\, y(h(t)),\, z(h(t))\big)\,\|\mathbf{r}'(h(t))\|\,h'(t)\,dt$$

Ahora, haciendo el cambio de variable $u = h(t)$ tenemos:

$$\int_{C_1} f(x,y,z)\,ds = -\int_{h(c)}^{h(d)} f\big(x(u),\, y(u),\, z(u)\big)\,\|\mathbf{r}'(u)\|\,du$$

$$= -\int_b^a f\big(x(u),\, y(u),\, z(u)\big)\,\|\mathbf{r}'(u)\|\,du$$

$$= \int_a^b f\big(x(u),\, y(u),\, z(u)\big)\,\|\mathbf{r}'(u)\|\,du$$

$$= \int_C f(x,y,z)\,ds$$

PROBLEMA 9. **Probar el teorema 5.7**

Sea f una función continua sobre una curva C: $\mathbf{r}:[a, b]\to\mathbb{R}^3$ de clase $C^{(1)}$ Sea $C_1: \rho: [c, d]\to\mathbb{R}^3$ una reparametrización de C.

1. Si ρ preserva la orientación, entonces

$$\int_{C_1} f(x, y, z)\, dx = \int_{C} f(x, y, z)\, dx$$

2. Si ρ invierte la orientación, entonces

$$\int_{C_1} f(x, y, z)\, dx = -\int_{C} f(x, y, z)\, dx$$

Estos resultados también se cumplen para las integrales que se obtienen cambiando dx por dy o por dz.

Solución

Como ρ es una reparametrización de $\mathbf{r}$, existe una función diferenciable y biyectiva h: $[c, d]\to[a, b]$ tal que $h'(t)\neq 0\ \forall\, t$ y $\rho = \mathbf{r}\circ h$. Por la regla de la cadena tenemos que:

$$\rho'(t) = \mathbf{r}'(h(t))\,h'(t)$$

Ahora, haciendo el cambio de variable $u = h(t)$ tenemos:

$$\int_{C_1} f(x, y, z)\, dx = \int_c^d f\big(x(h(t)),\ y(h(t)),\ z(h(t))\big)\, x'(h(t))\, h'(t)\, dt$$

$$= \int_{h(c)}^{h(d)} f\big(x(u),\ y(u),\ z(u)\big)\, x'(u)\, du$$

1. Si ρ preserva la orientación, entonces $h(c) = a$, $h(d) = b$ y

$$\int_{h(c)}^{h(d)} f\big(x(u),\ y(u),\ z(u)\big)\, x'(u)\, du = \int_a^b f\big(x(u),\ y(u),\ z(u)\big)\, x'(u)\, du$$

$$= \int_C f(x, y, z)\, dx$$

2. Si ρ invierte la orientación, entonces $h(c) = b$, $h(d) = a$ y

$$\int_{h(c)}^{h(d)} f\big(x(u),\ y(u),\ z(u)\big)\, x'(u)\, du = \int_b^a f\big(x(u),\ y(u),\ z(u)\big)\, x'(u)\, du$$

$$= -\int_a^b f\big(x(u),\ y(u),\ z(u)\big)\, x'(u)\, du$$

$$= -\int_C f(x, y, z)\, dx$$

PROBLEMAS PROPUESTOS 5.2

En las problemas del 1 al 8, evaluar la integral de línea respecto a la longitud de arco.

1. $\int_C x^2 y\, ds$, C: $\mathbf{r}(t) = 3t\mathbf{i} + 4t\mathbf{j}$, $0 \le t \le 1$ *Rpta.* 45

2. $\int_C \left(x^3 - y\right) ds$, C: $\mathbf{r}(t) = 2t\mathbf{i} + (2-t)\mathbf{j}$, $0 \le t \le 2$ *Rpta.* $2\sqrt{2}$

3. $\int_C \left(x^2 + y^2\right) ds$, $C: \begin{cases} x = a(\cos t + t\,\text{sen}\, t) \\ y = a(\text{sen}\, t - t\cos t) \end{cases}$, $a \ge 0$, $0 \le t \le \pi$ *Rpta.* $\dfrac{a^3\pi^2}{4}\left(2+\pi^2\right)$

4. $\int_C (x - 3z)\, ds$, C: $x = 2t$, $y = t^2$, $z = \dfrac{t^3}{3}$, $0 \le t \le 1$ *Rpta.* $\dfrac{11}{6}$

5. $\int_C (x - y)\, ds$, C: $x^2 + y^2 = ax$, $a > 0$ *Rpta.* $\dfrac{1}{2}\pi a^2$

6. $\int_C 3xy\, ds$, C: $\dfrac{x^2}{a} + \dfrac{y^2}{b} = 1$, $x \ge 0$, $y \ge 0$ *Rpta.* $\dfrac{ab\left(a^2 + ab + b^2\right)}{a+b}$

7. $\int_C xyz\, ds$, $C: \begin{cases} x + y + z = a, \quad a > 0 \\ y = z \end{cases}$ *Rpta.* $\dfrac{\sqrt{6}}{96}a^4$

8. $\int_C xyz\, ds$, $C: \begin{cases} x^2 + y^2 + z^2 = a^2, \quad a > 0 \\ y = z \end{cases}$ *Rpta.* $\dfrac{a^4}{6}$

9. Hallar la masa de un alambre de densidad es $\delta(x, y) = x^2$, que tiene la forma del gráfico de $y = \ln x$ desde el punto $\left(\sqrt{3}, \ln\sqrt{3}\right)$ hasta el punto $\left(\sqrt{8}, \ln\sqrt{8}\right)$.

Rpta. 19/8

10. Hallar la masa de un alambre de densidad $\delta(x, y, z) = x^2 + y^2$ que tiene la forma de la curva C: $x = e^t\cos t$, $y = e^t\text{sen}\, t$, $z = t$, $0 \le t \le 2\pi$.

Rpta. $\dfrac{1}{6}\left[\left(2e^{4\pi} + 1\right)^{3/2} - 3^{3/2}\right]$

11. Hallar la masa y el centro de masa de un alambre de densidad $\delta(x, y, z) = \sqrt{y}$ y que tiene la forma del primer arco de la cicloide:

C: $x = a(t - \text{sen}\, t)$, $y = a(1 - \cos t)$, $0 \le t \le 2\pi$.

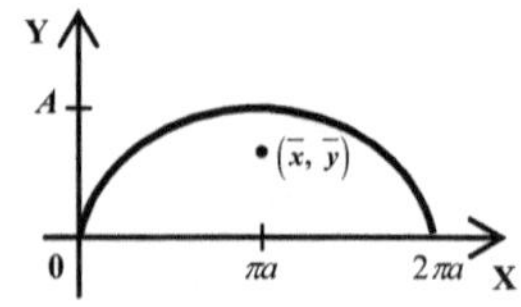

Rpta $M = 2\sqrt{2}a^{3/2}\pi$, $\left(\bar{x}, \bar{y}\right) = (\pi a, 3a/2)$

12. Hallar la masa y el centroide de un alambre de densidad $\delta(x, y, z) = k$ y que tiene la forma de la hélice: $x = a\cos t$, $y = a \operatorname{sen} t$, $z = bt$, $0 \le t \le 3\pi$.

$$Rpta\ M = 3k\pi\sqrt{a^2+b^2}\,,\ \left(\bar{x},\ \bar{y},\ \bar{z}\right) = \left(0,\ \frac{2a}{3\pi},\ \frac{3b\pi}{2}\right)$$

13. Hallar la masa de un alambre de densidad, $\delta(x, y, z) = x^2 + y^2 + z^2$, que tiene la forma de la hélice: $x = \cos t$, $y = \operatorname{sen} t$, $z = t$, $0 \le t \le 2\pi$.

$$Rpta\ M = \frac{2\sqrt{2}\,\pi}{3}\left(4\pi^2+3\right),\ \left(\bar{x},\ \bar{y},\ \bar{z}\right) = \left(\frac{6}{4\pi^2+3}, -\frac{6\pi}{4\pi^2+3}, \frac{3\pi\left(2\pi^2+1\right)}{4\pi^2+3}\right)$$

14. Hallar los momentos de inercia respecto a los ejes del alambre de densidad constante, $\delta(x, y, z) = k$, que tiene la forma de la hélice:

$$x = a\cos t,\quad y = a\operatorname{sen} t,\quad z = bt,\quad 0 \le t \le 2\pi.$$

$$Rpta\ I_x = I_y = \frac{\pi}{3}k\sqrt{a^2+b^2}\left(3a^2+8b^2\pi^3\right),\ I_z = 2\pi k a^2\sqrt{a^2+b^2}$$

15. Evaluar $\int_C (x+1)\,dx + (2x-y)\,dy$, donde C es

a. El segmento de (0, 0) a (1, 1)

b. El gráfico de $y = x^3$ de (0, 0) a (1, 1)

c. El gráfico de $y^2 = x^3$ de (0, 0) a (1, 1)

Rpta. **a.** 2, **b.** 5/3 **c.** 11/5

16. Evaluar $\int_C \left(3x^2+y\right)dx + (x-y)\,dy$, donde C es la gráfica de $y = \operatorname{sen}\frac{\pi}{2}x$ de (0, 0) a (1, 1) *Rpta.* 3/2

17. Evaluar $\int_C xy\,dx - x^2\,dy$, donde C es la curva cerrada determinada por las parábolas $x = y^2$, $y = x^2$, recorrida en sentido horario. Rpta. 9/20

18. Evaluar $\int_C \frac{-y}{x\sqrt{x^2-y^2}}dx + \frac{1}{\sqrt{x^2-y^2}}dy$, donde C es la parte de la hipérbola $x^2 - y^2 = 4$ de (2, 0) a $\left(4,\ 2\sqrt{3}\right)$ *Rpta.* $\frac{\pi}{3}$

19. Evaluar $\int_C y\,dx + z\,dy + x\,dz$, donde C es la circunferencia que se obtiene de la intersección de la semiesfera $x^2 + y^2 + z^2 = 16$, $z \ge 0$ con el cilindro $x^2 + y^2 = 4$. La circunferencia, mirándola desde el eje Z y por arriba, está orientada en sentido antihorario.

Sugerencia: Ver el problema resuelto 3. *Rpta.* -4π

20. Evaluar $\int_C (y+z)dx+(x+z)dy+(x+y)dz$, donde C es la curva que se obtiene de la intersección del cilindro $x^2+y^2=1$ con el plano $x+y+z=1$. La curva, mirándola de la parte positiva del eje Z, está orientada en sentido antihorario.

Sugerencia C: $\begin{cases} x=\cos t \\ y=\text{sen}\, t \\ z=1-\cos t-\text{sen}\, t \end{cases}$ $,0\le t\le 2\pi$ *Rpta.* 1

21. Evaluar $\int_C xy\,dx+yz\,dy+xz\,dz$, donde C es la curva que obtiene de la intersección del cilindro $x^2+y^2=2y$ con el plano $y=z$. La curva, mirándola desde la parte superior del eje Z, está orientada en sentido antihorario.

Sugerencia: C: $\begin{cases} x=\cos t \\ y=1+\text{sen}\, t \\ z=1+\text{sen}\, t \end{cases}$, $0\le t\le 2\pi$ *Rpta.* π

22. Evaluar $\int_C y\,dx+z\,dy+x\,dz$, donde C es la curva que obtiene de la intersección de la esfera $x^2+y^2+z^2=2(x+y)$ con el plano $x+y=2$. La curva, mirándola desde el origen, está orientada en sentido horario.

Sugerencia: C: $\begin{cases} x=1-\cos t \\ y=1+\cos t \\ z=\sqrt{2}\,\text{sen}\, t \end{cases}$ $,0\le t\le 2\pi$ *Rpta.* $-2\sqrt{2}\pi$

En los problemas del 23 al 27 evaluar $\int_C \mathbf{F}\cdot d\mathbf{r}$ ***para el campo* F *y la curva C:* r(*t*) *indicados.***

23. $\mathbf{F}(x,y)=x\mathbf{i}+y^2\mathbf{j}$, $\mathbf{r}(t)=\cos t\,\mathbf{i}+\text{sen}\,t\,\mathbf{j}$, $0\le t\le\frac{\pi}{2}$ *Rpta.* $-\frac{3-\sqrt{3}}{8}$

24. $\mathbf{F}(x,y)=xy^3\mathbf{i}-x^3y\mathbf{j}$, $\mathbf{r}(t)=e^{2t}\mathbf{i}+e^{-t}\mathbf{j}$, $0\le t\le \ln 2$ *Rpta.* $\frac{23}{4}$

25. $\mathbf{F}(x,y)=\dfrac{y}{(x^2+y^2)^{3/2}}\mathbf{i}+\dfrac{x}{(x^2+y^2)^{3/2}}\mathbf{j}$,

$\mathbf{r}(t)=e^t\cos t\,\mathbf{i}+e^t\text{sen}\,t\,\mathbf{j}$, $0\le t\le\frac{\pi}{2}$ *Rpta.* $\frac{6}{5e^{\pi/2}}$

26. $\mathbf{F}(x,y)=z\mathbf{i}+y\mathbf{j}+x\mathbf{k}$ $\mathbf{r}(t)=t\mathbf{i}+t^2\mathbf{j}+t^3\mathbf{k}$, $0\le t\le 1$ *Rpta.* $\frac{3}{2}$

27. $\mathbf{F}(x,y)=yz\mathbf{i}-xz\mathbf{j}+xy\mathbf{k}$, $\mathbf{r}(t)=t\mathbf{i}+\cos t\,\mathbf{j}+\text{sen}\,t\,\mathbf{k}$, $0\le t\le\pi\frac{\pi}{2}$ *Rpta.* $\frac{\pi^2}{2}$

28. Hallar el trabajo que realiza el campo $\mathbf{F}(x, y) = -y\mathbf{i} + x\mathbf{j}$ al mover una partícula por la parte superior de la elipse $\dfrac{x^2}{a^2} + \dfrac{y^2}{b^2} = 1$ desde el punto $(a, 0)$ al $(-a, 0)$.

Rpta. $ab\pi$

29. Hallar el trabajo que realiza el campo $\mathbf{F}(x, y) = 2xe^y\mathbf{i} + (3x + y)\mathbf{j}$ al mover una partícula por la parábola $y = x^2$ desde el punto $(0, 0)$ al $(1, 1)$.

Rpta. $e + 3/2$

30. Hallar el trabajo que realiza el campo $\mathbf{F}(x, y) = (x^2 + y^2)\mathbf{i} + xy\mathbf{j}$ al mover una partícula por el gráfico de $y = 1 - |1 - x|$ desde el punto $(0, 0)$ hasta el punto $(2, 0)$.

Rpta. 3

31. Hallar el trabajo que realiza el campo $\mathbf{F}(x, y) = xy\mathbf{i} + yz\mathbf{j} + xz\mathbf{k}$ al mover una partícula por el segmento del punto $(1, -1, 0)$ al punto $(2, 1, 2)$.

Rpta. 25/6

32. Se tiene el campo $\mathbf{F}(x, y) = x^2y\mathbf{i} + y^2z\mathbf{j} + xz^2\mathbf{k}$ y el triángulo de vértices $P = (0, 0, 0)$, $Q = (1, 1, 0)$ y $R = (0, 1, 1)$. Hallar el trabajo que realiza el campo **F** al mover una partícula a lo largo del triángulo de P a Q, de Q a R y de R a P.

Rpta. $-1/3$

33. Hallar el trabajo que realiza el campo $\mathbf{F}(x, y) = \dfrac{x}{yz}\mathbf{i} + \dfrac{y}{xz}\mathbf{j} + \dfrac{-5z}{xy}\mathbf{k}$ al mover una partícula a lo largo de la curva $\mathbf{r}(t) = \cos t\,\mathbf{i} + \operatorname{sen} t\,\mathbf{j} + \cos t\,\mathbf{k}$, $\dfrac{\pi}{6} \leq t \leq \dfrac{\pi}{3}$

Rpta. $\dfrac{2\pi}{3} + \dfrac{\ln 3}{2}$

34. Hallar el trabajo que realiza el campo $\mathbf{F}(x, y) = y\mathbf{i} + z\mathbf{j} + x\mathbf{k}$ al mover una partícula, dando una vuelta, a lo largo de la curva cerrada que es la intersección de la esfera $x^2 + y^2 + z^2 = 1$ con el plano $x = y$, la cual es orientada en sentido antihorario mirándola desde el semieje positivo de las X.

Rpta. 0

35. Un silo circular, usado para almacenar granos, tiene 9 pies de radio y 31 pies de altura. El silo está rodeado por una escalera helicoidal que da 2 vueltas completas para llegar al tope. Hallar el trabajo que realiza un hombre que pesa 180 libras y que sube por la escalera un saco de maíz de 30 libras hasta el tope.

Sugerencia: C: $\mathbf{r}(t) = 9\cos t\,\mathbf{i} + 9\operatorname{sen} t\,\mathbf{j} + \dfrac{31}{4\pi}\mathbf{k}$ *Rpta.* 6,510 pie−libras.

SECCION 5.3

TEORMA FUNDAMENTAL DE LAS INTEGRALES DE LINEA. INDEPENDENCIA DE LA TRAYECTORIA

Recordemos el segundo teorema fundamental del cálculo, tratado en nuestro texto "Cálculo Integral" (teorema 3.9). Este dice que si $F' = f$ es continua en $[a, b]$, entonces

$$\int_a^b f(x)\,dx = F(b) - F(a). \text{ O bien, } \int_a^b F'(x)\,dx = F(b) - F(a)$$

Este resultado se generaliza a integrales de línea del plano o del espacio en el teorema que sigue. Recordemos que un campo **F** es **conservativo** si existe una función real f tal que $\mathbf{F} = \nabla f$. La función f es una función **potencial** de **F.**

CONVENCION. Para evitar repeticiones en los enunciados, todos los campos **F** que se mencionen, a menos que se diga lo contrario, serán de clase $C^{(1)}$. Esto es, todas la funciones componentes de **F** tienen derivadas parciales y son continuas.

TEOREMA 5. 8 **Teorema Fundamental de las integrales de línea.**

Sea C: $\mathbf{r}(t)$, $a \le t \le b$, una curva suave por partes en una región abierta D del plano o del espacio. Sea **F** un campo continuo en D. Si **F** es conservativo en D y f es una función potencial de **F**, entonces

$$\int_C \mathbf{F} \cdot d\mathbf{r} = \int_C \nabla f \cdot d\mathbf{r} = f(B) - f(A),$$

donde $A = \mathbf{r}(a)$ y $B = \mathbf{r}(b)$

Demostración

Caso 1. C es una curva suave.

Tenemos que:

$$\int_C \nabla f \cdot d\mathbf{r} = \int_C \frac{\partial f}{\partial x}dx + \frac{\partial f}{\partial y}dy + \frac{\partial f}{\partial z}dz = \int_a^b \left(\frac{\partial f}{\partial x}\frac{dx}{dt} + \frac{\partial f}{\partial y}\frac{dy}{dt} + \frac{\partial f}{\partial z}\frac{dz}{dt}\right)dt$$

$$= \int_a^b \frac{d}{dt}\left[f\left(x(t), y(t), z(t)\right)\right]dt$$

$$= f\left(x(b), y(b), z(b)\right) - f\left(x(a), y(a), z(a)\right) = f(B) - f(A)$$

En la penúltima igualdad se aplicó el segundo teorema fundamental del cálculo.

Caso 2. C es suave por partes. Esto es,

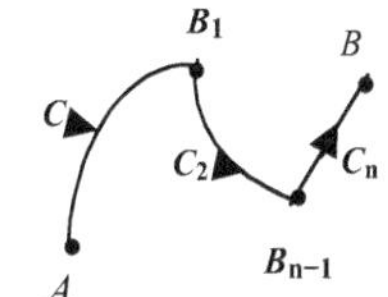

$$C = C_1 \cup C_2 \cup \ldots \cup C_n,$$

donde cada trozo C_k es suave.

Aplicando el resultado anterior a cada trozo tenemos:

$$\int_C \nabla f \cdot d\mathbf{r} = \int_{C_1} \nabla f \cdot d\mathbf{r} + \int_{C_2} \nabla f \cdot d\mathbf{r} + \ldots + \int_{C_n} \nabla f \cdot d\mathbf{r}$$

$$= \left(f(B_1) - f(A)\right) + \left(f(B_2) - f(B_1)\right) + \ldots + \left(f(B) - f(B_{n-1})\right)$$

$$= f(B) - f(A).$$

Este teorema nos permite calcular con facilidad la integral de línea de un campo conservativo. En efecto, el teorema nos dice que el valor de la integral sólo depende de los valores de la función potencial en los extremos de la curva. Ilustramos esta afirmación en el siguiente ejemplo.

EJEMPLO 1. Evaluar $\int_C \mathbf{F} \cdot d\mathbf{r}$, donde

$$\mathbf{F}(x, y) = \frac{x}{1 - x^2 - 4y^2}\,\mathbf{i} + \frac{4y}{1 - x^2 - 4y^2}\,\mathbf{j}$$

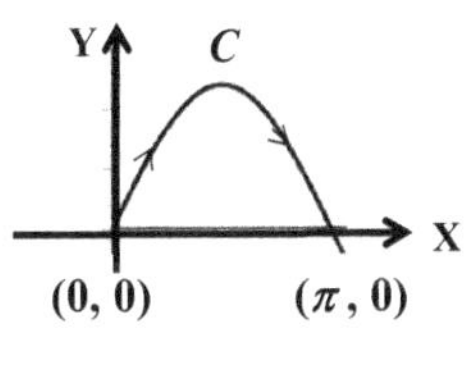

y C es el gráfico de la función $y = \operatorname{sen} x$ desde $A = (0, 0)$ hasta $B = (\pi, 0)$. O bien,

$$C: \mathbf{r}(t) = t\mathbf{i} + \operatorname{sen} t\,\mathbf{j}, \quad 0 \leq t \leq \pi$$

Solución

El campo **F** es conservativo. En efecto, sea $f(x, y) = -\frac{1}{2}\ln\left|1 - x^2 - 4y^2\right|$.

Tenemos:

$$\nabla f(x, y) = f_x(x, y)\,\mathbf{i} + f_y(x, y)\,\mathbf{j} = -\frac{1}{2}\,\frac{-2x}{1 - x^2 - 4y^2}\,\mathbf{i} + -\frac{1}{2}\,\frac{-8y}{1 - x^2 - 4y^2}\,\mathbf{j}$$

$$= \frac{x}{1 - x^2 - 4y^2}\,\mathbf{i} + \frac{4y}{1 - x^2 - 4y^2}\,\mathbf{j} = \mathbf{F}(x, y)$$

Ahora, aplicando el teorema anterior,

$$\int_C \mathbf{F} \cdot d\mathbf{r} = \int_C \nabla f \cdot d\mathbf{r} = f(B) - f(A) = f(\pi, 0) - f(0, 0)$$

$$= -\frac{1}{2}\ln\left|1 - \pi^2 - 4(0)^2\right| + \frac{1}{2}\ln\left|1 - (0)^2 - 4(0)^2\right|$$

$$= -\frac{1}{2}\ln\left|1 - \pi^2\right| + \frac{1}{2}\ln|1| = -\frac{1}{2}\ln\left(\pi^2 - 1\right)$$

INDEPENDENCIA DE LA TRAYECTORIA

El teorema anterior nos dice que el valor de la integral $\int_C \mathbf{F} \cdot d\mathbf{r}$ de un campo conservativo depende sólo de los puntos extremos de la curva C y no de sus puntos intermedios. A continuación extendemos más estas ideas. Pero antes, presentamos el concepto de conexidad.

DEFINICION. **a.** Una región D es **conexa** si cada par de puntos A y B de D pueden unirse por una curva suave por partes que yace por completo en D. Una región es **disconexa** si no es conexa

b. Una región D es **simplemente conexa** si es conexa y si toda curva cerrada y simple contenida en D puede reducirse o contraerse hasta un punto sin salirse de D. Intuitivamente, esto significa que D es de una sola pieza y que, si está en el plano, D no tiene huecos; y si está en el espacio, D no tiene túneles.

Una región es **multiplemente conexa** si es conexa y no es simplemente conexa

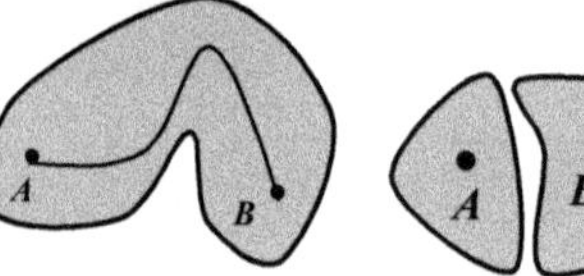

Simplemente conexa ***Disconexa*** ***Multiplemenente conexa***

Para simplificar la exposición, a las curvas suaves por partes la llamaremos **trayectorias de integración** o, simplemente, **trayectorias**.

DEFINICION. **Independencia de la trayectoria.**

Sea **F** un campo definido en una región abierta D. La integral $\int_C \mathbf{F} \cdot d\mathbf{r}$ es **independiente de la trayectoria en la región *D*** si, dados dos puntos A y B de D, la integral dada tiene el mismo valor a lo largo de cualquier trayectoria C de A a B. En este caso, a la integral se acostumbra escribirla así:

$$\int_C \mathbf{F} \cdot d\mathbf{r} = \int_A^B \mathbf{F} \cdot d\mathbf{r}$$

El siguiente teorema nos dice que hay una estrecha relación entre campos conservativos, integrales independientes de la trayectoria e integrales que se anulan en curvas cerradas.

TEOREMA 5. 9 Sea D una región abierta y conexa y $\mathbf{F} = P\mathbf{i} + Q\mathbf{j} + R\mathbf{k}$ de clase $C^{(1)}$ en D. Las siguientes proposiciones son equivalentes.

a. $\mathbf{F}$ es conservativo en D.

b. $\int_C \mathbf{F} \cdot d\mathbf{r} = 0$, para toda curva cerrada en D.

c. $\int_C \mathbf{F} \cdot d\mathbf{r}$ es independiente de la trayectoria en D.

Demostración

Demostramos el teorema probando la secuencia: **a** $\Rightarrow$ **b**, **b** $\Rightarrow$ **c** y **c** $\Rightarrow$ **a**

a $\Rightarrow$ **b**

Sea C: $\mathbf{r}(t)$, $a \leq t \leq b$ una curva cerrada. Debemos tener que $A = \mathbf{r}(a) = \mathbf{r}(b) = B$.

Como $\mathbf{F}$ es conservativo, existe una función real f tal que $\mathbf{F} = \nabla f$.

Aplicando el teorema 5.8 tenemos:

$$\int_C \mathbf{F} \cdot d\mathbf{r} = \int_C \nabla f \cdot d\mathbf{r} = f(B) - f(A) = f(B) - f(B) = 0$$

b $\Rightarrow$ **c**

Sean A y B dos puntos cualesquiera de la región D y sean C_1 y C_2 dos curvas de A a B.

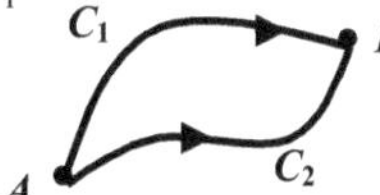

La curva $C = C_1 \cup (-C_2)$ es cerrada y, tenemos que:

$$0 = \int_C \mathbf{F} \cdot d\mathbf{r} = \int_{C_1} \mathbf{F} \cdot d\mathbf{r} + \int_{-C_2} \mathbf{F} \cdot d\mathbf{r}$$

$$= \int_{C_1} \mathbf{F} \cdot d\mathbf{r} - \int_{C_2} \mathbf{F} \cdot d\mathbf{r} \Rightarrow \int_{C_1} \mathbf{F} \cdot d\mathbf{r} = \int_{C_2} \mathbf{F} \cdot d\mathbf{r}$$

$C = C_1 \cup (-C_2)$

Luego, $\int_C \mathbf{F} \cdot d\mathbf{r}$ es independiente de la trayectoria.

c $\Rightarrow$ **a**

Sea $A = (a, b, c)$ un punto fijo de D y sea $B = (x, y, z)$ un punto arbitrario de este dominio. Sea C una curva suave por partes en D que una A con B. Como D es conexo, esta curva siempre existe. Definimos la función: $f: D \to \mathbb{R}$,

$$f(x, y, z) = \int_C \mathbf{F} \cdot d\mathbf{r}$$

Esta función está bien definida, ya que, por hipótesis, la integral es independiente de la trayectoria.

Afirmamos que esta función f es una función potencial de **F.** Para esto, debemos probar que:

1. $\dfrac{\partial f}{\partial x} = P$, **2.** $\dfrac{\partial f}{\partial y} = Q$ y **3.** $\dfrac{\partial f}{\partial z} = R$.

1. Por ser D abierto, existe una bola abierta centrada en el $B = (x, y, z)$ y contenida en D. En esta a bola tomemos un punto de la forma (x_1, y, z) con $x_1 < x$.

Como la integral que define a f es independiente de la trayectoria, elegimos a

$$C = C_1 \cup C_2,$$

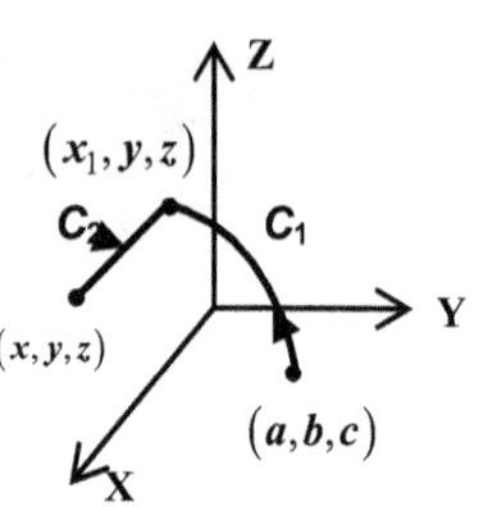

donde C_2 es el segmento de recta que une (x_1, y, z) con $B = (x, y, z)$, el cual es paralelo al eje X. Las coordenadas y y z permanecen constantes y, por tanto, a lo largo de este segmento, $dy = 0$ y $dz = 0$. Una parametrización para este segmento es

$$\mathbf{r} = t\mathbf{i} + y\mathbf{j} + z\mathbf{k}, \quad x_1 \leq t \leq x, \text{ de donde, } d\mathbf{r} = \mathbf{i}dt.$$

Luego,

$$f(x, y, z) = \int_C \mathbf{F} \cdot d\mathbf{r} = \int_{C_1} \mathbf{F} \cdot d\mathbf{r} + \int_{C_2} \mathbf{F} \cdot d\mathbf{r} = \int_{C_1} \mathbf{F} \cdot d\mathbf{r} + \int_{x_1}^{x} P(t, y, z)\, dt$$

Esto es,

$$f(x, y, z) = \int_{C_1} \mathbf{F} \cdot d\mathbf{r} + \int_{x_1}^{x} P(t, y, z)\, dt \qquad \textbf{(a)}$$

Pero, la integral $\int_{C_1} \mathbf{F} \cdot d\mathbf{r}$ depende del punto (x_1, y, z) donde no esta x. Luego,

$$\frac{\partial f}{\partial x} \int_{C_1} \mathbf{F} \cdot d\mathbf{r} = 0 \qquad \textbf{(b)}$$

Finalmente, derivando (a) respecto a la variable x, considerando (b) y el primer teorema fundamental de cálculo, obtenemos el resultado buscado:

$$\frac{\partial f}{\partial x} = \frac{\partial f}{\partial x} \int_{C_1} \mathbf{F} \cdot d\mathbf{r} + \frac{\partial f}{\partial x} \int_{x_1}^{x} P(t, y, z)\, dt = 0 + P(x, y, z).$$

Para probar las partes 2 y 3, seguir los pasos anteriores tomando los puntos (x, y_1, z) y (x, y, z_1), respectivamente.

CONSTRUCCION DE UNA FUNCION A PARTIR DE SU GRADIENTE

Sin duda, el teorema anterior es muy importante. Sin embargo, este no nos indica un camino para hallar la función potencial de un campo conservativo. El teorema que sigue salva esta deficiencia. Pero este nos exige que la región D no sólo sea conexa, sino simplemente conexa. Es necesario recordar el rotacional de un campo.

Si $\mathbf{F} = P\mathbf{i} + Q\mathbf{j} + R\mathbf{k}$, el rotacional de $\mathbf{F}$ es

$$\text{rot } \mathbf{F} = \nabla \times \mathbf{F} = \begin{vmatrix} \mathbf{i} & \mathbf{j} & \mathbf{k} \\ \dfrac{\partial}{\partial x} & \dfrac{\partial}{\partial y} & \dfrac{\partial}{\partial z} \\ P & Q & R \end{vmatrix} = \left(\frac{\partial R}{\partial y} - \frac{\partial Q}{\partial z}\right)\mathbf{i} + \left(\frac{\partial P}{\partial z} - \frac{\partial R}{\partial x}\right)\mathbf{j} + \left(\frac{\partial Q}{\partial x} - \frac{\partial P}{\partial y}\right)\mathbf{k}$$

Si $\mathbf{F} = P\mathbf{i} + Q\mathbf{j}$, es un campo vectorial en el plano, lo consideramos como un campo en el espacio: $\mathbf{F} = P\mathbf{i} + Q\mathbf{j} + 0\mathbf{k}$ y, entonces

$$\text{rot } \mathbf{F} = \nabla \times \mathbf{F} = \left(\frac{\partial Q}{\partial x} - \frac{\partial P}{\partial y}\right)\mathbf{k}$$

Un campo **F** es **irrotacional** si rot $\mathbf{F} = 0$. O sea si

$$\frac{\partial P}{\partial y} = \frac{\partial Q}{\partial x}, \qquad \frac{\partial P}{\partial z} = \frac{\partial R}{\partial x}, \qquad \frac{\partial Q}{\partial z} = \frac{\partial R}{\partial y}$$

TEOREMA 5. 10 Sea $\mathbf{F} = P\mathbf{i} + Q\mathbf{j} + R\mathbf{k}$ de clase $\mathbf{C}^{(1)}$ en una región D abierta y simplemente conexa. Entonces

F es conservativo si y sólo si rot $\mathbf{F} = 0$.

O, en otros términos,

F es conservativo si y sólo si

$$\frac{\partial P}{\partial y} = \frac{\partial Q}{\partial x}, \quad \frac{\partial P}{\partial z} = \frac{\partial R}{\partial x}, \quad \frac{\partial Q}{\partial z} = \frac{\partial R}{\partial y}$$

En particular, $\mathbf{F} = P\mathbf{i} + Q\mathbf{j}$ es conservativo si y sólo si

$$\frac{\partial P}{\partial y} = \frac{\partial Q}{\partial x}.$$

Demostración.

La implicación ($\Rightarrow$) ya se probó en el teorema 5.4 parte 2, en la sección 5.1.

La implicación ($\Leftarrow$) la posponemos. Veremos que el caso bidimensional es consecuencia del teorema de Green (ejemplo 4 de la sección 5.4) y el caso tridimensional, del teorema de Stokes (ejemplo 4 de la sección 5.6). Estos teoremas se verán un poco más adelante.

EJEMPLO 2. **a.** Determinar si $\mathbf{F}(x, y) = (2xy^3 + 3x^2)\mathbf{i} + (3x^2y^2 + 4y^3)\mathbf{j}$ es conservativo. En caso afirmativo, hallar una función potencial.

b. Evaluar $\int_C \mathbf{F} \cdot d\mathbf{r}$, donde C es cualquier curva de (1, 0) a (2, 1)

Solución

a. Tenemos que $P = 2xy^3 + 3x^2$ y $Q = 3x^2y^2 + 4y^3$. El dominio de **F** es $D = \mathbb{R}^2$, el cual es abierto y simplemente conexo (no tiene huecos). Además

$$\frac{\partial P}{\partial y} = 6xy^2 = \frac{\partial Q}{\partial x}$$

Luego, por el teorema anterior, **F** es conservativo.

Ahora, hallamos una función f tal que $\mathbf{F} = \nabla f = \frac{\partial f}{\partial x}\mathbf{i} + \frac{\partial f}{\partial y}\mathbf{j}$

Tenemos que

1. $\frac{\partial f}{\partial x} = 2xy^3 + 3x^2$ y **2.** $\frac{\partial f}{\partial y} = 3x^2y^2 + 4y^3$

Bien, de (1) hallamos la antiderivada respecto a x:

$$\frac{\partial f}{\partial x} = 2xy^3 + 3x^2 \Rightarrow f(x, y) = \int \left(2xy^3 + 3x^2\right) dx = x^2y^3 + x^3 + g(y)$$

Derivando $f(x, y) = x^2y^3 + x^3 + g(y)$ respecto a la variable y, y comparando con la ecuación (2):

$$\frac{\partial}{\partial y} f(x, y) = 3x^2y^2 + g'(y) = 3x^2y^2 + 4y^3 \Rightarrow g'(y) = 4y^3 \Rightarrow g(y) = y^4 + k$$

Luego, una función potencial de **F** es

$$f(x, y) = x^2y^3 + x^3 + y^4 + k$$

b. Como **F** es conservativo, aplicando el teorema 5.8, tenemos:

$$\int_C \mathbf{F} \cdot d\mathbf{r} = f(2, 1) - f(1, 0) = (13 + k) - (1 + k) = 12$$

EJEMPLO 3. **a.** Determinar si $\mathbf{F}(x, y, z) = 2xy\mathbf{i} + (x^2 - z^2)\mathbf{j} + (1 - 2yz)\mathbf{k}$ es conservativo. En caso afirmativo, hallar una función potencial.

b. Hallar $\int_C \mathbf{F} \cdot d\mathbf{r}$,

donde C es cualquier curva de $(1, 0, 0)$ a $(2, 1, 3)$.

Demostración

a. Tenemos que $P = 2xy$, $Q = x^2 - z^2$ y $R = 1 - 2yz$. El dominio de **F** es $D = \mathbb{R}^3$, el cual es abierto y simplemente conexo (no tiene túneles). Además

$$\frac{\partial P}{\partial y} = 2x = \frac{\partial Q}{\partial x}, \quad \frac{\partial P}{\partial z} = 0 = \frac{\partial R}{\partial x}, \quad \frac{\partial Q}{\partial z} = -2z = \frac{\partial R}{\partial y}$$

Luego, por el teorema anterior, **F** es conservativo.

Ahora, hallamos una función f tal que $\mathbf{F} = \nabla f = \frac{\partial f}{\partial x}\mathbf{i} + \frac{\partial f}{\partial y}\mathbf{j} + \frac{\partial f}{\partial z}\mathbf{k}$

Tenemos que

1. $\frac{\partial f}{\partial x} = 2xy$ **2.** $\frac{\partial f}{\partial y} = x^2 - z^2$ **3.** $\frac{\partial f}{\partial z} = 1 - 2yz.$

Bien, de (1) hallamos la antiderivada respecto a x:

$$\frac{\partial f}{\partial x} = 2xy \Rightarrow f(x, y, z) = \int (2xy)\, dx = x^2y + g(y, z)$$

Derivamos $f(x, y, z) = x^2y + g(y, z)$ respecto a la variable y, y comparamos con la ecuación (2):

$$\frac{\partial f}{\partial y} = x^2 + \frac{\partial}{\partial y} g(y, z) = x^2 - z^2 \Rightarrow \frac{\partial}{\partial y} g(y, z) = -z^2 \Rightarrow g(y, z) = -z^2y + h(z) \Rightarrow$$

$$f(x, y, z) = x^2y - z^2y + h(z)$$

Derivamos $f(x, y, z) = x^2y - z^2y + h(z)$ respecto a la variable z, y comparamos con (3):

$$\frac{\partial f}{\partial z} = -2zy + h'(z) = 1 - 2yz \Rightarrow h'(z) = 1 \Rightarrow h(z) = z + k$$

Luego, una función potencial de F es

$$f(x, y, z) = x^2y - z^2y + z + k$$

b. Como **F** es conservativo, aplicando el teorema 5.8, tenemos:

$$\int_C \mathbf{F} \cdot d\mathbf{r} = f(2, 1, 3) - f(1, 0, 0) = (-2 + k) - (0 + k) = -2$$

CONSERVACION DE LA ENERGIA

La ley de la conservación de la energía fue formulada en el siglo XIX y es una de las leyes fundamentales de la física. En términos generales, esta ley establece que:

"La energía no puede ser creada ni destruida. Puede transformarse de una forma a otra, pero la cantidad total de energía permanece constante".

Existen varias formas de energía: química, eléctrica, calorífica, cinética o energía en movimiento, potencial o energía almacenada. Nosotros, con los resultados en esta sección, estamos en capacidad de probar la **ley de conservación de la energía mecánica**, que relaciona la energía cinética con la potencial. En términos precisos, esta ley afirma que:

La suma de las energías cinética y potencial de un objeto, debidas a una fuerza conservativa, es constante.

Sea m la masa de la partícula que es movida por una fuerza conservativa $\mathbf{F} = \nabla f$ a lo largo de una curva C: $\mathbf{r}(t)$, $a \leq t \leq b$, desde el punto $A = \mathbf{r}(a)$ hasta el punto $B = \mathbf{r}(b)$. La velocidad y la aceleración de la partícula son

$$\mathbf{v}(t) = \mathbf{r}'(t) \quad \text{y} \quad \mathbf{a}(t) = \mathbf{v}'(t) = \mathbf{r}''(t)$$

Sabemos, por nuestros cursos de física, que en el instante t se cumple que:

1. $\mathbf{F}(\mathbf{r}(t)) = m\mathbf{a}(t) = m\,\mathbf{r}''(t)$ (segunda ley de Newton)

2. $p(\mathbf{r}(t)) = -f(\mathbf{r}(t))$ es la energía potencial del objeto en el punto $\mathbf{r}(t)$.

3. $k(\mathbf{r}(t)) = \dfrac{1}{2}m\|\mathbf{r}'(t)\|^2$ es la energía cinética del objeto en el punto $\mathbf{r}(t)$.

Ahora, considerando las igualdades anteriores, evaluamos de dos maneras el trabajo realizado por $\mathbf{F}$ al mover la partícula a lo largo de C desde A hasta B.

$$W = \int_C \mathbf{F} \cdot d\mathbf{r} = \int_C \nabla f \cdot d\mathbf{r} = f(B) - f(A) = -p(B) + p(A) \qquad \textbf{(4)}$$

Por otro lado,

$$W = \int_C \mathbf{F} \cdot d\mathbf{r} = \int_a^b \mathbf{F}(\mathbf{r}(\mathbf{t})) \cdot \mathbf{r}'(t)\,dt = \int_a^b (m\,\mathbf{r}''(t)) \cdot \mathbf{r}'(t)\,dt \qquad \text{(por 1)}$$

$$= m\int_a^b [\mathbf{r}''(t) \cdot \mathbf{r}'(t)]\,dt = \frac{m}{2}\int_a^b \frac{d}{dt}[\mathbf{r}'(t) \cdot \mathbf{r}'(t)]\,dt$$

$$= \frac{m}{2}\int_a^b \frac{d}{dt}\|\mathbf{r}'(t)\|^2 dt = \frac{m}{2}\Big[\|\mathbf{r}'(t)\|^2\Big]_a^b = \frac{m}{2}\|\mathbf{r}'(b)\|^2 - \frac{m}{2}\|\mathbf{r}'(a)\|^2$$

$$= k(\mathbf{r}(b)) - k(\mathbf{r}(a)) = k(B) - k(A) \qquad (5)$$

De (4) y (5) obtenemos:

$$-p(B) + p(A) = k(B) - k(A) \Rightarrow k(A) + p(A) = k(B) + p(B)$$

Esta última igualdad nos dice que la suma de las energías cinética y potencial permanece constante de punto a punto.

El nombre de **campo conservativo** dado a los campos de la forma $\mathbf{F} = \nabla f$ está inspirado en el resultado anterior, la conservación de la enegía mecanica.

PROBLEMAS RESUELTOS 5.3

PROBLEMA 1. Evaluar de tres maneras la integral $\int_C (2x+1)\,dx + (2y-2)\,dy$,

donde C es el primer arco de la cicloide.

$$C: \begin{cases} x = t - \text{sen } t \\ y = 1 - \cos t \end{cases}, \quad 0 \le t \le 2\pi$$

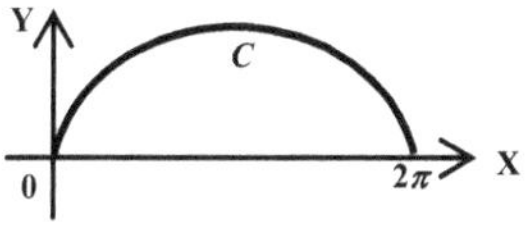

Solución

a. Procedemos usando la definición de integral de línea de la sección 5.2:

$$\int_C (2x+1)\,dx + (2y-2)\,dy$$

$$= \int_0^{2\pi} \left[\left(2\left(t - \text{sen } t\right)\right) + 1\right](1 - \cos t)\,dt + \left[2(1-\cos t) - 2\right](\text{sen } t)\,dt$$

$$= \int_0^{2\pi} \left(2t + 1 - 2 \text{ sen } t\ - \cos t - 2t \cos t\right)\,dt$$

$$= \left[t^2 + t - \text{sen } t - 2t \text{ sen } t\right]_0^{2\pi} = 4\pi^2 + 2\pi$$

b. Procedemos usando los teoremas 5.9 y 5.10:

Tenemos que: $P = 2x + 1$, $\quad Q = 2y - 2 \quad$ y

$$\frac{\partial P}{\partial y} = \frac{\partial}{\partial y}(2x+1) = 0 = \frac{\partial}{\partial x}(2y-2) = \frac{\partial Q}{\partial x}$$

Luego, por el teorema 5.10, el campo $\mathbf{F}(x, y) = (2x + 1)\mathbf{i} + (2y - 2)\mathbf{j}$ es conservativo y, en este caso, el teorema 5.9 nos dice que la integral de este campo es independiente de la trayectoria. Por tanto, a la cicloide la podemos reemplazar por una trayectoria más simple. Tomamos la trayectoria C_1 que es el eje X del punto (0, 0) al (2π, 0). Esto es, $C_1 : \begin{cases} x = t \\ y = 0 \end{cases}, 0 \le t \le 2\pi$ y

$$\int_C (2x+1)\,dx + (2y-2)\,dy = \int_{C_1} (2x+1)\,dx + (2y-2)\,dy = \int_0^{2\pi} (2t+1)dt$$

$$= \left[t^2 + t\right]_0^{2\pi} = 4\pi^2 + 2\pi$$

c. Procedemos hallando la función potencia y aplicando el teorema 5.8

Ya sabemos que el campo $\mathbf{F}(x, y) = (2x + 1)\mathbf{i} + (2y - 2)\mathbf{j}$ es conservativo.

Hallemos una función potencia f:

$$\frac{\partial f}{\partial x} = 2x + 1 \Rightarrow f(x, y) = \int (2x+1)\,dx = x^2 + x + g(y) \Rightarrow \frac{\partial f}{\partial y} = g'(y) = 2\text{y} - 2 \Rightarrow$$

$$g(y) = \int (2y-2)\, dy = y^2 - 2y + k \;\Rightarrow\; f(x, y) = x^2 + y^2 + x - 2y + k$$

Ahora, aplicando el teorema 5.8, obtenemos:

$$\int_C (2x-1)\,dx + (2y-2)\,dy = f(2\pi, 0) - f(0, 0) = (4\pi^2 + 2\pi + k) - (\ k\ ) = 4\pi^2 + 2\pi$$

El lector notará que, de los tres procedimientos, el segundo es el más simple.

PROBLEMA 2. **a.** Determinar los valores de las constantes a y b para los cuales el siguiente campo es conservativo.

$$\mathbf{F}(x, y, z) = (a\,e^x \operatorname{sen}\pi y + yz)\mathbf{i} + (e^x \cos\pi y + xz)\mathbf{j} + (bxy + 2z)\mathbf{k}$$

b. Hallar una función potencial del campo **F** con los valores de a y b hallados.

c. Calcular $\int_C \mathbf{F} \bullet d\mathbf{r}$, donde C es la curva de intersección del cilindro $x^2 + y^2 = 2y$ con el plano $y = z$, desde $(0, 0, 0)$ hasta $(0, 2, 2)$.

Solución

a. De acuerdo al teorema 5.10, para que F sea conservativo se debe cumplir que:

$$\frac{\partial P}{\partial y} = \frac{\partial Q}{dx}, \qquad \frac{\partial P}{\partial z} = \frac{\partial R}{dx} \qquad \text{y} \qquad \frac{\partial Q}{\partial z} = \frac{\partial R}{dy}$$

Esto es, debemos tener que:

$$\pi a\, e^x \cos\pi y + z = e^x \cos\pi y + z, \quad y = by \quad \text{y} \quad x = bx$$

Luego, $a = \dfrac{1}{\pi}$ y $b = 1$.

El campo conservativo es

$$\mathbf{F}(x, y, z) = \left(\frac{1}{\pi} e^x \operatorname{sen}\pi y + yz\right)\mathbf{i} + (e^x \cos\pi y + xz)\mathbf{j} + (xy + 2z)\mathbf{k}$$

b. Buscamos f tal que $\mathbf{F} = \nabla f$

$$\frac{\partial f}{\partial x} = \frac{1}{\pi} e^x \operatorname{sen}\pi y + yz \;\Rightarrow\; f(x, y, z) = \frac{1}{\pi} e^x \operatorname{sen}\pi y + xyz + g(y, z)$$

Derivando este resultado respecto a la variable y e igualando:

$$\frac{\partial f}{\partial y} = e^x \cos\pi y + xz + \frac{\partial}{\partial y} g(y, z) = e^x \cos\pi y + xz \Rightarrow \frac{\partial}{\partial y} g(y, z) = 0$$

Esta última igualdad significa que $g(y, z)$ sólo depende de z. Esto es,

$$g(y, z) = h(z) \Rightarrow f(x, y, z) = \frac{1}{\pi} e^x sen\ \pi y + xyz + h(z)$$

Derivando este resultado respecto a la variable z e igualando:

$$\frac{\partial f}{\partial z} = xy + h'(z) = xy + 2z \Rightarrow h'(z) = 2z \Rightarrow h(z) = z^2 + k$$

Luego, finalmente,

$$f(x, y, z) = \frac{1}{\pi} e^x \operatorname{sen} \pi y + xyz + z^2 + k.$$

c. Aplicando el teorema fundamental de las integrales de línea:

$$\int_C \mathbf{F} \bullet d\mathbf{r} = f(0, 2, 2) - f(0, 0, 0) = (4 + k) - (k) = 4$$

Sabemos que la integral de un campo conservativo es fácil calcularla. En el siguiente problema aprovechamos esta ventaja para integrar un campo que, aunque no es conservativo, podemos descomponerlo en dos campos, uno conservativo y el otro que es fácil de integrar.

PROBLEMA 3. Evaluar $\int_C \mathbf{F} \bullet d\mathbf{r}$, donde

$\mathbf{F}(x, y, z) = (2y + y\cos x)\mathbf{i} + (3x - 2y + \operatorname{sen} x)\mathbf{j}$ y C es la elipse $\frac{x^2}{9} + \frac{y^2}{4} = 1$, recorrida en sentido antihorario.

Solución

Tenemos que: $\frac{\partial P}{\partial y} = 2 + \cos x$ y $\frac{\partial Q}{\partial x} = 3 + \cos x$

Vemos que **F** no es conservativo, pero lo sería si el término $3x$ de Q fuera 2x. Esta observación nos siguiere que hagamos la siguiente descomposición de **F** como una suma de dos campos, donde uno de ellos sea conservativo:

$$\mathbf{F}(x, y, z) = (2y + y\cos x)\mathbf{i} + (3x - 2y + \operatorname{sen} x)\mathbf{j}$$

$$= (2y + y\cos x)\mathbf{i} + (2x - 2y + \operatorname{sen} x)\mathbf{j} + x\mathbf{j}$$

Ahora,

$$\int_C \mathbf{F} \bullet d\mathbf{r} = \int_C (2y + y\cos x)\,dx + (2x - 2y + \operatorname{sen} x)\,dy + \int_C x\,dy = \int_C x\,dy,$$

ya que la primera integral del segundo miembro es 0, por ser C cerrada y el campo conservativo.

Una parametrización para la elipse es $C: \begin{cases} x = 3\cos t \\ y = 2\ \text{sen}\ t \end{cases}$, $0 \leq t \leq 2\pi$ y, entonces

$$\int_C \mathbf{F} \bullet d\mathbf{r} = \int_C x\,dy = \int_0^{2\pi} (3\cos t)(2\cos t)\,dt = 6\int_0^{2\pi} \cos^2 t\,dt$$

$$= 6\int_0^{2\pi} \frac{1+\cos 2t}{2}\,dt = 3\left[t - \frac{\text{sen}\ 2t}{2}\right]_0^{2\pi} = 6\pi.$$

PROBLEMA 4. Sea $\mathbf{F}(x, y) = \dfrac{-y}{x^2+y^2}\,\mathbf{i} + \dfrac{x}{x^2+y^2}\,\mathbf{j}$, $(x, y) \in D = \mathbb{R}^2 - \{(0,0)\}$

a. Probar que no se cumple que $\int_C F \bullet d\mathbf{r} = 0$, para toda curva cerrada en $D = \mathbb{R}^2 - \{(0,0)\}$, el dominio de **F**.

Para esto, verifique $\int_C F \bullet d\mathbf{r} = 2\pi$, donde C es la circunferencia $x^2 + y^2 = 1$, recorrida en sentido antihorario

b. Verificar que $\dfrac{\partial P}{\partial y} = \dfrac{\partial Q}{\partial x}$ en $D = \mathbb{R}^2 - \{(0,0)\}$.

c. La parte **a,** de acuerdo al teorema 5.9, prueba que **F** no es conservativo en su dominio $D = \mathbb{R}^2 - \{(0,0)\}$.

Por otro lado, si pudiéramos aplicar el teorema 5.10 a la parte **b,** obtendríamos que **F** es conservativo, lo cual contradice la parte (a). Explicar la razón por la no podemos aplicar este teorema.

Solución

a. Una parametrización para C es : $x = \cos t$, $y = \text{sen}\ t$, $0 \leq t \leq 2\pi$. Luego,

$$\int_C F \bullet d\mathbf{r} = \int_C \frac{-y}{x^2+y^2}\,dx + \frac{x}{x^2+y^2}\,dy$$

$$= \int_0^{2\pi} \frac{-\text{sen}\ t}{\cos^2 t + \text{sen}^2 t}(-\text{sen}\ t\ dt) + \frac{\cos t}{\cos^2 t + \text{sen}^2 t}(\cos t\ dt)$$

$$= \int_0^{2\pi} \frac{\text{sen}^2 t + \cos^2 t}{\cos^2 t + \text{sen}^2 t}\,dt = \int_0^{2\pi} dt = 2\pi$$

b. $\dfrac{\partial P}{\partial y} = \dfrac{y^2 - x^2}{\left(x^2 + y^2\right)^2}$, $\dfrac{\partial Q}{\partial x} = \dfrac{y^2 - x^2}{\left(x^2 + y^2\right)^2}$, Luego, $\dfrac{\partial P}{\partial y} = \dfrac{\partial Q}{\partial x}$

c. El teorema 5.10 tiene como una de sus hipótesis que el dominio de **F** sea simplemente conexo. En el presente caso, el dominio, $D = \mathbb{R}^2 - \{ (0,0) \}$, no lo es (tiene un hueco).

PROBLEMAS PROPUESTOS 5.3

En los problemas del 1 al 13, mediante el teorema 5.10, determinar si el campo es conservativo. En caso de serlo, hallar una función potencial f.

1. $\mathbf{F}(x, y) = -\dfrac{1}{y}\mathbf{i} + \dfrac{x}{y^2}\mathbf{j}$ *Rpta.* $f(x, y) = -\dfrac{x}{y} + C$

2. $\mathbf{F}(x, y) = (y^3 + 3x^2y)\mathbf{i} + (x^3 + 3xy^2 + 1)\mathbf{j}$ *Rpta.* $f(x, y) = x^3y + xy^3 + y + C$

3. $\mathbf{F}(x, y) = (2x\cos y)\mathbf{i} + (x^2 \operatorname{sen} y)\mathbf{j}$ *Rpta. No es conservativo*

4. $\mathbf{F}(x, y) = (y \cos xy)\mathbf{i} + (x \cos xy)\mathbf{j}$ *Rpta.* $f(x, y) = \operatorname{sen} xy$

5. $\mathbf{F}(x, y) = ye^{xy}\,\mathbf{i} + (xe^{xy} + \sec^2 y)\mathbf{j}$ *Rpta.* $f(x, y) = e^{xy} + \tan y + C$

6. $\mathbf{F}(x, y) = 2e^{2y}\,\mathbf{i} + xe^{2y}\,\mathbf{j}$ *Rpta. No es conservativo*

7. $\mathbf{F}(x, y) = \dfrac{2x - y}{x^2 + y^2}\mathbf{i} + \dfrac{2y + x}{x^2 + y^2}\mathbf{j}$ *Rpta.* $f(x, y) = \ln(x^2 + y^2) - \tan^{-1}(x/y) + C.$

8. $\mathbf{F}(x, y, z) = (y - yz)\mathbf{i} + (x + z - xz)\mathbf{j} + (y - xy)\mathbf{k}$ *Rpta.* $f(x, y) = xy + yz - xyz + C$

9. $\mathbf{F}(x, y, z) = (3x^2z - 2xy^2 + yz)\mathbf{i} + (2x^2y + yz)\mathbf{j} + (x^3 + xy)\mathbf{k}$

Rpta. $f(x, y, z) = x^3z + x^2y^2 + xyz + C$

10. $\mathbf{F}(x, y, z) = 2xyze^{x^2}\,\mathbf{i} + ze^{x^2}\,\mathbf{j} + ye^{x^2}\,\mathbf{k}$

Rpta. $f(x, y, z) = yze^{x^2} + C$

11. $\mathbf{F}(x, y, z) = ze^{x+2y}\mathbf{i} + 2ze^{x+2y}\mathbf{j} + e^{x+2y}\mathbf{k}$

Rpta. $f(x, y, z) = ze^{x+2y} + C$

12. $\mathbf{F}(x, y, z) = (y^2 \cos z)\mathbf{i} + (2xy \cos z)\mathbf{j} + (-xy^2 \operatorname{sen} z)\mathbf{k}$

Rpta. $f(x, y, z) = xy^2 \cos z + C$

13. $\mathbf{F}(x, y, z) = (yz \cos xy)\mathbf{i} + (xz \cos xy)\mathbf{j} + (\operatorname{sen} xy)\mathbf{k}$

Rpta. $f(x, y, z) = z \operatorname{sen} xy + C$

En los problemas del 14 al 17, evaluar la integral dada.

14. $\displaystyle\int_{(0,0)}^{(2\pi,0)} e^x \cos y\, dx - e^x \operatorname{sen} y\, dy$ *Rpta.* $e^{2\pi} - 1$

15. $\displaystyle\int_{(3,4)}^{(5,12)} \frac{xdx + ydy}{\sqrt{x^2 + y^2}}$ *Rpta.* 8

16. $\displaystyle\int_{(1,1,1)}^{(1,2,3)} yz^2 dx - xz^2 dy + 2xyz\, dz$ *Rpta.* 17

17. $\displaystyle\int_{(1,1,1)}^{(2,2,2)} \frac{-xdx - ydy - zdz}{\left(x^2 + y^2 + z^2\right)^{3/2}}$ *Rpta.* $-\dfrac{1}{2\sqrt{3}}$

18. Hallar el trabajo realizado por la fuerza $\mathbf{F}(x. y) = \dfrac{y^2 + 1}{x^3}\mathbf{i} - \dfrac{x^2 y + y}{x^2}\mathbf{j}$ al mover un objeto desde el punto (2, 3) hasta el punto (1, 0), a través de cualquier curva suave que no cruce la recta $x = 0$. *Rpta.* 21/4

19. Hallar el trabajo realizado por la fuerza $\mathbf{F}(x, y) = \dfrac{x}{r^3}\mathbf{i} + \dfrac{y}{r^3}\mathbf{j}$, $r = \sqrt{x^2 + y^2}$, al mover un objeto desde el punto (1, 0) hasta el punto (4, 3), a través de cualquier curva suave que no pase por el origen. *Rpta.* 4/5.

20. Hallar el trabajo realizado por $\mathbf{F}(x, y, z) = z^3 y\mathbf{i} + z^3 x\mathbf{j} + 3z^2 xy\mathbf{k}$ sobre un objeto que se mueve a lo largo de una curva suave C desde (1, 1, 1) hasta (3, 2, 2).

Rpta. 47.

21. Sea el campo gravitacional $\mathbf{F}(x, y, z) = -GmM\, \dfrac{x\mathbf{i} + y\mathbf{j} + z\mathbf{k}}{r^3}$, donde G, m, M son constantes y $r = \sqrt{x^2 + y^2 + z^2}$

a. Hallar una función potencial de **F**.

b. Sean P_1 y P_2 dos puntos que están a las distancia d_1 y d_2 del origen, respectivamente. Probar que el trabajo que realiza el campo gravitacional al mover una partícula de P_1 a P_2 es $GmM\left(\dfrac{1}{d_2} - \dfrac{1}{d_1}\right)$

Rpta. **a.** $f(x, y, z) = \dfrac{GmM}{\sqrt{x^2 + y^2 + z^2}}$

22. Hallar una función potencial del campo

$\mathbf{F}(x, y, z) = r^n(x\mathbf{i} + y\mathbf{j} + z\mathbf{k})$, donde $n \in \mathbb{Z}$ y $r = \sqrt{x^2 + y^2 + z^2}$

Rpta. $f(x, y, z) = \dfrac{1}{n+2} r^{n+2} + C$, si $n \neq -2$. $f(x, y, z) = \ln r + C$, si $n = -2$

23. a. Hallar el valor de a para el cual el siguiente campo es conservativo.

$$\mathbf{F}(x, y) = (3x^2 + \cos \pi y)\mathbf{i} + (ax - \pi x \operatorname{sen} \pi y)\mathbf{j}.$$

b. Si C es la elipse $\dfrac{x^2}{a^2} + \dfrac{y^2}{b^2} = 1$ orientada en sentido antihorario, evaluar

$$\int_C \left(3x^2 + \cos \pi y\right) dx + \left(x - \pi x \operatorname{sen} \pi y\right) dy$$

Sugerencia: Decomponer $\left(3x^2 + \cos \pi y\right) dx + \left(x - \pi x \operatorname{sen} \pi y\right) dy$

Rpta **a.** $a = 0$ **b.** $2ab\pi$

24. a. Hallar una función potencial de $\mathbf{F}(x, y) = (3x^2 + \cos \pi y)\mathbf{i} + (-\pi x \operatorname{sen} \pi y)\mathbf{j}$.

b. Si C es la parte de la parábola $y = x^2$ que va de (0, 0) a (2, 4), usar el campo **F** para calcular

$$\int_C \left(3x^2 + \cos \pi y\right) dx + \left(x - \pi x \operatorname{sen} \pi y\right) dy$$

Rpta **a.** $f(x, y, z) = x^3 + x \cos \pi y + C$ **b.** 14/3

25. a. Hallar el valor de a para el cual el siguiente campo es conservativo

$$\mathbf{F}(x, y, z) = (ax^2 z - 4x)\mathbf{i} + (2y + \cos \pi z)\mathbf{j} + \left(x^3 - \pi y \operatorname{sen} \pi z\right)\mathbf{k}$$

b. Hallar una función potencial de **F** con el valor de a hallado en la parte (a).

c. Hallar $\displaystyle\int_C \left(3x^2 z - 4x\right) dx + \left(2y + \cos \pi z\right) dy + \left(x^3 - \pi y \operatorname{sen} \pi z\right) dz$

donde C es cualquier curva suave por partes que va de (2, 2, 2) a (0, 0, 0).

Rpta **a.** $a = 3$ **b.** $f(x, y, z) = x^3 z - 2x^2 + y^2 + y \cos \pi z + C$ **c.** 14

26. a. Hallar los valores de a y b para los cuales el siguiente campo es conservativo

$$\mathbf{F}(x, y, z) = e^x \ln(z)\,\mathbf{i} + ay^2 z\,\mathbf{j} + \left(y^3 + b\frac{e^x}{z}\right)\mathbf{k}$$

b. Hallar una función potencial de **F**, con los valores de a y b hallados en la parte (a).

c. Si C es el segmento de recta que va de (1, 1, 1) a (1, 2, 2), usar el campo **F** para calcular

$$\int_C e^x \ln(z)\, dx + 3y^2 z\, dy + y^3 dz$$

Rpta **a.** $a = 3, b = 1$ **b.** $f(x, y, z) = e^x \ln z + y^3 z + C$ **c.** $(e - 1)\ln 2 + 15$

SECCION 5.4

TEOREMA DE GREEN

En las siguientes secciones trataremos tres teoremas que generalizan el teorema fundamental del cálculo. Estos teoremas sobresalen por su importancia, por su belleza y por sus aplicaciones a la física. Cada uno lleva el nombre de sus creadores. Estos son: El teorema de Green, el teorema de Gauss y el teorema de Stokes. Aquí presentamos el primero de ellos. Este teorema expresa una integral doble sobre una región del plano en términos de la integral de linea de su frontera.

Sea C: $\mathbf{r}(t)$, $a \leq t \leq b$, una curva cerrada y simple que es el borde de una región D del plano. C tiene dos orientaciones. La **orientación positiva**, dada por el sentido contrario a las agujas del reloj, y la **orientación negativa,** dada por el sentido de las agujas del reloj. En otros términos, la curva C está orientada positivamente si una persona, caminando sobre C en el sentido de t creciente, la región D queda siempre a la izquierda.

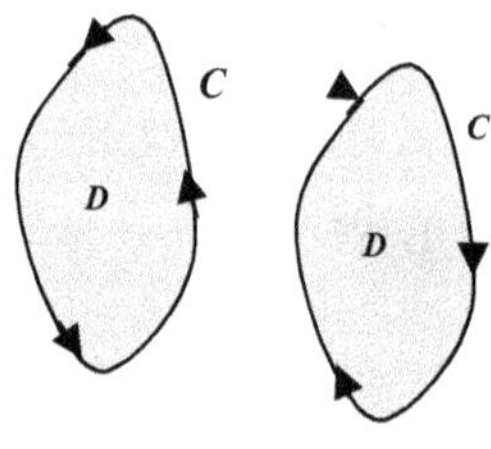

Positiva ***Negativa***

Algunas veces, a C, para enfatizar que es la frontera de D orientada positivamente, se la representa por ∂D. O sea, $C = \partial D$.

Se usan los símbolos $\oint_C$, $\oint_C$, $\int_{\partial D}$ para representar la integral de línea a lo largo de una curva cerrada C orientada positivamente.

TEOREMA 5.11. **Teorema de Green**

Sea C una curva cerrada, simple, suave por partes, que es el borde de una región D del plano XY simplemente conexa. Si P y Q son de clase $C^{(1)}$ en una región abierta que contiene a D, entonces

$$\oint_C P\,dx + Q\,dy = \iint_D \left(\frac{\partial Q}{\partial x} - \frac{\partial P}{\partial y}\right) dA$$

Demostración

La demostración de este teorema en su forma general dado en el enunciado no es fácil. Aquí probaremos el caso especial donde la región D es de tipo I y tipo II simultáneamente. A estas regiones la llamaremos **regiones simples.** Más adelante extenderemos el teorema a otros casos más generales.

La demostración la hacemos en tres pasos:

Paso 1. D es de tipo I o verticalmente simple. Esto es,

$$D = \{(x, y) \,/\, g_1(x) \le y \le g_2(x),\ a \le x \le b\},$$

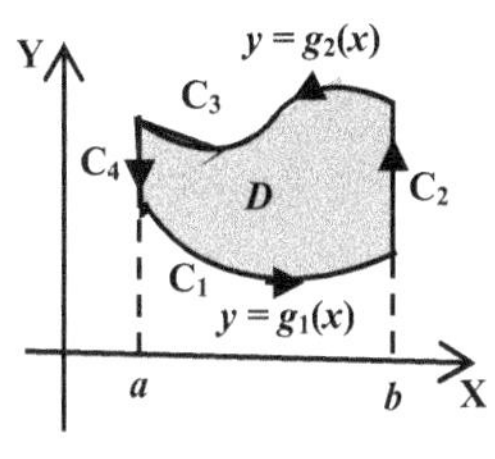

donde g_1 y g_2 son continuas.

Para este caso, probaremos que:

$$\oint_C P\,dx = -\iint_D \frac{\partial P}{\partial y}\,dA \qquad \textbf{(1)}$$

Por un lado, recurriendo al teorema fundamental del cálculo, tenemos que:

$$\iint_D \frac{\partial P}{\partial y}\,dA = \int_a^b \int_{g_1(x)}^{g_2(x)} \frac{\partial P}{\partial y}(x, y)\,dydx = \int_a^b \left[P(x, g_2(x)) - P(x, g_1(x))\right]dx$$

$$= \int_a^b P(x, g_2(x))\,dx - \int_a^b P(x, g_1(x))\,dx \qquad \textbf{(2)}$$

Por otro lado, la frontera C está conformada por la unión de las curvas C_1, C_2, C_3 y C_4, indicadas en la figura. Por tanto,

$$\oint_C P\,dx = \int_{C_1} P\,dx + \int_{C_2} P\,dx + \int_{C_3} P\,dx + \int_{C_4} P\,dx \qquad \textbf{(3)}$$

Las integrales sobre las curvas C_2 y C_4 son nulas, ya que en estas curvas, x es constante y, por tanto, $dx = 0$.

Para C_1 y $-C_3$ tenemos las siguientes parametrizaciones:

$$C_1 : x = x,\ y = g_1(x),\ a \le x \le b. \qquad -C_3 : x = x,\ y = g_2(x),\ a \le x \le b.$$

Luego, regresando a (3):

$$\oint_C P\,dx = \int_{C_1} P\,dx + 0 + \int_{C_3} P\,dx + 0 = \int_{C_1} P\,dx - \int_{-C_3} P\,dx$$

$$= \int_a^b P(x, g_1(x))\,dx - \int_a^b P(x, g_2(x))\,dx$$

Esto es,

$$\oint_C P\,dx = \int_a^b P(x, g_1(x))\,dx - \int_a^b P(x, g_2(x))\,dx \qquad \textbf{(4)}$$

Comparando (2) y (4) obtenemos la igualdad (1):

$$\oint_C P\,dx = -\iint_D \frac{\partial P}{\partial y}\,dA$$

Paso 2. D es de tipo II u horizontalmente simple.

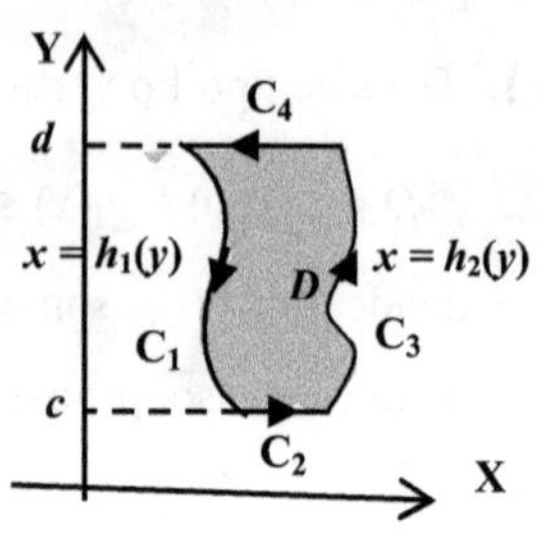

$$D = \{(x, y) \,/\, h_1(y) \leq x \leq h_2(y), \quad c \leq y \leq d\},$$

donde h_1 y h_2 son continuas.

Para este caso probaremos que

$$\oint_C Q\,dy = \iint_D \frac{\partial Q}{\partial x}\,dA \qquad \textbf{(5)}$$

Por un lado, recurriendo al teorema fundamental del cálculo, tenemos que:

$$\iint_D \frac{\partial Q}{\partial x}\,dA = \int_c^d \int_{h_1(y)}^{h_2(y)} \frac{\partial Q}{\partial x}(x, y)\,dxdy = \int_c^d \left[Q(h_2(y), y) - P(h_1(y), y)\right]dy$$

$$= \int_c^d Q(h_2(y), y)\,dy - \int_c^d P(h_1(y), y)\,dy \qquad \textbf{(6)}$$

Por otro lado, la frontera C está conformada por la unión de las curvas C_1, C_2, C_3 y C_4, indicados en la figura. Por tanto,

$$\oint_C Q\,dy = \int_{C_1} Q\,dy + \int_{C_2} Q\,dy + \int_{C_3} Q\,dy + \int_{C_4} Q\,dy \qquad \textbf{(7)}$$

Las integrales sobre las curvas C_2 y C_4 son nulas, ya que en estas curvas, y es constante y, por tanto, $dy = 0$.

Para C_1 y $-C_3$ tenemos las siguientes parametrizaciones:

$$-C_1 : x = h_1(y), \; y = y, \; c \leq y \leq d. \qquad C_3 : x = h_2(y), \; y = y, \; c \leq y \leq d.$$

Luego, regresando a (7):

$$\oint_C Q\,dy = \int_{C_1} Q\,dy + 0 + \int_{C_3} Q\,dy + 0 = -\int_{-C_1} Q\,dy + \int_{C_3} Q\,dy$$

$$= -\int_c^d Q(h_1(y), y)\,dy + \int_c^d Q(h_2(y), y)\,dy \qquad \textbf{(8)}$$

Comparando (6) y (8) obtenemos la igualdad (5):

$$\oint_C Q\,dy = \iint_D \frac{\partial Q}{\partial x}\,dA$$

Paso 3. D es simple. Esto es, D es, a la vez, de tipo I y de tipo II.

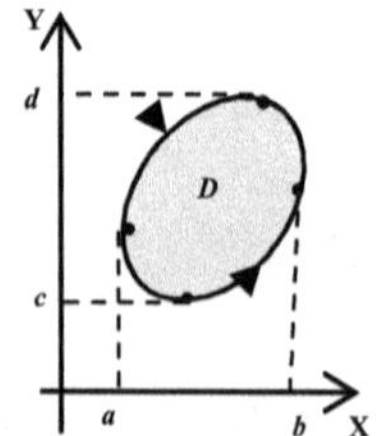

Por ser D del tipo I y tipo II se cumple que:

$$\oint_C P\,dx = -\iint_D \frac{\partial P}{\partial y}\,dA \quad \text{y} \quad \oint_C Q\,dy = \iint_D \frac{\partial Q}{\partial x}\,dA$$

Sumando estas dos igualdades, se tiene

$$\oint_C P\,dx + Q\,dy = \iint_D \left(\frac{\partial Q}{\partial x} - \frac{\partial P}{\partial y} \right) dA$$

EJEMPLO 1. Usando el teorema de Green, evaluar

$$\oint_C (3xy-1)\,dx + \left(3x^2 + e^y\right)\,dy,$$

donde C es la frontera de la región encerrada por la parábola $y = x^2$ y la recta $y = 2x$.

Solución

Tenemos que: $P = 3xy - 1$ y $Q = 3x^2 + e^y$. Luego,

$$\frac{\partial P}{\partial y} = 3x, \qquad \frac{\partial Q}{\partial x} = 6x$$

Aplicando el teorema de Green obtenemos:

$$\oint_C (3xy-1)\,dx + \left(3x^2 + e^y\right)dy = \iint_D \left(\frac{\partial Q}{\partial x} - \frac{\partial P}{\partial y} \right) dA$$

$$= \iint_D (6x - 3x)\,dA = 3\iint_D x\,dA$$

$$= 3\int_0^2 \int_{x^2}^{2x} x\,dydx = 3\int_0^2 x\Big[\,y\,\Big]_{x^2}^{2x} dx = 3\int_0^2 x\left[2x - x^2\right]dx$$

$$= 3\int_0^2 \left(2x^2 - x^3\right)dx = 3\left[\frac{2x^3}{3} - \frac{x^4}{4}\right]_0^2 = 4$$

$C = C_1 \cup C_2$

TEOREMA DE GREEN PARA UNA REGION QUE ES UNION DE REGIONES SIMPLES

Veamos que el teorema de Green es válido para una región D que se puede descomponer como unión de regiones simples D_1, D_2, . . . D_k, que no se sobreponen. Ilustraremos este resultado tomando el caso $D = D_1 \cup D_2$, ilustrado en la figura.

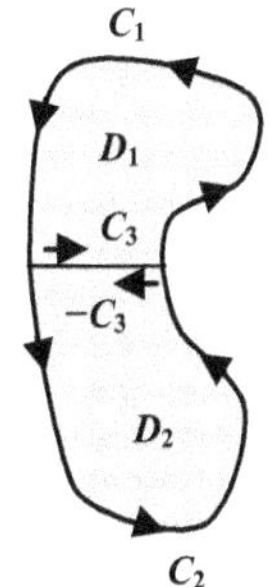

La región D no es simple. Sin embargo, mediante el segmento horizontal indicado en la gráfica, dividimos a D en dos regiones simples, D_1 y D_2. Este mismo segmento divide a C, la frontera D, en las curvas C_1 y C_2.

La frontera de D_1 es $C_1 \cup C_3$ y la frontera de D_2 es $C_2 \cup (-C_3)$

El teorema de Green en la región simple D_1 dice:

$$\oint_{C_1 \cup C_3} P\,dx + Q\,dy = \iint_{D_1} \left(\frac{\partial Q}{\partial x} - \frac{\partial P}{\partial y} \right) dA \Rightarrow$$

$$\oint_{C_1} P\,dx + Q\,dy + \oint_{C_3} P\,dx + Q\,dy = \iint_{D_1} \left(\frac{\partial Q}{\partial x} - \frac{\partial P}{\partial y} \right) dA \qquad \textbf{(1)}$$

El teorema de Green en la región simple D_2 dice:

$$\oint_{C_2 \cup (-C_3)} P\,dx + Q\,dy = \iint_{D_2} \left(\frac{\partial Q}{\partial x} - \frac{\partial P}{\partial y} \right) dA \Rightarrow$$

$$\oint_{C_2} P\,dx + Q\,dy - \oint_{C_3} P\,dx + Q\,dy = \iint_{D_2} \left(\frac{\partial Q}{\partial x} - \frac{\partial P}{\partial y} \right) dA \qquad \textbf{(2)}$$

Sumando (1) y (2):

$$\oint_{C_1} P\,dx + Q\,dy + \oint_{C_2} P\,dx + Q\,dy = \iint_{D_1} \left(\frac{\partial Q}{\partial x} - \frac{\partial P}{\partial y} \right) dA + \iint_{D_2} \left(\frac{\partial Q}{\partial x} - \frac{\partial P}{\partial y} \right) dA$$

De donde,

$$\oint_{C} P\,dx + Q\,dy = \iint_{D} \left(\frac{\partial Q}{\partial x} - \frac{\partial P}{\partial y} \right) dA$$

EJEMPLO 2. **Trabajo usando el teorema de Green**

Hallar el trabajo realizado por el campo de fuerza

$$\mathbf{F}(x, y) = (\operatorname{senh} x - y^3)\mathbf{i} + (y^2 + x^3)\mathbf{j}$$

al mover una partícula sobre la curva C que encierra la región semialulular:

$$D = \left\{ (x, y) / \ 2 \leq \sqrt{x^2 + y^2} \leq 4 \right\}$$

Solución

$$W = \oint_C \mathbf{F} \cdot d\mathbf{r}$$

$$= \oint_C \left(\operatorname{senh} x - y^3\right) dx + \left(y^2 + x^3\right) dy$$

$$= \iint_D \left[\frac{\partial}{\partial x}\left(y^2 + x^3\right) - \frac{\partial}{\partial y}\left(\operatorname{senh} x - y^3\right) \right] dA$$

$$= \iint_D \left[3x^2 + 3y^2 \right] dA = 3 \iint_D \left[x^2 + y^2 \right] dA$$

Cambiamos a coordenadas polares la región D:

$$D=\{(r,\theta)/\ 2\leq r\leq 4,\ \ 0\leq\theta\leq\pi\ \}$$

Ahora,

$$W=3\iint_D\left[x^2+y^2\right]dA=3\int_0^{\pi}\int_2^4\left(r^2\right)rdrd\theta=3\int_0^{\pi}\int_2^4 r^3drd\theta$$

$$=3\int_0^{\pi}\left[\frac{r^4}{4}\right]_2^4 d\theta=3\int_0^{\pi}60\ d\theta=180\pi$$

EJEMPLO 3. Evaluar la integral $\oint_C\left(3x^2y-\cos x\right)dx+\left(x^3+4x\right)dy$, donde C es la circunferencia de centro en el origen y radio r: $x^2+y^2=r^2$

Solución

Aplicando el teorema de Green:

$$\oint_C\left(3x^2y-\cos x\right)dx+\left(x^3+4x\right)dy=\iint_D\left(\frac{\partial Q}{\partial x}-\frac{\partial P}{\partial y}\right)dA$$

$$=\iint_D\left[\frac{\partial}{\partial x}\left(\ x^3+4x\right)-\frac{\partial}{\partial y}\left(\ 3x^2y-\cos x\right)\right]dA$$

$$=\iint_D\left[\left(3x^2+4\right)-\left(\ 3x^2\right)\right]dA=4\iint_D dA$$

Y C D 0 r X

Pero, $\iint_D dA$ = A(D), el área de la región D.

Sabemos que el área de un círculo de radio r es A(D) = πr^2. Luego,

$$\oint_C\left(3x^2y-\cos x\right)dx+\left(x^3+4x\right)dy=4\iint_D dA=4\text{A}(D)=4\pi r^2$$

En la sección anterior, en la demostración del teorema 5.10, se indicó que una parte de esta demostración se haría usando el teorema de Green. Bien, ahora ya estamos en condiciones para cumplir con parte de esa deuda. Lo hacemos en el siguiente ejemplo.

EJEMPLO 4. **Paguemos una deuda.**

Probar la siguiente parte del teorema 5.10.

Sea $\mathbf{F} = P\mathbf{i} + Q\mathbf{j}$ de clase $\mathbf{C}^{(1)}$ en una región D abierta y simplemente conexa.

Si $\dfrac{\partial P}{\partial y} = \dfrac{\partial Q}{\partial x}$ en D, entonces **F** es conservativo.

Solución

Bastará probar que $\oint_C P\,dx + Q\,dy = 0$, para toda curva cerrada contenida en D; ya que si esto es cierto, el teorema 5.9 nos asegura que el campo $\mathbf{F} = P\mathbf{i} + Q\mathbf{j}$ es conservativo.

Bien, sea C una curva en D que es cerrada, simple y que encierra a la región R. De acuerdo al teorema de Green, tenemos

$$\oint_C P\,dx + Q\,dy = \iint_R \left(\frac{\partial Q}{\partial x} - \frac{\partial P}{\partial y}\right) dA = \iint_R (0)\,dA = 0$$

Si C es cerrada, pero no simple y se intersecta en más de un punto, la podemos ver como unión de dos o más curvas simples para las cuales la integral se anula y, por tanto, la suma de estas integrales también es nula. En consecuencia,

$$\oint_C P\,dx + Q\,dy = 0, \text{ para toda curva cerrada contenida en } D$$

EL AREA USANDO EL TEOREMA DE GREEN

En el ejemplo 3 usamos el área del círculo para hallar una integral de línea. El siguiente teorema nos señala el camino inverso. Hallar el área de una región usando una integral de línea. Nos da tres opciones.

TEOREMA 5. 12 Si D es una región del plano acotada por una curva C simple, cerrada , suave a trozos y orientada positivamente, entonces el área de la región D es dada por

$$\mathrm{A}(D) = \frac{1}{2}\oint_C -y\,dx + x\,dy = -\oint_C y\,dx = -\oint_C x\,dy$$

Demostración

Aplicando el teorema de Green:

$$\frac{1}{2}\oint_C -y\,dx + x\,dy = \frac{1}{2}\iint_D \left[\frac{\partial}{\partial x}(x) - \frac{\partial}{\partial y}(-y)\right] dA$$

$$= \frac{1}{2}\iint_D (2)\, dA = \iint_D dA = A(D)$$

Hemos obtenido la primera igualdad. Veamos la segunda:

$$-\oint_C y\, dx = \oint_C -y\, dx + 0\, dy = \iint_D \left[\frac{\partial}{\partial x}(0) - \frac{\partial}{\partial y}(-y)\right] dA = \iint_D dA = A(D)$$

En forma similar se obtiene la tercera igualdad.

EJEMPLO 5. Usando el teorema Green, probar que el área de la región D encerrada por la elipse $\dfrac{x^2}{a^2} + \dfrac{y^2}{b^2} = 1$ es

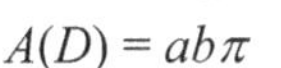

$$A(D) = ab\pi$$

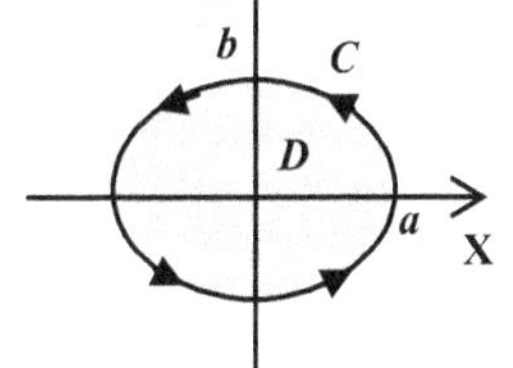

Solución

Usaremos la primera igualdad.

Sabemos que una parametrización positiva para la elipse es

$$x = a\cos t, \quad y = b \operatorname{sen} t, \ 0 \le t \le 2\pi$$

Ahora,

$$A(D) = \frac{1}{2}\oint_C -y\, dx + x\, dy = \frac{1}{2}\int_0^{2\pi} (-b \operatorname{sen} t)(-a \operatorname{sen} t\, dt) + (a\cos t)(b\cos t\, dt)$$

$$= \frac{1}{2}\int_0^{2\pi} ab\left(\operatorname{sen}^2 t + \cos^2 t\right) dt = \frac{ab}{2}\int_0^{2\pi} dt = \frac{ab}{2}\Big[\, t \,\Big]_0^{2\pi} = ab\pi$$

EJEMPLO 6. Hallar el área de la región D acotada por el eje X y el primer ciclo de la cicloide

$$x = a(t - \operatorname{sen} t), \ y = a(1 - \cos t), \ 0 \le t \le 2\pi$$

Solución

Sen C_1 la parte del eje X: $x = t, \ y = 0, \ 0 \le t \le 2\pi$.

Sea C_2 el primer ciclo de la cicloide:

$$x = a(t - \operatorname{sen} t), \ y = a(1 - \cos t), \ 0 \le t \le 2\pi$$

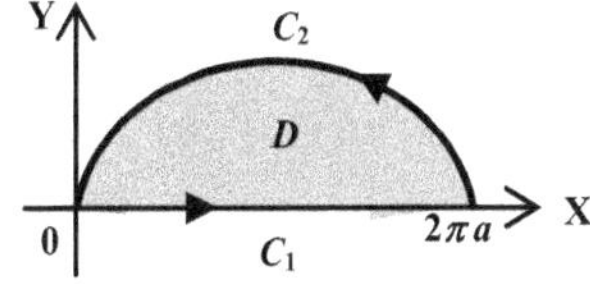

Tenemos que: $\partial D = C_1 \cup C_2$

Para hallar el área de D usamos la segunda igualdad del teorema 5.12.

$$A(D) = -\oint_{\partial D} y\,dx = -\oint_{C_1 \cup C_2} y\,dx = -\oint_{C_1} y\,dx - \oint_{C_2} y\,dx$$

$$= -\int_0^1 0\,dt - \int_0^{2\pi} a(1-\cos t)\,a(1-\cos t)\,dt$$

$$= 0 + a^2 \int_0^{2\pi} (1-\cos t)^2\,dt = a^2 \int_0^{2\pi} \left(1 - 2\cos t + \cos^2 t\right) dt$$

$$= a^2 \int_0^{2\pi} \left(1 - 2\cos t + \frac{1}{2}(1+\cos 2t)\right) dt = a^2 \int_0^{2\pi} \left(\frac{3}{2} - 2\cos t + \frac{1}{2}\cos 2t\right) dt$$

$$= a^2 \left[\frac{3}{2}t - 2\,\text{sen}\,t + \frac{1}{4}\,\text{sen}\,2t\right]_0^{2\pi} = 3\pi a^2$$

TEOREMA DE GREEN PARA REGIONES MULTIPLEMENTE CONEXAS

Extendemos el teorema de Green a regiones multiplemente conexas o sea regiones que tienen hoyos.

En la figura tenemos una región D con un hoyo. Su borde es la curva C, orientada positivamente y conformada por dos curvas cerradas y simples C_1 y C_2. Esto es,

$$\partial D = C = C_1 \cup C_2.$$

La curva C_1, para que al recorrerla, la región D quede a la izquierda, C_1 debe seguir la dirección antihoraria. En cambio, la curva C_2, para que al recorrerla, la región D quede a la izquierda, C_2 debe seguir la dirección horaria.

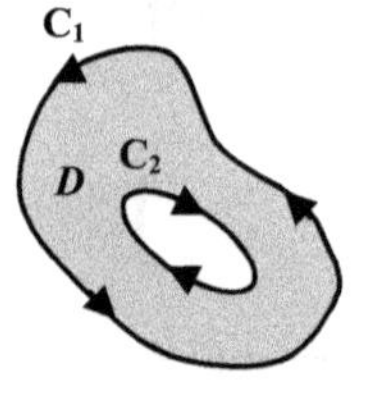

En la región D hacemos dos cortes, como indica la segunda figura. D queda dividido en dos regiones, sin hoyos, D_1 y D_2. Aplicamos el teorema de Green en D_1 y D_2.

$$\iint_D \left(\frac{\partial Q}{\partial x} - \frac{\partial P}{\partial y}\right) dA = \iint_{D_1} \left(\frac{\partial Q}{\partial x} - \frac{\partial P}{\partial y}\right) dA + \iint_{D_2} \left(\frac{\partial Q}{\partial x} - \frac{\partial P}{\partial y}\right) dA$$

$$= \oint_{\partial D_1} P\,dx + Q\,dy + \oint_{\partial D_2} P\,dx + Q\,dy$$

$$= \oint_{C_1} P\,dx + Q\,dy + \oint_{C_2} P\,dx + Q\,dy$$

$$= \oint_{C} P\,dx + Q\,dy$$

La penúltima igualdad se obtiene al separar las integrales sobre las fronteras ∂D_1 y ∂D_2, la suma de las integrales sobre las curvas de corte se anulan, porque aparecen dos veces y con signos opuestos.

Este resultado se extiende fácilmente para regiones de 2 o más huecos.

EJEMPLO 7. Sea C una curva en $\mathbb{R}^2$ que es cerrada, simple, suave por partes, que no pasa por el origen y es el borde de una región D. Probar que:

$$\oint_C \frac{-y\,dx + x\,dy}{x^2+y^2} = \begin{cases} 0, & \text{si } (0,0) \notin D \\ 2\pi, & \text{si } (0,0) \in D \end{cases}$$

Solución

Sean $P = \dfrac{-y}{x^2+y^2}$ y $Q = \dfrac{x}{x^2+y^2}$.

Las funciones P y Q son de clase $C^{(1)}$ en $\mathbb{R}^2$, excepto en el origen $(0, 0)$, ya que estas funciones no están definidas en $(0, 0)$ y, por tanto, no son continuas en este punto. Además, se cumple que:

$$\frac{\partial P}{\partial y} = \frac{y^2 - x^2}{\left(x^2+y^2\right)^2} = \frac{\partial Q}{\partial x}, \quad \text{para todo par } (x, y) \neq (0, 0) \qquad \textbf{(1)}$$

Si $(0, 0)$ no está en D, entonces P y Q son de clase $C^{(1)}$ en D. Por tanto, podemos aplicar el teorema de Green:

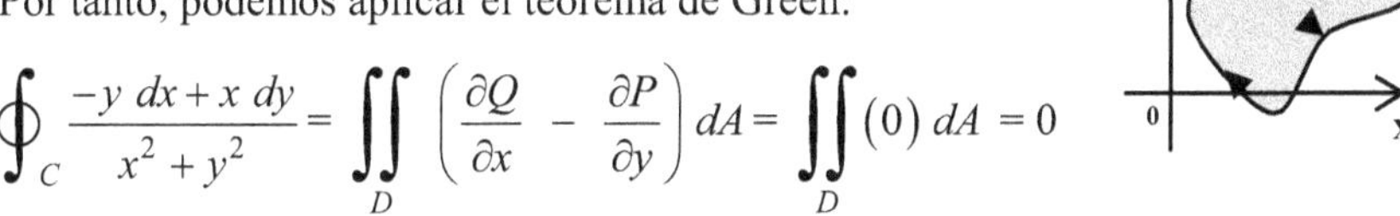

$$\oint_C \frac{-y\,dx + x\,dy}{x^2+y^2} = \iint_D \left(\frac{\partial Q}{\partial x} - \frac{\partial P}{\partial y}\right) dA = \iint_D (0)\, dA = 0$$

Supongamos ahora que el origen está en D. Como C no pasa por $(0, 0)$, existe $r > 0$, suficientemente pequeño para que la circunferencia

$$C_1:\ x^2 + y^2 = r^2$$

esté contenida en el interior de D. Sea D_1 la región cuyo borde es la unión de C con C_1. Esto es, $\partial D_1 = C \cup C_1$.

Las funciones P y Q son de clase $C^{(1)}$ en un abierto que contiene a D_1. Sabemos, por la discusión anterior, que el teorema de Green se cumple en esta región múltiplemente conexa. Luego

$$\int_{\partial D_1} \frac{-y\,dx + x\,dy}{x^2+y^2} = \iint_{D_1} \left(\frac{\partial Q}{\partial x} - \frac{\partial P}{\partial y}\right) dA = \iint_{D_1} (0)\, dA = 0$$

Pero,

$$\int_{\partial D_1} \frac{-y\,dx + x\,dy}{x^2+y^2} = \oint_C \frac{-y\,dx + x\,dy}{x^2+y^2} + \oint_{C_1} \frac{-y\,dx + x\,dy}{x^2+y^2}$$

Luego,

$$\oint_C \frac{-y\,dx + x\,dy}{x^2+y^2} = -\oint_{C_1} \frac{-y\,dx + x\,dy}{x^2+y^2} = \oint_{-C_1} \frac{-y\,dx + x\,dy}{x^2+y^2}$$

Una parametrización para $-C_1$ es

$$-C_1:\ x = r\cos t,\ y = r\,\mathrm{sen}\,t,\quad 0 \le t \le 2\pi,$$

Luego,

$$\int_{-C_1} \frac{-y\,dx + x\,dy}{x^2+y^2} = \int_0^{2\pi} \frac{-(r\,\mathrm{sen}\ t)(-r\,\mathrm{sen}\,t\ dt) + (r\cos\ t)(r\cos t\ dt)}{(r\cos t)^2 + (r\,\mathrm{sen}\,t)^2}$$

$$= \int_0^{2\pi} dt \ = 2\pi$$

En consecuencia, $\displaystyle\oint_C \frac{-y\,dx + x\,dy}{x^2+y^2} = 2\pi$

FORMAS VECTORIALES DEL TEOREMA DE GREEN

En esta última parte de esta sección presentamos dos formulaciones del teorema de Green usando vectores. Estas versiones nos permitirán ver con facilidad que dos teoremas importantes, el teorema de Stokes y el teorema de Gauss, son generalizaciones del teorema de Green.

PRIMERA FORMA VECTORIAL DEL TEOREMA DE GREEN

Recordemos que si tenemos el campo $\mathbf{F} = P\mathbf{i} + Q\mathbf{j} = P\mathbf{i} + Q\mathbf{j} + 0\mathbf{k}$, entonces

$$\text{rot}\ \mathbf{F} = \nabla \times \mathbf{F} = \begin{vmatrix} \mathbf{i} & \mathbf{j} & \mathbf{k} \\ \dfrac{\partial}{\partial x} & \dfrac{\partial}{\partial y} & \dfrac{\partial}{\partial z} \\ P & Q & 0 \end{vmatrix} = \left(\frac{\partial Q}{\partial x} - \frac{\partial P}{\partial y} \right)\mathbf{k} \qquad \textbf{(1)}$$

Luego,

$$\oint_C \mathbf{F} \cdot d\mathbf{r} = \oint_C P\,dx + Q\,dy = \iint_D \left(\frac{\partial Q}{\partial x} - \frac{\partial P}{\partial y} \right) dA = \iint_D (\text{rot}\ \mathbf{F}) \cdot \mathbf{k}\ dA$$

De donde obtenemos:

La primera forma vectorial del teorema de Green

$$\boxed{\oint_C \mathbf{F} \cdot d\mathbf{r} = \iint_D (\textbf{rot}\ \mathbf{F}) \cdot \mathbf{k}\ dA}$$

La extensión de esta forma a superficies en el espacio tridimensional da lugar al **teorema de Stokes.**

A continuación presentamos la otra forma vectorial del teorema de Green. Para esto, a la parametrización de C la expresamos en términos de la longitud de arco.

Recordar que la divergencia del campo $\mathbf{F} = P\mathbf{i} + Q\mathbf{j}$ es $\operatorname{div} \mathbf{F} = \dfrac{\partial P}{\partial x} + \dfrac{\partial Q}{\partial y}$.

Segunda forma vectorial del teorema de Green

$$\oint_C \mathbf{F} \cdot \mathbf{n}\, ds = \iint_D \operatorname{div} \mathbf{F}\, dA$$

donde **n** es EL **vector normal unitario exterior** de C.

Veamos la deducción de esta fórmula.

Sea C definida por $\mathbf{r}(s) = x(s)\mathbf{i} + y(s)\mathbf{j},\ a \le s \le b.$

El vector tangente unitario es

$$\mathbf{T} = x'(s)\mathbf{i} + y'(s)\mathbf{j}$$

El gráfico nos dice que el vector normal unitario exterior de C es

$$\mathbf{n} = \mathbf{T} \times \mathbf{k} = \left(x'(s)\mathbf{i} + y'(s)\mathbf{j}\right) \times \mathbf{k}$$
$$= x'(s)\mathbf{i} \times \mathbf{k} + y'(s)\mathbf{j} \times \mathbf{k} = y'(s)\mathbf{i} - x'(s)\mathbf{j}$$

Luego, aplicando el teorema de Green,

$$\oint_C \mathbf{F} \cdot \mathbf{n}\, ds = \oint_C (P\mathbf{i} + Q\mathbf{j}) \cdot \left(y'(s)\mathbf{i} - x'(s)\mathbf{j} \right) ds = \oint_C -Q dx + P dy$$

$$= \iint_D \left(\frac{\partial P}{\partial x} + \frac{\partial Q}{\partial y} \right) dA = \iint_D \operatorname{div} \mathbf{F}\, dA$$

FLUJO A TRAVES DE UNA CURVA PLANA CERRADA

La segunda forma vectorial del teorema de Green tiene una interpretación física. Esta interpretación nos conduce a la motivación del origen del término ***divergencia***.

Supongamos que tenemos en el piso una placa D de un líquido (fluido) como agua, aceite, etc, limitada por una curva C. El fluido cruza la curva C con una velocidad dada por un campo de velocidades **F**. La cantidad total de fluido que pasa a través C por unidad de tiempo, es el flujo de **F** a través de C. En términos más precisos:

DEFINICION. Sea C una curva suave y cerrada en el dominio de un campo vectorial $\mathbf{F} = P\mathbf{i} + Q\mathbf{j}$, donde P y Q tienen derivadas **parciales continuas.** Sea $\mathbf{n}$ la normal exterior de C. El **flujo** de $\mathbf{F}$ a través de C es la integral:

$$\textbf{Flujo de F a través de } C = \oint_C \mathbf{F} \cdot \mathbf{n}\, ds$$

De acuerdo a la segunda forma vectorial del teorema Green, tenemos:

$$\textbf{Flujo de F a través de } C = \iint_D \operatorname{div}\mathbf{F}\, dA$$

Ahora, consideremos un punto (x_0, y_0) interior de D y un pequeña bola B_r de radio r y centro en (x_0, y_0) contenida en D. Como $\mathbf{F}$ tiene derivadas parciales continuas, usando el teorema 4.5 podemos afirmar:

$$\text{Flujo de } \mathbf{F} \text{ a través de } C = \iint_D \operatorname{div}\mathbf{F}\, dA \approx \operatorname{div}\mathbf{F}(x_0, y_0)\left(\pi r^2\right)$$

Esto significa que $\operatorname{div}\mathbf{F}(x_0, y_0)$ mide la razón y el sentido en que el fluido ***diverge*** desde el punto (x_0, y_0). Si $\operatorname{div}\mathbf{F}(x_0, y_0) > 0$, en el punto (x_0, y_0) hay un manantial de fluido, y si $\operatorname{div}\mathbf{F}(x_0, y_0) < 0$, en (x_0, y_0) hay un sumidero.

EJEMPLO 8. Hallar el flujo del campo $\mathbf{F}(x, y) = 3x\mathbf{i} + 2y\mathbf{j}$ a través de la elipse

$$C\!: \frac{x^2}{a^2} + \frac{y^2}{b^2} = 1$$

Solución

$$\text{Flujo de } \mathbf{F} \text{ a través de } C = \oint_C \mathbf{F} \cdot \mathbf{n}\, ds = \iint_D \operatorname{div}\mathbf{F}\, dA = \iint_D (3+2)\, dA = 5\iint_D dA$$

$$= 5A(D) = 5ab\pi$$

¿SABIAS QUE . . .

GEORGE GREEN (1793−1841) *Nació en el pequeño poblado Knottingham, Inglaterra. Su padre, llamado también George, poseía una panadería. Sus estudios formales fueron muy limitados. Asistió a la escuela cuando tenía 8 años y la abandonó a los 9 años de edad, para ayudar a su padre en la panadería. Entre 1823 y 1828 se dedicó estudiar física y matemática por su cuenta. En 1828 publicó, con sus propios recursos, su famoso trabajo* ***"Un ensayo acerca de la aplicación del análisis matemático en las teorías de la electricidad y el magnetismo".*** *En esta publicación apareció el teorema que ahora lleva su nombre.*

George Green

En 1829 falleció su padre y la panadería fue vendida. Parte del dinero de la venta, Green lo usó pata estudiar. Entró a la Universidad de Cambridge a la edad de 40 años y obtuvo su licenciatura cinco años más tarde.

PROBLEMAS RESUELTOS 5. 4

PROBLEMA 1. Calcular $\oint_C P\,dx + Q\,dy$, donde

$$P = x\ln\left(y^2+1\right) - x^2(y-2), \qquad Q = \frac{x^2y}{y^2+1} + y^2(x-1)$$

y C es la circunferencia $x^2+y^2=a^2$.

Solución

Tenemos que:

$$\frac{\partial P}{\partial y} = \frac{2xy}{y^2+1} - x^2, \qquad \frac{\partial Q}{\partial x} = \frac{2xy}{y^2+1} + y^2 \quad \text{y} \quad \frac{\partial Q}{\partial x} - \frac{\partial P}{\partial y} = x^2+y^2$$

Aplicando el teorema de Green:

$$\oint_C P\,dx + Q\,dy = \iint_D \left(\frac{\partial Q}{\partial x} - \frac{\partial P}{\partial y}\right) dA = \iint_D \left(x^2+y^2\right) dA$$

$$= \iint_D \left(r^2\right) r\,dr\,d\theta = \int_0^{2\pi}\int_0^a r^3\,dr\,d\theta$$

$$= \int_0^{2\pi}\left[\frac{r^4}{4}\right]_0^a d\theta = \frac{a^4}{4}\int_0^{2\pi} d\theta = \frac{\pi}{2}a^4$$

PROBLEMA 2. Hallar el área de la región encerrada por el lazo del folium (hoja) de Descartes:

$$x^3+y^3 = 3axy, \quad a>0$$

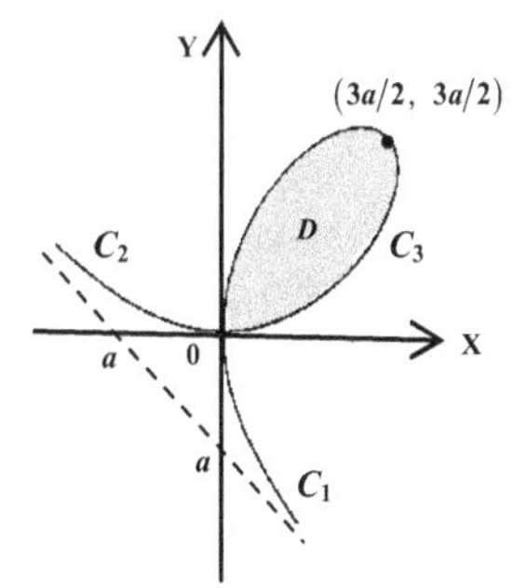

Solución

Sea D la región encerrada por el lazo del folium.

Hallemos una parametrización de la curva.

Sea $\dfrac{y}{x} = t$. Luego, $y = xt$.

Reemplazando este valor de y en la ecuación del folium:

$$x^3 + y^3 = 3axy \Rightarrow x^3 + (xt)^3 = 3ax(xt)$$

$$\Rightarrow x^3(t^3+1) = 3ax^2t \Rightarrow \frac{x^3}{x^2} = \frac{3at}{t^3+1} \Rightarrow$$

$$\Rightarrow \quad x = \frac{3at}{t^3+1}, \qquad y = \frac{3at^2}{t^3+1}, \quad t \neq -1$$

Si $t < -1$, entonces $x > 0$, $y < 0$ y el punto (x, y) está en el cuarto cuadrante. Luego, estos valores de t trazan C_1, la parte del folium del cuarto cuadrante.

Si $-1 < t \leq 0$, entonces $x \leq 0$, $y \geq 0$. En este caso, el punto (x, y) está en el segundo cuadrante. Luego, estos valores de t trazan C_2, la parte del folium del segundo cuadrante.

Si $0 \leq t < \infty$, entonces $x \geq 0$, $y \geq 0$ y el punto (x, y) está en el primer cuadrante. Luego, estos valores de t trazan C_3, el lazo del folium.

En resumen, una parametrización del lazo es

$$C_3\text{:}\ x = \frac{3at}{t^3+1}, \quad y = \frac{3at^2}{t^3+1}, \quad 0 \leq t < \infty$$

De donde,

$$dx = \frac{3a\left(1-2t^3\right)}{\left(t^3+1\right)^2}dt \quad \text{y} \quad dy = \frac{3at\left(2-t^3\right)}{\left(t^3+1\right)^2}dt$$

Ahora hallamos el área de la región D. De acuerdo al teorema 5.12:

$$\text{A}(D) = \frac{1}{2}\oint_{C_3} -y\,dx + x\,dy$$

$$= \frac{1}{2}\int_0^{\infty} -\frac{3at^2}{t^3+1}\,\frac{3a\left(1-2t^3\right)}{\left(t^3+1\right)^2}dt + \frac{3at}{t^3+1}\,\frac{3at\left(2-t^3\right)}{\left(t^3+1\right)^2}dt$$

$$= \frac{3a^2}{2}\int_0^{\infty} \frac{3t^2\,dt}{\left(t^3+1\right)^2} = \frac{3a^2}{2}\lim_{b\to\infty}\left[-\frac{1}{t^3+1}\right]_0^b = \frac{3a^2}{2}$$

¿SABIAS QUE . . .

RENÉ DESCARTES *introdujo la hoja descartes, el año 1638, para desafiar a Fermat, quien debería encontrar la recta tangente en cualquiera de los puntos de la curva. Para esta época, las ideas del Cálculo estaban en sus inicios. Newton y Leibniz todavía no habían nacido; pero Fermat ya había encontrado unas técnicas para hallar rectas tangentes. El problema lo resolvió fácilmente.*

PROBLEMA 3. Hallar el flujo del campo $\mathbf{F}(x, y) = \left(4x + 2ye^{x}\right)\mathbf{i} + (2y - y^{2}e^{x})\mathbf{j}$ a través del lazo derecho de la lemniscata

$$C: r^{2} = a^{2}\cos 2\theta$$

Solución

$$\text{Flujo de } \mathbf{F} \text{ a través de } C = \oint_{C} \mathbf{F}\cdot\mathbf{n}\, ds$$

$$= \iint_{D} \operatorname{div}\mathbf{F}\, dA$$

$$= \iint_{D} \left(\frac{\partial}{\partial x}\left(4x + 2ye^{x}\right) + \frac{\partial}{\partial y}\left(2y - y^{2}e^{x}\right)\right) dA$$

$$= \iint_{D} (4+2)\, dA = 6\iint_{D} dA = 6A(D)$$

Sea D_1 la parte de la región D que está sobre el eje polar. Usando la fórmula para el área de una región en coordenadas polares, dado en el teorema 7.4 de nuestro texto de Cálculo Integral, tenemos que:

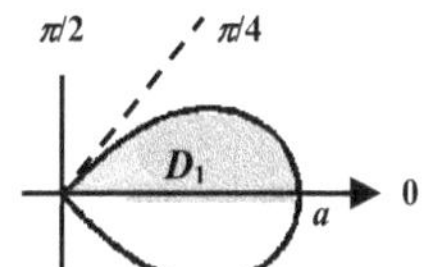

$$A(D) = 2\,A(D_1) = 2\frac{1}{2}\int_{0}^{\pi/4} a^{2}\cos 2\theta\, d\theta$$

$$= a^{2}\int_{0}^{\pi/4} \cos 2\theta\, d\theta = a^{2}\left[\frac{1}{2}\operatorname{sen} 2\theta\right]_{0}^{\pi/4} = \frac{a^{2}}{2}$$

Por lo tanto,

$$\text{Flujo de } \mathbf{F} \text{ a través del lazo derecho de la lemniscata} = 6A(D) = 6\frac{a^{2}}{2} = 3a^{2}$$

PROBLEMAS PROPUESTOS 5.4

En los problemas del 1 al 8, hallar la integral de línea indicada usando el teorema de Green.

1. $\oint_{C} 3x^{2}y\, dx + \left(x^{3} + x\right) dy$, donde C es la frontera de la región encerrada por la elipse $\dfrac{x^{2}}{16} + \dfrac{y^{2}}{9} = 1$ y la circunferencia $x^{2} + y^{2} = 1$ *Rpta.* 8π

2. $\oint_C (2y-x)\,dx+(5x-y)\,dy$, donde C es la frontera de la región encerrada por la recta $y=x$ y la parábola $y=x^2-x$ *Rpta.* 4

3. $\oint_C \ln\left(x^2+y^2\right)dx+\left(3x-2\tan^{-1}(y/x)\right)dy$, donde C es la circunferencia $x^2+y^2-4y+3=0$ *Rpta.* 3π

4. $\oint_C xy\,dx+\left(2x^2+y\right)dy$, donde C es la parte de la gráfica de $r=a$ sen θ (rosa de 4 hojas) que está en el primer cuadrante. *Rpta.* $\frac{16}{35}a^3$

5. $\oint_C \left(e^x-2x^2y\right)dx+\left(e^y+2xy^2\right)dy$, donde C es la circunferencia $x^2+y^2=9$

Rpta. 81π

6. $\oint_C \left(e^x-y^2\right)dx+\left(e^y+x^2\right)dy$, donde C es la frontera de la región del semiplano superior encerrada por el eje X y las circunferencias $x^2+y^2=4$, $x^2+y^2=1$

Rpta. 28/3

7. $\oint_C \left(2x+e^x\operatorname{sen} y\right)dx+\left(x+e^x\cos y\right)dy$, donde C es el trapecio de vértices (0, −2), (4, −1), (−2, 3) y (4, 3). *Rpta.* 24

8. $\oint_C \left(2xy-y^2\right)dx+\left(x^2+2x\right)dy$, donde C es el rectángulo de vértices (−2, −1), (1, −1), (1, 1) y (0, 2). *Rpta.* 6

9. Sea C una curva de $\mathbb{R}^2$ que es cerrada, simple, suave por partes, que no pasa por el origen y es el borde de una región D. Siguiendo los lineamientos del ejemplo 7, Probar que:

$$\oint_C \frac{y^3dx-xy^2dy}{\left(x^2+y^2\right)^2}=\begin{cases}0, & \text{si } (0,0)\notin D\\ -\pi, & \text{si } (0,0)\in D\end{cases}$$

En los problemas del 10 al 12, utilizar el teorema de Green para hallar el trabajo realizado por la fuerza* F *sobre una partícula que se mueve en sentido contrario a las manecillas del reloj por la curva cerrada C.

10. $\mathbf{F}(x, y) = 3x^2 y^2\mathbf{i} + 4x^3y\mathbf{j}$, C : El eje X de $(-2, 0)$ a $(2,0)$ y luego la semicircunferencia $y = \sqrt{4-x^2}$. *Rpta.* $\dfrac{128}{5}$

11. $\mathbf{F}(x, y) = x^2(1+y)\mathbf{i} + x^3y^2\mathbf{j}$,

C : el triángulo con vértices $(0, 0)$, $(1, 0)$, $(1, 2)$. *Rpta.* $\dfrac{5}{6}$

12. $\mathbf{F}(x, y) = (\text{sen}\, x - y^2)\mathbf{i} + (ye^y + x^2)\mathbf{j}$, C : El eje X de $(-2, 0)$ a $(-1,0)$, la semicircunferencia $y = \sqrt{1-x^2}$, el eje X de $(1, 0)$ a $(2, 0)$ y la semicircunferencia $y = \sqrt{4-x^2}$.

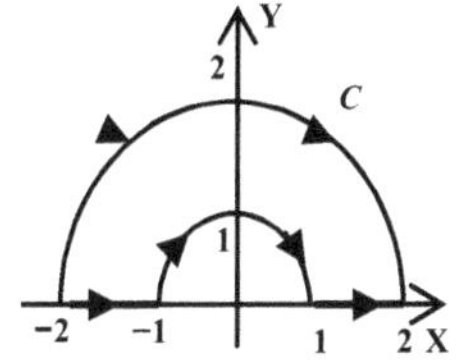

Rpta. 28/3

En los problemas del 13 al 19, hallar el área de la región D indicada, usando las integrales de línea dadas en el teorema 5.12.

13. D es región encerrada por los gráficos $y = x^2$, $y = x^3$ *Rpta.* $\dfrac{1}{12}$

14. D es región encerrada por los gráficos $y = x^2 - 2$, $y = 6 - x^2$

Rpta. $\dfrac{64}{3}$

15. D es la región encerrada por los gráficos de $x^2 + y^2 = a^2$, $y + \text{x} = a$,

en el primer cuadrante. *Rpta.* $\dfrac{a^2}{4}(\pi - 2)$

16. D es la región encerrada por la astroide

$$C : \begin{cases} x = a\cos^3 t \\ y = a\,\text{sen}^3 t \end{cases}, \quad 0 \le t \le 2\pi$$

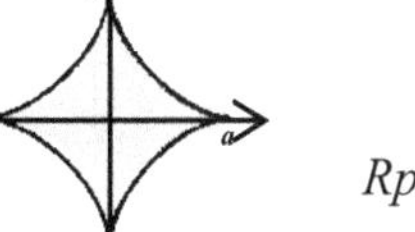

Rpta. $\dfrac{3}{8}a^2\pi$

17. D es la región encerrada por la cardiode

$$C : \begin{cases} x = 2a\cos t - a\cos 2t \\ y = 2a\,\text{sen}\, t - a\,\text{sen}\, 2t \end{cases}, \quad 0 \le t \le 2\pi$$

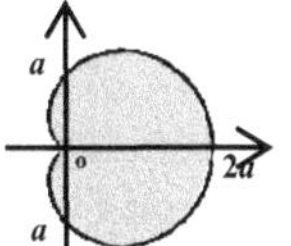

Rpta. $6a^2\pi$

18 D es la región encerrada por la epicicloide

$$C : \begin{cases} x = 5\cos t - \cos 5t \\ y = 5\text{sen}\, t - \text{sen}\, 5t \end{cases}, \quad 0 \le t \le 2\pi$$

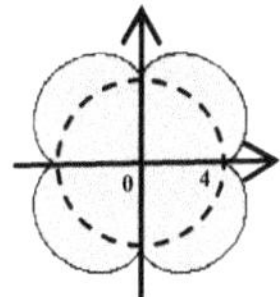

Rpta. 30π

19. D es la región encerrada por la curva

$$C:\begin{cases} x = a \text{ sen } 2t \\ y = a \text{ sen } t \end{cases}, \quad 0 \leq t \leq \pi$$

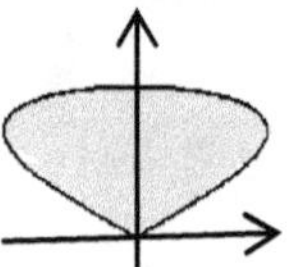

Rpta. $\dfrac{4}{3}a^2$

20. a. Sea C el segmento de recta que une el punto (x_1, y_1) con el punto (x_2, y_2). Probar que:

$$\int_C -ydx + xdy = x_1 y_2 - x_2 y_1 = \begin{vmatrix} x_1 & x_2 \\ y_1 & y_2 \end{vmatrix}$$

Sugerencia: $C: x = x_1 + t(y_1 - x_1)$, $y = x_2 + t(y_2 - x_2)$, $0 \leq t \leq 1$

b. Sean $(x_1, y_1), (x_2, y_2)., \ldots, (x_{n-1}, y_{n-1}), (x_n, y_n)$ los vértices de un polígono., ordenados en sentido antihorario. Probar que el área encerrada por este polígono es

$$A = \frac{1}{2}\left[(x_1 y_2 - x_2 y_1) + (x_2 y_3 - x_3 y_1) + \ldots + (x_{n-1} y_n - x_n y_{n-1}) + (x_n y_1 - x_1 y_n)\right]$$

21. Hallar el área de la región encerrada por el pentágono de vértices $(0, 0), (3, 0),$ $(4, 3), (2, 4), (-2, 1)$. *Rpta.* $\dfrac{29}{2}$

22. Hallar el área de la región encerrada por el hexágono de vértices $(1, 0), (2, -1),$ $(3, 3), (1, 5), (-1, 4), (-2, 1)$. *Rpta.* $\dfrac{35}{2}$

23. Sea D una región plana cuyo borde es una curva simple y cerrada C. Utilizando el teorema de Green probar que las coordenadas del centroide $(\bar{x}, \bar{y})$ están dadas por:

$$\bar{x} = \frac{1}{2A}\oint_C x^2 dy, \qquad \bar{y} = -\frac{1}{2A}\oint_C y^2 dx,$$

donde A es el área de D.

24. Utilizando los resultados del ejercicio 23, hallar el centroide de la región D del plano encerrada por el eje X y la parábola:

$$y = a - x^2, \ a > 0$$

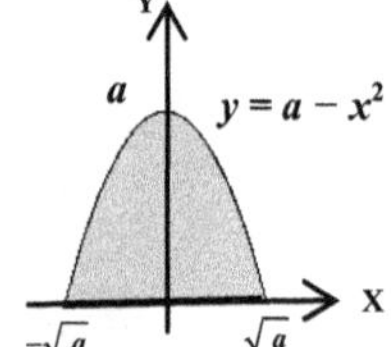

Rpta. $\left(0, \dfrac{2a}{5}\right)$

25. Utilizando los resultados del ejercicio 23, hallar el centroide de la región D del plano encerrada por lo gráficos de

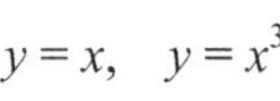

$$y = x, \quad y = x^3$$

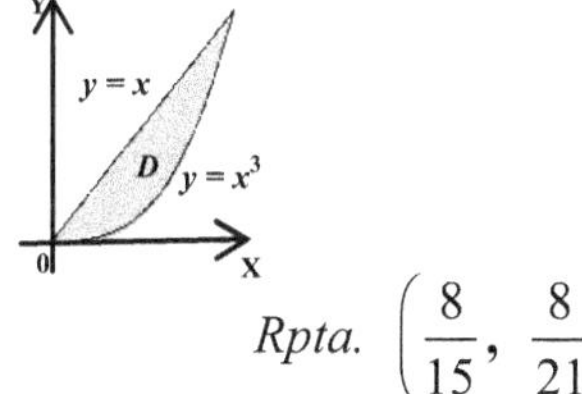

Rpta. $\left(\dfrac{8}{15}, \dfrac{8}{21}\right)$

26. Hallar el centroide de la región D encerrada por el eje X y el semicírculo:

$$y = \sqrt{a^2 - x^2}$$

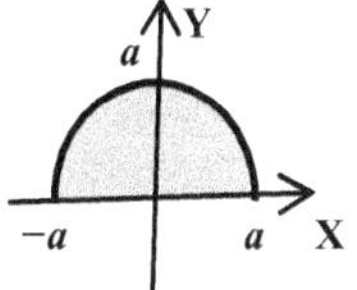

Rpta. $\left(0, \dfrac{4a}{3\pi}\right)$

27. Hallar el centroide de la región D encerrada por el triángulo con vértices $(0, 0)$, $(0, a)$, (a, b)

Rpta. $\left(\dfrac{2a}{3}, \dfrac{b}{3}\right)$

28. Se tiene una lámina plana encerrada por una curva C cerrada, simple y regular por partes y de densidad constante ρ. Utilizando el teorema de Green probar que los momentos de inercia alrededor de los ejes están dados por

$$I_x = -\frac{\rho}{3}\oint_C y^3 dx, \qquad I_y = \frac{\rho}{3}\oint_C x^3 dy$$

29. Se tiene una lámina circular de radio a con centro en el origen y de densidad constante ρ . Utilizando los resultados del ejercicio 28, probar que:

a. $I_x = \dfrac{1}{4}\pi a^4 \rho = I_y$

b. $I_0 = \dfrac{1}{2} M a^2$, donde I_0 es el momento de inercia alrededor del origen y M es la masa de la lámina. Recodar que $I_0 = I_x + I_y$.

30. Determinar el flujo del campo $\mathbf{F}(x, y) = (x^2 + y)\mathbf{i} + (x + y^2)\mathbf{j}$ a través del triángulo de vértices $(0, 0), (0, 2), (2, 2)$ *Rpta.* 8

31. Determinar el flujo del campo $\mathbf{F}(x, y) = 5xy\mathbf{i} + y^2\mathbf{j}$ a través de la curva cerrada C determinada por los gráficos de $y = x^3$, $y = x$. *Rpta.* $\dfrac{2}{3}$

SECCION 5.5

INTEGRALES DE SUPERFICIE

En esta sección extendemos el concepto de integral de línea a integral de superficie. En una integral de línea se consideró una función real de dos variables con dominio contenido en el plano y la integramos a lo largo de una curva. Ahora consideramos una función real de tres variables con dominio contenido en el espacio tridimensional y lo integramos sobre una superficie. Utilizaremos los resultados obtenidos en la sección 2.7 y 4.6, donde se trataron superficies paramétricas y área de una superficie, respectivamente. Se recomienda que, cuando haya duda sobre estos temas, recurrir a estas secciones.

Trabajemos sólo con superficies suaves o suaves por partes, que se definen a continuación.

DEFINICION. Sea S una superficie parametrizada por

$$\mathbf{r}(u, v) = x(u, v)\mathbf{i} + y(u, v)\mathbf{j} + z(u, v)\mathbf{k} \text{ con dominio } D.$$

La superficie S es **suave** o **regular** si las derivadas $\mathbf{r}_u$, $\mathbf{r}_v$ son continuas y $\mathbf{r}_u \times \mathbf{r}_v \neq \mathbf{0}$ para todo (u, v) en el interior de D.

La superficie es suave por partes si S es la unión finitas de superficies suaves que se intersectan, a lo más, en sus bordes.

La superficie esférica es una superficie suave. La superficie formada por las seis caras de un cubo es una superficie suave por partes.

Consideremos una función real $f : S \to \mathbb{R}$. Buscamos definir la integral de f sobre la superficie S. Para esto, tomamos una partición de la región D en rectángulos R_1, R_2, R_3, . . ., R_k, . . . R_n donde cada uno tiene dimensiones Δu y Δv. Las imágenes de estos rectángulos,

$$\mathbf{r}(R_k) = S_k, \quad k = 1, 2, \ldots, n$$

constituyen una partición de la superficie S. Tomemos el rectángulo R_k y su imagen $S_k = \mathbf{r}(R_k)$:

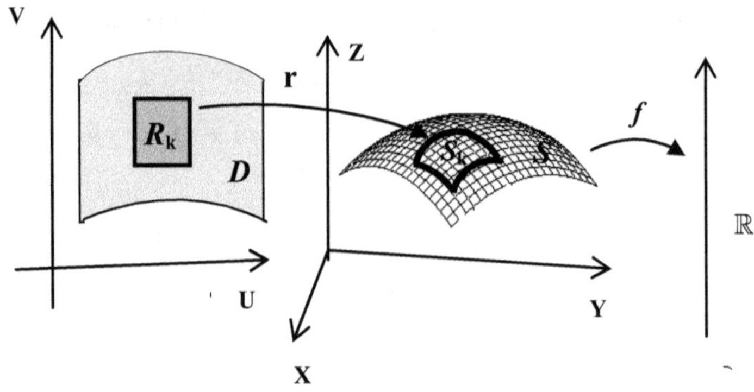

Sea (u_k, v_k) el vértice del rectángulo R_k que está más cercano al origen. Sean Δu y Δv las longitudes de los lados del rectángulo R_k. Si ΔS_k es el área de S_k, al inicio de la sección 4.6 se mostró que:

$$\Delta S_k \approx \left\| \mathbf{r}_u(u_k, v_k) \times \mathbf{r}_v(u_k, v_k) \right\| \Delta u \, \Delta v$$

Ahora, construimos la siguiente suma de Riemann:

$$\sum_{k=1}^{n} f\left(\mathbf{r}(u_k, v_k)\right) \Delta S_k \approx \sum_{k=1}^{n} f\left(\mathbf{r}(u_k, v_k)\right) \left\| \mathbf{r}_u(u_k, v_k) \times \mathbf{r}_v(u_k, v_k) \right\| \Delta u \, \Delta v$$

Este resultado nos sugiere establecer la siguiente definición.

DEFINICIÓN. Integral sobre una superficie parametrizada.

Sea S es una superficie suave parametrizada por $\mathbf{r}: D \to \mathbb{R}^3$,

$$\mathbf{r}(u, v) = x(u, v)\mathbf{i} + y(u, v)\mathbf{j} + z(u, v)\mathbf{k}.$$

Si $f: S \to \mathbb{R}$ es continua en S, definimos la **integral de f sobre S** como:

$$\iint_S f(x, y, z)\, dS = \lim_{\|\mathcal{P}\| \to 0} \sum_{k=1}^{n} f\left(\mathbf{r}(u_k, v_k)\right) \left\| \mathbf{r}_u(u_k, v_k) \times \mathbf{r}_v(u_k, v_k) \right\| \Delta u \, \Delta v$$

$$= \iint_D f\left(\mathbf{r}(u, v)\right) \left\| \mathbf{r_u} \times \mathbf{r_v} \right\| dA$$

Comparar esta fórmula con la de la integral sobre una curva:

$$\int_C f(x, y, z)\, ds = \int_{\mathbf{a}}^{b} f\left(\mathbf{r}(t)\right) \left\| \mathbf{r}'(t) \right\| dt$$

OBSERVACION. $\displaystyle\iint_S dS = \iint_S 1\, dS = \iint_D \left\| \mathbf{r_u} \times \mathbf{r_v} \right\| dA = \text{Area}(S)$

EJEMPLO 1. Evaluar $\displaystyle\iint_S \left(x^2 + y^2\right) dS$, donde S es la esfera de radio a:

$$S: x^2 + y^2 + z^2 = a^2$$

Solución

En el ejemplo 2 de la sección 2.7 vimos que una parametrización para esfera es:

$$\mathbf{r}(\theta, \phi) = a \operatorname{sen} \phi \cos \theta\, \mathbf{i} + a \operatorname{sen} \phi \operatorname{sen} \theta\, \mathbf{j} + a \cos \phi\, \mathbf{k}, \quad 0 \le \theta \le 2\pi, \quad 0 \le \phi \le \pi$$

Además, en el ejemplo 1 de la sección 4.6 se probó que:

$$\left\| \mathbf{r}_\phi \times \mathbf{r}_\theta \right\| = a^2 \operatorname{sen}\phi$$

Ahora,

$$\iint_S \left(x^2+y^2\right) dS = \iint_D \left[(a \text{ sen } \phi \cos\theta)^2 + (a \text{ sen } \phi \text{ sen } \theta)^2\right] \left\| \mathbf{r}_\phi \times \mathbf{r}_\theta \right\| d\phi\, d\theta$$

$$= \iint_D \left[a^2 \text{ sen}^2\phi \left(\cos^2\theta + \text{sen}^2\theta\right)^2\right]\left[a^2 \text{sen } \phi\right] d\phi\, d\theta$$

$$= a^4 \iint_D \text{sen}^3\phi\, d\phi\, d\theta = a^4 \int_0^{2\pi}\int_0^{\pi} \text{sen}^3\phi\;\; d\phi\, d\theta$$

$$= a^4 \int_0^{2\pi}\left[\int_0^{\pi} \text{sen}^3\phi\;\; d\phi\right] d\theta$$

$$= a^4 \int_0^{2\pi}\left[-\frac{1}{3}\cos\;\phi\; \text{sen}^2\phi - \frac{2}{3}\cos\;\phi\right]_0^{\pi} d\theta$$

$$= a^4 \int_0^{2\pi}\left[\frac{4}{3}\right] d\theta = \frac{4a^4}{3}\int_0^{2\pi} d\theta = \frac{4a^4}{3}\Big[\;\theta\;\Big]_0^{2\pi} = \frac{8}{3}\pi a^4$$

Para el caso en el que la superficie S es el gráfico de una de las funciones:

$$z = g(x, y), \quad y = g(x, z) \;\text{ o }\; x = g(y, z),$$

tenemos el siguiente resultado:

TEOREMA 5. 13 Integral sobre una superficie que es gráfico de una función.

a. Sea S el gráfico de la función de clase $C^{(1)}$ $z = g(x, y)$, Si f es continua sobre S y si D es la proyección de S sobre el plano XY, entonces

$$\iint_S f(x,y,z)\, dS = \iint_D f(x,y,g(x,y))\sqrt{1+\left(\frac{\partial z}{\partial x}\right)^2+\left(\frac{\partial z}{\partial y}\right)^2}\; dA$$

b. Sea S el gráfico de la función de clase $C^{(1)}$ $y = g(x, z)$, Si f es continua sobre S y si D es la proyección de S sobre el plano XZ, entonces

$$\iint_S f(x,y,z)\, dS = \iint_D f(x,g(x,z),z)\sqrt{1+\left(\frac{\partial y}{\partial x}\right)^2+\left(\frac{\partial y}{\partial z}\right)^2}\; dA$$

c. Sea S el gráfico de la función de clase $C^{(1)}$ $x = g(y, z)$, Si f es continua sobre S y si D es la proyección de S sobre el plano YZ, entonces

$$\iint_S f(x,y,z)\, dS = \iint_D f(g(y,z),y,z)\sqrt{1+\left(\frac{\partial x}{\partial y}\right)^2+\left(\frac{\partial x}{\partial z}\right)^2}\; dA$$

Demostración

a. Si S es el gráfico de $z = g(x, y)$, entonces una parametrización para S es:

$$\mathbf{r}(x, y) = x\mathbf{i} + y\mathbf{j} + g(x, y)\mathbf{k}, \quad (x, y) \in D$$

En este caso, tenemos que:

$$\mathbf{r}_x = 1\mathbf{i} + 0\mathbf{j} + \frac{\partial z}{\partial x}\mathbf{k}, \qquad \mathbf{r}_y = 0\mathbf{i} + 1\mathbf{j} + \frac{\partial z}{\partial y}\mathbf{k},$$

$$\mathbf{r}_x \times \mathbf{r}_y = \begin{vmatrix} \mathbf{i} & \mathbf{j} & \mathbf{k} \\ 1 & 0 & \dfrac{\partial z}{\partial x} \\ 0 & 1 & \dfrac{\partial z}{\partial y} \end{vmatrix} = -\frac{\partial z}{\partial x}\mathbf{i} - \frac{\partial z}{\partial y}\mathbf{j} + 1\mathbf{k}, \quad \left\| \mathbf{r}_x \times \mathbf{r}_y \right\| = \sqrt{1 + \left(\frac{\partial z}{\partial y}\right)^2 + \left(\frac{\partial z}{\partial x}\right)^2}$$

Luego,

$$\iint_S f(x, y, z)\, dS = \iint_D f(\mathbf{r}(x, y)) \left\| \mathbf{r}_x \times \mathbf{r}_y \right\| dA$$

$$= \iint_D f(x, y, g(x, y)) \sqrt{1 + \left(\frac{\partial z}{\partial y}\right)^2 + \left(\frac{\partial z}{\partial x}\right)^2}\, dA$$

b. y **c.** Similar a la parte **a.**

EJEMPLO 2. Evaluar $\displaystyle\iint_S (x + y + z)\, dS$,

donde S es la parte del plano
$2x + 2y + z = 6$
que está en el primer octante

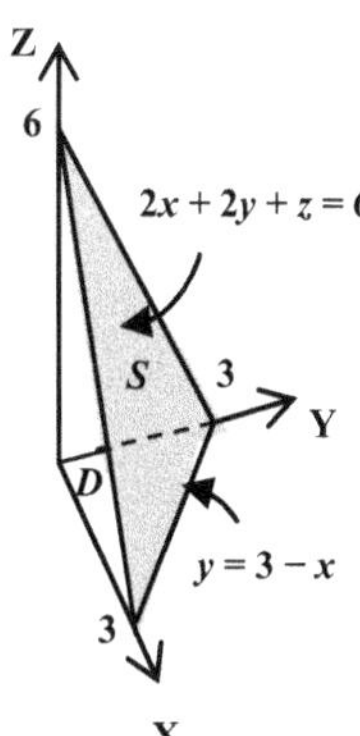

Solución

$$2x + 2y + z = 6 \Rightarrow z = 6 - 2x - 2y.$$

Luego, S es el gráfico de la función

$$z = 6 - 2x - 2y,$$

con dominio D, la proyección de S sobre el plano XY.

Si hacemos $z = 0$ en la ecuación $z = 6 - 2x - 2y$, obtenemos:

$$6 - 2x - 2y = 0 \Rightarrow y = 3 - x$$

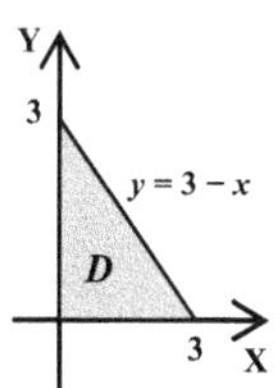

Luego, D es la región encerrada por los ejes X y Y, y la recta $y = 3 - x$.

Aplicando la parte (**a.**) del teorema anterior tenemos que:

$$\iint_S (x+y+z)\,dS = \iint_D (x+y+(6-2x-2y)\sqrt{1+\left(\frac{\partial z}{\partial x}\right)^2+\left(\frac{\partial z}{\partial y}\right)^2}\,dA$$

$$= \iint_D (6-x-y)\sqrt{1+(-2)^2+(-2)^2}\,dA = 3\iint_D (6-x-y)\,dA$$

$$= 3\int_0^3\int_0^{3-x}(6-x-y)\,dy\,dx = 3\int_0^3\left[6y-xy-\frac{y^2}{2}\right]_0^{3-x}dx$$

$$= 3\int_0^3\left[6(3-x)-x(3-x)-\frac{1}{2}(3-x)^2\right]dx$$

$$= 3\int_0^3\left[\frac{27}{2}-6x-\frac{1}{2}x^2\right]dx = 3\left[\frac{27}{2}x-3x^2-\frac{1}{6}x^3\right]_0^3 = 54$$

Si la superficie es suave a trozos y $S = S_1 \cup S_2 \cup \ldots \cup S_n$, entonces

$$\iint_S f(x,y,z)\,dS = \iint_{S_1} f(x,y,z)\,dS + \ldots + \iint_{S_n} f(x,y,z)\,dS$$

EJEMPLO 3. Evaluar $\displaystyle\iint_S \sqrt{x^2+y^2+z^2}\,dS$,

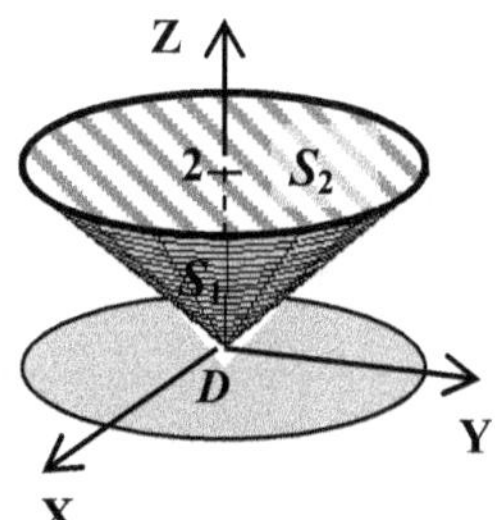

donde $S = S_1 \cup S_2$

S_1: $z = \sqrt{x^2+y^2} \le 2$

S_2 la parte del plano $z = 2$ que conforma el techo de la superficie cónica.

Solución

$$\iint_S \sqrt{x^2+y^2+z^2}\,dS = \iint_{S_1} \sqrt{x^2+y^2+z^2}\,dS + \iint_{S_2} \sqrt{x^2+y^2+z^2}\,dS$$

Evaluamos estas dos integrales separadamente.

a. Integral sobre S_1:

S_1 es la gráfica de $z = \sqrt{x^2+y^2}$ con dominio D: $x^2 + y^2 \le 4$

Tenemos que:

$$\sqrt{1+\left(\frac{\partial z}{\partial x}\right)^2+\left(\frac{\partial z}{\partial y}\right)^2} = \sqrt{1+\left(\frac{x}{\sqrt{x^2+y^2}}\right)^2+\left(\frac{y}{\sqrt{x^2+y^2}}\right)^2} = \sqrt{1+\frac{x^2+y^2}{x^2+y^2}} = \sqrt{2}$$

Luego,

$$\iint_{S_1} \sqrt{x^2+y^2+z^2}\,dS = \iint_D \sqrt{x^2+y^2+x^2+y^2}\,\left(\sqrt{2}\right) dA$$

$$= \sqrt{2}\iint_D \sqrt{2\left(x^2+y^2\right)}\,dA = 2\iint_D \sqrt{x^2+y^2}\,dA$$

$$= 2\int_0^{2\pi}\int_0^2 r\left(r\,dr\,d\theta\right) \qquad \text{(Coord. polares)}$$

$$= 2\int_0^{2\pi}\left[\int_0^2 r^2 dr\right] d\theta = 2\int_0^{2\pi}\left[\frac{r^3}{3}\right]_0^2 d\theta = \frac{16}{3}\int_0^{2\pi} d\theta$$

$$= \frac{32}{3}\pi$$

b. Integral sobre S_2:

S_2 es la gráfica de $z = 2$ con dominio D: $x^2 + y^2 \leq 4$

Tenemos que:

$$\sqrt{1+\left(\frac{\partial z}{\partial x}\right)^2+\left(\frac{\partial z}{\partial y}\right)^2} = \sqrt{1+0^2+0^2} = 1$$

Luego,

$$\iint_{S_2} \sqrt{x^2+y^2+z^2}\,dS = \iint_D \sqrt{x^2+y^2+2^2}\,(1)\,dA$$

$$= \int_0^{2\pi}\int_0^2 \sqrt{r^2+4}\,(r dr d\theta) \qquad \text{(Coord. polares)}$$

$$= \frac{1}{2}\int_0^{2\pi}\left[\int_0^2 \left(r^2+4\right)^{1/2}(2r dr)\right] d\theta$$

$$= \frac{1}{2}\int_0^{2\pi}\left[\frac{2}{3}\left(r^2+4\right)^{3/2}\right]_0^2 d\theta = \frac{1}{3}\int_0^{2\pi}\left[16\sqrt{2}-8\right] d\theta$$

$$= \frac{16}{3}\left(2\sqrt{2}-1\right)\pi$$

Por último, sumando los resultados anteriores, tenemos:

$$\iint_S \sqrt{x^2+y^2+z^2}\,dS = \frac{32}{3}\pi + \frac{16}{3}\left(2\sqrt{2}-1\right)\pi = \frac{16}{3}\left(2\sqrt{2}+1\right)\pi$$

MASA Y CENTRO DE MASA DE UNA LAMINA. MOMENTOS DE INERCIA

Una lámina delgada tiene la forma de la superficie S y su densidad en el punto (x, y, z) es $\delta(x, y, z)$. La **masa** M de la lámina es

$$M = \iint_S \delta(x, y, z)\, dS$$

El **centro de masa** $(\overline{x}, \overline{y}, \overline{z})$ está dada por

$$\overline{x} = \frac{1}{M}\iint_S x\delta(x, y, z)\, dS\,, \quad \overline{y} = \frac{1}{M}\iint_S y\delta(x, y, z)\, dS\,, \quad \overline{z} = \frac{1}{M}\iint_S z\delta(x, y, z)\, dS$$

Los **momentos de inercia** de los ejes X, Y y Z de la lámina están dados por

$$I_x = \iint_S \left(y^2 + x^2\right)\delta(x, y, z)\, dS\,, \qquad I_y = \iint_S \left(x^2 + z^2\right)\delta(x, y, z)\, dS$$

$$I_z = \iint_S \left(x^2 + y^2\right)\delta(x, y, z)\, dS$$

EJEMPLO 4. Hallar la masa y el centro de masa de una lámina de densidad $\delta(x, y, z).= \dfrac{1}{\sqrt{1+4z}}$ y que tiene la forma del paraboloide

$$z = x^2 + y^2, \quad 0 \le z \le 4$$

Solución

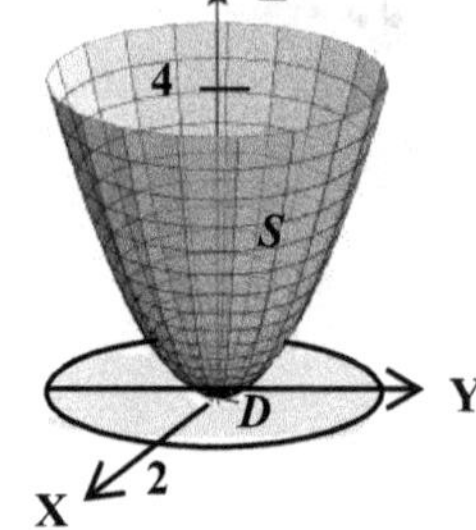

Aplicaremos la parte a. del teorema 5.13.

Sea $z = g(x, y) = x^2 + y^2$, con dominio D : $x^2 + y^2 \le 4$

Tenemos que:

$$g_x = 2x, \quad g_y = 2y \quad \text{y} \quad \sqrt{1 + g_x^2 + g_y^2} = \sqrt{1 + 4x^2 + 4y^2}$$

Luego,

$$M = \iint_S \delta(x, y, z)\, dS = \iint_S \frac{1}{\sqrt{1+4z}}\, dS$$

$$= \iint_D \frac{1}{\sqrt{1+4\left(x^2 + y^2\right)}}\sqrt{1 + 4x^2 + 4y^2}\, dA = \iint_D dA = 4\pi$$

Ahora calculamos el centro de masa $\left(\overline{x}, \overline{y}, \overline{z}\right)$

Como la superficie S y la función de densidad son simétricos respecto al eje Z, el centro de masa $\left(\overline{x}, \overline{y}, \overline{z}\right)$ está en el eje Z y, por tanto, $\overline{x} = 0$ y $y = 0$. Hallemos $\overline{z}$.

$$\bar{z}=\frac{1}{M}\iint_S z\delta(x,y,z)\,dS=\frac{1}{M}\iint_S z\frac{1}{\sqrt{1+4z}}\,dS$$

$$=\frac{1}{M}\iint_D \left(x^2+y^2\right)\frac{1}{\sqrt{1+4\left(x^2+y^2\right)}}\sqrt{1+\ 4x^2+4y^2}\,dA=\frac{1}{M}\iint_D\left(x^2+y^2\right)dA$$

$$=\frac{1}{M}\int_0^{2\pi}\int_0^2 r^2 r\,dr\,d\theta=\frac{1}{M}\int_0^{2\pi}\left[\frac{r^4}{4}\right]_0^2 d\theta=\frac{4}{M}\int_0^{2\pi}d\theta=\frac{8\pi}{M}=\frac{8\pi}{4\pi}=2$$

Luego, el centro de masa es $\left(\bar{x},\ \bar{y},\ \bar{z}\right)=\left(0,\ 0,\ 2\right)$

SUPERFICIES ORIENTABLES

Para definir la integral de un campo vectorial sobre una superficie precisamos introducir el concepto de **superficie orientable**.

En general, una superficie es orientable si tiene dos caras, las cuales pueden pintarse de dos colores diferentes. Un ejemplo es la superficie esférica, que tiene una cara exterior y una cara interior.

Existen superficies no orientables. Una de estas superficies es la famosa **cinta o banda de Möbius,** llamada así en honor al matemático alemán **Augusto Möbius** (1.790–1.868). Esta cinta se construye cortando una tira larga de papel. A un extremo de la tira se le da un medio giro y se pega con el otro extremo. Esta cinta tiene una sola cara. Si se empieza a pintarla empezando por un punto fijo, se pintará toda la cinta y se regresará al punto de partida.

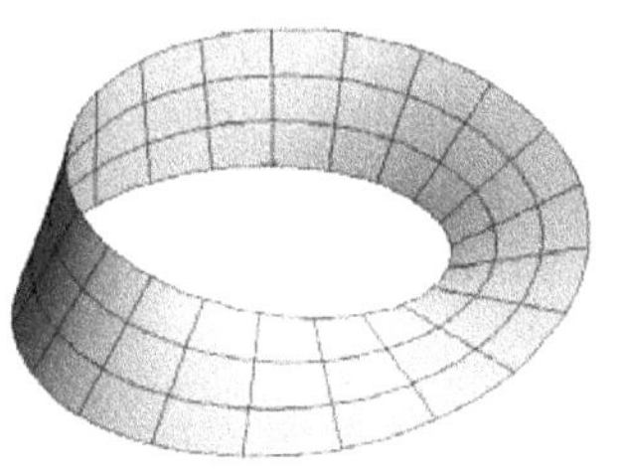

En términos más precisos, una superficie suave S es una **superficie orientable** si existe un **campo vectorial normal unitario continuo n** = **n**(x, y, z) definido en cada punto (x, y, z) de S. Si existe tal campo, también existe el campo opuesto −**n** = −**n**(x, y, z). Esto significa que a una superficie orientable la podemos orientar de dos maneras, escogiendo **n** o bien, escogiendo a −**n**. Una vez que se escoja uno de los dos, digamos **n** = **n**(x, y, z), entonces S se convierte en una superficie **orientada**, siendo **n** = **n**(x, y, z), **la orientación.**

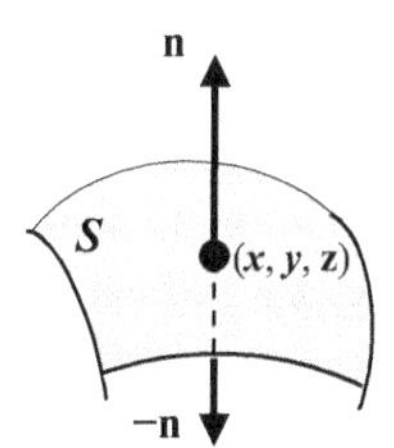

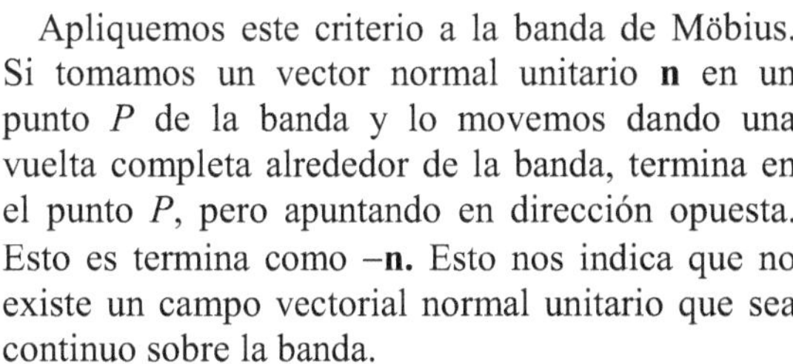

Apliquemos este criterio a la banda de Möbius. Si tomamos un vector normal unitario **n** en un punto P de la banda y lo movemos dando una vuelta completa alrededor de la banda, termina en el punto P, pero apuntando en dirección opuesta. Esto es termina como −**n.** Esto nos indica que no existe un campo vectorial normal unitario que sea continuo sobre la banda.

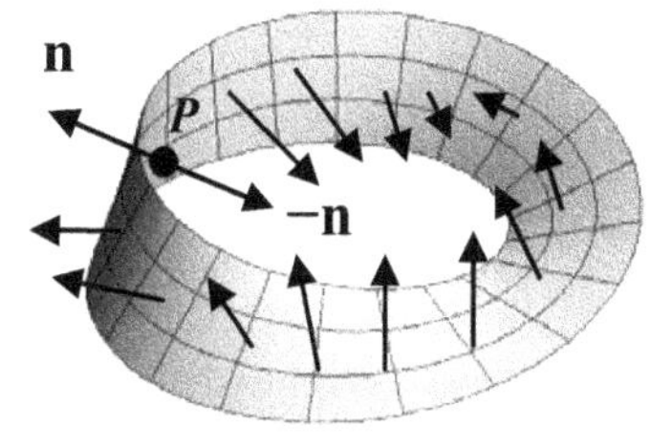

Sea S una superficie orientable y descrita por una parametrización

$$\mathbf{r}(u, v) = x(u, v)\mathbf{i} + y(u, v)\mathbf{j} + z(u, v)\mathbf{k}.$$

Esta parametrización proporciona una orientación a la superficie. Está orientación, a la que llamaremos **orientación inducida por la parametrización**, está dada por

$$\mathbf{n} = \frac{\mathbf{r}_u \times \mathbf{r}_v}{\left\| \mathbf{r}_u \times \mathbf{r}_v \right\|}$$

Si S es el gráfico de una función $z = g(x, y)$ con dominio D de una función de clase $C^{(1)}$, entonces S es parametrizada por

$$\mathbf{r}(x, y) = x\mathbf{i} + y\mathbf{j} + g(x, y)\mathbf{k}, \quad (x, y) \in D$$

En este caso tenemos que

$$\mathbf{r}_x = 1\mathbf{i} + 0\mathbf{j} + \frac{\partial z}{\partial x}\mathbf{k}, \quad \mathbf{r}_y = 0\mathbf{i} + 1\mathbf{j} + \frac{\partial z}{\partial y}\mathbf{k} \quad \text{y} \quad \mathbf{r}_x \times \mathbf{r}_y = -\frac{\partial z}{\partial y}\mathbf{i} - \frac{\partial z}{\partial x}\mathbf{j} + 1\mathbf{k}$$

Luego, la orientación natural de S está dada por

$$\mathbf{n} = \frac{\mathbf{r}_u \times \mathbf{r}_v}{\left\| \mathbf{r}_u \times \mathbf{r}_v \right\|} = \frac{-g_y\mathbf{i} - g_x\mathbf{j} + 1\mathbf{k}}{\sqrt{1 + (g_x)^2 + (g_y)^2}}$$

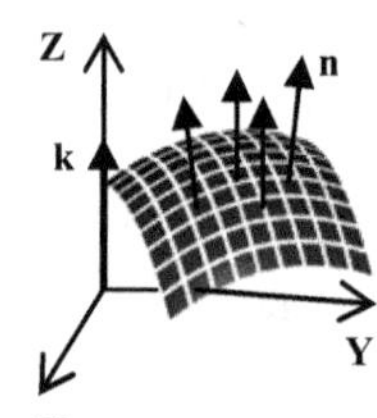

Como la componente $1\mathbf{k}$ es positiva la orientación natural de S es **hacia arriba** de la superficie. .

Una superficie S es **cerrada** si es la frontera de un sólido acotado E. La superficie esférica es una superficie cerrada y suave. Las caras de un cubo constituyen una superficie cerrada y suave por partes. Por convención, la **orientación positiva** de una superficie cerrada es aquella cuyos vectores normales apuntan hacia afuera del sólido E.

EJEMPLO 5. Hallar la orientación de la superficie esférica $x^2 + y^2 + z^2 = a^2$ determinada por la parametrización

$$\mathbf{r}(\phi, \theta) = a \operatorname{sen} \phi \cos \theta\, \mathbf{i} + a \operatorname{sen} \phi \operatorname{sen} \theta\, \mathbf{j} + a \cos \phi\, \mathbf{k},$$
$$0 \leq \theta \leq 2\pi, \ 0 \leq \phi \leq \pi$$

Demostrar que esta orientación es la orientación positiva.

Solución

En ejemplo 1 de la sección 4.6 se halló que:

$$\mathbf{r}_\phi \times \mathbf{r}_\theta = a^2\operatorname{sen}^2\phi \cos \theta\, \mathbf{i} + a^2\operatorname{sen}^2\phi \operatorname{sen} \theta\, \mathbf{j} + a^2\operatorname{sen} \phi \cos \phi\, \mathbf{k} \ \text{ y } \ \left\| \mathbf{r}_\phi \times \mathbf{r}_\theta \right\| = a^2\operatorname{sen}\phi$$

Luego, la orientación inducida por la parametrización dada es

$$\mathbf{n} = \frac{\mathbf{r}_\phi \times \mathbf{r}_\theta}{\left\| \mathbf{r}_\phi \times \mathbf{r}_\theta \right\|} = \operatorname{sen}\phi \cos \theta\, \mathbf{i} + \operatorname{sen}\phi \operatorname{sen} \theta\, \mathbf{j} + \cos\phi\, \mathbf{k}$$

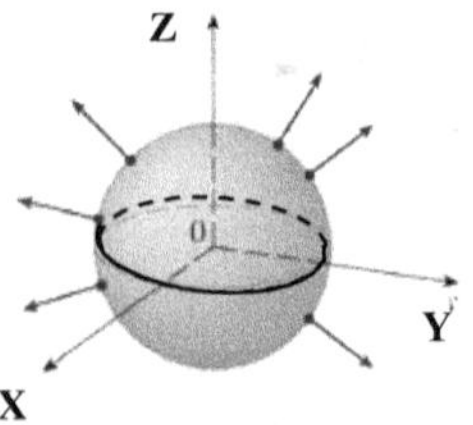

Por otro lado, vemos que $\mathbf{n} = \frac{1}{a}\mathbf{r}(\phi, \theta)$. Esto indica que $\mathbf{n}$ apunta hacia fuera de la esfera; o sea, esta es la orientación positiva de la superficie esférica.

¿SABIAS QUE . . .

***AUGUST MÖBIUS** (1790−1868) nació en Schulpforta, Zaxony, Alemania. Desciende, por su madre, de Martín Lutero (1483−1546), líder religioso que tuvo un papel importante en la formación del Protestantismo. En 1809 entró a la Universidad de Leipzig, donde estudió matemáticas, astronomía y física. En 1813 entró a la Universidad de Göttingen, a estudiar astronomía bajo la dirección de Gauss. Tres años más tarde, entró a formar parte del cuerpo docente de la U. de Leipzig. En 1858 descubrió y estudió las propiedades de la cinta que ahora lleva su nombre. El mismo año y en forma autónoma, otro matemático alemán Johann Benedict Listing, también descubrió y estudió esta cinta.*

FLUJO DE UN CAMPO VECTORIAL A TRAVES DE UNA SUPERFICIE

El término fluido se usa para describir un líquido o un gas. Los líquidos, a diferencia de los gases, son **incompresibles**. Esto es, cuando el líquido está sometido a una fuerza comprensible, este mantiene su densidad. En nuestra discusión sólo consideraremos fluidos incomprensibles. Además, supondremos que el fluído está fluyendo con una velocidad que en cada punto es constante respecto al tiempo. Se dice que los flujos de un fluido con esta propiedad están en **estado estacionario**.

Ahora, supongamos que tenemos una superficie S orientada y con vector normal unitario $\mathbf{n}$. A través de S fluye un fluido incomprensible en estado estacionario, con un campo de velocidad $\mathbf{F}$ continuo. Nos planteamos el problema de hallar el volumen total del fluido que pasa por S por unidad de tiempo. A este volumen lo llamaremos **flujo de F a través de *S***.

Para resolver el problema, tomamos una partición de S:

$S_1,\ S_2, \ldots, S_n$ cuyas áreas son $\Delta S_1,\ \Delta S_2, \ldots, \Delta S_n$

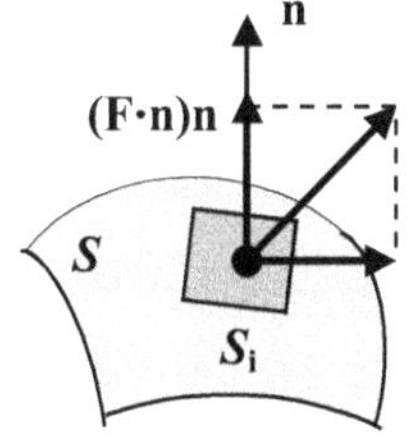

Tomemos S_i, una de las porciones superficies. Al campo $\mathbf{F}$ lo expresamos mediante dos componentes ortogonales: Una componente, $(\mathbf{F}\bullet\mathbf{n})\mathbf{n}$, que es perpendicular a la superficie y la otra componente paralela a la superficie. Esta última componente no contribuye al flujo, por lo que la apartamos de nuestros cálculos. El flujo (volumen por unidad de tiempo) a través de S_i:

$$\Delta V_i \approx (\text{altura})(\text{área de la base}) = (\mathbf{F}\bullet\mathbf{n})\,\Delta S_i,$$

donde $\mathbf{F}\bullet\mathbf{n}$ es evaluado en un punto de S_i. Tomando la suma de Riemann:

$$\sum_{i=1}^{n} V_i \approx \sum_{i=1}^{n} (\mathbf{F}\bullet\mathbf{n})\,\Delta S_i$$

Tomando el límite de esta suma de Riemann obtenemos una integral de **F• n** sobre la superficie S. Este resultado nos induce a establecer la siguiente definición, para cualquier campo **F**, aún cuando este no sea un campo de velocidades.

DEFINICION. Sea **F** un campo de clase $C^{(1)}$ sobre la superficie S orientada por un vector normal unitario **n**. **La integral de flujo de F a través de *S*** está dada por

$$\textbf{Flujo} = \iint_S \mathbf{F} \cdot \mathbf{n}\, dS$$

TEOREMA 5. 14 Evaluación de Integrales de flujo

Sea S una superficie suave descrita por la ecuación paramétrica $\mathbf{r}(u, v) = x(u, v)\mathbf{i} + y(u, v)\mathbf{j} + z(u, v)\mathbf{k}$ con dominio D. Si las funciones componentes de **F** son continuas en S y **n** es la orientación de S inducida por la parametrización, entonces

$$\textbf{Flujo} = \iint_S \mathbf{F} \cdot \mathbf{n}\, dS = \iint_D \mathbf{F} \cdot (\mathbf{r}_u \times \mathbf{r}_v)\, dA$$

Demostración

$$\textbf{Flujo} = \iint_S \mathbf{F} \cdot \mathbf{n}\, dS = \iint_S \mathbf{F} \cdot \frac{\mathbf{r}_u \times \mathbf{r}_v}{\|\mathbf{r}_u \times \mathbf{r}_v\|}\, dS = \iint_D \mathbf{F} \cdot \frac{\mathbf{r}_u \times \mathbf{r}_v}{\|\mathbf{r}_u \times \mathbf{r}_v\|} \|\mathbf{r}_u \times \mathbf{r}_v\|\, dA$$

$$= \iint_D \mathbf{F} \cdot (\mathbf{r}_u \times \mathbf{r}_v)\, dA$$

EJEMPLO 6. Sea S la porción del cilindro $y^2 + z^2 = 1$ comprendido entre los planos $x = 0$, $x = 3$ y orientada por un campo unitario normal dirigido hacia fuera. Sea el campo

$$\mathbf{F}(x, y, z) = yz^2\mathbf{j} + z^3\mathbf{k}$$

Hallar

$$\textbf{Flujo} = \iint_S \mathbf{F} \cdot \mathbf{n}\, dS$$

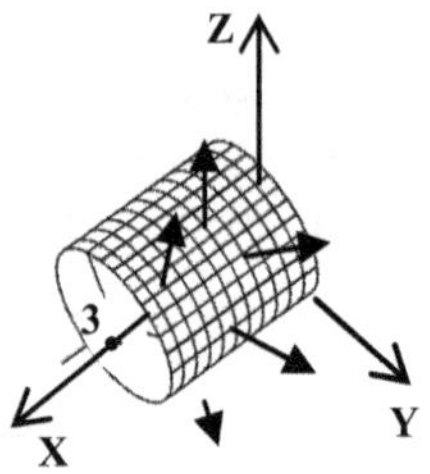

Solución

Parametrizamos esta superficie usando coordenadas cilíndricas

$\mathbf{r}(\theta, x) = x\mathbf{i} + \cos\theta\,\mathbf{j} + \operatorname{sen}\theta\,\mathbf{k}$, con dominio D: $0 \le \theta \le 2\pi$, $0 \le x \le 3$

Tenemos que:

$$\mathbf{r}_\theta = 0\mathbf{i} + (-\operatorname{sen}\theta)\mathbf{j} + (\cos\theta)\mathbf{k}, \qquad \mathbf{r}_x = 1\mathbf{i} + 0\mathbf{j} + 0\mathbf{k},$$

$$\mathbf{r}_\theta \times \mathbf{r}_x = \begin{vmatrix} \mathbf{i} & \mathbf{j} & \mathbf{k} \\ 0 & -\text{sen }\theta & \cos\theta \\ 1 & 0 & 0 \end{vmatrix} = \cos\theta\,\mathbf{j} + \text{sen }\theta\,\mathbf{k}$$

Se verifica sin dificultad que los vectores apuntan hacia afuera del cilindro.

Ahora, de acuerdo al teorema anterior,

$$\textbf{Flujo} = \iint_S \mathbf{F}\cdot\mathbf{n}\,dS = \iint_D \mathbf{F}\cdot\left(\mathbf{r}_u \times \mathbf{r}_v\right)dA$$

$$= \iint_D \left((\cos\theta)(\text{sen }\theta)^2\,\text{j} + (\text{sen }\theta)^3\,\text{k}\right)\cdot\left((\cos\theta)\,\text{j} + (\text{sen }\theta)\,\text{k}\right)dA$$

$$= \iint_D \left(\cos^2\theta\,\text{sen}^2\theta + \text{sen}^4\theta\right)dA = \iint_D \text{sen}^2\theta\left(\cos^2\theta + \text{sen}^2\theta\right)dA$$

$$= \iint_D \text{sen}^2\theta\,dA = \int_0^{2\pi}\int_0^3 \text{sen}^2\theta\,dx\,d\theta = \int_0^{2\pi}\Big[x\Big]_0^3 \text{sen}^2\theta\,d\theta$$

$$= 3\int_0^{2\pi}\text{sen}^2\theta\,d\theta = 3\int_0^{2\pi}\frac{1}{2}(1-\cos 2\theta)\,d\theta = \frac{3}{2}\left[\theta - \frac{\text{sen }2\theta}{2}\right]_0^{2\pi} = 3\pi$$

FLUJO A TRAVES DEL GRAFICO DE UNA FUNCION

Sea S la superficie que es la gráfica de una función

$z = g(x, y)$, con dominio D en el plano XY.

La superficie S es parametrizada por la función vectorial,

$\mathbf{r}(x, y) = x\mathbf{i} + y\mathbf{j} + g(x, y)\mathbf{k}$, con dominio D.

Si definimos la función

$$G(x, y, z) = z - g(x, y),$$

entonces S es la superficie de nivel

$$G(x, y, z) = 0$$

Tenemos que:

$$\nabla G = -g_x\mathbf{i} - g_y\mathbf{j} + 1\mathbf{k} = \mathbf{r}_x \times \mathbf{r}_y \qquad \textbf{(1)}$$

Similarmente, si S es la gráfica de $y = g(x, z)$ o de $x = g(y, z)$, sus correspondientes parametrizaciones son:

$\mathbf{r}(x, z) = x\mathbf{i} + g(x, z)\mathbf{j} + z\mathbf{k}$ con dominio D, en el plano XZ

$\mathbf{r}(y, z) = g(y, z)\mathbf{i} + y\mathbf{j} + z\mathbf{k}$ con dominio D, en el plano YZ

Si hacemos $G(x, y, z) = y - g(x, z)$ o $G(x, y, z) = x - g(y, z)$, entonces

$$\nabla G = -g_x\mathbf{i} + 1\mathbf{j} - g_z\mathbf{k} = \mathbf{r}_x \times \mathbf{r}_z \quad \text{ó} \quad \nabla G = 1\mathbf{i} - g_y\mathbf{j} - g_z\mathbf{k} = \mathbf{r}_y \times \mathbf{r}_z \qquad (2)$$

Los resultados (1) y (2) y el teorema anterior, implican el siguiente teorema:

TEOREMA 5. 15 **Flujo sobre una superficie que es gráfico de una función**

Sea S una superficie suave que es la gráfica de

$$z = g(x, y), \quad y = g(x, z) \text{ o } x = g(y, z)$$

Si las componentes del campo **F** son continuas en S.

Si S: $G(x, y, z) = 0$, donde G se obtiene pasando g al lado izquierda de la ecuación.

Si **n** es la orientación inducida por la parametrización.

Si D es el dominio de la parametrización correspondiente.

Entonces

$$\textbf{Flujo} = \iint_S \mathbf{F} \bullet \mathbf{n}\, dS = \iint_D \mathbf{F} \bullet \nabla\mathbf{G}\, dA$$

EJEMPLO 7. Hallar $\textbf{Flujo} = \iint_S \mathbf{F} \bullet \mathbf{n}\, dS$, donde

$$\mathbf{F}(x, y, z) = x\mathbf{i} + y\mathbf{j} - z\mathbf{k}$$

S es la frontera del sólido encerrado por el paraboloide $z = 9 - x^2 - y^2$ y el plano $z = 0$, orientada positivamente.

Solución

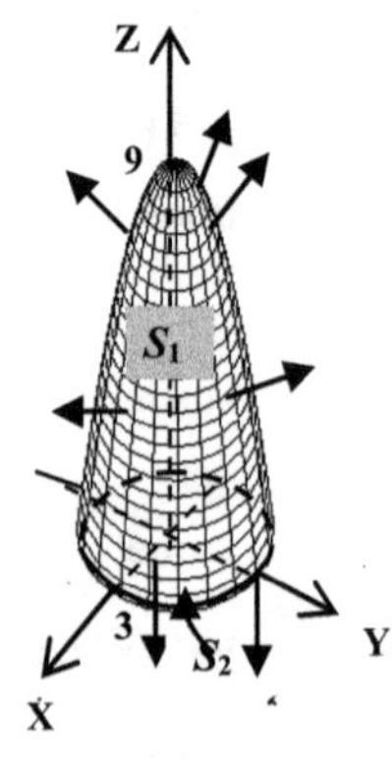

Tenemos que $S = S_1 \cup S_2$, donde

S_1 es el gráfico de $z = 9 - x^2 - y^2$, con dominio el círculo

$$D : x^2 + y^2 \leq 3^2.$$

S_2 es el disco del plano XY: $x^2 + y^2 \leq 3^2$, $z = 0$.

Tenemos que

$$\textbf{Flujo} = \iint_S \mathbf{F} \bullet \mathbf{n}\, dS = \iint_{S_1} \mathbf{F} \bullet \mathbf{n}\, dS + \iint_{S_2} \mathbf{F} \bullet \mathbf{n}\, dS$$

Calculemos estas integrales separadamente.

Flujo a través de S_1:

Sea $G(x, y, z) = z - 9 + x^2 + y^2$. Entonces $\nabla G = 2x\mathbf{i} + 2y\mathbf{j} + 1\mathbf{k}$.

Como la componente de **k** es positiva, estos vectores apuntan hacia fuera.

Aplicando el teorema anterior,

$$\textbf{Flujo} = \iint_S \mathbf{F} \cdot \mathbf{n}\, dS = \iint_D \mathbf{F} \cdot \nabla \mathbf{G}\, dA$$

$$= \iint_D \left(x\mathbf{i} + y\mathbf{j} - \left(9 - x^2 - y^2\right)\mathbf{k} \right) \cdot \left(2x\mathbf{i} + 2y\mathbf{j} + 1\mathbf{k}\right) dA$$

$$= \iint_D \left(2x^2 + 2y^2 - \left(9 - x^2 - y^2\right)\right) dA = 3\iint_D \left(x^2 + y^2 - 3\right) dA$$

$$= 3\int_0^{2\pi}\int_0^3 \left(r^2 - 3\right) r dr d\theta \qquad \text{(coord. polares)}$$

$$= 3\int_0^{2\pi} \left[\frac{r^4}{4} - \frac{3r^2}{2}\right]_0^3 d\theta = \frac{81}{2}\pi$$

Flujo a través de S_2:

A S_2 lo podemos ver como la gráfica de la función $z = 0$, con dominio:

$$D:\ x^2 + y^2 \le 3^2$$

El vector unitario normal hacia fuera de S_2 es $\mathbf{n} = -\mathbf{k}$. Luego,

$$\iint_{S_2} \mathbf{F} \cdot \mathbf{n}\, dS = \iint_D \left(x\mathbf{i} + y\mathbf{j} - (0)\mathbf{k}\right) \cdot \left(-\mathbf{k}\right) dA = \iint_D 0\, dA = 0$$

En conclusión,

$$\textbf{Flujo} = \iint_S \mathbf{F} \cdot \mathbf{n}\, dS = \frac{81}{2}\pi + 0 = \frac{81}{2}\pi$$

FLUJO TERMICO

Tenemos un región E de $\mathbb{R}^3$ en la cual la temperatura está dada por una función de clase $C^{(1)}$, $u = u\,(x, y, z)$. Se llama **flujo térmico** al campo vectorial

$$\mathbf{F} = -K\nabla u,$$

donde K es una constante positiva que representa la conductividad térmica del cuerpo.

Si S es una superficie orientada dentro de la región, entonces la **rapidez o razón neta de flujo térmico** a través de la superficie S es:

$$\iint_S \mathbf{F} \cdot \mathbf{n}\, dS = -\iint_S \left(K\nabla u\right) \cdot \mathbf{n}\, dS$$

Si S es una superficie cerrada, a S la orientamos positivamente, es decir hacia afuera de la región E.

EJEMPLO 8. Se tiene una bola de metal con centro en el origen y conductividad $K = 2.5$. La temperatura de la bola es

$$u(x, y, z) = \frac{1}{x^2 + y^2 + z^2}$$

Hallar la rapidez del flujo térmico que atraviesa la superficie esférica S: $x^2 + y^2 + z^2 = a^2$.

Solución

Tenemos que:

$$\nabla u = \frac{-2x}{\left(x^2 + y^2 + z^2\right)^2}\mathbf{i} + \frac{-2y}{\left(x^2 + y^2 + z^2\right)^2}\mathbf{j} + \frac{-2z}{\left(x^2 + y^2 + z^2\right)^2}\mathbf{k}$$

$$= \frac{-2}{\left(x^2 + y^2 + z^2\right)^2}(x\mathbf{i} + y\mathbf{j} + z\mathbf{k})$$

Luego,

$$\mathbf{F} = -K\nabla = -(2.5)\frac{-2}{\left(x^2 + y^2 + z^2\right)^2}(x\mathbf{i} + y\mathbf{j} + z\mathbf{k}) = \frac{5}{a^4}(x\mathbf{i} + y\mathbf{j} + z\mathbf{k})$$

Por otro lado, el vector normal unitario exterior es $\mathbf{n} = \frac{1}{a}(x\mathbf{i} + y\mathbf{j} + z\mathbf{k})$

Luego,

$$\mathbf{F} \bullet \mathbf{n} = \frac{5}{a^4}(x\mathbf{i} + y\mathbf{j} + z\mathbf{k}) \bullet \frac{1}{a}(x\mathbf{i} + y\mathbf{j} + z\mathbf{k}) = \frac{5}{a^5}\left(x^2 + y^2 + z^2\right) = \frac{5a^2}{a^5} = \frac{5}{a^3}, \text{ y}$$

$$\iint_S \mathbf{F} \bullet \mathbf{n}\, dS = \iint_S \frac{5}{a^3}\, dS = \frac{5}{a^3}\iint_S dS = \frac{5}{a^3}\left(4\pi a^2\right) = \frac{20\pi}{a}$$

PROBLEMAS RESUELTOS 5.5

PROBLEMA 1. Hallar $\iint_S x^2 y^2 z^2 dS$, donde S es la superficie conformada por las seis caras del cubo $[-1,\ 1] \times [-1,\ 1] \times [-1,\ 1]$

Solución

Sea S_1 la cara de arriba. Esto es, S_1 es la gráfica de la función constante $z = 1$, con dominio D: $-1 \le x \le 1,\ -1 \le y \le 1$

Tenemos que

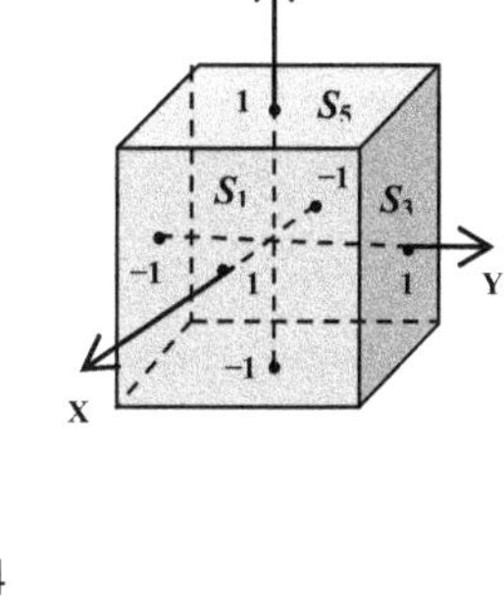

$$\sqrt{1+\left(\frac{\partial z}{\partial x}\right)^2+\left(\frac{\partial z}{\partial y}\right)^2}=\sqrt{1+0^2+0^2}=1$$

Luego,

$$\iint\limits_{S_1} x^2y^2z^2dS=\iint\limits_{D} x^2y^2(1)^2\sqrt{1+\left(\frac{\partial z}{\partial x}\right)^2+\left(\frac{\partial z}{\partial y}\right)^2}dxdy$$

$$=\iint\limits_{D} x^2y^2dxdy=\int_{-1}^{1}\int_{-1}^{1}x^2y^2dx\,dy=\frac{4}{9}$$

Sea S_2 la cara de abajo. Esto es, S_2 es la gráfica de $z=-1$, con dominio:

$$D: -1\leq x\leq 1,\quad -1\leq y\leq 1$$

Tenemos que

$$\sqrt{1+\left(\frac{\partial z}{\partial x}\right)^2+\left(\frac{\partial z}{\partial y}\right)^2}=\sqrt{1+0^2+0^2}=1 \quad \text{y}$$

$$\iint\limits_{S_1} x^2y^2z^2dS=\iint\limits_{D} x^2y^2(-1)^2\sqrt{1+\left(\frac{\partial z}{\partial x}\right)^2+\left(\frac{\partial z}{\partial y}\right)^2}dxdy=\iint\limits_{D} x^2y^2dxdy=\frac{4}{9}$$

En forma similar, si S_3 es la cara del frente, S_4 es la de atrás, S_5 es la cara de la derecha y S_6 es la cara de la izquierda, se obtiene que:

$$\iint\limits_{S_3} x^2y^2z^2dS=\iint\limits_{S_4} x^2y^2z^2dS=\iint\limits_{S_5} x^2y^2z^2dS=\iint\limits_{S_6} x^2y^2z^2dS=\frac{4}{9}$$

En consecuencia, $\displaystyle\iint\limits_{S} x^2y^2z^2dS=6\left(\frac{4}{9}\right)=\frac{8}{3}$

PROBLEMA 2. Evaluar $\displaystyle\iint\limits_{S}(y+2z)\,dS$, donde S es la frontera del sólido encerrado por el cilindro $x^2+y^2=4$ y los planos $z=4-y$, $z=0$.

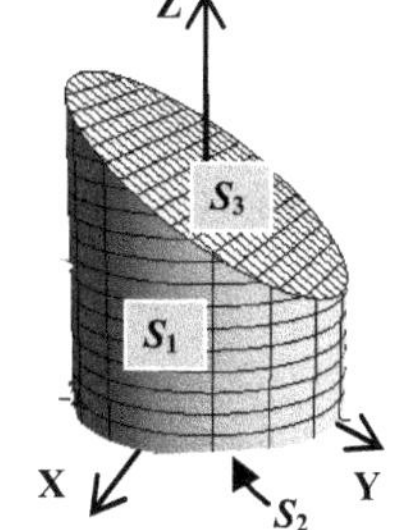

Solución

S está conformada por la unión de tres superficies S_1, S_2 y S_3:

S_1 es la parte del cilindro $x^2+y^2=4$ comprendida entre los planos $z=0$ y $z=4-y$.

S_2: $x^2+y^2\leq 4$, $z=0$,

S_3 es la parte del plano $z = 4 - y$ que está sobre S_2.

Tenemos que:

$$\iint_S (y+2z)\,dS = \iint_{S_1} (y+2z)\,dS + \iint_{S_2} (y+2z)\,dS + \iint_{S_3} (y+2z)\,dS$$

Evaluamos estas tres integrales separadamente.

a. Integral sobre S_1:

Una parametrización para S_1:

$\mathbf{r}(\theta, z) = (2\cos\theta)\mathbf{i} + (2\text{sen}\,\theta)\mathbf{j} + z\mathbf{k},\ \ 0 \le \theta \le 2\pi,\ \ D\text{: } 0 \le z \le 4 - y = 4 - 2\text{sen}\,\theta.$

Luego,

$$\mathbf{r}_\theta = (-2\,\text{sen}\,\theta)\mathbf{i} + (2\cos\theta)\mathbf{j} + 0\mathbf{k}, \qquad \mathbf{r}_z = 0\mathbf{i} + 0\mathbf{j} + 1\mathbf{k},$$

$$\mathbf{r}_\theta \times \mathbf{r}_z = \begin{vmatrix} \mathbf{i} & \mathbf{j} & \mathbf{k} \\ -2\,\text{sen}\,\theta & 2\cos\theta & 0 \\ 0 & 0 & 1 \end{vmatrix} = 2\cos\theta\,\mathbf{i} + 2\,\text{sen}\,\theta\,\mathbf{j}$$

$$\|\mathbf{r}_\theta \times \mathbf{r}_z\| = \sqrt{(2\cos\theta)^2 + (2\,\text{sen}\,\theta)^2} = 2$$

$$\iint_{S_1} (y+2z)\,dS = \iint_D (2\,\text{sen}\,\theta + 2z)\|\mathbf{r}_\theta \times \mathbf{r}_z\|\,dA = \iint_D (2\,\text{sen}\,\theta + 2z)(2)\,dz\,d\theta$$

$$= 2\int_0^{2\pi}\int_0^{4-2\,\text{sen}\,\theta} (2\,\text{sen}\,\theta + 2z)\,dz\,d\theta$$

$$= 2\int_0^{2\pi} \Big[(2\,\text{sen}\,\theta)z + z^2\Big]_0^{4-2\,\text{sen}\,\theta} d\theta$$

$$= 2\int_0^{2\pi} \Big[(2\,\text{sen}\,\theta)(4 - \text{sen}\,\theta) + (4 - \text{sen}\,\theta)^2\Big] d\theta$$

$$= 2\int_0^{2\pi} \Big[16 - \text{sen}^2\theta\Big] d\theta = 2\int_0^{2\pi} \left[16 - \frac{1-\cos 2\theta}{2}\right] d\theta$$

$$= 2\int_0^{2\pi} \left[\frac{31}{2} + \frac{1}{2}\cos 2\theta\right] d\theta = 2\left[\frac{31}{2}\theta + \frac{1}{4}\text{sen}2\theta\right]_0^{2\pi} = 62\pi$$

b. Integral sobre S_2: $x^2 + y^2 \le 4,\ z = 0$.

A esta superficie la vemos como la gráfica de $z = 0$ con dominio D: $x^2 + y^2 \le 4$.

Luego, aplicando la parte **a.** del teorema 5.13 y cambiando a coordenadas polares, tenemos que:

$$\iint_{S_2}(y+2z)\,dS=\iint_D (y+0)\sqrt{1+\left(\frac{\partial z}{\partial x}\right)^2+\left(\frac{\partial z}{\partial y}\right)^2}\,dA=\iint_D (y)\sqrt{1+0^2+0^2}\,dA$$

$$=\iint_D y\,dA=\int_0^{2\pi}\int_0^2 r\text{ sen }\theta\; r\,dr\,d\theta=\int_0^{2\pi}\int_0^2 r^2\text{sen }\theta\;dr\,d\theta$$

$$=\int_0^{2\pi}\left[\frac{r^3}{3}\right]_0^2\text{sen}\theta\;d\theta=\frac{8}{3}\int_0^{2\pi}\text{sen}\theta d\theta=\frac{8}{3}\Big[-\cos\theta\Big]_0^{2\pi}=0$$

c. Integral sobre S_3:

S_3 es la gráfica de $z=4-y$ con dominio D: $x^2+y^2\le 4,\ z=0.$

Aplicando la parte a del teorema 5.13 tenemos que:

$$\iint_{S_3}(y+2z)\,dS=\iint_D (y+8-2y)\sqrt{1+\left(\frac{\partial z}{\partial x}\right)^2+\left(\frac{\partial z}{\partial y}\right)^2}\,dA=\iint_D (8-y)\sqrt{1+0^2+1^2}\,dA$$

$$=\sqrt{2}\iint_D (8-y)\,dA\ =\ 8\sqrt{2}\iint_D dA-\sqrt{2}\iint_D y\,dA=8\sqrt{2}\,(4\pi)+0=32\sqrt{2}\pi$$

Por último, sumando los resultados anteriores, tenemos:

$$\iint_S (y+2z)\,dS\ =62\pi\ +\ 0\ +\ 32\sqrt{2}\pi=\ 2\left(31+\ 16\sqrt{2}\right)\pi$$

PROBLEMA 3. Hallar la masa de una lámina de densidad

$$\delta(x,y,z)=\sqrt{x^2+y^2}$$

y tiene la forma del helicoide

$$S:\ \mathbf{r}(u,\theta)=u\cos\theta\,\mathbf{i}\ +\ u\,\text{sen}\theta\,\mathbf{j}\ +\theta\,\mathbf{k}$$

$$D:\ 0\le u\le 2,\ \ 0\le\theta\le 6\pi$$

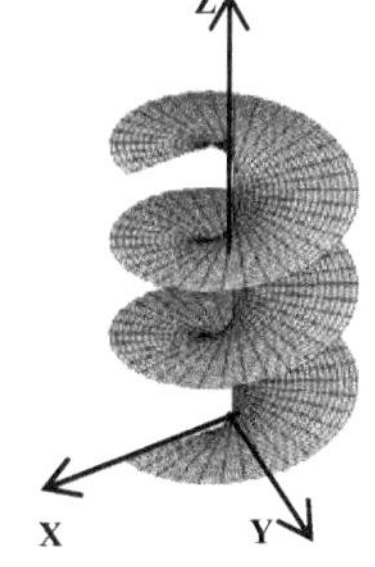

Solución

Tenemos que:

$$\mathbf{r}_u=\cos\theta\,\mathbf{i}\ +\ \text{sen}\theta\,\mathbf{j}\ +0\text{k},\quad \mathbf{r}_\theta=-\,u\,\text{sen}\theta\,\mathbf{i}\ +u\cos\theta\,\mathbf{j}\ +1\mathbf{k}$$

$$\mathbf{r}_u\times\mathbf{r}_\theta=\begin{vmatrix}\mathbf{i} & \mathbf{j} & \mathbf{k}\\ \cos\theta & \text{sen }\theta & 0\\ -u\,\text{sen }\theta & u\cos\theta & 1\end{vmatrix}=\text{sen}\theta\,\mathbf{i}-\cos\,\theta\,\mathbf{j}\ +u\,\mathbf{k}$$

$$\| \mathbf{r}_u \times \mathbf{r}_\theta \| = \sqrt{(\operatorname{sen}\theta)^2 + (\cos\theta)^2 + u^2} = \sqrt{1+u^2}$$

$$\delta(x, y, z) = \sqrt{x^2 + y^2} = \sqrt{(u\cos\theta)^2 + (u\operatorname{sen}\theta)^2} = u$$

Ahora,

$$M = \iint_S \delta(x, y, z)\, dS = = \iint_S \sqrt{x^2 + y^2}\, dS = \iint_D u\left(\sqrt{1+u^2}\right) dA$$

$$= \int_0^{6\pi}\int_0^2 u\left(\sqrt{1+u^2}\right) du\, d\theta = \frac{1}{2}\int_0^{6\pi}\left[\frac{2}{3}\left(1+u^2\right)^{3/2}\right]_0^2 d\theta$$

$$= \frac{\left(5\sqrt{5}-1\right)}{3}\int_0^{6\pi} d\theta = 2\left(5\sqrt{5}-1\right)\pi$$

PROBLEMA 4. Sea S la porción del paraboloide que está en el primer octante:

$$S\text{: } z = \frac{3}{2} + \frac{1}{2}\left(x^2 + y^2\right),\ x \geq 0,\ y \geq 0,\ \frac{3}{2} \leq z \leq 3$$

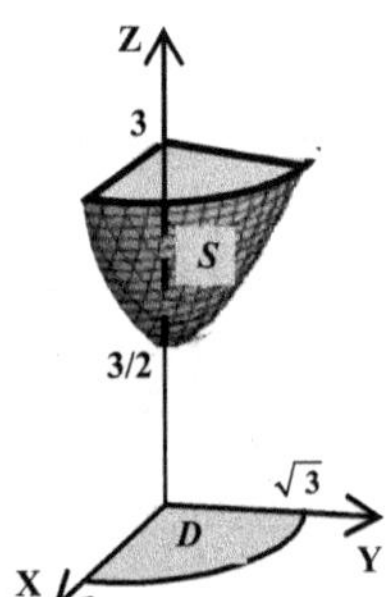

Una lámina con densidad $\delta(x, y, z) = xy$ tiene la forma de la superficie S.

a. Hallar la masa de la lámina.

b. Hallar el momento de inercia respecto al eje Z,

Solución

Si $z = g(x, y) = \frac{3}{2} + \frac{1}{2}\left(x^2 + y^2\right)$, entonces S es gráfico de

$z = g(x, y)$, con dominio D: $x^2 + y^2 \leq 3, x \geq 0,\ y \geq 0$.

Tenemos que:

$$\sqrt{1 + g_x^2 + g_y^2} = \sqrt{1 + x^2 + y^2}$$

a. $$M = \iint_S \delta(x, y, z)\, dS = \iint_S xy\, dS = \iint_D xy\sqrt{1 + x^2 + y^2}\, dA$$

$$= \int_0^{\pi/2}\int_0^{\sqrt{3}} (r\cos\theta)(r\operatorname{sen}\theta)\sqrt{1+r^2}\, rdr\, d\theta \qquad \text{(Coord. polares)}$$

$$= \int_0^{\pi/2}\left[\int_0^{\sqrt{3}} r^2\sqrt{1+r^2}\, rdr\right]\operatorname{sen}\theta\cos\theta\, d\theta \qquad \textbf{(1)}$$

En la integral interna, si hacemos el cambio de variable $u=\sqrt{1+r^2}$, tenemos:

$$r^2=u^2-1,\quad rdr=udu,\quad r=0\Rightarrow u=1, r=\sqrt{3}\Rightarrow u=2 \qquad \text{y}$$

$$\int_0^{\sqrt{3}} r^2\sqrt{1+r^2}\, rdr=\int_1^2\left(u^2-1\right)u\left(udu\right)=\int_1^2\left(u^4-u^2\right)du=\frac{58}{15}$$

Regresando a la igualdad (1):

$$M=\int_0^{\pi/2}\left[\frac{58}{15}\right]\operatorname{sen}\theta\cos\theta\, d\theta=\frac{58}{15}\left[\frac{\operatorname{sen}^2\theta}{2}\right]_0^{\pi/2}=\frac{29\pi}{15}$$

b. $I_z=\iint_S\left(x^2+y^2\right)\delta\left(x,y,z\right)dS=\iint_S\left(x^2+y^2\right)\left(xy\right)dS$

$$=\int_0^{\pi/2}\int_0^{\sqrt{3}}\left(r^2\right)\left(r\cos\theta\right)\left(r\operatorname{sen}\theta\right)\sqrt{1+r^2}\, rdr\, d\theta$$

$$=\int_0^{\pi/2}\left[\int_0^{\sqrt{3}} r^4\sqrt{1+r^2}\, rdr\right]\operatorname{sen}\theta\cos\theta\, d\theta \qquad \textbf{(2)}$$

Nuevamente, haciendo el cambio de variable $u=\sqrt{1+r^2}$, obtenemos

$$\int_0^{\sqrt{3}} r^4\sqrt{1+r^2}\, rdr=\int_1^2\left(u^2-1\right)^2 u\left(udu\right)=\int_1^2\left(u^6-2u^4+u^2\right)du=\frac{848}{105}$$

Regresando a la igualdad (2):

$$I_z=\int_0^{\pi/2}\left[\frac{908}{105}\right]\operatorname{sen}\theta\cos\theta\, d\theta=\frac{908}{105}\left[\frac{\operatorname{sen}^2\theta}{2}\right]_0^{\pi/2}=\frac{454\pi}{105}$$

PROBLEMA 5. Hallar el centroide $\left(\bar{x},\ \bar{y},\ \bar{z}\right)$ de la superficie

$$S\text{: } x^2+y^2+z^2=a^2,\ x\geq 0,\ y\geq 0,\ z\geq 0,$$

conformada por la porción de la superficie esférica

$x^2+y^2+z^2=a^2$ que está en el primer octante.

Solución

La superficie S es simétrica respecto a la recta diagonal del primer octante: L: $x=y=z$. El centroide $\left(\bar{x},\ \bar{y},\ \bar{z}\right)$ tiene que estar en esta recta y, por tanto,

$$\bar{x} = \bar{y} = \bar{z}$$

Hallemos $\bar{z}$:

Una parametrización para S es

$$\mathbf{r}(\phi, \theta) = a \text{ sen } \phi \cos \theta \, \mathbf{i} + a \text{ sen } \phi \text{ sen } \theta \, \mathbf{j} + a \cos \phi \, \mathbf{k},$$

$$0 \leq \phi \leq \frac{\pi}{2}, \quad 0 \leq \theta \leq \frac{\pi}{2}$$

Por el ejemplo 1 de la sección 4.6 sabemos que:

$$\left\| \mathbf{r}_\phi \times \mathbf{r}_\theta \right\| = a^2 \text{sen } \phi$$

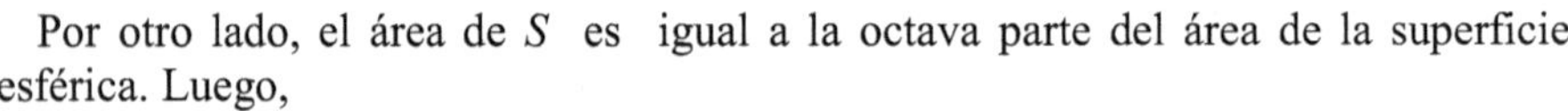

Por otro lado, el área de S es igual a la octava parte del área de la superficie esférica. Luego,

$$A = \frac{1}{8}\left(4\pi a^2\right) = \frac{\pi a^2}{2}$$

Ahora,

$$\bar{z} = \frac{1}{A}\iint_S z \, dS = \frac{1}{A}\iint_D (a \cos \phi)\left(a^2 \text{sen } \phi\right) d\phi \, d\theta$$

$$= \frac{a^3}{A}\iint_D \text{sen}\phi \cos \phi \, d\phi \, d\theta = \frac{a^3}{A}\int_0^{\pi/2}\left(\int_0^{\pi/2} \text{sen}\phi \cos\phi \, d\phi\right) d\theta$$

$$= \frac{a^3}{A}\int_0^{\pi/2}\left[\frac{\text{sen}^2\phi}{2}\right]_0^{\pi/2} d\theta = \frac{a^3}{2A}\int_0^{\pi/2} d\theta = \frac{a^3\pi}{4A} = \frac{a^3\pi}{4\left(a^2\pi/2\right)} = \frac{a}{2}$$

En consecuencia, el centroide es

$$\left(\bar{x}, \bar{y}, \bar{z}\right) = \left(a/2, \ a/2, \ a/2\right)$$

PROBLEMA 6. Hallar **Flujo** $= \iint_S \mathbf{F} \cdot \mathbf{n} \, dS$, donde

$$\mathbf{F}(x, y, z) = x\mathbf{i} + y\mathbf{j} + z\mathbf{k} \quad \text{y}$$

S es la frontera de sólido encerrado por el paraboloide $y = x^2 + z^2$ y el plano $y = 4$, orientada positivamente (hacia afuera).

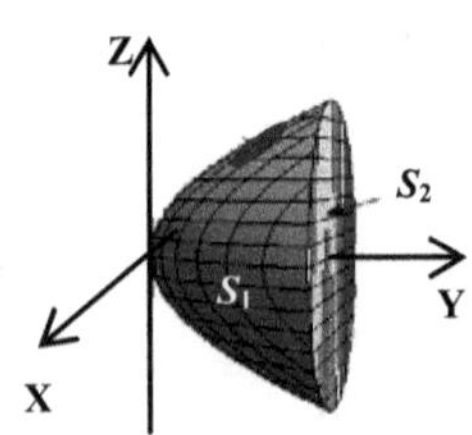

Solución

Sea S_1 la porción del paraboloide

$$y = x^2 + z^2, \ 0 \leq y \leq 4$$

Sea S_2 el disco $x^2 + z^2 \leq 4$, $y = 4$

Tenemos que $S = S_1 \cup S_2$ y, por tanto,

$$\textbf{Flujo} = \iint_S \mathbf{F} \cdot \mathbf{n}\, dS = \iint_{S_1} \mathbf{F} \cdot \mathbf{n}\, dS + \iint_{S_2} \mathbf{F} \cdot \mathbf{n}\, dS$$

Calculemos estas integrales separadamente.

Flujo a través de S_1:

Aplicamos el teorema anterior.

S_1 es gráfica de la función $y = x^2 + z^2$ con dominio el circulo de radio 2.

$$D:\ x^2 + z^2 \leq 4.$$

Sea $G(x, y, z) = y - x^2 - z^2$ y tenemos que $\nabla G = -2x\mathbf{i} + 1\mathbf{j} - 2z\mathbf{k}$.

Como la componente $1\mathbf{j}$ de ∇G es positiva, el vector ∇G apunta hacia dentro y

$-\nabla G = -(-2x\mathbf{i} + 1\mathbf{j} - 2z\mathbf{k}) = 2x\mathbf{i} - 1\mathbf{j} + 2z\mathbf{k}$ apunta hacia fuera.

Luego,

$$\iint_{S_1} \mathbf{F} \cdot \mathbf{n}\, dS = \iint_D \left(x\mathbf{i} + y\mathbf{j} + z\mathbf{k}\right) \cdot \left(2x\mathbf{i} + -1\mathbf{j} + 2z\mathbf{k}\right) dA$$

$$= \iint_D \left(2x^2 - y + 2z^2\right) dA = \iint_D \left(2x^2 - \left(x^2 + z^2\right) + 2z^2\right) dA$$

$$= \iint_D \left(x^2 + z^2\right) dA = \int_0^{2\pi} \int_0^2 r^2\, r dr d\theta \qquad \text{(Coord. polares)}$$

$$= \int_0^{2\pi} \left[\frac{r^4}{4}\right]_0^2 d\theta = 4\int_0^{2\pi} d\theta = 8\pi$$

Flujo a través de S_2:

La proyección de S_2 sobre el plano XZ es el círculo D: $x^2 + z^2 \leq 4$.

El vector unitario normal hacia fuera a S_2 es $\mathbf{n} = \mathbf{j}$. Luego,

$$\iint_{S_2} \mathbf{F} \cdot \mathbf{n}\, dS = \iint_D \left(x\mathbf{i} + y\mathbf{j} + z\mathbf{k}\right) \cdot \left(\mathbf{j}\right) dA = \iint_D y\, dA = \iint_D 4\, dA = 4\iint_D dA$$

$$= 4\ \text{Area}(D) = 4(4\pi) = 16\pi$$

En conclusión,

$$\textbf{Flujo} = \iint_S \mathbf{F} \cdot \mathbf{n}\, dS = 8\pi + 16\pi = 24\pi$$

PROBLEMA 7. Hallar el flujo de un campo cuadrático inverso

$$\mathbf{F}(x, y, z) = \frac{q}{\|\mathbf{r}\|^2}\frac{\mathbf{r}}{\|\mathbf{r}\|} = \frac{q\mathbf{r}}{\|\mathbf{r}\|^3}, \quad \mathbf{r} = x\mathbf{i} + y\mathbf{j} + z\mathbf{k}$$

a través de la esfera

$$S: x^2 + y^2 + x^2 = a^2,$$

orientada positivamente.

Solución

Por el ejemplo 5 sabemos que la siguiente parametrización de la esfera la orienta positivamente.

$$\mathbf{r}(\phi, \theta) = a \text{ sen } \phi \cos \theta\, \mathbf{i} + a \text{ sen } \phi \text{ sen } \theta\, \mathbf{j} + a \cos \phi\, \mathbf{k},$$

$$D: 0 \leq \theta \leq 2\pi, \ 0 \leq \phi \leq \pi.$$

Se cumple:

$$\mathbf{r}_\phi \times \mathbf{r}_\theta = a^2\text{sen}^2\phi \cos \theta\, \mathbf{i} + a^2\text{sen}^2\phi \text{ sen } \theta\, \mathbf{j} + a^2\text{sen } \phi \cos \phi\, \mathbf{k}$$

Por otro lado,

$$\mathbf{F}(x, y, z) = \frac{q\mathbf{r}}{\|\mathbf{r}\|^3} = \frac{q\left(x\mathbf{i} + y\mathbf{j} + z\mathbf{k}\right)}{a^3} = \frac{q}{a^3}\left(x\mathbf{i} + y\mathbf{j} + z\mathbf{k}\right)$$

Luego,

$$\mathbf{F}(\mathbf{r}(\phi, \theta)) = \frac{q}{a^3}\left(a \text{ sen } \phi \cos \theta\, \mathbf{i} + a \text{ sen } \phi \text{ sen } \theta\, \mathbf{j} + a \cos \phi\, \mathbf{k}\right) \quad \text{y}$$

$$\begin{aligned}
\mathbf{F}(\mathbf{r}(\phi, \theta)) \cdot (\mathbf{r}_\phi \times \mathbf{r}_\theta) &= \frac{q}{a^3}(a \text{ sen } \phi \cos \theta\, \mathbf{i} + a \text{ sen } \phi \text{ sen } \theta\, \mathbf{j} + a \cos \phi\, \mathbf{k}) \cdot \\
&\quad (a^2\text{sen}^2\phi \cos \theta\, \mathbf{i} + a^2\text{sen}^2\phi \text{ sen } \theta\, \mathbf{j} + a^2\text{sen } \phi \cos \phi\, \mathbf{k}) \\
&= \frac{qa^3}{a^3}(\text{sen}^3\phi \cos^2\theta + \text{sen}^3\phi \text{ sen}^2\theta + \text{ sen } \phi \cos^2\phi) \\
&= \frac{qa^3}{a^3}(\text{sen}^3\phi + \text{ sen } \phi \cos^2\phi) = q \text{ sen } \phi
\end{aligned}$$

Ahora,

$$\textbf{Flujo} = \iint_S \mathbf{F} \cdot \mathbf{n}\, dS = \iint_D \mathbf{F} \cdot \left(\mathbf{r}_u \times \mathbf{r}_v\right) dA = \int_0^{2\pi}\int_0^{\pi} q \text{ sen } \phi\, d\phi\, d\theta$$

$$= q\int_0^{2\pi}\Big[-\cos\,\phi\Big]_0^{\pi} d\theta = 2q\int_0^{2\pi} d\theta = 4q\pi.$$

PROBLEMAS PROPUESTOS 5. 5

En los problemas del 1 al 14, evaluar la integral $\iint_S f(x, y, z)\,dS$

1. $f(x, y, z) = x + y + z$. S es la parte del plano $x + y + z = 1$ en el primer octante.
Rpta: $\sqrt{3}/2$

2. $f(x, y, z) = xyz$. S es la parte del plano $x + y + z = 1$ en el primer octante.
Rpta: $\sqrt{3}/20$

3. $f(x, y, z) = xy$. S es la parte del plano $x + y + z = 2$ en el primer octante.
Rpta: $19\sqrt{3}/24$

4. $f(x, y, z) = x^2z$. S es la parte del cilindro $x^2 + y^2 = a^2$, $z = 0$, $z = 1$, en el primer octante.
Rpta: $a^3\pi/2$

5. $f(x, y, z) = y^2$. S es el cono $y^2 = x^2 + z^2$, $1 \leq y \leq 2$
Rpta: $15\sqrt{2}\,\pi/2$

6. $f(x, y, z) = x^2 + y^2 + z^2$. S: $x^2 + y^2 = a^2$, $y \geq 0$, $0 \leq z \leq a$.
Rpta: $4a^4\pi/3$

7. $f(x, y, z) = x^2 + y^2$. S: $x^2 + y^2 + z^2 = a^2$.
Rpta: $8a^4\pi/3$

8. $f(x, y, z) = z$. S es la frontera del sólido encerrado por el cilindro $x^2 + y^2 = 4$ y los planos $z = 4 + x$, $z = 0$.
Rpta: $4\left(9+4\sqrt{2}\right)\pi$

9. $f(x, y, z) = x^2 + y^2$. S: $x^2 + y^2 + z^2 = a^2$ en el primer octante.
Rpta: $a^5\pi/8$

10. $f(x, y, z) = \sqrt{1 + 4x^2 + 4x^2}$. S: Es la parte del paraboloide $z = 4 - x^2 - y^2$ que esta en el primer octante y fuera del cilindro $x^2 + y^2 = 1$
Rpta: $33\pi/4$

11. $f(x, y, z) = xyz$. S es la frontera del cubo $[0, a] \times [0, a] \times [0, a]$
Rpta: $3a^5/4$

12. $f(x, y, z) = x + y + z$. S es la frontera del cubo $[-a, a] \times [-a, a] \times [-a, a]$
Rpta: 0

13. $f(x, y, z) = x$. S es el tetraedro formado por los planos coordenados y el plano $3x + 2y + z = 6$
Rpta: $2\left(3+\sqrt{14}\right)$

14. $f(x, y, z) = \sqrt{1 + x^2 + y^2}$. S es la helicoide:

$\mathbf{r}(u, \theta) = u\cos\theta\,\mathbf{i} + u\,\text{sen}\theta\,\mathbf{i} + \theta\mathbf{k}$,

D: $0 \le u \le a,\ 0 \le \theta \le 2\pi$ *Rpta:* $2a\left(a^2 + 3\right)\pi/3$

15. Sea S la parte del plano $2x + 2y + z = 4$ que está en el primer octante. Una lámina con densidad $\delta(x, y, z) = x^2 + y^2$ tiene la forma de la superficie S. Hallar su masa. *Rpta:* $8\sqrt{5}/3$

16. Hallar la masa de la lámina que tiene la forma de la superficie esférica

$$S: x^2 + y^2 + z^2 = a^2$$

y cuya densidad en cada punto de S es la distancia del punto a plano XY.

Sugerencia: $\delta(x, y, z) = |z|$ *Rpta:* $2a^3\pi$

17. Hallar la masa de la lámina que tiene la forma del paraboloide

$$S:\ z = 1 + x^2 + y^2,\ 1 \le z \le 2$$

y cuya densidad es $\delta(x, y, z) = z$ *Rpta:* $\left(25\sqrt{5} - 3\right)\pi/20$

18. Hallar la masa y centro de masa de la lámina que tiene la forma del cono

$$S:\ z^2 = \sqrt{3\left(x^2 + y^2\right)},\ 1 \le z \le 3$$

y cuya densidad es $\delta(x, y, z) = z$ *Rpta:* $4\pi\sqrt{3}$, $(0, 0, 9/4)$

19. Sea S el cono $z = \sqrt{3\left(x^2 + y^2\right)}$, $0 \le z \le 3$. Hallar el centroide de S.

Rpta: **a.** $(0, 0, 2)$

20. Sea S la semiesfera $z = \sqrt{a^2 - x^2 - y^2}$. Hallar:

a. El centroide de S. **b.** El momento de inercia respecto al eje Z.

Rpta: **a.** $(0, 0, a/2)$ **b.** $4a^2\pi/3$

21. Sea S la porción de la superficie esférica $x^2 + y^2 + z^2 = a^2$ que se encuentra dentro del cono $z = \sqrt{x^2 + y^2}$

Hallar el centroide de S.

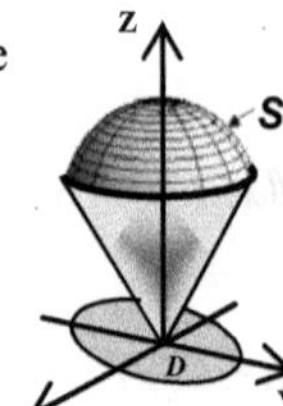

Rpta: $\bar{x} = 0,\ \left(0,\ 0,\ \dfrac{a}{4}\left(\sqrt{2} + 2\right)\right)$

En los problemas del 22 al 28, hallar **Flujo** $= \iint_S \mathbf{F} \cdot \mathbf{n}\, dS$

para el campo vectorial* F *dado y la superficie orientada S indicada. Si S es cerrada, tomar la orientación positiva (hacia fuera).

22. $\mathbf{F}(x, y, z) = 2z\mathbf{i} - 4\mathbf{j} + y\mathbf{k}$. S es la parte del plano $3x + 6y + 2z = 6$ en el primer octante, orientada hacia arriba. *Rpta:* 25/3

23. $\mathbf{F}(x, y, z) = 3z\mathbf{k}$. S: $x^2 + y^2 + z^2 = a^2$. *Rpta:* $4\pi a^3$

24. $\mathbf{F}(x, y, z) = x\mathbf{i} + y\mathbf{j} + z\mathbf{k}$. S: $z = a - x^2 - y^2$, $a > 0$. Orientada hacia arriba. *Rpta:* $3\pi a^2/2$

25. $\mathbf{F}(x, y, z) = e^z\,\mathbf{i} + x^2\mathbf{j} + z\mathbf{k}$. S: $z = 1 - y^2$, $x = 0$, $x = 3$, $z = 0$. Orientada hacia arriba. *Rpta:* 4

26. $\mathbf{F}(x, y, z) = x\mathbf{i} + y\mathbf{j} + z\mathbf{k}$. S: $x^2 + y^2 + z^2 = a^2$. *Rpta:* $4\pi a^3$

27. $\mathbf{F}(x, y, z) = x\mathbf{i} + y\mathbf{j} + z^2\mathbf{k}$. S es el helicoide orientada hacia arriba.

S: $\mathbf{r}(u, \theta) = u\cos\theta\,\mathbf{i} + u\,\text{sen}\,u\cos\theta\,\mathbf{i} + \theta\mathbf{k}$, $0 \le u \le 1$, $0 \le \theta \le 6\pi$. *Rpta:* $36\pi^3$

28. $\mathbf{F}(x, y, z) = yz\mathbf{i} + xz\mathbf{j} + (x^2 + y^2)\mathbf{k}$. S orientada hacia arriba.

S: $\mathbf{r}(u, \theta) = e^u\cos\theta\,\mathbf{i} + e^u\text{sen}\,\theta\,\mathbf{j} + \theta\mathbf{k}$, $0 \le u \le 1$, $0 \le \theta \le 4\pi$. *Rpta:* $e^4\pi$

29. Determine el flujo del campo vectorial $\mathbf{F}(x, y, z) = y\mathbf{i} - x\mathbf{j} - z\mathbf{k}$ hacia afuera de la superficie S, que es el borde de la región E encerrada por el cono $z = \sqrt{x^2 + y^2}$ y el plano $z = 3$. *Rpta:* -9π

30. Determine el flujo del campo vectorial $\mathbf{F}(x, y, z) = x\mathbf{i} + y\mathbf{j} + z^2\mathbf{k}$ hacia afuera de la superficie S que es el borde de la región E encerrada por el cilindro $x^2 + y^2 = a^2$ y los planos $z = 0, z = 1$. *Rpta:* $3\pi a^2$

31. Determine el flujo del campo vectorial $\mathbf{F}(x, y, z) = xy\mathbf{i} + yz\mathbf{j} + xz\mathbf{k}$ hacia afuera de la superficie S formada por las caras del paralelepípedo

$E = [0, a] \times [0, b] \times [0, c]$, $a > 0, b > 0, c > 0$ *Rpta:* $\dfrac{abc}{2}(a + b + c)$

32. La temperatura de una sustancia con conductividad K está dada por $u = x^2 + y^2$. Hallar la rapidez del flujo térmico que atraviesa hacia adentro de la superficie cilíndrica S: $x^2 + y^2 = a^2$, $a > 0$, $0 \le z \le 4$. *Rpta:* $16aK\pi$

SECCION 5.6

TEOREMA DE STOKES

En la sección 5.4 vimos la primera forma vectorial del teorema de Green:

$$\oint_C \mathbf{F} \cdot d\mathbf{r} = \iint_D (\text{rot } \mathbf{F}) \cdot \mathbf{k} \, dA,$$

en donde D es una región del plano XY bordeada por la curva C.

El teorema de Stokes es una generalización de esta forma del teorema de Green, reemplazando a la región D del plano por una superficie orientada S del espacio tridimensional, la cual tiene por borde o frontera la curva cerrada C.

Si $\mathbf{n}$ es el vector normal unitario que da la orientación de S, a la curva C la orientamos en sentido contrario a las manecillas del reloj con respecto a $\mathbf{n}$. A esta orientación la llamaremos **orientación positiva de la curva frontera** C. La orientación positiva tambien se determina por la regla de la mano derecha: Si el dedo pulgar de la mano derecha coincide con la dirección de $\mathbf{n}$, los demás dedos seguirán la dirección positiva.

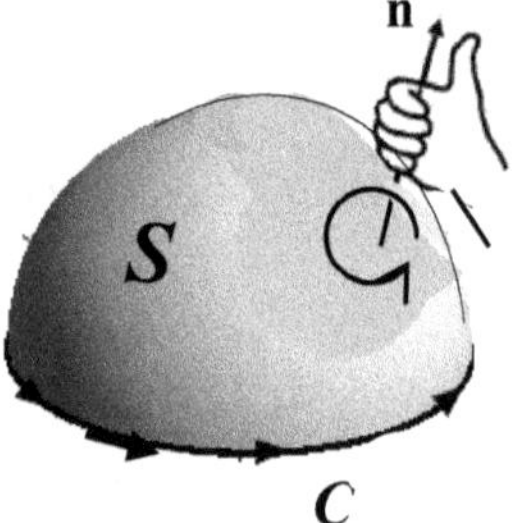

A continuación presentamos el teorema de Stokes. La demostración de este teorema es tema de cálculo avanzado. Sin embargo, en el problema resuelto 5 damos una demostración para el caso en el que S es la gráfica de una función $z = g(x, y)$.

TEOREMA 5.16 **Teorema de Stokes**

Sea S una superficie suave a trozos y orientada con vector normal unitario $\mathbf{n}$ y acotada por una curva C cerrada simple, suave a trozos y orientada positivamente. Si $\mathbf{F}$ es un campo cuyas componentes tienen derivadas continuas en una región abierta que contiene a S y a C, entonces

$$\oint_C \mathbf{F} \cdot \mathbf{T} \, ds = \oint_C \mathbf{F} \cdot d\mathbf{r} = \iint_S (\text{rot } \mathbf{F}) \cdot \mathbf{n} \, dS$$

Demostración

Ver el problema resuelto 5.

COROLARIO. Sean S_1 y S_2 dos superficies suaves a trozos orientadas por los vectores unitarios y normales $\mathbf{n_1}$ y $\mathbf{n_2}$, respectivamente.

Si S_1 y S_2 tienen un borde común que es una curva C que es cerrada simple y suave a trozos, sobre cual inducen la misma orientación. Entonces

$$\iint_{S_1} (\text{rot } \mathbf{F}) \cdot \mathbf{n}\, dS = \oint_C \mathbf{F} \cdot d\mathbf{r} = \iint_{S_2} (\text{rot } \mathbf{F}) \cdot \mathbf{n}\, dS$$

EJEMPLO 1. Verificar el teorema de Stokes

$$\oint_C \mathbf{F} \cdot d\mathbf{r} = \iint_S (\text{rot } \mathbf{F}) \cdot \mathbf{n}\ dS$$

para el campo vectorial

$$\mathbf{F}(x, y, z) = z\mathbf{i} + 3x\mathbf{j} + 2y^2\mathbf{k}$$

y para la superficie S, que es la parte del paraboloide $z = 6 - x^2 - y^2$ que está sobre el plano $z = 2$, orientada hacia arriba. C es la curva frontera en el plano z = 2, orientada positivamente, o sea, en sentido antihorario.

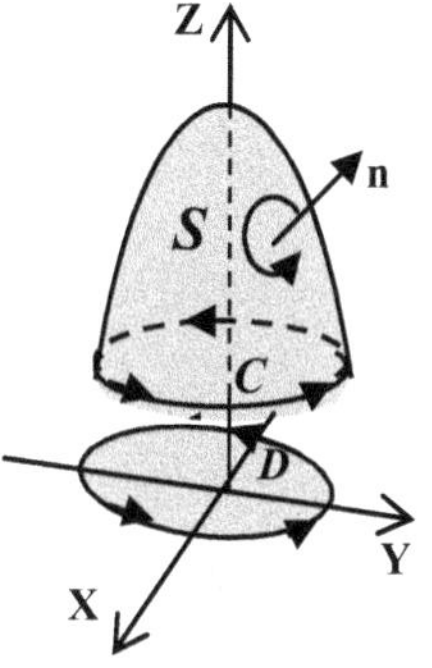

Solución

1. Calculemos $\displaystyle\iint_S (\text{rot } \mathbf{F}) \cdot \mathbf{n}\ dS$

Tenemos que
$$\text{rot } \mathbf{F} = \begin{vmatrix} \mathbf{i} & \mathbf{j} & \mathbf{k} \\ \dfrac{\partial}{\partial x} & \dfrac{\partial}{\partial y} & \dfrac{\partial}{\partial z} \\ z & 3x & 2y^2 \end{vmatrix} = 4y\mathbf{i} + 1\mathbf{j} + 3\mathbf{k}$$

La superficie S es la gráfica de $z = g(x, y) = 6 - x^2 - y^2,\ 2 \leq z \leq 6$.

La curva C es la intersección del paraboloide $z = 6 - x^2 - y^2$ con el plano $z = 2$. Luego,

$$2 = 6 - x^2 - y^2 \Rightarrow x^2 + y^2 = 4,$$

que una circunferencia de radio 2 en el plano $z = 2$.

En consecuencia, S es la gráfica de $z = g(x, y) = 6 - x^2 - y^2$ con dominio D, el círculo $x^2 + y^2 \leq 4$ en el plano XY. Al domonio D lo podemos expresar así:

$$D = \left\{ (x, y) \big/ -\sqrt{4 - x^2} \leq y \leq \sqrt{4 - x^2},\ -2 \leq x \leq 2 \right\}$$

Si $G(x, y, z) = z - 6 + x^2 + y^2$, entonces $\nabla G = 2x\mathbf{i} + 2y\mathbf{j} + 1\mathbf{k}$ es un vector normal a S. Como la componente de $\mathbf{k}$ es positiva, $\mathbf{n} = \dfrac{\nabla G}{\| \nabla G \|}$ orienta a S hacia arriba. Ahora, aplicando el teorema 5.15,

$$\iint_S (\text{rot } \mathbf{F}) \cdot \mathbf{n}\, dS = \iint_D (\text{rot } \mathbf{F}) \cdot \nabla \mathbf{G}\, dA$$

$$= \iint_D (4y\mathbf{i} + 1\mathbf{j} + 3\mathbf{k}) \cdot (2x\mathbf{i} + 2y\mathbf{j} + 1\mathbf{k})\, dA$$

$$= \iint_D (8xy + 2y + 3)\, dA = \int_{-2}^{2} \int_{-\sqrt{4-x^2}}^{\sqrt{4-x^2}} (8xy + 2y + 3)\, dy dx$$

$$= \int_{-2}^{2} \left[4xy^2 + y^2 + 3y \right]_{-\sqrt{4-x^2}}^{\sqrt{4-x^2}} dx = 6\int_{-2}^{2} \sqrt{4-x^2}\, dx$$

$$= 6\left[\frac{x}{2}\sqrt{4-x^2} + \frac{4}{2}\text{sen}^{-1}\frac{x}{2} \right]_{-2}^{2} = 12\pi$$

1. Calculemos $\oint_C \mathbf{F} \cdot d\mathbf{r}$

La curva C es la circunferencia $x^2 + y^2 = 4$ en el plano $z = 2$.

Una parametrización positiva para C es:

$$\mathbf{r}(t) = 2 \cos t\, \mathbf{i} + 2 \text{ sen } t\, \mathbf{j} + 2\mathbf{k}, \quad 0 \leq t \leq 2\pi$$

Luego,

$$\mathbf{r}'(t) = -2 \text{ sen } t\, \mathbf{i} + 2 \cos t\, \mathbf{j} + 0\mathbf{k}$$

$$\mathbf{F}(\mathbf{r}(\mathbf{t})) \cdot \mathbf{r}'(t) = (2\mathbf{i} + 3(2 \cos t)\mathbf{j} + 2(2 \text{ sen t})^2\mathbf{k}) \cdot (-2 \text{ sen } t\, \mathbf{i} + 2 \cos t\, \mathbf{j} + 0\mathbf{k})$$

$$= -4 \text{ sen } t + 12 \cos^2 t = -4 \text{ sen } t + 12\left(\frac{1 + \cos 2t}{2}\right)$$

$$= -4 \text{ sen } t + 6 \cos 2t + 6$$

$$\oint_C \mathbf{F} \cdot d\mathbf{r} = \int_0^{2\pi} \mathbf{F}(\mathbf{r}(\mathbf{t})) \cdot \mathbf{r}'(t)\, dt = \int_0^{2\pi} (-4 \text{ sen } t + 6\cos 2t + 6)\, dt$$

$$= \left[4\cos t + 3 \text{ sen } 2t + 6t \right]_0^{2\pi} = 12\pi$$

En conclusión, hemos hallado que tanto la integral sobre la superficie, como la integral sobre la curva, tienen a 12π como valor común. Observar que, en este problema, la integral sobre la curva es más sencilla para su evaluación.

EJEMPLO 2. Usando el teorema de Stokes hallar

$$\oint_C \mathbf{F} \cdot \mathbf{T}\, ds \text{, donde}$$

$$\mathbf{F}(x, y, z) = (y - z)\mathbf{i} + (2z - x)\mathbf{j} + (3x - y)\mathbf{k} \quad \text{y}$$

C es la elipse que se obtiene intersecando el de cilindro $x^2 + y^2 = a^2$ con el plano $x + z = a$, $a > 0$, C está orientada en sentido antihorario vista desde arriba.

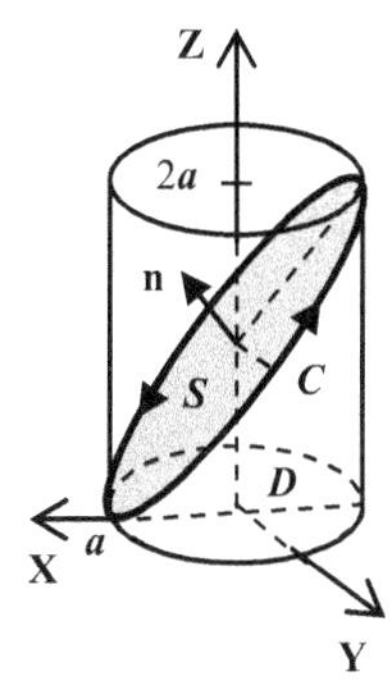

Solución

El teorema de Stokes nos dice que $\oint_C \mathbf{F} \cdot \mathbf{T}\, ds = \iint_S (\text{rot } \mathbf{F}) \cdot \mathbf{n}\; dS$.

Luego, en lugar de evaluar directamente a $\oint_C \mathbf{F} \cdot \mathbf{T}\, ds$, evaluamos

$$\iint_S (\text{rot } \mathbf{F}) \cdot \mathbf{n}\; dS.$$

Aún más, la curva C es borde de tres superficies: La parte del cilindro que está bajo la curva C, la parte del cilindro que está sobre C y la parte del plano $x + z = a$ que encierra C (la región sombreada). El corolario nos permite escoger cualquiera de las tres superficies. Sin duda que esta última superficie es la que nos ayuda a simplificar los cálculos.

Sea S la región del plano $x + z = a$ encerrada por la elipse C. Esta superficie es el gráfico de la función $z = g(x, y) = a - x$. Para que la orientación de C sea la antihoraria, a S le debemos dar la orientación hacia arriba, que esta dada por la normal unitaria:

$$\mathbf{n} = \frac{-g_x\mathbf{i} - g_y\mathbf{j} + \mathbf{k}}{\sqrt{1 + (g_x)^2 + (g_y)^2}} = \frac{1\mathbf{i} - 0\mathbf{j} + 1\mathbf{k}}{\sqrt{1 + (-1)^2 + (0)^2}} = \frac{1}{\sqrt{2}}(\mathbf{i} + \mathbf{k})$$

Por otro lado, tenemos que:

$$\text{rot } \mathbf{F} = \begin{vmatrix} \mathbf{i} & \mathbf{j} & \mathbf{k} \\ \dfrac{\partial}{\partial x} & \dfrac{\partial}{\partial y} & \dfrac{\partial}{\partial z} \\ y - z & 2z - x & 3x - y \end{vmatrix} = -3\mathbf{i} - 4\mathbf{j} - 2\mathbf{k}$$

Ahora, aplicando el teorema de Stokes,

$$\oint_C \mathbf{F} \cdot \mathbf{T}\, ds = \iint_S (\text{rot } \mathbf{F}) \cdot \mathbf{n}\; dS = \iint_S (-3\mathbf{i} - 4\mathbf{j} - 2\mathbf{k}) \cdot \left(\frac{1}{\sqrt{2}}(\mathbf{i} + \mathbf{k})\right) dS$$

$$= -\frac{5}{\sqrt{2}}\iint_S dS = -\frac{5}{\sqrt{2}}\text{Area }(S)$$

Pero, los semiejes de la elipse que encierra a S son a y $\sqrt{2}\,a$. Luego,

$$\text{Area}(S) = \pi a\left(\sqrt{2}\,a\right) = \pi\sqrt{2}\,a^2 \quad \text{y} \quad \oint_C \mathbf{F}\cdot\mathbf{T}\,ds = -\frac{5}{\sqrt{2}}\pi\sqrt{2}\,a^2 = -5\pi a^2$$

Estos últimos resultados también podemos obtenerlos usando el teorema 5.15. En efecto: S es el gráfico de la función $z = g(x, y) = a - x$. con dominio el círculo D: $x^2 + y^2 \leq a^2$ en el plano XY.

Luego, si $G(x, y, z) = z - g(x, y) = z - a + x$, entonces

$$\oint_C \mathbf{F}\cdot\mathbf{T}\,ds = \iint_S (\text{rot }\mathbf{F})\cdot\mathbf{n}\,dS = \iint_D (\text{rot }\mathbf{F})\cdot\nabla G dA$$

$$= \iint_D (\text{rot }\mathbf{F})\cdot\left(g_x\mathbf{i} + g_y\mathbf{j} + \mathbf{k}\right)dA = \iint_D (-3\mathbf{i} - 4\mathbf{j} - 2\mathbf{k})\cdot(1\mathbf{i} + 0\mathbf{j} + \mathbf{k})\,dA$$

$$= \iint_D (-5)\,dA = -5\iint_D dA = -5\text{Area }(D) = -5\pi a^2.$$

EJEMPLO 3. Usando el teorema de Stokes hallar

$$\iint_S (\text{rot }\mathbf{F})\cdot\mathbf{n}\,dS, \text{ donde}$$

$$\mathbf{F}(x, y, z) = y\ln(e + z)\mathbf{i} + 2x\mathbf{j} + e^{xz}\mathbf{k}$$

y S es la parte de la esfera

$$x^2 + y^2 + (z - 2)^2 = 8$$

sobre el plano $z = 0$, orientada hacia fuera.

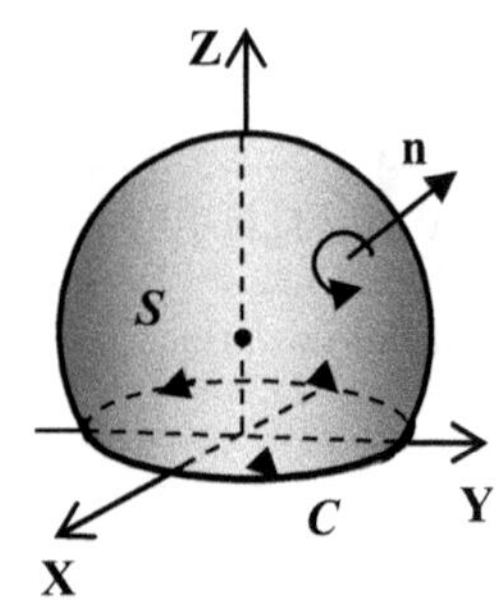

Solución

La frontera C de S la obtenemos intersecando la esfera $x^2 + y^2 + (z - 2)^2 = 8$ con el plano $z = 0$. Esto es

C: $x^2 + y^2 + (0 - 2)^2 = 8 \Rightarrow$ C es la circunferencia $x^2 + y^2 = 4$ orientada en sentido antihorario.

El teorema de Stokes nos dice que

$$\iint_S (\text{rot }\mathbf{F})\cdot\mathbf{n}\,dS = \oint_C \mathbf{F}\cdot d\mathbf{r}$$

Calculemos esta integral de línea.

Una parametrización para C es

$$\mathbf{r}(\theta) = 2\cos\theta\,\mathbf{i} + 2\,\text{sen}\theta\,\mathbf{j} + 0\mathbf{k}, \quad 0 \le \theta \le 2\pi$$

Tenemos que:

$$\mathbf{r}'(\theta) = -2\,\text{sen}\theta\,\mathbf{i} + 2\cos\theta\,\mathbf{j} + 0\mathbf{k}$$

$$\mathbf{F}(\mathbf{r}(\theta)) = (2\,\text{sen}\theta)\ln(e+0)\mathbf{i} + 2(2\cos\theta)\mathbf{j} + e^{(2\cos\theta)(0)}\mathbf{k}$$

$$= 2\text{sen}\theta\,\mathbf{i} + 4\cos\theta\,\mathbf{j} + 1\mathbf{k}$$

Luego,

$$\iint_S (\text{rot } \mathbf{F}) \bullet \mathbf{n}\, dS = \oint_C \mathbf{F} \bullet d\mathbf{r} = \int_0^{2\pi} \mathbf{F}(\mathbf{r}(\theta)) \bullet \mathbf{r}'(\theta)\, d\theta$$

$$= \int_0^{2\pi} (2\,\text{sen}\,\theta\,\mathbf{i} + 4\cos\theta\,\mathbf{j} + 1\mathbf{k}) \bullet (-2\,\text{sen}\,\theta\mathbf{i} + 2\cos\theta\mathbf{j} + 0\mathbf{k})\, d\theta$$

$$= \int_0^{2\pi} \left(-4\,\text{sen}^2\theta + 8\cos^2\theta\right) d\theta = \int_0^{2\pi} \left(-4 + 12\cos^2\theta\right) d\theta$$

$$= \int_0^{2\pi} \left(-4 + 12\left(\frac{1+\cos 2\theta}{2}\right)\right) d\theta = \int_0^{2\pi} (2 + 6\cos 2\theta)\, d\theta$$

$$= \Big[\, 2\theta + 3\,\text{sen}\, 2\theta \,\Big]_0^{2\pi} = 4\pi$$

EJEMPLO 4. Paguemos una deuda

Probar la siguiente parte del teorema 5.10

Sea $\mathbf{F} = P\mathbf{i} + Q\mathbf{j} + R\mathbf{k}$ de clase $C^{(1)}$ en una región D abierta y simplemente conexa de $\mathbb{R}^3$

Si rot$\mathbf{F} = 0$, entonces $\mathbf{F}$ es conservativo.

Solución

Basta probar que $\oint_C \mathbf{F} \bullet d\mathbf{r} = 0$ para toda curva cerrada contenida en D, ya que el teorema 5.9 nos asegura que si esta propiedad se cumple, entonces $\mathbf{F}$ es conservativo.

Bien, sea C una curva cerrada y simple que es frontera de una superficie S orientada por un vector normal unitario $\mathbf{n}$ que induce una orientación en C. De acuerdo al teorema de Stokes tenemos que:

$$\oint_C \mathbf{F} \bullet d\mathbf{r} = \iint_S (\text{rot } \mathbf{F}) \bullet \mathbf{n}\, dS = \iint_S 0 \bullet \mathbf{n}\, dS = 0$$

PROBLEMAS RESUELTOS 5. 6

PROBLEMA 1. Sea la superficie $S = S_1 \cup S_2$, donde S_1 es la parte del cilindro $x^2 + z^2 = a^2$ que está en el primer octante y dentro del cilindro $x^2 + y^2 = a^2$. S_2 es la parte del cilindro $x^2 + y^2 = a^2$ que está en el primer octante y dentro del cilindro $x^2 + z^2 = a^2$.

Sea C el borde de S, orientado en el sentido que indica la segunda figura adjunta.

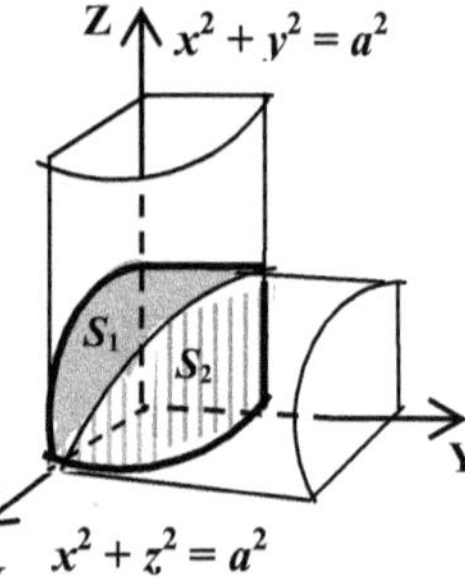

Sea $\mathbf{F}(x, y, z) = yz\mathbf{i} - x\mathbf{j} + (x^2 + z^2)\mathbf{k}$

En el problema resuelto 7 de la sección 5.2 se obtuvo que

$$\oint_C \mathbf{F} \cdot d\mathbf{r} = -\frac{a^2}{12}(8a + 3\pi)$$

Comprobar este resultado aplicando el teorema de Stokes.

Solución

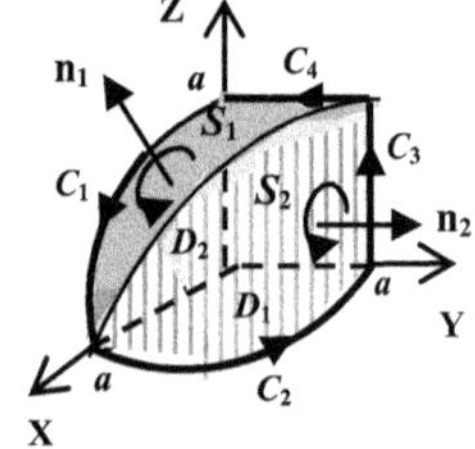

Nos piden probar que tambien se cumple que:

$$\iint_S (\text{rot}\,\mathbf{F}) \cdot \mathbf{n}\, dS = -\frac{a^2}{12}(8a + 3\pi)$$

Tenemos que $\text{rot}\,\mathbf{F} = \begin{vmatrix} \mathbf{i} & \mathbf{j} & \mathbf{k} \\ \dfrac{\partial}{\partial x} & \dfrac{\partial}{\partial y} & \dfrac{\partial}{\partial z} \\ yz & -x & x^2 + z^2 \end{vmatrix} = 0\mathbf{i} + (-2x + y)\mathbf{j} + (-1 - z)\mathbf{k}$ y

$$\iint_S (\text{rot}\,\mathbf{F}) \cdot \mathbf{n}\, dS = \iint_{S_1} (\text{rot}\,\mathbf{F}) \cdot \mathbf{n}\, dS + \iint_{S_2} (\text{rot}\,\mathbf{F}) \cdot \mathbf{n}\, dS$$

Calculamos las dos últimas integrales separadamente.

1. S_1 es la gráfica de $z = \sqrt{a^2 - x^2}$ con dominio D_1: $0 \leq y \leq \sqrt{a^2 - x^2}$, $0 \leq x \leq a$

Si $G(x, y, z) = z - \sqrt{a^2 - x^2}$, entonces $\nabla G = \dfrac{x}{\sqrt{a^2 - x^2}}\mathbf{i} + 0\mathbf{j} + 1\mathbf{k}$. Como el término $1\mathbf{k}$ es positivo, ∇G orienta a S_1 hacia arriba y esta orientación induce la orientación dada a la curva C.

$$\text{rot}\,\mathbf{F} \cdot \nabla G = -1 - z = -1 - \sqrt{a^2 - x^2}$$

Luego,

$$\iint_{S_1} (\text{rot}\,\mathbf{F}) \cdot \mathbf{n}\, dS = \iint_{D_1} (\text{rot}\,\mathbf{F}) \cdot \nabla G\, dA = \iint_{D_1} \left(-1 - \sqrt{a^2 - x^2}\right) dA$$

$$= -\iint_{D_1} dA - \iint_{D_1} \sqrt{a^2 - x^2}\, dA = -\frac{\pi a^2}{4} - \int_0^a \int_0^{\sqrt{a^2 - x^2}} \sqrt{a^2 - x^2}\, dy\, dx$$

$$= -\frac{\pi a^2}{4} - \int_0^a \left[y\sqrt{a^2 - x^2} \right]_0^{\sqrt{a^2 - x^2}} dx = -\frac{\pi a^2}{4} - \int_0^a \left[a^2 - x^2 \right] dx$$

$$= -\frac{\pi a^2}{4} - \left[a^2 x - \frac{x^3}{3} \right]_0^a = -\frac{\pi a^2}{4} - \frac{2a^3}{3}$$

2. S_2 es la gráfica de $y = \sqrt{a^2 - x^2}$ con dominio D_2: $0 \leq z \leq \sqrt{a^2 - x^2}$, $0 \leq x \leq a$.

Si $G(x, y, z) = y - \sqrt{a^2 - x^2}$, entonces $\nabla G = \dfrac{x}{\sqrt{a^2 - x^2}}\mathbf{i} + 1\mathbf{j} + 0\mathbf{k}$. Como el término $1\mathbf{j}$ es positivo, ∇G orienta a S_2 hacia afuera y esta orientación induce la orientación dada a la curva C.

$$\text{rot}\,\mathbf{F} \cdot \nabla G = -2x + y = \sqrt{a^2 - x^2} - 2x$$

Luego,

$$\iint_{S_2} (\text{rot}\,\mathbf{F}) \cdot \mathbf{n}\, dS = \iint_{D_2} (\text{rot}\,\mathbf{F}) \cdot \nabla G\, dA = \iint_{D_2} \left(\sqrt{a^2 - x^2} - 2x\right) dA$$

$$= \iint_{D_2} \sqrt{a^2 - x^2}\, dzdx - 2\iint_{D_2} x\, dzdx$$

$$= \int_0^a \int_0^{\sqrt{a^2 - x^2}} \sqrt{a^2 - x^2}\, dz\, dx - 2\int_0^a \int_0^{\sqrt{a^2 - x^2}} x\, dz\, dx$$

$$= \int_0^a \left[z\sqrt{a^2 - x^2} \right]_0^{\sqrt{a^2 - x^2}} dx - 2\int_0^a \left[zx \right]_0^{\sqrt{a^2 - x^2}} dx$$

$$= \int_0^a \left[a^2 - x^2 \right] dx - 2\int_0^a \sqrt{a^2 - x^2}\, x\, dx$$

$$= \left[a^2 x - \frac{x^3}{3} \right]_0^a + \int_0^a \sqrt{a^2 - x^2}\, (-2x dx)$$

$$= \frac{2a^3}{3} + \left[\frac{2}{3}\left(a^2 - x^2\right)^{3/2} \right]_0^a = \frac{2a^3}{3} - \frac{2a^3}{3} = 0$$

Conclusión,

$$\iint_S (\text{rot}\,\mathbf{F}) \bullet \mathbf{n}\, dS = -\frac{\pi a^2}{4} - \frac{2a^3}{3} + 0 = -\frac{a^2}{12}(8a + 3\pi) = \oint_C \mathbf{F} \bullet d\mathbf{r}$$

PROBLEMA 2. Aplicando el teorema de Stokes hallar $\oint_C \mathbf{F} \bullet d\mathbf{r}$, donde

$$\mathbf{F} = (x - y)\mathbf{i} + y\mathbf{j} + (-2x^2 + 2y^2)\mathbf{k}$$

y C es la frontera de la porción del paraboloide

$$z = 2 - x^2 - y^2$$

en el primer octante. C tiene la orientación antihoraria, vista desde arriba.

Solución

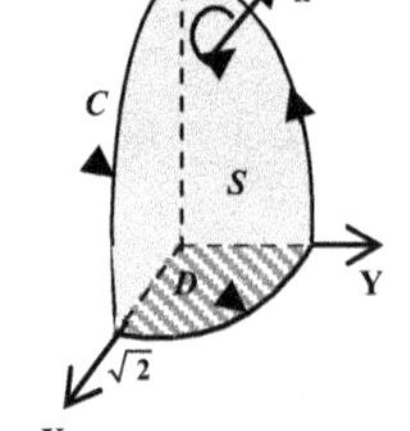

Tenemos que:

$$\text{rot}\,\mathbf{F} = \begin{vmatrix} \mathbf{i} & \mathbf{j} & \mathbf{k} \\ \dfrac{\partial}{\partial x} & \dfrac{\partial}{\partial y} & \dfrac{\partial}{\partial z} \\ x - y & y & -2x^2 + 2y^2 \end{vmatrix} = 4y\mathbf{i} + 4x\mathbf{j} + 1\mathbf{k}$$

La superficie S *es* la gráfica de $z = 2 - x^2 - y^2$ con dominio

$$D = \left\{ (x, y, 0) /\ x^2 + y^2 \leq 2,\ \ x \geq 0,\ \ y \geq 0 \right\}$$

Si $G(x, y, z) = z - 2 + x^2 + y^2$, entones $\nabla G = 2x\mathbf{i} + 2y\mathbf{j} + 1\mathbf{k}$

Ahora, según el teorema de Stokes:

$$\oint_C \mathbf{F} \bullet d\mathbf{r} = \iint_S (\text{rot}\,\mathbf{F}) \bullet \mathbf{n}\, dS = \iint_D (\text{rot}\,\mathbf{F}) \bullet \nabla\mathbf{G}\, dA$$

$$= \iint_D (4y\mathbf{i} + 4x\mathbf{j} + 1\mathbf{k}) \bullet (2x\mathbf{i} + 2y\mathbf{j} + 1\mathbf{k})\, dA$$

$$= \iint_D (16xy + 1)\, dA = 16 \iint_D xy\, dxdy + \iint_D dxdy$$

$$= 16 \int_0^{\pi/2} \int_0^{\sqrt{2}} (r\cos\theta)(r\,\text{sen}\,\theta)\, r dr d\theta + \text{Area}(D)$$

$$= 16 \int_0^{\pi/2} \left[\int_0^{\sqrt{2}} r^3 dr \right] \text{sen}\,\theta \cos\theta\, d\theta + \frac{1}{4}\left[\pi\left(\sqrt{2}\right)^2 \right]$$

$$= 16\int_0^{\pi/2}\left[\frac{r^4}{4}\right]_0^{\sqrt{2}} \operatorname{sen}\theta\cos\theta\, d\theta + \frac{\pi}{2}$$

$$= 16\int_0^{\pi/2} \operatorname{sen}\theta\cos\theta\, d\theta + \frac{\pi}{2} = 16\left[\frac{\operatorname{sen}^2\theta}{2}\right]_0^{\pi/2} + \frac{\pi}{2} = 8 + \frac{\pi}{2}$$

PROBLEMA 3. Sea S una esfera y $\mathbf{F}$ un campo que satisface las hipótesis del teorema de Stokes. Probar que

$$\iint_S (\operatorname{rot}\mathbf{F}) \bullet \mathbf{n}\, dS = 0$$

Solución

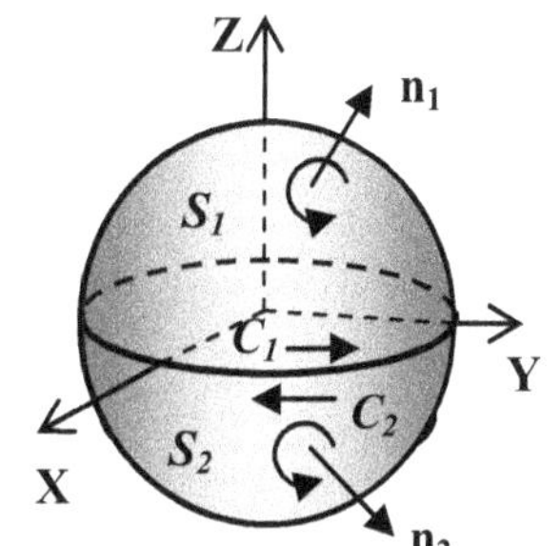

Consideramos S como la unión de los dos hemisferios S_1 y S_2 cuyos bordes C_1 y C_2 coinciden con el ecuador. Orientamos a S positivamente (hacia fuera). El vector unitario normal $\mathbf{n}_1$ a S_1 induce la orientación antihorario (vista de arriba) en C_1 y el vector unitario normal $\mathbf{n}_2$ a S_2 induce la orientación horaria (vista de arriba) de C_2. En resumen, tenemos:

$$S = S_1 \cup S_2 \quad \text{y} \quad C_2 = -\,C_1$$

Ahora, aplicando el teorema de Stokes:

$$\iint_S (\operatorname{rot}\mathbf{F}) \bullet \mathbf{n}\, dS = \iint_{S_1} (\operatorname{rot}\mathbf{F}) \bullet \mathbf{n}_1\, dS + \iint_{S_2} (\operatorname{rot}\mathbf{F}) \bullet \mathbf{n}_2\, dS$$

$$= \oint_{C_1} \mathbf{F}\bullet d\mathbf{r} + \oint_{C_2} \mathbf{F}\bullet d\mathbf{r} = \oint_{C_1} \mathbf{F}\bullet d\mathbf{r} - \oint_{C_1} \mathbf{F}\bullet d\mathbf{r} = 0$$

OBSERVACION. Este resultado se cumple no sólo para la superficie esférica, sino para cualquier superficie cerrada.

PROBLEMA 4. Si la superficie S y la curva C satisfacen las hipótesis del teorema de Stokes y f es una función escalar de clase $C^{(1)}$, probar que

$$\oint_C f\,\mathbf{T}\, ds = \iint_S \mathbf{n}\times\nabla f\, dS$$

Solución

Sea $\mathbf{a}$ cualquier vector de $\mathbb{R}^3$. Teniendo en cuenta las propiedades del producto vectorial y del triple producto escalar (teorema 1.10 del Cap. 1), obtenemos:

$$\mathbf{a}\bullet\oint_C f\,\mathbf{T}\,ds=\oint_C \mathbf{a}\bullet(f\,\mathbf{T})\,ds=\oint_C (f\,\mathbf{a})\bullet\mathbf{T}ds=\iint_S \nabla\times(f\,\mathbf{a})\bullet\mathbf{n}\,dS\ \text{(Stokes)}$$

$$=\iint_S\left[f\times(\nabla\mathbf{a})+(\nabla f)\times\mathbf{a}\right]\bullet\mathbf{n}\,dS \qquad \text{(Teorema. 5.3 parte 2)}$$

$$=\iint_S\left[0+(\nabla f)\times\mathbf{a}\right]\bullet\mathbf{n}\,dS=\iint_S\left[(\nabla f)\times\mathbf{a}\right]\bullet\mathbf{n}\,dS$$

$$=-\iint_S\left[\mathbf{a}\times(\nabla f)\right]\bullet\mathbf{n}\,dS=-\iint_S\mathbf{a}\bullet\left[(\nabla f)\times\mathbf{n}\right]dS$$

$$=-\mathbf{a}\bullet\iint_S\left[(\nabla f)\times\mathbf{n}\right]dS=\mathbf{a}\bullet\iint_S\mathbf{n}\times\nabla f\,dS$$

Hasta aquí hemos probado que: $\mathbf{a}\bullet\oint_C f\,\mathbf{T}\,ds=\mathbf{a}\bullet\iint_S\mathbf{n}\times\nabla f\,dS,\ \forall\mathbf{a}\in\mathbb{R}^3$

En consecuencia,

$$\oint_C f\,\mathbf{T}\,ds=\iint_S\mathbf{n}\times\nabla f\,dS$$

PROBLEMA 5. Demostrar el siguiente caso particular del teorema de Stokes.

Sea S una superficie suave que es gráfica de una función $z = g(x, y)$ con derivadas parciales continuas y orientada con vector normal unitario $\mathbf{n}$ que apunta hacia arriba. S es acotada por una curva C cerrada simple, suave y orientada positivamente. Si $\mathbf{F}$ es un campo cuyas componentes tienen derivadas continuas en una región abierta que contiene a S y a C, entonces

$$\oint_C \mathbf{F}\bullet d\mathbf{r}=\iint_S(\text{rot}\,\mathbf{F})\bullet\mathbf{n}\,dS$$

Demostración

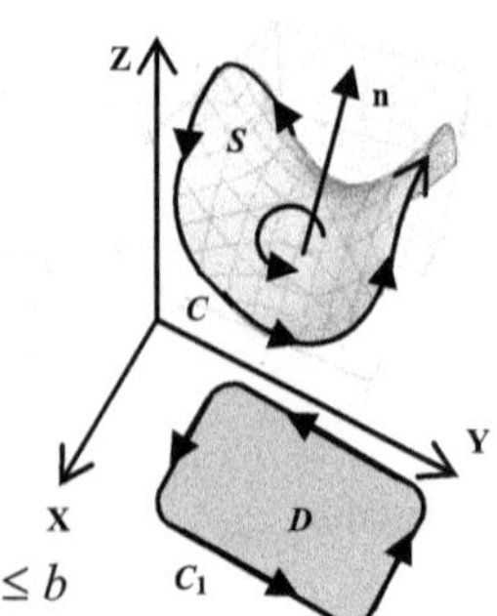

S es la gráfica de una función de dos variables, $z = g(x, y)$ con dominio D en el plano XY. Su vector normal unitario $\mathbf{n}$ apunta hacia arriba. Las curvas C y C_1 son las fronteras de S y de D, respectivamente, orientadas positivamente en relación con $\mathbf{n}$.

Sea $\mathbf{F} = P\mathbf{i} + Q\mathbf{j} + R\mathbf{k}$ y C: $\mathrm{r}(t) = x(t)\mathbf{i} + y(t)\mathbf{j} + z(t)\mathbf{k},\ a \le t \le b$

$$\oint_C \mathbf{F}\bullet d\mathbf{r} = \int_a^b \left(P\frac{\partial x}{\partial t}+Q\frac{\partial y}{\partial t}+R\frac{\partial z}{\partial t}\right)dt$$

$$= \int_a^b \left[P\frac{\partial x}{\partial t}+Q\frac{\partial y}{\partial t}+R\left(\frac{\partial z}{\partial x}\frac{\partial x}{\partial t}+\frac{\partial z}{\partial y}\frac{\partial y}{\partial t}\right)\right]dt \qquad \text{(regla de la cadena)}$$

$$= \int_a^b \left[\left(P+R\frac{\partial z}{\partial x}\right)\frac{\partial x}{\partial t}+\left(Q+R\frac{\partial z}{\partial y}\right)\frac{\partial y}{\partial t}\right]dt$$

$$= \oint_{C_1}\left(P+R\frac{\partial z}{\partial x}\right)dx+\left(Q+R\frac{\partial z}{\partial y}\right)dy$$

$$= \iint_D \left[\frac{\partial}{\partial x}\left(Q+R\frac{\partial z}{\partial y}\right)-\frac{\partial}{\partial y}\left(P+R\frac{\partial z}{\partial x}\right)\right]dA \qquad \text{(teorema de Green)}$$

$$= \iint_D \left[\left(\frac{\partial Q}{\partial x}+\frac{\partial Q}{\partial z}\frac{\partial z}{\partial x}+\frac{\partial R}{\partial x}\frac{\partial z}{\partial y}+\frac{\partial R}{\partial z}\frac{\partial z}{\partial x}\frac{\partial z}{\partial y}+R\frac{\partial^2 z}{\partial x\partial y}\right)\right.$$
$$\left.-\left(\frac{\partial P}{\partial y}+\frac{\partial P}{\partial z}\frac{\partial z}{\partial y}+\frac{\partial R}{\partial y}\frac{\partial z}{\partial x}+\frac{\partial R}{\partial z}\frac{\partial z}{\partial y}\frac{\partial z}{\partial x}+R\frac{\partial^2 z}{\partial y\partial x}\right)\right]$$

$$= \iint_D \left(\frac{\partial Q}{\partial x}+\frac{\partial Q}{\partial z}\frac{\partial z}{\partial x}+\frac{\partial R}{\partial x}\frac{\partial z}{\partial y}-\frac{\partial P}{\partial y}-\frac{\partial P}{\partial z}\frac{\partial z}{\partial y}-\frac{\partial R}{\partial y}\frac{\partial z}{\partial x}\right) \qquad \textbf{(1)}$$

Por otro lado, tenemos que:

$$\text{rot } \mathbf{F} = \left(\frac{\partial R}{\partial y}-\frac{\partial Q}{\partial z}\right)\mathbf{i} - \left(\frac{\partial P}{\partial z}-\frac{\partial R}{\partial x}\right)\mathbf{j} + \left(\frac{\partial Q}{\partial x}-\frac{\partial P}{\partial y}\right)\mathbf{k}$$

Si $G(x, y, z) = z - g(x, y)$, entonces $\nabla G = -\frac{\partial g}{\partial x}\mathbf{i}-\frac{\partial g}{\partial y}\mathbf{j}+\mathbf{k}$ y

$$\iint_S (\text{rot } \mathbf{F})\bullet \mathbf{n}\, dS = \iint_D (\text{rot } \mathbf{F})\bullet \nabla G\, dA$$

$$= \iint_D \left[-\left(\frac{\partial R}{\partial y}-\frac{\partial Q}{\partial z}\right)\frac{\partial z}{\partial x}-\left(\frac{\partial P}{\partial z}-\frac{\partial R}{\partial x}\right)\frac{\partial z}{\partial y}+\left(\frac{\partial Q}{\partial x}-\frac{\partial P}{\partial y}\right)\right]dA$$

$$= \iint_D \left(\frac{\partial Q}{\partial x}+\frac{\partial Q}{\partial z}\frac{\partial z}{\partial x}+\frac{\partial R}{\partial x}\frac{\partial z}{\partial y}-\frac{\partial P}{\partial y}-\frac{\partial P}{\partial z}\frac{\partial z}{\partial y}-\frac{\partial R}{\partial y}\frac{\partial z}{\partial x}\right) \qquad \textbf{(2)}$$

De (1) y (2) obtenemos

$$\oint_C \mathbf{F}\bullet d\mathbf{r} = \iint_S (\text{rot } \mathbf{F})\bullet \mathbf{n}\, dS$$

PROBLEMAS PROPUESTOS 5.6

En los problemas del 1 al 4, usar el teorema de Stokes para evaluar

$$\iint_S (\text{rot } \mathbf{F}) \cdot \mathbf{n}\, dS$$

1. $\mathbf{F} = 3y\mathbf{i} - 3x\mathbf{j} + z^2\mathbf{k}$. $S: x^2 + y^2 + z^2 = 4,\ z \geq 0$. Orientada hacia arriba.

Rpta. -12

2. $\mathbf{F} = yz\mathbf{i} + xy\mathbf{j} + xz\mathbf{k}$. $S: z = 9 - x^2 - y^2, z \geq 0$. Orientada hacia arriba.

Rpta. 0

3. $\mathbf{F} = 3y\mathbf{i} - xz\mathbf{j} + yz^3\mathbf{k}$. $S: z = 2(x^2 + y^2),\ z = \dfrac{1}{2}$. Orientada hacia abajo.

Rpta. $7\pi/8$

4. $\mathbf{F} = xy\mathbf{i} - 2x\mathbf{j} + y \tan^{-1}x^2\mathbf{k}$. $S: z = 9 - x^2 - y^2, z \geq 0$. Orientada hacia arriba.

Rpta. -18π

En los problemas del 5 al 9, usar el teorema de Stokes para evaluar $\oint_C \mathbf{F} \cdot d\mathbf{r}$

5. $\mathbf{F} = -2y\mathbf{i} - x^2\mathbf{j} + z^2\mathbf{k}$. $C: \begin{cases} z = 9 - x^2 - y^2 \\ z = 5 \end{cases}$. Orientada en sentido antihorario vista desde arriba del eje Z.

Rpta. 8π

6. $\mathbf{F} = z^2\mathbf{i} + y^2\mathbf{j} + x^2\mathbf{k}$. C es la curva formada por los lados del triángulo de vértices (1, 0, 0), (0, 1, 0), (0, 0, 1); orientada en sentido antihorario vista desde arriba del eje Z.

Rpta. 0

7. $\mathbf{F} = y^3\mathbf{i} - x^3\mathbf{j} + z^3\mathbf{k}$. $C: \begin{cases} x + y + z = 6 \\ x^2 + y^2 = a^2 \end{cases}$: orientada en sentido antihorario vista desde arriba del eje Z.

Rpta. $\dfrac{3}{2}\pi a^2$

8. $\mathbf{F} = -5y\mathbf{i} - z\mathbf{j} + x\mathbf{k}$. $C: \begin{cases} x^2 + y^2 + z^2 = a^2 \\ x + y + z = 0 \end{cases}$: orientada en sentido antihorario vista desde el semieje positivo de las X.

Rpta. $\sqrt{3}\pi a^2$

9. $\mathbf{F} = (z-3y)\mathbf{i} + (y+z)\mathbf{j} + (x+y)\mathbf{k}$. $C: \begin{cases} x^2+y^2+z^2 = a^2 \\ x^2+y^2 = ax \end{cases}$: Orientada en sentido antihorario vista desde arriba del eje Z. *Rpta.* $\frac{3}{4}\pi a^2$

En los problemas de 10 al 12, usar el corolario del teorema de Stokes para evaluar

$$\iint_S (\text{rot } \mathbf{F}) \bullet \mathbf{n}\, dS$$

10. $\mathbf{F} = 2y\mathbf{i} - x^2\mathbf{j} + z^2e^{xy}\mathbf{k}$. S: $4x^2+9y^2+36z^2 = 36$, $z \geq 0$. Orientada hacia arriba.

Sugerencia: Considerar la superficie S_1 : $4x^2+9y^2+36z^2 \leq 36$, $z = 0$

Rpta. -12π

11. $\mathbf{F} = (\text{sen}^{-1}x - z)\mathbf{i} + (\cos y)\mathbf{j} + (2x + e^{z^2})\mathbf{k}$. S: $x + 25y^2 + 4z^2 = 100$, $x \geq 0$. Orientada hacia fuera de S.

Sugerencia: Considerar la superficie S_1 : $25y^2 + 4z^2 \leq 100$, $x = 0$.

Rpta. -30π

12. $\mathbf{F} = xy\mathbf{i} - 2x^2\mathbf{j} + xy^2\mathbf{k}$. S: Las caras laterales e inferior del cubo (excepto la cara superior) $[0, 1]\times[0, 1]\times[0, 1]$, orientada por $\mathbf{n}$ exterior al cubo.

Sugerencia: Considerar la superficie S_1 : La cara superior del cubo.

Rpta. -2

En los problemas 13 y 14, verifique el teorema de Stokes para el campo vectorial* F *y la superficie S.

13. $\mathbf{F}(x, y, z) = (x^2-3y)\mathbf{i} - y^2z\mathbf{j} - yz^2\mathbf{k}$. S es la semiesfera $x^2+y^2+z^2 = a^2$, $z \geq 0$ orientada hacia arriba.

Rpta. $\oint_C \mathbf{F} \bullet d\mathbf{r} = 3\pi a^2 = \iint_S (\text{rot } \mathbf{F}) \bullet \mathbf{n}\, dS$

14. $\mathbf{F}(x, y, z) = 2z\mathbf{i} + x\mathbf{j} + 3y\mathbf{k}$. S es la parte del plano $x = z$ contenida en el cilindro $x^2+y^2 = a^2$, orientada hacia arriba.

Rpta. $\oint_C \mathbf{F} \bullet d\mathbf{r} = -2\pi a^2 = \iint_S (\text{rot } \mathbf{F}) \bullet \mathbf{n}\, dS$

15. Calcular $\iint_S (\text{rot } \mathbf{F}) \bullet \mathbf{n}\, dS$, donde $\mathbf{F}(x, y, z) = x\mathbf{j}$ y S: $x^{2/3}+y^{2/3}+z^{2/3} = a^{2/3}$ en el primer octante, orientada hacia arriba. *Rpta.* $3\pi a^2/32$

16. Hallar el trabajo realizado por el campo de *fuerzas*

$$\boldsymbol{F}(x, y, z) = (-x + z)\mathbf{i} + z\mathbf{k}$$

al mover una partícula a lo largo de la curva C que es la intersección de la semiesfera $x^2 + y^2 + z^2 = a^2,\ z \geq 0$ con el cilindro $x^2 + y^2 = ay$, recorrida en sentido antihorario vista desde arriba del eje Z. Recordar que esta curva C es el borde de la bóveda de Viviani. *Rpta.* $\frac{2}{3}a^2$

17. Sean S una superficie y C una curva que cumplen las hipótesis del teorema de Stokes. Sean f y g funciones escalares de clase $C^{(2)}$. Probar que:

a. $\displaystyle\oint_C (f\nabla g) \cdot d\mathbf{r} = \iint_S (\nabla f \times \nabla g) \cdot \mathbf{n}\, dS$ **b.** $\displaystyle\oint_C (f\nabla f) \cdot d\mathbf{r} = 0$

c. $\displaystyle\oint_C (f\nabla g + g\nabla f) \cdot d\mathbf{r} = 0$ **d.** $\displaystyle\oint_C (\nabla f \cdot \mathbf{T})\, ds = 0$

SECCION 5.7

TEOREMA DE LA DIVERGENCIA

Recordemos la segunda forma vectorial del teorema de Green de la sección 5.4

$$\oint_C \mathbf{F} \cdot \mathbf{n}\, ds = \iint_D \operatorname{div} \mathbf{F}\, dA,$$

donde C es una curva cerrada que es borde de una región D de $\mathbb{R}^2$.

Elevando una dimensión más a cada uno se los elementos de esta igualdad; es decir, cambiando a C por una superficie cerrada que es borde de una región sólida E de $\mathbb{R}^3$, obtenemos la igualdad:

$$\iint_S \mathbf{F} \cdot \mathbf{n}\, dS = \iiint_E \operatorname{div} \mathbf{F}\, dV$$

Este resultado es el **teorema de la divergencia** o **teorema de Gauss–Ostrogradsky.**

A continuación presentamos este teorema en forma precisa. El lector debe recordar los conceptos de región x–simple, y–simple, y z–simple, descritos cuando se trató integrales triples.

Una región sólida E de $\mathbb{R}^3$ es **simple** si es, simultáneamente, x–simple, y–simple, y z–simple. Diremos que una región sólida E es **regular**, si es una unión finita de regiones simples no solapadas (se intersectan a lo más en sus fronteras).

TEOREMA 5.17 **Teorema de la Divergencia o de Gauss–Ostrogradsky.**

Sea E una región sólida regular, cuya frontera $S = \partial E$ es una superficie cerrada y orientada por un vector normal unitario $\mathbf{n}$ que apunta hacia el exterior de E. Si $\mathbf{F} = P\mathbf{i} + Q\mathbf{j} + R\mathbf{k}$ es un campo vectorial cuyas componentes tienen derivadas continuas sobre una región abierta que contiene a E. Entonces

$$\iint_S \mathbf{F} \cdot \mathbf{n}\, dS = \iiint_E \operatorname{div} \mathbf{F}\, dV$$

En otros términos, el flujo de $\mathbf{F}$ a través de la frontera de una región sólida regular es igual a la integral triple de su divergencia sobre esa región.

Demostración

Caso 1. E es una región sólida simple. Tenemos que:

$$\iint_S \mathbf{F} \cdot \mathbf{n}\, dS = \iint_S \left(P\mathbf{i} + Q\mathbf{j} + R\mathbf{k}\right) \cdot \mathbf{n}\, dS$$

$$= \iint_S P\mathbf{i} \cdot \mathbf{n}\, dS + \iint_S Q\mathbf{j} \cdot \mathbf{n}\, dS + \iint_S R\mathbf{k} \cdot \mathbf{n}\, dS$$

$$\iiint_E \operatorname{div} \mathbf{F}\, dV = \iiint_E \left(\frac{\partial P}{\partial x} + \frac{\partial Q}{\partial y} + \frac{\partial R}{\partial z}\right) dV$$

$$= \iiint_E \frac{\partial P}{\partial x} dV + \iiint_E \frac{\partial Q}{\partial y} dV + \iiint_E \frac{\partial R}{\partial z} dV$$

Es suficiente probar las tres igualdades siguientes ya que, sumándolas obtenemos la igualdad del teorema de la divergencia.

1. $\displaystyle\iint_S P\mathbf{i} \cdot \mathbf{n}\, dS = \iiint_E \frac{\partial P}{\partial x} dV$ **2.** $\displaystyle\iint_S Q\mathbf{j} \cdot \mathbf{n}\, dS = \iiint_E \frac{\partial Q}{\partial y} dV$

3. $\displaystyle\iint_S R\mathbf{k} \cdot \mathbf{n}\, dS = \iiint_E \frac{\partial R}{\partial z} dV$

Probaremos la igualdad (3). Las otras dos igualdades se prueban en forma similar.

La región E es z–simple. Esto es,

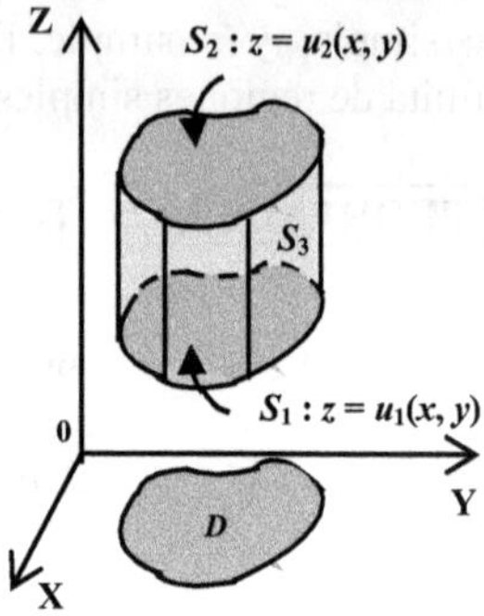

$$E = \{(x, y, z) \,/\, (x, y) \in D,\ u_1(x, y) \le z \le u_2(x, y)\}$$

donde $z = u_1(x, y)$ y $z = u_2(x, y)$ son funciones continuas y la proyección del E sobre el plano XY es una región plana D.

Z
$S_2 : z = u_2(x, y)$
S_3
$S_1 : z = u_1(x, y)$
0
Y
D
X

Teniendo en cuenta el teorema fundamental del cálculo, se tiene:

$$\iiint_E \frac{\partial R}{\partial z}\, dV = \iint_D \left[\int_{u_1(x,y)}^{u_2(x,y)} \frac{\partial R}{\partial z}(x, y, z)\, dz \right] dA$$

$$= \iint_D \left[R\left(x, y, u_2(x, y)\right) - R\left(x, y, u_1(x, y)\right) \right] dA$$

$$= \iint_D R\left(x, y, u_2(x, y)\right) dA - \iint_D R\left(x, y, u_1(x, y)\right) dA \qquad \textbf{(4)}$$

Por otro lado, la frontera de E, $\partial E = S$, está formada por la unión de tres superficies: La base S_1, el tope S_2 y la pared lateral S_3. Luego,

$$\iint_S R\mathbf{k} \cdot \mathbf{n}\, dS = \iint_{S_1} R\mathbf{k} \cdot \mathbf{n}\, dS + \iint_{S_2} R\mathbf{k} \cdot \mathbf{n}\, dS + \iint_{S_3} R\mathbf{k} \cdot \mathbf{n}\, dS \qquad \textbf{(5)}$$

Sobre la pared lateral, por ser vertical, su vector normal $\mathbf{n}$ y el vector $\mathbf{k}$ son ortogonales. Luego, $\mathbf{k} \cdot \mathbf{n} = 0$ y, por tanto,

$$\iint_{S_3} R\mathbf{k} \cdot \mathbf{n}\, dS = 0$$

S_2 es la grafica de $z = u_2(x, y)$. Si $G(x, y, z) = z - u_2(x, y)$, entonces

$\nabla G = -\dfrac{\partial u_2}{\partial x}\mathbf{i} - \dfrac{\partial u_2}{\partial y}\mathbf{j} + \mathbf{k}$, $\quad R\mathbf{k} \cdot \nabla G = R$ y, de acuerdo al teorema 5.15,

$$\iint_{S_2} R\mathbf{k} \cdot \mathbf{n}\, dS = \iint_D R\mathbf{k} \cdot \nabla \mathbf{G}\, dA = \iint_D R\left(x, y, u_2(x, y)\right) dA$$

El forma similar, por ser S_1 la grafica de $z = u_1(x, y)$, tenemos que

$$\iint_{S_1} R\mathbf{k} \cdot \mathbf{n}\, dS = -\iint_D R\left(x, y, u_1(x, y)\right) dA$$

donde el signo negativo se produce porque ∇G apunta hacia arriba y $\mathbf{n} = -\mathbf{k}$ apunta hacia abajo.

Reemplazando estos tres resultados en (5) obtenemos:

$$\iint_S R\mathbf{k} \cdot \mathbf{n}\, dS = \iint_D R(x, y, u_2(x, y))\, dA - \iint_D R(x, y, u_1(x, y))\, dA$$

Compando esta igualdad con la (4) obtenemos la igualdad (3).

Caso 2. E es una región sólida regular. Esto es, E es unión de regiones simples.

Se procede como en la prueba del teorema de Green para una región que es unión de regiones simples.

EJEMPLO 1. La superficie esférica $S : x^2 + y^2 + z^2 = a^2$ es el borde de la bola cerrada $E : x^2 + y^2 + z^2 \leq a^2$.

Verificar el teorema de la divergencia para

$$\mathbf{F} = (x^2 + y^2 + z^2)(x\mathbf{i} + y\mathbf{j} + z\mathbf{k}).$$

Z
0
X
Y

Solución.

El vector normal unitario exterior a S es

$$\mathbf{n} = \frac{1}{a}(x\mathbf{i} + y\mathbf{j} + z\mathbf{k}).$$

Luego, en S

$$\mathbf{F} \cdot \mathbf{n} = (x^2 + y^2 + z^2)(x\mathbf{i} + y\mathbf{j} + z\mathbf{k}) \cdot \frac{1}{a}(x\mathbf{i} + y\mathbf{j} + z\mathbf{k})$$

$$= \frac{1}{a}(x^2 + y^2 + z^2)^2 = \frac{1}{a}(a^2)^2 = a^3 \quad \text{y}$$

$$\iint_S \mathbf{F} \cdot \mathbf{n}\, dS = \iint_S a^3\, dS = a\iint_S dS = a^3(\text{Area}(S)) = a^3(4\pi a^2) = 4\pi a^5$$

Por otro lado,

$$\text{div}\mathbf{F} = \frac{\partial}{\partial x}\left[(x^2 + y^2 + z^2)x\right] + \frac{\partial}{\partial y}\left[(x^2 + y^2 + z^2)y\right] + \frac{\partial}{\partial z}\left[(x^2 + y^2 + z^2)z\right]$$

$$= 5(x^2 + y^2 + z^2)$$

Luego,

$$\iiint_E \text{div}\,\mathbf{F}\, dV = 5\iiint_E (x^2 + y^2 + z^2)dV$$

$$= 5\int_0^{2\pi}\int_0^{\pi}\int_0^{a} (\rho^2)\rho^2 \operatorname{sen}\varphi\ d\rho d\varphi d\theta \qquad \text{(Coord. esféricas)}$$

$$= 5\int_0^{2\pi}\int_0^{\pi}\int_0^{a} \rho^4 \operatorname{sen}\varphi\ d\rho d\varphi d\theta$$

$$= 5\int_0^{2\pi}\int_0^{\pi}\left[\frac{\rho^5}{5}\right]_0^a \operatorname{sen}\varphi\, d\varphi d\theta = a^5\int_0^{2\pi}\int_0^{\pi} \operatorname{sen}\varphi\, d\varphi d\theta$$

$$= a^5\int_0^{2\pi}\Big[-\cos\varphi\Big]_0^{\pi} d\theta = 2a^5\int_0^{2\pi} d\theta = 4\pi a^5$$

Vemos que se cumple: $\displaystyle\iint_S \mathbf{F}\bullet\mathbf{n}\, dS = 4\pi a^5 = \iiint_E \operatorname{div}\mathbf{F}\, dV$

EJEMPLO 2. Mediante el teorema de la divergencia calcular el flujo del campo

$$\mathbf{F} = xz\mathbf{i} + yz\mathbf{j} + xy\mathbf{k}$$

a través de la superficie cerrada S que es el borde del sólido E limitado por el cono

$$z = \sqrt{x^2 + y^2}$$

y la esfera $x^2 + y^2 + z^2 = 8$.

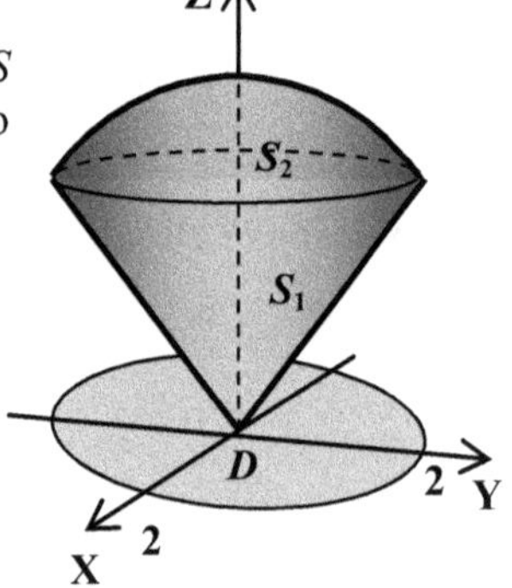

Solución

Tenemos que $S = \partial E = S_1 \cup S_2$

Hallemos el valor de z para el cual el cono y la esfera se intersectan.

$$\begin{cases} z = \sqrt{x^2+y^2} \\ x^2+y^2+z^2 = 8 \end{cases} \Rightarrow \begin{cases} z^2 = x^2+y^2 \\ x^2+y^2+z^2 = 8 \end{cases} \Rightarrow z^2 + z^2 = 8 \Rightarrow z^2 = 4 \quad \Rightarrow z = 2$$

La proyección del sólido E sobre el plano XY es el círculo $D: x^2 + y^2 \leq 4$.

Por otro lado, $\operatorname{div}\mathbf{F} = z + z + 0 = 2z$

Ahora,

$$\text{Flujo} = \iint_S \mathbf{F}\bullet\mathbf{n}\, dS = \iiint_E \operatorname{div}\mathbf{F}\, dV = \iiint_E 2z\, dzdydx$$

$$= \iint_D\left[\int_{\sqrt{x^2+y^2}}^{\sqrt{8-x^2-y^2}} 2zdz\right]dydx = \iint_D\Big[\ z^2\ \Big]_{\sqrt{x^2+y^2}}^{\sqrt{8-x^2-y^2}} dydx$$

$$= 2\iint_D\left(4 - x^2 - y^2\right)dydx = 2\int_0^{2\pi}\int_0^2\left(4 - r^2\right)rdrd\theta \qquad \text{(Coord. polares)}$$

$$=2\int_0^{2\pi}\left[2r^2-\frac{r^4}{4}\right]_0^2 d\theta = 2\int_0^{2\pi} 4\,d\theta = 16\pi$$

EJEMPLO 3. Mediante el teorema de la divergencia calcular el flujo del campo

$$\mathbf{F} = x^3\mathbf{i} + y^3\mathbf{j} - 3z\mathbf{k}$$

a través de la superficie cerrada S que es el borde del sólido E limitado por el cilindro $x^2 + y^2 = 4$ y los planos

$$z = 0, \quad z = 4 - y$$

Solución

Tenemos que

$E = \left\{ (x, y, z)/x^2 + y^2 \leq 4,\ 0 \leq z \leq 4 - y \right\}$ o, en coordenadas cilíndricas,

$$E = \left\{ (r, \theta, z)/\ 0 \leq r \leq 2,\ 0 \leq \theta \leq 2\pi,\ 0 \leq z \leq 4 - r\text{sen }\theta \right\}$$

$$\text{div}\mathbf{F} = 3(x^2 + y^2 - 1)$$

Si $S = \partial E$, entonces

$$\text{Flujo} = \iint_S \mathbf{F}\cdot\mathbf{n}\,dS = \iiint_E \text{div}\,\mathbf{F}\,dV = 3\iiint_E \left[(x^2+y^2)-1\right]dV$$

$$= 3\int_0^{2\pi}\int_0^2\int_0^{4-r\,\text{sen}\,\theta}\left(r^2-1\right) r\,dz\,dr\,d\theta \qquad \text{(Coord. cilíndricas)}$$

$$=3\int_0^{2\pi}\int_0^2\left[\left(r^3-r\right)z\right]_0^{4-r\,\text{sen}\,\theta} dr\,d\theta$$

$$=3\int_0^{2\pi}\int_0^2\left(r^3-r\right)\left(4-r\,\text{sen}\,\theta\right)dr\,d\theta$$

$$= 3\int_0^{2\pi}\int_0^2\left[4\left(r^3-r\right)-\left(r^4-r^2\right)\text{sen}\,\theta\right]dr\,d\theta$$

$$= 3\int_0^{2\pi}\left[4\left(\frac{r^4}{4}-\frac{r^2}{2}\right)-\left(\frac{r^5}{5}-\frac{r^3}{3}\right)\text{sen}\,\theta\right]_0^2 d\theta$$

$$= 3\int_0^{2\pi}\left[8-\frac{56}{15}\text{sen}\,\theta\right]d\theta = 48\pi$$

EJEMPLO 4. Probar la **Ley de Gauss**

Sea E una región sólida regular de $\mathbb{R}^3$ tal que $(0, 0, 0) \notin \partial E$. Entonces

$$\iint_{\partial E} \frac{\mathbf{r}}{\|\mathbf{r}\|^3} \bullet \mathbf{n}\, dS = \begin{cases} 4\pi, & \text{si } (0,0,0) \in E \\ 0, & \text{si } (0,0,0) \notin E \end{cases}, \quad \text{donde } \mathbf{r} = x\mathbf{i} + y\mathbf{j} + z\mathbf{k}$$

Solución

Se verifica fácilmente que $\operatorname{div} \dfrac{\mathbf{r}}{\|\mathbf{r}\|^3} = 0$ para $\mathbf{r} \neq (0, 0, 0)$.

Si $(0, 0, 0) \notin E$, entonces $\mathbf{F} = \dfrac{\mathbf{r}}{\|\mathbf{r}\|^3}$ tiene derivadas continuas en E y podemos aplicar el teorema de la divergencia:

$$\iint_{\partial E} \frac{\mathbf{r}}{\|\mathbf{r}\|^3} \bullet \mathbf{n}\, dS = \iiint_E \operatorname{div}\left(\frac{\mathbf{r}}{\|\mathbf{r}\|^3}\right) dV = \iiint_E 0\, dV = 0$$

Si $(0, 0, 0) \in E$, no ponemos aplicar directamente el teorema de la divergencia debido a que el campo $\mathbf{F} = \dfrac{\mathbf{r}}{\|\mathbf{r}\|^3}$ no es continuo en el origen. Resolvemos esta dificultad aislando este punto. Para esto, tomamos una esfera

$$S_2 : x^2 + y^2 + z^2 = \rho^2$$

contenida en el interior de E.

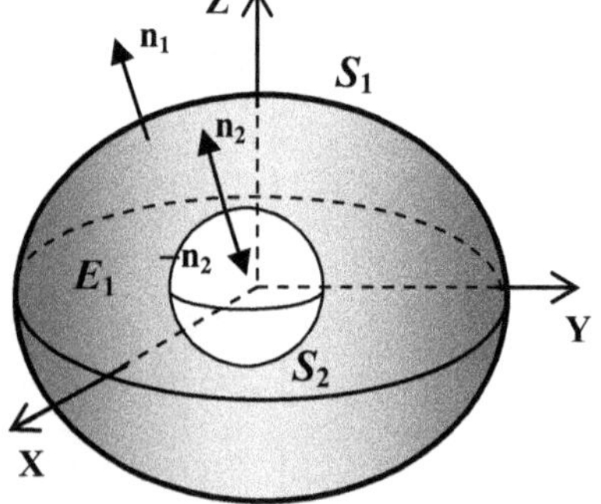

Sea E_1 la región sólida de $\mathbb{R}^3$ que se encuentra entre $S_1 = \partial E$ y la esfera S_2.

Tenemos que:

$$\partial E_1 = \partial E \cup S_2 = S_1 \cup S_2$$

Sean $\mathbf{n}_1$ y $\mathbf{n}_2$ las normales unitarias exteriores (hacia afuera) de S_1 y S_2, respectivamente.

Si $\mathbf{n}$ es el vector normal unitario de ∂E_1, entonces

$$\mathbf{n} = \mathbf{n}_1 \text{ sobre } S_1 \text{ y } \mathbf{n} = -\mathbf{n}_2 \text{ sobre } S_2.$$

Ahora, como $(0, 0, 0) \notin E_1$, podemos aplicar el teorema de la divergencia,

$$0 = \iiint_{E_1} \operatorname{div}\left(\frac{\mathbf{r}}{\|\mathbf{r}\|^3}\right) dV = \iint_{\partial E_1} \frac{\mathbf{r}}{\|\mathbf{r}\|^3} \bullet \mathbf{n}\, dS$$

$$= \iint_{S_1} \frac{\mathbf{r}}{\|\mathbf{r}\|^3} \bullet \mathbf{n}_1 \, dS + \iint_{S_2} \frac{\mathbf{r}}{\|\mathbf{r}\|^3} \bullet (-\mathbf{n}_2) \, dS$$

$$= \iint_{\partial E} \frac{\mathbf{r}}{\|\mathbf{r}\|^3} \bullet \mathbf{n} \, dS - \iint_{S_2} \frac{\mathbf{r}}{\|\mathbf{r}\|^3} \bullet \mathbf{n}_2 \, dS$$

De donde,

$$\iint_{\partial E} \frac{\mathrm{r}}{\|\mathrm{r}\|^3} \bullet \mathrm{n} \, dS = \iint_{S_2} \frac{\mathbf{r}}{\|\mathbf{r}\|^3} \bullet \mathbf{n}_2 \, dS \qquad \textbf{(1)}$$

Pero, en la esfera $S_2 : x^2 + y^2 + z^2 = \rho^2$, tenemos:

$$\frac{\mathbf{r}}{\|\mathbf{r}\|^3} \bullet \mathbf{n}_2 = \frac{\mathbf{r}}{\|\mathbf{r}\|^3} \bullet \frac{\mathbf{r}}{\|\mathbf{r}\|} = \frac{1}{\|\mathbf{r}\|^3} \frac{\mathbf{r} \bullet \mathbf{r}}{\|\mathbf{r}\|} = \frac{1}{\|\mathbf{r}\|^3} \frac{\|\mathbf{r}\|^2}{\|\mathbf{r}\|} = \frac{1}{\|\mathbf{r}\|^2} = \frac{1}{\rho^2}$$

Luego, regresando a (1):

$$\iint_{\partial E} \frac{\mathbf{r}}{\|\mathbf{r}\|^3} \bullet \mathbf{n} \, dS = \iint_{S_2} \frac{\mathbf{r}}{\|\mathbf{r}\|^3} \bullet \mathbf{n}_2 \, dS = \iint_{S_2} \frac{1}{\rho^2} dS = \frac{1}{\rho^2} \iint_{S_2} dS$$

$$= \frac{1}{\rho^2} (\text{Area}(S_2)) = \frac{1}{\rho^2} (4\pi\rho^2) = 4\pi$$

La superficie que interviene en el teorema de la divergencia es una superficie cerrada que es borde de un sólido E. En el siguiente ejemplo mostramos como utilizar el teorema de la divergencia para calcular una integral sobre una superficie no cerrada. La táctica consiste en agregar a esta superficie otra superficie adecuada, en tal forma que la unión de ambas sea cerrada y sea el borde de un sólido E.

EJEMPLO 5. **Cálculo de una integral sobre una superficie no cerrada.**

Usando el teorema de la divergencia calcular el flujo de

$$\mathbf{F} = 3xz^2\mathbf{i} + (y^3 + e^x)\mathbf{j} + (3x^2z + 2y^2)\mathbf{k}$$

hacia arriba a través de la superficie S que es la semiesfera:

$$S: z = \sqrt{1 - x^2 - y^2}\,.$$

Esto es, calcular $\displaystyle\iint_S \mathbf{F} \bullet \mathbf{n} \, dS$

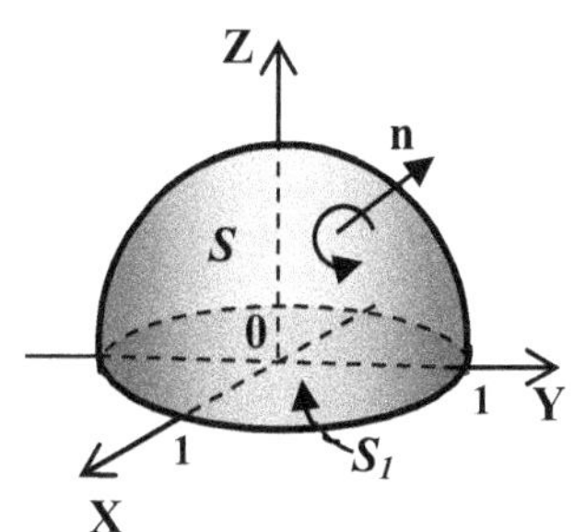

Solución

Observar que calcular directamente la integral sería engorroso. Para evitar esta dificultad recurrimos al método indirecto mencionado.

Tomamos el círculo del plano XY, $S_1: x^2 + y^2 \leq 1,\ z = 0$

Sea E el sólido encerrado por la semiesfera S y el círculo S_1.

Tenemos que $\partial E = S \cup S_1$ y, de acuerdo al teorema de la divergencia,

$$\iiint_E \operatorname{div}\mathbf{F}\, dV = \iint_{\partial E} \mathbf{F}\cdot\mathbf{n}\, dS = \iint_{S\cup S_1} \mathbf{F}\cdot\mathbf{n}\, dS = \iint_S \mathbf{F}\cdot\mathbf{n}\, dS + \iint_{S_1} \mathbf{F}\cdot\mathbf{n}\, dS$$

Luego,

$$\iint_S \mathbf{F}\cdot\mathbf{n}\, dS = \iiint_E \operatorname{div}\mathbf{F}\, dV - \iint_{S_1} \mathbf{F}\cdot\mathbf{n}\, dS \qquad \textbf{(1)}$$

Calculemos las dos integrales de la derecha de (1).

$\operatorname{div}\mathbf{F} = 3z^2 + 3y^2 + 3x^2 = 3(x^2 + y^2 + z^2)$

$$\iiint_E \operatorname{div}\mathbf{F}\, dV = 3\iiint_E (x^2+y^2+z^2)\, dV$$

$$= 3\int_0^{2\pi}\int_0^{\pi/2}\int_0^1 \left(\rho^2\right)\rho^2 \operatorname{sen}\varphi\ d\rho d\varphi d\theta \qquad \text{(Coord. esféricas)}$$

$$= 3\int_0^{2\pi}\int_0^{\pi/2}\left[\frac{\rho^5}{5}\right]_0^1 \operatorname{sen}\varphi\ d\varphi d\theta = \frac{3}{5}\int_0^{2\pi}\int_0^{\pi/2} \operatorname{sen}\varphi\ d\varphi d\theta$$

$$= \frac{3}{5}\int_0^{2\pi}\Big[-\cos\varphi\Big]_0^{\pi/2} d\theta = \frac{3}{5}\int_0^{2\pi} d\theta = \frac{6}{5}\pi$$

Por otro lado, para S_1 se tiene que $\mathbf{n} = -\mathbf{k} = \langle 0,\ 0, -1\rangle$ y $z = 0$. Luego,

$$\iint_{S_1} \mathbf{F}\cdot\mathbf{n}\, dS = \iint_{S_1} \left\langle 3x(0)^2,\ y^3 + e^x,\ 3x^2(0) + 2y^2 \right\rangle \cdot \langle 0,\ 0, -1\rangle\, dS$$

$$= \iint_{S_1} -2y^2\ dS = -2\int_0^{2\pi}\int_0^1 \left(r\operatorname{sen}\theta\right)^2 r dr d\theta \qquad \text{(Coord. polares)}$$

$$= -2\int_0^{2\pi}\left[\frac{r^4}{4}\right]_0^1 \operatorname{sen}^2\theta\ d\theta = -\frac{1}{2}\int_0^{2\pi} \operatorname{sen}^2\theta\ d\theta$$

$$= -\frac{1}{2}\int_0^{2\pi} \frac{1-\cos 2\theta}{2}\ d\theta = -\frac{1}{4}\int_0^{2\pi} d\theta + \frac{1}{4}\int_0^{2\pi} \cos 2\theta\ d\theta$$

$$= -\frac{1}{4}\Big[\theta\Big]_0^{2\pi} + \frac{1}{8}\Big[\operatorname{sen} 2\theta\Big]_0^{2\pi} = -\frac{\pi}{2} + 0 = -\frac{\pi}{2}.$$

Finalmente, regresando a (1):

$$\iint_S \mathbf{F} \bullet \mathbf{n}\, dS = \frac{6}{5}\pi - \left(-\frac{\pi}{2}\right) = \frac{6}{5}\pi + \frac{\pi}{2} = \frac{17}{10}\pi$$

¿SABIAS QUE . . .

CARL FRIEDRICH GAUSS (1777–1855), *fue un notable matemático, físico y astrónomo alemán. Hizo contribuciones fundamentales en casi todas las ramas de la matemática. Gauss, Arquímides y Newton son considerados como los tres matemáticos más sobresalientes de la historia. Gauss descubrió el Teorema de la divergencia en 1813. Probó tres casos particulares importantes de este Teorema.*

C. F. Gauss

MIKHAIL VASILEVICH OSTROGRADSKI *(1801–1862) nació en Pashennaya, Ucrania. En 1816 entró a la Universidad de Kharkov para estudiar Física y Matemática. En 1820 aprobó su examen de grado. Sin embardo, por razones religiosas, este grado no le fue otorgado. Dejó Rusia y se fue a París, donde asistió a las clases de los famosos profesores: Laplace, Fourier, Legendre, Cauchy, etc. En 1826 presentó a la Academia de Ciencias de París la prueba del Teorema de la Divergencia en su forma más general.*

M. V. Ostrodraski

PROBLEMAS RESUELTOS 5.7

PROBLEMA 1. Aplicando el teorema de la divergencia, evaluar $\iint_S \mathbf{F} \bullet \mathbf{n}\, dS$,

donde $\mathbf{F} = (3x - e^y)\mathbf{i} + (x - y)\mathbf{j} + (y + z)\mathbf{k}$

y S es la superficie del sólido E limitado por el cilindro parabólico $z = 1 - x^2$, el paraboloide $y = 3 - x^2 - z^2$, plano $z = 0$ y el plano $y = 0$.

Solución

Tenemos que $\text{div}\mathbf{F} = 3 - 1 + 1 = 3$ y

$$\iint_S \mathbf{F} \bullet \mathbf{n}\, dS = \iiint_E \text{div}\,\mathbf{F}\, dV = 3\iiint_E dV$$

El sólido E es una región del espacio y–simple limitado por la izquierda por el

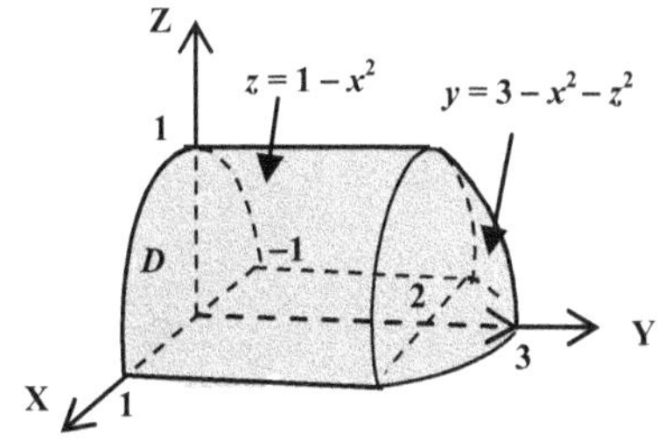

plano y = 0 y por la derecha por el paraboloide $y = 3 - x^2 - z^2$.

La proyección de E sobre el plano XZ es el conjunto

$$D = \left\{ (x, 0, z) / \ 0 \le z \le 1 - x^2 , \ -1 \le x \le 1 \right\}$$

Luego,

$$\iint_S \mathbf{F} \cdot \mathbf{n} \, dS = 3 \iiint_E dV = 3 \int_{-1}^{1} \int_0^{1-x^2} \int_0^{3-x^2-z^2} dydzdx$$

$$= 3 \int_{-1}^{1} \int_0^{1-x^2} \Big[y \Big]_0^{3-x^2-z^2} dzdx = 3 \int_{-1}^{1} \int_0^{1-x^2} \left(3 - x^2 - z^2 \right) dzdx$$

$$= 3 \int_{-1}^{1} \left[\left(3 - x^2\right) z - \frac{z^3}{3} \right]_0^{1-x^2} dx = 3 \int_{-1}^{1} \left[\left(3 - x^2\right)\left(1 - x^2\right) - \frac{1}{3}\left(1 - x^2\right)^3 \right] dx$$

$$= \int_{-1}^{1} \left(8 - 9x^2 + x^6\right) dx = \left[8x - 3x^3 + \frac{x^7}{7} \right]_{-1}^{1} = \frac{72}{7}$$

PROBLEMA 2. Mediante el teorema de la divergencia calcular el flujo del campo

$$\mathbf{F} = x^3\mathbf{i} + y^3\mathbf{j} - 5z\mathbf{k}$$

a través de la superficie cerrada S que es el borde del sólido E limitado por el cilindro $x^2 + y^2 = 4$ y los planos z = 0, z = 3.

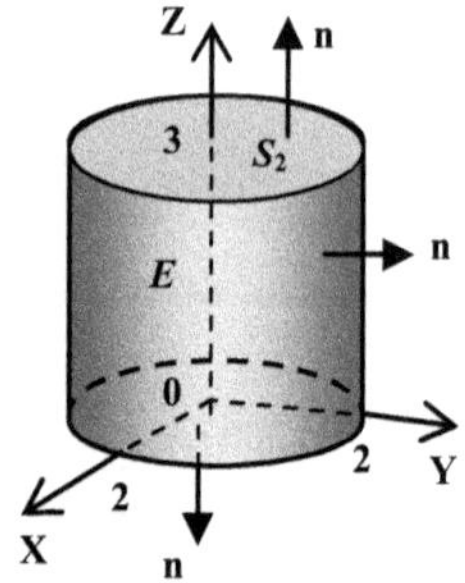

Solución

Tenemos que $\text{div}\mathbf{F} = 3x^2 + 3y^2 - 5$

Si $S = \partial E$, entonces

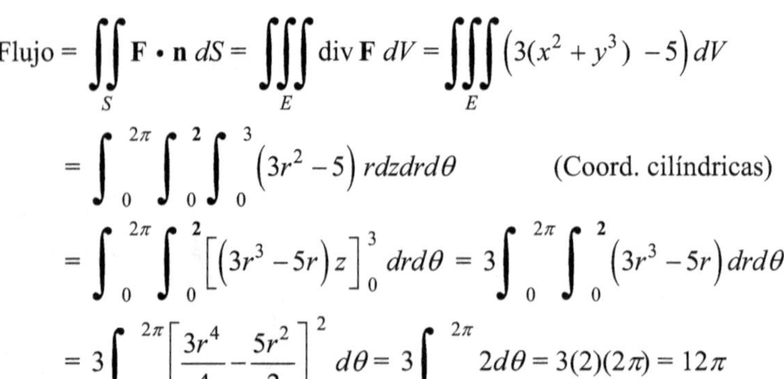

$$\text{Flujo} = \iint_S \mathbf{F} \cdot \mathbf{n} \, dS = \iiint_E \text{div}\,\mathbf{F} \, dV = \iiint_E \left(3(x^2 + y^3) - 5 \right) dV$$

$$= \int_0^{2\pi} \int_0^{2} \int_0^{3} \left(3r^2 - 5 \right) rdzdrd\theta \qquad \text{(Coord. cilíndricas)}$$

$$= \int_0^{2\pi} \int_0^{2} \left[\left(3r^3 - 5r \right) z \right]_0^3 drd\theta = 3 \int_0^{2\pi} \int_0^{2} \left(3r^3 - 5r \right) drd\theta$$

$$= 3 \int_0^{2\pi} \left[\frac{3r^4}{4} - \frac{5r^2}{2} \right]_0^2 d\theta = 3 \int_0^{2\pi} 2d\theta = 3(2)(2\pi) = 12\pi$$

PROBLEMA 3. Sea el sólido $E: x^2+y^2 \geq a^2,\quad x^2+y^2+z^2 \leq 4a^2$. Esto es, E es la intersección de la parte exterior del cilindro

$$x^2+y^2=a^2$$

con la parte interior de la esfera

$$x^2+y^2+z^2=4a^2.$$

Sea $\mathbf{F} = (x+yz)\mathbf{i} + (y-xz)\mathbf{j} + (z-\text{sen}\, xy)\mathbf{k}.$

Hallar el flujo de **F** hacia el exterior de E a través de:

a. $S=\partial E$.

b. S_1, la parte cilíndrica de ∂E.

c. S_2, la parte esférica de ∂E.

Solución

a. Tenemos que div**F** = 1 + 1 + 1 = 3. Luego,

$$\iint_S \mathbf{F}\cdot\mathbf{n}\, dS = \iiint_E \text{div}\,\mathbf{F}\, dV = \iiint_E 3\, dV = 3\iiint_E dV$$

$$=3\int_0^{2\pi}\int_a^{2a}\int_{-\sqrt{4a^2-r^2}}^{\sqrt{4a^2-r^2}} r\,dz\,dr\,d\theta = 3\int_0^{2\pi}\int_a^{2a}\Big[z\Big]_{-\sqrt{4a^2-r^2}}^{\sqrt{4a^2-r^2}} r\,dr\,d\theta$$

$$=3\int_0^{2\pi}\int_a^{2a} 2\sqrt{4a^2-r^2}\, r\,dr\,d\theta = -3\int_0^{2\pi}\left[\frac{2}{3}\left(4a^2-r^2\right)^{3/2}\right]_a^{2a} d\theta$$

$$=2\int_0^{2\pi}\left[\left(3a^2\right)^{3/2}\right]d\theta = 2\left(3\sqrt{3}a^3\right)(2\pi) = 12\sqrt{3}\pi a^3$$

b. Hallemos la altura del cilindro:

$$\begin{cases} x^2+y^2+z^2=4a^2 \\ x^2+y^2=a^2 \end{cases} \Rightarrow a^2+z^2=4a^2$$

$$\Rightarrow z^2=3a^2$$

$$\Rightarrow z=\pm\sqrt{3}\,a$$

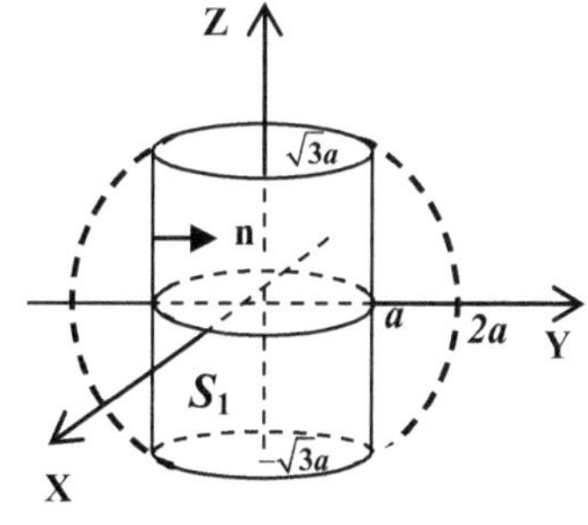

La altura del cilindro es

$$h=\sqrt{3}\,a-\left(-\sqrt{3}\,a\right)=2\sqrt{3}\,a$$

Por otro lado, sabemos que el vector normal unitario exterior a la superficie cilíndrica S_1 es $\dfrac{1}{a}\langle x,\ y,\ 0\rangle$. Luego, el vector normal unitario interior a S_1 es

$$\mathbf{n}=-\frac{1}{a}\langle x,\ y,\ 0\rangle=\frac{1}{a}\langle -x,-y,\ 0\rangle$$

Ahora,

$$\iint_{S_1}\mathbf{F}\cdot\mathbf{n}\,dS=\iint_{S_1}\langle x+yz,\ y-xz,\ z-\operatorname{sen}xy\rangle\cdot\frac{1}{a}\langle -x,\ -y,\ 0\rangle\,dS$$

$$=-\frac{1}{a}\iint_{S_1}\left(x^2+y^2\right)dS=-\frac{1}{a}\iint_{S_1}a^2\,dS=-a\iint_{S_1}dS$$

$$=-a[\text{Area de }S_1]=-a[(2\pi a)(h)]=-a[(2\pi a)\left(2\sqrt{3}\,a\right)]$$

$$=-4\sqrt{3}\pi a^3$$

c. Como $S=\partial E=S_1\cup S_2$, tenemos que

$$\iint_{S_2}\mathbf{F}\cdot\mathbf{n}\,dS=\iint_{S}\mathbf{F}\cdot\mathbf{n}\,dS-\iint_{S_1}\mathbf{F}\cdot\mathbf{n}\,dS=12\sqrt{3}\pi a^3-\left(-4\sqrt{3}\pi a^3\right)=16\sqrt{3}\pi a^3$$

PROBLEMA 4. Segundo teorema de la divergencia o primera fórmula de Green

Si la región sólida E de $\mathbb{R}^3$ y la superficie cerrada $S=\partial E$ satisfacen las hipótesis del teorema de la divergencia, la función escalar f tiene derivadas parciales continuas y la función escalar g tiene derivadas parciales de segundo orden continuas, entonces

$$\iint_{S}(f\nabla g)\cdot\mathbf{n}\,dS=\iiint_{E}\left(f\nabla^2 g+\nabla f\cdot\nabla g\right)dV$$

Solución

De acuerdo a la parte 2 del teorema 5.2 tenemos que:

$$\operatorname{div}(f\nabla g)=\nabla f\cdot\nabla g+f\nabla(\nabla g)=\nabla f\cdot\nabla g+f\nabla^2 g=f\nabla^2 g+\nabla f\cdot\nabla g$$

Ahora, aplicando el teorema de la divergencia,

$$\iint_{S}(f\nabla g)\cdot\mathbf{n}\,dS=\iiint_{E}\operatorname{div}(f\nabla g)\,dV=\iiint_{E}\left(f\nabla^2 g+\nabla f\cdot\nabla g\right)dV$$

PROBLEMAS PROPUESTOS 5.7

En los problemas del 1 al 5, verificar el teorema de la divergencia para el campo* F *y la superficie S.

1. $\mathbf{F} = 6z\mathbf{i} - 2y^2\mathbf{j} + 2yz\mathbf{k}$, S es el borde del cubo $E = [0,1]\times[0,1]\times[0,1]$-

Rpta. $\iint_S \mathbf{F}\cdot\mathbf{n}\,dS = 2 = \iiint_E \operatorname{div}\mathbf{F}\,dV$

2. $\mathbf{F} = x\mathbf{i} + y\mathbf{j} + z\mathbf{k}$, S es la esfera $x^2 + y^2 + z^2 = a^2$.

Rpta. $\iint_S \mathbf{F}\cdot\mathbf{n}\,dS = 4\pi a^3 = \iiint_E \operatorname{div}\mathbf{F}\,dV$

3. $\mathbf{F} = 2xz\mathbf{i} - 2yz\mathbf{j} + z^2\mathbf{k}$, S es el borde de sólido $x^2 + y^2 \le z$, $0 \le z \le 1$.

Rpta. $\iint_S \mathbf{F}\cdot\mathbf{n}\,dS = 2\pi = \iiint_E \operatorname{div}\mathbf{F}\,dV$

4. $\mathbf{F} = \|\mathbf{r}\|(x\mathbf{i} + y\mathbf{j} + z\mathbf{k})$, donde $\mathbf{r} = x\mathbf{i} + y\mathbf{j} + z\mathbf{k}$, S es la esfera $x^2 + y^2 + z^2 = a^2$

Rpta. $\iint_S \mathbf{F}\cdot\mathbf{n}\,dS = 4\pi a^4 = \iiint_E \operatorname{div}\mathbf{F}\,dV$

5. $\mathbf{F} = 2xz\mathbf{i} - y^2\mathbf{j} + x z^2\mathbf{k}$, S es el borde de sólido $x^2 + y^2 \le a^2$, $0 \le z \le 3$.

Rpta. $\iint_S \mathbf{F}\cdot\mathbf{n}\,dS = 9\pi a^2 = \iiint_E \operatorname{div}\mathbf{F}\,dV$

En los problemas del 6 al 17, aplicando el teorema de la divergencia, calcular la integral $\iint_S \mathbf{F}\cdot\mathbf{n}\,dS$. ***Esto es, calcular el flujo* de F a través de *S*.**

6. $\mathbf{F} = x^2\mathbf{i} + y^2\mathbf{j} + z^2\mathbf{k}$, $E = [0, 1]\times[0, 1]\times[0, 1]$, $S = \partial E$.

Rpta. 3

7. $\mathbf{F} = (x^3 + \operatorname{sen} z)\mathbf{i} + (y^3 + e^x)\mathbf{j} + (-3z)\mathbf{k}$, E: $x^2 + y^2 \le 9$, $0 \le z \le 2$, $S = \partial E$.

Rpta. 189π

8. $\mathbf{F} = 2xy\mathbf{i} + 2yz\mathbf{j} + xz^2\mathbf{k}$, E es el sólido limitado por los planos $x = 0$, $y = 0$, $y = 3$, $z = 0$, $x + 2z = 4$. $S = \partial E$.

Rpta. 68

9. $\mathbf{F} = (x-z)\mathbf{i} + (2y+z)\mathbf{j} + (5z - x)\mathbf{k}$, S es el elipsoide $\dfrac{x^2}{a^2} + \dfrac{y^2}{b^2} + \dfrac{z^2}{c^2} = 1$

Rpta. $\dfrac{20}{3}\pi abc$

10. $\mathbf{F} = (2x + e^{yz})\mathbf{i} + (-4y + \operatorname{sen} z)\mathbf{j} + xy\mathbf{k}$, S es el tetraedro formado por los planos coordenados y el plano $x + y + z = 1$.

Rpta. $-\dfrac{1}{2}$

11. $\mathbf{F} = x^3\mathbf{i} + 3x^2y\mathbf{j} + x^2y\mathbf{k}$, $S = \partial E$, E es el sólido limitado por el cilindro parabólico $z = 4 - x^2$, los planos $y = 0$, $z = 0$, $y + z = 4$. *Rpta.* 512/3

12. $\mathbf{F} = x\mathbf{i} + y\mathbf{j} + z\mathbf{k}$, $S = \partial E$, E es el sólido limitado por el cono $z = \sqrt{x^2 + y^2}$ y el paraboloide $z = 6 - x^2 - y^2$. *Rpta.* 32π

13. $\mathbf{F} = (x + \text{sen } z)\mathbf{i} + 2y\mathbf{j} + (x + 3z)\mathbf{k}$, $S = \partial E$, E es el sólido limitado por el cono $z = \sqrt{x^2 + z^2}$ y el plano $y = 3$. *Rpta.* 54π

14. $\mathbf{F} = xy^2\mathbf{i} + 2yz\mathbf{j} + x^2z\mathbf{k}$, $S = \partial E$, E es el sólido limitado por los cilindros $x^2 + y^2 = 1$, $x^2 + y^2 = 4$ y los planos $z = 1$, $z = 3$. *Rpta.* 39π

15. $\mathbf{F} = \dfrac{x\mathbf{i} + y\mathbf{j} + z\mathbf{k}}{x^2 + y^2 + z^2}$, $S = \partial E$, E es el sólido comprendido entre las esferas $x^2 + y^2 + z^2 = 1$, $x^2 + y^2 + z^2 = 4$. *Rpta.* 4π

16. $\mathbf{F} = \dfrac{x\mathbf{i} + y\mathbf{j} + z\mathbf{k}}{\left(x^2 + y^2 + z^2\right)^{3/2}}$, S es el elipsoide $4x^2 + 9y^2 + 6z^2 = 36$.

Sugerencia. Aplicar la ley de Gauss(ejemplo 4). *Rpta.* 4π

17. $\mathbf{F} = x^2\mathbf{i} + y^2\mathbf{j} + z^2\mathbf{k}$, S: la esfera $(x - a)^2 + (y - b)^2 + (z - c)^2 = 9$

Rpta. 72π

En los problemas del 18 al 21, cerrando convenientemente la superficie no cerrada dada y aplicando el teorema de la divergencia, calcular la integral $\iint_S \mathbf{F} \cdot \mathbf{n}\, dS$ ***, donde la n es la normal unitaria exterior.***

18. $\mathbf{F} = (5 - x)\mathbf{i} + (-y)\mathbf{j} + 2z\mathbf{k}$, S: $z = \sqrt{x^2 + z^2}$, $0 \le z \le 3$

Rpta. -36π

19. $\mathbf{F} = z^2\mathbf{i} + xz\mathbf{j} + 3y^2\mathbf{k}$, S: $z = 4 - x^2 - y^2$, $0 \le z \le 4$

Rpta. 12π

20. $\mathbf{F} = 3xz\mathbf{i} + (-yz)\mathbf{j} + z^2\mathbf{k}$, S: es la parte superior de la esfera $x^2 + y^2 + z^2 = 9$, cortada por el plano $z = 1$ *Rpta.* 72π

21. $\mathbf{F} = x^2\mathbf{i} + (\text{sen } z + y^2)\mathbf{j} + (x + 3)\mathbf{k}$, S es la parte superior de la esfera

$$x^2 + y^2 + (z - a)^2 = 4a^2,$$

que está sobre el plano XY. *Rpta.* $9\pi a^2$

En los problemas del 22 al 27, demostrar la identidad dada, suponiendo que la región sólida E, la superficie $S = \partial E$ satisfacen las condiciones del teorema de la divergencia y que las derivadas parciales de diferentes órdenes que aparecen de las funciones escalares f y g son continuas. Las expresiones $D_{\mathbf{n}}f$, $\dfrac{\partial f}{\partial \mathbf{n}}$ se definen como $D_{\mathbf{n}}f = \dfrac{\partial f}{\partial \mathbf{n}} = \nabla f \cdot \mathbf{n}$

22. $\displaystyle\iint_S \mathbf{a} \cdot \mathbf{n}\, dS = 0$, donde a es un vector constante.

23. $\displaystyle\iint_S \text{rot}\, \mathbf{F} \cdot \mathbf{n}\, dS = 0$

24. Volumen de $E = V(E) = \dfrac{1}{3}\displaystyle\iint_S \mathbf{F} \cdot \mathbf{n}\, dS$, $\mathbf{F} = x\mathbf{i} + y\mathbf{j} + z\mathbf{k}$

25. $\displaystyle\iint_S \mathbf{D}_{\mathbf{n}} f \cdot \mathbf{n}\, dS = \iiint_E \nabla^2 f\, dV$

26. Si $\nabla^2 f = 0$, $\displaystyle\iint_S f \frac{\partial f}{\partial \mathbf{n}}\, dS = \iiint_E \|\nabla f\|^2\, dV$

27. Segunda fórmula de Green.

$$\iint_S (f\nabla g - g\nabla f) \cdot \mathbf{n}\, dS = \iiint_E \left(f\nabla^2 g - g\nabla^2 f\right) dV$$

EL TEOREMA DE GREEN Y SU GENERALIZACION A TRES DIMENSIONES

Primera fórmula vectorial del teorema de Green	Segunda fórmula vectorial del teorema de Green
$\oint_C \mathbf{F} \cdot d\mathbf{r} = \iint_D (\mathbf{rot\, F}) \cdot \mathbf{k}\, dA$	$\oint_C \mathbf{F} \cdot \mathbf{n}\, ds = \iint_D \text{div}\,\mathbf{F}\, dA,$
↓	↓
Teorema de Stokes	**Teorema de la divergencia**
$\oint_C \mathbf{F} \cdot d\mathbf{r} = \iint_S (\text{rot }\mathbf{F}) \cdot \mathbf{n}\, dS$	$\iint_S \mathbf{F} \cdot \mathbf{n}\, dS = \iiint_E \text{div}\,\mathbf{F}\, dV$

RELACIONES ENTRE LAS DISTINTAS INTEGRALES

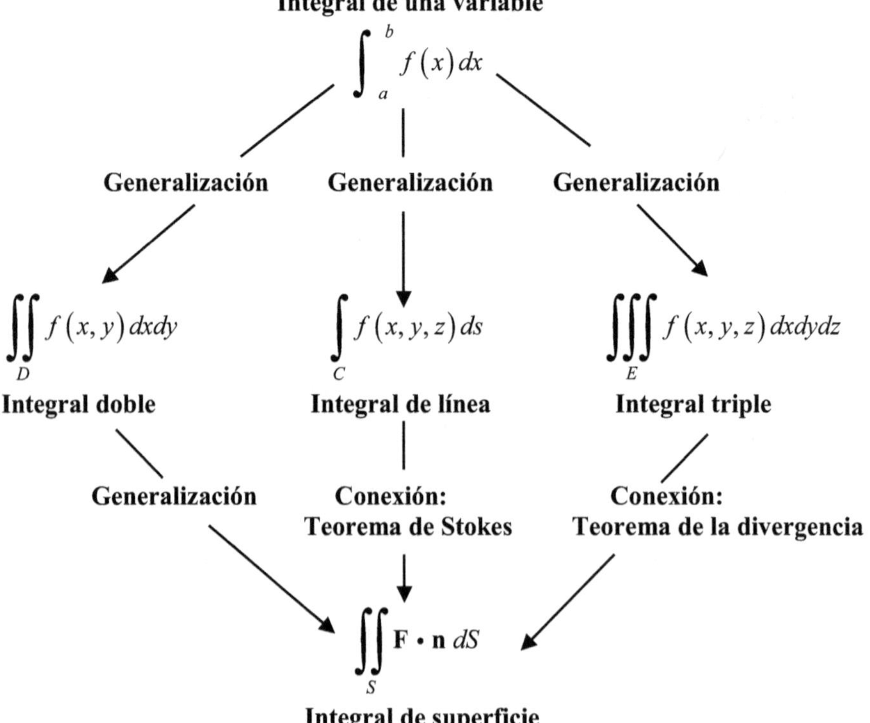

TABLAS

DERIVADAS

1. $D_x[f(x)\,g(x)] = f(x)\,D_x g(x) + g(x)\,D_x f(x)$

2. $D_x\left[\dfrac{f(x)}{g(x)}\right] = \dfrac{g(x)D_x f(x) - f(x)D_x g(x)}{[g(x)]^2}$

3. $D_x(u^n) = nu^{n-1}\,D_x u$ ó bien $D_x\left((g(x))^n\right) = n(g(x))^{n-1}\,D_x g(x))$

4. $D_x\,e^u = e^u\,D_x u$

5. $D_x\,a^u = a^u \ln a\,D_x u$

6. $D_x \ln u = \dfrac{1}{u}\,D_x u$

7. $D_x(\log_a u) = \dfrac{1}{u \ln a}\,D_x u$

8. $D_x \operatorname{sen} u = \cos u\,D_x u$

9. $D_x \cos u = -\operatorname{sen} u\,D_x u$

10. $D_x \tan u = \sec^2 u\,D_x u$

11. $D_x \cot u = -\operatorname{cosec}^2 u\,D_x u$

12. $D_x \sec u = \sec u \tan u\,D_x u$

13. $D_x \operatorname{cosec} u = -\operatorname{cosec} u \cot u\,D_x u$

14. $D_x \operatorname{sen}^{-1} u = \dfrac{1}{\sqrt{1-u^2}}\,D_x u$

15. $D_x \cos^{-1} u = -\dfrac{1}{\sqrt{1-u^2}}\,D_x u$

16. $D_x \tan^{-1} u = \dfrac{1}{1+u^2}\,D_x u$

17. $D_x \cot^{-1} u = -\dfrac{1}{1+u^2}\,D_x u$

18. $D_x \sec^{-1} u = \dfrac{1}{u\sqrt{u^2-1}}\,D_x u$

19. $D_x \operatorname{cosec}^{-1} u = -\dfrac{1}{u\sqrt{u^2-1}}\,D_x u$

20. $D_x \operatorname{senh} u = \cosh u\,D_x u$

21. $D_x \cosh u = \operatorname{senh} u\,D_x u$

22. $D_x \tanh u = \operatorname{sech}^2 u\,D_x u$

23. $D_x \coth u = -\operatorname{cosech}^2 u\,D_x u$

24. $D_x \operatorname{sech} u = -\operatorname{sech} u \tanh u\,D_x u$

25. $D_x \operatorname{cosech} u = -\operatorname{cosech} u \coth u\,D_x u$

26. $D_x \sec^{-1} u = \dfrac{1}{u\sqrt{u^2-1}}\,D_x u$

27. $D_x \operatorname{cosec}^{-1} u = -\dfrac{1}{u\sqrt{u^2-1}}\,D_x u$

28. $D_x \operatorname{senh}^{-1} u = \dfrac{1}{\sqrt{1+u^2}}\,D_x u$

29. $D_x \cosh^{-1} u = \dfrac{1}{\sqrt{u^2-1}}\,D_x u$

30. $D_x \tanh^{-1} u = \dfrac{1}{1-u^2}\,D_x u$

31. $D_x \coth^{-1} u = \dfrac{1}{1-u^2}\,D_x u$

32. $D_x \operatorname{sech}^{-1} u = -\dfrac{1}{u\sqrt{1-u^2}}\,D_x u$

33. $D_x \operatorname{cosech}^{-1} u = -\dfrac{1}{|u|\sqrt{1+u^2}}\,D_x u$

INTEGRALES

INTEGRALES DE FUNCIONES BASICAS.

1. $\int u^n\,du = \frac{1}{n+1}u^{n+1} + C,\ n \neq -1$

2. $\int \frac{du}{u} = \ln|u| + C$

3. $\int e^u du = e^u + C$

4. $\int a^u du = \frac{1}{\ln a}a^u + C$

5. $\int \text{sen}\,u\,dx = -\cos u + C$

6. $\int \cos u\,du = \text{sen}\,u + C$

7. $\int \sec^2 u\,du = \tan u + C$

8. $\int \text{cosec}^2 u\,du = -\cot u + C$

9. $\int \sec u \tan u\,du = \sec u + C$

10. $\int \text{cosec}\,u \cot u\,du = -\text{cosec}\,u + C$

11. $\int \tan u\,du = \ln|\sec u| + C$

12. $\int \sec u\,du = \ln|\sec u + \tan u| + C$

13. $\int \cot u\,du = \ln|\text{sen}\,u| + C$

14. $\int \text{cosec}\,u\,du = \ln|\text{cosec}\,u - \cot u| + C$

INTEGRALES DE LAS FUNCIONES TRIGONOMETRICAS INVERSAS

15. $\int \text{sen}^{-1}u\,du = u\,\text{sen}^{-1}u + \sqrt{1-u^2} + C$

16. $\int \cos^{-1}u\,du = u\cos^{-1}u - \sqrt{1-u^2} + C$

17. $\int \tan^{-1}u\,du = u\tan^{-1}u - \frac{1}{2}\ln\left(1+u^2\right) + C$

18. $\int \cot^{-1}u\,du = u\cot^{-1}u + \frac{1}{2}\ln\left(1+u^2\right) + C$

19. $\int \sec^{-1}u\,du = u\sec^{-1}u - \ln\left|u + \sqrt{u^2-1}\right| + C$

20. $\int \text{cosec}^{-1}u\,du = u\,\text{cosec}^{-1}u + \ln\left|u + \sqrt{u^2-1}\right| + C$

21. $\int u \operatorname{sen}^{-1} u \, du = \dfrac{2u^2-1}{4} \operatorname{sen}^{-1} u + \dfrac{u\sqrt{1-u^2}}{4} + C$

22. $\int u \cos^{-1} u \, du = \dfrac{2u^2-1}{4} \cos^{-1} u - \dfrac{u\sqrt{1-u^2}}{4} + C$

23. $\int u \tan^{-1} u \, du = \dfrac{u^2+1}{2} \tan^{-1} u - \dfrac{u}{2} + C$

INTEGRALES DE LAS FUNCIONES HIPERBOLICAS

24. $\int \operatorname{senh} u \, du = \cosh u + C$

25. $\int \cosh u \, du = \operatorname{senh} u + C$

26. $\int \operatorname{sech}^2 u \, du = \tanh u + C$

27. $\int \operatorname{cosech}^2 u \, du = -\operatorname{cotanh} \mathrm{u} + C$

28. $\int \operatorname{sech} u \tanh u \, du = -\operatorname{sech} u + C$

29. $\int \operatorname{cosech} u \operatorname{cotanh} u \, du = -\operatorname{cosech} u + C$

30. $\int \tanh u \, du = \ln \cosh u + C$

31. $\int \coth u \, du = \ln | \operatorname{senh} u | + \mathrm{C}$

32. $\int \operatorname{sech} u \, du = \tan^{-1}(\operatorname{senh} u) + C = 2 \tan^{-1} e^u + C$

33. $\int \operatorname{cosech} u \, du = \dfrac{1}{2} \ln \left| \dfrac{\cosh u - 1}{\cosh u + 1} \right| + C = \ln \left| \tanh \dfrac{u}{2} \right| + C$

INTEGRALES DE POTENCIAS DE FUNCIONES TRIGONOMETRICAS

34- $\int \operatorname{sen}^2 u \, du = \dfrac{u}{2} - \dfrac{1}{4} \operatorname{sen} 2u + C$

35- $\int \cos^2 u \, du = \dfrac{\mathrm{u}}{2} + \dfrac{1}{4} \operatorname{sen} 2\mathrm{u} + C$

36- $\int \tan^2 u \, du = \tan u - u + C$

37- $\int \cot^2 u \, du = -\cot u - u + C$

38. $\int \sec^3 u \, du = \dfrac{1}{2} \sec \mathrm{u} \tan \mathrm{u} + \dfrac{1}{2} \ln | \sec u + \tan u | + C$

39. $\int \operatorname{cosec}^3 u \, du = -\dfrac{1}{2} \operatorname{cosec} \mathrm{u} \cot \mathrm{u} + \dfrac{1}{2} \ln | \operatorname{cosec} u - \cot u | + C$

40. $\int \text{sen}^n u\, du = -\frac{1}{n}\,\text{sen}^{n-1}x\ \cos x + \frac{n-1}{n}\int \text{sen}^{n-2}u\, du, \quad n \neq 0$

41. $\int \cos^n u\, du = \frac{1}{n}\,\cos^{n-1}u\ \text{sen}\, x\ cos^{n-1}x + \frac{n-1}{n}\int \cos^{n-2}u\, du, \quad n \neq 0$

42. $\int \tan^n u\, du = \frac{1}{n-1}\tan^{n-1}u - \int \tan^{n-2}u\, du, \quad n \neq 1$

43. $\int \cot^n u\, du = -\frac{1}{n-1}\cot^{n-1}u - \int \cot^{n-2}u\, du, \quad n \neq 1$

44. $\int \sec^n u\, du = \frac{1}{n-1}\tan u\ \sec^{n-2}u + \frac{n-2}{n-1}\int \sec^{n-2}u\, du, \quad n \neq 1$

45. $\int \text{cosec}^n u\, du = -\frac{1}{n-1}\cot u\ \text{cosec}^{n-2}u + \frac{n-2}{n-1}\int \text{cosec}^{n-2}u\, du, n \neq 1$

FORMULA DE WALLIS

46. $\int_0^{\pi/2} \text{sen}^{2n}u\, du = \int_0^{\pi/2} \cos^{2n}u\, du = \frac{1.3.5.\ldots.(2n-1)}{2.4.6.\ldots.n}\,\frac{\pi}{2}$

47. $\int_0^{\pi/2} \text{sen}^{2n+1}u\, du = \int_0^{\pi/2} \cos^{2n+1}u\, du = \frac{2.4.6.\ldots.2n}{1.3.5.\ldots.(2n+1)}\,\frac{\pi}{2}$

INTEGRALES DE POTENCIAS FUNCIONES HIPERBOLICAS

48. $\int \text{senh}^n u\, du = \frac{1}{n}\cosh u\ \text{senh}^{n-1}u - \frac{n-1}{n}\int \text{senh}^{n-2}u\, du, \ n \neq 0$

49. $\int \cosh^n u\, du = \frac{1}{n}\ \text{senh}\, u \cosh^{n-1}u + \frac{n-1}{n}\int \cosh^{n-2}u\, du, \ n \neq 0$

50. $\int \tanh^n u\, du = -\frac{1}{n-1}\tanh^{n-1}u + \int \tanh^{n-2}u\, du, \quad n \neq 1$

51. $\int \coth^n u\, du = -\frac{1}{n-1}\coth^{n-1}u + \int \coth^{n-2}u\, du, \quad n \neq 1$

52. $\int \text{sech}^n u\, du = \frac{1}{n-1}\tanh u\ \text{sech}^{n-2}u + \frac{n-2}{n-1}\int \text{sech}^{n-2}u\, du, \ n \neq 1$

53. $\int \text{cosech}^n u\, du = -\frac{1}{n-1}\coth u\ \text{cosech}^{n-2}u - \frac{n-2}{n-1}\int \text{cosech}^{n-2}u\, du, n \neq 1$

INTEGRALES DE PRODUCTOS DE FUNCIONES TRIGONOMETRICAS

54. $\int \text{sen } mu \text{ sen } nu \, du = -\dfrac{\text{sen }(m+n)\,u}{2(m+n)} + \dfrac{\text{sen }(m-n)\,u}{2(m-n)} + C$

55. $\int \cos mu \cos nu \, du = \dfrac{\text{sen }(m+n)\,u}{2(m+n)} + \dfrac{\text{sen }(m-n)\,u}{2(m-n)} + C$

56. $\int \text{sen } mu \cos nu \, du = -\dfrac{\cos (m+n)\,u}{2(m+n)} - \dfrac{\cos (m-n)\,u}{2(m-n)} + C$

57. $\int \text{sen}^m u \cos^n u \, du = -\dfrac{\text{sen}^{m-1}\cos^{n+1} u}{m+n} - \dfrac{m-1}{m+n}\int \text{sen}^{m-2} u \cos^n u \, du$

$$= -\dfrac{\text{sen}^{m+1}\cos^{n-1} u}{m+n} - \dfrac{n-1}{m+n}\int \text{sen}^{m} u \cos^{n-2} u \, du$$

INTEGRALES DE FORMAS TRIGONOMETRICAS, EXPONENCIALES Y LOGARITMICAS

58. $\int u \text{ sen } bu \, du = \dfrac{1}{b^2}\text{sen } u - \dfrac{u}{b}\cos u + C$

59. $\int u \cos bu \, du = \dfrac{1}{b^2}\cos bu + \dfrac{u}{b}\text{ sen } bu + C$

60. $\int u^n \text{sen } bu \, du = -\dfrac{u^n}{b}\cos u + \dfrac{n}{b}\int u^{n-1}\cos bu \, du$

61. $\int u^n \cos bu \, du = \dfrac{u^n}{b}\text{ sen } bu - \dfrac{n}{b}\int u^{n-1}\text{sen } bu \, du$

62. $\int e^{au}\text{sen } bu \, du = \dfrac{e^{ax}}{a^2+b^2}\,(a \text{ sen } bu - b\cos bu) + C$

63. $\int e^{au}\cos bu \, du = \dfrac{e^{ax}}{a^2+b^2}\,(b \text{ sen } bu + a\cos bu) + C$

64. $\int (\ln u)^m du = u(\ln u)^m - m\int (\ln u)^{m-1} du$

65. $\int u^n (\ln u)^m du = \dfrac{1}{n+1}u^{n+1}(\ln u)^m - \dfrac{m}{n+1}\int u^n (\ln u)^{m-1} du, \; n \neq -1$

66. $\displaystyle\int u^n e^{bu}\,du = \frac{1}{b}\,u^n e^{bu} - \frac{n}{b}\int u^{n-1}e^{bu}\,du$

67. $\displaystyle\int u^n a^{bu}\,du = \frac{1}{b\ln a}\,u^n a^{bu} - \frac{n}{b\ln a}\int u^{n-1}a^{bu}\,du$

INTEGRALES QUE CONTIENEN $a^2 \pm u^2$ EN EL DENOMINADOR

68. $\displaystyle\int \frac{du}{a^2+u^2} = \frac{1}{a}\tan^{-1}\frac{u}{a} + C$

69. $\displaystyle\int \frac{du}{a^2-u^2} = \frac{1}{2a}\ln\left|\frac{u+a}{u-a}\right| + C$

70. $\displaystyle\int \frac{du}{u^2-a^2} = \frac{1}{2a}\ln\left|\frac{u-a}{u+a}\right| + C$

71. $\displaystyle\int \frac{bu+c}{a^2+u^2}\,du = \frac{b}{2}\ln\left(a^2+u^2\right) + \frac{c}{a}\tan^{-1}\frac{u}{a} + C$

INTEGRALES QUE CONTIENEN $\sqrt{a^2+u^2}$, $a>0$

72. $\displaystyle\int \sqrt{a^2+u^2}\,du = \frac{u}{2}\sqrt{a^2+u^2} + \frac{a^2}{2}\ln\left|u+\sqrt{a^2+u^2}\right| + C$

73. $\displaystyle\int u^2\sqrt{a^2+u^2}\,du = \frac{u}{8}\left(a^2+2u^2\right)\sqrt{a^2+u^2} - \frac{a^4}{8}\ln\left|u+\sqrt{a^2+u^2}\right| + C$

74. $\displaystyle\int \frac{\sqrt{a^2+u^2}}{u}\,du = \sqrt{a^2+u^2} - a\ln\left|\frac{a+\sqrt{a^2+u^2}}{u}\right| + C$

75. $\displaystyle\int \frac{\sqrt{a^2+u^2}}{u^2}\,du = -\frac{\sqrt{a^2+u^2}}{u} + \ln\left|u+\sqrt{a^2+u^2}\right| + C$

76. $\displaystyle\int \frac{du}{\sqrt{a^2+u^2}} = \ln\left|u+\sqrt{a^2+u^2}\right| + C$

77. $\displaystyle\int \frac{u^2\,du}{\sqrt{a^2+u^2}} = \frac{u}{2}\sqrt{a^2+u^2} - \frac{a^2}{2}\ln\left|u+\sqrt{a^2+u^2}\right| + C$

78. $\displaystyle\int \frac{du}{u\sqrt{a^2+u^2}} = -\frac{1}{a}\ln\left|\frac{a+\sqrt{a^2+u^2}}{u}\right| + C$

79. $\displaystyle\int \frac{du}{u^2\sqrt{a^2+u^2}} = -\frac{\sqrt{a^2+u^2}}{a^2u} + C$

INTEGRALES QUE CONTIENEN $\sqrt{a^2-u^2}$, $a>0$

80. $$\int \sqrt{a^2-u^2}\,du = \frac{u}{2}\sqrt{a^2-u^2} + \frac{a^2}{2}\operatorname{sen}^{-1}\frac{u}{a} + C$$

81. $$\int u^2\sqrt{a^2-u^2}\,du = \frac{u}{8}\left(2u^2-a^2\right)\sqrt{a^2-u^2} + \frac{a^4}{8}\operatorname{sen}^{-1}\frac{u}{a} + C$$

82. $$\int \frac{\sqrt{a^2-u^2}}{u}\,du = \sqrt{a^2-u^2} - a\ln\left|\frac{a+\sqrt{a^2-u^2}}{u}\right|$$

83. $$\int \frac{\sqrt{a^2-u^2}}{u^2}\,du = -\frac{1}{u}\sqrt{a^2-u^2} - \operatorname{sen}^{-1}\frac{u}{a} + C$$

84 $$\int \frac{u^2du}{\sqrt{a^2-u^2}} = \operatorname{sen}^{-1}\frac{u}{a} + C$$

85. $$\int \frac{u^2du}{\sqrt{a^2-u^2}} = -\frac{u}{2}\sqrt{a^2-u^2} + \frac{a^2}{2}\operatorname{sen}^{-1}\frac{u}{a} + C$$

86. $$\int \frac{du}{u\sqrt{a^2-u^2}} = -\frac{1}{a}\ln\left|\frac{a+\sqrt{a^2-u^2}}{u}\right| + C$$

87. $$\int \frac{du}{u^2\sqrt{a^2-u^2}} = -\frac{\sqrt{a^2-u^2}}{a^2u} + C$$

INTEGRALES QUE CONTIENEN $\sqrt{u^2-a^2}$, $a>0$

88. $$\int \sqrt{u^2-a^2}\,du = \frac{u}{2}\sqrt{u^2-a^2} - \frac{a^2}{2}\ln\left|u+\sqrt{u^2-a^2}\right| + C$$

89. $$\int u^2\sqrt{u^2-a^2}\,du = \frac{u}{8}\left(2u^2-a^2\right)\sqrt{u^2-a^2} - \frac{a^4}{8}\ln\left|u+\sqrt{u^2-a^2}\right| + C$$

90. $$\int \frac{\sqrt{u^2-a^2}}{u}\,du = \sqrt{u^2-a^2} - a\cos^{-1}\frac{a}{|u|} + C$$

91. $$\int \frac{\sqrt{u^2-a^2}}{u^2}\,du = -\frac{\sqrt{u^2-a^2}}{u} + \ln\left|u+\sqrt{u^2-a^2}\right| + C$$

92. $$\int \frac{du}{\sqrt{u^2-a^2}} = \ln\left|u+\sqrt{u^2-a^2}\right| + C$$

93. $$\int \frac{u^2du}{\sqrt{u^2-a^2}} = \frac{u}{2}\sqrt{u^2-a^2} + \frac{a^2}{2}\ln\left|u+\sqrt{u^2-a^2}\right| + C$$

94. $\displaystyle\int \frac{du}{u^2\sqrt{a^2+u^2}} = \frac{\sqrt{u^2-a^2}}{a^2u} + C$

INTEGRALES QUE CONTIENEN $\left(u^2 \pm a^2\right)^{3/2}$, $\left(a^2-u^2\right)^{3/2}$, $a>0$

95. $\displaystyle\int \left(u^2 \pm a^2\right)^{3/2} du = \frac{u}{8}\left(2u^2 \pm 5a^2\right)\sqrt{u^2 \pm a^2} + \frac{3a^4}{8}\ln\left|u+\sqrt{u^2 \pm a^2}\right| + C$

96. $\displaystyle\int \left(a^2 - u^2\right)^{3/2} du = -\frac{u}{8}\left(2u^2 - 5a^2\right)\sqrt{a^2 - u^2} + \frac{3a^4}{8}\operatorname{sen}^{-1}\frac{u}{a} + C$

97. $\displaystyle\int \frac{du}{\left(u^2 \pm a^2\right)^{3/2}} = \pm\frac{u}{a^2\sqrt{u^2 \pm a^2}} + C$

98. $\displaystyle\int \frac{du}{\left(a^2 - u^2\right)^{3/2}} = \frac{u}{a^2\sqrt{a^2 - u^2}} + C$

INTEGRALES QUE CONTIENEN $a+bu$

99. $\displaystyle\int \frac{u\,du}{a+bu} = \frac{1}{b^2}\left(a+bu-a\ln|a+bu|\right) + C$

100. $\displaystyle\int \frac{u^2\,du}{a+bu} = \frac{1}{2b^3}\left[(a+bu)^2 - 4a(a+bu) + 2a^2\ln|a+bu|\right] + C$

101. $\displaystyle\int \frac{du}{u(a+bu)} = \frac{1}{a}\ln\left|\frac{u}{a+bu}\right| + C$

102. $\displaystyle\int \frac{du}{u^2(a+bu)} = -\frac{1}{au} + \frac{b}{a^2}\ln\left|\frac{a+bu}{u}\right| + C$

103. $\displaystyle\int \frac{u\,du}{(a+bu)^2} = \frac{1}{b^2}\left[\frac{a}{b^2(a+bu)} + \ln|a+bu|\right] + C$

104. $\displaystyle\int \frac{u\,du}{(a+bu)^3} = \frac{1}{b^2}\left[\frac{a}{2(a+bu)^2} - \frac{1}{a+bu}\right] + C$

105. $\displaystyle\int \frac{du}{u(a+bu)^2} = \frac{1}{a(a+bu)} - \frac{1}{a^2}\ln\left|\frac{a+bu}{u}\right| + C$

106. $\displaystyle\int \frac{u^2\,du}{(a+bu)^2} = \frac{1}{b^2}\left(a+bu-\frac{a^2}{a+bu}-2a\ \ln|a+bu|\ \right)+C$

INTEGRALES QUE CONTIENEN $\sqrt{a+bu}$

107. $\displaystyle\int u\sqrt{a+bu}\,du = \frac{2}{15b^2}(3bu-2a)(a+bu)^{3/2}+C$

108. $\displaystyle\int u^2\sqrt{a+bu}\,du = \frac{2}{105b^3}\left(15b^2u^2-12abu+8a^2\right)(a+bu)^{3/2}+C$

109. $\displaystyle\int u^n\sqrt{a+bu}\,du = \frac{2}{b(2n+3)}\left[u^n(a+bu)^{3/2}-an\int u^{n-1}\sqrt{a+bu}\,du\right]$

110. $\displaystyle\int \frac{u\,du}{\sqrt{a+bu}} = \frac{2}{3b^2}(bu-2a)\sqrt{a+bu}+C$

111. $\displaystyle\int \frac{u^2\,du}{\sqrt{a+bu}} = \frac{2}{15b^3}\left(3b^2u^2-4abu+8a^2\right)\sqrt{a+bu}+C$

112. $\displaystyle\int \frac{u^n\,du}{\sqrt{a+bu}} = \frac{2u^n\sqrt{a+bu}}{b(2n+1)}-\frac{2an}{b(2n+1)}\int\frac{u^{n-1}\,du}{\sqrt{a+bu}}$

113. $\displaystyle\int \frac{du}{u\sqrt{a+bu}} = \frac{1}{\sqrt{a}}\ln\left|\frac{\sqrt{a+bu}-\sqrt{a}}{\sqrt{a+bu}+\sqrt{a}}\right|+C,\ a>0$

114. $\displaystyle\int \frac{du}{u^n\sqrt{a+bu}} = -\frac{\sqrt{a+bu}}{a(n-1)u^{n-1}}-\frac{b(2n-3)}{2a(n-1)}\int\frac{du}{u^{n-1}\sqrt{a+bu}}$

115. $\displaystyle\int \frac{\sqrt{a+bu}}{u}\,du = 2\sqrt{a+bu}+a\int\frac{du}{u\sqrt{a+bu}}+C$

116. $\displaystyle\int \frac{\sqrt{a+bu}}{u^2}\,du = -\frac{\sqrt{a+bu}}{u}+\frac{b}{2}\int\frac{du}{u\sqrt{a+bu}}+C$

117. $\displaystyle\int \frac{\sqrt{a+bu}}{u^n}\,du = -\frac{(a+bu)^{3/2}}{a(n-1)u^{n-1}}+\frac{b(2n-5)}{2a(n-1)}\int\frac{\sqrt{a+bu}}{u^{n-1}}\,du$

INTEGRALES QUE CONTIENEN $\sqrt{2au-u^2}$

118. $\displaystyle\int \sqrt{2au-u^2}\,du = \frac{u-1}{2}\sqrt{2au-u^2}+\frac{a^2}{2}\cos^{-1}\left(\frac{a-u}{a}\right)+\mathrm{C}$

119. $\displaystyle\int u\sqrt{2au-u^2}\,du=\frac{2u^2-au-3a^2}{6}\sqrt{2au-u^2}+\frac{a^3}{2}\cos^{-1}\left(\frac{a-u}{a}\right)+C$

120. $\displaystyle\int\frac{\sqrt{2au-u^2}}{u}\,du=\sqrt{2au-u^2}+a\cos^{-1}\left(\frac{a-u}{a}\right)+C$

121. $\displaystyle\int\frac{\sqrt{2au-u^2}}{u^2}\,du=-\frac{2\sqrt{2au-u^2}}{u}-\cos^{-1}\left(\frac{a-u}{a}\right)+C$

122. $\displaystyle\int\frac{du}{\sqrt{2au-u^2}}=\cos^{-1}\left(\frac{a-u}{a}\right)+C$

123. $\displaystyle\int\frac{u\,du}{\sqrt{2au-u^2}}=-\sqrt{2a-u^2}+a\cos^{-1}\left(\frac{a-u}{a}\right)+C$

124 $\displaystyle\int\frac{u^2\,du}{\sqrt{2au-u^2}}=-\frac{u+3a}{2}\sqrt{2a-u^2}+\frac{3a^2}{2}\cos^{-1}\left(\frac{a-u}{a}\right)+C$

125. $\displaystyle\int\frac{du}{u\sqrt{2au-u^2}}=-\frac{\sqrt{2au-u^2}}{au}+C$

INTEGRALES QUE CONTIENEN $\left(2au-u^2\right)^{3/2}$

126. $\displaystyle\int\frac{du}{\left(2au-u^2\right)^{3/2}}=\frac{u-a}{a^2\sqrt{2au-u^2}}+C$

127. $\displaystyle\int\frac{u\,du}{\left(2au-u^2\right)^{3/2}}=\frac{u}{a\sqrt{2au-u^2}}+C$

ALGEBRA

OPERACIONES

1. $a(b+c)=ab+ac$

2. $\dfrac{a}{b}+\dfrac{c}{d}=\dfrac{ad+bc}{bd}$

3. $\dfrac{a+c}{b}=\dfrac{a}{b}+\dfrac{c}{b}$

4. $\dfrac{\frac{a}{b}}{\frac{c}{d}}=\dfrac{ad}{bc}$

EXPONENTES Y RADICALES

5. $a^0 = 1, a \neq 0$

6. $(ab)^x = a^x\, b^x$

7. $a^x\, a^y = a^{x+y}$

8. $\dfrac{a^x}{a^y} = a^{x-y}$

9. $(a^x)^y = a^{xy}$

10. $a^{-x} = \dfrac{1}{a^x}$

11. $\left(\dfrac{a}{b}\right)^x = \dfrac{a^x}{b^x}$

12. $a^{\frac{1}{n}} = \sqrt[n]{a}$

13. $a^{\frac{m}{n}} = \sqrt[n]{a^m} = \left(\sqrt[n]{a}\right)^m$

14. $\sqrt[n]{ab} = \sqrt[n]{a}\,\sqrt[n]{b}$

15. $\sqrt[n]{\dfrac{a}{b}} = \dfrac{\sqrt[n]{a}}{\sqrt[n]{b}}$

TEOREMA DEL BINOMIO

16. $(a \pm b)^2 = a^2 \pm 2ab + b^2$

17. $(a+b)^3 = a^3 + 3a^2b + 3ab^2 + b^3$

18. $(a - b)^3 = a^3 - 3a^2b + 3ab^2 - b^3$

19. $(a+b)^n = a^n + n\,a^{n-1}b + \dfrac{n(n-1)}{2}\,a^{n-2}b^2 + \ldots + \dbinom{n}{k}a^{n-k}b^k + \ldots + n\,a^{n-1}b + b^n$

20. $(a - b)^n = a^n - n\,a^{n-1}b + \dfrac{n(n-1)}{2}\,a^{n-2}b^2 + \ldots + (-1)^k\dbinom{n}{k}a^{n-k}b^k + \ldots$

$$- n\,a^{n-1}b + (-1)^n b^n \quad \text{, donde } \binom{n}{k} = \frac{n(n-1)(n-2)\ldots(n-k+1)}{k!}$$

PROGRESION GEOMETRICA

21. $a_1 = a,\ a_2 = ar,\ a_3 = ar^2,\ a_4 = ar^3, \ldots, a_n = ar^{n-1}$ $\qquad S_n = \displaystyle\sum_{k=1}^{n} a_k = a\frac{1-r^n}{1-r}$

FACTORIZACION

22. $a^2 - b^2 = (a+b)(a-b)$

23. $a^2 \pm 2ab + b^2 = (a \pm b)^2$

24. $a^3 + b^3 = (a+b)(a^2 - ab + b^2)$

25. $a^3 - b^3 = (a-b)(a^2 + ab + b^2)$

DESIGUALDADES Y VALOR ABSOLUTO

26. $a < b \Rightarrow a + c < b + c$

27. $a < b$ y $c > 0 \Rightarrow ac < bc$

28. $a < b$ y $c < 0 \Rightarrow ac > bc$

29. $|x| = a \Leftrightarrow x = a$ ó $x = -a$

30. $|x| < a \Leftrightarrow -a < x < a$

31. $|x| > a \Leftrightarrow -a < x$ ó $x > a$

GEOMETRIA

h = altura, A = Area, AL = Area Lateral, V = Volumen

Triángulo

$h = a \operatorname{sen} \theta$

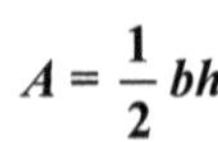

$A = \frac{1}{2} bh$

$A = \frac{1}{2} b \operatorname{sen} \theta$

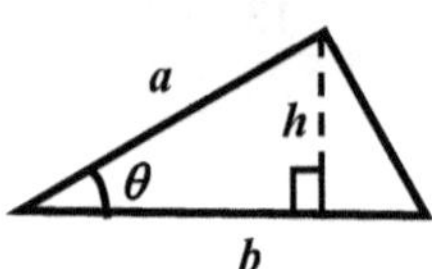

Triángulo Equilátero

$h = \frac{\sqrt{3}}{2} a$

$A = \frac{\sqrt{3}}{4} a^2$

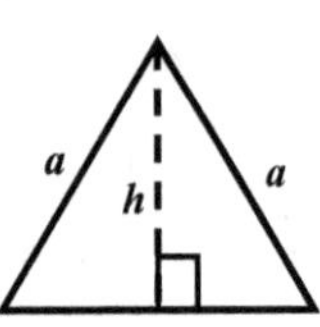

Trapecio

$A = \frac{h}{2}(a + b)$

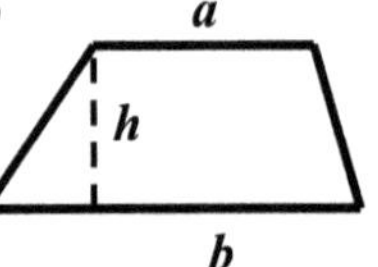

Sector Circular

$s = r\,\theta$

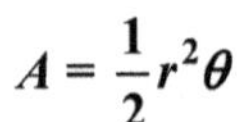

$A = \frac{1}{2} r^2 \theta$

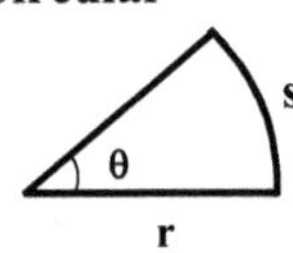

Cono Circular Recto

$AL = \pi r \sqrt{r^2 + h^2}$

$V = \frac{1}{3} \pi r^2 h$

Tronco de Cono

$V = \frac{\pi}{3}\left(r^2 + rR + R^2\right) h$

$AL = \pi s(r + R)$

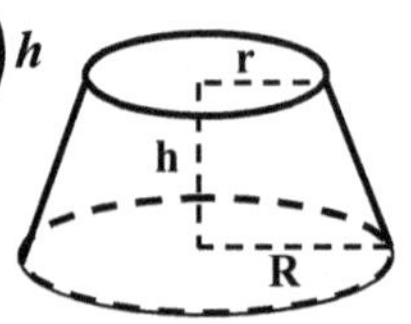

Cilindro

$V = \pi r^2 h$

$AL = 2\pi r h$

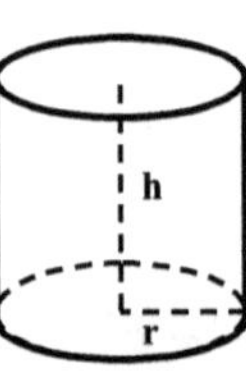

Esfera

$V = \frac{4}{3} \pi r^3$

$A = 4\pi r^2$

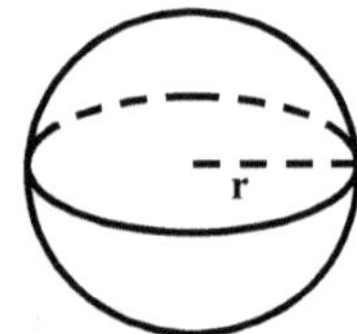

TRIGONOMETRIA

Identidades Fundamentales

1. $\sec x = \dfrac{1}{\cos x}$

2. $\operatorname{cosec} x = \dfrac{1}{\operatorname{sen} x}$

3. $\tan x = \dfrac{\operatorname{sen} x}{\cos x}$

4. $\cot x = \dfrac{\cos x}{\operatorname{sen} x}$

5. $\operatorname{sen}^2 x + \cos^2 x = 1$

6. $1 + \tan^2 x = \sec^2 x$

7. $1 + \cot^2 x = \operatorname{cosec}^2 x$

8. $\operatorname{sen}(-x) = -\operatorname{sen} x$

9. $\cos(-x) = \cos x$

10. $\tan(-x) = -\tan x$

Identidades de Cofunción y de Reducción

11. $\operatorname{sen}\left(\dfrac{\pi}{2} - x\right) = \cos x$

12. $\cos\left(\dfrac{\pi}{2} - x\right) = \operatorname{sen} x$

13. $\tan\left(\dfrac{\pi}{2} - x\right) = \cot x$

14. $\cot\left(\dfrac{\pi}{2} - x\right) = \tan x$

15. $\sec\left(\dfrac{\pi}{2} - x\right) = \operatorname{cosec} x$

16. $\operatorname{cosec}\left(\dfrac{\pi}{2} - x\right) = \sec x$

17. $\operatorname{sen}\left(\dfrac{\pi}{2} + x\right) = \cos x$

18. $\cos\left(\dfrac{\pi}{2} + x\right) = -\operatorname{sen} x$

19. $\tan\left(\dfrac{\pi}{2} + x\right) = -\cot x$

20. $\cos(x + \pi) = -\cos x$

21. $\operatorname{sen}(x + \pi) = -\operatorname{sen} x$

22. $\tan(x + \pi) = \tan x$

Identidades de Suma y Diferencia

23. $\operatorname{sen}(x \pm y) = \operatorname{sen} x \cos y \pm \cos x \operatorname{sen} y$

24. $\cos(x \pm y) = \cos x \cos y \mp \operatorname{sen} x \operatorname{sen} y$

25. $\tan(x \pm y) = \dfrac{\tan x \pm \tan y}{1 \mp \tan x \tan y}$

26. $\cot(x \pm y) = \dfrac{\cot x \cot y \mp 1}{\cot y \pm \cot x}$

Identidades del Angulos Dobles y triples

27. $\operatorname{sen} 2x = 2 \operatorname{sen} x \cos x$

28. $\cos 2x = \cos^2 x - \operatorname{sen}^2 x = 1 - 2\operatorname{sen}^2 x = 2\cos^2 x - 1$

29. $\text{sen } 3x = 3 \text{ sen } x - 4 \text{ sen}^3 x$

30. $\cos 3x = 4\cos^3 x - 3\cos x$

31 $\tan 2x = \dfrac{2\tan x}{1-\tan^2 x}$

32 $\cot 2x = \dfrac{\cot^2 x - 1}{2\cot x}$

Identidades de Reducción de Potencias

33. $\text{sen}^2 x = \dfrac{1-\cos 2x}{2}$

34. $\cos^2 x = \dfrac{1+\cos 2x}{2}$

35. $\tan^2 x = \dfrac{1-\cos 2x}{1+\cos 2x}$

Identidades del Angulo Mitad

36. $\text{sen } \dfrac{x}{2} = \pm\sqrt{\dfrac{1-\cos x}{2}}$

37. $\cos \dfrac{x}{2} = \pm\sqrt{\dfrac{1+\cos x}{2}}$

Transformación de productos en sumas

38. $\text{sen } x \cos y = \dfrac{1}{2}[\text{ sen }(x+y) + \text{sen }(x-y)]$

39. $\cos x \cos y = \dfrac{1}{2}[\cos(x+y) + \cos(x-y)]$

40. $\text{sen } x \text{ sen } y = \dfrac{1}{2}[\cos(x-y) + \cos(x+y)]$

Transformación de sumas en productos

41. $\text{sen } x + \text{sen } y = 2 \text{ sen } \dfrac{x+y}{2} \cos \dfrac{x-y}{2}$

42. $\text{sen } x - \text{sen } y = 2\cos \dfrac{x+y}{2} \text{ sen } \dfrac{x-y}{2}$

43. $\cos x + \cos y = 2\cos \dfrac{x+y}{2} \cos \dfrac{x-y}{2}$

44. $\cos x - \cos y = -2 \text{sen } \dfrac{x+y}{2} \text{ sen } \dfrac{x-y}{2}$

Ley de los senos

45. $\dfrac{\text{sen } A}{a} = \dfrac{\text{sen } B}{b} = \dfrac{\text{sen } C}{c}$

Ley de los cosenos

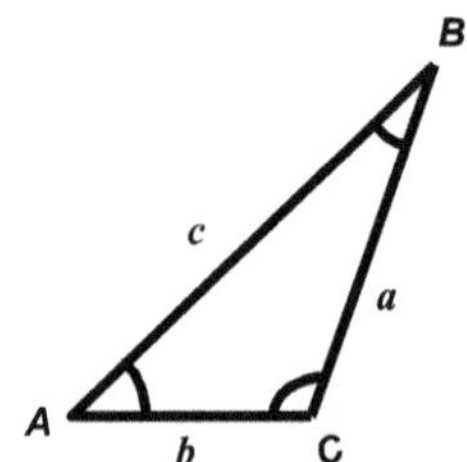

46. $a^2 = b^2 + c^2 - 2bc \cos A$

47. $b^2 = a^2 + c^2 - 2ac \cos B$

48. $c^2 = a^2 + b^2 - 2ab \cos C$

FUNCIONES TRIG. DE ANGULOS NOTABLES

Grados	Radian	sen θ	cos θ	tan θ	cot θ	sec θ	cosec θ
0°	0	0	1	0	$\mp\infty$	1	$\mp\infty$
30°	$\frac{\pi}{6}$	$\frac{1}{2}$	$\frac{\sqrt{3}}{2}$	$\frac{\sqrt{3}}{3}$	$\sqrt{3}$	$\frac{2\sqrt{3}}{3}$	2
45°	$\frac{\pi}{4}$	$\frac{\sqrt{2}}{2}$	$\frac{\sqrt{2}}{2}$	1	1	$\sqrt{2}$	$\sqrt{2}$
60°	$\frac{\pi}{3}$	$\frac{\sqrt{3}}{2}$	$\frac{1}{2}$	$\sqrt{3}$	$\frac{\sqrt{3}}{3}$	2	$\frac{2\sqrt{3}}{3}$
90°	$\frac{\pi}{2}$	1	0	$\pm\infty$	0	$\pm\infty$	1
120°	$\frac{2\pi}{3}$	$\frac{\sqrt{3}}{2}$	$-\frac{1}{2}$	$-\sqrt{3}$	$-\frac{\sqrt{3}}{3}$	-2	$\frac{2\sqrt{3}}{3}$
135°	$\frac{3\pi}{4}$	$\frac{\sqrt{2}}{2}$	$-\frac{\sqrt{2}}{2}$	-1	-1	$-\sqrt{2}$	$\sqrt{2}$
150°	$\frac{5\pi}{6}$	$\frac{1}{2}$	$-\frac{\sqrt{3}}{2}$	$-\frac{\sqrt{3}}{3}$	$-\sqrt{3}$	$-\frac{2\sqrt{3}}{3}$	2
180°	π	0	-1	0	$\mp\infty$	-1	$\pm\infty$
210°	$\frac{7\pi}{6}$	$-\frac{1}{2}$	$-\frac{\sqrt{3}}{2}$	$\frac{\sqrt{3}}{3}$	$\sqrt{3}$	$-\frac{2\sqrt{3}}{3}$	-2
225°	$\frac{5\pi}{4}$	$-\frac{\sqrt{2}}{2}$	$-\frac{\sqrt{2}}{2}$	1	1	$-\sqrt{2}$	$-\sqrt{2}$
240°	$\frac{4\pi}{3}$	$-\frac{\sqrt{3}}{2}$	$-\frac{1}{2}$	$\sqrt{3}$	$\frac{\sqrt{3}}{3}$	-2	$-\frac{2\sqrt{3}}{3}$
270°	$\frac{3\pi}{2}$	-1	0	$\pm\infty$	0	$\mp\infty$	-1
300°	$\frac{5\pi}{3}$	$-\frac{\sqrt{3}}{2}$	$\frac{1}{2}$	$-\sqrt{3}$	$-\frac{\sqrt{3}}{3}$	2	$-\frac{2\sqrt{3}}{3}$
315°	$\frac{7\pi}{4}$	$-\frac{\sqrt{2}}{2}$	$\frac{\sqrt{2}}{2}$	-1	-1	$\sqrt{2}$	$-\sqrt{2}$
330°	$\frac{11\pi}{6}$	$-\frac{1}{2}$	$\frac{\sqrt{3}}{2}$	$-\frac{\sqrt{3}}{3}$	$-\sqrt{3}$	$\frac{2\sqrt{3}}{3}$	-2
360°	2π	0	1	0	$\mp\infty$	1	$\mp\infty$

EXPONENCIALES Y LOGARITMOS

1. $\log_a x = \dfrac{\ln x}{\ln a}$ 2. $\log_a e = \dfrac{1}{\ln a}$ 3. $a^x = e^{x \ln a}$

IDENTADADES HIPERBOLICAS

1. $\operatorname{senh} x = \dfrac{1}{2}\left(e^x - e^{-x}\right)$
2. $\cosh x = \dfrac{1}{2}\left(e^x + e^{-x}\right)$
3. $\tanh x = \dfrac{\operatorname{senh} x}{\cosh x}$
4. $\tanh x = \dfrac{\cosh x}{\operatorname{senh} x}$
5. $\operatorname{sech} x = \dfrac{1}{\cosh x}$
6. $\operatorname{cosech} x = \dfrac{1}{\operatorname{senh} x}$
7. $\cosh^2 x - \operatorname{senh}^2 x = 1$
8. $1 - \tanh^2 x = \operatorname{sech}^2 x$
9. $1 - \coth^2 x = -\operatorname{cosech}^2 x$
10. $\operatorname{senh}(-x) = -\operatorname{senh} x$
11. $\cosh(-x) = \cosh x$
12. $\operatorname{senh}(x \pm y) = \operatorname{senh} x \cosh y \pm \cosh x \operatorname{senh} y$
13. $\operatorname{senh}(2x) = 2 \operatorname{senh} x \cosh x$
14. $\cosh(x \pm y) = \cosh x \cosh y \pm \operatorname{senh} x \operatorname{senh} y$
15. $\cosh(2x) = \cosh^2 x + \operatorname{senh}^2 x$
16. $\operatorname{senh}^2 x = \dfrac{\cosh 2x - 1}{2}$
17. $\cosh^2 x = \dfrac{\cosh 2x + 1}{2}$
18. $\operatorname{senh} \dfrac{x}{2} = \pm\sqrt{(\operatorname{coh} x - 1)/2}$
19. $\cosh \dfrac{x}{2} = \pm\sqrt{(\operatorname{coh} x + 1)/2}$

ALFABETO GRIEGO

Α	α	alfa	Ι	ι	iota	Ρ	ρ	rho
Β	β	beta	Κ	κ	kappa	Σ	σ	sigma
Γ	γ	gamma	Λ	λ	lambda	Τ	τ	tau
Δ	δ	delta	Μ	μ	mu	Υ	υ	ipsilon
Ε	ε	epsilon	Ν	ν	nu	Φ	φ	fi
Ζ	ζ	zeta	Ξ	ξ	xi	Χ	χ	ji
Η	η	eta	Ο	ο	omicron	Ψ	ψ	psi
Θ	θ	theta	Π	π	pi	Ω	ω	omega

INDICE ALFABETICO

A

Aceleración 131
Angulo director de un vector 18
Angulo entre dos vectores 31
Angulos directores, cosenos directores 34
Aplicaciones de las integrales triples 469
Aproximación lineal 225
Area de la bóveda de Viviani 453
Area de una superficie 445

B

Banda de Möebius 593
Bóveda de Viviani 445

C

Cambio de variable en integrales dobles 486
Cambio de variable en integrales triples 491
Campo conservativo 506
Campo cuadrático inverso 505
Campo irrotacional 508
Campo solenoidal 507
Campo vectorial gradiente 505
Campos vectoriales 503
Cauchy, A L. 33
Centro de curvatura 127
Centro de masa 429, 521, 592
Centroide 429, 521
Cilindro circular recto 72
Circunferencia de curvatura 127
Clairaut, A. C. 202
Componente tangencial, normal de la aceleración 131
Conjunto abierto y conjunto cerrado 166
Conjunto acotado 307
Cono elíptico 74
Coordenadas cilíndricas 83
Coordenadas esféricas 85
Coordenadas esféricas generalizadas 493
Continuidad 179
Continuidad de una función compuesta 181
Criterio de las segundas derivadas parciales 311
Curvatura 124
Curva opuesta 514
Curva suave y curva suave por partes 515
Curvas de nivel 156
Curvas en el espacio 97

D

Derivación implícita 254
Derivada de una función vectorial 103
Derivada direccional 275
Derivada parcial 194
Derivadas parciales de segundo orden 201
Derivadas parciales mixtas 201
Desigualdad de Cauchy-Schwartz 33
Desigualdad triangular 33
Desigualdad del valor medio 409
Desigualdad triangular 33
Diferencial 225
Dirección de crecimiento optimo 281
Distancia de un punto a una recta 58
Distancia de un punto a un plano 63
Distancia mínima entre dos rectas que se cruzan 64
Divergencia 506

E

Ecuación canónica de la esfera 5
Ecuación canónica del plano 59
Ecuación de Laplace 207
Ecuación de ondas 208
Ecuación general de la esfera 6
Ecuación lineal del plano 60
Ecuación vectorial de la recta 59
Ecuación vectorial del plano 59
Ecuaciones paramétricas de la recta 54
Espacio vectorial 13

Espacio vectorial $\mathbb{R}^n$ 26

Elipsoide 73
Estimación del error máximo 228
Extremos absolutos 307
Extremos locales 308

F

Flujo de un campo 595
Flujo térmico 599
Forma polar de la ecuación de Laplace 257
Fórmula de Taylor para dos variables 368
Frontera 166
Fubini, Guido 378
Función armónica 207
Función de densidad conjunta 433
Función de posición 131
Función de producción de Cobb-Douglas 248
Función longitud de arco 113
Función diferenciable 219
Función homogénea 250
Función potencial 506
Función racional 151
Funciones vectoriales 93

G

Gauss, C, F, 635
Gibb, Josiah Willar 47
Gradiente 279
Green, G. 578

H

Halminton, W. R, 2
Hélice 98
Hess, L. O. 312
Hessiano 312
Herón de Alejandría 362
Hiperboloide de dos hojas 74
Hiperboloide de una hoja 73

I

Incremento absoluto, relativo, porcentual 227
Integrales de campo 529
Integrales de línea 514
Integral de superficie 586
Integrales dobles en coordenadas polares 405
Integrales dobles sobre rectángulos 379
Integrales dobles sobre regiones generales 391
Integrales iteradas 381
Integrales triples 459
Integrales triples en coordenadas cilíndricas y esféricas 480
Integrales vectoriales 106

J

Jacobi, C. G. 494
Jacobiano 486, 491

L

Lagrange J. L. 150
Ley de Gauss 632
Ley de la conservación de la energía 557
Ley del paralelogramo 14
Ley del triángulo 14
Leyes de Kepler 139
Leyes de los límites 169
Límite 167
Límites mediante coordenadas polares 176
Límite y continuidad de funciones vectoriales 95
Límites a lo largo de caminos 171
Longitud de arco 112

M

Masa de una lámina 427
Máximo y mínimo absolutos 307
Máximo y mínimo locales 308
Mínimos cuadrados 320
Möebius, A. 595
Momento de inercia 431, 592
Momento de inercia respecto a los ejes 521

Momentos y centros de masa 428
Multiplicadores de Lagrange 346
Multiplicación por un escalar 11

N

Nabla 279
Norma de un vector 16

O

Operador nabla 505
Operaciones con funciones vectoriales 94
Ostrograski, M. V. 635

P

Paraboloide elíptico 74
Paraboloide hiperbólico 74
Parametrización de una superficie de revolución 145
Plano normal 121
Plano osculador 121
Plano rectificador 121
Plano tangente 222, 287
Planos coordenados 3
Planos paralelos 61
Planos perpendiculares 61
Primer teorema fundamental del cálculo 107
Producto punto, interno o escalar 30
Producto vectorial o Producto cruz 41
Proyección escalar 35
Proyección ortogonal 34, 39
Punto crítico 308
Punto medio 4
Punto silla 310

R

Radio de curvatura 127
Radio de giro 432
Rapidez 20, 131
Región conexa 552
Región multiplemente conexa 552
Región simplemente conexa 552
Región de tipo I y tipo II 395
Región tridimensionales z-simple 462
Región tridimensionales x-simple 464
Región tridimensionales y-simple 466
Recta de regresión 320
Recta normal a una superficie 223, 287
Recta tangente 104
Recta tangente a una curva de nivel 289
Reparametrización 112
Reparametrización por longitud de arco 114
Regla de la cadena 247
Regla de la mano derecha 3, 44
Regla de las trayectorias 172
Representación geométrica de un vector 13
Rotacional 507

S

Schwarz, H. A. 33
Segundo teorema fundamental del cálculo 107
Silla de montar 75
Sistema de coordenadas rectangulares tridimensional 3
Sistema de referencia Frenet-Serret 120
Stokes, G, G. 502
Superficies en $\mathbb{R}^3$
Superficie orientable 593
Superficie reglada 79
Superficie suave o regular 586
Superficies cilíndricas 71
Superficies de nivel 158
Superficies paramétricas 182
Superficies ortogonales 298
Superficies de revolución 75
Sustracción de vectores 12

T

Teorema de Clairaut-Schwaz 202
Teorema de Euler para funciones homogéneas 250

Teorema Green 566
Teorema Fubini 382
Teorema fundamental de la integrales de línea 550
Teorema de la divergencia 626
Teorema de Lagrange 346
Teorema de Stokes 612
Teorema del valor extremo 307
Torsión 129
Trabajo y producto interno 36
Triple producto escalar 46

V

Vector binormal 120
Vector normal unitario 120
Vector posición 13
Vector opuesto 11
Vectores unitario 11
Vectores bidimensionales 13
Vectores ortogonales o perpendiculares 32
Vectores paralelos 16
Vectores que tienen la misma dirección 16
Vectores que tienen direcciones opuestas 16
Vectores tridimensionales 13
Viviani, V. 455

W

Weierstrass, K. 308

www.ingramcontent.com/pod-product-compliance
Lightning Source LLC
Chambersburg PA
CBHW031448210326
41599CB00016B/2153

9789801265139